U0386964

登陆台风异常变化机理

端义宏　陈联寿　王　元　等著

科学出版社
北京

内 容 简 介

本书是国家重点基础研究发展计划项目"台风登陆前后异常变化及机理研究"的成果总结，书中展示了登陆台风复杂物理过程和技术研发应用的最新进展。全书共分 8 章，聚焦可以造成巨大灾害的台风登陆异常变化过程的新认知和新进展，详细介绍我国登陆台风野外观测科学试验的设计、实施和最新观测发现，雷达、卫星、特种观测等多源资料在台风登陆过程分析中的融合技术和应用，内部动力过程、环流相互作用、下垫面等对台风路径异常变化的影响机制，登陆台风灾害性天气现象、内核和外核结构以及强度异常变化的特征和关键机制，台风登陆过程强风暴雨特征和预报技术，登陆台风大风降雨致灾机理和分析预估技术，以及涡旋初始化、海-陆-气耦合、集合预报等登陆台风数值预报关键技术及应用。

本书内容丰富、概念清晰、图文并茂、深入浅出，可作为台风和气象相关科研人员的参考书和工具书，也可作为高等院校大气科学专业学生的参考用书。

审图号：GS(2020)5237 号

图书在版编目（CIP）数据

登陆台风异常变化机理/端义宏等著 . —北京：科学出版社，2022.4

ISBN 978-7-03-071959-1

Ⅰ.①登… Ⅱ.①端… Ⅲ.①台风-研究 Ⅳ.①P444

中国版本图书馆 CIP 数据核字（2022）第 048105 号

责任编辑：朱海燕　彭胜潮　李　静/责任校对：何艳萍　张小霞
责任印制：肖　兴/封面设计：黄华斌

科 学 出 版 社 出版
北京东黄城根北街16号
邮政编码：100717
http://www.sciencep.com

北京汇瑞嘉合文化发展有限公司 印刷

科学出版社发行　各地新华书店经销
*

2022 年 4 月第 一 版　开本：787×1092　1/16
2022 年 4 月第一次印刷　印张：60 3/4
字数：1 440 000
定价：698.00 元
（如有印装质量问题，我社负责调换）

序

中华人民共和国成立前两个多月，一个强台风 Gloria（4906号）在西太平洋西部海域北上突然西折，登陆我国舟山群岛，穿过杭州湾，再次登陆沪南浙北和山东半岛，使我国东部沿海地区蒙受一场天灾，夺去了 5 000 余人的生命。此后不久，中央方针政策规定，气象工作为国防建设服务，为经济建设服务。70 多年来，我国气象业务和科研有了快速发展。

为减轻台风灾害，提高预报正确率是关键。20 世纪后半期，台风 24 小时平均预报误差不小，稳定在 200 km 以上，逐年此起彼落，未见有根本改进。21 世纪近 10 年来，此均值已快速降落到 70 km 左右，这是科学的进步。在西北太平洋和南海，我国台风预报误差的显著减小和卫星、雷达遥感资料同化（assimilation）技术发展密切相关，也和集合预报（ensemble prediction）的发展紧密相关。

用人造卫星探测大气是天气预报发展的里程碑。在 20 世纪70 年代，中国在业务中逐步发展了用卫星可见光和红外资料给热带气旋建立了定位、定强的技术，并有效地分析台风结构、强度变化和风雨分布。尤其在资料大片空白的洋面上，分析卫星云导风（cloud winds）并用于台风路径预报取得改进效果。为了改进模式初值场，数值预报对资料同化已有长期研究，但从 21 世纪初以来，把卫星和雷达遥感资料同化以改进初值场，是台风路径预报取得突出科学进步的关键。自从气象卫星问世以来，直到卫星资料同化提高模式预报能力，竟经历了 40 年的漫长岁月。

国家重点基础研究发展计划（973 计划）项目——"台风登陆前后异常变化及机理研究"（简称 973 台风项目），是国家对台风科研的大力支持。项目内容包括台风外场（field）科学试验、多元资料同化、台风异常运动、台风结构和强度变化、台风暴雨、台风数值预报。该项目对影响中国的部分台风做了外场科学试验,尤其对台风和海洋相互作用做了观测研究,对台风资料的同化和应用做了分析研究,对台风登陆前后发生的突变现象做了系统研究,对台风海气耦合(air-sea coupled)、模式改进做了专题研究。该项目的完成,建成了一个海-陆-气一体化协同观测系统。当热带气旋移来时,从海洋、大气、陆面可以对其进行整体的监测和预报。项目的主要研究成果收入此书,对台风业务有一定的参考价值。

973台风项目是气象科研与业务部门专家、中国科学院及多所大学教授专家合作实施的,也推动了国际科技合作和学术交流。中方也参加并承担了世界气象组织(WMO)的国际合作项目 FDP(forecasting demonstration project)和 RDP(research development program)等,目前正在实施的 TLFDP、UPDRAFT 和 EXOTICCA,都是还在进行中的国际合作项目。973台风项目不仅推进了台风外场科学试验、资料处理、课题研究,并将部分研究成果转化为业务应用。台风的观测又有了新的发展,前些年与军方合作,用火箭释放探空仪观测台风,2014年海洋部门用浮标探测了超强台风(Rammasun)和强台风"海鸥"(Kalmaegi),近期有关专项还正在研究飞艇式台风追踪探测仪。可以预期,台风的观测、预报也将会得到新的推动和进步。

中国工程院院士　　陈联寿

陈联寿

2021年8月

前　　言

　　我国频繁遭受热带气旋(在西北太平洋及南海称台风)的侵袭，年均达 9.3 个，居世界首位；台风引发的灾害是我国最严重的自然灾害之一。登陆或近海台风不仅可能侵害沿海地区经济和社会发展，而且对内陆地区也会造成影响；突发的台风灾害还会影响社会稳定，甚至影响国家公共安全。

　　我国大陆海岸线长达 1.8 万余千米，沿海地带又是城乡人口稠密及经济发达的大城市和港口密集的地区，但这些地区对于自然灾害的承受能力还很脆弱。近几十年来，登陆我国的台风呈现增多和增强趋势，对我国国民经济和人民生命财产造成的损失，随着社会经济的迅速发展而日益严重，如 1997 年 11 号台风登陆浙江，严重影响十多个省份，造成 6 000 余人死伤，直接经济损失达 400 亿元；2005 年的台风灾害造成 796 亿元的经济损失，1 200 人死亡，居该年自然灾害之首；1983～2006 年的台风灾害统计数据显示，年均死亡 472 人，年均经济损失达 287 亿元；而 2003～2007 年我国因台风灾害造成年均经济损失 440 亿元，年均死亡人数 470 人。

　　西北太平洋和南海生成的台风在移近或登陆我国沿海地带时，常带来大风、暴雨及引发洪水、风暴潮、山体滑坡、泥石流等次生灾害。近 10 余年来，台风路径预报水平有了明显进步，但与灾害密切关联的台风强度、台风暴雨和大风的预报水平依然较低，而且进展缓慢；预报不准所造成的预警范围过大、预警时间过长，导致不必要的防灾抗灾人力和资源的过度耗费也时有发生。如 2005 年由于对台风"麦莎"登陆后的强度和路径变化预报失误，导致北京地区过度防御，还引起社会负面影响；如遇超强台风袭击，在其登陆前后的路径、强度或结构及伴随的风雨等突变情况下，由于对这些异常变化规律认识不足，预报常不准确或失误，使防灾措施不及时，极易造成严重灾害。不仅如此，台风登陆后在内陆地区也可以造成重大灾害，如 1975 年 7503 号台风在福建省登陆后向西北方向长驱直入，在台风与北方冷空气共同作用下，河南省驻马店出现罕见的特大暴雨(日降水量达 1 062 mm)，导致两座大型水库崩塌、52 座中小型水库垮坝，引起中原地区洪水泛滥、农田被淹、京广铁路被冲毁，受灾人口达 1 100 万人，4 万余人死亡。

　　我国海岸线漫长，特别是受台风侵袭频繁的华南和华东的地形下垫面又复杂，使台风登陆过程中的移向、移速、强度、风雨分布等复杂多变，因而深入研究台风登陆前后的异常变化规律，为增强登陆台风预报能力奠定理论基础，不仅具有重大的科学意义，而且是适应国家防灾减灾决策的迫切需求。

　　自 20 世纪 80 年代起，我国就十分重视和支持台风的研究，如科技部"八五"和"九五"国家科技攻关计划有关台风项目的立项研究；2006 年 4 月香山科学讨论会专题研讨了"登陆台风前沿科学问题及其灾害应对策略"；《国家中长期科技发展纲要》也将"台风灾害"列为影响国家公共安全的主要自然灾害之一。

鉴于台风登陆前后异常变化(指台风的移向、移速、近中心最大风速和中心最低气压、结构、风雨强度和分布等的变化异常)的重要性，在中国气象科学研究院陈联寿院士的大力支持和协助下，经时任中国气象局上海台风研究所所长端义宏研究员的组织协调，由国内外台风研究领域一批著名专家学者多次认真细致讨论，拟定了"台风登陆前后异常变化及机理研究"项目(以下简称"项目")的计划任务书，"项目"研究的总体目标是：围绕台风登陆前后异常变化与成灾机理这一中心主题，从海-陆-气相互作用的观点出发，开展以下几方面的研究：①揭示我国近海海洋热状况、海岸带走向、沿岸浅海地形、陆上复杂地形、地表温湿状况等导致成灾台风登陆前后异常变化的物理机制；②认识台风登陆前后内部中小尺度结构的演变特征，及其对成灾台风异常变化的影响；③掌握发生异常变化的成灾台风在登陆过程中与典型环境天气系统相互作用的规律；发展高分辨率耦合台风数值模式和集合预报系统；④在登陆前后台风精细结构的多源观测资料综合分析理论和方法。这些研究领域均取得重要进展，为提高登陆台风灾害预警能力提供理论依据和有效方法。

为实现总体目标需要解决的关键科学问题是：导致台风登陆前后异常变化的环境场、海洋和陆面、内部中尺度系统等影响因子的变化特征及演变规律；海-陆-气相互作用引起台风登陆前后异常变化的物理机制；登陆台风卫星和雷达资料的定量应用理论和方法及台风模式的海-陆-气耦合方法。

围绕上述关键科学问题开展的主要研究内容包括：台风登陆过程的外场科学试验研究；基于多源观测资料的台风登陆前后精细结构综合分析理论和方法研究；登陆台风海-陆-气边界层结构及其演变特征研究；海-陆-气相互作用对台风登陆前后异常变化的影响机理研究；台风环流内中尺度系统的活动及其对台风登陆前后异常变化的影响机理研究；台风登陆过程数值预报方法研究及应用。

"项目"的总体学术思路是：运用诊断分析、理论研究、数值模拟以及多学科交叉的方法，结合野外科学试验，系统认识台风登陆前后路径异常、结构和强度突变，以及强风暴雨演变特征和致灾规律，深入研究台风登陆前后海-陆-气相互作用，以及台风内部多尺度系统相互作用造成台风异常变化的机理；建立多源资料的台风同化分析系统，提供高质量、高分辨率的登陆台风四维分析场，研制海-陆-气耦合台风模式，改进我国登陆台风及其灾害的预报理论和方法，开展业务预报试验。

根据"项目"的总体目标和研究内容，设置了六个相互依存又不可或缺的课题。

第一课题：台风登陆过程外场科学试验。课题第一承担单位：中国气象局广州热带海洋气象研究所；课题负责人：梁建茵研究员。

第二课题：台风登陆前后多源观测资料综合分析理论和方法研究。课题第一承担单位：南京大学；课题负责人：王元教授。

第三课题：台风登陆前后路径异常变化的机理研究。课题第一承担单位：南京信息工程大学；课题负责人：吴立广教授。

第四课题：台风登陆前后结构和强度突变机理研究。课题第一承担单位：中国气象科学研究院；课题负责人：陈联寿院士。

第五课题：登陆台风强风暴雨及成灾机理研究。课题第一承担单位：中国科学院大气物理研究所；课题负责人：崔晓鹏研究员。

　　第六课题：台风登陆过程数值预报方法研究及应用。课题第一承担单位：中国气象局上海台风研究所；课题负责人：梁旭东研究员（前 2 年）、马雷鸣研究员（后 3 年）。

　　2008 年由中国气象局、中国科学院和教育部作为依托部门向科技部申请将项目列入"国家重点基础研究发展计划"（973 计划），2009 年年初科技部批准立项（项目编号：2009CB421500），并启动实施项目的计划任务。

　　在"项目"的资助下，来自中国气象局广州热带海洋气象研究所、南京大学、南京信息工程大学、中国气象科学研究院、中国科学院大气物理研究所、中国气象局上海台风研究所，以及北京大学、解放军理工大学、华东师范大学等单位的 80 位专家学者组成的研究队伍，在"项目"首席科学家端义宏研究员的精心组织和以陈联寿院士为首的"项目"专家组的支持和指导下，"项目"研究得以在前 2 年就取得不少成果，根据评估专家组对"项目"执行情况的中期评估意见，科技部给予了"优秀"的评价；在此基础上，项目成员再接再厉，经过后 3 年的团结协作和潜心研究，在结题前取得了一批创新成果，其中代表性的重要成果如下。

　　（1）我国首次开展了大规模的台风登陆过程外场科学试验，其鲜明特色在于：探测设备先进和全面、试验的覆盖范围广和试验的连续时间长达 5 年，成功获取了 13 个近海登陆目标台风的大气边界层特种观测资料，收集了大量加密观测资料；我国首次建立了登陆台风科学数据库，其特色为以外场试验登陆台风边界层特种观测资料和元数据为核心内容，兼有相应的常规观测资料、模式再分析格点资料，以及历史典型异常台风资料，对于研究台风登陆过程极具科学应用价值；用特种观测资料分析揭示了新现象：登陆台风边界层高度抬升、台风影响下海温降低、强风条件下海气交换的特征等。

　　（2）建立了适用于台风强非地转平衡动力约束条件的 WRF 集合变分同化框架与方法；发展了适用于台风登陆前后三维风场的 GrVTD 和 T-TREC 等雷达资料反演方法，可有效提高台风登陆前后经常出现的非对称结构的反演精度；研发了适用于台风登陆前后瞬时跟踪和连续累积的云、降水反演技术（ITCAT），可连续估测和预报台风登陆前后海上和陆地云、降水要素；基于客观对比不同来源的西北太平洋台风最佳历史数据集，建立了西北太平洋"共有"热带气旋最佳数据集，据此得出的一个重要结论是：在全球变化背景下，西北太平洋热带气旋频数和强度的年际变化都不存在上升趋势。

　　（3）西北太平洋夏季风环流型与台风异常活动有密切关系，基于 4 个路径突变个例分析发现，东海台风路径突然北折都发生在低频季风涡旋中；分析和数值模拟表明，当台风移动到季风涡旋中心附近时，台风路径发生突然变化；近 11 年，15 个台风突然北折路径都与准两周时间尺度的季风涡旋有关，并且突然北折发生在台风与季风涡旋合并的过程中；当南海对流处于活跃位相时，西北太平洋台风以偏西路径进入南海；不活跃位相时，西北太平洋台风偏西行进入对流影响区，继而转向北上，不进入南海。

　　（4）研究揭示台风与低纬环境天气系统（包括季风涌、冷涡、双台风、环境水汽输送通道、中尺度系统、陆面干冷气流、信风、辐合线等）相互作用对台风结构和强度变化的重要影响；当台风内部对流发展或暴发时，台风会突然加强；用涡旋 Rossby 波和重力波的混合波理论，可分析波动不稳定能量的增长和内核区强对流发生发展有密切联系，从而可分析台风强度变化；台风内核的暖心结构和台风强度有密切关系，当暖心增强时，往往会引起台风的突然增强；当侵入台风的干冷空气与台风内部环流之间形成中尺度辐合线或中尺度小涡，它与台风的能量交换也影响台风结构和强度变化；研究揭示海洋浅层的温度和热容量对台风结构和强度变化有重要的强迫作用，台风移入高（低）值海域，会使其突然加强（衰亡）；研究分析了台风与中低纬度天气系统相互作用引起台风登陆后维持不消的物理过程、登陆后台风内部中尺度系统与残涡的相互作用、风场分布中尺度特征变化对强度的影响、风场波动特征对强度的影响等。

（5）台风登陆过程的强风和强降水空间分布及其演变与登陆台风环流和中纬度西风带系统、季风涌、下垫面、地形等的相互作用有关，非对称特征明显，其中中尺度系统作用十分重要；研究揭示登陆台风暴雨系统中伴随的重力波特征明显，提出对其识别和提取的方法，用于研究登陆台风暴雨系统中重力波发展和演变及其对登陆台风暴雨系统的影响；通过研究登陆台风降水过程的云微物理特征、不同云微物理过程对登陆台风降水的可能影响，以及登陆台风暴雨增幅的云微物理成因等问题，并与宏观动力过程研究相结合，更全面地理解和认识登陆台风降水过程，尤其是强降水（暴雨）过程的机理，并服务于预报。

（6）基于我国研发的 GRAPES 区域模式研究建立了考虑洋流、海浪与台风相互作用的台风海-气-浪模式耦合系统，可改进台风强度预报，具有较好的业务应用潜力；提出了基于水汽平流的对流触发机制参数化新方法，可明显改进登陆台风降水预报空报问题，已被国际领先的美国国家环境预报中心的业务模式 WRF 引入其 V 3.3 版本，供国际同行使用；首次提出了基于 FY2C 卫星亮温资料同化和湿度 Nudging 结合的台风初始化新方法，可改进台风强度和尺度的分析和预报；改进的区域台风预报模式（GRAPES-TCM）2012 年年 24 小时路径预报平均距离误差（91.8km）已小于代表国际先进水平的日本数值预报误差（104.7km），该模式对登陆台风异常变化已具备一定的预报能力。

为了及时总结取得的研究成果，为今后的延续研究积累系统性前期研究成果，自 2012 年年初开始多次"项目"工作例会，讨论了组织撰写出版系统反映"项目"研究成果的专著问题，包括目录、章节和大纲以及分工工作等，经过近一年的撰写和文稿的反复讨论修改补充和部分章节内容的调整，终于完成书稿。

本书共 8 章。第 1 章为总论，主要阐述国家台风防灾减灾需求和提出科学问题，论述了国内外台风登陆过程研究现状和趋势、台风异常变化中的关键科学问题和重点研究内容，以及"项目"研究目标及研究方案。第 2 章为台风登陆过程外场科学试验，主要概述国内外台风外场科学试验概况和登陆台风外场科学试验的任务；论述外场科学试验方案的设计和特种探测资料的质量控制方法；叙述 2009～2011 年 10 个目标台风外场科学试验的实施情况；论述基于登陆目标台风特种探测资料的大气边界层结构特征和海气界面交换特征等观测研究成果；详述了登陆台风科学数据库的结构和内含的各数据集名称，要素名和单位，数据的来源、格式、质量、处理方法、时间和空间属性等。第 3 章为多源资料在台风登陆过程分析中的应用，主要论述登陆台风的雷达探测资料风场反演的系列技术和三维变分、复合云分析和集合卡尔曼滤波等同化技术；基于卫星遥感资料的台风强度、云场、降水场、海温场的反演方法和卫星遥感 GPS 折射角资料和

ATOVS 资料的同化方法；登陆台风外场试验特种观测（雨滴谱、阵风）资料的分析应用，以及多源资料融合分析方法。第 4 章为台风登陆前后路径异常变化，主要论述台风运动动力学基础、台风异常路径气候特征、大尺度环境场与台风路径异常关系、中低纬环流相互作用与登陆台风路径异常、中尺度对流系统对台风路径影响、下垫面（陆面温度、山脉、岛屿与海岸带走向、近海海洋热状况）对登陆台风路径异常的影响。第 5 章为登陆台风结构和强度变化，主要论述登陆台风前沿飑线的发展、近海台风的强度突变、台风眼结构与强度变化、非对称下垫面对登陆台风结构和强度的影响、台风登陆后强度和结构异常变化（长时维持、残涡复苏、入海加强、湖面和地形影响、变性）、登陆台风内部中尺度系统（结构特征、中尺度涡、对流尺度扰动、中小尺度雨带）的影响、登陆台风结构与发展机制，还概述了国际研究进展。第 6 章为登陆台风的强风暴雨分布及发生发展机理，主要论述台风登陆前后强风暴雨时空分布特征、中尺度系统对登陆台风强风暴雨的作用、登陆台风暴雨重力波特征、登陆台风暴雨云微物理过程、风场对登陆台风强降水的影响，以及登陆台风暴雨动力预报方法和登陆台风风场动力释用技术的业务应用和存在问题。第 7 章为登陆台风的成灾机理及风险，主要概述台风灾害概念及中国台风灾害的特点、登陆台风风雨的空间概率分布与灾害，介绍台风大风指数和降水指数，论述台风影响力指数和台风破坏力指数及其与台风灾害经济损失、基于突变模型对台风灾害发生机制的探讨和灾变机理的解释、台风成灾风险的定量研究和可用于台风成灾风险判别和评估的方法；最后给出台风成灾风险判别的实例及业务应用于台风"海葵"对上海影响的评估；第 8 章为台风登陆过程数值预报方法，主要概述我国台风数值预报业务模式发展现状及存在的主要问题，论述台风涡旋的初始化新方法和适用于我国登陆台风预报的区域海-陆-气模式耦合系统，以及适用于登陆我国沿岸的台风风暴潮数值预报模式，概述国际台风集合预报发展现状和台风集合数值预报方法及全球和区域的台风集合预报模式系统，阐述台风涡旋二次嵌入对台风集合预报的影响和对流参数化不确定性对台风预报的影响、基于 CNOP 的台风目标观测敏感区的研究，探讨全球和区域台风模式对台风登陆我国的预报性能，最后介绍依托中国气象局气象信息人机交互系统（MICAPS）研发的、以数值预报技术为核心的登陆台风预报示范平台。

为了便于读者与本专著作者交流，兹列出各章节撰稿人名单（按姓氏拼音排序）。

第 1 章　端义宏

第 2 章　方平治、何卓琪、梁建茵、廖菲、刘春霞、赵兵科、赵中阔

第 3 章　蔡凝昊、程小平、黄小刚、李昕、明杰、宋金杰、王元、郁凡、赵坤、诸葛小勇

第 4 章　陈华、丁治英、郭品文、梁佳、沈新勇、吴立广、徐祥德、余锦华、赵海坤

第 5 章　陈联寿、程正泉、丛春华、董美莹、端义宏、雷小途、李英、陆汉城、孟智勇、谭本馗、谈哲敏、王东海、魏娜、徐洪雄、徐祥德、许映龙、余晖、于润玲、曾智华、张庆红、张胜军、朱晓金

第 6 章　白莉娜、陈光华、崔晓鹏、戴竹君、邓涤菲、丁治英、高守亭、郝世峰、花丛、黄奕武、李青青、刘奇俊、冉令坤、任晨平、王黎娟、吴丹、应俊、余晖、余锦

华、喻自凤、周玉淑

第 7 章　陈佩燕、徐明、杨秋珍、张庆红

第 8 章　白莉娜、鲍旭炜、陈国民、陈子通、黄伟、李永平、刘建勇、马雷鸣、麻素红、孙明华、王晨稀、王栋梁、徐晶、于润玲、张峰、张进、郑运霞、朱建荣

在本专著的编排、修改、校对和印刷等过程中得到项目管理办公室朱永褆、秦曾灏、钟颖旻、孙婧、于润玲等协助，中国气象局上海台风研究所李青青和张峰博士，以及中国科学院大气物理研究所孙石沿、李琴、汪亚萍的参与和帮助，特此感谢。

本专著从讨论目录提纲和组织撰写前后经历了 1 年半时间，在此期间，得到项目第一承担单位中国气象局上海台风研究所所长雷小途研究员的大力支持。在项目专家组长和首席科学家指导下，在各章负责人的具体精心组织下，全体撰稿成员认真负责，齐心协力，经多次讨论、修改、调整，并尽力将项目最新成果纳入书中，专著最终得以完稿和出版。但由于时间短促，难免出现不妥之处，尤其在内容的系统性和表述风格的统一性方面存在不足，万望读者谅解，并请批评指正。

国家重点基础研究发展计划(973 计划)项目

"台风登陆前后异常变化及机理研究"首席科学家　端义宏

2013 年 8 月

目　　录

第1章 绪 论

1.1 国家台风防灾减灾的需求

我国是全球受热带气旋(在西北太平洋又称台风)影响最严重的国家之一。台风灾害主要发生在台风登陆前后(也称台风登陆过程),它所带来的大风、暴雨,以及由此诱发的风暴潮、洪水、山体滑坡、泥石流等,会造成重大的人员和财产损失。台风登陆前后常伴随着异常变化(指台风路径、强度或结构及其带来的风雨的突然变化),这种异常变化常难以准确预报,从而导致台风灾害防御的措手不及或过度防御,造成严重的灾害或不必要的损失。

减灾和可持续发展是 21 世纪世界各国的重要挑战。认识台风运动规律,提高台风预报水平,有效减轻台风灾害损失,已经成为我国政府十分关注的重大问题。为此,2006 年 4 月国家有关部门召开香山科学讨论会,专门研究"登陆台风前沿科学问题及其灾害应对策略"。《国家中长期科技发展纲要》已将"台风灾害"列入影响国家公共安全的主要自然灾害之一。

自 21 世纪初以来,登陆我国的台风有增多和增强的趋势。同时,我国海岸线漫长,下垫面复杂,加上热带和温带气流的交汇,天气系统多样,使得台风活动复杂多变。因此,认识影响我国的登陆台风,不仅是国家防灾减灾亟待研究的课题,而且具有重大的科学意义。

我国遭受台风袭击频繁,年均达 9.3 个,居世界首位。台风给我国国民经济和人民生命财产造成的损失,例如,1997 年 11 号台风登陆浙江,严重影响十多个省(市),造成 6 000 余人死伤,直接经济损失 400 亿元;2005 年的台风灾害造成经济损失 796 亿元,死亡人数达 1 200 人,居当年自然灾害之首。

台风不仅影响沿海地区经济和社会发展,而且会在内陆地区造成严重的生命财产损失。我国沿海地区是人口最稠密及重要港口群所在地,也是亚洲经济发展最有活力的地区。但是这些地区对于灾害的承受能力脆弱,一旦台风袭击,极易造成严重灾害。不仅如此,台风登陆后在内陆地区仍然可以产生巨大的灾害,如 1975 年 7503 号台风登陆浙江后长驱直入,造成河南省驻马店特大暴雨,导致水库垮坝、农田被淹,冲毁京广铁路,1 100 万人受灾,4 万余人死亡,是我国 1949 年以来仅次于唐山大地震的一次巨灾。

突发的台风灾害会影响社会稳定,甚至危及国家公共安全。2005 年,袭击美国新奥尔良市的"卡特里娜"飓风不仅造成严重的经济损失和人员伤亡,灾后还诱发了大量偷盗和抢劫等刑事案件,刺激了石油等能源价格上涨,严重影响了美国的正常生活秩序。无论是从登陆中国的台风强度,还是从承受台风灾害"脆弱"区(如珠江三角洲、长江三角洲和环渤海湾地区等经济发达地区)来考虑,都存在类似美国新奥尔良市遭"卡特里娜"飓风袭击的惨重灾难在中国沿海重演的可能。对此，我们必须引起足够的重视。

台风灾害的有效预警，对登陆台风预报准确率提出了更高要求。近十几年来，台风路径预报水平有了明显进步，但是对直接致灾的台风强度、台风暴雨和大风的预报水平依然较低，尤其在台风登陆前后异常变化情况下，预报不准所造成的台风过度预警（预警范围过大、预警时间过长，造成不必要的防灾抗灾的人力和资源的浪费）时有发生，如 2005 年由于对台风"麦莎"强度和路径变化预报失误，导致北京地区过度防御，带来不良的社会影响。造成预报失误的主要原因是对台风登陆前后的异常变化认识不足。

总之，台风是影响我国最严重的自然灾害之一，严重威胁我国的经济发展、人民生命和财产安全，乃至社会稳定和国家安全。因此，深入认识台风登陆前后的异常变化规律，增强我国对登陆台风的预报能力，乃是适应国家台风防灾减灾的迫切需要。

1.2　登陆台风异常变化的关键科学问题

1.2.1　台风登陆前后异常变化研究的科学意义

登陆台风异常变化的主要表现特征包括：台风移动方向或速度突然改变；台风强度突然增强或减弱；台风在登陆后快速消亡或长时间维持；台风降水分布极不均匀；台风降水强度突然增强或者减弱等。初步的研究结果表明，这些异常变化是发生在台风从较单一、比较均匀的海洋环境移动到有不同地表、地形特征下，且又受其他多种天气（梅雨、季风、西风槽等）系统的影响，以及其内部结构变化的作用下所产生，但是产生这些异常变化现象的物理机制尚不清楚，这是制约台风登陆前后预报不准的主要原因，使得台风灾害防范区的确定更加困难。

台风登陆前后常出现移速和移向的异常变化，如突然转折、突然加速等。一方面，登陆地点的预报是直接影响防台减灾决策的关键，台风登陆受环境场、地形、近海海洋状况等的影响，其路径常发生意想不到的变化。例如，1994 年 14 号台风从台湾东北部海域向浙江沿岸逼近，当时的各种预报均显示它将在浙江温州登陆，但是在登陆前 12 小时突然转向北偏东运动，远离大陆而去，造成路径预报失败。正是由于这次登陆预报的失误，导致两周后 17 号台风登陆浙江温州的准确预报未能被公众接受，由于没有采取必要防范措施，造成 2300 多人伤亡。另一方面，台风登陆后路径走向更复杂多变，使得台风登陆后的路径预报难度更大，如 2005 年的台风"麦莎"，在登陆继续向北移动过程中，由于受北方弱冷空气的作用，路径发生偏转，造成北京地区暴雨预报失误，过度防范，产生不良的社会影响。

台风登陆前后结构和强度突然变化，如强度突然增强或减弱、台风尺度的突然扩大或缩小、强风区域的不均匀分布。目前国内外对登陆台风强度的客观预报能力依然较低，台风强度预报几乎是依靠预报员的经验，带有相当大的主观因素和不确定性。而台风强度的突变往往造成防灾措手不及或过度防御，如 1988 年 07 号台风，登陆浙江后持续增强，影响杭州市时风力增大到 12 级，造成杭州市停水停电 3 天。再如，2006 年台风"桑美"登陆前在 12 小时内强度连增 3 级,突然增强到超强台风。不仅如此,台风登陆后因物理条件差异,有的登陆后因能量耗损,短暂即消,而有的因有能量补充,竟可维持数天不消,维持不消的台风往往引发大灾,如 2006 年台风"碧利斯"登陆后维持5 天多,引发我国华南大范围持续强降水,造成严重的人员伤亡和财产损失。这些台风登陆前后的结构和强度变化与环境场、海洋以及自身结构变化有关,但是物理机制还有待于进一步研究。

台风登陆前后,受地形、近海海岸带或受冷空气或西南季风系统的影响,大风和降水分布发生显著变化,并有可能产生飑线、龙卷等剧烈的中小尺度系统,使登陆台风强风暴雨分布的演变规律更加复杂。登陆台风强风和暴雨是致灾的直接因素,是引起风暴潮、诱发山洪地质灾害的重要因素,防范台风的科学决策必须依据台风的风雨分布预报,而目前由于对其风雨分布变化规律认识的不足,其预报远不能满足社会防灾和减灾的需要。例如 2005 年台风"龙王",尽管预报员准确地预报其在厦门登陆,但却没有预计到在福州出现的罕见强降水。又如,"758"河南特大暴雨,就是因为 1975 年 7503 号台风登陆浙江后继续向西北方向移动,台风带来的大量水汽与北方冷空气结合,加上地形效应,造成特大暴雨。从现有的观测资料分析看,这些强降水过程都伴有许多中尺度的对流系统发生发展。但是,人们对台风环流内这些中小尺度的对流系统发生发展机理还缺乏足够的认识。

1.2.2 台风登陆过程研究是国际台风研究前沿

世界气象组织(WMO)非常重视台风登陆过程研究,设有专门的台风研究管理和协调机构(tropical cyclone program,TCP),统筹考虑全球的台风研究计划。在 2005 年年初于日本神户举行的世界减灾大会上,WMO 指出:"减少自然灾害是 WMO 及其 187个成员的核心任务"。在其所列的气象灾害中,第一位的就是登陆台风灾害。WMO 未来 15 年的目标是将因气象、水文和气候自然灾害造成的伤亡人数减半,为了实现这个目标,首要任务就是建立有效的台风登陆预警系统和相应的减灾响应计划。2005 年3 月,WMO 在中国澳门召开台风登陆过程国际研讨会(IWTCLP),专门讨论登陆台风的科学问题。2006 年 11 月,WMO 在哥斯达黎加召开的第 6 次台风国际研讨会(IWTC-VI)将登陆台风及其影响作为讨论的主题;会议指出,路径变化、强度和结构变化以及风雨分布及其影响,是未来登陆台风研究的主要方向。

世界受台风影响的主要国家,都有针对台风登陆过程的研究计划。例如,美国的天气研究计划(USWRP)将台风登陆过程列为最优先研究领域,并开展了海气边界层交换试验(CBLAST)、强度预报试验(IFEX)和台风雨带和强度变化试验(RAINEX)。澳大利亚针对登陆台风实施了台风海岸影响计划(ATCCIP)。以上计划对台风登陆过程中的海气相互作用、内核与外雨带相互作用、变性过程等开展了有针对性的观测研究。可见,台风登陆问题是国际台风研究领域的前沿。

1.3　国内外研究现状和趋势

1.3.1　国外研究现状及趋势

1. 台风登陆过程及成灾机理是国际台风研究的焦点问题

近年来，全球受热带气旋影响严重的国家或地区都陆续开展热带气旋外场科学试验，对登陆前后的海–陆–气相互作用、内核与外雨带精细结构、快速增强过程等开展有针对性的观测研究，包括美国的耦合边界层海气交换试验（CBLAST）、强度预报试验（IFEX）（Rogers et al.，2006）和飓风雨带和强度变化试验（RAINEX）（Houze et al.，2006），澳大利亚的热带气旋海岸影响计划（ATCCIP）（Power and Pearce，2007）等，获取了大量关于登陆过程新的观测事实，在强风条件下海气通量、中小尺度结构、高分辨率耦合模式等方面取得了突破性进展。2004 年至今，我国台湾地区实施了 DOTSTAR 计划（Wu et al.，2007），在关键区域内对可能影响台湾的台风进行飞机探测，并及时将获取的资料同化进多个全球或区域台风路径预报模式，显著改进了模式的台风路径预报。在世界气象组织（WMO）天气研究计划（WMO/WWRP）发起的"全球观测系统研究与可预报性试验"（THORPEX）中，台风观测及其可预报性研究也是其各区域子计划的重要组成部分，如 THORPEX 亚太区域计划（T-PARC）（陈德辉，2007）、大西洋 THORPEX 观测系统试验（Atlantic-TOST）等。

鉴于热带气旋灾害主要发生在其登陆前后，2006 年 11 月在哥斯达黎加召开的第 6 次国际热带气旋研讨会（IWTC-VI）将"登陆台风的定量预报"作为特别议题进行了研讨。此外，在多次其他全球性国际会议上，如热带气旋登陆过程国际研讨会（2005 年）、台风委员会届会（2005 年、2006 年、2007 年）、WMO 热带气象研究工作组会议（2005 年、2007 年）等，台风登陆过程及成灾机理也都是受关注的重点，是当前国际台风研究的焦点问题。

2. 台风中小尺度结构演变及其对台风异常变化影响是国际台风研究主要趋势

台风结构研究经历了点涡→轴对称结构→非对称结构→复杂精细结构等几个阶段（罗哲贤，2002）。20 世纪 80～90 年代，关于影响台风路径物理机制的研究成果促进了台风路径预报准确率的显著提高，但是台风结构和强度的预报能力则一直徘徊不前。越来越多的观测事实表明，台风虽是天气尺度系统，其内部却包含十分复杂的中小尺度结构（余晖和王玉清，2006），如中尺度涡、同心双眼墙、眼墙对流非对称、内外螺旋雨带等，这些中小尺度结构的演变对于台风活动有重要影响，尤其被认为是引起台风活动异常变化的主要原因，如突然转折、快速增强以及局地风雨的突然增强等。

随着观测与研究资料的积累，台风内部中小尺度结构及其对台风活动异常变化的影响研究已成为国际台风研究的主要趋势。20 世纪 90 年代至今，最为重要的台风结构理论进展当属台风内部扰动发生、发展和传播的线性机制（Montgomery and Kallenbach，1997；Enagonio and Montgomery，2001），这些线性波动的生消和传播与台风结构变化密切相关(余志豪，2002)，在近年得到广泛认可和迅速发展，并被用于解释多种模拟或观测到的台风结构和强度变化现象，包括同心双眼的出现(Yau et al.，2006)、台风结构对风切的响应(Reasor et al.，2004)、螺旋雨带的形成(Chow et al.，2002)等。不过，线性波动理论并不能很好地解释 3 波及以上更小尺度内核扰动的活动(Nolan，2005；Romine and Wilhelmson，2006)，而且线性波动是否会引起台风活动的异常变化(如突然增强等)还要取决于其与非线性机制的相对重要性(周秀骥等，2006)，这些都还有待于进一步深入研究。

3. 高分辨率耦合台风模式及其集合预报理论和方法是国际台风研究的重点方向

过去 20 年台风路径预报准确率显著提高，主要原因之一是数值天气预报技术的发展及其应用(张大林，2006)，高分辨率(1～2 km)的非静力模式已可较为真实地模拟台风结构和强度的变化。尤其值得关注的是，在 2006 年，美国地球物理流体动力学实验室(GFDL)的模式强度预报首次超过一直以来都是最好的统计预报方法(SHIPS)(Franklin，2007)，该模式后来被 Hurricane-WRF 系统替代(Surgi et al.，2006)，水平分辨率会提高到 1.33 km。台风登陆过程中，会与海洋和陆地发生复杂的相互作用，从而影响其内部中小尺度结构，引起台风活动的异常变化。卫星资料的广泛应用以及近年开展的登陆台风外场科学试验揭示了大量相关的新事实：一般认为，海面在热带气旋最大可能强度以及其他热力学计算中起着"暖库"作用，27～28 ℃的海面温度是台风维持的重要条件。但是，对 2005 年 Katrina 和 Rita 的观测分析(Shay and Jacob，2006)发现，热带气旋登陆前的发展潜势与海洋热容的关系较海面温度更加密切。这是因为当热带气旋经过时，往往会在最大风速半径的 1～3 倍范围内引起海洋混合和沿途深层冷水上涌，导致海面冷却，影响热带气旋的后期发展；对于登陆台风，由于摩擦增大、水汽供应减少，登陆过程一般会使台风表面风迅速减小，中心强度减弱。但是，陆面水体的存在及台风本体降水对陆面的增湿效应均可延缓登陆台风的衰亡；Powell 等(2003)发现，当风力超过飓风强度，海面动量通量趋于平稳，拖曳系数本身随风速增大而略有减小，实验研究和海洋响应研究均得到类似结果；Foster(2005)在热带气旋边界层中观测到有组织的水平涡卷，水平尺度在 1 km 左右，沿平均风向排列，且贯穿整个边界层，可导致出现局地强风区，显著增强下垫面与热带气旋主体之间的动量、热量交换，其对边界层通量的影响是目前常用的湍流参数化方案无法表述的。这些新的观测事实为进一步开发和改进能够反映台风登陆过程中与海洋、陆地复杂相互作用的耦合台风模式提供了有益思路，而这将显著提高模式的台风结构和强度预报准确率。

集合或集成预报是提高天气预报准确率和分析预报不确定性的有效手段，欧洲中期天气预报中心(ECMWF)、美国国家环境预报中心(NCEP)等均建立了各自的集合预报系统，作为其数值预报业务系统的重要组成部分，并已在台风路径预报中发挥积极作用。但是，现有集合预报技术大多是针对中纬度天气系统的，由于热带大气的动力物理机制与中纬度完全不同，适用于中纬度的扰动生成方法不一定适用于热带地区，因此适用于台风等热带天气系统的集合预报理论和方法，是当前研究的另一重点方向。

1.3.2　国内研究现状与发展趋势

我国是台风重灾国，台风研究历来受到重视，尤其在 2006 年 4 月 18～20 日，在北京组织召开了以"登陆台风的科学问题及防灾减灾对策"为主题的香山科学会议第 275 次学术讨论会，总结了国内相关研究现状与发展趋势。

（1）台风中小尺度结构研究已成为焦点问题，并取得了初步进展。20 世纪 90 年代至今，国家陆续实施了一系列与台风登陆过程有关的理论研究和试验项目，包括国家"八五"科技攻关项目"台风、暴雨灾害性天气监测和预报方法研究"、科技部社会公益平台重点项目"我国登陆台风灾害的监测及预报技术研究"、国家自然科学基金重点项目"热带气旋发生发展的理论研究""登陆台风强度变化机理研究"，以及多个科技部社会公益平台项目和国家自然科学基金面上项目。在这些项目的支持下，我国研究人员开展了大量影响台风登陆过程的大气环境和下垫面（包括海洋和陆地）强迫因子研究，包括西南季风、副热带高压、高空槽、洋面温度、深层海温、地表湿度、地形等（陈联寿，2004，2007），对于这些因子如何影响台风登陆前后的路径、强度和风雨分布，已有一定的理论认识和预报经验，尤其注意到：台风登陆前后，由于海岸地形、陆面摩擦等的影响，其中小尺度结构往往发生剧变，导致路径、强度和风雨分布的异常变化，如路径偏折、降水明显增幅、台风前缘出现龙卷等，是制约台风及其灾害可预报性的主要障碍之一（罗哲贤，2006）。因此，近年来，台风中小尺度结构已成为我国台风研究的焦点问题（伍荣生等，2004），并取得了初步进展，包括螺旋雨带形成和传播机制（徐祥德等，2004；周秀骥等，2006）、同心双眼结构演变机制（张庆红，2004）、眼墙对流非对称特征（Li et al.，2008）等，提出了多个创新性观点。但是，这些研究多为分析均匀洋面状况下或理想大气中台风中小尺度结构的演变，较少涉及台风登陆过程中下垫面性状突然变化的影响，以及台风内部多尺度系统的相互作用问题，卫星、雷达等新型资料的定量应用也十分有限，相关研究尚待进一步系统地深入开展。

（2）已开展少量台风登陆过程观测试验，积累了观测经验和数据分析经验。早在 20 世纪 90 年代初，我国就参加了 SPECTRUM 国际台风观测计划。进入新千年后，在科技部社会公益平台重点项目支持下，我国科学家于 2001 年实施了中国登陆台风试验（CLATEX）（陈联寿，2004），利用风廓线探测仪和超声风仪，获取了台风黄蜂登陆前后边界层要素资料，初步开展了台风边界层特征分析。2007 年，上海区域气象中心采用 GPS 探空、风廓线仪和超声风温仪，开展了两次目标台风的联合移动观测试验（赵兵科等，2007）。通过这些为数不多的野外观测试验，获取了台风边界层风、温、湿数据，得到了有些台风的湍流强度和湍流系数在登陆前后明显变化、有些则变化不大等观测事实，积累了观测经验和数据分析经验。

（3）台风强度和风雨预报依赖经验方法，高分辨率耦合模式和集合预报理论及方法是主要发展方向。"八五"攻关之后，我国就初步建立了台风数值预报体系（梁旭东，2006），包括国家气象中心全球台风预报模式、上海台风研究所东海区域台风预报模式、广州热带海洋气象研究所南海区域台风预报模式和沈阳气象科学研究所黄渤海区域台风预报模式。前 3 个模式自 1996 年起投入业务使用，黄渤海区域台风预报模式 2005 年投入业务使用，并在使用过程中得到不断发展，尤其在卫星资料（云迹风、QuikSCAT、TRMM、AMSU 等）和雷达资料同化改进模式初始场方面取得了初步进展。2006 年，上海台风研究所东海区域台风预报模式升级为西北太平洋台风预报模式，基于我国自主知识产权的 GRAPES 系统的台风预报模式（GRAPES_TCM）也于 2007 年投入业务使用。各模式路径预报准确率持续提高，尤其是 24 小时路径预报准确率已接近国际先进的日本预报模式。但是，由于水平分辨率仍很低（30～60 km），对台风强度和风雨基本没有预报能力。台风强度和风雨的业务预报仍依赖经验和统计方法（许小峰，2006）。

（4）长期以来，我国科学家已经注意到海-气及陆-气相互作用对台风异常活动的显著影响，但是都停留在定性分析和经验应用阶段。随着国外先进海洋模式（如 POM 以及更适合沿岸陆架浅海区域的 Deltf、ECOM 和 FVCOM 等）和陆面过程模式（如 Noah-LSM 等）的引进，以及我国自主研发海洋模式（如 LICOM 等）的发展，我国科学家也开始在台风数值预报系统中考虑海-陆-气三者的耦合过程（端义宏，2004）。尽管都为针对理想台风的尝试性工作，但已为进一步建立海-陆-气耦合台风业务预报模式奠定了基础。此外，我国还开展了考虑台风特殊性的集合预报理论和方法研究工作，如扰动初始台风位置和强度、仅仅扰动台风涡旋环流、同时扰动台风涡旋环流以及背景环流等，目前在进行业务试验的有麻素红（2007）设计的国家气象中心全球台风路径数值集合预报系统，提供 120 小时路径集合预报和袭击概率预报，以及谭燕（2007）在台风业务预报模式 GRAPES-TCM 的基础上构建的区域台风集合预报系统，进行未来 72 小时的台风路径预报。高分辨率耦合模式和集合预报理论及方法是我国台风数值预报的主要发展方向。

在香山科学会议后，经 2 年多的筹备，由中国气象局发起，联合中国科学院和教育部向科技部国家重点基础研究发展计划申请"台风登陆前后异常变化及其机理"研究项目，2009 年年初经批准立项（项目编号：2009CB421500，以下简称"项目"）并开始实施，本书正是基于"项目"研究取得的主要成果撰写而成。

1.3.3　"项目"实施前与国外的差距和存在的问题

1. 缺乏有针对性和有目的性的台风登陆前后观测科学试验

制约我国台风登陆前后异常变化研究的一个重要原因是台风登陆过程中观测资料不足，尤其是海-陆-气热量、动量和质量交换资料缺乏。由于台风移动特点，国外非常重视灵活机动的台风野外科学试验，促进了台风科研和业务的发展。相比而言，虽然近年来我国台风探测条件迅猛发展，自主研发的卫星可以进行双星 15 分钟加密观测，沿海已布设了多普勒雷达探测网络，但是缺乏针对台风移动特点的观测科学试验。因此，需要设计周密的登陆台风野外观测科学试验计划，获取第一手观测资料。

2. 非常规观测资料的定量应用技术落后

当时国外普遍重视将卫星遥感、雷达探测资料用于台风研究和业务，大大提高了台风监测分析和预报能力。尽管我国在卫星、雷达非常规探测硬件建设和布网上发展很快，但是所获得资料在台风业务中的应用，还处于定性分析的水平，定量化应用能力相当有限。因此，要加强高时空分辨率的卫星和雷达资料的定量化应用来刻画台风登陆前后的详细演变过程。

3. 台风登陆前后异常变化研究缺乏深度和广度

我国向来关注登陆台风研究，但是以往受观测资料、数值模式（包括海气耦合模式）、同化技术等条件限制，相关的研究工作缺乏深度和广度。近年来，我国探测条件、模式技术、计算机能力有了很好的发展，为更深入地了解台风登陆前后异常变化及其致灾机理提供了非常好的条件。

4. 登陆台风海-陆-气相互作用的动、热力过程不明

海-陆-气相互作用过程对台风登陆前后异常变化具有非常重要的影响，但是由于资料缺乏，我国的相关研究工作开展很少。国外相关科学试验取得了丰富的边界层观测资料，在强风条件下台风边界层过程研究上取得了初步进展。因此，需要借鉴这些研究成果，开展我国登陆台风的边界层观测研究，加深对登陆台风海-陆-气相互作用过程的认识。

5. 台风模式技术研发落后

数值模式是台风研究和预报的重要工具。国外的台风模式、海洋模式、陆面过程模式及耦合方法发展早、积累多，基本形成业务预报能力，是成熟的研究工具。相比之下，我国台风数值模式发展慢，一些关键的技术问题没有解决，如台风模式的初始场技术、资料同化技术、云物理过程等，特别是在能体现台风登陆过程物理机制的海-陆-气耦合模式方面的工作，还处于非常初步的阶段，制约了台风登陆过程理论认识和预报能力的提高。

1.4　台风异常变化中的关键科学问题和重点研究内容

1.4.1　登陆台风异常变化的科学问题

相对在广阔的洋面而言，台风登陆前后是一个复杂多变的过程，相关研究更具挑战性。台风登陆前后受海洋、大气和陆地的共同影响，如近海海洋热状况、海岸带走向、沿岸浅海地形、陆上复杂地形、地表温湿状况、中低纬度天气系统等，可能发生异常变化。这些变化主要表现在：台风登陆前路径突变及登陆后移动趋向、登陆前结构强度突变、登陆后的维持不消、台风登陆前后内部中尺度系统的发生发展、台风强风暴雨的突然增幅等。目前还不清楚上述复杂因素引起这些异常变化的物理机制。"项目"在集成国内外已有成果基础上,紧紧围绕台风登陆前后异常变化及成灾机理这一核心主题开展研究,为实现"项目"研究目标应解决的关键科学问题是:导致台风登陆前后异常变化的环境场、海-陆-气相互作用、内部中尺度结构等影响因子的变化特征及演变规律;海-陆-气耦合作用引起台风登陆前后异常变化的物理机制;各种大气探测资料(特别是卫星和雷达探测资料)在台风结构分析中定量应用的理论及台风模式的海-陆-气耦合方法。

1.4.2　"项目"重点研究内容

1. 台风登陆过程的外场科学试验

近年来,全球受热带气旋影响严重的国家或地区都陆续开展了登陆热带气旋外场科学试验,外场观测试验得到重视发展,推动了对热带气旋结构的观测和研究工作。WMO 天气研究计划(WMO/WWRP)发起的"全球观测系统研究与可预报性试验"(THORPEX 计划)是一项为期 10 年的世界天气研究计划,其主要目的是广泛而深入地开展全球大气科学、观测系统试验、可预报性等方面的联合研究,加速提高 1～14 天的天气预报准确率,改进高影响天气预报服务时效,热带气旋观测及其可预报性研究也是其各区域子计划的重要组成部分,如 THORPEX 亚太区域计划(T-PARC)等。随着边界层过程对热带气旋的影响逐渐被认识和重视,美国开展了耦合边界层海气交换试验(CBLAST),这项试验由美国海军研究院主持,美国飓风研究所(HRD)、空军研究中心(AFRC)和国家环境卫星情报局(NESDIS)参与合作,目的是通过研究热带气旋边界层内物理过程来改善模式参数化方案、提高预报水平。

在亚太地区,日本、韩国与中国台湾地区等都积极开展了台风外场科学试验,如中国台湾地区开展的 DOTSTAR 外场观测试验(Wu et al.,2005),该计划针对 24～72 小时内可能侵袭台湾地区的台风进行下投探空观测,以增进对台风动力理论的认识,并改善台风路径的预报精度;数值试验表明,同化下投探空资料后,台风路径预报可有较显著改善。日本开展的 PALAU-2008(Pacific-Area Long-term Atmospheric Obs. for understanding climate change)外场试验,该试验主要针对研究大尺度背景流场在台风生成中的作用、中尺度过程作用的各个细节,以及对台风生成重要的大尺度与中尺度过程之间的关系,如 Doppler 雷达数据的 VAD 分析显示,台风"风神"(2008 年)的形成源于初始随高度向东偏、天气尺度的涡;而模拟进一步显示,涡向上偏之后其强度增强到热带风暴,且局部垂直切变减弱,对流层中部的一个中尺度对流系统转变为眼壁的一部分。

外场科学试验 TCS-08 试验(tropical cyclone structure)(Elsberry and Harr,2008),以及 2010 年开展的 TCS-10/ITOP 试验(impact of typhoons on the Ocean in the Pacific,ITOP)(THORPEX 大型试验的继续与部分),该试验目前取得的进展与发现包括:台风造成的冷却可以扩展到整个海洋混合层;台风眼壁不同象限显示出显著不同的边界层结构,即一个象限的边界层风切变相对弱,而另一个象限显示出极强的风切变;近地面层(30 m)显示出随高度不变的位温、径向风与切向风,导致近地面风速值比根据近地层对数律的预测值要高；热带气旋所形成的海洋冷尾迹的持续时间，要远远大于遥感估计值（Mrvaljevic et al.，2013）；海洋次表层热结构对台风的加强起到关键作用（Lin，2012）。在 26 ℃等温线很深和上层海洋热容量高时，很少发现台风引起的海洋冷却负反馈，微弱的负反馈使丰富的海-气熔通量用于支撑台风的增强；相反，26 ℃等温线较浅和上层海洋热容量不高时，次表层冷水上翻至海面要容易得多，限制了台风的进一步增强。卫星反演的大气运动矢量同化数值试验表明（Berger et al.，2011），可以减小台风路径预报误差，特别是对超出 72 小时的预报。

　　2002 年 7～9 月，科技部社会公益研究专项中的"中国登陆台风观测试验"CLATEX（China LAndfall Typhoon EXperiment）项目组实施了中国首次登陆台风现场科学试验，其目标是了解登陆台风在强风背景下边界层的结构特征以及海岸地形对台风结构、强度和近海路径偏折的影响。试验基地设在频受台风袭击的广东省阳江市的海陵岛，配备了先进的探测仪器装备，包括多普勒雷达、风廓线仪（wind profiler）、多普勒声雷达、超声风速温度仪、光学雨量计、卫星探测、自动气象站（AWS）及加密的高空地面常规观测。试验对目标台风设立了选取标准、监视海域和加密观测计划（intensive observation program）等。2002 年的 14 号台风"黄蜂"（Vongfong）被确定为目标试验台风并对其作了加密观测试验。台风"黄蜂"登陆地点距海陵岛 100 km，观测到超过 40 m/s 的阵风。这是中国首次对一个登陆台风的边界层实施了外场观测试验，也是中国首次对一个登陆台风获取了边界层结构资料。与此同时，另有一移动观测车追踪台风"黄蜂"直到其登陆地点吴川，进行了追踪探测。

　　近年来，虽然对海上热带气旋的路径预报水平有了较大提高，但对热带气旋登陆前后的路径、强度和风雨分布预报能力仍然很低，主要是由于热带气旋登陆时受复杂的海-陆-气相互作用，其变化机理是国际热带气旋学科领域的研究前沿课题。大量的数值模拟研究都表明，模式中不同的边界层大气湍能通量参数的选取，对热带气旋的路径、强度和风雨分布的模拟影响十分显著。"台风登陆过程外场科学试验"的主要目标就是开展我国热带气旋主要登陆区域大气边界层观测试验，获得多个加密的探测资料，这不仅有利于提高热带气旋边界层理论研究水平，而且对于改进数值天气预报模式中边界层大气物理量通量的计算方法和提高登陆热带气旋的数值预报能力都具有十分重要的意义。

　　设计台风登陆过程外场科学试验方案，重点进行台风登陆前后核心区域的海-陆-气边界层观测和追踪观测，开展台风登陆过程加密观测资料质量控制技术研究，建立台风登陆过程研究外场科学试验资料库；分析台风登陆前后海-陆-气边界层内各要素的分布和演变特点，研究台风登陆前后海-陆-气热量、动量及质量交换特征，研究台风登陆前后边界层结构变化的动、热力学过程，探索台风边界层参数化方案的新途径并进行应用试验。

2. 台风登陆前后精细结构多源观测资料综合分析理论和方法研究

　　由于台风大部分时间活动在洋面上，海上常规观测资料非常缺乏，因此非常规观测资料在台风研究和业务预报中显得非常重要。例如，单星或双星观测的云导风、云顶亮温、热带测雨卫星（tropical rainfall measuring mission，TRMM）、Quick Scatterometer（QuikSCAT，卫星搭载的微波散射仪）、雷达等资料，已经广泛应用于台风的监测、预报和研究。

台风研究和预报中对卫星资料的应用主要采用同化的方式,主要有反演同化和直接同化两种方式。最早的卫星资料同化采用的是反演同化方式。但是由于卫星探测资料垂直分辨率低于数值模式,不能分辨大气垂直廓线中的某些结构;卫星探测仪器尚未具备真正的全天候探测能力,红外通道辐射值出现冷偏差,而微波的长波波段虽能穿透大部分云系,但又对降水敏感;再则反演同化方法没有正确使用来自卫星探测值的信息,因此卫星资料反演同化应用效果往往不理想。为解决卫星资料反演同化中存在的问题,人们探索在同化模式中直接引入卫星探测信息的新方法,建立了基于 3 维变分同化和四维变分的直接卫星探测资料同化方法。运用这些方法,把可能得到的高密度资料和卫星资料同化到台风的初始场中,可使台风的内部结构得到重塑,从而使台风路径预报误差大大缩小。再如,利用 3 维变分同化方法,对微波资料进行融合,并用来研究西北太平洋上台风的结构和不同时期台风结构的变化,而这些是无法通过常规资料来获得的。

国外很早就开始使用雷达研究台风 3 维风场结构,20 世纪 80 年代主要利用机载多普勒雷达分析台风中心附近 3 维空间风场和台风内部的中尺度特征。而地基多普勒雷达凭借其高时空分辨率风场观测数据而成为研究登陆台风环流结构的主要工具。由于多普勒雷达只能观测到径向风场,要得到 3 维风场必须通过反演或者多部多普勒雷达同时观测。目前国内外主要的单多普勒雷达反演方法包括:VAD、GBVTD(ground based velocity track display)、GVTD、TREC(tracking reflectivity echoes by correlation)、动力学方法、VVP(velocity volume processing)和非线性逼近方法等。这些方法中以GBVTD 应用最为成熟,该方法利用几何关系和傅式级数转换,能反演出台风的主要环流结构。近年来,GBVTD 方法已被成功应用在多个登陆台风的研究上。尽管如此,GBVTD 方法存在的一些问题还有待解决。例如,当台风接近陆地时风场如何解析、台风受地形影响环流结构被破坏是否适用、如何进一步提高中心定位精度和非轴对称环流的反演精度、如何解析高次项的径向风等问题。这些问题的深入研究,则可以更深入认识登陆台风的中尺度特性和内部的动力特征。同单雷达相比,双多普勒雷达能够同时获得对同一目标的径向风速,结合质量连续方程,能反演出精确的 3 维风场。

在雷达资料同化方面,如何将雷达资料合理有效地加入同化分析系统,提高分析质量和预报准确度,也是台风研究中的一个重要问题。雷达资料同化技术主要分为两类:第一类是直接同化技术,直接同化雷达资料观测的径向风场和反射率因子。例如,利用变分法将雷达径向风与回波以四维数据同化加入云模式中,讨论数据同化对模拟的影响;利用 NCAR 发展的 3 维数据同化系统针对台风个例进行研究,并研究比较雷达径向风同化和雷达回波同化结果的敏感程度和预报改善程度。第二类是间接同化技术,首先将雷达观测的量反演成模式变量后,再利用变分法同化至模式中,如用反射率资料可推演出初始的云水含量,然后在间歇同化循环中同化反射率和径向速度,从而调整水汽场和云水场。还有将 GBVTD 方法反演的登陆台风的环流同化至数值模式中,在改进台风预报路径和强度方面均取得了较好效果。

本书将集中介绍多源资料的融合理论和方法,特别是针对非常规观测(卫星、雷达等)资料应用的关键技术变分同化方法。以我国新一代风云极轨气象卫星以及风云二号双星加密观测数据为主,结合 TRMM、QuikSCAT、COSMIC 和 CloudSat 等国外其他卫星观测数据,进行台风云系热力学相态判识、多层云系识别、云光学厚度反演、有效粒子半径反演等遥感探测领域研究;改进针对台风的单部多普勒雷达、双及多部多普勒雷达的风场和云水粒子分布反演技术;获取台风 3 维风场,揭示台风登陆前后的精细结构;完善误差矩阵等改进资料同化技术,建立和发展适合于台风条件下剧烈演变、强非地转平衡,具有高空间分辨率的资料同化融合技术,研制台风登陆前后具有高时空分辨率的四维分析场。

3. 台风登陆前后路径异常的研究

影响我国的台风来自西北太平洋和南海,观测发现,台风在移动过程中会发生一些异常行为(unusual behavior),而台风的方向或速度突然改变(陈联寿和丁一汇,1979;Carr and Elsberry,1995)就是其多种异常行为中的一种。虽然国内外对控制台风运动、强度变化和风雨分布的关键因子及其主要物理过程已经有了一定认识,但是对上述台风异常活动发生的机理了解很少(端义宏等,2005)。

台风的异常活动具有明显的突变性质,发生的时间尺度在数小时到数天之间,预报失败往往会导致台风灾害防御的措手不及或过度防御,造成严重的灾害或者不必要的经济损失。

影响台风路径的因子有很多(图 1.1),而导致路径异常现象是目前台风业务预报的主要难点。例如,与台风路径预报平均误差相比,中央气象台对突然北折路径预报的误差明显偏大,24 小时路径预报误差增加了 26.8%,48 小时路径预报误差增加了 62.8%(倪钟萍,2012)。预报不准的一个重要原因是导致热带气旋路径异常的物理机制尚不清楚。近年来,台风异常活动现象已经引起国内外科学家的关注,2011 年 10 月和 2012 年 11 月世界气象组织(WMO)、中国工程院和科技部"台风 973 项目"分别组织了"International Workshop on Tropical Cyclone Unusual Behavior"(厦门)和"International Work-

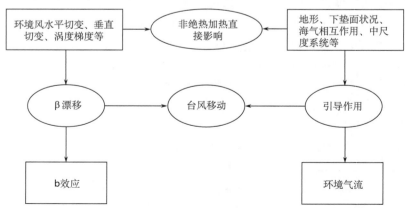

图 1.1　影响热带气旋移动的影响因子

shop on Rapid Change Phenomena in Tropical Cyclones"（海口），探讨台风异常活动这个国际台风研究领域的前沿课题。

西北太平洋和南海是世界上热带气旋生成最多的地区，也是著名的夏季风活动区，一些研究已经表明，台风与季风环流的相互作用可以导致台风路径异常。早在 20 世纪 90 年代，台风专家 Elsberry 教授研究小组发现，西北太平洋（包括南海）的台风在向西或者西北的移动过程中会突然北折。利用简单正压模式，他们认为，台风这种突然北折与西北太平洋地区特有的季风涡旋有密切关系。一系列研究也表明，西北太平洋地区夏季风环流型式与台风异常路径有密切关系，Wu 等（2011a）对 4 个路径突变个例分析发现，东海附近的台风路径突然北折都发生在低频季风涡旋之中，当台风移动到季风涡旋中心附近时，台风路径、强度和结构都会发生突然的变化（Wu et al.，2011b；Liang et al.，2011）。Wu 等（2013）对近 11 年来所有发生突然北折的 15 个台风进行了分析，这些突然北折的台风路径都与准两周时间尺度的季风涡旋有关，并且突然北折发生在台风与季风涡旋合并的过程中。

事实上，如果将季风槽或季风涡旋这样的季风环流看作非均匀的大尺度背景场，有关台风在大尺度背景场中移动的研究已经很多。Holland（1983）等利用正压和斜压的大气模式，研究了β效应对台风运动的影响，发现β效应可以影响台风的非对称结构，从而引起β漂移。Fiorino 和 Elsberry（1989）提出了"次级引导气流"（secondary steering flow）和"β涡对"的概念，β漂移可视为热带气旋是β效应产生的非对称次级引导气流对气旋本身平流的结果，β漂移的方向与台风外围结构有密切关系。20 世纪 80～90 年代很多研究表明，环境场的线性切变和涡度梯度可以影响β涡对与热带气旋结构，进而影响台风运动和强度[请参见 Wang 等（1998）的综述和相关文献]。斜压数值模拟表明，环境风场的垂直切变可以进一步影响热带气旋的运动和结构（Wang and Holland，1996a，b）。这些研究都表明，与季风环流相联系的环境风场（水平切变、垂直切变和涡度梯度等），可以影响台风的路径、强度结构甚至风雨分布。目前，这方面的研究都局限于理想的环境气流，对季风槽和季风涡旋这样实际环境气流的影响认识不多，将这些理论研究成果应用到实际台风移动将提高对台风与环境相互作用的认识。

认识台风在移动过程中异常活动发生的机理，是目前国际热带气旋研究领域的热点课题，不仅能够提高我们对台风活动及其与大尺度环境相互作用的认识，也能够提高我国台风业务预报水平，满足防台减灾的迫切需要。"项目"主要研究了台风异常路径的特点及其影响机理，重点放在台风与季风环流相互作用、多台风相互作用、中尺度对流系统影响、台风与海洋相互作用和台风与中纬度环流相互作用、弱环境流场中台风环流内中尺度系统对台风登陆前后路径突变的影响等方面，同时还研究我国近海海洋热状况、海岸带走向、沿岸浅海地形、岛屿对台风登陆前路径突变的影响，以及研究我国复杂地形和陆面状况（湖泊、城市群等）对台风登陆后路径异常的影响。

4. 台风登陆前后的强度/结构异常变化

台风的结构和强度变化主要受到三方面因子的影响，即环境大气影响、台风环境内部因子的影响以及台风所在下垫面的影响（图 1.2）。

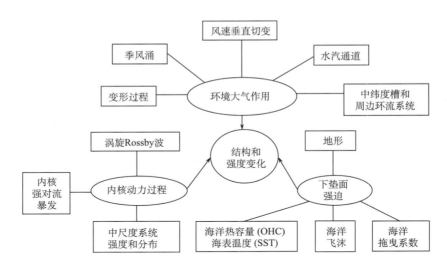

图 1.2　影响热带气旋结构和强度变化的因子

　　环境大气因子影响着台风结构（S）和强度（I）变化，风的垂直切变（vertical wind shear，VWS）（包括风向和风速）对台风强度影响很大，弱的 VWS 有利于台风的加强，而强的 VWS 会抑制台风的加强，而使其减弱。中纬度槽是另一个环境影响因子，中纬度槽和台风环流的相互作用对台风结构和强度变化有重要影响，尤其是中纬度槽注入台风环流的冷空气会导致台风变性（extratropical transition，ET），变性过程（ET process）会使台风结构发生彻底转变，即从正压结构变性为斜压结构，并可能导致强烈天气。台风在热带地区环境天气系统与台风相互作用，引起台风结构和强度的变化。这些天气系统包括季风涌（monsoon surge）、冷涡（cold cut-off low）、双台风（binary TC）、环境水汽输送通道、中尺度涡旋（meso scale vortex）、陆面上的干冷气流、信风（trade wind）、辐合线等，这些都显著影响着台风的结构和强度变化。

　　台风环流内部因子对其结构和强度也有重要影响，最为显著的特征是台风眼墙（eyewall）结构和强度变化有密切关系。内核有对流暴发、眼墙收缩、结构紧密，表明台风在增强；反之，内核对流衰弱、眼墙扩大、结构松散，表明台风在减弱。研究（Yu et al.，2012）结果表明，当台风内部对流发展或暴发时，台风会发生突然加强（RI）。台风在一定阶段会形成同心双眼壁（concentric eyewalls）结构。并非所有台风都具有双眼结构，只有一部分台风具有这样的结构，同心双眼结构与强度变化也有密切关系，它往往发生在对流运动增强和眼区上空增暖阶段，这时台风增强。双眼墙形成以后，内眼墙逐渐萎缩，外眼墙替换内墙，眼区扩大，台风减弱。冬秋季节当干冷空气侵入台风环流，会破坏眼墙结构，使眼区变得松散而扩大，这时台风中心风速会快速变小，外围风速会超过中心附近风速，这样的台风称为空心台风（hollow typhoon）。台风中螺旋雨带的生消和传播也影响着台风的强度变化。用涡旋 Rossby 波和重力波的混合波理论可知波动不稳定能量的增长和内核区强对流发生发展有密切联系（Zhong et al.，2010），从而可以分析台风强度变化。台风内核的暖心结构和台风强度有密切关系，当暖心增强时往往会引起台风的突然增强(Chen and Zhang，2013)。当有干冷空气侵入台风时，会与台风内部环流之间形成中尺度辐合线或中尺度小涡，台风内部的这类中尺度环流系统往往和强降水区对应，它与台风之间的能量交换也影响着台风的结构和强度变化。

下垫面对台风结构和强度变化有重要的强迫作用。最基本的影响来自海洋浅层的温度和热容量(OHC)，它的高值海域会使移入的台风突然加强，而低值海域会使台风突然衰亡。沿海大陆架以上的浅海区，台风引起的海水上翻(upwelling)作用尤其明显，对台风的减弱有重要影响。海洋的拖曳作用和近海台风的飞沫(sea spray)对台风的强度变化有重要影响。当台风趋近陆地时，台湾岛屿和大陆海岸地形对台风的结构、强度和运动有重要影响；当台风登陆之前，台风环流覆盖了部分陆面和部分海洋，具有海-陆-气三者相互作用的特点，结构和强度会有相应的变化；台风登上陆面以后，下垫面为陆面和山脉地形、陆地水面等，这对台风结构、强度以及降水和路径均有显著的影响。

热带气旋结构和强度变化尤其是快速加强(rapid intensification)是当前热带气旋研究的重点。"项目"还研究中尺度结构异常、迅速发展或消亡的影响；分析台风与中低纬度天气系统相互作用引起台风登陆后长期维持不消的物理过程、登陆后台风内部中尺度系统与残涡的相互作用、风场分布中尺度特征变化对强度的影响、风场波动特征对强度的影响等；结构和强度变化与环境、海面、内部中尺度动力过程有关。需要有加密观测，近年来采用外场试验来研究。世界气象组织全球最为著名的大气科学试验为THORPEX(THe Observing system Research Predictability EXperiment)，该试验旨在改进全球天气预报的水平，也包括改进热带环流系统预报的水平。2008 年，THORPEX和美国合作，开展了代号为"T-PARC/TCS 08"(THORPEX-Pacific and Asian Regional Campaign/tropical cyclone structure 2008)的外场科学试验研究，TCS 08 用 WC-130J飞机探测和下掷探空仪、机载雷达、漂移式浮标站，对超强台风"森拉克"(Sinlaku 0813)、强台风"黑格比"(Hagupit-0814)和超强台风"蔷薇"(Jangmi)进行了观测，其科学目标是研究台风的结构和强度变化，尤其是台风的突然加强(RI)，并研究台风的生成、台风变性、台风路径转向等。一些观测结果表明，中尺度对流过程、环境风速垂直切变(VWS)、海洋热容量以及海表温度对台风形成和强度突变均为重要条件。该外场科学试验(TCS 08)对台风"森拉克"的观测表明，它在转向之前的强度变化与海面冷暖变化和风速垂直切变大小变化存在密切关系。低值风速垂直切变和暖海面都会使台风最大风速加强，低值风速垂直切变和冷海面会使台风缓慢减弱，中等的风速垂直切变和很暖的海面风暴，还会加强或维持强度不变，总的来说，高值风速垂直切变一般都与减弱相联系(Park et al.，2012)。

TCS 10 是 TCS 08 的延续，它与西北太平洋的另一个外场科学试验 ITOP 合作。美国的这一项目于 2010 年在西北太平洋实施。台风从热带海洋获取能量得以生成和发展，生成后的台风因其很低的气压、很强的风速对所经过的海洋产生影响。台风和海洋的相互作用是 ITOP/TCS10 外场科学试验要观测和研究的内容。其科学目标是要了解台风经过后海面的冷尾迹(cold wake)的形成、强风背景下的海气通量、海洋涡流对台风的影响以及和海洋对台风的响应，海洋表面波对台风强度的影响以及如何改进台风预报。ITOP/TCS10 选了 3 个台风即"凡亚比""马勒卡""鲇鱼"进行观测试验。试验用了飞机探测和下掷探空仪、大量的浮标探测阵和船舶等。试验结果显示，台风强度增强均和高海洋热容量（OHC）和低值风速垂直切变有关。观测资料还显示，台风经过的海面均留下冷尾迹，带状冷尾迹的宽度取决于台风的尺度，台风"鲇鱼"尺度小，冷尾迹也较窄。台风经过后海表下层的冷尾迹要经过较长时间才能恢复。冷尾迹的性质和台风结构、路径以及海洋混合层的特征有关（D'Asaro et al.，2013）。

另外，近年来对于台风结构和强度变化的研究相应的外场科学试验还有 PREDICT（PRE Depression Investigation of Cloud systems in the Tropics），这是 2010 年在大西洋的试验，研究热带洋面前期低压如何加强发展成飓风的，尤其是了解具有怎样征兆的前期低压事后才会发展成飓风，目前对此所知甚少。

热带气旋结构分析的内容主要是定位、定强，其他还有外围的风速分布和强度、台风的螺旋雨带分布、中尺度强对流的位置和强度、台风前部的飑线或龙卷、台风结构的对称性分析、台风登陆前后中尺度结构演变特征及主要影响因子等。对于定位、定强，各国虽有不同方法，但主流技术是 Dvorak 方法，该方法做过多次改进，尤其在客观化上的改进，使该方法得到广泛应用。常规分析主要用卫星红外和微波资料，以及雷达，尤其是 Doppler 雷达资料、飞机下投式探空资料，在确定台风位置和估计台风强度及外围风场分析上有较好的结果。

对于台风的强度变化预报，早期用气候统计和持续性方法，但如今用这种初级方法来做强度预报越来越少了，一些年以前有的预报中心用多元逐步回归来做强度预报。由于动力数值模式做强度预报的预报技巧较低，当今做台风强度预报通常用统计动力相结合的方法，或神经网络方法。中国的一些预报中心也曾使用这类方法做强度预报，有一定的参考价值。

过去 10 年，台风路径数值预报有很大进步，除了少数突变路径报得不好外，一般 3 天之内路径预报误差显著缩小，而强度预报却没有进步。原因是明显的，台风运动主要受大尺度环境气流影响，中小尺度系统或内部结构不对称对其运动虽时有影响，但常在弱环境场中显示，大尺度环流的变化是数值预报的强项。而影响台风结构和强度变化的因子太复杂，除了大尺度环境因子外，台风内部因子尤其是内核对流运动对台风强度变化起着重要作用，而这一类运动尺度的影响正是数值预报的弱项。另外，海洋热状况对台风强度的影响超过对路径的影响，这种影响增加了强度预报的复杂性。不论如何，台风强度预报最终的出路还得依靠数值模式的改进发展和计算能力的提高。

5. 台风登陆前后的风雨分布特征及其演变

台风登陆是一个涉及海-陆-气相互作用和多尺度相互作用的复杂过程，登陆过程必然伴随着下垫面、环境天气系统及地形等的复杂影响，多种尺度交杂在一起，往往带来明显的风和雨，如"9711"号台风 Winnie 给我国东部沿海、华北及东北地区带来的强风和暴雨，2001 年登陆减弱热带低压环流中的中小尺度系统引起的上海大暴雨，2005 年台风"泰利"登陆后环流稳定少动造成的局地持续性强降水，2006 年台风"碧利斯"登陆后环流长时间较稳定维持并与环境场（季风环流）相互作用造成的降水增幅，2009 年台风"莫拉克"给我国台湾地区带来强降水，引发严重灾害，登陆大陆后又带来强风和暴雨等，这些台风和它们带来的强风与暴雨预报难度极大，是台风科研与预报的重要内容。

　　上述台风登陆过程中强风和强降水的空间分布及其时间演变，主要受到三方面因子的影响：环境大气、台风所处下垫面及台风环流内部中小尺度系统(图 1.3)。

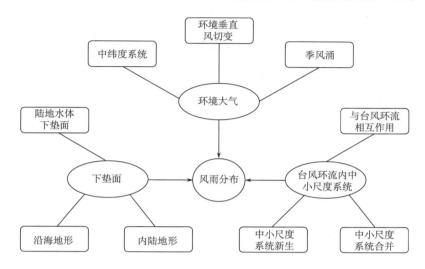

图 1.3　影响热带气旋风雨时空分布的主要因子

　　环境大气影响因子主要包括环境垂直风切变、中纬度系统、季风涌等。环境垂直切变对台风降水分布有明显影响，强降水主要发生在环境垂直风切变顺风切或顺风切下风方向；中纬度系统与台风环流相互作用可造成远距离暴雨，如果台风进一步北上与中纬度系统(如中纬度高空槽)发生进一步直接相互作用，常会造成大范围降水场的非对称分布，同时受系统不同强度及空间位置影响，相互作用期间，不同台风个例的降水强度和空间分布也会呈现明显差异；季风涌是影响登陆台风降水分布，尤其是登陆后降水变化的另一个主要环境大气因子，季风涌暴发输送大量水汽进入登陆后的台风环流中，常会带来明显的降水增幅。台风所处下垫面环境的变化对台风降水分布和变化有重要影响，尤其是陆地水体下垫面，以及沿海和内陆地形等对登陆台风降水分布和强度影响显著，造成台风降水突然增强、局地发生持续性强降水等，陆地水体下垫面可为登陆后减弱的台风环流系统重新注入水汽和能量，有利于台风降水的维持，甚至发生暴雨增幅；沿海地形对台风降水有明显的阻滞和增幅作用，强降水往往发生在地形迎风坡附近，而内陆地形对强降水也具有明显的增幅作用，地形附近地区的降水持续，且强度加强。台风环流内的中小尺度系统也对台风强风和暴雨的发生有重要作用，环流中的中小尺度雨带分布与强风有着密切联系；而一些登陆后已经明显减弱的台风环流中，在有利条件下，往往会发生中小尺度系统的新生与合并，这些中小尺度系统不但可以与台风环流发生明显的相互作用，影响到台风环流本身的强度和变化，进而影响到台风风雨分布，同时也会通过相互作用、合并加强等过程，造成局地突发性强降水。

　　以上这些因子及其对登陆台风强降水和大风的影响，是需要重点关注的研究课题。此外，登陆台风暴雨系统常常伴随着明显的重力波特征，对暴雨系统中重力波特征的识别和提取，是研究登陆台风暴雨系统中重力波发展和演变，以及研究重力波对登陆台风暴雨系统影响的前提和关键；登陆台风降水是宏观动力过程和微观云微物理过程相互作用的产物，云微物理直接控制着大气中的成云和致雨过程，以往研究中对影响登陆台风强降水的宏观动力学过程关注较多，而对登陆台风强降水相关云微物理过程认识较少，通过研究登陆台风降水过程的云微物理特征、不同云微物理过程对登陆台风降水的可能影响，以及登陆台风暴雨的云微物理成因等问题，并与宏观动力过程研究相结合，可以更加全面地理解和认识登陆台风降水过程，尤其是强降水（暴雨）过程的机理，并服务于预报；此外，"项目"还研究了中尺度结构变化对强风暴雨突然增幅的影响、台风深入内陆过程中复杂地形和陆面状况对局地强风暴雨的影响、登陆台风环流范围内，直接造成强风暴雨的中尺度系统的结构特征、风场分布中尺度特征变化对暴雨分布的影响、风场波动特征对暴雨分布的影响等；登陆台风常常伴随着明显的风雨分布，风场结构特征及其变化与暴雨过程有怎样的联系也是值得关注的重要科学问题。

6. 台风登陆过程数值预报方法研究及应用

数值预报是国内外台风业务预报的主要工具。台风路径预报性能稳步提高，而台风强度、风雨的预报进展缓慢，主要原因在于路径预报依赖于大尺度过程，因此，只要数值模式能够合理描述大的环流背景，即可对台风路径做出较为合理的预报。而强度、风雨预报依赖于内核动力过程及其与环境场的关系，是一个多尺度（如对流单体尺度、中尺度和天气尺度）的问题。它不仅需要较高的模式分辨率，而且依赖于数值模式对初始涡旋结构的刻画、对台风物理过程的合理描述等。因此，为改进台风预报（尤其是强度、风雨预报），需要加强对台风模式初始化和物理过程参数化方面的改进及其在台风模式（含海气耦合模式）中的应用研究。

根据台风中期和短期数值预报不同需求，台风数值预报模式可分为全球模式和区域模式。全球模式主要面向 5～10 天的台风路径预报，而区域模式一般针对 0～72 小时路径、强度、风雨预报。国际上主流数值模式台风路径预报误差总趋势逐年下降，包括欧洲中期天气预报中心全球模式（ECMWF），日本（JMA）全球和区域数值预报模式，美国的全球模式（NCEP/GFS），英国的全球模式（UKMO）、GFDL 区域模式和 HWRF 区域模式，中国的 T213/T639 全球台风模式、GRAPES 区域台风模式等。而这主要得益于数值模式通过资料同化对大气环流形势场描述能力的明显提高。根据 ECMWF 的 2012 年年报，其全球模式对 5 天的 500 hPa 高度场预报水平已相当于 20 世纪 90 年代中期的 3 天预报水平。而在台风路径预报中，以国际上主流的数值模式为例，ECMWF 的水平高于 JMA、UKMO、NCEP 等国际先进模式。上海台风研究所针对西北太平洋台风的路径业务数值预报最新检验结果表明，各数值模式针对西北太平洋台风路径的 24 小时/48 小时/72 小时预报平均最低误差，由 2008 年的 132 km/228 km/356 km 减小到 2012 年的 91 km/176 km/258 km。

在台风全球模式方面，我国国家气象中心于 2002 年开始利用 T213 谱模式建立了台风路径全球数值预报系统，并于 2004 年业务化运行。经多次升级，该模式目前已通过 SSI（spectral statistical interpolation）同化 NOAA 卫星的反射率等资料；模式系统每天运行 4 次（00UTC/06UTC/12UTC/18UTC），预报时效 120 小时。2009 年起，系统提供的台风路径预报参加了国际台风路径数据交换。近年来，其针对台风的路径预报性能稳步提高。24 小时/48 小时台风路径预报误差从 2004 年的 150 km/260 km 左右下降到 2012 年的 110 km/200 km 左右。在对 T213 应用发展和升级的基础上，全球模式系统 T639 于 2009 年业务运行，标志着我国高分辨率全球台风预报进入了新阶段。

在台风区域模式方面，其发展起源于上海市气象局于 20 世纪 60 年代自主建立的正压模式（上海台风模式），该模式之后经历了 70 年代建立的准地转平衡模式、80 年代建立的 5 层原始方程模式。自 2004 年开始，上海台风研究所基于中国气象局区域 GRAPES 模式进行了新一代区域台风模式的开发（梁旭东，2006；黄伟等，2007；马雷鸣等，2009），基于 MC-3DVAR（模式约束 - 3 维变分同化；Liang et al.，2007a；2007b）方法实现涡旋循环同化，并考虑对流触发机制（Ma and Tan，2009）和拖曳系数参数化改进，发展了水平分辨率为 $0.25°$ 的 GRAPES-TCM 台风数值预报业务系统及水平分辨率为 $0.15°$ 的试验系统，提供每日四次（00 时、06 时、12 时、18 时）0～72 小时西北太平洋台风路径预报。2006 年，广州热带海洋气象研究所也基于 GRAPES 建立了南海台风模式系统（GRAPES-TMM），模式水平分辨率为 $0.36°$，采用 3 维变分（GRAPES-3DVar）同化包括自动站、多普勒雷达、卫星、飞机报等观测资料。除了针对路径预报外，为满足台风强度和风雨预报业务需求，近年来国家气象中心还开发了分辨率为 $0.03°$ 的 GRAPES-TYM 高分辨率数值预报系统，并与 $0.15°$ 版本单向嵌套。

尽管我国台风业务数值模式在近 20 年来取得了明显进展，尤其是在台风 973 项目的支持下台风路径预报水平明显提高，但与国际领先水平尚有一定差距，尤其在卫星等观测资料的质量控制和在台风初始化中的应用、考虑台风海-陆-气相互作用和边界层物理过程等参数化技术上还有不足。为解决这些问题，在台风涡旋初始化方面，卫星、雷达等资料的充分应用仍将是一个重要方向，而初始化的重点也不仅仅针对台风位置和强度等要素的改进，而更应着眼于对台风多尺度结构等关键因子的刻画。最近，"项目"基于卫星海面风反演海平面气压方法建立的台风初始化方法结合了 3 维变分与台风动力约束的思路（Ma and Tan，2010），在一定程度上避免了 3 维变分基于地转近似的动力约束和四维变分动力约束过于简化的问题，也可避免过度依赖 Bogus 技术造成的台风涡旋结构不合理的问题，这为台风初始化方法的发展提供了新思路。同时，需要指出的是，可应用于初始化的卫星资料很多，将不同的资料同时应用时，可能出现各种资料作用的重复叠加和分析误差的积累。因此，在初始化前，应尽量减少对观测误差较大资料的应用，或提高其观测（反演）精度。同时，有针对性地将卫星等多源资料与台风的特定结构分析相联系，可能取得较好效果。此外，"项目"研究也表明，同化多普勒雷达等资料，能够较好地模拟台风环流中心位置，更好地反映非对称结构信息。然而，由于雷达资料的覆盖范围仅限于沿海地区，对其应用可与卫星及高分辨率模式结合，侧重于登陆台风的短临数值预报；而对雷达径向风或反射率的应用也可有不同侧重，前者可用于改善动力结构，后者可改进微物理特征；对雷达覆盖范围之外部分与其他资料应用的衔接应有针对性的考虑，以避免初始化分析不连续的问题。在物理过程参数化方面，除了继续发展适用于台风的对流、边界层参数化外，还可研究将新的观测资料应用于海-陆-

气-浪耦合模式，如台风边界层观测、高频地波雷达在海洋监测中的应用等。此外，为提高对台风异常变化的预报能力，可加快发展集合预报技术。"项目"基于 GRAPES-TCM 模式，开展了针对对流、边界层参数化敏感性的台风集合预报方法研究，发现不同参数化方案通过改变对边界层、对流活动的描述，可刻画台风强度、降水的异常变化趋势，这为准确预报台风异常变化提供了新途径。

（1）在台风初始化方面，发展了基于 GRAPES-TCM 区域台风模式的台风涡旋初始化技术。将涡旋同化技术（Wang et al.，2008）、涡旋重定位方法与模式约束 3 维变分同化技术（MC-3DVAR；Liang et al.，2007a，b）紧密结合，提出了新的涡旋循环初始化方法。该方法基于观测构造台风涡旋信息，通过初始化过程中的模式积分，可以得到满足全模式约束后的动力、热力协调的台风结构，以及与之协调的环境场，达到对台风初始场的优化，进而提高 GRAPES-TCM 模式的台风路径预报精度（黄伟和梁旭东，2010）。而为了在台风初始化中体现卫星资料的作用，将涡旋初始化与 QuikSCAT 卫星反演海面风（Ma and Tan，2010；马雷鸣，2011）、卫星 TBB 资料和雷达资料同化相结合，以改进台风强度的初始分析和预报。

（2）基于观测结果进一步完善模式物理过程，也是提高台风预报能力的关键。其中，海-陆-气耦合过程在很大程度上决定了台风的发生发展，模式对其刻画的能力决定了模式预报的性能。已有研究表明，未与海洋耦合的台风模式易使边界层过暖，以及热量通量方向偏离观测，而耦合可改进温度垂直廓线。原因可能在于模式中的热量和水汽交换系数不正确，以及未考虑海洋飞沫的作用。"项目"基于 GRAPES 区域模式，结合海洋模式考虑海温、海浪对台风的影响，建立了台风海-陆-气模式耦合系统。该系统考虑了台风影响下的有效浪高、浪周期的变化对海面粗糙度和海-气间热量通量的影响。通过对实际台风个例数值试验，结果表明，系统所刻画的海-气相互作用符合观测事实，可显著提高台风强度的预报能力，同时基于研发的甚高分辨率风暴潮模式分析台风登陆过程中引发的风暴潮特征。

作为物理参数化的重要组成部分，对流参数化对于描述台风对流的发生、发展具有极其重要的作用。在"项目"的支持下，马雷鸣和谈哲敏（Ma and Tan，2009）提出了基于水汽平流作用的对流触发新机制，并应用于 Kain-Fritsch 对流参数化方案。这一方法使对流发生位置以及对流与环境场的相互作用更加合理，减少了降水空报现象，可改进登陆台风数值预报（包括路径预报）。该参数化方法经 WRF 模式系统性验证，已被引入 NCAR/WRF 模式 V3.3 版本。在目前台风数值模式分辨率逐步提高的趋势下，对对流参数化的应用成为需要取舍的一个重要课题。研究表明，当网格分辨率约为 4 km 或更小时，对陆地上有组织对流的显式模拟比依赖于对流参数化的模拟结果更加合理。边界层参数化也在台风模式中发挥了重要作用。日本气象厅基于 2 km 分辨率的数值模式研究表明，边界层方案所决定的次网格尺度混合长在确定最大台风强度和内核结构中发挥了重要作用。不同的垂直涡动-扩散系数可引起台风强度，内核结构和最大风速与中心气压关系的差异，如低层（<300 m）的强涡动扩散，可导致强的热力和水汽输送，进而形成极强的台风，并伴随直立（upright）而收缩的眼墙结构。"项目"对边界层高度的改进进行了尝试。此外，最新的观测事实表明（Powell et al.，2003），在大风条件下，边

界层拖曳系数并不随风速的增长而单调递增，而是可能在风速加强到一定程度时递减或保持不变。原因可能是台风内核附近的风应力受到海洋飞沫作用的限制。Bye 和 Jenkins(2006)也认为，大风条件下拖曳系数的减小是由于海洋飞沫及其所形成的一层厚且快速移动的飞沫层，它不仅使拖曳系数减小，而且使能量向更长的波长传输，并使海洋表面变得更为平滑。Black 等(2007)还在 WRF 模式中对不同的海表通量方程进行了测试。对于飓风 Katrina 的预报研究表明，当考虑海表拖曳系数在海面风速大于 30 m/s时取为常数，此时热量通量约为海表拖曳系数的 0.7 倍。"项目"还基于观测试验，分析得到了近海的海表拖曳系数与最大风速的关系，并进行了数值试验，能够改进台风强度的模拟。上海台风研究所在以上研究基础上，结合 Moon 等(2007)的研究，改进了 GRAPES-TCM 模式中的边界层拖曳系数参数化方案。该改进方案不仅可以在一定程度上提高台风强度的预报能力，而且在不引入海洋模式的条件下，较真实地刻画海洋对台风的作用，同时减少业务模式计算量。此外，辐射过程通过与台风云系的相互作用，影响了台风的能量平衡。"项目"研究提出了一种四流近似高精度辐射算法以替代 GRAPES 台风模式中的二流近似方案(Zhang et al.，2013)，试验表明，改进方案可使辐射加热误差减少 6%以上，该方案已在 GRAPES 模式中针对台风预报进行试验，有望改进台风强度预报。

(3) 针对台风预报，除了改进确定性单一模式预报外，通过集合预报，有利于加强对台风预报不确定性的把握，提高异常台风的预报能力，如 WMO WWRP THORPEX interactive grand global ensemble(TIGGE) programme 提供了来自世界上多个数值预报中心和 TIGGE 成员单位的台风路径集合预报，可提供可信度更高的概率预报产品。集合预报还可与资料同化方法相结合，如 Hamill 等(2011)检验分析了基于 EnKF 方法进行初始化的全球模式集合预报效果。EnKF 方法也已应用于 NCEP/GFS 和 NOAA/ESRL FIM(flow-following finite-volume icosahedral model)全球集合预报试验系统测试，结果表明，这两套系统的路径预报误差低于包括 ECMWF、NCEP、CMC 和 UKMO 的四套业务系统。与国外相关进展同步，"项目"基于 T213 全球模式、GRAPES-TCM 区域模式、多模式等开展的集合预报研究也考虑了模式初始场、物理过程等的不确定性，能够提供更为客观的台风概率预报产品，并与示范平台的建设和应用相结合，在实际台风业务预报中发挥了越来越重要的作用。

综上所述，"项目"在台风登陆过程数值预报方法研究中主要的内容包括：改进台风涡旋初始场生成技术；台风海-陆-气模式耦合系统建立和试验；建立适合于登陆台风情况下的数值模式边界层参数化方法，改进数值模式中对台风登陆过程中边界层过程的描述；通过对热带地区扰动的不确定性，热带海洋地区观测资料误差特性的分析研究，在最快增长模法、奇异向量法、集合卡尔曼滤波技术基础上，针对热带扰动系统的动力和热力平衡条件，以及热带扰动系统与中纬度系统的相互作用特点，进行强度和风雨分布的集合预报试验；建立华东、华南台风监测预报分析和应用示范。

7. 台风登陆的成灾机理及风险

随着社会财富的积累和聚集，以及人类生存环境变化日趋复杂多样，自然灾害已经成为当今世界的一个重要问题。人类的生存离不开地球表面的大气层提供的合适环境条件，台风作为大气环境中一种巨大的组织系统，它对人类社会和生态环境造成不可忽视的影响。台风登陆可摧毁所经地区的大片建筑物或工程设施，吹断通信与输电线路，毁坏农作物或经济作物，造成严重的灾难。台风在海面上引起的巨浪可使来不及躲避的船只颠覆沉没，还会使海上石油钻井平台遭到破坏。台风暴雨常常造成严重的洪水，深入内陆地区的台风带来的暴雨甚至可以引发山体滑坡和溃坝等严重灾难。

关于"台风灾害学"的一些问题，根据学术研究的习惯做法，研究的起点是对研究对象的概念辨析和考察。台风灾害是自然灾害的一种，对"台风灾害"的概念辨析，自然离不开对于"自然灾害"概念的理解。对于"自然灾害"的概念，国外学术界有各种不同的观点。其最简单定义是：与自然现象有关的灾害。网络资料中大量引用的是《维基百科》中的表述："自然灾害，指自然界中所发生的异常现象，这种异常现象给周围的生物造成悲剧性的后果，相对于人类社会而言即构成灾难"。

灾害定义如此复杂，它可以看成一个涵盖了自然到人类社会的宽阔的光谱带。从研究的可行度和可操作度考虑，必须在这个光谱带上选定一个有限宽度的区域作为研究的出发点。限于考察对象和资料原因，"项目"中所研究的台风灾害的着眼点还是更多从自然一面考察。基于这层考虑，参考国内外学者的观点，认为"自然灾害"的定义可以看成：自然灾害是由自然环境中的自然事件或力量为主因，造成的人类社会中人畜伤亡和财产资源损失及生存环境遭到破坏的事件。而"台风灾害"则可以定义为：由"台风"这一自然现象造成的人类社会人畜伤亡和财产资源损失及生存环境遭到破坏的事件。必须指出，自然灾害是自然生态因子和社会经济因子变异的一种价值判断与评价，是相对人类社会这一主体而言的。灾害是这种变异对主体的有害影响，离开这一主体，就无所谓"害"与"利"，也就不存在"灾害"的概念。灾害产生于自然-社会环境，它兼具自然属性与社会属性，与人类活动隔绝的自然现象谈不上是灾害。

"台风灾害"与"项目"中其他研究对象最大的区别在于："项目"其他的研究对象是台风系统本身或系统中某一分支或组分，关注台风本身的特点及性质，"台风灾害"的研究则是从台风造成的后果来关注台风的特点和性质。如前所述，台风所造成的后果是台风自然性质和人类社会交互作用的综合效果，因此从研究视角和方法上就必须做一些必要的转换。

台风造成的后果多种多样，如房屋倒塌、树木倒损、电力通信设施受损、农田受淹、城市内涝、道路桥梁受损、人畜伤亡等，其中任一现象都可以从科学到工程乃至社会角度展开相当数量的研究，但那些工作已经超出本"项目"研究的范围。一般气象问题的尺度，相对于大多数工程类灾害学研究对象的尺度而言，是非常宏观的。因此，结合大气现象特点，从资料和问题尺度匹配角度出发，研究中对台风后果进行大幅度抽象：一方面使研究可以和气象观测资料匹配；另一方面也使得研究工作能得以有效进行。为便于定量研究，把台风过程的后果抽象成"有灾"和"无灾"二类，从现象和模型方面探讨灾害发生的条件，并从气象因子的角度来得到有灾、无灾的划分阈值；在此基础上，应用统计手段进一步建立各种强度灾害的气象条件，并形成灾害风险的模型。

因此，在明确"台风灾害"概念和研究手段以后，首先从台风风雨角度，考察台风灾害在我国分布的一些特点。然后，从系统论角度考察台风灾害形成的定性机制。接着，从极值分布角度，给出一种从台风的气象因子分析判断台风灾害的方法。

1.5 "项目"研究目标及研究方案

1.5.1 "项目"总体目标

"项目"以台风登陆过程为聚焦点，围绕台风登陆前后异常变化与成灾机理这一中心主题，从海-陆-气相互作用的观点出发，揭示我国近海海洋热状况、海岸带走向、沿岸浅海地形、陆上复杂地形、地表温湿状况等导致成灾台风登陆前后异常变化的物理机制；认识台风登陆前后内部中小尺度结构的演变特征及其对成灾台风异常变化的影响；掌握发生异常变化的成灾台风在登陆过程中与典型环境天气系统相互作用的规律；发展高分辨率耦合台风数值模式和集合预报系统；并在台风登陆前后精细结构多源观测资料综合分析理论和方法上取得重要进展。

通过"项目"执行，系统地揭示台风登陆过程中海-陆-气相互作用特征，提出海-陆-气相互作用导致登陆台风中小尺度结构、路径、强度和风雨等异常变化的理论框架；发展海-陆-气耦合台风数值研究和预报模式，以及集合预报系统，提出改进台风登陆点、登陆前后强度突变、强风暴雨及其灾害预报的理论和方法；建立高时空分辨率的台风 3 维精细结构分析系统，提供典型成灾台风个例的高质量的再分析资料。

1.5.2 "项目"研究总体方案

1. 总体学术思路

运用诊断分析、理论研究、数值模拟以及多学科交叉的集成分析方法，结合野外科学试验，系统认识台风登陆前后路径异常、结构和强度突变，以及强风暴雨演变特征和致灾规律，深化台风登陆前后海-陆-气相互作用，以及台风内部多尺度系统相互作用造成台风异常变化的机理研究，提升我国研制海-陆-气耦合台风模式和集合预报方法的能力，建立多源资料的台风同化分析系统，提供高质量、高分辨率的四维分析场，从而提出改进我国台风登陆前后异常变化及其灾害预报的基本理论和方法，并通过开展业务试验加以检验。

2. "项目"研究的创新点与特色

"项目"研究具有以下明显的创新和学科前沿特色。

（1）外场科学试验的设计将结合关键科学问题，获取台风登陆前后海-气和陆-气热量、动量、物质通量、大气边界层结构以及云雨物理特征的详细资料，弥补现有资料的不足。基于中国气象局的卫星监测系统、沿海多普勒天气雷达系统、稠密的自动气象站网（超过 20 000 个），采用跟踪台风的移动观测系统（包括移动 GPS 探空、移动多普勒雷达、移动风廓线仪、移动测风雷达等），结合关键海域的通量观测平台，对台风登陆过程进行观测，进行系统的登陆台风科学试验，这在我国尚属首次，可望获取丰富的资料，揭示一些台风登陆过程的新事实。

（2）针对台风动力学和热力学物理特征，建立适合于台风条件下要素剧烈演变、强非地转平衡的资料同化融合技术，实现多源资料的综合分析融合，建立高时空分辨率的登陆台风四维分析场，是本项目的创新点。在此多源同化融合形成高分辨率的台风四维结构场，同时结合高分辨率的海-陆-气耦合模式模拟，研究台风登陆前后的路径异常、结构和强度突变，以及强风暴雨演变规律，预期将在认识台风异常变化机理上取得新突破，在台风精细结构演变的动力和热力学过程上产生新发现。

（3）从海-陆-气相互作用的观点来研究台风登陆前后的异常变化，是本"项目"的创新。"项目"的研究将根据台风登陆过程的特点，综合分析登陆台风异常变化的大气、海洋和路面过程的影响因子，揭示这些因子是如何影响登陆台风路径的异常、强度和结构的突变，以及强风暴雨的分布。预计在我国近海海洋热状况、海岸带走向、沿岸浅海地形、陆上复杂地形、地表温湿状况等导致成灾台风登陆前后异常变化的物理机制有新发现。

（4）注重研究成果的业务转化，建立业务成果应用示范平台。海-陆-气台风模式耦合系统有望实现台风登陆过程路径、强度和风雨分布的精细预报，切实提高对台风登陆前后异常变化及其灾害的预报能力；考虑台风特殊性的集合预报方法将提供台风袭击概率预报产品，通过科学地考虑预报不确定性来进一步提高台风登陆过程的预报能力。

主要参考文献

陈德辉. 2007. 南海和西太平洋观测系统试验与高影响天气可预报性研究. T-PARC-China 项目介绍. 第十四届全国热带气旋科学讨论会综述报告.

陈海山, 孙照渤. 2004. 陆面模式 CLSM 的设计及性能检验 I. 模式设计. 大气科学, 28: 801-819.

陈联寿. 2004. 国内外登陆热带气旋研究的进展. 第十三届全国热带气旋科学讨论会特邀报告.

陈联寿. 2007. 登陆热带气旋暴雨的研究和预报. 第十四届全国热带气旋科学讨论会综述报告.

陈联寿, 丁一汇. 1979. 西太平洋台风概论. 北京: 科学出版社.

陈联寿, 罗哲贤, 李英. 2004. 登陆热带气旋研究进展. 气象学报, 541-549.

端义宏. 2004. 中国热带气旋数值预报的现状及需要解决的关键问题. 第十三届全国热带气旋科学讨论会特邀报告.

端义宏, 余晖, 伍荣生. 2005. 热带气旋强度变化研究进展. 气象学报, 63(5): 636-645.

黄伟, 端义宏, 薛纪善, 等. 2007. 热带气旋路径数值模式业务试验性能分析. 气象学报, 65(4): 578-587.

黄伟, 梁旭东. 2010. 台风涡旋循环初始化方法及其在 GRAPES-TCM 中的应用. 气象学报, 68(3): 365-375.

梁旭东. 2006. 国内台风数值预报模式技术及其发展. 第 275 次香山科学会议"登陆台风的科学问题及防灾减灾对策"学术讨论会邀请报告.

刘海龙. 2002. 高分辨率海洋环流模式和热带太平洋上层环流的模拟研究. 北京: 中国科学院研究生院

博士学位论文.

罗哲贤. 2002. 热带气旋复杂结构的时间演变问题. 第十二届全国热带气旋科学讨论会论文摘要文集（预印本）.

罗哲贤. 2006. 台风可预报性的几个问题. 第 275 次香山科学会议"登陆台风的科学问题及防灾减灾对策"学术讨论会邀请报告.

麻素红. 2007. 国家气象中心台风路径集合数值预报系统的设计及 2007 年台风季节的表现. 第十四届全国热带气旋科学讨论会.

马雷鸣. 2011. 基于海平面气压动力反演的台风涡旋初始化方法. 气象学报，69(6)：978-989.

马雷鸣，梁旭东，黄伟，等. 2009. 上海台风数值预报关键技术研究进展. 杭州：第十五届全国热带气旋科学讨论会论文集. 2009 年 10 月 14 日.

倪钟萍. 2012. 台风路径突变的预报误差及机理分析. 南京：南京信息工程大学硕士学位论文.

谭燕. 2007. GRAPES-TCM 路径集合预报的设计及试验. 第十四届全国热带气旋科学讨论会.

伍荣生，等. 2004. 热带气旋研究中的几个动力学问题. 第十三届全国热带气旋科学讨论会特邀报告.

徐祥德，张胜军，陈联寿，等. 2004. 台风涡旋螺旋波及其波列传播动力学特征：诊断分析. 地球物理学报，47：33-41.

许小峰. 2006. 台风有效预警的业务需求. 第 275 次香山科学会议"登陆台风的科学问题及防灾减灾对策"学术讨论会邀请报告.

余晖，王玉清. 2006. 热带气旋结构与变性的科学问题. 第 275 次香山科学会议"登陆台风的科学问题及防灾减灾对策"学术讨论会邀请报告.

余志豪. 2002. 台风螺旋雨带——涡旋 Rossby 波. 气象学报，60：502-507.

张大林. 2006. Recent advances in tropical cyclones modeling. 第 275 次香山科学会议"登陆台风的科学问题及防灾减灾对策"学术讨论会邀请报告.

张娇艳，吴立广，张强. 2011. 全球变暖背景下我国热带气旋灾害趋势分析. 热带气象学报，27(4)：442-454.

张晶，丁一汇. 1998. 一个改进的陆面过程模式及其模拟试验研究：第一部分：陆面过程模式及其"独立(off2line)"模拟试验和模式性能分析. 气象学报，56(1)：12-19.

张庆红. 2004. Winnie 台风双眼壁的相互作用. 第十三届全国热带气旋科学讨论会.

赵兵科，等. 2007. 2007 年台风野外探测试验及其结果初步分析. 第十四届全国热带气旋科学讨论会.

周秀骥，罗哲贤，高守亭. 2006. 涡旋自组织的两类可能机制. 中国科学(D 辑)，36(2)：201-208.

Berger, Howard, Langland R, et al. 2011. Impact of enhanced satellite-derived atmospheric motion vector observations on numerical tropical cyclone track forecasts in the Western North Pacific during TPARC/TCS-08. J Appl Meteor Climatol, 50: 2309-2318.

Black, Peter G, Coauthors. 2007. Air-sea exchange in hurricanes: Synthesis of observations from the coupled boundary layer air-sea transfer experiment. Bull Amer Meteor Soc, 88: 357-374.

Bye J A, Jenkins A D. 2006. Drag coefficient reduction at very high wind speeds. Journal of Geophysical Research: Oceans(1978-2012), 111(C3).

Carr III L E, Elsberry R L. 1995. Monsoonal interactions leading to sudden tropical cyclone track changes. Monthly Weather Review, 123(2): 265-290.

Chen H, Zhang D L. 2013. On the rapid intensification of hurricane Wilma(2005). Part II: Convective bursts and the upper-level warm core. J Atmos Sci, 70: 146-162.

Chow K C, Chan K L, Alexis K H Lau. 2002. Generation of moving spiral bands in tropical cyclones. J Atmos Sci, 20: 2930-2950.

D'Asaro E A, Black P G, Centurioni L R, et al. 2013. Impact of Typhoons on the Ocean in the Pacific: ITOP. Bull Amer Meteor Soc.

Elsberry R L, Harr P A. 2008. Tropical cyclone structure(TCS08)field experiment science basis, observational platforms, and strategy. Asia-Pacific J Atmos Sci, 44: 209-231.

Enagonio J, Montgomery M T. 2001. Tropical cyclogenesis via convectively forced vortex Rossby waves in a shallow water primitive equation model. J Atmos Sci, 58: 685-706.

Fiorino M, Elsberry R L. 1989. Some aspects of vortex structure in tropical cyclone motion. J Atmos Sci, 46: 979-990.

Foster R C. 2005. Why rolls are prevalent in the hurricane boundary layer. J Atmos Sci, 8: 2647-2661.

Franklin J L. 2007. 2006 National Hurricane Center forecast verification report. http: //www. nhc. noaa. gov/verification/pdfs/Verification _ 2006. pdf.

Hamill T M, Whitaker J S, Kleist D T, et al. 2011. Predictions of 2010's tropical cyclones using the GFS and ensemble-based data assimilation methods. Mon Wea Rev, 139: 3243-3247.

Holland G J. 1983. Tropical cyclone motion: Environmental interaction plus a beta effect. J Atmos Sci, 40: 338-342.

Houze R A, et al. 2006. The hurricane rainband and intensity change experiment: Observations and modeling of hurricanes Katrina, Ophelia, and Rita. BAMS: 1503-1521.

Li Q, Duan Y, Yu H, et al. 2008. A high-resolution simulation of Typhoon Rananim(2004)with MM5. Part I: Model verification, inner-core shear and asymmetric convection. Mon Wea Rev, 136: 2488-2506.

Liang J, Wu L, Ge X, et al. 2011. Monsoonal influence on typhoon Morakot (2009). Part II: Numerical study. Journal of the Atmospheric Sciences, 68(10): 2222-2235.

Liang X, Wang B, et al. 2007a. Tropical cyclone forecasting with model-constrained 3D-Var. I: Description. Quart. J Roy Meteor Soc, 133: 147-153.

Liang X, Wang B, et al. 2007b. Tropical cyclone forecasting with model-constrained 3D-Var. II: Improved cyclone track forecasting using AMSU-A, QuikSCAT and cloud-drift wind data. Quart. J Roy Meteor Soc, 133: 155-165.

Lin I I. 2012. Typhoon-induced phytoplankton blooms and primary productivity increase in the western North Pacific subtropical ocean. Journal of Geophysical Research: Oceans(1978-2012), 117(C3).

Ma L M, Tan Z M. 2009. Improving the behavior of the cumulus parameterization for tropical cyclone prediction: Convection trigger. Atmospheric Research, 92: 190-211.

Ma L M, Tan Z M. 2010. Tropical cyclone initialization with dynamical retrieval from a modified UWP-BL model. Journal of the Meteorological Society of Japan, 88(5): 827-846.

Montgomery M T, Kallenbach. 1997. A theory for vortex Rossby waves and its application to spiral bands and intensity changes in hurricanes. Quart J Roy Meteor Soc, 123: 435.

Moon I J, Ginis I, Hara T, et al. 2007. A physics-based parameterization of air-sea momentum flux at high wind speeds and its impact on hurricane intensity redictions. Mon Wea Rev, 135: 2869-2878.

Mrvaljevic R K, Black P G, Centurioni L R, et al. 2013. Observations of the cold wake of Typhoon Fanapi(2010). Geophys Res Lett, 40: 316-321.

Nolan D S. 2005. Instabilities in hurricane-like boundary layers. Dynamics of Atmospheres and Oceans, 40(3): 209-236.

Park M S, Elsberry R L, Harr P A. 2012. Vertical wind shear and ocean content as environmental modulators of western North Pacific tropical cyclone intensification and decay. International Top-level Forum on Rapid Change Phenomena in Tropical Cyclones.

Powell M D, Vickery P J, et al. 2003. Reduced drag coefficient for high wind speeds in tropical cyclones. Nature, 422: 279-283.

Power S, Pearce K. 2007. Tropical cyclones in a changing climate: Research priorities for Australia. Abstracts and recommendations from a workshop held on 8 December 2006 at the Bureau of Meteorology in Melbourne. BMRC Research Report No. 131.

Reasor P D, Montgomery M T, Grasso L D. 2004. A new look at the problem of tropical cyclones in vertical shear flow: Vortex resiliency. J Atmos Sci, 61: 3-22.

Rogers R, et al. 2006. The intensity forecasting experiment: A NOAA multiyear field program for improving tropical cyclone intensity forecasts. BAMS, 87: 1523-1537.

Romine G S, Wilhelmson R B. 2006. Finescale spiral band features within a numerical simulation of Hurricane Opal(1995). Mon Wea Rev, 134: 1121-1139.

Shay L K, Jacob S D. 2006. Relationship between oceanic energy fluxes and surface winds during tropical cyclone passage(Chapter 5) In: Perrie W. Atmosphere-Ocean Interactions II, Advances in Fluid Mechanics. Southampton: WIT Press.

Surgi N, Gopalkrishnan S, Liu Q, et al. 2006. The Hurricane WRF (HWRF): Addressing our Nation's next generation hurricane forecast problems. 27th Conference on Hurricane and Tropical Meteorology.

Wang Y, Holland G J. 1996a. Beta drift of baroclinic vortices. Part I: Adiabatic vortices. J Atmos Sci, 53: 411-427.

Wang Y, Holland G J. 1996b. Beta drift of baroclinic vortices. Part II: Diabatic vortices. J Atmos Sci, 53: 3737-3756.

Wang B, Elsberry R L, Wang Y, et al. 1998. Dynamics in tropical cyclone motion: A review. Chinese J Atmos Sci, 22: 535-547.

Wang D, Liang X, Zhao Y, et al. 2008. A comparison of two tropical cyclone Bogussing schemes. Wea Foreca, 23: 194-204.

Wu C C, et al. 2007. The impact of dropwindsonde data on typhoon track forecasts in DOTSTAR. Wea Forecasting, 22: 1157-1176.

Wu C C, Lin P H, Aberson S, et al. 2005. Dropwindsonde observations for typhoon surveillance near the Taiwan region(DOTSTAR). Bull Amer Meteor Soc, 86: 787-790.

Wu L, Liang J, Wu C C. 2011a. Monsoonal influence on typhoon Morakot (2009). Part I: Observational analysis. Journal of the Atmospheric Sciences, 68: 2208-2221.

Wu L, Zong H, Liang J. 2011b. Observational analysis of sudden tropical cyclone track changes in the vicinity of the East China Sea. Journal of the Atmospheric Sciences, 68: 3012-3031.

Wu L G, Ni Z P, Duan J J, et al. 2013. Sudden tropical cyclone track changes over the Western North Pacific: A composite study. Mon Wea Rev, 141: 2597-2610.

Yau M K, Chen Y, Montgomery M T. 2006. The formation of concentric eyewall in hurricane Floyd (1999). 27th Conference on Hurricanes and Tropical Meteorology.

Yu H, Lu Y, Chan P Y. 2012. Infared features of mesoscale deep convection in tropical cyclones experiencing rapid intensification. International Top-level Forum on Rapid Change Phenomena in Tropical Cyclones.

Zhang Q，Liu Q F，Wu L G. 2009. Tropical Cyclone Damages in China 1983-2006. Bull Amer Meteor Soc，90：489-495 .

Zhang F，Shen Z，Li J，et al. 2013. Analytical delta-four-stream doubling-adding method for radiative transfer parameterizations. J Atmos Sci，70：794-808.

Zhong W，Lu H C，Zhang D L. 2010. Mesoscale barotropic instability of vortex Rossby waves in tropical cyclones. Adv Atmos Sci，27：243-252.

第 2 章　热带气旋登陆过程外场科学试验

2.1　登陆热带气旋观测试验概况

　　我国地处西北太平洋沿岸，每年全球 36％的热带气旋生成于西北太平洋区域，我国海岸线漫长，从南到北都有可能遭受登陆热带气旋袭击；在西北太平洋沿岸国家中，我国受台风登陆袭击次数最多，占总数的 34％（王喜年，1998）。同时我国沿海地区海岸线复杂，下垫面地形复杂，加上该地区是副热带地区，南北气流在此交汇，天气系统复杂多变，对登陆热带气旋影响因素多，使得热带气旋活动规律复杂多变。近几年，随着卫星、雷达等多种大气探测技术，以及数值模式性能的不断发展，热带气旋路径预报精度有了相当大的提高，热带气旋灾害造成的损失也有明显下降。然而，历年发生的热带气旋次数有多有少，其强度也有强有弱，且移动路径复杂多变，完全准确地预报热带气旋仍有一定的难度。

　　目前，大部分气象观测位于陆地，占地球表面 70％的海洋上的观测数据资料非常有限。然而，热带气旋主要活动在热带洋面上，由于观测资料缺乏，其位置、强度等特征量的估测都存在误差，热带气旋的研究工作往往依据其热力、动力理论及半经验理论来开展。随着卫星观测技术的发展，对热带气旋的认识也随之提高，利用飞机在热带气旋周围或气旋主体上空投放下投式探空仪，获取热带气旋及周围环境的详细观测资料，成为观测和研究热带气旋的又一重要手段。然而，以往的观测和理论研究不断表明，热带气旋边界层物理过程（海-陆-气相互作用）在热带气旋强度和结构变化中具有关键性作用，而针对其的观测还十分欠缺，严重制约了对热带气旋活动规律的认识、数值模式物理过程参数化改进等研究（陈联寿等，2002；Chen et al.，2007）。

2.1.1　国外热带气旋外场科学试验概况

1. 已开展的热带气旋观测试验计划

　　随着沿海地区人口的飞速增长和各国经济的不断发展，登陆热带气旋已成为国际热带气旋研究的焦点问题。近年来，全球受热带气旋影响严重的国家或地区都陆续开展了登陆热带气旋外场科学试验（表 2.1）。

2. 热带气旋观测试验的主要进展

1）观测试验的科学目标

由于缺乏对热带气旋的观测数据，早期的热带气旋观测计划主要是围绕热带气旋路径

表 2.1　国内外开展的热带气旋观测研究科学试验计划(廖菲等，2013)

科学试验	科学目标	起止时间	目标热带气旋	主要观测要素	主要观测手段
TCM-90(Elsberry, 1990)	提高对热带气旋移动特征的理解	1990 年 8~9 月		大气风、温、湿垂直廓线，云	下投式探空、多普勒天气雷达、浮标
SPECTRUM-90(Lam, 1990)	提高弱环境引导气流或路径曲折时热带气旋预报准确度	1990 年 8~9 月	Winona(9011)、Yancy(9012)、Abe(9015)、Dot(9017)、Ed(9018)、Flo(9019)、Gene(9020)	大气风、温、湿垂直廓线，云	观测船、浮标、下投式探空、海上石油平台、地面观测站、多普勒天气雷达、风廓线雷达、卫星
TYPHOON-90(Elsberry, 1990)	研究热带气旋移动过程中强度和路径变化的物理机制	1990 年 7~10 月		大气风、温、湿垂直廓线，云	测量船、下投式探空、多普勒天气雷达、浮标
FASTEX(Joly et al., 1997)	改进气旋生成、发展的预报，理解成熟气旋的中尺度结构	1997 年 1~2 月	10 个锋面过程个例	大气风、温、湿垂直廓线，云	观测船、下投式探空、机载多普勒雷达、浮标、卫星
CLATEX(陈联寿等, 2004)	理解下垫面地形对海岸带登陆热带气旋的结构、强度、转向、降水分布的影响	2002~2004 年	黄蜂	大气风、温、湿垂直廓线，云、近地层通量	多普勒天气雷达、风廓线雷达、涡动相关系统、光学雨量计、探空、卫星、铁塔
DOTSTAR(Wu et al., 2005)	推动热带气旋适应性观测研究，提升资料同化在热带气旋预报中的能力	2003~2008 年	杜鹃、米勒等 31 个热带气旋	大气风、温、湿垂直廓线	GPS 下投式探空
CBLAST(Chen et al., 2007)	改进模式对热带气旋的强度预报能力	2003~2004 年	Fabian、Isabel、Frances、Jeanne	动量通量、热量通量、风、温、湿垂直廓线、海表温度	机载湍流探测仪(BAT)、阵风探测仪、GPS 探空、水汽与二氧化碳探测仪、海表温度探测仪、微波辐射计

续表

科学试验	科学目标	起止时间	目标热带气旋	主要观测要素	主要观测手段
IFEX(Rogers et al.，2006)	提高对影响热带气旋强度的关键物理过程理解	2005 年	Arlene，Cindy 等 14 个热带气旋	大气风、温、湿垂直廓线，云	GPS 下投式探空、天气雷达
RAINEX(Houze et al.，2006)	认识热带气旋眼和螺旋云带结构对热带气旋强度的影响	2005 年 8～9 月	Katrina，Ophelia，Rita	大气风、温、湿垂直廓线，云	机载双多普勒雷达、GPS 下投式探空、卫星
T-PARC/TCS-08(Parsons et al.，2008；Elsberry and Harr，2008)	理解高影响天气(如热带气旋)下动力过程及多尺度相互作用	2008 年 8～9 月	Nuri，Sinalku，Hagupit，Jangma	大气风、温、湿垂直廓线，云	GPS 下投式探空、多普勒天气雷达、飞机探测、卫星
TCS-10	强风条件下海气相互作用	2010 年 3～10 月	Omais，Malakas	大气风、温、湿垂直廓线，云、近地层通量	GPS 下投式探空、浮标、卫星
TLAPFEX	影响登陆热带气旋强度的边界层主要物理过程特征	2009～2013 年	Molave，Goni，Morakot，Koppu，Chanthu，Lionrock，Fanapi，Megi，Nockten，Nesat	大气风、温、湿垂直廓线，近地层通量	多普勒天气雷达、风廓线雷达、涡动相关系统、光学雨量计、探空、卫星、铁塔

资料来源：廖菲等，2013

移动特征。例如，20 世纪 90 年代同时开展的 3 个观测计划（TCM-90、SPECTRUM-90、TYPHOON-90）就主要关注热带气旋移动特征，通过收集覆盖台风路径的观测资料，研究弱环境引导气流或路径曲折时的热带气旋路径特征及路径变化的物理机制，目的是提高热带气旋路径预报准确度。

经过十多年的观测与研究，对热带气旋移动路径特征及预报水平有了较大的提高，针对登陆热带气旋的观测研究逐步扩展到研究影响热带气旋移动路径的各种外界因素方面，如下垫面对路径的影响、大气环流场对路径的影响等。我国开展的 CLATEX 观测计划，就重点对登陆我国华南沿海的热带气旋开展了观测，并发现沿海带不同下垫面特征对热带气旋的转向、结构等都有着重要影响。T-PARK 也是一项针对热带气旋路径预报的著名观测计划，其主要关注与深对流加强和减弱、热带气旋生成、热带气旋加强和结构变化相关联的热带西太平洋季风环境，通过研究热带气旋变性过程中热带气旋与中纬度环流相互作用对变性气旋强度和结构的影响及其下游效应，减少西北太平洋热带气旋路径预报误差，特别是热带气旋是否转折、转折的经度、转折后的方向和速度的预报误差，改进 1～3 天热带气旋路径预报误差（Parsons et al.，2008）。

随着卫星资料在数值模式中的应用，以及数值模式本身的不断完善发展，热带气旋的路径预报有了较大提高，针对热带气旋的观测研究逐步扩展到影响热带气旋强度变化方面，如早期的 ERICA 计划，其针对海上热带气旋的快速加强过程，提出了哪些物理过程是模式中必须考虑的，并需要改进的参数化方案，这加深了对热带气旋在海上快速加强过程中关键物理过程的认识，这对改进模式非常重要（Ron and Kreitzberg，1988）。之后，IFEX 试验通过收集不同环境下热带气旋生命史的观测资料，改进观测技术，以提供实时的热带气旋强度、结构、环境场的监测资料，有针对性地研究热带气旋生命周期中强度变化时的主要物理过程，从而提高对影响热带气旋强度的关键物理过程的认识（Rogers et al.，2006）。RAINEX 试验则重点关注热带气旋的结构演变特征对其强度的影响。这些观测试验的开展，有力地推动了对热带气旋强度的研究工作；并且大量的研究工作不断表明，热带气旋背景下海气相互作用对其结构有着重要影响，其最具代表性的观测试验计划为 CBLAST 试验。CBLAST 试验采用先进仪器装备对目标热带气旋进行观测，研究强风背景下海-气间的交换和传输，其目的是要提高飓风强度预报的准确率（Chen et al.，2007）。

此后，热带气旋背景下的海气相互作用越来越得到关注和重视，在 TCS-08/10 计划中，海气相互作用成为研究热带气旋强度变化的焦点。为提高对登陆我国沿海的热带气旋的强度预报能力，依托"973 计划"项目"台风登陆前后异常变化及机理研究"（2009CB420500），我国在华东、华南沿海也开展实施了"台风登陆过程外场科学试验"（TLAPFEX），借助海上观测平台等先进的观测手段，重点开展了强风条件下的海气相互作用观测研究。

这些围绕提高热带气旋路径、强度水平的科学试验计划的开展，有助于加深对热带气旋的边界层特征、中尺度结构变化、强度变化等机理的认识，能揭示一些新的有关台风内部结构的观测事实，了解影响台风运动和强度变化的物理机制；尤其是对强风条件下的海气相互作用的认识得到不断丰富和提高，为改进台风预报的模式边界层参数化方案提供了重要的观测理论基础。

2）观测技术进展

热带气旋生成于广阔的海洋上空，由于广大海面上地面（海面）的直接观测资料稀少，严重制约了人们对热带气旋生成发展机理、内部结构特征等的分析和认识。随着科学技术的进步，新型探测手段不断被应用在热带气旋观测研究中，有关大气与海洋的探测技术手段不断发展，为更深入地认识热带气旋结构及演变机理发挥了越来越重要的作用。

A. 飞机观测的发展

利用机载设备开展大气科学观测试验是获取高层大气信息的重要手段，以往基于飞机观测手段对云微物理特征、大气气溶胶特征等开展了许多工作。随着对台风强度预报和理论研究工作的逐步重视，为克服台风条件下地面恶劣的探测环境，飞机观测逐步应用于台风观测中。

对热带气旋的飞机观测最早开始于 1943 年 7 月，由美国空军执行飞行任务。20 世纪 50～70 年代，由于数据存储、传输等技术的限制，飞机探测的信息并不能较好地得到保存。进入 70 年代，NOAA 开始使用 WP-3D(P-3)飞机，并用于观测热带气旋结构、动力特征、降水分布等，所用的观测设备以机载雷达为主，包括 5.5cm 和 3cm 波长的多普勒雷达，用于探测热带气旋云团结构（Aberson et al.，2006）。90 年代前后，一些新型机载探测设备开始装备，能够用于探测飞机飞行高度上的温度、气压、湿度、风速等，还有用于探测海洋表层温度的观测设备（AXBTs）。随着电子技术的发展，更加具有扩展性、准确性、轻便型的新设备逐步用于飞机观测中，包括用于遥感晴空大气温度的机载红外辐射计（AIRT）、遥测地面风速的机载微波辐射计（SFMR）、多普勒测风激光雷达、无线电导航多普勒雷达（ELDORA）。

除搭载在 WP-3D 飞机的设备外，近年来其他机载探测设备也有较快发展，如搭载在美国空军 WC-130J 侦察机上的探空系统（包括下投式探空仪和漂流探空仪），主要用于探测热带气旋内部的风、温、湿垂直廓线和热含量；德国航天航空中心 Falcon 20 型飞机，可搭载下投探空和法国 CNES 的漂浮探空气球，探测的大气垂直结构主要用于开展热带气旋变性、下游效应的研究工作。

1976～2005 年，仅 NOAA 两架 P-3 飞机就开展了 134 架次的热带气旋观测，大量的观测研究工作将有助于改进台风路径、强度预报水平（图 2.1）。

B. 下投式探空观测的发展

由于热带气旋影响下地面风速及风切变极大，造成地面小球探空释放困难，为此，在热带气旋观测试验中常采用较为先进的下投式探空观测。下投式探空观测是利用飞机在热带气旋主体上空投放下投式探空仪，利用探空仪下落过程中探测得到的风、温、湿、压来获得大气气象要素的垂直分布。

美国 NOAA 的 HRD 最早于 1982 年将下投式探空用于热带气旋的观测试验，主要由 WP-3D 执行飞行任务，下投式探空采用 Omega 探测仪。1996 年起，选用了飞行高度更高的 G-IV 飞机进行下投式探空的释放，探测范围基本能覆盖整个对流层，且下投

图 2.1　NOAA 用于热带气旋观测的 P-3 型飞机

式探空的定位技术更加先进，采用了新一代的全球定位系统（GPS）。

从 2003 年开始，我国台湾地区发起组织实施的追风计划（DOTSTAR）是在西北太平洋地区首次以飞机及下投式探空探测热带气旋环境结构的观测试验。从 2003 年至今，已针对 32 个热带气旋完成 39 航次之飞机侦察及下投式探空观测任务，主要是针对24～72 小时内可能登陆台湾的热带气旋进行飞机环境侦察观测（图 2.2）。该计划使用汉翔 ASTRA 飞机与机载垂直大气探空系统（AVAPS）设备，以每架次 5 小时时间直接飞到热带气旋周围43 000ft(1ft＝3.048×10⁻¹m)的高度投掷下投式探空仪，获得了热带气旋周围关键区域的大气环境结构。针对热带气旋的下投式探空观测数据，不仅有助于改进热带气旋路径和强度预报，还有助于开展热带气旋研究，尤其对强风条件下海气界面的研究发挥了重要作用。

作为热带气旋观测的重要手段，下投式探空观测不仅有助于改进热带气旋路径乃至强度预报，还有助于开展热带气旋研究，下投式探空仪捕获到的边界层详细风资料对大风条件下海气交换系数的计算至关重要，而这有助于更好地了解热带气旋强度变化。

另外，热带气旋飞机观测试验虽然早已开展，但针对热带气旋飞机观测的观测设计则是近几年才开始的，FASTEX 是第一个包含目标观测的外场试验。目前在热带气旋飞机观测中，用以确定观测目标的技术主要有 4 种，即 DLM、ETKF、SV 和 ADSSV 技术。DOTSTAR 从 2005 年起用这 4 种技术确定敏感区域，据此设计观测路线。NOAA 的 HRD 则用 DLM 技术确定敏感区域，飞机同时在热带气旋四周和敏感区域飞行观测（王晨稀和倪允琪，2010）。

C. 海上气象观测平台的应用发展

最早的海洋气象观测平台是美国海军研究室（Office of Naval Research）于 1962 年建成的海上移动平台（floating instrument platform，FLIP；图 2.3），FLIP 主要用来测量波浪高度、海水温度和密度、海洋气象要素等（Howard et al.，2005）。此后，由 Martha's Vineyard Coastal Observatory（MVCO）开始建造海上平台观测系统（air-sea in-

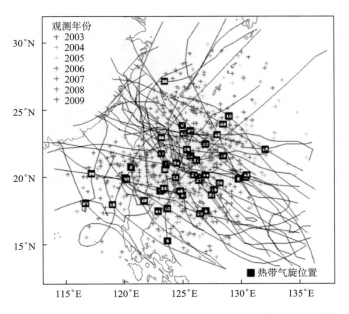

图 2.2 2003~2009 年 DOTSTAR 计划开展的下投式探空观测

图 2.3 FLIP 海上观测平台

teraction tower，ASIT；图 2.4），可以用于测量海气之间 CO_2 交换，为改进气候模式提供了重要的观测数据。

2001~2003 年开展的 CBLAST 计划，是利用在 Martha's Vineyard 南部近海地区的 ASIT 观测平台开展观测试验的，其主要观测内容是利用 ASIT 来测量低风速情况下

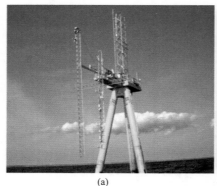

(a)　　　　　　　　　　　　　　　　　(b)

图 2.4　ASIT 海上观测平台

海气界面动量、热量、水汽的垂直输送，所用的观测手段包括涡动相关系统和梯度观测系统。2004 年，来自 WHOI(Woods Hole Oceanographic Institution)、PSU(Pennsylvania State University)、NCAR(National Center for Atmospheric Research)的科学家发起的 OHATS 计划[*](ocean horizontal array turbulence study)，也是利用 ASIT 海上观测平台开展观测研究，观测手段包括超声风速仪、激光水位仪，目的是利用观测资料研究不同大气稳定度条件下波浪对大气湍流的影响。

广东省是热带气旋登陆我国内陆沿海频数最多的省份，且以登陆粤西的热带气旋最多。为此，自 2007 年以来，中国气象局广州热带海洋气象研究所在东经 $111°23'26''$，北纬 $21°26'24''$，也就是茂名博贺港南约 6 km 的海床上建造了我国气象部门首个海洋气象观测平台。该平台安装了 5 层梯度观测系统、2 层涡动相关系统、1 个红外海表温度探测系统、1 套六要素气象站、1 套辐射平衡观测系统(图 2.5)。

从 2009 年起，中国气象局广州热带海洋气象研究所联合中国气象局上海台风研究所，共同在我国华东和华南沿海开展了对登陆我国的热带气旋观测研究，试验的主要目标是获取途经南海登陆我国的热带气旋的边界层结构，以及强风背景下海气界面通量交换特征。该试验是在国内首次利用海洋气象观测平台开展近海面边界层结构、海气界面通量等观测，获取更为丰富的登陆热带气旋边界层综合观测信息。

3）海洋观测技术进展

在热带气旋期间进行海洋观测并非易事，但观测工作却又十分需要，为此科学家开展了长期的探索和不懈努力，以增强在热带气旋条件下观测和认识海洋-大气相互作用的能力。在过去几十年中，由于专门用来观测热带气旋期间海洋环境变化的仪器尚未问世，人们除了借用表面漂流浮标和锚碇浮标观测外，也有采用 AXBT(抛弃式温度深度计)、AXCP(抛弃式海流剖面仪)和中性浮子，以及 Argo 剖面浮标和卫星遥感手段进行观测研究的。目前，常用的有 Minimet(微型测风)浮标和 EM-APEX 型浮标(图 2.6)，

---

* 详见：http://www.eol.ucar.edu/deployment/field-deployments/field-projects/ohats

涡动相关系统 (CSAT3、Li-cor 7500)

风向风速、温度、湿度 (05106、HMP45)

图 2.5　中国气象局广州热带海洋气象研究所博贺海洋气象观测平台

图 2.6　Minimet 浮标和 EM-APEX 型浮标

这些不仅可以用来进行热带气旋(或飓风)期间的海洋观测,而且可以方便地获得过去采用常规海洋观测仪器设备所无法得到的恶劣海洋环境下的海上第一手资料,其已经在大西洋海域应用(Gaines,1963)。

4) 观测研究进展

表 2.1 中有关热带气旋的外场试验成果在曾智华(2011)的博士论文中有较好的

总结。值得注意的是，虽然这些外场观测试验已经结束，但其资料的分析仍在继续进行。

2.1.2　国内热带气旋外场科学试验概况

观测结果表明，当"黄蜂"靠近陆地时，海陵岛上空垂直运动猛烈增长。风廓线仪的探测显示，在登陆前数小时，其垂直上升速度高达 2.0 m/s，登陆之后逐渐减弱。水平风矢呈不对称分布，大范围强风出现在台风环流右侧的偏南风区，并在边界层存在一支急流。登陆热带气旋中心东侧南风与地形之间形成强的地形辐合。最大阵风出现在登陆前数小时，铁塔 10 m 处超过 40 m/s，明显超过 4 m 和 2 m 处的风速。台风登陆后其风速很快减弱到 18 m/s 之下。登陆前 1 小时雨强达到 100 mm/h，但在登陆后雨强迅速减小。登陆前"黄蜂"的右侧出现了较强的中尺度对流活动。风廓线仪的探测显示，台风登陆前其信噪比（SNR）的高值区高度竟达 5 km 以上，但在其登陆后数小时即回落到 1.0～1.5 km。表明其湍流活动和边界层高度登陆前和登陆时有明显升高，登陆后不久即回落到正常高度。在"黄蜂"个例中，CLATEX 项目第 5 课题的分析表明，观测点（海陵岛）在强风背景下，风速 3 个分量 u、v、w 的湍谱仍能满足各向同性湍流 2/3 理论。超声风速仪的结果显示，"黄蜂"登陆前显热通量很弱，倒是有较强的潜热通量。"黄蜂"在登陆之前出现过短时的加强，这一增强可能和登陆前加大的潜热通量有关。登陆前有一股冷空气扩散到台风所在地区形成不稳定层结，以及台风中心东侧的地形辐合作用均有利于垂直运动和潜热通量的输送，这也可能是近海台风加强的一种机制。针对目标台风"黄蜂"，以中国气象局广州热带海洋气象研究所为主的研究人员分别分析了岛屿地形和对流凝结潜热的影响、登陆前后近地层风场的分布特征、螺旋云带结构、热带西南季风作用、路径变化等各个方面的特征。

广东省气候中心宋丽莉等利用他们在广东沿海岸边的测风梯度塔等实测台风资料，进行了广东沿海近地层大风特性、登陆台风的边界层湍流特性、不同下垫面的热带气旋强风阵风系数、工程抗台风研究中风观测数据的可靠性和代表性判别等分析和研究工作。他们的研究表明，在广东沿海，95% 的 8 级以上大风天气是由热带气旋天气造成，而历史极大风速更是 100% 来自热带气旋天气，所以在该地区的结构工程抗风设计时，应充分考虑热带气旋天气的影响。在登陆台风的中心及其强烈影响的区域：①风速和湍流强度均有强烈的变化；②水平湍流积分尺度明显增大，越靠近中心位置，增大越明显，而垂直方向没有明显变化；③在湍流谱的低频和高频区，湍能均可增大 1～2 个量级，其中垂直方向湍能增大的幅度略小于水平方向；④湍谱在惯性子区 u、v、w 三个方向的分布均不满足 $-5/3$ 次方律，存在较大偏移，而在台风外围环流影响区和无台风影响时，则无上述四个特征。针对不同下垫面的热带气旋强风阵风系数变化特征，研究发现：①依据实测风资料，采用对数风廓线法给出的中性大气层结条件下的粗糙长度参数，能够客观刻画出下垫面的细微变化；②台风强风阵风系数不随风速大小产生趋势变化，但在粗糙下垫面上会产生很大变幅，这对工程结构的设计取值将产生重要影响；③阵风系数的高度变化呈幂指数或对数律分布，幂指数法可更好地拟合较光滑下垫面的近地层阵风系数廓线,对粗糙下垫面对数律拟合效果略好;④对实测数据的分析还发现,阵风系数与其下垫面粗糙长度之间可用幂指数或线性方程来描述。

2.2 登陆热带气旋外场科学试验的实施

虽然对海上热带气旋的路径预报水平有了较大提高,但对热带气旋登陆前后的路径、强度和风雨分布预报能力仍然很低,主要是由于热带气旋登陆时受复杂的海-陆-气相互作用,其变化机理是国际热带气旋学科领域的研究前沿课题。大量的数值模拟研究都已经表明,模式大气中不同的边界层大气湍能通量参数的选取对热带气旋的路径、强度和风雨分布的影响十分显著。因此,我们正在实施的"台风登陆前后异常变化及机理研究"项目第一子课题"台风登陆过程外场科学试验"的主要目标,就是开展我国热带气旋主要登陆区域大气边界层观测试验,获得多个个例的加密探测资料,这不仅有利于提高热带气旋边界层理论研究水平,而且对于改进数值天气预报模式中边界层大气物理量通量的计算方法和提高登陆热带气旋的数值预报能力都具有十分重要意义。

2.2.1 外场科学试验方案

根据登陆我国东南沿海的热带气旋平均路径的分布图(图 2.7),分别设置华东、华南两个观测试验区,对北上和西行两种移动路径的热带气旋开展观测(图 2.8),一旦目标台风确定,当台风进入警戒区,将开始着手外场试验的各项工作。通过观测试验区内各种业务观测站点来获取热带气旋的中尺度背景场。为获取台风中心区域附近的边界层观测资料,从而用于研究台风中心区域海气界面通量交换及边界层结构特征,在上述两个观测试验区内,选择登陆台风多的区域进行增强观测,并预设观测点作为移动增强观测点,借助多种移动观测设备获取当前研究中最缺乏的台风登陆过程中边界层结构的资料,为我国登陆台风的研究提供必需的资料保证。

2.2.2 华南台风野外科学试验区

在广东省气象局业务观测站网的基础上,有针对性地加密观测。图 2.9 给出了华南登陆台风野外试验综合布局,图中主要包括了浮标、边界层铁塔的位置分布,以及华南台风试验基地、预选的移动观测点的位置。根据华南沿海台风登陆的概率情况,野外增强观测试验区主要设在粤西沿海,观测设备主要集中在茂名博贺海洋气象科学试验基地。

华南试验区内现有的气象业务观测系统设备包括:10 台新一代多普勒天气雷达、5 个业务高空探空站(包括香港)、86 个地面常规观测站和 1 000 多个自动气象站、3 台边界层风廓线仪。本项观测试验将充分利用这些气象观测资源,并根据需要组织适当加密观测,为本书的野外观测试验研究提供资料。

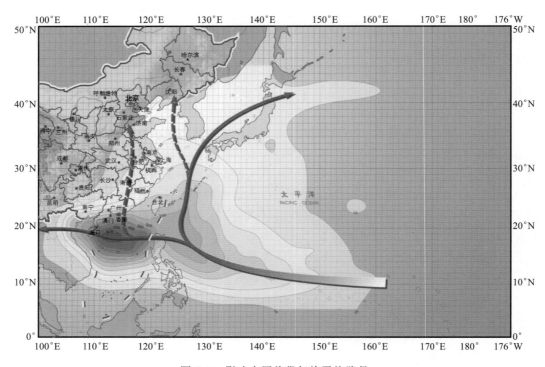

图 2.7　影响中国热带气旋平均路径

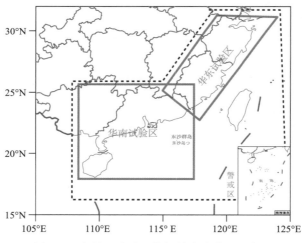

图 2.8　台风登陆过程外场科学试验区示意图

1. 新一代多普勒天气雷达(10 台)

在华南野外试验区共有 10 台多普勒天气雷达,所处位置见表 2.2。根据台风登陆的地点,多普勒雷达之间构成多对双多普勒雷达同步观测区,获取台风的高时空分辨率的 3 维风场与回波资料(图 2.10)。

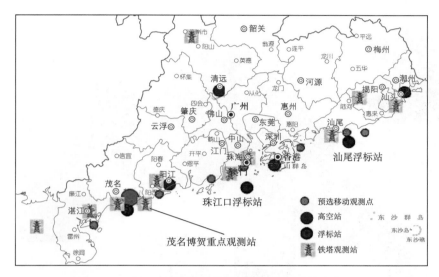

图 2.9　华南野外加强观测试验的综合布局

表 2.2　观测区域内的雷达站列表

序号	雷达站	所在省(区)	经度/E	纬度/N
1	汕头	广东	116.74°	23.28°
2	梅州	广东	115.99°	24.25°
3	韶关	广东	113.55°	24.97°
4	汕尾	广东	115.36°	22.82°
5	河源	广东	114.61°	23.69°
6	广州	广东	113.35°	23.00°
7	深圳	广东	114.00°	22.54°
8	阳江	广东	111.97°	21.84°
9	湛江	广东	110.32°	21.01°
10	香港	香港	114.09°	22.18°

2. 业务高空探空站(5 个)

在华南野外试验区共有 5 个业务高空探空站,所处位置见表2.3。在登陆台风观测试验期间,高空探空站的观测由原有的 2 次/天(08 时、20 时)加密为 4 次/天(08 时、14 时、20 时、02 时)。

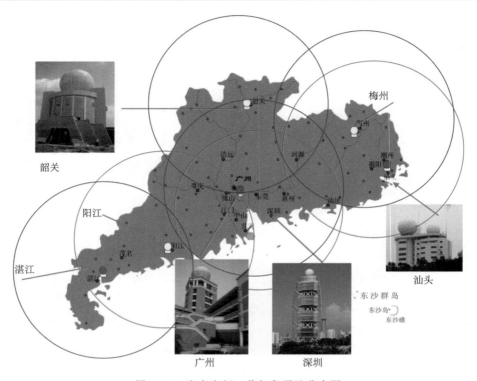

图 2.10　广东省新一代气象雷达分布图

表 2.3　试验区域内的高空探空站

序号	站名	站号	省(区)	经度/E	纬度/N
1	连平	59096	广东	114.48°	24.37°
2	汕头	59316	广东	116.68°	23.40°
3	阳江	59663	广东	111.97°	21.87°
4	清远	59280	广东	113.05°	23.66°
5	香港	45004	香港	114.09°	22.18°

3. 地面常规气象观测站(86 个)

在华南野外试验区共有 86 个基本地面气象观测站,所处位置如图 2.11 所示,基本地面站的观测加密到 24 次/d。

4. 自动气象站(约 1 000 个)

在华南野外试验区共有近 2 000 多个自动站获取气象数据。

5. 边界层风廓线仪

在华南野外试验区珠江口附近布设了固定的 3 台边界层风廓线仪,分别位于深圳气象局、深圳机场和广州南沙。

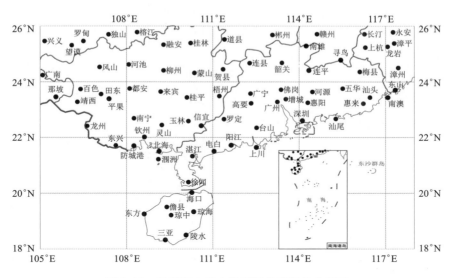

图 2.11　观测区内基本地面气象观测站分布图

2.2.3　华东台风野外科学试验区

本试验区以浙闽交界为中心，包括福建省、浙江省、上海市，具体的试验区域如图 2.8 所示。在试验区内布设了多普勒天气雷达、高空探测站和风廓线。图 2.12 给出了

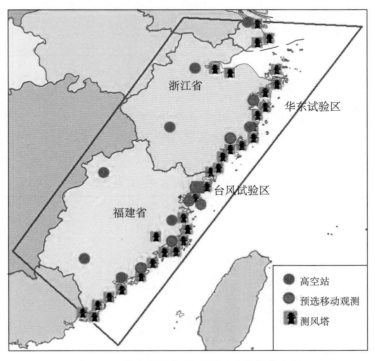

图 2.12　华东野外加强观测试验的综合布局

华东登陆台风野外试验部分设备的布设情况。根据华东沿海强台风在浙闽交界处登陆的概率比较大的特点，野外增强观测试验区设在浙闽交界处附近，观测设备主要集中在福建东北部沿海地区。

华东试验区内现有的气象业务观测系统设备包括：11 台新一代多普勒天气雷达、8 个业务高空探空站、152 个常规地面气象观测站和 1 000 多个自动气象站。

1. 新一代多普勒天气雷达（11 台）

在华东野外试验区共有 11 台多普勒天气雷达，所处位置见表 2.4。

表 2.4　观测区域内的雷达站列表

序号	雷达站	所在省（市）	经度/E	纬度/N
1	南汇	上海	121.47°	31.03°
2	杭州	浙江	120.10°	30.14°
3	舟山	浙江	121.57°	30.13°
4	宁波	浙江	121.51°	30.02°
5	金花	浙江	119.39°	29.07°
6	温州	浙江	120.39°	28.02°
7	宁德	福建	119.31°	26.40°
8	建阳	福建	118.07°	27.20°
9	长乐	福建	119.30°	25.58°
10	龙岩	福建	117.02°	25.05°
11	厦门	福建	118.04°	24.29°

2. 业务高空探空站 8 个

在华东野外试验区共有业务高空探空站 8 个，所处位置见表 2.5。在登陆台风观测试验期间，高空探空站的观测由原有的 2 次/天（08 时、20 时）加密为 4 次/天（08 时、14 时、20 时、02 时）。

表 2.5　试验区域内的高空探空站

序号	站名	站号	所在省（市）	经度/E	纬度/N
1	宝山	58362	上海	121.27°	31.23°
2	杭州	58457	浙江	120.10°	31.14°
3	洪家	58665	浙江	121.25°	28.37°
4	衢州	58633	浙江	118.54°	29.00°
5	邵武	58725	福建	117.28°	27.20°
6	福州	58847	福建	119.17°	26.05°
7	龙岩	58927	福建	117.02°	25.05°
8	厦门	59134	福建	118.04°	24.29°

3. 常规地面气象观测站 152 个

在华东野外试验区共有 152 个常规地面气象观测站，常规地面气象观测站的观测加密到 24 次/天。

此外，在试验区内设置了自动气象站 1 000 多个，并有沿海边界层风廓线仪 5 部。

2.2.4　增强观测区

1. 华南增强观测区布局

野外加强观测采用针对性的观测手段和方式加强大气海洋边界层的观测，主要由茂名博贺海洋气象科学试验基地、移动跟踪观测站、近海浮标观测站和测风与通量观测铁塔等组成。

1）茂名博贺海洋气象科学试验基地

中国气象局广州热带海洋气象研究所博贺海洋气象科学试验基地（图 2.13）位于广东茂名市电白县，该试验基地安装有边界层观测设备、海洋气象综合观测平台和 100 m 观测铁塔等，可以对登陆台风的海洋大气边界层结构变化以及海气、陆气相互作用过程进行细致的观测。

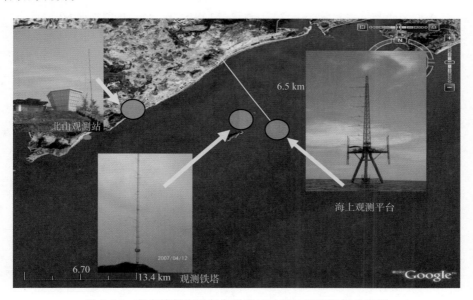

图 2.13　茂名博贺海洋气象科学试验基地观测设施分布图

在岸边陆地上的观测站的主要设备包括：①住友电工 WPR-LQ7 边界层风廓线仪；②Radiometrics MP3000A 微波辐射计；③荷兰 Kipp-Zonen CMP22/CGR4 辐射表；④WaMoS II 测波雷达；⑤Vaisala MAWS-301 自动气象站；⑥Belfot M6000 能见度仪。

海洋气象综合观测平台是我国建设的首个近海海气通量观测平台（图 2.5），位于距海岸线 6.5 km 左右、水深 14 m 的海洋上，可对途经的或正面登陆台风的边界层特征及海气界面通量交换进行连续观测。其优点是：一方面，可有效避免下垫面性质、地形等对通量观测可能造成的影响，获取较高质量的资料；另一方面，可同时进行海洋边界层的观测，满足海洋–大气相互作用观测研究的需求。海洋气象综合观测平台上的主要设备包括：①Campbell CSAT 3 超声风温仪、Li-cor 7500 二氧化碳和水汽分析仪各 2 台；②风、温、湿梯度观测设备 1 套(5 层)；③雨量计、红外海表皮温观测仪各 1 个；④计划在该平台的海面以下部分安装温、盐梯度观测系统 1 套(3 层)、多普勒流速剖仪(ADCP)1 套和波浪仪 1 套，开展海洋边界层观测，配合登陆台风海气相互作用的观测研究。

另外，在海洋气象平台附近的小岛上布设了 100m 观测铁塔，铁塔上的主要设备包括四层风、温、湿传感器。

2) 移动跟踪观测站

根据野外观测试验指挥部的指令，移动跟踪观测站移动至 8 级风以上的台风核心区内进行观测。为保障移动跟踪观测的顺利实施，对移动跟踪观测站进行了预选，移动观测点定在广东省沿海的汕尾遮浪、惠东港口、珠海金湾、江门新会、阳江海陵岛、湛江东海岛等地(图 2.9)。

移动跟踪观测站的主要观测设备包括：车载移动边界层风廓线雷达(图 2.14)，Vaisala DigiCora GPS 探空系统、Radiometrics MP 3000 A 微波辐射计(图 2.15)，Gill R3-50 超声风温仪、Li-cor 7500 水汽与二氧化碳分析仪、Vaisala MAWS-201 自动气象站(图 2.16)。

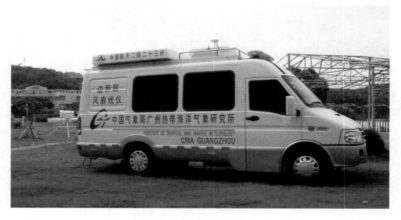

图 2.14　车载移动式边界层风廓线仪

3) 近海浮标观测站

近海浮标观测站主要由位于华南近海的两个浮标组成；另外，茂名海洋气象综合观测平台距离岸 6.5 km，安装海洋边界层观测设备后，也可起到浮标的作用。中国气象局广州热带海洋气象研究所 2009 年年初在广东省汕尾市遮浪镇红海湾(22°35′N，115°42′E)安装的 10 m 大型海洋气象浮标，该浮标距海岸约 20 km；另外，租借国家海洋局

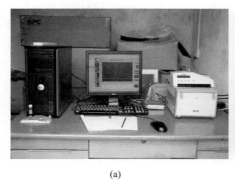
(a)

(b)

图 2.15　芬兰 Vaisala DigiCora GPS 探空系统

(a)

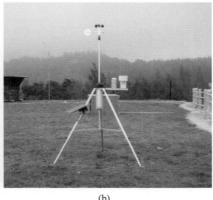
(b)

图 2.16　Gill R3-50 超声风温仪与 Vaisala MAWS-201 便携式自动气象站

南海分局管辖的珠江口外浮标($20°29'\mathrm{N}$，$114°03'\mathrm{E}$)，该浮标距海岸约 80 km。主要观测设备见表 2.6、图 2.17。

表 2.6　10 m 大型海洋气象浮标设备一览表

序号	名称	型号和规格	数量	原产地和制造商名称
1	风向风速仪	05103	4	美国 R. M. YOUNG
2	气压传感器	61202	2	
3	虹吸式雨量计	050202	1	
4	温湿度传感器	MP-101A	4	美国 Rotronic
5	短波辐射表	PSP	1	美国 Eppley
6	长波辐射表	PIR	1	美国 Eppley
7	能见度传感器	400-SVS1	1	美国 Enviro
8	温盐传感器	COMPACT-CT	1	日本 Alec
9	海流计	AEM-RS	1	日本 Alec
10	波浪传感器	SBY1-1	2	中国
11	叶绿素浊度	COMPACT-CLW	1	日本 Alec

图 2.17　10 m 大型海洋气象浮标

4）测风与通量观测铁塔

在广东沿海地区布设了 11 个 20～70 m 高的近地面层气象要素梯度和通量观测铁塔，主要观测设备包括：Gill Wind Master Pro 超声风速仪 1 台；风、温、湿梯度观测设备（4 层）。观测铁塔的位置和高度见表 2.7。

表 2.7　观测铁塔一览表

序号	站名	经纬度	高度/m
1	珠海	113°13′E 22°19′N	30
2	汕尾	115°34′E 22°38′N	20
3	涠洲岛	109°08′E 21°01′N	20
4	连州	112°23′E 24°47′N	70
5	阳江	111°58′E 21°52′N	70
6	湛江	110°24′E 21°13′N	70
7	增城	113°49′E 23°18′N	70
8	电白	111°00′E 21°30′N	70
9	斗门	113°17′E 22°13′N	70
10	揭西	115°50′E 23°26′N	70
11	汕头	116°41′E 23°24′N	70

2. 华东增强观测区布局

华东增强观测区采取固定加移动观测手段和方式，由霞浦观测站、移动探测系统和近海铁塔观测组成实施。

1）霞浦观测站

外场试验以浙闽交界的沿海地区为试验重点观测区域，将依托中国气象局上海台风研究所建设的台风外场观测基地，该基地位于福建省霞浦地区（图 2.18），即位于福建省东北沿海地区，毗邻浙江省。登陆浙江省和福建省的台风都会对霞浦造成不同程度的影响，且登陆的强台风比较多，是进行台风观测试验的一个比较理想的场所和地点，该点作为外场试验的一个固定观测点，该站点内的主要设备包括 Radiometrics MP3000A 微波辐射计、美国应用技术公司 STR-3A 超声风温仪、Vaisala MAWS-301 自动气象站、Vaisala GPS 探空、雨滴谱、陆气通量观测。

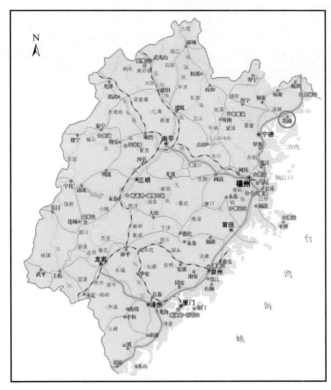

图 2.18　福建省霞浦地区的地理位置

2）移动探测系统

充分利用上海市、福建省和浙江省的移动探测设备。当台风在霞浦以南登陆时，移动点布设在霞浦以南的沿海地区；当台风在霞浦以北登陆时，移动点布设在霞浦以北的沿海地区。移动探测系统的设备包括 Radiometrics MP3000A 微波辐射计、美国应用技术公司 STR-3A 超声风温仪、美国应用技术公司自动气象站、Sippican GPS 探空、德国 1 km Sitiec 风廓线、雨滴谱和实景观测、X-波段双偏振多普勒移动雷达。其中，X-波段双偏振多普勒移动雷达是上海市气象局最新引进的探测雷达，安放在一辆大型移动车上。该雷达最细的扫描距离能达到 31.25m，并能同时发出水平、垂直两种极化电磁波，通过获取参数的比较得出差异，得到二维的观测结果，用于台风探测，可以得到更为详细的台风内部降水分布资料(图 2.19)。

图 2.19　中国气象局上海台风研究所的多功能台风移动监测车

3）近海铁塔观测

近海铁塔观测布设点如图 2.12 所示。铁塔上安装有超声风速仪，用于测量的风速脉动资料，同时还安装了梯度观测设备，以获取近地层风向风速、温度、水汽等 4 层梯度资料，可用于采用梯度法计算动量、热量和水汽通量。

2.3　特种资料处理与检验

本次大型登陆台风野外观测试验获取了大量的特种观测资料，如超声风速仪资料、风廓线资料、微波辐射计资料。这些非常规的特种资料的处理和检验是发挥好这些资料作用的关键。

2.3.1　涡动相关系统

海洋与大气之间存在着复杂的强迫与反馈过程，海气界面之间的动量、能量、水汽与 CO_2 通量交换是海气相互作用的重要过程。涡动相关法可以实现对湍流通量的直接、高精度测量；在目前海气界面通量的观测研究中，该方法正逐步成为通量测量的首选方法。

　　涡动相关设备最初应用在较理想的条件下，如水平均匀下垫面、天气条件适宜等。
然而在实际的海洋-大气边界层环境中，会出现一些不满足涡动相关仪测量理论要求的
情况，如海岸带的大气平流过程等，因此分析涡动相关数据时，必要的校正与质量控制
是不可缺少的。

　　国外对涡动相关仪观测数据处理方法的研究较为深入，形成了较为适用的涡动相关
仪数据处理软件，如英国爱丁堡大学开发的 EdiRe、德国拜罗伊特大学开发的 TK2 和荷
兰瓦格宁根大学开发的 ECPACK，这些软件在一些通量观测实验中得到了较好的应用。
国内对涡动相关方法的研究始于 20 世纪 80 年代，王介民等对涡动相关数据的处理与质量
控制进行了较为深入细致的研究，这些方法在陆面通量观测数据处理中得到了广泛应用。
但是，针对海上涡动相关数据的处理与质量控制方面的工作，国内还未见有相关报道。

　　近岸的海洋-大气环境与海气相互作用过程有其自身特点，是改进区域海气耦合模
式时必不可少的信息。为此，中国气象局广州热带海洋气象研究所在南海近岸浅海建设
了一个海洋气象综合观测平台，其中包含涡动相关系统和温、湿、风垂直廓线系统。作
为南海夏季风进入我国大陆前的"末站"，与冬季风进入中国南海的"前哨"，该区域海气
耦合过程具有重要的研究价值。作为研究计划的第一步，将对涡动相关数据进行一系列
后续订正与处理，讨论几个主要处理方法对通量计算结果的影响，并依据湍流的发展性
与平稳性指标对数据进行评价。

1. 涡动相关湍流数据的处理方法

　　目前，涡动相关法在海气界面各种湍流通量的测量得到了广泛应用。通量数据的质
量控制分两步进行：首先，辨认出环境条件恶劣与设备故障的时段，这些时段的涡动相
关数据不再进行进一步的分析；其次，对数据进行总体湍流特征检验与平稳性检测，然
后进行数据总体质量的检验与评价。

　　对通量数据的处理方法基于英国爱丁堡大学开发的 EdiRe 软件，处理模块主要包
括：①去除大于 4 倍方差的"野点"，以及超出物理合理范围和传感器状态异常所标注的
异常数据；②延迟时间订正，即订正涡动相关系统中超声风温仪与测量 H_2O/CO_2 脉动
的气体分析仪信号响应时间的差异；③倾斜订正，订正由于超声风温仪不完全垂直于地
面的影响，即进行 2 次坐标旋转或平面拟合；④频率响应订正，主要是订正由于传感器
的时间常数、路径平均以及传感器间的分离等引起的高频响应订正；由于通量计算时取
平均时间不够长，造成低频损失，也需要进行低频损失检验；⑤超声测温中水汽对感热
通量影响的订正；⑥WPL 订正，即订正由于空气密度脉动对 CO_2/H_2O 通量计算的
影响。

　　对通量数据质量评价方法如下。

　　通常认为，在湍流充分发展的情况下，Monin-Obukhov 相似理论成立，风速分量、
温度与其他标量的无量纲方差，只是稳定度（z/L；z 为传感器距地面的高度；L 为
Obuhkov 长度）的普适函数。这些函数已有一些公认的形式。总体湍流特征检验（ITC）
也即计算实际测量得到的无量纲方差与这些"标准"无量纲方差的偏差。

$$ITC_\sigma = \left| \frac{(\sigma_x / x_*)_{\text{model}} - (\sigma_x / x_*)_{\text{measured}}}{(\sigma_x / x_*)_{\text{model}}} \right| \tag{2.1}$$

式中，σ_x 为某一标量或矢量的方差；x_* 为对应量的标度值。选取 Foken 和 Wichura、Thomas 和 Foken 提出的普适函数 w，对垂直风速 w 的无量纲方差进行 ITC 检验。

湍流平稳性指一个观测时次内主要统计量保持稳定。非平稳情况下，在 30 分钟观测时段内，一些主要统计量有变化趋势，或出现结构性变化。采用如下方法进行湍流平稳性检验(IST)：垂直速度 w 与某一标量或矢量 s 的 30 分钟总体协方差与其所包含的 6 个 5 分钟子时间段协方差平均值的相对偏差。

$$IST = \left| \frac{\overline{w's'}_{30} - \frac{1}{6} \sum_{i=1}^{6} (\overline{w's'_5})_i}{\overline{w's'}_{30}} \right| \tag{2.2}$$

依据 ITC 与 IST 两个指标，参照 Foken 提出的数据等级标准，最终的数据分级见表 2.8。根据他们的建议，1~2 数据为高质量数据，可以用于基本研究。

表 2.8 湍流资料的总体质量等级标准

总体质量级	IST 范围/%	ITC 范围/%
1	0~15	0~30
2	16~30	0~30
3	0~30	31~75
4	31~75	0~30
5	0~75	31~100
6	76~100	0~100
7	0~250	0~250
8	0~1 000	0~1 000
9	>1 000	>1 000

2. 部分订正方法的数据处理效果检验

依据上述数据质量控制方法，选用 2008 年 8 月至 2009 年 2 月，35 m 与 27 m 高度两层涡动相关系统观测记录的湍流数据进行分析处理。在下述订正处理之前，对数据进行了预处理，剔除了传感器状态异常或测量值超出物理合理范围时段的数据。

1) 去野点的效果检验

参照 EdiRe 中的方法进行野点判断与剔除：①野点判断。由原始时间序列 x 求相邻点之差 Δx 的总体标准差($\sigma_{\Delta x}$)。逐点检查，如某点 $\Delta x \geqslant n \cdot \sigma_{\Delta x}$，则为野点。$n$ 的取值为：Δx 为负值时，n 取值 1.8；Δx 为正值时，n 取值 6。连续 4 点都符合以上判据，则不做"野点"处理。②剔除野点后，将该点值用其前后相邻测值的线性内插取代。

图 2.20 为 2008 年 9 月 1~7 日潜热(LE)、感热(Hs)、CO_2 和摩擦速度(U_*)四种

通量去野点前、后的对比。分析可知，去野点对 CO_2 通量、感热通量影响较大，在通量值较小时，相对差异可以超过 100%；而潜热、摩擦速度受野点的影响较小，去野点前后的相对差异都不超过 5%。分析近 7 个月的湍流数据显示，去野点对通量值造成严重影响的情况主要集中在通量值较弱时；去野点前后通量相对差小于 1% 的时次（每 30 分钟计算得出一个通量值，计为一个时次），对于 LE、U_*、CO_2、Hs，分别占总时次的 81%、91%、83%、80%。

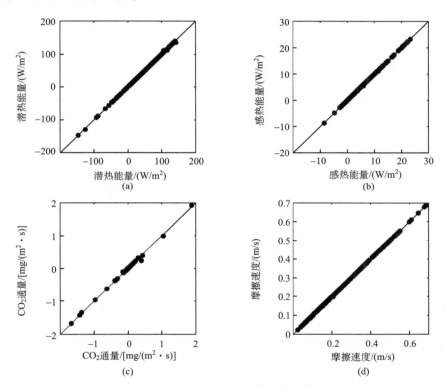

图 2.20　去野点前后的通量比较，实线代表 1：1

2）坐标旋转的效果检验

　　为消除"倾斜"误差或湍流通量不同分量间的交叉干扰，目前常用的订正方法包括平面拟合方法（PF）和二次坐标旋转法（DR）。Wilczak 等指出了 DR 的两条缺点，其中之一就是由于二次旋转未订正侧向倾斜分量，会导致侧向应力偏差较大。这点对于下垫面为波浪场的海上大气边界层影响最为显著，当波浪的传播方向偏离风向时，侧向应力分量不可忽略，这时应用二次旋转就会造成较大误差。根据 2008 年 9 月 9～15 日的数据，图 2.21(a) 比较了平面拟合与二次旋转处理后的摩擦速度（U_*），图 2.21(b) 为经两种坐标旋转方法处理后的潜热通量（LE）的比较。可以看出，对于 U_*，回归曲线没有明显偏离 1：1 关系，但有一些点偏离 1：1 关系较为显著；而对于 LE，回归曲线则显著偏离 1：1 关系。相对原始通量，DR 处理后两种通量的平均差值分别为 0.0052 m/s 与

-2.66 W/m^2，而 PF 处理后的对应差值分别为-0.0029 m/s 与-0.45 W/m^2，且二次旋转造成超过 6% 的数据垂直风速坐标轴旋转角度大于 5°，尤其在低风速时，甚至能使通量的符号发生改变。可以认为，二次旋转容易造成通量的"过量旋转"，因此，选择平面拟合方法进行坐标旋转较为合适。

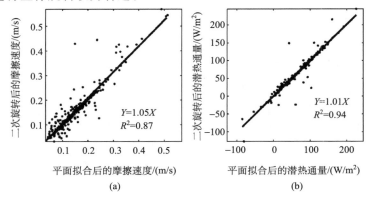

(a)　　　　　　　　　　　　　(b)

图 2.21　平面拟合(PF)、二次旋转(DR)对通量影响的比较

(a)DR 与 PF 处理后摩擦速度($U*$)的比较；(b)DR 与 PF 处理后感热通量(LE)的比较

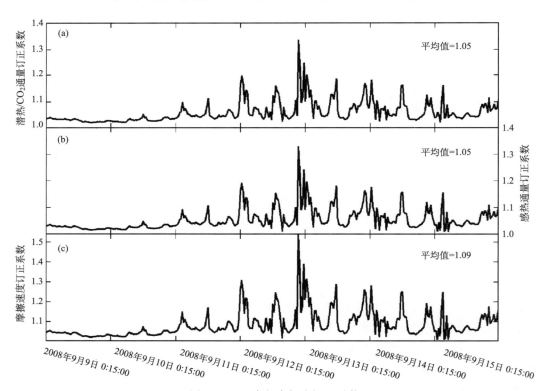

图 2.22　三类频率损失订正系数

(a)潜热/CO_2通量订正系数；(b)感热通量的订正系数；(c)摩擦速度订正系数

3）频率损失订正的效果检验

目前，传递函数法是最常用的高频损失订正方法之一。以 2008 年 9 月 9～15 日的观测记录为例进行分析，其中 9～11 日为晴朗天气，天空云量高云为主，低云很少，12 日出现一次雷暴过程，13～15 日全天有轻雾。图 2.22 分别为 CO_2/潜热通量、感热通量和摩擦速度的高频损失订正系数（Fc ＿ LE ＿ FRCoef、Hs ＿ FRCoef、UW ＿ FRCoef）。可以看出，这些订正系数在不同天气条件下存在较大波动。结合传递函数法的特点，分析可知，频率损失订正系数的波动，集中在低风速情况下，风速越低，订正系数越大。上述三个系数的平均值分别为 1.05、1.05 与 1.09，其中夜晚/白天（此段时间当地的日出、日落时间分别为 05：50 与 18：10）的订正系数平均值见表 2.9，可以看出，三个频率损失订正系数在夜晚的平均值要稍大于白天的平均值。从处理结果可以看出，此项订正能够给通量带来 5％～8％的增量，是通量计算时不可缺少的订正。

表 2.9　三类频率损失订正系数白天、夜晚平均值

项目	Fc ＿ LE ＿ FRCoef	Hs ＿ FRCoef	UW ＿ FRCoef
白天均值	1.05	1.04	1.07
夜晚均值	1.07	1.06	1.09

4）频率累积检测

通量计算时，平均时间长度的选取需要保证对通量有重要贡献的所有尺度的湍涡都被包含进来。对于一般的 30 分钟取平均时间，在某些情况下可能不足以反映湍流的低频部分对通量的贡献，这时需要检验湍流协谱 $Co_{w,x}$ 的频率（f）累积，即所谓累积曲线检测（ogive test）。

$$Og_{w,x}(f_0) = \int_{\infty}^{f_0} Co_{w,x}(f)df \tag{2.3}$$

式中，w 为垂直风速；x 为水平风速或某一标量。累积曲线检测就是确定一个低频值，在此频率上，式（2.3）积分值达到极大值。此频率的倒数即为包含所用湍涡贡献时所需的最小取平均时间。

图 2.23 为 2008 年 9 月 15 日全天共分 8 个时段（每时段为 3h）的感热通量频率累积曲线，以及对应时段的平均大气稳定度参数。在 00～02 时，03～05 时这 2 个时段，低频湍涡对通量的贡献较大，30 分钟累积值均不超过 3 小时内累积极大值的 40％，而对应时段内 30 分钟平均稳定度值的变化情况表明，这两个时段的大气层结由稳定向不稳定转换。Oncley 等、Foken 曾给出类似的分析结论，即在大气稳定度发生转换的时段，或一天之中昼夜转换的时段，用 30 分钟的平均时间长度计算通量会带来较大偏差。表 2.10 列出了 2008 年 9 月 9～15 日共计 56 个时段 30 分钟累积值与 3 小时累积最大值的比值。对于大气层结稳定性未发生转变的 52 个时段，该比值的平均值为 89％。其中 37 个时段的比值超过 85％；其他 15 个大气层结未发生转换时次，该比值为 60％～84％，

主要情况为通量达到极大值的累积时间小于 30 分钟。而对于在 3 小时内大气层结稳定
性发生转变的 4 个时次，该比值时全部小于 60％。总体而言，对于大气层结稳定性发
生转换的时段，30 分钟的平均时间不足以包含低频湍涡对通量的贡献，有必要延长取
平均时间；而对于大气层结不发生转变的时段，30 分钟的取平均时间在多数情况下可
以得出可靠的通量值，在某些情况下可能也需要进行此项检测。

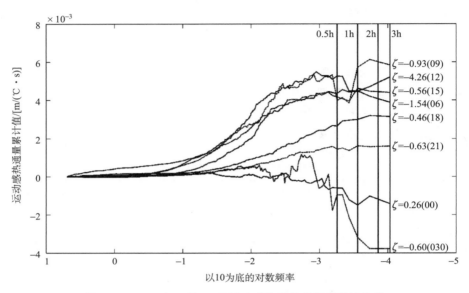

图 2.23　2008 年 9 月 15 日运动感热通量的频率累计曲线

图中竖直实线，从左至右依次代表 0.5 小时、1 小时、2 小时、3 小时

表 2.10　感热通量 30 分钟累积值与 3 小时内累积最大值的比值(％)

时段	2008 年 9 月						
	9 日	10 日	11 日	12 日	13 日	14 日	15 日
0～2	70	96	82	67	00	82	40
3～5	99	00	90	88	00	59	25
6～8	00	95	87	86	87	78	96
9～11	60	81	77	33	79	74	65
12～14	98	87	98	84	87	74	83
15～17	94	95	99	92	98	98	90
18～20	94	96	97	97	97	89	83
21～23	99	98	00	00	86	93	90

　　湍流通量数据的质量检验与评价：

　　选取 2008 年 8 月 9 日～12 月 9 日、海面上方 27 m 处的涡动相关资料，对通量数
据进行湍流发展性与平稳性检验与质量评价。并选取一次冬季海上大风过程，对 27 m
与 35 m 两层通量进行了比较。

5）总体湍流特征检验

总体湍流特征（湍流发展性）检验是物理上对湍流发展情况的检验，对评估湍流数据质量具有重要意义，并且在空气污染模拟、估算下垫面对湍流通量的影响中具有广泛的应用。图 2.24 为不同稳定度条件下各风向湍流发展充分性指标的分布情况。可以看出，该指标基本呈各向同性。中性、不稳定、稳定 3 种条件下 1 级数据所占比例分别为33.9％、11.7％与 18％，1～3 级数据所占比例分别为 94.5％、97.2％与 90％。

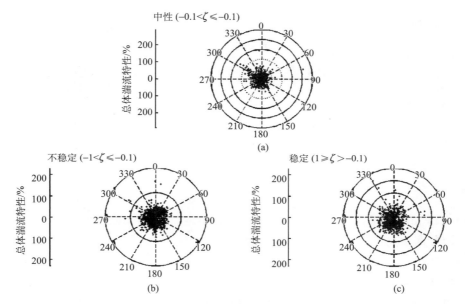

图 2.24　不同稳定度条件下垂直风速的总体湍流特征检验

6）湍流平稳性检验

图 2.25 分别为潜热、CO_2、摩擦速度与感热 4 种通量的平稳性指标（IST）随风向的分布，取 IST 不大于 500％。可以发现，对于不同方向的来风，湍流数据的平稳性稍有差异，60°～330°内的 IST 稍大。根据该站点的位置分布，可知这个风向区间的上风向为陆地。依据 IST，4 种通量的 1 级数据所占比例分别为 52.1％、43.8％、48.2％与52.5％，1～3 级数据所占比例分别为 77.7％、72.6％、80.2％与 80.6％。而经预处理剔除后剩余的数据，可用于基本研究的（总体质量 1～2 级）4 种通量，潜热、CO_2、摩擦速度与感热，分别占总样本的 58％、49％、56％和 54％。

不同系统之间同步观测数据的交叉比较，也是判断数据质量的一种方法。以 2008 年11 月 8～14 日一次大风降温过程中两层涡动相关系统的观测数据为例，图 2.26 为经EdiRe 处理与质量控制之后两层通量之间的比较。从两层通量的统计关系判断，两层涡动相关系统的通量测量结果具有较好的一致性，数据的质量有保证。通过显著性分析可知（图略），随着通量幅度的增大，两层通量差异有增大趋势；在这次天气过程的风速范

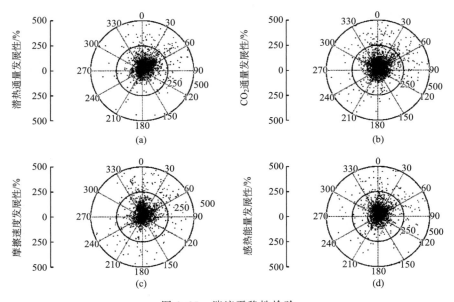

图 2.25　湍流平稳性检验

(a)潜热通量；(b)CO₂通量；(c)摩擦速度；(d)感热通量

围内(4～14 m/s)，随着水平风速的增强，两层通量之间的差值呈增大趋势。对于摩擦速度、感热和潜热通量，符合常通量层假设(两层通量数据相差不超过 10%)的数据，分别占总数据量的 49%、63%和 56%，而对于 CO_2 仅占 13%。

两层通量之间的差异，既受两个系统的随机测量误差与系统误差影响，又受近海层微物理过程的调制。海岸带的平流过程是造成近海层通量随高度变化的主要因素之一。Mahrt 等计算分析了温度平流所造成的感热通量随高度的变化。结合两层涡动相关系统之间的高度差与天气情况，假设水平风速在近海层内的垂直平均值为 10 m/s，水平温度梯度为 0.2 K/km，那么温度平流可以造成约 20 W/m² 的差异。同理，对于其他两个标量(水汽、CO_2)，平流效应仍可造成两层通量之间较大差异。而摩擦速度随高度的变化，除与平流效应有关外，还与科氏力有关。

2.3.2　风廓线雷达

风廓线雷达作为一种遥感探测设备，与常规气象观测设备相比，其数据质量控制问题更加突出，各种干扰信号都有可能使数据发生错误。风廓线雷达的生产厂家主要侧重雷达信号处理方面的工作，对于不同的天气条件，由于大气运动、外界干扰的特征不同，所开展的数据质量控制方法研究还很不足，加上缺乏科学、严谨的对比数据，使得数据处理的参考依据存在很大的不确定性，风廓线数据质量控制出现瓶颈。在强风过程中常常伴有降水天气出现，由于降水粒子增强了散射回波的贡献，造成风廓线雷达接收的回波功率谱密度明显增大，且不同等级的降水对风廓线雷达探测数据的污染程度也不

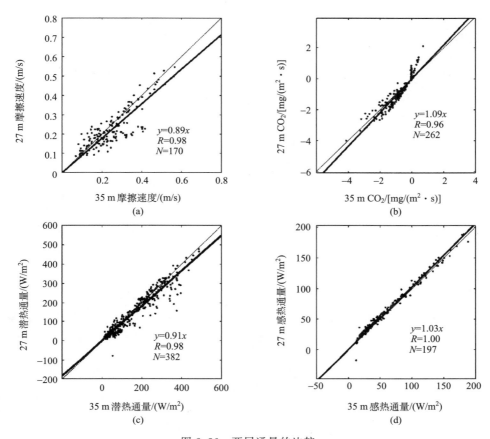

图 2.26　两层通量的比较

(a)摩擦速度；(b)CO_2通量；(c)潜热通量；(d)感热通量

尽相同，使得风廓线雷达探测的大气风场出现较大误差。

　　为检验台风条件下获取的风廓线雷达数据的可信度，在对风廓线资料进行野点剔除的基础上，我们利用在移动增强观测区同步进行的 GPS 加密探空数据，开展了针对台风条件下的风廓线雷达数据质量评估，主要工作包括两个方面：一是台风条件下探空观测数据的可信度；二是风廓线雷达与之的比较，由此说明风廓线雷达数据是可信的。

1. GPS 探空数据可信度

　　GPS 探空资料来源于 Win-9000 气象处理系统，采用 Mark II GPS 微型探空仪，可以获得风速和风向、温度、气压以及湿度等基本气象数据沿高度的变化，采样频率为 1Hz。为了考察 GPS 探空资料的可靠性，将由 GPS 探空资料得到的风廓线和 L 波段雷达探空资料得到的风廓线进行比较。L 波段雷达探空资料来源于 L 波段（I 型）高空气象探测系统，该系统在中国气象局高空气象探测业务中广泛使用，采用国产 GTS-I 型数字式探空仪，采样频率为 1/60Hz。2009 年 12 月 7 日 16 时和 17 时，中国气象局上海台风研究所在上海市气象局宝山气象站进行了由两种系统获得的探空资料而得到的风廓线的对比试验，如图 2.27 所示。由图 2.27 可见，由两组探空资料给出的风廓线基本一致，相关系数均达到 0.996 以上。另外，在相同时刻给出的观测数据的差异不超过 10%，因此，GPS 探空数据的观测结果是可信的。

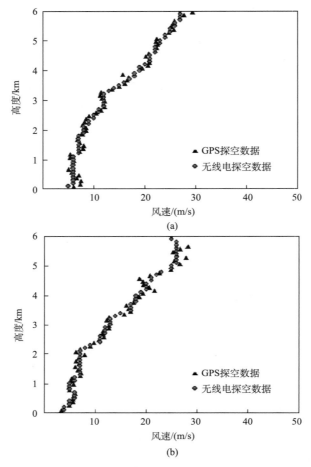

图 2.27　无线电探空资料和 GPS 探空资料给出的风廓线对比

(a)16 时；(b)17 时

2. 风廓线雷达与探空数据的对比

选取位于广东省茂名市风廓线雷达，结合距离最近的高空观测站[广东省阳江探空站(111°58′E，21°50′N)]，两点之间的直线距离约为 85 km。风廓线雷达探测方式是基于欧拉概念的垂直方向上的风廓线，而气球探空是基于拉格朗日概念获取移动路径上的风场数据，虽然两者存在一定探测方式的不同，但如果在大气背景环境相对稳定的情况下，利用探空在前期水平距离漂移尚不是很远的数据与风廓线雷达进行对比，还是可以用于评估风廓线雷达数据的有效性和准确性。

为此，选取大气层结构相对稳定的海雾天气进行对比，3~5 月共选取 58 天的秒级探空数据与风廓线雷达进行对比。由于阳江探空观测一天为 2 次(08 时、20 时，北京时间)，为对比风廓线观测数据的有效性，也选取风廓线雷达在 08 时、20 时的观测数据。

　　根据大量的风廓线雷达和探空观测数据的统计分析结果，图 2.28 给出了两者探测得到的 U、V 水平风的分布图。从图中很容易看到，尽管风廓线雷达与阳江探空在空间距离上相距一定的距离，但是在同一稳定的大尺度天气背景下，两者观测得到风具有很明显的一致性特征。从 6747 组数据的对比结果看到，两种方式观测的 U 分量风相对于 V 分量风而言具有更好的一致性，U 分量风的相关系数可达到 0.93，V 分量风速的相关系数超过 0.8，U、V 分量的标准偏差大约相差 1 m/s。因此我们认为，风廓线雷达所探测获得的风廓线资料是可信的。

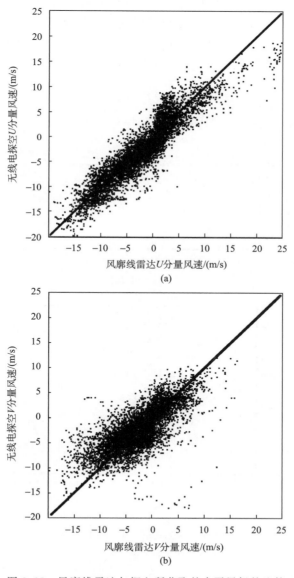

图 2.28　风廓线雷达与探空所获取的水平风场的比较

3. 风廓线雷达的一致性比较

由于台风观测时采用了多部不同厂家的风廓线仪,对观测资料一致性和可靠性的适当说明是必要的。同时因为茂名距离珠海、南沙、深圳比较远,而移动风廓线仪只有在台风登陆过程中才开始观测,所以利用珠海、南沙、深圳的资料来说明其一致性。图 2.29(a)为在没有台风的情况下,在某一高度处珠海、南沙、深圳三部风廓线仪观测到的风速风向时间序列图。从图中可以看出,在没有台风、连续 12 小时的观测下,三部风廓线仪所观测到的风速风向极其一致,说明不同风廓线仪的观测资料具有很好的一致性。

图 2.29(b)为茂名地区的风廓线仪所观测到的资料与 NCEP 资料的对比高度-时间图,其中红色实线为风廓线仪资料,蓝色实线为 NCEP 资料。从图中可以看出,风廓线仪资料无论是在风速方面(左)还是风向方面(右)都与 NCEP 资料具有比较好的一致性,因此可以说明,风廓线仪的资料比较可靠。

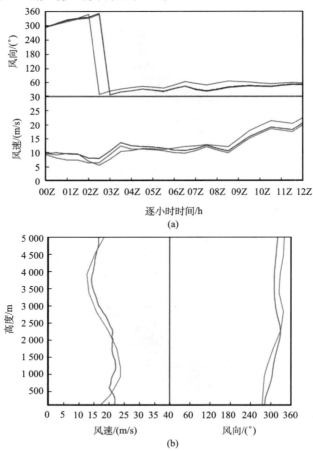

图 2.29　2009 年 9 月 14 日台风未登陆前三部风廓线仪观测风速风向时间序列图
及茂名地区风廓线仪风速风向高度-时间图

(a)台风未登陆前珠海(黑)、南沙(红)、深圳(蓝)三部风廓线仪观测的某一高度风速(下)风向(上)的
时间序列变化图;(b)茂名地区风廓线仪资料(红)与 NCEP 资料(蓝)风速风向的高度-时间图

2.3.3　微波辐射计

1. 主成分分析方法

在气象预报中，对预报量常常需要从可能的许多影响因素中挑取一批关系比较好的作为预报因子，但并不是每个因子都对预报量 y 有重要的影响，因此需要我们对因子进行逐个考察。逐步回归方法，就是根据因子既显著、方程的残差估计又最小的原则来挑选"最优"方程。

具体方法介绍如下：在假设条件成立下，利用统计量 $F = \dfrac{b_k^2/c_{kk}}{Q/(n-p-1)}$ 进行检验，式中 b_k 为最小二乘估计；c_{kk} 为矩阵 $(X'X)^{-1}$ 中对角线上的第 k 个元素；Q 为残差平方和。其决定反演因子的方案为逐步剔除及引进的双重检验方案，基本思路是：将因子一个个引入，引入的因子的条件是该因子的方差贡献是显著的；同时每引入一个新的因子后，要对老因子逐个检验，将方差贡献变为不显著的因子剔除。

在引进方案中，采用式(2.4)进行检验，引入显著因子后计算回归方程的标准回归系数。

$$F = \frac{V_k^{(l+1)}}{\left[r_{yy}^{(l)} - V_k^{(l+1)}\right]/(n-l-2)} \tag{2.4}$$

第二步是当引入新因子后，采用式(2.5)对方程最小贡献因子项重新检验，若不显著，则进行剔除。

$$F = \frac{V_k^{(l)}}{(r_{yy}^{(l)})/(n-l-1)} \tag{2.5}$$

如此逐步进行下去，直到既无因子剔除又无因子可引入为止。

回归反演的 68 个因子项的选取依据：根据大气吸收光谱的氧气及水汽通道，选取 $22.234 \sim 30.0\text{GHz}$ 及 $51.248 \sim 58.0\text{GHz}$ 的 22 个亮温通道作为因子；根据 Weng 和 Grody(1994)研究，选取 22 个亮温通道的对数形式 $[\ln(290-T_b)]$ 作为因子；根据江芳等(2004)、姚展予等(2001)研究，选取 22 个亮温通道平方项($T_b 2$)作为因子；根据吕达仁等(1993)研究，选入地面要素项(地面气压 P 和相对湿度 Rh)作为因子。给定 0.05 显著性水平的 F 检验，对各层次的探空温湿资料和 68 个因子项作逐步回归分析，建立大气 57 层的回归反演方程。

在逐步回归的各因子中，由于同时引入各通道亮温及其对应的对数和平方项，而通道因子间也可能存在非正交因素，为了进一步改善反演结果，采用不同的因子组合方案($C_4^1 + C_4^2 + C_4^3 + C_4^4 + 2$ 种方案)，对各因子进行主分量分析，再采用正交因子进行逐步回归。通过对比各种组合方案的结果，研究发现 68 项因子都参与 PC 分析(简称 PCALL)以后再进行回归的反演结果最为理想，因此，采用 PCALL 的结果作为 PC 逐步回归(PC 分析基础上再进行逐步回归的改善方案)的代表。

2. 新方法反演结果

1）温度结果对比

针对从 0～10 km 共 58 层的大气温度反演廓线，分别将逐步回归、PC 逐步回归，以及微波辐射计自带的神经网络反演算法的结果进行从整体误差、不同天气条件反演情况等角度对比分析。

A. 误差对比分析

图 2.30 分别为逐步回归、PC 逐步回归、神经网络反演算法（LV_2）三种方法反演结果与探空资料所求的相关系数和均方根误差随高度的变化。三种方法的整体反演效果一致表现为中低层反演效果优于中高层反演效果，其反演能力基本随着高度的增加而降低：低层，三种方法的反演能力差别不大，相关系数皆维持在 0.9 以上，均方根误差在 2K 以下，但随着高度的增加，其反演效果开始出现差距。同时，对比逐步回归和 PC 回归方法，对中上层（4.5～10 km）的温度反演情况，PC 回归与探空的相关程度比逐步回归分析方法有所提高，经过 PC 主分量分析后，相关系数基本维持在 0.5 以上，说明中高层的反演对非正交因子存在敏感性反应；但在均方根误差上，PC 回归对逐步回归的改善效果不明显，两者与探空误差的整体情况相差不大。最后，对比逐步回归分析方法与 LV_2 的反演结果可发现，整体而言逐步回归方法要稍微优于 LV_2 自身的反演结

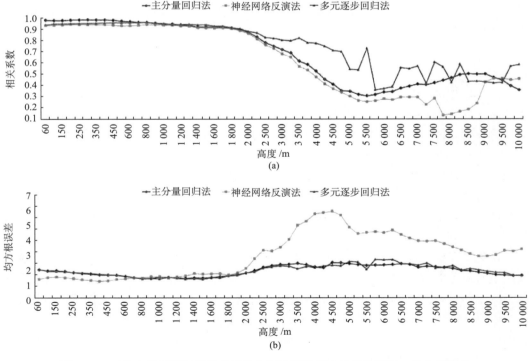

图 2.30　三种方法反演温度廓线结果与探空资料所求的相关系数、均方根误差

（a）相关系数；（b）均方根误差

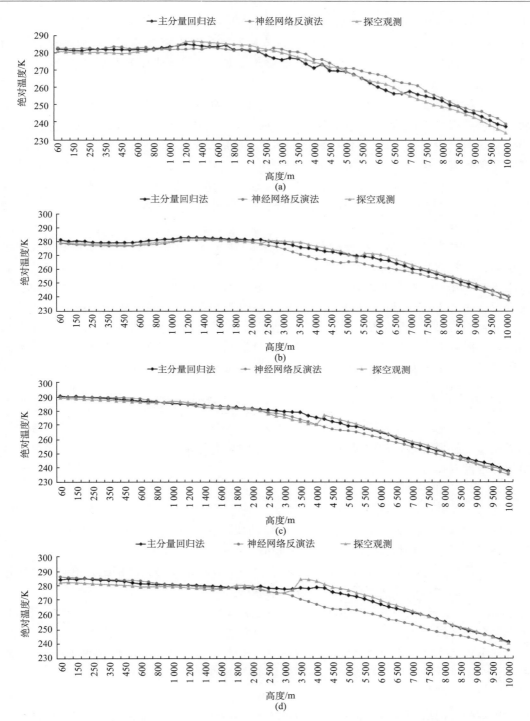

图 2.31　雨天、阴天、晴天天气条件下，PC 回归、LV₂ 反演和探空资料的温度廓线样本

(a)2008 年 1 月 25 日雨天温度垂直线的反演及探空样本；(b)2008 年 2 月 1 日雨天温度垂直廓线的反演及探空样本；
(c)2007 年 12 月 5 日阴天温度垂直廓线的反演及探空样本；(d)2008 年 1 月 2 日晴天温度垂直廓线的反演及探空样本

果，主要反映在中上层的反演效果上：2 km 以下三种方法的反演效果基本差别不大，并且1 km 以下低层神经网络反演比传统逐步回归方法具有更高精确度，而随着高度的增加，LV_2 的反演误差信号有所增大，而回归反演能更好地捕捉到中高层信号。

B. 不同天气情况对比分析

由于微波反演的精度会受到大气中云、水的影响，因此有必要分开不同天气条件来对比反演情况，随机选取 1/10 的样本，分成雨天(小雨、中雨、大雨)、阴天(中低云、高云、多云、少云)、晴天三种情况分析不同方法的反演结果。图 2.31 给出了三种天气条件下的代表时次，其中包括：2008 年 1 月 25 日 7 时的中雨天气，24 小时降水量为 20.9 mm(20～20 时)；2008 年 2 月 11 日 7 时的小雨天气，24 小时降水量为 3.3 mm(20～20 时)；2007 年 12 月 5 日 7 时的阴天天气，层积云云量为 10；2008 年 1 月 2 日 7 时的晴天天气。

对比两种方法发现，PC 回归和 LV_2 反演方法在各种天气条件下都能较好地反映出探空温度廓线的变化趋势，其中 3 km 以下的大气中低层的反演误差较小，反演结果更为理想；而在中高层，两种方法反演结果出现差别，LV_2 反演结果基本稍小于探空值，主要反映为 3.5～7.5 km，相较之下，中上层的 PC 回归反演结果更接近探空真值。

对比不同天气情况发现，晴天和少云情况下，PC 回归的整体反演误差最小，结果最为理想；雨天情况，就反演误差而言，PC 回归分析结果要略优于 LV_2 反演结果；阴天多云的情况，两种方法反演结果相差不大，同时对中层温度突变的信号捕捉能力仍有限。

2) 相对湿度结果对比

针对从 0～10 km 共 58 层的大气相对湿度反演廓线，分别将逐步回归、PC 逐步回归以及微波辐射计自带的神经网络反演算法的结果进行从整体误差、不同天气条件反演情况等角度对比分析。

A. 误差对比分析

从相关系数和均方根误差分布图(图 2.32)上可以看到整层的反演情况：低层的反演情况比较理想，其次是高层情况；而中层的反演误差较大，表现为三种反演方法在 1.8 km 处与探空的相关度皆是整层的最低值，2.5～7 km 的均方根误差是整层反演的大值区。值得注意的是，相关系数的低值层次与均方根误差的大值层次并不对应，在评价反演方法的优劣时应注意结合两个方面来分析。

而三种方法对比中，PC 回归分析方法反演结果与探空的相关性最高，PC 回归分析方案对中上层的逐步回归方法稍有改善，但两者的反演效果基本差别不大；对比回归方法和 LV_2 反演结果，回归反演的结果在中上层的反演优势明显，特别表现在 4 km 附近对相对湿度的反演上，有效地改善了此处 LV_2 反演的误差大值区。

B. 不同天气情况对比分析

对于相对湿度的反演分析，同样随机选取 1/10 的样本，分成雨天(小雨、中雨、大雨)、阴天(中低云、高云、多云、少云)、晴天三种不同天气的情况进而分析不同方法的反演结果。图 2.33 给出了三种天气条件下的代表时次，其中包括：2008 年 2 月 11 日 7 时的小雨天气，24 小时降水量为 3.3 mm(20～20 时)；2008 年 1 月 15 日 7 时的阴

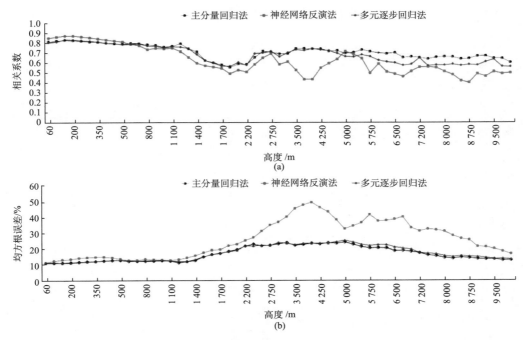

图 2.32　三种方法反演相对湿度廓线结果与探空资料所求的相关系数、均方根误差

(a)相关系数；(b)均方根误差

天天气，高积云云量为 10；2007 年 12 月 7 日 7 时的晴天天气。

雨云天气情况，回归方法和 LV_2 反演结果基本都能反映出大气相对湿度的变化趋势，LV_2 的反演有所偏大，其中大气中层的反演（3～5 km）是误差的高值区域，PC 回归反演结果更贴近真实探空值，同时有效地改善了当相对湿度较大时 LV_2 反演出现的饱和效应。晴天反演情况，各种天气情况相比下，LV_2 反演在晴天时反演误差最大，特别反应在中上层的反演误差有偏大的情况，PC 回归的结果优势更明显。

2.3.4　浮　　标

外场观测试验期间，浮标实时观测海洋气象要素包括：风向、风速、温度、湿度、气压、能见度、海表温度、盐度、波浪要素、表层海流等观测变量。风向、气压、温湿等气象要素观测高度为 10 m，海表温度和盐度传感器则放置在水下 50cm 处。海浪探测 20 分钟的波参数，每半小时更新一次数据。浮标资料预处理主要包括阈值检测、时间连续性检测、内部一致性、波验证检测等步骤。

1. 极值处理

首先利用各要素探测范围进行极值控制处理，采用 3 倍标准差作为该要素的探测值控制，缺省的极值范围见表 2.11。

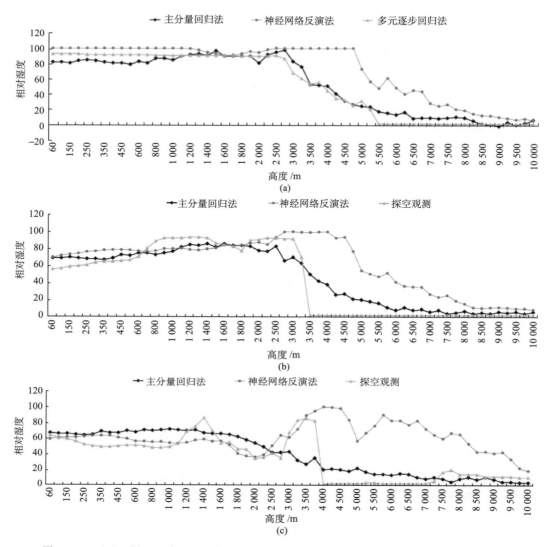

图 2.33　雨天、阴天、晴天天气条件下，PC 回归、LV$_2$ 反演和探空资料的温度廓线样本

(a)2008 年 2 月 11 日雨天相对湿度垂直廓线的反演及探空样本；(b)2008 年 1 月 15 日阴天相对湿度垂直廓线的
反演及探空样本；(c)2007 年 12 月 7 日晴天相对湿度垂直廓线的反演及探空样本

表 2.11　缺省的极大值和极小值

要　素	极小值	极大值
波浪主周期/s	1.95	26
波浪平均周期/s	0	26
海流/(cm/s)	−200	200
盐度/10^{-6}	10	70
相对湿度/%	25	102
水温/℃	0	40

2. 观测变量的时间连续性检测

海平面气压、气温、水温、风速、波高、平均波周期和相对速度时间连续判别，采用 3 小时样本标准差大小控制，其中海平面标准差小于 21.0 hPa，气温标准差小于 11.0 ℃，水温标准差小于 8.6 ℃，风速标准差小于 25 m/s，波高标准差小于 6 m，相对湿度标准差小于 20.0%，并采用 T 时间段内(一般时间段不超过 3 小时)要素变量的变率来进行时间一致性检验。

对于 10 分钟浮标资料，时间连续性检验采用以下判别，即：$|X(t+1)-X(t)|$ 和 $|X(t-1)-X(t)|$ 两者相当，但是它们都远大于 $|X(t+1)-X(t-1)|$，则认为 $X(t)$ 观测有问题。对于海水温度来说，如果 $|X(t+1)-X(t)|$、$|X(t-1)-X(t)|$ 与 $|X(t+1)-X(t-1)|$ 相差达到 3 ℃以上，就认为该时刻观测海水温度为奇异值，如图 2.34 所示，图中给出 2010 年 8 月 10 日 22 时至 11 日 03 时海温逐 10 分钟时间序列，由图可知，有两个时次的海水温度明显低于其前后时次的水温，不满足时间连续性，视为异常值。

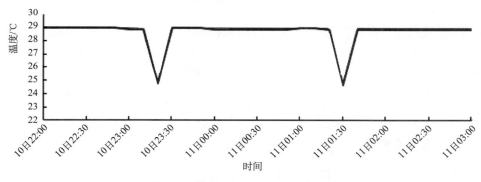

图 2.34　茂名浮标站海温时间序列图

2.3.5　多普勒天气雷达

天气雷达作为一种探测工具，具有高时空分辨率，取样资料空间域大的特点，在一定程度上填补了复杂恶劣条件下的资料空白，对提高天气预报水平和减轻灾害天气造成的损失起到了积极作用。天气雷达是近海台风最有效的监测手段，将天气雷达资料应用于台风研究，认识其中尺度结构特征，为其强度与路径的变化提供重要的参考信息。

雷达资料的质量取决于雷达的发射和接收性能、雷达系统的精确定标、恰当的数据获取和产品生成技术，以及产品生成过程中有效的资料质量控制。雷达资料除了因雷达参数定标引起的观测误差以外，还存在一些其他质量问题。例如，非气象杂波污染、波数阻挡、零度层亮带污染等问题。因此，在使用雷达资料之前，需要对其进行质量控制。主要的处理方法有以下几种。

1. 斑点回波过滤

雷达在探测过程中，有时出现非气象斑点回波，如昆虫和飞机回波。这些斑点回波大多以孤立点或细线的方式出现，因此可以采用下面公式进行过滤。

$$P_x = N/N_{\text{total}} \tag{2.6}$$

式中，x 为雷达原始体扫资料中给定的反射率距离库；N 为以 x 为中心的 5×5 的窗口中有反射率值的总库数；N_{total} 为该窗口内包含的库数；P_x 为窗口中有效反射率回波所占百分比，当 P_x 小于某一阈值（缺省为 75%）时像素点 x 就被视为非气象回波被剔除。该步骤在剔除斑点回波的同时会剔除回波边缘的个别气象回波像素点。

2. 反射率水平纹理

反射率的水平光滑度使用水平纹理来描述，它是沿径向的相邻反射率因子之间的均方差，给定距离库的 T_{dBZ} 的表达式如下：

$$T_{\text{dBZ}} = \sum_{j=1}^{N_A} \sum_{i=1}^{N_R} (Z_{i,j} - Z_{i,j+1})^2 / N_A \times N_R \tag{2.7}$$

式中，i、j 分别为反射率库的距离和方位序号；N_A 和 N_R 分别为以 (i,j) 为中心的窗口中的距离库数和方位库数，缺省的 N_A 和 N_R 都为 5；Z 为 dBZ。一般而言，对流单体和地面杂波具有较大的 T_{dBZ} 值，而层状云回波则表现为较小的 T_{dBZ} 值，所以仅通过反射率水平纹理参数还不能有效区分降水和非降水回波，但可以区分对流云与层状云降水回波。

3. 反射率垂直梯度

反射率垂直梯度反映了回波在垂直方向上的连续性，计算公式如下：

$$V_{\text{dBZ}} = (Z_i - Z_{i+1})/(H_{i+1} - H_i) \tag{2.8}$$

式中，Z_i 和 Z_{i+1} 分别为相邻两个仰角同一距离库的反射率值；H_i 和 H_{i+1} 分别为 Z_i 和 Z_{i+1} 对应的高度。

地面杂波和超折射回波的 V_{dBZ} 都比较大，对流云降水回波和大部分层状云降水的 V_{dBZ} 比较小，但是对于比较薄的层状云或远距离处的降水云来说，由于相邻仰角中的低仰角能探测到回波，但是高仰角却探测不到回波或只能探测到非常弱的回波。在这种情况下计算出来的降水回波 V_{dBZ} 也相当大。如果只以 V_{dBZ} 作为区分降水回波和非降水回波的标准，那么比较薄的降水回波或远距离处的降水回波就有可能被识别为非降水回波。

4. 反射率垂直梯度的高度限定

用反射率水平纹理作为标准容易区分对流云和层状云降水回波，但不易精确区分对流云和非降水回波；用反射率垂直梯度作为标准容易区分对流云降水回波和非降水回波，但是容易把薄的或远距离处的降水回波识别为非降水回波，因此需要结合反射率水平纹理和垂直梯度来识别降水回波和非降水回波。由于对流云降水和许多层状云降水的回波顶高一般都超过 3 km，而非降水回波的回波顶高一般都在 3 km 以下，因此，3 km 及以上高度的反射率垂直连续性是区分降水和非降水回波非常有用的标准。为此，我们把公式中的反射率垂直梯度重新定义为给定距离库在当前仰角和其他参考仰角的反射率因子差与它们对应的高度差的比值，其中参考仰角有一定限定，即参考仰角截取该距离库的高度在 3～4.5 km，表达式如下：

$$V_{dBZ} = (Z - Z_{up})/(H_{up} - H) \tag{2.9}$$

式中，Z 为给定距离库在当前仰角已经质量控制过的反射率因子值；Z_{up} 为该距离库在参考仰角的经过噪声滤波后的反射率因子值；H 和 H_{up} 分别为 Z 和 Z_{up} 对应的高度。

5. 降水回波破洞的填补

经上述非气象回波抑制后，有些气象回波被错判为非气象回波而被剔除，从而出现回波洞，因此，最后需要对破洞进行填补。回波洞的填补从高仰角向低仰角进行，当经过质量控制后的距离库在高仰角处有反射率值而在相邻的仰角处没有值并且回波顶高大于 3 km 时，把该距离库在低仰角处的值还原为质量控制前的值。

6. 天气雷达径向速度退模糊

2006 年，Zhang 和 Wang(2006)等提出了二维多路自动退模糊方法，该方法能准确地通过找到风场弱风区获得参考速度，不需要额外的风场数据。该算法第一轮处理条件严格，目的是保证处理结果的准确性，为第二轮处理提供正确的参考点。第二轮处理条件放宽，目的是利用第一轮的处理结果尽可能多地对未处理的点进行处理。国内研究人员对该算法进行了应用研究。与我国业务上目前使用的 WSR-98D 的算法相比具有明显的改进，但当仰角存在波束遮挡导致径向数据缺失较多或孤立回波时会出现问题。针对此问题，对该退模糊方法进行了改进，使用改进后的方法对台风径向数据进行处理，并进行退模糊效果检验，经检验不存在"片"状未处理区域后的数据，可用于台风预警系统生成相关产品。

使用质量控制后的数据生成的产品主要有以下 3 种。

1) 台风中心定位

中心定位参数包括回波定位方法(弱回波定位)和径向风定位方法。弱回波定位方法中，参数"弱回波初始阈值(dBZ)"表示反射率因子低于该数值的为弱回波，"弱回波面积比"表示最后所确定的中心参考半径内弱回波所占比例高于该数值，"弱回波初始阈值"表示反射率因子高于该数值的为强回波，"强回波面积比"表示最后确定的中心参考半径内回波所占比例需低于该数值，"初始搜索半径"表示初始设定的参考半径。"半径增量比率"和"半径减少比率"表示参考半径内弱回波比率大于"弱回波面积比上限"或小于"弱回波面积比下限"时，分别扩大参考半径的比率。

风场定位参数设置中，可任选四种"定位方法"之一进行中心定位，"影响半径""速度阈值"参数表示和最大风速值差低于该数值点均作为可能的眼墙最大切向风，并用于计算权重中心，"数据平滑点"表示对径向风平滑的窗口大小，平滑方法为 Box-Car(图 2.35)。

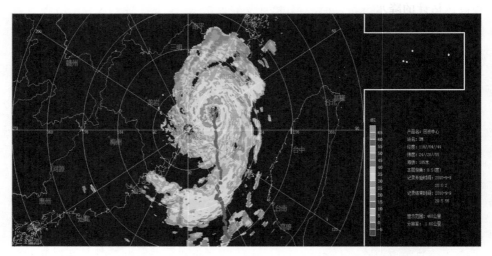

图 2.35　台风 Meranti 中心定位

2）台风风场反演（T-TREC 方法）

利用雷达径向速度，采用改进的 GBVTD（Lee and Marks，2000；Zhao et al.，2008）技术生成不同高度台风风场、台风环流中心、环境风场、最大风速半径、中心气压等产品（图 2.36）。

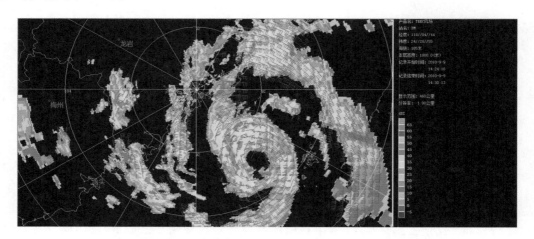

图 2.36　反演的台风 Meranti 在 1 000 m 高度风场

3）台风降水产品

生成 1 小时和 3 小时累积降水分布、降水类型分布产品，该模块首先利用采用 Stenier 等（1995）的背景场参考法将降水分为层云、对流和混合三种类型，并采用历史台风观测资料统计这三种类型降水的 Z-R 关系计算降水，然后再利用地面雨量站观测资料对雷达估计的降水进行校准。雨量计校正方法包括卡尔曼滤波、变分、卡尔曼变分和最优插值四种(图 2.37、图 2.38)。

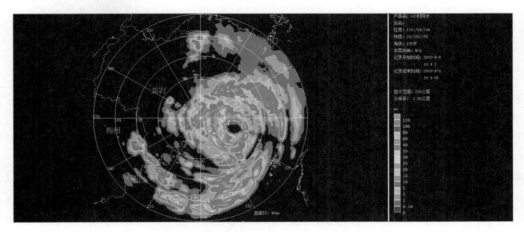

图 2.37　台风 Meranti 1 小时降水估计

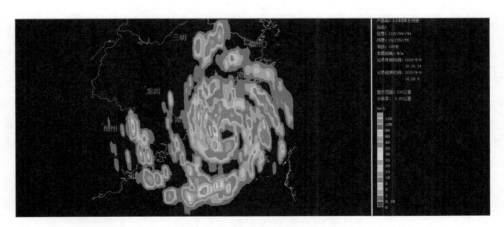

图 2.38　台风 Meranti 1 小时降水预报

2.4　目标登陆热带气旋的个例分析

目前，我国在登陆热带气旋观测方面的工作还十分少，观测手段也十分有限；虽然早期的一些试验对登陆我国的热带气旋个例有了一定的观测研究成果，但热带气旋的发展演变受各种外界因素的影响，仅有的几个个例观测试验还远远不够帮助我们深入了解登陆热带气旋的演变机理。2009 年科技部启动的"台风登陆过程外场科学试验"(2009CB421501)，通过我国沿海已布设的多普勒雷达探测网络，以及移动 GPS 探空、移动多普勒雷达、移动测风雷达、移动云雷达等，以及沿海地区的边界层梯度通量观测塔等先进的探测手段，在预定设计的登陆台风野外观测科学试验计划框架下，获取了大量常规业务观测资料和一批风廓线、温湿廓线、近地（海）面通量交换等第一手观测资料。本节将对本项目各目标热带气旋的概况及观测资料情况进行分别阐述。

2.4.1 "莫拉菲"(Molave，0906)

1. 热带气旋活动概况

热带气旋"莫拉菲"2009 年 7 月 15 日 00 时（世界时，下同）在菲律宾萨马岛东北约 400 km 处的西太平洋洋面（14.1°N，128.6°E）由热带云团发展成为热带低压（图 2.39），进入南海后发展成为台风，并于 2009 年 7 月 18 日 16 时 50 分在广东深圳大鹏半岛登陆，19 日 6 时离开广东进入广西梧州市，之后强度进一步减弱为热带低压，并在广西柳州地区消失。图 2.39 给出外场试验目标台风"莫拉菲"移动路径和强度图，图中显示该台风在 2009 年 7 月 15 日 00 时在萨马岛东北约 400 km 处的西太平洋生成，17 日 18 时进入南海后，并于 17 日 21 时加强为台风，于 18 日 12 时即北京时间 20 时达到最强，中心附近最大风力 38 m/s，中心最低气压 965 hPa。18 日 16 时 50 分在深圳市南澳镇登陆，登陆时近中心附近的最大风速 38 m/s（13 级），近中心附近的最低气压 965 hPa。

2. 风雨特征

受台风"莫拉菲"影响，7 月 18～19 日香港出现狂风暴雨。由图 2.40(a)"莫拉菲"影响期间总降水量图可知，海南陵水、广东惠州和湛江地区以及北部地区、广西部分、福建南部及福州地区、江西东南部、湖南局部、贵州玉屏、浙江南部局部总降水量 10～50 mm。广东南部、广西中东部总降水量 50～280 mm，其中广东茂名和江门地区、罗定和珠海，以及海丰、广西玉林降水总量 150～280 mm。广东电白总降水量为280 mm，为本次台风影响时出现的降水极值。连续降水日数均为 1～2 天。

受其影响，7 月 19 日广东南部普降暴雨到大暴雨，云浮地区和茂名地区及吴川、珠江三角洲和海丰出现降水量达到 100 mm 以上的大暴雨，电白出现特大暴雨，日降水量达到 280 mm，为本次台风影响时出现的日降水量极值。广西东南大部出现暴雨，玉林站日降水量达到 154 mm。

从图 2.40 可以看出，受台风"莫拉菲"影响，7 月 17～19 日广东中部和东南部、福建漳州和泉州地区最风力 6～7 级，其中广东陆丰、惠来、深圳地区阵风 10 级。

3. 个例典型特征

台风"莫拉菲"具有强度强、发展快、移速快、风雨影响范围广的特点。

强度强："莫拉菲"在登陆前两个小时，仍然维持其生命史中最强的强度，中心风力38 m/s，登陆时中心最低气压 965 hPa，中心附近最大风力 13 级（38 m/s），是 2009 年登陆我国台风中登陆时强度最强的台风。

移速快：由图 2.39"莫拉菲"移动路径可以看出，从生成到消失的移动路径大概可分为两个阶段：从形成到世界时 17 日 12 时，进入南海前，这期间，"莫拉菲"都一直稳定地向西北方向移动，17 日 12 时（UTC）到登陆后在广西境内结束，路径一直维持为西

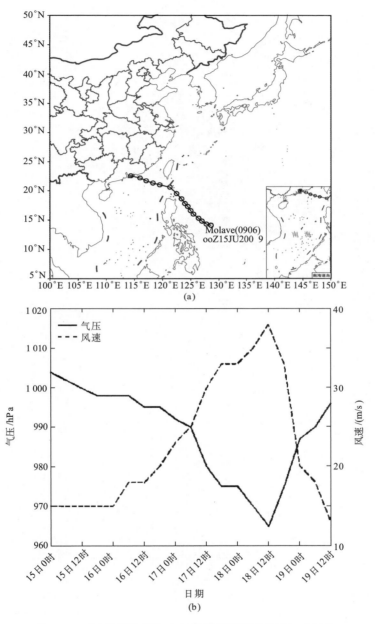

图 2.39 台风"莫拉菲"6 小时路径和强度图(时间:UTC)

北西方向。17 日 09 时(北京时间 17 时)以前移速一直稳定在每小时15~20 km;北京时间 17 日 17 时开始,移速逐渐加快,平均移速接近每小时 30 km。

发展快:"莫拉菲"从 15 日 12 时(UTC)生成到 17 日 21 时(UTC),历经不到两天半的时间,就由热带低压发展成为台风,可见其强度加强很迅速。

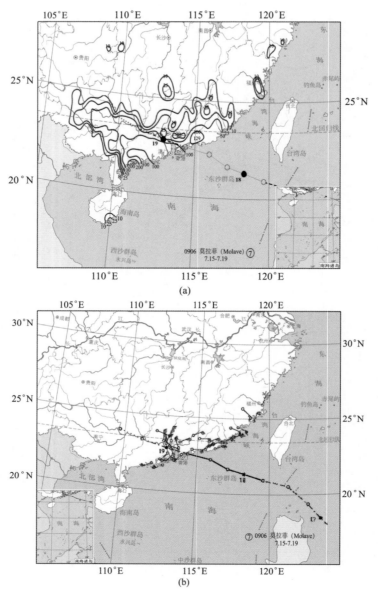

图 2.40　台风"莫拉菲"总降水量和大风分布图(引自《热带气旋年鉴 2009 年》)

(a)台风"莫拉菲"总降水量图(2009 年 7 月 18～19 日);(b)台风"莫拉菲"大风分布图(2009 年 7 月 18～19 日)

4. 野外科学试验的一些观测事实

1）增强观测试验

"莫拉菲"登陆过程中，广东省共有 5 部固定式风廓线雷达和一部移动式风廓线雷达参与野外增强观测，获得了台风不同部位的风廓线时空分布数据。从南沙、汕尾、阳江站的铁塔获取了期间近地层风、温、湿梯度分布,距离台风中心较近的汕尾浮标站提供了登陆期间近海面大气基本要素的观测数据。此外,在距离登陆点附近的东莞站,对台风云系的降水微物理特征也有连续的观测(表 2.12)。

表 2.12　增强观测试验时的设备具体信息(一)

仪器	观测方式	型号	站点	经纬度	起止时段(北京时)	要素	频次
风廓线雷达	固定	TWP3	珠海	113.13°E 22.49°N	2009 年 7 月 16 日 00 时 01 分 2009 年 7 月 19 日 23 时 58 分	水平风速、风向 垂直风速	次/30min
	固定	LAP3000	深圳石岩	113.54°E 22.39°N	2009 年 7 月 15 日 00 时 25 分 2009 年 7 月 19 日 23 时 30 分	水平风速、风向 温度	次/30min
	固定	LAP3000	深圳机场	113.48°E 22.4°N	2009 年 7 月 15 日 00 时 25 分 2009 年 7 月 19 日 23 时 55 分	水平风速、风向 温度	次/30min
	固定	WPR-LQ7	茂名	111.33°E 21.46°N	2009 年 7 月 16 日 00 时 10 分 2009 年 7 月 20 日 23 时 50 分	水平风速、风向 垂直风速	次/10min
	固定	LAP3000	广州南沙	113.55°E 22.7°N	2009 年 7 月 15 日 00 时 25 分 2009 年 7 月 19 日 23 时 55 分	水平风速、风向	次/15min
	移动	CFL03	惠东	114.89°E 22.55°N	2009 年 7 月 18 日 17 时 18 分 2009 年 7 月 19 日 23 时 54 分	水平风速、风向 垂直风速	次/6min
铁塔	固定		广州南沙	113.55°E 22.7°N	2009 年 7 月 15 日 12 时 00 分 2009 年 7 月 19 日 06 时 00 分	10 m、20 m、40 m、60 m 的温度、平均风速、平均风向	次/1min
	固定		汕尾	115.56°E 22.66°N	2009 年 7 月 15 日 12 时 00 分 2009 年 7 月 19 日 06 时 00 分	10 m、15 m、20 m 的温度、相对湿度、水汽含量(g/m³)、风速、风向;10 m 的气压	次/1min
	固定		阳江	112.26°E 21.49°N	2009 年 7 月 15 日 12 时 00 分 2009 年 7 月 18 日 20 时 00 分	10 m、30 m、80 m、100 m 的温度、风速;10 m、80 m 的脉动风速;地面的温度、气压、雨量、总辐射、净辐射	次/1h
浮标	固定	10 m	汕尾	115.33°E 22.37°N	2009 年 7 月 14 日 07 时 20 分 2009 年 7 月 20 日 23 时 50 分	海面大气温度、湿度、气压、风向、风速;海表水温、波高、波周期等	次/10min
测波雷达	固定	WaMoS II	茂名	111.33°E 21.46°N	2009 年 7 月 10 日 00 时 00 分 2009 年 7 月 20 日 23 时 00 分	波高、波周期	次/1h
雨滴谱仪	固定	OTT Paisivel	东莞	113.73°E 22.97°N	2009 年 7 月 15 日 00 时 00 分 2009 年 7 月 19 日 00 时 00 分	32 档雨滴直径和 32 档雨滴落速对应的雨滴空间数浓度	次/1min

2）增强观测数据的分析

A. 浮标资料分析

根据 6 小时路径资料和浮标位置，2009 年 7 月 18 日 12 时台风中心距离汕尾浮标为 63.5 km。由汕尾浮标测得气压和风速每 10 分钟时间变化曲线可以看到，2009 年 7 月 18 日 13 时 20 分气压达到最低 980 hPa，接着风速达到最大 33 m/s；随着台风的移离，浮标记录的气压迅速升高，风速很快减弱。由浮标观测的风速、有效波高和周期发现，当风速达到最大时，海浪的有效波高几乎达到最大值 5.6 m，但浪的平均周期迅速减小，这表明海浪由涌浪为主转化为高频的风浪。台风影响时浮标水下 50cm 处海水温度急剧下降，从 7 月 18 日 8 时 20 分的 28.6 ℃降到 7 月 18 日 14 时 20 分的 23.8 ℃，6 小时内海水温度下降了 4.8 ℃，低于 24 ℃低温维持了 15 小时，在台风登陆向西移动后，温度开始慢慢升高，经过 28 小时以后，温度升高到 27 ℃以上，在整个台风影响过程中降温幅度达到 6 ℃（图 2.41）。

B. 通量观测资料

"莫拉菲"观测到的风速小于 14 m/s，摩擦速度、感热通量和潜热通量的量值都随风速增加而增加，风速超过 10 m/s 时，感热通量向下，小于 50W/m²，潜热通量向上小于 400W/m²，在中等风速下（风速大于 5 m/s，小于 12 m/s），摩擦速度随风速增加而增加，拖曳系数值随风速变化不大（图 2.42）。

C. 风廓线雷达观测资料

"莫拉菲"于 2009 年 7 月 18 日 16 时 50 分在深圳登陆，作为在台风眼区内的深圳观测站，低层最大风速所在高度约为 1 km，登陆前（18 日 6 时）和登陆后（18 日 20 时）低层均出现最大风速（最大半径所在位置），在眼区范围内 2 km 以下，存在明显的暖平流，而眼壁之外暖平流减弱或转为冷平流。

针对"莫拉菲"，移动观测点（CFL）位于惠州市惠东县，位于深圳的东侧，南沙观测点位于深圳的西侧。由图 2.43 不难看出，19 日 00 时惠东站和南沙站均出现强风速（处于最大风速半径处），而且"莫拉菲"的右侧风速大于左侧风速，并以此时间为分界点，低层冷、暖平流输送特征也发生了明显变化。

2.4.2　"天鹅"（Goni，0907）

1. 热带气旋活动概况

图 2.44 给出了热带气旋"天鹅"的移动路径和强度。2009 年 7 月 31 日 12 时，位于菲律宾萨马岛东北约 600 km 处的西太平洋面热带云团发展成热带低压，8 月 1 日夜间"天鹅"登陆吕宋岛，8 月 2 日 00 时进入南海，于 8 月 5 日 01 时 10 分在台山海宴镇沿海地区登陆，登陆时中心附近最大风力有 10 级（25 m/s）。登陆后"天鹅"先沿偏西方向移动，6 日 00 时折向西南方向移动，7 日 00 时在穿过雷州半岛后进入北部湾海面，7 日 6 时后又折向南，随后 12 时在海南岛西北部附近的海面上减弱为热带风暴，8 日 18 时从海南三亚以南海域穿过，并减弱为低压后进入南海西北部海面，于 8 月 9 日 12 时后消失。

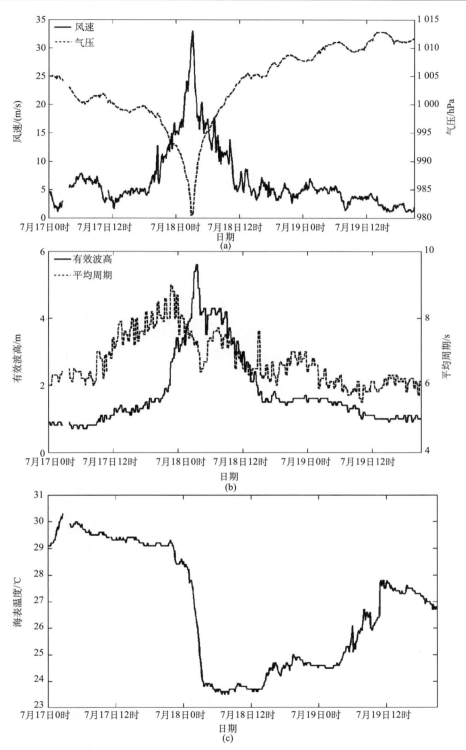

图 2.41　台风"莫拉菲"影响期间汕尾浮标每 10 分钟时间变化

(a)2 分钟平均风速和气压；(b)有效波高和平均周期；(c)50 cm 处水温

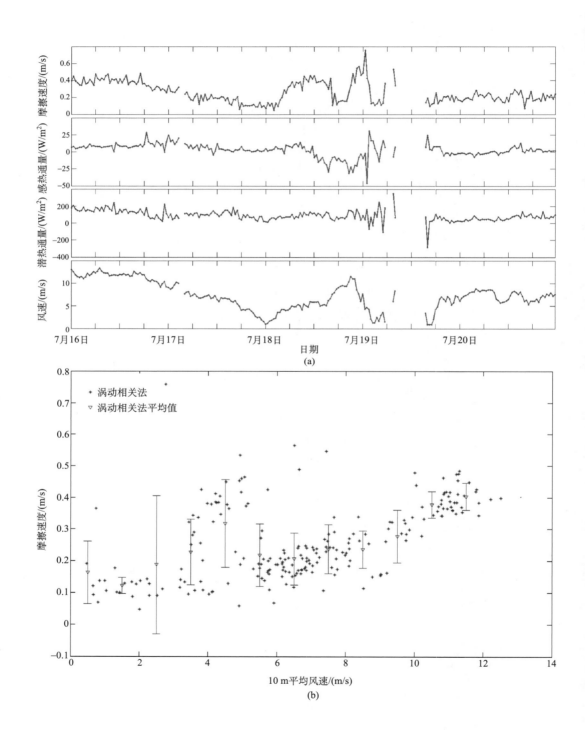

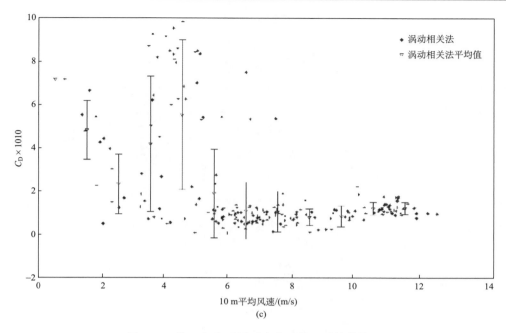

图 2.42　海上气象观测平台的动量观测计算结果

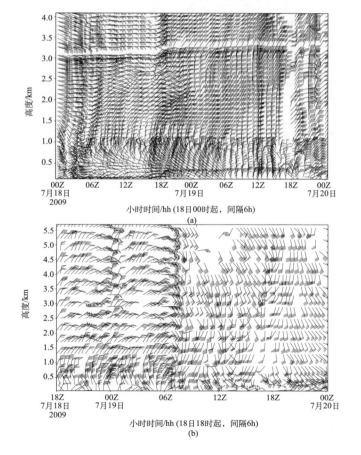

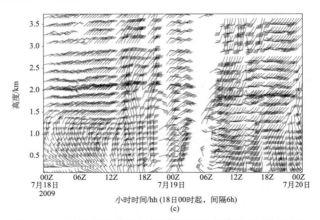

图 2.43 各站点观测的风廓线时间高度演变图（北京时）

(a)深圳；(b)移动观测点；(c)南沙

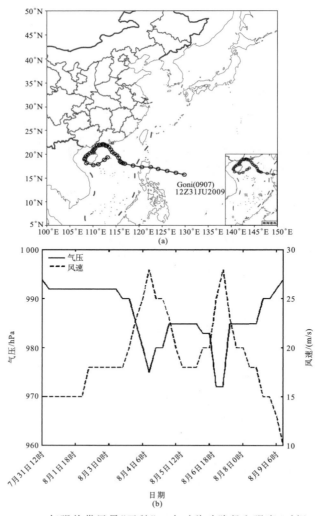

图 2.44 2009 年强热带风暴"天鹅"6 小时移动路径和强度（时间：UTC）

2. 风雨影响情况

由图 2.45(a)给出的 2009 年 8 月 1～9 日总降水量图，可知受强热带风暴"天鹅"影响，8 月 1～9 日海南西沙岛和东南部、广东部分、广西大部、福建大部、浙江东南部部分、江西大部、湖南东部部分和西南部、贵州毕节地区和黔西南州、云南局部降水总量 10～50 mm；海南东部部分、广东中部部分、广西南部部分、福建福州和南平地区以及漳州地区、浙江文成、江西抚州和吉安地区及宜春、湖南南部和益阳降水总量 50～100 mm；海南西部和北部部分、广东西部和珠江三角洲、广西南部沿海地区和涠洲岛、浙江局部、江西局部降水总量 100～300 mm。海南西北部、广东湛江、茂名和江门地区以及阳江降水总量 300～587 mm。海南昌江降水总量达 587 mm，为本次强热带风暴影响时出现的降水极值。连续降水日数均为 1～6 天。

受热带风暴"天鹅"和西南季风的共同影响，8 月 4 日福建福州地区、广东局部、广西梧州地区、江西南部局部出现暴雨。广东茂名地区出现暴雨到大暴雨，化州日降水量达到 154 mm；5 日福建漳浦、广东湛江地区、广西南宁地区局部以及北海地区、湖南东南部局部、江西西南部局部出现暴雨。广东阳江和珠江三角洲地区出现暴雨到大暴雨，上川岛出现特大暴雨，日降水量达到 255 mm；6 日福建光泽、江西抚州地区、湖南南岳和桃江、广西北海出现暴雨。江西庐山、海南东北部、广东珠江三角洲地区和西部出现暴雨到特大暴雨。阳江站最大日降水量 329 mm；7 日广东茂名地区和湛江地区、广西北海、湖南南部局部出现暴雨。海南西北部、广东徐闻、广西涠洲岛出现了大暴雨。尤其海南临高和昌江站日降雨量达到 300 mm 以上，昌江站日降水量 393 mm，为本次强热带风暴影响时出现的日降水极值；8 日广西防城港出现暴雨、海南昌江和东方出现大暴雨到特大暴雨。东方站最大日降水量 260 mm；9 日广东雷州半岛、海南西部出现暴雨。

由图 2.45(b)可知，受强热带风暴"天鹅"影响，8 月 3～9 日海南西沙岛和三亚、广东西部、广西涠洲岛最大风力 6～7 级，阵风 8～9 级。海南东方、广东上川岛最大风力 9 级，阵风 10～12 级。8 月 5 日广东上川岛最大风力 9 级(23.3 m/s)，阵风 12 级(36.5 m/s)，为本次台风影响时出现的风速极值。

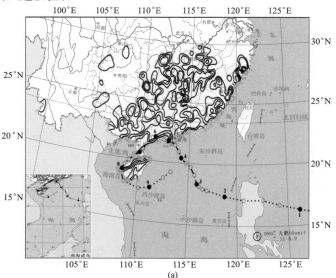

(a)

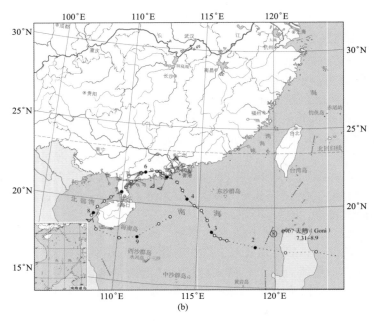

图 2.45　强热带风暴"天鹅"总降水量和大风分布图(来自《热带气旋年鉴 2009 年》)

(a)强热带风暴"天鹅"总降水量图(2009 年 8 月 1～9 日);

(b)强热带风暴"天鹅"大风分布图(2009 年 8 月 3～9 日)

3. 个例典型特征

"天鹅"具有移动速度缓慢、路径曲折多变、影响时间长、累积降水量大的特点。

移动速度慢："天鹅"登陆广东前移速 10 km/h,在广东境内移速减慢为 5 km/h 左右。

路径曲折："天鹅"生成后先向西北方向移动,登陆广东后再折向西南,在北部湾南部海面又转向偏东方向移动,整个路径呈不完整的三角状。

生命史长、在陆地滞留时间长："天鹅"从 7 月 31 日 12 时生成后,直到 8 月 9 日 12 时消散,生命史长达 9 天。8 月 4 日 22 时(UTC)左右登陆滞留在粤西地区的时间近 50 小时,这是广东省有热带气旋记录以来最长陆地滞留时间。同时,"天鹅"进入南海后,影响时间长达 170 小时以上。

累积降水量大:由于"天鹅"移速慢,生命史长,且和西南季风结合,造成粤西和海南出现较大降水。从 8 月 3～9 日海南西北部、广东湛江、茂名和江门地区,以及阳江降水总量为 300～587 mm。

4. 野外科学试验的一些观测事实

1) 增强观测试验

"天鹅"登陆过程中,其附近共有 6 部风廓线雷达参与观测,其中一部移动式风廓线雷达位于登陆点附近，提供了时间间隔 6～30 分钟的风廓线资料。同时，3 个沿海铁塔和 1 个海上平台分别获取了登陆过程中近地(海)面上的风温湿梯度观测数据。除在增强观测站(茂名博贺海洋气象科学试验基地)开展 GPS 探空观测外，在广东近海，还开展了下投式探空的观测试验。各观测设备所获取的数据情况见表 2.13。

表 2.13　增强观测试验时的设备具体信息(二)

仪器	观测方式	型号	站点	经纬度	起止时段（北京时）	要素	频次
风廓线雷达	固定	TWP3	珠海	113.13°E 22.49°N	2009 年 8 月 1 日 00 时 00 分 2009 年 8 月 7 日 23 时 58 分	水平风速、风向 垂直风速	次/30 min
	固定	LAP3000	深圳石岩	113.54°E 22.39°N	2009 年 8 月 1 日 01 时 25 分 2009 年 8 月 9 日 23 时 55 分	水平风速、风向 温度	次/30 min
	固定	LAP3000	深圳机场	113.48°E 22.4°N	2009 年 8 月 1 日 00 时 25 分 2009 年 8 月 9 日 23 时 55 分	水平风速、风向 温度	次/30 min
	固定	WPR-LQ7	茂名	111.33°E 21.46°N	2009 年 8 月 4 日 00 时 10 分 2009 年 8 月 7 日 11 时 00 分	水平风速、风向 垂直风速	次/10 min
	固定	LAP3000	广州南沙	113.55°E 22.7°N	2009 年 8 月 1 日 00 时 25 分 2009 年 8 月 9 日 23 时 55 分	水平风速、风向	次/15 min
	移动	CFL03	台山	112.42°E 21.52°N	2009 年 8 月 4 日 19 时 42 分 2009 年 8 月 6 日 13 时 48 分	水平风速、风向 垂直风速	次/6 min
铁塔	固定		广州南沙	113.55°E 22.7°N	2009 年 8 月 2 日 02 时 00 分 2009 年 8 月 9 日 23 时 59 分	10 m、20 m、40 m、60 m 的温度、平均风速、平均风向	次/1 min
	固定		汕尾	115.56°E 22.66°N	2009 年 8 月 1 日 20 时 21 分 2009 年 8 月 9 日 05 时 59 分	10 m、15 m、20 m 的温度、相对湿度、水汽含量(g/m³)、风速、风向；10 m 的气压	次/1 min
	固定		阳江	112.26°E 21.49°N	2009 年 7 月 30 日 00 时 2009 年 8 月 10 日 23 时 00 分	10 m、30 m、80 m、100 m 的温度、风速；10 m、80 m 的脉动风速；地面的温度、气压、雨量、总辐射、净辐射	次/1h
	固定		海上平台	111.33°E 21.46°N	2009 年 8 月 1 日 18 时 00 分 2009 年 8 月 9 日 06 时 00 分	13.4 m、16.4 m、20 m、23.4 m、31.4 m 的温度、湿度、风向、风速；27.3 m、35.1 m 的脉动风速、水汽和二氧化碳密度	梯度：次/1 min；通量：次/0.1s

续表

仪器	观测方式	型号	站点	经纬度	起止时段（北京时）	要素	频次
浮标	固定	10 m	汕尾	115.33°E 22.37°N	2009 年 07 月 30 日 00 时 2009 年 08/10/15 时 40 分	海面大气温度、湿度、气压、风向、风速；海表水温、波高、波周期等	次/10 分钟
测波雷达	固定	WaMoS II	茂名	111.33°E 21.46°N	2009 年 08 月 01 日 00 时 2009 年 08 月 10 日 23 时	波高、波周期	次/1h
GPS 探空	移动	Vaisala DigiCORA	茂名	111.33°E 21.46°N	2009 年 8 月 4 日 12 时 44 分 2009 年 8 月 6 日 11 时 59 分	大气温度、湿度、气压、风向、风速	次/3h
	下投式				2009 年 8 月 7 日 11 时 39 分 2009 年 8 月 9 日 11 时 07 分	大气温度、湿度、气压、风向、风速	次/3h

2）观测数据展示

A. 浮标资料分析

图 2.46 给出"天鹅"影响期间汕尾浮标风速、气压、有效波高和海水温度每 10 分钟时间变化曲线，由图中可以看出，这些变量有两个极值，前一个极值气压明显高于后一个极值，对于风速来讲，两个极值大小差别不大，前一个风速变化幅度比较大。对照"天鹅"路径图，前一个极值主要受"天鹅"影响，在这期间的 2009 年 8 月 4 日 12 时（UTC）"天鹅"中心距汕尾浮标距离最近，大约为 245 km。第二个风速极值出现时，"天鹅"与汕尾浮标之间的距离已经超过 800 km，此极值主要受"莫拉克"环流影响引起的。汕尾浮标由于距离热带气旋"天鹅"中心比较远，风速和有效波高比较小，气压比较高，海水降温幅度比较小（1～2 ℃）。8 月 4～5 日有效波高最大接近 3 m，平均周期比较大，说明这次汕尾浮标浪不仅仅是风浪，还有涌浪成分。

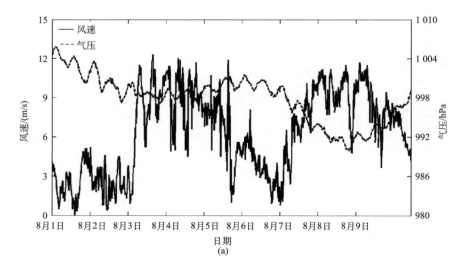

(a)

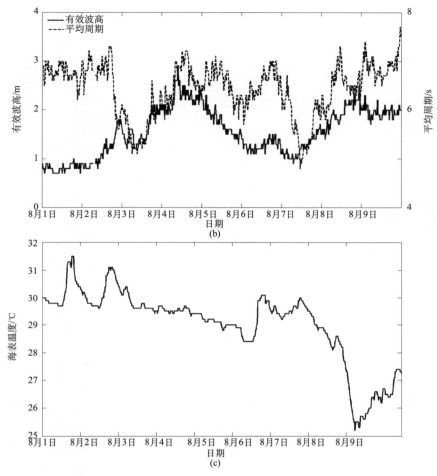

图 2.46　2009 年强热带风暴"天鹅"影响期间汕尾浮标每 10 分钟时间变化

(a) 2 分钟平均风速和气压；(b)有效波高和平均周期；(c)50cm 处水温

B. 通量观测资料

"天鹅"观测到的风速小于 14 m/s，摩擦速度、感热通量和潜热通量的量值都随风速增加而增加，风速超过 10 m/s 时，感热通量接近 100 W/m^2，潜热通量将近 2 000 W/m^2，在中等风速下(风速大于 5 m/s，小于 12 m/s)，摩擦速度和拖曳系数随风速变化的点距图，点比较离散，总体来说，摩擦速度随风速增加而增加，拖曳系数值随风速变化不大。

C. 风廓线雷达观测资料

"天鹅"于 2009 年 8 月 5 日 01 时 10 分在江门台山登陆，移动观测点位于台山，茂名、南沙观测点分别位于"天鹅"的两侧。

从移动观测点的风廓线数据不难看出，在 4 日 23 时和 5 日 3 时左右，整层风速相比于 5 日 1 时要大很多，可见 CFL 所测的风廓线是位于台风最大风速半径处。而台风眼壁之外，暖平流输送较弱，台风环流基本维持，但风速均处于 10 m/s 以下，因而"天鹅"的发展渐渐减弱(图 2.47～图 2.49)。

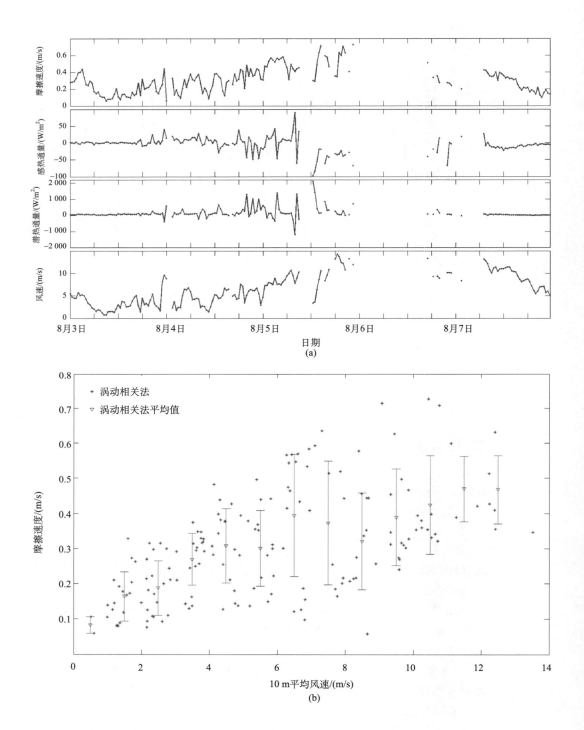

(a)

(b)

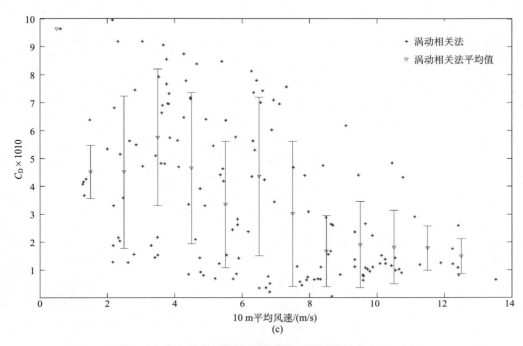

图 2.47　海上气象观测平台的动量观测计算结果（2009 年）

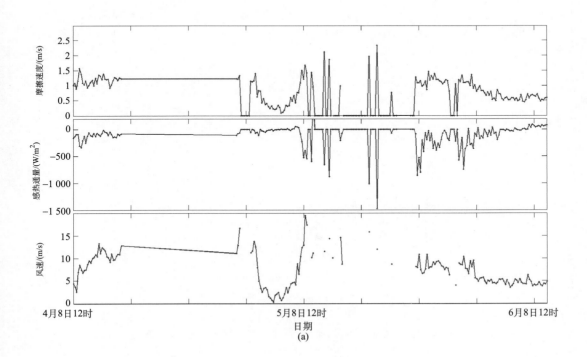

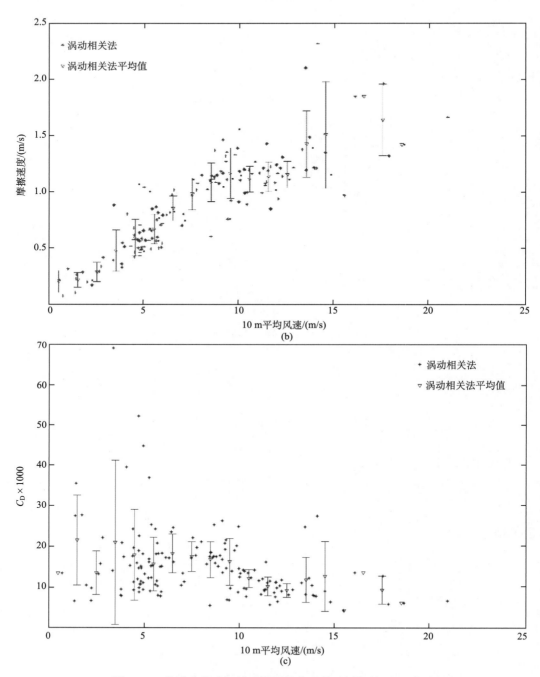

图 2.48　移动式涡动相关系统测量的通量观测资料(2009 年)

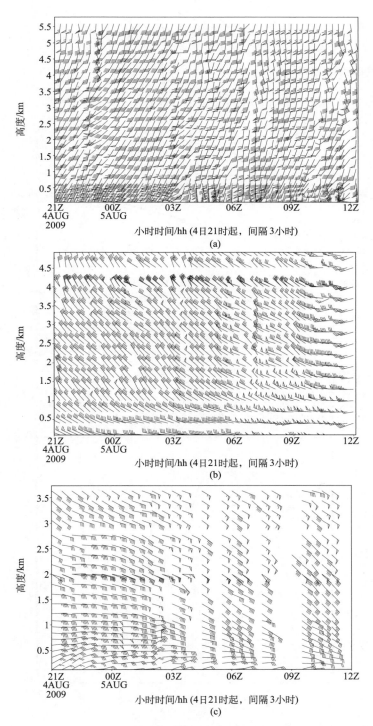

图 2.49　各站点观测的风廓线时间高度演变图(北京时)

(a)移动观测点；(b)茂名；(c)南沙

2.4.3 "莫拉克"(Morakot，0908)

1. 热带气旋活动概况

第 0908 号台风"莫拉克"于 2009 年 8 月 3 日下午在西北太平洋洋面上一个热带低压发

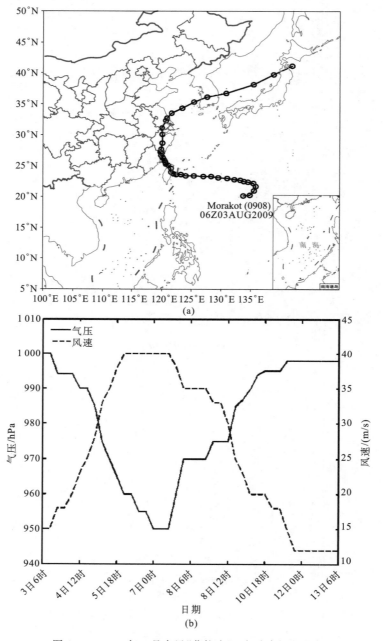

图 2.50　2009 年 8 月台风"莫拉克"6 小时路径和强度

展形成，生成后向东移动。8 月 4 日 00 时开始向西北移动，6 时转向偏西方向移动，5 日 6 时加强为台风并继续向偏西方向移动。7 日 00 时"莫拉克"达到最强，气压为 950 hPa，风速达到 40 m/s，于 7 日 15 时 45 分在台湾花莲登陆，登陆后向西北方向缓慢移动。"莫拉克"进入台湾海峡北部海面向西北方向前进时，移动速度缓慢，在台湾海峡海面上维持时间近 30 小时之久。2009 年 8 月 9 日 9 时 30 分"莫拉克"在福建省霞浦县再次登陆，登陆时中心附近最大风力有 12 级（33 m/s），中心最低气压 975 hPa。在福建登陆后向偏北方向移动到浙江、江苏境内，进入江苏境内后转向北偏东移动，11 日 6 时后进入黄海南部海面，12 日在黄海东部海面变性为温带气旋（图 2.50）。

2. 风雨特征

根据图 2.51(a) 给出的台风"莫拉克"影响期间我国总降水量图，8 月 6～12 日，海南北部和西北部局部以及西沙岛、广东南部和东部部分、广西北海、福建西北部和西南部、浙江局部、上海南汇、江西东北部和中部部分、湖南局部、江苏北部、安徽西南部、湖北黄石地区、河南东部局部、山东半岛部分总降水量 10～50 mm。海南中部、广东东南部和西南部、福建大部、江西中部部分和上饶地区以及庐山、湖南衡东、江苏西南部和东部以及苏州地区、上海大部、安徽东南部、浙江大部总降水量 50～300 mm。福建东北部、浙江台州和温州地区，以及宁海、安徽黄山和九华山总降水量 300～450 mm，福建柘荣总降水量达到 706 mm，为本次台风影响时出现的降水极值。

受其影响，降水主要集中在 8 月 8～11 日。8 日福建东北部地区、浙江东南局部出现暴雨，局部大暴雨。福建柘荣日降水量达到 218 mm；9 日广东雷州、福建东部、浙江东部普降暴雨，福建福州和宁德地区、浙江东部局部地区出现大暴雨到特大暴雨，福

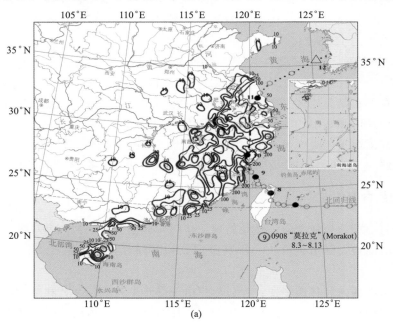

(a)

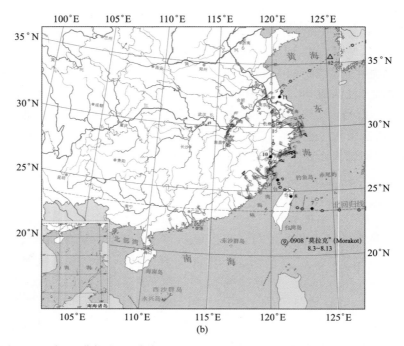

图 2.51　台风"莫拉克"总降水量和大风分布图(来自《热带气旋年鉴 2009 年》)

(a)台风"莫拉克"总降水量图(2009 年 8 月 6～12 日)；(b)台风"莫拉克"大风分布图(2009 年 8 月 6～12 日)

建柘荣日降水量最大，达到 415 mm，为本次台风影响时出现的日降水极值；10 日海南中部和西北部以及东南部、福建局部、浙江北部部分地区、江西庐山、安徽黄山和九华山以及宣州地区、上海部分地区、江苏大部出现暴雨到大暴雨。安徽九华山日降水量达到 223 mm。11 日福建东山、安徽东南部、江苏东部部分地区出现暴雨到大暴雨，安徽九华山日降水量为 153 mm。

　　图 2.51(b)给出了台风"莫拉克"影响期间大风分布图。由图可见，台湾出现了 10～12 级，局部 13～15 级的大风。8 月 6～12 日，海南西沙岛和三亚、广东罗定和惠阳及阳江、福建东部和沿海地区、浙江东部地区、江西北部、上海洋山港、江苏西南部及北部、安徽安庆地区和黄山、山东泰山最大风力 6～7 级，阵风 8～10 级；福建霞浦以及九仙山、浙江沿海地区最大风力 8～10 级，阵风 10～12 级。8 月 9 日，浙江玉环最大风力 10 级(25.4 m/s)，阵风 12 级(36.7 m/s)，为本次台风影响时出现的风极值。

3. 个例的典型特征

　　台风"莫拉克"具有强度强、路径复杂、移向和移速多变，结构不对称、登陆前移动缓慢、维持时间长，降水强度大、影响范围广和时间长，强风半径大、风暴增水高等特点。

　　路径复杂、移向和移速多变："莫拉克"由于受热带风暴"天鹅"和热带风暴"艾涛"的相互作用影响和相互牵制，导致移向多变、路径复杂，给台风的预报带来了难度。

维持时间长："莫拉克"从 2009 年 8 月 3 日 6 时生成到 13 日 6 时减弱移出，历时 10 天，在台湾海峡维持了近 30 小时之久。

影响范围广："莫拉克"是 2009 年影响我国范围最广、造成损失最大的台风，同时也是 2009 年登陆中国热带气旋中影响范围最广、造成损失最大的台风。受其影响，福建、浙江、安徽、江西部分站点过程雨量超过 50 年一遇。受"莫拉克"影响，8 月 6 日 00 时至 10 日 5 时(当地时间)台湾阿里山降水量达到 2 855 mm，台风带来的特大暴雨使降水刷新了历史记录，强降水导致台湾南部地区发生 50 年来最严重水灾，造成重大的人员伤亡和财产损失。根据《2009 年中国海洋灾害公报》，"莫拉克"造成沿海最大风暴增水为 232 cm，发生在福建省连江县琯头站。

4. 野外科学试验的一些观测事实

1) 浮标资料分析

图 2.52 给出了台风"莫拉克"影响下的汕尾浮标观测资料。浮标资料显示在台风"莫拉克"影响期间，2009 年 8 月 8 日 8 时气压达到最低 990 hPa，风速达到 12 m/s。根据台风 6 小时路径和汕尾浮标位置，发现汕尾浮标距台风中心位置在 500 km 以上，在 8 月 8 日 12 时台风中心距离浮标最近，大约为 592 km，但是从 8 月 8 日 8 时卫星云图可以看到，此台风空间尺度比较大，可以影响汕尾附近海域，说明台风"莫拉克"6 级大风半径接近 600 km。

浮标资料显示，台风"莫拉克"影响期间，2009 年 8 月 8 日 22 时有效波高达到极大值 2.5 m，平均周期此时为 6.8s。台风"莫拉克"环流影响下海水温度从 2009 年 8 月 8 日 7 时 30 分(UTC)的 28.5 ℃降低到 2009 年 8 月 8 日 18 时 20 分(UTC)的 25 ℃，其间经过了 11 小时海水温度下降了 3.5 ℃，而 8 月 8 日 6 时台风距离浮标中心 620 km 左右，汕尾浮标位于台风中心的西部，还是可以引起海水比较大幅降温，此降温过程经历近两天，直到 2009 年 8 月 10 日 5 时海水温度恢复到 28 ℃。

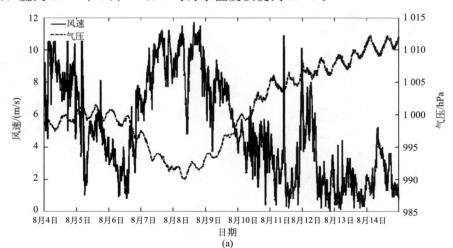
(a)

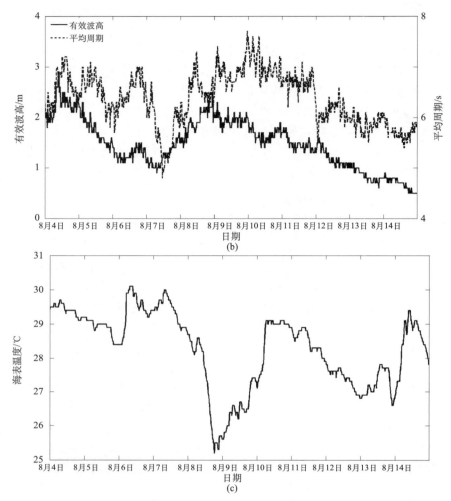

图 2.52　台风"莫拉克"(Morakot)影响期间汕尾浮标每 10 分钟时间变化

(a)2 分钟平均风速和气压；(b)有效波高和平均周期；(c)50cm 处水温

2）GPS 探空资料分析

中国气象局上海台风研究所利用移动探测设备于 8 月 7～10 日在福建省宁德市对台风"莫拉克"登陆前后的特征进行了观测，观测地点位于台风登陆点福建省霞浦县南边约 70 km 的地方。移动观测资料包括由超声风速仪、风廓线雷达、GPS 探空、微波辐射计、雨滴谱仪和自动气象站等获得，也利用了浙江省靠近福建省的 3 个和福建宁德地区 5 个 70～100 m 高度的风塔资料。对上述资料进行了初步分析，并与中国气象局上海台风研究所利用 WRF-V.3.1 模式预报系统客观分析的 15 km 分辨率的资料进行了比对分析。

从 8 月 8 日 11 时开始每 3 小时进行一次 GPS 探空观测，到 9 日 17 时共进行了 11 次探空观测。图 2.53 是每隔 3 小时在宁德释放的 GPS 探空气球风速随高度变化图。

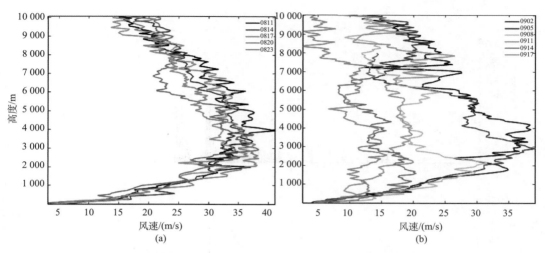

图 2.53　台风"莫拉克"登陆前后每 3 小时 GPS 探空（宁德）风速随高度变化

　　由此可知，在台风登陆前距台风中心西北边 500 km 的宁德上空附近中低空存在一支特强的东北风急流，高度 2 000~5 000 m 风速都超过 35 m/s，1 500 m 也达到 30 m/s，而且此东北急流维持时间较长、较稳定。直到台风登陆前的 8 小时，该急流才从中高层开始减弱，台风登陆以后减弱到 20 m/s 以下。这在以前的几次台风试验中从来没有出现过，也在近 30 年从浙闽交界附近登陆的台风分析中未发现。一般台风登陆前的东北风，低空的风速都在 25 m/s 以下。台风"莫拉克"登陆大陆前台风西北边强中低空东北风急流稳定维持可能是台风移速慢的主要因素之一。

3）雨滴谱资料分析

　　雨滴谱资料详细揭示了台风"莫拉克"登陆前后雨滴强度和雨滴大小等特征：降水强度分布很不均匀，最大降水强度为 179.363 mm/h，在台风登陆以后降水强度明显减弱。台风"莫拉克"在宁德引起的各时段降水量：8 月 6 日 21 时至 7 日 08 时为 1.80 mm，8 月 7 日 08~20 时为 16.44 mm，8 月 7 日 20 时至 8 日 08 时为 11.56 mm，8 月 8 日 08~20 时为 63.11 mm，8 月 8 日 20 时至 9 日 08 时为 177.19 mm，8 月 9 日 08~20 时为 191.24 mm，8 月 9 日 20 时至 10 日 08 时为 40.58 mm。探测到的最大雨滴个数为 2910 个（出现在 8 月 9 日 22：24，并不是出现在降水强度最大的时候，此时雨滴直径一般都在 0.6~0.7 mm）。随着降水强度的增大，雨滴谱明显增宽，大滴数增加。降水强度在 10 mm/h 时，最大雨滴直径为 2.5~3.0 mm；降水强度为 20~40 mm/h 时，最大雨滴直径在 4.0~4.5 mm；降水强度超过 100 mm/h 时，最大雨滴直径可达 7.0 mm 以上。从雨滴大小与下落速度关系来看，越大的雨滴下落速度越快，2~3 mm 直径的雨滴，下落速度一般为 7 m/s 左右，4 mm 以上的可达 10 m/s 以上。另外，也比较了莫拉克台风降水与层状云降水和积状云降水的雨滴谱分布，结果发现莫拉克台风降水的雨滴谱宽度和雨滴浓度处于层状云降水和积状云降水之间，即要大于层状云降水，而小于积状云降水（图 2.54）。

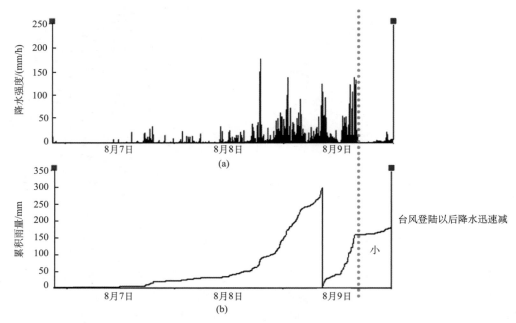

图 2.54　台风"莫拉克"影响期间观测到的降水强度和累积降水量

(a)降水强度；(b)累积降水量

4)微波辐射计资料

从微波辐射计探测的水汽密度变化(图 2.55)来看，台风"莫拉克"登陆前 24 小时以

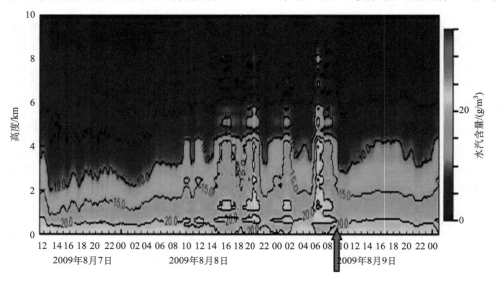

图 2.55　台风"莫拉克"登陆前后福建宁德微波辐射计探测的水汽密度变化

前宁德的水汽密度 15～20 g/m³ 位于 2 000 m 以下,而从登陆前 24 小时开始,水汽密度 15～20 g/m³ 可以到达 4 000 m 以上高度,甚至有四个时段水汽密度高达 25 g/m³ 左右;台风登陆以后,水汽密度基本又恢复到登陆前 24 小时以前的特征。

5)铁塔梯度观测资料

由浙江南部沿海和福建北部沿海 70～100 m 高度的风塔及福建宁德地区自动气象站资料分析表明,最低气压都出现在台风登陆之前,而且提前幅度不一样(福建宁德地区风塔观测的最低气压出现在台风登陆前的 9 日 6 时左右,自动气象站获得的最低气压出现在 9 日 8 时左右,而浙江风塔出现在 9 日 10～12 时)(图 2.56)。由此表明,台风登陆时间可能要早于 9 日 17 时 30 分。对应图 2.56 中给出的塔上风变化,风速也在最低气压出现时由最大突然变小,随后一直维持较小的风速(图 2.57)。

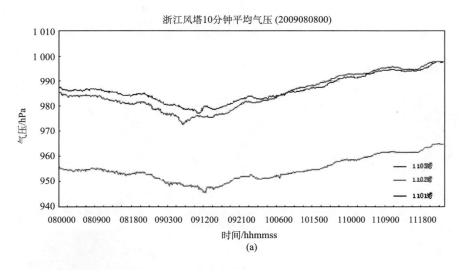

(a)

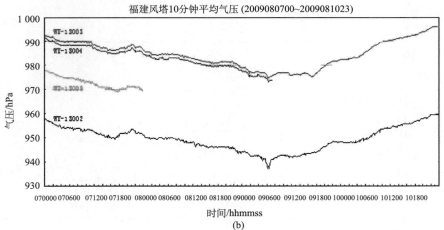

(b)

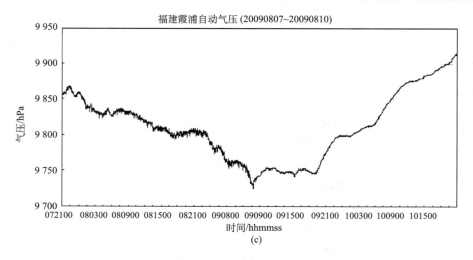

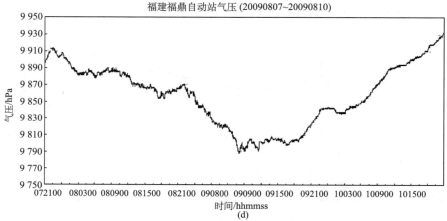

图 2.56　台风"莫拉克"登陆前后浙江南部沿海和福建北部沿海 70～100 m 高度的
风塔及福建宁德地区自动气象站气压随时间变化

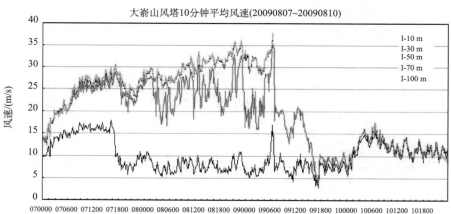

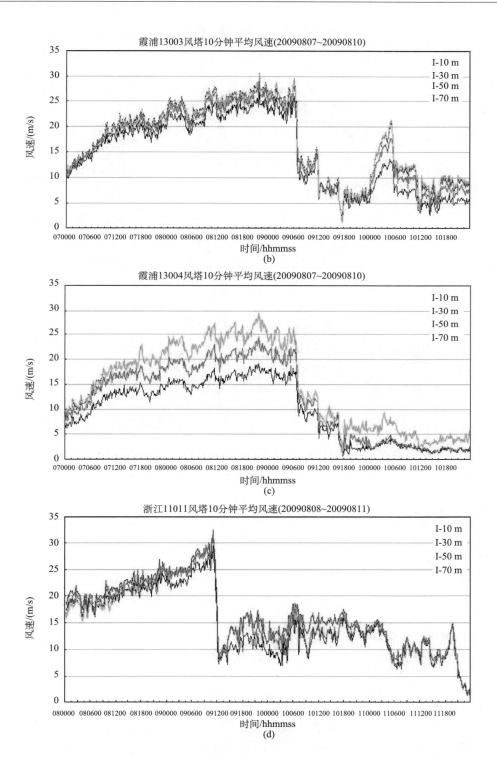

(b)

(c)

(d)

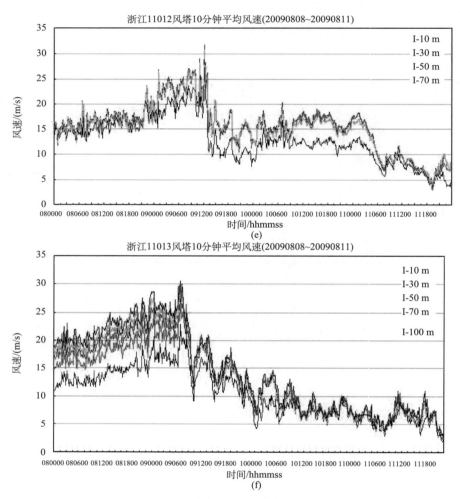

图 2.57　台风"莫拉克"登陆前后浙江南部沿海和福建北部沿海 70～100 m 高度的
风塔风速随时间变化

2.4.4　"巨爵"(Koppu,0915)

1. 热带气旋活动情况

2009 年 9 月 12 日 18 时(UTC)，台风"巨爵"生成后一直向偏西北方向移动，13 日 00 时(UTC)加强为热带风暴，14 日 6 时(UTC)已经加强为强热带风暴，14 日 12 时(UTC)近中心最大风速达到 33 m/s，气压降低为 975 hPa，14 日 23 时在广东台山市北陡镇登陆，登陆时中心最低气压 970 hPa，中心附近最大风力 12 级，达到 35 m/s(相当于 126 km/h)的风速。"巨爵"登陆后继续向西北偏西方向移动，强度逐渐减弱，15 日 6 时(UTC)在茂名境内减弱为热带风暴，并移入广西，15 日 18 时(UTC)在广西境内减弱为低压进而消失(图 2.58)。

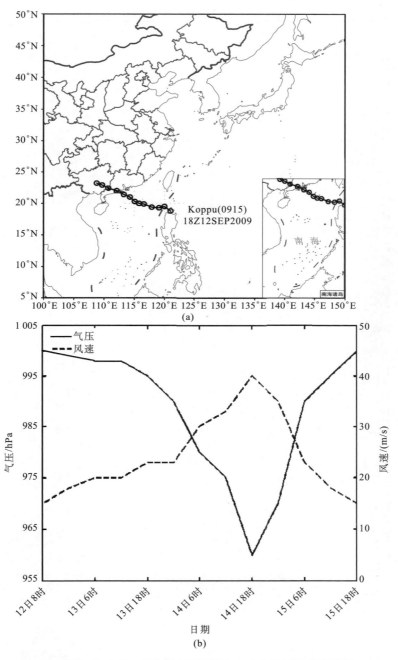

图 2.58　2009 年 9 月台风"巨爵"（Koppu）6 小时路径和强度

2. 风雨特征

图 2.59(a)给出了台风"巨爵"影响期间 9 月 13～16 日总降水量图。由图可知，海南大部、广东东部和北部、广西西部、云南大部、福建东北部和南部部分、江西南部和北部局部、湖南南部部分、贵州大部、重庆酉阳、四川攀枝花总降水量 10～50 mm；

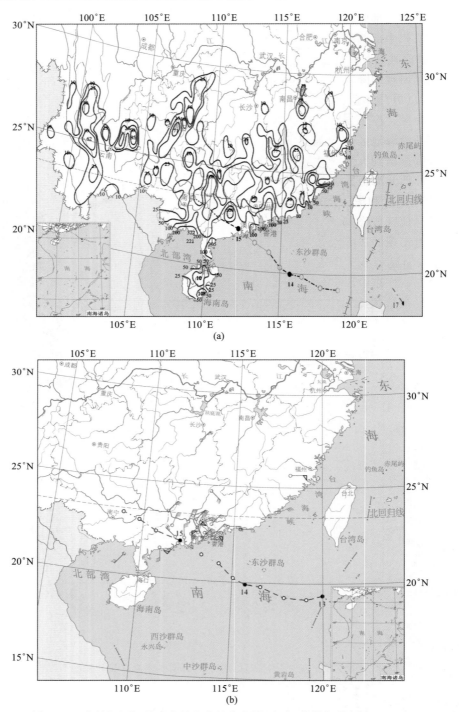

图 2.59　台风"巨爵"总降水量和大风分布图(来自《热带气旋年鉴 2009 年》)

(a)台风"巨爵"总降水量图(2009 年 9 月 13~16 日);(b)台风"巨爵"大风分布图(2009 年 9 月 13~16 日)

海南东北部和西北部、广东东部部分和西北部部分、广西东部部分、云南中北部、福建漳州地区、贵州中部总降水量 50~100 mm；海南陵水、广东中南部和西部、广西东南部以及南部沿海地区、涠洲岛总降水量 100~356 mm。广东罗定总降水量 356 mm，为本次台风影响时出现的降水极值。

受台风"巨爵"影响，降水主要集中在海南、广东、广西、云南、贵州等省（区）。14 日福建漳州地区、广东湛江地区出现暴雨。湛江日降水量最大，为 96 mm。15 日海南北部和东南部沿海地区、云南局部、贵州东南局部、广西贵港和玉林地区出现暴雨。广东西南部普降暴雨到大暴雨。其中，上川岛、雷州半岛和阳江地区及珠江三角洲地区出现大暴雨，广西北海地区和涠洲岛出现大暴雨。日降水量极值为北海站，达到 152 mm。16 日云南大理地区和华南出现大到暴雨；广东中西部、广西南部及中部地区出现暴雨，广西南部沿海地区普降大暴雨，广东罗定出现特大暴雨，日降水量达到 331 mm，为本次台风影响时出现的日降水极值。

图 2.59(b) 显示了受台风"巨爵"影响期间 9 月 13~16 日大风分布图。由图可以看出，海南东部、广东中部、福建东山最大风力 6~8 级，阵风 7~11 级；广东珠海和阳江以及上川岛最大风力 10~13 级，阵风 12~15 级。15 日广东上川岛最大风力 13 级（37.9 m/s），阵风 15 级（50.4 m/s），为本次台风影响时出现的风极值。受"巨爵"环流影响，15 日广州市珠江口附近海面出现 80~160cm 风暴潮增水，南沙和番禺沿海以及广州市区珠江河段普遍出现 2.3~2.7 m 的 20 年一遇高潮水位，其中黄埔站出现 2.50 m 高潮位，超 50 年一遇高潮位（2.41 m）。在整个台风影响期间，广东省沿海风暴增水超过 100 cm 的验潮站有 12 个，其中最大增水 210 cm，出现在珠海市三灶站。

3. 典型个例特征

"巨爵"具有移速快、强度变化快、在近海强度突然加强等特点。

移动速度快：表现为从菲律宾附近生成到 9 月 15 日 18 时（UTC）在广西境内减弱为低压消散，整个生命史仅仅维持 3 天。

强度变化快，在近海突然加强：从 9 月 14 日 00~12 时（UTC）12 小时内，"巨爵"在近海强度突然加强，从热带风暴加强为台风。

4. 野外科学试验的一些观测事实

1) 增强观测试验

"巨爵"登陆过程中，其附近共有 6 部风廓线雷达参与观测，其中一部移动式风廓线雷达位于登陆点附近，提供了时间间隔 6~30 分钟的风廓线资料。同时，2 个沿海铁塔和 1 个海上平台捕捉到了此次登陆台风的近地（海）面上的风温湿梯度观测数据。除在增强观测站（茂名博贺海洋气象科学试验基地）开展 GPS 探空观测外，在登陆点附近还开展了 GPS 探空的观测试验，并在登陆点附近架设了微波辐射计，以获取台风眼区的垂直温湿结构。增强观测站还配有测量波浪特征的测波雷达，用以了解台风影响下海面波浪的变化特征。各观测设备所获取的数据情况见表 2.14。

表 2.14　增强观测试验时的设备具体信息(三)

仪器	观测方式	型号	站点	经纬度	起止时段（北京时）	要素	频次
风廓线雷达	固定	TWP3	珠海	113.13°E 22.49°N	2009 年 7 月 16 日 00 时 01 分 2009 年 7 月 19 日 23 时 58 分	水平风速、风向 垂直风速	次/30min
	固定	LAP3000	深圳石岩	113.54°E 22.39°N	2009 年 7 月 15 日 00 时 25 分 2009 年 7 月 19 日 23 时 30 分	水平风速、风向 温度	次/30min
	固定	LAP3000	深圳机场	113.48°E 22.4°N	2009 年 9 月 12 日 00 时 25 分 2009 年 7 月 19 日 23 时 55 分	水平风速、风向 温度	次/30min
	固定	WPR-LQ7	茂名	111.33°E 21.46°N	2009 年 9 月 13 日 00 时 10 分 2009 年 9 月 15 日 23 时 50 分	水平风速、风向 垂直风速	次/10min
	固定	LAP3000	广州南沙	113.55°E 22.7°N	2009 年 9 月 12 日 00 时 00 分 2009 年 9 月 15 日 23 时 43 分	水平风速、风向	次/15min
	移动	CFL03	阳江	111.49°E 21.33°N	2009 年 9 月 13 日 23 时 06 分 2009 年 9 月 15 日 18 时 18 分	水平风速、风向 垂直风速	次/6min
铁塔	固定		广州南沙	113.55°E 22.7°N	2009 年 9 月 12 日 06 时 00 分 2009 年 9 月 15 日 21 时 00 分	10 m、20 m、40 m、60 m 的温度、平均风速、平均风向	次/1min
	固定		阳江	112.26°E 21.49°N	2009 年 9 月 12 日 06 时 00 分 2009 年 9 月 15 日 21 时 00 分	10 m、30 m、80 m、100 m 的温度、风速；10 m、80 m 的脉动风速；地面的温度、气压、雨量、总辐射、净辐射	次/1h
	固定		海上平台	111.33°E 21.46°N	2009 年 9 月 11 日 00 时 00 分 2009 年 9 月 16 日 23 时 59 分	13.4 m、16.4 m、20 m、23.4 m、31.4 m 的温度、湿度、风向、风速；27.3 m、35.1 m 的脉动风速、水汽和二氧化碳密度	梯度：次/1min；通量：次/0.1s
测波雷达	固定	WaMoS Ⅱ	茂名	111.33°E 21.46°N	2009 年 9 月 10 日 00 时 00 分 2009 年 9 月 16 日 23 时	波高、波周期	次/1h
GPS 探空	移动	Vaisala DigiCORA	茂名	111.33°E 21.46°N	2009 年 9 月 14 日 05 时 48 分 2009 年 9 月 15 日 12 时	大气温度、湿度、气压、风向、风速	次/3h
	移动	Vaisala DigiCORA	阳江	111.49°E 21.33°N	2009 年 9 月 14 日 15 时 23 分 2009 年 9 月 15 日 11 时 36 分	大气温度、湿度、气压、风向、风速	次/3h
微波辐射计	移动	MP3000A	阳江	111.49°E 21.33°N	2009 年 9 月 13 日 17 时 12 分 2009 年 9 月 15 日 23 时 55 分	温度、湿度、水汽、液态水含量廓线	次/2min

2）增强观测的数据分析

A. 浮标资料分析

图 2.60 给出了"巨爵"影响期间汕尾浮标记录的气压、风速、浪的参数和海温的时

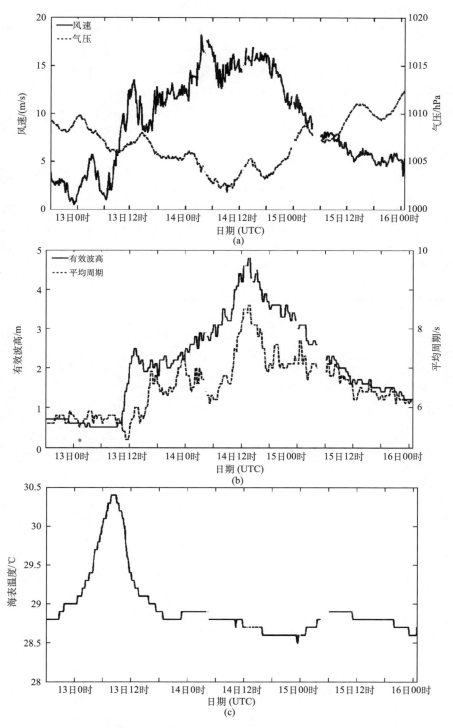

图 2.60　台风"巨爵"影响期间汕尾浮标每 10 分钟时间变化

（a）2 分钟平均风速和气压；（b）有效波高和平均周期；（c）50cm 处水温

间变化。由汕尾浮标测得气压可以看出，台风"巨爵"(Koppu)影响期间气压在 1 000 hPa
以上，风速 9 月 14 日 4 时(UTC)达到最大，为 18.5 m/s。根据台风每 6 小时位置和汕尾
浮标位置，发现台风中心在 2009 年 9 月 14 日 12 时(UTC)离浮标大约为 220 km，其余时
次台风中心距离浮标大于 250 km，因此汕尾浮标主要是受"巨爵"外围大风影响，在其影
响下汕尾浮标记录的有效波高 9 月 14 日 13 时(UTC)达到最大，为 4.8 m；而汕尾浮标记
录的海水温度看不出有明显降温，只是比 13 日最高海温降低了 1.8 ℃(图 2.60)。

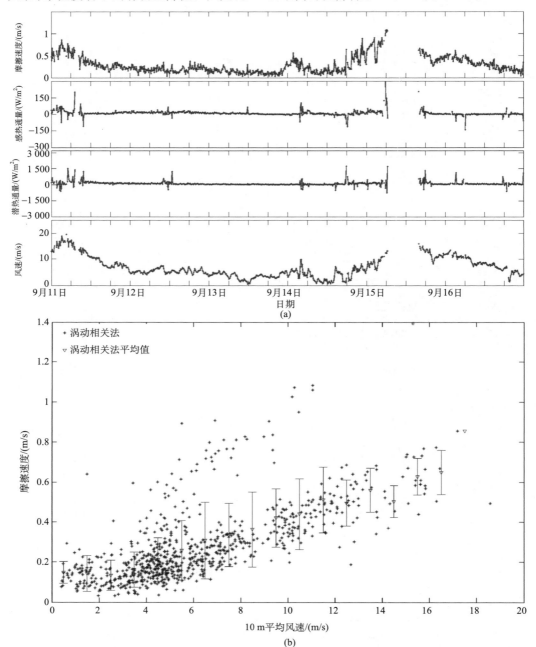

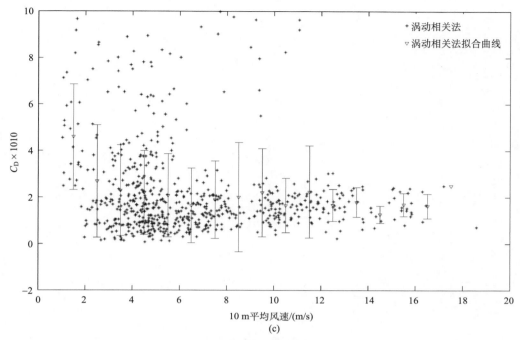

图 2.61　海上气象观测平台的动量观测计算结果

B. 通量观测资料

"巨爵"观测到的风速约 20 m/s，摩擦速度、感热通量的量值都随风速增加而增加，风速 20 m/s 时，感热通量接近 -300 W/m^2，总体来说是摩擦速度随风速增加而增加，拖曳系数值随风速变化不大(图 2.61、图 2.62)。

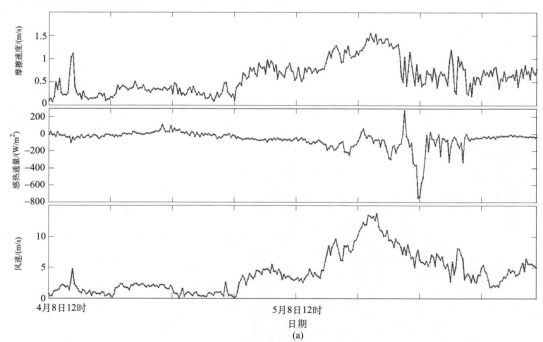

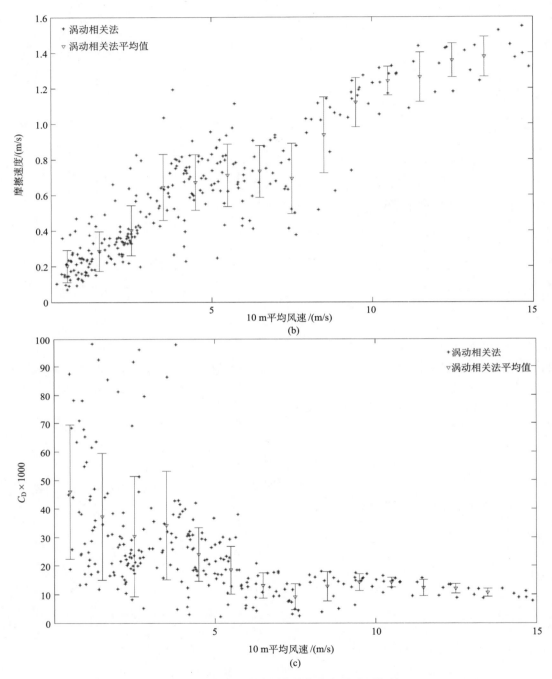

图 2.62　移动式涡动相关系统的通量观测资料

2.4.5 "灿都"(Chanthu, 1003)

1. 热带气旋活动概况

"灿都"于 2010 年 7 月 17 日 6 时(UTC)在菲律宾马尼拉以东约 220 km 处洋面上由热带云团发展为热带低压;7 月 17 日 6 时(UTC),"灿都"生成后向偏西方向移动,进入南海后 19 日 12 时(UTC)在南海黄岩岛附近海面加强为热带风暴"灿都",并向西北方向移动,20 日 18 时(UTC)已经加强为强热带风暴,21 日 9 时(UTC)进一步加强为台风。"灿都"于 22 日 5 时 45 分(UTC)在广东省吴川市吴阳镇沿海地区登陆,登陆时中心最低气压 970 hPa,中心附近最大风力 12 级,达到 35 m/s(相当于 126 km/h)的风速。"灿都"登陆后继续向偏西北方向移动,强度逐渐减弱,22 日 12 时(UTC)在湛江廉江境内已减弱为强热带风暴,并从廉江移出广东省进入到广西博白县,后减弱为热带风暴;23 日 6 时(UTC)减弱为热带低压,12 时(UTC)进一步减弱消失(图 2.63)。

2. 风雨情况

图 2.64(a)给出了受台风"灿都"影响 7 月 20~24 日总降水量图,海南部分以及西沙和珊瑚岛、广东北部部分和东北部部分、广西北部、福建大部、江西南部、湖南大部、贵州南部、重庆东南部、云南南部部分总降水量 10~50 mm。海南东北部和西部、广东东部部分以及珠江三角洲部分、广西南部部分、福建西南部和中东部、江西赣州地区、湖南怀化局部地区、贵州南部部分地区、云南文山局部地区总降水量 50~100 mm。海南五指山、

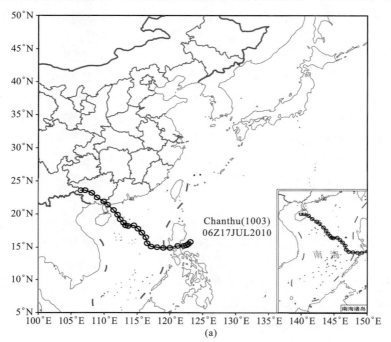

(a)

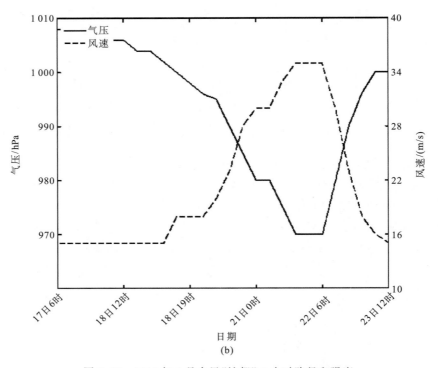

图 2.63　2010 年 7 月台风"灿都" 6 小时路径和强度

广东西南部部分地区和揭阳地区、广西东南部以及百色地区和涠洲岛、云南富宁总降水量为 100～386 mm。广东湛江地区和广西钦州总降水量达到 250～386 mm。广东遂溪总降水量最大，为 386 mm，为本次强热带风暴影响时出现的降水极值。

　　受其影响，强降水天气主要出现在 7 月 22～24 日。7 月 22 日海南北部部分地区、广东西部和东南部、福建泉州地区出现暴雨。广东茂名地区出现大暴雨，日降水量在 100 mm 以上有三个站，湛江地区出现特大暴雨，日降水量在 200 mm 以上有两个站，吴川日降水量达到 232 mm；23 日福建南部局部、广东西部和东部局部、广西南部和涠洲岛出现暴雨到大暴雨。广东廉江和广西钦州站出现了 200 mm 以上的特大暴雨，廉江日降水量达到 280 mm，为本次台风影响时出现的日降水极值；24 日海南定安、广东遂溪、广西中西部和南部地区、贵州黔南州和黔东南州地区、云南文山州地区出现暴雨。

　　受台风"灿都"影响，7 月 21～23 日香港出现狂风及暴雨。海南西沙岛和南部，以及西部沿海地区、广东西部、广西涠洲岛和东南部地区，出现最大风力 6～7 级，阵风 7～9 级，其中广东茂名和湛江地区出现最大风力 8～9 级，阵风 1～14 级。7 月 22 日广东电白最大风力达到 9 级(23.4 m/s)，阵风 14 级(41.6 m/s)，为本次台风影响时出现的风极值[图 2.64(b)]。

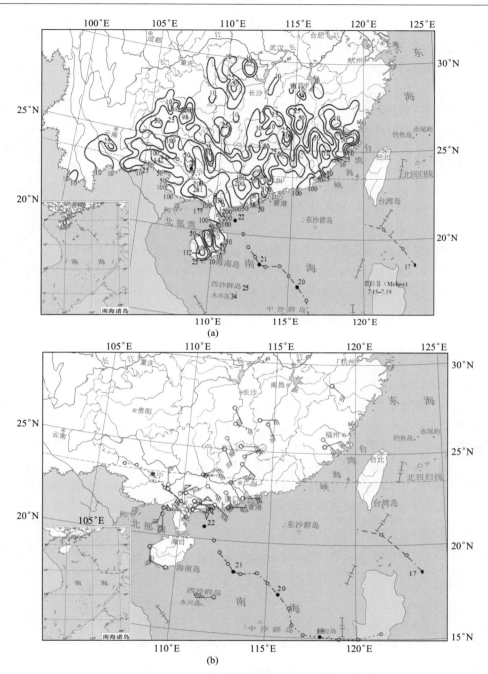

图 2.64　台风"灿都"总雨量和大风分布图（来自《热带气旋年鉴 2010 年》）

(a)台风"灿都"总雨量图(7 月 20～24 日)；(b)台风"灿都"大风分布图(7 月 21～23 日)

3. 典型个例特征

台风"灿都"具有路径相对稳定、近海加强、登陆风暴强度维持时间长、雨强风大、影响面广等特点。

　　路径相对稳定："灿都"先向偏西方向移动，而后向西北方向移动，基本稳定不变。

　　近海加强："灿都"进入南海后，从 2010 年 7 月 20 日 00 时（UTC）到 7 月 21 日 18 时（UTC），"灿都"从热带风暴加强到台风，发生强度加强的海域是从中沙群岛北部到西沙群岛北部一直到海南岛南部东南西北走向一线。20 日 00 时～21 日 00 时（UTC），850 hPa 西南水汽开始大量卷入"灿都"的环流中，同时越赤道气流开始活跃，充沛而顺畅的水汽输送为热带气旋的加强提供了非常有利的条件。21 日 12 时（UTC），副热带高压西南侧强盛的东南气流维持着"灿都"稳定的西北路径，并为其维持台风强度登陆提供能量支持。

　　登陆风暴强度维持时间长：台风"灿都"于 7 月 22 日 5 时 45 分（UTC）在吴川登陆后，在陆地上维持了近 39 个小时，维持风暴强度时间达到了一天以上。

　　雨强风大、影响面广：日降水量最强达到了 280 mm，茂名电白白沙院镇录得 51.8 m/s（16 级）的瞬时最大风。台风影响香港期间，狂风暴雨致使港岛、九龙和新界多处出现水浸，其中新界北部水灾最严重。上水、大埔及沙田共有 4 人在洪水中死亡，另数十人受伤。台风"灿都"在广东、广西和海南引起了暴雨，局部地区特大暴雨。

4. 野外科学试验的一些观测事实

1）增强观测试验

　　台风"灿都"登陆过程中，其附近共有 4 部风廓线雷达参与观测，其中一部移动式风廓线雷达位于登陆点附近，提供了时间间隔 6～30 min 的风廓线资料。同时，1 个沿海铁塔和 1 个海上平台捕捉到了此次登陆台风的近地（海）面上的风温湿梯度观测数据。除在增强观测站（茂名博贺海洋气象科学试验基地）开展 GPS 探空观测外，在登陆点附近还开展了 GPS 探空的观测试验，并在登陆点附近架设了微波辐射计，以获取台风眼区的垂直温湿结构。增强观测站还配有测量波浪特征的测波雷达，结合登陆点附近的茂名浮标站资料，用以了解台风影响下海面波浪的变化特征。各观测设备所获取的数据情况见表 2.15。

表 2.15　增强观测试验时的设备具体信息（四）

仪器	观测方式	型号	站点	经纬度	起止时段（北京时）	要素	频次
风廓线雷达	固定	LAP3000	深圳机场	113.48°E 22.4°N	2010 年 7 月 21 日 00 时 00 分 2010 年 7 月 22 日 23 时 50 分	水平风速、风向温度	次/30 min
	固定	WPR-LQ7	茂名	111.33°E 21.46°N	2010 年 7 月 21 日 00 时 00 分 2010 年 7 月 23 日 23 时 50 分	水平风速、风向垂直风速	次/10 min
	固定	CFL08	湛江	110.52°E 21.01°N	2010 年 7 月 21 日 00 时 00 分 2010 年 7 月 22 日 23 时 50 分	水平风速、风向垂直风速	次/6 min
	移动	CFL03	湛江	110.52°E 21.01°N	2010 年 7 月 21 日 00 时 00 分 2010 年 7 月 23 日 23 时 50 分	水平风速、风向垂直风速	次/6 min

续表

仪器	观测方式	型号	站点	经纬度	起止时段 （北京时）	要素	频次
铁塔	移动		湛江	110.52°E 21.01°N	2010 年 7 月 21 日 00 时 00 分 2010 年 7 月 22 日 23 时 50 分	6 m 的风向、风速、温度、湿度、脉动风速、水汽和二氧化碳密度	梯度：次/1 min；通量：次/0.1s
	固定		海上平台	111.33°E 21.46°N	2010 年 7 月 21 日 00 时 00 分 2010 年 7 月 22 日 23 时 50 分	13.4 m、16.4 m、20 m、23.4 m、31.4 m 的温度、湿度、风向、风速；27.3 m、35.1 m 的脉动风速、水汽和二氧化碳密度	
浮标	固定	10 m	茂名	111.40°E 20.45°N	2010 年 7 月 17 日 00 时 00 分 2010 年 7 月 23 日 23 时 00 分	海面大气温度、湿度、气压、风向、风速；海表水温、波高、波周期等	次/10 min
测波雷达	固定	WaMoS II	茂名	111.33°E 21.46°N	2010 年 7 月 17 日 00 时 00 分 2010 年 7 月 23 日 23 时 00 分	波高、波周期	次/1h
GPS 探空	移动	Vaisala DigiCORA	茂名	111.33°E 21.46°N	2010 年 7 月 21 日 2010 年 7 月 22 日	大气温度、湿度、气压、风向、风速	次/3h
	移动	Vaisala DigiCORA	湛江	110.52°E 21.01°N	2010 年 7 月 21 日 2010 年 7 月 22 日	大气温度、湿度、气压、风向、风速	次/3h
微波辐射计	移动	MP3000A	湛江	111.49°E 21.33°N	2010 年 7 月 20 日 2010 年 7 月 22 日	温度、湿度、水汽、液态水含量廓线	次/2 min

2）增强观测的数据分析

A. 浮标资料分析

台风"灿都"在粤西登陆，根据其每 6 小时移动路径，其中心距离茂名浮标最近为 32 km 左右，对应时间为 2010 年 7 月 22 日 00 时（UTC），此时台风近中心风速为 35 m/s，气压 970 hPa；浮标风速最大为 34.6 m/s，出现在 2010 年 7 月 22 日 2 时 （UTC）；浮标测得最低气压为 975.1 hPa，出现在 2010 年 7 月 22 日 00 时 50 分（图 2.65）。台风影响茂名浮标期间有效波高最大达到了 7.1 m，平均周期与台风"莫拉菲" 明显不同，台风"莫拉菲"平均周期在风速增大时减小，而台风"灿都"在风速最大时，周 期也比较大，然后风速减小，有效波高减小，平均周期也随之减小。在台风影响过程 中，于 2010 年 7 月 22 日 11 时 10 分降低到最低 23.4 ℃，海水温度从 21 日 7 时 30 分 27.5 ℃降低到 23.4 ℃，历时 28 小时降温幅度为 4.1 ℃，21 日 7 时至 22 日 12 时台风 中心距离茂名浮标小于 260 km。从浮标资料可以看出，从最低温度恢复到 27 ℃（2010 年 7 月 25 日 2 时）经过了 63 小时，超过两天半。

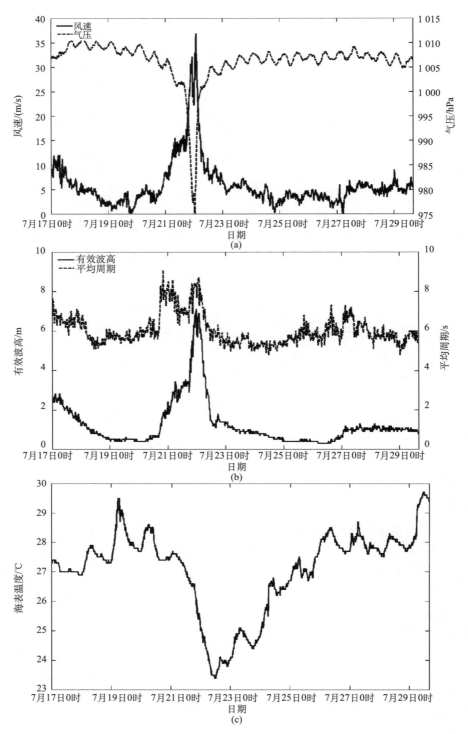

图 2.65　台风"灿都"影响期间茂名浮标每 10 分钟时间变化

(a)2 min 平均风速和气压；(b)有效波高和平均周期；(c)50cm 处水温

B. 通量观测资料分析

"灿都"观测到的风速约 25 m/s，摩擦速度、感热通量和潜热通量的量值都随风速增加而增加，风速 25 m/s 左右时，感热通量接近 300 W/m²，潜热通量接近−1 500 W/m²，在风速小于 25 m/s 以下，摩擦速度随风速增加而增加，风速小于 18 m/s 时，拖曳系数值随风速增加而增加，风速大于 18 m/s 时，拖曳系数随风速增加而减小(图 2.66)。

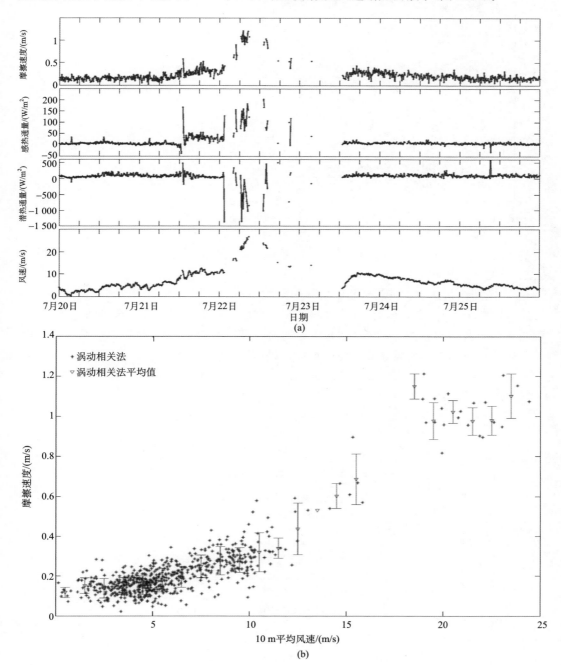

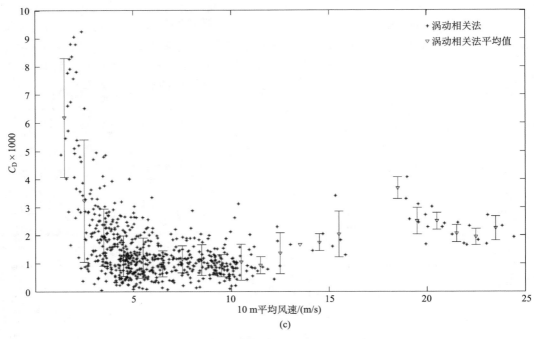

(c)

图 2.66　海上气象观测平台的动量观测计算结果

C. 风廓线雷达观测资料分析

"灿都"于 7 月 22 日 6 时 10 分在湛江吴川登陆，移动观测点位于台风的左侧，茂名观测点位于台风的右侧。台风低层最大风速所在高度约为 1 km。台风内部结构不对称，北侧风速整体偏小，台风登陆后强度加强，风速增大（图 2.67）。

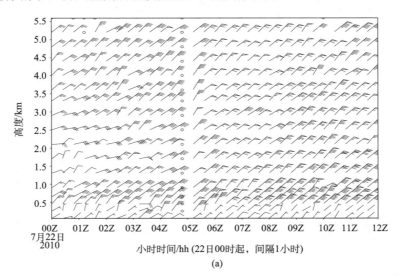

(a)

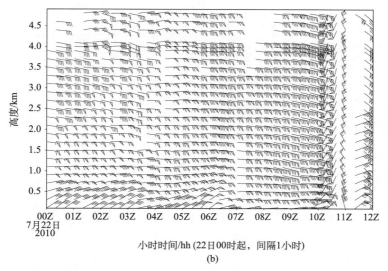

小时时间/hh (22日00时起，间隔1小时)

(b)

图 2.67 各站点观测的风廓线时间高度演变图（北京时）

(a)移动观测点；(b)茂名

2.4.6 "狮子山"（Lionrock，1006）

1. 热带气旋活动概况

1006 号强热带风暴"狮子山"是于 2010 年 8 月 27 日 12 时（UTC）在中沙群岛以东约 320 km 处的南海海面上的一个热带低压发展形成的。28 日 18 时（UTC）中心强度已加强为热带风暴，30 日 6 时（UTC）中心强度增强为强热带风暴，31 日夜间"狮子山"又转向偏北移动，移速加快；9 月 1 日 18 时（UTC）其中心强度减弱为热带风暴，并于 1 日 22 时 50 分（UTC）在福建漳浦古雷镇登陆，登陆时近中心最大风力 9 级（23 m/s），近中心最低气压 990 hPa。登陆后强度减弱，2 日 15 时（UTC）在广东中部减弱为热带低压，并向西南方向移动，4 日 6 时（UTC）后在广东茂名市境内消散（图 2.68）。

2. 风雨特征

受"狮子山"与强台风"圆规"和热带风暴"南川"三个热带系统互相作用，以及北伸倒槽和西风槽共同影响，由图 2.69(a)显示的 2010 年 8 月 28 日至 9 月 4 日总降水量图可以看出，海南和西沙岛、广东西北部和粤西地区、广西东部局部和涠洲岛，福建北部、江西大部，湖南东部部分、湖北东部部分、浙江西部、上海西部和北部以及东部、江苏中部、安徽局部、河南信阳部分地区、山东半岛部分总降水量 10～50 mm。海南珊瑚岛、广东上川岛和西南部部分以及东北部部分、福建南部部分和东北部地区、江西局部、湖南东南部部分和东北部部分、湖北东部部分、浙江东南部部分、上海中心区域和奉贤、江苏南部部分和北部部分、安徽大部、山东青岛和威海部分地区总降水量 50～

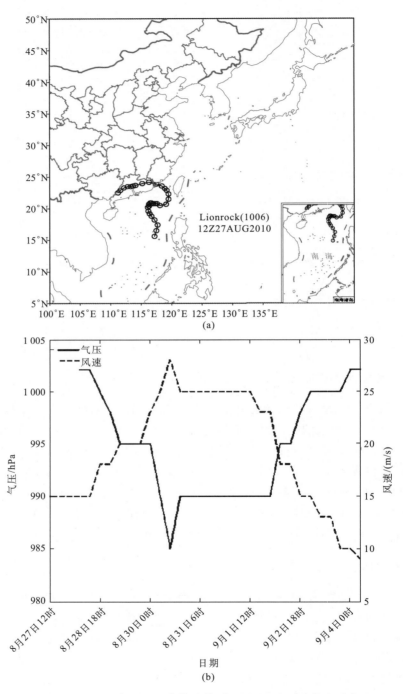

图 2.68　2010 年 8 月强热带风暴"狮子山" 6 小时路径和强度

100 mm。海南保亭，广东东部和珠江三角洲地区、福建南部部分、江西井冈山、湖南南岳、湖北黄冈地区和咸宁局部、上海徐家汇、江苏北部和宜兴地区以及镇江地区、安徽西南部部分和东北部部分总降水量 100～411 mm。其中广东东部和广州部分地区、福建漳州部分地区、安徽淮南、江苏泗洪总降水量 200～411 mm。广东花都站总降水量最大，达到 411 mm，为本次强热带风暴影响时出现的总降水极值。

降水影响主要集中在 9 月 1～4 日，9 月 1 日福建东山、浙江天台和平阳、上海中心城区和奉贤、江苏通州出现暴雨，上海徐家汇站出现了大暴雨，日降水量达到 128 mm；2 日广东东北部、福建东南部、浙江永嘉和宁海、江西湖口和龙南、江苏南部和北部泗洪、安徽东北部和中部出现暴雨到大暴雨，福建诏安站日降水量达到 249 mm，为本次强热带风暴影响时出现的日降水极值；3 日广东中部和东部、福建漳州部分地区、江西西南部部分地区和宜春地区、湖南东部局部、湖北东部局部、江苏北部和丹阳、安徽中部和南部部分地区、山东青岛和威海地区出现暴雨到大暴雨，广东丰顺站日降水量达到 190 mm；4 日广东南部、福建局部、湖南益阳地区、湖北东部局部、安徽安庆地区出现暴雨到大暴雨，广东花都站日降水量达到 227 mm。

受"狮子山"与强台风"圆规"和热带风暴"南川"这三个热带系统互相作用，以及北伸倒槽和西风槽共同影响，8 月 30 日至 9 月 4 日广东局部、福建南部、浙江沿海地区、江苏西连岛出现最大风力 6～7 级，阵风 7～8 级。福建漳浦、三沙和九仙山出现最大风力 7～8 级，阵风 8～9 级[图 2.69(b)]。

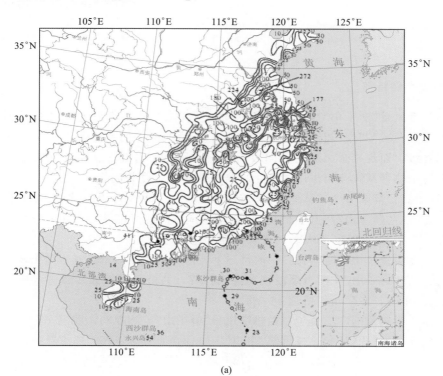

(a)

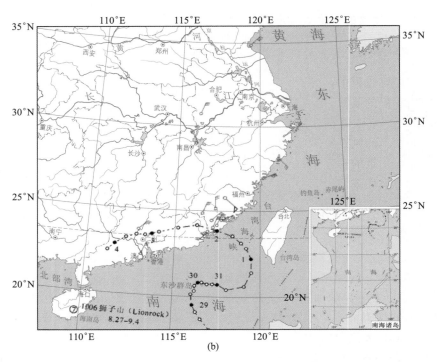

图 2.69　强热带风暴"狮子山"总雨量和大风分布图(来自《热带气旋年鉴 2010 年》)

(a)强热带风暴"狮子山"总雨量图(8 月 28 日至 9 月 4 日);

(b)强热带风暴"狮子山"大风分布图(8 月 28 日至 9 月 4 日)

3. 典型个例特征

在强热带风暴"狮子山"生成和消散期间,西北太平洋、南海上同时有强热带风暴"狮子山"与强台风"圆规"和热带风暴"南川"活动,约 40 小时在海面上这三个热带气旋都达到风暴级,而且三个风暴路径同时向我国东部沿海逼近,这在台风历史上实属少见。由于三个热带系统互相作用以及受北伸倒槽和西风槽共同影响,强热带风暴"狮子山"具有移动路径复杂多变、移速缓慢、持续时间长、降水强、影响范围大的特点。

路径诡异:"狮子山"在其生命史期间,经历了"西北—东北—西北—偏北—打转—偏东—偏北—西北—偏西—西南"的诡异路径变化过程。

移动速度缓慢,持续时间长:一般情况下,南海生成的热带气旋生命史较短,大约在 2~3 天。在"狮子山"在南海缓慢移动徘徊打转,共持续了 5 天多。进入广东省陆地停留超过 81 小时,在广州停留达 14 小时。

降水强、影响范围广:由于在强热带风暴"狮子山"影响期间,我国东部特别是沿海地区还受到强台风"圆规"和热带风暴"南川"影响,受 3 个热带气旋环流影响,在 8 月 28 日至 9 月 4 日,从南部海南省到山东半岛都有降水。广东花都站总降水量达到了 411 mm,是本次热带气旋影响时出现的总降水极值。福建诏安站日降水量达到 249 mm,为本次热带气旋影响时出现的日降水极值。

4. 野外科学试验的一些观测事实

1) 增强观测试验

"狮子山"登陆过程中，由于登陆地点位于粤闽交界处，因此大部分广东省的业务站网无法对其进行很好的监测。登陆期间，附近共有 2 部风廓线雷达参与观测，提供了时间间隔 10/30 min 的风廓线资料。同时，1 个移动式铁塔和 1 个海上平台捕捉到了此次登陆台风的近地(海)面上的风温湿梯度观测数据。在登陆点附近还开展了 GPS 探空的观测试验，获取了台风眼区附近的垂直温湿结构。增强观测站还配有测量波浪特征的测波雷达，用以了解台风影响下海面波浪的变化特征。各观测设备所获取的数据情况见表 2.16。

表 2.16 增强观测试验时的设备具体信息(五)

仪器	观测方式	型号	站点	经纬度	起止时段(北京时)	要素	频次
风廓线雷达	固定	LAP3000	深圳机场	113.48°E 22.4°N	2010 年 8 月 31 日 0 时 2010 年 9 月 2 日 23 时 50 分	水平风速、风向温度	次/30 min
	固定	WPR-LQ7	茂名	111.33°E 21.46°N	2010 年 8 月 31 日 0 时 2010 年 9 月 2 日 23 时 50 分	水平风速、风向垂直风速	次/10 min
铁塔	移动		汕头	116.87°E 23.45°N	2010 年 9 月 2 日 0 时 2010 年 9 月 3 日 23 时 50 分	6 m 的风向、风速、温度、湿度、脉动风速、水汽和二氧化碳密度	梯度：次/1 min；通量：次/0.1s
	固定		海上平台	111.33°E 21.46°N	2010 年 8 月 31 日 0 时 2010 年 9 月 2 日 23 时 50 分	13.4 m、16.4 m、20 m、23.4 m、31.4 m 的温度、湿度、风向、风速；27.3 m、35.1 m 的脉动风速、水汽和二氧化碳密度	
测波雷达	固定	WaMoS II	茂名	111.33°E 21.46°N	2010 年 8 月 27 日 0 时 2010 年 9 月 3 日 23 时 50 分	波高、波周期	次/1h
GPS 探空	移动	Vaisala DigiCORA	汕头	116.87°E 23.45°N	2010 年 9 月 2 日	大气温度、湿度、气压、风向、风速	次/3h

2) 增强观测的数据分析

A. 浮标资料分析

2010 年 9 月 2 日 6～18 时(UTC)，是强热带风暴"狮子山"距离汕尾浮标最近的时段，在 200 km 之内，最近在 160 km 左右。从图 2.70(a) 显示的气压和风速特征也可以看出，此热带风暴中心没有经过汕尾浮标，从其移动路径来看，强热带风暴"狮子山"这段时间多在福建、广东境内移动，汕尾位于其南部，受其影响浮标测得 2 min 平均风速最大 12.4 m/s，出现在 8 月 29 日 7 时 20 分(UTC)。浮标还显示在"狮子山"影响期间，汕尾浮标记录最大波高为 1.5 m，平均周期为 4.4～6.8s[图 2.70(b)]；记录最低水温 28.2 ℃，

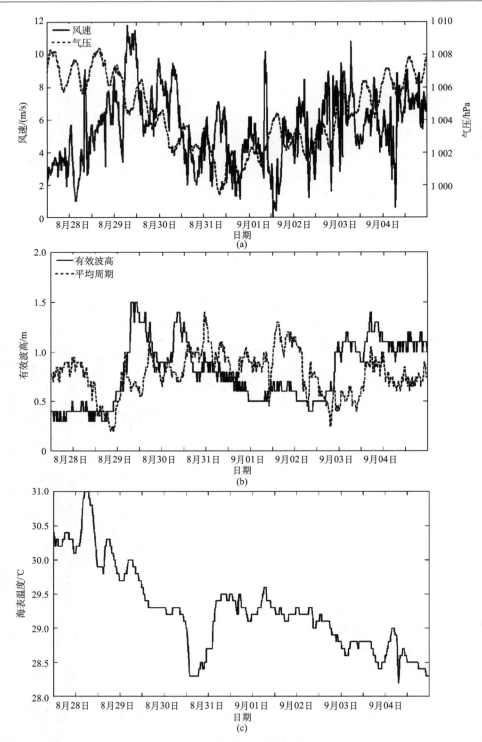

图 2.70 强热带风暴"狮子山"影响期间汕尾浮标每 10 分钟时间变化

(a)2 min 平均风速和气压；(b)有效波高和平均周期；(c)50cm 处水温

说明该热带气旋对于汕尾浮标海域的海水温度影响不大[图 2.70(c)]。

B. 通量观测资料分析

"狮子山"在海洋平台上观测到的风速比较小，基本小于 8 m/s，感热通量绝对值小于 50 W/m²，潜热通量最大值 500 W/m²，摩擦速度随风速增加而增加，拖曳系数随风速增加而减小(图 2.71、图 2.72)。

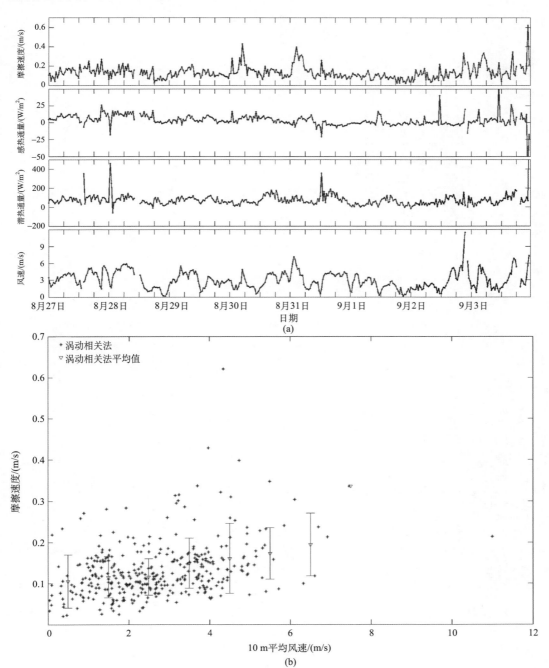

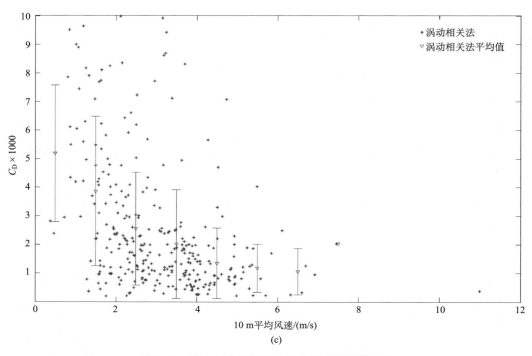

图 2.71 海上气象观测平台的动量观测计算结果

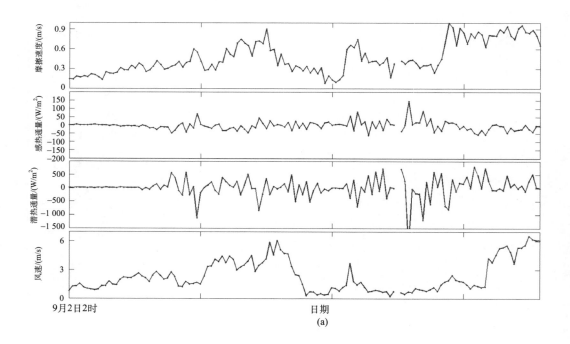

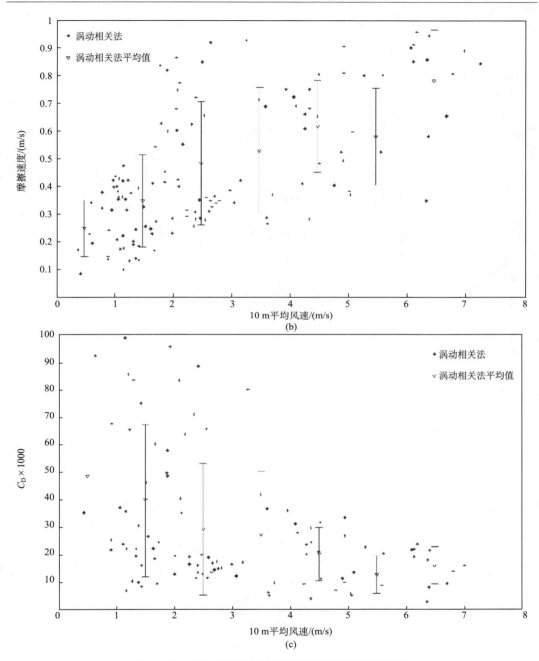

图 2.72　移动式涡动相关系统测量的通量观测资料

C. 风廓线雷达观测资料

台风"狮子山"于 2010 年 9 月 1 日 22 时从福建登陆后，向西移入广东中部。其间，深圳站测得 2 日 3 时左右台风内最大风速区经过测站，最大风速所在的高度为 1 km，"狮子山"环流较弱，移动期间低空风速基本在 10 m/s 以下，这与"狮子山"迅速减弱有着很好的一致性(图 2.73)。

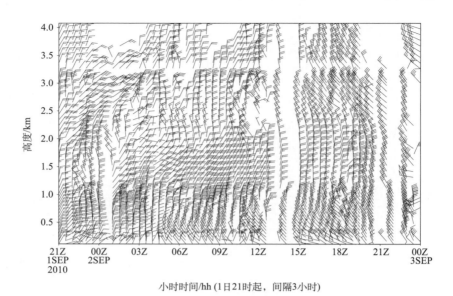

小时时间/hh（1日21时起，间隔3小时）

图 2.73　深圳站风廓线雷达时间高度演变图（北京时）

2.4.7　"凡亚比"（Fanapi，1011）

1. 热带气旋活动概况

第 1011 号超强台风"凡亚比"是于 2010 年 9 月 14 日 18 时（UTC）在冲大东岛以南约 550 km 处的西北太平洋洋面上热带云团发展为热带低压，其生成初始位置 19.6°N，129.1°E。16 日 6 时（UTC）加强为强热带风暴，当日 17 时（UTC）加强为台风，17 日 12 时（UTC）加强为强台风，18 日 18 时（UTC）"凡亚比"近中心附近风速达到 52 m/s，达到超强台风级，位于台湾岛东部海面，并向西南偏西移动，向台湾岛靠近；于 9 月 19 日 00 时 40 分（UTC）在台湾花莲登陆，登陆时中心附近的最大风速 45 m/s（14 级），最低气压 940 hPa；于 19 日 23 时（UTC）在福建漳浦登陆，登陆时中心附近最大风速 35 m/s（12 级），最低气压 970 hPa。登陆后转向西南移动进入广东饶平境内，21 日移出广东进入广西，22 日在广西境内消散（图 2.74）。

2. 风雨特征

如图 2.75（a）所示，受超强台风"凡亚比"和南下冷空气及减弱后的低压与西南季风共同影响，9 月 18～22 日海南北部和东南部部分、广东北部部分、东北局部和中部局部以及湛江地区、广西北部和西南部部分、福建东北部部分和中部部分、浙江东部沿海地区、江西南部和西北部、湖南大部、湖北西南部、贵州大部、重庆东南部、四川局部、云南大部总降水量 10～50 mm。海南保亭、广东中部和东北部部分、广西南部大部和北部局部、福建南部局部、浙江三门和永嘉、江西赣州地区部分、湖南北部分和南

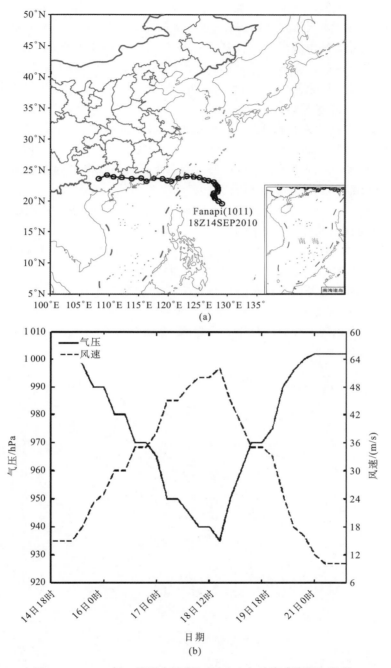

图 2.74　2010 年 9 月强台风"凡亚比" 6 小时移动路径和强度

部部分、贵州局部、云南江城总降水量 50～100 mm。海南陵水、广东南部和西北部、广西南部部分总降水量 100～506 mm。其中福建漳州地区部分、广东中南部部分地区降水总量达到 200～300 mm。广东上川岛降水总量最大，为 506 mm，是本次超强台风影响时出现的降水极值。

受其影响，强降水天气主要出现在 9 月 20～22 日。20 日广东东南部部分和中南部部分、福建东南部地区出现暴雨到大暴雨；21 日广东东南部和西部大部、广西东部部分地区、福建东南部、江西赣州部分地区、湖南道县出现暴雨到大暴雨。广东粤西出现局地性的特大暴雨，主要集中在高州和信宜两个地区，根据自动站降水资料统计，高州马贵镇 21 日 0～12 时降水量达到 681.5 mm，8～9 时降水量达到 105.5 mm；信宜钱排镇 21 日 0～12 时降水量达到 245.2 mm，2～3 时降水量达到 64.5 mm；信宜平塘镇 21 日 0～12 时降水量达到 255.0 mm，6～7 时降水量达到 98.8 mm；22 日海南东南部部分地区、广东汕尾和西南部地区、广西南部大部分地区和涠洲岛、湖南北部部分和南部局部地区、贵州局部出现暴雨到大暴雨。

受超强台风"凡亚比"和南下冷空气及减弱后的低压与西南季风共同影响，9 月 18～22 日，台湾出现狂风及暴雨，海南东方、广东东部和中部的南部地区、广西涠洲岛和横县、云南罗平和西畴、福建南部和东部沿海地区、江西局部、湖南局部、湖北局部、浙江沿海地区、上海洋山港、安徽黄山出现最大风力 6～8 级，阵风 7～11 级。其中福建福州地区和九仙山及龙海、广东江门地区和斗门出现最大风力 8～11 级，阵风 10～13 级。9 月 20 日福建龙海站最大风力达到 8 级（19.2 m/s），阵风 11 级（29.5 m/s）；广东斗门站最大风力达到 8 级（18.4 m/s），阵风 13 级（38.2 m/s），为本次超强台风影响时出现的风速极值［图 2.75(b)］。

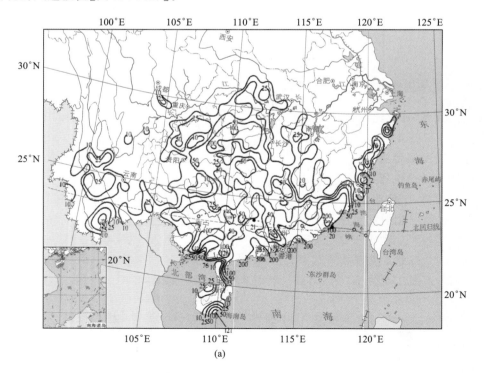

(a)

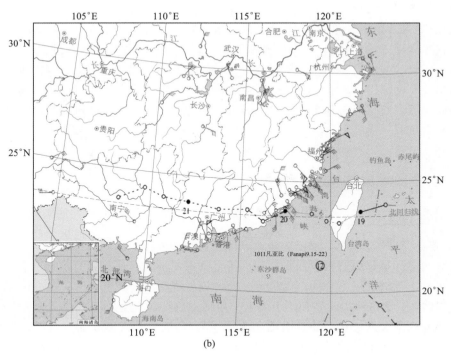

图 2.75　超强台风"凡亚比"总降水量和大风分布图（来自《热带气旋年鉴 2010 年》）

(a)超强台风"凡亚比"总降水量图(2010 年 9 月 18～22 日)；

(b)超强台风"凡亚比"大风分布图(2010 年 9 月 18～22 日)

3. 典型个例特征

超强台风"凡亚比"具有强度发展快、强度强、路径曲折、影响范围广、致灾严重等特点。

强度强、发展速度快："凡亚比"强度最大达到 52 m/s，达到了超强台风级别，如从强热带风暴发展到强台风，仅仅用了一天时间。

路径曲折："凡亚比"在西太平洋生成后先向西北方向移动，后转为偏北方向移动，在 17 日后开始向偏西方向移动，路径多变、曲折。

影响范围广、致灾严重：台风在影响台湾期间，台湾南部和东部地区出现暴雨到特大暴雨，造成台南、高雄及屏东等地区遭受水淹，部分地区铁路和公路交通受阻。76人受伤，6 人死亡，约 65 万户停电，全台仅工业损失超过 56 亿元（新台币）。据台湾有关方面统计，各县市共撤离 10 468 人，最多时共有 5 921 人安置于 103 处收容所。超强台风"凡亚比"重创台湾南部地区，高雄市创下 50 年来最严重灾情。

受超强台风"凡亚比"影响，福建、广东和广西三省（区）共 233.83 万人受灾，死亡108 人，失踪 26 人，紧急转移安置 33.33 万人，倒塌房屋 1.9479 万间，损坏房屋 1.80万间，农作物受灾面积 109 150 km²，直接经济损失 61.27 亿元。广东粤西为受灾最严重地区。截至 2010 年 10 月 7 日统计，造成广东佛山、湛江、茂名、肇庆、梅州、汕尾、阳江、潮州、云浮 9 市 37 个县(市、区)受灾人口 155.83 万人,因灾死亡 108 人,因灾失踪 26 人,紧急转移安置 13.2 万人,农作物受灾面积 68150 km²,倒塌房屋 1.84 万间,损坏房屋 1.80 万间,直接经济损失 54.2 亿元。截至 2010 年 9 月 30 日统计,超强台风"凡亚比"造成广西南宁、防城港、钦州、贵港、百色、来宾、崇左 7 市 16 个县(市、区)7.8 万人受灾,紧急转移安置 1 300 余人,农作物受灾面积 4 600 km²,倒塌房屋 360 余间,直接经济损失 1 700 余万元。截至 9 月 27 日,福州、厦门、莆田、泉州、漳州 5 市 30 个县(市、区)受灾人口 70.2 万人,紧急转移安置 20.0 万人,农作物受灾面积 36 400 km²,倒塌房屋 719 间;直接经济损失 6.9 亿元。

4. 野外科学试验的一些观测事实

1) 增强观测试验

"凡亚比"登陆过程中,由于登陆地点位于粤闽交界处,因此大部分广东省的业务站网无法对其进行很好的监测。登陆期间,附近共有 3 部风廓线雷达参与观测,其中移动式风廓线雷达距离台风中心的距离最近,这些设备提供了时间间隔 6~30 min 的风廓线资料。同时,1 个移动式铁塔和 1 个海上平台捕捉到了此次登陆台风的近地(海)面上的风温湿梯度观测数据。在登陆点附近还开展了 GPS 探空的观测试验,并结合微波辐射计获取了台风眼区附近的垂直温湿结构。增强观测站还配有测量波浪特征的测波雷达,用以了解台风背景下海面波浪的变化特征。各观测设备所获取的数据情况见表 2.17。

表 2.17 增强观测试验时的设备具体信息(六)

仪器	观测方式	型号	站点	经纬度	起止时段(北京时)	要素	频次
风廓线雷达	固定	LAP3000	深圳机场	113.48°E 22.4°N	2010 年 9 月 18 日 0 时 2010 年 9 月 20 日 23 时 30 分	水平风速、风向温度	次/30 min
	固定	WPR-LQ7	茂名	111.33°E 21.46°N	2010 年 9 月 18 日 0 时 2010 年 9 月 20 日 23 时 30 分	水平风速、风向垂直风速	次/10 min
	移动	CFL03	汕头	116.87°E 23.45°N	2010 年 9 月 19 日 0 时 2010 年 9 月 21 日 23 时 30 分	水平风速、风向垂直风速	次/6 min
铁塔	移动		汕头	116.87°E 23.45°N	2010 年 9 月 19 日 0 时 2010 年 9 月 21 日 23 时 30 分	6 m 的风向、风速、温度、湿度、脉动风速、水汽和二氧化碳密度	梯度:次/1 min;通量:次/0.1s
	固定		海上平台	111.33°E 21.46°N	2010 年 9 月 18 日 0 时 2010 年 9 月 20 日 23 时 30 分	13.4 m、16.4 m、20 m、23.4 m、31.4 m 的温度、湿度、风向、风速;27.3 m、35.1 m 的脉动风速、水汽和二氧化碳密度	

仪器	观测方式	型号	站点	经纬度	起止时段（北京时）	要素	频次
测波雷达	固定	WaMoS II	茂名	111.33°E 21.46°N	2010 年 9 月 18 日 0 时 2010 年 9 月 21 日 23 时 30 分	波高、波周期	次/1h
GPS探空	移动	Vaisala DigiCORA	汕头	116.87°E 23.45°N	2010 年 9 月 19 日 2010 年 9 月 21 日	大气温度、湿度、气压、风向、风速	次/3h
微波辐射计	移动	MP3000A	汕头	116.87°E 23.45°N	2010 年 9 月 20 日 2010 年 9 月 21 日	温度、湿度、水汽、液态水含量廓线	次/2 min

2）增强观测的数据分析

A. 浮标资料分析

　　根据汕尾浮标位置和"凡亚比"6 小时路径，发现超强台风"凡亚比"中心和汕尾浮标之间最近距离在 100 km 左右，出现在 2010 年 9 月 20 日 6 时，汕尾浮标记录资料（图 2.76）显示出受到热带气旋影响的基本特征，在 2010 年 9 月 20 日 6 时 40 分（UTC）录得台风影响期间最大风速和最低气压，最大风速为 17.8 m/s，最低气压为 994.1 hPa。随着台风的影响，有效波高增大，最大达到 2.6 m，出现在 2010 年 9 月 20 日 13 时 20 分，平均周期在 18～20 日有一个由大到小的过程，说明了海浪性质发生变化。汕尾浮标记录的海水温度最低为 25 ℃，出现在 2010 年 9 月 22 日 20 时 50 分，在超强台风"凡亚比"影响期间海水温度从 9 月 19 日 9 时 30 ℃降到 9 月 20 日 10 时 30 分 25.7 ℃，历时 1 天左右降温幅度达到了 4.3 ℃，此时对应"凡亚比"强度比较强，虽然汕尾浮标在台风环流的移动方向左前方，仍然使得海水温度降温幅度超过了 4 ℃。

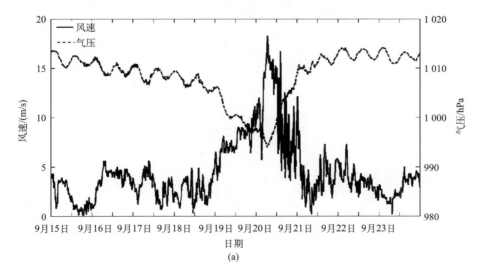

(a)

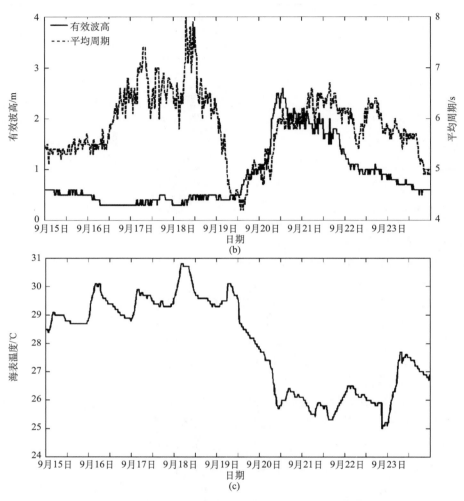

图 2.76　超强台风"凡亚比"影响期间汕尾浮标每 10 分钟时间变化

(a)2 分钟平均风速和气压；(b)有效波高和平均周期；(c)50cm 处水温

B. 通量观测资料

台风"凡亚比"在海洋平台上观测到的风速小于 12 m/s，感热通量绝对值小于 $50W/m^2$，潜热通量最大量值在 $400W/m^2$ 左右，摩擦速度和拖曳系数随 10 m 风速变化趋势不如其他台风显著(图 2.77、图 2.78)。

C. 风廓线雷达观测资料

自台风"凡亚比"于 19 日 23 时登陆后，其一直向西移动进入广东中部。从深圳站的观测数据可以看到，约 20 日 7 时起整层风速明显增大，最大风速所在高度为 1 km，最大风速出现的时段在 10～13 时(图 2.79)。

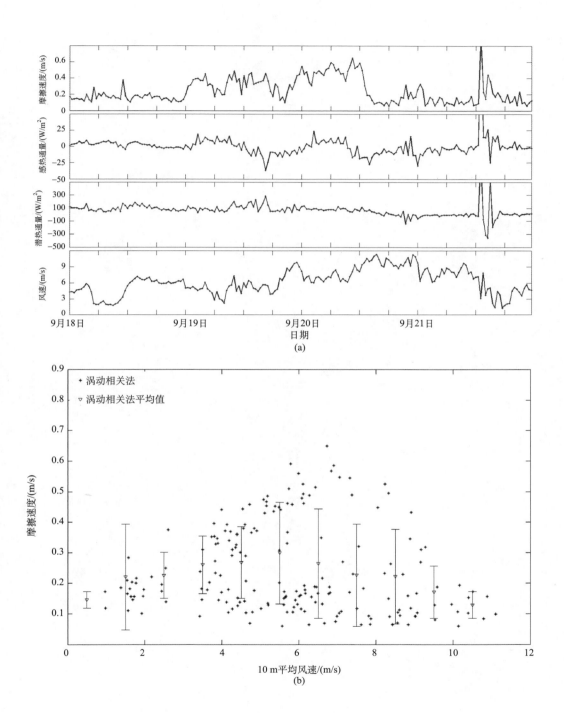

(a)

(b)

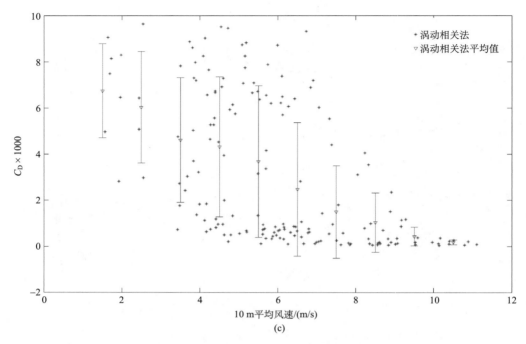

图 2.77　海上气象观测平台的动量观测计算结果

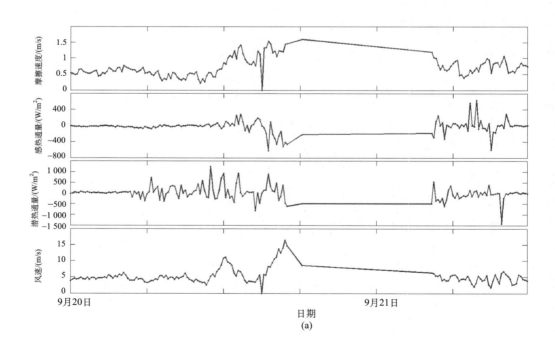

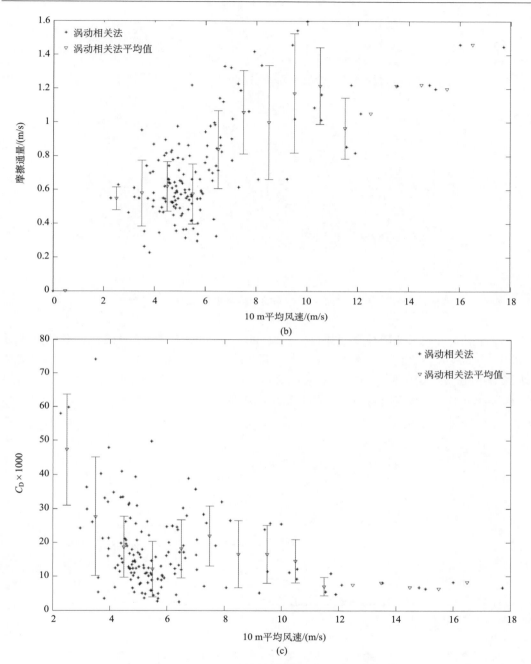

图 2.78　移动式涡动相关系统测量的通量观测资料

D. GPS 探空观测资料

　　中国气象局上海台风研究所利用移动探测设备于 9 月 18～20 日在福建古雷港对台风"凡亚比"登陆前后的特征进行了观测,此次移动观测正好位于该台风的登陆点,对观测资料进行了初步分析,分析中也包括了台风登陆点附近的 100 m 风塔资料。

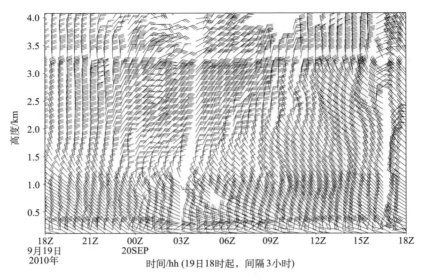

图 2.79　深圳站风廓线雷达时间高度演变图(北京时)

由探空获得的风速随高度变化(图 2.80)可知,台风"凡亚比"登陆前,登陆点附近 1000～10 000 m,盛行 20～25 m/s 的东北偏北风,整层风速差别不大(不像台风"莫拉克"登陆前在对流层中低层有很强的大风层),直到登陆前几个小时开始,由对流层高层风速开始减小,逐步向下影响,登陆时整层减小到 10 m/s 左右。

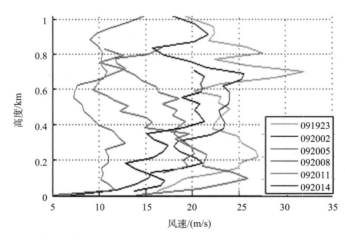

图 2.80　台风"凡亚比"登陆前后每 3 小时 GPS 探空(古雷港)风速随高度变化

由微波辐射计探测的水汽密度变化(图 2.81)来看,台风"凡亚比"登陆前后登陆点附近水汽密度变化不是很明显,15 g/m³ 的水汽密度位于 1000 m 以下,而 20 g/m³ 的水汽密度变化仅在近地层出现,这都要比台风"莫拉克"出现的高度低,高水汽密度柱仅在台风登陆 12 小时的时候出现。

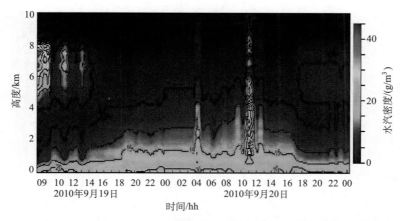

图 2.81　台风"凡亚比"登陆前后在福建古雷港德微波辐射计探测的水汽密度变化

　　由福建南部沿海赤湖漳浦（位于台风登陆点北边 30 km 左右）100 m 高度风塔四层探测资料分析表明，在台风登陆前 6 小时以前，风塔各层风速较小，在 0~10 m/s 变化，从台风登陆前 6 小时开始风速逐渐增大，登陆时风速在 20 m/s 左右，登陆后 2 小时达到最大，风速最大达到 32 m/s 左右，随后逐渐减小。这种变化特征也与台风"莫拉克"完全不一样（图 2.82）。

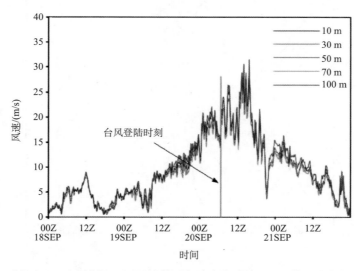

图 2.82　台风"凡亚比"登陆前后福建赤湖漳浦 100m 塔风速变化

2.4.8　"鲇鱼"（Megi，1013）

1. 热带气旋活动概况

1013 号超强台风"鲇鱼"于 2010 年 10 月 13 日在关岛西南约 400 km 处的西北太平

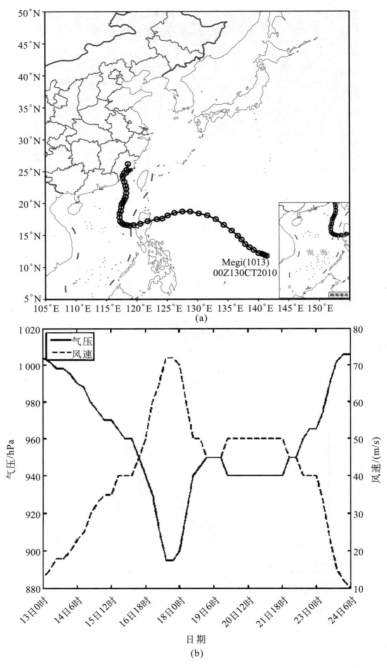

图 2.83　2010 年 10 月超强台风"鲇鱼"6 小时路径和强度

洋洋面上由热带云团生成热带低压，其生成位置 11.8°N，141.4°E。10 月 17 日 12 时（UTC）达到最强，近中心最大风速 72 m/s，气压 895 hPa，位于 125.1°E，18.1°N，逐渐向菲律宾东部沿海靠近，超强台风"鲇鱼"横扫菲律宾北部后，19 日进入南海东部海面后向西移动，20 日 00 时(UTC)台风突然以近似 90°角折向北移动，并于 10 月 23 日 4 时 55 分(UTC)在我国福建省漳浦登陆，登陆时中心附近的最大风速 35 m/s(12 级)，最低气压 970 hPa。登陆后台风转向东北偏北移动，其强度迅速减弱，20 时在福建龙海市境内减弱为热带风暴，23 时减弱为热带低压，之后强度进一步减弱，于 24 日 6 时后在福建省境内消散(图 2.83)。

2. 风雨特征

受超强台风"鲇鱼"和冷空气的共同影响，由图 2.84(a)10 月 18～24 日总降水量图，可以看出，海南大部和西沙岛、广东东部、福建东北部和西部、江西东部、浙江、上海西部和崇明、江苏南部、安徽东南部总降水量 10～50 mm。海南东南部和东北部及珊瑚岛、福建东南部部分、浙江东北部部分、上海东部总降水量 50～100 mm。海南万宁、福建东南部部分总降水量为 100～192 mm。福建漳浦站降水总量达到 192 mm，为本次超强台风影响时出现的降水极值。

受其影响，强降水天气主要集中在 10 月 23～24 日，23 日福建东南部、浙江嵊泗和宁波地区、上海洋山港和南汇出现暴雨。福建厦门和泉州以及漳州三地区出现日降水量＞100 mm 以上的大暴雨，漳浦站日降水量达到 180 mm，为本次超强台风影响时出现的日降水极值；24 日福建福清和莆田地区出现暴雨。莆田站日降水量为 96 mm。

受超强台风"鲇鱼"和冷空气的共同影响，10 月 19～23 日广东东部和中南部、福建南部和东部沿海地区、浙江东部沿海地区出现最大风力 6～7 级，阵风 7～9 级，福建漳州地区和九仙山出现最大风力 8～10 级，阵风 11 级。10 月 23 日福建东山最大风力达到 9 级(21.4 m/s)，阵风 11 级(30.7 m/s)，为本次超强台风影响时出现的风极值[图 2.84(b)]。

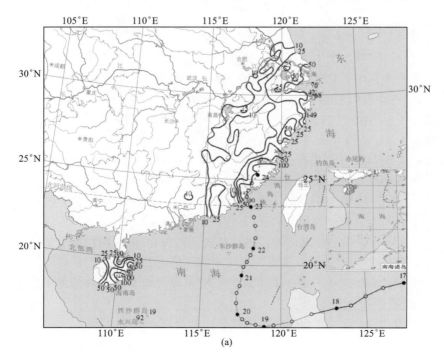

(a)

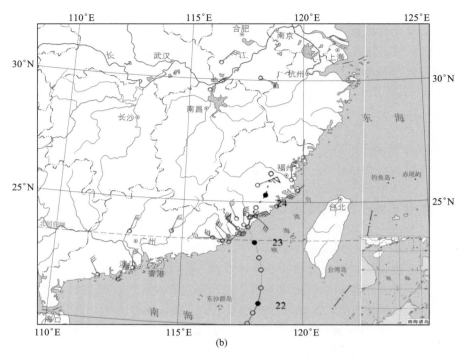

图 2.84　超强台风"鲇鱼"总降水量和大风分布图（来自《热带气旋年鉴 2010 年》）

(a)超强台风"鲇鱼"总降水量图（2010 年 10 月 18～24 日）；

(b)超强台风"鲇鱼"大风分布图（2010 年 9 月 18～22 日）

3. 典型个例特征

超强台风"鲇鱼"强度大、台风强度维持时间长、移动路径和强度多变、生命史长、风大、强降水范围集中，它从登陆到消散，具有停留时间不长、影响范围较小等特点。

超强台风"鲇鱼"体现出以下 4 个特征。

一是强度大。"鲇鱼"中心附近的最大风力有 17 级以上（72 m/s），是继 1990 年第 25 号（Mike）之后从西北太平洋移入南海的最强秋季台风，同时也是 2010 年全球范围内所生成的最强台风。它具有台风螺旋和光滑的小眼区结构清晰、密闭云区范围大、强度大、台风强度维持时间长、前期加强迅速后期减弱缓慢，强度多变的特点。

超强台风"鲇鱼"能成为今年以来西北太平洋和南海地区，甚至全球范围内最强的台风，缘于三个有利大气海洋环境条件：

（1）低层有弱冷空气的气流辐合，高层气流的流出较强，这样导致"鲇鱼"上下层气流的配合比较好。

（2）在"鲇鱼"东边的菲律宾吕宋岛附近海域和我国南海东部海域的海温都比较高，有利于它的加强。

（3）在"鲇鱼"生成后，其西侧一个对流云团残余环流的合并加入。

二是移动路径多变，移动速度变化大，台风预测难度大。台风先偏西后偏西北移动，17 日又向西南方向移动，20 日在南海中东部海面移动路径突然北翘；移动速度在西太平洋移动速度快，进入南海后移动缓慢，这些都给台风的预报带来了很多不确定性，增加了台风预报难度。

三是"鲇鱼"台风生命史长。从 10 月 13 日热带低压生成到 10 月 24 日台风消散，历时 10 天多。

四是台风降水比较集中，主要对福建和广东粤东沿海地区造成影响。沿海地区风速达到 8～10 级，阵风 11 级；降水中心主要集中在福建东部沿海地区；最大风暴增水发生在福建省龙海市石码站，为 162cm；共有 3 个验潮站的最高潮位超过当地警戒潮位，其中漳浦县旧镇站最高潮位超过当地警戒潮位 10 cm（2011 年中国海洋灾害公报）。

4. 野外科学试验的一些观测事实

1）增强观测试验

"鲇鱼"登陆过程中，由于登陆地点位于粤闽交界处，因此大部分广东省的业务站网无法对其进行很好的监测。登陆期间，附近共有 3 部风廓线雷达参与观测，其中移动式风廓线雷达距离台风中心的距离最近，这些设备提供了时间间隔 6～30 min 的风廓线资料。同时，1 个移动式铁塔和 1 个海上平台捕捉到了此次登陆台风的近地（海）面上的风温湿梯度观测数据。在登陆点附近还开展了 GPS 探空的观测试验，并结合微波辐射计获取了台风眼区附近的垂直温湿结构。增强观测站还配有测量波浪特征的测波雷达，用以了解台风背景下海面波浪的变化特征。各观测设备所获取的数据情况见表 2.18。

表 2.18　增强观测试验时的设备具体信息（七）

仪器	观测方式	型号	站点	经纬度	起止时段（北京时）	要素	频次
风廓线雷达	固定	LAP3000	深圳机场	113.48°E 22.4°N	2010 年 10 月 22 日 0 时 2010 年 10 月 24 日 23 时 30 分	水平风速、风向温度	次/30 min
	固定	WPR-LQ7	茂名	111.33°E 21.46°N	2010 年 10 月 22 日 0 时 2010 年 10 月 24 日 23 时 30 分	水平风速、风向垂直风速	次/10 min
	移动	CFL03	汕头	116.87°E 23.45°N	2010 年 10 月 22 日 0 时 2010 年 10 月 23 日 23 时 30 分	水平风速、风向垂直风速	次/6 min
铁塔	移动		汕头	116.87°E 23.45°N	2010 年 10 月 22 日 0 时 2010 年 10 月 23 日 23 时 30 分	6 m 的风向、风速、温度、湿度、脉动风速、水汽和二氧化碳密度	梯度：次/1 min 通量：次/0.1s
	固定		海上平台	111.33°E 21.46°N	2010 年 10 月 22 日 0 时 2010 年 10 月 24 日 23 时 30 分	13.4 m、16.4 m、20 m、23.4 m、31.4 m 的温度、湿度、风向、风速；27.3 m、35.1 m 的脉动风速、水汽和二氧化碳密度	

仪器	观测方式	型号	站点	经纬度	起止时段（北京时）	要素	频次
测波雷达	固定	WaMoS II	茂名	111.33°E 21.46°N	2010 年 10 月 18 日 0 时 2010 年 10 月 24 日 23 时 30 分	波高、波周期	次/1 h
GPS 探空	移动	Vaisala DigiCORA	汕头	116.87°E 23.45°N	2010 年 10 月 22 日 2010 年 10 月 23 日	大气温度、湿度、气压、风向、风速	次/3 h
微波辐射计	移动	MP3000A	汕头	116.87°E 23.45°N	2010 年 10 月 22 日 2010 年 10 月 23 日	温度、湿度、水汽、液态水含量廓线	次/2 min

2）增强观测的数据分析

A. 浮标资料分析

根据超强台风"鲇鱼"6 小时移动路径和汕尾、汕头浮标位置，发现汕头浮标距离台风中心比较近，从 2010 年 10 月 22 日 06 时到 23 日 00 时，汕头浮标和台风"鲇鱼"中心距离在 150 km 之内。图 2.85(a)浮标资料也体现了台风影响的明显特征，风速达到最大后，对应气压达到最小，2010 年 10 月 22 日 15 时 30 分气压达到 994.6 hPa；已经测得风速最大值为 29 m/s，出现在 2010 年 10 月 21 日 12 时 20 分。观测到的最大有效波高 7.8 m，出现在 2010 年 10 月 21 日 14 时，比风速最大值晚了近两个小时，同时平均周期也达到最大 9.4s[图 2.85(b)]。根据图 2.85(c)，可以看出从 2010 年 10 月 14 日 16 时 28.1 ℃开始，汕头浮标的海水温度一直下降到 24 日 02 时（UTC）的 24.8 ℃，历时近 10 天，降温幅度为 3.3 ℃。从 2010 年 10 月 21 日 00 时，台风越来越靠近浮标，浮标海水温度受台风环流影响从 26.3 ℃下降到 24 日 2 时（UTC）的 24.8 ℃，降温历时 3 天多，降温幅度仅为 1.5 ℃，降温幅度不明显。

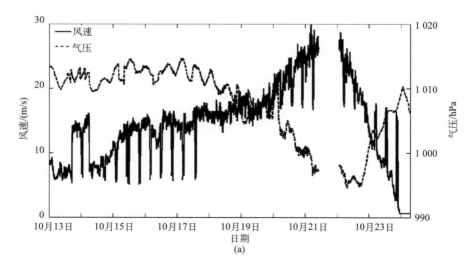

(a)

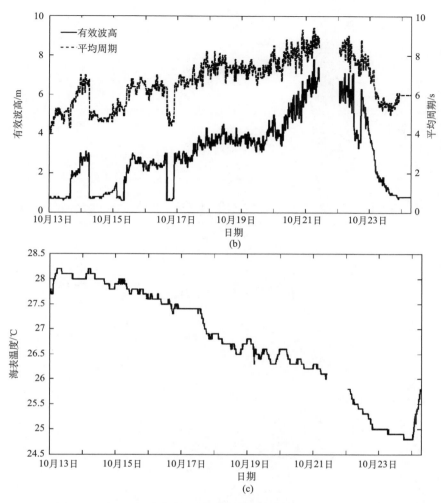

图 2.85　超强台风"鲇鱼"影响期间汕头浮标每 10 分钟时间变化

(a)2 min 平均风速和气压；(b)有效波高和平均周期；(c)50cm 处水温

B. 通量观测资料

"鲇鱼"在海洋平台上观测到的风速比较小，基本小于 8 m/s(图 2.86)。

2.4.9　"洛坦"(Nock-ten，1108)

1. 热带气旋活动概况

强热带风暴"洛坦"于 2011 年 7 月 24 日 18 时在菲律宾以东洋面生成，其初始位置为 12.9°N，127.5°E，26 日 15 时(UTC)加强为强热带风暴，27 日中午在菲律宾东部沿海登陆，登陆后强度有所减弱，进入南海后 28 日下午在南海海面重新加强为强热带风暴，并继续向西北偏西方向移动。29 日 9 时 40 分在海南文昌龙楼镇沿海地区登陆，登陆时

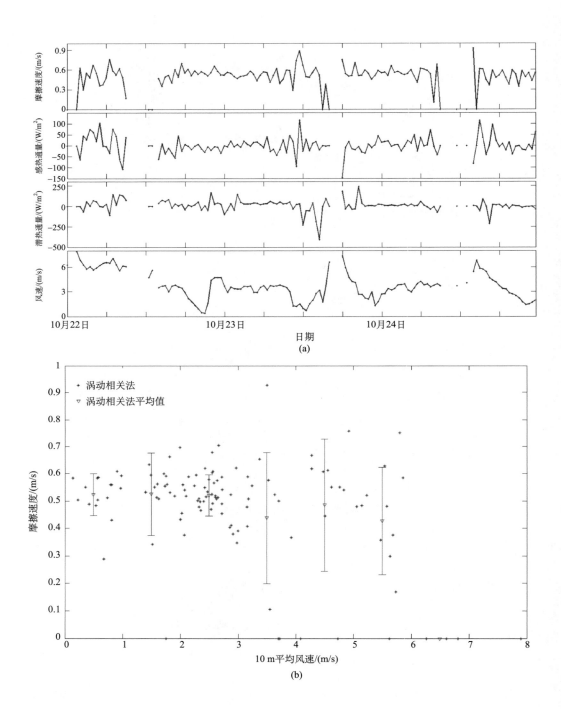

(a)

(b)

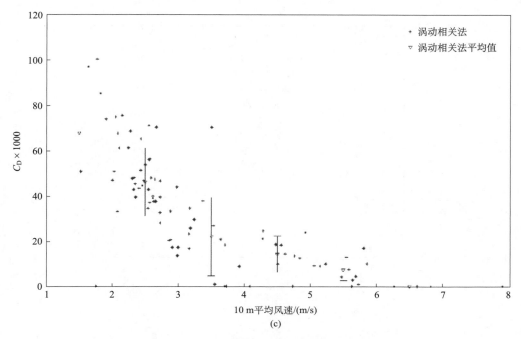

(c)

图 2.86　海上气象观测平台的动量观测计算结果

中心附近最大风力 10 级（28 m/s），中心最低气压 980 hPa，登陆后向偏西方向移动。30 日 00 时热带气旋已经位于北部湾偏西海面。30 日 9 时 10 分在越南北部沿海地区再次登陆，登陆时中心最大风力 10 级，达 28 m/s。31 日 00 时后在越南境内消失（图 2.87）。

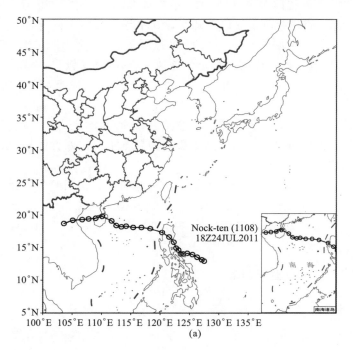

(a)

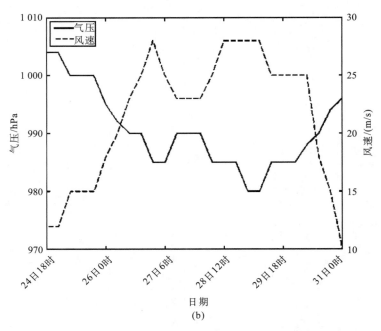

图 2.87　2011 年 7 月强热带风暴"洛坦" 6 小时路径和强度

2. 风雨特征

受"洛坦"及其外围环流影响，湛江、汕尾、惠州、深圳等市县出现了大到暴雨，局部大暴雨。根据广东省省内观测网，2011 年 7 月 28 日 12 时至 29 日 23 时(UTC)，广东省共有 35 个气象站录得 50 mm 以上降水，其中深圳高峰录得全省最大雨量 100 mm；另有 193 个自动气象站录得 25～50 mm 的累积雨量。受"洛坦"影响，珠江口外海面和粤西沿海出现7～10级大风，徐闻录得最大阵风 29 m/s（11 级）。

3. 典型个例特征

强热带风暴"洛坦"具有路径较稳定、在南海移速较快、风大雨少的特点。

路径较稳定：强热带风暴"洛坦"从生成到消散基本以偏西方向移动为主，这与引导气流比较稳定有关。

移动速度快：从"洛坦"进入南海到在海南岛登陆历时不到两天时间。

风大雨小：2011 年 7 月 28 日 12 时至 29 日 23 时(UTC)，广东省记录到全省最大雨量 100 mm，受"洛坦"影响，珠江口外海面和粤西沿海出现 7～10 级大风，徐闻录得最大阵风 29 m/s(11 级)。

4. 野外科学试验的一些观测事实

1）增强观测试验

"洛坦"登陆过程中，其附近共有 5 部风廓线雷达参与观测，其中一部移动式风廓线雷达位于登陆点附近，提供了时间间隔 6～30 min 的风廓线资料。同时，4 个沿海铁塔和 1 个海上平台捕捉到了此次登陆台风的近地(海)面上的风温湿梯度观测数据。除在增强观测站(茂名博贺海洋气象科学试验基地)开展 GPS 探空观测外，在登陆点附近(徐闻)和南海北部(西沙站)还开展了 GPS 探空的观测试验，以获取台风眼区的垂直温湿结构。利用增强观测站的茂名浮标站资料，可以了解台风影响下海面波浪的变化特征。各观测设备所获取的数据情况见表 2.19。

表 2.19　增强观测试验时的设备具体信息(八)

仪器	观测方式	型号	站点	经纬度	起止时段（北京时）	要素	频次
风廓线雷达	固定	LAP3000	深圳机场	113.48°E 22.4°N	2011 年 7 月 28 日 2011 年 7 月 30 日	水平风速、风向温度	次/30 min
	固定	WPR-LQ7	茂名	111.33°E 21.46°N	2011 年 7 月 28 日 2011 年 7 月 30 日	水平风速、风向垂直风速	次/10 min
	固定	LAP3000	广州南沙	113.55°E 22.7°N	2011 年 7 月 28 日 2011 年 7 月 30 日	水平风速、风向	次/15 min
	固定	CFL08	湛江	110.52°E 21.01°N	2011 年 7 月 28 日 2011 年 7 月 30 日	水平风速、风向垂直风速	次/6 min
	移动	Airda 3000M	徐闻	110.10°E 20.20°N	2011 年 7 月 28 日 2011 年 7 月 30 日	水平风速、风向垂直风速	次/6 min
铁塔	移动		湛江	110.52°E 21.01°N	2011 年 7 月 28 日 2011 年 7 月 30 日	6 m 的风向、风速、温度、湿度、脉动风速、水汽和二氧化碳密度	梯度：次/1 min；通量：次/0.1s
	固定		海上平台	111.33°E 21.46°N	2011 年 7 月 28 日 2011 年 7 月 30 日	13.4 m、16.4 m、20 m、23.4 m、31.4 m 的温度、湿度、风向、风速；27.3 m、35.1 m 的脉动风速、水汽和二氧化碳密度	
	固定		湛江	110.52°E 21.01°N	2011 年 7 月 28 日 2011 年 7 月 30 日	10 m、20 m、50 m、70 m 的温度、湿度、风向、风速；10 m 脉动风速、水汽和二氧化碳密度	
	固定		电白	111.00°E 21.33°N	2011 年 7 月 28 日 2011 年 7 月 30 日		
	固定		阳江	111.49°E 21.30°N	2011 年 7 月 28 日 2011 年 7 月 30 日		
浮标	固定		汕头	117.23°E 22.20°N	2011 年 7 月 28 日 2011 年 7 月 30 日	海面大气温度、湿度、气压、风向、风速；海表水温、波高、波周期等	次/10 min
	固定		汕尾	115.33°E 22.37°N	2011 年 7 月 28 日 2011 年 7 月 30 日		
	固定		茂名	111.40°E 20.45°N	2011 年 7 月 28 日 2011 年 7 月 30 日		

续表

仪器	观测方式	型号	站点	经纬度	起止时段 （北京时）	要素	频次
测波雷达	固定	WaMoS II	茂名	111.33°E 21.46°N	2011 年 7 月 25 日 2011 年 7 月 31 日	波高、波周期	次/1h
探空	移动	Vaisala DigiCORA	茂名	111.33°E 21.46°N	2011 年 7 月 29 日 2011 年 7 月 30 日	大气温度、湿度、 气压、风向、风速	次/3h
	移动	Vaisala DigiCORA	徐闻	110.10°E 20.20°N	2011 年 7 月 28 日 2011 年 7 月 30 日		次/3h
	固定	L-Band	河源	114.73°E 23.80°N			
	固定		清远	113.08°E 23.70°N			
	固定		汕头	116.68°E 23.40°N	2011 年 7 月 28 日 2011 年 7 月 30 日		次/12h
	固定		阳江	111.97°E 21.83°N			
	固定		西沙	112.33°E 16.83°N			

2）增强观测的数据分析

A. 浮标资料分析

根据强热带风暴"洛坦"每 6 小时路径和茂名浮标位置，在 2011 年 7 月 29 日 6～12 时，强热带风暴"洛坦"中心和浮标之间距离为 180～200 km，其余时次强热带风暴"洛坦"中心距离茂名浮标距离大于 200 km。浮标资料显示［图 2.88(a)、(b)］在 2011 年 7 月 29 日 8 时 30 分(UTC)风速达到最大，气压最低，风速最大值为 20.3 m/s，气压最小值为 990.7 hPa；2011 年 7 月 29 日 08 时(UTC)浮标记录的有效波高最大，最大值 5.9 m，此时对应平均周期 10.5 s，在有效波高增大过程中，平均周期也出现了极大值，包括风浪和涌浪的影响。在强热带风暴"洛坦"影响期间，海水温度从 2011 年 7 月 28 日 12 时 50 分 28.6 ℃降低到 7 月 29 日 9 时 20 分 25 ℃，历时 21 小时降温达到了 3.6 ℃；浮标记录的最低海温值为 24.7 ℃，出现在 30 日 21 时 10 分，此时已经在海南登陆消失。海水降温过程从 2011 年 7 月 28 日 12 时一直持续到 2011 年 8 月 2 日 3 时 40 分，海水温度才升高到了 28 ℃，经过了 51 小时浮标海水温度从最低海温升高到 28 ℃［图 2.88(c)］。

B. 通量观测资料分析

"洛坦"观测到的最大风速约 20 m/s，摩擦速度、感热通量和潜热通量的量值都随风速增加而增加：风速 20 m/s 左右时，感热通量接近－100 W/m²，潜热通量量值接近 100 W/m²；在风速小于 18 m/s 以下，摩擦速度随风速增加而增加；风速大于 18 m/s 以后，摩擦速度随风速略降低；风速小于 5 m/s 时，拖曳系数值随风速增加而降低；风速为 5～16 m/s，拖曳系数随风速增加而增加，而后随风速增加略降低(图 2.89、图 2.90)。

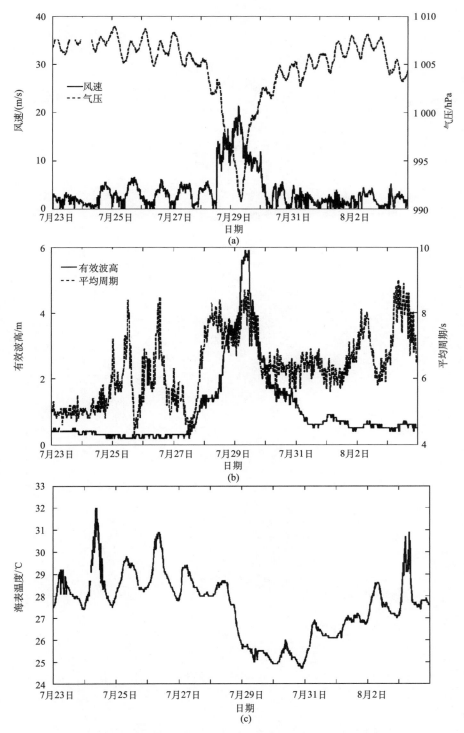

图 2.88　强热带风暴"洛坦"影响期间茂名浮标每 10 分钟时间变化

(a) 2 分钟平均风速和气压；(b) 有效波高和平均周期；(c) 50cm 处水温

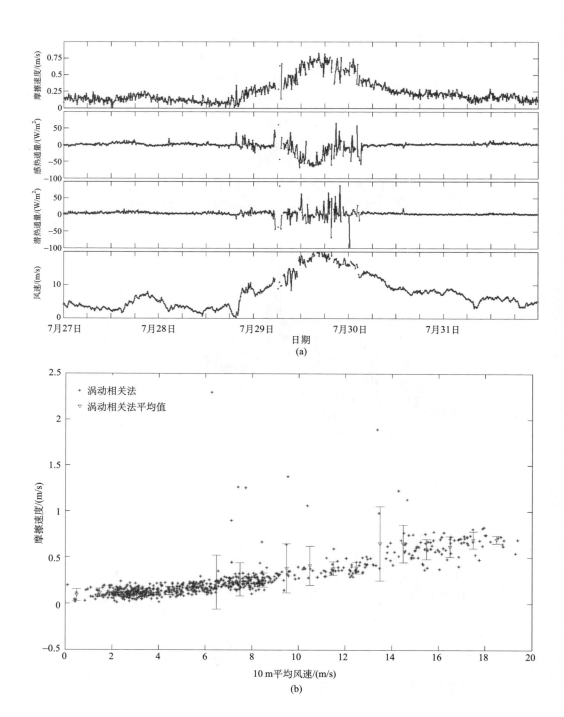

(a)

(b)

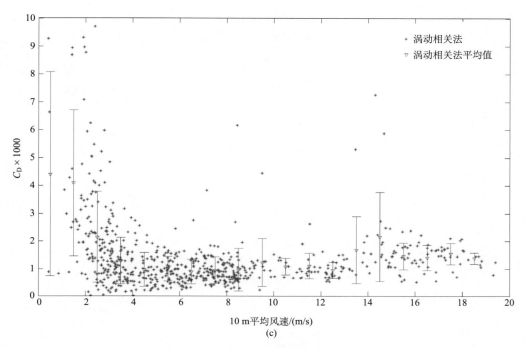

图 2.89　海上气象观测平台的动量观测计算结果（2011 年）

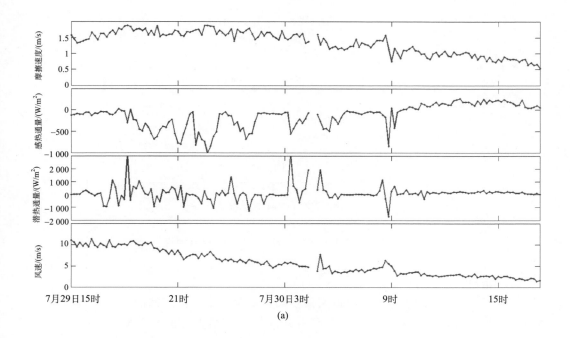

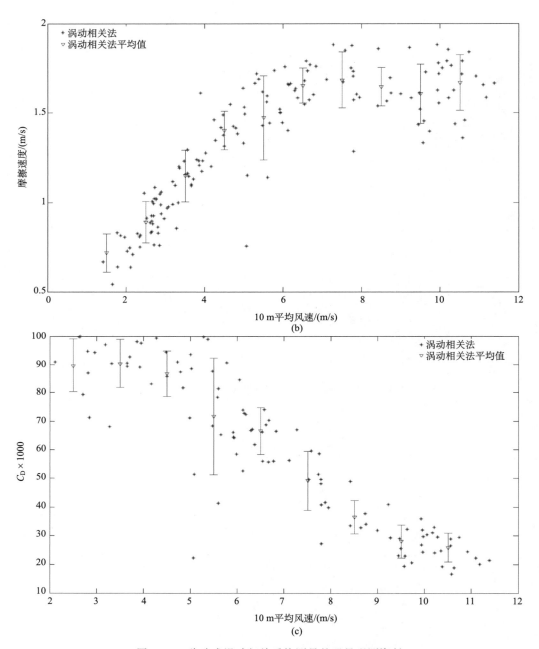

图 2.90　移动式涡动相关系统测量的通量观测资料

C. 风廓线雷达观测资料

"洛坦"于 29 日 9 时40 分在海南文昌登陆，从茂名站、湛江站的观测不难看出，登陆时由于最接近台风中心，此时两个观测站整层风速增大，最大风速所在高度有所不同，分别为 1.5 km、2.0 km，最大风速出现的时段在 9～12 时(图 2.91)。

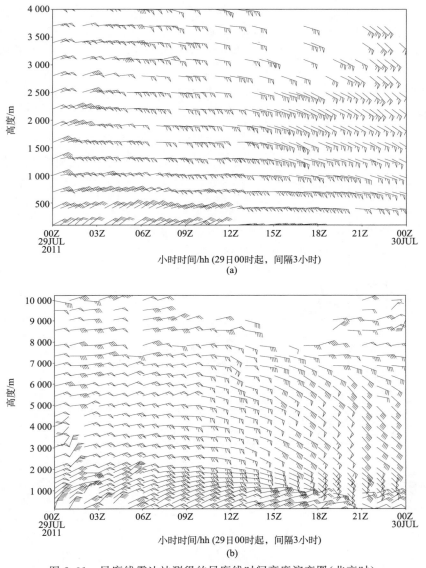

图 2.91　风廓线雷达站测得的风廓线时间高度演变图（北京时）

(a)茂名；(b)湛江

2.4.10　"纳沙"（Nesat，1117）

1. 热带气旋活动概况

"纳沙"是由 2011 年 9 月 23 日 00 时（UTC）由西北太平洋热带低压形成，24 日 18 时（UTC）加强为强热带风暴，25 日 18 时（UTC）加强为台风，26 日 18 时（UTC）加强为强台风，26 日 23 时前后在菲律宾吕宋岛东部沿海登陆，登陆时中心附近最大风力14 级（45 m/s），在穿越吕宋岛时减弱为台风。27 日 12 时进入南海后一致向西北偏西方向移动，9 月 28 日 18 时强度又一次加强，并于 9 月 29 日 6 时 30 分在海南省文昌市翁田镇沿海登陆，登陆时中心附近最大风力有 14 级(40 m/s)，中心最低气压为 960 hPa。"纳沙"登陆海南后强度迅速减弱为台风，在经过海南北部和琼州海峡后于当日 13 时 15 分在广东徐闻角尾乡再次登陆，登陆时中心附近最大风力有 12 级(35 m/s)，14 时前后"纳沙"进入北部湾海面，30 日早晨"纳沙"在越南北部广宁沿海登陆后迅速减弱，于 30 日 18 时后在越南境内消失(图 2.92)。

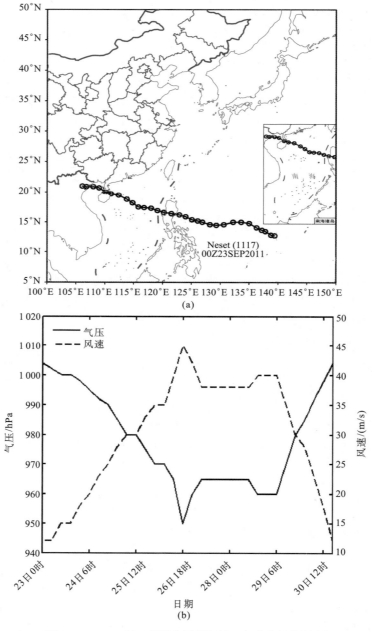

图 2.92　2011 年 9 月强台风"纳沙"6 小时路径和强度

2. 风雨特征

2011 年 9 月 28 日 12 时至 9 月 30 日 22 时(UTC),海南大部和广西南部部分地区降雨 200~400 mm,海南强降雨中心的昌江王下乡雨量达到 828 mm,最大小时降雨达 75 mm,最大 24 小时降雨达 728 mm。此外,广东雷州半岛 150~190 mm。海南、广东中西部和东部沿海、广西东南部出现 8~9 级大风,海南北部和沿海、广东中西部及广西南部阵风 10~11 级、局地达 12~14 级,最大为海南文昌七洲列岛,观测到极大风力 15 级(风速 46.8 m/s)。

受强台风"纳沙"影响,截至 30 日上午,海南省全省有 18 个市县 377.2 万人受灾,因灾死亡 2 人,农作物受灾面积 164 9670 km^2,昌江县王下乡通讯中断和道路被冲毁,文昌翁田镇田南村养殖户部分渔船受损,全省因灾直接经济损失 58.137 亿元。广东省全省受灾人口 84.2 万人,农作物受灾面积 18 700 km^2,直接经济损失约 2.4 亿元。纳沙"登陆菲律宾时造成至少 35 人死亡、45 人失踪。

3. 个例典型特征

强台风"纳沙"具有移动路径稳定、移动速度快、登陆次数多的特点。

移动速度快,移向稳定:强台风"纳沙"从生成到消散一直以每小时 20~25 km 的速度,稳定地向西偏北方向移动。

登陆次数多,登陆我国强度强:9 月 27 日早晨,"纳沙"首先在菲律宾吕宋岛登陆,29 日先后登陆我国海南和广东雷州半岛,30 日又再次登陆越南北部,历经 4 次登陆。"纳沙"在登陆海南时,近中心附近最大风力有 14 级(40 m/s),为 2011 年登陆我国最强的台风,也是继 2005 年第 18 号台风"达维"以来登陆海南最强的台风。

4. 野外科学试验的一些观测事实

1) 增强观测试验

"纳沙"登陆过程中,其附近共有 5 部风廓线雷达参与观测,由于距离台风中心有一定距离,因此提供了时间间隔 6~30 min 的台风外围风廓线资料。同时,2 个沿海铁塔和 1 个海上平台捕捉到了此次登陆台风的近地(海)面上的风温湿梯度观测数据。除在增强观测站(茂名博贺海洋气象科学试验基地)开展 GPS 探空观测外,在登陆点附近(徐闻)还开展了 GPS 探空的观测试验,以获取台风眼区的垂直温湿结构。利用增强观测站的茂名浮标站资料,可以了解台风影响下海面波浪的变化特征。各观测设备所获取的数据情况见表 2.20。

2) 增强观测的数据分析

A. 浮标资料分析

根据浮标获得的观测资料(图 2.93),强台风"纳沙"27 日 12 时进入南海后,从 2011 年 9 月 29 日 00~12 时,"纳沙"中心距离茂名浮标距离在 200 km 之内,其余时次

表 2.20　增强观测试验时的设备具体信息(九)

仪器	观测方式	型号	站点	经纬度	起止时段（北京时）	要素	频次
风廓线雷达	固定	LAP3000	深圳机场	113.48°E 22.4°N	2011 年 9 月 28 日 2011 年 9 月 30 日	水平风速、风向 温度	次/30 min
	固定	WPR-LQ7	茂名	111.33°E 21.46°N		水平风速、风向 垂直风速	次/10 min
	固定	LAP3000	广州南沙	113.55°E 22.7°N		水平风速、风向	次/15 min
	固定	TWP3	珠海	113.13°E 22.49°N		水平风速、风向 垂直风速	次/5 min
	固定		香港			水平风速、风向 垂直风速	次/1h
铁塔	固定		海上平台	111.33°E 21.46°N	2011 年 9 月 28 日 2011 年 9 月 30 日	13.4 m、16.4 m、20 m、23.4 m、31.4 m 的温度、湿度、风向、风速；27.3 m、35.1 m 的脉动风速、水汽和二氧化碳密度	梯度：次/1 min；通量：次/0.1s
	固定		电白	111.00°E 21.33°N		10 m、20 m、50 m、70 m 的温度、湿度、风向、风速；10 m 脉动风速、水汽和二氧化碳密度	
	固定		阳江	111.49°E 21.30°N			
浮标	固定		汕头	117.23°E 22.20°N	2011 年 9 月 28 日 2011 年 9 月 30 日	海面大气温度、湿度、气压、风向、风速；海表水温、波高、波周期等	次/10 min
	固定		汕尾	115.33°E 22.37°N			
	固定		茂名	111.40°E 20.45°N			
测波雷达	固定	WaMoS II	茂名	111.33°E 21.46°N	2011 年 9 月 23 日 2011 年 10 月 1 日	波高、波周期	次/1h
探空	移动	Vaisala DigiCORA	茂名	111.33°E 21.46°N	2011 年 9 月 28 日 2011 年 9 月 30 日	大气温度、湿度、气压、风向、风速	次/3h
	移动	Vaisala DigiCORA	徐闻	110.10°E 20.20°N	2011 年 9 月 29 日		
	固定	L-Band	河源	114.73°E 23.80°N	2011 年 9 月 28 日 2011 年 9 月 30 日		次/12h
	固定		清远	113.08°E 23.70°N			
	固定		汕头	116.68°E 23.40°N			
	固定		阳江	111.97°E 21.83°N			

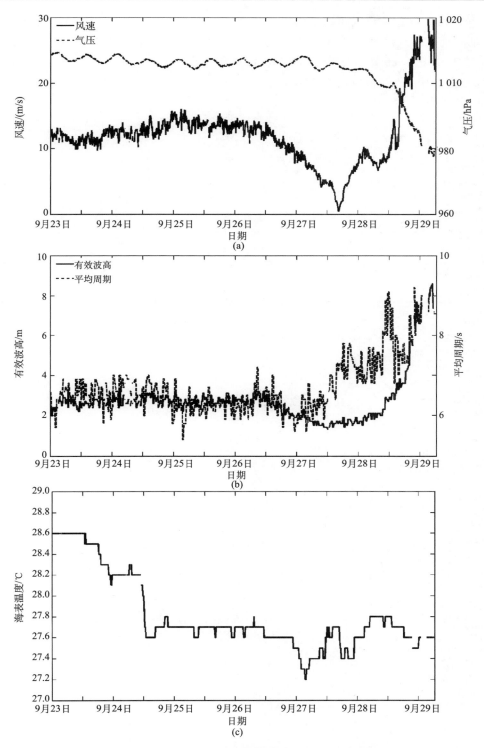

图 2.93 强台风"纳沙"影响期间茂名浮标每 10 分钟时间变化

(a)2 分钟平均风速和气压；(b)有效波高和平均周期；(c)50cm 处水温

大于 200 km，从浮标资料可以看出，强台风"纳沙"进入南海后开始慢慢影响浮标，浮标记录的风速开始增大，29 日 3 时 20 分（UTC）风速达到 29.8 m/s，气压于 29 日 5 时 30 分 977.5 hPa。29 日 4 时 30 分（UTC）录得有效波高为 8.5 m，29 日 3 时 30 分最大波高达到 11.6 m。在台风逐渐影响浮标过程中，平均周期增大。海水温度在 27～29 日没有明显变化。

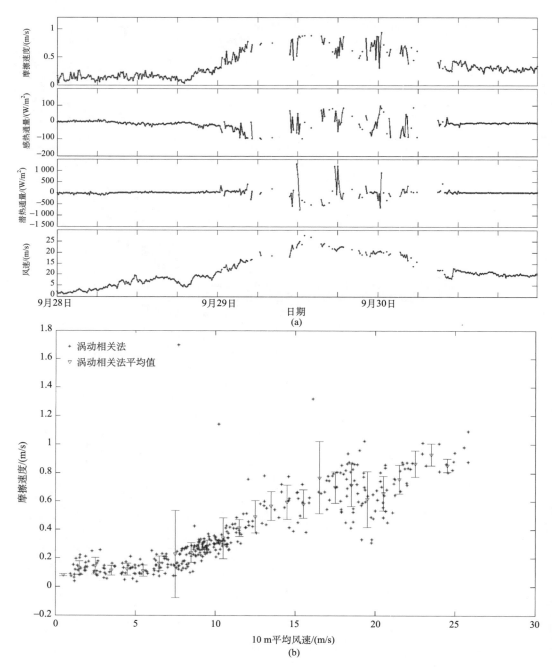

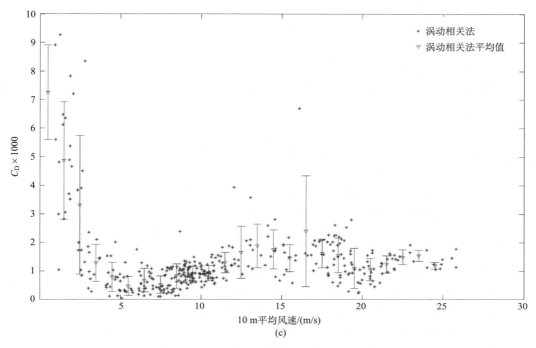

图 2.94　海上气象观测平台的动量观测计算结果

B. 通量观测资料分析

"纳沙"观测到的最大风速约 27 m/s，摩擦速度、感热通量和潜热通量的量值都随风速增加而增加，感热通量最大接近 150 W/m²，潜热通量量值接近 1 000 W/m²；总体来说，摩擦速度随风速增加而增加，风速在 18～20 m/s 摩擦速度有所下降，而后又随风速增加而增加。风速小于 5 m/s 时，拖曳系数值随风速增加而降低，风速为 5～16 m/s 时拖曳系数随风速增加而增加，风速为 16～20 m/s 时拖曳系数随风速增加而降低，而后随风速增加而增加（图 2.94）。

2.5　登陆热带气旋影响下海气界面及边界层特征

2.5.1　登陆热带气旋边界层结构特征

对于台风的数值模拟，模式中边界层高度取值的大小对于模拟台风结构的影响十分显著，直接关系着台风内部超梯度风分布、边界层最大风速所在高度、最大风速半径等模拟结果（Kepert，2012）。大气边界层高度的精确定义是湍流存在的最大高度，因此精确的确定方法是利用飞机探测的湍流通量数据进行判断。

台风边界层高度的合理确定对于台风模拟效果非常重要，但由于观测资料缺乏，实际中如何确定台风边界层高度仍存在较大困难。只有 Moss(1978) 和 Zhang 等(2009)利用飞机开展过对台风边界层湍流的观测，大部分有关台风边界层高度的研究仍主要基于探空资料,对台风边界层高度的定义方法也各有不同,如 Moss 和 Merceret(1976)基于位温廓线定义的转化层作为台风边界层的高度,Rotunno 等(2009)将最大风速高度定义为台风边界层高度,Smith 等(2009)认为入流层顶是地面摩擦作用所能达到的最高处,可以以此作为台风边界层高度。可见,不同判断方法给出的台风边界层高度也存在显著差异(Zhang et al.,2011),如何合理判断台风边界层高度仍是国际上一个科学难题。

1. 边界层高度

为研究登陆热带气旋边界层结构特征,选取了 0907"天鹅"、0915"巨爵"登陆过程中五部风廓线雷达所观测到的边界层风场资料,分别是日本住友 LQ-7 风廓线雷达(茂名)、车载式 CFL-03 风廓线雷达、四创电子边界层风廓线雷达(珠海)以及维萨拉 LAP-3000 风廓线雷达(南沙、深圳)。LQ-7 风廓线雷达的观测范围是 0~8 km,垂直分辨率为 100 m,每 10 分钟观测一次。CFL-03 风廓线雷达的观测范围是 0~5.8 km,在 800 m 以下垂直分辨率为 50 m,800 m 以上垂直分辨率为 100 m,时间采样间隔为 6 分钟。珠海边界层风廓线雷达观测范围为 0~10 km,1 000 m 以下垂直分辨率为 50 m,1 000 m 以上垂直分辨率为 100 m,每 30 分钟采样一次。南沙风廓线雷达探测范围是 0~3.8 km,垂直分辨率为 100 m,每小时采样 4 次。深圳风廓线雷达的观测范围是 0~4.2 km,800 m 以下垂直分辨率为 60 m,800 m 以上垂直分辨率为 100 m,每 30 分钟采样一次。茂名、珠海、南沙、深圳四部固定风廓线雷达的经纬度分别是(111.5°E,21.5°N)、(113.21°E,21.08°N)、(113.55°E,22.7°N)、(114.1°E,22.55°N),移动 CFL 风廓线雷达对"天鹅""巨爵"的观测地点分别位于(112.69°E,21.85°N)、(111.86°E,21.57°N)。

1) 基于信噪比(SNR)的边界层高度判断

利用风廓线雷达资料反演混合层高度的研究,其基本原理是由于在边界层顶(特别是混合层顶)逆温附近,由于夹卷层的存在以及湍流发展的不连续性,导致温度和湿度的湍流脉动变化剧烈,大气折射率会出现较为明显的变化,从而与混合层顶有着较好的对应关系(White et al.,1991;Angevine et al.,1994)。具体来说,一般是选择雷达反演的折射率指数 C_n^2 或信噪比(SNR)廓线的最大值来确定对流混合层高度。

图 2.95 分别是茂名风廓线雷达在两次台风登陆期间所观测到的 SNR 的高度-时间序列图。从图中可以看出,两个台风登陆过程中边界层高度并非一成不变的,其中"天鹅"在登陆过程中混合层高度的变化更加明显。5 日 00 时混合层高度在 5 000 m 左右,然后迅速减小,3 时又达到了 3 000 m;台风登陆后,混合层高度基本维持在 5 000 m 高度左右。"巨爵"在登陆前后混合层高度基本维持在 5 000 m 高度左右,但在登陆前边界层内混合并不强,登陆之后,尤其是 3 000 m 高度以下混合明显加强。

在实际观测中,缓慢降落的冰晶和雪花在零度层附近发生表面融化,也会造成反射率增大,即零度层亮带。图 2.96 分别为"天鹅""巨爵"登陆过程中在茂名地区释放的 GPS 探空气球观测到的温度随高度的变化曲线,根据 GPS 定位可以知道,在 5 000 m 高度处气球距离风廓线雷达的位置都在 10 km 以内,所以其观测结果可以代表风廓线

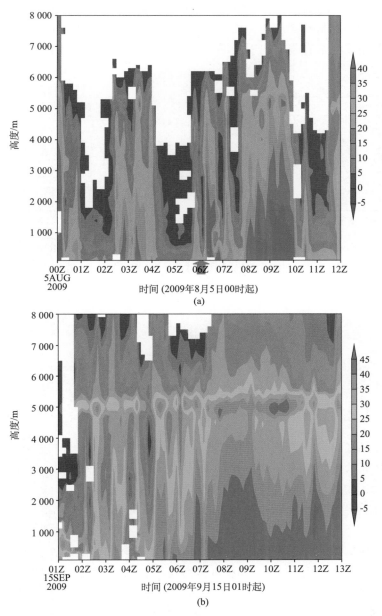

图 2.95　"天鹅""巨爵"登陆前后 6 小时内信噪比（SNR）的高度-时间序列（北京时），
红色箭头是台风登陆时刻
（a）"天鹅"；（b）"巨爵"

仪上空的温度。从图中可以看到，在"天鹅"登陆过程中，在风廓线雷达上空 5 000 m 高
度处温度约为 5 ℃，一直到 6 000 m 高度处温度才降为 0 ℃。而在"巨爵"登陆过程中，
在风廓线雷达上空 5 500 m 高度左右温度才降为 0 ℃。因此可见，在 5 000 m 高度处
SNR 的最大值是由湍流不连续造成的，而非由零度层亮带造成的。从测站风廓线图（图

略)还可以看出，在信噪比大的高度内，风速垂直变化很小，混合比较均匀，说明在两次台风登陆过程中，信噪比确实能比较好地反映空气的混合程度，3 500 m 高度以下风速垂直变化均不大，混合强烈，因此混合层高度均应在 3 500 m 高度以上。

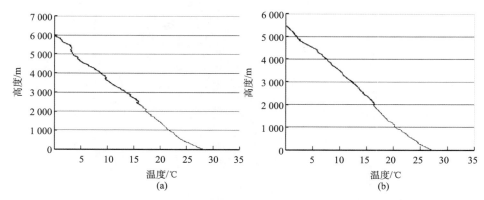

图 2.96　　台风"天鹅""巨爵"登陆过程中 GPS 探空气球观测到的温度随高度的变化图
(a)"天鹅"；(b)"巨爵"

2）基于最大风速高度的边界层高度判断

以台风"莫拉克"为例，基于最大风速高度来说明台风边界层高度的基本特征。台风"莫拉克"的生命周期为 2009 年 8 月 4～10 日；福州气象站(26.08°N，119.28°E；海拔：85 m)每天在 1 时、7 时和 19 时三个时刻释放三个探空气球，因此，共得到 21 条风廓线。

对风廓线描述可以采用指数律和对数律。指数律是经验模型，幂指数是其重要的参数，由地形因素决定。台风条件下，特别是洋面上，由于风速较大，机械混合作用较强，对数律的适用条件基本满足；最大风高度以下的风廓线可以用对数律进行描述，从而最大风高度、梯度风高度和边界层高度一致，即可以利用对数律对边界层高度进行定义。

针对台风风廓线，首先采用指数律和对数律进行拟合，在此基础上对各参数进行计算，包括风廓线中的梯度风速 U_g 和梯度风高度 H_g、幂指数 α、地表风速和梯度风速的风速比 R_{vel}，由对数律定义的边界层高度 H_b，以及梯度风高度和边界层高度的比值 R_{hei}。在计算风速比时，10 m 高度的地表风速由指数律得到。各台风相同参数的比较如图 2.97 所示。图中横坐标表示序号，对应的风廓线可由表 2.21 确定。

表 2.21 是台风各风廓线中由对数律定义的边界层高度的比较。由表可见，在早期观测阶段，台风"梅花"的边界层高度最高可达 450 m 左右，这可能与局部地形以及观测位置和台风中心的相对位置等因素有关。小洋山北部是最高海拔约 50 m 的起伏地形，东北方向的地形相对平坦；在观测早期，主导风向为东北风，局部地形的影响微弱，而远处为开阔海面，因此风廓线具有深海成熟台风的特征，从而边界层高度较高。总体而言，对于登陆台风，边界层高度基本在 200 m 以下，三个台风"韦怕""莫拉克"

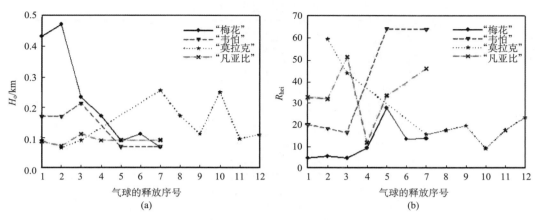

图 2.97　近海台风和登陆台风风廓线各参数比较

(a)边界层高度；(b)高度比

和"凡亚比"的平均值分别为 138 m、143 m 和 90 m。总体说来，台风的梯度风高度均大于边界层高度；但登陆台风梯度风高度和边界层高度的差异更为明显。

表 2.21　平均风廓线各参数的计算结果和风廓线各参数平均值的比较

台风名称		梯度风速 /(m/s)	梯度风高度 /m	幂指数	风速比	边界层高度 /m
"梅花"	平均风廓线计算结果	31.095	1 449.672	0.127	0.532	826.1
	各风廓线平均值	33.633	1 573.145	0.178	0.431	224.4
"凡亚比"	平均风廓线计算结果	21.638	2 250.039	0.207	0.325	290.0
	各风廓线平均值	25.046	3 049.177	0.264	0.238	90.1
"韦怕"	平均风廓线计算结果	31.112	3 349.364	0.320	0.155	210.7
	各风廓线平均值	34.393	4 122.059	0.344	0.136	137.7
"莫拉克"	平均风廓线计算结果	32.191	3 050.428	0.429	0.086	171.2
	各风廓线平均值	33.798	2 913.718	0.462	0.082	148.1

为了对台风影响条件下福州气象站所处位置的梯度风速、梯度风高度及其对应的幂指数有一个更详细的了解，表 2.22 和表 2.23 分别给出幂指数和梯度风速以及幂指数和梯度风高度的联合分布表。如前所述，幂指数的分布范围主要为 0.1～0.7。表 2.22 和表 2.23 表明，幂指数在 0.3～0.4 的风廓线最多，在 0.2～0.5 的风廓线占样本总数的近 70%，并且包括了所有大梯度风速条件下的风廓线。表 2.22 表明，随着梯度风速的增加，风廓线的样本数目逐渐减小；表 2.23 表明，梯度风高度为 3.0～4.0 km 的风廓线最多，其次是在 2.0～3.0 km 以及在 1.0～2.0 km 的风廓线；1.0～4.0 km 的风廓线占样本总数的 80% 以上。作为特例，对样本中最大梯度风速所对应的风廓线特征参数进行分析。该风廓线源于 2005 年的台风"海棠"，最大梯度风速出现的时间为 7 月

表 2.22 幂指数和梯度风速联合分布表

梯度风速/(m/s)	幂指数							
	<0.2	0.2~0.3	0.3~0.4	0.4~0.5	0.5~0.6	0.6~0.7	≥0.7	0~1.0
<20	4	6	8	7	5	2	2	34
20~25	1	3	7	2	1	3	3	20
25~30	—	—	5	6	4	2	—	17
30~35	—	1	7	6	—	1	—	15
35~40	—	1	2	1	—	—	—	4
≥40	—	—	1	—	—	—	—	1
0~50	5	11	30	22	10	8	5	91

表 2.23 幂指数和梯度风高度联合分布表

梯度风高度/km	幂指数							
	<0.2	0.2~0.3	0.3~0.4	0.4~0.5	0.5~0.6	0.6~0.7	≥0.7	0~1.0
<1.0	1	—	—	—	—	—	—	1
1.0~2.0	1	—	5	2	3	7	2	20
2.0~3.0	1	2	9	6	3	1	3	25
3.0~4.0	—	5	12	8	4	—	—	29
4.0~5.0	1	3	3	6	—	—	—	13
5.0~6.0	1	1	1	—	—	—	—	3
0~6.0	5	11	30	22	10	8	5	91

18 日 19 时，约登陆时刻的前一天；风廓线的各特征参数为：梯度风速为 43 m/s，梯度风高度为 2.6 km，幂指数为 0.388，风速比为 0.116。

3）基于低层入流层高度的边界层高度判断

图 2.98 分别是 5 部风廓线仪在 8 月 5 日 00 时、03 时、06 时、09 时、12 时(UTC)观测到的台风"天鹅"的边界层相对径向风风场垂直结构(其中负值为入流，正值为出流)。据此可以看出，基于低层入流层高度所确定的台风"天鹅"的边界层高度有如下特征。

由于移动式风廓线雷达在观测期间正处于台风"天鹅"登陆点附近，因此，CFL 代表着台风眼区内的风场特征。不难看出，台风"天鹅"登陆(5 日 03 时)前，眼区入流层高度超过 2 000 m，但外围入流层高度基本在 1 000 m 以下。随着台风登陆，眼区入流层高度降低，左侧入流层高度上升至 1 500 m，右侧入流层高度超过 3 500 m。登陆后，左、右两侧的入流层高度均下降，高度不超过 1 000 m。

可见，台风边界层高度随半径的增大而减小，边界层高度为 1 000~3 500 m，且台风不同部位的边界层高度并不相同。

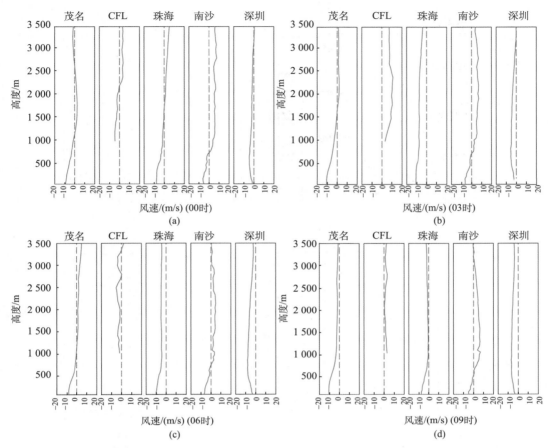

图 2.98　8 月 5 日 00 时、03 时、06 时、09 时各个风廓线仪观测到的
"天鹅"相对径向风风场垂直结构

针对台风"巨爵"而言(图 2.99)，在登陆过程中，其左侧的茂名站距离"巨爵"的距离逐渐增大，但入流层高度基本维持在 1 500 m，而右侧的珠海站距离"巨爵"的距离也逐渐增大，入流层高度超过 2 000 m，但在登陆后 7 小时即转变为出流层。南沙站作为更靠近内陆点的观测站，其入流层高度在台风"巨爵"登陆过程中基本在 1 000 m 以下，可见地面摩擦作用的增强将导致入流层高度的降低。

因此，台风"巨爵"的边界层高度相比"天鹅"要低一些，且入流层仅出现在距离台风中心较近的范围内，边界层高度随半径增大逐渐减小，但眼区附近的边界层高度基本相当。

综上所述不难看出，不同边界层高度的定义方法，其得到的边界层高度并不相同。采用最大风速所在高度的判断方法确定的边界层高度最小，采用信噪比亮带高度得到的边界层高度为最大。究竟采取何种方法来精确确定边界层高度？还有待于更多的观测资料来分析研究。

2. 温湿垂直分布

在对热带气旋"巨爵"观测时采用了多通道微波辐射计(MP3000A)，观测地点位于阳

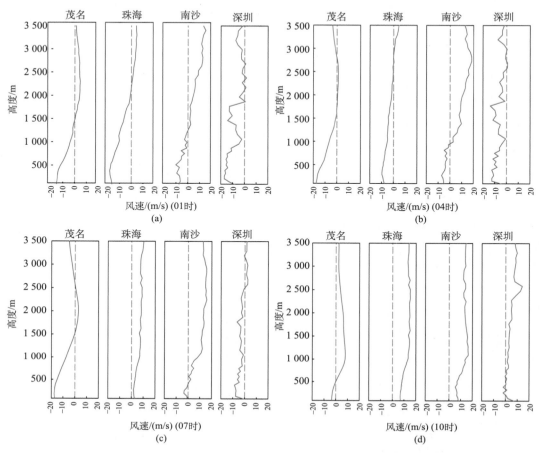

图 2.99　9 月 15 日 01 时、04 时、07 时、10 时各个风廓线仪
观测到的"巨爵"相对径向风风场垂直结构

江(111.86°E，21.57°N)，离台风登陆中心最近距离约为 60 km，观测时间为 9 月 13～
16 日。

　　图 2.100 给出了台风"巨爵"登陆过程中(登陆时间为北京时 9 月 15 日 7 时)，茂名
北山探空站点及阳江移动探测微波辐射计对应时次的温度及相对湿度廓线对比图。对比
可发现，微波辐射计对台风条件下的温湿探测，依然具有比较高的准确度，较好地反映
出探空廓线在大气层内的整体趋势及垂直分布结构，同时考虑到茂名和阳江两地相距距
离有 100 km，因此探空廓线与微波辐射计反演廓线存在一定差异是必然的，也是可以
理解的。因此，可以采用神经网络反演结果进行分析。

　　图 2.101 为"巨爵"登陆过程中 9 月 14 日、15 日的大气温度随高度-时间变化图，
时间轴单位为 min，表示探测时间离中央气象台发布的台风登陆时间(世界时 14 日 23
时)的距离，纵坐标高度单位为 m。为了更清晰地表征低层大气的变化特征，图 2.101
(c)、图 2.101(d)分别对应给出 9 月 14 日、15 日温度场的对数压力坐标图。

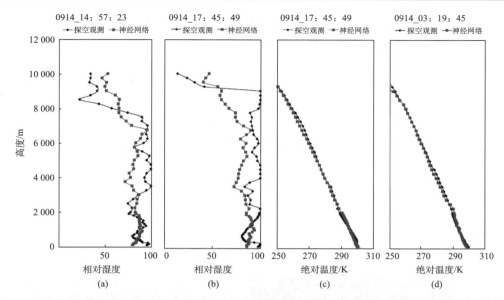

图 2.100　台风"巨爵"登陆过程中探空及神经网络反演结果的相对湿度(a)、(b)及温度(c)、(d)对比廓线图

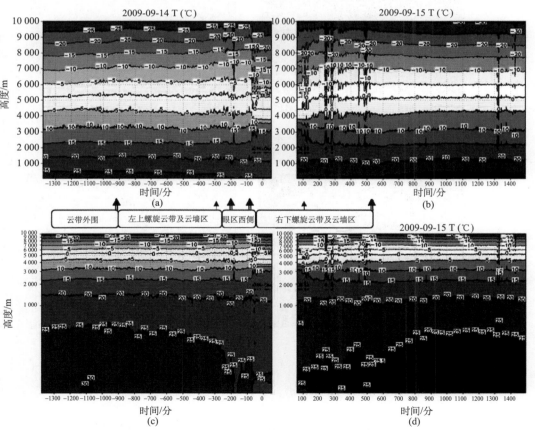

图 2.101　9 月 14 日(a、c)、15 日(b、d)"巨爵"登陆过程
大气温度随高度-时间变化图(其中 c、d 为对数压力坐标图)

首先，可发现，台风"巨爵"登陆时，各层温度变化具有以下特征，即当台风左上螺旋雨带及云墙区逐渐靠近观测点的过程中[图 2.101(c)]，2 000 m 以上的大气中高层气温差异不大，但 1 000 m 以下的大气低层高温区域（20℃以上）存在一个明显的温度递减过程，其递减斜率在云墙及眼区的过渡区域达到极大，当 15 日台风逐渐离开观测点时，台风云墙区低层温度逐步回升。

其次，对比台风左上云墙-眼区西侧-右下云墙的温度场可发现，台风"巨爵"不同位置的温度结构存在不对称性。台风的右下象限表现的温度变化更为剧烈，台风的右下云墙区分别在 1 000 m 以下、2 000～3 000 m，以及 7 000 m 附近出现逆温结构及温度极值区；同时，3 000～4 000 m 的温度垂直梯度相比于眼区及左上云墙区的温度梯度更大。

如图 2.102 所示，水汽场的水平结构与温度场相对应，台风左上云墙、眼区西侧及右下云墙具有明显不对称性。低层水汽从台风左上云墙到台风眼区有减弱的趋势，但其变化特征并无温度场的明显及突出。

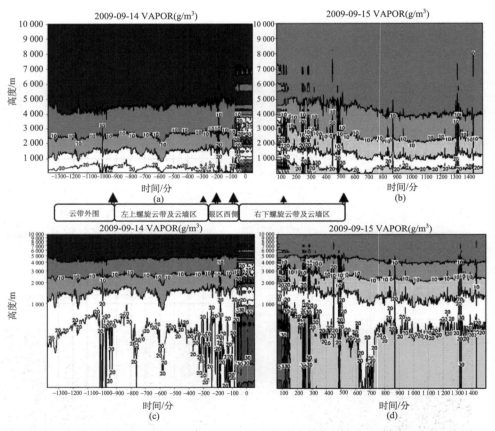

图 2.102　2009 年 9 月 14 日、15 日"巨爵"登陆过程大气水汽密度随高度-时间变化图（其中 c、d 为对数压力坐标图）

台风的右下云墙及螺旋云带区水汽充裕，观测点从眼区西侧进入右下云墙区时，整层大气水汽存在一个突变过程，右下云墙区的大气水汽抬升高度明显更高，可以推断其为台风的水汽输送主要来源区域。同样，右下云墙区对应于温度场上的变化特征，在 1 000 m 以下、2 000～3 000 m 以及 7 000 m 附近存在极大值点。

因此，在水平结构上，左上云墙-眼区西侧-右下云墙出现不对称结构。低层大气从左上云墙区到眼区西侧，温度和水汽密度都呈现递减趋势。从左上云墙区到右下云墙区，大气低层温度急剧增暖，高层温度急剧变冷，3 000～4 000 m 的垂直温度梯度增加，且水汽场抬升高度更高。

在垂直方向上，台风的对流活跃区域位于右下方云墙区，分别对应在边界层 1 000 m 以下和 2 000～3 000 m 处出现逆温结构、水汽的大值区。台风的零度层可达 5 000 m，水汽主要集中 5 000 m 以下，其中 3 000～4 000 m 是温湿梯度大值区。

2.5.2　近海海洋对热带气旋的响应

1. 海表温度演变特征

众所周知，海气相互作用在热带气旋发生发展中承担着非常重要的角色，海洋以潜热和感热的形式给热带气旋提供大量能量，是热带气旋生成、发展的基本能量来源，同时热带气旋引起的海水冷效应反馈给热带气旋，造成热带气旋减弱。早期观测显示热带气旋引起海表温度降温 1～6 ℃，移动速度慢、强度比较强的热带气旋经过浅薄的海洋混合层时，引起海表温度降温幅度明显大于移动速度快且热带气旋经过深厚的海洋混合层降温幅度(Price，1981；Shay et al.，1992)。

基于登陆台风外场观测试验，利用"莫拉菲"影响期间汕尾浮标观测资料、"天鹅"和"巨爵"影响期间茂名海洋气象平台观测资料，分析研究了这些台风登陆过程中海温响应。茂名海洋气象平台水深 14 m，汕尾浮标所在点水深 25 m 左右。

图 2.103、图 2.104 显示台风"巨爵"及强热带风暴"天鹅"影响过程中茂名海洋气象平台上 30 分钟平均海温观测值。台风"巨爵"环流影响海洋气象平台时间为 2009 年 9 月 14 日 12 时至 2009 年 9 月 15 日 9 时(UTC)，探测的海表温度从 23 ℃左右降到 18 ℃左右，海表温度最低值出现时间在 2009 年 9 月 15 日 8 时(UTC)。随后经过 4 小时左右海温上升到 23 ℃左右，可能由于此时为当地下午时间，台风影响过后海表温度迅速升高。在强热带风暴"天鹅"影响海洋气象平台期间，海表温度从 24 ℃左右降低到 11 ℃左右，整个降温过程从 8 月 5 日 4 时(UTC)开始一致延续到 8 月 9 日 6 时(UTC)，最低值为 11 ℃左右出现在 8 月 5 日 14 时(UTC)，从 8 月 5 日 4～14 时(UTC)降温幅度达到 13 ℃左右；20 ℃以下海表温度从 2009 年 8 月 5 日 8 时持续到 2009 年 8 月 9 日 5 时(UTC)，在此段时间内海温有日变化波动。由于台风持续影响，海表温度低温过程维持时间比较长，具有与台风"巨爵"明显不同的特征。

图 2.105 给出台风"莫拉菲"影响期间汕尾浮标观测的海表温度时间变化曲线，由图可以看出，台风影响时浮标水下 50 cm 处海水温度急剧下降，从 7 月 18 日 8 时 20 分(UTC)的 28.6 ℃降到 7 月 18 日 14 时 20 分(UTC)的 23.8 ℃，6 小时内海水温度下降了 4.8 ℃，低于 24 ℃低温维持了 15 小时，在台风登陆向西移动后，温度开始慢慢升高，经过 28 小时以后温度才升高到 27 ℃以上，在整个台风影响过程中海温降温幅度达到 6 ℃。

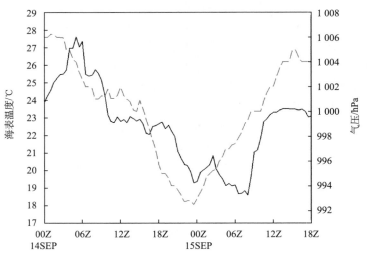

图 2.103　台风"巨爵"影响期间海洋气象平台 30 分钟
平均海表温度时间变化曲线

横坐标为世界时，黑线是海表温度，红线是气压值

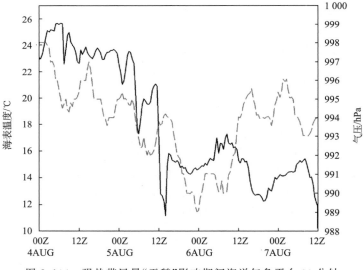

图 2.104　强热带风暴"天鹅"影响期间海洋气象平台 30 分钟
平均海表温度时间变化曲线

横坐标为世界时，黑线是海表温度，红线是气压值

　　综上所述，热带气旋影响下的南海近海岸带浅水区降温幅度非常大，最大甚至达到 10 ℃以上，远远大于墨西哥湾飓风影响下的海温响应，这与观测点的水深关系非常密切，关于墨西哥湾飓风引起海洋的变化在海盆中间，而我们的观测点在近岸，致使海温响应的剧烈程度明显不同，台风登陆过程在近岸地带引起的海洋混合程度更加强烈。

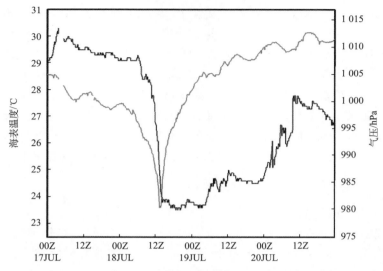

图 2.105　台风"莫拉菲"影响期间海洋气象浮标 10 分钟
海表温度时间变化曲线

横坐标为世界时，黑线是海表温度，红线是气压值

2. 海洋–大气界面温度和水汽响应及海气界面通量

海洋是热带气旋发生发展主要能量来源，同时在台风环流下，海洋会产生剧烈的响应，观测、数值模拟及理论研究均表明，海气界面通量的交换会直接影响热带气旋强度的变化。根据近地层界面通量块体输送公式，海气界面之间的感热通量（H_s）、潜热通量（H_1）和海洋大气之间的温度差和水汽差有关，公式如下：

$$H_s = \rho_a C_{pa} \overline{w'T'} = \rho_a C_p u_* \theta_* = \rho_a C_{pa} C_H S(\theta_{sea} - \theta_a) \tag{2.10}$$

$$H_1 = \rho_a L_v \overline{w'q'} = \rho_a L_v u_* q_* = \rho_a L_v C_E S(q_{sea} - q_a) \tag{2.11}$$

式中，u_* 为摩擦速度；θ_* 和 q_* 分别为尺度温度和湿度；C_H 和 C_E 分别为 Stanton 数和 Dalton 数；ρ_a 为空气密度；C_p 为定压比热；L_v 为蒸发潜热；S 为 10 m 风速；θ_{sea} 和 θ_a 为海表面和大气低层的位温；q_{sea} 和 q_a 分别为海面和大气低层的水汽。式（2.10）又可以采用温度差代替位温差写成：

$$H_s = \rho_a C_{pa} \overline{w'T'} = \rho_a C_p u_* \theta_* = \rho_a C_{pa} C_h S(T_{sea} - T_a) \left(\frac{1000}{p}\right)^{R_d/c_p} \tag{2.12}$$

由式（2.11）和式（2.12）可以看出，海洋大气的温度差和水汽差的正负决定了海气界面感热和潜热通量传输的方向。因此，通过对海洋大气之间的温度差和水汽差分析，可以整体估计出台风环流背景下观测点附近体现的界面通量输送方向，从而考察界面通量交换在台风强度演变过程中所起的作用。

台风环流下，海气温差变化不仅反映了海洋热状况的变化，同时反映了前面所提到的热量传输的方向。关于热带气旋影响下海气温差响应的研究，已有的工作显示，距离飓风中心 3.25°~1.25°纬距，海气温差从 0.15 ℃增大到 2.42 ℃，且当海表温度大于 27 ℃时，90％以上观测样本显示在该区域发生冷却现象；在距离飓风中心 4.5°~1.75° 纬距处，海面湿度降低了 1.2g/kg；这主要是由于下沉气流可能是导致近海面环境气流 变干和冷却的一个重要因素(Cione et al.，2000)。Barnes 和 Bogner(2001)通过对下投 式探空资料的研究分析，从另一个侧面支持了这个假设。Cione 和 Uhlhorn(2003)的研 究工作指出，飓风内部的海表温度与其前部环境的海表温度差值影响了热带气旋的加强 和维持。利用项目执行期间获取到的海洋和大气低层资料，我们分析研究了台风登陆过 程中近海海-气温差分布情况，及其与风速的关系以及在台风强度变化中所起的作用。

1）海洋大气温差和水汽差径向分布特征

利用 6 小时一次的热带气旋位置和对应时次茂名博贺海洋气象平台、汕尾浮标、茂 名浮标的海气温差，分析和研究经过处理后的 2009～2010 年 6 个热带气旋的海洋与大 气温度差径向分布(图 2.106)，由图中可以看出，从热带气旋内核到距离台风中心 300 km 处，海气温差值范围-14~0.9 ℃，在距离台风中心 50 km 以外海气温差都为 负值，而且海气温差与距台风中心的距离对应比较离散。Cione 等(2000)提出距离飓风 中心 3.25°~1.25°纬距，海气温差从 0.15 ℃增大到 2.42 ℃，这与我们的分析结果不一 致。进一步分析每个热带气旋影响下的观测资料获取的海气温差，发现茂名博贺海洋气 象平台反映的强热带风暴"天鹅"和台风"巨爵"海气温差均为负值，而且温差最大时能达 到了-14 ℃，这可能是因为该平台处于近岸浅水区的缘故。

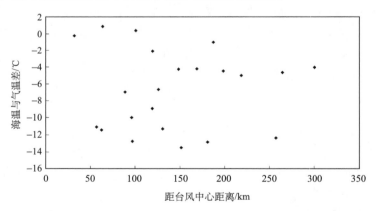

图 2.106　大气与海洋之间的温度差与距离热带气旋中心径向距离

2）海气温差与地面风速之间的关系

比较台风"莫拉菲"和台风"灿都"影响期间汕尾和茂名浮标获取的海气温差和 10 m 高 度 2 分钟平均风速之间的关系(图 2.107)，当风速小于 10 m/s 时，两个台风的海-气温差 随着风速变化分布情况差不多，海气温差与风速之间没有明显的关系。当风速从 15 m/s 增大到 25 m/s 时，台风"灿都"的海气温差从-1 ℃变化到 1 ℃，而且海气温差和风速之 间呈线性关系。Korolev 等(1990)和 Pudov(1992)曾经指出，当地面风速从 12 m/s 增大到

25 m/s时，飓风影响下的平均海气温差值从 1 ℃增大到 5～6 ℃。由此看来，当地面风速比较大时，由南海热带气旋和大西洋飓风引起的海气温差随地面风速的变化趋势是一致的，但是两者的海气温差随风速变化的数值大小有明显的差别。因此海气温差随风速变化的关系还需要大量的观测事实来验证。由图 2.107（a）我们还看到，当风速增大时，台风"莫拉菲"影响期间的海气温差随风速变化杂乱无章，没有台风"灿都"所体现出来的特征明显，这可能是由于汕尾浮标水深只有 25 m 左右且距海岸线很近的缘故。

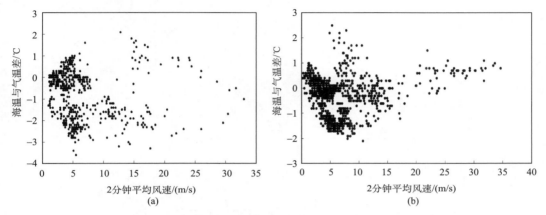

图 2.107　海洋与大气温差随 2 分钟平均风速的演变分布
（a）台风"莫拉菲"影响期间汕尾浮标；（b）台风"灿都"影响期间茂名浮标

3. 台风背景下海气界面交换对台风的影响

根据资料获取情况，利用台风"天鹅"和台风"巨爵"影响期间茂名海洋气象平台观测

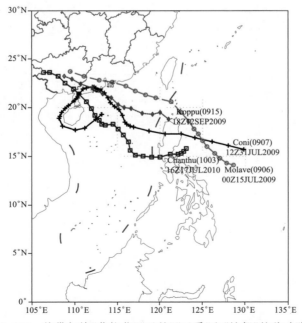

图 2.108　热带气旋"莫拉菲""天鹅""巨爵"和"灿都"的移动路径

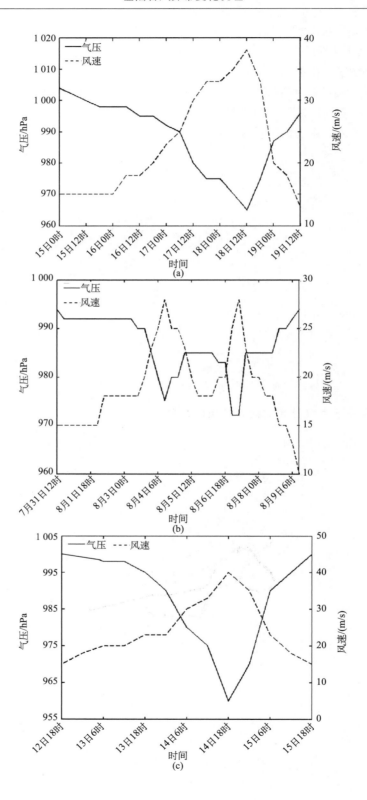

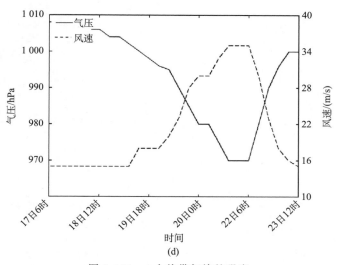

图 2.109　4 个热带气旋的强度

(a)"莫拉菲"(0906)；(b)"天鹅"(0907)；(c)"巨爵"(0915)；(d)"灿都"(1003)

资料，以及"莫拉菲"和"灿都"影响期间汕尾浮标和茂名浮标资料，分析这些台风环流下对应的海气界面热通量交换特征及其在台风强度演变中的反馈作用。图 2.108 和图 2.109 分别给出这 4 个热带气旋的路径和强度变化图。这 4 个热带气旋都进入南海，以西北偏西方向移动，分别在珠江口和粤西登陆。

图 2.110(a)数字①～④代表汕尾浮标从 2009 年 7 月 18 日 06 时到 2009 年 7 月 19 日 00 时每隔 6 小时相对于台风"莫拉菲"中心的位置；图 2.110(b)数字①～⑮代表茂名博贺海洋气象平台从 2009 年 8 月 4 日 00 时到 2009 年 8 月 7 日 12 时每隔 6 小时相对于热带气旋"天鹅"中心的位置；图 2.110(c)数字①～⑥代表茂名博贺海洋气象平台从 2009 年 9 月 14 日 12 时到 2009 年 9 月 15 日 18 时每隔 6 小时相对于台风"巨爵"中心的位置；图 2.110(d)数字①～⑥代表茂名浮标从 2010 年 7 月 21 日 06 时到 2010 年 7 月 22 日 12 时每隔 6 小时相对于台风"灿都"中心的位置。(其中大圆中心为热带气旋中心，外围各圈表示距离台风中心的距离分别由内向外为 60 km、120 km、180 km、240 km、300 km；字母表示相对于台风中不同的位相，其中 N 表示北，S 表示南，W 表示西，E 表示东，NW 和 NE 分别表示西北和东北，SW 和 SE 分别表示西南和东南)

图 2.110(b)、(c)分别显示茂名海洋气象观测平台在强热带风暴"天鹅"和台风"巨爵"影响期间相对于台风中心所处的位置，平台资料显示，其影响期间海气温差和水汽差均为负，而且在台风"巨爵"加强的时段即 2009 年 9 月 14 日 18 时之前[图 2.109(c)]，海洋气象平台探测的感热和潜热通量也表现为由大气向海洋输送。对于强热带风暴"天鹅"来说，在其强度减弱阶段 8 月 5 日 00 时～8 月 6 日 00 时[图 2.109(b)]，对应的海洋气象平台位于距离台风中心 200 km 之内的西到西南位相，即热带气旋移动方向的左侧到左后部，同样显示出感热和潜热通量由大气向海洋输送，对于热带气旋强度的减弱有正的效应；在强热带风暴"天鹅"重新加强阶段，海洋气象平台位于台风中心的右侧，该区域热量通量体现为由大气向海洋输送，不利于热带气旋加强[图 2.111(b)、(c)]。

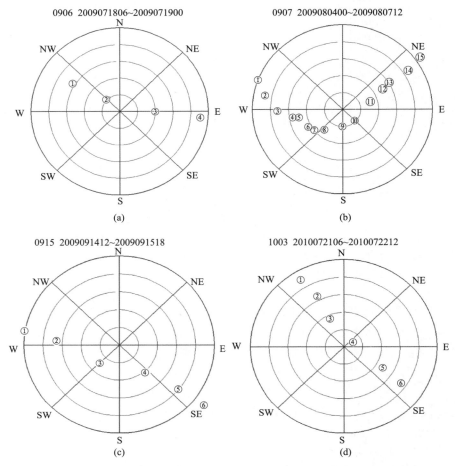

图 2.110　观测的目标登陆台风相对于博贺海洋气象观测平台的方位图

(a)"莫拉菲"(0906)；(b)"天鹅"(0907)；(c)"巨爵"(0915)；(d)"灿都"(1003)

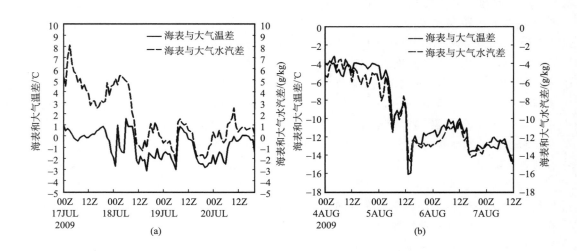

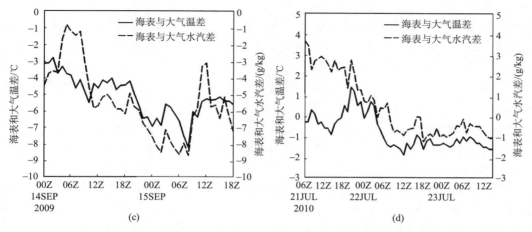

图 2.111　台风影响期间海气温差(实线)和水汽差(虚线)

(a)"莫拉菲"(0906)；(b)"天鹅"(0907)；(c)"巨爵"(0915)；(d)"灿都"(1003)

　　图 2.110(a)显示由 2009 年 7 月 18 日 6～12 时，汕尾浮标位于台风环流的西到西北位相，且距台风中心 60～180 km，对应的海气温差和水汽差均为正值[图 2.111(a)]，即海洋向大气输送感热和潜热通量，此时台风"莫拉菲"正处于加强阶段[图 2.109(a)]，也就是说，位于台风移动方向左前方的正的海气温差和水汽差对台风"莫拉菲"强度加强有促进作用。从 2009 年 7 月 18 日 18 时到 2009 年 7 月 19 日 00 时，汕尾浮标位于距离台风中心 120～274 km 的偏东位相内，对应的台风强度处于减弱阶段，该时段汕尾浮标显示的海洋大气温差为负值，最大达到－3 ℃；水汽差有正有负。说明在台风的偏东位相即台风右侧感热是从大气向海洋输送，有利于热带气旋强度减弱，对于此时"莫拉菲"强度减弱有正作用；而潜热输送的方向不定，很难估计其对热带气旋强度变化产生的影响。

　　图 2.110(d)给出台风"灿都"影响期间茂名浮标相对于台风中心所处的位置，从图 2.109(d)、图 2.110(d)、图 2.111(d)可以看出，从 2010 年 7 月 21 日 6～12 时，茂名浮标位于台风中心西北到北位相的 188～262 km，处于台风移动路径的前部，对应的海洋大气温差基本为负值，海洋和大气的水汽差则为正值；从 2010 年 7 月 21 日 18 时至 2010 年 7 月 22 日 00 时，茂名浮标位于距台风中心 120 km 以内，对应的海气温差和水汽差都为正值即海洋向大气输送感热和潜热热量，对该时段台风强度的维持有正的作用。2010 年 7 月 22 日 6～12 时，茂名浮标位于台风"灿都"前进方向的右后侧距离台风中心120 km以外，该时段茂名的浮标资料显示海气温差为负值，海洋大气之间的水汽差除了极个别时次外，也为负值，说明该时段茂名浮标所处的位置表现为大气向海洋输送感热和潜热通量，对台风强度减弱有正的作用。

　　综上所述，对于台风"莫拉菲"和"灿都"来说，在其移动路径的前部距台风中心 120 km 范围内和其移动路径右侧 60 km 范围内，表现为海洋向大气输送感热和潜热通量，有利于台风强度的加强和维持。在其移动路径的右侧 120～300 km 区域，感热通量表现为大气向海洋输送。两个台风的潜热通量表现明显不同，台风"灿都"潜热通量表现为大气向海洋输送，对台风强度减弱有正作用，而台风"莫拉菲"潜热通量有正有负，对于台风强度变化影响很能估计。在强热带风暴"天鹅"和台风"巨爵"强度变化的过程中，茂名海洋气象平台观测资料显示的感热和潜热通量的传输方向均为大气向海洋输送，只是在两个热带气旋强度演变的过程中热通量的大小发生了变化。

图 2.112 给出台风"灿都"影响期间的海表温度和水汽以及大气温度和水汽的时间演变曲线，从图中可以看出，在 2010 年 7 月 21 日 18 时至 2010 年 7 月 22 日 00 时期间，海表温度和 10 m 大气温度都在下降，大气温度降温的幅度明显大于海表温度，从而造成该时段的海气温差为正值；对于海洋与大气水汽差值来说，在 2010 年 7 月 22 日 6 时之前海表的水汽明显大于大气的水汽，海气之间的水汽差值虽然随时间越来越小，但是一直维持正值。仔细分析海表温度和水汽变化曲线及其对应时间茂名浮标距离台风中心的位置，不难发现在台风环流左侧和台风中心附近出现海表温度和大气温度下降，同时伴随着海表水汽明显的减少，即存在海面冷却和变干的现象，这与 Cione 和 Uhlhorn（2003）给出的假设一致。

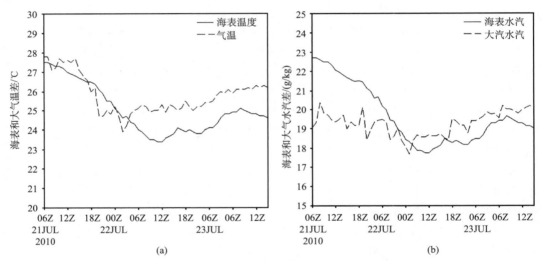

图 2.112　台风"灿都"影响期间海表温度、海面水汽
（a）台风"灿都"影响期间海表温度（实线）和 10 m 气温（虚线）；
（b）台风"灿都"影响期间海面水汽（实线）和 10 m 大气水汽（虚线）

4. 涡动相关观测通量和 COARE 3.0 计算通量的比较分析

图 2.113 给出了涡动相关系统直接测量和 COARE 3.0 算法（Fairall et al.，2003）计算的热通量和摩擦速度，可以看出，直接测量获得的热通量与 COARE 3.0 计算的热通量数值差异非常大，但是在通量输送方向有数据支持了 COARE 3.0 计算的感热和潜热通量的输送方向。对于摩擦速度来讲，无论是时间演变曲线还是散点图都显示直接测量获得的摩擦速度和 COARE 3.0 计算的摩擦速度的相关比较好，在数值上 COARE 3.0 计算值略为偏大。同时我们可以看到，台风影响期间海洋气象平台感热、潜热都有

负值出现，而且与海气温差和水汽差相联系的 COARE 3.0 算法计算的感热和潜热也有负值。因此，在没有涡动相关系统观测时可以利用决定 COARE 3.0 感热、潜热通量输送方向的海洋大气温差和水汽差定性地研究海洋大气之间的通量交换问题。

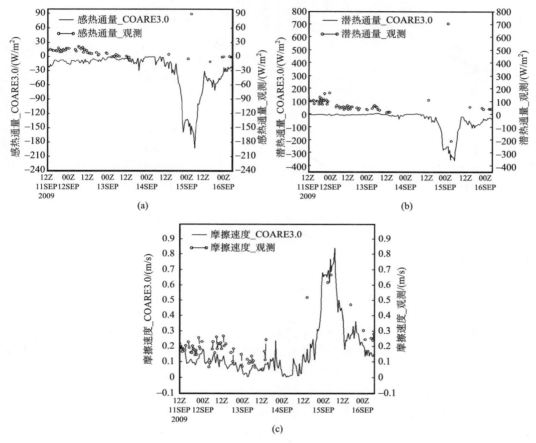

图 2.113　涡动相关观测感热通量和 COARE 3.0 各计算量

(a)涡动相关观测感热通量(空心点)和 COARE 3.0 计算的潜热通量(实线)；(b)涡动相关观测潜热通量(空心点)和 COARE 3.0 计算的感热通量(实线)；(c)涡动相关观测摩擦速度(空心点)和 COARE 3.0 计算的摩擦速度(实线)

5. 强风天气条件下风浪关系

图 2.114 给出了台风"莫拉菲"和"灿都"影响下有效波高与 10 m 高度的 2 分钟平均风速之间的关系，由图中可以看出，台风"灿都"影响下茂名浮标探测的有效波高与 2 分钟平均风速具有非常好的关系，如果采用多项式拟合，其相关系数可以达到 0.8921；台风"莫拉菲"影响下汕尾浮标探测的有效波高与 2 分钟平均风速关系比较离散，其多项式拟合的相关系数为 0.7464，明显小于茂名浮标活动的多项式拟合的相关系数，一定程度上可以说明，近海区域有效波高与风速之间的关系比较复杂。当风速小于 20 m/s 时，有效波高随着风速增大而增大；而当风速超过 25 m/s 时，有效波高增大很少，甚

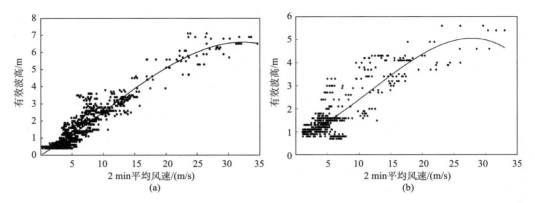

图 2.114　"莫拉菲"和"灿都"影响下各数值关系

(a)台风"灿都"影响期间茂名浮标有效波高和 2 min 风速之间的关系；

(b)台风"莫拉菲"影响期间汕尾浮标有效波高和 2 min 风速之间的关系；

$y=-0.0002x^3+0.0058x^2+0.2135x+0.0139$(a)；$y=-0.0003x^3+0.0107x^2+0.0785x+0.8360$(b)

至呈现平缓趋势。这与赵中阔等(2011)提出的当风速超过 24 m/s 时，海面的拖曳系数不再增大甚至减少有着相同的趋势。也就是说，在强风速条件下，海浪浪高增大缓慢可能是海面拖曳系数不再增大的原因之一。

2.5.3　强风条件下浅水区的海–气拖曳系数

强风条件下新的拖曳系数呈现衰减或饱和的参数化方案，已经在数值模式中显现出合理性，但这些强风条件下的观测多为深水情况，近岸浅水区的情况还少有研究。本章利用两次台风强烈影响时段，南海近岸浅水区一个平台上的近海面大气层风廓线数据，考查浅水区海–气动量传输的特征，尤其是拖曳系数在强风时究竟是饱和或衰减，以及出现转变时对应的阈值风速；通过与不同水深条件下所得结果的比较，找出存在的异同及具体量值，并讨论水深对海–气之间动量交换的影响，以论证研究结果的合理性。

1. 观测与数据处理方法

近海面层风速廓线数据来自茂名博贺海洋气象科学试验基地所属的海洋气象观测平台。该观测平台位于广东省茂名市近海，距离海岸线约 6.5 km[图 2.115(b)]，站点平均水深为 14 m(赵中阔等，2011)。所用数据为 2008 年台风"黑格比"、2010 年台风"灿都"两次台风期间观测的近海面多层风速，两次台风经过站点前后的路径如图 2.115 所示。台风"黑格比"期间，有海面上方 16.4 m、20 m 和 23.4 m 高度的风速观测；台风"灿都"期间，有海面上方 13.4 m、16.4 m、20 m、23.4 m 和 31.3 m 高度的风速数据，每层风速计都是美国 R. M. Young 公司生产的螺旋桨风速计(型号 05106)。Wright 等(2001)在远海及 Walsh 等(2002)在飓风登陆时的近海观测都显示，飓风过境时的海面依据其海况可分为 3 类：①后方扇区，这里的涌浪传播方向与风向相反；②右侧扇区，涌浪与风同向；③左前扇区，该区域涌浪传播方向与风向交叉。从台风路径与观测站点的相对位置估计，我们所用的大多数数据代表台风右侧扇区的海况。

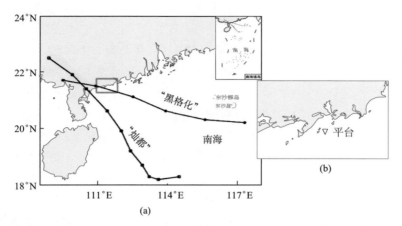

图 2.115   海洋平台位置及两次台风"黑格比"(Hagupit，0814)与"灿都"(Chanthu，1003)的路径
(a)两次台风的路径；(b)海洋气象平台位置，由倒三角形代表

通常认为，海洋飞沫层是较薄的(Andreas，2004)，所以我们认为中等风速时所受海洋飞沫的直接作用可以忽略，风廓线处于等通量层(Stull，1988)，由风速剪切所得的风应力可以合理地表示所有的海-气动量通量。在高风速时，近海面大气处于中性层结，近海面等通量层的风廓线符合对数律(Stull，1988)，如式(2.13)所示：

$$\frac{U_z}{u_*} = \frac{1}{\kappa}\log\left(\frac{z}{z_0}\right) \tag{2.13}$$

式中，U_z 为海面上方 z(m)高度处的平均水平风速(m/s)；$u_* = \sqrt{\tau_o/\rho}$ 为摩擦速度(m/s)，τ_o 为近海面层风应力[kg/(m/s^2)]，ρ 为空气密度(kg/m^3)；κ 为 von-Karman 常数($\kappa = 0.4$)；z_0 为海面粗糙度长度(m)。

研究所用数据的质量控制与筛选过程如下：①首先根据当时的观测情况记录，并依据观测量时间序列的物理合理性，对数据进行初步质量控制；②当观测平台塔体处于螺旋桨风速计上风向时，剔除对应的观测数据；③风速不随高度单调递增时，剔除对应时次的观测；④在半对数坐标下(高度取对数)，依式(2.10)对数据进行线性最小二乘拟合，对具有较大拟合误差的数据予以剔除。对于"黑格比"与"灿都"，分别保留 157 条和 1140 条 1 分钟平均风速廓线。利用这些所保留数据，依据最低层风速值，以 1 m/s 为区间宽度，将数据分组，对于每一组数据，对其平均廓线进行半对数律拟合得到一条廓线，可得出一个摩擦速度 u_* 值与一个粗糙度长度 z_0 值[类似 Powell 等(2003)的方法]，对应的参考高度 10 m 处的拖曳系数(C_D)可通过如下两种关系计算

$$C_D = \left(\frac{u_*}{U_{10}}\right)^2 \tag{2.14}$$

$$C_D = \left(\frac{\kappa}{\ln(10/z_0)}\right)^2 \tag{2.15}$$

式中，U_{10} 为距海面 10 m 高度处的平均水平风速，由拟合的风廓线外推得到。从式(2.15)可以得知，本章得出 C_D 与 z_0 具有唯一对应关系，下文略去对 z_0 的分析讨论。

2. 海气通量交换特征

图 2.116(a)所示 u_* 与 U_{10} 的依赖关系，依据 U_{10} 共分为 8 个区间，每个区间宽度均为 5 m/s。对于 u_*，它随风速增大且近似保持恒定趋势直至 U_{10} 达到 25.2 m/s；在更高风速 $25.2 < U_{10} \leqslant 35.1$ m/s，u_* 增大的趋势显著减弱；超出此风速范围，在 $U_{10} =$ 39.6 m/s 时，观测结果显示，摩擦速度出现小幅减弱。需要注意的是，由于此风速下 u_* 较大的不确定性，这个 u_* 可能与 $U_{10} = 35.1$ m/s 处的 u_* 无显著区别。基于 Powell 等（2003）和 Jarosz 等（2007）给出的 U_{10} 与 C_D 数据，可以计算得出 u_*，结果同样表明，在达到极大值后，随着风速的继续增大，u_* 出现衰减，但是这些结果同样存在很大的不确定性，强风条件下 u_* 是饱和或出现衰减，仍难以确定。强风时 u_* 的特征与微波散射计观测得出的归一化雷达散射回波截面的表现类似（Donnelly et al.，1999），该物理量在风速达到 25 m/s 之后出现饱和。海面粗糙度通过布拉格散射调制洋面的微波散射（Wentz，1992），归一化雷达散射回波截面的饱和可能对应于海表粗糙度或海面应力的饱和。

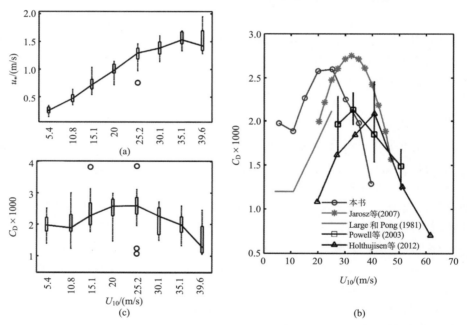

图 2.116　(a)摩擦速度 u_*；(b)拖曳系数 C_D 与 10 m 风速 U_{10} 依赖关系的箱须图，依据 U_{10}、以 5 m/s 为区间宽度将数据分成了 8 个区间。对于每个区间，箱子中央标志为中值(所有的中值连成了一条实线)，箱子的上、下边缘分别为 25%、75% 分位线，须状线表示极值范围，空心圆表示野点。偏离箱子的上、下边缘超过 1.5 倍箱子高度的点，被视为野点。黑色实线为各区间中值连线。(b)红色实线根据中值拟合所得；(c)每个区间中值与文献中所列结果的比较。红色实线，代表 Jarosz 等(2007)的图 2 数据，海底阻尼系数 $r = 0.0505$cm/s。空心正方形，代表 Powell 等(2003)的图 3 中 10～150 m 层的结果。蓝色实线，表示 Holthuijsen 等(2012)的图中根据 6 个风速等级平均风廓线得出的结果

图 2.116 所示为 C_D 与 U_{10} 的依赖关系。在 $5.4 \leqslant U_{10} \leqslant 10.8$ m/s 范围内，C_D 约为一个常量；在 $10.8 < U_{10} \leqslant 25.2$ m/s 范围内，C_D 随风速线性增大；在 $U_{10} > 25.2$ m/s 后，C_D 开始减小。对数据进行分段拟合，得出 C_D 与 U_{10} 的关系如式 (2.16) 所示

$$10^3 C_D = \begin{cases} 1.95, & 5.4 \leqslant U_{10} \leqslant 10.8 \\ 1.45 + 0.05 U_{10}, & 10.8 < U_{10} \leqslant 25.2 \\ \dfrac{491}{U_{10}^2} + \dfrac{48}{U_{10}}, & 25.2 < U_{10} \leqslant 39.6 \end{cases} \qquad (2.16)$$

所给 C_D 与 U_{10} 的依赖关系形式在 $U_{10} \leqslant 25.2$ m/s 时与已有的研究结果一致（Large and Pond，1981；Yelland and Taylor，1996）。基于极强风速下海-气之间摩擦速度饱和的基础，Kudryavtsev 和 Makin（2011）提出了极端风速下 C_D 随 U_{10}^{-2} 减弱的观点。但是，这里所得结果显然不符合这种关系，如果在本书中只采用 U_{10}^{-2} 的依赖关系，则存在较大的拟合误差。所以本书对 $U_{10} > 25.2$ m/s 范围的数据进行拟合时增加了 U_{10}^{-1} 项，使得拟合优度较高，但这一项对应的物理意义尚不明确。

图 2.116(c) 为本研究所得 C_D 与先前研究结果（Holthuijsen et al.，2012；Jarosz et al.，2007；Powell et al.，2003）的对比。图 2.116(c) 还列出了 Large 和 Pond（1981）的结果，主要是为了对比展示低风速时深水区 C_D 的表现。Large 和 Pond（1981）观测海域水深 59 m，在同等风速下，其所得 C_D 与 Jarosz 等（2007）的结果较为接近，而两个观测研究对应的水深也比较接近；通过对图 2.116(c) 中结果的对比分析发现一个清晰的现象，依 Holthuijsen 等（2012）、Powell 等（2003）、Jarosz 等（2007）和本研究结果的顺序，所对应观测海域水深状况由深海转变到浅海，C_D 曲线与风速的依赖关系明显从高风速向低风速移动；同时，拖曳系数达到极大值对应的阈值风速 U_{10s} 也从高风速向低风速迁移，表 2.24 所示为不同研究得出的 U_{10s}，以及相应的海水深度状况，表 2.24 还列出一些未在图 2.116(c) 显示的实验室所得 U_{10s} 及相应的实验条件。表 2.24 所列数据显示，这些 U_{10s} 之间差异显著。我们将这种 C_D 曲线与风速依赖关系的移动以及阈值风速 U_{10s} 的迁移主要归因于水深的调制作用，即水深变浅对波浪相速度的抑制，以及浅水引起的波能量聚集、波陡增强效应。下文将对这两个现象分别展开讨论与论证。

表 2.24　不同研究得出的 U_{10s} 及相应的水深或实验条件

研究	Holthuijsen 等 (2012)	Powell 等 (2003)	Jarosz 等 (2007)	本研究	Donelan 等 (2012)	Troitskaya 等 (2012)	Alamaro 等
U_{10s} /(m/s)	40	~33	33	25	~32	25	~24
水深或实验条件	深海	深海	60~89 m	~14 m	浪槽	浪槽	浪槽

首先，我们讨论在低风速至中等风速范围内造成不同水深条件下 C_D 存在差异的物理过程。已有的浅水区低风速观测结果（Geernaert et al.，1987；Oost et al.，2001）表明，C_D 会高于深海的值；Geernaert 等（1987）根据拖曳系数与波龄的相关性，预测浅水

区的拖曳系数将高于深水区的值。对于一个从深水区向浅水区传播的海洋表面单色重力波(Holthuijsen, 2007),假设海底坡度一定且无海流出现,由于其频率不变且频散关系成立,该单色波的相速度会逐渐减弱;而波陡作为波高与波长之比(波长随水深的减小单调递减;而波高在轻微减小后,会一直增大),将逐渐增大。根据 Jeffreeys 的遮拦假设,忽略海流的影响,可知 C_D 近似与波浪相速度成反比(Donelan et al., 2012),近海面层风速与波浪相速度之比越大,海-气动量通量越大;水深越小,这种增强效应越显著。下一段将结合台风环境中的波浪特征,尝试近似定量计算水深变浅对波浪相速度的影响,进而计算其对 C_D 的影响。

观测表明(Wright et al., 2001),尽管飓风或台风不同扇区波浪与风的相对方向差别很大,但涌浪在绝大部分海域占主导地位,Walsh 等(2002)的研究指出,飓风登陆之前,在大陆架海区的海浪波长与波高受到抑制,但涌浪仍占主导,且其传播方向与开阔大洋上的情况存在明显的相似性。下面根据台风波浪以涌浪为主这种特征展开讨论计算。涌浪的典型周期 $T = 10 \text{s}$,根据深水波近似关系,求出其深水相速度 $c_\infty \approx 1.56T$;波浪传播时起频率保持不变,对传播关系[$\omega^2 = gk \tanh(kd)$,ω 为角频率,g 为水深,k 为波数,d 为水深]进行迭代或近似求解(Holthuijsen, 2007),这里采用近似求解方法

$$kd \approx \frac{\alpha + \beta^2 (\cosh\beta)^{-2}}{\tanh\beta + \beta (\cosh\beta)^{-2}}$$

$$\alpha = \omega^2 d/g, \quad \beta = \alpha (\tanh\alpha)^{-1/2} \tag{2.17}$$

可以得出不同水深的涌浪相速度 $c = \omega/k$,进而求出比值 c/c_∞。将 14 m 水深条件下的 c/c_∞ (0.67)乘上 C_D 观测值后可以发现,C_D 量值在低风速时($U_{10} < 25$ m/s)与 Large 和 Pond(1981)的结果非常接近(表 2.24)。Large 和 Pond(1981)、Jarosz 等(2007)的观测可以视为深水情况,c 受水深的影响程度小,C_D 受到的影响并不显著。

其次,分析导致 C_D 达到极大值时对应的 10 m 阈值风速 U_{10s} 随水深变化的物理过程。首先,我们讨论导致强风时海-气拖曳作用衰减的根本原因。强风撕裂浪头所产生的飞沫裂滴(spume droplet),对海-气动量通量的作用近来受到了地球流体力学研究者的重视,在解释极端风速下拖曳系数的降低时,通常会将其归因于海浪破碎和海洋飞沫(Sullivan and McWilliams, 2010)。然而,对海洋飞沫的具体作用机制,却有不同的理解。一种观点从悬浮粒子的湍流边界层模型(Barenblatt and Golitsyn, 1974)出发,认为飞沫改变了近海面的大气层结,所产生的浮力消耗湍流动能,基于此观点的多个模式都试图通过对湍流动能收支的调制来说明飞沫的作用(Bao et al., 2011; Makin, 2005)。第二种观点则认为,飞沫与风剪切的直接作用是飞沫影响近海面大气层的主导机制(Kudryavtsev and Makin, 2011);但最近的直接数值模拟结果显示,飞沫的惯性作用远高于其引起的任何层结效应(Richter and Sullivan, 2013),飞沫与海面拖曳作用的饱和无关,起作用的是气流分离导致的海面动力粗糙度降低(Mueller and Veron, 2009),或遮蔽导致的风-浪动量传输效率的降低(Troitskaya and Rybushkina, 2008)。从整个流体力学学科角度而言,悬浮粒子引起湍流边界层拖曳作用的衰减是一个著名的

现象(Gillissen，2013；Mattson and Mahesh，2011)，气体中的固体粒子(Rashidi et al.，1990)、液体中的气泡(Madavan et al.，1985)，都能引起拖曳作用的衰减，这种拖曳作用衰减机制被广泛应用于舰船、水下飞行器(Ceccio，2010)与管道输运(Descamps et al.，2008)。尽管目前在解释飞沫的作用时，还存在较大差异，但总结而言，空气与海水之间的海洋飞沫层能显著抑制海-气动量传输，造成拖曳系数随风速的增强而降低。

海洋飞沫由波浪破碎而来。判断波浪破碎的标准有多个，一般可以将这些标准归为 3 类(Wu and Nepf，2002)，即几何标准、运动学标准和动力标准，这里我们采用几何标准中的整体波陡($S = ka$，a 为波幅)标准进行分析讨论。当涌浪从深海向浅水区传播时，在波浪破碎之前，由于能量守恒，水深减小导致能量聚集、波幅增强，即存在一个浅水系数 K_{sh}(Holthuijsen，2007)。

$$K_{sh} = \frac{a}{a_\infty} = \sqrt{\frac{c_{g\infty}}{c_g}} \qquad (2.18)$$

式中，c_g 为波浪群速度；$c_g = nc$，$n = 1/2 + kd/\sinh(2kd)$，根据式(2.18)可以求出 c_g 随水深的变化；同时根据式(2.17)，计算波数随水深的变化，可以得出涌浪陡度 $S = ka$ 随水深的变化关系，我们观测点处的波浪陡度与深水区的波浪陡度的比 S/S_∞ 为 1.39，而从表 2.24 中可知，我们的阈值风速与深水区的两个观测结果(Holthuijsen et al.，2012；Powell et al.，2003)的阈值风速之比分别为 1.6 与 1.32。这两种具有不同物理意义的比值，能够较为契合，不是偶然。水深引起的波能聚集、波陡增大效应，很好地解释了浅水区阈值风速 U_{10s} 与深水结果的差异。Liu 等(2012)提出的参数化方案显示，波龄不同，C_D 达到极大值时的阈值风速不同，他们的这种解释与我们在这里提出的观点不同。尽管 Liu 等(2012)给出的参数化方案可以重现观测结果，但如果波浪破碎与飞沫产生是导致海-气拖曳作用衰减的根本原因，则他们的解释物理合理性不太明确，因为波龄与波浪破碎并无直接联系。

另一方面，也可以这样理解这里的观测结果：浅水区阈值风速降低的现象，提供了波浪破碎与飞沫是拖曳作用衰减、C_D 降低原因的一个证据，因为浅水区存在水深导致的波浪破碎与飞沫生成机制，要达到同等程度的波浪破碎与飞沫覆盖，浅水区需要的风输入比深水区低，即对应的风速低。实际上，深水区与浅水区波浪破碎与飞沫生成的这种差异已经引起海洋飞沫外场观测研究的注意；观测与模拟显示(van der Westhuysen，2010)，浅水区水深因素导致的破碎是波浪能的一个重要耗散项。

C_D 达到极大值后，随风速的继续加强出现衰减，外海与近海的观测结果都呈现衰减趋势，但近海的 C_D 量值仍高于外海的结果，这一现象似乎不易理解。在海面被飞沫完全覆盖的情况下，风直接拖动的是飞沫而不是海浪，此时 C_D 应不再依赖水深；但飞沫的生成与消亡是一个动态过程(Shtemler et al.，2010；Soloviev and Lukas，2010)，飞沫覆盖也是一个动态平衡过程，拖曳作用的减弱将导致降低飞沫覆盖率，进而又使波浪与风的作用加强，而近海与远海的涌浪特征存在差异，因而阈值风速之上的近海与远海 C_D 的差异，仍然可视为水深的影响。

图 2.117 中还给出了对乘上 c/c_∞ 之后的 C_D 曲线沿风速轴平移的结果，速度位移量

为 $U_{10s} \times (S/S_\infty - 1)$。可以发现，位移之后的 C_D 曲线可以与深水区的结果在一定程度上重合。上述浅水效应导致的一些物理过程，即水深变小导致波浪相速度受到抑制与波陡增大，可以较好地解释随水深的减小，拖曳系数-风速依赖关系曲线整体向低风速方向移动，且同等风速下拖曳系数的量值增大，以及水深减小引起的波浪破碎与飞沫的生成以及 U_{10s} 的降低。

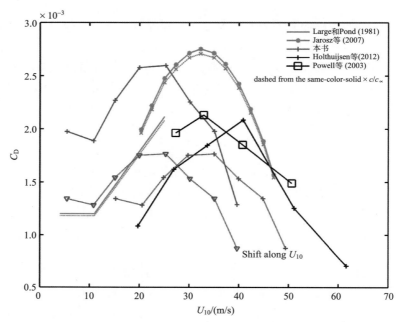

图 2.117　水深有限海区所得 $C_D \times c/c_\infty$ 之后的结果，图中还对本研究所得
$C_D \times c/c_\infty$ 沿 U_{10} 轴进行了平移，平移量为 $U_{10s} \times (S/S_\infty - 1)$

这一观测结果对于台风模拟中海洋飞沫的参数化有一定启示意义。多个模式（Bao et al.，2011）认为，$U_{10} < 30$ m/s，飞沫粒子较小蒸发充分，而致使飞沫层降温；而 $U_{10} > 30$ m/s 时，飞沫粒子较大以致在其落回海中之前，蒸发作用微弱。而本观测结果指示，在近岸浅水海域进行海洋飞沫作用参数化时，海洋飞沫作用发生改变的阈值风速应低于 30 m/s，但这个阈值风速的选取在近岸可能情况不同。但这一点还未引起模式开发者的重视。

3. 参数化方案的优化及应用

基于全球/区域同化与预报系统（GRAPES）模式，对式（2.12）进行了测试，具体考察其对 2011 年台风"南玛都"预报效果的影响。当前业务模式运行的 GRAPES 模式 C_D 方案由改进的 Charnock 关系得出（Smith，1988），随风速呈单调增长；在此处提出的参数化方案中，考虑了不同水深条件下海-气拖曳作用的差异。距离大陆或面积超过 18 km×18 km 的岛屿（模式格点间距为 36 km，小于此面积的岛屿不予考虑）附近 200 km 内的海域，视为浅水区域；其他水域视为深水区。在浅水区域，拖曳系数采用提出的关系式(2.16)的结果;在深水区,综合 Large 和 Pond(1981)和 Powell 等(2003)的结果,拟合得出了一个新的公式。从图 2.118 可以看出,在台风风速达到或超过 50 m/s 时,C_D 的改变对台风中心气压预报的变化几乎可以忽略不计,而台风的最大风速与中心气压有直接关系。因此,由于模式预报的台风强度偏弱导致预报的最大 U_{10} 偏小,仅仅改变 C_D 对最大 U_{10} 的改善不显著。尽管仍然存在这样较大的偏差,但新参数化方案得出的平均最大 U_{10} 向观测值靠近,尤其是在台风移动到浅水区域时;相对原业务模式,新方案给出的最大 U_{10} 平均增大约 2.3 m/s;新方案的预报路径也与实况更为接近,72 小时预报误差可以降低 20 km。但当风速较大(50~60 m/s)时,计算的最大风速远低于观测值。

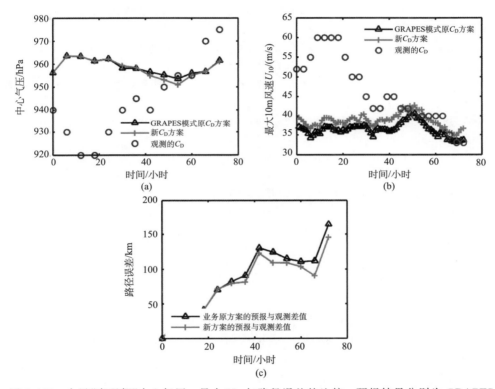

图 2.118　台风"南玛都"中心气压、最大 U_{10} 与路径误差的比较,预报结果分别为 GRAPES 模式原 C_D 方案与新 C_D 方案,观测值来自中国气象局整编的台风年鉴(初始时刻为 UTC 0000 26 Aug. 2011)

(a)中心气压;(b)最大 U_{10};(c)路径误差

主要参考文献

陈德辉,薛纪善,杨学胜,等. 2009. GRAPES 新一代全球/区域多尺度统一数值预报模式总体设计研究. 科学通报,53(20):2396-2407.

陈联寿,徐祥德,罗哲贤,等. 2002. 热带气旋动力学引论. 北京:气象出版社.

陈联寿,罗哲贤,李英. 2004. 登陆热带气旋研究进展. 气象学报,62(5):541-549.

陈蓉，黄健，万齐林，等. 2011. 茂名博贺海洋气象科学试验基地建设与观测进展. 热带气象学报，27
　　（3）：417-426.

江芳，魏重，雷恒池，等. 2004. 机载微波辐射计测云中液态水含量（Ⅱ）：反演方法. 高原气象，23
　　（1）：33-39.

廖菲，邓华，赵中阔，等. 2013. 热带气旋科学观测试验及研究进展概况. 热带气象学报，29（4）：
　　687-697.

吕达仁，魏重，忻妙新. 1993. 地基微波遥感大气水汽总量的普适性回归反演. 大气科学，17（6）：
　　721-731.

王晨稀，倪允琪. 2010. 热带气旋飞机观测及其观测设计. 高原气象，29（4）：1078-1084.

王喜年. 1998. 风暴潮灾害及其预报与防御对策. 海洋预报，15（3）：26-31.

姚展予，王广河，游来光，等. 2001. 寿县地区云中液态水含量的微波遥感. 应用气象学报，12（z1）：
　　88-95.

曾智华. 2011. 环境场和边界层对近海热带气旋结构和强度变化影响的研究. 南京：南京信息工程大学
　　博士学位论文.

赵中阔，梁建茵，万齐林，等. 2011. 强风天气条件下海气动量交换参数的观测分析. 热带气象学报，
　　27（6）：899-904.

Aberson S，Black M L，Black R A，et al. 2006. Thirty years of tropical cyclone research with the NO-
　　AA P-3 aircraft. Bull Amer Meteor Soc，87（8）：1039-1055.

Andreas E L. 2004. Spray stress revisited. J Phys Oceanogr，34（6）：1429-1440.

Angevine W M，White A B，Avery S K. 1994. Boundary layer depth and entrainment zone characteriza-
　　tion with a boundary-layer profiler. Bound-Layer Meteor，68（4）：375-385.

Bao J W，Fairall C W，Michelson S A，et al. 2011. Parameterizations of sea-spray impact on the air-sea
　　momentum and heat fluxes. Mon Wea Rev，139（12）：3781-3797.

Barenblatt G I，Golitsyn G S. 1974. Local structure of mature dust storms. J Atmos Sci，31（7）：
　　1917-1933.

Barnes G M，Bogner P B. 2001. Comments on "Surface observations in the hurricane environment". Mon
　　Wea Rev，129（5）：1267-1269.

Berger H，Langland R，Velden C S，et al. 2011. Impact of enhanced satellite-derived atmospheric
　　motion vector observations on numerical tropical cyclone track forecasts in the western North Pacific
　　during TPARC/TCS-08. J Appl Meteor Climatol，50（11）：2309-2318.

Ceccio S L. 2010. Friction drag reduction of external flows with bubble and gas injection. Annu Rev Fluid
　　Mech，42（1）：183-203.

Chen S S，Price J F，Zhao W，et al. 2007. The CBLAST-Hurricane program and the next-generation
　　fully coupled atmosphere-wave-ocean models for hurricane research and prediction. Bull Amer
　　Meteor Soc，88（3）：311-317.

Cione J J，Uhlhorn E W. 2003. Sea surface temperature variability in hurricanes：Implications with re-
　　spect to intensity change. Mon Wea Rev，131（8）：1783-1796.

Cione J J，Black P G，Houston S H. 2000. Surface observations in the hurricane environment. Mon Wea
　　Rev，128（5）：1550-1561.

de Leeuw G，Andreas E L，Anguelova M D，et al. 2011. Production flux of sea spray aerosol. Rev Geo-
　　phys，49（2）：RG2001.

Descamps M，Oliemans R，Ooms G，et al. 2008. Air-water flow in a vertical pipe：Experimental study of air bubbles in the vicinity of the wall. Exp Fluids，45(2)：357-370.

Donelan M A，Curcic M，Chen S S，et al. 2012. Modeling waves and wind stress. J Geophys Res，117 (C11)：C00J23.

Donnelly W J，Carswell J R，McIntosh R E，et al. 1999. Revised ocean backscatter models at c and ku band under high-wind conditions. J Geophys Res，104(C5)：11485-11497.

D'Asaro E，Lee C，Rainville L，et al. 2011. Enhanced turbulence and energy dissipation at ocean fronts. Science，332(6027)：318-322.

Elsberry R L. 1990. International experiments to study tropical cyclones in the western north pacific. Bull Amer Meteor Soc，71(9)：1305-1316.

Elsberry R L，Harr P A. 2008. Tropical cyclone structure(TCS08)field experiment science basis，observational platforms，and strategy. Asia-Pacific J Atmos Sci，44(3)：209-231.

ESCAP/WMO Typhoon Committee Member Report TCS-10. 2011. ESCAP/WMO Typhoon Committee 43rd Session，17-22 January Jeju，Korea.

Fairall C W，Bradley E F，Hare J E，et al. 2003. Bulk parameterization of air-sea fluxes：Updates and verification for the COARE algorithm. J Climate，16(2)：571-591.

Gaines W A. 1963. Marine physical laboratory. Scripps Institution of Oceanography，UCSD.

Geernaert G L，Larsen S E，Hansen F. 1987. Measurements of the wind stress，heat flux，and turbulence intensity during storm conditions over the north sea. J Geophys Res，92(C12)：13127-13139.

Gillissen J J J. 2013. Turbulent drag reduction using fluid spheres. J Fluid Mech，716：83-95.

Holthuijsen L H. 2007. Waves in Oceanic and Coastal Waters. Cambridge：Cambridge University Press.

Holthuijsen L H，Powell M D，Pietrzak J D. 2012. Wind and waves in extreme hurricanes. J Geophys Res，117(C9)：C09003.

Houze J R R A，Chen S S，Lee W C，et al. 2006. The hurricane rainband and intensity change experiment：Observations and modeling of hurricanes Katrina，Ophelia，and Rita. Bull Amer Meteor Soc，87(11)：1503-1521.

Howard J R，Blair S F，Finney J C，et al. 2005. Near-Ground Observations from Hurricanes Frances and Ivan(2004). Proceedings，10th Americas Conference on Wind Engineering，Baton Rouge，Louisiana.

Jarosz E，Mitchell D A，Wang D W，et al. 2007. Bottom-up determination of air-sea momentum exchange under a major tropical cyclone. Science，315(5819)：1707-1709.

Joly A，Jorgensen D，Shapiro M A，et al. 1997. The fronts and atlantic storm-track experiment(FASTEX)：Scientific objectives and experimental design. Bull Amer Meteor Soc，78(9)：1917-1940.

Kepert J D. 2012. Choosing a boundary layer parameterization for tropical cyclone modeling. Mon Wea Rev，140(5)：1427-1445.

Korolev V S，Petrichenko S A，Pudov V D. 1990. Heat and moisture exchange between the ocean and atmosphere in Tropical Storms Tess and Skip(English translation). Sov Meteor Hydrol，3：92-94.

Kudryavtsev V，Makin V. 2011. Impact of ocean spray on the dynamics of the marine atmospheric boundary layer. Bound-Layer Meteor，140(3)：1-28.

Lam C Y. 1990. A brief synoptic discussion of SPECTRUM tropical cyclones. Tokyo：The first SPECTRUM，Technical Conference，WMO Tropical Cyclone Programme Report No. TCP-27，47-60.

Large W G，Pond S. 1981. Open ocean momentum flux measurements in moderate to strong winds. J Phys Oceanogr，11(3)：324-336.

Lee W C, Marks Jr F D. 2000. Tropical cyclone kinematic structure retrieved from single-Doppler radar observations. Part II: The GBVTD-simplex center finding algorithm. Mon Wea Rev, 128(6): 1925-1936.

Liu B, Guan C, Xie L. 2012. The wave state and sea spray related parameterization of wind stress applicable from low to extreme winds. J Geophys Res, 117(C11): C00J22.

Lin I I. 2012. Ocean's Impact on the Intensity of Three Recent Typhoons (Fanapi, Malakas, and Megi). Results from the ITOP Field Experiment. Presented at AMS 30th Conference on Hurricanes and Tropical Meteorology, Abstract 11B. 3.

Madavan N K, Deutsch S, Merkle C L. 1985. Measurements of local skin friction in a microbubble-modified turbulent boundary layer. J Fluid Mech, 156: 237-256.

Makin V K. 2005. A note on the drag of the sea surface at hurricane winds. Bound-Layer Meteor, 115(1): 169-176.

Mattson M, Mahesh K. 2011. Simulation of bubble migration in a turbulent boundary layer. Phys Fluids, 23(4): 045107.

Moss M S. 1978. Low-level turbulence structure in the vicinity of a hurricane. Mon Wea Rev, 106(6): 841-849.

Moss M S, Merceret F J. 1976. A note on several low-layer features of Hurricane Eloise(1975). Mon Wea Rev, 104(7): 967-971.

Mrvaljevic R K, Black P G, D'Asaro E A, et al. 2012. What happened to the wake of Typhoon Fanapi (2010). Presented at TOS/ASLO/AGU 2012 Ocean Sciences Meeting, Abstract 9541.

Mrvaljevic R K, Black P G, Centurioni L R, et al. 2013. Observations of the cold wake of Typhoon Fanapi(2010). Geophys Res Lett, 40(2): 316-321.

Mueller J, Veron F. 2009. Nonlinear formulation of the bulk surface stress over breaking waves: Feedback mechanisms from air-flow separation. Bound-Layer Meteor, 130(1): 117-134.

Oost W A, Komen G J, Jacobs C M J, et al. 2001. Indications for a wave dependent charnock parameter from measurements during asgamage. Geophys Res Lett, 28(14): 2795-2797.

Parsons D, Harr P, Nakazawa T, et al. 2008. An overview of the THORPEX-Pacific Asian regional campaign(T-PARC) during August-September 2008. 28th Conference on Hurricanes and Tropical Meteorology, 7C. 7.

Powell M D, Vickery P J, Reinhold T A. 2003. Reduced drag coefficient for high wind speeds in tropical cyclones. Nature, 422(6929): 279-283.

Price J F. 1981. Upper ocean response to a hurricane. J Phys Oceanogr, 11(2): 153-175.

Pudov V D. 1992. The ocean response to the cyclones influence and its possible role in their track formations. ICSU/WMO International Symposium on Tropical Cyclone Disasters, WMO, 367-376.

Rashidi M, Hetsroni G, Banerjee S. 1990. Particle-turbulence interaction in a boundary layer. International Journal of Multiphase Flow, 16(6): 935-949.

Richter D H, Sullivan P P. 2013. Sea surface drag and the role of spray. Geophys Res Lett, 40(3): 656-660.

Rogers R, Aberson S, Black M, et al. 2006. The intensity forecasting experiment: A NOAA multiyear field program for improving tropical cyclone intensity forecasts. Bull Amer Meteor Soc, 87(11): 1523-1537.

Ron H, Kreitzberg C W. 1988. The experiment on rapidly intensifying cyclones over the Atlantic(ERI-

CA)field study: Objectives and plans. Bull Amer Meteor Soc, 69(11): 1309-1320.

Rotunno R, Chen Y, Wang W, et al. 2009. Large-eddy simulation of an idealized tropical cyclone. Bull Amer Meteor Soc, 90(12): 1783-1788.

Shay L K, Black P G, Mariano A J, et al. 1992. Upper ocean response to hurricane Gilbert. J Geophys Res, 97(C12): 20227-20248.

Shtemler Y M, Golbraikh E, Mond M. 2010. Wind-wave stabilization by a foam layer between the atmosphere and the ocean. Dyn Atmos Oceans, 50(1): 1-15.

Smith S D. 1988. Coefficients for sea surface wind stress, heat flux, and wind profiles as a function of wind speed and temperature. J Geophys Res, 93(C12): 15467-15472.

Smith R K, Montgomery M T, Nguyen S V. 2009. Tropical cyclone spinup revisited. Quart J Roy Meteor Soc, 135(642): 1321-1335.

Soloviev A, Lukas R. 2010. Effects of bubbles and sea spray on air-sea exchange in hurricane conditions. Bound-Layer Meteor, 136(3): 365-376.

Steiner M, Houze Jr R A, Yuter S E. 1995. Climatological characterization of three-dimensional storm structure from operational radar and rain gauge data. J Appl Meteor, 34(9): 1978-2007.

Stull R B. 1988. An Introduction to Boundary Layer Meteorology. Dordrecht: Kluwer Academic Publishers.

Sullivan P P, McWilliams J C. 2010. Dynamics of winds and currents coupled to surface waves. Annu Rev Fluid Mech, 42(1): 19-42.

Troitskaya Y, Rybushkina G. 2008. Quasi-linear model of interaction of surface waves with strong and hurricane winds. Izvestiya Atmospheric and Oceanic Physics, 44(5): 621-645.

Troitskaya Y I, Sergeev D A, Kandaurov A A, et al. 2012. Laboratory and theoretical modeling of air-sea momentum transfer under severe wind conditions. J Geophys Res, 117(C6): C00J21.

van der Westhuysen A J. 2010. Modeling of depth-induced wave breaking under finite depth wave growth conditions. J Geophys Res, 115(C1): C01008.

Walsh E J, Wright C W, Vandemark D, et al. 2002. Hurricane directional wave spectrum spatial variation at landfall. J Phys Oceanogr, 32(6): 1667-1684.

Weng F, Grody N C. 1994. Retrieval of cloud liquid water using the special sensor microwave imager (SSM/I). J Geophys Res, 99(D12): 25535-25551.

Wentz F J. 1992. Measurement of oceanic wind vector using satellite microwave radiometers. IEEE Transactions on Geoscience and Remote Sensing, 30(5): 960-972.

White A B, Fairall C W, Thomson D W. 1991. Radar observations of humidity variability in and above the marine atmospheric boundary layer. Journal of Atmospheric and Oceanic Technology, 8(5): 639-658.

Wright C W, Walsh E J, Vandemark D, et al. 2001. Hurricane directional wave spectrum spatial variation in the open ocean. J Phys Oceanogr, 31(8): 2472-2488.

Wu C H, Nepf H M. 2002. Breaking criteria and energy losses for three-dimensional wave breaking. J Geophys Res, 107(C10): 3177.

Wu C C, Lin P H, Aberson S, et al. 2005. Dropwindsonde observations for typhoon surveillance near the Taiwan region(DOTSTAR). Bull Amer Meteor Soc, 86(6): 787-790.

Yelland M, Taylor P K. 1996. Wind stress measurements from the open ocean. J Phys Oceanogr, 26(4): 541-558.

Zhang J A，Drennan W M，Black P G，et al. 2009. Turbulence structure of hurricane boundary layer between the outer rainbands. J Atmos Sci，66(8)：2455-2467.

Zhang J A，Rogers R F，Nolan D S，et al. 2011. On the characteristic height scales of hurricane boundary layer. Mon Wea Rev，139(8)：2523-2535.

Zhao K，Lee W C，Jou B J D. 2008. Single Doppler radar observation of the concentric eyewall in Typhoon Saomai，2006，near landfall. Geophys Res Lett，35(7)：L07807.

Zhang J，Wang S X. 2006. An automated 2D multipass doppler radar velocity dealiasing scheme. J Atmos Oceanic Technol，23：1239-1248.

第3章 台风登陆前后多源观测资料分析理论和方法研究

3.1 台风监测的历史演变与历史记录的再分析研究

在极端天气气候事件中，热带气旋（tropical cyclone，TC）对人类的生存及社会经济的发展影响很大，造成的灾害也非常严重。一般认为 TC 是发生在热带或者副热带洋面上的强烈风暴，是破坏性极强的灾害性天气系统之一（陈联寿和丁一汇，1979）。从历史上看，全球主要有六个海域经常受到 TC 活动的影响，分别是西北太平洋、东太平洋、北大西洋、北印度洋、南印度洋和南太平洋。其中，西北太平洋是全球 TC 最活跃的地区，年 TC 生成总数大都超过 20 个，个别年高达 40 个，占到了全球 TC 生成总数的 1/3。由于受东风气流、季风槽和西太平洋副热带高压的影响，在西北太平洋上生成的 TC 中一大部分移向中国、日本、菲律宾、越南和韩国，并在这些国家登陆。仅中国而言，有统计表明，登陆中国的年 TC 个数平均 7.4 个，某些年高达 12 个（赵宗慈和江滢，2010）。鉴于此，本章内容主要集中在西北太平洋进行讨论。

3.1.1 热带气旋中心位置和强度的估测手段及其演变

1. TC 监测手段的历史演变

展开 TC 相关研究的前提是获得与 TC 活动特征有关的资料，即俗称的最佳路径（best track）数据。最佳路径数据中一般包含 TC 的位置和强度。前者用 TC 中心的经纬度表示；后者用 TC 中心最低海平面气压或（和）近中心地面最大风速表征。最佳路径数据中的这些参数都是先通过监测工具直接观测或者间接估计得到，后经过气象专家根据其他信息（如天气形势等）进行加工修正后记录下来。

1）侦查飞机监测

因为 TC 经常在远离大陆的热带或者副热带洋面上产生，在 20 世纪以前缺少观测工具对其进行监测。进入 20 世纪后，随着航海和航空技术的发展，对 TC 的观测逐渐成为一种可能。然而由于 TC 的强大破坏力，船舶、飞机等在靠近 TC 之前往往就选择了规避航线，对 TC 的观测往往是被动的，因而 20 世纪早期的 TC 观测可信度并不高。而真正意义上的现代 TC 观测是由一次航海灾难推动的。

1944 年 12 月，俗称"公牛"的海军上将 Halsey 率领美第三航空母舰在执行军事行动中，闯入菲律宾海的一个 TC 中，结果 3 艘驱逐舰沉没，790 人丧生，另外 9 艘军舰船体结构受损，丢失或严重受损飞机 146 架(Guard et al., 1992)。这次灾难是美国海军历史上最大的非战斗性损失。因此，美国于 1945 年 6 月 17 日在关岛建立了台风跟踪中心(联合台风警报中心的前身之一)，开始实施了对 TC 的飞机侦查和警报业务。从此以后相当长的时间内，西北太平洋沿岸与 TC 有关的各国气象部门都是通过美国的飞机侦查来实现 TC 的观测。

20 世纪 70 年代以前 TC 观测主要依靠飞机侦查，辅之以船舶和地面气象台站。TC 中心位置主要依靠 TC 涡旋云系的曲率中心进行判定。而对 TC 的强度是通过估计得到的，按照历史时间演变的顺序，主要有以下三种方法：一是机组人员依赖目测法估测出海面浪高，进而利用经验公式推算出 TC 的强度；二是机组人员利用"双偏流测风法"(double drift)来估计飞行层高度的风速，再通过经验关系估测出 TC 的强度；三是利用 GPS 下投式探空仪和机载多普勒雷达对 TC 强度进行直接观测(钱传海等，2012)。

20 世纪 70～80 年代，由于侦查飞机老化和可靠性降低，且来自卫星新的 TC 位置和强度信息源已是日常可获得的信息，故对 TC 警报的飞机侦查的依赖慢慢下降。由于信任度降低和经费紧缩的原因，1987 年 1 月 5 日美国空军宣布 10 月 1 日第 54 气象侦查中队退役。该中队的最后一次 TC 侦查飞行是 1987 年 8 月 15 日对台风 Gary。当前尽管西北太平洋部分地区已经开展了若干次飞机观测 TC 的大型外场实验，如台湾地区启动的 DOTSTAR(dropwindsonde observation for typhoon surveillance near the Taiwan region)项目，然而对该海域 TC 的业务飞机侦查依然没有恢复。

2) 气象卫星监测

相比飞机侦查，对 TC 的卫星监测开展较晚，始于 20 世纪 60 年代。自第一颗气象卫星 TIROS 上天以来，人们逐渐关注卫星云图在 TC 监测中的应用。直到 20 世纪 70 年代初 Dvorak(1975)等气象学家总结出一系列经验规则、概念模型以后，才使得该研究领域有了较大的突破。早期版本的 Dvorak 技术通过对可见光云图的识别和实际预报经验，总结出 TC 发展强度同其云系特征变化之间的联系。该技术主要关注 TC 眼区和眼壁的云系特征和外围螺旋云带的特征，由这两部分云系特征得到的 T 指数之和将用于描述 TC 的发展强度。表征 TC 强度的 T 指数范围为 1～8，以 0.5 为单位变化，T 指数越大，表示 TC 发展越旺盛。根据 TC 的发展趋势，再将 T 指数调整为当前强度(CI)指数，最后再由气象侦查飞机实测资料得到的经验查算表，将相应的 CI 指数转化为 TC 强度。

随着卫星红外云图成像质量的提高，Dvorak 技术开始引入了对红外云图的分析，使该技术能应用于夜间 TC 的监测，能对可见光云图进行补充，而且 TC 云系在红外云图中也表现得更加清晰。在此基础上，Dvorak(1984)开发了基于红外数字云图的客观 Dvorak 技术(ODT)。随后，Velden 等(1998)进一步优化了该算法，提出了改进型 ODT。它能自动从红外通道数据中读取出 TC 的中心和环流云顶亮温，再利用一系列经验规则和约束条件及由实测资料得到的查算表估测出强度。根据 ODT 技术在气象业务部门应用所获得的反馈意见，Olander 等(2002)提出了先进的客观 Dvorak 技术(AODT)，改进了拓展算法的应用范围，以及进一步消除了对气旋运行分析和识别上存在的主观偏差等。

1987 年至今，在常规观测资料稀少的热带、副热带洋面上，气象卫星是监测 TC 的主要工具，而依靠这种基于卫星资料的 Dvorak 技术进行的 TC 强度估计，也是当今西北太平洋地区国家绝大多数气象业务部门使用的主要方法。图 3.1 显示了卫星监测在美国联合台风警报中心的应用情况，从中可以看出，1972～1987 年的 16 年间，随着卫星监测手段的成熟，利用气象侦查飞机探测 TC 强度逐渐被基于 Dvorak 技术的卫星监测手段取代(Guard et al.，1992)。

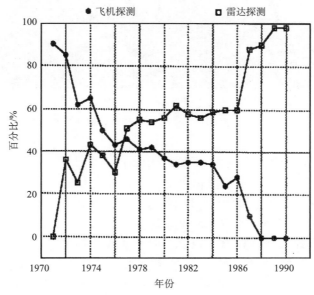

图 3.1　气象侦查飞机和气象卫星对西北太平洋区域 TC 的应用情况
(Guard et al.，1992)

2. 不同机构 Dvorak 技术细节的差异

当前西北太平洋上有四家机构使用 Dvorak 技术进行强度估测(图 3.2)，并进行最佳路径数据的编制，分别是：美国联合台风警报中心(Joint Typhoon Warning Center，JTWC)、日本区域专业气象中心——东京台风中心(Regional Specialized Meteorological Center—Tokyo Typhoon Center，RSMC)、中国气象局上海台风研究所(Shanghai Typhoon Institute，STI)，以及香港天文台(Hong Kong Observatory，HKO)。但是这四家机构在 Dvorak 技术的具体细节上仍存在较多差异，具体体现在以下三个方面：卫星资料、CI 指数估计方法，以及 CI-强度转换关系。

1) 卫星资料

当前围绕地球运行的静止和极轨气象卫星都可用来进行 TC 监测。但是考虑到业务上需要全天候监测 TC 活动，因而绝大多数气象部门都采用静止气象卫星来进行 TC 的

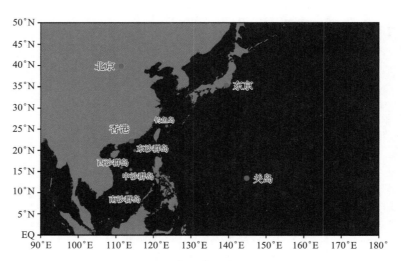

图 3.2　西北太平洋上四家热带气旋最佳路径数据资料编制机构

业务探测，包括日本的 MTSAT/GMS 卫星、中国的 FY 卫星、美国的 GOES 卫星和欧洲的 METEOSAT 卫星等。图 3.3 给出了这四个系列卫星的覆盖面及星下点。从图中可以看出，日本的 MTSAT/GMS 卫星和中国的 FY 卫星探测能够覆盖西北太平洋绝大部分地区，而美国的 GEOS 卫星仅能观测到中太平洋地区，欧洲的 METEOSAT 卫星仅针对南海海域和东亚近海地区有观测能力。鉴于此，JTWC、RSMC、STI 和 HKO 四家机构都主要参考 MTSAT/GMS 卫星来进行 TC 强度的估测。不同之处在于，JTWC 另外考虑了其他卫星提供的多种产品，如 QuikSCAT（quick scatterometer）、SSM/I（special sensor microwave imager）、AMSR-E（advanced microwave scanning radiometer）和 TRMM-TMI（tropical rainfall measuring mission-microwave imager）等（Barcikowska et al.，2012）；而随着 FY-2C 卫星的发射升空，STI 从 2005 年开始部分采用 FY 卫星的产品来估计 TC 强度。

2）CI 指数估计方法

通过卫星、尤其是静止气象卫星得到了卫星图像产品后，紧接着需要通过一定的规则来估计 TC 的 CI（current intensity）指数。整体来看，JTWC、RSMC 和 HKO 三家机构采用的大体上都是 Dvorak 技术（包括 ODT、AODT），即先通过卫星产品估计出 T 指数，再由 T 指数得到 CI 指数。仅在若干细节上有所不同，如 JTWC 在 Dvorak 技术中对陆地上的和移动到副热带地区的 TC 强度估计进行了改进；RSMC 针对初生阶段和登陆衰亡阶段 TC 的强度估测进行了修改，而 HKO 对 Dvorak 的本地改进较少。

相比以上三家结构，尽管 STI 也是利用了卫星资料，但其对 TC 强度的估计采用的是类似 Dvorak 的技术。STI 概括了与西北太平洋区域 TC 强度相关的云图特征，包括环流中心与深对流密蔽云区的相对位置关系，眼区的形状、大小和清晰程度、中心深对流密蔽云区范围大小和螺旋云带特征等。在整个估计过程中，通过卫星资料直接得到了

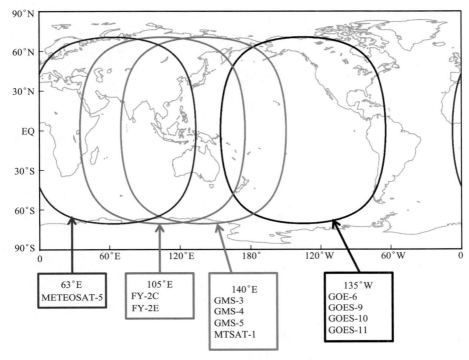

图 3.3　西北太平洋监测 TC 的主要静止气象卫星的覆盖面及星下点

CI 指数（3 个指数 CCI、CBI 和 CDOI 之和），中间并不出现 T 指数。其中，①CCI 是描述 TC 环流中心强度的指数，主要通过眼的形状、TC 环流中心距密蔽云区的位置等来衡量（图 3.4～图 3.6）；②CBI 是描述 TC 云带特征的指数，主要通过螺旋云带、强对流云距 TC 中心的位置等来估计（图 3.7、图 3.8）；③CDOI 是描述 CI 内蔽深厚云区特征的指数，主要通过其经纬向平均宽度得到（图 3.9）。

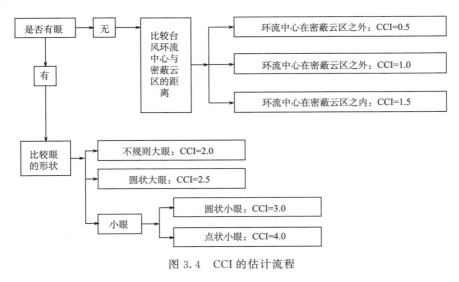

图 3.4　CCI 的估计流程

不规则大眼：CCI=2.0

圆状大眼：CCI=2.5

圆状小眼：CCI=3.0　　　　点状小眼：CCI=3.5

图 3.5　不同热带气旋眼的形状及其对应的 CCI

环流中心在密蔽云区之外：CCI=0.5

环流中心在密蔽云区边缘：CCI=1.0

环流中心在密蔽云区之内：CCI=1.5

图 3.6　不同热带气旋中心相对密蔽云区的位置及其对应的 CCI

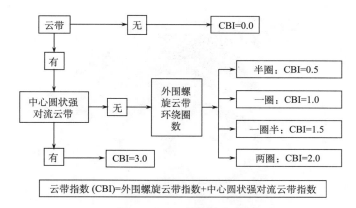

图 3.7　CBI 的估计流程

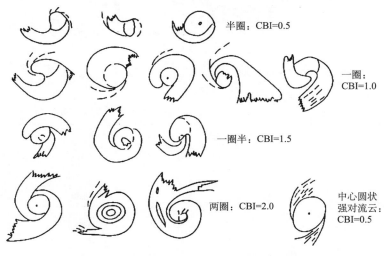

图 3.8　5 种螺旋云带和强对流云的分布及其对应的 CBI

3) CI-强度转换关系

通过卫星资料估计得到 CI 指数后,需要利用 CI-强度转换表将其转换为 TC 强度,然而,由于各家机构风速观测时距的不同(JTWC 为 1 分钟,STI 为 2 分钟,RSMC 和 HKO 为 10 分钟),互相之间在 CI-强度转换表上存在显著差异(表 3.1)。其中 JTWC 的转换表与 Dvorak(1975)完全相同;HKO 中 CI 与中心最低气压的转换关系与 Dvorak(1975)相同,但是近中心最大风速为原始值乘以 0.9(Barcikowska et al.,2012);RSMC 从 1990 年开始不再采用 Dvorak(1975)提出的转换关系,而是改用 Koba 等(1991)提出的新转换关系;STI 中 CI 与近中心最大风速的转换关系为 Dvorak(1975)的原始值乘以 0.871(Barcikowska et al.,2012)。

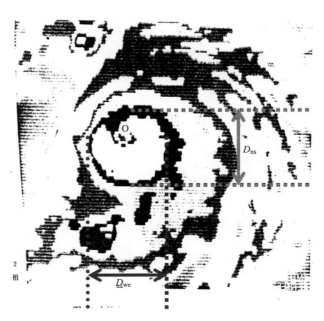

图 3.9　CDOI 的估计方法[CDOI＝(D_{ns}＋D_{we})/2]

表 3.1　西北太平洋上 4 家机构 CI-TC 强度转换关系

CI	JTWC		HKO		RSMC		STI	
	VMAX	MSLP	VMAX	MSLP	VMAX	MSLP	VMAX	MSLP
1	25		23		22	1005	22	
1.5	25		23		29	1002	22	1004
2	30	1000	27	1000	36	998	26	1001
2.5	35	997	31	997	43	993	30	997
3	45	991	41	991	50	987	39	989
3.5	55	984	49	984	57	981	48	984
4	65	976	59	976	64	973	57	978
4.5	77	966	69	966	71	965	67	969
5	90	954	81	954	78	956	78	959
5.5	102	941	92	941	85	947	89	948
6	115	927	103	927	93	937	100	933
6.5	127	914	114	914	100	926	111	920
7	140	898	126	898	107	914	122	906
7.5	155	879	139	879	115	901	135	894
8	170	858	153	858	122	888	148	882

注：VMAX、MSLP 的单位分别为 kt、hPa

图 3.10 分析给出了相同 CI 指数条件下不同机构对应的 TC 近中心最大风速。从中可以看出，一方面由于 JTWC、HKO 和 STI 转换公式之间的线性关系，始终满足 $VMAX_{JTWC} > VMAX_{HKO} > VMAX_{STI}$。尽管如此，当 CI 指数达到最大值（CI＝8）时，对应的 TC 强度都达到了 Saffir-Simpson 尺度的 5 级飓风（Category 5）等级。另一方面，比较 JTWC 和 RSMC 可以得到，当 CI 指数小于 4 时，存在 $VMAX_{RSMC} > VMAX_{JTWC}$；而当 CI 指数大于 4 时，满足 $VMAX_{JTWC} > VMAX_{RSMC}$。以上结果说明，即使各个机构估计的 CI 指数相同，最后反映在最佳路径数据中的 TC 强度也很有可能不同。

更进一步地，图 3.11 给出了 JTWC、HKO、RSMC 和 STI 采用的风压关系。从中可以看出，当 TC 强度较弱的时候，4 家机构采用的风压关系基本相同、差别较小；但是当 TC 强度较强的时候，如果中心最低气压相同，存在关系 $VMAX_{JTWC} > VMAX_{STI} > VMAX_{HKO} > VMAX_{RSMC}$；而如果近中心最大风速相同，满足关系 $MSLP_{JTWC} < MSLP_{STI} < MSLP_{HKO} < MSLP_{RSMC}$。这说明不同机构采用了不同的风压关系，由于缺乏对 TC 内部风压的直接观测，当前无法判断哪种关系更加符合 TC 的特征。

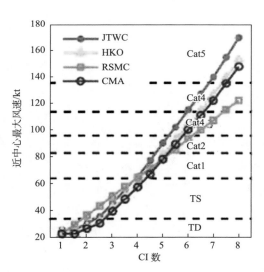
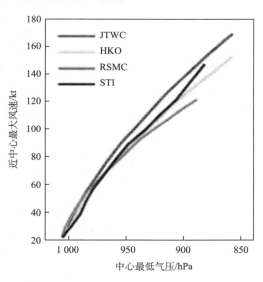

图 3.10　西北太平洋上 4 家机构 CI-TC
近中心最大风速转换关系　　　　

图 3.11　西北太平洋上 4 家机构针对 TC
采用的风压关系　　　　　

3.1.2　不同机构热带气旋最佳路径数据的差异及其成因

近年来有研究发现，由于各个机构之间对 TC 进行中心定位和强度估计的工具、方法不尽相同，因而导致不同资料间存在一定的差别（雷小途，2001；Yu and Kwon，2005；Kamahori et al.，2006；Ott，2006；Yu et al.，2007）。图 3.12 给出了一个差异较大的个例——2003 年 9 月 10 日 00 世界时台风 MAEMI。从图中可以看出，尽管在红外云图上该台风具有完整清晰的结构，但不同机构对其强度有不同的估计：JTWC、

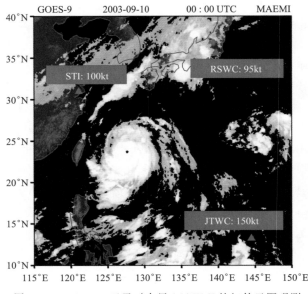

图 3.12　GOES-9 卫星对台风 MAEMI 的红外云图观测

RSMC 和 STI 估计的强度分别为 150 kt、95 kt 和 100 kt，相互之间最大的强度偏差达到了 55 kt。

　　考虑到以往研究中对不同 TC 最佳路径资料的比较研究主要针对：单个 TC（Yu and Kwon，2005；Lander and Guard，2006）、西北太平洋部分海域（Leung et al.，2007）、某几年里的 TC 活动（Ott，2006），以及包含所有 TC 在内的 TC 活动长期变化趋势（Wu et al.，2006；Yeung，2006；Yu et al.，2007），因而本节内容虽然同样是比较西北太平洋不同的 TC 最佳路径数据集，但是针对的是同时记录在三种资料中的 TC（concurred-TC，以下简称共有 TC）。

　　本节所用资料取自西北太平洋上的三个主要的 TC 监测和预警机构：美国联合台风预警中心（JTWC，网址：https://metocph. nmci. navy. mil/jtwc/）、日本区域专业气象中心（RSMC，网址：http://www. jma. go. jp/jma/jma-eng/jma-center/rsmc-hp-pub-eg/）和中国气象局上海台风研究所（Shanghai Typhoon Institute，网址：https://www. typhoon. gov. cn，以下简称 STI）。

　　除了上节所述不同机构在估测 TC 强度技术上的不同之外，JTWC、RSMC 和 STI 资料中的内容也有所不同。JTWC 资料记录始于 1945 年，内容包括 TC 中心位置和近中心最大风速（sustained maximum wind，以下简称 VMAX），其 VMAX 采用美国标准，即 1-min 平均风速。直到 2000 年，JTWC 才开始记录 TC 中心最低气压（minimum central sea level pressure，MSLP）。RMSC 资料从 1951 年开始记录 TC 中心位置和 MSLP，1977 年以后记录 VMAX，VMAX 采用世界气象组织建议的 10-min 平均风速。而 STI 自 1971 年起开始逐年整编并出版《热带气旋年鉴》资料（1989 年以前为《台风年鉴》），其中 1972 年以前的 TC 资料是由《热带气旋年鉴》整编组通过 TC 登陆、云雨等实况资料整编得到。STI 的记录内容包括 TC 中心位置、MSLP 和 VMAX。与 JTWC 和 RSMC 都不同，STI 的 VMAX 主要采用 2 min 风速的测量（早期风速测量时距不一，2 min、5 min、10 min 都有）（陈锡璋，1997）。在 TC 强度等级的划分上，JTWC 和 RSMC 采用 Saffir-Simpson 等级，而从 1949 年至今，STI 先后采用过三种标准（表 3.2）。

表 3.2　1949～2007 年西北太平洋热带气旋强度等级

STI 标准			Saffir-Simpson 标准	VMAX /(m/s)	MSLP /hPa
1949～1988 年	1989～2005 年	2006～2007 年			
热带低压	热带低压	热带低压	热带低压	<17.2	—
台风	热带风暴	热带风暴	热带风暴	17.2～24.2	—
台风	强热带风暴	强热带风暴	热带风暴	24.5～32.5	—
强台风	台风	台风	第一级台风	32.6～42.1	>980
强台风	台风	强台风	第二级台风	42.2～48.8	965～980
强台风	台风	超强台风	第三级台风	48.9～58.1	945～965
强台风	台风	超强台风	第四级台风	58.2～69.4	920～945
强台风	台风	超强台风	第五级台风	>69.4	<920

本节只分析同时记录在 JTWC、RSMC 和 STI 三种资料中的 TC 资料共有 TC。由于 RSMC 资料中不包含热带低压（tropical depression，TD），所以每一个共有 TC 在其生命史中 VMAX 都曾达到或者超过 17.2 m/s，其中包括热带风暴（tropical storm，TS）和台风（typhoon，TY）。图 3.13 给出了共有 TC 的年频数，分别占到 JTWC、RSMC、STI 的 94%、92% 和 88%，说明在这三种资料中共有 TC 占绝大部分。

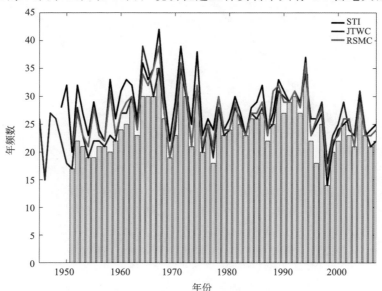

图 3.13　1945～2007 年西北太平洋热带气旋的年频数

图中蓝色实线表示 JTWC(1945～2007 年)，红色实线表示 RSMC(1951～2007 年)，

黑色实线表示 STI(1949～2007 年)，黄色柱表示共有 TC

1. 热带气旋中心位置和强度上的异同

1）中心位置

　　对 TC 中心的定位大多是通过观测云系上 TC 所具有的眼区或者螺旋雨带，计算其曲率中心来实现的，JTWC、RSMC 和 STI 采用的方法基本相同。从图 3.14 可见，三家机构记录的 TC 中心位置（包括纬度和经度）基本相同（散点大部分位于对角线附近）。总体而言，STI 与 RSMC 的 TC 中心经纬度比较接近，之间的平均绝对偏差小于 0.15°；而 STI 与 JTWC 的 TC 中心经度和纬度偏差稍大，分别为 0.22° 和 0.18°。但是相比西北太平洋上 TC 的平均大小 4.4°（Merrill，1984），JTWC、RSMC 和 STI 之间在 TC 中心位置上的差异很小，是基本相同的。

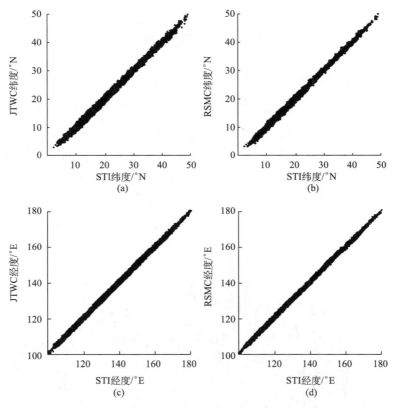

图 3.14　1951～2007 年 JTWC 与 RSMC 记录的共有 TC 中心位置同 STI 的比较散点图
（a）JTWC 纬度；（b）RSMC 纬度；（c）JTWC 经度；（d）RSMC 经度

2）近中心最大风速

　　VMAX 是衡量 TC 强度的一个重要指标，JTWC、RSMC 和 STI 在 VMAX 上存在较大差异（图 3.15）。平均来说，JTWC 资料中的 VMAX 比 STI 要大 3.5 m/s，而

RSMC 则要比 STI 小大约 0.5 m/s。但是三种资料中 VMAX 的关系比较复杂，如当 STI 中的 VMAX 为 40 m/s 时，JTWC 和 RSMC 中的 VMAX 范围分别为 15～70 m/s 和 18～50 m/s。虽然三种资料的 VMAX 之间并不是一一对应的，但可以通过最小二乘方法得到相互之间的统计关系，即

$$\text{VMAX}_{\text{STI}} = 1.98 \cdot \text{VMAX}_{\text{JTWC}}^{0.78} (2 \text{ min vs. } 1 \text{ min}) \qquad (3.1)$$

$$\text{VMAX}_{\text{RSMC}} = 2.56 \cdot \text{VMAX}_{\text{JTWC}}^{0.70} (10 \text{ min vs. } 1 \text{ min}) \qquad (3.2)$$

$$\text{VMAX}_{\text{STI}} = 0.85 \cdot \text{VMAX}_{\text{RSMC}}^{1.05} (2 \text{ min vs. } 10 \text{ min}) \qquad (3.3)$$

以上关系即为图 3.15 中的红色实线。同时，这里进行统计回归的 VMAX 在时距上是不同的，并没有参照其他研究中用乘以一个常数的方法将不同的时距转换为同一个时距（Kamahori et al.，2006；Kruk et al.，2008）。这是因为三种资料间的 VMAX 关系是非线性的。

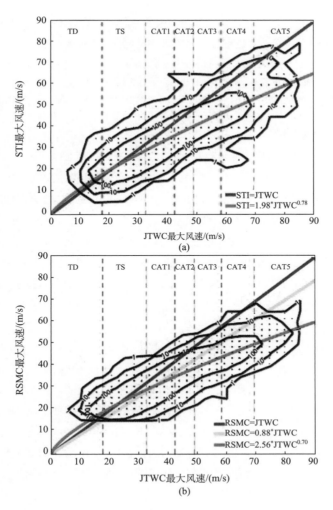

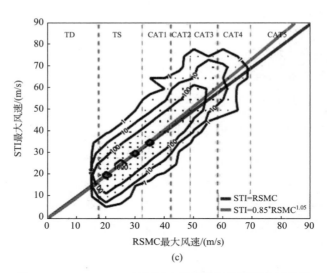

图 3.15　1977～2007 年不同来源热带气旋资料中记录的
共有 TC 近中心最大风速（VMAX）之比较散点图

(a)JTWC 与 STI；(b)JTWC 与 RSMC；(c)RSMC 与 STI

蓝色实线表示两种资料中的 VMAX 相同，黄色实线表示 Atkinson(1974)风速关系

（VMAX$_{RSMC}$＝0.88×VMAX$_{JTWC}$），红色实线通过两种资料的 VMAX 进行非线性回归得到，

且通过了可信度为 0.05 的 F 检验

　　从图 3.15 可见，当 TC 的强度超过 TY 等级（VMAX≥32.6 m/s）时，总体而言有关系 VMAX$_{JTWC}$＞VMAX$_{STI}$＞VMAX$_{RSMC}$。这个关系说明 JTWC 中记录的 TY 要比 RSMC 和 STI 资料中的强度更强。Wu 等(2006)也发现，当 VMAX 超过 51.4 m/s (100kt)时，JTWC 经常给出更高的强度估计。相反地，当 TC 的强度低于 17.2 m/s 时，一般有 VMAX$_{JTWC}$＜VMAX$_{STI}$［图 3.15(a)］和 VMAX$_{JTWC}$＜VMAX$_{RSMC}$［图 3.15 (b)］。利用船舶观测，Atkinson 发现 10 min 平均风速大约为 1 min 平均风速的 88%。然而，图 3.15(b)说明 VMAX$_{JTWC}$ 和 VMAX$_{RSMC}$ 是非线性的，Atkinson 的风速关系在 JTWC 和 RSMC 资料间并不适用。

　　由于不同机构对同一共有 TC 的强度估计有差别，所以共有 TC 在不同机构资料集中就被划分为不同的 Saffir-Simpson 等级。这里以 WNP 台风 Fengshen(2002 年)和热带风暴 Levi(1997 年)为例(图 3.16)。一方面，对于强度较强的 TC(如 Fengshen)，在其生成初期(15 日以前)和消亡期(25 日以后)，JTWC 记录的 VMAX 略小于 RSMC 和 STI；而在 Fengshen 的强盛期(17～23 日)，JTWC 记录的 VMAX 明显大于 RSMC 和 STI，存在关系 VMAX$_{JTWC}$＞VMAX$_{STI}$＞VMAX$_{RSMC}$；Fengshen 最强盛时 JTWC 记录的 VMAX 达到 72.5 m/s，比 RSMC 和 STI 的大 19.0 m/s。由于记录的最大 VMAX 不同，对于 Fengshen 的强度等级，JTWC 定为第五级台风（Category 5），而 RSMC 和 STI 则将其划分为第三级台风（Category 3）。另一方面，对于强度较弱的 TC(如 Levi)，JTWC 和 RSMC、STI 的差异较小，VMAX 最大偏差在 5 m/s 左右。对于 1977～2007

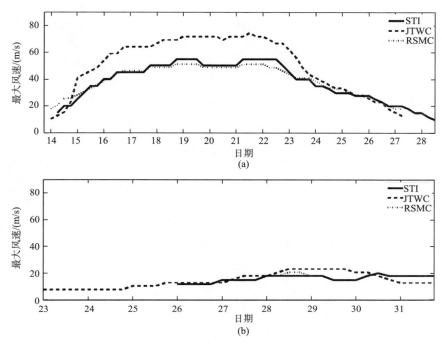

图 3.16　2002 年 7 月 13～28 日西北太平洋台风 Fengshen 的强度和 1997 年 5 月 23～31 日
西北太平洋热带风暴 Levi 的强度随时间的演变
（其中实线、虚线和点线分别代表 STI、JTWC 和 RSMC 资料）
（a）台风 Fengshen（2002 年）；（b）热带风暴 Levi（1997 年）

年的 TC 逐个分析，发现都存在与图 3.16 相似的结果（图略），可见三套资料之间
VMAX 的差异，主要是由强度较强的 TC（VMAX≥32.6 m/s）所造成的。这一结果与
Lander 和 Guard（2006）对台风 Mark（1995）分析后的结论相同。

3）中心最低气压

MSLP 是衡量 TC 强度的另一个指标。平均来说，STI 比 JTWC 高 8.89 hPa，而略低
于 RSMC。和 VMAX 一样，三套资料中的 MSLP 之间也不存在简单的一一对应关系。从
图 3.17 可见，总体而言，RSMC 和 STI 的 MSLP 基本一致。对于较强的 TC（MSLP＜980
hPa），有关系 $MSLP_{JTWC}<MSLP_{STI}\leqslant MSLP_{RSMC}$；而对于较弱的 TC（MSLP≥980 hPa），有
关系 $MSLP_{STI}<MSLP_{JTWC}$ 和 $MSLP_{RSMC}<MSLP_{JTWC}$。这与 VMAX 的关系一致，即对于较
强的 TC，JTWC 记录的 TC 强度要强于 RSMC 和 STI；反之，对于较弱的 TC，JTWC 的
强度要弱于 RSMC 和 STI。

造成 JTWC、RSMC 和 STI 资料间在 TC 强度估计上存在差异的主要原因可能是不
同机构使用的 TC 强度估测技术不同。如前文所述，即使采用的都是 Dvorak 技术，但
由于结合了一些地域特征及采用的平均风速时距（JTWC 为 1 min，RSMC 为 10 min，
STI 为 2 min）不同，在具体的技术细节上有差别。

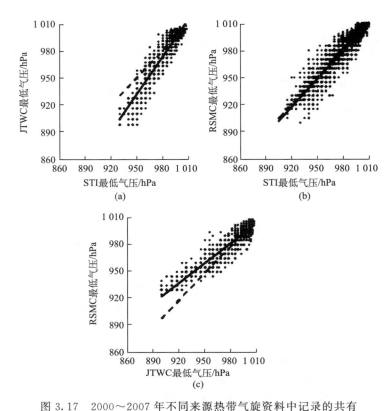

图 3.17　2000～2007 年不同来源热带气旋资料中记录的共有
TC 中心最低气压（MSLP）之比较散点图

(a)JTWC 与 STI；(b)RSMC 与 STI；(c)RSMC 与 JTWC

虚线表示两种资料中的 MSLP 相同，实线通过两种资料的 MSLP 进行线性回归得到，

且通过了可信度为 0.05 的 F 检验

4）资料间差异的年际变化

为了分析三套资料中 TC 中心位置和强度差异随时间的变化，定义了以下指数：

$$\Delta P = r_0 \cdot \cos^{-1} [\sin\varphi_1 \cdot \sin\varphi_2 + \cos\varphi_1 \cdot \cos\varphi_2 \cdot \cos(\lambda_1 - \lambda_2)] \tag{3.4}$$

$$\Delta V = \mathrm{VMAX}_1 - \mathrm{VMAX}_2 \tag{3.5}$$

式中，ΔP 为资料 1 和 2 之间的 TC 中心位置偏差，其用地表上两点(λ_1, φ_1)和(λ_2, φ_2)的球面距离计算得到；λ 和 φ 分别为 TC 中心的经度和纬度；r_0为地球半径（等于 $6.4 \times 10^3\,\mathrm{km}$）；$\Delta V$ 为资料 1～2 的 TC 强度（用 VMAX 来衡量）偏差。

从图 3.18 可见，一方面，任意两套资料间的 TC 中心定位平均偏差都小于 30 km，其中 RSMC 和 STI 的差异最小。而且 ΔP 随着时间逐渐减小，这验证了 TC 的中心定位技术在不断改进和逐步完善（Guard et al.，1992）。另一方面，从 1977 年开始，尽管 STI 和 RSMC 资料中的 TC 强度差异越来越小，但是 STI 和 JTWC 之间、RSMC 和 JTWC 之间的 TC 强度平均绝对误差（｜ΔV｜）不断增大。这说明了 RSMC 和 STI 资料

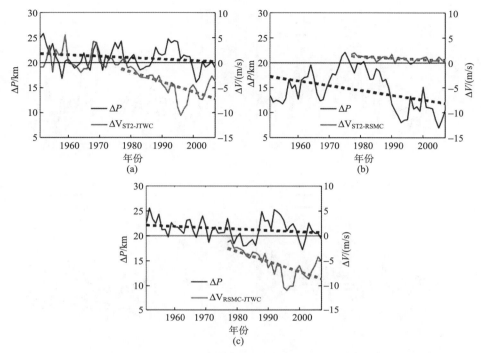

图 3.18　1951～2007 年不同资料间热带气旋的年平均中心位置偏差（ΔP）和强度偏差（ΔV）

其中蓝色和红色虚线分别表示 ΔP 和 ΔV 的趋势线，且都通过了可信度为 0.05 的 F 检验

（a）STI-JTWC；（b）STI-RSMC；（c）RSMC-JTWC

中的 TC 平均强度越来越弱于 JTWC 的强度，并在 20 世纪 90 年代中叶 | ΔV | 达到最大，超过了 10 m/s。这一现象很难用某一 TC 强度估测技术的发展和改进来解释，而恰恰是由前文提到的不同机构估测 TC 强度的技术细节不用造成的。

2. 热带气旋活动长期变化趋势的异同

1）不同等级热带气旋的年频数

如前文所述，一个共有 TC 有可能被 JTWC、RSMC 和 STI 划分为不同的强度等级，进而影响不同强度等级 TC 的年频数。图 3.19 给出了在 Saffir-Simpson 标准下不同强度等级的共有 TC 年频数。从中可见，对于 TD 和第一级 TY，1977～2007 年 JT-WC、RSMC 和 STI 资料中的年频数基本一致，相互之间的相关系数都超过了 0.8（通过了可信度为 0.01 的 T 检验）。

但是对第二、三级和第四、五级 TY 而言，JTWC、RSMC 和 STI 资料中的年频数出现了不同的趋势。首先，对于第二、三级 TY，JTWC 记录的较少，而 RSMC 和 STI 记录较多。1977～2007 年，JTWC、RSMC 和 STI 年频数平均变化率分别为 −0.10/a、0.08/a 和 0.08/a。其次，对于第四、五级 TY，JTWC 资料中记录的更多，且以平均每年 0.16 个速率逐渐增加。而 RSMC 和 STI 记录的较少，并且年频数有逐渐减少的趋

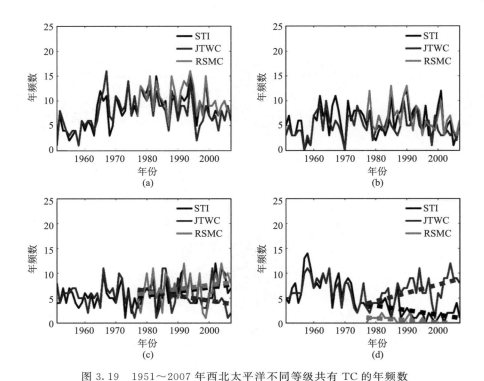

图 3.19　1951～2007 年西北太平洋不同等级共有 TC 的年频数
(a)热带风暴；(b)第一级台风；(c)第二、三级台风；(d)第四、五级台风
黑色、蓝色和红色实线分别代表 STI、JTWC 和 RSMC；黑色、蓝色和红色虚线为 1977～2007 年 STI、
JTWC 和 RSMC 的趋势线(通过最小二乘方法得到，且通过可信度为 0.05 的 F 检验)

势(−0.10/a 和−0.04/a)。JTWC 和 RSMC、STI 资料中出现了截然相反的年频数变化趋势，这说明一些记录在 RSMC 和 STI 中的第二、三级 TY 在 JTWC 资料中被划分为第四、五级 TY。

2) 不同等级热带气旋的潜在破坏力

Emanuel(2005)利用功率耗散指数(PDI)来研究近几十年来 TC 的潜在破坏力和 TC 活动。PDI 定义为强度在 TS 及其以上 TC(VMAX≥17.2 m/s)VMAX 的立方和。图 3.20 给出了 1977～2007 年 JTWC、RSMC 和 STI 资料中所有共有 TC 以及不同等级共有 TC 的 PDI 变化趋势。一方面，JTWC、RSMC 和 STI 记录的 PDI 变化趋势对于 TS 和第一级 TY、第二、三级 TY 是基本一致的[图 3.20(b)、(c)]，前者变化幅度很小，后者有微弱的增加趋势。另一方面，JTWC 记录的第四、五级 TY 的 PDI 呈现明显的增大趋势，相反的 RSMC 和 STI 则表现出微弱的减小趋势[图 3.20(d)]。而所有共有 TC 的 PDI 变化趋势与第四、五级 TY 的相同，也表现为 JTWC 明显增大，RSMC 和 STI 微弱减小[图 3.20(a)]。无论从 PDI 的大小上还是 PDI 的趋势上，都说明了第四、五级 TY 的 PDI 变化趋势主导了所有 TC 的变化趋势。

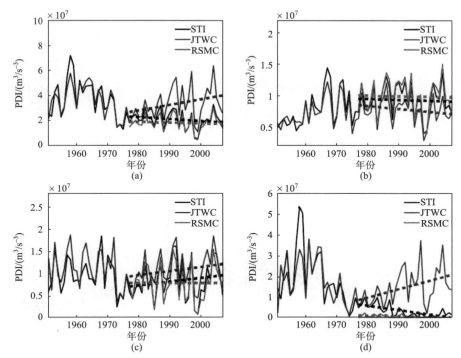

图 3.20　1951～2007 年西北太平洋不同等级共有 TC 的功率耗散指数（PDI）

(a)所有 TC；(b)热带风暴和第一级台风；(c)第二、三级台风；(d)第四、五级台风

黑色、蓝色和红色实线分别代表 STI、JTWC 和 RSMC；黑色、蓝色和红色虚线为 1977～2007 年 STI、

JTWC 和 RSMC 的趋势线（通过最小二乘方法得到，且通过可信度为 0.05 的 F 检验）

因为 PDI 与 TC 年频数、TC 累积持续时间密切相关（Wu et al.，2008），所以可以计算不同等级共有 TC 的持续时间。TC 的累积持续时间定义为 TC 在某一强度维持的时间总和。从图 3.21 可见，尽管对于所有 TC 而言，JTWC、RSMC 和 STI 资料中的累积持续时间基本相同，但是具体到某一强度等级还是存在差异的。从 1977～2007 年的趋势来看，TS 和第一级 TY 的累积持续时间在三套资料中都是微弱减少的，而第二、三级 TY 则都是逐渐增加的。但是对于第四、五级 TY，JTWC 的累积持续时间呈现显著增加趋势，而 RSMC 和 STI 则表现出减少的趋势。更进一步讲，不同资料中第四、五级 TC 累积持续时间的变化趋势导致了其 PDI 不同的变化趋势。

本节比较了 1945～2007 年记录在 JTWC、RSMC 和 STI 中的 WNP 共有 TC，分析了三套资料在 TC 中心位置、近中心最大风速、中心最低气压上的异同和由其造成的对 TC 年频数和 TC 活动长期趋势的影响。

本节发现虽然 JTWC、RSMC 和 STI 资料在 TC 中心位置上均小于 30 km，而且由于定位技术的进步，资料间的差异在逐渐减小，但是三套资料中在 TC 强度上存在较大差异。总体来说，无论是 TC 的近中心最大风速还是中心最低气压；对于 TY 而言，JTWC 估计的强度要强于 RSMC 和 STI；而对于 TD 而言，JTWC 估计的强度要弱于 RSMC 和 STI。Atkinson 指出，10 min 平均风速大约为 1 min 平均风速的 88%，但这

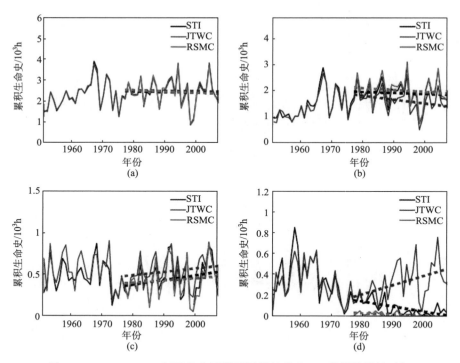

图 3.21　1951~2007 年西北太平洋不同等级共有 TC 的累计持续时间

(a)所有 TC；(b)热带风暴和第一级台风；(c)第二、三级台风；(d)第四、五级台风

黑色、蓝色和红色实线分别代表 STI、JTWC 和 RSMC；黑色、蓝色和红色虚线为趋势线

一关系并不适用于 JTWC 和 RSMC 资料。取而代之的，文中提出了一种 JTWC 和 RSMC 中 VMAX 的非线性关系，即 $VMAX_{RSMC} = 2.56 \cdot VMAX_{JTWC}^{0.70}$。三套资料中 TC 强度的如上差异，主要是由估测 TC 强度具体技术的不同导致的。

　　JTWC、RSMC 和 STI 在 TC 强度上的差异可以影响 TC 的年频数和 TC 的潜在破坏力(用 PDI 来衡量)。通过对 1977~2007 年共有 TC 活动长期趋势的研究发现，尽管三套资料中 TS 和第一级 TY 的年频数基本相同，但是对于第二级及其以上 TY 的年频数差异明显。在 JTWC 资料中，第二、三级 TY 的年频数和 PDI 都呈减小的趋势，而第四、五级 TY 的年频数显著增加、PDI 显著增大。但是截然相反的，在 RSMC 和 STI 资料中，第四、五级 TY 的年频数和 PDI 都呈下降的趋势。共有 TC 在不同资料中出现的这种趋势差异性，与已有对所有 TC 的研究中的结论是一致的(Wu et al.，2006；Yeung，2006)。这再一次验证了 TC 强度逐渐增强这一趋势只存在于 JTWC 资料中，整合现有不同机构记录的 TC 资料是非常必要的。

3.1.3　我国早期热带气旋资料存在的风速高估问题及其修正方法

　　TC 强度是 TC 的一个重要观测指标。Curry 等指出，20 世纪 70 年代的 TC 资料质量较差，而此之前的 TC 资料可信度更低。为了解决早期 VMAX 高估的问题，在相关分析前 WNP 的 TC 资料经常要进行修正。一种简单的方法是直接通过统计关系修正 VMAX。例如，Emanuel 通过比较早期 TC 资料中 VMAX 和侦查飞机观测资料中风速的关系，针对 WNP 的美国联合台风警报中心资料提出的修正方案为

$$v' = \sigma v + 0.1884 \times (1 - \sigma) \times v^{1.288} \tag{3.6}$$

式中，v 和 v' 分别为修正前后的 VMAX；σ 为权重系数（1967 年以前 σ 取 0.4，1968～1972 年 σ 取 0.8）。这种方法的缺点在于修正后的 VMAX 只与修正前的风速有关，而忽略了与 TC 强度可能相关的其他要素，如 TC 所处纬度、TC 的 MSLP 等。

　　针对这一缺陷，本节利用 TC 中的风-压关系（wind-pressure relationship，WPR）来修正早期的 TC 资料。修正时除参考 TC 中心位置外，主要是基于 TC 资料中的 MSLP。这是因为 TC 中气压的测量和估计要比风速的精度更高（Murnane，2004）。

1. 热带气旋中的风-压关系

　　TC 是大气中强烈的涡旋运动，等压线具有较大的曲率。早期考虑 TC 中 VMAX 和 MSLP 的关系时，认为科氏力、摩擦力等的作用较小，往往忽略其贡献，而只考虑气压梯度力和离心力两个力的平衡，即旋衡风关系［cyclostrophic balance；图 3.22（a），表 3.3］：

$$V = K \cdot (p_0 - p_c)^n \tag{3.7}$$

式中，V、p_0 和 p_c 分别为 VMAX、TC 外围环境气压和 MSLP；K 和 n 都为经验常数。式（3.7）最早由 Takahashi（1939）提出。表 3.3 给出了在过去研究中提出的 WNP 上 TC 的风-压关系。从表 3.3 中可以看出，早期式（5.7）中的 n 取为 0.5，这代表严格的旋衡风关系；而常数 K 通过对 TC 历史数据进行统计回归得到（Takahashi，1939，1952；McKnown and Collaborators，1952；Fletcher，1955）。为了更准确地反映 TC 中的风-压关系，以后的研究精力主要放在 K 和 n 的描述上。一方面，为了考虑 TC 所处纬度的影响，将 K 设计成能够随着纬度的增加而线性地减小（Fortner，1958；Seay，1964），或者将 K 与 TC 的尺度参数联系起来（Holland，1980）。另一方面，重新调整 n 的大小，使其能在不同的 TC 强度下都能对 TC 数据给出很好的拟合（Atkinson and Holliday，1977；Shewchuk and Weir，1980；Guard and Lander，1996）。

　　然而，式（3.7）只在科氏力相比气压梯度力和离心力很小的情况下适用。当 TC 移动到较高纬度时，科氏力的影响变得更加显著，这时旋衡风关系就不再适用。Knaff 和 Zehr（2007）利用 TC 资料、再分析资料和数值分析，对大西洋 TC 中的风-压关系进行了检验，发现考虑了科氏力的作用等贡献后，估计的 TC 中 MSLP 和 VMAX 的平均误差从 7.7 hPa 和 4.5 m/s 分别减小到 5.3 hPa 和 3.2 m/s。Willoughby（1995）指出，相比 TC 中旋衡风关系，梯度风平衡（gradient wind balance）关系是一种更好的近似。在实际应用中，气压梯度力、离心力和科氏力三者建立的梯度风平衡关系［图 3.22（b），表 3.3］可以近似表示为

$$V^2 = K^2 (p_0 - p_c) - \lambda f V \tag{3.8}$$

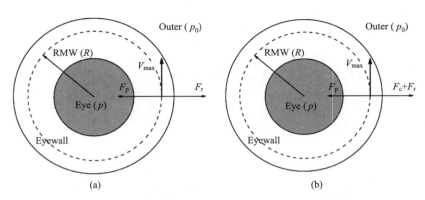

图 3.22　热带气旋中的旋衡风关系和梯度风平衡关系

(a)旋衡风关系；(b)梯度风平衡关系

其中 F_p、F_r 和 F_c 分别为气压梯度力、离心力和科氏力，p 和 p_0 分别为中心最低气压
和外围气压，V_{max} 为近中心最大风速，R 为最大风速半径(radius of maximum wind)

式中，$f(=2\Omega\sin\theta)$ 为科氏参数；Ω 为地球自转角速度；λ 为经验参数，可以看作是
TC 中最大风速半径。参数 K 与 λ 也通过统计回归的方法得到。

表 3.3　西北太平洋热带气旋近中心最大风速(10 min 平均风速)和中心最低气压的关系

作者	参数		
	K	p_0/hPa	n
Takahashi(1939)	6.08	1 010	0.5
Takahashi(1952)	5.22	1 010	0.5
McKnown(1952)	6.80	1 010	0.5
Fletcher(1955)	7.26	1 010	0.5
Fortner(1958)	$9.2-\theta/11$	1 010	0.5
Seay(1964)	$8.7-\theta/11$	1 010	0.5
Atkinson 和 Holliday(1977)	3.04	1 010	0.644
Subbaramayya 和 Fujiwhara(1979)	5.62	10 10	0.5
Lubeck 和 Shewchuk(1980)	3.69	1 010	0.572
Shewchuk 和 Weir(1980)	3.04	1 010	0.644
Holland(1980)	$(B/\rho_e)^{1/2}$	p_0	0.5
Guard 和 Lander(1996)	7.96	1 010	0.435

注：θ 为中心纬度；B 为尺度参数；ρ 为空气密度；e 为自然对数的底

2. 资料和方法

本节所用的资料取自美国联合台风警报中心(JTWC)、日本区域专业气象中心(RSMC)
和中国上海台风研究所(STI)的 TC 最佳路径数据集(表 3.4)。本书中使用 1951～2007 年

RSMC 和 STI 资料，以及 2001～2007 年 JTWC 资料来得到以下风-压关系式：

方案 1：
$$V = K_1 (p_0 - p_c)^{0.5} \tag{3.9}$$

方案 2：
$$V = (K_2 - \theta/a_2)(p_0 - p_c)^{0.5} \tag{3.10}$$

方案 3：
$$V = K_3 (p_0 - p_c)^{n_3} \tag{3.11}$$

方案 4：
$$V^2 + b_4 (2\Omega \sin\theta)V = K_4^2 (p_0 - p_c) \tag{3.12}$$

式中，V 为 VMAX；p_c 为 MSLP；p_0 为外围环境气压，并且参照已有研究取其为 1010 hPa；Ω 为地球自转角速度；θ 为 TC 中心所处纬度。其他 7 个参数 K_1、K_2、K_3、K_4、a_2、n_3 和 b_4 通过统计回归技术得到。

不同于一些适合于 TC 任意半径处的风-压关系(Holland，1980)，式(3.9)～式(3.12)只在 TC 的最大风速半径上成立，并且满足以下假设：对于所有 TC：①气压梯度力可以通过 MSLP 和外围环境气压(1 010 hPa)之间的差别来近似；②海表面空气密度为常数；③最大风速半径为常数，且隐含在方案 1～方案 3 中，在方案 4 中即为参数 b_4。

方案 1～方案 4 的优劣可以通过风速估计的均方根误差(root mean square error，RMSE)来衡量，即

$$\text{RMSE} = \sqrt{\frac{1}{N} \sum_{i=1}^{N} (V_i - \hat{V}_i)^2} \tag{3.13}$$

式中，N 为样本总数；V_i 和 $\hat{V}_i$ 分别为原始的 VMAX 和采用风-压关系估计的 VMAX。

表 3.4　三套西北太平洋热带气旋最佳路径数据集中记录量的起始时间

监测机构	中心经纬度	近中心最大风速	中心最低气压
美国联合台风警报中心(JTWC)	1945 年	1945 年	2001 年
日本区域专业气象中心(RSMC)	1951 年	1977 年	1951 年
中国上海台风研究所(STI)	1949 年	1949 年	1949 年

3. 风-压关系的比较

1）风-压关系相关参数的年际变化

图 3.23～图 3.26 给出了 TC 风-压关系的 4 种方案中各个参数的年际变化。表 3.5 给出了这些参数的累年平均值、标准差和变异系数(定义为标准差和平均值的比例)。因为 TC 风-压关系是由 TC 自身决定的，如果某一方案是合适的，其年际变化理应很小。一方面，从 1977～2007 年，三套资料 K_1 的年际变化均较小，K_1^{JTWC}、K_1^{RSMC} 和 K_1^{STI} 的变异系数都在 10^{-2} 量级，说明方案 1 是适用的。同时在这一时期，平均而言，存在关系 $K_1^{\text{JTWC}} > K_1^{\text{STI}} > K_1^{\text{RSMC}}$。因为方案 1 中，VMAX 只由 MSLP 一个量确定，所以上述关系表明，对于同样的 MSLP，三套资料间存在关系 $\text{VMAX}^{\text{JTWC}} > \text{VMAX}^{\text{STI}} > \text{VMAX}^{\text{RSMC}}$。这与上一节的结果一致。另一方面，从 STI 资料可以看出，1977 年以前

的 K_1 值不仅年际变化较大，而且 K_1 的平均值明显大于 1977 年以后的。对于相同的 MSLP，STI 在早期估计的 VMAX 要强于 1977 年以后的。这显然是由早期 TC 资料的质量较差造成的，同时也反映出 VMAX 经常被高估的问题。

方案 2 和方案 3 都是为了改进方案 1 而提出的，在式(3.9)中前者通过改进 K 来实现，而后者则采用修正 n 的方法。从表 3.5 可见，尽管 K_2 和 n_3 的年际变化较小(变异系数均为 10^{-2} 量级)，但是 a_2 和 K_3 的变异系数达到了 10^{-1} 量级，说明这两个参数存在比较明显的年际差异，进而表明采用方案 2 和方案 3 反映的 TC 风-压关系是不稳定的。除此之外，在图 3.24(b)中，1977～2007 年 a_2^{RSMC} 和 a_2^{STI} 恒为正值，而 a_2^{JTWC} 则始终为负。在方案 2 中，VMAX 是 MSLP 和 TC 中心纬度的函数，上述结果表明，对于具有相同 MSLP 的 TC，RSMC 和 STI 给出的 VMAX 估计值随着 TC 中心纬度的增加而减小，而 JTWC 估计的 VMAX 则随着 TC 中心纬度的增加而增大。这种差异性反映出 TC 活动的不同特征，其原因很有可能是方案 2 的欠合理性。

反观在梯度风平衡关系上建立的方案 4，式(3.12)中两个参数 K_4 和 b_4 的年际变化都较小，变异系数均为 10^{-1} 量级，这说明方案 4 是稳定的。同时，三套资料反映的 TC 最大风速半径的估计值(b_4)都在 $10^2\mathrm{km}$ 量级，可以作为西北太平洋上 TC 的大小尺度。

总体来看，在 STI 资料中，4 种方案中的各个参数在 1977 年以前表现出较大的年际变率，$K_1\sim K_4$ 的平均值也明显高于 1977～2007 年。这验证了早期 TC 资料存在较大的误差，在进行 TC 活动长期变化趋势研究中必须首先进行 TC 资料的修正。

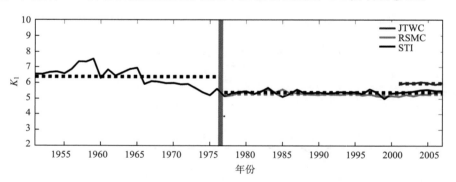

图 3.23　1951～2007 年方案 1 $[V=K_1(p_0-p_c)^{0.5}]$ 中参数 K_1 的年际变化

其中虚线为累年平均值

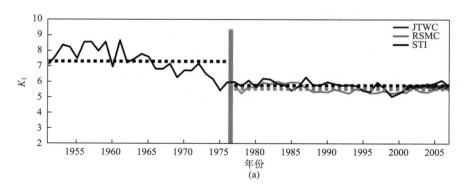

(a)

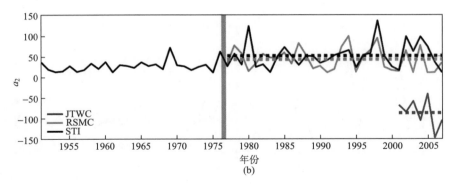

图 3.24　1951~2007 年方案 2 $[V=(K_2-\theta/a_2)(p_0-p_c)^{0.5}]$ 中参数 K_2 和 a_2 的年际变化
其中虚线为累年平均值

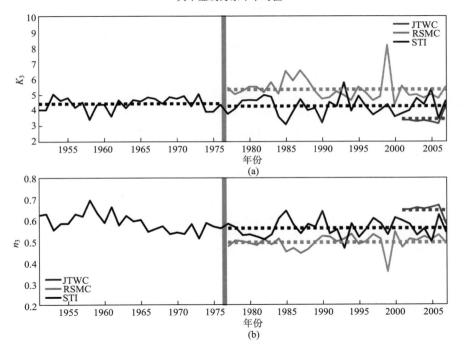

图 3.25　1951~2007 年方案 3 $[V=K_3(p_0-p_c)^{n_3}]$ 中参数 K_3 和 n_3 的年际变化
图中虚线为累年平均值

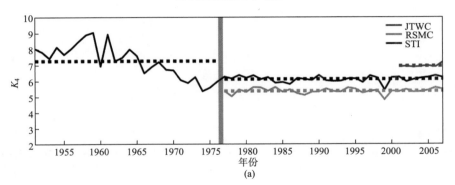

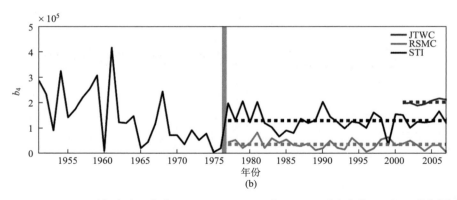

图 3.26　1951～2007 年方案 4 $\left[V^2 + b_4(2\Omega\sin\theta)V = K_4^2(p_0 - p_c)\right]$中参数 K_4 和 b_4 的年际变化

图中虚线为累年平均值

表 3.5　西北太平洋风-压关系 4 种方案中各参数的累年平均值、标准差和变异系数

参数	项目	JTWC	RSMC	STI
		2001～2007 年	1977～2007 年	1977～2007 年
K_1	平均值	5.97	5.30	5.39
	标准差	0.06	0.12	0.14
	变异系数	0.01	0.02	0.03
K_2	平均值	5.70	5.53	5.75
	标准差	0.14	0.24	0.27
	变异系数	0.02	0.04	0.05
a_2	平均值	-87.18	42.49	51.36
	标准差	35.49	26.82	30.14
	变异系数	-0.41	0.63	0.59
K_3	平均值	3.41	5.36	4.25
	标准差	0.38	0.73	0.62
	变异系数	0.11	0.14	0.15
n_3	平均值	0.65	0.50	0.56
	标准差	0.03	0.04	0.04
	变异系数	0.05	0.07	0.07
K_4	平均值	6.97	5.39	6.15
	标准差	0.11	0.17	0.20
	变异系数	0.02	0.03	0.03
b_4	平均值	2.03×10^5	0.37×10^5	1.31×10^5
	标准差	0.10×10^5	0.02×10^5	0.12×10^5
	变异系数	0.05	0.06	0.09

2）四种风–压关系拟合结果比较

图 3.27 给出了三套资料中 VMAX 和 MSLP 的散点频数图。从图 3.27 中可见，4 种方案都能在一定程度上反映 TC 中的风–压关系，随着 MSLP 的减小，VMAX 单调的增加。一方面，对于 RSMC 资料，4 种方案的风–压曲线基本重合，相互之间的差异很小。另一方面，对于 JTWC 和 RSMC 资料，当 TC 强度较弱（第三级台风以下，VMAX ＜48.8 m/s）的时候，方案 1～方案 4 偏差较小；而在 TC 强度很强（第三级台风及其以上，

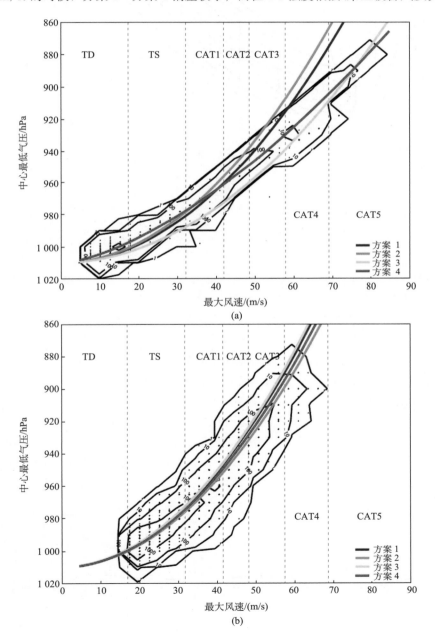

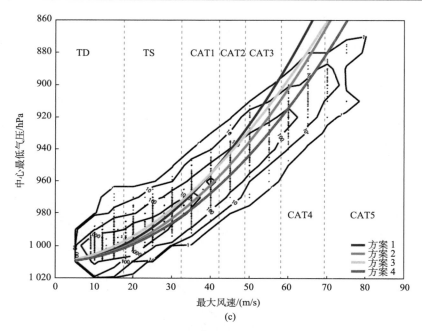

(c)

图 3.27　三套 TC 资料中的中心最低气压和近中心最大风速的散点频数分布图

(a)2001～2007 年 JTWC 资料，样本数为 5 800；(b)1977～2007 年 RSMC 资料，

样本数为 19 068；(c)STI 资料，样本数为 27 867

蓝色、绿色、黄色、红色分别代表方案 1～方案 4。对于方案 2 和方案 4，θ 取样本中 TC 中心纬度的平均值

VMAX≥48.8 m/s)的条件下，4 种方案间存在明显差异。具体来说，在 JTWC 资料中，方案 1 和方案 2 对于第三级台风及其以上等级的 TC 不再适用，而方案 3 和方案 4 在此情况下依然拟合得很好。相比较，在 STI 资料中，对于第三级和第四级台风，方案1～方案 3 拟合的风-压关系和观测相比存在较大偏差，仅有方案 4 可用；而对于最强盛的第五级台风，4 种方案都无法准确捕捉 VMAX 和 MSLP 的关系。

从图 3.28 中可以看出，对于 JTWC 资料，方案 4 的误差明显小于其他 3 种方案，VMAX 估计误差最大不超过 3 m/s。而对于 RSMC 和 STI 资料，首先当 TC 强度较弱(VMAX<50 m/s)时，4 种方案之间的差别很小。其次，随着 TC 强度的进一步增强，4 种方案的估计误差都逐渐增大，误差大小可以达到 10 m/s。这一方面是由较强盛 TC 的样本较少造成的；另一方面说明 4 种方案仍不很精确。尽管如此，方案 4 的 VMAX 估计误差仍是最小的。

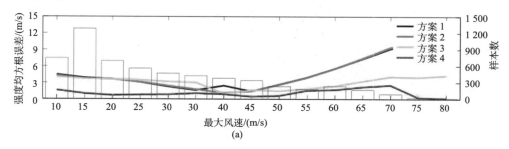

(a)

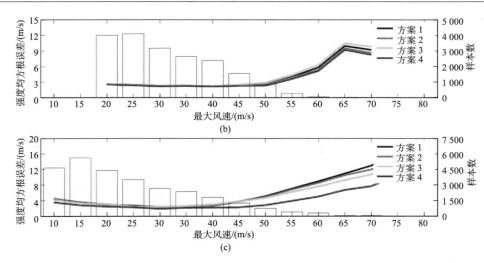

图 3.28　利用 4 种方案估计的 TC 近中心最大风速的均方根误差随 TC 强度的变化

(a)JTWC(2001～2007 年)；(b)RSMC(1977～2007 年)；(c)STI(1977～2007 年)

衡量 4 种方案准确与否的另一个参考是 VMAX 的估计误差是否随 TC 中心纬度的变化而变化。从图 3.29 可见，对于 JTWC 资料，方案 4 的 VMAX 估计误差仅为 1 m/s 左右，明显小于其他 3 种方案，并且误差大小基本不随纬度而变化。对于 RSMC 资料，4 种方案的 VMAX 估计误差基本相同。当 TC 中心处于较低纬度(<5° N)时误差达到 12 m/s，

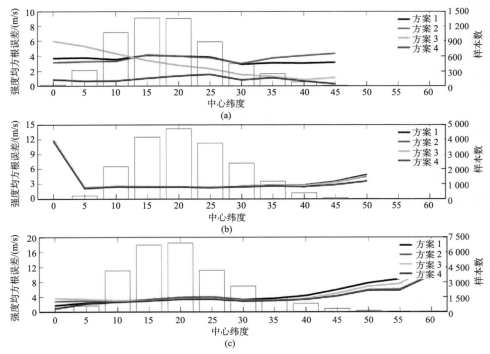

图 3.29　利用 4 种方案估计的 TC 近中心最大风速的均方根误差随 TC 中心纬度的变化

(a)JTWC(2001～2007 年)；(b)RSMC(1977～2007 年)；(c)STI(1977～2007 年)

这很可能是由样本数(仅有 3 例)较少造成的(总样本数为 19 068 例)。对于 STI 资料,在 TC 中心位于 35°N 以南时,4 种方案的 VMAX 估计误差基本一致。TC 越向北移,4 种方案的估计误差都增大,但方案 4 的误差略小于方案 1~方案 3。当 TC 中心移过 55°N 以后,误差超过了 10 m/s,这也可能是受样本数较少的影响(占总样本数的 1‰ 不到)。

综上所述,因为方案 4 无论在年际变化的稳定性上,还是在 VMAX 的拟合结果上,都有明显优势,所以本节可以利用方案 4 对 1951~1976 年 STI 资料中的 VMAX 进行修正,同时由于 RSMC 资料在 1951~1976 年仅有 MSLP 的记录而无 VMAX 记录,因此能够采用方案 4 对其进行补充。STI 和 RSMC 的 VMAX 估计公式分别为

$$\hat{V}_{\text{STI}} = -9.7\sin\theta + \sqrt{94.7\sin^2\theta + 38.0(p_0 - \text{MSLP}_{\text{STI}})} \qquad (3.14)$$

$$\hat{V}_{\text{RSMC}} = -1.3\sin\theta + \sqrt{1.8\sin^2\theta + 29.3(p_0 - \text{MSLP}_{\text{RSMC}})} \qquad (3.15)$$

式中,$\hat{V}_{\text{STI}}$ 和 $\hat{V}_{\text{RSMC}}$ 为采用方案 4 估计的 VMAX。而 JTWC 在 2001 年以前没有 MSLP 的记录,故这里不对 JTWC 资料进行修正。

4. 修正后热带气旋活动的特征

1) 不同等级热带气旋的年频数

一方面,对于 STI 资料而言,基于 MSLP 和 TC 中心纬度、利用式(3.15)对 1951~1976 年的 VMAX 进行重新估计后,最明显的特征是修正后的 VMAX 比原先有不同程度的减小,风速高估的问题得到了解决。从表 3.6 可见,尽管对于热带低压和热带风暴而言,修正前后 TC 强度等级变化不大,但是原来记录在 STI 资料中 50% 以上的台风(CAT1~5)经过修正后强度都降低了。尤其针对原始资料中的第五级台风,修正后全部低于这个强度等级。例如,台风 Ida(1958 年)在 1958 年 9 月 24 日 00 时具有 110 m/s 的 VMAX,这也是修正前 STI 资料中所记录的最强的 TC 强度。但是经过修正后,基于其 MSLP(878 hPa)和中心纬度(18°N),VMAX 为 68 m/s。因此,Ida 也由第五级台风重新划分为第四级台风。

表 3.6 STI 资料中 1951~1976 年通过方案 4 修正前后不同等级热带气旋的样本数

项目		修正后						
		TD	TS	CAT1	CAT2	CAT3	CAT4	CAT5
修正前	TD	148	31					
	TS	82	230	6				
	CAT1		93	72	3	1		
	CAT2		10	35	5	2		
	CAT3		5	45	28	8		
	CAT4		1	13	26	30	11	
	CAT5			13	53	45		

　　图 3.30、图 3.31 给出了修正前后 1951～2007 年不同等级 TC 年频数变化。从中可见，修正后 1951～1976 年热带风暴的年频数增加了，而第四、五级台风的年频数减少了，这是新估计的 VMAX 相比之前变小的结果。修正前后年频数的变化也导致了其长期趋势的变化。尽管 1951～2007 年热带低压和第一、二、三级台风的年频数演变趋势在修正前后变化不大，但是热带风暴的年频数由修正前的增加趋势(0.02/a)变为修正后的减少趋势(−0.15/a)。同时第四、五级台风的年频数趋势修正后虽然仍为减少趋势(−0.01/a)，但没有修正前的趋势显著(−0.15/a)。

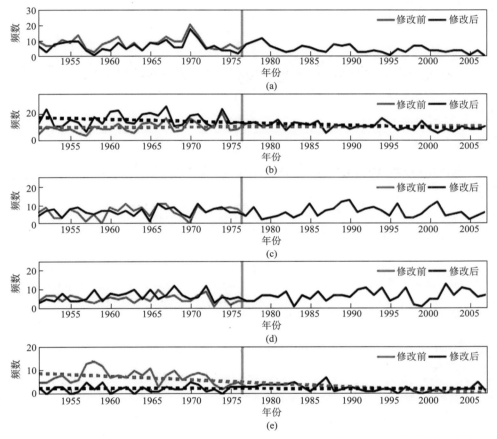

图 3.30　修正前后的 1951～2007 年 STI 资料中不同等级热带气旋的年频数及其趋势
(a)热带低压；(b)热带风暴；(c)第一级台风；(d)第二、三级台风；(e)第四、五级台风
红色、黑色虚线分别为修正前后 1951～2007 年的年频数趋势

　　另一方面，利用式(3.15)对 1951～1976 年的 RSMC 资料补充后，可以看出不同等级 TC 年频数在过去 57 年间的强度变化趋势与补充前 1977～2007 年的变化趋势基本一致。对于备受人们关注的第四、五级台风的年频数演变趋势，修正前为−0.04/a，修正后减小幅度变小，为−0.01/a。不管是 STI 资料还是 RSMC 资料，经过修正和补充后，1951～2007 年第四、五级台风没有表现出增加的趋势。

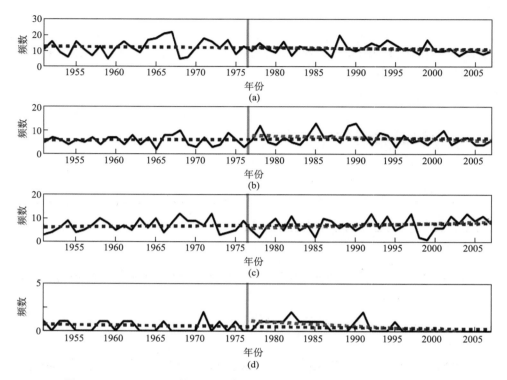

图 3.31　1951～2007 年 RSMC 资料中不同等级热带气旋的年频数及趋势

(a)热带风暴；(b)第一级台风；(c)第二、三级台风；(d)第四、五级台风

1951～1976 年的热带气旋的近中心最大风速通过方案 4 估计得到，并照此划分强度等级。

红色、蓝色虚线分别表示补充前 1977～2007 年年频数趋势和补充后 1951～2007 年年频数趋势

2）不同等级热带气旋的潜在破坏力

本节使用 Emanuel(2005)提出的功率耗散指数（power-dissipation index，PDI）来衡量 TC 的潜在破坏力。PDI 定义为

$$\text{PDI} = \sum_1^N \text{VMAX}^3 \qquad (3.16)$$

式中，N 为 VMAX 超过 17.2 m/s 的次数。从图 3.32 可见，对于 STI 资料，修正前 PDI 表现出显著的减小趋势（$-6.7 \times 10^5 \text{m}^3 \text{s}^{-3} \text{a}^{-1}$）。但是，修正后 STI 资料中的 PDI 没有明显的增大或者减少的趋势，这也可以从补充后的 RSMC 资料中得到反映。

本节采用了 4 种 TC 风-压关系的方案，其中方案 1～方案 3 是基于旋衡风关系上的，而方案 4 则是建立在梯度风平衡关系上的。4 种方案中的经验参数通过对 2001～2007 年 JTWC 资料、1977～2007 年 RSMC 资料和 1977～2007 年 STI 资料进行最小二乘回归得到。通过对这些经验参数的分析表明，方案 1 和方案 4 中的参数（K_1、K_4、b_4）变异系数在 10^{-2} 量级，年际变化很小；而方案 2 中的 a_2 和方案 3 中的 K_3 变异系数达到了 10^{-1} 量级，有较大的年际差异。因此，方案 1 和方案 4 更加合理，因为它们基本不随时间的演变而变化。

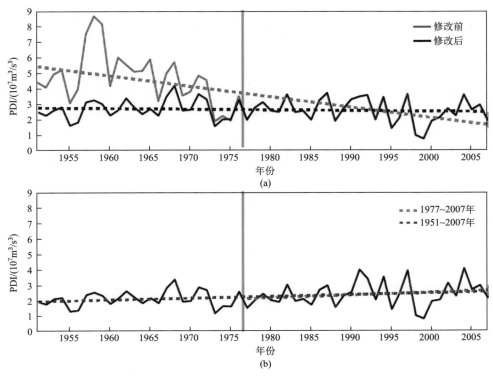

图 3.32　1951～2007 年修正前后 STI 资料和补充后 RSMC 资料中
热带气旋功率耗散指数的年变化曲线
（a）STI；（b）RSMC
其中虚线为长期变化趋势

更进一步地，对 4 种方案的 VMAX 拟合误差分析表明，对于 RSMC 资料，4 种方案之间没有显著差别，当 TC 强度增强时，VMAX 的拟合误差都增大。对于 JTWC 资料，方案 4 的 VMAX 拟合误差是最小的，仅为 1 m/s 左右，且误差曲线基本不随 TC 中心纬度或者 TC 强度的变化而变化；方案 1～方案 3 的误差会随着 TC 强度的增强而显著增加。对于 STI 资料，当 TC 强度较弱（VMAX<50 m/s）或 TC 中心位置偏南（纬度小于 35°N）时，4 种方案的误差基本相同；而当 TC 强度进一步增强、位置进一步偏北时，方案1～方案 4 的误差都表现出增加的趋势，尽管如此，方案 4 的误差是 4 种方案中最小的。总体而言，方案 4 比其他 3 种方案更合理、拟合误差也更小，这主要是因为方案 4 采用了更准确反映 TC 动力约束的梯度风平衡关系。

由于方案 4 的优越性，因此可以利用 TC 的中心纬度和 MSLP、通过方案 4 来对早期 TC 资料进行修正和补充。对修正后的 1951～2007 年 STI 资料和补充后的 1951～2007 年 RSMC 资料的分析说明，关注最多的第四、五级台风的年频数表现出逐渐减少的趋势、但并不明显，STI 和 RSMC 均为－0.01/a。而 TC 的 PDI 在这 57 年间的变化趋势也不明显，TC 的潜在破坏力没有明显的增加或者减少的趋势。这与 Emanuel（2005）30 多年来 TC 强度增强的结论是不同的，说明从更长的时间尺度来看，TC 活动依然维持在一定的强度水平，显著的变化趋势并不存在。

3.2　登陆台风边界层观测与理论研究

近年来，随着热带气旋(TC)和其带来的极端灾害天气频发，TC强度以及其致灾因素的研究，也越来越受到科学家的关注。而边界层在TC的生成和发展中起到举足轻重的作用，其中海洋与大气交界面上的热量和动量交换是TC发展和维持的重要因素。除此以外，TC边界层结构能够有效调制近地面风速，是造成地面破坏型风速变化的主要原因之一。而随着我国对TC边界层第一手观测资料的不断增多，TC边界层结构和湍流特征的研究得以更好地开展。有鉴于此，本节主要探讨和分析以下三方面的内容：①如何反演TC条件下海气动量交换参数以及其对台风强度和边界层结构的影响；②不同TC强度、下垫面条件下的阵风情况和湍流特征；③TC近地面强风的阵性与相干结构。

3.2.1　登陆台风边界层观测资料介绍及处理

1. 登陆TC边界层观测资料介绍

1) 观测仪器与风塔情况

本节所使用数据由超声风速仪、气象塔与风能风塔观测系统所综合得出，它们的数据采集频率、方式、性能均能满足台风强风条件下的边界层观测要求。主要包括以下几种仪器设备：①CSAT3d型三位超声风速仪；②Windmaster Pro型三位超声风速风向仪；③NRG-Symphonie型杯式测风仪。其中前两个超声风速仪的采样频率均为10Hz，而HRG杯式测风仪的采样频率为1Hz。

为了研究不同登陆台风以及相同登陆台风不同阶段和区域的近地层湍流特征，本节选

图 3.33　观测点分布图
a 为陆丰田尾山；b 为汕尾大德山 1；c 为汕尾大德山 2；d 为珠海三角岛；
e 为珠海横琴；f 为珠海黄杨山；g 为茂名崎仔岛

取了以下 7 个观测点所观测的,并且具有明显台风风场特征的资料进行分析。具体观测点与风塔情况如图 3.33 所示,其中珠海三角岛与茂名峙仔岛为气象铁塔而其余则为风能风塔。

2) 0812 号台风"鹦鹉"

2008 年 12 号台风"鹦鹉"(Nuri)于 2008 年 8 月 18 日 8 时(UTC+8,本节中所涉时间均为北京时间,下同)在菲律宾以东洋面生成,19 日 2 时加强为台风,于 22 日 16 时 55 分在香港西贡沿海登陆,登陆时中心附近最大风力 12 级(32.7 m/s)。之后台风继续向西北方向移动,19 时减弱为强热带风暴,并于当日 22 时 10 分在广东省中山市南萌镇再次登陆,此时中心附近最大风力为 10 级(24.5 m/s)。其中心于 22 日 19 时许从三角岛观测点东北约 33.5 km 处经过,之后台风中心继续向西北方向移动(图 3.34)。

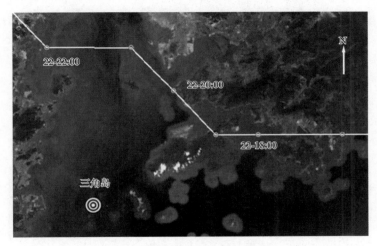

图 3.34　台风"鹦鹉"路径与珠海三角岛观测点相对位置示意图

3) 0814 号台风"黑格比"

2008 年 14 号台风"黑格比"(Hagupit)于 2008 年 9 月 19 日 20 时在菲律宾以东洋面生成,20 日 14 时加强为强热带风暴,21 日 14 时加强为台风,22 日 14 时加强为强台风,在进入南海后进一步加强,中心附近最大风速达到 50 m/s,中心气压 935 hPa。于 24 日 6 时 45 分在广东省茂名市电白县陈村镇沿海登陆,登陆时中心附近最大风力 15 级(48 m/s),登陆后于 10 时在廉江市境内减弱为台风,并于同日 14 时减弱为强热带风暴。24 日凌晨"黑格比"台风中心自东南方向接近峙仔岛观测点,于当日 5 时许从其西南约 8.5 km 处经过,之后向西北方向继续前行并于 07 时许变为西行(图 3.35)。

4) 0906 号台风"莫拉菲"

2009 年 06 号台风"莫拉菲"(Molave)于 2009 年 7 月 16 日 20 时在菲律宾以东洋面生成,17 日 11 时加强为强热带风暴,18 日 5 时加强为台风,于 19 日 0 时 50 分在深圳

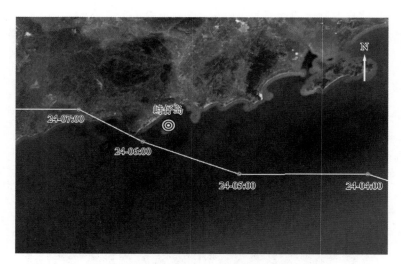

图 3.35　台风"黑格比"路径与茂名峙仔岛观测点相对位置示意图

市大鹏半岛(南澳镇)沿海地区登陆,登陆时中心最低气压 965 hPa,中心附近最大风力 13 级,达到 38 m/s 的风速。台风中心于 21 时许通过田尾山西南约 60 km 处的海面; 22 时许通过大德山 1 号观测点西南约 61 km 处海面;不久后通过大德山 2 号观测点西 南约 42 km 处(图 3.36)。

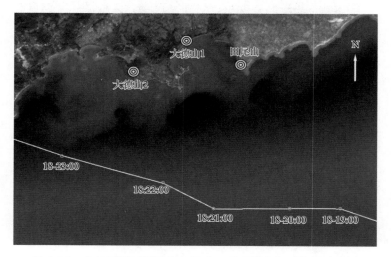

图 3.36　台风"莫拉菲"路径与陆丰 3 个观测点相对位置示意图

5) 0915 号台风"巨爵"

2009 年 15 号台风"巨爵"(Koppu)于 2009 年 9 月 13 日凌晨在菲律宾北部海面生成, 其进入南海后很快加强,于 14 日 10 时加强为强热带风暴,其后的 7 小时内迅速加强为 台风,并且它的加强是在广东近海完成的。其于 15 日 7 时在广东台山登陆,中心最低气压 970 hPa，中心附近最大风力 13 级（38 m/s）。台风中心于 15 日 02 时许通过横琴西南约 75 km 处的海面；04 时许通过黄杨山观测点西南约 80 km 处海面（图 3.37）。

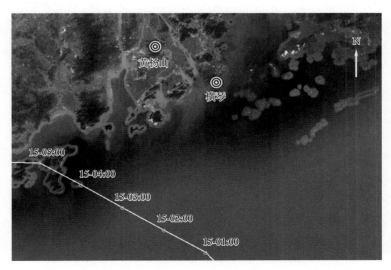

图 3.37　台风"巨爵"路径与珠海 2 个观测点相对位置示意图

2. 台风边界层观测数据的筛选和处理

在湍流分析中一般取 10 分钟时长的时间序列为一个样本，所以在本节也选取 10 分钟时长为一个样本的时间长度以方便比较和研究，对于 1Hz 数据每个样本为 600 组数据，10Hz 数据则为 6 000 组数据。

同时由于仪器所观测得到的数据在台风登陆的强天气条件下不可避免地存在野点和误差等问题，并且各种湍流计算方法对原始资料的处理也不尽相同；故在得到原始数据后，还需要进行必要的筛选和处理，并比较不同计算方法的差异。本节对原始资料的处理主要分为以下几步进行。

1）原始数据的质量控制

强降水在台风过程中十分普遍，而超声风速仪所测得数据在降水时的可靠性可能存在问题，故本节首先根据超声风速仪的质量判别码除去无效数据，之后采用 Hojstrup（1993）与 Vickers 和 Mahrt（1997）的方法，筛选出由于电源的不稳定脉冲、感应元件的工作不稳定或其他原因导致出现在原始数据中的野点，此方法基于下面的公式：

$$\mid \mathrm{d}x(i) \mid = 3\sigma \qquad (3.17)$$

式中，x 为 u、v 和 w 的时间序列；$\mathrm{d}x(i) = x(i+1) - x(i)$；$\sigma$ 为序列 x 的标准差。

然后移除上一步中检测到的野点，并用 Hojstrup（1993）的方法进行插值：

$$x(i) = x(i-1)R_m + (1-R_m)X_m \qquad (3.18)$$

式中，m 为常数（本节中取 $m=10$）；R_m 为序列 $x(i-m：i-3)$ 与 $x(i-m+2：i-1)$

的相关系数；X_m 为序列 $x(i-m:i-1)$ 的平均值。

2) 脉动风计算方法

自然界的流体运动可以分为两种截然不同的流动：层流和湍流，而由于越靠近地面摩擦作用越大，所以近地面的湍流效应更为明显，一般用以下公式表示层流与湍流：

$$x(t) = \overline{x}(t) + x'(t) \qquad (3.19)$$

式中，x 为 u、v 和 w 的时间序列。

Kaimal 和 Finnigan(1994)、Xu 和 Zhan(2001)都将超声风速仪观测得到的 3 维风速 $u(t)$、$v(t)$、$w(t)$ 以 10 分钟为基本时距进行分析，并将仪器坐标旋转到与该时刻平均风向相同，使得旋转后的 u 方向与主风向一致，进而得到纵向分量和横向分量，其具体方法如下。

首先定义水平平均风速 U 和平均风向角 ϕ：

$$U = \sqrt{\overline{u(t)}^2 + \overline{v(t)}^2} \qquad (3.20)$$

$$\phi = \tan^{-1}(\overline{v(t)} / \overline{u(t)}) \qquad (3.21)$$

由于垂直方向与仪器 z 轴相同，故垂直平均速度 W 为

$$W = \overline{w(t)} \qquad (3.22)$$

将仪器坐标旋转角度 ϕ 后，得到坐标 x'、y'、z' 上的主风向(纵向)脉动风速 $u'(t)$、侧风向(横向)脉动风速 $v'(t)$ 和垂直风向脉动风速 $w'(t)$ 的方法如下：

$$u'(t) = u(t)\cos\phi + v(t)\sin\phi - U \qquad (3.23)$$

$$v'(t) = -u(t)\sin\phi + v(t)\cos\phi \qquad (3.24)$$

$$w'(t) = w(t) - W \qquad (3.25)$$

然而时间序列中的趋势(多为非线性趋势)对自相关函数影响很大，并常常对方差和通量的计算产生虚假贡献(陈红岩等，2000)，所以最后还需要对得到的脉动风速序列平稳化，本节对时间序列采用二阶多项式拟合的方法去掉序列的趋势项，以得到一个尽量平稳的时间序列。经过以上方法平稳化之后的 3 维脉动风速数据，即为脉动风速统计分析的数据基础。

3.2.2 登陆台风边界层观测的海气动量交换参数反演与应用

提高对 TC 活动预报的准确性一直是大气科学中的重要课题。很长一段时间以来，中外科学家对台风进行了很多重要的研究。Rappaport 等(2009)通过总结前人的研究指出，近 20 年来，随着雷达、卫星等多种大气观测手段的不断进步，观测资料的质量和数量也大幅提高，资料同化、集合预报技术的应用和数值天气预报模式精度的提高，以及物理过程的完善，使得台风路径预报的误差大大减小。但是，对台风结构和强度变化的研究却相对缓慢，这主要是由于对台风内部结构以及风场特征缺乏足够的了解和台风影响下相当复杂的海洋-大气间的相互作用而造成的。

众所周知，边界层在台风的生成和发展中起到举足轻重的作用。台风通过边界层同海洋的相互作用得到热量、水汽；并通过边界层对海洋表面的摩擦使海洋上出现流动和波浪并以此向海洋传递动量。而台风条件下海洋与大气交界面上的热量和动量交换是台风的发展和维持的重要因素，因此对热量和动量交换系数的研究是十分必要的。Ooyama(1969)、Rosenthal(1971)和 Emanuel(1986)采用数值模拟确认了台风所能达到的最大强度随热量交换系数(C_h)的增大而增大，并随动量交换系数(C_d，又称为拖曳系数，表征动量向下垫面传输的效应)的增大而减小的结论，也就是说，在海气交界面上潜热和感热输送增大时台风变得更强，而当动量输送增加时台风则变弱。同时，在轴对称准平衡模型(Emanuel，1995)和"全物理"非静力模型(Braun and Tao，2000)这两种理想模型中，都被证明存在台风强度对焓通量交换系数(C_k)和动量交换系数(C_d)的比值相当敏感的关系。

目前，对台风强天气条件下海气动量交换系数与风速的关系，早期的研究(Garratt，1977；Large and Pond，1981)指出，C_d 随风速的增大而增大；而最近采用下投式理论研究方法(Fairall et al.，2003)、GPS 探测数据(Powell et al.，2003)、实验室波浪槽模拟台风条件(Donelan et al.，2004)、近地面风速观测数据分析(French et al.，2007)，都得出了较为一致的结论：动量交换系数 C_d 先随风速的增大而增大，当风速达到某个临界值($25 \sim 35$ m/s)后便达到饱和或开始衰减。在如何解释此现象上也有较为一致的物理解释，Powell 等(2003)和 Donelan 等(2004)认为，这是由于在较大风速条件下，海洋与大气的交界面上形成了一层由飞沫和气泡等组成的润滑层，所以使摩擦作用随风速不再变大甚至出现减小的情况；同时，较陡峭的波浪对风有庇护的作用可能也起了一定的作用。但以上研究在 C_d 达到饱和或衰减的临界值大小问题上存在差异，这些差异可能是不同的试验方法所造成的；而且也有学者认为，在风速较小(<29 m/s)时，风速与动量交换系数并不存在统计学意义上的关系(Smedman et al.，2003；French et al.，2007)。在国内，赵中阔等(2011)对海上平台数据进行风廓线拟合后得到 C_d 并对结果进行了分析。因此，作为估计台风未来所能达到强度的重要指标，动量交换系数 C_d 随风速的变化问题还需要对更多的第一手资料进行研究。

同时，观测事实显示，登陆我国的台风经常在近海发生强度突然增加的现象，冯锦全和陈多(1995)，以及刘春霞和容广埙(1995)指出，我国近海台风强度突然增强主要发生在台湾—海南之间的区域。因此，为了进一步认识台风条件下我国南海特别是其近海区域的湍流特征和结构，以及海气交界面上的动量交换情况，本节对 4 个登陆广东的台风(0812 号"鹦鹉"、0814 号"黑格比"、0906 号"莫拉菲"、0915 号"巨爵")的沿海近地面高频风速观测数据进行处理，分析和研究台风登陆的强天气条件下沿海地区近地面的动量交换系数及其应用情况。

1. 海气动量交换系数的反演方法

下垫面粗糙度 z_0 定义为风速为零的高度，观测表明，若地表较为平坦光滑，则 z_0 小，反之则大，故一般采用粗糙度来定量描述下垫面的动力特征。

基于中性条件下的风速对数廓线，有如下公式：

$$U = \frac{u_*}{k} \ln\left(\frac{z}{z_0}\right) \tag{3.26}$$

式中，u_* 为摩擦速度；k 为卡曼常数，一般取为 0.4；z 为测风仪所在高度；U 为在 z 高度上的平均风速。

Powell 等（2003）指出，当风速较大时，其稳定度可以近似地看作中性，并且 Sharma 和 Richards（1999）认为，虽然边界层在台风影响下一般是对流不稳定的，但是在近地面（<100 m）台风条件下的风廓线与中性条件下相差不大，而本节所选取观测点都在 100 m 以下并选取风速＞8 m/s 的样本，满足以上两点要求，故可以采用式（3.26），对其整理可以得到粗糙度 z_0 与高度 z 的关系式：

$$z = z_0 \exp\left[\frac{kU(z)}{u_*}\right] \tag{3.27}$$

$$z_0 = \exp\left[\ln z - \frac{kU}{u_*}\right] \tag{3.28}$$

由于所选观测点并不都具备塔层风观测，所以不采用线性拟合后外推到风速为零时的对应高度得到 z_0 的方法。而另外两种方法分别为直接相关法[或涡动相关法（direct covariance method 或 eddy correlation method）]和湍流强度法（TI method）。

其中直接相关法中，摩擦速度 u_* 可以通过下式直接计算得到

$$u_*^2 = \sqrt{\overline{u'w'}^2 + \overline{v'w'}^2} \tag{3.29}$$

式中，u'、v' 和 w' 分别为上一节中求得的主风向脉动风速、侧风向脉动风速和垂直方向脉动风速。之后采用适用于洋面上的 Charnok（1955）方法，计算 z_0：

$$z_0 = C_{z0}(u_*^2/g) + o_{z0} \tag{3.30}$$

式中，常数取 $C_{z0} = 0.0185$；$o_{z0} = 1.59 \times 10^{-5}$；$u_*$ 为摩擦速度；g 为重力加速度。

而湍流强度法中利用以下关系

$$\sigma_u = 2.5 u_* \tag{3.31}$$

式中，σ_u 为主风向脉动速度的标准差；由于主风向的湍流强度 $I_u = \dfrac{\sigma_u}{U}$，所以 u_* 可以由下式表示

$$u_* = \frac{I_u U}{2.5} \tag{3.32}$$

式中，U 为水平风速，将式（3.32）代入式（3.28）可以得到 z_0 的表达式

$$z_0 = \exp\left[\ln(z) - \frac{1}{I_u}\right] \tag{3.33}$$

式中，z 为观测仪器所在高度。考虑 Wieringa 等（2001）和 Smedman 等（2003）提出的有关粗糙度 z_0 的研究结果，需要剔除粗糙度 z_0 异常小（$<2 \times 10^{-5}$ m）的。最后分别将以上两种方法计算所得的粗糙度 z_0 代入下式得到 10 m 高度的海气动量交换系数 C_d：

$$C_d = \left(\frac{k}{\ln \dfrac{10.0}{z_0}}\right)^2 \tag{3.34}$$

而 10 m 高度平均风速则由下式得到

$$u_{10} = U \frac{\ln(10.0/z_0)}{\ln(z/z_0)} \tag{3.35}$$

式中，U 为观测仪器所在高度 z 的平均风速。

1）下垫面分类

为了在登陆 TC 强天气影响下，研究海气动量交换系数 C_d 与不同粗糙度条件下的阵风与湍流特性，需要对下垫面类型进行分类。下面利用之前计算所得的下垫面粗糙度数据，根据 Wieringa 等（2001）和 Schroeder 等（2002）对下垫面的研究结果，并结合本节所选用数据特点，将所得观测数据以下垫面光滑程度从光滑到粗糙分为 5 类，具体分类标准见表 3.7。需要注意的是，其中海面下垫面情况并不一定是真的海面，但是由于前5 个测站均处于小岛或离海很近的海边，故可以近似地认为满足海面下垫面条件的数据可以代表海洋的下垫面特征。

表 3.7　下垫面粗糙度分类表

下垫面类型	描述	粗糙度 z_0/m	动量交换系数 C_d
海面	任何风速下的开阔海面，平坦的滩涂和沙漠	0.000 02～0.005	0.001～0.003
光滑陆地	无植被的平坦陆地	0.005～0.02	0.003～0.004
开阔陆地	低矮的草地，有零星树木的平坦陆地	0.02～0.05	0.004～0.006
较开阔陆地	低矮的灌木丛	0.05～0.1	0.006～0.008
较粗糙陆地	较高的植物，不太茂密的树林	0.1～0.19	0.008～0.010

按表 3.7 分类后各测站观测数据的下垫面分类情况如图 3.38 所示，明显地前 5 个站点附近的下垫面以海面为主，而第 6 个测站也就是珠海黄杨山测站则离海较远，故其下垫面分布呈现各种类型样本数相近的特点。共得到有效数据 901 组，其中海面数据

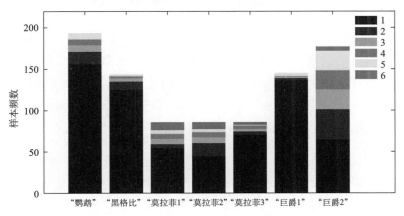

图 3.38　登陆台风各观测站下垫面分布情况

其中"莫拉菲"1，2，3 分别对应陆丰田尾山、汕尾大德山 1 和汕尾大德山 2；"巨爵"1，2 则对应珠海横琴和珠海黄杨山；1～6 则分别对应海面、光滑陆地、开阔陆地、较开阔陆地、较粗糙陆地和 $z_0 > 0.19$ 的情况

652 组，光滑陆地数据 79 组，开阔陆地数据 70 组，较开阔陆地数据 40 组，较粗糙陆地数据 38 组，大于以上粗糙度数据 22 组。

2）摩擦速度、粗糙度和海气动量交换系数与平均风速的关系

为了分析摩擦速度 U_*、粗糙度 z_0 和海气动量交换系数 C_d 与平均风速的关系，在这里选取台风"黑格比"登陆过程中满足海洋下垫面条件的观测数据。将 U_*、z_0 和 C_d 与 10 m 平均风速的变化点情况列于图 3.39 中。

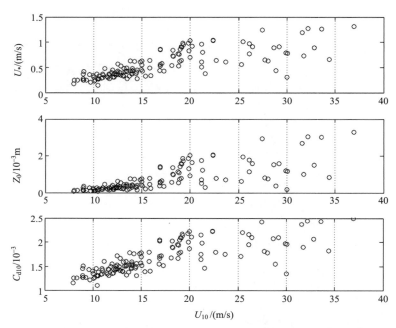

图 3.39　"黑格比"登陆过程中摩擦速度、粗糙度和海气动量交换系数与平均风速关系示意图
从上到下依次为摩擦速度，粗糙度和海气动量交换系数

从图中可以看出，处于 8~20 m/s 时，U_*、z_0 和 C_d 均随风速的增大而增大，并在进入 20~25 m/s 区间后随风速增长变慢和饱和。所以在台风登陆过程中，摩擦速度 U_*、粗糙度 z_0 和海气动量交换系数 C_d 都存在先随平均风速增加而增加，并在某一临界值后出现增速变缓与饱和的情况。

2. 不同台风海气动量交换系数比较

为了研究不同台风间海气动量交换系数 C_d 变化的异同，这里选取 4 个台风（0812 号"鹦鹉"、0814 号"黑格比"、0906 号"莫拉菲"、0915 号"巨爵"）登陆时中心附近并且满足海洋下垫面条件的沿海测站观测数据，计算海气动量交换系数 C_d，并将它们点在图 3.40 中。其中"莫拉菲"登陆过程中陆丰田尾山测站、汕尾大德山 1 号测站和汕尾大德山 2 号三个测站距离不远，处于同一片海域，所以将它们的数据放在一起分析，得到"莫拉菲"登陆过程的 C_d 结果（具体测站分布情况如图 3.33 所示）。

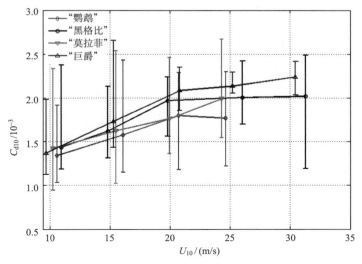

图 3.40　"鹦鹉""黑格比""莫拉菲"和"巨爵"4 个登陆台风海气动量交换系数 C_d 比较图
其中横轴为 10 m 高度风速，纵轴为 10 m 高度动量交换系数 C_d，上下误差棒为其最大值和最小值

从图 3.40 可以看出，当 U_{10} 在 8～22 m/s 时，C_d 随风速的增大而增大，并在 22～25 m/s 随风速增长变慢、饱和或出现衰减，其中鹦鹉登陆过程中所得 C_d 数据在达到最大值后出现衰减并且其所对应的临界风速 U_{10} 比其他个例也较小，这可能是由于同样风速条件下越浅的水域越容易出现飞沫，而其测站处于珠江入海口附近的湾区，周围海深只有 1～2 m，从而使其海气交界面在更低风速下形成由飞沫和气泡等组成的润滑层，进而导致其临界风速较早达到。综合以上结果，我们可以近似的认为 C_d 在风速 $U_{10}=$ 22 m/s时达到饱和并在之后一直保持在 2×10^{-3} 左右，于是给出 C_d 随风速 U_{10} 变化的关系式

$$10^3 C_d = \begin{cases} 0.68 + 0.06 U_{10} & 8 < U_{10} < 22 \text{ m/s} \\ 2 & U_{10} \geqslant 22 \text{ m/s} \end{cases} \qquad (3.36)$$

同时结合式(3.36)与式(3.34)，可以得出海洋下垫面条件下 z_0 也存在随风速增大并在 $U_{10}=22$ m/s 左右出现饱和的现象。式(3.36)所示 C_d 与 U_{10} 的关系与前人的研究结果对比见图 3.41，在 8～22 m/s 内时与 Large 和 Pond(1981)以及 Fairall 等(2003)、Donelan 等(2004)的结果相似，只是 $U_{10}=10$ m/s 时的 C_d 值略大，并随风速的增长略慢。在 $U_{10} \geqslant 22$ m/s 的临界值后，C_d 基本保持不变，其最大值为 2×10^{-3}，这比 Powell 等(2003)建议的当 $U_{10}=40$ m/s 和 Donelan 等(2004)提出的 $U_{10}=33$ m/s 的临界值小，C_d 所达到的最大值也略小一些。这可能是由于 Charnok 常数的取值以及中国沿海海况的特性造成的。另外，式(3.36)的结果与第 2 章 2.5.3 节所获得的结果也存在一定差异，表明 C_d 与 U_{10} 的关系，尤其在近海区域，对不同资料(个例)可能存在敏感性。

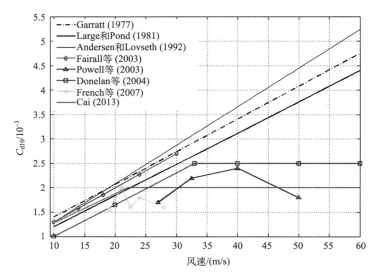

图 3.41　台风强天气条件下 10 m 高度海气动量交换系数 C_d
随 10 m 高度风速 U_{10} 变化比较图

3. 感热交换系数

从上一小节的结论中可以看出，各不同台风的海气动量交换系数 C_d 随风速的分布差异并不大，所以在研究台风的感热交换系数时，选取风速最大、台风中心区域过境最为明显的"黑格比"边界层观测资料进行分析。

感热交换系数的定义如下：

$$C_h = \left(\frac{k}{\ln \dfrac{10.0}{z_0}} \right) \left(\frac{k}{\ln \dfrac{10.0}{z_{0h}}} \right) \tag{3.37}$$

式中，z_{0h} 为热力粗糙度，根据 Brutsaert(1982)提出的参数化公式，开阔水面条件下的热力粗糙度 z_{0h} 的表达式为

$$z_{0h} = 0.395 \nu / u_* \tag{3.38}$$

式中，$\nu = 1.5 \times 10^{-5}$ m²/s 为常温下空气的运动黏性系数，根据式(3.37)和式(3.38)，可以计算得到感热交换系数 C_h。图 3.42 为"黑格比"登陆过程中感热交换系数与 10 m 高度平均风速示意图，可以看出其与动量交换系数 C_d 一样。当 U_{10} 在 8～22 m/s 时，与风速呈线性增大关系；而在 U_{10} 增大到 22 m/s 后其随风速增大的速度开始变慢并在之后出现饱和现象。并且其数值在整个过程中增大了 3×10^{-4} 左右，与 C_d 的增大幅度相比较小，所以感热交换系数随平均风速的变化斜率较小，并和动量交换系数在同一区间内出现增长变缓和饱和的现象。

而由于熵的定义为

$$H = U + pV \tag{3.39}$$

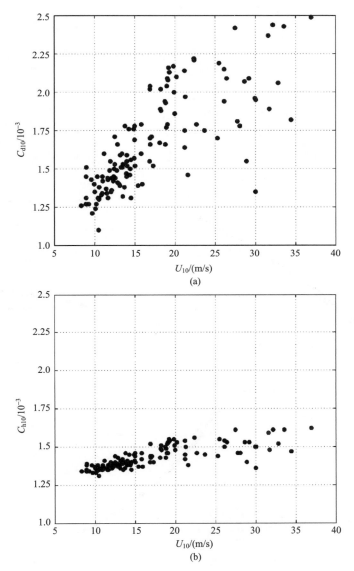

图 3.42　"黑格比"登陆过程中海气动量和感热交换系数与平均风速关系示意图
(a)动量交换系数；(b)感热交换系数

式中，H 为焓；U 为内能；p 为压强；V 为体积。而在大气中，p 和 V 变化不大，所以 H 可以近似地用 U 来表示，焓的通量也就可以近似地用感热通量表征，因此也可以近似地认为焓交换系数 $C_k \approx C_h$，从而得到两者应具有大致相同的随平均风速变化的趋势，于是得到焓通量系数也存在先随平均风速增大而增大，之后出现增速变缓并饱和的现象。因此 C_k 和 C_d 的比值呈现先减小，并在达到一个最小值后不再有明显变化。

　　为了进一步认识我国南海特别是其近海区域的海气动量交换系数 C_d 对台风强度变化的影响，这里对 WRF(weather research and forecast)模式中的边界层参数化方案进行修正，采用边界层观测数据反演得到的我国南海近海区域的 C_d 随风速变化关系对登陆我国华南区域的台风"黑格比"(0814 号)进行数值模拟，以进一步了解海气交换系数对台风边界层结构和强度的响应关系。

　　图 3.43 为经过修正后的边界层参数化方案与原 YSU 方案的对比示意图，可以看出，经过修正以后，模式输出的动量交换系数 C_d 与熵交换系数 C_k 先随风速增大并在风速达到 22 m/s 时达到饱和；它们的比值则先随风速减小，当风速达到 22 m/s 后达到最小值，并不再随风速变化。

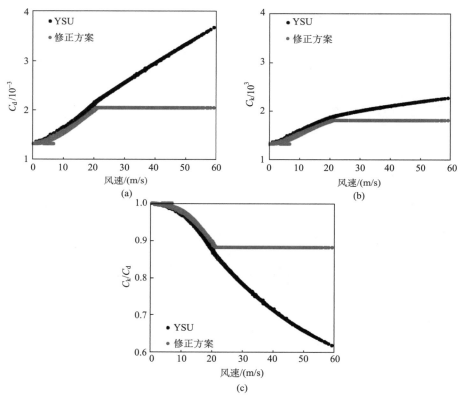

图 3.43　修正后的边界层参数化方案与原 YSU 方案对比
(a)海气动量交换系数 C_d；(b)熵交换系数 C_k；(c)C_k 与 C_d 的比值
其中红色实线为修改后的 Modified 方案，蓝色实线为原 YSU 方案

　　图 3.44 为数值试验的台风强度与 JTWC best track 的比较，其结果显示，在积分开始的前 16 小时内(9 月 22 日 02～18 时)，两个数值试验的台风强度结果差距不大，并且与 best track 相比均较弱。而在近地面风速超过 30 m/s 后，两者的差距开始增加，YSU 试验的台风强度一直小于 best track 的结果，而 Modified 试验的台风中心最低气压与最大风速均在 24 日 6 时赶上 best track 结果。这是由于修改后的公式在风速更大

时与原始公式的差距更大所造成的。值得注意的是，在 24 日凌晨接近台风登陆的时段，YSU 试验与 Modified 试验的台风强度结果出现相反的变化趋势，Modified 试验的台风近地面风速在登陆前不仅没有明显的减弱甚至还有少许增加，其气压也基本维持在之前的水平；YSU 试验的台风强度则出现了明显的减弱。这可能是由于 Modified 试验中，高风速下海洋下垫面更加光滑，从而导致更大的海陆摩擦差异而导致近登陆台风的边界层结构出现变化的结果。与此同时根据观测资料，在台风登陆前的 4 小时内（24 日 02～06 时），台风强度都没有出现明显减弱，最低气压保持在 940 hPa 以下，最大风速在 50 m/s 以上，在台风登陆后的 2 小时内也只减弱到 955 hPa 和 45 m/s。

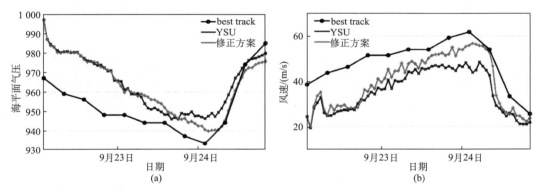

图 3.44　台风"黑格比"9 月 22 日 2 时到 24 日 20 时 JTWC Best track（每 6 小时）与
模式结果（每 6 小时）强度比较
(a)台风中心海平面最低气压；(b)台风中心附近最大风速

综上所述，在高风速条件下 YSU 的表面风速弱于观测结果，而 Modified 的表面风速则逐渐达到观测的强度，这可能是由于在 Modified 试验中 C_k 与 C_d 的比值从随风速的增大一直减小被修正为在达到一定风速后保持不变的影响。总体来说，修改后的边界层参数化方案更好地模拟台风的增强情况，尤其是在登陆前其表现明显优于原方案。

3.2.3　登陆台风阵风与湍流特性分析

TC 登陆过程中强风对建筑物、树木等的作用（风载荷）经常造成建筑物结构的破坏，进而导致高空坠物、建筑物损毁，以及交通堵塞等一系列问题；而高风速下的湍流和阵风特性是影响风载荷的关键因素（Floris and Iseppi，1998；Harikrishna et al.，1999；Hui et al.，2009），所以为了分析台风的致灾机理，就必须对台风的阵风和湍流特性进行研究。

近年来，科学家对于强风下湍流的风洞试验和数值模拟的研究有了很多进展（Kobayashi et al.，1994；Brasseur，2001；Goyette et al.，2003；Haan et al.，2006）。Schroeder 和 Smith(2003)、Schroeder 等(1998，2002)、Yu 等(2008)对单个或多个登陆飓风的湍流特征进行了分析。Shiau(2000)采用 3 维超声风速仪对在台湾东北部海岸登陆的台风湍流特征进行了讨论。Miyata 等(2002)利用风速仪、加速度计、温度测量设备和 GPS 传感器研究了 9807 和 9918 号台风对日本桥梁的影响。同时，我国科学家对登陆我国南方的台风湍流进行了分析（宋丽莉等，2005；赵中阔等，2011；Song et al.，2010，2012；Wang et al.，2010；Chen et al.，2011；Liu et al.，2011）。但是，同时采用多个测站数据对多个登陆台风进行湍流特征分类的研究还较为缺乏。由于湍流脉动和阵风是强风条件下决定风载荷的重要因素，对登陆台风湍流结构的进一步分析十分必要，所以本节对多个登陆台风的多点观测数据进行处理和分析，以求对登陆台风中不同区域的湍流特征有更多的了解。

1. 阵风特性分析

1）阵风系数的定义

为了描述瞬时风相对于平均风的大小关系，2010 年世界气象组织下发的技术手册给出了"阵风系数"的定义，即时间间距 T 内的持续时间为 t 的最大阵风风速与其平均风速之比，如下式所示：

$$G_{t,T} = \frac{U_{\max, t, T}}{\overline{U}_T} \tag{3.40}$$

式中，$U_{\max,t,T}$ 为在观测样本长度为 T 中持续 t 的最大阵风风速，一般在样本中用滑动平均的方法，计算窗口为 t 的滑动平均风速，并取其中最大值为最大阵风风速；$\overline{U}_T$ 为长度 T 的观测样本的平均风速。在气象学和风工程学研究中，经常将样本时距 T 设置为 10 min（WMO 也推荐使用这一时距），同时取 $t = 3\mathrm{s}$。所以在下面的研究中，我们提到的阵风系数都为 10 min 内 3s 最大风速与 10 min 平均风速的比值，由下式得到：

$$G_{3600} = \frac{U_{\max, 3600}}{\overline{U}_{600}} \tag{3.41}$$

2）阵风系数与粗糙度的关系

在阵风系数与粗糙度的关系方面，Harstveit（1996）的研究提出下垫面的不均匀性对湍流参数有很大的影响。Naess 等（2000）基于 2 个位于山脊背风面一侧的测站和设立在开阔地面的观测站的研究表明，位于山脊背风面一侧测站的阵风系数变化幅度比开阔下垫面的测站更剧烈。

图 3.45 为基于之前的 z_0 分类方法将阵风系数 G 分为 5 类的结果。从图 3.45 中可以看出，阵风系数的分布呈现随下垫面粗糙度的增大而增大的趋势，总体上来看随风速的变化并不十分明显。图 3.46 为 5 类下垫面条件下的概率密度分布示意图，明显地看出，随着下垫面条件从海面变化为光滑陆地一直到较粗糙的陆地，阵风系数的分布最高的峰值部分一直随着下垫面粗糙度的增加而增加；同时值得注意的是，在前 4 种下垫面条件下（海面、光滑陆地、开阔陆地、较开阔陆地）阵风系数的变化幅度基本相同，而在最粗糙的下垫面条件下，其不仅分布峰值最大为 1.4 左右，并有着最大的变化幅度，这也意味着在风速相同时，较粗糙的下垫面相对于较光滑的下垫面更容易出现极大阵风数值，并有着最大的风速脉动。

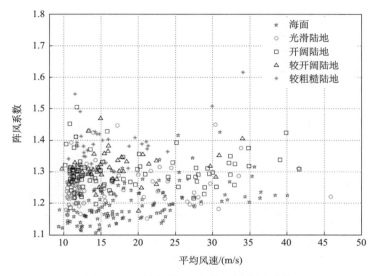

图 3.45　不同下垫面条件下的阵风系数

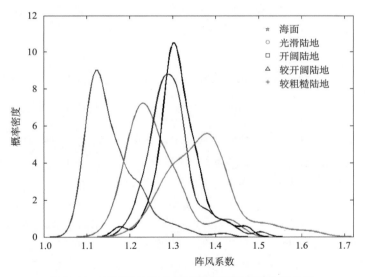

图 3.46　不同下垫面条件下阵风系数概率密度分布

　　表 3.8 为各下垫面条件下的风速和阵风概况。表中数据表明,在前 4 种粗糙度条件下阵风系数的最大值变化不大,为 1.45～1.5,而对于较粗糙的下垫面最大的阵风系数则为 1.62,阵风系数的方差也在此种下垫面条件下达到最大,进一步说明了更粗糙的表面对应了更大的阵风系数分布范围。从各粗糙度条件下的最大阵风风速也可以看出,在平均风速和最大风速明显小于较光滑下垫面的情况下,较粗糙陆地上所测得的最大阵风风速与前 4 种下垫面的数值并没有明显的偏小。所以台风登陆背景下,当处于相近的平均风速条件下时,较光滑的下垫面有着相近的最大阵风风速,而较粗糙的下垫面存在

比较光滑下垫面更大的最大阵风风速。

表 3.8　不同下垫面条件下风速及阵风概况

项目		海面	光滑陆地	开阔陆地	较开阔陆地	较粗糙陆地
平均风速 /(m/s)	最大	40.1	45.9	41.6	34.0	34.0
	最小	8.6	10.3	10.2	9.7	10.6
	平均	16.6	16.7	18.4	16.9	16.0
	标准差	6.4	7.9	8.5	5.6	5.3
阵风系数	最大	1.47	1.45	1.5	1.47	1.62
	最小	1.05	1.15	1.19	1.18	1.22
	平均	1.16	1.26	1.3	1.31	1.37
	方差	0.053	0.065	0.055	0.051	0.078
最大阵风		49.1	56.0	56.8	47.8	55.0

3）阵风系数与平均风速的关系

Davis 和 Newstein(2010)利用 305 m 高度的风塔资料，给出了最大阵风与平均风速的线性关系：

$$U_{\max}=aU+b \qquad (3.42)$$

式中，a 和 b 为经验常数，将式(3.42)代入阵风系数的定义式(3.40)，得到

$$G=\frac{U_{\max}}{U}=a+\frac{b}{U} \qquad (3.43)$$

观察式(3.43)可以发现，G 随平均风速的减小而减小，并且随着平均 U 的增大，G 的减小速度变得缓慢，并最终在某一临界值之后不再有明显变化。Mitsuta 和 Tsukamoto(1989)认为，这个临界值为 14 m/s，而之后对台风风场的很多研究也认为，在高风速下阵风系数与风速并没有明显的关系(Naess et al.，2000；Wang et al.，2010a，b；Chen et al.，2011)，但是赵中阔等(2011)利用海上平台对黑格比台风的阵风研究显示，在大于某一风速时存在阵风系数随风速增加的现象。

由于较开阔陆地和较粗糙的陆地的高风速样本数量过少，故选取前 3 种粗糙度条件进行分析和比较，样本情况见表 3.9。图 3.47 为海面、光滑陆地和开阔陆地条件下将平均风速分为 $U<20$m/s 和 $U\geqslant20$m/s 两类之后的阵风系数概率分布图。从图中可以看出，光滑陆地和开阔陆地条件下，阵风系数的分布情况与平均风速的关系不大，但是在海洋下垫面条件下，随着平均风速的增加，阵风系数的分布出现了向右侧的漂移，其峰值差异在 0.05 左右。

表 3.9　不同风速条件下样本量概况

项目	海面	光滑陆地	开阔陆地
$U<20$ m/s	451	49	44
$U\geqslant20$ m/s	201	30	26

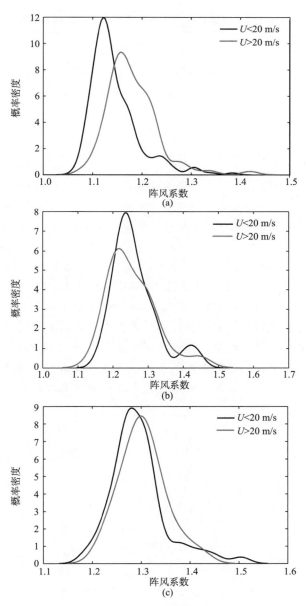

图 3.47　不同风速下阵风系数概率密度分布
(a)海面；(b)光滑陆地；(c)开阔陆地

因此下面将海洋下垫面条件下的平均风速进行细分，其数据概况见表 3.10。明显地，阵风系数的平均值随平均风速有增加的趋势，并在平均风速达到 25 m/s 后增速变缓，阵风系数的最小值也随平均风速的增加而增加，最大值方面，除了 8～15 m/s 可能由于低风速区的干扰以外，其他区间也随平均风速增长有增大的趋势。另外，其方差的变化说明，当平均风速最小或最大时，所对应的阵风系数分布范围更大。

表 3.10　海洋下垫面条件下不同平均风速的阵风系数概况

项目		8～15 m/s	15～20 m/s	20～25 m/s	>25 m/s
10 min 长度样本数量		297	154	93	108
阵风系数	最大	1.47	1.31	1.34	1.43
	最小	1.05	1.07	1.08	1.09
	平均	1.14	1.16	1.175	1.185
	方差	0.051	0.047	0.044	0.057

图 3.48 为海洋下垫面条件下不同平均风速所对应阵风系数的概率密度分布，可以看出，当 U 从 15 m/s 以下增加到 15～20 m/s 和从 15～20 m/s 增加到 20～25 m/s 时，概率密度分布函数的峰值均增加 0.02 左右，而继续增加到 25 m/s 以上时，则基本没有变化。综合表 3.10 与图 3.47 的结果可以得到平均风速为 8～25 m/s 时，阵风系数有随平均风速增加的趋势，当平均风速大于 25 m/s 以后，其增加趋势便不再明显。这是由于下垫面粗糙度 z_0 和海气动量交换系数 C_d 都存在随平均风速 U 在 8～22 m/s 时风速的增加而增加，并在 22～25 m/s 随风速增长变慢、饱和或出现衰减的现象，并且其在风速 $U_{10}=25$ m/s 时达到饱和后一直保持在其最大值左右；结合之前阵风系数随粗糙度的增大有增大趋势的结果，可以得出，在海洋下垫面条件下，下垫面粗糙度和海气动量交换系数(拖曳系数)先随平均风速增大而后在某一风速区间饱和，导致阵风系数也随平均风速有增大的趋势，并在同一区间出现增长缓慢并最终饱和的现象。

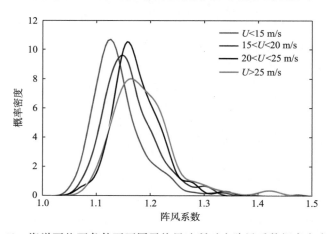

图 3.48　海洋下垫面条件下不同平均风速所对应阵风系数概率密度分布

2. 湍流特性分析

1）湍流强度的定义

湍流强度是反映风脉动特征的参数，本节中的定义为 10 min 的脉动风速标准差与其平均风速之比：

$$I_i = \frac{\sigma_i}{U}, \quad i = u, v, w \tag{3.44}$$

式中，σ_i 为 10 min 时距长度内的脉动风速 u'、v' 和 w' 的标准差；U 为其水平平均风速。求得的 I_u、I_v 和 I_w 分别为主风向、侧风向和垂直方向的湍流强度。我国现行建筑结构荷载规范（2001 年）建议的 $1:0.88:0.5$，可以认为台风强天气条件下主风向的湍流起更为主导的作用，因此在下节中主要讨论主风向湍流强度的情况。对式（3.33）和式（3.34）进行整理，可以得到

$$I_u = \frac{\sqrt{C_d}}{k} \tag{3.45}$$

在 3.2.1 小节中，得到海气动量交换系数 C_d 关于平均风速在 $20 \sim 25$ m/s 出现增长缓慢并最终达到饱和的结果，而从式（3.45）中可以得到主风向湍流强度 I_u 与 $\sqrt{C_d}$ 成正比关系，所以该结果也适用于湍流强度相对于平均风速的变化。

2）阵风系数与湍流强度的关系

多年来有很多关于阵风系数与湍流强度关系的研究，一般认为，阵风系数与湍流强度成正比。Choi(1983)基于在香港的外场试验提出阵风系数 G 与湍流强度 $I^{1.27}$ 成正比。之后 Xu 和 Zhan(2001) 以及 Fu 等(2008)也证实了这一关系，而另一种更简单以及广泛使用的关系为

$$G = \alpha I + 1 \tag{3.46}$$

式中，I 为湍流强度；α 为峰指数（peak factor），并可能随多种因素改变。Harstveit (1996)基于挪威不均一下垫面的强风研究给出 $\alpha = 2.44 \pm 0.2$；Li 等(2004)基于对 1996 年的 9615 号台风莎莉的铁塔风速研究，得到 3.21 的取值。Wang 等(2010a, b)基于风塔数据对 4 个登陆台风给出了不同的 α 取值，并认为其差异是由于下垫面的不同造成的。

观察图 3.38 可以看出，"黑格比"登陆时的崎仔岛、"鹦鹉"登陆时的三角岛、"莫拉菲"登陆时的汕尾大德山和"巨爵"登陆时的珠海横琴这 4 个测站的下垫面，都以海洋下垫面为主，同时台风强天气条件下主风向湍流强度与侧风向湍流强度之比与其在普通天气条件下相比更大。故选取这 4 个站点的数据将阵风系数与其主风向湍流强度点列于图 3.49 中，并用线性拟合的方法求得其峰指数 α，可以看到，α 的取值分别为 2.142、2.867、2.435 和 2.439。与此同时，我们注意到 4 个登陆台风在登陆时的强度有所差异，其中"鹦鹉"在二次登陆前减弱为强热带风暴，中心附近最大风力为 10 级；"黑格比"为强台风，中心附近最大风力为 15 级；"莫拉菲"和"巨爵"登陆时均为台风强度，其

中心附近最大风力均为 13 级。可以发现，峰指数 α 在"黑格比"登陆过程中的最大值为 2.867，而在台风强度的 2 个登陆台风中差距不大，均为 2.43 左右，而对于强热带风暴强度登陆的"鹦鹉"则最小，为 2.142。故在下垫面差异不大的情况下，峰指数 α 的取值可能与登陆台风的强度有关。换言之，更强的台风在登陆时可能出现更强的阵风系数。而这可能是由于不同强度台风内部的湍流结构不同所造成的。

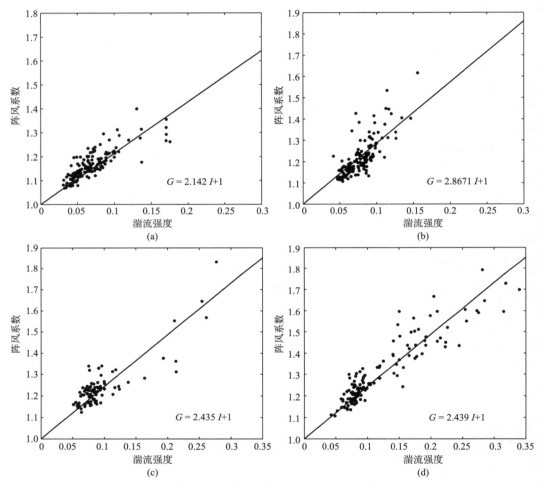

图 3.49　阵风系数与湍流强度散点图

(a)"鹦鹉"；(b)"黑格比"；(c)"莫拉菲"；(d)"巨爵"

下面将式(3.45)代入式(3.46)中，得到

$$G = \alpha \frac{\sqrt{C_d}}{k} + 1 \tag{3.47}$$

可以发现，阵风系数随湍流强度的增大而增大。而在下垫面条件相近情况下，登陆时具有更强强度的台风也有更大的阵风系数，所以即使在相同的平均风速下，其瞬时阵风也有可能相差 8% 左右。因此，对高强度台风登陆时的阵风系数应该予以重视，阵风

系数的偏高，可能带来比之前估计更大的灾害。

3）湍流积分尺度

湍流积分尺度是表征湍流中起主导作用湍涡大小的参数，即表示总体湍涡的平均大小。其定义为湍流自相关系数的积分，并且可以分别用时间和空间来度量其积分尺度。有很多计算湍流积分尺度的方法，它们所得出的结果会有明显的差异（Garg et al.，1997）。其中利用 Taylor 假设的自相关函数积分法（Flay and Stevenson，1984）和稳态随机信号自拟合方法（Pang et al.，2002）较为有效，应用也较广。这里采用基于 Taylor 冻结假设的自相关函数积分法，定义如下：

$$L_i^x = U \int_0^{\tau_{0.05}} r_i(\tau) \mathrm{d}\tau, \quad i = u, v, w \tag{3.48}$$

式中，$\tau_{0.05}$ 为自相关系数从 1 减小到 0.05 所对应的时间；U 为水平平均风速；r_i 为平稳脉动风速序列 $u'(t)$、$v'(t)$ 和 $w'(t)$ 的自相关函数，其表达式如下：

$$r_i(\tau) = \frac{E[i'(t)i'(t+\tau)]}{\sigma_i^2}, \quad i = u, v, w \tag{3.49}$$

时间积分尺度的表达式为

$$T_i = \int_0^{\tau_{0.05}} r_i(\tau) \mathrm{d}\tau, \quad i = u, v, w \tag{3.50}$$

所以空间积分尺度可以用时间积分尺度与平均风速的乘积表示。

表 3.11 为 4 个登陆台风的平均积分尺度情况，由于空间积分尺度与平均风速有关，故也在表中列出了观测时间段内的平均风速。观察可知，观测时间段内 4 个台风的平均风速差距不大，可以不作为主要因素考虑。从表中还可以得出"鹦鹉"三个方向的空间积分尺度均为最大，除了主风向时间积分尺度以外的两个积分尺度也是 4 个台风中最大的。而"莫拉菲"的时间和空间尺度均为最小。其中"鹦鹉""黑格比"和"巨爵"的空间积分尺度都大于现行规范给出的参考值：$L_u = 120$ m 和 $L_v = 60$ m，而"莫拉菲"的主风向空间积分尺度只是略大于参考值，侧风向积分尺度较参考值略小，这可能是由于各台风不同的湍流结构所决定的。

表 3.11　各登陆台风的湍流积分尺度情况

台风	U	L_u/m	L_v/m	L_w/m	T_u/s	T_v/s	T_w/s
"鹦鹉"	22.3	213	134	40	9.58	6.4	1.96
"黑格比"	20.4	168	110	30	8.46	5.45	1.49
"莫拉菲"	19.7	133	50	—	6.74	2.51	—
"巨爵"	20.4	198	100	—	9.75	4.76	—

为了研究非台风影响下与台风中心登陆影响时湍流积分尺度的异同，将"黑格比"台风登陆前 2 天的湍流积分尺度与登陆当天的数据进行比较（表 3.12）。无台风影响时三个方向的空间积分尺度均小于台风中心登陆时，而三个方向的时间积分尺度则相反，也

就是说受台风影响时，近地层中湍涡的时间尺度存在变小的现象，即台风影响下湍涡的寿命更短而空间尺度更大。

表 3.12　"黑格比"登陆时与无台风影响时湍流积分尺度比较

项目	L_u/m	L_v/m	L_w/m	T_u/s	T_v/s	T_w/s
中心登陆时	168	110	30	8.46	5.45	1.49
无台风影响时	39	30	20	10.33	8.13	6.24

3.2.4　近地面强风的阵性与相干结构分析

近年来，随着观测手段的不断增加，台风边界层中新的观测事实屡有发现，而在台风边界层中一种称为次千米尺度边界层滚涡（sub kilometer-scale boundary layer rolls，以下简称边界层滚涡）的现象，引起了许多科学家的重视。Wurman 和 Winslow(1998)利用车载 Doppler(Doppler on wheels，DOW)移动天气雷达，在台风 Fran 的登陆点附近进行观测，发现台风边界层结构能够有效调制近地面风速，进一步揭示了边界层滚涡的存在，并认为其是造成地面破坏型风速变化的原因之一。Katsaros 等(2000，2002)通过用合成孔径雷达(SAR)对包括 Mitch 和 Floyd 在内的多个台风的观测，发现在台风的眼墙以及外围区域均发现这种边界层内的滚涡。Morrison 等(2005)通过对 3 个登陆台风边界层的 Doppler 雷达数据分析，指出在大部分(35%~69%)台风边界层中存在这种边界层滚涡现象，并记录其典型结构和其对动量通量的影响。他们的观测结果都指出，这种边界层滚涡的垂直尺度为 1 km 左右，水平尺度为几百米，沿着台风径向排列为 1 到几千米尺度的滚云云系，并与边界层内平均风向平行。由于滚涡中强上升与下沉气流所导致的动量通量变化，会使台风边界层中的水平风速在几百米的尺度上出现 14 m/s左右的变化，这样短距离内的风速剧烈变化，无疑会在其区域内造成很大的破坏。最近，Lorsolo 等(2008)通过分析 SMART(shared mobile atmospheric research and teaching)雷达对台风边界层的观测结果，得出与 Wurman 和 Winslow(1998)相同的结果：台风边界层滚涡的波长为 200~650 m。而在理论研究方面，Foster(2004)发展了一套关于台风边界层滚涡的理论，他指出，台风边界层滚涡从上层往下层输送动量，并对海气相互作用有增强效果。Nolan(2005)通过对台风边界层滚涡的数值模拟和对理想涡旋的分析认为，台风边界层中的不稳定性是一个可能的机制。在对台风边界层的小尺度波动力学进行系统性总结后，Romine 和 Wilhelmson(2006)指出，还不能用某一种波动理论完全解释清楚这种边界层滚涡现象，但重力波是其中的主要特征。Zhang 等(2008)通过对台风边界层的机载雷达以及下投式探空观测数据的分析，认为边界层滚涡是影响海气动量交换的重要因素。

从以上关于台风边界层滚涡的研究可以发现，台风边界层中出现强的上升和下沉运动并且对应水平风速的阵性增强是滚涡存在的一个重要特征。而这种现象也经常与其他灾害性天气伴随出现，如飑线、雷暴前，以及春季冷锋过后都常爆发强阵风，其出现时伴有风向突变与风速突增,持续时间短,各气象要素随之剧烈变化,Katja 等(2005)、Kevin(2006)和李国翠等(2006)都认为,这种阵风锋与有组织的小尺度涡旋有关。曾庆存等(2007)曾利用北京 325 m 气象铁塔对冷锋过程中的边界层阵风结构进行分析,指出阵风的水平结构与上升、下沉气流关系密切,并是造成扬沙现象的重要原因。程雪玲等(2007)进一步分析了我国北方春季冷锋过后的阵风特性,指出大风常叠加有周期为3~6分钟的阵风,并认为在此过程中平均流和阵风在动量传送中起主要作用。李永平等(2012)对 2009 年台风"莫拉克"登陆过程中的阵风特征进行了分析,指出风速时间序列中叠加有周期为 3~7 分钟的阵风扰动,其主要表现为重力内波的一些特征。

　　但是其观测资料中地面风速较小,并且关于不同台风的阵性结构还相对缺乏。本节选取 2008 年 14 号台风"黑格比"的沿海近地面高频风速观测数据进行处理,分析和研究沿海地区在台风登陆的强天气条件下强风的阵性与其相干结构。

1. 阵风与湍流信息的检出

1)台风影响阶段的划分

　　图 3.50 为 2008 年 9 月 24 日崎仔岛测风塔 60 m 高度的 10 分钟平均风速与风向。从图中可见,崎仔岛 60 m 观测到的台风过程的 10 分钟平均风速呈"M"形双峰分布,且其处于双峰之间的底部 10 分钟平均风速为 6:00 的 11.74 m/s,并且其大风(10 分钟平均≥17.2 m/s)风向在台风影响过程中沿顺时针方向连续偏转达到 210°。根据陈瑞闪(2002)提出的台风数据区域划分方法,可以判定崎仔岛气象塔所获取的台风"黑格比"观测数据包含台风眼区域和台风眼墙强风区域的完整信息,能够代表台风中心附近登陆过程的强风特性。为了研究台风登陆过程中不同阶段的强风特性,将 24 日的观测数据再进行进一步分段,如图 3.51 所示,其中 P1 为台风登陆前外围大风速区,P2 和 P4 为台风中心附近强风区,P3 为台风眼区,P5 为台风登陆后外围大风速区。

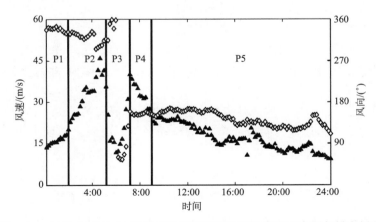

图 3.50　2008 年 9 月 24 日崎仔岛风向与风速时间序列示意图与样本划分

图中黑色三角为风速,空心菱形为风向

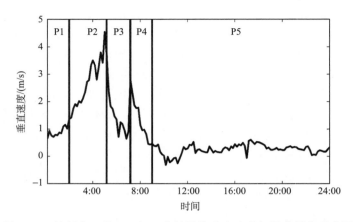

图 3.51　峙仔岛 9 月 24 日 10 分钟平均垂直速度与样本划分示意图

图 3.51 为 10 分钟垂直速度与样本划分示意图，其结果显示，台风登陆强的外围大风区（P1）存在弱上升运动；台风中心附近强风区（P2，P4）都表现出较强的上升运动，其中 P2 阶段较 P4 阶段更强，其 10 分钟平均垂直速度最大值达到 4.55 m/s；在台风眼区域（P3），存在与 P1 阶段相当的弱上升运动，在眼区与眼墙交界的台风眼外侧上升运动开始减弱，并在近眼区中心达到最小值，但在眼区中心位置附近（6：20）却存在一个相对于其垂直速度最小值略大出 0.4 m/s 左右的上升速度峰值区域，其峰值为 1.25 m/s；而对于台风登陆后大风速区（P5），在眼墙区域经过后不久出现了维持 80 分钟左右的弱下沉运动，其 10 分钟垂直速度最小值为 −0.31 m/s，之后基本保持比 P1 和 P3 阶段更弱的上升运动。

2）阵风与湍流信息的检出

阵风是指在风速基流基础上出现的短时间风速变化，一般关注其带来的瞬时极大风速。根据不同的需要，对阵风时间尺度的定义各不相同，短的为几秒，长的为 1 到数分钟，本章为了研究边界层滚涡的特性，故选择 1 s 阵风和 1 min 阵风进行对比分析。这里将 1 s 阵风称之为"湍流阵风"（简称"湍流"），1 min 阵风称为"小尺度阵风"（简称"阵风"）。

为了从频率为 10Hz 的高频风速资料中分离出需要研究的湍流和阵风信息，需要对水平风速和垂直方向风速做时间长度为 T 的滑动平均，以滤去周期小于 T 的波动，记为 $\overline{f}(t)$。对于某气象要素 $f(t)$ 则有

$$f(t) = \overline{f}(t) + f'(t) \tag{3.51}$$

式中，$f'(t)$ 为扰动量，继续对 $f(t)$ 进行时间长度为 τ 的滑动平均，滤去其中周期小于 τ 的波动，记作 $\widetilde{f}(t)$，则可以通过计算 $\widetilde{f}(t) - \overline{f}(t)$ 得到需要研究的周期大于 τ 而小于 T 的扰动量。

而程雪玲等（2007）的研究指出，这种方法得到的扰动与采用频谱展开法所得的扰动差别很小。所以，本节将 $T = 10$ min、$\tau = 1$ min 时的扰动定义为阵风扰动，记为

$f_{\mathrm{g}}(t)$，将 $T=1\ \mathrm{min}$、$\tau=1\ \mathrm{s}$ 时的扰动定义为湍流扰动，记为 $f_{\mathrm{t}}(t)$。

2. 近地面阵风的相干结构

首先，对 24 日的数据以每 1 小时为单位，求水平方向风速扰动与垂直速度扰动的相关系数，并与平均垂直速度点列于图 3.52 上。从图 3.52 中可以明显地看出，在整个台风影响过程中的 10 分钟平均垂直速度基本在 0 以上，即为上升运动；在台风登陆前强风区和眼墙影响时最大，达到 4.54 m/s；而台风过后的区域则保持在不到 0.5 的水平上。与此同时，水平与垂直方向扰动风速的相关系数在受台风眼墙影响时为正值，最大达到 0.5；而在台风眼区和 17:00 左右垂直速度发生较大变化的区域内相关系数较小；在 9:00~16:00 和 18:00~24:00 内为负值，最小为 -0.64。从以上结果可以得到，台风影响下 1~10 分钟尺度的阵风扰动的相干结构与其平均垂直速度的大小有关。

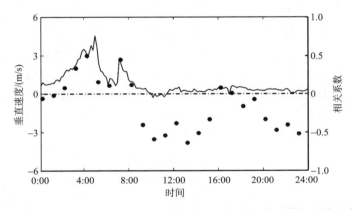

图 3.52　2008 年 9 月 24 日水平、垂直方向风速扰动相关系数与平均垂直速度

图 3.53 为 9 月 24 日 1 分钟平均垂直速度示意图，可以看出，在台风眼墙影响时段内垂直速度一直为正，最小时为 1~2 m/s，最大时达到 5 m/s 以上，所以当垂直速度如此大时，垂直速度的负扰动对应为较弱的上升运动，而垂直速度的正扰动则对应较强的上升运动；众所周知，在台风眼墙区域由于存在很强的气压梯度，进而导致较强的辐合运动也即存在较大的风速，同时由于辐合上升也有较强的正垂直速度。在台风眼墙区域，1~10 min 尺度的阵风扰动主要表现的就是这一特征，即较强的气压梯度同时产生较强的风速与正垂直速度，故两者并非由于因果关系而存在正相关。而在台风外围强风区域则不同，这里并没有很强的上升运动，故其负相关主要表现了下沉气流的动量下传作用。

之后根据图 3.50 中对台风登陆不同阶段的划分，对在每一阶段中各取 1 小时的数据对其阵风扰动进行分析。具体样本选取如下：台风登陆前外围低风速阶段（P1）选取样本时间为 24 日 00:30~01:30；台风眼墙强风前区（P2）选取 24 日 03:30~04:30；台风眼区（P3）选取 24 日 05:30~06:30；台风眼墙强风后区（P4）选取 24 日 07:00~08:00；台风登陆后外围低风速区（P5）选取 24 日 15:00~16:00。另外选取 22 日 10:00~11:00 的样本（P6）代表无台风影响时的情况。

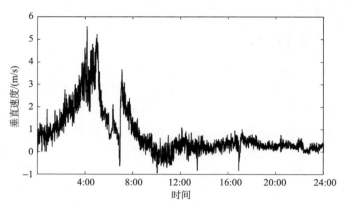

图 3.53　2008 年 9 月 24 日 1 min 平均垂直速度

计算各时段水平方向风速扰动与垂直速度扰动的相关系数，其结果见表 3.13。可以看出，在台风眼墙强风区内相关系数为正，即说明在台风眼墙影响的情况下水平方向风速扰动与垂直速度扰动为正相关关系；而在台风眼影响时相关系数很小，表明此时水平方向风速扰动与垂直速度扰动没有明显关系；在台风的外围强风区则为负相关；而非台风影响下也为负相关，并伴有很弱的垂直速度。同时可以发现，随着平均垂直速度的增加，也就是上升运动的增强，水平方向风速扰动与垂直速度扰动的相关系数由负变正。

表 3.13　各时段水平与垂直阵风扰动相关系数

项目	P1	P2	P3	P4	P5	P6
相关系数	−0.17	0.58	0.06	0.45	−0.33	−0.39
平均垂直速度 /(m/s)	0.85	3.17	1.29	1.95	0.33	−0.05
平均水平风速 /(m/s)	16.1	36.0	14.6	36.4	16.3	1.3

3. 近地面湍流的相干结构

为了分析 1s～1 min 尺度湍流的相干结构，这里先对水平风速和垂直方向风速做时间长度为 1 min 的滑动平均，以滤去周期小于 1 min 的波动，记为 $\overline{f}_{1min}(t)$。之后对扰动量 $f(t)$ 进行时间长度为 1s 的滑动平均，滤去扰动量中周期小于 1s 的波动，记作 $\widetilde{f}_{1s}(t)$，则可以通过计算 $\widetilde{f}_{1s}(t) - \overline{f}_{1min}(t)$ 得到所需要研究的周期大于 1 s 而小于 1 min 的扰动量。与 1～10 min 尺度的阵风不同，图 3.54 为 9 月 24 日的 1s 平均垂直速度，其在台风眼墙影响时段内，虽然正的垂直速度很大但也存在了负的垂直速度，并且由于观测点高度并不太高(60 m)，在低层较小的正垂直速度也可能表征在其上层存在负的垂直速度，所以垂直速度的负扰动不再表示弱的上升运动，而显示此时存在负的垂直速度。

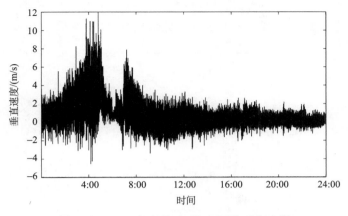

图 3.54　2008 年 9 月 24 日 1s 平均垂直速度

　　以每 10 min 为单位，求 9 月 22～24 日水平方向风速扰动与垂直速度扰动的相关系数，并将它们的概率密度分布函数点在图 3.55 中。结果显示，在台风中心的接近过程中，相关系数的分布从 0 左右减小到 −0.2 左右，直到台风登陆当天的 −0.4，可以说明，台风影响下 1s 尺度的湍流存在较明显的负相关关系，即台风影响下湍流的最大风速与当时的垂直速度扰动有关，并随其呈相反的变化趋势。

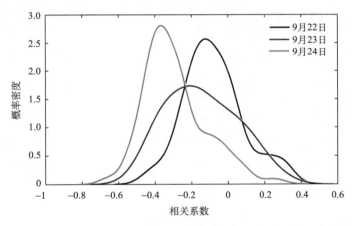

图 3.55　2008 年 9 月 22～24 日水平、垂直方向风速扰动相关系数概率密度分布函数

　　下面着重分析台风登陆当天即 9 月 24 日的湍流相干结构。图 3.56 为水平方向湍流扰动与垂直湍流扰动的相关系数与 10 min 平均水平风速。可以看到，尽管在台风眼墙影响的大风区内以强上升运动为主，但在整个时间段内相关系数还是呈现出以负相关为主的分布特征，并且在 4:00～4:30 和 8:00 左右存在较大负相关区域，取值在 −0.3 左右。因为眼墙影响区内风速较大，此时的水平风速扰动对地面的影响和造成灾害也较大，所以以分析眼墙强风区域内的湍流相干结构为主。并且由于时间尺度为 1 s～1 min 的湍流扰动周期较短，以 10 min 为单位分析不能直观地显示出其特性，故以 1 min 为

单位计算 24 日水平与垂直方向湍流扰动的相关系数,并选取 P2 时段中 4:30 左右以下 4 个相关系数小于 -0.55 的样本进行进一步分析(具体样本情况见表 3.14)。

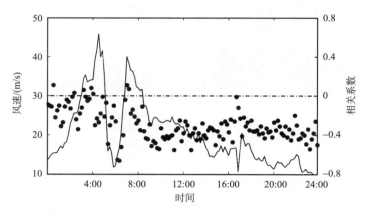

图 3.56 2008 年 9 月 24 日水平、垂直方向风速扰动相关系数与 10 min 平均风速

其中黑色实线为 10 min 平均风速,黑色圆点为相关系数

表 3.14 2008 年 9 月 24 日台风近中心大风速区湍流相干分析样本概况

项目	样本时间	平均风速/(m/s)	水平扰动范围/(m/s)	垂直速度/(m/s)	垂直扰动范围/(m/s)	相关系数
A	4:10~4:11	37.75	15.29	2.37	10.76	-0.59
B	4:21~4:22	42.42	15.46	3.37	9.16	-0.55
C	4:26~4:27	43.54	17.21	4.08	10.13	-0.57
D	4:30~4:31	45.06	14.14	4.04	8.51	-0.56

从表 3.14 中容易看出,水平风速与垂直速度都随着台风中心的靠近而增加,而扰动范围变化并不太大,水平风速扰动范围基本处于 15 m/s 附近,而垂直速度扰动范围则为 8~11 m/s。图 3.57~图 3.60 为 A~D 样本的水平风速与垂直速度湍流扰动示意

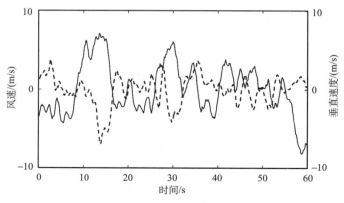

图 3.57 样本 A 水平、垂直方向风速扰动

图中实线为水平扰动,虚线为垂直扰动

图，显示在这四个样本中都存在明显的相干结构，即风速峰值区对应垂直速度负扰动，而风速低值区则对应垂直速度的正扰动。综合以上结果，可以说明在近台风中心影响下普遍存在尺度 1s～1 min 的相干结构，而在眼墙影响的大风速区域也有相关系数达到 －0.55的强负相关区域，表明在此区域内尺度 1s～1 min 的湍流也存在明显相干结构。

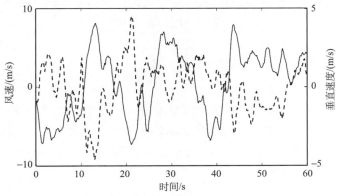

图 3.58　样本 B 水平、垂直方向风速扰动

图中实线为水平扰动，虚线为垂直扰动

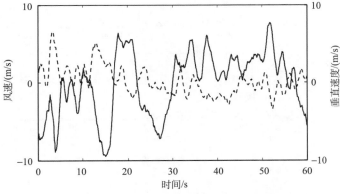

图 3.59　样本 C 水平、垂直方向风速扰动

图中实线为水平扰动，虚线为垂直扰动

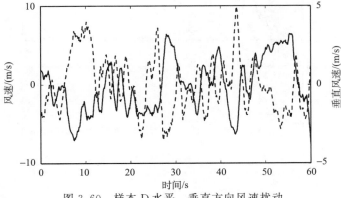

图 3.60　样本 D 水平、垂直方向风速扰动

图中实线为水平扰动，虚线为垂直扰动

4. 近地面阵风和湍流的扰动能量、通量分析

1）近地面阵风和湍流的扰动能量分析

从以上结果可以看出，阵风和湍流的相干结构存在明显不同，其在台风影响下的水平扰动动量和垂直扰动动量，也呈现出不同的分布特征。利用如下公式计算阵风和湍流的水平及垂直动能：

$$E_{gh}=U_g^2 , \qquad E_{gw}=w_g^2 \tag{3.52}$$

$$E_{th}=U_t^2 , \qquad E_{tw}=w_t^2 \tag{3.53}$$

式中，E_{gh}、E_{gw} 分别为阵风水平扰动动能和垂直扰动动能；U_g 为阵风水平扰动；w_g 为阵风垂直扰动；E_{th}、E_{tw} 分别为湍流水平扰动动能和垂直扰动动能；U_t 为湍流水平扰动；w_t 为湍流垂直扰动。图 3.61 和图 3.62 分别为阵风和湍流的 10 min 平均扰动动能时间序列。

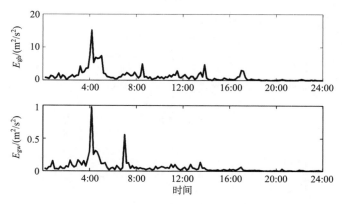

图 3.61　24 日阵风水平和垂直扰动动能时间序列

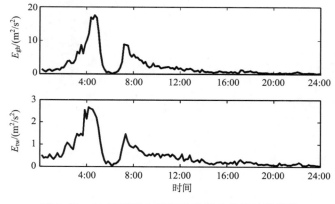

图 3.62　24 日湍流水平和垂直扰动动能时间序列

　　图中结果显示,阵风和湍流的水平扰动动能大小基本相当,而两者的垂直扰动动能大小则相差较大,湍流垂直扰动动能明显大于阵风垂直扰动动能。与此同时,它们的分布也有明显不同,阵风扰动动能的峰值持续时间较短且变化较为剧烈和快速,其水平扰动动能在 4 时左右的登陆前眼墙区域最大,在 8 时台风登陆后近中心大风区与 13 时登陆后外围大风区存在大小相当的峰值;其垂直扰动动能的峰值则出现在台风登陆前后的近中心眼墙大风区域。所以阵风水平扰动动能 8 时与 13 时的峰值可能是由更大尺度大气运动所带来的。相对而言,湍流扰动动能的变化比较平缓,其水平扰动动能和垂直扰动动能均在近台风中心的两侧达到最大,而在台风眼区域迅速减小,其分布特征具有良好的对应性,进一步说明 1 s~1 min 尺度的扰动动能存在水平与垂直的相干结构。

2) 近地面阵风和湍流的动量和虚热通量

　　由于台风影响下空气很潮湿,温度应以虚温代替,热通量也应以虚温定义,虚温的定义如下:

$$T_v = T(1 + 0.61q) \tag{3.54}$$

式中,T 为气温;q 为比湿。且在这里只关心动量通量和虚热通量的相对变化趋势而不是绝对数值,可以用以下两式来近似表示近地面阵风和湍流的动量通量与虚热通量大小:

$$F_{Ug}/\rho_a = \overline{U_g w_g}, \qquad F_{Hg}/\rho_a = \overline{T_g w_g} \tag{3.55}$$

$$F_{Ut}/\rho_a = \overline{U_t w_t}, \qquad F_{Ht}/\rho_a = \overline{T_t w_t} \tag{3.56}$$

式中,F_{Ug}、F_{Hg} 分别为阵风动量通量和虚热通量;ρ_a 为空气密度;U_g、w_g 和 T_g 分别为阵风尺度水平扰动、垂直扰动和虚温扰动;F_{Ut}、F_{Ht} 则为湍流动量通量和虚热通量;U_t、w_t 和 T_t 分别为湍流尺度水平扰动、垂直扰动和虚温扰动。图 3.63 和图 3.64 分别为阵风和湍流的 10 min 平均动量通量与虚热通量时间序列示意图。

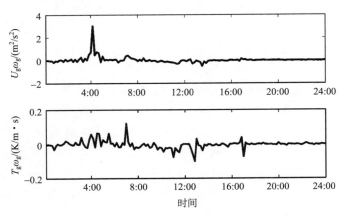

图 3.63　24 日阵风动量通量与虚热通量时间序列

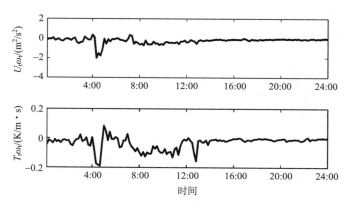

图 3.64　24 日湍流动量通量与虚热通量时间序列

如图 3.63 所示,在近台风中心影响时段内,阵风的动量通量和虚热通量均表现为正值,说明动量通量和虚热通量都向上传播,这是由在 1～10 min 尺度内,近台风中心的强上升运动起主导作用所造成的。观察图 3.64 可以发现,对于尺度在 1 s～1 min 的湍流而言,其动量通量和虚热通量在整个时间段内基本为负,并且在 4 时 10～30 分出现极小值,正好对应着上文中提到的强相干结构区域。而在台风眼区湍流虚热通量为正,显示陆地在眼区内的弱上升运动下对上层空气存在加热作用。

综合阵风和湍流扰动能量,以及两者通量的结果,发现在 4 时 10～30 分这段时间内,阵风和湍流扰动能量都出现极大值,阵风动量通量出现正向最大值,其虚热通量出现正向相对大值,而湍流动量通量和虚热通量出现负向最大值,结合之前的结果,此时段也对应台风影响过程中出现最大风速、阵风、阵风系数和降水的时段。

3) 近地面湍流扰动的功率谱分析

为了进一步了解 1 s～1 min 尺度湍流的周期与波长等具体信息,需要对其功率谱进行分析,这里选取相干结构和向下动量通量最大的 4 时 10～30 分的 4 个样本进行分析。图 3.65～图 3.68 为 4 个样本水平风速,垂直速度和虚温的功率谱分布情况。从图中可以看出,前 3 个样本的水平风速功率谱峰值均出现在 0.067 Hz 左右,结合 40 m/s 左右的水平风速,可以计算得到所对应的波长为 600 m 左右,样本 D 的水平风速功率谱峰值则出现在 0.1 Hz 左右,结合当时的水平风速可知这时的波长为 450 m 左右;而对于 A、B 两个样本水平风速,垂直速度和虚温的功率谱峰值均出现在 0.067 Hz 附近,同时在 0.1～1 Hz(40～400 m)内还存在一些小的峰值,对应较无序的湍涡活动;而随着台风中心的移近,C、D 两个样本的垂直速度和虚温功率谱的峰值向高频方向移动,说明在近台风中心眼墙区域内更强烈对流的作用下湍涡的垂直和热力尺度随之变小。

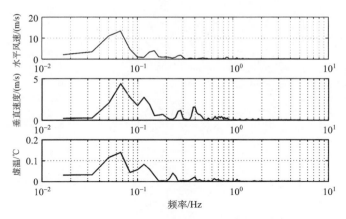

图 3.65　样本 A 水平风速、垂直速度和虚温的功率谱分布情况
其中从上到下分别为水平风速、垂直速度和虚温

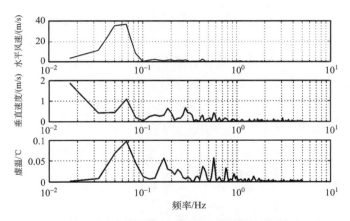

图 3.66　样本 B 水平风速、垂直速度和虚温的功率谱分布情况
其中从上到下分别为水平风速、垂直速度和虚温

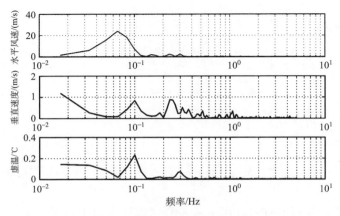

图 3.67　样本 C 水平风速、垂直速度和虚温的功率谱分布情况
其中从上到下分别为水平风速、垂直速度和虚温

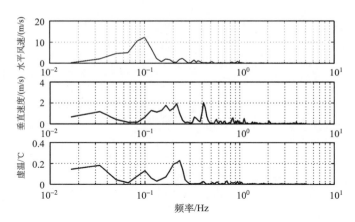

图 3.68　样本 D 水平风速、垂直速度和虚温的功率谱分布情况

图中从上到下分别为水平风速、垂直速度和虚温

　　由以上分析可以得到，样本 A 的水平风速、垂直速度和虚温功率谱分布较为一致，而随着靠近台风中心眼墙内对流上升运动的加强，次级环流的信号受到小尺度湍涡和大尺度上升运动的双重干扰，所以下面选取样本 A 对其水平速度和垂直速度，以及虚温和垂直速度的互功率谱分布情况进行分析。图 3.69 为互功率谱的情况，它们明显地都在 0.067Hz 处出现峰值，并且在 0.1Hz 左右的分布基本相同，也表明存在尺度在 600 m 左右的明显相干滚涡结构。

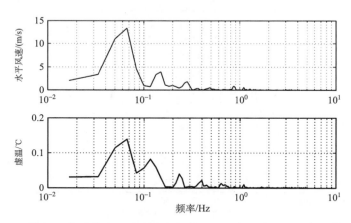

图 3.69　样本 A 水平风速、垂直速度与虚温、垂直速度的互功率谱分布情况

上图为水平风速，垂直速度互功率谱；下图为虚温，垂直速度互功率谱

3.3　登陆台风卫星遥感遥测的反演和同化研究

　　近 10 年来，国外普遍重视将以卫星遥感观测资料用于台风研究和业务，大大提高了台风特别是海上台风的监测分析和预报能力。例如，单星或双星观测的云导风和

TBB 已经广泛应用于 TC 的监测分析和预报分析中。静止气象卫星因具有时空分辨率高、覆盖面广的特点，在 TC 风雨监测中的应用最为广泛；而由于星上微波观测克服了红外/可见光无法穿透非降雨云的弱点，它可以揭示出 TC 卷云盖下的重要结构。因此，尽管微波探测仪器目前只能安装在极轨卫星上，探测频率较低，这一类资料仍成为对静止卫星探测资料的有效补充。而综合了卫星和雷达两者优点的热带测雨卫星（tropical rainfall measuring mission，TRMM）的 PR（precipitation radar）和 TMI（TRMM microwave imager）在 TC 研究中得到广泛的重视。TRMM-PR 观测降水不受海陆分布的限制，可观测降水率、整层大气的云中液态水含量、整层大气的水汽量等，而 TRMM-TMI 可穿透云层观测全球热带地区的海表面温度（SST）。在卫星微波遥感方面，美国宇航局（NASA）发射的 quick scatterometer（简称 QuikSCAT，卫星搭载的微波散射仪）可观测每天全球海洋上的海表面风场，揭示全球海洋上海表面风场丰富的细微结构特征。美国宇航局的特殊微波遥感图像（special sensor microwave imager，SSM/I）卫星则可观测海洋上的降水率、整层云中液态水含量、整层水汽量以及海表面风速。此外，美国 NOAA 极轨卫星系列从 NOAA-15 起开始携带先进的 TIROS 业务垂直探测器（ATOVS，advanced television and infrared observation satellite operational vertical sounder），它是高分辨率红外探测器 3 型（HIRS/3）和先进的微波探测器（AMSU）的合称，其中 AMSU 由 15 通道的 AMSU-A 和 5 通道的 AMSU-B 组成。HIRS/3、AMSU-A 和 AMSU-B 探测的辐射数据统称为 ATOVS 资料。IRS/3（包括 19 个红外通道和 1 个可见光通道）主要探测大气温度、湿度廓线，臭氧总含量等；AMSU-A 主要改进温度廓线，尤其是云区；而 AMSU-B 主要改进大气湿度探测。ATOVS 拥有更高的空间分辨率和探测精度，因此 ATOVS 资料的应用受到了前所未有的重视，如运用微波温度探测（AMSU-A）资料反演的大气温度廓线等可以提供更多重要的信息，从而能够更好地揭示 TC 内部暖异常的变化，进行以 AMSU 温度探测为基础的台风强度和风场结构估算。事实上，目前在全球各 TC 预报中心得到广泛应用的被动微波资料主要是来自 AMSU、SSM/I 和 TRMM/TMI。

　　最早的卫星资料同化采用的是反演同化方式。这种同化方式首先用卫星辐射率探测资料反演出温度、湿度垂直廓线和其他地球物理参数，然后以反演结果为同化量进行同化分析，其反演过程与数据同化过程相互独立、分别进行。这种同化方式中，卫星资料反演起了把卫星辐射率与模式变量的非线性关系转变为卫星反演值与模式变量的线性关系的作用，使得其后的同化过程可以应用 OI（optimal interpolation）法等较易实现的线性同化方法。已有的对比试验表明，同化卫星反演的温湿廓线资料能对南半球和资料稀少地区的模式初值分析与预报起正作用，但在北半球常规观测资料密集地区并不能取得一致的正作用，有时甚至起负作用。卫星资料反演属于非适定问题，需附加约束条件以确定最优解，因此计算繁杂，卫星探测信息因此有所损失。为解决上述卫星资料反演同化中存在的问题，人们在积极提高卫星探测器的垂直分辨率和全天候探测能力的同时，还致力于探索在同化模式中引入卫星探测信息的新方法，基于 3 维变分同化（3DVAR）的直接卫星探测资料就是后者的产物。其基本思想是：利用大气传输方程计算模拟辐射率，同时计算出模拟辐射率和观测辐射率之间的差值，构造目标泛函，增加一定的约束条件，采用最优化方法，通过求最小化过程可得到分析变量。该方法不仅可以分析具有复杂的非线性关系模式变量的卫星辐射率资料，还可以有效地分析具有不同误差特性的各种观测资料，此外还可以同步进行反演和分析。国外的研究表明，把可能得到的高密度资料和卫星资料同化到台风的初始场中，可使台风的内部结构得到重塑，从而使 48 小时的路径预报误差由控制实验的 400 km 减小到 150 km。

3.3.1　台风卫星遥测反演理论与方法

暴雨、暴雪、雷暴、洪水、泥石流等与强降水有关的突发性自然灾害现象具有变化快、生命期短、强度大等特点，往往造成国民经济和生命财产的重大损失。如何及时、准确地监测和预测这类自然灾害的发生、发展和演变，是当今气象学研究的热门话题。常规气象观测时空分辨率低，且受地域条件限制；目前，业务数值预报虽有很大改进，但对突发性的灾害性天气仍然难尽人意，特别在以下方面较难提高预报精度：降水的开始时间、雨区分布范围、降水强度大小。卫星遥感观测具有观测范围大、空间分辨率高的特点，可对较大区域进行实时观测，因此其已成为监测和临近预报暴雨(雪)和强雷暴天气系统的有效工具。

早期的静止卫星降水反演算法，包括 $11\mu m$ 的红外通道估计降水(Stout et al.，1979；Adler and Mack，1984；Scofield，1987)，geostationary operational environmental satellite(GOES)降水指数(GOES precipitation index，GPI)(Arkin and Meisner，1987)，对流-层状云技术(the convective-stratiform technique，CST)(Adler and Negri，1988)，以及一些简单的红外-可见光算法(Lethbridge，1967；Lovejoy and Austin，1979)。降水估计对红外通道的利用，主要是基于云顶越高(亮温越低)、对流越强、降水率越大的假设(Miller et al.，2001)，但没有关注到云内水滴和/或冰粒子的物理特征，因而这些方法在估计云顶不是很高的暖云降水时，特别是雨层云等层状云降水时，表现出明显不足(Kidd et al.，2003)。

卫星被动微波(passive microwave，PMW)遥感能够提供与降水场更直接相关的信息，因而能更为可靠地估计瞬时降水率(Ferraro，1997；Ferraro and Li，2002；Kummerow et al.，1996；McCollum and Ferraro，2003；Tapiador et al.，2004)，但是由于微波探测器如特殊感应微波成像仪或者星载降水雷达(precipitation radar，PR)都安装在低时间分辨率的极轨卫星上，这使得微波反演降水的应用受到了很大的时间和区域限制，难以直接投入业务运行(Morrissey and Janowiak，1996；Soman et al.，1995)。但利用微波遥感估计降水来调整 IR 降水估计的精度却是很有意义的试验研究(Xu et al.，1999；Todd et al.，2001；Huffman et al.，1995；Huffman et al.，2001；Xie and Arkin，2006)。

近年来，卫星观测时空分辨率明显提高，利用卫星红外和可见光图像反演降水的技术再次得到了迅速发展。Ba 和 Gruber(2001)提出的 GOES 多光谱降水算法(GMSRA)，以可见光反照率阈值和红外亮温或有效半径阈值识别降水区，有效提高了白天暖云顶降水的识别率；在此基础上，根据红外亮温估计降水率，并用一个经验的湿度因子来调整；Vicente 等(1998)使用云的增长率及云顶亮温梯度等参数阈值判断雨区，并由用红外亮温估计降水，再利用对流均衡层、大气湿度、垂直运动场等参数进行调整，发展了名为 auto-estimator(AE)的业务化的 GOES 红外降水估计技术；Kuligowski(2002)的自校准多元降水反演(SCaMPR)技术则综合了 GMSRA 和 AE 的有关算法，将各红外通道亮温、亮温差及亮温梯度、斜率等信息作为降水是否发生的阈值和降水率的判断标准；Yan 和 Yang(2007)应用 MODIS 两个通道的数据，形成多拟合曲线估计中国东部区域的降水率，分析结果与 advanced microwave scanning radiometer for earth observing system(EOS)(AMSR-E)微波雨强较为一致；郁凡(2003)、Wang 等(2008)曾运用 GMS(geostationary meteorological satellites)和 MTSAT(multifunctional transport satellites)静止气象卫星红外和可见光双光谱信息构建二维降水概率和降水强度类属矩阵，在估计无雨、小雨、中雨、大雨和暴雨的 5 等级降水强度分布上取得了较好的结果。

前人的工作为合理设计算法、可靠建立多光谱卫星信息全天时降水反演模型奠定了很好的基础。

1. 关于卫星降水反演所用的真值

在进行卫星多光谱信息降水逐时反演的研究过程中发现，要提高卫星反演降水的精度，必须要解决两个关键问题：①以什么作为卫星降水反演的真值？②在卫星观测最小时间间隔内如何即时跟踪降水云团，特别是强降水云团的移动趋势？这不仅直接决定了降水反演及检验结果是否可信和可靠，也决定了反演方法是否具有天气、气候分析的意义，能否真正投入实际业务应用。

通常作为卫星反演真值的，一种是雷达估计降水率；另一种是地面雨量计实测资料。雷达估计降水率，的确更具有物理意义，但以此直接作为反演真值，却存在一定问题。因其本身也是一种基于 Z/R 关系(Woodley et al.，1975)的间接估计，观测过程中的定标问题、云的相态问题和衰减问题等，都会造成 Z/R 关系不稳定(Crosson et al.，1996；张培昌等，2001)，必然会影响雷达估计降水率的精度，甚至产生很大的误差。最普遍遇到的、难以解决的问题是，在取得较好的降水检测概率(POD)的同时，往往会伴随更大的虚警率(FAR)。经过质量控制处理后，雨量计降水率理应最接近真值。但通常卫星反演降水的研究中大都基于 1 小时、甚至更长时段的雨量计实测降水率进行反演，由于卫星观测是瞬时完成的，而雨量计测量是一段时间的累积，观测方式在时间匹配上的不一致，势必带来卫星反演降水的误差(Chiang et al.，2006)，所用雨量计实测累计的时段越长，产生的误差必然越大。应用雷达观测降水率作为卫星降水反演的真值，也同样存在这个问题。雷达 6 分钟完成一次扫描，十次累计构成得到雷达估计小时降水率。若用雷达估计的 0.5 小时或 1 小时降水率作真值进行卫星降水反演，因降水云特别是产生强降水的积雨云(在 0.5~1 小时中)会有明显的移动和发展，卫星在某一瞬时观测的云况，难以完全表征该时段内的降水状况，必然影响降水反演的精度。但若以 6 分钟雷达估计降水率作为真值进行卫星降水反演，那每次卫星观测仅能反演得到 6 分钟的降水率，目前静止卫星观测时间间隔为 0.5 小时，甚至 1 小时，这样就不能由此直接实现降水率的完全连续反演。

　　要真正解决好这个问题,实现卫星准确反演降水云的降水强度,关键是合理建立多光谱卫星测值与地面实测雨强的关系。卫星是瞬时观测,某一像素的卫星测值理应与卫星扫描该像素的那个瞬时相应位置的降水率有最好的相关。考虑到云的移动,特别是产生强降水的对流云会较快移动,匹配卫星测值与地面实测雨量时,实测雨量的累积时段越短,反演算法就应越可靠。因此,用卫星瞬时观测值与 10 分钟地面实测雨量建立降水反演关系,必然比用 0.5 小时、1 小时或更长时间的累计雨量,误差会更小。因此首先要解决的问题是,合理设计算法,可靠建立 10 分钟降水率的多光谱卫星信息反演模型。

2. 关于可见光反照率的标准化

　　可见光($0.55\sim0.9\mu m$)通道信息能够直观反映云的光学厚度等特征(Nakajima and King,1990;Plantnik et al.,2001;King et al.,2004),反演精度很高,因此在云(Li et al.,2004;Yu et al.,1997;Yu and Liu,1998;Zhang et al.,2011)和降水(Hsu et al.,1999;Wang et al.,2008)分析中具有不可替代的优势。

　　即使目标物的物理特征相同,反照率值也经过了各种定标(Kriebel and Amann,1993;Minnis et al.,2000;Borgne et al.,2004),但反照率在不同时刻仍具有不同的值。要增加白天可见光图像的可用时次数,需要将反照率归一化。目前的归一化方法都是基于公式 $A_0 = A_s/F$,其中,A_0 为归一化后的反照率,A_s 为归一化前的反照率(已经过定标),F 为归一化算子。

　　可见光辐射的来源为太阳,光源条件必然会造成不同时刻可见光云图亮度的很大差异。常用的两种太阳天顶角(SZA)归一化方法,$F = \cos\theta_1$(Cheng et al.,1993;King et al.,1995;Behrangi et al.,2009)和 $F = \cos\theta_1^{0.5}$(Minnis and Harrion,1984;Tsonis and Isaac,1985),试图消除此差异,其中,θ_1 为 SZA。但即使是夏季,当地时间 10 时以前或 15 时以后,经过这种归一化后的图像亮度仍然偏暗或者偏强。

　　出现上述问题的主要原因是:把云顶近似为朗伯面(也就是,反射特征各向同性),没有考虑目标物、卫星和太阳的相对位置。事实上,可见光反照率除了取决于目标物的光谱特性和光照条件(目标物和太阳的相对位置),还要受观测条件(卫星和目标物的相对位置)的影响(Lin and Tseng,1994)。因此,$\cos\theta_1$ 的指数在不同时刻应该具有不同的值。

　　Wang(2009)发现了这个问题。他针对日本的 MTSAT-1R(multifunctional transport satellite)提出了特殊的太阳天顶角归一化(SSZAN)方法,即令 $F = \cos\theta_1^K$,指数 K 的值与时刻有关(表 3.15)。这种归一化方法将 MTSAT-1R 可见光图像的可用时刻延伸到晨昏。但该文定义的 K 在使用时具有局限性,一个简单的表现是,指数 K 不适合于中国的 FY-2C 的可见光数据。

表 3.15　SSZAN 方法中 K 的值

当地时间	8 时	9 时	10 时	11 时	12 时	13 时	14 时	15 时	16 时
K	1.4	1.3	1.0	0.8	0.6	0.6	0.7	0.8	0.8

　　资料来源:根据 Wang(2009)绘制

　　以上是目前可以查阅到的反照率归一化方法。本节在前人成果基础上，针对云目标（反照率超过 0.3）提出了一个具有普适性的反照率归一化方法，即准朗伯面调整（quasi-lambertian surface adjustment，QLSA）。地物目标的辐射容易受低层大气中的气溶胶等影响，其反照率很难实现归一化，因此低于 0.3 的反照率不在此考虑之列。

3. 关于实现降水强度的连续反演

　　如果卫星图像也是 10 分钟间隔的，降水强度的连续反演就不成问题了。但是，目前静止气象卫星观测的时间间隔一般为 0.5 小时［如中国的 FengYun-2（FY-2）、日本的 MTSAT（multifunctional transport satellite）等］，为使 10 分钟降水反演方法能连续应用于 0.5 小时间隔卫星云图降水估计，提高 0.5 小时降水量的反演精度，需要考虑如何利用 0.5 小时间隔云图构建 10 分钟间隔云图序列。在此基础上，就可以进行 10 分钟间隔降水强度连续反演，进而通过一定算法叠加计算 0.5 小时内连续 3 个 10 分钟反演降水量，最终确定 0.5 小时总降水量。因此，利用静止气象卫星图像对降水云团的移动趋势的跟踪和预报是首先探讨的问题。

　　近年来，国内外对云的移动趋势跟踪和预报的研究不断取得新的进展。总体来讲，这些思想可以划分成三个主要方法：时序分析方法、重叠追踪方法和互相关方法。时序分析方法具体包括傅里叶变换（Arking et al.，1978）、奇异值分解（Liu et al.，2008）、模式匹配（Wolf et al.，1977；Brad and Letia，2002）以及其他方法，这种技术在有混合运动、云形状变化和云边缘效应时比较敏感（Arking et al.，1978），但缺点是一般运算量都较大。重叠追踪方法的基本原理是考虑两幅连续的云图上云的交集，应用的例子很多（Zinner et al.，2008；Arnaud et al.，1992；Dixon and Wiener，1993；Morel and Senesi，2002；Handwerker，2002）。这种方法运算量小，但前提是需要先通过光谱信息区分出相应的云团。特别地，互相关方法基于连续云图上同一云型的互相关系数最大的原理，能够很好地估计红外云图上云团的位置和强度，被广泛应用在各种跟踪算法中（Mecikalski and Bedka，2006；Lesse et al.，1971；Schmetz et al.，1993；Li，1998；Bolliger et al.，2003；Bellerby et al.，2009；Hsu et al.，2009；Carvalho and Jones，2001）。当然，互相关方法也可以实现降水的预报（Wardah et al.，2008；Bellon et al.，1992）。但若直接将其应用于 0.5～1 小时甚至更长时间的降水预测（Bremaud and Point-in，1993；Aspegren et al.，2001；Liu et al.，2008），必然难以保证降水反演和预报的精度。

　　本节在互相关方法的基础上发展了云团移动趋势跟踪算法，并将该算法与 10 分钟降水强度反演算法结合起来，提出了即时跟踪和连续累计降水反演技术［immediate tracking and continuous accumulation technique（ITCAT）for rainfall retrieval］。该技术有效克服了 0.5 小时间隔云图难以可靠估计降水云覆盖持续时间的问题，所以它能有效提高降水反演精度，特别是强对流云团生成的强降水的反演精度。另外，它也为改进降水临近预报准确率方法的探索提供了可行的思路。

4. 一种新的可见光反照率归一化方法——准朗伯面调整

在进行降水反演之前,必须进行数据的预处理和定标,其中最重要的步骤就是可见光通道数据的归一化处理,使可见光反照率数据在白天的任意时刻保持相对稳定,不受太阳光照条件、卫星位置等因素的影响。这里提出了"准朗伯面调整"(quasi-Lambertian surface adjustment,QLSA)的概念,在本节中详细说明。

本节第一部分介绍研究所用到的模式和数据,第二部分介绍算法,第三部分分析算法适用范围,第四部分对算法进行评估并与其他三种反照率归一化方法进行比较,第五部分为结论。附录对正文中未交代清楚的问题进行补充说明。

1) 模式和数据

在构造算法时所用的模式为 the Santa Barbara discrete ordinate radiative transfer (DISORT)atmospheric radiative transfer(SBDART)。SBDART 是计算晴空和有云状况下地球大气和表面的平面平行大气辐射传输的程序,包括了所有影响紫外线、可见光和红外辐射的过程(Lensky and Rosenfeld,2003),具体参数描述见文献(Ricchiazzi et al.,1998)。由于其较高的精度,SBDART 被广泛应用于卫星数据的理论研究中 (Christopher and Zhang,2002;Lensky and Rosenfeld,2008;Marsden and Valero, 2004;Knapp,2008)。

参数设置为中纬度夏季大气扩线,urban 边界层气溶胶模式,背景平流层气溶胶模式。云层高度 1 km,云滴有效半径为 $12\mu m$,观测高度在 100km。波长设置为 $0.72\mu m$。其他采用缺省设置。

一共进行了 357 次试验,讨论在不同的云光学厚度(15~45,步长为 5°)、不同的 SZA(10°~85°,步长为 5°)、不同的观测天顶角(10°~85°,步长为 5°),以及不同的相对方位角(0°~180°,步长为 10°)情况下的辐射特征。

光学厚度最小为 15 的设置排除了来自地表的辐射干扰。因为此时来自地面的辐射难以穿越云层,使得到达卫星的短波辐射只来自于云层本身。

评估算法时涉及的静止气象卫星数据,来自中国的 FY-2C 和日本的 MTSAT-1R。卫星星下点经度分别是 105°E 和 140°E。

重点关注区域为中国东部受登陆台风影响的地区,范围为东经 115°~125°,北纬 25°~35°。该区域采用东八区区时(北京时间),因此除特别指明是局地时间的外,本书提到的时间都是指北京时间(BT)。

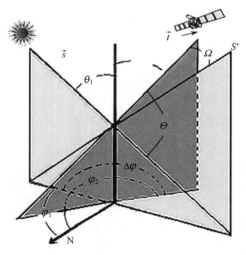

图 3.70　θ_1、θ_2、$\Delta\varphi$、Ω 及 Θ 的示意图
φ_1 和 φ_2 分别为太阳方位角和
卫星方位角,N 为正北方向

2）算法

首先定义镜面反射偏移角 Ω，其物理意义如下（图 3.70）：太阳光沿着 $\vec{s}$ 入射到云顶，然后沿着 $\vec{t}$ 反射回卫星。如果太阳光线被镜面反射，反射光线应该是 $\vec{s}\,'$，则光线 $\vec{t}$ 与光线 $\vec{s}\,'$ 的夹角就是 Ω。Ω 表明光线 $\vec{t}$ 偏离光线 $\vec{s}\,'$ 的程度。请注意，Ω 与单次散射角 Θ 不同。Ω 的余弦表示为

$$\cos\Omega = \cos\theta_1 \cdot \cos\theta_2 - \sin\theta_1 \sin\theta_2 \cos\Delta\varphi \tag{3.57}$$

式中，θ_1、θ_2、$\Delta\varphi$ 分别为太阳天顶角、卫星天顶角、卫星相对（太阳）方位角。

归一化算子 F 写成 $\cos\theta_1^k$ 的形式，但 $k = f(\cos\Omega)$。$f(\cos\Omega)$ 的具体形式通过一元一次函数回归确定（图 3.71）。图 3.71 的纵轴为 $\log^F_{\cos\theta_1}$，这里 F 根据式（3.57）得到。

运行模式得到的 357 个结果全部显示在图 3.71 上。请注意，参与回归的样本（实心点）为 266 个。其他未参与回归的样本被分为三类（标×的点），并在第三节中讨论。

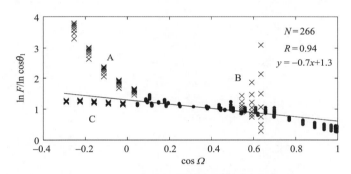

图 3.71　由回归得到的具体形式图

图中 N 为参与回归的总样本数，R 为相关系数，所有参与回归的样本都标注为实心点，其余的样本（标注为×）被分成 A、B、C 共 3 类

根据回归结果，$\log^F_{\cos\theta_1} = -0.7\cos\Omega + 1.3$，整理得到 $F = \cos\theta_1^{-0.7\cos\Omega + 1.3}$，这就是本书的反照率归一化算法。

从表达式可以看出，当镜面反射偏移角 Ω 值为 0 时，光线 $\vec{t}$ 和光线 $\vec{s}\,'$ 重合，此时 F 值最大。随着光线 $\vec{t}$ 逐渐偏离 $\vec{s}\,'$，也就是 $\vec{t}$ 和 $\vec{s}\,'$ 的夹角增大时，F 值逐渐变小。很显然，这种变化与准朗伯面（Braun and Gordon，2010）的辐射变化一致。

这里的归一化方法认为云顶为准朗伯面而不是常认为的朗伯面，使得反照率亮度不一致得到了改善，因此这种方法也被称为准朗伯面调整（quasi-Lambertian surface adjustment，QLSA）。

3）适用范围

图 3.71 中有三类样本未参与回归，现在分别给出说明和分析。

A 类：θ_2 超过 60°。光线以接近于平行的角度返回卫星。由于光程显著增加，原本可以忽略的气体（如水汽、O_3 和 CO_2）和气溶胶对辐射的吸收和散射作用变得明显。所以高纬地区，由于 $\theta_2 > 60°$，QLSA 效果会很差。

B 类：θ_1 低于 20°。光学厚度对 $\log^F_{\cos\theta_1}$ 的影响比较明显，但要特别说明的是，处理这些样本时，QLSA 不会带来较大误差。为了证明这点，下面讨论 SQLA 的不确定性（表 3.16）。表中 $\tau=15$ 和 $\tau=45$ 的 $\log^F_{\cos\theta_1}$ 值都是模式的结果（被认为是真实值）。当 $\cos\theta_1$ 很大（如 $\theta_1=10°$ 或 20°）时，F 的估计误差对 A_0 的影响并不大，A_s 最大估计偏差的绝对值不超过 3.5%，因此，这一类样本虽然没有参与拟合，但不属于有严重估计偏差的样本。

表 3.16　不确定性讨论($\theta_2=45°$，$\Delta\varphi=60°$)

项目	$\tau=15$	$\tau=45$	估计值	偏差范围
$\theta_1=10°$，$A_s=0.6$	$\cos\Omega=0.6350$ $\log^F_{\cos\theta_1}=3.0932$ $F=0.9538$ $A_0=0.6291$	$\cos\Omega=0.6350$ $\log^F_{\cos\theta_1}=0.2851$ $F=0.9956$ $A_0=0.6026$	$\cos\Omega=0.6350$ $\log^F_{\cos\theta_1}=0.8555$ $F=0.9870$ $A_0=0.6079$	$[-3.37\%,\ 0.88\%]$
$\theta_1=20°$，$A_s=0.6$	$\cos\Omega=0.6350$ $\log^F_{\cos\theta_1}=1.4334$ $F=0.9147$ $A_0=0.6560$	$\cos\Omega=0.6350$ $\log^F_{\cos\theta_1}=0.8907$ $F=0.9496$ $A_0=0.6342$	$\cos\Omega=0.6350$ $\log^F_{\cos\theta_1}=0.9196$ $F=0.9444$ $A_0=0.6353$	$[-3.16\%,\ 0.17\%]$
$\theta_1=60°$，$A_s=0.4$	$\cos\Omega=0.0474$ $\log^F_{\cos\theta_1}=1.1860$ $F=0.4359$ $A_0=0.9101$	$\cos\Omega=0.0474$ $\log^F_{\cos\theta_1}=1.1166$ $F=0.4612$ $A_0=0.863$	$\cos\Omega=0.0474$ $\log^F_{\cos\theta_1}=1.2668$ $F=0.4156$ $A_0=0.9625$	$[5.76\%,\ 10.98\%]$
$\theta_1=80°$，$A_s=0.4$	$\cos\Omega=-0.1585$ $\log^F_{\cos\theta_1}=1.1926$ $F=0.1239$ $A_0=3.2272$	$\cos\Omega=-0.1585$ $\log^F_{\cos\theta_1}=1.2654$ $F=0.1091$ $A_0=3.6659$	$\cos\Omega=-0.1585$ $\log^F_{\cos\theta_1}=1.4110$ $F=0.0846$ $A_0=4.7303$	$[29.04\%,\ 46.58\%]$

C 类：$\theta_1>60°$。F 的估计误差对 A_0 的影响会很大。由表 3.16 可以看出，$\theta_1=80°$ 时 A_s 的偏差达到了 46.58%。由于不确定性增加，这样归一化后的反照率显然是不可信的。所以针对 $\theta_1>60°$ 地区的反照率归一化没有意义，Behrangi 等（2009）也提出了类似的建议。

夏季满足 $\theta_1<60°$ 的时间段很长，因此 QLSA 能够适用到当地时间 8~16 时。冬季北半球的 θ_1 都很大。在 30°N 地区，正午的 θ_1 甚至都高于 50°；10 时之前和 14 时之后，θ_1 超过 60°（表 3.17），因此对除当地时间 10~14 时之外的卫星可见光测量值进行 QLSA 没有意义。

表 3.17　SZA 计算值(120°E，30°N)

当地时间	8 时	9 时	10 时	11 时	12 时	13 时	14 时	15 时	16 时
2008 年 6 月 12 日	53.4	40.5	27.5	15.0	6.8	15.1	27.7	40.6	53.5
2008 年 12 月 12 日	78.1	67.5	59.6	54.5	53.0	55.4	61.1	69.3	79.3

4）结果

本节对 QLSA 进行评估。由于地面反照率的归一化很难实现，因此值低于 0.3 的反照率的分析被忽略。

所用个例的日期是 2007 年 7 月 1 日。图 3.72 展示了使用不同的归一化算法时 MTSAT-1R 和 FY-2C 的反照率相对频数曲线图。

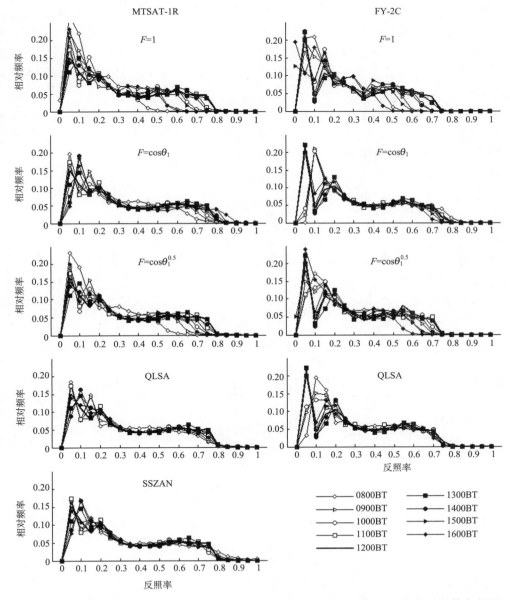

图 3.72　使用不同的归一化算法时 MTSAT-1R(左)和 FY-2C(右)的反照率相对频数直方图
省略了用 SSZAN 归一化 FY-2C 数据的直方图。
算法只考虑 Albedo＞0.3 的部分

　　不经过归一化（$F=1$）的反照率频数分布比较乱，各个时次的反照率值都低于正午时刻，8 时最大值只有 0.5。所有归一化方法都能使低反照率值增加。就频数分布一致性来看，使用 $F=\cos\theta_1^{0.5}$ 似乎不及 $F=\cos\theta_1$。此外，这两种 SZA 归一化方案似乎在不同卫星上效果不一样（即使是同一时刻的数据）。它们对 FY-2C 的反照率归一化明显好于 MTSAT-1R 的。SSZAN 方法（Wang，2009）使 MTSAT-1R 的可见光图像亮度比较一致；这里省略了用 SSZAN 归一化 FY-2C 数据的结果，因为表 3.15 的指数不适合 FY-2C。两颗卫星经过 QLSA 后的反照率频数分布都比较一致，与 12 时的曲线保持高度的吻合，显示了 QLSA 方法的优势。QLSA 后的可见光图像也比调整前质量高，各种目标物的特征更加明显。两颗卫星的云图均是如此。

　　长期评估所用的第一套数据来自 2008 年 6 到 7 月的 FY-2C 卫星。这里采用两种评估方案。

　　第一种方案（图 3.73 上）参照了 Behrangi 等（2009），汇总了关注区域内每天各个时次的反照率值分布。实线（90% 的反照率）表示评估时间段内反照率的平均状况。没有归一化（$F=1$）的反照率在早晚时比较低，不到 0.4。使用 $F=\cos\theta_1$ 的归一化方法和 QLSA 水平相当，使得各个时刻的反照率值比较一致。

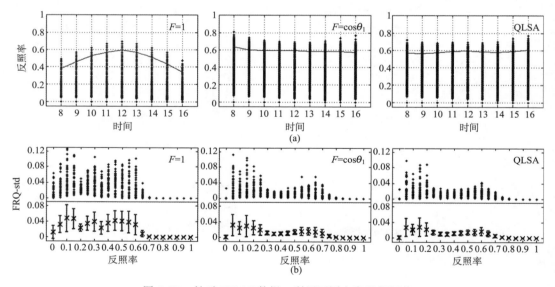

图 3.73　针对 FY-2C 数据，利用不同方案进行评估
第一种方案（a）显示了关注区域各个时刻的反照率分布，细线代表 90% 的部分；
第二种方案（b）显示了 FRQ-std 的分布

　　图 3.73 中的 9 个时次相对频数曲线的标准差（FRQ std）可以表征曲线吻合的情况，进而反映每天不同时次的图像的亮度相似程度。第二种方案（图 3.74 下）统计了近 60 天的 FRQ std 的分布。使用归一化方案比不使用归一化（$F=1$）能够明显缩小各时刻图像亮度的不一致，反照率最大值由原来的 0.7 提高到了 0.8。比较 $F=\cos\theta_1$ 的归一化方法与 QLSA，则后者在反照率超过 0.65 的范围内有明显的优势，FRQ std 平均值和标

准差都比前者要小很多(图 3.73 的 error bar)。

如果对第二套数据,也就是同时期的 MTSAT-1R 数据进行评估,则 QLSA 的优势更为明显(图 3.74)。总之,$F = \cos\theta_1$ 的归一化方法对 MTSAT-1R 的效果要明显差于对 FY-2C,但 QLSA 适用于两颗卫星。

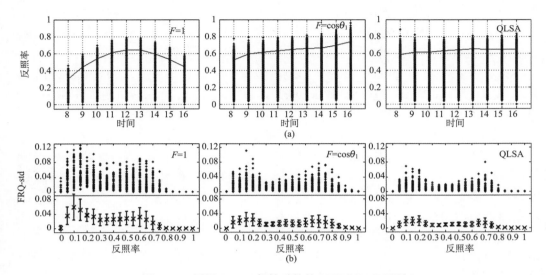

图 3.74　同图 3.73,但针对的是 MTSAT-1R 卫星

5) 结论

这部分研究了有云情形下的可见光反照率归一化方法,即 QLSA。该算法考虑太阳、卫星和云的相对位置的变化,使同一天不同时刻的可见光图像的亮度总体保持一致。评估表明,QLSA 适用于太阳天顶角和卫星天顶角小于 60° 的区域的可见光图像归一化。可见光云图的可利用时次在夏季可扩展到白天的当地时 8~16 时。

QLSA 在为卫星云分类、降水反演等构建算法时,QLSA 也可以用来预处理卫星数据。初步的应用表明,QLSA 对提高降水反演精度有很大的帮助,见后面两部分内容。

5. 日间 10 分钟降水率的卫星反演研究

目前业务中可提供的雨量计雨量记录最短时长为 10 分钟。

为提高降水反演精度,下面试验以 10 分钟间隔雨量计实测降水率作真值,进行卫星降水反演研究。首先介绍所用的卫星和常规观测数据;接着结合降水概率判识矩阵(RPIM)和多光谱分段曲线拟合降雨算法(MSCFRA),进行白天卫星图像像素级分辨率的 10 分钟降水率的反演试验;然后对提出的算法进行评估和个例分析,最后为讨论和结论。

1）数据

所用的光谱数据来源于中国第二代静止气象卫星 FengYun（FY）-2C 的 VISSR（visible and infrared spin scan radiometer）。VISSR 有五个通道：红外通道 1（IR1 or IR，$10.3\sim 11.3\mu m$）；红外通道 2（IR2，$11.5\sim 12.5\mu m$）；水汽通道（WV，$6.3\sim 7.6\mu m$）；中红外通道（MIR，$3.5\sim 4.0\mu m$）及可见光通道（VIS，$0.55\sim 0.90\mu m$）。除了可见光通道提供的是反照率信息外，其他通道提供的是亮温信息。已有的研究表明，白天降水与 IR 的亮温和 VIS 的反照率的关系最为密切（郁凡，1998，2003；Ba and Gruber，2001；Wang et al.，2008；Hsu et al.，1999；Cheng et al.，1993；Behrangi et al.，2009）。

在使用可见光数据时，已经对可见光反照率进行了标准化，算法见上一小节。

使用的卫星图像都采用等经纬度投影方式，中心纬度是 $29°42'N$，投影的中心经度是 $111°12'E$，经度和纬度的分辨率都是 $0.05°$。有 2007 年 6～8 月和 2008 年 6～8 月共约 180 天的每 0.5 小时一次的卫星图像用作研究，其中 2007 年的图像用来形成算法，2008 年的图像用作算法评估。

如图 3.75 所示，降水资料取自中国安徽（$29°18'\sim 34°52'N$，$114°56'\sim 119°37'E$）300 多个自动站雨量计在卫星资料相同时段内所记录的地面 10 分钟降水率数据。安徽地处华东，是梅雨锋作用的关键区域。每年春夏之交，安徽地区都深受梅雨锋混合型降水（雨层云并发积雨云产生的降水）影响。因此，选用安徽的降水资料具有代表意义。

安徽地处东八区，采用北京时间计时，因此所有的时间都特指北京时间（BT）。

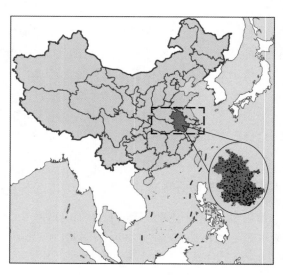

图 3.75　安徽所处位置示意图

图中浅灰色区域为中国，深灰色为安徽。虚线矩形框为梅雨锋主要存在的区域。
黑色圆点代表本文所用的站点的分布情况

2）卫星云图与地面测站资料的匹配

采样时，卫星云图上对应雨量站位置的像素点上的数据被用来与雨量进行匹配。

由于卫星观测是瞬时的，而地面测站降水资料是一段时间降水量的累积。因此，在将卫星数据与地面实测比较时，还必须考虑合适的匹配方案。

通常的卫星估计降水方法，基本采用卫星瞬时测值与 1 小时甚至更长时间地面实测降水率建立统计关系。这样做，样本采样往往容易产生明显的误差。因为那些生成暴雨的积雨云团移动和发展的速度都很快，匹配时，地面测站 1 小时降水率并不总是落在对流旺盛的积雨云团中，而是常会处于云团边缘的卷云区，甚至是其前方的晴空区。显然，实测雨量累计时段与卫星观测瞬时越接近，这类误差就会越小。这里采用地面 10 分钟雨量计降水率与卫星测值进行匹配试验研究。在 10 分钟内，云团的移动和发展相对较小，因此 10 分钟实测降水率一般都会与云团所在位置和发展强度有较好的匹配。

FY-2C 卫星观测每正点和半点开始，0.5 小时完成一次地球圆面全景扫描，考虑到这里所选定的分析区域在北半球的 30°纬度附近，卫星观测的前 10 分钟已经覆盖了该区域。大量实例的比较证明，卫星扫描同步开始记录的 10 分钟雨量计降水率（如 10 时卫星开始观测，用 10 时 0～10 分地面实测降水率），与卫星测值有最好的匹配关系。其他几种用作对比的情况，亦即提前 10 分钟开始记录（9 时 50 分至 10 时降水率）、滞后 10 分钟开始记录（10 时 10～20 分降水率）和滞后 20 分钟开始记录（10 时 20～30 分降水率），都相对要差些（进一步讨论见 4.3）。因此这里定义，正点及半点开始后的 10 分钟时段为最佳匹配时段，进而选择该最佳匹配时段的地面实测降水率与 FY-2C 卫星的多光谱信息进行协同分析。

图 3.76 是 1 小时实测降水率和 10 分钟实测降水率与生成该降水的积雨云团匹配对比试验的一个实例。图上明显可见，在瞬时观测的卫星云图上，1 小时强降水很容易发生在积雨云团边缘的卷云区，甚至云外的无云区中，而 10 分钟的强降水发生这种情况的可能性就大大降低了。

图 3.77 进一步统计了 2008 年 6～8 月所选分析区域内测站典型强降水记录与红外-可见光测值的匹配情况。1 小时实测雨量与红外-可见光卫星测值的匹配［图 3.77（a）］明显对应得不够好，强对流云产生的＞16 mm/h 的强降水点甚至在红外亮温值大于 250K、反照率低于 0.5 的区域（这个区域通常对应的是无云、薄层云或卷云）有分布，这显然不符合实际情况。若以这样的实测数据集构建卫星降水统计反演关系，一定难以得到可靠的结果。而最佳匹配时段的 10 分钟实测雨量与红外-可见光卫星测值的匹配［图 3.77（b）］则较好，较强降水点明显都处于低亮温、高反照率范围内，尤其是大于 8 mm/10分钟以上的强降水点，基本都落在红外亮温值低于 220K、可见光反照率值大于 0.63 的区域。

3）区分降水区方法

卫星反演降水，关键是，首先必须准确合理地判识降水云和非降水云，在此基础上，才能进一步判识不同降水率等级的雨区。现有的研究中，判断是否产生降水，一般

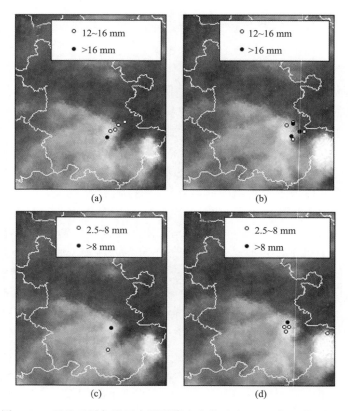

图 3.76　卫星云图与地面实测强降水点的匹配（2008 年 6 月 23 日）

(a)1 小时降水（11 时 30 分至 12 时 30 分）；(b)1 小时降水（12 时～13 时）；

(c)10 分钟降水（11 时 30～40 分）；(d)10 分钟降水（12 时 0～10 分）

选用单一阈值如 VIS 反照率（Ba and Gruber，2001）、IR 亮温（Arkin and Meisner，1987；Adler and Negri，1988；Vicente et al.，1998）或由 MIR 亮温计算得到的云滴有效半径（Rosenfeld and Lensky，1998；Rosenfeld，2000）。利用双阈值筛选雨区比单独利用一个阈值效果要好，如 Rosenfeld 和 Gutman(1994)利用 IR 亮温和云滴有效半径的阈值组合，Ba 和 Gruber(2001)利用 VIS 反照率和有效半径阈值组合。单位特征空间归类方法确定的二维降水概率判识矩阵是判识雨区比较好的方案（郁凡，1998，2003；Wang et al.，2008；Cheng et al.，1993；Behrangi et al.，2009；Nauss and Kokha-novsky，2006）。

　　这里利用降水概率判识矩阵 RPIM 实现了降水区的判识。为建立 RPIM，先将红外-可见光二维光谱空间划分成64×64的基本单元，亦即单位特征空间。在读取地面实测降水量值的同时，按测站经纬度，从双光谱图像上读取相应的红外和可见光测值，该测值必然隶属于某一单位特征空间（Wang et al.，2008）。通过计算各单位特征空间上降水样本数和非降水样本数，确定各单位特征空间的降水发生概率，最终建立 64×64 的 RPIM。这里所用的 RPIM（图 3.78），是对 2007 年 6～8 月的 16 万组降水数据进行

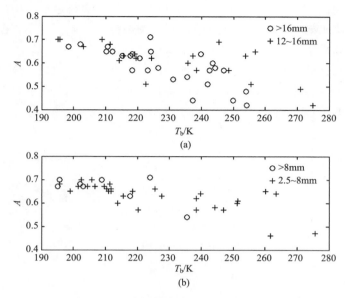

图 3.77 2008 年 6~8 月典型降水率中心与红外-可见光匹配点聚图
(a)1 小时降水；(b)10 分钟降水

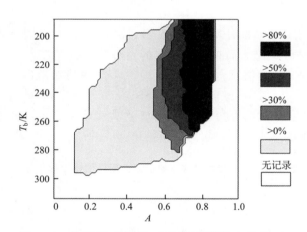

图 3.78 关于 IR 亮温 T_b 和 VIS 反照率 A 的 RPIM

统计最终确定的。

由于样本充足和相对可靠，因此该 RPIM 很好地反映了各亮温（纵坐标）和反照率（横坐标）组合下的降水概率分布。从 RPIM 来看，即使云顶亮温较低（高云顶）的区域，也可能存在降水概率低值，这些区域可见光反照率相对较小，通常对应了基本不产生降水，或仅产生小雨的厚卷云；而云顶温度较高但反照率偏大的区域通常存在较高的降水概率，这往往对应了雨层云和暖云顶积雨云；那些云顶温度低、反照率又大的区域，则普遍对应了云顶发展很高、垂直厚度很厚的对流旺盛的积雨云。利用该 RPIM 可分析各种亮温和反照率条件下的降水发生的可能性，进而区分雨区和无雨区。以不同的降水概率为阈值划分雨区，所分析的雨区大小就会有所不同。阈值过低，雨区就会划分的过大，许多未产生降水的区域也会被错判成雨区；阈值过高，雨区缩小，雨区有可能被判成无雨区，因此要确定一个合适的降水概率阈值来判识雨区。

为确定判识雨区的降水概率值并评估该矩阵对降水检测的效果，这里引入评价指标（Stout et al.，1979）：降水检出概率（POD）、虚警率（FAR）和 Heidke 技术得分（HSS），其定义如下：

$$POD = \frac{q_4}{q_3 + q_4} \tag{3.58}$$

$$FAR = \frac{q_2}{q_2 + q_4} \tag{3.59}$$

$$HSS = \frac{2(q_1 q_4 - q_2 q_3)}{q_2^2 + q_3^2 + 2q_1 q_4 + (q_2 + q_3)(q_1 + q_4)} \tag{3.60}$$

此外，还有其他指标可以采用，如 CSI 评分（critical-success index）

$$CSI = \frac{q_4}{q_2 + q_3 + q_4} \tag{3.61}$$

和 ETS 评分（equitable threat score）或 Gilbert 技巧评分

$$ETS = \frac{q_4 - (q_4 + q_3)(q_4 + q_2)}{q_4 + q_3 + q_2 - (q_4 + q_3)(q_4 + q_2)} \tag{3.62}$$

式中，q_1 为卫星估计和观测都无降水的百分数；q_2 为卫星估计有降水而观测无降水的百分数；q_3 为卫星估计无降水而观测有降水的百分数；q_4 为卫星估计和观测都有降水的百分数。POD 和 FAR 的值域范围为 $[0，1]$；HSS 的值域范围为 $[-1，1]$，CSI 和 ETS 的值域范围为 $[0，1]$。理想情况是，HSS、CSI 和 ETS 值为 1，POD 值为 1，而 FAR 值为 0。表 3.18 显示了对 2008 年夏季 11 次典型降水事件中收集的数据使用不同的概率作为阈值得出的降水或非降水的分析结果。

表 3.18　不同降水概率作阈值划分雨区的评价指标对比

项目	10%	20%	30%	40%	50%	60%	70%	80%	90%
POD	0.9778	0.9396	0.8617	0.7615	0.6651	0.4481	0.2707	0.0505	0.0152
FAR	0.7182	0.6417	0.5666	0.5067	0.4685	0.3953	0.3505	0.3178	0.3211
HSS	0.1811	0.3202	0.4214	0.4687	0.4726	0.4141	0.2990	0.0681	0.0210
CSI	0.2800	0.3502	0.4052	0.4273	0.4193	0.3466	0.2362	0.0494	0.0151
ETS	0.0995	0.1906	0.2669	0.3061	0.3094	0.2611	0.1758	0.0353	0.0106

表 3.18 表明，随着阈值的提高，虽然虚警率显著降低，但降水检测概率也在降低，技术得分（HSS、CSI 和 ETS）都呈现一个抛物线形，在选用的阈值很高或很低时，技术得分都较低，综合考虑，把阈值定为 50% 比较合适，这种情况下 HSS 能达到 0.473，CSI 为 0.419，ETS 为 0.309，FAR 只有 0.469，而 POD 达到 0.665。

表 3.19 显示了应用 RPIM 区分降水和非降水区的方法与一些常用的阈值方法比较的结果。

表 3.19　不同的区分降水区方法比较

阈值			卫星估计无降水	卫星估计有降水
$A>0.5$ 和 $Re>14\mu m$	HSS＝0.3503 POD＝0.8320 FAR＝0.6143	非降水区/%	54.14	26.58
		降水区/%	3.37	16.69
$A>0.5$ 和 $Re>20\mu m$	HSS＝0.3470 POD＝0.6920 FAR＝0.5977	非降水区/%	59.23	19.79
		降水区/%	5.93	13.32
$T_b<230K$ 和 $A>0.50$	HSS＝0.0619 POD＝0.3718 FAR＝0.7626	非降水区/%	57.58	24.30
		降水区/%	12.78	7.56
$A>0.50$	HSS＝0.2691 POD＝0.9433 FAR＝0.6741	非降水区/%	42.65	39.74
		降水区/%	1.15	19.21
利用 PRIM509 概率阈值	HSS＝0.4726 POD＝0.6651 FAR＝0.4685	非降水区/%	68.00	11.82
		降水区/%	6.76	13.42

　　过去的文献中，通常将未经订正的可见光反照率阈值定为 0.4，考虑到本章的可见光反照率经过辐射订正，比较时都提高到 0.5。当只考虑温度低于 230K，同时可见光反照率大于 0.50 的云时（早先的 IR-VIS 算法），卫星只能检测出 37.1% 的地面降水，相应有，FAR 值为 0.763，HSS 为 0.061。这么低的技术得分说明，有相当多的降水与云顶温度高于 230K 的相对较暖的云有关。但是，若把所有可见光反照率超过 0.50 的云均认为是降水云，POD 的值增至 0.943，但 FAR 也将明显增加到 0.674，HSS 只有 0.269。这表明 0.50 的可见光反照率阈值在筛除非降水暖云时也并不很理想。如果利用 Ba 和 Gruber(2001) 提出的可见光和有效半径阈值组合，HSS 可以达到 0.350，POD 为 0.832，但 FAR 却仍高到 0.614。但若把有效半径阈值提高到 $20\mu m$，则导致 POD 迅速降低，而 FAR 几乎未变，因此 HSS 没有增加。利用 RPIM 将降水概率定在 50%，HSS 能达到 0.473，FAR 只有 0.469，而 POD 达到 0.665。将早先筛选雨区的方法与使用 RPIM 的 50% 降水概率阈值的筛选方法做比较，可以发现，后者在没有显著改变 FAR 值的情况下，明显改善了对雨区的正确检出率。

　　4）10 分钟降水率的卫星反演试验

　　这里主要研究中国大陆中东部地区 5～8 月常会产生致洪暴雨的混合型降水和强对流云降水，重点是梅雨锋降水。该类降水的降水率与云顶高度和云体厚度显著相关。因此，表征云顶高度的 IR 亮温和表征云体厚度的 VIS 反照率被用作估计这类降水的重要因子。这里提出的算法基于以下观测事实：产生大到暴雨的强对流云的云顶亮温往往 <220K，伴随着地面有较大瞬时降水强度的阵性降水；而产生连续性降水的层云、雨层云等层状云的云顶亮温则大多为 240～270K；云顶亮温介于上述两类之间的主要是弱

对流云或多层云。

　　早期的降水算法通常通过 IR 亮温来估计降水率（Adler and Negri，1988）。在此基础上，再通过云顶亮温增长因子和相对湿度等参数对降水率进行适当调整（Ba and Gruber，2001；Vicente et al.，1998；Kuligowski，2002）。近期较典型的多曲线拟合方案（Hong et al.，2004），通过聚类分析，把卫星云图上的降水云分成 6 类，并针对每一类云由亮温来拟合降水。基于大量统计样本建立的 IR-VIS 二维降水强度类属矩阵（郁凡，1998；Wang et al.，2008；Luque et al.，2006），揭示了亮温越低、反照率越大，往往降水率越大的统计事实，由此能够区分不同强度的降水。Yan 和 Yang（2007）针对不同的 VIS 反照率，通过拟合 $1.38\mu m$ 的反射率（$R_{1.38}$）来估计降水，形成了双光谱的多曲线拟合算法。该算法表明，对于相同的 $R_{1.38}$，反照率越大，降水强度越大。这也证明，用可见光反照率直接拟合降水率是可行的。

　　为充分考虑对流云降水和层状云降水的差异，这里提出了 10 分钟降水率卫星反演的多光谱分段曲线拟合降水算法（MSCFRA）。该算法与以往文献中的算法显著不同，不是由红外亮温直接拟合降水率，而是针对不同云类产生的不同强度降水率，构建了可见光反照率、红外亮温与地面实测 10 分钟降水率之间的非线性拟合函数。具体步骤是：先将云顶亮温分成了几个区间，这些区间分别属于对流性降水、层状云降水及介于其间的弱对流或多层云降水。本算法的亮温区间宽度为 20K，考虑到不同区间拟合函数的平滑过渡，相邻区间互有重合，最终定为 7 个亮温区间。在各个亮温区间里，分别用不同曲线由可见光反照率拟合降水率，拟合出图 3.79 给出的三次函数，表 3.20 列出了相应的拟合方程。

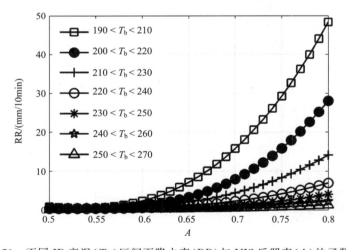

图 3.79　不同 IR 亮温（T_b）区间下降水率（RR）与 VIS 反照率（A）的函数关系

　　用 IR 亮温（T_b）和 VIS 反照率（A）估计降水率时，亮温 T_b 一般会同时属于相邻的两个区间 $[T_{b1}-10,\ T_{b1}+10]$ 和 $[T_{b2}-10,\ T_{b2}+10]$，这里 $T_{b1}<T_{b2}$。在两个不同的区间里可以由不同的拟合曲线估计出两个降水率值 RR(T_{b1},A) 和 RR(T_{b2},A)，最终降水率 RR(T_b,A) 由两个估计值加权平均确定：

$$RT(T_b, A) = f_1 \cdot RR(T_{b1}, A) + f_2 \cdot RR(T_{b2}, A) \tag{3.63}$$

其中

$$f_1 = (T_{b2} - T_b)/10 \tag{3.64}$$

$$f_2 = (T_b - T_{b1})/10 \tag{3.65}$$

表 3.20　不同的 IR 亮温 T_b 范围下降水率 RR/(mm/10 min)关于 VIS 反照率 A 的拟合曲线

云顶亮温的范围	降水率回归方程
190～210 K	$RR = 1160.0 \times A^3 - 1486.2857 \times A^2 + 594.1857 \times A - 69.7043$
200～220 K	$RR = 1203.333 \times A^3 - 1860.667 \times A^2 + 958.690 \times A - 164.169$
210～230 K	$RR = 512.222 \times A^3 - 765.381 \times A^2 + 380.0504 \times A - 62.375$
220～240 K	$RR = 230.0 \times A^3 - 336.8095 \times A^2 + 163.4471 \times A - 25.995$
230～250 K	$RR = 196.6667 \times A^3 - 315.7857 \times A^2 + 169.469 \times A - 30.13$
240～260 K	$RR = 85.5556 \times A^3 - 134.5238 \times A^2 + 71.2171 \times A - 12.47$
250～270 K	$RR = 77.7778 \times A^3 - 135.6667 \times A^2 + 79.8794 \times A - 15.6036$

5）算法评估和个例分析

在对 10 分钟卫星反演降水检验时涉及降水等级，业务预报中没有关于 10 分钟降水等级的划分，这里定义如下（表 3.21）。

表 3.21　本文定义的降水等级表（适用于 10 分钟雨量）

降水等级(级)	1	2	3	4	5	6	7
降水率 /(mm/10 min)	<0.5	0.5～0.9	1.0～2.4	2.5～4.9	5.0～7.9	8.0～11.9	≥12.0

下面对降水算法的比较和评估，沿用了以往相关研究（Morrissey and Janowiak，1996；Soman et al.，1995；Adler et al.，1993）惯用的统计学指标：均方根偏差 rmsd 和相关系数 cc，其定义如下：

$$\text{rmsd} = \sqrt{\frac{1}{N} \sum_{i=1}^{N} (S_i - G_i)^2} \tag{3.66}$$

$$\text{cc} = \frac{\sum_{i=1}^{N} (S_i - \bar{S})(G_i - \bar{G})}{\sqrt{\sum_{i=1}^{N} (S_i - \bar{S})^2} \sqrt{\sum_{i=1}^{N} (G_i - \bar{G})^2}} \tag{3.67}$$

其中

$$\bar{G} = \frac{\sum\limits_{i=1}^{N} G_i}{N} \tag{3.68}$$

$$\bar{S} = \frac{\sum\limits_{i=1}^{N} S_i}{N} \tag{3.69}$$

式中，S_i 和 G_i 分别为卫星估计降水率和雨量计实测降水率。

A. 总体评估

考虑到卫星瞬时观测的特点和 10 分钟内云可能发生的非线性移动，在像素级分辨率下进行卫星反演降水率精度检验时，若点（单独的雨量站降水率）对点（该站的卫星反演降水）比较显然不合适，因此，这里采用点（单独的雨量站降水率）对区域（测站为中心，以"比较半径"为半径的反演降水区）比较。用区域内最接近雨量计降水率的卫星反演降水率来代表该站的估计值。比较半径 R_c 根据云移动速度决定。显然，R_c 取得不同，统计比较结果会有较大区别。为客观评价反演精度，这里将 R_c 分别设定为 1、3、5 个像素，以评估 10 分钟降水估计的算法。

选择了 2008 年 6～8 月共计 11 次降水事件进行评估，样本总数为 11 007 个。

图 3.80 上为不同 R_c 下，卫星估计降水率和雨量计实测降水率的散点分布图。取

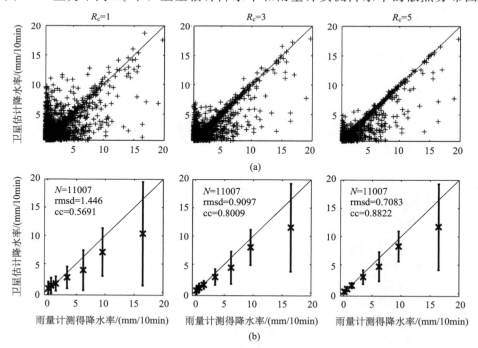

图 3.80　估计降水率与雨量计降水率的散点图和误差棒图

(a) 散点图；(b) 误差棒图

＋表示样本。七条误差棒分别代表七个等级（表 4）的降水。×表示各个等级降水的估计平均值。

各个错误棒的长度代表了各个等级的 rmsd

比较半径 $R_c=1$ 时,强降水(>12 mm/10 min)的估计相对较好,虽然有少部分被严重低估;但弱降水(<5 mm/10 min)被高估和低估的现象都可能发生。若 $R_c=3$,多数降水被成功估计,许多降水样本都能集中在对角线上。微雨被高估现象显著改变,不再有<1 mm/10 min 中的降水被高估成 8 mm/10 min 以上的降水了。取 $R_c=5$,降水估计准确率相应进一步提高,弱降水的低估和高估都被有效控制,绝大部分估计降水率与雨量计降水率对应得很好。

图 3.80 下的误差棒图进一步定量揭示了 7 个等级降水的误差分布状况。从图 3.80 中可以看出,当 $R_c=1$ 时,第 1、2 两个等级的降水总体被高估,rmsd 也超过了 1 mm/10 min。第 5、6、7 等级的降水平均值离对角线较远。$R_c=3$ 时,前三个等级的降水估计平均值皆已落在对角线上,这说明降水估计值与实测值已较吻合。第 4、5、6 等级的降水估计平均值离对角线很近,rmsd 不超过 3 mm/10 min。第 7 等级的降水离对角线相对较远,rmsd 也偏大。将 R_c 放宽到 5,前三个等级的 rmsd 都低于 0.5 mm/10 min,第 4、5、6 等级的 rmsd 则进一步缩小。但第 7 等级的降水估计相比 $R_c=3$ 没有明显改观,这说明算法对超过 12 mm/10 min 的强降水估计还略显不足。

利用统计学指标进行评估,G 为 0.7212 mm/10 min。$R_c=1$ 时,cc 就能达到 0.569,这很显然通过置信度为 95% 的显著性检验,说明 $R_c=1$ 时,降水的估计已经满足要求。对应的,rmsd=1.446。将 R_c 提高到 3 的时候,cc 已达 0.8009,rmsd 也减到 0.9097。说明 $R_c=3$ 时,估计降水和实测降水已经对应得很好。若 $R_c=5$,rmsd 为 0.7083 mm/10 min,相关系数 cc 达到 0.8822。

注意到这是对 2008 年 6~8 月几乎所有的降水样本进行的统计,统计结果表明这里提出的算法具有可信度和实用性。

B. 个例分析

这种算法减小了卫星观测与地面记录时空匹配的不一致性,因而能够相对准确地反演出 10 分钟雨量。无论是雨区和非雨区的划分,还是不同降水等级的判识,反演结果与雨量计实测均比较一致。对强降水中心的判识,也与雨量计观测偏差很小。

a. 2008 年 6 月 10 日

这是一次雨层云降水过程。安徽各地的瞬时雨量都不大,但雨区范围较大,持续时间较长。在卫星图像和降水分布图上,安徽各地的降水表现为明显的区域化特征,皖北地区卷云为主,没有降水;皖南受降水云团影响,产生大范围的降水过程;皖中地区处于中低云区,为连续小雨。

对这次降雨云团进行连续跟踪反演试验的结果如图 3.81 所示。图上的降水云区和非降水云区(包括晴空区)通过 RPIM 划分。无雨区仍用 IR 亮温灰度表示。降水区的雨量则由判决函数估计,圆点为地面实测降水,与色标对应的不同颜色表示了不同降水等级。

对这次降水过程的各等级降水估计情况的统计见图 3.82。这里 R_c 都取为 3。纵坐标为卫星估计的降水等级,横坐标为实际雨量计测量的降水等级。0 级表示为无雨,对角线上的样本数值表示降水等级被正确估计。

注意到 2~4 级的降水估计正确率都较高,分别为 70%、79% 和 71%。1 级降水正确率为 50%,但仍有 40% 的降水被估计成无雨。5 级的降水虽然全部被低估,但只被

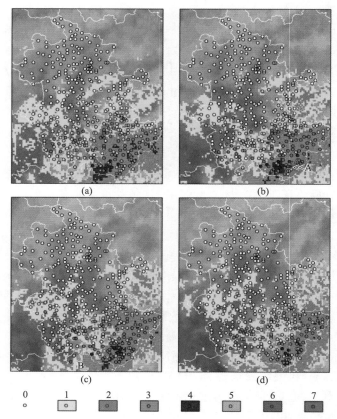

图 3.81　10 min 降水反演效果图(2008 年 6 月 10 日)

(a)11:30~11:40；(b)12:00~12:10；(c)12:30~12:40；(d)13:00~13:10

低估了 1~2 个等级。6 级降水一共两个样本，全部被低估[图 3.81(b)中的点 A 和图 3.81(c)的点 B]。这说明利用这种算法估计雨层云产生的较强降水时，还略显得不足。

值得注意的是，图 3.81(b)的测站 A 测到了降水等级为 6 级的降水(具体降水率为 9.6 mm/10 min)，但被低估成 4 级降水。图 3.81(c)左下角的站点 B，该雨量站在 10 min 内测到了 9.1 mm 的降水，但该像素点此时的 IR 亮温为 242K，VIS 反照率为 0.54，没有表现为强积雨云的光谱特征，估计的降水仅仅为 0.26 mm。由此可以判断，导致低估、甚至严重低估的原因可能是卫星观测分辨率不足造成的。毕竟卫星图像的一个像素代表了 0.05°范围的光谱平均状况，而地面站的降水资料是单站雨量计的实测值。当对流云单体直径小于像素分辨率；或不能全覆盖像素时，难免发生这种情况。当然，也不排除该站雨量计此次测量可能有误。

b. 2008 年 8 月 15 日

这是一次对流降水过程(图 3.83)。云团 C 和 D 由西往东逐渐入侵安徽，并于 15 时左右完全消亡。E 在 10 时左右出现对流初生，11 时形成了小的对流单体，14 时 0~30 分达到最强。受三个对流云的影响，安徽北部地区会部分测站有微雨(<0.5 mm/10 min)出现。本算法主要关注 E 云团的发展过程，并对其形成的降水进行估计。

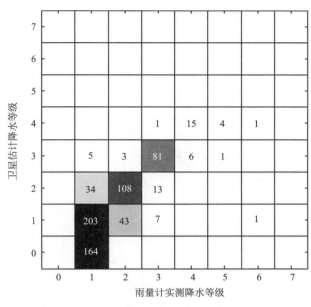

图 3.82　10 min 降水反演结果的频数分布图（2008 年 6 月 10 日）

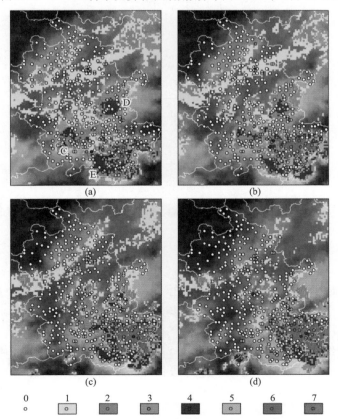

图 3.83　10 min 降水反演效果图（2008 年 8 月 15 日）

（a）13:00～13:10；（b）13:30～13:40；（c）14:00～14:10；（d）14:30～14:40

　　可以看到卫星云图上，云顶的亮温梯度很大，这导致估计的降水也有很大的梯度。安徽北部的地区在划分雨区时相对困难，许多站点的无降水被估计为微雨（<0.5 mm/10 min），但也有不少微雨被估计为无雨。对微雨这种无雨到有雨之间的过渡状态，本算法尚难以准确把握，好在这类降水判识的正误对算法评估的影响并不大。对这次降水过程的各等级降水估计情况的统计如图 3.84 所示。可以见到 2~7 级的降水等级估计正确率都超过了 60%。要特别指出的是，强降水（>6 级）的估计，一共有 11 个样本，其中有 9 个估计完全正确，估计有误的两个样本也分别只偏低了 1~2 个强度等级。这说明这种算法很好地对强对流云团降水强度中心进行了定位。由于云团的亮温梯度大，对中等降水的估计效果不及对雨层云降水的估计（6 月 10 日的个例），但 2 级和 3 级的降水等级估计正确率仍分别达到 0.63 和 0.70。

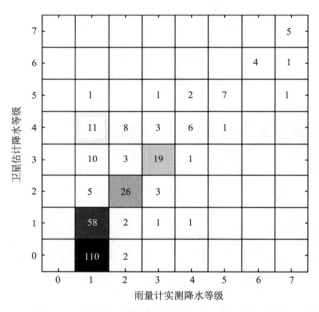

图 3.84　同图 3.82，但日期是 2008 年 8 月 15 日

6）讨论

　　这里重点论述了应用 10 分钟实测降水率作真值进行 IR-VIS 图像反演降水的基本方法。该方法在合理划分雨区的基础上，用多光谱分段曲线拟合降水算法（MSCFRA）来估计 10 分钟雨量。

　　降水评估的结果表明，$R_c=3$ 时，估计降水率与实测降水率的相关系数已达 0.8，rmsd 为 0.9097 mm/10 min。考察降水等级估计，无论对层状云降水，还是对流降水，估计的降水等级与地面实测一致的居多。特别是对于对流性降水，多数情况下，都能准确估计出强降水中心。

　　这种算法得到了较好的降水估计结果，归纳其特点有：

　　（1）该算法分两步进行：先确定雨区与非雨区，再对雨区像素反演降水率。这样就排除了降水率反演过程中非雨像素的干扰。

（2）通过充足样本建立了较为合理的 PRIM，因而能够比较准确地划分雨区与非雨区。

（3）建立 MSCFRA 算法，充分利用了红外、可见光光谱特点。先以云顶红外亮温区间表征不同的降水云类型及发展强度，再对每个亮温区间，分别直接用可见光反照率与降水率建立函数关系。

（4）用于建模、反演和检验的资料是高时空分辨率的（卫星图像保持了 0.05° 的原分辨率信息，实测降水资料为 10 分钟雨量计降水），保证了该方法可以实现高精度的降水反演。

这里提出的可见光图像标准化方案，使夏半年可见光图像可使用时次扩展到当地时的 8～16 时。但由于该方案不适用于太阳天顶角或卫星天顶角超过 60° 的地区，因此在估计高纬地区的降水时会有很大误差。在冬半年，中纬地区 VIS 图像也只有限的几个时次可以利用，因此该降水算法主要用来估计中纬度夏半年的降水。

为使卫星降水反演方法具有天气、气候分析的意义，并真正能够投入实际业务应用，必须实行降水的无间隔连续反演。目前常用的静止卫星观测资料基本是 0.5 小时一次，因此必须在保证降水反演精度的基础上，实现 0.5 小时降水的反演。后面将利用这里已提出的 10 分钟降水反演方法，结合最大相关云团跟踪技术，进一步进行 0.5 小时间隔的卫星降水反演试验，提出 0.5 小时降水的连续反演和临近预报方法。

6. 日间 0.5 小时降水率的卫星反演研究

为实现降水的连续可靠反演，在 10 分钟降水率的卫星反演试验基础上，进一步结合互相关方法，提出了即时跟踪和连续累计（ITCAT）的 0.5 h 降水反演技术。

这里所用的卫星和常规观测数据及预处理情况同上。首先利用互相关方法构建了云团移动趋势跟踪算法；接着提出了卫星图像 0.5 小时降水强度的即时跟踪和连续累计降水反演技术。随后对降水反演技术进行了评估。然后简要介绍了 ITCAT 方法在梅雨锋降水、台风降水的应用。最后做了总结。

1) 云团移动趋势跟踪算法

云团移动趋势跟踪算法的核心，是利用互相关方法从卫星连续两次观测云图上求出云团的位移矢量（移动方向和速度）。在短时间内，可合理假定云团保持此速度和方向运动，通过内插或外推，求出某一时刻云团的位置，实现对云团移动趋势即时跟踪或临近预报。

A. 互相关方法获得云团移动矢量

互相关要针对两幅云图做处理。首先在 t_1 时次卫星云图中选定某一个像素子集 S，其后在 t_2 时次卫星云图相应的扩大区域 A 内计算每个像素子集 T_i 与子集 S 的互相关系数，从而找出具有最大互相关系数的像素子集 T，则像素子集 S 中心与像素子集 T 中心之间的矢量，就可以认为是像素子集 S 的位移（图 3.85）。像素子集 S 和扩大区域 A 的大小分别为 15×15 像素和 41×41 像素。

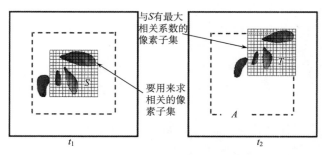

图 3.85　相关分析和位移矢量的图示

t_1时刻子集 S 的中心到 t_2 时刻子集 T 的中心的矢量就是位移矢量

Fengyun(FY)-2C 包含五个光谱通道。理论上，每个通道的像素子集都可以求出一组移动矢量值，但值差别较大，因此有必要选择合适的通道来定义像素子集的位移矢量值。WV 通道不容易探测到低层云顶的亮温值，而 MIR 通道白天受可见光影响较大，VIS 通道的反照率需要进行标准化，用来求移动矢量都不是很理想。因此，最终仍选择 IR 通道来求像素子集的移动矢量值。

B. 利用移动矢量跟踪、预报云团移动趋势

在短时间内，云团移动时速度变化很小，可以通过线性内插和外推进行云团移动趋势的跟踪和预报。由互相关算法确定的移动矢量场是基于每个像素的，将该移动矢量场应用于图像所有像素的内插和外推后，这综合作用就表现为云团的移动。

具体步骤如图 3.86 所示，通过互相关方法计算得到各像素点在 t_1 到时 t_2 段的移动矢量 $\vec{V}$，t_2 时刻的像素点值(count value)就是跟踪、预报时刻(t_a 或 t_b)的辐射值，t_a 时刻的(内插跟踪)像素点位置就是将 t_2 时刻的像素点向后移动 $\dfrac{(t_2-t_a)\vec{V}}{(t_2-t_1)}$；$t_b$ 时刻的(外

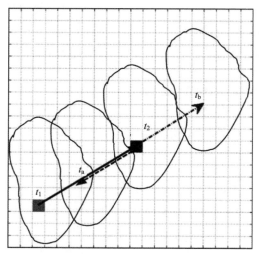

图 3.86　云团跟踪、预报示意图

推预报)像素点位置就是将 t_2 时刻的像素点向前移动 $\dfrac{(t_b-t_2)\vec{V}}{(t_2-t_1)}$。当所有像素依次移动到相应位置，即完成云团移动趋势的即时跟踪和临近预报。

以上的讨论都是针对 IR 通道的。对于其他通道上的云，为保持云图光谱信息的一致，也利用 IR 通道得到的移动矢量值进行反演和预报(图略)。

2) 0.5 小时降水的反演和临近预报

将前面论述的 10 分钟降水反演算法和基于互相关方法的云团移动趋势跟踪算法结合起来，即构成了 0.5 小时降水的卫星反演和临近预报技术——即时跟踪和连续累计降水反演技术。

归纳起来，0.5 小时间隔的降水反演、临近预报技术的流程可以用图 3.87 表示。

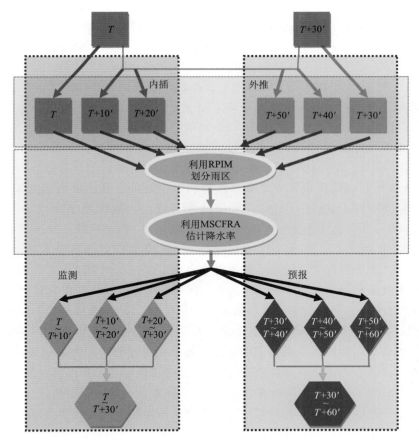

图 3.87　即时跟踪和连续累计(ITCAT)的 0.5 小时降水反演技术流程图

正方形表示卫星云图；菱形表示 10 分钟降水量分布图；六边形表示 0.5 小时累计降水量分布图。

实线外框蓝色填充矩形为云团移动趋势跟踪算法；实线外框黄色填充矩形为单幅云图反演 10 分钟降水算法

T 和 $T+30$ min 时刻的两幅云图（实测云图）通过内插或者外推得到连续的每 10 min 一次的云图（连同两幅实测云图，一共六幅云图）。将这 6 幅云图分别通过降水反演技术，经过 RPIM 对雨区的划分以及 MSCFRA 算法对降水强度的估计，得到 10 min 降水分布图。T、$T+10$ min 和 $T+20$ min 时刻云图估计出的降水分布图的降水量累加，就得到 0.5 小时的降水实时监测图，而 $T+30$ min、$T+40$ min 和 $T+50$ min 时刻云图估计出的降水分布图降水量累加就得到 0.5 小时的降水预报图。整个流程表明，对 0.5 小时降水场的实时监测和临近预报过程可以同步实现。

这里对降水反演算法的比较和评估，所使用的统计学指标：均方根偏差 rmsd 和相关系数 cc，以及比较半径 R_c 的概念同上。

A. 0.5 小时降水反演评估

选择 2008 年 6 月 10 日、6 月 21 日、8 月 1 日和 8 月 15 日这四次较有代表性的降水过程进行评估。

安徽地处梅雨锋作用的关键区域，降水类型多为混合型降水，即综合了雨层云降水和积雨云降水的特征。但具体到每次降水过程时，其中一种降水特征多多少少表现得更为明显。

例如 6 月 10 日，安徽全境主要被雨层云控制，表现为连续性降水。层状云的移动和强度变化都比较缓慢，反演的难点是确定处于雨层云边界的地区何时开始下雨以及降水率。由于雨层云产生的降水率比较小，其边界的降水率更小，往往只有 0.5 mm/0.5h，在以往的降水算法中容易被高估。0.5 小时降水反演方法对雨层云的降水估计效果很好。由表 3.22 可见，即使比较半径 R_c 为 1 个像素点时，估计值与雨量计测值的相关系数 cc 能够达到 0.72，说明该算法对降水位置和强度的确定都比较精确。如果将 R_c 放宽至 3 个像素点，则 cc 超过了 0.84，rmsd 也明显变小。随着 R_c 的扩大，相关系数的增加变得缓慢，rmsd 也缓慢变小；R_c 为 5 个像素点时，相关系数已经达到 0.9。

其他三次（6 月 21 日、8 月 1 日和 8 月 15 日）的降水则主要表现为强对流云降水。对流云移动速度快、强度变化剧烈、降水分布复杂，因而反演对流云产生的降水要比反演层状云降水效果差。表 3.22 中，R_c 为 1 个像素点时，估计值与雨量计测值的相关系数 cc 才刚刚超过 0.5。这样的 cc 虽然通过了置信度 95% 的显著性检验，但明显比层状云降水的反演要差很多；rmsd 的值也很大，甚至会超过平均值的两倍，这样的统计结果说明还有很多测站的降水没有被正确估计。如果在测站附近扩大比较区域，将 R_c 设为 3 个像素点，那么迅速提高到 0.75 以上，甚至有可能超过了对雨层云的反演（6 月 21 日），rmsd 也减小了很多；这种改善在 R_c 为 5 个像素点时体现得更明显。这似乎暗示，由于积雨云团不是线性等速移动，利用互相关方法所做的积雨云团移动趋势跟踪，对移动很快的积雨云团的定位误差有可能达到 3～5 个像素点；当然，积雨云团强度和覆盖面积的迅速变化也是一个重要的影响因素。由此可见，0.5 小时降水反演技术还有很大的改进空间，如果能将卫星观测的时间分辨率提高到 10 分钟或更短些，进一步有效改进卫星降水反演的精度和质量是可以预期的。

表 3.22　不同比较半径 R_c（单位：像素点）下降水反演的统计数据

项目	$R_c = 1$	$R_c = 3$	$R_c = 5$
2008 年 6 月 10 日，样本数为 1371			
$\bar{G}$/(mm/0.5h)	1.68	1.68	1.68
$\bar{S}$/(mm/0.5h)	1.74	1.62	1.57
rmsd/(mm/0.5h)	1.93	1.44	1.15.
cc	0.72	0.84	0.90
2008 年 6 月 21 日，样本数为 551			
$\bar{G}$/(mm/0.5h)	1.67	1.67	1.67
$\bar{S}$/(mm/0.5h)	2.86	2.16	1.83
rmsd/(mm/0.5h)	3.88	2.25	1.36
cc	0.65	0.86	0.94
2008 年 8 月 1 日，样本数为 2502			
$\bar{G}$/(mm/0.5h)	1.84	1.84	1.84
$\bar{S}$/(mm/0.5h)	3.28	2.50	2.14
rmsd/(mm/0.5h)	3.58	2.17	1.51
cc	0.51	0.76	0.88
2008 年 8 月 15 日，样本数为 1397			
$\bar{G}$/(mm/0.5h)	2.16	2.16	2.16
$\bar{S}$/(mm/0.5h)	4.62	3.21	2.56
rmsd/(mm/0.5h)	6.76	3.95	2.62
cc	0.52	0.75	0.86

注：每天的统计时间为 9～16 时，每 0.5 小时一次

图 3.88 显示了表 3.22 中列举的 4 个例子在不同比较半径 R_c 下雨量计降水率与卫星反演降水估计的散点图。R_c 为 1 个像素点，也就是卫星观测的光谱图像与地面测站基本按照点对点匹配时，对于积状云产生的 0.5 小时降水，反演算法倾向于高估弱的降水（<2.5 mm/0.5h）；而对于层状云产生的降水，则容易低估强的降水（>15 mm/0.5h）。如果考虑到云的非线性移动，将 R_c 设为 3 个像素点或 5 个像素点，则不论层状云和积状云，降水估计值与观测值基本吻合，但有时也会存在很明显的个别站点的降水被低估的现象。这种低估不能完全归因于反演技术本身的不足，也可能由自动站仪器的观测误差引起，或者由卫星观测分辨率与地面站不同所致（Ba and Gruber，2001）。

B. 与"之前算法"的精度比较

以往的卫星降水反演算法，基本上都是以单时次卫星图像来反演 0.5 小时、1 小时甚至更长时段的降水（Yan and Yang，2007；Wei et al.，2006；Gourley et al.，2010）。显然，这里提出的即时跟踪和连续累计降水反演技术，这些算法更为合理。实例和统计结果的比较也证明，后者比前者能够显著提高降水反演的精度。

先用两个站点的卫星观测数据与地面实测降水匹配的案例（表 3.23）做一个简单的说明。

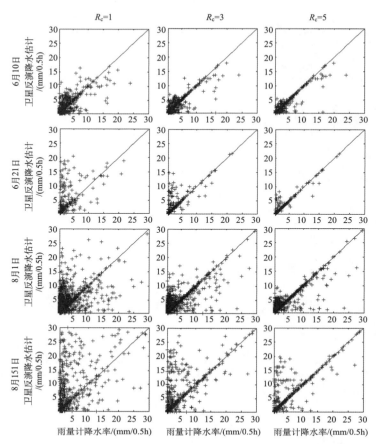

图 3.88　不同比较半径 R_c（单位：像素点）下雨量计降水率与卫星反演降水估计的散点图（2008 年）

每天的统计时间皆为 9～16 时，每 0.5 小时一次

表 3.23　站点 1 和站点 2 对应的光谱特征及降水率

项目	第一个 10 分钟	第二个 10 分钟	第三个 10 分钟	全部
2008 年 6 月 21 日站点 1 10 时 30 分至 11 时				
T_b/K	205.35	208.45	211.41	205.35
cc	0.67	0.67	0.65	0.67
G/(mm/10 min)	8.8	5	2	15.8
S/(mm/10 min)	7.7	6	2.9	16.6
2008 年 7 月 2 日站点 2 14 时 0～30 分				
T_b/K	225.28	221.06	207.85	225.28
cc	0.58	0.65	0.72	0.58
G/(mm/10 min)	3.9	4	8.2	16.1
S/(mm/10 min)	0	1.9	13.1	15.0

注：包括红外亮温 T_b、可见光反照率 A，以及雨量计测得降水率（G）和卫星估计降水率（S），站点 1 的国家标准站号是 I4355（经纬度分别是 116.5547°E，32.218°N），站点 2 的国家标准站号是 I7352（经纬度分别是 117.4376°E，30.3556°N）

　　站点 1 在第一个 10 分钟处于云团强度中心，产生很强降水，随着云团逐渐离开此站点，降水率明显减小。利用互相关方法跟踪云团，能够将该过程逐步体现出来，每一个 10 分钟的降水反演都与测站的降水吻合。如果直接用第一个时次的卫星云图直接反演降水，则会因低亮温、高反照率而高估了后续 0.5 小时的降水。

　　站点 2 的过程与此相反，云团在第一个 10 分钟尚未移到站点 2，因而光谱特征表现为高亮温、低反照率，反演时应该具有较低的降水率（实测结果确实如此）。云团强度中心在第三个 10 分钟覆盖到了站点 2，此时站点 2 才观测到比较大的降水。若只利用第一个时次的卫星云图来反演 0.5 小时的降水，显然会因为辐射光谱特征偏弱而明显低估站点 2 的降水率。利用互相关方法跟踪云团，分别反演三个 10 分钟的降水，则云团移动、逐渐覆盖站点 2 的过程得到显示。

　　因此，云团移动趋势跟踪算法跟踪移动的云团（尤其是积状云），并以此反演降水，每个 10 分钟间隔的降水率都能与光谱信息很好对应，累积的 30 分钟降水率也就具有了较高的精度。

　　为进一步验证即时跟踪和连续累计降水反演技术（以下简称为“当前算法”，current algorithm）在估计连续降水上的精度和可靠性，下面再将当前算法与作者过去用单时次卫星云图进行 1 小时降水反演的算法（诸葛小勇和郁凡，2009）（简称为“前期算法”，pre-vious algorithm）分别对四次典型降水过程进行降水连续反演的实例对比。

　　比较半径 R_c 取为 5 个像素点，针对每个降水等级，比较降水的估计情况。凡是估计的降水等级和雨量计实测降水等级一致的为正确估计。降水等级的划分采用业务预报中的划分方法，即分成微雨（＜0.5 mm/h）、小雨（0.5～2.5 mm/h）、中雨（2.6～8.0 mm/h）、大雨（8.1～15.9 mm/h）、暴雨（≥16.0 mm/h）五个等级。比较的结果如图 3.89 所示，每个等级内有四组柱形图，依次对应 2008 年 6 月 10 日、6 月 21 日、8 月 1 日和 8 月 15 日的四次降水过程。

　　可以看到，前期算法对小雨和中雨的等级估计具有优势，正确率基本都超过 84.9%（除 6 月 10 日中雨的估计外），6 月 10 日对小雨的等级估计正确率甚至达到 97.8%。但是前期算法的最大不足是对微雨和强降水的等级估计误差较大。前期算法容易将＜0.5 mm/h 的微雨低估为无雨，这种低估的百分率甚至超过了 90%（6 月 10 日、6 月 21 日、8 月 15 日），未被低估的微雨多被高估。前期算法也容易低估强降水（大雨和暴雨），这在对 6 月 10 日的暴雨估计中尤为明显，低估率达到 87.1%，其他过程的暴雨低估率也都比较大。比较四个过程的降水结果，结论是前期算法对层状云降水的估计要劣于对积状云降水的估计，因为对层状云的微雨和暴雨估计几乎完全失败。

　　当前算法较为成功地改善了结果。对微雨的等级估计，低估率都被降到 45% 以下；正确率明显提高，除 8 月 1 日外，其他过程的正确率都超过了低估率，尤其 6 月 10 日的微雨估计正确率达到 65.8%。对暴雨的正确估计率超过了 85%。对小雨和中雨的估计，则保持了前期算法的优势。相比前期算法，无论是对层状云还是积状云，当前算法都显著提高了对降水的估计。从结果来看，当前算法对两种类型降水的估计均比较令人满意。

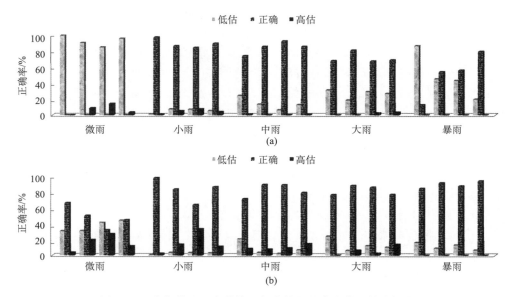

图 3.89 前期算法和当前算法各个等级的降水等级估计情况

(a)前期算法；(b)当前算法

每个等级内有四组柱形图，依次对应 2008 年 6 月 10 日、6 月 21 日、8 月 1 日和 8 月 15 日的降水过程。降水等级的划分采用业务预报中的划分方法，即微雨($<$0.5 mm/h)、小雨(0.5~2.5 mm/h)、中雨(2.6~8.0 mm/h)、大雨(8.1~15.9 mm/h)、暴雨($\geqslant$16.0 mm/h)

3) ITCAT 方法在梅雨锋降水、台风降水估计的应用

这里选取了 2007 年 7 月 10 日 02 时(UTC)的地面降水资料同 ITCAT 方法监测的结果进行个例对比分析。图 3.90 分别给出了中国范围内的实际降水和 ITCAT 法监测

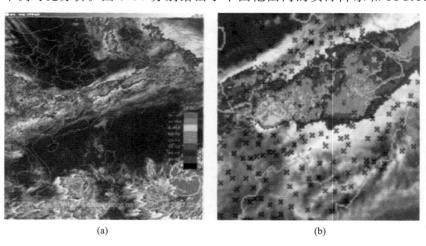

图 3.90 2007 年 7 月 10 日 02 时的 ITCAT 卫星监测结果与实测降水对比，底图为 IR1 波段云图

(a)全景图；(b)局部放大图

彩色区域为卫星监测降水区。十字符号为地面站点实测降水强度

降水的情况。其中，底图为日本静止卫星 MTSAT-1R 的 IR1 图像。彩色图像为 ITCAT 监测降水结果，而实际站点降水(1 小时降水)在图中用十字叉表示。ITCAT 监测降水强度和实际降水强度等级相同时，其对应的颜色也相同，区别是实际降水标记用该颜色的高亮度显示。用 0 表示无降水，用 8 表示超过 16 mm/h 的降水。

　　从卫星云图上可以看出，从日本到中国东中部地区是一条明显的梅雨锋，出现了大面积的锋面降水。西太平洋洋面上，2007 年第四号台风 Man-Yi(中心位置大致在 12.3°N，137.8°E，中心气压 980 hPa 左右；据日本数字台风网 http://agora.ex.nii.ac.jp/digitalty-phoon/)处于快速增强阶段(在 48 小时达到最强盛，中心气压 935 hPa)，在卫星图上已经可以见到较为明显的气旋结构，中心云区接近闭合，台风眼形成。

　　必须要说明的是，由于雨量计分布在陆地上，所以只能获得中国大陆地区的实测降水数据；而不能具体分析 Man-Yi 台风内降水估计是否精确，只能评估梅雨锋降水和台风外围雨带造成的降水。从图 3.90 可以看出，梅雨锋的雨区基本被很好地反演出来。华东片区有部分区域存在高强度的降水(地面雨量计资料显示＞16.0 mm/h)，但 ITCAT 方法给出的雨强偏低。

　　图 3.91 为利用 ITCAT 估计降水强度结果分布频数图，这里比较半径为 5。可以看到，被正确估测的降水等级样本所占的比例比较高(83.5%)，即使一些样本的降水量没有被正确的估计，但也偏差不大。即对于产生偏差的样本，其实际降水等级与估计等级差距一般为 1～2 个等级。反映在图像上即为大部分灰色格点都集中在对角线或对角线附近的区域。对于实测降水等级较低的样本的错误估计往往是高估(本图的高估区基本集中在实测等级为 1～4 的范围内)，对于实测降水等级较高的样本的错误估计往往是低估(本图的低估区出现在实测等级为 8 的地方)，虽然实测等级为 1～4 的区域，也有几个样本出现低估，但是相比于该区域大量的高估样本存在，低估现象非常不明显。

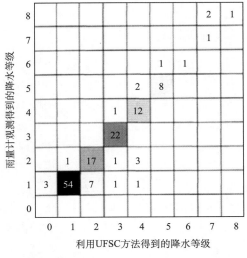

样本	139
未探测	3(2.2%)
正确预测	116(83.5%)
错误估测	23(16.5%)
高估	13(9.4%)
低估	10(7.2%)

图 3.91　2007 年 7 月 10 日 02 时(UTC)的 ITCAT 估测降水强度结果分析
横坐标表示 ITCAT 方法监测的降水等级(包括不降水，等级为 0)纵坐标表示地面雨量计监测的降水等级(不包括没有产生降水的站点)

4）结论

这部分结合互相关方法，提出了即时跟踪和连续累计降水反演技术（ITCAT）。

ITCAT 具体包括两步：①利用互相关方法完成云团移动趋势跟踪，构建 10 分钟间隔云图系列；②由这个云图系列进行 10 分钟降水的连续反演，再累加确定 0.5 小时总降水量。这无论在降水监测还是降水临近预报上，均显著提高了降水的反演精度。若直接应用 0.5 小时间隔云图来估计降水，因不能可靠估计降水云覆盖持续时间，往往造成估计错误。

ITCAT 是互相关方法与 10 分钟降水强度反演方法的有机结合，该技术为提高降水监测和临近预报准确率的探索提供了新的可行的思路。因为该技术充分考虑了云团的移动过程，使降水反演能够动态地估计降水云覆盖测站的持续时间和强度变化，就显著改善了降水强度反演的可靠性。0.5 小时降水场连续预报试验也证明了该思路对改进降水临近预报，特别是对流云强降水的临近预报，具有重要的积极意义。因此，如果能将卫星观测的时间分辨率提高到 10 分钟或更短些，进一步有效改进卫星降水反演的精度和质量应是可以预期的。

ITCAT 在反演和临近预报降水强度上取得了令人满意的效果。须注意的是，云团移动趋势跟踪算法中，假设云团强度和移动速度不变。因此，ITCAT 目前仅能用于降水强度的 0.5 小时临近预报。要进行更长时效范围的降水强度预报，还要进一步改进云团强度预报技术。另外，结合应用 IR 亮温和 VIS 反照率反演预测降水强度，只能应用于白天的情况，要实现全天候的降水（主要是夜间降水）反演和临近预报，还需要利用NIR、WV 等通道信息。

3.3.2　台风卫星遥测同化理论与方法

1. ATOVS 资料及非对称 Bogus 资料的四维变分同化

台风路径、强度和风雨的精确预报对于数值预报而言是个巨大的难题。由于缺乏大量资料，业务上提供的大尺度分析场含有的台风涡旋场往往强度很弱且位置不准确，国内外台风数值预报业务中普遍做法是：首先定位分析台风中心位置，消除弱且不准确的扰动涡旋场，然后构造一个 3 维涡旋环流结构并嵌入模式初始分析场。目前各业务中心采用的 Bogus 方案虽不一样，但其宗旨基本上是设计一个轴对称台风涡旋并加入某种能表征台风及其环境气流运动的非对称分量。很多工作表明，这些台风模型初值化方案使台风路径的预报水平有了较大的改进。

随着 4D-VAR 技术的发展，Zou 和 Xiao 提出的 BDA（Bogus data assimilation）方法改变了直接把背景场中弱的或不准确的涡旋场滤除后加入人造台风涡旋的做法，该方法把海平面轴对称人造台风涡旋当作一种"观测资料"，通过 4 维变分同化技术，使涡旋场在动力调整过程中逐渐与背景场相适应，自动生成台风的非对称 3 维环流结构。该方法包括两个步骤：一是 Bogus 涡旋的构造；二是最优化过程，即强迫预报模式产生与原来初始分析场相容的台风涡旋，使台风路径预报得到了改善。之后不少学者对 BDA 方案做了进一步研究，并取得了较好结果（Wang et al.，2008；袁炳，2008）。

传统 BDA 方案构造的是一个轴对称台风，不能充分反映个别台风的具体特征，其涡旋形状和径向风廓线都与实际不符，所以，BDA 方案中有必要改用更为精细的非对称台风 Bogus 模型来做出改进，袁炳等（2008）的工作也证实了引入非对称模型的有效性。BDA 方法一般只考虑体现动力性质的风场和气压场约束，但台风的热力非对称结构同等重要的影响着台风的移动和强度以及各要素的变化。BDA 方法对初始场的调整只集中在台风区域附近，无法调整台风周围大环境场，而台风与周围的环境场相互作用共同影响着台风的移动路径和强度变化。

随着卫星探测技术不断发展，气象卫星探测资料空间覆盖广，水平分辨率和时间取样频率高，资料一致性好，在区域大气海洋环境条件探测方面具有不可比拟的优势，其在热带气旋探测上也得到了应用，数值预报中的卫星遥感探测资料直接同化技术也发展起来了。1997 年，ECMWF 实现四维变分同化系统业务化。一些影响试验表明（Kelly，1997；English et al.，2000），NOAA 极轨卫星 TOVS（TIROS operational vertical sounder），特别是 AMSU（advanced microwave sounding unit）微波辐射率资料，可以明显地减小数值预报误差；Bouttier 和 Kelly（2001）检验了各种来源的观测资料对欧洲中心中期数值预报模式预报水平的影响，指出极轨气象卫星 TOVS 辐射率资料对模式预报水平的影响已经达到或超过传统的探空观测资料。这些应用及研究结果已经表明，利用 3 维或 4 维变分方法对卫星遥感资料进行直接同化，可以利用同化产生的资料来有效研究天气系统结构，得到对大气状况更精确的描写，对提高数值预报水平有较大贡献。

正是基于上述考虑，本节针对登陆台风"韦帕"个例，在 BDA 方案中引入一种新的非对称风场和气压场 Bogus 资料作动力结构方面的调整的同时，引进快速辐射传输模式 RTTOV8 作为观测算子，利用 4 维变分同化技术，把多星多轨道 ATOVS 卫星辐射亮温资料同化到模式中去，对整个大环境场做出调整，以优化初始场中的台风热力结构。BDA 方法可将大气信息从海平面向上传播，通过对 Bogus 资料进行同化而产生 3 维环流结构，而对卫星亮温资料的同化可以更多地改变温湿场和中上层的大气环流结构以及改善台风周围环境场。这里将两者相结合，以获取更为精细的初始台风环流和温压湿场结构，以提高台风的强度和路径预报。针对台风个例的陆面移行特性，试验中还引入了 Noah 陆面过程方案。

1）使用资料介绍

A. 非对称 Bogus 资料

根据文献（胡邦辉等，1999），在以台风中心为原点的极坐标中，考虑海面摩擦作用，假定成熟台风呈稳定状态，并在惯性项中考虑台风移动对曲率半径的影响，同时做密度变形即 $d=1/\rho$（或称为比容），则台风域内海面任意空气质点 (r,θ) 的水平运动方程为

$$v_\theta^2/r + v_\theta v_s \sin\alpha/r + f v_\theta = d\,\partial p/\partial r - F_r \tag{3.70}$$

$$v_r v_\theta/r + v_r v_s \sin\alpha/r + f v_r = -d\,\partial p/r\partial\theta + F_\theta \tag{3.71}$$

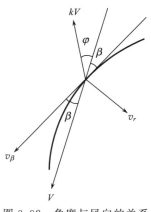

图 3.92　角度与风向的关系

式中，p 为气压；v_s 为台风移速；α 为台风移向与所讨论点的夹角，规定逆时针为正，记极坐标中台风移向为 α_0，则 $\alpha = \theta - \alpha_0$；$v_\theta$ 和 v_r 分别为移动台风的切向和径向风速；F_r 和 F_e 分别为 r 方向和 θ 方向摩擦力；令摩擦系数为 k，风速 $V = \sqrt{v_\theta^2 + v_r^2}$，海面摩擦可粗略表示为 kV。令风向内偏角为 β，摩擦阻力偏离实际风矢量反方向的夹角为 φ，则图 3.92 的几何配置关系有 $\cos\beta = v_\theta / V$，$\sin\beta = v_r / V$，于是有

$$F_\theta = kV\cos(\varphi + \beta) = kV(\cos\varphi\cos\beta - \sin\varphi\sin\beta)$$
$$= kv_\theta\cos\varphi - kv_r\sin\varphi \tag{3.72}$$

$$F_r = kV\sin(\varphi + \beta) = kV(\sin\varphi\cos\beta + \cos\varphi\sin\beta)$$
$$= kv_\theta\sin\varphi + kv_r\cos\varphi \tag{3.73}$$

将式(3.72)代入式(3.71)，求得

$$v_r = (-d\partial p / \partial\theta + rkv_\theta\cos\varphi)/(v_\theta + v_s\sin\alpha + fr + rk\sin\varphi) \tag{3.74}$$

将式(3.73)和式(3.74)代入式(3.70)，合并各项得到关于 v_θ 的一元三次方程形如：

$$v_\theta^3 + a_1 v_\theta^2 + a_2 v_\theta + a_3 = 0 \tag{3.75}$$

令，$v_\theta = x - a_1/3$ 将式(3.75)变形为卡当方程：$x^3 + 3\eta x + 2\xi = 0$，其中各参数如下：$\eta = (3a_2 - a_1^2)/9$，$\xi = (2a_1^3 - 9a_1 a_2 + 27a_3)/54$，$a_1 = 2(v_s\sin\alpha + fr + rk\sin\varphi)$，$a_2 = (v_s\sin\alpha)^2 + (fr)^2 + (rk\sin\varphi)^2 - (rk\cos\varphi)^2 - rd\partial p / \partial r + 2(frv_s\sin\alpha + rkv_s\sin\alpha\sin\varphi + fr^2 k\sin\varphi)$，$a_3 = -fr^2 d\partial p / \partial r - (v_s rd\partial p / \partial r)\sin\alpha - (kr^2 d\partial p / \partial r)\sin\varphi - (rkd\partial p / \partial\theta)\cos\varphi$。

对于上述式(3.75)，若 $\eta = 0$，则 $x = \sqrt[3]{2\xi}$；若 $\eta \neq 0$，则利用邢富冲(2003)的求解方法，选取使得 $v_\theta > 0$ 有实际意义的实根即可。

由式(3.74)和式(3.75)两式可知，v_θ、v_r 的求算关键是 $\partial p / \partial r$ 和 $\partial p / \partial\theta$ 的求取。引入藤田公式，考虑移动台风的非对称性质，并进行风廓线约束推广，得出如下形式：

$$p(r,\theta) = p_m(\theta) - \Delta p(\theta) / \sqrt{1 + a(r/r_0)^b} \tag{3.76}$$

式中，p_m 为台风外围环境气压；Δp 为气压深度，即 $\Delta p = p_m - p_c$；r_0 为与方向有关的台风常数；a 为最大风速半径位置参数，其取适当值从而使 r_0 具有最大风速半径的实际意义；b 为最大梯度风控制参数。关键问题是 p_m 及 r_0 的确定。

为了得到环境气压 p_m，可以认为，环境气压受到赤道高压或副热带高压等大尺度系统的影响时具有明显的方向性，这里主要考虑台风受副热带高压控制的情形，此时靠近副高一侧 p_m 比远离副高一侧要大，且离陆地较远的海上成熟台风其移动主要受副高引导沿高压边沿移动，因此对 p_m 估算如下：

$$p_m(\theta) = p_\infty - p_a\sin(\theta - \alpha_1) \tag{3.77}$$

即 p_m 沿 θ 呈正弦波振荡，振幅为 p_a，p_∞ 为平均环境气压，取其经典值 1010 hPa。$\alpha_1 = \alpha_0 + \beta$，其含义如图 3.93 所示，即认为，若只存在外力 f_e，台风(以点 O 表示)将沿 f_e 方向移动，然而内力 f_i 的存在使移向发生偏移沿内力与外力的合力 f_t 方向移动。我们的目的就是把移向定位到 f_e 方向上以粗略计算副高影响。β_0 为实际移向与内力方向的夹角，逆时针方向为正。令 $f_i/f_e = \delta$，则依据图 3.93 的几何配置有 $\beta_1 = \arcsin(\delta\sin\beta_0)$。根据文献（胡邦辉等，1999；钮学新，1983），f_i 方向取一般情况下的西北偏北向，取 $\delta = 1/8$。

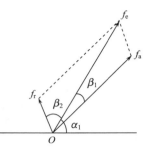

图 3.93　台风移向与内力、外力的配置关系

为了求取 p_a，依据文献（Low-Nam and Davis，2001；黄小刚等，2006）的工作，采用 Kuihara 等的方法，先利用 850 hPa 风场确定出分析台风中心位置 o'，再对分析场风速进行基本场和扰动场的分离，对扰动场进行角向平均，把满足平均风速达到最大之后第一次降到 3 m/s 的距离记为 r_a，r_a 上的最大气压和最小气压之差即为 p_a，之后利用改进的 MM5 滤除方案，以 o' 为中心，将范 r_a 围内的分析台风海平面风场看成是流函数和势函数的叠加，由背景风场估算流函数和势函数，得到分析台风的无散运动和无旋运动速度，背景场减去这两项的值得出消去分析台风的基本风场。

为了得到台风常数 r_0，可以选取原分析场台风外围的一条既能反映台风系统又能反映周围天气系统影响的闭合等压线 $L(\theta)$，作五点滑动平滑消除不连续性，而后对 $L(\theta)$ 进行傅里叶级数插值拟合得出

$$L(\theta) = c_1 + c_2\theta + \sum_{n=1}^{m} b_n \sin\frac{n\pi}{l}\theta, \quad \frac{\mathrm{d}L(\theta)}{\mathrm{d}\theta}; \quad c_2 + \sum_{n=1}^{m} \frac{n\pi}{l} b_n \sin\frac{n\pi}{l}\theta \qquad (3.78)$$

式中，c_1、c_2 为常数；m 为截断级数，其选取要适当，若取值过小则会平滑掉峰值特征，而取值过大则没有起到平滑拟合的作用。书中取 $m = 10$。

把 $L(\theta)$ 及其所对应的气压 p_L 代入式（3.78），有

$$r_0(\theta) = L(\theta)\left[\frac{1}{a}\left(\frac{\Delta p(\theta)}{p_m(\theta) - p_L}\right) - 1\right]^{-\frac{1}{b}} \qquad (3.79)$$

结合式（3.76）～式（3.79），即可得出 $\partial p/\partial r$ 和 $\partial p/\partial \theta$，代入式（3.74）、式（3.75），即可求出台风域内风场，然后将此风场与扣除移速后的基本场叠加得到最终风场，这样基本场风速中的部分非对称成分得以保留下来。气压场则由式（3.76）提供。

不考虑海面非线性耗散作用，取摩擦系数 $k = 1.7 \times 10^{-4}$（胡邦辉等，1999），$\varphi = 38°$（章家琳和隋世峰，1989），$p_c = 948$ hPa，$p_a = 3.5$ hPa 对 2007 年 9 月 17 日 18 时（UTC）的 0713 号台风"韦帕"做模型构造。经计算，取 $a = 1.35$ 时，r_0 与最大风速出现的位置最为接近。其他参数不变的情况下，再对参数 b 进行调节，得知当 $b > 1$ 之后，b 的变化只改变最大风速而不会改变最大风速半径。因此，选取参数 b 的相应值使台风域内最大风速等于观测得到的或由中心气压经验得出的近地面最大风速即可。图 3.94 为构造出的台风海面气压场和风场模型。中心气压及最大风速依据实况得出，分别为 948 hPa 和 52 m/s。可以看出，台风气压场非对称结构体现了环境气压的影响，而最大风速区则出现在靠近副高一侧的具有较大气压梯度的区域。

B. ATOVS 卫星辐射亮温资料

美国发射的 NOAA-L、M、N、N' 极轨业务环境卫星上的 HIRS/3、AMSU-A、AMSU-B 探测器，被统称为先进的 TIROS 业务垂直探测器（ATOVS）。这里使用的卫

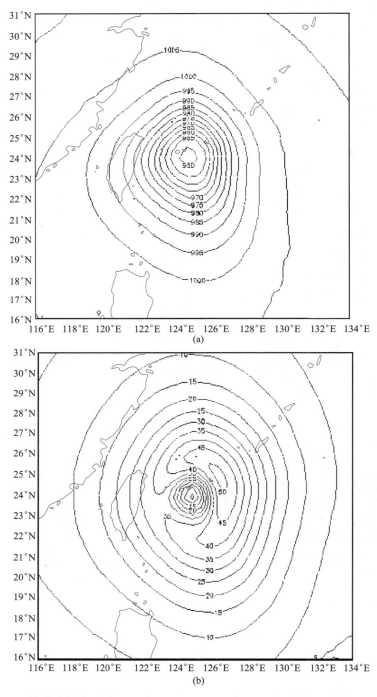

图 3.94　构造出的世界时 2007 年 9 月 17 日 18 时 0713 台风的非对称 Bogus 模型
(a)海平面气压(中心气压 948 hPa)；(b)近海面风速(最大风速 52 m/s)

星观测资料是极轨卫星 NOAA16 的 ATOVS-L1C 资料,其中红外资料尚未经过等效晴空亮温订正。首先要选取资料,其满足条件:①处于模拟范围内且压过台风或距离台风区不是太远;②尽量选取接近初始时刻的资料;③忽略时间上的小差异,把初始时刻之前 15 min 内的轨道上的资料用于初始时刻;④虽然 HIRS 红外资料在有密厚云的条件下计算得到的是云顶的出射率,无法反映云下的台风结构,但仍能体现云顶附近的信息,且 HIRS 资料的同化,可以改善台风外围无云区的大环境场结构,故把 HIRS 资料参与同化,并保留云量大于七成的廓线。

资料使用前还需进行一些预处理,包括:

(1) 数据稀疏。为了与背景场分辨率匹配,通过每三个观测点选取一个观测值的跳点方法,对 AMSU-B 观测资料进行稀疏。

(2) 临边检查和海岸检查。由于卫星观测存在临边变暗和海岸扫描点误差较大,剔出扫描边界区域和海岸区域的观测资料。

(3) 极值检查。对辐射亮温进行筛选,剔出 $150 \sim 350$ K 以外的辐射亮温资料。

为了进行通道敏感测试,将 T213 产品的温度场、比湿场、海平面气压、表面温度、地表以上 10 m 风、地表以上 2 m 温度变量插值到模拟范围内的卫星扫描点经纬度上,插值方案采用水平双线性插值,用 RTTOV8 模拟并计算了 NOAA 16 ATOVS 资料各通道模拟亮温与卫星观测亮温偏差。这里舍弃模拟误差大于 15K 的通道,并只选取与 MM5 模式层高度内温度和水汽有关的通道,最后选出的同化通道为:HIRS 的 $5 \sim 7$ 通道、$11 \sim 16$ 通道,AMSUA 的 $4 \sim 8$ 通道,AMSUB 的 $3 \sim 4$ 通道。

在对 HIRS 资料进行同化时,采用 Li 等(2000)的云检测方案,利用 HIRS 窗区通道的观测亮温值来确定晴空或有云,方法如下。

(1) 某观测视场(FOV)通道 8 的探测亮温 TB_8 是否小于 210K? 是则有云,否则进入下一步。

(2) 从 8 个相邻 FOV 中选择通道 8 亮温最高(设为 TBW)的 FOV,判断是否 TBW-$TB_8 > 4K$? 是则有云,否则进入下一步。

(3) 利用 AMSUA 观测亮温值估算出 HIRS/3 的亮温(设为 TBR)(Li et al., 2000),判断 HIRS/3 探测值与 TBR 的差异是否 $TB_i - TBR_i > 10K$?($i = 5,6,7,13,14,15$,受云影响严重的通道),是则有云,否则进入下一步。

(4) 若为白天(有阳光照射),判断通道 18 与通道 8 的差值 $|TB_{18} - TB_8| > 10K$? 是则有云,否则为晴空;若为夜间,判断 $|TB_{18} - TB_8| > 2K$? 是则有云,否则判断 $TB_{18} - TB_8 > 4K$? 是则有云,否则判断通道 19 与通道 18 的差值 $TB_{19} - TB_{18} > 2K$? 是则有云,否则判断 $TB_{19} - TB_{18} > 4K$? 是则有云,否则为晴空。

为了保留有云的垂直廓线,必须给出云区的云量和云顶气压。由于 MM5 4D-var 系统没有考虑云水、云冰共存的混合相参数化方案,不能直接得出云量参数,这里运用 MM5 模式的诊断方案得出高(450 hPa 以上)、中($450 \sim 800$ hPa)、低($800 \sim 970$ hPa)三种云量($0.0 \sim 1.0$)如下:

$$\begin{cases} C^{\mathrm{L}} = 4.0 \times \mathrm{RH}_{\max}^{\mathrm{L}} - 3.0 \\ C^{\mathrm{M}} = 4.0 \times \mathrm{RH}_{\max}^{\mathrm{M}} - 3.0 \\ C^{\mathrm{H}} = 2.5 \times \mathrm{RH}_{\max}^{\mathrm{H}} - 1.5 \end{cases} \tag{3.80}$$

式中，$\mathrm{RH}_{\max}^{\mathrm{L}}$、$\mathrm{RH}_{\max}^{\mathrm{M}}$、$\mathrm{RH}_{\max}^{\mathrm{H}}$ 分别为三个高度段的最大相对湿度。若云量的值大于 1，则调整为 1；小于 0，则调整为 0。然后，总云量取三种云量中的最大值。

云顶气压取值方法如下：取抬升凝结高度作为云底高度。云内相当位温记为 θ_{e}，环境的饱和相当位温记为 θ_{es}。在云底以上首次出现的 $\theta_{\mathrm{es}} \geqslant \theta_{\mathrm{e}} + \delta\theta_{\mathrm{e}}$ 高度，即可以认为是云顶高度，取 $\delta\theta_{\mathrm{e}} = 3\ ℃$（Raisanen，1998）。记此高度的气压为云顶气压。考虑到亮温模拟误差对云顶气压的敏感程度要比对云量的敏感性小的多（马刚等，2001），这样的取值方法是可以接受的。而尽管微波能够穿透云层而探测云下的温度和湿度，但是降水云中的雨滴和冰晶的尺度还是比辐射波长要大，所以也会因为散射而削弱云层中的辐射信号，而这里没有采用散射计算，所以散射效应最终影响模拟效果。因此，必须在模式中进行云污染检测。AMSUA 资料的云检测使用降水概率法，公式如下：

$$P = 1/(1 + \mathrm{e}^{-f}), \quad f = 10.5 + 0.184 B_1 - 0.221 B_{15} \tag{3.81}$$

式中，B_1 和 B_{15} 分别为计算得到的通道 1 和最后一个通道亮温值。当 $P > 0.7$ 时，辐射亮温就需要舍掉。AMSUB 资料的云检测采用 Bennartz 散射因子法（Bennartz et al.，2002），公式如下：

$$\mathrm{SI} = (\mathrm{TB}_1 - \mathrm{TB}_2) - (-39.2010 + 0.1104 \times \theta) \tag{3.82}$$

式中，TB_1、TB_2 为 AMSU-B 通道 1~2 的观测亮温；θ 为扫描视场的局地天顶角。经过大量试验对比，这里择优选择散射因子 $\mathrm{SI} > 20$ 作为云检测判据。

每一步同化迭代计算过程中都要确保 RTTOV8 中各同化变量在调整前后都具有很合理的物理意义，否则同化过程将视为错误而终弃。

2）数值试验的设计

A. 台风"韦帕"简介

0713 号台风"韦帕"于 2007 年 9 月 16 日编号，生成于 131.4°E、19.9°N 附近的洋面上。编号后受副高西南侧东南气流引导向西北移动，强度迅速增强为台风，9 月 17 日强度到达最盛，中心最低气压达到 948 hPa，近中心最大风速高达 52 m/s。随后穿越台湾以北洋面，继续向西北方向移动，19 日 21 时左右登陆浙江境内福州和杭州之间的中间地带。19 日减弱为强热带气旋并转向北上穿越南京，而后进一步减弱，于 20 日出海后渐渐消亡。本节取 9 月 17 日 18 时（UTC）作为初始时刻，进行四维变分同化试验并作 48 小时模拟预报。

B. 同化系统的设计

MM5 4D-Var 系统是基于 PSU/NCAR 非静力中尺度模式 MM5 开发的四维变分同化系统。在 MM5 4D-Var 系统基础上，引进了快速辐射传输模式 RTTOV8 及其伴随代码，使之能够直接同化卫星辐射亮温探测资料。目标泛函可以定义为

$$J = J_B + J_{\text{Bogus}} + J_{BT} \tag{3.83}$$

式中，J_B 为模式控制变量 X 与背景场 X_B 的偏差；J_{Bogus} 为模式模拟量与 Bogus 资料的偏差；J_{BT} 为模式模拟的卫星辐射亮温值与实际观测的卫星辐射值之间的偏差，具体表达式可写成

$$J_B = \frac{1}{2} \sum_i (X - X_B)^T B^{-1} (X - X_B) \tag{3.84}$$

$$J_{\text{Bogus}} = \frac{1}{2} \sum_t \sum_i \{ [P(i) - P_0(i)]^T W_p [P(i) - P_0(i)]$$
$$+ [u(i) - u_0(i)]^T W_u [u(i) - u_0(i)] \} + [v(i) - v_0(i)]^T W_v [v(i) - v_0(i)] \tag{3.85}$$

$$J_{BT} = \frac{1}{2} \sum_t \sum_i [H_{BT}(X) - BT]^T W_{BT} [H_{BT}(X) - BT] \tag{3.86}$$

式中，上标"T"为转置；"−1"为求逆；B 为背景误差协方差矩阵；下标符号 t 为不同的观测时次；下标符号 i 为同一时次不同的空间观测点。对于不同种类的观测资料来说，变量 t 和 i 有着不同的值。$P(i)$、$u(i)$、$v(i)$ 和 $P_0(i)$、$u_0(i)$、$v_0(i)$ 分别为模式模拟和 Bogus 台风的海平面气压和海平面风速；W_P 和 W_u、W_v 分别为海平面气压和海平面风速的权重系数；变量 BT 为卫星亮温观测资料，观测算子 H_{BT} 即应用快速辐射传输模式 RTTOV-8 正演计算亮温资料的过程，其主体是 RTTOV8 模式，但还包括了一些水平插值算子、垂直插值算子、通道选择算子和质量控制算子等；W_{BT} 为 ATOVS 资料的各通道权重系数，当然各个通道的权重系数可能不一样。通道权重是根据这样的原则而计算出来的：各个通道对代价函数的贡献大致均等。

RTTOV8 是 ECMWF 开发的专用于 NWP 模式 3DVAR 和 4 DVAR 中直接同化卫星观测辐射资料的快速辐射传输模式，截至当时，RTTOV 系列模式已经在 NCEP 和 ECMWF 的多个数值模式的资料同化系统中得到应用。其初始输入变量包括从地面到 0.1 hPa 高空的 43 个等压面的温度、水汽和臭氧资料，以及地表温度、地面附近风速和气压、云顶气压和云量等要素，主要由 MM5 模式提供。对于温湿廓线中 MM5 模式层顶以上部分，这里利用 NESDIS 标准气候廓线库合成不同纬度带、不同季节的气候参考廓线来填补（马刚等，2001）。臭氧廓线取自模式本身提供的参考廓线。

C. Noah 陆面过程

Noah 陆面过程方案，该模式能够预报 4 层（10 cm、30 cm、60 cm 和 100 cm 的厚度）上的土壤水汽和温度，以及树冠蒸腾和等水量的雪深。它也能输出地面和地下的径流总量。在处理蒸发和蒸腾作用时，使用了植被和土壤类型，并取得了一些效果，如土壤传导和水汽的重力通量。在 MM5 的 MRF 边界层方案中可以调用该模式。该模式把地面层交换系数、辐射作用和降水率作为输入，并为该边界层方案输出地表通量。该方案使用一个诊断方程来获取地表温度，同时由于交换系数必须考虑到这种情况，所以就要使用一个合适的分子扩散层来阻止热量的传递（Singh et al.，2007）。

D. 试验方案的设计

模拟采用的数值模式为非静力版本的 MM5 模式及其伴随模式和 RTTOV8 模式及

其伴随模式。分析资料为 6 小时间隔的 1°×1° NCEP 分析资料、台风实测资料来自中国国家气象中心的分析实况。试验区域以(124.5°E,25.5°N)为中心,水平网格为 75×91,网格距为 54 km,垂直方向为分布不均匀的 23 层。同化窗口为 172 min,同化迭代次数为 25,优化算法采用的有限内存准牛顿算法,积云参数化为 GRELL 方案,边界层参数化为 MRF 方案。4 种数值试验方案见表 3.24。

表 3.24　数值试验方案设计

序号	试验方案
方案 1	直接用 NCEP 分析资料作模拟预报(控制试验)
方案 2	加入非对称 Bogus 资料进行同化并作模拟预报
方案 3	方案 2 基础上考虑 Noah 陆面过程作模拟预报
方案 4	方案 3 基础上同时同化 ATOVS 资料并作模拟预报

值得一提的是,ATOVS 卫星资料的每条轨道只覆盖地表约十几个纬度的区域,而且同一个卫星的两条轨道往往时间上间隔较长,为了扩大可用资料的覆盖面积,采用了多星多轨道的同化方案,在 0 时刻加入 17 日 17 时 44 分的 NOAA-18 卫星 ATOVS 资料,73 分钟和 171 分钟分别加入 19 时 13 分和 20 时 51 分的 NOAA-16 卫星的 ATOVS 资料,这样一来,ATOVS 卫星资料近乎覆盖了整个模式计算区域。另外,重点考察同化 ATOVS 资料的效果,所以下文的初始场和预报场分析中只涉及方案 1、方案 3、方案 4 的试验效果。

3) 数值试验结果分析

图 3.95 是同化过程中 Bogus 资料和 ATOVS 资料最目标函数(cost function)的贡献在迭代过程中的下降情况。单独加入 Bogus 资料时,因为直接对模式变量进行同化,目标函数下降较为顺利,当加入 ATOVS 资料后,J_{Bogus}(Bogus 资料贡献部分)下降出现减缓和波动状况,但在多次迭代后,Bogus 资料和 ATOVS 资料已协调融合,J_{Bogus} 下降到单独加入 Bogus 资料时的收敛点,ATOVS 资料并没有影响 BDA 方案原有的收敛程度,所以两种同化方案得出的初始场海面气压场和风场基本一致(图略)。与 J_{Bogus} 降了两个量级相比,卫星辐射率与模式控制变量之间存在复杂的非线性关系,J_{BT} 难以较大幅度地下降,且出现了波动现象。

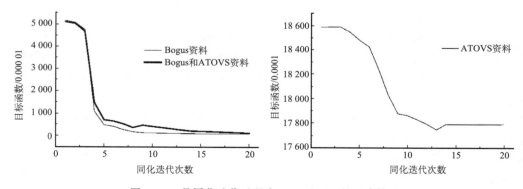

图 3.95　是同化迭代过程中 J_{Bogus} 和 J_{BT} 的下降情况

图 3.96 给出了初始时刻沿台风中心的温度场和经向水平速度场纬向剖面图。从图中看到,方案 1 的温度线几乎东西向平直,而方案 3 和方案 4 皆出现了不同程度的暖心结构,其中方案 4 因为加入大量卫星资料,暖心结构变得更明显,等温线向上伸展高于方案 3,同时等温线出现了东西非对称性及一些中尺度扰动。从水平风场分布来看,后两种方案最大风速比方案 1 高,东西两侧数值差异增大,出现更明显的非对称性。而方案 4 的风场与方案 3 相比在高低层都变弱了,卫星资料对温湿廓线进行调整的同时,通过模式动力约束间接调整了中高层风场结构。

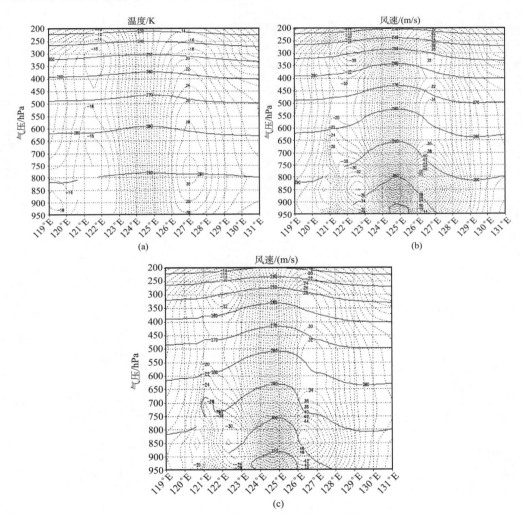

图 3.96 三种方案中初始时刻沿台风中心的温度场(实线)和经向水平速度场(虚线)纬向剖面
(a)方案 1;(b)方案 3;(c)方案 4
温度单位:K;经向水平速度正值风向往北,负值风向往南

图 3.97 是初始时刻 300 hPa 涡度场。可以看出,两种同化方案都改变了原大尺度分析场的均匀平滑现象,而方案 4 中涡度结构则更能体现中尺度结构信息的增加。

　　图 3.98 给出了方案 3、方案 4 初始时刻 600 hPa 等压面上的云雨水含量。可以清楚看到，Bogus 资料和 ATOVS 资料的结合效果。加入了大量 ATOVS 卫星资料的方案 4 显然比方案 3 效果要好得多。从图 3.98 中也看出，在卫星资料覆盖了整个模式区域情况下，优化得出的云雨水也只出现在台风周围的局部区域，在南边尤其台风西南侧出现了大片的水汽输送带。这说明，这种多星多轨道同化方式能较好地优化出云雨水含量的合理分布。

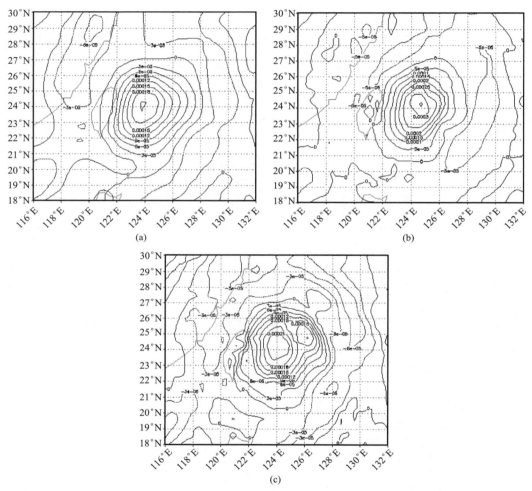

图 3.97　三种方案中初始时刻 850 hPa 风场(上)300 hPa 涡度场(下)

(a)方案 1；(b)方案 3；(c)方案 4

风速单位：m/s；涡度单位：s^{-1}

　　再与 2007 年 9 月 18 日 2 时(北京时)的风云二号气象卫星云图(图略)相比较来看，云雨水分布与云图分布具有一定的对应性。从云雨水分布图中还看到，选取多星多轨道的卫星资料进行同化，对整个大环境场结构都有所调整，也反映出了大尺度云系结构及中小尺度云雨水分布状况。由于 Bogus 资料的抑制和云检测等原因，方案 4 中台风中心附近区域上空的云雨水含量偏小，怎样才能合理得出台风区域上空的云雨水将是下一步的工作。

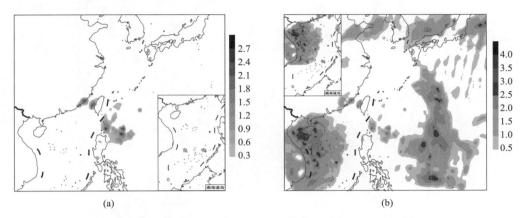

图 3.98　方案 3 和方案 4 初始时刻 600 hPa 等压面上的云雨水混合比（单位：0.001kg/kg）

(a)方案 3；(b)方案 4

　　图 3.99 为沿台风中心的湿位涡的纬向垂直分布。从图中看到，方案 1 中负值区集中在低层，且负值中心处在台风中心内部；方案 3 中 MPV 峰值是方案 1 的两倍，负值区伸展得很高，且台风中心出现了正值区，总体上较好体现了台风的结构，但负中心却出现在低层台风中心内；方案 4 的 MPV 负值伸展得更高更宽，且负值中心出现在了中层台风中心右侧，较方案 3 更为合理。

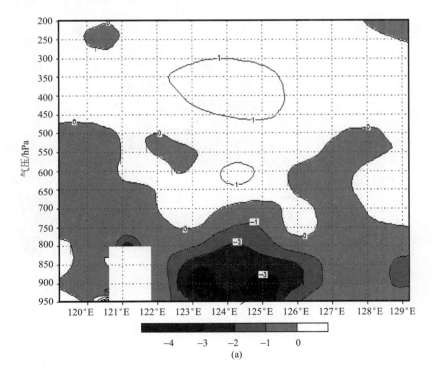

(a)

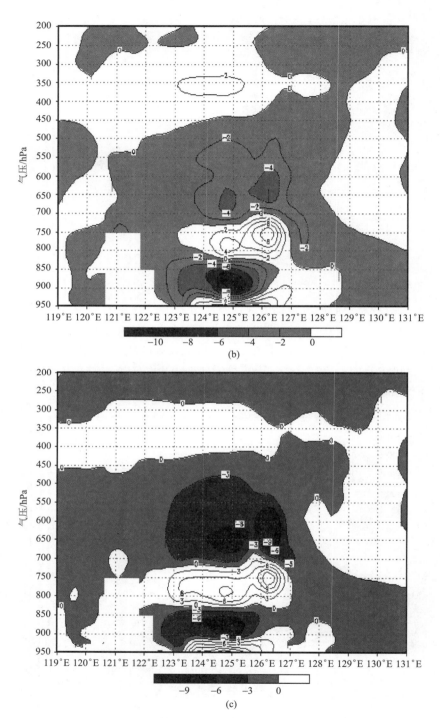

图 3.99　三个方案中沿台风中心的 MPV 纬向垂直分布[单位：$(10^{-6}\,\text{m}^2 \cdot \text{K})/(\text{s} \cdot \text{kg})$]

(a)方案 1；(b)方案 3；(c)方案 4

图 3.100 给出了试验模拟 12 小时得到的经过台风中心的位涡纬向垂直剖面。从图 3.100中看到，三个方案模拟 12 小时后在台风中心附近都维持一个高温湿的涡柱结构。而方案 1 中位涡结构散乱，不能较好体现台风结构；方案 3 则是分别在中层和低层存在两个高中心，低层中心数值达到 9，且高于上层；方案 4 由于大量卫星资料的引入，其结构与方案 2 有所不同，其结构细腻，比方案 3 体现出更多的中尺度信息，且在

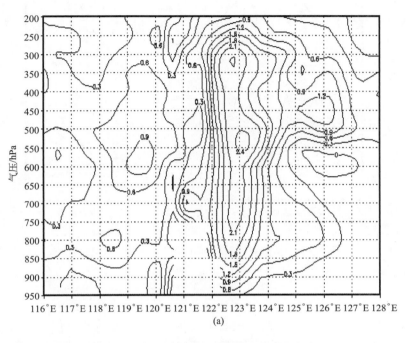

(a)

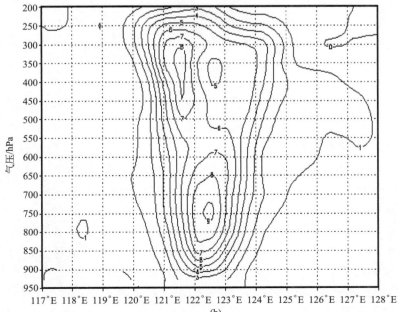

(b)

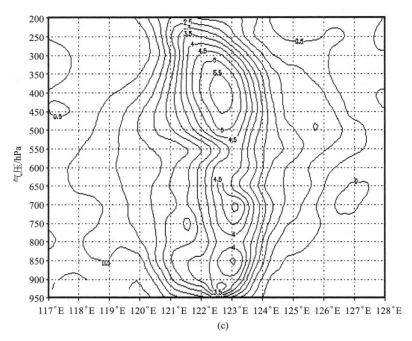

图 3.100　三种试验模拟 12h 得到的经过台风中心的
位涡纬向垂直剖面[单位：$(10^{-6}\,\mathrm{m^2 \cdot K)/(s \cdot kg)}$]
(a)方案 1；(b)方案 3；(c)方案 4

高层、中层和低层都分别出现了高值中心，而高层中心数值大于低层。位涡作为一个综合反映大气动力学和热力学性质的物理量，可定性地反映出台风的发展趋势。当对流层中高层存在一个位涡高值中心时将会有利于对流层低层气旋性涡度的发展即有利于台风的发展(袁金南和刘春霞，2007)。因此方案 2 不利于台风的发展。实际情况中台风仍处加强时期，因而方案 4 的位涡分布相对合理。

　　图 3.101 是四种方案间隔 6 小时的预报路径图及预报误差柱状图。由图 3.101 可以看到，几种同化方案的路径预报效果都比控制试验好，在前 12 小时内方案 2、方案 3、方案 4 的路径基本一致，之后产生分离，在 24 小时后又在同一点登陆，之后三个方案的预报路径都严重偏离实况，都没有深入内陆，而是在海岸附近擦身而过。然而方案 3 因为考虑了 Noah 陆面过程方案，其误差比方案 2 要小很多，而方案 4 加入 ATOVS 资料后台风的路径预报改善不明显。这说明表征动力学变量的 Bogus 资料一定程度上控制着路径预报模拟效果。

　　图 3.102 是四种方案间隔 6 小时的强度预报图及预报误差柱状图。由 NCEP 再分析资料得到的强度预报效果很差，初始误差为 38 hPa，也是最大误差；而方案 2 的结果有了相当大的改善，整个过程预报误差较为平稳，最大误差也只有负的 14 hPa；考虑 Noah 陆面过程之后，方案 3 的预报强度稍比方案 2 弱，这恰好与实况更为接近。方案 4 加入大量 ATOVS 卫星资料后，台风仍然保持很强的强度，保持了 BDA

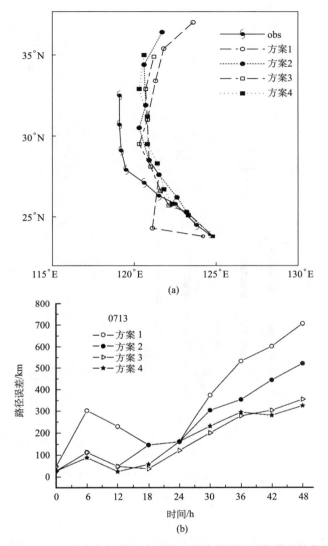

图 3.101　三种方案间隔 6 小时的预报路径图及预报误差柱状图

方法的优势的同时与实况更为接近。同化方案试验中，初始时刻台风处于成熟期，于是模拟试验都存在预报中后期台风过度发展的现象，这是台风后期路径预报不准确的原因之一。

图 3.103 是方案 1、方案 3、方案 4 模拟得到的 24 小时降水量。方案 1 降水分布零散且雨量偏小；方案 3 的降水量比方案 1 增大，降水分布也呈现出系统性；方案 4 的降水范围比方案 3 扩大，降水量进一步加大。与 2007 年 9 月 19 日 2 时（北京时）的风云二号气象卫星云图 3.103(d) 比较得知，方案 4 的雨带分布较好的符合了卫星云图上的云带分布。

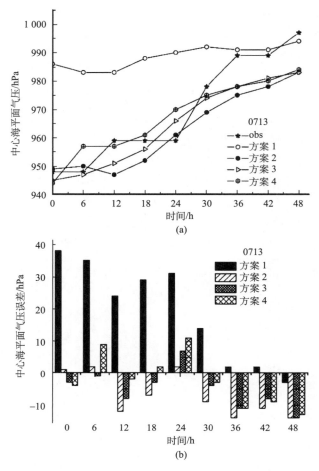

图 3.102　四种方案间隔 6 小时的强度预报图及预报误差柱状图

4）结论

　　提出的非对称 Bogus 方法包括：从考虑摩擦的水平运动方程导出卡当方程形式的风速公式并求解；对台风外围闭合等压线进行傅里叶级数拟合；计算副高影响下各个方向的环境气压；对藤田公式进行非对称推广和风廓线约束推广；把滤除台风后的基本场中扣除台风移速后的成分吸收到 Bogus 台风中来。该方法并没有把台风一分为二地认为是由对称量和非对称量的叠加，而是从头至尾都是非对称形式的计算，从而避免了假定台风呈轴对称时非对称量引入的难题，也避免了前人假定台风呈椭圆时所带来的难以确定风场长短轴方向的难题，还避免了给定最大风速半径时的不确定性。

　　而后针对登陆台风"韦帕"，运用 BDA 方法和 4DVAR 技术，对非对称 Bogus 资料和多星多轨道 ATOVS 资料进行同化，并作 48 小时模拟预报，预报模拟中考虑 Noah 陆面过程方案。结果表明，单独同化 Bogus 资料的 BDA 方案可将非对称 Bogus 信息从海平面向上传播，产生与模式协调的非对称三维环流结构，间接对温度场作整层调整，

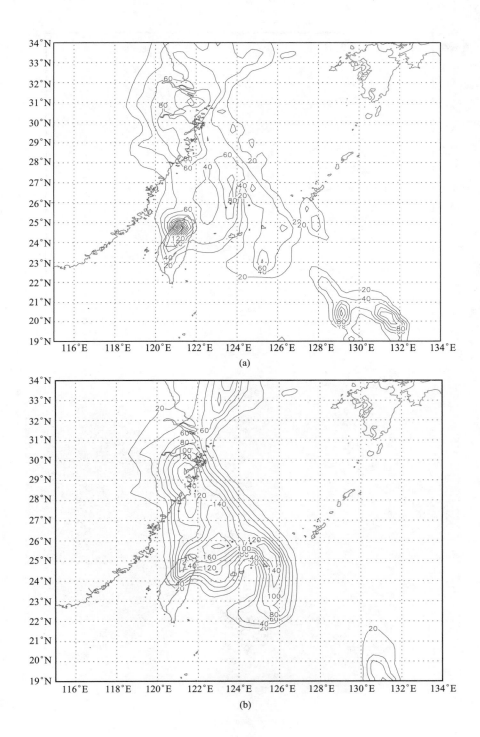

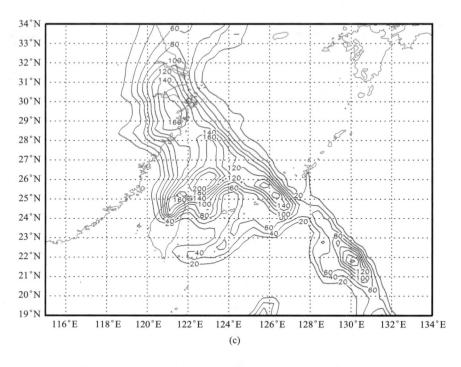

(c)

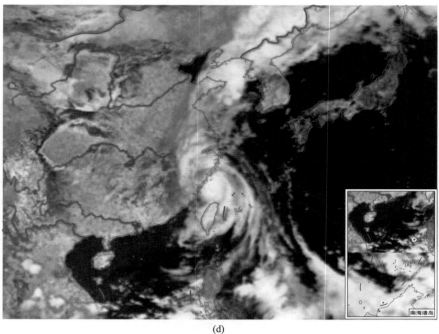

(d)

图 3.103　模拟得到的 24 小时降水图和风云二号卫星云图(单位：mm)

(a)方案 1；(b)方案 3；(c)方案 4；(d)卫星云图

但对湿度场的调整不足，对台风周围大环境场的调整无能为力，台风登陆后的路径预报改善不明显；引入陆面过程方案可以弥补 Bogus 资料对登陆台风路径预报改进的不足；加入 ATOVS 资料则改善了中上层大气环流结构及台风周围环境场，重构了大量中尺度结构信息，取得更为精细的初始台风环流和温压湿场结构，并使预报的降水量增加，降水范围扩大，然而路径预报与只同化 Bogus 资料的情况相差不大。另外，BDA 方案存在的成熟台风预报后期台风过度发展的问题需要进一步解决。

2. GPS 折射角资料同化及其对台风模拟的影响

由 GPS 卫星发射的无线电信号经过大气时受气体浓度梯度的影响而发生折射，LEO(low earth orbiting)卫星上的接收器对 GPS 信号进行探测，依据 GPS 双频率延迟信号及 GPS 和 LEO 卫星的轨道参数，并在大气折射率轴对称假设条件下，可以获得掩星事件(radio occultation，RO)的折射角数据，且每根折射角廓线能够通过 Abel 逆变换进一步得出折射率。这是一种新型的独立测量方式，不需要探测器的校准且误差统计独立于其他类型的探测，掩星探测不受云雨影响且分辨率很高，为数值天气预报提供了价值巨大的资料源，将其与常规高空和地面观测资料一起使用，其价值不可估量。在缺乏常规观测的海洋区域，GPS 掩星资料更能体现其价值。随着 UCAR(university corporation for atmospheric research)于 1995 年把一颗 LEO 卫星 MicroLab-1 发射升空，一些 GPS/MET(global positioning system/meteorology)实验证明了掩星观测技术在地球大气遥测中的能力(Ware et al.，1996；Kursinski et al.，1996)，掩星资料的干空气温度反演精度近乎与无线电探空数据相当。Rocken 等(1997)也做了一些具有前景性的 GPS 资料反演大气数据的工作。于是如何最优地把这些资料使用到数值预报中便成亟待解决的课题。由于折射率资料与常规无线电探测资料具有精确的相容性(Kursinski et al.，1996；Rocken et al.，1997；Kuo et al.，2004)，GPS RO 资料对天气分析和预报产生有意义的影响则是众望所归(Zou et al.，1995，1999；Kuo et al.，1998，2000；Anthes，2000)。

与折射率同化相比，折射角同化可能会减少反演误差，削弱大气水平不均匀性误差和超折射效应等，由于观测量比较原始，折射角资料同化具有最简单的观测误差特性。已有学者致力于 GPS/MET 折射角资料的同化研究(Zou et al.，1999；2000；Kuo et al.，2000；Anthes，2000)，使用射线跟踪的方法，其初步结果鼓舞人心。Liu 等把 837 根折射角廓线同化进入 NCEP 全球谱模式，对全球预报也起到了改善作用。Zou 等(2002)和 Healy 等(2007)对二维折射角资料同化进行了探讨。Wang 等(2003)采用射线跟踪方法对折射角资料做了一些研究。Chiang 等(2006)对 RO 折射率资料的同化对台风预报的影响做了一些探讨，但没有涉及折射角资料同化对台风数值预报的影响。Cucurull 和 Derber(2008)在 NCEP 全球变分系统中引入了包括折射角在内的 RO 数据同化，显示了 COSMIC 资料的同化有效性。

在前人已做了很多 GPS 资料同化进入数值模式工作的基础上，考虑到 WRF 模式的变分系统尚未具备同化 GPS 折射角资料的能力，这里采用 WRF 模式 3DVAR 系统对 COMSIC 的 GPS 折射角资料进行同化，并分析其在台风预报中的影响。

1) GPS 折射角资料 3 维变分同化系统的设计

同化系统采用 WRF 模式的 3 维变分系统（3DVAR），采用欧洲中心的掩星资料处理系统 ROPP 模式作为 GPS 弯角资料观测算子。

无线电掩星事件处理系统 ROPP（radio occultation processing package）是欧洲气象卫星中心（EUMETSAT）下 GRAS SAF（global navigation satellite system receiver for atmospheric sounding，satellite application facility）的关键产品之一。其目的主要针对 METOP 平台的 GRAS 探测，但也能处理来自其他基于 GPS-LEO 构架的掩星资料（COSMIC、CHAMP、TerraSAR-X、SAC-C、ROSA 等）。图 3.104 是 GPS 掩星资料测量几何关系图［The Radio Occultation Processing Package（ROPP）User Guide，2009］。

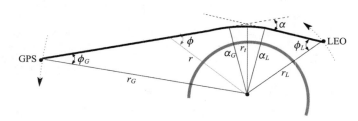

图 3.104　GPS 掩星资料测量原理几何关系图

α 为折射角，两侧 GPS 卫星和 LEO 卫星的影响参数分别为 α_G 和 α_L，GPS 卫星和 LEO 卫星的坐标矢量分别为 r_G 和 r_L，粗实线为无线电波射线路径，而点线分别为它们的渐近线，r_t 为曲率中心（地心）与射线切点之间的径向距离

影响参数可表示为 $\alpha = nr\sin\phi = \mathrm{constant}t$，$n$ 为折射指数。折射角 α 为对折射率的一个总体表征。它是两颗卫星射线渐近线的夹角，事实上是射线路径上所受大气影响的一个累积效应。球对称假设条件下影响参数沿射线路径上是常数，于是 $\alpha(a)$ 的计算可给定如下（Fjeldbo et al.，1971；Kursinski et al.，1997；Melbourne et al.，1994）：

$$\alpha(a) = -2\int_{r_t}^{\infty}\mathrm{d}\alpha = -2a\int_{r_t}^{\infty}\frac{1}{\sqrt{r^2n^2-a^2}}\frac{\mathrm{dln}n}{\mathrm{d}r}\mathrm{d}r = -2a\int_{a}^{\infty}\frac{1}{\sqrt{x^2-a^2}}\frac{\mathrm{dln}n}{\mathrm{d}x}\mathrm{d}x$$

$$(3.87)$$

为符合惯例加上负号以使得弯曲指向地表一侧为正。

经过大气的无线电射线路径的弯曲累积效应依赖于射线路径上的空气折射指数 n。按照惯例，常用折射率 N 来代替折射指数 n，两者的关系如下：

$$N = (n-1)\times 10^6 \qquad (3.88)$$

折射率与大气参数之间的关系式如下（Low-Nam and Davis，2001）：

$$N = k_1\frac{P}{T} + k_2\frac{e}{T^2} + k_3\frac{e}{T} \qquad (3.89)$$

式中，P、e 分别为干气压和湿气压；k_1、k_2、k_3 为常系数。

利用式（3.89）计算出折射率 N，再计算影响参数如下：

$$a = nr = (1 + 10^{-6}N)(h + R_c) \tag{3.90}$$

　　然后利用式（3.87）的数值计算形式算出折射角（黄小刚等，2006）。

　　式（3.87）中要求积分上限为无穷，ROPP 模式积分到 60 km 高空，由于此处 WRF 模式顶气压仅为 50 hPa，高于 50 hPa 的部分由气候值代替［采用 Met Office 所提供气候值（章家琳和隋世峰，1989）］。记积分到 60 km 高度时折射角计算值为 α_c^m（下标 c 表示带气候值），只积分到 50 hPa 高度时折射角计算值为 α_{nc}^m（下标 nc 表示不带气候值），经计算相对误差 $|\alpha_{nc}^m - \alpha_c^m|/\alpha_c^m < 0.09$（图 3.105）。

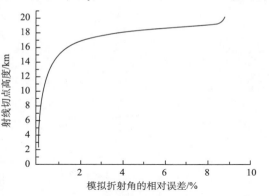

图 3.105　输入廓线去掉上层气候值前后模拟折射角的相对误差

即折射角的计算过程对所补充的气候值敏感性较低，所以此气候值补充方法可行。为了防止气候值与模式值连接处因厚度很薄而温压湿参数梯度变化剧烈而发生超折射现象导致模拟出错，此处的数据需做平滑使其均匀过渡。

　　ROPP 输入量包括温度、比湿、气压、位势高度、折射角观测廓线及其对应的影响参数廓线和经纬度位置。由于 WRF 变分系统框架中没有提供位势高度 Z 的切线性增量，为了能够把此增量输入给 GPS 折射角切线性算子，这里在 ROPP 采用的 ECMWF 混合 Sigma 垂直层上对 Z 进行求算（包含其切线性和伴随计算）。

　　设 c 为 Sigma 全层（full level）上的一个无量纲表征参数，b 为 Sigma 值，p_{sfc} 为地表气压，a 为 Sigma 半层（half level）上的一个气压参数，p 为气压，则 $c_k = p_k - b_k p_{sfc}$，令 $a_{1/2} = 0$，则在第二半层以上，$a_{k+1/2} = 2c_k - a_{k-1/2}$，于是可以得出半层上的气压：

$$p_{k+1/2} = a_{k+1/2} + b_{k+1/2}\, p_{sfc} \tag{3.91}$$

设 z 为位势高度，则

$$Z_{k+1/2} = Z_{sfc} + \sum_{j=1}^{k} \frac{R_{dry}\,(T_v)_j}{g_{wmo}} \ln\left(\frac{p_{k-1/2}}{p_{k+1/2}}\right) \tag{3.92}$$

$$Z_k = Z_{k-1/2} + a_k \frac{R_{dry}\,(T_v)_k}{g_{wmo}} \tag{3.93}$$

式中，R_{dry} 为干空气气体常数；g_{wmo} 为标准重力加速度；虚温 $T_v = T(1 + R_{vap}q/R_{dry})$，$q$ 为水汽混合比，R_{vap} 为湿空气气体常数，T 为大气温度；a_k 为插值系数，其计算如下 $a_k = 1 - (p_{k+1/2}/\Delta p_k)\ln(p_{k-1/2}/p_{k+1/2})$；$\Delta p$ 为两半层间气压差，$\Delta p_k = p_{k-1/2} - p_{k+1/2}$，式（3.93）求取出的 Z 与 WRF 模式直接提供的 Z 相等，说明此方法可行。

　　此外所用折射角资料为来自 COSMIC 的 LEVEL-2 RO 数据（http://cosmic.ucar.edu），垂直分辨率约 200 m，水平分辨率 400～700 km。为了能够对折射角（弯角）资料进行有效同化，须分析其观测误差特性及观测算子模拟误差。

　　此处对于折射角观测误差结构的设定，设 $O_1 = \sigma_o \cdot C_{orr}^o \cdot \sigma_o^T$，$O_2 = E_R$，则观测误

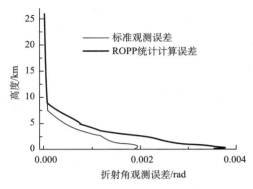

图 3.106　折射角资料观测偏差
及 ROPP 模式模拟统计误差

差协方差矩阵的逆为 $O^{-1} = (O_1 + O_2)^{-1}$。$\sigma_o$ 为表征观测矢量各元素标准误差偏差的对角阵，采用欧洲中心（ECMWF）提供的误差廓线［The Radio Occultation Processing Package（ROPP）User Guide，2009］，E_R 为表征 ROPP 模式模拟统计误差的对角阵。

图 3.106 为所用折射角资料标准观测偏差曲线 σ_o 及 ROPP 模式模拟统计误差 E_R 曲线。低层误差大于高层，模拟误差比观测偏差大。C_{orr}^o 为表征垂直方向上各个观测矢量元素之间相关性的矩阵

$$C_{orr}^o(i,j) = \exp(-0.0003 \mid h_i - h_j \mid) \tag{3.94}$$

式中，下标 i、j 为任意两个观测高度层；h_i、h_j 为其相应的几何高度。

2）数值试验方案

A. 试验方案设计

为了验证 GPS 弯角资料同化对台风路径模拟的影响，并考查网格分辨率及背景误差协方差特性的作用，针对 2008 年的 5 个台风设计了一组实验，台风明细见表 3.25。

表 3.25　台风个例明细（UTC）

编号	名称	模拟时段
0805	Nakri（"娜基莉"）	2008 年 5 月 29 日 18 时～2008 年 6 月 1 日 18 时
0807	Kalmaegi（"海鸥"）	2008 年 7 月 16 日 18 时～2008 年 7 月 19 日 18 时
0809	Kammuri（"北冕"）	2008 年 8 月 5 日 00 时～2008 年 8 月 8 日 00 时
0814	Hagupit（"黑格比"）	2008 年 9 月 21 日 12 时～2008 年 9 月 24 日 12 时
0815	Jangmi（"蔷薇"）	2008 年 9 月 25 日 18 时～2008 年 9 月 28 日 18 时

网格采用两重双向固定嵌套。所有台风个例中，粗区域以（120.5°E，25.0°N）为中心，网格数为东西、南北方向 191×175，格距 30 km；细网格数为 301×301，格距为 10 km，分别以每个台风模拟时段内移动区域范围的中心位置为细区域中心。细区域的初始场由粗区域插值得到。背景误差协方差采用 cv_option=3 方案。

两组实验的背景场资料都为 6h 间隔的 1°×1° 的 Ncep 再分析资料，作 72 h 模拟。而对于某个台风个例而言，其对比试验方案见表 3.26。

表 3.26　数值试验方案设计

序号初值化方案
试验方案 1（CTRL）直接以 Ncep 资料作为初始场进行模拟预报（参照试验）
试验方案 2（BVAR）同化 GPS 弯角资料得到优化初始场并模拟预报

试验中，微物理方案为 WSM 3-class simple ice scheme，积云参数化方案为 Kain-Fritsch(new Eta) scheme，陆面过程方案为 thermal diffusion scheme，边界层方案为 YSU scheme。

B. 质量控制

进行资料同化前，一个必不可少的步骤是质量控制。质量控制常用的一个方法是找出所谓的离群资料，其识别可利用所谓的双权重平均值 $\bar{X}_{bw}$ 和双权重标准差 BSTD (Andersson and Jarvinen, 1999)：

$$\bar{X}_{bw} = M + \frac{\sum_{i=1}^{n}(X_i - M)(1 - w_i^2)^2}{\sum_{i=1}^{n}(1 - w_i^2)^2}, \quad \mathrm{BSTD}(X) = \frac{\left[n\sum_{i=1}^{n}(X_i - M)^2(1 - w_i^2)^4\right]^{0.5}}{\left|\sum_{i=1}^{n}(1 - w_i^2)(1 - 5w_i^2)\right|}$$

$$(3.95)$$

式中，M 为中位数；w_i 为权重函数。这里用 MAD 表示绝对偏差中位数(即 $|X_i - M|$ 的中位数)，则权重函数 w_i 定义为 $w_i = (X_i - M)/(7.5 \times \mathrm{MAD})$；如果 $w_i > 1$，取 $w_i = 1$。

有了 $\bar{X}_{bw}$ 和 BSTD(X)，离群资料可以根据下面定义的各资料的 Z-score 来确定：

$$Z_i = (X_i - \bar{X}_{bw})/\mathrm{BSTD}(X) \qquad (3.96)$$

考虑到 GPS 折射角资料的水平分辨率较粗，气象场的水平梯度已存在较大变化，故不在水平方向上对资料作一致性检验去除离群资料，只在垂直方向上单独对每根廓线进行。同时一方面对输入的廓线变量进行排查和纠错，去除超出物理意义的廓线变量；另一方面还要检验观测资料与背景场的相容性及模拟总体误差与观测误差协方差结构的吻合程度。GPS 掩星资料的质量控制可由下面几个步骤完成。

第一步　范围检查。①若折射角 $\alpha < -10^{-4}$ 弧度或 $\alpha > 0.1$ 弧度，或者折射率 $N < 0$，则剔除该资料；②只接受的 $0 < a - R_c < h_m$ 资料，a 为影响参数，R_c 为椭圆地球曲率半径，h_m 为模式顶高度；③时间上距离初始时刻前后 3 小时之内；④观测廓线位置由对此廓线所有层上各 RO 事件切点经纬度位置做平均而得到，而廓线在垂直方向上会发生弯曲，当某层上 RO 事件切点位置偏离此平均位置(即与背景场位置的偏移)超过 300 km 则剔除；⑤去除离模式侧边界和上边界较近(侧边界 5 个格距，上边界 1 个 sigma 层)的资料以免模式边界的调整和更新出现不确定性导致模拟不合理甚至出错；⑥输入廓线(WRF 模式提供)中温度范围为 150 K < T < 350 K，比湿范围为 $0 < Q < 50$g/kg。

第二步　数据一致性检验。计算某垂直廓线上每个数据的 Z-score：$Z_i = |X_i - \bar{X}|/\mathrm{BSTD}(X)$，其中，$X_i$ 代表折射角 α_i 或折射率 N_i。下标 i 为第 i 个观测资料；$\bar{X}$ 为双权重平均；BSTD(X) 为双权重均方差。然后以 Z-score 大于某个阈值(值越小越严格)的标准确定可疑异常资料(即离群资料)，文中阈值取为 4。

第三步　与 NCEP 背景场的相容性检验。下面计算变量的 Z-score：

$$\frac{\Delta\alpha}{\alpha} = \frac{\alpha_{\text{obs}} - \alpha_{\text{model}}}{\alpha_{\text{model}}}, \quad \frac{\Delta N}{N} = \frac{N_{\text{obs}} - N_{\text{model}}}{N_{\text{model}}} \tag{3.97}$$

Z-score 大于 5 的资料，视为可疑异常资料。

第四步　背景场检验。为了达到交叉检验的效果，进一步更细致地检验资料与背景场的相容性，须判断满足下式的观测资料并剔除

$$y^o - H[X_{\text{bg}}] > \sigma(y^o - H[X_{\text{bg}}]) \tag{3.98}$$

式中，y^o 为观测资料；H 为观测算子；X_{bg} 为背景场输入；σ 为观测误差特性信息。右端的不确定性项可计算如下：$\sigma(y^o - H[X_{\text{bg}}]) = \beta(O + KB_RK^T)^{1/2}$。$O$ 及 B_R 分别为观测及 ROPP 背景误差协方差阵；K 为正向观测算子 H 输入向量的梯度矢量；$B_R = \sigma_R \cdot C_{\text{orr}}^B \cdot \sigma_R^T$，标准偏差 σ_R 分为三个子矩阵，分别对高纬（$|\text{lat}| > 60$）、中纬（$30 < |\text{lat}| < 60$）、低纬（$|\text{lat}| < 30$）三个区域进行全球统计平均；C_{orr}^B 为各矩阵块相对应的全球统计平均相关系数矩阵（Ingleby and Lorenc，1993），值为 0~1。经过控制后，去除了模拟误差超过其自身观测误差偏差 β 倍的折射角资料，此处 $\beta=10$。若某根廓线的被拒绝资料占资料总数的 50% 以上，则认为此廓线不可信，舍弃其全部资料。

第五步　总体误差概率检验（PGE，probability of gross error）（Ingleby and Lorenc，1993）。为了从分析中屏蔽掉总体误差与误差结构矩阵 O 不相一致的观测，需计算总体误差概率 PGE，然后判断 $1 - \text{PGE} < 0$ 的观测数据并剔除，否则此资料的权重为 $1 - \text{PGE}$，值为 0~1。PGE 计算如下：

$$\text{PGE} = \frac{\gamma}{\gamma + \exp\left[-0.5\left(\frac{y^o - H[X_{\text{bg}}]}{\sigma(y^o - H[X_{\text{bg}}])}\right)^2\right]} \tag{3.99}$$

指数项即为互不相关观测量对目标泛函观测部分的贡献，参数 $\gamma = A\sqrt{2\pi}/[2d(1-A)]$，$A$ 为初猜 PGE（书中取为 0.001）；d 为总体误差顶宽（width of gross error plateau）。

C. 单廓线观测资料同化试验

进行折射角资料同化之前需要进行简单试验来说明同化工作的有效性。实验采用 NCEP 再分析资料做背景场，实验参数设置为台风个例娜基莉所设计方案。

表 3.27 为资料质量控制情况，只有第 3 步中剔除了两个 RO 数据，其他步骤中全部通过，且第 5 步中的 $1 - \text{PGE}$ 值都很接近 1，说明观测资料具有较高质量，而被剔除的资料都处在低层，很合理的说明了高层 GPS 折射角观测资料可信度大于低层。图 3.107 为模拟折射角与观测折射角及两者的差异曲线，在低层，两者差异较大，且模拟折射角具有比实际观测偏大的趋势。在 20 km 高度附近模拟折射角出现了较大波动，这是由于气候值向量与 WRF 模式输入向量之间的连接处出现弱不连续情形使气象场梯度变化较大而导致，然而，此高度层已经不在模式有效同化高度之内，且此高度对折射角模拟计算的贡献比低层的贡献小两个量级以上，故此类偏差对模式同化效果毫无影响。

表 3.27　质量控制情况

QC(剔除依据)	细节(资料总数 95, 最低高度 2309 m)
1(范围检查)	通过 95
2($Z_{score}>4$)	通过 95; Z_{score}(高→低): 0.02~3.4
3($Z_{score}>5$)	通过 93; Z_{score}(高→低): 0.01~6.0
	剔除资料所处高度: 2 693 m, 2 884 m
4(背景场校验)	通过 93;
5(1-PGE<0)	通过 93; 1-PGE(高→低): 0.98~0.99
	观测资料质量较佳

图 3.108 为同化前后水汽 Q 和温度 T 廓线与无线电探空资料的偏差。同化后两个实验中温度 T 的偏差幅度皆有所降低,且温度值普遍都稍有下降,体现出较好的调整一致性。

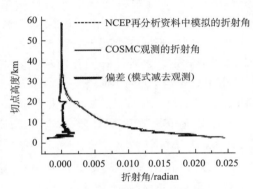

图 3.107　模拟折射角与观测折射角及两者偏差

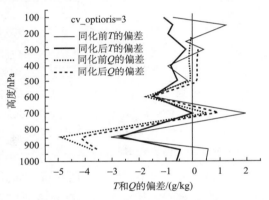

图 3.108　同化前后水汽和温度廓线与无线电探空资料的偏差

3) 实验结果影响分析

通过单根廓线实验的检验,确定同化系统可以正确工作之后。对 5 个台风个例进行 GPS 折射角资料同化试验。

表 3.28 给出了实验移动路径预报偏差。表 3.28 显示,同化 GPS 折射角资料后的路径预报偏差皆明显改善。

表 3.28　台风路径预报偏差统计　　　　　　　　　　　　(单位: km)

台风号	0h	6h	12h	18h	24h	30h	36h	42h	48h	54h	60h	66h	72h	平均值
0805	34	44	99	103	74	96	63	60	91	109	99	121	136	86
	34	44	68	62	74	47	21	38	39	97	57	100	109	61
0807	56	114	110	158	185	211	349	408	387	450	468	449	451	292
	28	63	122	112	99	127	260	364	433	430	383	340	375	241
0809	41	42	74	73	96	113	115	210	229	164	125	160	93	118
	41	15	51	8	59	109	87	116	115	119	105	57	56	72

续表

台风号	0h	6h	12h	18h	24h	30h	36h	42h	48h	54h	60h	66h	72h	平均值
0814	173	8	98	92	168	97	161	168	180	160	127	97	92	115
	174	123	66	108	69	111	114	145	60	23	19	27	63	
0815	91	74	46	25	67	120	138	138	163	210	281	282	347	152
	91	80	46	61	26	7	44	43	44	86	129	134	174	74

注：每个台风个例的两行中，第一行为 CTRL，第二行为 BVAR

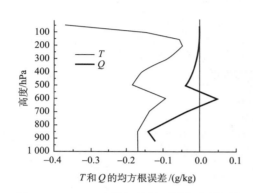

图 3.109　0809 个例初始场不同高度层温度 T 和比湿 Q，与探空观测相比，同化后的 RMSE 减去同化前 RMSE 得出的偏差廓线

为进一步分析台风路径改善的原因，特意对 0809 台风实验及 0815 台风实验进行分析。图 3.109 为 0809 台风个例试验同化前、后初始场水汽 Q 和温度 T 的均方根误差的偏差（与探空资料比较），即分别将同化前、后初始场模式格点值（T，Q）插值到所有可用探空资料位置，然后分别在不同高度层上计算模式值与探空观测值 RMSE，之后计算同化前后 RMSE 之差：$\mathrm{Diff\text{-}RMSE}(k, v) = \mathrm{RMSE}_{after\text{-}var}(k, v) - \mathrm{RMSE}_{before\text{-}var}(k, v)$，$K$ 为层次，v 为变量 T 或 Q。同时对整个模式区域计算总体 RMSE 和平均误差 MEANE（表 3.29）。图 3.109 中偏差廓线值普遍小于 0，说明经同化后不同高度上温度 T 和比湿 Q 尤其 Q 的均方根误差已小于同化前，初始温湿场已被调整到更为接近观测实况的状态上。表 3.29 中，同化后 T 和 Q 的总体 RMSE 有所减小，与图 3.109 相吻合，然而 T 的总体平均误差 MEANE 却增大了，这是由于同化前的初始场 T 与探空观测相比正、负误差相抵，而同化后局部温度降低具有整体偏负性，故平均误差更为偏负。

表 3.29　同化前后总体 RMSE 和平均误差 MEANE

同化	$T/℃$		$Q/(g/kg)$	
	Mean E	RMS E	Mean E	RMS E
前	−1.25	2.35	−1.91	1.69
后	−1.26	2.11	−1.89	1.57

图 3.110 为 500 hPa 上 0809 台风试验及 0815 台风试验初始场位势高度增量及 0809 台风试验同化前后初始场的流场变化。由于位势高度被作为伴随变量输入到观测算子 ROPP 中加之通过背景误差协方差矩阵变换过程中的平衡约束关系，位势高度场受到较大调整。0809 台风个例实验中区域北部高压系统得到加强且中西部高压稍被削弱［图 3.110(a)］，阻碍台风北上。而从初始流场图 3.110(c)、(d) 的线圈范围中看到，由于背景场平衡约束关系使得流场也发生较大变化，副高西侧边沿西伸，同样使得台风西行，使台风路径预报得到改善。而 0815 台风个例试验中副高稍被削弱［图 3.110(b)］，

使得与 CTRL 实验相比移动方向稍偏北从而更接近观测路径。

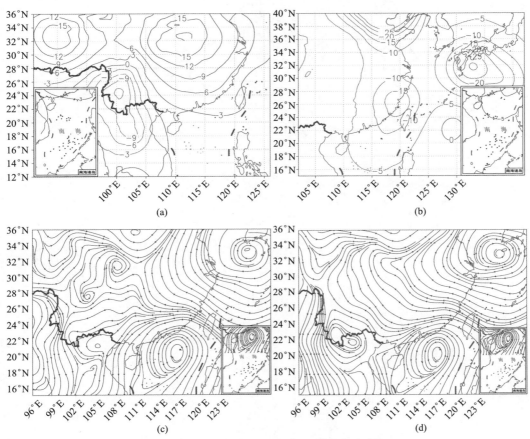

图 3.110　0809 台风实验及 0815 台风实验初始高度场增量
及 0809 台风实验同化前、后流场分布(单位：m)
(a)0809 台风实验；(b)0815 台风实验；(c)同化前；(d)同化后

　　图 3.111 为 0809、0815 台风个例实验初始场 600 hPa 上温度 T 和比湿 Q 的增量，以及沿台风中心纬向剖面上的 MPV 增量。0809 台风实验中温度[图 3.111(a)]和湿度[图 3.111(b)]增量分布与观测资料位置一致，台风区域附近并没有得到调整。台风中心附近整层的 MPV 增量[图 3.111(c)]很小(均值小于 0.02PVU)，与 4~6 个 PVU 的 MPV 基本场相比改变甚微，而湿位涡是综合反映大气动力学、热力学性质的物理量，其计算涉及诸多动力学及热力学量，即说明台风区域的动力学量也没有得到调整，然而由于台风外围大环境物理量场尤其位势高度场的变化使得台风路径预报得到改善。与 0809 台风个例相比，0815 台风由于其外围存在几根观测资料廓线，而资料影响尺度约 600 km，这使得台风中心附近温度[图 3.111(d)]和湿度[图 3.111(e)]及 MPV[图 3.111(f)]都稍有调整，可能成为改善台风路径的原因之一。

　　图 3.112 为两个台风模拟预报 24 小时的降水增量(以相应控制实验作为参考)。与

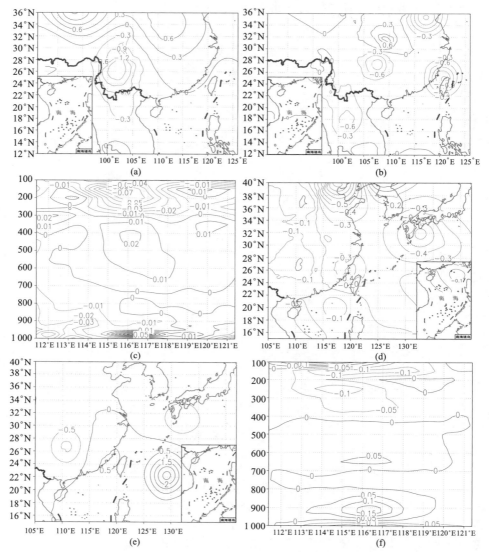

图 3.111　初始场 600 hPa 上 0809 台风 BVAR _ 1 实验温度、比湿及 0815 台风 BVAR _ 2 实验
温度、比湿增量，以及沿台风中心纬向剖面上的 0809 台风和 0815 台风的 MPV 增量
温度单位：K；比湿单位：g/kg；MPV 单位：PVU
(a)0809 台风 BVAR _ 1 实验温度；(b)0809 台风 BVAR _ 1 实验比湿；(c)0809 台风；
(d)0815 台风 BVAR _ 2 实验温度；(e)0815 台风 BVAR _ 2 实验比湿；(f)0815 台风

图 3.111 相比，0809 台风虽区域内物理量场没有得到较好调整，但积分 24 小时后台风
外围增量扰动向台风中心传递，使降水发生变化。0809 台风区域内初始场存在明显增
量，然而 24 小时降水增量数值上小于 0809 台风，说明决定台风降水量的因子除了台风
中心附近自身温湿特征外，与台风外围环境场存在密切联系，同化 GPS 折射角资料能
够通过改变大环境场从而改变台风的降水落区及强度。

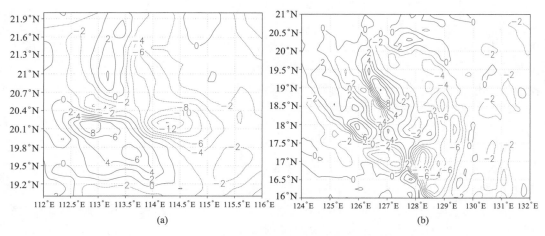

图 3.112　0809 台风及 0815 台风 24 小时降水增量(单位：cm)

(a)0809 台风；(b)0815 台风

图 3.113 为两个台风大风预报(台风中心附近 10 m 风速)，以及两个台风的中心海平面气压 SLP 预报偏差(此处以台风中心 SLP 来衡量台风强度)。0809 台风 BVAR _ 1 实验中的最大风速具有强于控制实验的趋势，尤其后期预报中最大风速仍然保持大于实际观测(所有最大风速观测数据皆来自中国台风网的最佳路径集)。0815 台风 BVAR _ 2

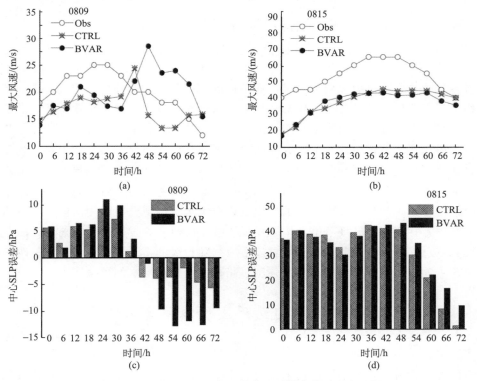

图 3.113　0809、0815 台风的大风预报曲线及强度预报

实验中台风最大风速与控制实验相比变化较小。0809 台风同化实验的中心 SLP 误差较大，这与 NCEP 初始分析场的台风强度相关。在 48 小时的预报之前与控制实验相当，但之后却稍高于控制实验。而 0815 台风同化实验中的中心 SLP 在预报 48 小时之后明显低于控制实验。参考图 3.111 可见，虽然同化 GPS 折射角资料后只对台风外围大环境场做出重大调整，但却明显影响台风区域的风速预报。另外，参照图 3.110 可见，强度预报与位势高度场的调整有关。

4) 结 论

(1) 同化 GPS 折射角资料能够明显改善初始温湿场分布，有效缩小其与无线电探空观测之间的差异，同时高度场及流场得到较大幅度的调整。

(2) 由于 GPS 掩星资料时空分辨率较粗，落在台风中心附近的观测资料较少甚至为 0。初始场中的被优化量多为台风区域外围大环境场。

(3) 台风外围大环境场尤其位势高度场的改善使得台风路径预报效果有较大幅度提高。模拟中降水落区及降水强度也有所改变。除了台风区域自身特征之外，最大风速及台风强度预报效果的改变，也与外围大环境场的改变密切相关。但同化 GPS 资料并不能明显改善台风强度预报，其预报效果随机性较大。

(4) 总体来说，同化实验中台风路径预报改善程度皆较大，同化 GPS 折射角资料对台风数值预报的影响结果对于气象工作具有较大参考意义和实际价值。

3.4　登陆台风雷达遥感遥测的反演和同化理论与方法

多普勒天气雷达是研究台风 3 维风场结构的重要工具，国外早在 20 世纪 80 年代中就利用机载多普勒雷达分析台风中心附近 3 维风场和台风内部的中尺度特征。由于飞机观测大多局限在洋面上，限制了对于登陆台风环流的研究。地基多普勒雷达凭借其高时空分辨率风场观测数据，而成为研究登陆台风环流结构的主要工具。近十年，我国沿海地区已建成世界先进的新一代多普勒天气雷达网，在登陆台风路径、强度和降水监测和预报方面发挥了重要作用。然而，目前我国业务对于雷达资料的台风监测主要还是定性应用，缺乏定量化分析，在模式中的应用也存在不足。本节重点利用国内业务雷达观测的高分辨率雷达资料，开展登陆台风风场反演技术的研究，发展适应登陆台风的单多普勒雷达风场反演技术。在此基础上，发展适应登陆台风的雷达资料同化方法，改善中尺度数值模式的初始场，进而提高台风强度、路径、结构和降水的预报能力。

3.4.1　台风雷达遥测反演理论和方法

多部多普勒雷达观测范围小，观测样本较少，目前仅有少数研究对台风近登陆期间的内核结构进行分析。目前，国内外主要利用单多普勒雷达研究台风环流，比较成熟的方法是地基雷达轨迹显示(ground based velocity track display，GBVTD)方法(Lee et al.，1999)和交叉相关(tracking reflectivity echoes by correlation，TREC)方法(Tuttle and Gall，1999)等。

GBVTD 利用几何关系和傅式级数转换，可反演出台风内核区的轴对称环流和非对称切向环流结构(至波数 3)。目前，该方法被应用在多个登陆台风的研究上(Lee and Marks，2000；Lee et al.，2000；Lee and Bell，2007；Zhao et al.，2008)，揭示了台风登陆期间内核区轴对称和非对称环流结构演化特征，如椭圆形眼墙转动周期及形成机制、台风突然增强时轴对称环流特征和机制、双眼墙的形成和演变过程的轴对称特征等。然而，GBVTD 本身在应用上仍然具有一定的限制，如：①几何限制问题(高波数切向风误差大且分析范围小)；②无法反演环境平均风场垂直于台风中心与雷达连线的分量和高次项的径向风；③反演精度对速度模糊敏感等。Harasti(2003)和 Liou 等(2006)分别发展出基于单多普勒雷达飓风体积速度处理(hurricane velocity volume processing，HVVP)方法，和基于双雷达的扩展地基雷达轨迹显示法(extended-GBVTD，EGBVTD)以求解环境平均风，其中，HVVP 方法因只需要利用单雷达数据，所以比 EGBVTD 适用范围更广。然而 HVVP 方法的不足在于无法客观确定切向风廓线参数，这将增加环境风反演误差。Jou 等(2008)提出 Generalized VTD 方法(GVTD)，改善了 GBVTD 方法几何限制，因此能提高非对称环流的精度，且可解析更大范围的环流结构，具有较广的应用前景，然而，此方法仍无法获取环境风信息，当存在较强的环境风时，将产生较大的轴对称环流和波数 1 环流的反演误差。

同 GBVTD 方法相比，TREC 方法利用连续时刻的雷达反射率因子数据及相关分析追踪回波运动，可获取更大范围的风场。TREC 最初由 Rinehart 和 Garvey(1978)提出，用来计算风暴内部的风场。Tuttle 和 Gall(1999)将 TREC 方法用于台风环流反演，其在等高平面(CAPPI)和直角坐标系下进行回波追踪，并用雷达观测的径向风资料对结果进行修正，结果显示，TREC 风场与穿越热带气旋飞机测风的相对误差小于 10%，且其径向分量与多普勒雷达径向风误差超过 5 m/s 的值小于 20%。但 Tuttle 和 Gall (1999)也注意到，对于强台风，TREC 方法所反演的风场在眼墙区和外围雨带区常常存在低估现象。近年来，TREC 方法被香港天文台(Li et al.，2000)和广东省气象局(万齐林等，2005)用于业务估计登陆台风环流和改进台风降水预报。Haiasti 等将 TREC 方法改进至以台风中心为原点的极坐标下，并选取扇形区域作为搜索单元，根据台风环流特点，只在逆时针方向进行搜索，该方法在美国国家环境预报中心(NCEP)的热带预报中心(TPC)进行了业务试运行，结果表明，改进后的 TREC 方法改善了直角坐标下因分析单元内风切变和眼墙运动存在较大弯曲所造成的风场低估，但是由于其采用的是图像产品资料，分辨率相对较差，并且文章中也未定量讨论选取分析单元大小以及中心定位误差对反演结果的影响。

本节在 GBVTD 和 TREC 方法基础上，改进和建立了登陆台风的 3 维环流反演技术，包括：①建立基于雷达反射率因子的台风雷达回波追踪方法，获取整个台风降水区环流结构(T-TREC)；②利用不同台风半径上雷达径向速度方位梯度变化的谐波变化特征，发展梯度 VTD 方法，直接从原始多普勒速度资料中定量获取登陆台风内核区主环流，避免速度模糊的影响(Wang et al.，2012)；③结合飓风体积速度处理方法和 VTD

反演的轴对称切向风廓线，通过最优化方法，获取台风的环境风，并减少 VTD 的轴对称环流反演误差（Chen et al. ，2013）。

1. T-TREC 雷达风场反演技术

图 3.114 是 T-TREC 方法分析示意图。根据两个不同时刻（间隔为 Δt ，本节中分析采用相邻体积扫描资料，因此 Δt 约为 6 分钟）的同一高度上的、以台风中心为原点的极坐标下的 CAPPI 资料，将前一个时刻的数据分成相同大小的扇形网格单元（网格单元大小在下文讨论），与后一个时刻搜索区域（呈现为扇形，且切向距离大于径向距离）内的同样大小的网格单元分别进行交叉相关计算。交叉相关计算方法和传统的 TREC 方法一样。对每个网格单元可以得到对应的交叉相关矩阵 $\boldsymbol{\rho}_z$ ，其定义如下式。

$$\boldsymbol{\rho}_z = \frac{\sum\limits_{k=1}^{N} Z_1(k)Z_2(k) - \dfrac{1}{N}\sum\limits_{k=1}^{N} Z_1(k)\sum\limits_{k=1}^{N} Z_2(k)}{\left[\left(\sum\limits_{k=1}^{N} Z_1^2(k) - N\,\overline{Z_1}^2\right)\left(\sum\limits_{k=1}^{N} Z_2^2(k) - N\,\overline{Z_2}^2\right)\right]^{1/2}} \tag{3.100}$$

式中，Z_1 和 Z_2 分别为前后两个时次的反射率因子数据；N 为网格单元内所包含的数据点数。

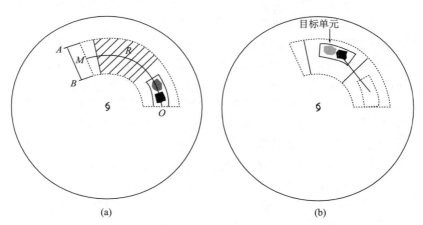

图 3.114　T-TREC 方法示意图

图中 $\overset{\frown}{OM}$ 对应切向最大搜索距离，$\overset{\frown}{OR}$ 对应切向参考搜索距离，
$\overline{AB}$ 对应 2 倍的径向参考搜索距离；斜线阴影区是高权重区域

首先由观测的最大风速（地面观测或者 JTWC 提供的最大风速）确定最大切向搜索距离，对应于图 3.114 中的 $\overset{\frown}{OM}$ ，

$$DA_{max} = V_{max} \cdot \Delta t \tag{3.101}$$

式中，DA_{max} 为最大切向搜索距离；V_{max} 为观测的最大风速。

台风环流在多普勒天气雷达速度图上的典型标志是一对距离近、符号相反的速度偶，假设其满足兰金涡旋条件（Brown and Wood，1983），则在台风中心为圆心，半径

为 R 的距离圈上的平均切向速度可以表示为

$$V_{\mathrm{T}}(R) = \frac{|V_{r\max}(R)| + |V_{r\min}(R)|}{2} \tag{3.102}$$

式中，V_{T} 为平均切向速度，随半径 R 变化；$V_{r\max}$ 和 $V_{r\min}$ 分别为远离雷达的最大径向速度和朝向雷达的最大径向速度。经过五点滑动平均后，得到台风切向风速随半径的变化廓线 $V_{\mathrm{T}}(R)$，其中 R 是到台风中心的距离（即台风半径），当 R 超过雷达到台风中心距离时，切向风采用兰金涡旋模型进行拟合，公式如下：

$$V_{\mathrm{T}}(R) = V_{\mathrm{T}}(R_{\mathrm{RMW}})(R_{\mathrm{RMW}}/R)^{k} \tag{3.103}$$

式中，R_{RMW} 为台风切向风最大风速半径。

则两个方向上的参考搜索距离 $\mathrm{DA}_{\mathrm{ref}}$ 和 $\mathrm{DR}_{\mathrm{ref}}$ 分别为

$$\mathrm{DA}_{\mathrm{ref}} = V_{\mathrm{T}}(R) \cdot \Delta t \tag{3.104}$$

$$\mathrm{DR}_{\mathrm{ref}} = \alpha \cdot V_{\mathrm{T}}(R) \cdot \Delta t \tag{3.105}$$

α 为可调参数。$\mathrm{DA}_{\mathrm{ref}}$ 对应于图 3.115 中的 $\overset{\frown}{OR}$，图中 $\overline{AB}$ 等于 $2\mathrm{DR}_{\mathrm{ref}}$。

由于实际切向速度在 $V_{\mathrm{T}}(R)$ 的临域内波动，则搜索区域内的后一时刻的网格单元中，离初始网格单元距离在 $\mathrm{DA}_{\mathrm{ref}}$ 一个图 3.115 临域内的网格单元具有权重 1（图 3.115 斜线阴影区），往两边权重随距离减小，由此定义径向风权重系数：

$$\rho_v = \begin{cases} 1 & \mathrm{DA}_{\mathrm{ref}}(1-\beta) \leqslant \mathrm{DA} \leqslant \mathrm{DA}_{\mathrm{ref}}(1+\beta) \\ 0 & \text{其他} \end{cases} \tag{3.106}$$

式中，β 为可调参数。

已有研究（Roux and Marks，1996）表明，成熟台风环流中切向风比径向风大一个量级，切向风的轴对称分量比非对称分量也要大一个量级。根据这些台风环流特性，本书分别将 α、β 设置为 0.3 和 0.3。

根据反射率因子相关系数和径向风权重系数，可定义总相关系数为

$$\rho = \rho_z \cdot \rho_v \tag{3.107}$$

对搜索区域的每个网格单元均可以按照式（3.100）～式（3.107）计算出总相关系数，选取最大相关系数的网格单元作为反演风矢量的终点。由两个网格单元相对位置变化和时间间隔可以得到风速大小。

T-TREC 算法流程如下：①将雷达基数据 PPI 资料插值到等高面上，得到 CAPPI 资料；②利用弱回波中心定位方法确定台风中心；③将 CAPPI 数据转换为以台风中心为原点的极坐标数据；④确定相关的计算参数，T-TREC 网格单元由扇形的中线弧长和径向长度确定；并对搜索区域内的网格单元计算交叉相关，得到相关系数矩阵 $\boldsymbol{\rho}_z$；利用径向速度得到权重矩阵 $\boldsymbol{\rho}_v$；⑤将两个矩阵相乘得到总相关系数矩阵，找到最大值并由此确定风矢量的终点。根据网格单元位置的变化以及时间差，确定出平流风矢量；⑥将平流风矢量插值到网格点上得到以台风中心为原点坐标系的台风风场。

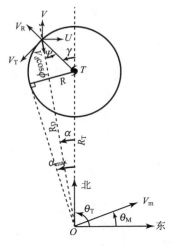

图 3.115　GBVTD 坐标系与符号
(Lee et al. , 1999)

2. GrVTD 雷达风场反演技术

根据多普勒雷达观测原理，受雷达观测的最大不模糊多普勒速度(V_N)限制，雷达观测的多普勒速度(V_d)和降水粒子真实的多普勒速度(V_a)关系可以表示为

$$V_a = V_d \pm 2nV_N \qquad (3.108)$$

式中，n 为 Nyquist 数。

GrVTD 采用与 GBVTD(Lee et al. , 1999)同样的几何框架(图 3.115)，去除粒子下落速度的多普勒速度水平投影(θ、ψ 表示仰角)与环境平均风场(V_M)、切向风场(V_T)以及径向风场(V_R)的关系如下：

$$\frac{\hat{V}_d}{\cos\phi} = V_M\Big[\cos(\theta_T - \theta_M)\Big(\frac{1 - \cos\alpha_{max}}{2}\cos2\psi + \frac{1 + \cos\alpha_{max}}{2}\Big)$$
$$- \sin(\theta_T - \theta_M)\sin\alpha_{max}\sin\psi\Big] - V_T\sin\psi + V_R\cos\psi \qquad (3.109)$$

如果忽略仰角和粒子下落速度影响，可以将式(3.109)中 $\dfrac{\hat{V}_d}{\cos\phi}$ 近似为 V_d(雷达观测的多普勒速度)，并将等式两边对 ψ 求梯度。

$$\frac{\partial V_d}{\partial\psi} = -V_M\cos(\theta_T - \theta_M)(1 - \cos\alpha_{max})\sin2\psi - V_M\sin(\theta_T - \theta_M)\sin\alpha_{max}\cos\psi$$
$$- V_T\cos\psi - \frac{\partial V_T}{\partial\psi}\sin\psi - V_R\sin\psi + \frac{\partial V_R}{\partial\psi}\cos\psi \qquad (3.110)$$

将 V_d、V_T 和 V_R 进行傅里叶级数展开，

$$\begin{cases} V_d = \sum_{n=0}^{N} A_n \cos(n\psi) + \sum_{n=0}^{N} B_n \sin(n\psi) \\ V_T = \sum_{m=0}^{M} V_T C_m \cos(m\psi) + \sum_{m=0}^{M} V_T S_m \sin(m\psi) \\ V_T = \sum_{m=0}^{M} V_R C_m \cos(m\psi) + \sum_{m=0}^{M} V_R S_m \sin(m\psi) \end{cases} \qquad (3.111)$$

式中，A_n($V_T C_m$ 和 $V_R C_m$)和 B_n($V_T S_m$ 和 $V_R S_m$)分别为 V_d(V_T 和 V_R)的波数 $n(m)$ 的正弦和余弦系数。将式(3.111)中 V_d 对 ψ 求梯度，可表示为

$$\frac{\partial V_d}{\partial\psi} = -\sum_{n=1}^{N} nA_n \sin(n\psi) + \sum_{n=1}^{N} nB_n \cos(n\psi) \qquad (3.112)$$

根据式(3.110)～式(3.112)，台风环流的各分量表达式如下：

$$\begin{cases} V_\text{T}C_0 = -B_1 - B_3 - V_\text{M}\sin(\theta_\text{T} - \theta_\text{M})\sin\alpha_\text{max} + V_\text{R}S_2 \\ V_\text{R}C_0 = A_1 + A_3 - V_\text{R}C_2 \\ V_\text{T}C_1 = -2(B_2 + B_4) + V_\text{R}S_1 + 2V_\text{R}S_3 \\ V_\text{T}S_1 = 2(A_2 + A_4) - V_\text{R}C_1 - 2V_\text{R}C_3 - V_\text{M}\cos(\theta_\text{T} - \theta_\text{M})(1 - \cos\alpha_\text{max}) \\ V_\text{T}C_n = -2B_{n+1} + V_\text{R}S_n \quad (n \geqslant 2) \\ V_\text{T}S_n = 2A_{n+1} - V_\text{R}C_n \quad (n \geqslant 2) \end{cases} \tag{3.113}$$

式中，$V_\text{M}\sin(\theta_\text{T} - \theta_\text{M})$ 和 $V_\text{M}\cos(\theta_\text{T} - \theta_\text{M})$ 分别为垂直和平行于雷达—台风中心连线平均风分量，可用 $V_{\text{M}\parallel}$ 和 $V_{\text{M}\perp}$ 进行简化表示。类似于 GBVTD 方法，忽略式 (3.113) 中波数 1 以上的径向速度，和波数 4 以上的切向速度，则方程闭合。如式 (3.112) 中所示，由于采用了 V_d 的梯度，因此 GrVTD 的主要优点是避免速度模糊的影响。然而，式 (3.112) 中也显示，常数项 A_0 在求导过程中被消去，导致无法解出 $V_{\text{M}\perp}$，因此影响波数 1 的切向风精度。

值得注意的是，GrVTD 在以台风为中心的柱坐标上进行分析，因此首先需将资料从雷达 PPI 坐标插值到 GBVTD 分析半径上。为避免插值过程中受速度模糊影响，采用局地退模糊的方法。首先，进行水平双线性插值。设用于插值的 4 个点多普勒速度值为 V_i，$i = 1，4$，以其中任一点为参考(假设为不模糊)，记为 V_e，其他点相对参考点进行局地退模糊，各点对应的 Nyquist 数计算公式如下

$$n = \begin{cases} \text{INT}(K + 0.5)，\quad K \geqslant 0 \\ \text{INT}(K - 0.5)，\quad K < 0 \end{cases}$$

$$K = \frac{V_i - V_\text{e}}{2V_\text{N}}，\ i = 1 \sim 4，\ V_i \neq V_\text{e} \tag{3.114}$$

水平插值后，采用相同的局地退模糊方法进行垂直插值和方位梯度计算。为求得较平滑且连续的多普勒速度梯度，利用低通滤波器减少梯度中的随机噪声。最后使用式 (3.110)～式 (3.113) 求解台风环流。由于 GrVTD 也依赖于台风中心的准确性，本节也建立 GrVTD-Simplex 台风中心定位方法，通过结合 GrVTD 分析的轴对称切向风和 Simplex 方法，从有速度模糊的径向速度直接确定台风环流中心，其定位误差小于最大风速半径 5%。

理想的蓝金涡旋(台风中心位于距雷达正北方 80 km 处，$V_\text{max} = 50$ m/s，$V_\text{N} = 25$ m/s，同我国目前新一代布网天气雷达的径向速度定量观测范围一致)分析显示，当径向速度不存在速度模糊时[图 3.116(a)]，在 GBVTD 不同的分析半径上 V_d 和 $\dfrac{\partial V_\text{d}}{\partial \psi}$ 的方位变化均呈现为正弦曲线，两者振幅相当，但位相差 90°[图 3.116(b)]。当存在速度模糊时[图 3.116(c)]，V_d 的方位变化在速度模糊区出现显著的不连续[图 3.116(d) 中实线]，而 $\dfrac{\partial V_\text{d}}{\partial \psi}$ 的方位变化[图 3.115(d) 中虚线]同无速度模糊情况下[图 3.116(b) 中虚线]的梯度变化保持一致，表明采用 V_d 方位梯度进行傅里叶分析可避免速度模糊影响。

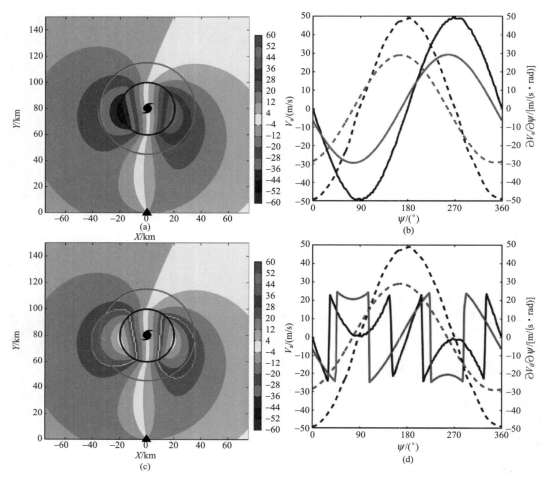

图 3.116　多普勒速度与梯度在不同半径上的比较

(a)没有模糊的多普勒速度；(b)为 20 km(蓝色)和 35 km(红色)半径上相应的多普勒速度(实线)和梯度(虚线)。
与(a)相同，(c)为模糊的多普勒速度，模糊速度为 25 m/s 和 12 m/s。(d)与(b)相同

3. MGBVTD 雷达风场反演技术

GBVTD 另一个重要的限制是无法反演 $V_{M\perp}$ 分量，其混淆进入了轴对称切向风 (V_{T0})。Harasti(2003)提出飓风体积速度处理方法(HVVP)来估计台风环流以及环境平均风。和 GBVTD 不同的是，HVVP 假设台风环流满足修正蓝金模型，即台风内核为刚体旋转，外围的切向风廓线满足式(3.115)、式(3.116)。HVVP 方法的假设内核外的径向风廓线在式(3.117)、式(3.118)中。

$$V_{T0}(R,z) = V_{T0}(R_T,z) [R_T/R]^{X_T} \tag{3.115}$$

$$V_Z(R_T,z) = [1 + \sum_n A_n \cos n(\gamma - \delta_n)] V_{T0}(R_T,z) \tag{3.116}$$

$$V_{R0}(R,z) = V_{R0}(R_T,z) [R_T/R]^{X_R} \tag{3.117}$$

$$V_R(R_T, z) = \left[1 + \sum_n \lambda_n \cos n(\gamma - \sigma_n)\right] V_{R0}(R_T, z) \tag{3.118}$$

式中，n 为波数（$n=1$，2，3）；$A_n(\delta_n)$ 为相应波数 n 的切向风大小（相位）；$\lambda_n(\sigma_n)$ 为相应波数 n 的径向风大小（相位）；$V_T(R_T, z)$（$V_R(R_T, z)$ 为 z 高度的切向风（径向风），包括了轴对称以及非对称分量。HVVP 利用了切向风和径向风的轴对称解（$A_n = \lambda_n = 0$）去反演雷达站上空不同高度的 $V_{M\parallel}$ 和 $V_{M\perp}$ 分量。

HVVP 假设观测到的多普勒速度 V_d 可以表示为反演估计的多普勒速度加上观测误差 ε。HVVP 方法将分析数据的 3 维风场的运动特征用风场的 2 阶泰勒系数表示出来：

$$
\left.
\begin{aligned}
&V_d = \sum_{m=1}^{16} P_m K_m + \varepsilon \\
&P_1 = -\cos\varphi\sin\alpha, && K_1 = u_0 \\
&P_2 = r\cos^2\varphi\sin^2\alpha, && K_2 = u_x \\
&P_3 = -\cos\varphi\sin\alpha(z - z_0), && K_3 = u_z \\
&P_4 = \cos\varphi\cos\alpha, && K_4 = v_0 \\
&P_5 = r\cos^2\varphi\cos^2\alpha, && K_5 = v_y \\
&P_6 = \cos\varphi\cos\alpha(z - z_0), && K_6 = v_z \\
&P_7 = -r\cos^2\varphi\sin\alpha\cos\alpha, && K_7 = u_y + v_x \\
&P_8 = -r^2\cos^3\varphi\cos^3\alpha, && K_8 = u_{xx}/2 \\
&P_9 = -r^2\cos^3\varphi\sin\alpha\cos^2\alpha, && K_9 = v_{xy} + u_{xx}/2 \\
&P_{10} = r^2\cos^3\varphi\cos^3\alpha, && K_{10} = v_{yy}/2 \\
&P_{11} = r^2\cos^3\varphi\cos\alpha\sin^2\alpha, && K_{11} = u_{xy} + v_{xx}/2 \\
&P_{12} = r\cos^2\varphi\sin^2\alpha(z - z_0), && K_{12} = u_{xz} \\
&P_{13} = r\cos^2\varphi\cos^2\alpha(z - z_0), && K_{13} = v_{yz} \\
&P_{14} = -r\cos^2\varphi\sin\alpha\cos\alpha(z - z_0), && K_{14} = u_{yz} + v_{xz} \\
&P_{15} = -\cos\varphi\sin\alpha(z - z_0), && K_{15} = u_{zz} \\
&P_{16} = \cos\varphi\cos\alpha(z - z_0)^2, && K_{16} = v_{zz}
\end{aligned}
\right\} \tag{3.119}
$$

式中，P_m 为基本函数（2 阶泰勒展开式）；K_m 为预报参数，通过最小二乘拟合求解；HVVP 使用了球坐标（r，$360 - \alpha$，φ），φ 为雷达扫描波束的仰角；z 为多普勒数据 V_d 的高度；z_0 则为 HVVP 分析高度，u_0 和 v_0 为全风速在 z_0 高度上垂直和平行雷达—台风中心连线方向的分量。

雷达站上空的切向风和径向风的表示式为

$$V_T(R_T, z) = R_T K_7 / [1 + X_T] \tag{3.120}$$

$$V_R(R_T, z) = R_T K_2 \qquad (3.121)$$

所以 $(V_{M||}, V_{M\perp})$ 可以表达为

$$V_{M\perp}(z) = u_0 - V_T(R_T, z) \qquad (3.122)$$

$$V_{M||}(z) = v_0 + V_R(R_T, z) \qquad (3.123)$$

为了准确地分离出平均风，反演的台风环流就必须要和真实环流接近。但是 HVVP 方法面临一个潜在的问题，即式（3.120）中的 X_T 是通过 Willoughby（1995）轴对称动量方程推导出的经验公式计算得出，如下：

$$X_T = \begin{cases} X_R/2 & X_R > 0, \ V_R < 0 \\ 1 - X_R & X_R < 0, \ V_R < 0 \end{cases} \qquad (3.124)$$

式中，$X_R = -K_5/K_2$。式（3.124）并不普适于不同台风个例，这将对估计的平均风造成误差。

为了减小 HVVP 使用经验公式确定的 X_T 所造成的估计台风环流的误差，并结合 HVVP 和 GBVTD 方法的优点，提出 MGBVTD 方法。在 MGBVTD 模型中，轴对称和非轴对称切向风由式（3.115）、式（3.116）表示。在 GBVTD 中，给定一个的猜测值（$V_{M\perp\text{guess}}$）切向风廓线即可以解出。由解出的切向风廓线拟合出 X_T 再代入到 HVVP 中，会得到一个更准确的 $V_{M\perp}$（$V_{M\perp\text{ret}}$）。当 $V_{M\perp\text{guess}}$ 收敛于 $V_{M\perp\text{ret}}$ 时，$V_{M\perp\text{guess}}$ 即认为是真实的 $V_{M\perp}$。因此，MGBVTD 可以在一个合理的搜索范围内找到"最佳"$V_{M\perp}$ 分量。

给定 $V_{M\perp\text{guess}}$ 搜索范围为 $[-20 \text{ m/s}, 20 \text{ m/s}]$，步长 0.1 m/s，MGBVTD 方法的具体步骤如下。

（1）对每一个 $V_{M\perp\text{guess}}$，GBVTD 反演出修正后的轴对称切向风廓线。基于拟合出的切向风廓线，切向风廓线参数 X_T 可以通过目标函数 f_1 得出：

$$f_1 = \sum_{i=N_1}^{N_2} \left[\log V_{T0}(R_T) + X_T \log(R_T/i) - \log(V_{T0}(i)) \right]^2 = \min \qquad (3.125)$$

式中，i 为第 i 圈半径（$i \in [N_1, N_2]$）。在本节实验中，N_1 设定为 $R_{\max}$；为了保证足够的拟合样本，N_2 通常设定为 R_T 的 70%。

（2）将拟合出的 X_T 代入式（3.122）和式（3.123），得到了 HVVP 反演出的 $V_{M\perp\text{ret}}$。

（3）最终，$V_{M\perp\text{guess}}$ 和 $V_{M\perp\text{ret}}$ 的误差可以表示为

$$f_2 = 10\log(V_{M\perp\text{guess}} - V_{M\perp\text{ret}}) = \min \qquad (3.126)$$

在 $V_{M\perp\text{guess}}$ 的猜测范围内重复第一步和第二步，当 f_2 达到最小值时，对应的 $V_{M\perp\text{guess}}$ 将被认为是"最佳"$V_{M\perp}$。通过结合"最佳"$V_{M\perp}$ 以及 GBVTD 反演的 $V_{M||}$，MGBVTD 方法就可以估计出完整的平均风。由于无需如 HVVP 考虑 X_T 经验公式，MGBVTD 能够反演出比 GBVTD 精度更高的轴对称切向风。

为了测试 MGBVTD 的反演精度，利用理想蓝金涡旋（轴对称切向风＋径向风）叠加 $V_{M\perp} = 10 \text{ m/s}$ 的环境风进行检验［图 3.117(a)］。对比 GBVTD 和 MGBVTD 反演出的全风速场［图 3.117(b)、(c)］显示，MGBVTD 反演风场与给定风场更为接近，特别是反演全风速的大小。除了涡旋南部 20 km 半径处的风速轻微低估外，MGBVTD 反演的

风场呈现出和给定风场风速以及相位一致的波数一结构，和 Lee 等(1999)中东风叠加蓝金涡旋的全风速场结构特征一致。相反，GBVTD 未能反演出风场波数 1 的结构。GB-VTD 和 MGBVTD 反演风场对应的 RMSE(相关系数)分别为8.5 m/s(0.82)和 0.2 m/s(1.0)。这也定量说明了相比于 GBVTD，MGBVTD 由于可以反演 $V_{M\perp}$，因此可以得到一个更准确的风场结构。为了进一步检验 GBVTD 和 MGBVTD 的反演结果，本章对两种方法反演出的轴对称切向风廓线进行了比较[图 3.117(d)]。和蓝金廓线相比(黑色实线)，GBVTD 反演出的轴对称切向风出现了明显的低估。它们之间的差距随着半径增大而增大。半径越大，对应的 $\sin\alpha_{max}$ 也越大，更多比例的 $V_{M\perp}$ 被错误地纳入反演的轴对称切向风中。相反，MGBVTD 由于可以反演 $V_{M\perp}$，反演出的轴对称切向风廓线和蓝金廓线几乎重合，说明了其反演结果的准确性。

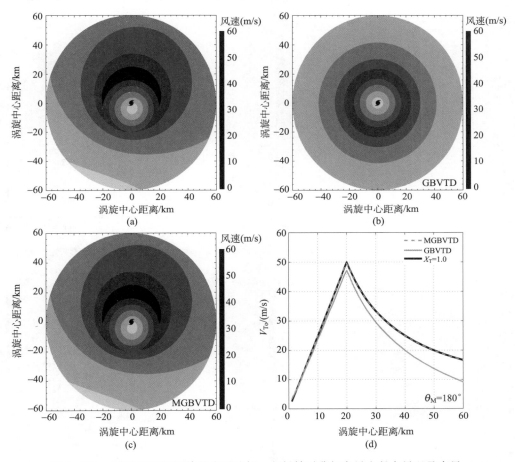

图 3.117　(a)给出理想涡旋的全风速场，包括轴对称切向风和径向风以及东风。
GBVTD 和 MGBVTD 反演的全风速场分别于(b)(c)中。(d)给出(a)对应的轴对称
切向风廓线(黑线)；灰实(虚)线代表 GBVTD(MGBVTD)反演切向风廓线

4. 台风个例反演结果

1）Saomai(0608)台风 T-TREC 反演结果

图 3.118 是 2006 年登陆我国的超强台风"桑美"登陆前 1 小时(8:32)、3 km 高度上的 T-TREC 与 TREC 方法反演结果的比较。结果显示，T-TREC[图 3.118(a)]和 TREC 方法[图 3.118(d)]均可反演出台风环流特征，但 T-TREC 反演精度明显优于 TREC 方法，其反演的径向风分量与观测的多普勒径向速度比较一致，两者相关系数达 0.99，误差超过 5 m/s 的值约占 20%。而 TREC 方法的相关系数只有 0.94，误差超过 5 m/s 的约占 40%，最大误差超过 30 m/s[图 3.118(e)]。从散点分布可以看出，T-TREC分析结果没有明显的误差大值区，但是在速度大值区仍然有比较明显的低估。

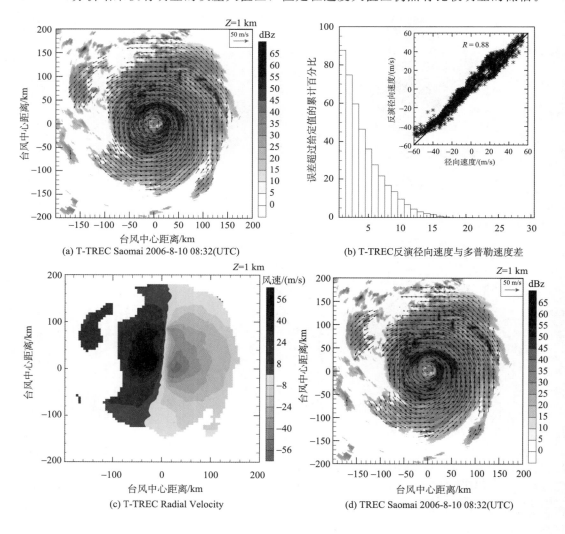

(a) T-TREC Saomai 2006-8-10 08:32(UTC)

(b) T-TREC反演径向速度与多普勒速度差

(c) T-TREC Radial Velocity

(d) TREC Saomai 2006-8-10 08:32(UTC)

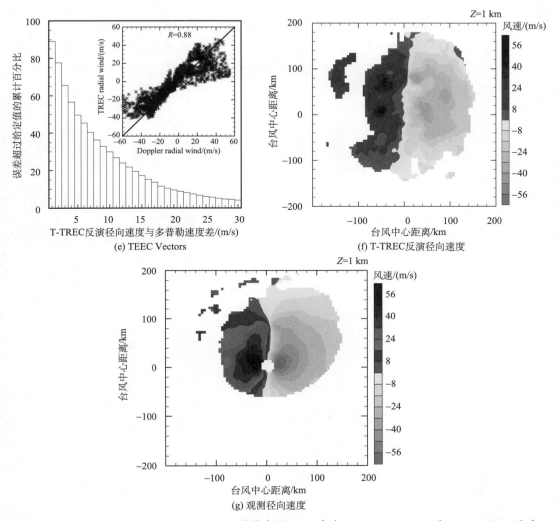

图 3.118　2006 年 8 月 10 日 08:32(UTC)桑美台风 1 km 高度 T-TREC(a)～(c)和 TREC(d)～(f)方法的反演结果，以及温州雷达观测的多普勒速度平面分布图(g)(图(a)和(c)为反演风矢量，图中颜色表示雷达反射率因子，数值范围为 −5～70 dBz，间隔为 5 dBz；(b)和(d)为反演风矢量的径向分量与观测多普勒速度的绝对误差百分比累积柱状图，右上角是反演径向速度与多普勒速度的散点图

　　为了进一步验证 T-TREC 方法的反演精度，将 3 km 高度 T-TREC、TREC 反演结果，与长乐和温州雷达的双多普勒分析结果进行比较(图 3.119)。双多普勒合成风场根据 Ray 等提出的笛卡儿坐标下的 ODD 技术(over determined dual-Doppler)，并使用 NCAR 发展的 CEDRIC(custom editing and display of reduced information in cartesian space)软件进行计算。由于两个雷达之间的距离比较远，选取两个雷达中间的一个区域进行双多普勒分析。比较的结果显示，T-TREC 反演风场[图 3.119(a)]与双雷达分析风场较一致[图 3.119(c)]，特别是右上角的风速大值区匹配的较好，两者之间平均风矢量误差约 6 m/s；而 TREC 风速值分布[图 3.119(b)]和双多普勒分析结果有较大的

差异，表明 T-TREC 方法相对 TREC 方法有明显改进。尽管从绝对误差来看，T-TREC 反演误差仍然偏大，但考虑到桑美是超强台风，如从相对误差来看，T-TREC 反演误差小于 15%。此外，由于双多普勒分析区域正好位于桑美眼墙，而通常这一区域的反演误差最大，如考虑整个台风区域，反演误差应会更小，因此 T-TREC 方法的反演精度是可接受的。

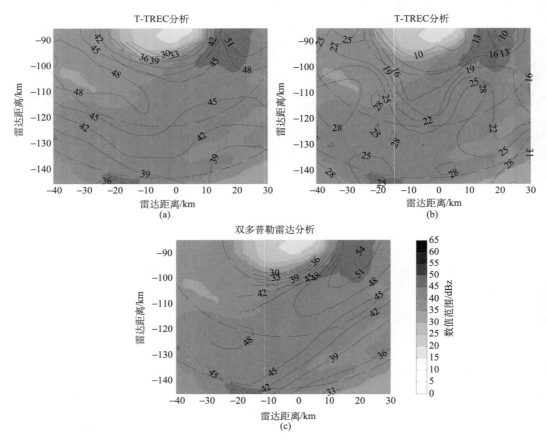

图 3.119　(a)T-TREC 和(b)TREC 反演结果与(c)双多普勒雷达反演结果对比

其中等值线为风速值(m/s)；颜色区域为雷达反射率因子

2）Khanun(0515)台风 GrVTD 反演结果

利用 2005 年登陆我国浙江的 Khanun 台风[图 3.120(a)]和 2004 年登陆美国的 Charley 飓风[图 3.120(d)]的雷达观测资料对 GrVTD 进行验证。Khanun 台风于 2005 年 9 月 8 日加强为台风，10 日夜间进入东海海域并逐渐向浙江沿海靠近，11 日 6 时 51 分在浙江登陆。本章选取登陆前 0.5 小时浙江温州 CINRAD-98D 雷达观测对 GrVTD 方法进行检验。飓风 Charley 在 2004 年 8 月 13 日从古巴移向佛罗里达半岛，位于基韦斯特的 WSR-88D 雷达(KBYX)很好地观测到整个过程。图 3.120(a)为 2005 年 9 月 11 日 6 时 21 分温州雷达 1 km 高度的径向速度，图中显示在分析区域内(黑色圆圈)存在明显的速度模糊和缺测。GrVTD 方法克服了速度模糊和缺测的影响，得到了比较合理的反演切向速度[图 3.120(b)]。与从退模糊后的径向速度反演的 GBVTD 风场[图 3.120(c)]相比，低估了 20 km 半径的波数 2 结构，但是总体的结构比较一致。相比于 Khanun 台风，飓风 Charley 的强度更强，其观测的速度模糊也会更显著。图 3.120(d)为 2004 年 8 月 13 日 14 时 2 分 KBYX 雷达 1 km 高度的径向速度，图中显示分析区域内径向速度观测更加完整，但是接近一半的观测包含速度模糊，部分区域存在二次模糊。在如此显著的速度模糊条件下，GrVTD 方法仍然得到了合理的反演风场[图 3.120(e)]。GrVTD 反演风场与 GBVTD 反演风场[图 3.120(f)]基本一致，最大的差异在 55 km 半径以外。总体而言，GrVTD 从原始径向速度资料反演的台风环流[图 3.120(b)、(e)]和 GBVTD 从手动退速度模糊的资料反演结果[图 3.120(c)、(f)]基本一致，说明了 GrVTD 方法可以有效地克服速度模糊的影响，即使在速度模糊非常显著的情况下。GrVTD 另一个潜在的优势是可作为背景场用于速度退模糊，相关算法正在发展中。

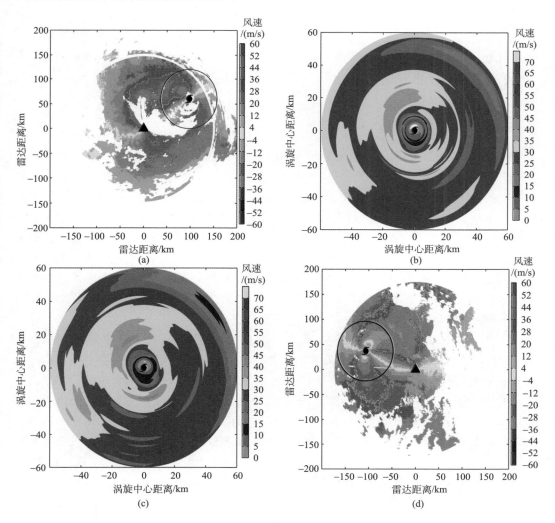

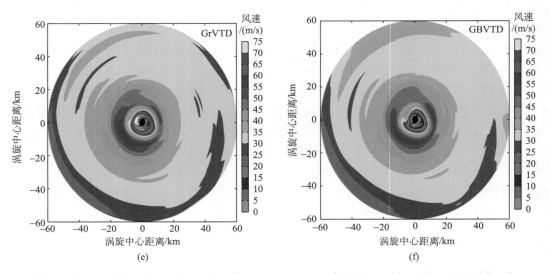

图 3.120　2005 年 9 月 11 日 06 时 21 分(a)～(c)Khanun 台风和 2004 年 8 月 13 日 14 时 2 分
(d)～(f)Charley 飓风 1 km 高度径向速度分布(存在速度模糊)(a)，(d)；GrVTD 利用原始径向速度
资料反演的水平风速(b)，(e)；GBVTD 从退速度模糊后的资料反演的水平风速(c)，(f)

3) Bret 台风 MGBVTD 反演结果

　　选取了真实飓风个例 Bret(1999)对 MGBVTD 方法进行测试。Bret 为 4 级飓风，在它沿着得克萨斯海岸登陆前几个小时减弱为 3 级。分别位于科珀斯克里斯蒂(KCRP)和布朗斯威尔(KBRO)的两部 WSR-88D 雷达同时观测到了 Bret 在它们之间登陆的过程。图 3.121(a)是 1999 年 8 月 23 日 0 时(UTC)KCRP 和 KBRO 雷达的等高面反射率拼图(2 km 高度)，图中显示 KCRP 雷达所在的区域主要为对流性降水，而 KBRO 雷达则处在层云性降水区。图 3.121(b)和图 3.121(c)分别是两部雷达 2 000 m 高度的多普勒径向速度图，其中 KBRO 雷达有大片的径向速度数据缺测，相应的 HVVP 的计算结果不可靠。因此，本节仅利用 KCRP 进行 HVVP 反演，并将其反演的平均风用于 KBRO 雷达的分析结果中。

　　KCRP 上空平均风的垂直廓线在 2 000 m 高度存在一个反气旋性的切变[图 3.122(a)]。为了检验反演的平均风是否合理，图 3.122(b)中显示了 2 000 m 高度原始的 GB-VTD 轴对称切向风廓线和对应的经 $V_{M\perp}$ 修正后 MGBVTD 的结果。修正前，KCRP 和 KBRO 的切向风之差在 R_{max} 半径处为 3 m/s，且在更大半径处差值更大。这是因为两部雷达向台风中心的观测角度相差接近 180°，$V_{M\perp}$ 对两部雷达反演的轴对称切向风的影响反相。经过 $V_{M\perp}$ 的修正后，两部雷达反演的廓线几乎重合，且与 EGBVTD 双雷达分析结果一致，表明反演的 $V_{M\perp}$ 的合理性。图 3.123 显示了 $V_{M\perp}$ 订正前后 GBVTD 和 MGB-VTD 反演的 2 000 m 全风速，结果表明，利用 GBVTD 方法(未经过 $V_{M\perp}$ 修正时)，KCRP 的全风速型显示出明显的波数一结构[图 3.123(a)]，而 KBRO 的全风速则呈现出更为对称的结构[图 3.123(b)]。此外，KBRO 的全风速大小整体上要小于 KCRP，在 RMW 的东南部，这一差异约为 5 m/s。当采用 MGBVTD 方法（引入的 $V_{M\perp}$ 后），KCRP 和 KBRO 这两部雷达利用 MGBVTD 反演的全风速都显示出一致的波数一结构，最大值超过 56 m/s，位于西北象限 [图 3.123(c)、图 3.123(d)]。为进一步定量评估 GB-VTD 和 MGBVTD 方法的性能，计算两种方法反演的全风速对应的 RMSE（相关系数），分别是 6.3(0.91) 和 2.0(0.96)。显然，MGBVTD 更好地反演了台风环流，表明将 $V_{M\perp}$ 信息用于解析台风环流很有利也有必要。

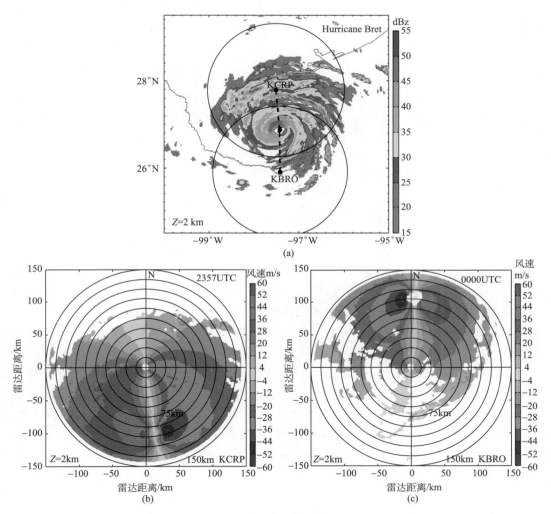

图 3.121　1999 年 8 月 23 日 0 时(UTC)飓风 Bret 的双多普勒雷达拼图(a)。飓风符号代表对应时刻的环流中心位置。以雷达为中心的圆圈表示径向速度观测最大半径为 150 km。(b)和(c)分别为 KCRP 雷达 8 月 22 日 23 时 57 分(UTC)和 KBRO 雷达 8 月 23 日 0 时(UTC)的多普勒速度图像

　　本节以 GBVTD 和 TREC 技术为基础，发展和建立了适应登陆台风的 GrVTD、MGBVTD 和 T-TREC 等雷达风场反演技术，可较准确地获取台风主要环流和环境风场信息。

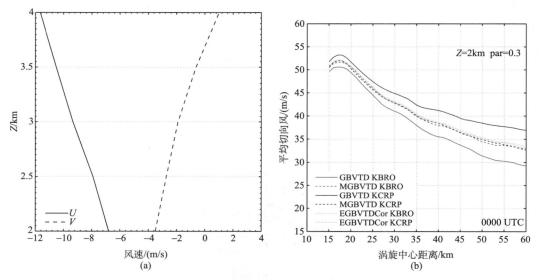

图 3.122　MGBVTD 反演的 2～4 km 的平均风垂直廓线(a)。$U(V)$代表东西(南北)风量。
(b)2000 m 高度 GBVTD(实线)，经过 $V_{M\perp}$ 订正的 MGBVTD(虚线)，以及
EGBVTD(点线)的轴对称切向风廓线

　　GrVTD 利用距台风中心不同半径上雷达径向速度方位梯度呈谐波变化的特征，通过傅里叶分析，直接从原始多普勒速度资料中定量获取登陆台风内核区主环流(轴对称切向风、径向风场和波数 1～3 非对称切向风)，避免速度模糊的影响，理想和实际台风个例分析显示，GrVTD 从原始径向速度资料反演的台风环流和 GBVTD 从手动退速度模糊的资料反演结果基本一致。GrVTD 另一个潜在的优势是可作为背景场用于速度退模糊。

　　MGBVTD 充分结合了 GBVTD 和 HVVP 两种算法的优点。利用飓风体积速度 HVVP 方法获取的雷达站上空风场信息和 GBVTD 反演的轴对称切向风廓线，通过最优化迭代方法，提取台风的环境风，并改进 GBVTD 系列方法的轴对称环流反演精度。理想和实际台风的实验显示，MGBVTD 获得的 $V_{M\perp}$ 与原值之差在 2 m/s 以内（～10%），经过 $V_{M\perp}$ 修正后获得的风场结构与给定风场非常接近。对平均风矢量(包括方向和大小)，修正的蓝金涡旋不同的轴对称切向风廓线，台风的非对称风场和偏移的中心都不敏感。然而，当 HVVP 分析区域中含有部分形变较严重的眼墙环流和大范围资料缺测时，会造成其反演精度降低，进而影响 MGBVTD 分析结果。

　　T-TREC 方法根据台风环流呈逆时针方向转动的特征，在台风中心为原点的极坐标系下进行逆时针方向回波追踪。同时，该方法利用雷达径向风资料，客观选取切向的搜索范围并建立风场相关矩阵，以减少主观设定搜索区域造成的误差。通过对 2006 年登陆我国的超强台风"桑美"(0608)温州雷达观测进行反演，结果显示，T-TREC 可以更加准确地估计强台风环流，总体来说，反演的径向风平均误差小于 4 m/s，当台风靠近陆地时，低层的反演精度会有所降低。利用径向风信息估计的台风平均切向速度，约

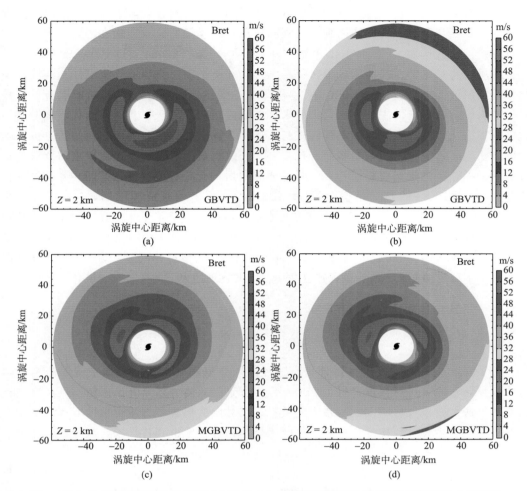

图 3.123　对 KCRP(左)以及 KBRO(右)的 2 km 等高面资料(CAPPI)反演得到的全风速图

第一行为 GBVTD 反演结果,第二行为 MGBVTD 反演结果,平均风信息由 KCRP 反演得来

(a)KCRP;(b)KBRO;(c)KCRP;(d)KBRO

束搜索范围,明显提高了反演风场精度,特别是改善了由于眼墙区回波结构均匀造成的速度低估。当台风接近陆地时 T-TREC 反演精度明显降低,速度低估现象严重。造成这一现象的原因一方面是地物回波的影响;另一方面桑美台风在登陆过程中其环流和地形交互作用不断激发出新生对流。

3.4.2　台风雷达同化理论和方法

台风生成于热带洋面,是热带地区最强的灾害性天气系统。我国是受登陆台风影响最为严重的国家之一,因此,台风路径、强度和降水结构的预报和模拟,是当今的热点问题。台风路径的模拟主要依赖于好的台风涡旋初始场和环境流场,台风涡旋的初始位置以及涡旋和背景场环境气流之间的配置都会影响到台风的移动。早先由于台风相关观测稀缺，初始场台风涡旋无法体现真实观测信息，台风初始位置和强度的调整主要通过涡旋重定位和人造涡旋(TCBOGUS)的方法(Xiao et al.，2009)。TCBOGUS虽然通过人造涡旋改善初始场台风结构，但台风初始结构并不平衡，与环境气流也并不连续，在预报初始阶段要经历所谓的"spin up"过程调整各变量。随着观测手段越来越多，资料同化作为改善初始场的主流方法，被越来越多地应用到业务预报。资料同化即是通过客观分析的方法，将观测资料加入到模式初始场中，以增量形式改善模式初始场。资料同化的方法很多，究其本质，是将具有观测误差的散点观测资料按最优化权重的方法与具有背景误差格点背景场资料结合，同时保证同化后的分析场连续且变量间相互平衡。目前业务上应用最多的是3维变分同化(3DVAR)。由于运算资源限制，4维变分同化(4DVAR)和集合卡尔曼滤波(EnKF)多数还在试用阶段。本节基于3维变分同化系统和云分析系统，研究雷达资料直接同化(Zhao et al.，2012a，b)和间接同化改进GBVTD和T-TREC反演风(Zhao et al.，2012a，b；Li et al.，2013)同化对台风预报的影响。在此基础上，进一步利用梯度风平衡约束，建立适应台风的物理约束下的集合变分同化方案。

1. 3维变分和复合云分析方法

1) 方法原理

3维变分(3DVAR)模块主要分析雷达径向风数据和常规地面、探空观测资料，含有质量控制程序，可对数据进行预处理过程；背景误差协方差矩阵可采用不同尺度的递归滤波方法拟合以分析不同观测密度的资料；目标函数包含弱的质量连续方程约束，在用有限记忆准牛顿共轭梯度法计算二次泛函极小化过程中得到背景场与观测资料动力和热力相协调的分析场(Xue et al.，2003；Gao et al.，2004)。

根据Lorenc(1986)的理论，3DVAR标准算法是通过求解目标函数的极小值来获得分析时刻大气真实状态的最优估计。根据Gao等(2004)，ARPS的3DVAR目标函数如下：

$$J(x) = \frac{1}{2}(x-x_b)^{\mathrm{T}}\boldsymbol{B}^{-1}(x-x_b) + \frac{1}{2}[\boldsymbol{H}(x)-y_0]^{\mathrm{T}}\boldsymbol{R}^{-1}[\boldsymbol{H}(x)-y_0] + J_c(x)$$

(3.127)

式中，目标函数J可以看作是两个二次项的和，右边第一项是用来估计分析变量x和背景场向量x_b之间的偏差；$\boldsymbol{B}$为背景误差协方差矩阵；ARPS 3DVAR中的分析变量有：3维风场(u,v,w)、位温(θ)、气压(p)、水汽混合比(q_v)；右边第二项是用来估计分析变量x和观测变量y_0之间的偏差，首先将分析场x通过观测算子$\boldsymbol{H}$插值到观测点上，并求出与y_0之间的偏差；然后用观测误差协方差矩阵(包含主观和客观误差)$\boldsymbol{R}$的逆矩阵进行加权；右边最后一项J_c为动力约束项，对于中小尺度非静力平衡流场，这项是很重要的。

通过目标函数的极小化过程求分析变量x的最优解x_a，极小化过程中，J的导数消失，x_a的最优估计必须满足：

$$\nabla J(x) = \boldsymbol{B}^{-1}(x - x_b) + \boldsymbol{H}^{\mathrm{T}} R^{-1} [\boldsymbol{H}(x) - y_0] + \nabla J_c(x) = 0 \tag{3.128}$$

$\boldsymbol{H}$ 为观测算子 H 在 x_b 附近的线性近似；同时 $\boldsymbol{J}$ 的二阶导数为

$$\nabla^2 J(x) = \boldsymbol{B}^{-1} + \boldsymbol{H}^{\mathrm{T}} R^{-1} \boldsymbol{H} + \nabla^2 J_c(x) \tag{3.129}$$

如果 $\nabla^2 J(x)$ 是正定的，则存在唯一的解 x_a 使目标函数 $J(x)$ 最小。

ARPS 求解目标函数是采用增量算法，将 x 变为 v，并有已知 $\boldsymbol{B}^{1/2}v = x - x_b = \delta x$，目标函数的增量形式为

$$J(v) = \frac{1}{2} v^{\mathrm{T}} v + \frac{1}{2} (\boldsymbol{H} \boldsymbol{B}^{\frac{1}{2}} v - d)^{\mathrm{T}} R^{-1} (\boldsymbol{H} \boldsymbol{B}^{\frac{1}{2}} v - d) + J_c(v) \tag{3.130}$$

式中，$d = y_0 - \boldsymbol{H}(x_b)$，在 ARPS 中背景场误差协方差矩阵是将静态的经验背景误差协方差矩阵通过空间递归滤波方法拟合，不包含变量间的交叉相关，观测误差被假定为非相关的，其协方差矩阵 $\boldsymbol{R}$ 为对角矩阵，对角线元素是根据观测误差估计值来确定。由于不同的数据类型有不同的空间尺度，所以 ARPS 3DVAR 允许使用多重分析，使不同的数据类型可以使用不同的滤波尺度，其大小由数据疏密给定。通过计算目标函数 J 及其梯度 ∇J，采用下降算法迭代求解最优分析增量。

目标函数中的观测算子 H 是模式空间向观测空间的投影函数，对于多普勒雷达径向速度数据，具体形式如下：

$$V_r = \frac{(X - X_0)u + (Y - Y_0)v + (Z - Z_0)w}{r} \tag{3.131}$$

式中，(u, v, w) 为笛卡儿坐标下 (X, Y, Z) 的大气三维风场；V_r 为雷达径向风观测；r 为观测位置到雷达位置 (X_0, Y_0, Z_0) 的距离；在 ARPS 3DVAR 中，观测径向速度要先插值到模式网格上，这样观测算子就不用再进行其他的空间插值处理，同时观测也进行了必要的质量控制，如速度退模糊，剔除地物回波，以及考虑地球曲率造成的波束弯曲等。

ARPS 3DVAR 目标函数右边第三项，即动力约束项 J_c，实质上为弱的质量连续约束，具体形式为

$$J_c = \frac{1}{2} \lambda_c D^2 \tag{3.132}$$

式中，λ_c 为权重系数，以调整连续性约束的相对重要性，D 为

$$D = \alpha \left(\frac{\partial \bar{\rho} u}{\partial x} + \frac{\partial \bar{\rho} v}{\partial y} \right) + \beta \frac{\partial \bar{\rho} w}{\partial z} \tag{3.133}$$

式中，D 为给定高度的大气平均密度和水平和垂直项的权重系数，该项可以使分析后的风场更加连续，当 $\alpha = \beta = 1$ 时，分析过程中的 3 维质量辐散最小化，风场满足滞弹性近似。还需注意，Gao 等（2004）研究发现，同化雷达径向风资料时，网格比较小（$\Delta x \sim \Delta z$）时，水平和垂直风速分析相对要好一些，分析的风场 3 维结构也比较理想。Hu 等（2006）研究认为，模式离散化过程中低层由于网格拉伸原因造成网格比很大，一个小的垂直速度就可以抵消较大的水平辐散，致使低层风场整体调整较小，因此可以将风格比设为 0 以减轻离散化计算对物理分析的影响。

在 3DVAR 中加入质量连续性约束，其首要目的是通过连续方程计算垂直雷达波束

的风速分量，此项为弱强迫，风场分析的结果并不严格满足连续方程，具有一定的灵活性，可以根据不同类型数据来调整权重系数，获取最佳的同化效果。

ARPS3DVAR 系统改善了风场等动力结构分析，云分析则进一步完善热力结构等信息。ARPS 云分析模块是一个相对独立的反演同化系统（Albers et al.，1996），它源于 NOAA 预报系统试验室（FSL）开发的 LAPS（local analysis and prediction system，McGinley，1995）中基于层云的云分析理论。ARPS 针对强对流天气系统建立了适合对流云结构的反演与分析系统，使之更有利于强风暴尺度的预报，其主要理论是首先通过假设云内（15 dBZ 以上）为湿绝热上升得到绝热液态含水量，估计出云水和云冰混合比；再利用微物理概念模型如 Lin 方案反演计算 3 维空间上水物质（雨、雪和霰）含量；最后根据潜热加热廓线调整云内温度。

降水种类和水物质 3 维分布结构可以直接将雷达反射率代入反射率方程反演得到，诊断过程中会用到某些背景场信息，如温度等。ARPS 云分析模块中用来定义雨、雪、冰雹对雷达反射率贡献权重的三个反射率方程基于云物理和水物质后向散射模型（Smith et al.，1975），其具体形式可以参考 Tong 和 Xue（2005）的研究。程序首先将雷达反射率数据采用最小二乘法从极坐标插值到模式的网格坐标，同时也完成了一些雷达资料的质量控制，如滤除异常传播；插值到格点后，设 15dBZ 为阈值，雷达反射率小于阈值则视为晴空，高于阈值的格点将认为有水物质存在，缺测的点则使用背景场数据，阈值选取是基于地物杂波干扰和台风中水物质浓度分布考虑；然后结合湿球温度等背景场信息确定降水类型，ARPS 的云分析中，降水类型分为以下 6 类：无降水、雨、雪、冻雨、霰以及雹。

降水类型确定后，再根据不同的微物理方案计算云内雨、雪和雹粒子的混合比。本文试验研究，如无特殊说明，均采用 Kessler 方案，具体计算公式为：降水类型为雨或冻雨时，则按照 Kessler（1969）公式反演雨水混合比，形式如下：

$$q_\gamma(\mathrm{g/kg}) = a \times (\mathrm{rho} \times \mathrm{arg})^b,$$

式中，$a = 17300$；$b = 7/4$；rho 为空气密度；arg 为雷达反射因子。降水类型为雪、霰或雹时，则按照 Rogers 和 Yau（1989）公式反演雪粒子混合比，形式如下：

$$q_s(\mathrm{g/kg}) = c \times (\mathrm{rho} \times \mathrm{arg})^d,$$

式中，$c = 38\ 000$；$d = 2.2$。

3 维水物质的最终分析是把背景场的值和雷达反射率反演的值进行综合对比，从而得到最终结果，ARPS 云分析在这一步遵循一个原则，就是认为雷达反射率反演得到的降水比模式积分得到的背景场值更为可信，即只相信观测，在雷达扫描平面上，凡是有雷达有效观测的格点上，则通过反射率反演得到该区域的水物质分布，取代原背景场的值，无反射率覆盖的区域则无水物质分布，雷达扫描最低层之下的格点上的水物质也设为零，这样有利于消除模式预报的虚假降水影响。对于在雷达扫描平面上缺测的格点和扫描范围之外的区域，则采用背景场的值。

ARPS 云分析采用的是对流云方案（Zhang and Carr，1998），在分析中，假设从云底到云顶满足湿绝热上升条件，估计绝热液态水含量（adiabatic liquid water content，ALWC），之后按以下方法评估云水和云冰的混合比：

$$q_{\text{cw}} = \text{weight} \times \text{ALWC} \times f(h - h_{\text{base}}) \tag{3.134}$$

$$q_{\text{ci}} = (1.0 - \text{weight}) \times \text{ALWC} \times f(h - h_{\text{base}}) \tag{3.135}$$

其中 $\text{weight} = \begin{cases} 1, & T > 268.15 \\ 0.05 \times (t - 248.15), & 248.15 \leqslant T \leqslant 268.15 \\ 0, & T < 248.15 \end{cases}$ ，为基于背景场温度分布的考

量所对应的权重，分析过程也考虑到云内夹卷拖曳作用造成的 ALWC 减少，式中 f 为 Warner(1970)基于积云统计的曲线函数，使雷达反射率分析后的云水物质场结构更趋近于观测。降水过程中云内的温度调节对于已经存在的对流的维持有非常重要的意义。本文研究针对云内位温调整采取假设云内温度满足湿绝热上升条件，继而约束云内位温的调节，由于反映了湿绝热上升气块中的温度变化，因此更加符合对流风暴的物理特性。

2）个例和资料

本研究以 2006 年台风"桑美"(0608)和 2010 年台风"莫兰蒂"(1010)为例，利用 ARPS3DVAR 和云分析，进行雷达资料同化试验。台风"桑美"于 2006 年 8 月 4 日 18 时(文中所用时间均为 UTC)在关岛东南方的西北太平洋洋面上生成，9 日 12 时发展成超强台风，10 日 9 时 25 分，台风"桑美"的中心在浙江省苍南县马站镇沿海登陆。登陆时，中心附近最大风力 17 级(60 m/s)，台风中心最低气压 920 hPa。台风"桑美"尺度小，结构紧密，眼墙清晰，并且在登陆前约 5 小时出现明显的双眼墙结构。"桑美"台风双眼墙阶段主要被温州雷达观测到。台风"莫兰蒂"于 2010 年 9 月 7 日 9 时在台湾东部洋面形成，并向西移动，8 日 6 时加强为热带风暴，8 日 12 时至 9 日 0 时在南海北部原地逆时针旋转 270°后径直加速北上，8 日 18 时至 9 日 18 时台风快速加强，近中心最大风速从 20 m/s 迅速增强至 35 m/s，9 日 18 时达到台风级别，9 日 19 时 30 分在福建登陆，登陆后快速减弱，10 日 12 时减弱为热带低压，登陆过程对福建和浙江沿海造成了严重的洪涝和大风灾害。图 3.124(d)为"莫兰蒂"观测路径，以及大陆沿海和台湾雷达分布图。"莫兰蒂"快速加强的过程恰好位于台湾海峡，其移动路径处于八部雷达观测范围，为本文试验提供了高质量高时空分辨率的 3 维观测数据。

台风"桑美"同化试验选取的资料时间为 2006 年 9 月 10 日 0~18 时，所用的雷达资料为中国气象局新一代天气雷达温州雷达(S 波段，位于东经 120.74°，北纬 27.895°，海拔 734 m)观测到的"桑美"台风每 6 min 一次的体积扫描雷达反射率因子和径向速度数据。体积扫描资料为 VCP11 模式，包括 11 个仰角，分别为：0.5°、0.5°、1.5°、1.5°、2.4°、3.3°、4.3°、6.0°、9.9°、14.6°、19.5°。其中，反射率因子和径向速度观测范围分别为 460 km 和 230 km，径向分辨率分别为 1 km 和 0.25 km，方位角分辨率为 1°。"莫兰蒂"试验选取的资料时间为 2010 年 9 月 9 日 12 时至 10 日 6 时，覆盖台风近海快速加强、而后登陆减弱的阶段。研究资料包括八部 S 波段沿海多普勒雷达，其中五部为中国气象局新一代天气雷达(CINRAD)网中的 WSR-98D 型雷达，分别位于厦门(XMRD)、福州(FZRD)、龙岩(LYRD)、汕头(STRD)和温州(WZRD)，其余三部为台湾气象局的 Gematronik 1500S 多普勒雷达，分别位于垦丁(RCKT)、花莲(RCHL)和七股(RCCG)，如图 3.124(b)所示。以上雷达扫描方式均为平面位置显示(PPI)，即以顺时针方向做 360°等仰角圆锥面扫描，

完成方位角 0.5～19.5 的 9 层仰角扫描，完成一次体扫用时 6 min。Gematronik 1500S 多普勒雷达的反射率因子和径向速度观测范围均为 230 km，径向分辨率分别为 1 km 和 0.25 km。本研究的台风强度和路径资料来源于中国气象局上海台风研究所(CMA-STI)编制的热带气旋最佳路径数据集(best track)，包含每 6 小时一次的台风中心经、纬度，近中心最低气压和近中心最大风速。

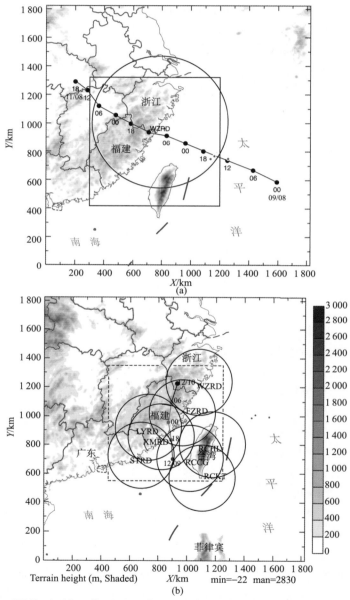

图 3.124 "桑美"和"莫兰蒂"试验区域设置，阴影为地形海拔(对应图右侧色标)，分辨率为 3 km，实线为 6h 间隔的最佳路径，黑色三角表示雷达位置，(a)中圆环表示 460 km 反射率因子扫描半径；(b)中圆环表示雷达 230 km 半径的扫描范围，虚线方框表示 ETS 评分计算的区域

3）直接同化雷达资料

Zhao 等（2012b）以 2010 年在福建登陆的近海加强台风"莫兰蒂"为例，同化了台湾 3 部和大陆 5 部多普勒雷达资料，研究云分辨尺度下循环同化雷达资料对台风初始场和预报场的影响。雷达资料同化窗为 6 小时，同化频率为 1 小时。

首先，为了研究 Vr 和 Z 同化对台风分析和预报的作用，设计了三组实验：无雷达资料同化（CNTL）、只同化 Vr（ExpV），以及同时同化 Vr 和 Z（ExpVZ）。如图 3.125 所示，无雷达资料同化，模式初始场和预报的台风强度弱，路径误差大。同化 Vr 后，初始场台风强度显著增强，同时内核区环流显著增强，台风眼和眼墙位置、地面最大风速都与观测接近（图略）。在初始场改进的基础上，12 小时预报的台风结构、强度、路径和降水预报也显著提高。在 Vr 同化的基础上，同化 Z 可进一步改进降水预报，并准确预报出台风登陆过程中台风内部及其与福建地形交互作用形成的强降水区。总体而言，同时同化 Vr 和 Z 试验预报效果最好。径向风同化在改进台风强度、路径和结构预报中起主导作用，而反射率因子同化对改进降水预报起重要作用。这些结果与之前的研究比较一致。

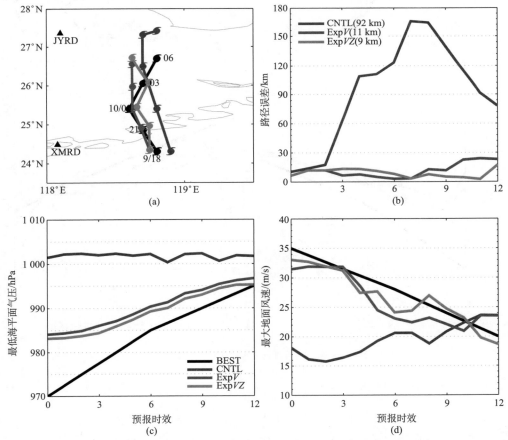

图 3.125　台风"莫兰蒂"从 2010 年 9 月 9 日 18 时到 10 日 6 时 12 小时预报的路径、
路径误差、最低海平面气压、最大地面风速
(a)路径；(b)路径误差；(c)最低海平面气压；(d)最大地面风速

在 Vr 和 Z 同化试验的基础上，进一步研究不同的同化配置对台风预报的影响。结果显示（图 3.126），同化频率越高、次数越多，台风初始场路径强度分析和预报就越好。在雷达资料同化的基础上，同化最佳路径集的 MSLP 资料（ExpVZMSLP），可显著改善初始场的强度分析，但是这一改进在积分 1 小时内就迅速消失，原因是 ARPS 的 3DVAR 是单变量分析，气压场调整时温度场不变，造成模式的温压场不平衡，因此调整的气压场无法维持。只同化一部能有效观测台风内核区结构的单雷达资料（ExpVZRCCG）也能获取和同化多部雷达接近的分析和预报效果，表明台风内核区结构的雷达观测信息对台风分析和预报起重要作用。

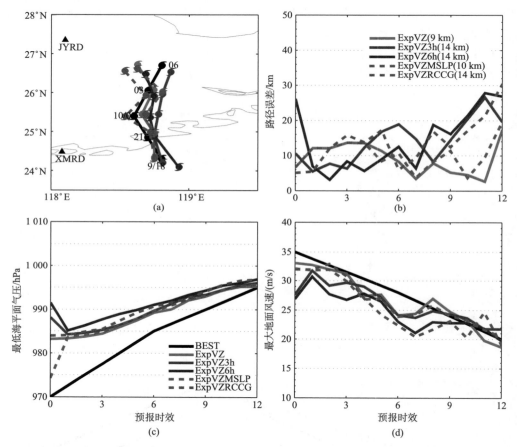

图 3.126　台风"莫兰蒂"从 2010 年 9 月 9 日 18 时到 10 日 6 时 12 小时预报的路径、
路径误差、最低海平面气压、最大地面风速
(a)路径；(b)路径误差；(c)最低海平面气压；(d)最大地面风速

4）3 维变分间接同化雷达资料

Zhao 等（2012a）利用的单雷达 GBVTD 反演风场对超强台风"桑美"进行分析和预报试验。同时，与直接同化雷达径向速度进行比较。为了分析 GBVTD 风场同化的效果，设计了一组实验，包括无资料同化从 6 时开始的纯预报（CNTL），从 00 时开始的纯预报（CNTL00），同化 GBVTD 反演风的试验（ExpGV），同化雷达径向速度（ExpVr），和只同化 GBVTD 轴对称部分(ExpGVNoAsy)。首先评估 GBVTD 反演的精度。如图 3.127 所示，反演风的径向投影与观测的径向速度比较一致，在同化窗口中的 RMSE 为 1～2 m/s。相比于雷达径向速度，GBVTD 反演风场提供了完整的水平风场信息并且填充了径向速度

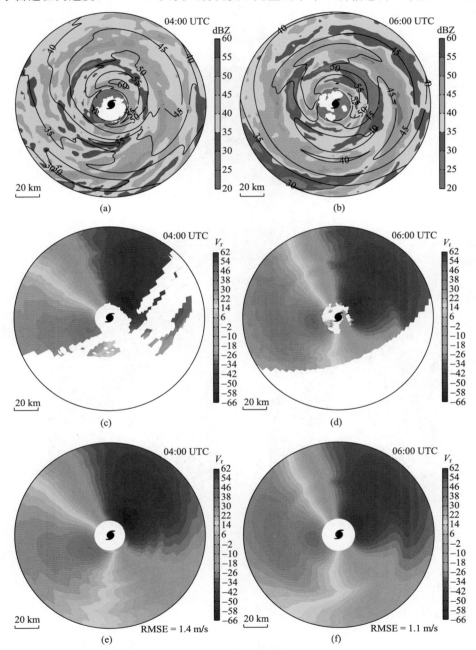

图 3.127　3 km 高度上 04 时(左)和 06 时(右)的 GBVTD 分析场。从上到下分别是：GBVTD 反演风速叠加上观测的反射率因子(上)，观测的径向速度(中)，和 GBVTD 反演风投影到雷达径向的速度(下)

缺测的区域，特别是在台风刚进入径向速度观测范围的时候(图 3.127)。

如图 3.128 所示，GFS 涡旋的眼比较大，强度弱。径向风同化增强了台风环流强度其最大风速半径约 30 km。GBVTD 反演风同化进一步增强了台风环流，结构更为紧密，最大风速半径约 20 km，与观测一致。总体而言，GBVTD 反演风同化可以得到更接近观测的台风强度以及更合理的台风结构。

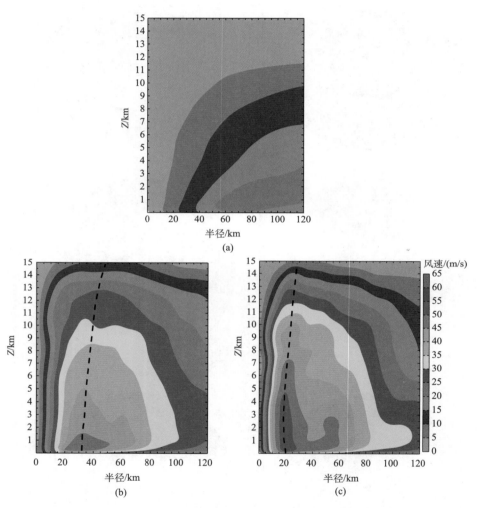

图 3.128　6 时轴对称平均切向速度和温度异常

2. T-TREC 反演风同化

国内外研究表明，除受环境流场影响外，台风的移动和强度更多地取决于台风的动力结构特征(图 3.129)。因此，精确的台风初始动力结构对于台风预报至关重要。随着沿海雷达网的逐步形成，对于登陆台风而言，多普勒雷达资料成为唯一能够观测台风 3 维动力和热力结构的观测手段。Zhao 和 Xue(2009)、Zhao 等(2012b)和 Xiao 等(2005)

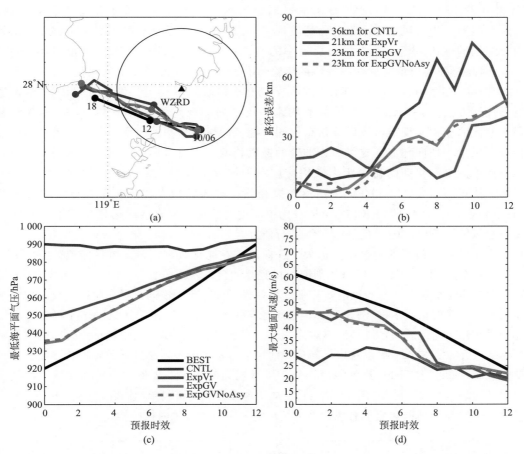

图 3.129　超强台风"桑美"从 2006 年 8 月 10 日 6～18 时预报的路径、
路径误差、最低海平面气压、最大地面风速
（a）路径；（b）路径误差；（c）最低海平面气压；（d）最大地面风速

　　研究表明，雷达径向风资料同化可以有效改善台风路径和强度预报，同时反射率资料的同化对于台风预报的影响主要体现在降水结构上。Pu 等（2009）利用飞机雷达观测也得到相似的结论。

　　然而，由于雷达径向风的有效观测范围只有 150 km，传统的雷达径向风直接同化需要多部雷达，才能完整提供覆盖台风内核结构的风场信息，对于登陆中国大陆的台风，沿海雷达资料的覆盖范围是影响台风同化的重要因素。受制于沿海雷达网的分布，业务预报中台风结构的初始化过程往往只能利用到单部雷达的风场信息，因此，由单部雷达提供覆盖完整的雷达风场资料对于业务预报而言至关重要。Zhao 等（2012a）对比研究了 GBVTD 单雷达反演同化和径向风直接同化对台风初始化和预报的影响；结果表明，同化 GBVTD 台风风场反演环流相比于覆盖范围局限的径向风观测更为有效。这为雷达资料的台风同化提供了另一条可行的思路。然而，尽管 GBVTD 反演方法能够提供高精度的台风风场环流，反演算法必须满足 $R/R_T < 0.7$，分析半径 R 与雷达台风距离

R_T 的比例小于 0.7，即 GBVTD 反演风同化仍然受制于台风中心和雷达的相对距离。台风登陆前，当台风中心离沿海雷达较远时，需要另一种反演算法来提供足够分析台风内核结构的雷达风场。由于雷达反射率的观测范围很广，水平方向最远能观测到 460 km，因此充分利用雷达反射率资料的优势将有利于台风环流的反演与同化。

Wang 等(2010a，b)在 TREC 雷达反演方法的基础上提出了新的 T-TREC 单雷达风场反演方法。T-TREC 方法有效利用雷达反射率的观测范围(460 km)，以相邻时刻雷达回波的相关来反演台风风场信息；同时把径向风作为额外的反演条件，由径向风来估计台风平均切向环流，提供更为准确的搜索长度。台风风场矢量由相邻时刻初始单元和目标单元之间移动的切向距离来估计。由于加入了径向风的信息，相比传统 TREC 反演方法更为精确。T-TREC 雷达反演风相比径向风的最大优势在于其更大的覆盖范围。Li 等(2013)利用 WRF-3DVAR 对比单部雷达的径向风直接同化和 T-TREC 反演同化对台风"莫兰蒂"(2010)的登陆过程进行研究。

由于雷达反射率的覆盖范围远大于径向风，在同化时刻，径向风只能覆盖"莫兰蒂"北侧一部分，而 T-TREC 反演风则能提供完整的台风内核信息(图 3.130)。初始 GFS 背景场中涡旋结构微弱，与观测的实际强度相差很远，因此无论同化径向风还是反演风，都显著改善了涡旋初始结构(图 3.131)。由于径向风覆盖范围有限，风场的水平增量只局限在台风北侧，同化后的台风环流不对称，北侧明显加强而南侧不变。从垂直方向的风场轴对称结构[图 3.131(e)]可以看出，同化径向风后分析场的不对称性导致轴对称环流依旧很弱。然而，同化 T-TREC 反演风后，分析场呈现完整的水平环流，轴对称的垂直结构出现明显的眼墙大风区结构[图 3.131(f)]。从两种雷达风场资料单次同化的对比中，我们发现 T-TREC 反演风同化更加有效，因为其覆盖了完整的台风内核结构。

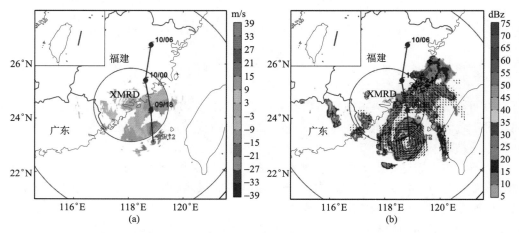

图 3.130　同化时刻，3 km 高度径向风和 T-TREC 反演风的水平分布

(a)3 km 高度径向风；(b)T-TREC 反演风水平分布

以厦门雷达站为中心位置，大圆和小圆分别代表反射率(460 km)和径向风(150 km)的最大覆盖范围

为了研究两种雷达资料同化在登陆台风短临预报中的作用，以同化径向风和反演风的分析场作为初始场，预报台风"莫兰蒂"的登陆过程。图 3.132 为同化后 18 小时台风结

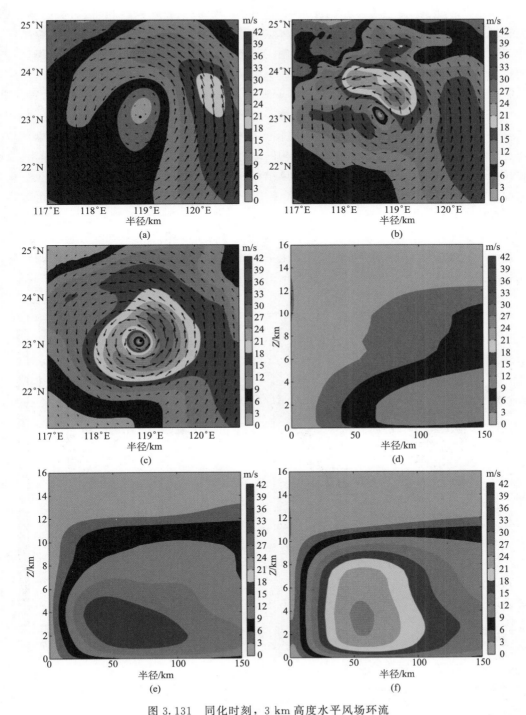

图 3.131　同化时刻，3 km 高度水平风场环流

(a)背景场；(b)同化径向风后的分析场；(c)同化 T-TREC 反演风后的分析场、轴对称水平风场垂直剖面；
(d)背景场；(e)同化径向风后的分析场；(f)同化 T-TREC 反演风后的分析场

构的预报。在台风"莫兰蒂"登陆前(6 小时预报),观测的台风具有明显的眼墙结构,南侧呈现螺旋雨带;控制实验由于以 GFS 背景场为初始场,没有预报出明显的涡旋结构;径向风同化实验,南侧螺旋云雨带比控制实验更接近观测,但眼墙的结构依然没有清晰的体现出来,并且预报的台风位置偏南;只有同化 T-TREC 反演风的实验预报出合理的眼墙结构,外围螺旋雨带位置也更接近观测。登陆后,T-TREC 反演风同化实验准确预报出台风向北运动的趋势,其余 2 个实验路径都偏东北。从图 3.133 中路径预报的结果中也能看出,在 T-TREC 反演风同化实验中,虽然没有同化任何高空和地面的常规观测资料以改善环境场,台风初始结构的改善仍然对路径预报的改善起重要作用。反观径向风同化实验,由于分析场初始台风结构不对称,路径预报误差比控制实验更大。这说明相比同化径向风观测,单次同化 T-TREC 反演风更加有效,因为在同化时刻,分析场中已形成了完整结构的台风环流。从图 3.133 中海平面最低气压和地面最大风速的预报结果中可以发现,无论直接同化雷达径向风还是同化 T-TREC 反演风,对强度预报都有所改善;而改善最大的还是同化 T-TREC 反演风的实验,在模式启动调整后,风速预报的强度几乎与观测一致,气压预报也有显著提高。

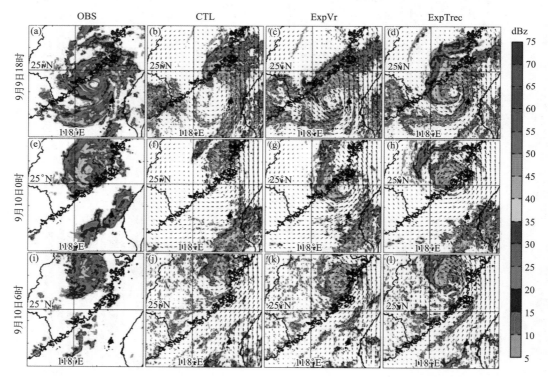

图 3.132　控制实验预报的组合反射率(第二列),径向风同化实验预报的组合反射率(第三列),T-TREC 反演风同化实验预报的组合反射率(第四列)和雷达观测组合反射率(第一列)的对比。对应时间为 6 小时预报(第一行),12 小时预报(第二行)和 18 小时预报(第三行)

　　为了进一步分析两种雷达资料对于台风降水预报的作用,图 3.134 比较了控制实验、径向风同化实验、T-TREC 反演风同化实验降水预报结果和自动站降水观测结果。

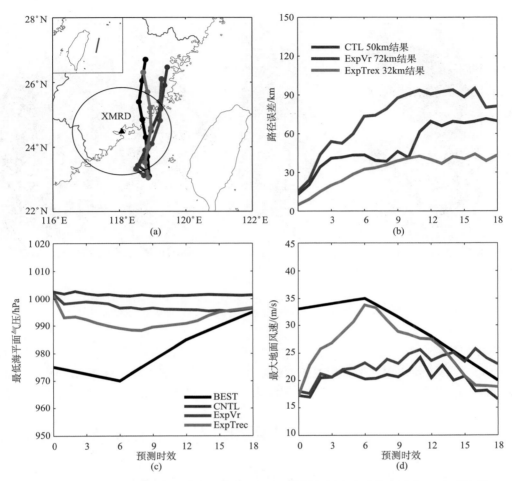

图 3.133　台风"莫兰蒂"路径、路径误差、海平面最低气压和地面最大风速 18 小时预报

(a)路径；(b)路径误差；(c)海平面最低气压；(d)地面最大风速

登陆过程中，观测的 6 小时累积降水大值区分布在福建沿海；控制实验和径向风同化实验由于路径预报的偏差，降水分别集中在福建东侧海面和福建南侧海面，无论降水区域还是强度都与实际观测偏离较大。T-TREC 同化实验预报降水主要集中在福建省沿海，总体分布比自动站观测稍稍偏南，但捕捉到了大致的降水区域。"莫兰蒂"登陆后的 6 小时，累积降水沿东经 118.5°自南向北呈现带状分布；控制实验降水分布仍然偏东，径向风同化实验虽然也呈现出狭长的带状降水分布，但位置明显偏南，与该实验缓慢的台风移速有关。相比之下，T-TREC 同化实验呈现出与观测分布几乎一致的降水带，降水量稍稍大于自动站观测。

　　由"莫兰蒂"路径、强度、结构和降水的预报结果可以看出，单次同化径向风对台风初始结构的改善受制于同化时刻径向风资料的水平覆盖范围，有限的资料覆盖很难完整地改善台风初始环流；相比之下，T-TREC 反演风由于其更大的覆盖范围，往往能够提供完整的台风内核环流结构，分析场的改善比直接同化径向风更为明显。单次同化

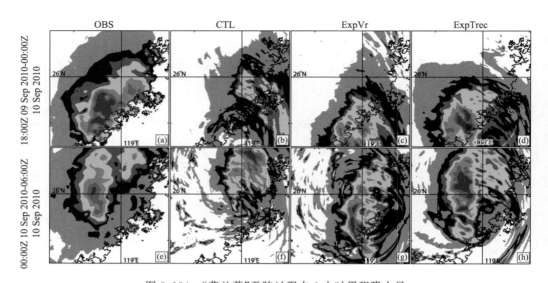

图 3.134　"莫兰蒂"登陆过程中 6 小时累积降水量

(a)自动站观测；(b)控制实验；(c)径向风同化实验；(d)T-TREC 反演风同化实验、登陆后 6 小时累积降水；
(e)自动站观测；(f)控制实验；(g)径向风同化实验；(h)T-TREC 反演风同化实验

T-TREC 反演风对台风路径、强度、结构以及降水预报都有显著改善。由于 T-TREC 反演方法计算方便，因此适合于业务预报，尤其是在台风靠近海岸线之前，就可以先于传统的径向风同化而启动 T-TREC 反演同化，对于业务台风预警和监测具有重大意义。

3.5　多源资料协同同化理论研究与进展

3.5.1　基于多正则化参数约束的多源资料协同同化

准确的数值天气预报往往需要提供精确的初始场，目前业务应用中初始场往往通过变分同化方法产生。变分同化方法，通过将观测资料和背景场信息有效结合，构造更优初始场。观测资料和背景场信息的有效结合需要利用观测误差协方差和背景场误差协方差矩阵，误差协方差矩阵的准确性是影响最终同化效果的关键因素。

变分同化问题，实际上可以归结为反问题。Tikhonov 正则化方法解决反问题一直是数学领域的一个研究重点，其最早由苏联院士 Tikhonov 提出用以解决线性不适定性问题；随着其推广应用，在卫星遥感等反演领域应用较多，由于其正则化参数在实际维数庞大的同化系统中难于计算，在实际同化系统中应用较少。

Johnson 等(2000)指出，在四维变分同化中(4D-Var)，观测误差方差和背景场误差方差比是影响同化效果的重要因素，实际应用中，由于背景场误差方差不能准确确定，往往需要借助于正则化方法来更优确定观测误差方差和背景场误差方差比，同时通过低维数值系统中相关试验验证了引入单正则化参数的有效性。之后，Johnson 等(2005)进一步研究指出，4D-Var 经过一定形式变换等价于 Tikhonov 正则化，观测误差和背景场误差方差比等价于正则化参数。Budd 等(2011)指出，给定观测资料的动力系统最优状态估计问题即资料同化问题为不适定 Tikhonov 正则化反问题，背景场项对应正则化项，并对不同的正则化项进行了讨论分析。然而，上述在变分同化中应用正则化思想均基于简单模型进行研究。

赵延来等(2011)将正则化思想引入到实际数值模式 3 维变分同化(3D-Var)系统中，通过一次局地暴雨个例说明，通过选择合适正则化参数可以改善雷达资料同化效果，进而改善降水预报。同时，其亦指出将正则化思想应用于实际变分同化系统中关键问题在于正则化参数的选择，其在选择单正则化参数过程中需要进行 14 次不同设置 3D-Var 试验以获取最优正则化参数，对于 3D-Var 同化系统计算量已非常大，对于 4D-Var 完全不可行，并且其仅局限于单正则化参数选择。

实际同化系统中，由于观测资料误差特性并不相同，引入单正则化参数并不最优，针对不同观测资料分别引入正则化参数进而引入多正则化参数显得尤为重要。此时，针对计算量更大的 4D-Var，是否可以引入多正则化参数、如何在有效控制计算量前提下获取相对较优的多正则化参数及其对台风初始化和预报的影响等系列问题仍有待进一步研究。为此，本节针对 4D-Var 同化中每种观测资料分别引入一个正则化参数，提出多正则化参数约束的 4D-Var 同化方法(Tikh-4D-Var)；同时，基于同化系统后验估计信息，引入一种计算量相对较小的多正则化参数选择方法。以 2010 年 Chaba 和 Fanapi 台风为例，对比分析常规观测资料和 Bogus 资料同化时 Tikh-4D-Var 和 4D-Var 方法对台风初始化的同化和预报效果。

1. 多正则化参数约束 4D-Var 理论

1) 基本理论

正则化参数约束变分同化理论可以从带有偏差的极小模解原理推导得到。在观测误差范围内寻找与初始猜测背景场 x^b 距离最小的解，满足

$$\begin{cases} \| y^o - H(x) \| \leqslant \delta \\ \| x - x^b \| = \min! \end{cases} \tag{3.136}$$

式中，y^o 为观测资料；x 为模式状态变量；H 为观测算子；δ 为观测误差，其不但包含观测资料误差，同时包含观测算子误差；$\| \ \|$ 为示范数，其定义见方程。式(3.136)等价于

$$\| x^\delta - x^b \| = \min\{ \| x - x^b \| \ | \ \| y^o - H(x) \| \leqslant \delta \} \tag{3.137}$$

式中，x^δ 为带有观测误差为 δ 的极小模解。利用 Lagrange 乘子法，式(3.137)可表示为泛函

$$J(x) = \| x - x^b \|^2 + \lambda (\| y^o - H(x) \|^2 - \delta^2) = \min \tag{3.138}$$

式中，λ 为 Lagrange 乘子。其范数定义为

$$\begin{cases} \| y^o - H(x) \|^2 = \langle y^o - H(x), \ R^{-1}(y^o - H(x)) \rangle \\ \| x - x^b \|^2 = (x - x^b, \ B^{-1}(x - x^b)) \end{cases} \tag{3.139}$$

式中，$\langle,\rangle$和$(,)$分别为定义在观测资料和模式状态变量所属欧式空间的内积；上标$^{-1}$为矩阵的逆，即R^{-1}和B^{-1}分别为观测误差协方差R和背景场误差协方差B矩阵的逆。

目前，正则化方法应用于变分同化系统中通常引入单正则化参数，考虑λ为标量而非矢量，泛函式(3.138)等价于

$$J^{a}(x) = \frac{1}{2}\alpha \parallel x - x^{b} \parallel^{2} + \frac{1}{2} \parallel y^{o} - H(x) \parallel^{2} = \min \qquad (3.140)$$

式中，α为正则化参数；$\parallel x - x^{b} \parallel^{2}$为 Tikhonov 正则化稳定函数；$J^{a}(x)$称为 Tikhonov 正则化泛函。式(3.140)为变分同化系统中引入单正则化参数的一般形式，也是本节引入多正则化参数的理论基础。正则化参数的引入，可以保证代价函数式(3.140)存在唯一解，并使得迭代速度加快，进而迅速得到全局最优解；同时，正则化参数的引入还可以消除分析解的不稳定性。

实际同化系统中，往往同化多种观测资料，由于观测资料误差特性并不相同，单正则化参数的引入并不能达到最优。本节中，考虑针对不同观测资料分别引入正则化参数，即引入多正则化参数。此时，考虑λ为矢量，泛函式(3.138)转换为

$$J^{a}(x) = \frac{1}{2}\alpha \parallel x - x^{b} \parallel^{2} + \frac{1}{2}\sum_{i=1}^{n_{obs}} \Gamma_{i} \parallel y_{i}^{o} - H_{i}(x) \parallel^{2} = \min! \qquad (3.141)$$

式中，转换算子Γ_{i}的引入是考虑正则化参数α对观测项$\parallel y_{i}^{o} - H_{i}(x) \parallel^{2}$中各个部分影响不同，也即对每一种观测资料$i$分别引入正则化参数；$n_{obs}$为观测资料种类数。式(3.141)即为多正则化参数约束的 3D-Var 同化代价函数。

对于考虑多时刻观测资料同化的 4D-Var，多正则化参数约束代价函数可表示为

$$J(x, \alpha, \Gamma_{1}, \cdots, \Gamma_{n_{obs}}) = \frac{1}{2}\alpha \parallel x - x^{b} \parallel^{2} + \frac{1}{2}\sum_{j=1}^{N}\sum_{i=1}^{n_{obs}} \Gamma_{i} \parallel y_{i,j}^{o} - H_{i}(x_{j}) \parallel^{2} = \min!$$

$$(3.142)$$

式中，N为同化窗区长度；$y_{i,j}^{o}$为第j个时次第i种观测资料的观测值。可见，相对于传统 4D-Var，多正则化参数约束 4D-Var 多了$n_{obs}+1$个正则化参数的选择。

对于正则化参数约束变分同化，正则化参数的选择是该方法成功的关键。单正则化参数的选择，目前广泛应用的方法包括广义交叉检验准则和L曲线准则。由于这些方法的实施会使得计算量显著增大，目前仅在遥感反演等数值模型变量维数相对较小的系统中应用较多，而并未在变分同化系统中应用。赵延来等将基于代价函数式(3.140)的单正则化参数同化方法应用于 3D-Var 同化系统中，其中采用L准则选择单正则化参数使得计算量显著大，以至于不适合 4D-Var 同化系统及多正则化参数选择。

2）多正则化参数选择方法

本节基于同化系统的后验估计信息，引入一种多正则化参数选择方法。其具体理论如下。

Talagrand(1999)指出，背景场项可考虑作为一种观测资料。例如，Tarantola 中指出，此时，代价函数式(3.142)可化为

$$J(x, \alpha, \Gamma_1, \cdots, \Gamma_{n_{\text{obs}}}) = \frac{1}{2}(z^0 - \Phi x)^{\text{T}} S^{-1}(z^0 - \Phi x) \tag{3.143}$$

式中，$z^0 = (x^{b\text{T}}, y^{o\text{T}})^{\text{T}}$、$\Phi = (I_n, H^{\text{T}})^{\text{T}}$ 和 $S = \begin{pmatrix} B_{\text{T}} & 0 \\ 0 & R_{\text{T}} \end{pmatrix}$ 分别为代价函数转换后的状态变量、观测算子和误差协方差矩阵；n 为背景场维数；上标 T 为矩阵的转置；下标 T 为矩阵的真实值，即 B_{T} 和 R_{T} 为真实背景场误差和观测误差协方差矩阵。对于多正则化参数约束情形，假设 B_{T} 和 R_{T} 中包含了正则化参数信息，即假设 $B_{\text{T}} = \alpha B$，$R_{\text{T}} = \Gamma R$，其中，$\Gamma = \Gamma_1, \cdots, \Gamma_{n_{\text{obs}}}$ 为正则化参数，B 和 R 分别为估计的背景场和观测误差协方差。从该层意义来说，正则化参数引入的另一作用在于对观测误差方差和背景场误差方差进行调整，使其更加逼近于真实误差的方差。

假定某一种观测在状态矢量 z^0 中对应的变量 z_i^0 可通过对状态矢量进行 Π_i 投影得到，即 $z_i = \Pi_i z^0$，其相应的投影观测算子和代价函数分别为 $\Phi_i = \Pi_i \Phi$ 和 $J_i(x, \Gamma_i) = (z_i^0 - \Phi_i x)^{\text{T}} S_i^{-1}(z_i^0 - \Phi_i x)$。Talagrand（1999）指出，当 S_i 为真实误差协方差矩阵时，投影代价函数满足

$$E\{J_i(x^a)\} = \frac{1}{2}\{m_i - \text{Tr}(\Phi_i P_a \Phi_i^{\text{T}} S_i^{-1})\} \tag{3.144}$$

式中，$P_a = (B_{\text{T}}^{-1} + H^{\text{T}} R_{\text{T}}^{-1} H)^{-1}$ 为误差协方差矩阵最优情况下的分析误差协方差矩阵；$\text{Tr}()$ 为迹；m_i 为第 i 种观测资料数量；$E\{\}$ 为统计意义的平均。假设背景场和观测资料及观测资料之间不相关，则有

$$E\{J^b(x^a)\} = \frac{1}{2}\text{Tr}(KH)$$

$$E\{J_k^o(x^a)\} = \frac{1}{2}\text{Tr}\{\Pi_k^o(I_p - HK)\Pi_k^{o\text{T}}\} \tag{3.145}$$

式中，J^b 和 J^o 分别为代价函数中的背景场项和观测项；K 为 Kalman 增益矩阵，$K = B_{\text{T}} H^{\text{T}}(HB_{\text{T}} H^{\text{T}} + R_{\text{T}})^{-1}$。

定义 Tikhonov 正则化参数矢量为 $s = (\alpha, \Gamma)$，将多正则化参数从真实背景场误差协方差和观测误差协方差中分离出来，方程式（3.145）等价于

$$E\{J^b[x^a(s)]\} = \frac{1}{2}\alpha \text{Tr}(K(s)H)$$

$$E\{J_k^o[x^a(s)]\} = \frac{1}{2}\Gamma_k \text{Tr}\{\Pi_k^o[I_p - HK(s)]\Pi_k^{o\text{T}}\} \tag{3.146}$$

式中，$K(s)$ 为利用估计的背景场误差协方差和观测误差协方差计算的增益矩阵：

$$K(s) = B(s)H^{\text{T}}[HB(s)H^{\text{T}} + R(s)]^{-1} \tag{3.147}$$

式中，$B(s) = \alpha B$；$R(s) = \sum_{k=1}^{n_{\text{obs}}} \Gamma_k \Pi_k^{o\text{T}} R_k \Pi_k^o$。

由式（3.146）可知，正则化参数计算表达式为

$$\alpha = \frac{2E\{J^b(x^a(s))\}}{\text{Tr}[K(s)H]}$$

$$\Gamma_k = \frac{2E\{J_k^o \, [x^a(s)]\}}{\mathrm{Tr}\{\Pi_k^o \, [I_p - HK(s)] \, \Pi_k^{oT}\}} \qquad k = 1, \cdots, n_{\mathrm{obs}} \tag{3.148}$$

式(3.147)正则化参数需要多次迭代求解,本节采用一次迭代思想近似获取正则化参数。

3) 迹的计算

由式(3.147)可知,多正则化参数的求解关键在于迹的计算。本节采用 Girard 提出的随机思想求解迹,其基本思想为对于矩阵 A 及服从平均值和方差分别为 0 和 1 高斯分布的随机矢量 ξ,矩阵 A 的迹可表示为

$$\mathrm{Tr}(A) = E(\xi^T A \xi) \tag{3.149}$$

将该思想应用于迹 $\mathrm{Tr}(HK)$ 计算,可表示为

$$\mathrm{Tr}(HK) = \mathrm{Tr}(R^{-1/2} HKR^{1/2}) = (R^{-1/2}\xi)^T HK(R^{-1/2}\xi) \tag{3.150}$$

由于上式中增益矩阵 K 并不能直接计算得到,往往利用:

$$H\,[\delta x^a_{(y^o + \delta y^o)}] - H(\delta x^a_{y^o}) \approx HK\delta y^o \tag{3.151}$$

式中,$\delta x^a_{(y^o + \delta y^o)}$ 和 $\delta x^a_{y^o}$ 分别为采用扰动的观测资料和未扰动的观测资料计算得到的分析增量,$\delta y^O = R^{1/2}\xi$。此时,$\mathrm{Tr}(HK)$ 可表示为

$$\mathrm{Tr}(HK) = (R^{-1/2}\xi)^T \{H\,[\delta x^a_{(y^o + \delta y^o)}] - H(\delta x^a_{y^o})\} \tag{3.152}$$

该思想计算矩阵迹的精度不仅取决于 $\mathrm{Tr}(HK)$ 的值本身,还取决于观测资料数量。

2. 数值试验

1) 个例选择和试验设计

本节以 2010 年 Chaba 台风和 Fanapi 台风为例进行研究。数值试验采用两重网格嵌套方案,区域中心为(27.5°N,127.5°E),水平分辨率为 45 km 和 15 km,水平格点数为 70×90 和 160×214,垂直方向为 28 层。同化试验仅在粗网格区域实施,同化窗区均为 6h,同化时段分别为 10 月 25 日 6～12 时(Chaba 台风)和 9 月 16 日 00～6 时(Fanapi 台风);预报试验在粗细网格同时进行,细网格区域初始条件由粗网格同化结果插值得到,并进行 72 小时预报。同化试验均基于 WRFDA 3.3.1 版本、预报试验均基于 WRF 3.3.1 版本实施。由于 4D-Var 中需要用到切线性和伴随模式,而 WRFDA3.3.1 中仅提供了表面拖曳边界层方案,一个对流参数化方案和大尺度浓缩微物理参数化方案(WRFDA 3.3.1 中将上述参数化方案选择均设置为 98)三个物理参数化方案的切线性和伴随模式代码,本节在同化试验中采用上述三种物理方案进行试验;预报试验中采用物理方案分别为 YSU 边界层方案、Kain-Fritsch 对流参数化方案和 WSM-6 微物理参数化方案。同化试验的背景场误差协方差采用 NCEP(National centers for environmental prediction)提供的 cv3。

对于每个台风个例,均设计三组对比试验,控制试验将 NCEP 再分析资料作为初

始场、对比试验一将 4D-Var 同化结果作为初始场、对比试验二将 Tikh-4D-Var 同化结果作为初始场。其中，同化试验中同化常规观测资料和构造的 Bogus 资料。Bogus 资料的构造方法具体见参考文献。Bogus 资料构造时需提供台风中心位置和最大风速（由中国台风年鉴资料提供）及最大风速半径（本节中最大风速半径均设置为 80 km）。对于每个台风个例，4D-Var 和 Tikh-4D-Var 同化试验同化观测资料种类和数量完全相同，在结合正则化参数估计中进行相关说明，具体见图 3.135。

2）收敛特性分析

图 3.135 表示 Chaba 和 Fanapi 台风个例分别进行 4D-Var 和 Tikh-4D-Var 同化试验，代价函数和梯度随迭代次数变化。同化试验中，收敛标准均为 eps＝0.01（即代价函数梯度小于初始梯度的 0.01 倍时迭代中止）。图中显示，在合理给定正则化参数条件下，Tikh-4D-Var 方法更快达到收敛标准，这与上节中理论是相符合的。对于 Chaba 台

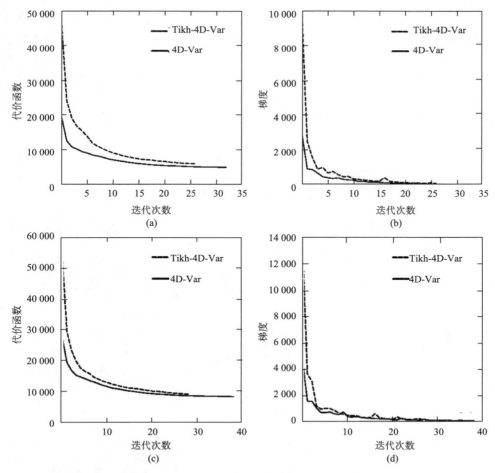

图 3.135　4D-Var 和 Tikh-4D-Var 同化试验中，代价函数［(a)和(c)］和梯度［(b)和(d)］
随迭代次数演变。其中，(a)和(b)为 Chaba 台风试验，(c)和(d)为 Fanapi 台风试验

风，Tikh-4D-Var 方法仅需要 26 次迭代，而 4D-Var 方法需要 32 次迭代；Fanapi 台风，Tikh-4D-Var 方法仅需要 28 次，而 4D-Var 方法需要 38 次迭代。同时，图 3.135 中也显示，两个个例中 Tikh-4D-Var 方法试验价函数和梯度数值在前 5 次迭代过程中都有很大程度增大，在迭代 10 次后，梯度值基本与 4D-Var 试验相当。这可能是由于 Tikh-4D-Var 方法中通过引入正则化参数更合理调整了代价函数中观测项和背景场项权重，使得初始时刻代价函数值显著增大；同时，由于 Tikh-4D-Var 的有效性，在不断迭代过程中，其加快了代价函数梯度收敛速度，并更快达到收敛标准。

3）正则化参数估计分析

图 3.136 表示 Tikh-4D-Var 试验中，针对每种观测资料和背景场分别引入一个正则化参数，采用上节多正则化参数计算方法估计的正则化参数和观测资料数量（观测资料名称括号里斜线左边和右边分别表示 Chaba 台风和 Fanapi 台风试验同化观测资料数量）。图中显示，同一个例试验，不同观测资料计算得到的正则化参数数值并不一样；同一观测资料，不同个例对应的正则化参数也存在差别。这从另一方面说明引入多正则化参数的必要性，如果仅引入单正则化参数并不能对每种观测资料进行最优调整。同时，上节中指出，正则化参数的引入另一作用在于对观测误差方差和背景场误差方差进行调整，使其更加逼近于真实误差的方差。从而，正则化参数的大小也在一定程度上可以说明 4D-Var 指定的观测资料方差的准确性。以 Bogus 资料为例，在 4D-Var 中，采用 Xiao 等（2009）方法定义的 Bogus 资料误差：

$$E_{\text{slp}}(r) = 1 + \frac{3}{R_{\text{b}}} r \qquad\qquad (3.153)$$

$$E_{\text{v}}(r) = 1 + \frac{4}{R_{\text{b}}} r \qquad\qquad (3.154)$$

式中，E_{slp}、E_{v} 分别为水平面气压和水平面风场误差；R_{b} 为 Bogus 数据的影响半径；r 为数据点与台风中心的距离。

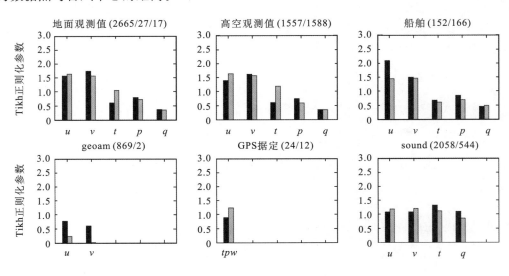

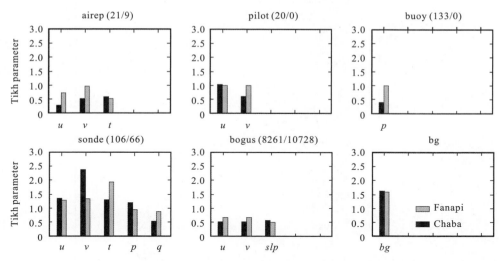

图 3.136　各种观测资料、背景场项正则化参数分布及同化观测资料数量，观测资料名称括号里斜线左边和右边分别表示 Chaba 台风和 Fanapi 台风试验同化观测资料数量

上节中正则化参数估计方法估计的 Bogus 资料水平风场分量 u、v 和水平面气压（slp）正则化参数两个个例均明显小于 1。鉴于上节分析将表明 Tikh-4D-Var 试验在台风路径和强度预报方面均优于 4D-Var 试验，两种方法的差别仅在于 Tikh-4D-Var 试验针对每种观测资料引入了正则化参数调整，从而可认为引入正则化参数调整的观测资料误差更接近于真实观测误差，也即表明对于本节中两个台风个例，定义的 Bogus 资料误差在一定程度上过小的估计了 Bogus 资料的实际误差。

4）台风路径和强度影响分析

图 3.137 表示 Chaba 台风和 Fanapi 台风最佳路径（中国气象协会发布的《最佳台风路径集》）和三组对比试验模拟台风路径分布，为了便于显示，Chaba 台风实际经度小于图中对应经度 2°。表 3.30 表示两个个例三组对比试验台风数值模拟 72 小时时段内每间隔 6 小时计算的路径平均误差、最低水平面气压平均误差和最大风速平均误差。图 3.138 表示两个个例 4D-Var 和 Tikh-4D-Var 试验模拟台风路径误差随预报时间演变。

表 3.30　三组对比试验台风数值模拟 72 小时时段内每间隔 6 小时计算的路径平均误差、最低水平面气压平均误差和最大风速平均误差

项目	NCEP	4D-Var	Tikh-4D-Var
平均路径误差/ km	61.813/54.279	60.838/55.841	55.898/47.801
平均最低水平面气压误差/hPa	18.527/6.428	10.130/5.379	5.210/4.979
平均最大风速误差/(m/s)	11.782/3.717	5.741/3.556	3.554/3.224

注：斜线左侧表示 Chaba 台风试验；右侧表示 Fanapi 台风试验

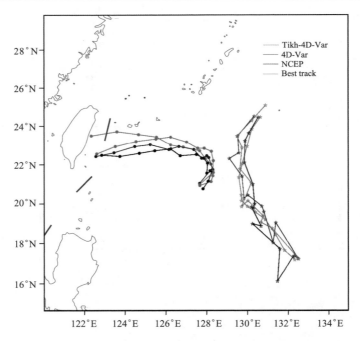

图 3.137　数值预报试验模拟台风路径分布，星号线表示 Chaba 台风
（实际台风位置对应经度比图中所示小 2°），实心线表示 Fanapi 台风

　　对于 72 小时数值模拟平均路径误差（表 3.30），两个个例 4D-Var 试验与 NCEP 试验
基本相当，Chaba 台风 NCEP 试验与 4D-Var 试验平均误差分别为 61.813 km 和 60.838
km，Fanapi 台风 NCEP 试验与 4D-Var 试验平均误差分别为 54.279 km 和 55.841 km；同
时，Tikh-4D-Var 试验相对于 4D-Var 试验平均路径误差均有明显减小，分别减小到
55.898 km（Chaba 台风）和 47.801 km（Fanapi 台风）。对于 72 小时预报时段内路径误差，
Chaba 台风 Tikh-4D-Var 试验在预报初中期（前 36 小时）相当于或明显小于 4D-Var 试验，
Fanapi 台风试验在预报初期（前 18 小时）和后期（54～72 小时）要明显小于 4D-Var 试验。

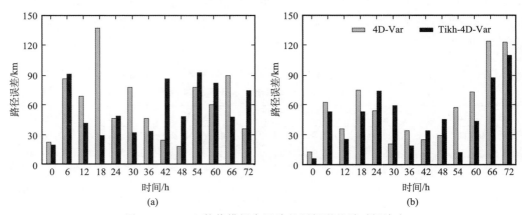

图 3.138　72h 数值模拟台风路径预报误差随时间演变
（a）Chaba 台风试验；（b）Fanapi 台风试验

　　表 3.30 中显示，对于 72 小时平均最低水平面气压，两个个例 4D-Var 和 Tikh-4D-Var 试验相对 NCEP 试验均有一定程度改善，其中，Chaba 台风平均误差由 18.527 hPa 分别降低到 10.130 hPa 和 5.210 hPa，改善非常明显，Fanapi 台风由 6.428 hPa 分别降低到 5.379 hPa 和 4.979 hPa；同时，Tikh-4D-Var 试验改善效果更加明显，相对 4D-Var 试验，Chaba 台风和 Fanapi 台风平均最低水平面气压误差分别减小了 4.92 hPa 和 0.4 hPa。72 小时预报时段内间隔 6 小时最低水平面气压误差（图 3.139）也显示，对于 Chaba 台风，Tikh-4D-Var 试验相对 4D-Var 试验在 72 小时时段内基本均有明显减小，第 66 小时和 72 小时除外；Fanapi 台风，Tikh-4D-Var 试验相对 4D-Var 试验在预报初中期（前 42 小时）预报误差基本相当或有明显减小。

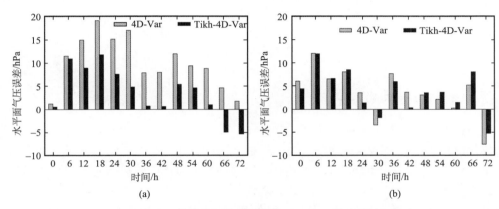

图 3.139　72h 数值模拟台风最低水平面气压误差随时间演变
(a)Chaba 台风试验；(b)Fanapi 台风试验

　　对于 72 小时平均最大风速（表 3.30），其基本呈现出与最低水平面气压相同特征。两个台风个例 4D-Var 试验和 Tikh-4D-Var 试验相对 NCEP 试验均有一定程度改善，Chaba 台风改善很大，平均误差由 11.780 m/s 分别降低到 5.741 m/s 和 3.554 m/s，Fanapi 台风改善相对要小，平均误差由 3.717 m/s 分别降低到 3.556 m/s 和 3.224 m/s；同时，Tikh-4D-Var 试验相对 4D-Var 试验改进效果均更明显，使 Chaba 台风和 Fanapi 台风平均误差分别减小了 2.2 m/s 和 0.332 m/s。72 小时预报时段间隔 6 小时最大风速误差（图 3.140）显示，对于 Chaba 台风，Tikh-4D-Var 试验相对 4D-Var 试验在整个预报区间除第 48 小时和 54 小时外均有改善，而 Fanapi 台风试验改善位于 0～6 小时、30～48 小时和 66～72 小时。总体来说，最大风速预报改善没有最低水平面气压预报改善明显。

　　Chaba 台风和 Fanapi 台风试验路径和强度（包括最低水平面气压和最大风速）数值模拟结果表明，对于该两次台风个例，Bogus 资料 4D-Var 试验并没改善台风路径预报，但明显改善了台风强度预报；相对于 4D-Var 试验，引入合理正则化参数的 Tikh-4D-Var 试验在一定程度上改善了台风路径和强度预报，强度预报中对最低水平面气压改善要更明显。

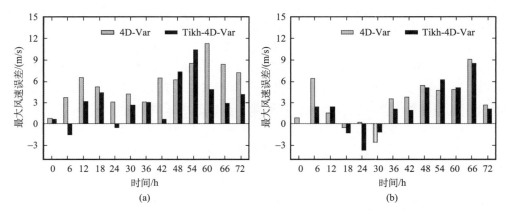

图 3.140　72h 数值模拟台风最大风速误差随时间演变

(a)Chaba 台风试验；(b)Fanapi 台风试验

5）台风内部结构影响分析

　　下面以 2010 年 Chaba 台风为例，分析 4D-Var 和 Tikh-4D-Var 试验对台风初始结构和数值模拟预报时刻结构的影响。

　　图 3.141 表示 Chaba 台风 4D-Var 和 Tikh-4D-Var 同化试验初始时刻台风区域水平面气压场分布。图中显示，相对 4D-Var 试验，Tikh-4D-Var 试验进一步加强了初始时刻台风强度（最低水平面气压由 992 hPa 降低到 990 hPa），尤其是在台风内核区域。

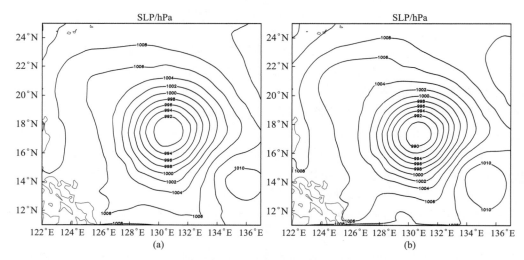

图 3.141　4D-Var 和 Tikh-4D-Var 同化试验初始时刻台风区域水平面气压场，等值线间距为 2 hPa

(a)4D-Var；(b)Tiknh-4D-Var

　　表 3.31 表示 Chaba 台风 4D-Var 和 Tikh-4D-Var 试验初始时刻分析增量绝对值区域平均。表中显示，对于所有变量，Tikh-4D-Var 试验分析增量均明显大于 4D-Var 试

验，这主要是由于 Tikh-4D-Var 试验通过引入正则化参数，合理给定各种观测资料相对权重，使得初始状态变量场更合理逼近观测资料，与初始背景场差异增大的缘故。

表 3.31　初始时刻分析增量绝对值平均

项目	$U/(m/s)$	$V/(m/s)$	T/K	$Q/(g/kg)$
4D-Var	1.607	1.625	0.288	0.230
Tikh-4D-Var	1.874	1.839	0.304	0.377

表示 Chaba 台风 4D-Var 和 Tikh-4D-Var 试验初始时刻台风中心沿纬向温度和湿度分析增量垂直分布（图 3.142）。本次台风个例台风中心为（17.4°N，130.5°E），图中显

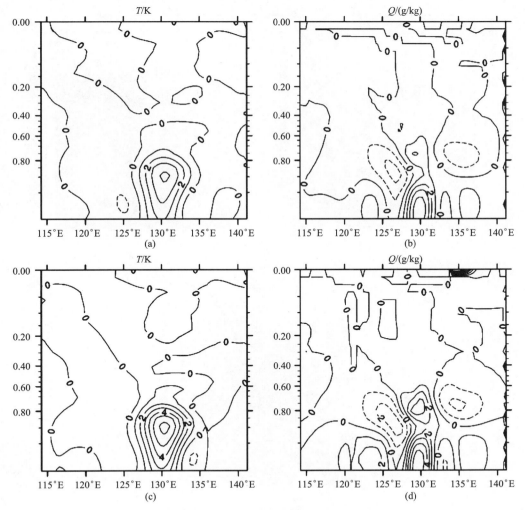

图 3.142　初始时刻台风中心沿纬向温度和湿度分析增量垂直分布
(a)4D-Var 试验温度；(b)4D-Var 试验湿度；(c)Tikh4D-Var 试验温度；
(d)Tikh4D-Var 试验湿度垂直坐标为 Eta 坐标

示，在台风中心处，两组同化试验均存在明显的温度和湿度分析增量正值区；同时，Tikh-4D-Var 试验温度场和湿度场分析增量更大，最大值相对 4D-Var 试验分别增大了 2K 和 1g/kg。这表明，Tikh-4D-Var 试验进一步改善了初始时刻台风中心的暖心结构及湿度场结构。

下面通过对台风暖心结构和二级环流分析三组对比试验对台风内部结构预报的影响。

图 3.143 表示台风中心半径 50 km 以内温度距平的径向和方位角方向平均随预报时间和高度分布。图中显示，三组对比试验均呈现出明显的暖心结构，暖心结构不断发展直至台风发展成熟。同时，72 小时预报时段内大部分时刻(36～42 小时外)，Tikh-4D-Var 试验呈现出更强的暖心结构，4D-Var 试验次之，NCEP 试验暖心结构最弱；36～42 小时，4D-Var 试验在台风中层(7～9 km)暖心结构更强。这表明相对于 4D-Var 试验，Tikh-4D-Var 试验可在一定程度上改善台风 72 小时预报时段内大部分时刻的暖心结构。

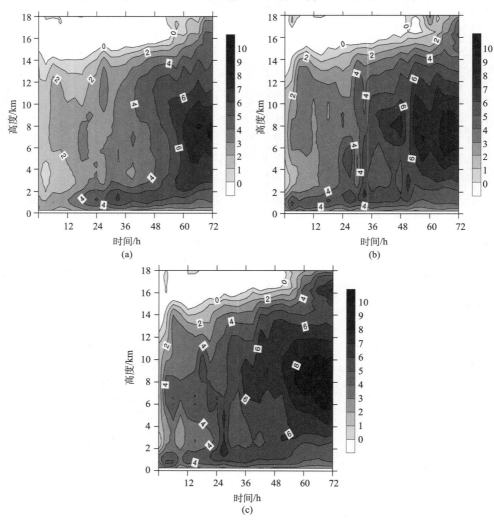

图 3.143　台风中心半径 50 km 以内温度距平的径向和方位角方向平均随预报时间和高度分布

(a)NCEP 试验；(b)4D-Var 试验；(c)Tikh-4D-Var 试验

图 3.144 表示三组对比试验台风预报 60～66 小时，径向风和垂直速度沿方位角内平均随高度和距离台风中心半径演变。图中显示，三组对比试验均基本呈现出典型的二级环流特征：模式上层(13～17 km)具有明显正值径向风(外流径向风)，模式下层(0～2 km)具有明显负值径向风(内流径向风)，在 2 km 左右存在相对较小的正值径向风。相对于 NCEP 试验，4D-Var 试验并未改善上下层径向风速度；同时，Tikh-4D-Var 试验明显改善模式上下层径向风速度，相对于 4D-Var 试验，上下层径向风速度最大值分别增大了 4 m/s 和 6 m/s。

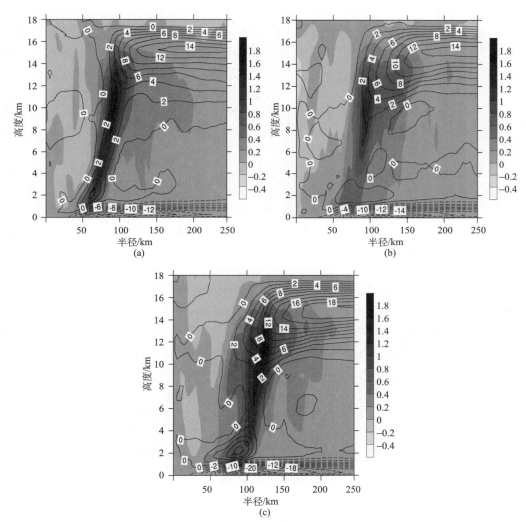

图 3.144　台风预报 60～66h 时段内，径向风(等值线)和垂直速度(色标)的
时间和方位角平均随高度和距离台风中心半径分布
(a)NCEP 试验；(b)4D-Var 试验；(c)Tikh-4D-Var 试验

对于垂直速度分布，三组对比试验在离台风中心 50～120 km 均存在明显的上升速度，在台风中心存在较弱的下沉速度。4D-Var 试验垂直速度相对 NCEP 试验呈现一定

程度的减小，而 Tikh-4D-Var 试验明显增大了台风的上升垂直速度。上述分析表明，Tikh-4D-Var 试验相对于 4D-Var 试验呈现出更强的二级环流形式，这是因为 Tikh-4D-Var 试验通过改善台风风场预报，更强的径向流将会在边界层产生更多的向内绝对角动量输送，进而产生更强的垂直速度而形成更强的二级环流。

　　传统 4D-Var 同化 Bogus 资料台风初始化过程中，如何更合理刻画观测资料误差特性尤其是 Bogus 资料误差进而最优综合观测资料信息显得尤为重要。本节基于 Tikhonov 正则化方法应用于变分同化思想，鉴于单正则化参数不能很好刻画不同观测资料误差特性的局限性，通过对不同观测资料和背景场项分别引入正则化参数而在传统 4D-Var 基础上引入多正则化参数思想，提出多正则化参数约束的 4D-Var。该思想关键问题在于多正则化参数的选择，本文基于 4D-Var 同化系统后验估计信息，引入一种多正则化参数选择方法，相对于传统正则化参数选择方法，该方法计算量较小，方便实施。利用 2010 年 Chaba 和 Fanapi 两个台风个例进行数值试验，主要结论如下。

　　（1）在合理给定多正则化参数前提下，Tikh-4D-Var 方法相对于 4D-Var 方法可更快达到收敛标准；但是，由于不同台风个例 Bogus 资料误差特性不同，多正则化参数针对每个个例均需重新计算。

　　（2）Tikh-4D-Var 方法中引入的多正则化参数，可在一定程度上反映同化系统中观测资料误差方差指定的准确性，使指定的观测误差方差更接近于真实观测误差方差。

　　（3）相比 4D-Var 同化方法，Tikh-4D-Var 方法可在一定程度上改善台风路径和强度预报，使台风数值模拟 72 小时时段内平均和大部分时刻路径、最低水平面气压和最大风速误差进一步减小。

　　（4）Tikh-4D-Var 方法通过调整观测资料和背景场相对权重，更合理利用观测资料相关信息，使得初始时刻分析增量有所增大；同时，在 72 小时预报时段内，其呈现出更强的暖心结构和二级环流，使得初始时刻和预报时刻台风内部结构进一步改善。

　　总体而言，在 Bogus 资料台风初始化过程中，Tikh-4D-Var 方法相对 4D-Var 方法呈现出更优的同化和预报效果；同时，引入基于同化系统后验信息的多正则化参数选择方法，在 Bogus 资料同化时，由于不同台风个例 Bogus 资料误差特性不同，不同个例的正则化参数均需单独计算，使得 Tikh-4D-Var 方法的实施计算量为传统 4D-Var 计算量的三倍，计算量仍然相对较大。目前，该方法仅在两次台风个例中试验，并且仅针对常规资料和 Bogus 资料进行同化研究，下一步工作将开展针对卫星资料同化对台风个例的影响及更多台风个例进行试验。

3.5.2　Hybrid 集合变分同化技术及改善

1. Hybrid 集合变分同化（Hybrid-En3DVAR）

　　资料同化方法在近些年不断发展，目的是得到更加接近观测且平衡的初始场。目前业务上常用的 3DVAR，体现变量约束关系的背景误差协方差矩阵由气候统计态静态的表示，对于台风这类强天气系统，简单的气候态约束关系无法正确表征台风结构，因此 3DVAR 用于改善台风初始场具有明显的缺陷。为了使背景误差协方差矩阵能更好的表征台风结构，流依赖的背景误差协方差矩阵对于同化系统至关重要。为什么台风同化尤其需要流依赖矩阵？打一个比喻：对于台风同化而言，合理的流依赖背景误差协方差矩阵相比静态背景误差协方差矩阵的作用，就如同盲人摸象，静态矩阵只能通过"象腿"的形状协调出"圆柱"的形状结构，而流依赖矩阵则能协调出"象"的形状结构。也就是说流依赖的背景误差协方差矩阵能够更合理的协调出类似台风涡旋结构的分析增量；而静态的背景误差协方差矩阵只能协调出不具有台风涡旋流型的分析增量，这对台风结构的改善是不利的。近年来国际上热度很高的集合卡尔曼滤波（EnKF），用集合预报的离散度近似表征预报场与大气真实状态之间的偏差，由 EnKF 方法得到的流依赖背景误差协方差矩阵具有明显的流型特征，相比 3DVAR 静态的背景误差协方差矩阵能产生更合理的分析增量，使得同化分析场台风涡旋更合理，并且与环境场之间更协调（Zhang et al.，2009，2011a，b）。但是由于 EnKF 依赖于集合预报，集合成员的多少对于流依赖背景误差协方差矩阵的精确程度有很大的不确定性，提高集合成员数量能降低取样误差，但是带来的计算资源问题仍然制约着当今大多数国家的业务运行。如今，混合同化技术在不断发展，Wang 等（2007，2008a，2008b）、Wang（2011）将流依赖背景误差协方差矩阵的信息加入到 3DVAR 中，发展了 Hybrid 集合变分同化（Hybrid-En3DVAR）同化系统。

在传统 3DVAR 基础上，引入流依赖的集合预报协方差矩阵后，Hybrid 集合变分同化系统中的分析增量 δ_x 由新增的控制变量 α 和集合扰动的局地线性组合所表示。集合变分同化的方法，保证了小样本量情况下同化结果的可靠性，降低了 EnKF 大样本量计算资源的缺陷，同时也改善了 3DVAR 分析增量不合理的缺陷，对于台风的业务预报性能有重要的改善。

与传统 3DVAR 的流程不同，Hybrid 集合变分同化需要通过集合预报来产生流依赖背景误差协方差矩阵。图 3.145 显示了最简单的 Hybrid 集合变分资料同化流程图，模式的集合预报启动于同化时刻前 6 小时（或以上），通过对初始场加入"平衡"随机扰动的方法在 6 小时前产生一组含有若干成员的集合预报初始场，积分 6 小时后在同化时刻得到集合预报结果，Hybrid 集合变分同化所用的流依赖背景误差协方差即来自于集合预报成员间的协方差。

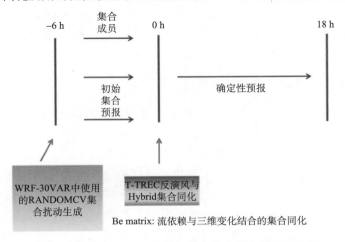

图 3.145　Hybrid-En 3DVAR 集合变分同化流程示意图

　　Li 等(2013)利用 WRF Hybrid-En3DVAR 同化系统模拟台风"莫兰蒂"(2010 年)。以 6 小时预报的集合平均作为同化背景场，分别用传统 3DVAR 方法和 Hybrid-En3DVAR 同化 T-TREC 雷达反演风。图 3.146 比较了两种资料同化方法在同化雷达风场资料时，温度场的响应。对于传统 3DVAR，由于其采用气候态的静止背景误差协方差矩阵，表征天气尺度的平衡关系，温度和风场之间的协方差由统计近似的热成风关系所表示，当风场出现明显气旋性结构分析增量时，温度场增量中出现不合理的冷中心。而对于 Hybrid-En3DVAR 而言，分析时刻的背景误差协方差矩阵由 3DVAR 静止 B 矩阵和集合流依赖 B 矩阵加权平均而得，可以赋任意权重。当权重全赋给静止 B 矩阵时，等价于传统 3DVAR；当权重全赋给集合流依赖 B 矩阵时，近似等价于用变分方法解决集合卡尔曼滤波的问题，此时，温度场调整出暖心结构，与气旋性环流一致体现出加强的趋势。

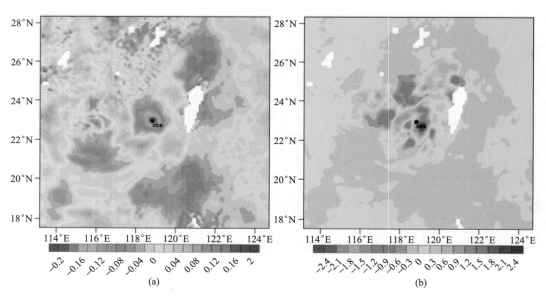

图 3.146　同化 T-TREC 雷达反演风时，温度场对气旋性风场增量的响应
(a)3DVAR；(b)Hybrid-En3DVAR

2. 物理约束下的集合变分同化方案

　　Hybrid 集合变分同化的优势在于既体现了传统 3DVAR 所欠缺的流依赖背景误差协方差信息，又可以在现有成熟的变分同化框架下解决 EnKF 的问题。然而正因为 Hybrid 集合变分同化建立在现有的变分框架之下，它还具有一些 EnKF 所不具备的潜在优势。表征物理定律或者动力平衡的约束表达式可以通过 3 维变分的代价函数中以弱约束的形式表现出来。Gao 等(2004)在 ARPS 的 3DVAR 同化系统里应用连续方程的约束来同化雷达径向风资料。Liang 等(2007)对 MM5 模式的 3DVAR 同化系统中以变量的时间倾向构建代价函数，用以加入具有模式特征的约束。通过变分框架里的这些弱约束，非直接观测变量的增量将会更加平衡且合理的通过同化直接观测变量而得。Li 等

(2013)在 Hybrid-En3DVAR 集合变分同化的基础上以弱约束 $J_c(x)$ 的形式加入梯度风约束平衡，发展了新的约束Hybrid-En3DVAR 方案，首次将物理约束和流依赖 $\boldsymbol{B}$ 矩阵相结合。

对于雷达风场同化，气压场的增量不仅来源于流依赖 $\boldsymbol{B}$ 矩阵所表征的实时风压关系，同时也遵从了梯度风平衡方程的物理约束。考虑到集合流依赖 $\boldsymbol{B}$ 矩阵的准确度受采样误差的影响，加入的物理约束可以很好地弥补这方面的不足。图 3.147 显示了台风"灿都"(2010 年)同化 T-TREC 雷达反演风时，约束 Hybrid-En3DVAR 相比于传统 3DVAR 和 Hybrid-En3DVAR 的优势。3DVAR 同化分析中，气压场对风场的响应来自于静止背景误差协方差矩阵中的风压关系，表征的是大尺度地转风；因此，风场产生气

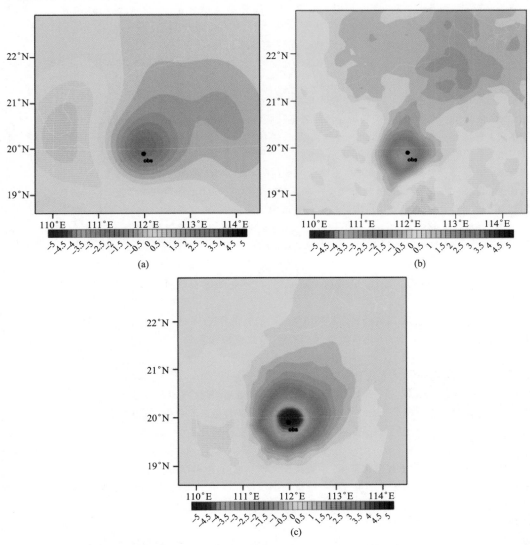

图 3.147　同化 T-TREC 雷达反演风时，气压场对气旋性风场增量的响应

(a)3DVAR；(b)Hybrid-En3DVAR；(c)约束 Hybrid-En3DVAR

旋性增量时，海平面气压场调整微弱。对于 Hybrid-En3DVAR，由于加入集合流依赖的背景误差协方差，海平面气压场增量含有台风结构的信息，风压关系比 3DVAR 强；但一般情况下，流依赖 **B** 矩阵中的风压关系仍受集合预报的影响，由于集合预报来自于单一模式先前 6 小时（或以上）的预报，首次同化时刻的流依赖 **B** 矩阵里仍含有许多来源于初始场的大尺度信息。因而，在 Hybrid En-3DVAR 的基础上加入梯度风平衡物理约束，可以弥补流依赖 **B** 矩阵的不足，此时气压场调整强烈，使得分析场中的气压增量和风场增量趋于平衡。

主要参考文献

陈红岩，胡非，曾庆存. 2000. 处理时间序列提高计算湍流通量的精度. 气候与环境研究，5(3)：304-311.

陈联寿，丁一汇. 1979. 西北太平洋台风概论. 北京：科学出版社.

陈敏，郑永光，陶祖钰. 1999. 近 50 年(1949～1996 年)西北太平洋热带气旋气候特征的再分析. 热带气旋学报，15(1)：10-16.

陈瑞闪. 2002. 台风. 福州：福建科学技术出版社.

陈锡璋. 1997. 西北太平洋热带气旋强度的若干气候特征. 海洋通报，16(4)：16-25.

程雪玲，曾庆存，胡非，等. 2007. 大气边界层强风的阵性和相干结构. 气候与环境研究，12(3)：227-243.

房文鸾，徐启明，章家琳，等. 1983. 东南台风域内的风速分布. 海洋预报，4(3)：1-14.

冯锦全，陈多. 1995. 我国近海热带气旋强度突变的气候特征分析. 热带气象学报，11(1)：35-42.

胡邦辉，谭言科，张学敏. 1999. 海面热带气旋域内风速分析. 大气科学，23(3)：316-322.

黄小刚，费建芳，陆汉城. 2006. 消去分析台风方法的对比研究. 应用气象学报，17(1)：81-86.

雷小途. 2001. 西北太平洋热带气旋最佳定位的精度分析. 热带气象学报，17(1)：65-70.

李国翠，郭卫红，王丽荣，等. 2006. 阵风锋在短时大风预报中的应用. 气象，32(8)：36-41.

李永平，郑运霞，方平志. 2012. 2009 年"莫拉克"台风登陆过程阵风特征分析. 气象学报，70(6)：1188-1199.

刘春霞，容广埙. 1995. 台风突然加强与环境场关系的气候分析. 热带气象学报，11(1)：167-179.

马刚，方宗义，张凤英. 2001. 云参数对 RTTOV5 模式模拟误差的影响分析. 应用气象学报，12(4)：385-391.

钮学新. 1983. 台风的内力. 大气科学，7(1)：42-49.

钱传海，李泽椿，张福青，等. 2012. 国际热带气旋飞机观测综述. 气象科技进展，2(5)：6-16.

宋丽莉，毛慧琴，黄浩辉，等. 2005. 登陆台风近地层湍流特征观测分析. 气象学报，63(6)：915-921.

万齐林，薛纪善，陈子通. 2005. 雷达 TREC 风的三维变分同化应用与试验. 热带气象学报，21(5)：449-457.

邢富冲. 2003. 一元三次方程求解新探. 中央民族大学学报(自然科学版)，12(3)：207-218.

郁凡. 1998. 多光谱 GMS 卫星图像气象特征量的提取及其在中尺度数值预报模式中的应用. 南京大学博士论文.

郁凡. 2003. 多光谱卫星图像降雨率场的分析. 气象学报，61(3)：334-345.

袁炳. 2008. 动态非对称 BDA 方法与 ATOVS 资料四维变分同化方法的应用研究. 南京：解放军理工大学气象学院. 53-77.

袁金南，刘春霞. 2007. 轴对称台风模型的改进方案及其对 0425 号台风数值模拟的效果. 热带气象学报，23(3)：236-245.

曾庆存，程雪玲，胡非. 2007. 大气边界层非常定下沉急流和阵风的起沙机理. 气候与环境研究，12(3)：
244-250.

张培昌，杜秉玉，戴铁丕. 2001. 雷达气象学. 北京：气象出版社，190-198.

章家琳，隋世峰. 1989. 台风波浪数值预报的 CHGS 法 II：台风风场中梯度风摩擦修正系数和风向内偏
角的计算. 热带海洋，8(1)：58-66.

赵延来，黄思训，杜华栋，等. 2011. 正则化方法同化多普勒天气雷达资料及对降雨预报的影响. 物理学
报，60(7)：079202.

赵中阁，梁建茵，万齐林，等. 2011. 强风天气条件下海气动量交换参数的观测分析. 热带气象学报，27
(6)：899-901.

赵宗慈，江滢. 2010. 热带气旋与台风气候变化研究进展. 科技导报，28(15)：89-96.

诸葛小勇，郁凡. 2009. 利用 FY-2C 双光谱图像反演白天像素及逐时雨强. 水科学进展，20(5)：
607-613.

Adler R F，Mack R A. 1984. Thunderstorm cloud height-rainfall rate relations for use with satellite rain-
fall estimation techniques. J Climate Appl Meteor，23：280-296.

Adler R F，Negri A J，Keehn P R，et al. 1993. Estimation of monthly rainfall over Japan and surround-
ing waters from a combination of low-orbit microwave and geosynchronous IR data. J Appl Meteor，
32：335-356.

Adler R F，Negri A J. 1988. A satellite infrared technique to estimate tropical convective and stratiform
rainfall. J Appl Meteor，27：30-51.

Albers S C，Mcginley J A，Birkenheuer D L，et al. 1996. The local analysis and prediction system
(LAPS)：Analyses of clouds，precipitation，and temperature. Wea Forecasting，11(3)：273-287.

Anderson E，Järvinen H. 1999. Variational quality control. Quarterly Journal of the Royal Meteorological
Society，125(554)：697-722.

Anthes R A. 2000. Applications of COSMIC to Meteorology and Climate. Terrestrial Atmospheric & O-
ceanic Sciences，11(1)：115-156.

Arkin P A，Meisner B N. 1987. The relationship between large-scale convective rainfall and cold cloud o-
ver the Western Hemisphere during 1982-84. Mon Wea Rev，115：51-74.

Arking A，Lo R C，Rosenfeld A. 1978. A Fourier approach to cloud motion estimation. J Appl Meteor，
17：735-744.

Arnaud Y，Desbois M，Maizi J. 1992. Automatic tracking and characterization of African convective sys-
tems on METEOSAT pictures. J Appl Meteor，31：443-453.

Aspegren H，Bailly C，Mpe A，et al. 2001. Radar based rainfall forecast for sewage systems control.
Water Sci Technol，43：79-86.

Atkinson G D，Holliday C R. 1977. Tropical cyclone minimum sea level pressure/maximum sustained
wind relationship for the Western North Pacific. Monthly Weather Review，105(4)：25.

Atkinson G D. 1971. Investigation of gust factors in tropical cyclones. FLEWEACEN Tech Note JTWC
74，Fleet Weather Center，Guan，9.

Ba M B，Gruber A. 2001. The GOES multispectral rainfall algorithm (GMSRA). J Appl Meteor，40：
1500-1514.

Barcikowska M，Feser F，Von Storch H. 2012. Usability of best track data in climate statistics in the
Western North Pacific. Monthly Weather Review，140(9)：2818-2830.

Behrangi A，Hsu K，Imam B，et al. 2009. Evaluating the utility of multispectral information in delineating the areal extent of precipitation. J Hydrometeor，10：685-700.

Bellerby T J，Hsum K，Sorooshian S. 2009. LMODEL：A satellite precipitation methodology using cloud development modeling. Part I：Algorithm construction and calibration. J Hydrometeor，10：1081-1095.

Bellon A，Kilambi A，Austin G L，et al. 1992. A satellite and radar rainfall observational and forecast system. Preprints，Eighth Interactive Information and Processing Systems for Meteorology，Oceanography，and Hydrology，Atlanta，GA，67-74.

Bennartz R，Thoss A，Dybbroe A，et al. 2002. Precipitation analysis using the advanced microwave sounding unit in support of nowcasting applications. Meteorological Applications，9(2)：177-189.

Bolliger M，Binder P，Rossa A. 2003. Tracking cloud patterns by METEOSAT rapid scan imagery in complex terrain. Meteo Z，12：73-80.

Borgne P L，Legendre G，Marsouin A. 2004. Meteosat and GOES-EAST imager visible channel calibration. J Atmos Oceanic Technol，21：1701-1709.

Bouttier F，Kelly G. 2001. Observing-system experiments in the ECMWF 4D-Var data assimilation system. Quarterly Journal of the Royal Meteorological Society，127(574)：1469-1488.

Brad R，Letia I A. 2002. Extracting cloud motion from satellite image sequences. Proc. Sevetn Int. Conf. on Control. Automation，Robotics and Vision，Singapore，1303-1307.

Brasseur O. 2001. Development and application of a physical approach to estimating wind gusts. Monthly Weather Review，129(1)：5-25.

Braun A，Gordon J M. 2010. Analytic solution for quasi-lambertian radiation transfer. Appl Opt，49(5)：817-822.

Braun S A，Tao W K. 2000. Sensitivity of high-resolution simulations of hurricane Bob (1991) to planetary boundary layer parameterizations. Monthly Weather Review，128(128)：3941.

Bremaud P J，Pointin Y B. 1993. Forecasting heavy rainfall from rain cell motion using radar data. J Hydrol，142：373-389.

Brown R A，Wood V T. 1983. Improved severe storm warnings using Doppler radar. National Weather Digest，8：17-26.

Browning K A，Wexler R. 1968. The determination of Kinematic properties of a wind field using doppler radar. J appl Meteor，7(1)：105-113.

Brutsaert W. 1982. Evaporation into the Atmosphere. Springer Netherlands.

Budd C J，Freitag M A，Nichols N K. 2011. Regularization techniques for ill-posed inverse problems in data assimilation. Computers & Fluids，46(1)：168-173.

Carvalho L，Jones C. 2001. A satellite method to identify structural properties of mesoscale convective systems based on the maximum spatial correlation tracking technique (MASCOTTE). J Appl Meteor，40：1683-1701.

Chan J C L，Shi J E. 1996. Long-term trends and interannual variability in tropical cyclone activity over the western North Pacific. Geophysical Research Letters，23(20)：2765-2767.

Charnock H. 1955. Wind stress on a water surface. Quarterly Journal of the Royal Meteorological Society，81(350)：639-640.

Chen W C，Song L L，Zhi S Q，et al. 2011. Analysis on gust factor of tropical cyclone strong wind over different underlying surfaces. Sci China Technol Sci，54(10)：2576-2586.

Chen X，Zhao K，Lee W C，et al. 2013. The improvement to the environmental wind and tropical cyclone circulation retrievals with the modified GBVTD (MGBVTD) technique. Journal of Applied Meteorology & Climatology，52(11)：2493-2508.

Cheng M，Brown R，Collier C G. 1993. Delineation of precipitation areas using Meteosat infrared and visible data in the region of the United Kingdom. J Appl Meteor，32：884-898.

Chiang W，Hung W C，Cheng K S. 2006. A multispectral spatial convolution approach of rainfall forecasting using weather satellite imagery. Adv Atmos Res，37：747-753.

Choi E C. 1983. Windloading in Hong Kong：Commentary on the code of practice on wind effects Hong Kong. Hong Kong Inst Eng，23-25.

Christopher S A，Zhang J. 2002. Daytime variation of shortwave direct radiative forcing of biomass burning aerosols from GOES-8 imager. J Atmos Sci，59：681-691.

Crosby D S，Ferraro R R，Wu H. 2010. Estimating the probability of rain in an SSM/I FOV using logistic regression. Journal of Applied Meteorology，34(11)：2476-2480.

Crosson W L，Duchon C E，Raghavan R，et al. 1996. Assessment of rainfall estimates using a standard Z-R relationship and the probability matching method applied to composite radar data in central Florida. J Appl Meteor，35：1203-1219.

Cucurull L，Derber J C. 2008. Operational implementation of COSMIC observations into NCEP's global data assimilation system. Weather & Forecasting，23(4)：400-424.

Davis F K，Newstein H. 2010. The variation of gust factors with mean wind speed and with height. Journal of Applied Meteorology，7(3)：372-378.

Demaria M，Aberson S D，Ooyama K V，et al. 2009. A nested spectral model for hurricane track forecasting. Monthly Weather Review，120(8)：1628-1643.

Dixon M，Wiener G. 1993. TITAN：Thunderstorm identification，tracking，analysis，and nowcasting，a radar-based methodology. J Atmos Oceanic Technol.，10：785-797.

Donaldson R J J. 1991. A proposed technique for diagnosis by radar of hurricane structure. Journal of Applied Meteorology，30(30)：1636-1645.

Donaldson R J J，Harris F I. 2009. Estimation by doppler radar of curvature，diffluence，and shear in cyclonic flow. Journal of Atmospheric & Oceanic Technology，6(1)：26-35.

Donelan M A，Haus B K，Reul N，et al. 2004. On the limiting aerodynamic roughness of the ocean in very strong winds. Geophysical Research Letters，31(18)：355-366.

Dvorak V F. 1975. Tropical cyclone intensity analysis and forecasting from satellite imagery. Mon Weather Rev，103：420-430.

Dvorak V F. 1984. Tropical cyclone intensity analysis using satellite data. Noaa Tech Rep，11.

Emanuel K A. 1986. An air-sea interaction theory for tropical cyclones. Part I：Steady-State Maintenance. Journal of the Atmospheric Sciences，43(6)：585-605.

Emanuel K A. 1995. Sensitivity of tropical cyclones to surface exchange coefficients and a revised steady-state model incorporating eye dynamics. Journal of the Atmospheric Sciences，52(22)：3969-3976.

Emanuel K A. 2000. Statistical analysis of tropical cyclone intensity. Monthly Weather Review，128(4)：1139-1152.

Emanuel K A. 2005. Increasing destructiveness of tropical cyclones over the past 30 years. Nature，436：686-688.

English S J，Renshaw R J，Dibben P C，et al. 2000. A comparison of the impact of TOVS arid ATOVS satellite sounding data on the accuracy of numerical weather forecasts. Quarterly Journal of the Royal Meteorological Society, 126(569): 2911-2931.

Fairall C W, Bradley E F, Hare J E, et al. 2003. Bulk parameterization of air sea fluxes: Updates and verification for the COARE algorithm. Journal of Climate, 16(4): 571-591.

Ferraro R R. 1997. Special sensor microwave imager derived global rainfall estimates for climatological applications. J Geophys Res, 102: 16715-16735.

Ferraro R R, Li Q. 2002. Detailed analysis of the error associated with the rainfall retrieved by the NO-AA/NESDIS Special Sensor Microwave/Imager algorithm. 2. Rainfall over land. J Geophys Res, 107: 4680.

Firard D. 1987. A fast monte Carlo cross-validation procedure for large least-squares problems with noisy data. Technical Report, IMAG, France.

Fjeldbo G, Kliore A J, Eshleman V R. 1971. The neutral atmosphere of Venus as studied with the Mariner V radio occultation experiments. Astronomical Journal, 76: 123-140.

Flay R G J, Stevenson D C. 1984. Integral length scales in strong winds below 20 m. Journal of Wind Engineering & Industrial Aerodynamics, 28(1-3): 21-30.

Fletcher R, Johannessen K. 2013. Maximum hurricane surface-wind computation with typhoon-environment data measured by aircraft. J Appl Meteor, 4: 457-462.

Floris C, Iseppi L D. 1998. The peak factor for gust loading: A review and some new proposals. Meccanica, 33(3): 319-330.

Fortner L E. 1958. Typhoon Sarah. Bull Am Meteorol Soc, 39: 635-639.

Foster R C. 2004. Why rolls are prevalent in the hurricane boundary layer. Journal of the Atmospheric Sciences, 62(8).

French J R, Drennan W M, Zhang J A, et al. 2007. Turbulent fluxes in the hurricane boundary layer, Part I: Momentum flux. J Atmos Sci, 64(4): 1089-1102.

Fu J Y, Li Q S, Wu J R, et al. 2008. Field measurements of boundary layer wind characteristics and wind-induced responses of super-tall buildings. J Wind Eng Ind Aerod, 96(8): 1332-1338.

Fujita T. 1952. Pressure distribution in a typhoon. Geophys Mag, 23: 437-451.

Gao J D, Xue M. Brewster K, et al. 2004. A three dimensional variational data analysis method with recursive filter for Doppler radars. J Atmos Oceanic Technol, 21(3): 457-469.

Garg R K, Lou J X, Kasperski M. 1997. Some features of modeling spectral characteristics of flow in boundary layer wind tunnels. J Wind Eng Ind Aerod, 72(4): 1-12.

Garratt J R. 1977. Review of drag coefficients over oceans and continents. Mon Wea Rev, 105(7): 915-929.

Gourley J J, Hong Y, Li L, et al. 2010. Intercomparison of rainfall estimates from radar, satellite, gauge, and combination for a season of record rainfall. J Appl Meteor CLim, 49: 437-452.

Goyette S, Brasseur O, Beniston M. 2003. Application of a new wind gust parameterization: Multiscale case studies performed with the Canadian regional climate model. J Geophys Res, 108 (D13): 2433-2433.

GRAS SAF. 2009. The Radio Occultation Processing Package (ROPP) User Guide. Part II: Forward model and 4dVar modules. SAF GRAS/METO/UG ROPP/003, Version 4. 0.

Griffith C G, Woodley W L, Gruber P G, et al. 1979. Rain estimation from geosynchronous satellite data-visible and infrared studies. Mon Wea Rev, 106: 1153-1171.

Guard C，Lander M A. 1996. A wind-pressure relationship for midget TCs in the western North Pacific，In 1996 Annual Tropical Cyclone Report. Naval Pacific Meteorology and Oceanography Center Joint Typhoon Center，Section 7. 9.

Guard C P，Carr L E，Wells F H，et al. 1992. Joint typhoon warning center and the challenges of multi-basin tropical cyclone forecasting. Wea Forecasting，7(2)：328-352.

Haan F L，Sarkar P P，Spencer-Berger N J. 2006. Development of an active gust generation mechanism on a wind tunnel for wind engineering and industrial aerodynamics applications. Wind and Structures，9(5)：369-386.

Hamill T M，Bedka K M. 2006. Forecasting convective initiation by monitoring the evolution of moving cumulus in daytime GOES imagery. Mon Wea Rev，134：49-78.

Handwerker J. 2002. Cell tracking with TRACE3D-a new algorithm. Atmos Res，61：15-34.

Harasti P R. 2003. The hurricane volume velocity processing method. Preprints. 31st Conf on Radar Meteorology. Scattle. WA. Amer Meteor Soc，1008-1011.

Harasti P R，List R. 2001. The hurricane-customized extension of the VAD (HEVAD) method. Wind field estimation in the planetary boundary layer of hurricanes. Preprints. 30thConl on Radar Meteorology. Munich，Germany，Amer Meteor Soc，463-465.

Harasti P R，List R. 2005. Principal component analysis of doppler radar data. Part I：Geometric connections between eigenvectors and the core region of atmospheric vortices. J Atmos Sc，62(11)：4027-4042.

Harasti P R，Lee W C，Bell M. 2007. Real-time implementation of VORTRAC at the National Hurricane Center. 33rd Conference on Radar Meteorology，Cairns，Australia，6-10 August 2007，Amer. Meteor. Soc.，4.

Harikrishna P，Shanmugasundaram J，Gomathinayagam S，et al. 1999. Analytical and experimental studies on the gust response of a 52-m tall steel lattice tower under wind loading. Comput Struct，70(2)：149-160.

Harstveit K. 1996. Full scale measurements of gust factors and turbulence intensity，and their relations in hilly terrain. J Wind Eng Ind Aerod，61(2)：195-205.

Healy S B，Thépaut J N. 2006. Assimilation experiments with CHAMP GPS radio occultation measurements. Quart J Roy Meteo Soc，132(615)：605-623.

Healy S B，Eyre J R，Hamrud M，et al. 2007. Assimilating GPS radio occultation measurements with two-dimensional bending angle observation operators. Quart J Roy Meteor Soc，133(626)：1213-1227.

Hock T F，Franklin J L. 1999. The NCAR GPS Dropwindsonde. Bull Amer Meteor Soc，80(3)：407-420.

Hojstrup J. A. 1993. A statistical data screening procedure. Meas Sci Technol，4(2)：153-153.

Holland G J. 1980. An analytic model of the wind and pressure profiles in hurricanes. Mon Wea Rev，108(8)：1212-1218.

Hong Y，Hsu K，Soorooshian S，et al. 2004. Precipitation estimation from remotely sensed imagery using an artificial neural network cloud classification system. J Appl Meteor，43：1834-1852.

Hsu K，Bellerby T J，Sorooshian S. 2009. LMODEL：A satellite precipitation methodology using cloud development modeling. Part Ⅱ：Validation J Hydrometeor，10：1096-1108.

Hsu K，Gupta H V，Gao X，et al. 1999. Estimation of physical variables from multichannel remotely sensed imagery using a neural network: Application to rainfall estimation. Water Resour Res, 35: 1605-1618.

Hu M, Xue M, Brewster K. 2004. 3DVAR and cloud analysis with WSR-88D level-Ⅱ data for the prediction of the Fort Worth, Texas, Tornadic Thunderstorms. Part I: Cloud Analysis and Its Impact. Mon Wea Rev, 134(2): 699-721.

Huang C Y, Kuo Y H, Chen S H, et al. 2005. Improvements in typhoon forecasts with assimilated GPS occultation refractivity. Wea Forecasting, 20: 931-953.

Huffman G J, Adler R F, Rudolf B, et al. 1995. Global precipitation estimates based on a technique for combining satellite-based estimates, rain gauge analysis, and NWP model precipitation information. J Climate, 8: 1284-1295.

Huffman G J, Adler R F, Morrissey M M, et al. 2001. Global precipitation at one-degree daily resolution from multisatellite observations. J hydrometeor, 2: 36-50.

Hui M C H, Larsen A, Xiang H F. 2009. Wind turbulence characteristics study at the Stonecutters Bridge site: Part I—Mean wind and turbulence intensities. J Wind Eng Ind Aerod, 97(1): 22-36.

Ingleby N B, Lorenc A C. 1993. Bayesian quality control using multivariate normal distributions. Quart J Roy Meteor Soc, 119: 1195-1225.

Jay M L, Mohr C G, Weinheimer A J. 2009. The simple rectification to cartesian space of folded radial velocities from doppler radar sampling. J Atmos Oceanic Technol, 3(1): 162-174.

Johnson C, Nichols N K, Hoskins B J. 2000. Very large inverse problems in atmosphere and ocean modelling. Int J Numer Methods Fluids, 47: 759-771.

Johnson C, Nichols N, Nichols N K. 2005. A singular vector perspective of 4D-Var: Filtering and interpolation. Quart J Roy Meteor Soc, 131: 1-19.

Jordan C L. 1985. Estimation of surface central pressure in tropical cyclones form aircraft observations. Bull Amer Meteor Soc, 39: 345-352.

Jou B J D, Lee W C, Liu S P, et al. 2008. Generalized VTD retrieval of atmospheric vortex kinematic structure. Part I: Formulation and error analysis. Mon Wea Rev, 136(3): 995-1012.

Kaimal J C, Finnigan J J. 1994. Atmospheric Boundary Layer Flows-their Structure and Measurement (chapter 7). Oxford: Oxford University Press.

Kamahori H, Yamazaki N, Mannoji N, et al. 2006. Variability in intense tropical cyclone days in the Western North Pacific. SOLA, 2(1): 104-107.

Katja F, Kingsmill D E, Young C R. 2005. Misocyclone characteristics along florida gust fronts during CAPE. Monthly Weather Review, 133(11): 3345-3367.

Katsaros K B, Vachon P W, Black P G, et al. 2000. Wind fields from SAR: Could they improve our understanding of storm dynamics. Johns Hopkins Apl Tech Dig, 21(1): 86-93.

Katsaros K B, Vachon P W, Liu W T, et al. 2002. Microwave remote sensing of tropical cyclones from space. J Oceanogr, 58(1): 137-151.

Kelly G. 1997. Impact of observations on the operational ECMWF system. Igls, Austria: Tech Proc 9th International TOVS Study Conference.

Kessler E. 1969. On the distribution and continuity of water substance in atmospheric circulations. Meteor Monogr, 32: 1-84.

Kevin K. 2006. Observational analysis of a gust front to bore to solitary wave transition within an evolving nocturnal boundary layer. J Atmos Sci, 63(8): 2016-2035.

Kidd C，Kniveton D R，Todd M C，et al. 2003. Satellite rainfall estimation using combined passive microwave and infrared algorithms. J Hydrometeor，4：1088-1104.

King P W S，Hogg W D，Arkin P A. 1995. The role of visible data in improving satellite rain-rate estimates. J Appl Meteor，34：1608-1621.

King M D，Platnick S，Yang P，et al. 2004. Remote sensing of liquid water and ice cloud optical thickness and effective radius in the Arctic：Application of airborne multispectral NASA data. J Atmos Oceanic Technol，21：857-875.

Knaff J A，Zehr R M. 2007. Reexamination of tropical cyclone wind pressure relationships. Wea Forecasting，22(1)：71-88.

Knapp K R. 2008. Calibration assessment of ISCCP geostationary infrared observations using HIRS. J Atmos Oceanic Technol，25：183-195.

Knapp K R，Vonder Haar T H. 2000. Calibration of the eighth geostationary observational environmental satellite (GOES-8) imager visible sensor. J Atmos Oceanic Technol，17：1639-1644.

Knapp K，Kruk M，Levinson D，et al. 2010. The international best track archive for climate stewardsinp(IBTrACS. Bull Amer Meteor Soc，91(3)：365-376.

Koba H，Hagiwara T，Osano S，et al. 1991. Relationship between CI number and minimum sea level Pressure maximum wind speed of tropical cyclones. Geophys Mag，44：15-25.

Kobayashi H，Hatanaka A，Ueda T. 1994. Active simulation of time histories of strong wind gust in a wind tunnel. J Wind Eng Ind Aerod，53(3)：315-330.

Koscielny A J，Doviak R J，Rabin R. 1982. Statistical considerations in the estimation of divergence from single-doppler radar and application to prestorm boundary-layer observations. J Appl Meteor，21(2)：197-210.

Kriebel K，Amann V. 1993. Vicarious calibration of the Meteosat visible channel. J Atmos Oceanic Technol.，10：225-232.

Kruk M C，Knapp K R，Levinson D H，et al. 2008. National Climatic Data Center Global Tropical Cyclone Stewardwhip. Orlando，FL：28th Conference on Hurricanes and Tropical Meteorology，28 April-2 May 2008.

Kuligowski R J. 2002. A self-calibrating real-time GOES rainfall algorithm for short-term rainfall estimates. J Hydrometeor，3：112-130.

Kummerow C D，et al. 2001. The evolution of the goddard profiling algorithm (GPROF) for rainfall estimation from passive microwave sensors. J Appl Meteor，40：1801-1820.

Kummerow C D，Olson W S，Giglio L. 1996. A simplified scheme for obtaining precipitation and vertical hydrometeor profiles from passive microwave sensors. IEEE Trans Geosci Remote Sens，34：1213-1232.

Kuo Y H，Zou X，Huang W. 1998. The impact of Global Positioning System data on the prediction of an extratropical cyclone：an observing system simulation experiment. J Dyn Atmos Ocean，27：439-470.

Kuo Y H，Sokolovskiy S，Anthes R，et al. 2000. Assimilation of GPS radio occultation data for numerical weather prediction. Terr Atmos Ocean Sci，11(1)：157-186.

Kuo Y H，Wee T K，Sokolovskiy S，et al. 2004. Inversion and error estimation of GPS radio occultation data. J Meteor Soc Japan，82：507-531.

Kursinski E R，Hajj G A，Bertiger W I，et al. 1996. Initial results of radio occultation observations of

Earth's atmosphere using the global positioning system. Science, 271: 1107-1110.

Kursinski E R, Hajj G A, Schofield J T, et al. 1997. Observing Earth's atmosphere with radio occultation measurements using the Global Positioning System. J Geophys Res, 102: 23429-23465.

Lander M A, Guard C P. 2006. The urgent need for a analysis of western North Pacific tropical cyclones Monterey, California; 27th Conference on Hurricanes and Tropical Meteorology, 24-28 April 2006.

Large W G, Pond S. 1981. Open ocean momentum flux measurements in moderate to strong winds. J Phys Oceanogr, 11(3): 324-336.

Lee W C, Marks F D. 2000. Tropical cyclone kinematic structure retrieved from single-doppler radar observations. Part II: The GBVTD-Simplex Center Finding Algorithm. Mon Wea Rev, 128(6): 1925-1936.

Lee W C, Wurman J. 2005. Diagnosed three-dimensional axisymmetric structure of the mulhall tornado on 3 May 1999. J Atmos Sci, 62(7): 2373-2393.

Lee W C, Bell M M. 2007. Rapid intensification, eyewall contraction, and breakdown of Hurricane Charley (2004) near landfall. Geophys Res Lett, 34(2): L02802.

Lee W C, Jou B J D, Chang P L, et al. 1999. Tropical cyclone kinematic structure retrieved from single-doppler radar observations. Part Ⅰ: Interpretation of doppler velocity patterns and the GBVID technique. Mon Wea Rev, 127: 2419-2439.

Lee W C, Jou B J D, Chang P L, et al. 2000. Tropical Cyclone Kinematic Structure Retrieved from Single-Doppler Radar Observations. Part III: Evolution and Structures of Typhoon Alex (1987). Mon Wea Rev, 128: 3982-4001.

Lensky I M, Rosenfeld D. 2003. A night rain delineation algorithm for infrared satellite data based on microphysical considerations. J Appl Meteor, 42: 1218-1226.

Lensky I M, Rosenfeld D. 2008. Cloud-aerosols-precipitation satellite analysis tool (CAPSAT). Atmos Chem Phys, 8: 6739-6753.

Lesse J A, Novak C S, Taylor V R. 1971. An automated technique for obtaining cloud motion from geosynchronous satellite data using cross correlation. J Appl Meteor, 10: 118-132.

Lethbridge M. 1967. Precipitation probability and satellite radiation data. Mon Wea Rev, 95: 487-490.

Leung Y K, Wu M C, Yeung K K. 2007. Recent decline in typhoon activity in the South China Sea, Hong Kong: International Conference on Climate Change, Hong Kong, China, 29-31 May 2007.

Li Z. 1998. Estimation of cloud motion using cross-correlation. Adv Atmos Sci, 15: 277-282.

Li Y, Navon I M, Moorthi S, et al. 1991. The 2-D semi-implicit semi-Lagrangrian global model: Direct slover, vectorization and adjoint model development, Tech Rep. FSUSCRI, 56.

Li Y C, Lo W K, Meng H M, et al. 2000a. Query expansion using phonetic confusions for Chinese spoken document retrieval. In Proceeding of the fifth International Workshop on on Information Retrieval with Asian Languages, 2000: 89-93. ACM

Li J, Wolf W W, Menzel W P, et al. 2000b. Global soundings of the atmosphere from ATOVS measurements: The Algorithm and Validation. J Appl Metcor, 39: 1248-1268.

Li X, Ming J, Wang Y, et al. 2013. Assimilation of T-TREC-retrieved wind data with WRF 3DVAR for the short-term forecasting of typhoon Meranti (2010) near landfall. Geophys Res Lett, 118(10): 361-375.

Li Q S, Xiao Y Q, Wong C K, et al. 2004a. Field measurements of typhoon effects on a super tall building. Eng Struct, 26(2): 233-244.

Li J, Huang H, Liu C, et al. 2004b. Retrieval of cloud microphysical properties from MODIS and AIRS. J Appl Meteor, 44: 1526-1543.

Liang X, Wang B, Chan J C, et al. 2007. Tropical cyclone forecasting with model-constrained 3D-Var. I: Description. Quart J Roy Meteor Soc, 133(622): 147-153.

Lin P, Tseng C. 1994. The application of GMS digital image data to cloud analysis. Atmos Sci, 22: 319-337.

Liou Y C, Wang T C C, Lee W C, et al. 2006. The retrieval of asymmetric tropical cyclone structures using doppler radar simulations and observations with the extended GBVTD technique. Mon Wea Rev, 134(4): 1140-1160.

Liu G R, Chao C C, Ho C Y. 2008. Appling satellite-estimated storm rotation speed to improve typhoon rainfall potential technique. Wea Forecasting, 23: 259-269.

Liu H, Zou X, Shao H, et al. 2001. Impact of 837 GPS/MET bending angle profiles on assimilation and forecasts for the period June 20-30, 1995. J Geo Res, 106(31): 771-786.

Liu D H, Song L L, Li G P, et al. 2011. Chatacteristic of the offshore extreme wind load parameters for wind turbines during strong typhoon Hagupit. J Trop Meteor, 17(4): 400-408.

Lorenc A C. 1986. Analysis methods for numerical weather prediction. Quart J Roy Meteor Soc, 112 (474): 1177-1194.

Lorsolo S, Schroeder J L, Dodge P, et al. 2008. An observational study of hurricane boundary layer small-scale coherent structures. Mon Wea Rev, 136(8): 2871-2893.

Lovejoy S, Austin G L. 1979. The delineation of rain areas from visible and infrared satellite data for GATE and mid-latitudes. Atmos Ocean, 17: 1048-1054.

Low-Nam S, Davis C. 2001. Development of a Tropical Cyclone Bogussing Scheme for the MM5 system. Preprints of the Eleventh PSU NCAR Mesoscale Model Users Workshop. Boulder, Colorado: 130-131.

Lubeck O M, Shewchuk I D. 1980. Tropical cyclone minimum sea level pressure maximum sustained wind relationship. NOCC JYWC 80-1, USNOCC, JTWC.

Lumley J L, Panofskv H A. 1961. The Structure of Atmospheric Turbulence. New York: Wiley

Luque A, Gomez I, Manso M. 2006. Convective rainfall rate multi-channel algorithm for Meteosat-7 and radar derived calibration matrices. Atmosfera, 19: 145-168.

Mallen K J, Montgomery M T, Wang B. 2005. Reexamining the near-core radial structure of the tropical cyclone primary circulation: Implications for vortex resiliency. J Atmos Sci, 62(2): 408-425.

Marsden D, Valero F P J. 2004. Observation of water vapor greenhouse absorption overt the Gulf of Mexico using aircraft and satellite data. J Atmos Sci, 61: 745-753.

Masters F J, Tieleman H W, Balderrama J A. 2010. Surface wind measurements in three Gulf Coast hurricanes of 2005. Journal of Wind Engineering & Industrial Aerodynamics, 98(10): 533-547.

McCollum J R, Ferraro R R. 2003. Next generation of NOAA/NESDIS TMI, SSM/I, and AMSR-E microwave land rainfall algorithm. J Geophys Res, 108: 8382.

Mecikalski J R, Bedka K M. 2006. Forecasting convective initiation by monitoring the evolution of moving cumulus in daytime GOES imagery. Mon We Rev, 134: 49-78.

MeGinley J A. 1995. Opportunities for high resolution data analysis, prediction, and product dissemination within the local weather office. In preprints, 14th Conf. on Weather Analysis and Forecasting, Dallas. TX, Amer. Meteor. Soc: 478-485.

MeKnown R. Collaborations. 1952. Fifth annual report of the typhoon post analysis board. Andersen Air Force Base, Goam M. I.

Melbourne W, Davis E, Duncan C, et al. 1994. The application of spaceborne GPS to atmospheric limb sounding and global change monitoring. Publication 94-18, Jet Propulsion Laboratory. Pasadena. Calif.

Merrill R T. 1984. A comparison of large and small tropical cyclones. Mon Wea Rev, 112 (7): 1408-1418.

Miller S W, Arkin P A, Joyce R. 2001. A combined microwave/infrared rain rate algorithm. Int J Remote Sens, 22: 3285-3307.

Minnis P, Harrion E F. 1984. Diurnal variability of regional cloud and clear-sky radiative parameters derived from GOES data. 1. Analysis method. J Climate Appl Meteol, 23: 993-1011.

Minnis P, Doelling D R, Nguyen L, et al. 2000. Assessment of the visible channel calibrations of the VIRS on TRMM and MODIS on Aqua and Terra. J Atmos Oceanic Technol, 25: 385-400.

Mitsuta Y, Tsukamoto O. 1989. Studies on spatial structure of wind gust. J Appl Meteor, 28(11): 1155-1160.

Miyata T, Yamada H, Katsuchi H, et al. 2002. Full-scale measurement of Akashi-Kaikyo Bridge during typhoon. J Wind Eng Ind Aerod, 90(12-15): 1517-1527.

Morel C, Senesi S. 2002. A climatology of mesoscale convective systems over Europe using satellite infrared imagery. I: Methodology. Quart J Roy Meteor Soc, 128: 1953-1971.

Morrison I, Businger S, Marks F, et al. 2005. An observational case for the prevalence of roll vortices in the hurricane boundary layer. J Atmos Sci, 62(8): 2662-2673.

Morrissey M L, Janowiak J E. 1996. Sampling-induced conditional biases in satellite climate-scale rainfall estimates. J Appl Meteor., 35: 541-548.

Murnane R J. 2004. Hurricane and Typhoons: Past, Present, and Future. New York City: Columing University Press.

Naess A, Clausen P H, Sandvik R. 2000. Gust factors for locations downstream of steep mountain ridge. J Wind Eng Ind Aerod, 87(2): 131-146.

Nakajima T, King M D. 1990. Determination of theoretical thickness and effective particle radius of clouds from reflected solar radiation measurements. Part I: Theory. J Atmos Sci, 47: 1878-1893.

Nauss T, Kokhanovsky A A. 2006. Discriminating raining from non-raining clouds at mid-latitudes using multispectral satellite data. Atmos Chem Phys Discuss, 6: 1385-1398.

Nolan D S. 2005, Instabilities in hurricane-like boundary layers. Dyn Atmos Oceans, 40(3): 209-236.

Olander T, Velden C, Truk M. 2002. Development of the advanced objective Dvorak technique(AODT)-current progress and future directions. 25th Conf. On Hurricane and Trop. Meteorology. Amer Meteor Soc, 585-586.

Olson W S, et al. 2006. Precipitation and latent heating distributions from satellite passive microwave radiometry. Part I: Improved method and uncertainties. J Appl Meteor Clim, 45: 702-720.

Ooyama K V. 1969. Numerical simulation of the life cycle of tropical cyclones. J Atmos Sci, 26(1): 3-40.

Ott S. 2006. Extreme wnds in the western North Pacific. Riso National Laboratory report Riso-R-1544 (EN), 37pp. www. ascanwind. cu.

Pang J B, Ge Y J, Lu Y. 2002. Analysis Methods for Integral Length of Turbulence. Proceeeding of the 2nd International Syposium on Advances in Wind and Structures, Korea: Techno Press.

Platnick S, Li J Y, King M D, et al. 2001. A solar reflectance method for retrieving the operational thickness and droplet size of liquid water clouds over snow and ice surfaces. J Geophys Res, 106: 15185-15199.

Powell M D, Vickery P J, Reinhold T A. 2003. Reduced drag coefficient for high wind speeds in tropical cyclones. Nature, 422(6929): 279-283.

Pu Z, Li X, Sun J. 2009. Impact of airborne Doppler radar data assimilation on the numerical simulation of intensity changes of Hurricane Dennis near a landfall. J Atmos Sci, 66(11): 3351-3365.

Raisanen P. 1998. Effective longwave cloud fraction and maxmum random overlap clouds- a problem and a solution. Mon Wea Rev, 126: 3336-3340.

Rappaport E N, Franklin J L, Avila L A, et al. 2009. Advances and challenges at the national hurricane center. Wea Forecasting, 24(2): 395-419.

Remine G S, Wilhelmson R B. 2006. Finescale spiral band features within a numerical simulation of hurricane Opal(1995). Mon Wea Rev, 134(4): 1121-1139.

Ricchiazzi P, Yang S, Gautier C, et al. 1998. SBDART: A research and teaching software tool for plane-parallel radiative transfer in the Earth's atmosphere. Bull Amer Meteor Soc, 79: 2001-2114.

Rinehart R, Garvey E. 1978. Internal storm motions determined from radar reflectivity factor data. In Conference on Radar Meteorology, 18 th, Atlanta, Ga: 511-514.

Rocken C, Anthes R, Exner M, et al. 1997. Analysis and validation of GPS MET data in the neutral atmosphere. J Geophys Res, 102: 29849-29866.

Rogers R R, Yau M K. 1989. A Short Course in Cloud Physics. Oxford: Pergamon Press: 293.

Rosenfeld D. 2000. Suppression of rain and snow by urban and industrial air pollution. Science, 287: 1792-1796.

Rosenfeld D, Gutman G. 1994. Retrieving microphysical properties near the tops of potential rain clouds by multispectral analysis of AVHRR data. J Atmos Res, 34: 259-283.

Rosenfeld D, Lensky I M. 1998. Satellite-based insights into precipitation formation processes in continental and maritime convective clouds. Bull Amer Meteor Soc, 79: 2457-2476.

Rosenthal S L. 1971. The response of a tropical cyclone model to variations in boundary layer parameters, initial conditions, lateral boundary conditions and domain size. Mon Wea Rev, 99(10): 767-777.

Roux F, Marks F D. 1996. Extended velocity track display(EVTD). An improved processing method for Doppler radar observations of tropical cyclones. J Atmos Oceanic Technol, 13(40): 875-899.

Rueger J. 2002. Refractive Index Formulae for Electronic Distance Measurement with Radio and Millimetre Waves. Unisury Report S-68, School of Surveying and Information Systems, University of New South Wales.

Schmetz J, Holmlund K, Hoffman J, et al. 1993. Operational cloud-motion winds from Meteosat infrared imageries. J Appl Meteor, 32: 1206-1225.

Schroeder, Smith D A. 2003. Hurricane Bonnie wind flow characteristics as determined from WEMITE. J Wind Eng Ind Aerod, 91(6): 767-789.

Schroeder J L, Smith D A, Peterson R E. 1998. Variation of turbulence intensities and integral scales during the passage of a hurricane. J Wind Eng Ind Aerod, 77: 65-72.

Schroeder J L, Conder M R, Howard J R. 2002. Additional Insights into Hurricane Gust Factors. San Diego: 25th Conference on Hurricanes and Tropical Meteorology. SanDiego. CA. Amer Meteor Soc,

P1. 25.

Scofield R A. 1987. The NESDIS operational convective precipitation-estimation technique. Mon Wea Rev, 115: 1773-1792.

Seay D N. 1964. Annual Typhoon Report 1963. Fleet Weather Central. Joint Typhoon Warning Center. Guam M. L: 210.

Sharma R N, Richards P J. 1999. A RE-Examination of the characteristics of tropical cyclone winds. J Wind Eng Ind Aerod, 83(1): 21-33.

Shewchuk J D, Weir R C. 1980. An evaluation of the Dvorak technique for estimating tropical cyclone intensity from satellite imagery. NOCC/ JTWC 80-2, USNOCC, JTWC.

Shiau B S. 2000. Velocity spectra and turbulence statistics at the northeastern coast of Taiwan under high-wind conditions. J Wind Eng Ind Aerod, 88(2-3): 139-151.

Singh A P, Mohanty U C, Sinha P, et al. 2007. Influence of different lang surface processes on Indian summer monsoon circulation. Nat Hazards, 42(2): 423-438.

Smedman A S, Larsen X G, Hogstorm U, et al. 2003. Effect of sea state on the momentum exchange over the sea during neutral conditions. J Geophys Res, 108(C11): 31. 1-31. 13.

Smith Jr, Myers C G, Orville H D. 1975. Radar Reflectivity Factor Calculations in Numerical Cloud Models Using Bulk Parameterization of Precipitation. J Appl Meteor, 14(6): 1156-1165.

Soman V V, Valdes J B, North G. 1995. Satellite sampling and the diurnal cycle statistics of Darwin rainfall data. J Appl Meteor, 34: 2481-2490.

Song L L, Pang J B, Jiang C L, et al. 2010. Field measurement and analysis of turbulence coherence for Typhoon Nuri at Macao friendship bridge. Science China Technological Science, 53 (10): 2647-2657.

Song L L, Li Q S, Chen W C, et al. 2012. Wind characteristics of a strong typhoon in marine surface boundary layer. Wind and Structures, 15(1): 1-14.

Stout J E, Martin D W, Sikdar D H. 1979. Estimating GATE rainfall with geosynchronous satellite images. Mon Wea Rev, 107: 585-598.

Subbaramayya I, Fujiwhara S. 2007. A note on the relationship between maximum surface wind and central pressure in tropical cyclones in Western North Pacific. J Meteor Soc Japan, 57: 358-360.

Takahashi K. 1939. Distribution of pressure and wind in a typhoon. J Meteor Soc Japan, 17: 417-421.

Takahashi K. 1952. Techniques of the typhoon forecast. Geophys Msg, 24: 1-8.

Talagrand O. 1999. A posteriori verification of analysis and assimilation algorithms. Proceedings of Workshop on Diagnosis of Data. Assimilation Syatem. ECMWF: 17-28.

Tanamachi R L, Bluestein H B, Lee W C, et al. 2007. Ground-based velocity track display (GBVTD) analysis of W-band Doppler radar data in a tornado near Stockton, Kansas, on 15 May 1999. Mon Wea Rev, 135(3): 783-800.

Tapiador F J, Kidd C, Levizzani V, et al. 2004. A neural networks-based fusion technique to estimate half-hourly rainfall estimates at 0. 10 resolution from satellite passive microwave and infrared data. J Appl Meteor, 43: 576-594.

Todd M C, Kidd C, Kniveton D, et al. 2001. A combined satellite infrared and passive microwave technique to estimation of small-scale rainfall. J Atmos Oceanic Technol, 18: 742-755.

Tong M, Xue M. 2005. Ensemble Kalman filter assimilation of Doppler radar data with a compressible nonhydrostatic model: OSS experiments. Mon Wea Rev, 133(7): 1789-1807.

Tsonis A A, Isaac G A. 1985. On a new approach for instantaneous rain area delineation in the midlatitudes using GOES data. J Climate Appl Meteor, 24: 1208-1218.

Tuttle J D, Gall R. 1999. A single-radar technique for estimating the winds in tropical cyclones. Bull Amer Meteor Soc, 80(4): 653-668.

Velden C, Olander T, Zehr R. 1998. Evaluation of an objective scheme to estimate tropical cyclone intensity from digital geostationary satellite infrared imagery. Wea Forecasting, 13(1): 172-186.

Vicente G A, Scofield R A, Menzel W P. 1998. The operational GOES infrared rainfall estimation technique. Bull Amer Meteor Soc, 79: 1883-1898.

Vickers D, Mahrt L. 1997. Quality control and flux sampling problems for tower and aircraft data. J Atmos Oceanic Technol, 14(3): 512-526.

Vila D A, Machado L A, Laurent H, et al. 2008. Forecast and tracking the evolution of cloud clusters (ForTraCC) using satellite infrared imagery: Methodology and Validation. Wea Forecasting, 23: 233-245.

Wang X. 2011. Application of the WRF hybrid ETKF-3DVAR data assimilation system for hurricane track forecasts. Wea Forecasting, 26(6): 868-884.

Wang C X. 2009. Inversion study of rainfall intensity field at all time during Mei-Yu period by using MTSAT multi-spectral imagery and development of the monitoring platform. Master's thesis, Nanjing University.

Wang Y, Wang B. 2003. The variational assimilation experiment of GPS bending angle. Adv Atmos Sci, 20(3): 479-486.

Wang X, Snyder C, Hamill T M. 2007. On the theoretical equivalence of differently proposed ensemble-3DVAR hybrid analysis schemes. Mon Wea Rev, 135(1): 222-227.

Wang C, Yu F, Zhao Y. 2008a. Inversion study of rainfall intensity field at all time during Mei-Yu period by using MTSAT multi-spectral imagery. Multispectral, Hyperspectral, and Ultraspectral Remote Sensing Technology, Techniques, and Applications II, Larar A M, Lynch M J, Suzuki M, International Society for Optical Engineering (SPIE Proceedings), 7149: 1-12.

Wang X, Barker D M, Snyder C, et al. 2008b. A hybrid ETKF-3DVAR data assimilation scheme for the WRF model. Part I: Observing system simulation experiment. Mon Wea Rev, 136(12): 5116-5131.

Wang X, Barker D M, Snyder C, et al. 2008c. A hybrid ETKF-3DVAR data assimilation scheme for the WRF model. Part II: Real observation experiments. Mon Wea Rev, 136(12): 5132-5147.

Wang B L, Hu F, Cheng X. 2010a. Wind gust and turbulence statistics of typhoons in South China. Acta Meteorologica Sinica, 25(1): 113-127.

Wang M J, Zhao K, Wu D. 2010b. The T-TREC technique for retrieving the winds of landfalling typhoons in China. Acta Meteorologica Sinica, 25(1): 91-103.

Wang M J, Zhao K, Lee W C, et al. 2012. Retrieval of tropical cyclone primary circulation from aliased velocities measured by single-Doppler radar-The gradient velocity track display (GrVTD) technique. J Atmos Oceanic Technol, 29(8): 1026-1041.

Wardah T S, Bakar H A, Bardossy A, et al. 2008. Use of geostationary meteorological satellite imageries in convective rain estimation for flash-flood forecasting. J Hydrol, 356: 283-298.

Ware R, Rocken C, Solheim F, et al. 1996. GPS sounding of the atmosphere from low Earth orbit: Preliminary results. Bull Amer Meteor Soc, 77(1): 19-40.

Warner J. 1970. On steady-state one-dimensional models of cumulus convection. J Atmos Sci, 27(7): 1035-1040.

Weatherford C L. 1989. The structural evolution of typhoons. Colorado: Dept. of Atmospheric science paper 446. Colorado State University.

Wieringa J, DavenPort A G, Grimmond C S B, et al. 2001. New Revision of Davenport Roughness Classification. Eindhoven: Proceedings of the 3rd European and African Conference on Wind Engineering. The Netherlands, 2-6 July, 2001, 285-292.

Willoughby H E. 1995. Mature structure and evolution. Geneva: WMO TD No. 693 Global Perspectives on Tropical Cyclones, R L Elsberry Ed. WMO.

Wolf D E, Hall D J, Endlich R M. 1977. Experiments in automatic cloud tracking using SMS-GOES data. J Appl Meteor, 16: 1219-1230.

Woodley W L, Olsen A R, Herndon A, et al. 1975. Comparison of gauge and radar methods of convective rain measurement. J Appl Meteor, 14: 909-928.

Wu M C, Yeung K H, Chang W L. 2006. Trends in western North Pacific tropical cyclone intensity. Eos Trans, 87(48): 537-548.

Wu L, Wang B, Braun S A. 2008. Implications of tropical cyclone power dissipation index. Int J Climatol, 28(6): 727-731.

Wurman J, Winslow J. 1998. Intense sub-kilometer-scale boundary layer rolls observed in Hurricane Fran. Science, 280(5363): 555-557.

Xiao Q, Kuo Y H, Sun J, et al. 2005. Assimilation of Doppler radar observations with a regional 3DVAR system: Impact of Doppler velocities on forecasts of a heavy rainfall case. J Appl Meteor, 44(6): 768-788.

Xiao Q, Chen L, Zhang X. 2009. Evaluations of BDA scheme using the Advanced Research WRF (ARW) mode. J Appl Meteor, 48(3): 680-689.

Xie P, Arkin P A. 1996. Analyses of global monthly precipitation using rain gauge observations, satellite estimates, and numerical model predictions. J Climate, 9: 840-858.

Xu Y L, Zhan S. 2001. Field measurements of Di Wang tower during typhoon York. J Wind Eng Ind Aerod, 89(1): 73-93.

Xu L, Gao X, Sorooshian S, et al. 1999. A microwave infrared threshold technique to improve the GOES precipitation index. J Appl Meteor, 38: 569-579.

Xue M, Wang D, Gao J, et al. 2003. The Advanced Regional Prediction System (ARPS), storm-scale numerical weather prediction and data assimilation. Meteo Atmos Phys, 82(1): 139-170.

Yan H, Yang S. 2007. A MODIS dual spectral rain algorithm. J Climate Appl Meteor, 46: 1305-1323.

Yeung K H. 2006. Issues related to global warming—Myths, Realities and Warnings. Hong Kong: 5th Conference on Catastrophe in Asia, China. 20-21 June 2006.

Yu F, Liu C. 1998. Improved man-computer interactive classification of clouds on bispectral satellite imagery. Acta Meteorol. Sin., 12: 361-375.

Yu H, Kwon H J. 2005. Effect of TC-trough interaction on the intensity change of two typhoons. Wea Forecasting, 20(2): 199-211.

Yu F, Liu C, Chen W. 1997. Man-computer interactive method on cloud classification based on bispectral satellite imagery. Adv. Atmos. Sci., 14: 389-398.

Yu H, Hu C, Jiang L. 2007. Comparison of three tropical cyclone intensity datasets. Acta Meteorologica Sinica, 21(1): 121-128.

Yu B, Chowdhury A G, Masters F J. 2008. Hurricane wind power spectra, cospectra, and integral length scales. Bound-Layer Meteor，129(3)：411-430.

Zhang J，Carr F. 1998. Moisture and latent heating rate retrieval from radar data. 12th Conf on Numerical Weather prediction. Amer Meteor Soc. Phoenix. AZ：205-208.

Zhang J A，Katsaros K B，Black P G，et al. 2008. Effects of roll vortices on turbulent fluxes in the hurricane boundary layer. Bound-Layer Meteor，128(2)：173-189.

Zhang F，Weng Y，Sippel J A，et al. 2009. Cloud-resolving hurricane initialization and prediction through assimilation of Doppler radar observations with an ensemble Kalman filter. Mon Wea Rev，137(7)：2105-2125.

Zhang C，Yu F，Wang C，et al. 2011a. Three-dimensional extension of the unit-feature spatial classification method for cloud type. Adv Atmos Sci，28：601-611.

Zhang F，Weng Y，Gamache J F，et al. 2011b. Performance of convection-permitting hurricane initialization and prediction during 2008-2010 with ensemble data assimilation of inner-core airborne Doppler radar observations. Geophys ResLett，38：L15810.

Zhao K，Xue M. 2009. Assimilation of coastal Doppler radar data with the ARPS 3DVAR and cloud analysis for the prediction of Hurricane Ike (2008). Geophys Res Lett，36(12).

Zhao K，Lee W C，Jou B J D. 2008. Single Doppler radar observation of the concentric eyewall in Typhoon Saomai，2006，near landfall. Geophys Res Lett，35：L07807.

Zhao K，Xue M，Lee W C. 2012a. Assimilation of GBVTD-retrieved winds from single-Doppler radar for short-term forecasting of super typhoon Saomai (0608) at landfall. Quart J Roy Meteor Soc，138：1055-1071.

Zhao K，Li X，Xue M，et al. 2012b. Short-term forecasting through intermittent assimilation of data from Taiwan and mainland China coastal radars for Typhoon Meranti (2010) at landfall. J Geophys Res，117(D6)：6108.

Zhu W J，Zhao K，Chen X M，et al. 2010. Separation of the environmental wind and typhoon by extended-hurricane volume velocity processing method. Journal of Nanjing University (Natural Science Edition)，3：243-253.

Zhuge X，Yu F. 2009. Retrieval of the daytime pixel-level hourly rain rate using FY-2C's dual-spectral imagery. Adv Water Sci，20：607-613.

Zinner T，Mannstein H，Tafferner A. 2008. Cb-TRAM：Tracking and monitoring severe convection from onset over rapid development to mature phase using multi-channel Meteosat-8 SeVIRI data. Meteor Atmos Phys，101：191-210.

Zou X，Xiao Q. 2010. Studies on the initialization and simulation of a mature hurricane using a variational bogus data assimilation scheme. J Atmos Sci，57(6)：836-860.

Zou X，Kuo Y H，Guo Y R. 1995. Assimilation of atmospheric radio refractivity using a nonhydrostatic mesoscale model. Mon Wen Rev，123：2229-2249.

Zou X，Vandenberghe F，Wang B，et al. 1999. A ray-tracing operator and its adjoint for the use of GPS/MET refraction angle measurements. J Geophys Res，Atmospheres，104：22301-22318.

Zou X，Liu H，Anthes R A. 2002. A statistical estimate of errors in the calculation of radio-occultation bending angles caused by a 2D approximation of ray tracing and the assumption of spherical symmetry of the atmosphere. J Atmos Oceanic Technol.，19：51-64.

Zou X，Wamg B，Liu H，et al. 2006. Use of GPS/MET refraction angles in 3D variational analysis. Quart J Roy Meteor Soc，126(570)：3013-3040.

第 4 章　台风登陆前后路径异常变化

台风中心移动的轨迹就是通常所说的台风路径。在引导气流框架下，可以把台风看成一个点涡，被动地随着大尺度环境气流移动。实际上，只有在科氏参数不变的情形下均匀基本气流中的正压对称涡旋才严格地沿着引导气流运动（Adem and Lezama，1960）。直到 20 世纪 80 年代，在正压和斜压的大气模式研究的基础上，提出了 β 效应引起次级引导气流（secondary steering flow）和 β 漂移的概念。β 漂移与 β 诱生的非对称环流有着密切联系，后者主要表现为一对反向旋转的 β 涡对（β gyres），气旋性的涡旋位于气旋中心的西南方向，而反气旋性的涡旋则位于气旋中心的东北方向，两个涡旋之间的气流称为通风流或次级引导气流。在没有环境气流的情况下，台风在北半球向西北移动（Holland，1983）。21 世纪初，台风的运动被进一步看作位势涡度的传播，即台风运动的位涡趋势（PVT）理论（Wu and Wang，2000，2001a，2001b）。在这个动力学框架下，台风运动不仅受到环境引导气流和次级引导气流的引导，同时像非绝热加热等物理过程也可以直接影响台风运动。

影响我国的台风来自西北太平洋和南海。观测发现，台风在移动过程中有时方向或速度突然改变（陈联寿和丁一汇，1979；Carr and Elsberry，1995），台风路径的异常变化是目前台风业务预报的主要难点之一。例如，与平均台风路径预报误差相比，中央气象台对突然北折路径预报的误差明显偏大，24 小时路径预报误差增加了 26.8%，48 小时路径预报误差增加了 62.8%（倪钟萍等，2013）。近年来，台风异常活动现象已经引起国内外科学家的关注。2011 年 10 月和 2012 年 11 月世界气象组织（WMO）、中国工程院和科技部"台风 973 项目"分别组织了"International Workshop on Tropical Cyclone Unusual Behavior"（厦门）和"International Workshop on Rapid Change Phenomena in Tropical Cyclones"（海口）。

认识台风在移动过程中异常活动发生的机理，是目前国际热带气旋研究领域的热点课题，不仅能够提高我们对台风活动及其与大尺度环境相互作用机理的认识，也是提高我国台风业务预报水平和防台减灾的迫切需要。本章首先分析台风路径异常的气候特征（4.1 节），然后通过观测分析和数值模拟着重研究季风涡旋的特征、与突然北上台风路径的关系，以及季风涡旋与台风相互作用的机理（4.2 节），同时我们还对中尺度对流系统对台风路径的影响（4.3 节）、近海台风与海洋相互作用对台风路径的影响（4.4 节）、中纬度系统对台风路径影响（4.5 节）、三台风相互作用问题（4.6 节）和台风的趋暖运动（4.7 节）等进行研究。

4.1　台风异常路径气候特征

近年来，台风路径预报准确性得到较大提高，24 小时路径预报误差平均已经在 100 km，但是对台风异常路径的预报还有待提高(倪钟萍等，2013)。陈联寿和丁一汇 (1979)从天气学的角度定性地将台风路径分为 8 类，其中把出现频率少的近海北上折向 西北方向、西行进入南海北折和倒抛物线路径定义为异常路径。郑颖青等(2013)利用 K-均值聚类法将西北太平洋台风路径分成 6 类，这些分类实际上是以一个整体台风移 动为基础，结合短时间段内台风路径的变化。此外，台风研究或预报中，常常会把台风 移动短期内的突然变化(包括移动方向和速度)作为台风路径的异常情景。迄今为止，不 管是哪种分类，有关台风异常路径都没有给出一个定量的标准。异常即为少数事件，也 可认为是极端事件，将极端事件定义的方法用于台风异常路径的确定，分析台风移动方 向和移动速度的变化等异常发生的气候特征，进一步加深对台风异常路径的认识。

4.1.1　台风移动方向异常路径的气候特征

本节首先给出台风移动方向异常的定量指标，即台风移动方向变化的阈值，大于该 阈值的台风移动方向变化属极少数事件，作为确定台风异常路径的定量参考。通过其发 生的空间和时间变化，提供台风移动方向异常路径的气候背景。

1. 台风移动方向变化阈值的确定

采用中国气象局(CMA)和上海台风研究所(STI)整编的 CMA-STI 台风及热带气旋 最佳路径数据集，选取 1972～2011 年共计 40 年每 6 小时定位时次的热带气旋位置和强 度资料，用前一定位时次与选定时次热带气旋中心点的连线与纬圈方向的夹角作为选定 时次热带气旋的移动方向(取正东方向为零度，逆时针方向 $0°～360°$)，下一定位时次的 移动方向与该时次的移动方向之差定为热带气旋在该选定时次 12 小时移动方向的变化， 正值表示下一定位时次的台风沿选定时次的台风移动方向的逆时针方向偏转(左偏)，相 应负值表示下一定位时次的台风沿选定时次的台风移动方向的顺时针方向偏转(右偏)。

取近 40 年西北太平洋热带气旋生命史最大强度在热带风暴(TS)及以上的台风为研 究对象，把所有台风所有定位时次的台风移动方向变化数值作为统计样本，将正值和负 值的样本数据分为两大类，即正值为台风移动方向左偏，负值为台风移动方向右偏。将 正值从小到大排序，负值从大到小排序，每间隔 $5°$ 分为一小组，正(负)值以组中大 (小)值标出，$5°(-5°)$ 表示 $0°～5°(-5°～0°)$ 区间，$90°(-90°)$ 以上(下)的样本分为一 组，并标以 $180°(-180°)$。每组中间值正值从小到大排序，负值从大到小排序，给出累 积频率等于 90%、95% 和 99% 的分位数值，这些数值表示不同概率水平下的台风移动 方向变化的阈值，将移动方向变化大于或小于这些阈值的台风路径，作为不同层次的台 风移动方向变化异常路径，或台风路径突变。

计算结果显示，西北太平洋 12 小时的台风移动方向变化区间分别为 $0°～180°$(左偏)和一180°～0°(右偏)。图 4.1 分别是热带气旋顺时针方向和逆时针方向路径偏转的频率分布情况,可见,不论是逆时针方向偏转(左偏)还是顺时针偏转(右偏),偏转角度在5°内的频率最大,表明台风移动方向具有一定的持续性,即有以原来的路径移动之趋势。大部分的热带气旋移向方向变化都在±40°以内。由图 4.2 的累积频率分布可知,累积频率在90%、95%和99%的分位数值见表 4.1,向左偏分别为36°、52°和118°,向右偏分别为一32°、一47°和一106°。

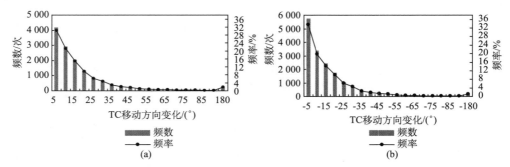

图 4.1　台风 6 小时移动方向左偏和右偏路径频数和频率的分布
(a)左偏;(b)右偏

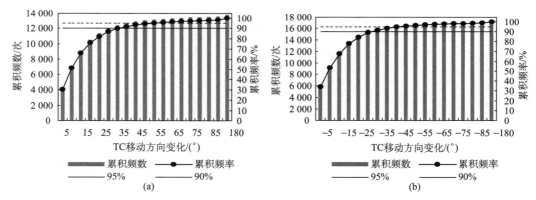

图 4.2　台风 6 小时移动方向左偏和右偏的累积频数和与累积频率分布
(a)左偏;(b)右偏

表 4.1　台风 12 小时移动方向变化不同概率下的百分位数

概率	90%	95%	99%
右偏分位数值	－32	－47	－106
左偏分位数值	36	52	118

2. 台风移动方向异常路径的气候特征

1) 台风移动方向异常发生的空间分布

将定位时次的台风移动方向变化左偏大于 52°(右偏小于 -47°)的定位时次的经纬度所在的 5°×5°网格内定为出现异常左偏(右偏)一次，图 4.3 是 1972～2011 年每 5°×5°网格内出现台风移动方向异常左偏(右偏)的总数，可见，在南海台风移动方向出现大偏转的可能性最大，平均每年出现 1～2 次，该区域的东侧为西北太平洋副热带高压控制，受副高南侧偏东气流转向偏南气流的影响，台风在南海地区最容易发生路径的右偏，如果副高偏西偏弱，与其他系统的相互作用，可能使台风路径发生异常左偏。菲律宾以东洋面上是台风移动方向出现异常偏转的另一海域。当西北太平洋副热带高压偏东偏弱时，台风路径发生偏转很可能发生在该海域。台风路径异常左偏和右偏发生的空间分布特征的原因还需要做进一步的研究。

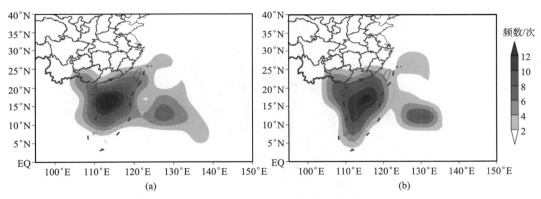

图 4.3　1972～2011 年台风移动方向异常左偏和右偏发生频数的空间分布
(a)左偏；(b)右偏

2) 台风移动方向异常发生的时间变化特征

由图 4.4 可见，不同季节，热带气旋异常路径出现的概率有所差异，以 95% 分位数为台风路径异常的阈值，1972～2011 年这 40 年台风移动方向右偏小于 -47°和左偏大于 52°出现频率的季节变化显示，台风移动方向变化异常出现频数的季节变化与 TC 生成频数的季节变化特征相似，8 月最多；发生的频率是 9 月最高，大于平均 5% 的概率，8 月与 9 月的靠近，4 月发生的概率最低，小于 4%。

统计 1972～2011 年这 40 年每年台风移动方向变化异常的频率(包括左偏和右偏)，可见，1972～1985 年，台风移动方向异常变化的热带气旋频率处于上升趋势，1985～2001 年台风异常路径发生频率的年际变化大，1985 年台风异常路径发生的概率最高，接近 10%，1987 年发生的概率最低，在 2% 左右。从其五年滑动平均趋势可以看出，在这期间异常路径热带气旋频率处于下降趋势，2001 年以后出现的异常路径变少了，2002 年以后该类异常路径 TC 发生频率都低于这 40 年的平均值。热带气旋移动方向异

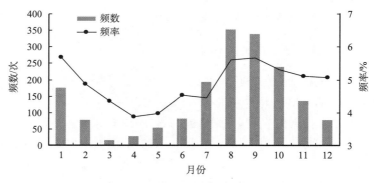

图 4.4　台风移动方向异常频数的季节变化

常发生的年际和年代际演变特征需要做进一步的探讨(图 4.5)。

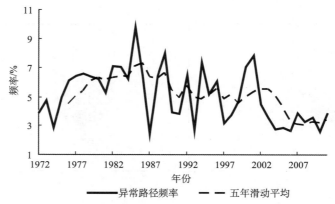

图 4.5　台风移动方向异常路径频率的时间序列(实线)及其五年滑动平均(虚线)

4.1.2　台风移动速度异常路径的气候特征

1. 台风移动速度及其变化阈值的确定

选取 1979～2009 年发生在西北太平洋海域 0°～40°N，100°～140°E 区域内的热带风暴以上强度的 TC 作为研究对象。热带气旋资料为 CMA-STI 每间隔 6 小时定位时次的最佳路径数据集。以选定的定位时次为中心，后(前)一定位时次与选定时次的距离除以 6 小时，得到选定时次(前一时次)的移动速度，选定时次的移动速度与前一定位时次移动速度的平均定义为选定时次的移动速度，该时次的移动速度减去前一时次的移动速度定义为选定时次的移动速度变化。

图 4.6 是热带气旋移动速度的概率分布及累积概率分布。根据计算得知 TC 移速 $\overline{v}_t$ 的变化区间是(0 m/s，21 m/s]，因为 $\overline{v}_t \geq 15$ m/s 的事件极少，所以图 4.6(a)中将 $\overline{v}_t \geq 15$ m/s 全部归类为(14 m/s，15 m/s)一组。将(0 m/s，15 m/s)区间内的数值以 1 m/s

为间隔等距分为 15 组。由图 4.6(a)可见，TC 移速$\overline{v}_t$最大频数分布在(4 m/s, 5 m/s)区间内，整体偏左一侧，为非正态分布，表明 TC 移速$\overline{v}_t$多在 10 m/s 以下。由图 4.6(b)可知，1979～2009 年 TC 移速累积概率达 95%(5%)分位数的阈值。约为 10.8 m/s(1.43 m/s)，将 TC 移速$\overline{v}_t$>10.8 m/s 和$\overline{v}_t$<1.43 m/s 分别定义为快速移动和缓慢移动的台风，其路径即为台风移动速度异常路径。

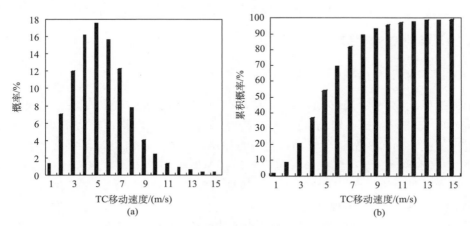

图 4.6　热带气旋移动速度的概率及其累积概率分布

(a)移动速度的概率；(b)累积概率

台风移动速度的变化常常以突然加速和突然减速的形式表现出来，同时，台风移动速度的变化也可以作为气旋强度和路径突变的预测因子。因此，对 TC 移动速度变化的研究，无论是加深对台风的认识还是提高日常预报业务水平都十分重要。

图 4.7 是热带气旋移动速度变化 $\Delta\overline{v}_t$ 的概率分布及累积概率分布。同理，将 $\Delta\overline{v}_t$ 以 1 m/s 为间隔等间距分组，并以组中值标出。由图 4.7(a)可见，TC 移速变化最大概率分布在区间(−1 m/s, 1 m/s]，表现出台风移动速度的持续性特征。台风移速变化 $\Delta\overline{v}_t$

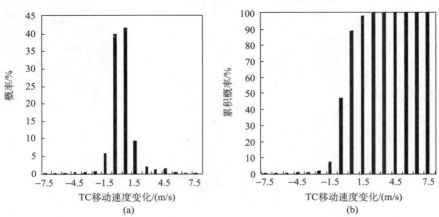

图 4.7　热带气旋移动速度变化的概率及其累积概率分布

(a)移动速度的概率；(b)累积概率

的区间范围是$(-12\ \text{m/s}, 11\ \text{m/s}]$，因为 $\Delta\overline{v_t}\geqslant8\ \text{m/s}$ 和 $\Delta\overline{v_t}\leqslant-8\ \text{m/s}$ 的事件极少，所以将累积概率 $\Delta\overline{v_t}\geqslant8\ \text{m/s}$ 和 $\Delta\overline{v_t}\leqslant-8\ \text{m/s}$ 分别归类为 $\Delta\overline{v_t}=8\ \text{m/s}$ 和 $\Delta\overline{v_t}=-8\ \text{m/s}$ 分组内。之后将 $[-8\ \text{m/s}, 8\ \text{m/s}]$ 区间内的数值以 $1\ \text{m/s}$ 为间隔等距分为 16 组。从图 4.7b 可以得到，TC 移速变化的累积概率达 95%（5%）分位数的阈值。$\Delta v_{t(5\text{th})}=2.42\ \text{m/s}(\overline{\Delta v_{t(5\text{th})}}=-1.72\ \text{m/s})$，将台风移动速度变化 $\Delta\overline{v_t}>2.42\ \text{m/s}$（$<-1.72\ \text{m/s}$）定义为异常加快（减慢）的台风，其路径即为台风移动速度变化异常路径。

2. 台风移动速度异常路径的气候特征

1）台风移动速度异常发生的空间分布

　　根据前面定义的快速移动和缓慢移动热带气旋的标准，将台风移动速度大于 $10.8\ \text{m/s}$（小于 $1.43\ \text{m/s}$）定位时次的经纬度所在的 $5°\times5°$ 网格内定为出现快速（缓慢）移动台风一次，1979～2011 年总的频数分布如图 4.8 所示。可见，快速移动的台风［图 4.8(a)］在日本海附近发生的频数最多，平均每年发生 2 次，这与该区域台风大多已转向东北移动，受副热带高压北侧或西北侧的偏西气流的影响有关。缓慢移动的台风［图 4.8(b)］在中国南海地区出现的频数最多，每年平均发生 2 次左右，这与该区域位于西北太平洋副热带高压的西南侧，与其他系统的相互作用有关，常处于鞍形气压区，前面的分析已知，该区域也是台风最易发生路径异常转折的地区。其次是菲律宾群岛以东海域，同样，该区域也是台风移动方向异常偏转易发生的地区，台风移动速度异常发生与台风移动方向异常偏转有密切的联系，将两者结合来定义台风路径异常可能更加合适，这是我们后面要进一步做的工作。

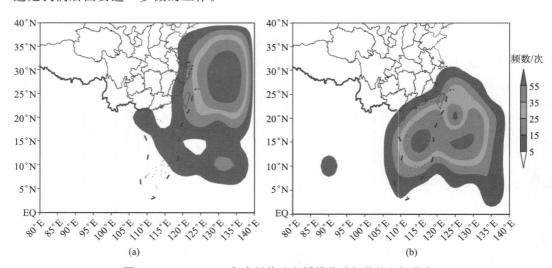

图 4.8　1979～2011 年台风快速和缓慢移动频数的空间分布

(a) 台风快速移动；(b) 缓慢移动

根据前面确定的台风移动速度变化的异常加速和减慢台风的标准，将台风移动速度变化大于 2.42 m/s(小于－1.72 m/s)定位时次的经纬度所在的 5°×5°网格内定为出现异常加快(减慢)移动台风一次，统计 31 年路径样本中异常速度变化的地域特征，由图 4.9 可见，异常加速移动的台风[图 4.9(a)]在日本海发生的频数最多，平均每年发生 1 次，与快速移动台风易发生的区域一致，发生的次数少于后者[对比图 4.8(a)，图 4.9(a)]，南海海域也会发生台风移动速度异常加快的现象，尽管其发生频率少于日本海，平均 2～3 年可发生一次。台风异常减速移动最易发生在菲律宾群岛以西的南海海域[图 4.9(b)]，平均每年发生 1 次，该区域也是台风极易发生缓慢移动的地区[对比图 4.8(b)，图 4.9(b)]。此外，日本海地区台风移速也可能发生异常减慢现象。

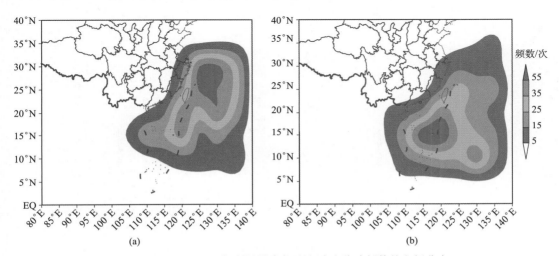

图 4.9　1979～2011 年台风异常加速和减速移动频数的空间分布
(a) 台风加速；(b) 减速

2) 台风移动速度异常发生的时间变化

由图 4.10 可以看出，快速移动的热带气旋出现的次数在 9 月达到了峰值，5 月频率达到了最高。图 4.10(b)显示，移动缓慢的热带气旋在 10 月达到了峰值，且在这一月份出现的概率也是最高，在 1～3 月，由于台风频数少，出现异常路径的机会更少。由图 4.11(a)可以看出，异常加速移动的热带气旋发生的频数也是在 9 月有一极大值，其频率最大发生在 6 月，接近 7%。图 4.11(b)显示，异常减速移动的热带气旋在 8 月发生的频数最多，9 月发生的频数仅次于 8 月。7 月发生异常减速移动的概率较高，接近 6%。

图 4.12 是台风加速及减速异常频数的时间变化。可见，异常加速移动 TC 与减速移动 TC 发生频数的年际变化很大，没有显著的线性变化趋势，1992～2004 年是台风异常加速(减速)移动发生频数最多的年份。与热带气旋生成频数的年际变化特征不一致，如 1994 年是近几十年西北太平洋热带气旋生成频数最多的年份，但异常加速台风和减速台风发生的频数在该年都不是最多的，同样 1998 年是近几十年来热带气旋生成频数最少的年份，而台风异常加速移动和减速移动发生的频数在该年份也不是最少的。台风异常加速移动和减速移动发生频数的年际变化成因需要做进一步的探讨。

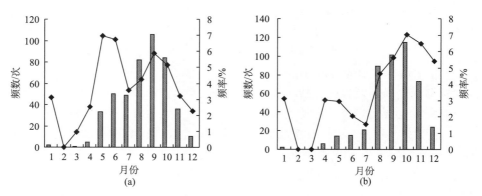

图 4.10　热带气旋快速移动和缓慢移动频数（柱形）和频率（折线）的季节变化

（a）快速移动；（b）缓慢移动

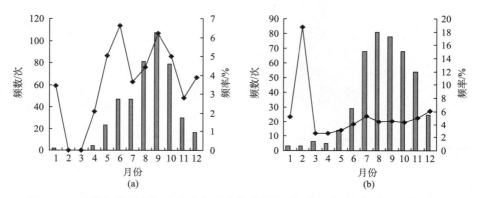

图 4.11　热带气旋异常加速移动和减速移动频数（柱形）和频率（折线）的季节变化

（a）加速移动；（b）减速移动

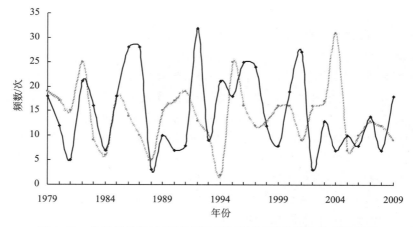

图 4.12　台风异常加速（灰色）和减速（黑色）移动频数的时间序列

4.2　季风涡旋与台风路径异常

4.2.1　季　风　涡　旋

在西北太平洋和南海地区，对流层低层的季风槽是夏季风环流的重要成员之一，平均流场上表现为赤道一侧的西南季风和北边偏东信风汇合区，从中南半岛经过南海延伸到菲律宾以东的热带太平洋上。季风槽的位置、结构和与之相联系的多时间尺度振荡对台风活动有深远的影响。西北太平洋台风路径具有季节内变化，表现为西行和转向两种盛行台风路径的转换。当季风槽加强并从南海延伸到菲律宾以东洋面上，呈典型的西北—东南分布时，台风生成的平均位置偏西，盛行西行路径；当季风环流表现为位于西北太平洋上的季风涡旋时，盛行西北转向型台风路径。当季风槽轴沿着气候平的西北—东南向时，台风趋向于向西北方向移动，对应偏弱西南季风和偏强的偏东信风；而当季风槽转为西南-东北向时，季风槽中的台风趋向于向北移动，对应的是偏强西南季风和偏弱的偏东信风(Lander，1996；Chen et al.，2009)。此外，低纬大气环流的主要成员之一西北太平洋副热带高压作为一个稳定而少动暖性深厚系统，其位置和强度也影响了台风的移动。台风路径的年代际变化与西北太平洋副高西伸有关，副高向亚洲的东南沿岸伸展并在 160°E 附近断裂可能导致了更多台风的转向(任素玲等，2007；Ho et al.，2004)。

1. 季风涡旋的定义

西北太平洋夏季，季风槽有时也会演变成一个特殊的形态：季风涡旋(monsoon gyre)，其表现为直径约为 2 500 km 的近圆形闭合的气旋性涡旋。季风涡旋是西北太平洋季风槽的一个特殊演变形态，主要有以下几个特点：①一个很大的近圆形的低层气旋性涡旋，最外圈闭合的等压线直径约为 2 500 km；②相对较长的生命周期，约为 2 周；③南侧被云带包围并穿过涡旋/地面低压的东部；④发生频率为每两年出现一次(Lander，1994)。Chen 等(2004)给出了新的定义并指出季风涡旋的生命期≥5 天，且平均每年出现 6 个。可见不同的定义，得到的季风涡旋的特征有所不同。由于季风涡旋可以看成是一个大尺度的低频现象，为了更好地区分季风涡旋并描述其环流特征，利用 850 hPa 低通滤波风场来分辨 2000～2010 年 5～10 月的季风涡旋，并给出了季风涡旋在 850 hPa 上满足的条件。季风涡旋的强度、尺度和中心利用半径 660 km 的环流区域上的计算来确定；涡旋中心定义为环流中心，通常是气旋性环流或涡旋强度最大的地方；季风涡旋的半径为涡旋中心到气旋性环流减小到零或者最外围闭合风场处的最短距离；涡旋尺度大于 2500 km，且在其南侧和东南侧边缘有带状或者大面积的深对流。其中，与命名台风重合的季风涡旋，由于他们出现在这些台风生成之前，并和台风一起移动，因此不包含在统计结果中。

2000～2010 年 11 年间共有 36 个季风涡旋出现，平均每年 3.3 个，年出现频率远远高于 Lander(1994)指出的每两年出现一次的发生频率。季风涡旋的生命周期为 4～17.5 天，平均值为 7.8 天。图 4.13 给出了 2000～2010 年季风涡旋的月频率。峰值出现在 8 月，8～10 月观测到的季风涡旋占总数的 75%。图 4.14 分别给出了 5～7 月和 8～10 月，季风涡旋达到最大强度时的中心位置。季风涡旋大多数出现在气候平均季风槽的向极一侧，5～7 月的季风涡旋只出现在西北太平洋上，而 8～10 月东风向西伸展，季风涡旋也会在中国南海出现。

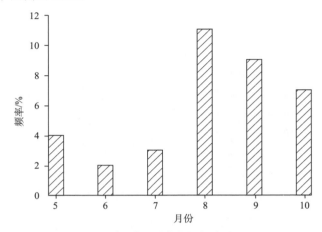

图 4.13　2000～2010 年季风涡旋的月频率(Wu et al.，2013a)

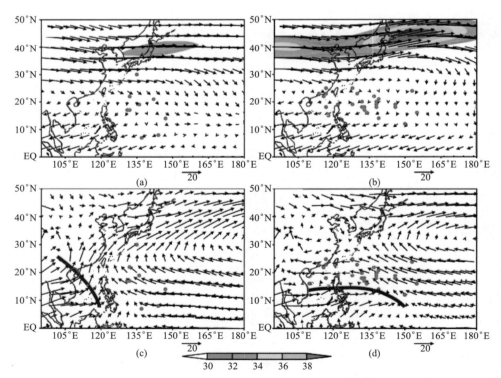

图 4.14　5～7 月(a)、(c)和 8～10 月(b)、(d)的季风涡旋中心位置(红点)，以及 11 年平均的 (a～b)200 hPa 和(c～d)850 hPa 的 10 天低通滤波风场(单位：m/s)。阴影区域表示风速超过 30 m/s。绿色粗实线表示季风槽的位置(Wu et al.，2013a)

2. 季风涡旋的结构

为了得到季风涡旋的结构特征，对 2000～2010 年 36 个季风涡旋进行合成分析，得到了季风涡旋在最大强度时刻的纬向和经向方向的垂直结构（图 4.15）。距季风涡旋中心约 800（500）km，高度在 850 hPa 附近，有加强的西南风的存在，最大的西（东）风分量为 13（8）m/s，气旋性环流随高度减小，并在 300 hPa 以上消失。200 hPa 上，西（东）风急流距离季风涡旋中心约 20 个纬度，最大值达到 26（16）m/s。在经向分量的东西向的垂直剖面图上〔图 4.15（b）〕，最大的南（北）风分量位于 900 hPa 附近，且东侧的南风强于西侧的北风。可见，季风涡旋的活动和东亚上空的中纬度西风急流相联系（Molinari and Vollaro，2012），而热带东风急流则和南亚高压相关。当季风涡旋达到最大强度时（图 4.16），最大正涡度位于 900 hPa 附近，气旋性环流半径约为 1 000 km（从环流中心向外）。正涡度随高度向上收缩，200 hPa 以上转变为负涡度区。合成的季风涡旋的暖心在南北和东西方向上分别位于 400 hPa 和 250 hPa 附近。

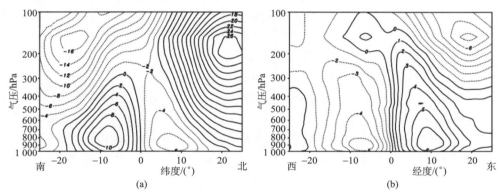

图 4.15　季风涡旋达到最大强度时，10 天带通滤波合成纬向和经向
风分量（单位：m/s）的垂直剖面图（等值线间隔为 2 m/s）（Wu et al.，2013a）

（a）纬向风分量；（b）经向风分量

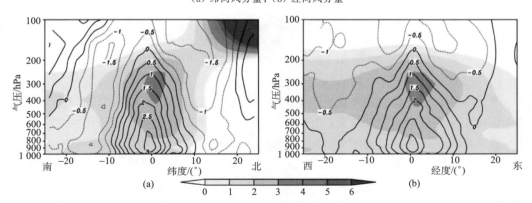

图 4.16　季风涡旋达到最大强度时，10 天带通滤波合成涡度（等值线，单位：10^{-5} 1/s）和温度异常（阴影，单位：℃）沿南北和东西向的垂直剖面图（等值线间隔为 $0.5×10^{-5}$ 1/s，阴影表示正温度异常）

（Wu et al.，2013a）

（a）南北向垂直剖面图；（b）东西向垂直剖面图

3. 季风涡旋的罗斯贝波能量频散

Carr 和 Elsberry（1995）发现，季风涡旋在和台风合并过程中，会产生 β 效应引起的罗斯贝波能量频散，表现为在季风涡旋的东南侧出现反气旋性环流。而和季风涡旋相关的罗斯贝波能量频散与线性和非线性过程有关，对应于涡度方程就是 β 项和平流项的作用，这两项的共同作用决定了罗斯贝波列的方向和波长。但是，也并不是所有的台风或者季风涡旋都会在其尾流区域产生和能量频散有关的罗斯贝波波列。Shapiro 和 Ooyama（1990）指出，总相对角动量为零的台风趋向于能量守恒。Carr 和 Elsberry（1995）指出，季风涡旋由于相对于台风较弱的强度和较大的尺度，更容易发生罗斯贝波能量频散。此外一些其他的敏感因子，如环境气流、垂直风切变、非绝热加热，被证明对罗斯贝波的生成和发展有影响（Li and Fu，2006；Ge et al.，2007，2008；Luo et al.，2011）。

目前关于季风涡旋的罗斯贝波能量频散的一些有限的数值模拟研究主要是在干环境下，由一个正压涡旋启动的。为了能够得到斜压、非绝热环境中季风涡旋能量频散导致的罗斯贝波波列的 3 维结构，以及初始环境湿度和季风涡旋的强度对季风涡旋能量频散的影响，WRF-ARW 模式被利用到理想实验研究中。在季风涡旋缓慢西行的过程中，向东频散能量，表现为在其东侧有反气旋形成。此后由于季风涡旋环流流线变得东密西疏，流线的扭曲导致了相对涡度的平流，从而使得出现两个反气旋（A 和 A1）。反气旋 A1 的生成和 β 涡旋对有关，并逐渐移动到季风涡旋的下游，引导了季风涡旋的传播。反气旋 A 则和罗斯贝波能量频散有关，并逐渐移动到季风涡旋的东南侧，形成了西北—东南向的罗斯贝波波列（图 4.17）。在垂直方向上（图 4.18），波列向上伸展到 300 hPa，在中低层最为明显，同时季风涡旋在能量频散过程中，其强度逐渐减小，结构也受到影响，由对称涡旋演变成具有东西向长轴的椭圆形流型。500 hPa 以下，季风涡旋表现为组织完好的气旋性环流，最大风速位于其东南侧边缘。500 hPa 上，在季风涡旋中心东侧约 1 300 km 处有一个尺度较小的反气旋涡旋出现。该反气旋随高度逐渐加强，并向西伸展，从而导致在高层季风涡旋的气旋性环流变得越加的不明显。到 200 hPa，主要表现为很强的反气旋性出流，出流中心位于低层季风涡旋中心东侧约 1 300 km 处，与 Ritchie 和 Holland（1999）的观测合成结果较为一致，而季风涡旋的气旋性环流则减弱为一个尺度较小的气旋性内核，位于很强的反气旋性出流中。

季风涡旋的初始强度和环境水汽是影响季风涡旋能量频散的重要因子。强度越弱的气旋性涡旋更容易向外频散能量；环境湿度越低，能量频散就越明显，导致的罗斯贝波波列的维持时间就越长。从动力学角度来看，初始环境水汽影响了季风涡旋区域散度场的分布，从而影响了该区域的对流发展；较高的环境湿度有利于季风涡旋区域上升运动的发展加强，从而有利于季风涡旋自身的发展以及季风涡旋中台风的生成和发展，从而使得能量不易向外频散。从热力学角度来看，环境湿度越高，越有利于季风涡旋区的降水，降水导致的水汽凝结和潜热释放，抵消了上升运动引起的绝热冷却，有益于季风涡旋区对流发展，随着季风涡旋强度逐渐增强，从而能够克服 β 效应导致的能量频散。

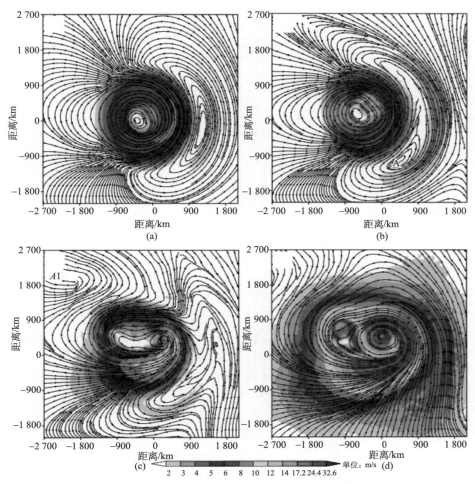

图 4.17　控制实验模拟的 700 hPa 季风涡旋的风场

(a) 24 h；(b) 48 h；(c) 72h；(d) 96 h

阴影区域表示风速超过 2 m/s

4.2.2　多时间尺度环流相互作用与台风异常路径

西北太平洋夏季风活动伴随着显著的大气变率，存在着天气尺度扰动、准两周振荡（quasi-biweekly oscillation，10～20 天）和 Madden-Julian Oscillation（MJO，30～60 天），准两周振荡和 MJO 有时被统称为季节内振荡(ISO)。季风环流和热带季节内振荡密切相关，西北太平洋夏季风三次循环中的活跃和中断期在很大程度上受到季节内振荡对的影响(王慧等，2005)。天气尺度扰动一般首先出现在中太平洋赤道地区季风槽的最东端，随后向西北传播到赤道以外地区。与天气尺度扰动联系的对流区或低压区称为热带低压或者热带扰动(TD)(Takayuba and Nitta，1993)。天气尺度扰动周期小于 10 天，

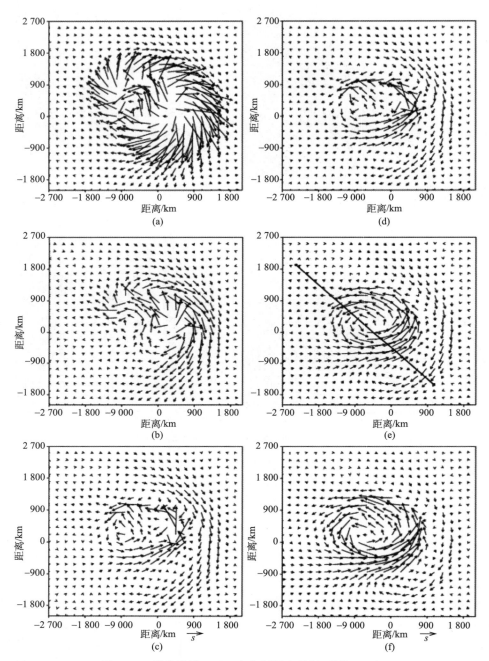

图 4.18　积分到第 60 h，各气压层上风场(单位：m/s)

(a) 200 hPa；(b) 300 hPa；(c)400 hPa；(d) 500 hPa；(e) 700 hPa；(f) 900 hPa

(0，0)表示网格中心

与向西传播的赤道罗斯贝-重力混合波（MRG）有关（Liebmann et al.，1994；Lau and Lau，1990；Chang et al.，1996）。准两周振荡波长大约是 3500 km，周期在 10～20 天，沿季风槽也向中纬度传播（Kikuchi and Wang，2009；Chen and Sui，2010）。周期在30～60 天的 MJO，在纬向上向东传播，表现为1～2 波结构，同时还有明显的经向传播和上下传播。在台风活跃季节，MJO 的东传信号比较弱，但是在西北太平洋的向北传播分量对季风槽有很大影响（Madden and Julian，1971，1972）。夏季，向西北传播的MJO 信号是大气对位于赤道上新几内亚东面对流加热的罗斯贝波响应（Kemball-Cook and Wang，2001）。热带西北太平洋 ISO 和季风槽的振荡密切相关，从而会影响西北太平洋的台风活动（Ko and Hsu，2006）。西北太平洋台风发生发展在不同时间尺度的季风振荡中，这些振荡活跃的时候往往伴随有季风涡旋的活动（Lander，1994）。

　　西北太平洋上典型的台风路径异常通常包括两方面：台风西行速度迅速减慢，以及随后的向北突然加速，西北太平洋所观测到台风路径突变主要是季风涡旋与台风之间相互作用造成（Carr and Elsberry，1995）。由于季风涡旋的罗斯贝波的能量频散，在涡旋东到东南面产生负涡度趋势，甚至反气旋性环流，当台风进入季风涡旋中心与之合并时，台风东南面的西南风突然加强，引导台风突然向北转向。季风涡旋东南侧加强的西南风有时称为季风涌（monsoon surge）。台风路径和 850 hPa 低频环流有密切关系（Tian et al.，2010）。2009 年在台湾造成极端降水台风"莫拉克"在台湾附近的突然北折和台湾地形关系不大，主要是受到季风涡旋影响并通过罗斯贝波能量频散造成的强季风涌的作用（Ge et al.，2010）。可见，一直到 20 世纪 90 年代中期，台风异常路径和多时间尺度环流相互作用才开始得到国外少数气象专家的关注，而且虽然 Carr 和 Elsberry（1995）将模式结果和若干实际个例进行了对比，在流型、季风涡旋和台风的相对位置这两方面均比较一致，但是他们提出的罗斯贝波能量频散造成的季风涡旋外围的强季风涌并不能简单的揭示季风涡旋影响下台风路径突变的物理机制。

　　对突变路径的定义，主要有两种方法：一是靠主观判断来确定路径类型及突变时刻，或者直接用整体路径的走向趋势判断路径类型；二是部分学者定量地从移动方向变化方面对突变路径做定义。定量定义的分析中一般用标准时 00 时和 12 时的资料或 12 小时间隔的资料来计算移动方向和移动速度，再计算移向的变化和移速的变化。虽然台风较强或临近登陆时会有加密观测，但资料一般为 6 小时间隔，用 12 小时间隔的资料计算移动方向的变化，路径会被平滑，从而会出现有时计算的偏转角度较大但从路径上看是缓慢转向过程的情况。

1. 路径突变的定义

　　由于国际上对突变路径还没有统一的标准。为了能更好地研究台风路径突变，用定量方法对突变路径进行了定义。为了突出路径的突变过程，排除计算的移向变化较大但整体路径是缓慢变化的情况，定义路径突变时不仅考虑 12 小时内的移向变化，也考虑 6 小时内的移向变化，而且路径的"突变"是小概率事件，所以移向变化大于一定角度时认为是突变。主要分析向西或西北运动突然向北或东北转向的台风。由于我国台风48 小时警戒线最东位于 132°E 左右，进入该区域的台风未来 48 小时内可能会对我国造成影响，由此限定突变点发生在 5～11 月，0～30°N，135°E 以西。北折路径和西行路径的定义如下。

北折路径时选择 12 小时内移向变化的临界值为 40°，满足以下条件：①突变时刻为中心的 12 小时内移向顺时针变化大于等于 40°，6 小时内移向顺时针变化大于等于 37°，突变前 24 小时内向西或向西北方向移动，突变后 12 小时内向偏北或东北方向运动；②为了去除短时间内打转的台风，定义突变前 24 小时内和突变后 12 小时内，各时刻为中心的 6 小时内移向变化小于突变时刻的移向变化，即突变前和突变后台风移向基本稳定一段时间。

由于西折路径有向西或向南的偏转过程。向西或向南偏转的角度一般较小，所以定义路径突变的临界值较小（接近一个标准差），西折路径满足以下条件：①突变时刻为中心的 12 小时内和 6 小时内移向逆时针变化都大于等于 25°，突变前 24 小时内向偏西或偏北方向运动，突变后 12 小时内移向偏西或偏南；②为了去除短时间内打转的台风，突变前和突变后一段时间内台风移向基本稳定。

2000～2010 年北折路径有 15 个，西折路径有 14 个（图 4.19）。

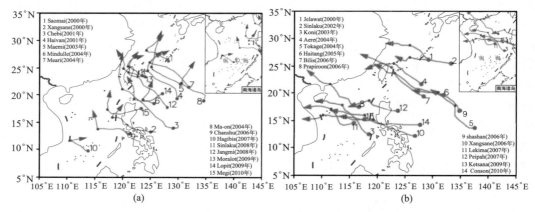

图 4.19　2000～2010 年突变路径样本（路径从转向异常前 48 小时至转向异常后 24 小时，
红点表示路径突变时刻台风的位置）（Wu et al.，2013b）
(a)北折路径；(b)西折路径

2. 路径突变的特征

北折路径各时次路径突变发生的频率相当，而西折路径绝大多数发生于 12 时，但也有 6 时和 18 时的个例。季节分布上北折路径主要发生在 9 月和 10 月，占突变样本的 66.7%。西折路径主要发生在台风盛行季的 7～9 月，虽然地理分布上西折路径突变点主要发生于东海和南海两地，但两地发生的时间特征无明显差别，季节分布均匀。突变时刻的强度方面，北折路径的平均强度比西折路径的平均强度略大，北折路径突变时刻的平均强度为 74.7kt，西折路径突变时刻的平均强度为 68.6kt。突变时刻的强度一般都小于台风所在生命史中达到的最大强度，个别台风在达到最大强度时出现了路径的突然转向，如北折路径中的"鸣蝉"（Maemi-0314）、西折路径中"蝎虎"（Tokage-0424）等。

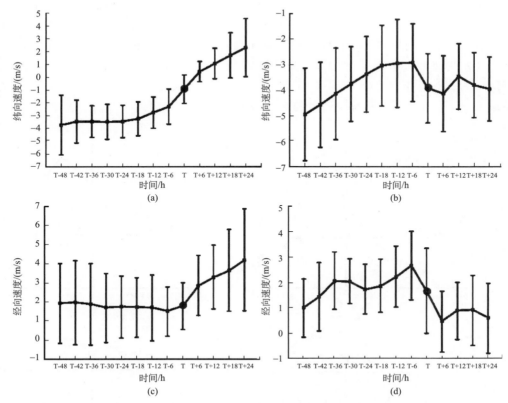

图 4.20　路径突变前后平均移速(T 为突变时刻，竖直方向表示一个标准差范围)(Wu et al.，2013b)
(a)北折路径的纬向移动速度(C_x，单位:m/s)；(b)西折路径的纬向移动速度(C_x，单位:m/s)；(c)北折
路径的经向移动速度(C_y，单位:m/s)；(d)西折路径的经向移动速度(C_y，单位:m/s)

且北折路径台风在生命史中所达到的最大强度明显比西折路径的强，分别为
91.3kt、77.5kt。

北折路径在 T-6 时刻，平均的纬向西行运动突然减速，突变前 6 小时内纬向速度
绝对值减小了 1.4 m/s，转向后基本为向东运动(图 4.20)。临近突变时刻，纬向、经向
平均速度的标准差较小，说明突变前向西的减速和向北的加速是北折路径的一种较普遍
的现象。北折路径全部样本至少在 T-6 时刻开始向西的运动突然减小，而 66.7％ 的样
本突变前出现向北的加速运动。西折路径纬向速度在临近突变时刻突然增加，经向速度
明显减小，但西折路径平均的纬向、经向平均速度的标准差较大，说明个例的差别比较
大，统计发现，78.6％ 的样本突变前 6 小时内纬向速度是增加的，85.7％ 的样本突变
前 6 小时内经向速度减小。所以移动速度的变化是突变路径的一个重要特征，理论上至
少能提前 6 小时对路径的突变有预测能力。

3. 突变路径的预报误差特征

西折路径预报的距离误差在路径突变前后变化不大，平均误差在 120 km，接近中

央气象台的平均预报水平。西折路径在突变过程中预报的距离误差变化不大，预报水平
与平均预报水平相当，预报向西偏转的角度偏小但误差值较小。北折路径临近突变时刻
至突变后预报误差明显增大，且移向预报向北偏转的角度明显不足，突变时刻，24 小
时预报误差达到 145.6 km，比中央气象台的平均预报误差增加了 29.3%；48 小时预报
误差达 317.3 km，比平均预报误差增加了 68.3%。北折路径 $T+6$、$T+12$ 时刻预报
误差最大，这与突变后台风移动速度的突然增加有关(图 4.21)。

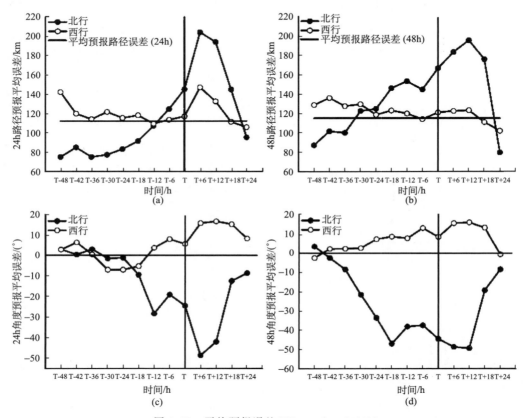

图 4.21　平均预报误差(Wu et al.，2013b)

(a)24 小时预报的距离误差(单位：km)；(b)48 小时预报的距离误差(单位：km)；
(c)24 小时预报的移向误差(单位：°)；(d)48 小时预报的移向误差(单位：°)

4. 多尺度环流相互作用对台风路径突变的影响

1) 合成分析

对 2000~2010 年的突变路径台风进行合成分析。北折路径发生转向异常前，一般
经历了先与 QBW 尺度气旋性环流的合并，再与 MJO 尺度的气旋性涡旋的合并，此时，
副热带高压主体位于海上，与大陆高压断裂，台风一般位于两个高压之间的低值区，临
近突变时刻，天气尺度上台风中心附近偏南风强，台风外围北侧由东风转为东南风，将

台风中心与低频涡旋合并区的正涡度输送至台风西北侧，减弱了台风西北侧的负相对涡度大值区，突变时刻，西北侧的负涡度区消散，另外，由于弱的较大的低频气旋性环流通过罗斯贝波能量频散在台风的东侧或东南侧产生反气旋性环流，负涡度增加，气旋与反气旋间的涡度梯度增加，西南风增强，天气尺度上的经向引导气流有向北的加速度，并且在低频副热带高压偏南气流引导下利于台风的向北或东北转折。西行路径发生转向异常前也与 QBW 尺度的气旋性涡旋合并，但 MJO 尺度上，无气旋性涡旋或不与弱的气旋性涡旋合并，副热带高压强且一直维持在台风北侧，使低频场上台风的北侧负相对涡度一直很大，高频偏东风将低频的负相对涡度一直输送至台风西北侧，从而天气尺度上台风西北侧一直维持东北风大风区，而东南侧随着低频气旋性环流的罗斯贝波能量频散产生反气旋性环流，西南风增强，突变时刻，对称的风场结构偏南风与偏北风相当，不利于台风的向北偏转，但在副热带高压强的偏东气流引导下利于台风向偏西或西南方向运动。对高频涡度方程进行分析发现，两类路径中东南侧西南风的加强是台风环流与低频环流相互作用产生的，而西折路径中西北侧东北风的维持主要是由高频风场对低频涡度的平流作用造成的。

2）"艾利"（Aere-0418）和"米雷"（Meari-0422）

"艾利"和"米雷"均是先向西北方向移动，虽然台风强度相差不大，当进入台湾东北部海域时两者路径出现了很大差异，"艾利"向西南方向转向，而"米雷"突然向东北方向转折，"艾利"转折前后 6 小时内逆时针转折角度为 35°，而"米雷"顺时针转折了 103°（图 4.22）。

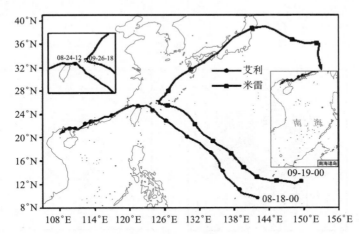

图 4.22　"艾利"和"米雷"最佳路径，时间隔 24 小时，8 月 24 日 12 时为"艾利"路径转折时刻，9 月 26 日 18 时为"米雷"路径转折时刻

利用滤波后的低频环境场研究多尺度环流与台风的相互作用（图 4.23）：转折时刻，"艾利"主要受低频环流引导向西南方向运动，而天气尺度引导气流对"米雷"路径的向北转折起了关键作用。进一步分析表明，对于西南转向的"艾利"台风，副高西伸明显，台风位于副高的南侧，天气尺度风场对副高低频分量的涡度平流，使得台风西北侧出现负涡度，同时由于罗斯贝波能量频散，台风东南侧出现负涡度，负涡度相联系的天气尺度

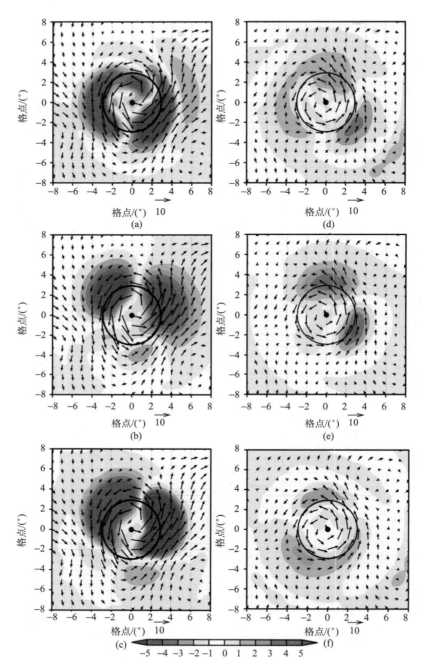

图 4.23　"艾利"(左图)和"米雷"(右图)转折时刻 700 hPa 天气尺度涡度趋势(阴影,单位:10^{-9} 1/s^2)

及天气尺度风场(单位:m/s)

横纵坐标表示相对台风中心的经纬度;圆环表示距离台风中心 3°范围

(a)、(d)天气尺度总涡度趋势;(b)、(e)天气尺度风场对低频涡度的平流;(c)、(f)低频风场对高频涡度的平流

异常环流的叠加，导致台风西北侧和东南侧天气尺度引导气流都增强，台风主要在低频环流引导下向西南方向运动。"米雷"运动初期，也是位于副高的南侧，天气尺度风场对副高低频分量的涡度平流在台风西北侧产生负的涡度，台风西北侧也出现了风速大值区，"米雷"和"艾利"的运动轨迹在初期非常相似，但随着"米雷"逐步向副高的西侧移动，天气尺度风场对副高低频分量的涡度平流逐步减弱，转向时刻只有东南侧增强的天气尺度西南风，导致台风向东北转折。

3) "桑美"(Saomai-0014)、"鸣蝉"(Maemi-0314)、"森拉克"(Sinlaku-0813)、"蔷薇"(Jangmi-0815)

"桑美""鸣蝉""森拉克"和"蔷薇"是 4 个在东海附近突然转向东北行的台风，环境风场可以分解成 20 天以上(季节内振荡)、10～20 天(准两周振荡)和 10 天以下(天气尺度)三个部分(图 4.24)。在台风向东北突然偏转之前，天气尺度(10 天以下)环流的贡献起了关键作用，这些路径突变的台风环流都包括一个准两周尺度的气旋性环流。有时该环流与台风一起移动，有时台风在该环流内移动。台风在移向东海的过程中，一般位于低频振荡的气旋性环流中，并逐步合并，同时季风涌开始增强，从而导致这些台风突然转向。同样的分析还应用于三个南海附近突然北折台风个例"象神"(Xangsane-0020)、"风神"(Fengshen-0806)、"珍珠"(Chanchu-0601)，也发现这些台风的路径变化与多尺度季风涡旋与台风相互作用产生的季风涌有关。

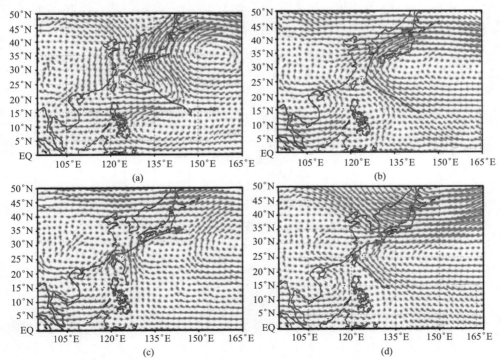

图 4.24　台风路径和 700 hPa 20 天低通滤波风场(单位：m/s)(红点表示台风转折点)(Wu et al.，2011)
(a) "桑美"(06Z14SEP2000)；(b) "鸣蝉"(00Z11SEP2003)；(c) "森拉克"(18Z14SEP2008)；(d) "蔷薇"(00Z29SEP2008)

4）"莫拉克"（Morakot-0908）

利用 Lanczos 滤波器对"莫拉克"于 2009 年 8 月 7 日开始登陆台湾和 9 日在福建登陆这段时间的 national centers for environmental prediction（NCEP）final（FNL）operational global analysis 资料进行时间上的滤波，分离出三个时间频段上的环流：大于 20 天的 MJO 时间尺度分量，10～20 天的准两周（QBW）时间尺度分量，以及小于 10 天的天气尺度分量。发现"莫拉克"和低频季风环流相互作用导致了其移速减慢和移向向北偏折。"莫拉克"位于低频季风涡旋中，在其登陆台湾前向西移动，在靠近台湾东部海岸时和 QBW 时间尺度涡旋合并，进入台湾海峡后和 MJO 时间尺度涡旋合并。合并过程加强了"莫拉克"东南侧的天气尺度西南风，从而减小了其西行的速度，导致了"莫拉克"在台湾附近长期滞留。"莫拉克"的登陆过程时，台湾岛的地形对"莫拉克"导致的台湾极端降水有显著影响，却不是直接导致"莫拉克"路径突然北折的因素（图 4.25）。"莫拉克"登陆台湾前的西行路径和一个近似纬向的天气尺度波列有密切关系。该波列由位于广东省的"天鹅"（Goni-0907）台风、"莫拉克"和一个后来发展为热带风暴"艾涛"（Etau-0909）的气旋性涡旋组成。"天鹅"和"莫拉克"之间的反气旋和"莫拉克"之间的强北风减小了低频涡旋相关的向北引导分量，使得"莫拉克"保持平直的西行路径。"莫拉克"在台湾附近的路径变化则主要和低频季风环流之间的相互作用有关。当"莫拉克"靠近台湾，它和 QBW 时间尺度涡旋合并，导致"莫拉克"南侧边缘西南风加大，从而减小了向西移动的速度，并导致台风路径发生第一次北折。当"莫拉克"进入台湾海峡，和 MJO 时间尺度涡旋合并，从而导致台风路径的第二次向北偏折（图 4.26）。

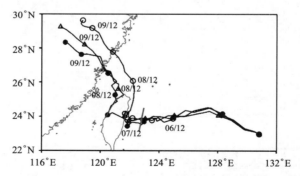

图 4.25 2009 年 8 月 5 日 12 时到 8 月 10 日 00 时，地形敏感性实验模拟的台风路径。标记间隔 12 小时（Liang et al.，2011）

5）季风涡旋影响下的台风路径突变数值模拟

在季风涡旋环境下，台风路径会发生突变，主要表现为转向前的向西移速减慢和转向后向北加速。在理想环境下，轴对称的季风涡旋经过 1～2 天的演变会具有真实季风涡旋的 3 维结构特征。轴对称台风在外围具有负涡度区的季风涡旋的环境中会发生路径向北偏折（图 4.27）。季风涡旋和台风的合并过程是台风路径突变的关键。而两个系统

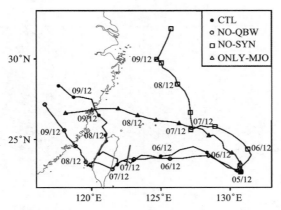

图 4.26　2009 年 8 月 5 日 12 时到 8 月 10 日 00 时，不同时间尺度季风
环流敏感试验模拟的台风路径，标记间隔 12 小时(Liang et al.，2011)

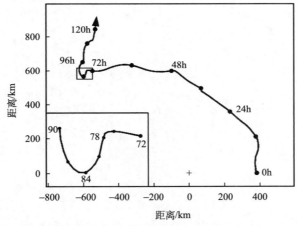

图 4.27　理想季风涡旋环境下，模拟的台风路径。时间间隔为 12 小时，
左上角方框里面给出了 72~90 小时路径突变情况

的合并过程由两个系统的相对移速决定。季风涡旋由于尺度很大且无其他环境气流的作用下，主要受到 β 效应的作用，以 2~3 m/s 的较稳定移速向西北方向移动。而台风由于尺度相对较小，其运动主要受到季风涡旋环流的引导。在移动过程中，季风涡旋和台风的相互作用会导致台风 β 漂移的变化，主要表现为 β 涡旋对的气旋性旋转，从而导致台风 β 涡旋对之间的东南通风流逐渐转为北风通风流(图 4.28)，从而使得台风向西移速的减弱，从而季风涡旋能够追上台风，从而发生合并过程。季风涡旋和台风的合并会导致台风结构逐渐对称化，台风中心非对称气流减弱导致台风的移向变得不确定。同时，由于季风涡旋始终保持西北方向移动，台风在某个时刻落后于季风涡旋中心，使得台风进入了季风涡旋东南侧的强西南风区域，该区域的强西南风为台风路径突变提供了一部分向北的引导气流。同时，由于 β 效应，气旋性涡旋都会发生罗斯贝波能量频散。

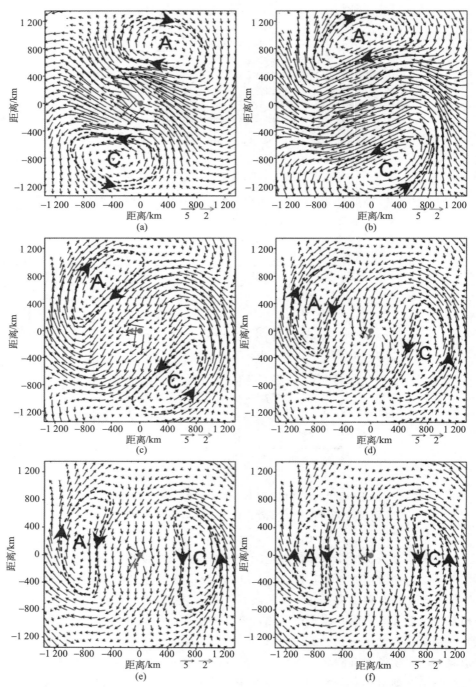

图 4.28　700 hPa 一波非对称风分量(单位：m/s)的演变。红点表示台风中心，
红色箭头表示台风移向和移速。字母 A 和 C 分别表示反气旋和气旋

（a）42 h；（b）66 h；（c）75 h；（d）78 h；（e）81h；（f）84h

台风与季风涡旋合并后尺度变大，导致能量频散加强，使得其东南侧的西南风加强，为台风的路径突变提供了另一部分的引导气流。

在西北太平洋夏季，台风发生向北路径突变并不是经常发生的。每年也就 1～2 个西北太平洋台风会发生向北转向，这主要和季风涡旋的风场廓线有关。当季风涡旋外围没有负涡度区时，台风路径更偏向于向南偏折（图 4.29），这主要是由于在这样的季风涡旋环境下，台风 β 涡旋对的气旋性偏转程度较小，东南通风流只转变为偏东通风流，使得台风更快地向西移动，没有发生减速过程，从而使得季风涡旋始终落后于台风，合并过程没有发生（图 4.30）。而台风的风场廓线不影响向北转向的整个变化趋势，但是会影响向北路径突变的细节，如偏折角度，偏折后向北加速过程的快慢等。

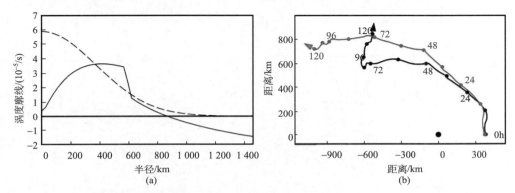

图 4.29　（a）两种季风涡旋的涡度（单位：$10^{-5}\,\mathrm{s}^{-1}$）廓线。实线：Wang（2007），虚线：Mallen 等（2005）（b）模拟的两个季风涡旋中的台风路径。黑色：Wang（2007）；红色：Mallen 等（2005）

4.2.3　低频振荡不同位相期间台风路径的变化特征

由于以往研究多偏重于个例分析或 ISO 的某一特定分量对 TC 路径的影响，因此从气候统计角度研究总体 ISO 的振荡特征会对 TC 路径产生怎样的影响。利用长时间资料序列，首先采用滑动平均方法滤除天气尺度扰动，分析 ISO 不同位相的环流背景特征及其对 TC 路径的影响，随后采用路径模式（Wu and Wang，2004）从引导气流角度初步探讨 ISO 对 TC 路径的影响机制，有助于定性和较深入地认识 ISO 是如何影响 TC 运动的，以期对夏季风期间 TC 路径预报提供一定的参考意义。

1. 夏季风期间南海对流活动的 ISO 特征

为了揭示对流活动的 ISO 特征对西北太平洋 TC 活动的影响，利用滑动平均方法将向外长波辐射（OLR）资料序列中的天气尺度扰动分量平滑掉，仅保留 ISO 分量，得

$$\mathrm{OLR}'_{11}(t) = \mathrm{OLR}_{11}(t) - 220\ \mathrm{W/m^2} \tag{4.1}$$

式中，$\mathrm{OLR}_{11}(t)$ 表示 t 时刻南海地区（105°～120°E，5°～20°N）区域平均 OLR 的 11 天滑动平均值，一般认为 $\mathrm{OLR} \leqslant 220\ \mathrm{W/m^2}$ 时对流活跃，因此将 $\mathrm{OLR}_{11}(t)$ 减去 220 $\mathrm{W/m^2}$，即得

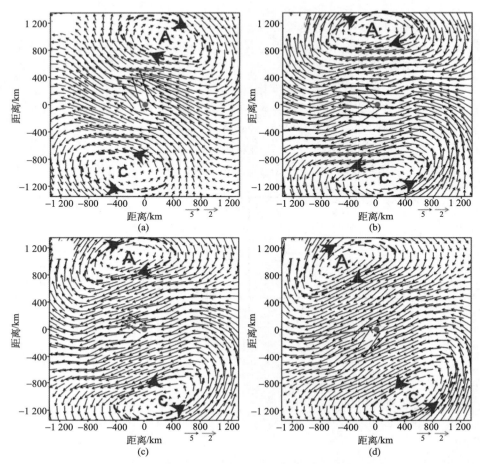

图 4.30　700 hPa 一波非对称风分量(单位：m/s)的演变。红点表示台风中心，红色箭头
表示台风移向和移速。字母 A 和 C 分别表示反气旋和气旋

(a) 42 小时；(b) 66 小时；(c) 75 小时；(d) 84 小时

到式(4.1)左边的 $OLR'_{11}(t)$，由此定义活跃期即为连续 5 天及以上 $OLR'_{11}(t) \leqslant 0$ 的时期，而连续 5 天及以上 $OLR'_{11}(t) > 0$ 的时期为不活跃期。定义的活跃期和不活跃期是指在南海夏季风盛行期内的，在南海夏季风爆发前及结束后，南海对流活动基本上都是不活跃的，不存在 ISO 现象。

　　由于每年南海夏季风的建立是以对流活跃期开始为开始，以对流活跃期结束为结束，所以每年夏季风的不活跃期要比活跃期少一次，南海对流活动也如此。统计结果显示，1979～2008 年 30 年间平均每年南海对流(夏季风)活跃期有 4.3 个，不活跃期 3.3 个。以 1979 年为例(图 4.31)，该年的南海夏季风开始于 5 月第 3 候，结束于 10 月第 1 候，其中对流活跃期有 4 个，分别为 5 月 14～22 日、6 月 17 日～7 月 9 日、7 月 26 日～8 月 15 日、9 月 16 日～10 月 4 日。不活跃期 3 个，分别为 5 月 23 日～6 月 16 日、7 月 10～25 日、8 月 16 日～9 月 15 日。

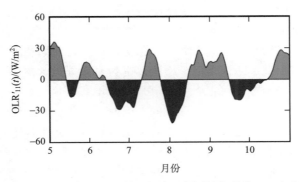

图 4.31　1979 年 5～10 月 $\mathrm{OLR}'_{11}(t)$ 曲线图（单位：$\mathrm{W/m^2}$）

对活跃期和不活跃期的 OLR 场分别进行合成，可以看出活跃期与不活跃期的对流活动差异是非常明显的（图 4.32）。活跃期 OLR 场的低值中心分别位于中南半岛东部和南海东部[图 4.32(a)]，其中南海东部的低值区中心值小于 175$\mathrm{W/m^2}$，对流非常活跃，并且与西北太平洋上的对流活跃带及中南半岛的对流活跃区连成一体，形成夏季的热带辐合带（ITCZ）。西北太平洋副热带高压位于 120°E 以东、20°N 以北的海面上，该海区为 OLR 的高值区，对流不活跃。而在不活跃期[图 4.32(b)]，南海地区变为 OLR 高值区，其中心值大于 250$\mathrm{W/m^2}$，对流不活跃，同时，中南半岛上的 OLR 低值区的对流强度也相应减弱，西北太平洋上对流活跃带面积缩小、强度减弱。西北太平洋副热带高压增强西伸，控制南海地区，ITCZ 在南海中断。由此可见，活跃期时，南海及菲律宾以东的西北太平洋地区对流活跃，可以为 TC 的生成提供大量的初始扰动，有利于 TC 的生成发展；不活跃期时，南海地区对流不活跃，对 TC 的生成发展不利，菲律宾以东的西北太平洋上对流也相应减弱，TC 的生成数也会相应减少，TC 的统计结果证实了这一点。

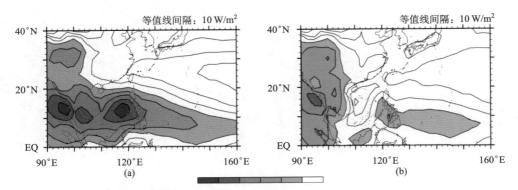

图 4.32　1979～2008 年夏季风期间南海对流活跃期和不活跃期 OLR（单位：$\mathrm{W/m^2}$）分布，
阴影区为 OLR＜220 $\mathrm{W/m^2}$ 的区域
（a）活跃期；（b）不活跃期

　　低层（850 hPa）涡度场（图 4.33）与 OLR 场（图 4.32）分布型基本一致。活跃期时［图 4.33(a)］，从中南半岛向东至南海的正涡度区与西北太平洋的正涡度带组成了 ITCZ，其中，中南半岛东部与南海上空分别有一个正涡度中心，在风场上表现为一强而深的季风槽区，该季风槽为西北—东南走向，槽线以南为西南季风，槽线以北转为东南风。菲律宾以东的西北太平洋上存在一正涡度带，是位于 120°～140°E 间的越赤道气流与西太平洋副热带高压南侧的东风信风辐合形成的。因此，活跃期时，位于南海上空的季风槽以及西北太平洋上的辐合带均可为 TC 的生成提供低层气旋性涡度，同时，在垂直方向上，季风槽上空深厚的暖空气增加了对流层厚度，加强其上空的反气旋环流，使得低层气旋性切变到高层转为反气旋式切变，有利于 TC 的形成（高建芸等，2011）。不活跃期时［图 4.33(b)］，季风槽偏西偏北，退出南海，西南季风也相应地向北推进，而南海中东部变为负涡度区，不利于 TC 的生成。西北太平洋上的辐合带仍然存在，但强度减弱、范围缩小。因此，不活跃期时，TC 的生成主要集中在南海以外的西北太平洋上，TC 的生成频次也相应减少（图 4.34）。

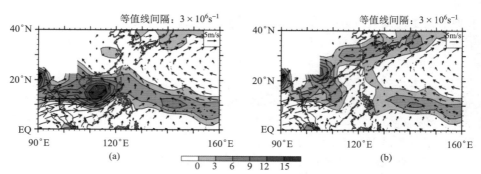

图 4.33　1979～2008 年南海对流活跃期和不活跃期 850 hPa 风场（单位：m/s）

和涡度场（单位：10^{-6}s^{-1}），阴影区为正涡度区

(a) 活跃期；(b) 不活跃期

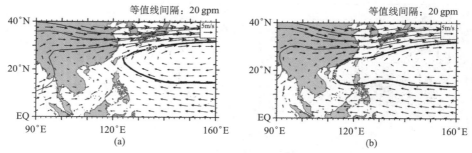

图 4.34　1979～2008 年南海对流活跃期和不活跃期 500 hPa 风场（单位：m/s）

和 500 hPa 高度场（单位：gpm）

(a) 活跃期；(b) 不活跃期

　　活跃期时，南海-西北太平洋季风槽在中层（500 hPa）环流场上也有表现［图 4.34(a)］，槽线位置较低层［图 4.33(a)］略偏南，位于 13°N 附近。副热带高压位于海面上，

其 5 870gpm 线的西边界在 124°E 附近。低层的热带辐合带[图 4.34(a)]在中层环流场上不存在。不活跃期时[图 4.34(b)]，西太平洋副高西伸控制南海东北部地区，南海南部盛行偏东风，南海北部为偏南风。高层(200 hPa)的环流形势与中低层基本相反，南海到西太平洋上空均为反气旋性环流，且活跃期要强于不活跃期。由此可见，对流活跃期的季风环流在水平和垂直方向上都要比不活跃期强。

由上述分析可见，南海对流活动的振荡现象是南海季风活动 ISO 特征的表现，南海地区对流活跃(不活跃)对应着南海季风活跃(不活跃)，季风槽强(弱)且向东伸展(向西撤退)，西北太平洋副热带高压偏东(西)，季风环流强(弱)。

2. 南海夏季风期间 TC 活动的气候特征

考虑到南海对流活动的影响范围有限，将 120°～135°E、5°～25°N 的矩形区定义为南海对流影响区。选取 1979～2008 年南海夏季风期间的 TC 个例共 226 个，根据生成位置和路径类型将其分为三类：第一类是指生成位置位于南海地区的 TC(SCS-TC)，共 69 个；第二类是指生成在南海以外的西北太平洋上，并以直行(西行或西北行)路径进入南海的 TC(WNP-TC1)，称为直行路径，共 85 个；第三类是指生成在南海以外的西北太平洋上，先西行进入对流影响区，继而转向北上而未进入南海的 TC(WNP-TC2)，称之为转向路径，共 72 个。WNP-TC1 和 WNP-TC2 合称为 WNP-TC，WNP-TC1 及 WNP-TC2 均经过了对流影响区。

活跃期与不活跃期 TC 生成频次差异颇大。当南海季风活跃、季风槽强时，TC 活动频繁(图 4.35)，活跃期共有 177 个 TC 发生发展，而不活跃期只有 49 个 TC 生成。其中，南海季风活动的强弱对 SCS-TC 的影响是最直接最显著的，绝大多数的 SCS-TC 是在活跃期(有 67 个)发生发展的，只有 2 个 TC 是在不活跃期生成。此外，ISO 对于 WNP-TC 路径的影响也很显著。活跃期时，110 个 WNP-TC 中约有 65% 是以直行路径进入南海的，不活跃期只有 30% 左右的 WNP-TC 会直行进入南海，其他 70% 的 WNP-TC 转向北上。因此，季风活跃、季风槽强时，WNP-TC 更容易

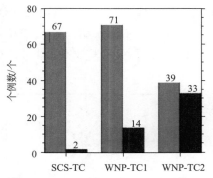

图 4.35　1979～2008 年南海夏季风活跃期(红色)和不活跃期(蓝色)三类 TC 个例数(单位：个)

以直行路径进入南海地区，多影响海南及两广地区；而当季风不活跃、季风槽减弱西退时，大多数 TC(约 70%)会在对流影响区转向北上，不进入南海，大多影响福建、浙江等地。

在 TC 生成频次分布(图 4.36)同样可以看出，不活跃期 TC 的生成数量远小于活跃期，这是与活跃期季风环流强，南海-西太平洋季风槽深相联系的，因为季风槽在低层可以为 TC 的生成提供气旋性涡度，在高层提供反气旋涡度，这是 TC 生成所需的动力学条件之一(Gray，1968，1998)。此外，季风槽由大量中尺度深对流系统组成，这些中尺度对流系统为 TC 的生成提供了初始扰动，观测(Ferreira and Schubert，1997；Wang and Magnusdottir，2006)和数值研究(Ferreira and Schubert，1997；Wang and Frank，1999；Wang and Magnusdottir，2005)均表明季风槽会自发断裂形成 TC。同时，季风槽对 TC 的生成位置也有很大的影响，在活跃期 TC 的生成位置主要集中在 135°E 以西[图 4.36(a)]的南海-西北太平洋季风槽区，生成频数的大值中心分别位于南海及菲律宾东侧，这两个区域分别是活跃期 TC 生成的第一和第二密集区，位于 135°~150°E 的辐合带是 TC 生成的第三密集区；不活跃期时，位于 135°~150°E 的辐合带是 TC 的主要生成地，一半以上的 TC 生成在该区[图 4.36(b)]，南海及菲律宾东侧只有少数 TC 生成。因此，南海季风活跃(不活跃)时，TC 生成多(少)，生成位置偏西(东)。

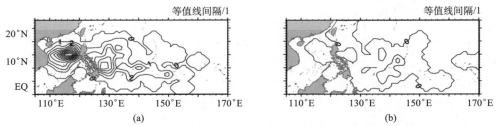

图 4.36　1979~2008 年夏季风期间南海对流活跃期和不活跃期 TC 生成频数分布
(a) 活跃期；(b) 不活跃期

南海季风活动的 ISO 特征除了会对 TC 的生成频数及生成位置产生影响外，对 WNP-TC 路径的影响也较为显著(图 4.37)。活跃期时，WNP-TC 整体路径偏西[图 4.37(a)]，盛行路径为直行路径，约占活跃期 WNP-TC 路径总数的 65%，其他 35% 为转向路径；在不活跃期，WNP-TC 路径偏北，盛行路径为转向路径(约占 70%)，直行进入南海的 WNP-TC 很少[图 4.37(b)]。

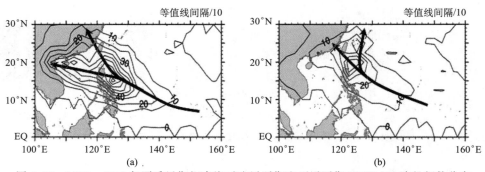

图 4.37　1979~2008 年夏季风期间南海对流活跃期和不活跃期 WNP-TC 路径频数分布
(a) 活跃期；(b) 不活跃期

上述分析表明，南海季风活动的 ISO 特征不仅影响 TC 的生成，还会影响其路径：南海季风的活跃(不活跃)位相对应 TC 的活跃(不活跃)阶段，TC 生成位置偏西(东)，WNP-TC 盛行直行(转向)路径。许多研究已表明，大尺度引导机制是 TC 运动的基本机制(王斌等，1998)，那么，ISO 不同位相条件下 WNP-TC 的路径特征是否与大尺度的引导作用有关呢?

3. 数值模拟

模式是 Wu 和 Wang（2004）提出的路径模式（trajectory model），在这个模式中，TC 被视为一个点涡，并且在固定格点上是以气候平均 TC 运动速度移动的，即所有的 TC 在相同格点上都是以相同速度运动的。该模式需要输入的资料：一是 TC 的初始位置资料；二是平均 TC 运动速度。模式中 TC 的初始位置是 TC 首次达到热带低压强度时的位置，当 TC 移出模拟区域时计算结束。平均 TC 运动速度包含了大尺度引导气流和 β 漂移，大尺度引导气流速度为 $300 \sim 850$ hPa 的垂直平均引导气流速度，可由 NCEP/NCAR 再分析资料计算得到；平均的 TC 运动速度可由 CMA-STI 最佳路径资料计算得到，因此 β 漂移即为平均 TC 运动速度减去大尺度引导气流速度，即

$$V_{\mathrm{TC}} = V_{\mathrm{ST}} + V_{\beta} \tag{4.2}$$

式中，V_{TC} 为平均 TC 运动速度；V_{ST} 为大尺度引导气流速度（$300 \sim 850$ hPa 的垂直平均引导气流速度）；V_{β} 为 β 漂移速度。则有

$$V_{\beta} = V_{\mathrm{TC}} - V_{\mathrm{ST}} \tag{4.3}$$

由于南海对流活跃期（不活跃期）对应西北太平洋 TC 活动的活跃期（不活跃期），活跃期 WNP-TC 较不活跃期容易进入南海，且生成位置偏西，因此我们主要从大尺度引导气流和 TC 的生成位置两个方面讨论 TC 路径的影响因子。下面对活跃期和不活跃期的两类 WNP-TC 个例分别进行模拟，模式中放入与观测相同数量的 TC 个例，其中活跃期个例有 110 个，不活跃期有 47 个，其初始观测位置如图 4.38 所示。针对这两类个例分别进行四组试验，具体试验设计参见表 4.2。

表 4.2 两类 WNP-TC 个例的试验设计

项目	活跃期 WNP-TC(110 个)试验	
	TC 初始位置	平均 TC 运动速度
试验 AC-Ⅰ	观测位置	活跃期 V_{ST}＋活跃期 V_{β}
试验 AC-Ⅱ	观测位置	不活跃期 V_{ST}＋活跃期 V_{β}
试验 AC-Ⅲ	观测位置西移 5 个经度	活跃期 V_{ST}＋活跃期 V_{β}
试验 AC-Ⅳ	观测位置东移 5 个经度	活跃期 V_{ST}＋活跃期 V_{β}
项目	不活跃期 WNP-TC(47 个)试验	
	TC 初始位置	平均 TC 运动速度
试验 IN-Ⅰ	观测位置	不活跃期 V_{ST}＋不活跃期 V_{β}
试验 IN-Ⅱ	观测位置	活跃期 V_{ST}＋不活跃期 V_{β}
试验 IN-Ⅲ	观测位置西移 5 个经度	不活跃期 V_{ST}＋不活跃期 V_{β}
试验 IN-Ⅳ	观测位置东移 5 个经度	不活跃期 V_{ST}＋不活跃期 V_{β}

南海对流活跃期 WNP-TC 共有 110 个，活跃期 WNP-TC 路径频数的模拟结果[图 4.38(a)]与观测[图 4.37(a)]对比可以看出，该模式的模拟效果较为理想，活跃期 WNP-TC 的两种路径都较好地模拟出来了，只是位于南海的路径频数中心较观测偏东，

这可能与模式的海陆控制参数有关。试验 AC-Ⅱ与 AC-Ⅰ模拟结果差值场[图 4.38(b)]显示，当平均引导气流换为不活跃期的平均引导气流时，西北路径及转向路径变多，西行进入南海的 WNP-TC 减少，这说明不活跃期的环境场不利于 WNP-TC 西行进入南海，这与观测结果是一致的。图 4.38(c)和图 4.38(d)分别是 WNP-TC 初始位置西移和东移 5 个经度后 WNP-TC 路径频数的变化，可以看出当生成位置偏西、比较靠近南海时，进入南海的 WNP-TC 增多，向北转向的 WNP-TC 减少；同样当生成位置偏东、远离南海时，WNP-TC 更容易西北行或转向北上，偏西路径减少。实际观测中，活跃期 WNP-TC 的生成位置较不活跃期是偏西的(图 4.36)，因此，在南海夏季风活跃期，不仅大尺度引导气流有利于 WNP-TC 路径偏西，WNP-TC 生成位置偏西也是其路径偏西的原因之一。

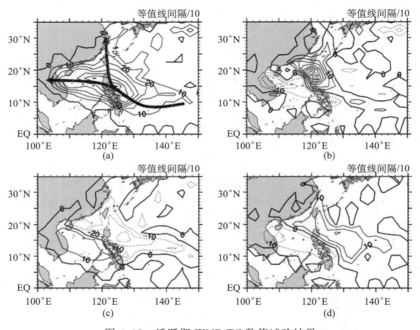

图 4.38　活跃期 WNP-TC 数值试验结果

(a)试验 AC-Ⅰ；(b)试验 AC-Ⅱ减去 AC-Ⅰ的差值场；(c)试验 AC-Ⅲ减
去 AC-Ⅰ的差值场；(d)试验 AC-Ⅳ减去 AC-Ⅰ的差值场，等值线为 TC 路径频数

　　对流不活跃期的 WNP-TC 相对较少，只有 47 个。路径模式也较好地模拟出了这类 WNP-TC 的路径分布[图 4.39(a)]，即不活跃期 WNP-TC 整体路径偏北，盛行转向路径，这与观测结果[图 4.37(b)]也是非常吻合的。将平均引导气流替换为活跃期的平均引导气流后，WNP-TC 的转向路径减少，西行路径增多[图 4.39(b)]，表明活跃期的大尺度环流场是有利于引导 WNP-TC 西行进入南海的。有关生成位置的试验结果[图 4.39(c)，(d)]与活跃期个例的试验结果[图 4.38(c)，(d)]是一致的，即 WNP-TC 的生成位置越偏西，WNP-TC 路径越偏西，但是观测结果显示，不活跃期 WNP-TC 的生成位置较活跃期偏东[图 4.36(b)]，因此，这也使得不活跃期 WNP-TC 转向路径较多，整体路径偏北。

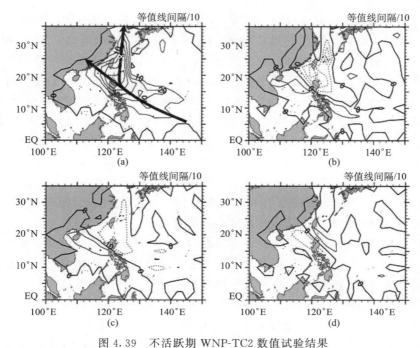

图 4.39　不活跃期 WNP-TC2 数值试验结果

(a)试验 IN-Ⅰ；(b)试验 IN-Ⅱ减去 IN-Ⅰ的差值场；(c)试验 IN-Ⅲ减去 IN-Ⅰ的差值场；

(d)试验 IN-Ⅳ减去 IN-Ⅰ的差值场，等值线为 TC 路径频数

可见，该路径模式有能力模拟出夏季风期间 WNP-TC 活动的气候学特征，模拟效果较理想。模式结果表明，南海夏季风活跃(不活跃)时，其大尺度环境场有利于 WNP-TC 直行(转向)，整体路径偏西(北)。WNP-TC 的生成位置对其路径也有一定的影响，生成位置偏西(东)有利于路径偏西(北)。

4.3　中尺度对流系统对台风路径的影响

DeMaria 和 Chan(1984)研究显示，两个相互靠近的涡旋是相互排斥还是吸引取决于相互之间的距离及两者的涡度廓线。中尺度系统对台风的影响虽然不像双台风相互作用那样对台风路径改变很大，但是也会使得台风路径产生变化。Lander 和 Holland (1994)用模式来描述两个涡旋之间的相互作用，研究表明，两个涡旋走向合并还是分离与两者的距离及结构有关。在其文中还模拟了两个大小不同、相互靠近的涡旋，发现合并过程并不经常发生。相反，稍小的涡旋会被扫入较大涡旋的水平或垂直切变的气流中，因此小涡旋会在合并发生前就消散了。还有研究(Willoughby et al.，1984)发现由积云对流引发的台风非对称会使得路径摆动。陈联寿和罗哲贤(1996)用准地转正压模式研究了不同尺度涡旋对台风的影响，指出小尺度涡旋在一定条件下有能力使台风偏离正常路径，并指出涡旋与台风相互作用时台风非对称结构随时间的非规则变化是导致路径变化的主要原因。Holland 和 Lander(1991)分析研究了中尺度云团对台风的影响，指出中尺度系统使得台风路径摆动。马镜娴和罗哲贤(2000)研究了一个衰减低压涡旋对台风

路径及强度的影响。陈联寿等(1997)研究发现，台风外区热力不稳定会导致台风的不对称性增强，继而引起台风路径的异常变化。Chen 和 Luo(2004)研究认为，台风外围中尺度涡旋向内传播使得台风强度路径产生变化，这种变化与台风本身的结构有关。

上述研究中对台风和各种系统相互影响多采用理想模式模拟，因为在实际大气中很难将各种系统分离出来单独分析每个系统对台风的影响。Davis 和 Emanuel(1991)提出位涡分部反演(piecewise inversion)方法，将各个系统位涡分离出来然后用分部位涡反演方法将这个位涡所代表的温压风场反演出来。这种方法能够比较好的分离单个系统而不改变周围环境气流。Wu 和 Emanuel (1995a，1995b)用位涡反演方法定量分析了平均气流及正负环境位涡异常对台风的影响。Wu 和 Kurihara(1996)、Shapiro(1996)与 Shapiro 和 Franklin (1999)研究了台风不同部分的单个位涡扰动和环境气流对台风运动的影响，他们发现高层位涡扰动对台风移动有重要影响。

前人在中尺度系统对台风影响方面做了很多研究，因为中尺度对流系统在实际个例中难以分离等原因，主要采用正压模式利用理想的涡旋代替台风和中尺度系统来研究中尺度系统对台风影响。实际中尺度系统与理想涡旋有很大不同，包括大小强度、辐合辐散、维持时间等，因此只用理想模式模拟分析可能与实际情况有较大差距。然而在分析实际中尺度系统对台风移动影响这方面的文章较少。在 Wang 和 Zhang(2003)的 PV-ω 位涡反演基础上，采用 Kieu 和 Zhang(2010)PV-ω 分部反演方法，将非守恒因子引入到非线性平衡方程和位涡守恒方程，即在非线性平衡的基础之上，加入准地转 ω 方程、涡度方程，用来分离诊断中尺度系统对台风的影响。并通过改变初始场用模式积分的方法研究中尺度系统大小存在与否对台风的影响。

4.3.1　台风"风神"概况及数值模拟

台风"风神"于 2008 年 6 月 18 日在菲律宾以东海域形成热带低压，其后逐渐发展为台风，并向西至西北偏西移动，之后穿越菲律宾中部。6 月 22 日，进入南海。一直到 25 日在广东粤东沿海登陆。各个机构对"风神"台风路径的预报都出现较大偏差。数值模拟也很难将其准确模拟。其路径经历三次较大的偏转。分别在 20 日 12 时至 21 日 8 时、22 日 17~23 时、23 日 11~16 时，台风由向偏北方向移动转为西行。从卫星云图中看台风"风神"在移动过程中表现出较强的非对称性。

图 4.40 为利用卫星资料选取的在世界时 20 日 12 时、21 日 11 时、21 日 22 时、22 日 14 时所画的云顶亮温图。从图中看出台风在这段时间内其西侧或西南侧常存在中尺度对流系统，其不对称性也较强。中尺度系统并不是只存在于一个孤立的时刻，通常会持续几个小时甚至是十几个小时，因此在台风移动过程中频繁出现较强的中尺度对流系统和台风表现出的强不对称性，可能是造成台风"风神"移动路径预报误差的主要原因。为了更好地研究台风"风神"中尺度对流系统，利用 WRF 模式对台风"风神"进行模拟(表 4.3)，采用双向嵌套网格系统，其中粗网格模拟时段为 78 小时(2008 年 6 月 19 日 12 时至 22 日 18 时，UTC)，积分步长 60s。第二重网格晚 6 个小时启动(2008 年 6 月 19 日 18 时至 22 日 18 时)，并自动跟随涡旋移动。模拟结果输出间隔 1 小时。

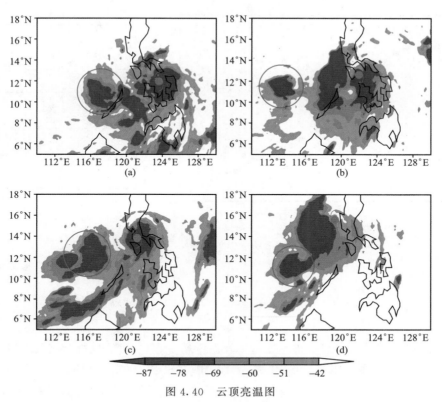

图 4.40　云顶亮温图

(a)20 日 12 时；(b)21 日 11 时；(c)21 日 22 时；(d)22 日 14 时

红色圆圈区域内为中尺度系统所在区域

表 4.3　"风神"模式参数设置

区域	D01	D02
格点数	300×300	490×430
格距	18 km	6 km
垂直层次	46	46
微物理过程方案	Lin 方案	Lin 方案
积云对流参数化方案	KF 方案	无
陆面过程方案	Noah 方案	Noah 方案
边界层方案	YSU 方案	YSU 方案
长波辐射方案	RRTM 方案	RRTM 方案
短波辐射方案	Dudhia 方案	Dudhia 方案

　　图 4.41 为模式和实测大气最低气压和最大风速随时间演变图及台风模拟和 JTWC 最佳路径。由模拟和观测结果比较可见，模拟的走向与实况基本一致。因此，模式输出资料能够比较准确地描述"风神"发展状况。

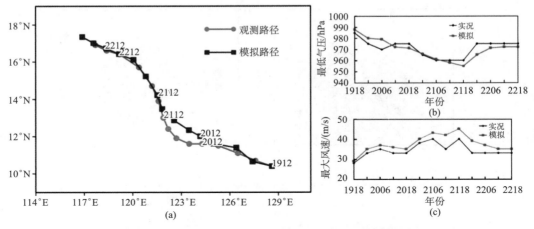

图 4.41　台风"风神"的模拟和实况路径、最低气压和最大风速

4.3.2　台风"风神"外围中尺度系统的诊断分析

从模式模拟的云顶亮温、雷达反射率及涡度场来看，台风"风神"在移动过程中，其左侧不断有中尺度系统出现。图 4.42 为 20 日 03～12 时的云顶亮温及位涡场。从图 4.42 中明显可以看出，在台风西侧偏南处（117°E，10.5°N）附近有一块云顶亮温低值区域，存在旺盛的对流系统，其尺度大概在 400 km，为一个中尺度系统。从图中看，此系统相对于台风的位置基本没有变化。只是 12 时的中尺度系统相比较 03 时而言向台风方向移动了一点，在这期间台风向北方移动了一些。从图中看，这两者相对运动比较缓慢，且中尺度系统持续时间较长。陈联寿和罗哲贤（1995）的研究显示，当一个较小涡旋出现在一个较大涡旋周围时，会出现小涡旋绕大涡旋旋转的情况。然而在本个例研究中，中尺度系统与台风的相对位置没有明显变化，这可能与局地地形或者变化缓慢的大尺度环境场有关。从图中 12 时模拟的云顶亮温与 12 时实况资料对比可以看出，模拟出的中尺度系统与实况比较相似，能够比较真实地反映实况特征。

中尺度系统与台风的相对位置变化不大，使得我们能够更加方便地研究中尺度系统与台风随时间演变过程。然而中尺度系统中的强对流与位涡并不是集中在一块，如图 4.43 所示，中尺度系统位涡并不是完全的中间大两侧小，而是有几个大值中心散落在中尺度系统的区域中。中尺度系统的发生发展通常指的是整个中尺度系统的平均状况。图 4.43 为 20 日 10 时 5 km 的风场和位涡场，为了更好地显示台风西侧中尺度系统的变化，我们使用东西和南北距离台风中心的距离作为横纵坐标，以穿过台风中心和中尺度系统中心的 MN 线为中心做矩形。在水平面上做 AB、CD 两线之间平均（图 4.43），同时位涡、雷达反射率在高度上在中尺度系统位涡较强的 4～7 km 做平均，沿 MN 线的平均位涡和雷达反射率随时间演变如图 4.44。

从图 4.44 中可以明显看出，在台风左侧离台风中心 950 km 处，20 日 00 时出现

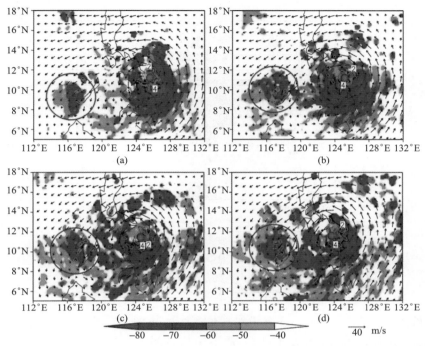

图 4.42　20 日 03：00，06：00，09：00，12：00 时刻的云顶亮温（℃），5 km 高度处位涡（等值线，PVU）和风场（箭头），红色圆圈为中尺度系统区域，红点为台风中心位置

(a)2008 年 6 月 20 日 3 时；(b)2008 年 6 月 20 日 6 时；(c)2008 年 6 月 20 日 9 时；(d)2008 年 6 月 20 日 12 时

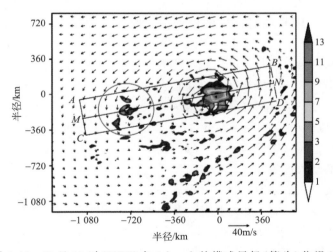

图 4.43　20 日 10 时（UTC）在 5 km 上的模式风场（箭头）位涡（阴影），图中红色圆圈为半径 300 km 的圆，为位涡反演时所取中尺度系统位涡扰动所在区域。MN 线为中尺度系统中心与台风中心连线。AB 和 CD 两条线为距离 MN 180 km 的两条平行线

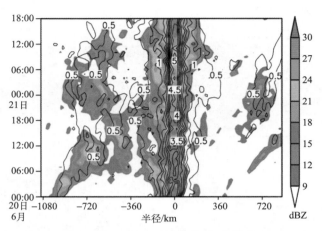

图 4.44　20 日 00 时至 21 日 18 时的位涡(等值线，PVU)，雷
达反射率(阴影)的时间剖面图。阴影和等值线代表沿雷达反
射率和位涡在图 4.43AB 与 CD 之间垂直高度 4～7 km 的平均

一个较小的中尺度系统，00～06 时中尺度系统与台风中心距离快速减小并逐渐增强，在 10 时左右达到最大。同时在 10 时，此系统的右侧距离台风中心 500 km 处一个的中尺度系统快速发展，随后左侧中尺度系统快速消亡，在 16 时左侧中尺度系统已经基本消失。从图中可以明显地看出，在台风左侧的这一区域，中尺度系统并不是维持不变的，中间存在着系统的更替与演变。从图中看，在台风左侧一直到 21 日 16 时中尺度系统才逐渐消失。本节则主要研究从 06～18 时台风左侧 720 km 处的中尺度系统。为了研究中尺度系统对台风的影响，选取左侧中尺度系统发展到较强的时刻来诊断。

衡量中尺度系统对台风移动的影响需要有测定的方法。台风的移动往往沿着环境引导气流的方向。引导气流的概念是建立在把台风看作一个孤立涡度异常叠加在背景场假设的基础上的。然而，求解引导气流的方法有很多，最常用的就是把不同层次的水平平均气流做一个垂直加权平均(Chan and Gray，1982)。飞机和雷达资料表明，在较小半径上的平均气流与台风移动较为一致，因为较小半径的平均气流不仅包含了环境引导气流，还包含了内部动力过程及台风与多尺度系统相互作用所产生的次级引导气流。然而对每一层平均气流的权重系数，目前并没有一个明确的算法。这里研究中尺度系统对台风路径的影响，引导气流需要相对精确一些，因此采用"引导层"的概念，将台风中心半径 300 km 以内的平均气流减去台风的移动速度，哪一层最接近台风移动速度，即将其设为引导层。中尺度系统引发引导层平均气流的变化我们可以看作其对台风移动的影响。

图 4.45(b)中可以看出，在 5 km 的位置台风半径 300 km 以内的平均风速，基本与台风移动速度相同，我们将这一层设为引导层，并且可以从图中看出，此引导层上下有明显的风向转化。在实际个例中研究中尺度系统对台风的影响，怎样确定中尺度系统的

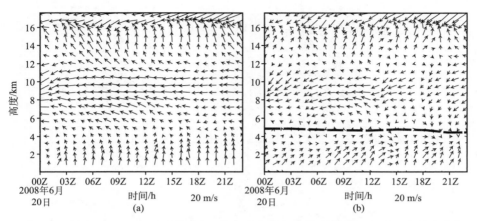

图 4.45　20 日 00～23 时(a)距台风中心 300 km 内的平均环境风(b)相对于台风移速的
平均环境风的时间高度剖面，虚线代表引导层位置

区域，如何区分中尺度系统与台风是比较困难的。为了诊断中尺度系统对台风移动的影响，采用分部位涡反演方法将中尺度系统分离出来，看看其对台风的影响。

在运用分部位涡反演时，台风平均场是沿台风中心的轴对称平均，中尺度系统可以看作是叠加在台风平均气流上的扰动。因此在选定中尺度位涡扰动时，选取台风西侧中尺度涡旋从中心到半径 300 km 的区域内位涡扰动作为中尺度系统位涡扰动来反演中尺度系统。图 4.43 中圆圈所示位置为所取的中尺度系统位涡扰动的区域。利用非线性平衡位涡反演得到中尺度区域位涡的反演风场，如图 4.46 所示。

从图 4.46(a)与图 4.43 比较可以看出，整体位涡反演得到的平衡风场与实际风场比较相近。说明平衡风场与模式风场是基本一致的。而图 4.46(d)为图 4.46(a)、(b)、(c)的结果。从图中看其误差不超过 0.5 m/s，说明整体反演得到的平衡风场，与由中尺度位涡扰动和其剩余位涡扰动所得到的平衡风场的和是一致的。这是因为在做分部位涡反演时，其平衡方程已经做了线性化处理，符合线性叠加原理。这样分割出来的位涡反演得到的流场与剩余位涡得到流场叠加就应该是整体的反演结果，这样才能保证反演算法的正确性。此时反演得到中尺度系统是基于非线性平衡基础上得到平衡风场，忽略了辐合辐散。然而对于中尺度系统而言，其内部的辐合辐散往往是比较强的，上升速度也是比较大的，涡度和散度有时甚至处于同一量级，因此对一个中尺度系统而言，其辐合辐散气流是至关重要的。

为了得到更加理想的中尺度系统，引用 Wang 和 Zhang(2003)的 pv-ω 位涡反演方法，在得到中尺度系统的平衡流场的基础上，加入中尺度系统区域的潜热和摩擦。利用 pv-ω 方法将中尺度系统的垂直速度和由此中尺度系统所引发的辐合辐散气流求出，得到此中尺度系统的准平衡场，如图 4.47 所示。

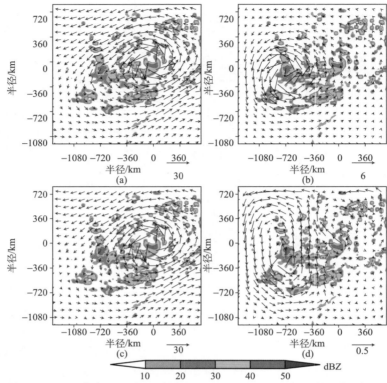

图 4.46　5 km 高度处的雷达反射率(阴影)和引导层上反演得到的风场(箭头)
(a)为所有位涡扰动反演出来的风场；(b)为图 4.43 中红色圆圈区域内中尺度系统的
位涡扰动所反演出来的平衡流场；(c)为图 4.43 中红色圆外位涡扰动反演得出的平衡
流场；(d)为整体位涡反演得到的风场减去中尺度区域位涡反演得出的风场加上剩余
区域位涡扰动反演得到的风场

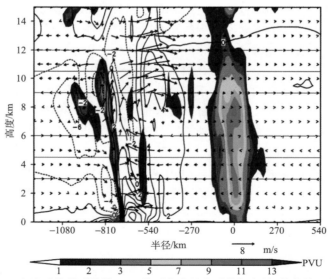

图 4.47　PV-ω 方法反演得到的沿 MN 截面的中尺度系统切向风(等值线，单位：m/s)、
径向风和垂直速度(箭头，单位：m/s)和沿截面的位涡(阴影，单位：PVU)

　　图 4.47 中所示阴影区域为位涡大于 1PVU 地区，等值线为切向风，箭头为截面内径向风和垂直速度。由图中可以看出，反演得到中尺度系统处于台风外围位涡较大的区域，在低层存在明显的流入气流垂直速度在 8 km 处达到最大。对于此中尺度系统来说，6 km 以下为流入气流，7 km 以上为流出气流。从图上已经可以看出，虽然反演得到的切向风在台风中心的数值并不大，但是鉴于台风的移动速度也不快，中尺度系统能够对台风的移动造成一定影响，虽然可能数值并不大，但是假如有其他因素的影响，或者台风处于路径转折的关键点上，则有可能对台风的移动造成较大影响。

　　为了更直观地显示中尺度系统对台风移动的影响，我们将中尺度系统所得到风场转化到引导气流上。图 4.48(a) 为引导层上反演得到中尺度系统的切向风和径向风。从图中可以看出，径向风下台风中心附近不为 0，且方向指向中尺度系统方向，说明中尺度系统会使得台风向其所在方向移动。并且，在反演时算法采用了静力平衡，准地转近似使得中尺度系统中反演得到的辐合辐散比实际要小，垂直速度只能反演出 70% 左右，因此实际中尺度系统的径向风会比图 4.48(a) 中的径向风要大些。图 4.48(b) 蓝色实线为引导层上的平均风速，红色虚线为反演得到的中尺度系统风场在引导层上的平均风速。中尺度系统对台风移动的影响可以简单用其对引导气流的作用来表示。此时中尺度系统对台风的影响会使得台风向台风移动的前进方向移动。就其对台风移动速度的贡献来讲，单从大小方面看贡献甚至超过了 1/4。Chen 和 Luo(2004) 的研究表明，中尺度系统与台风存在复杂的非线性关系。单单看中尺度系统对引导气流的贡献或许不能表明其两者的复杂关系，但是从此时刻中尺度系统对台风的简单线性影响中也可以看出，此中尺度系统能够对台风移动造成一定影响。

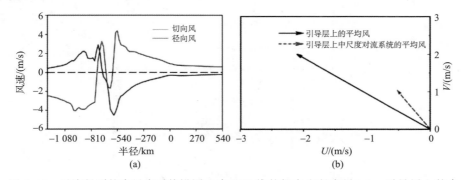

图 4.48　反演得到的中尺度系统沿图 4 中 MN 线的切向和径向风 (a)。引导层上的台风中心半径 300 km 内模式输出风场的平均速度 (蓝色实线，m/s) 和反演得到中尺度系统的平均风速 (红色虚线，m/s)(b)

4.3.3　外围中尺度对流系统对台风影响的分析

　　中尺度系统是持续存在的，并不是单单存在于某一时刻，因此单单诊断一个时刻对台风移动速度的影响，不能够解释中尺度系统长时间的存在对台风移动的影响。为此，设计了三组实验来研究问题。

　　利用 WRF 中 ndown 程序将 20 日 6 时后 36 小时的模式输出结果的边界作为边界数据,选用模拟的台风"风神"20 日 6 时中尺度系统快速发展时刻的模式输出结果,做三组实验:第一组作为控制实验(control)为不做任何改变直接从 6 时向后模拟;第二组将 6 时初始场中通过位涡反演得到的中尺度系统去除(MCS_removed),研究去除 MCS 后台风路径变化;第三组实验是将中尺度系统区域的位涡扰动增大为原来的 1.8 倍 (MCS_enlarged),研究增强的中尺度对流系统对台风移动的影响。这三组实验采用同样的边界条件,初始场对比如图 4.49 所示。从图 4.49 对比可以看出,图 4.49(b)中其中尺度系统区域处位涡明显减小,其辐合辐散也明显减少。图 4.49(c)中中尺度系统区域位涡明显增加涡旋也相应增大。此外在进行去除中尺度系统模拟实验时,中尺度系统区域内的水汽用环境平均水汽替换,这样就防止了由于原来水汽积累导致潜热释放导致中尺度系统的再生。

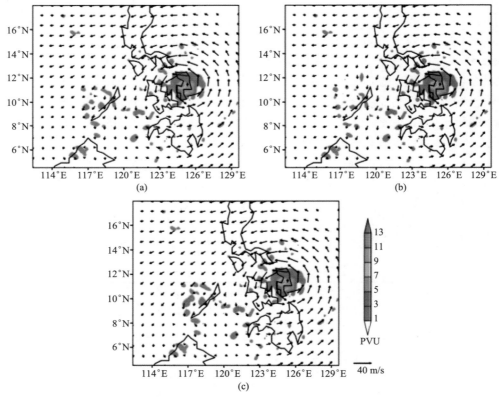

图 4.49　0620(UTC)时刻、5 km 高度上,三个实验的初始场的风场(箭头)位涡(阴影)
(a)控制实验;(b)去掉中尺度系统(MCS_removed);(c)加强中尺度系统(MCS_enlarge)

　　图 4.50 为三组实验开始后每隔 3 小时中尺度系统和台风中心的垂直剖面图。从图 4.50 中可以看出,在控制实验中,中尺度系统按照原来模拟的结果正常发展。而去除中尺度系统的实验中,去除的中尺度系统从初始时刻就不再产生。而将中尺度系统位涡

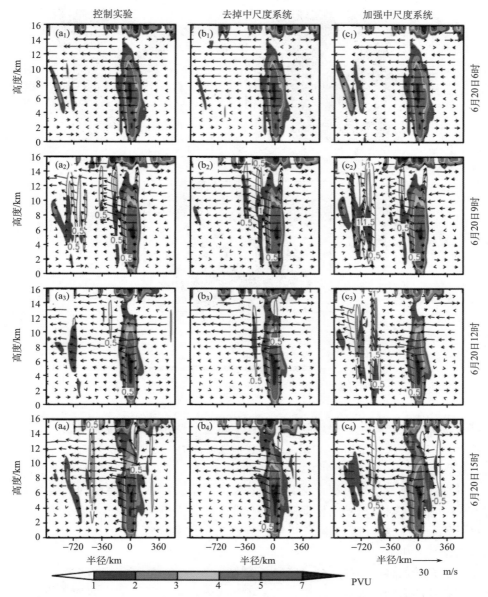

图 4.50　三组实验沿台风中心和中尺度中心的垂直剖面图,阴影为位涡(PVU),
等值线为垂直速度(m/s,间隔 0.5),风场为箭头

增强实验中,与控制实验相比,中尺度系统剧烈发展,这点在图 4.51 中三个实验中尺度系统随时间演变图中也可以清晰地看出。

图 4.51 中清晰地展现了三个实验中尺度系统随时间的变化。在模式运行的前 12 小时内,在 MCS_removed 试验中尺度系统不再出现,而在 MCS_enlarged 实验中,这段时间明显增强。但可以看出,去除和增强 6 时的中尺度系统都不能阻止 18 时之后的

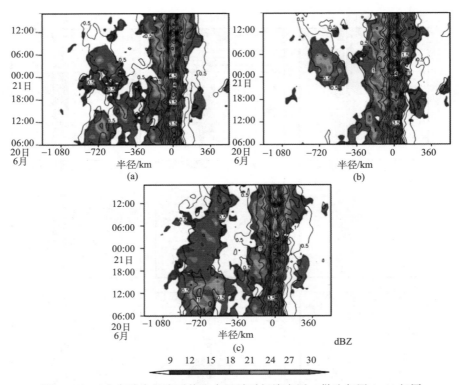

图 4.51　三个实验中尺度系统和台风随时间演变图。做法与图 4.44 相同

中尺度系统的产生，再生的中尺度系统的强度虽有所变化，但是变化不大。因此，在讨论中尺度系统对台风影响时，主要讨论模式前 12 小时中尺度系统的作用。

　　从图 4.51 看出，中尺度系统不是连续的，其存在和发展有其时间尺度。一个中尺度系统的存在和下一个中尺度系统的产生关系不是很大，中尺度系统的产生主要与周围环境有关。这里只对初始场中尺度系统进行改变。因为只有在模式运行的前 12 小时的中尺度系统被去除或增强，因此产生的影响都认为是由试验中 12 小时内去除掉或增强的中尺度系统产生的。

　　中尺度系统的存在会导致台风路径的变化，图 4.52 显示了三个试验中，中尺度系统对台风路径的影响。控制试验中，初始场和边界场都采用模式资料而没有任何改变，台风的路径与原来模拟的路径是一致的。去掉中尺度系统之后，在前 12 小时里台风移动与控制试验相比速度慢，且路径偏向控制试验路径的左侧。这与在图 4.48 中得到结果是一致的，中尺度系统会使得此时的台风偏向平均风速的右侧（图 4.53）。从这两个试验中可以得出，在模式运行的前 12 小时中中尺度系统使得台风加速和使得台风路径偏向右侧。用增大中尺度系统的试验作为验证同样说明了，前面提出的结论的正确性，增强的中尺度系统使得台风在其前进路径上移动得更快，且偏向控制试验路径的右侧。对比了控制试验和去除掉中尺度系统后的模式运行 12 小时后台风中心所在位置，去除中尺度系统后台风中心位于(123.53°E，12.05°N)，控制试验中台风中心位于(123.30°E，

12.30°N），两者相差 0.23 个经距和 0.25 个纬距，也就是说，这两者平均移动速度差距 0.85 m/s，换算成 u、v 为(0.59，0.64)。与上一部分诊断出的中尺度系统对台风的移动影响相比，u 风速的绝对值更大，方向比我们诊断得到的风速更加偏西，这或许与我们采用的反演方法中使用了准地转平衡和静力平衡而导致的辐合辐散风较小有关。此差异风速与我们诊断出的图 4.48 显示的中尺度系统风速相比，绝对值较小，但是诊断的是较强时候的影响，在这个时间段平均一下风速大小就相近了。

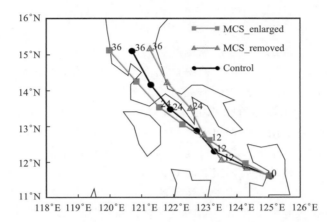

图 4.52　三个实验的台风路径图。图中数字为模式运行的时间

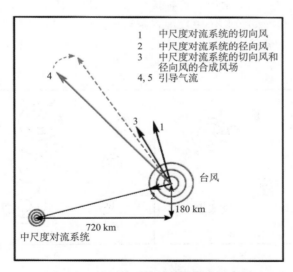

图 4.53　中尺度系统对台风影响示意图

从图中还可以看到，在模式运行 12 小时后，MSC_removed 和控制试验的路径与原来相比，都开始向偏北方向偏转，而 MCS_enlarged 实验变化不大。12 小时后周围大环境场变化引起引导气流的变化，引导气流向北偏转，对于去除掉中尺度系统后的台风而言，没有中尺度系统叠加的向西向极速度，使得其向西向北的速度较慢，速度很容

易改变。增强的中尺度系统路径变化不大有两个原因：一是由于叠加了增强的中尺度系统，使得其向西北移动速度较快，相同的力量改变一个移动速度快的物体需要的时间长；二是在环境气流改变偏北后，MCS_enlarged 试验中台风移动由于增强的中尺度系统的原因比控制试验台风移动偏西，环境气流改变相对于其移动方向来说变化不大，因此对其移动影响较小。从图 4.52 中看出，中尺度系统叠加在台风上面的风速最终还是会表现出来，增强的中尺度系统会使得台风移动的更偏西偏北。

从示意图(图 4.53)中可以看出，中尺度系统究竟使得路径是偏左还是偏右是相对的，同样的中尺度系统，当大环境引导气流由图示箭头 4 变为 5 时，中尺度系统也由使得路径偏右改为使路径偏左。中尺度系统产生的影响只是叠加在其引导气流上。

前人的研究表明，中尺度系统会使得台风移动表现出震荡，对台风移动来说，只是说使得其移动更加蜿蜒曲折，而我们研究对于本个例来说中尺度系统对其移动有较大影响。以图 4.54 解释本个例研究的中尺度系统影响与他人研究的不同。从图 4.54(a)中可以看出，这种情况主要出现在理想模式和台风周边的对流云团中。在这种情况下中尺度系统围绕台风转动，且不同时刻中尺度系统对台风的作用不同，而台风是一种强烈的天气系统，想要改变其移动是需要很多时间。我们可以想象一下一个力强加在一个物体上，还没来得及改变物体速度，改变其运动的力就已经变了，这样对物体的运动改变较小。而旋转的涡旋加入能够绕台风一圈的话其对台风整体移动改变为零。而图 4.54(b)中的情况则出现在本个例中和其他一些由局地或者台风与其他大尺度缓慢变化的系统相互作用而产生的中尺度系统的情况。这种情况下中尺度系统与台风之间相对位置变化不大，且中尺度系统持续时间较长，中尺度系统对台风的作用始终朝一个方向，这种作用力如果时间够长，最终会使得台风产生与其相对应的偏移速度。因此台风的移动位置有较大的变化。

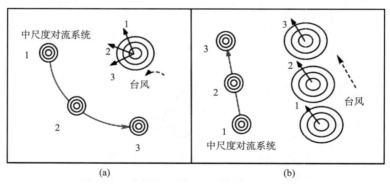

图 4.54　两种不同中尺度对流系统对台风影响示意图

图中数字表示不同时刻的中尺度系统及其对台风移动的作用，

蓝色箭头表示台风在中尺度系统影响下的移动

综上所述，通过卫星资料分析和利用模式模拟研究，发现台风"风神"在发展移动过程中在台风外围存在明显的中尺度系统，台风路径预报的偏差可能是由中尺度系统引起的。通过位涡反演诊断分析，在中尺度系统发展到比较强的时刻，中尺度系统在引导气流的影响有 25% 左右的贡献，能够对台风的移动造成一些影响。为了更好地研究持续存在的中尺度对台风的影响，通过模式积分方法设置了三个试验来研究中尺度系统对台风的影响：一是不做改变继续模拟；二是在初始场中去除掉位涡反演得到的准平衡中尺度系统之后；三是在初始场中增大中尺度系统位涡，使得中尺度系统增强，三者采用同样边界条件，发现中尺度系统会使得台风向西向极速度更大，而究竟使得路径左偏还是右偏取决于引导气流的方向和中尺度系统位置，而不管引导气流的方向变化如何，中尺度系统会使得台风向极向西运动的更远。图解说明了本个例中尺度系统引起台风运动变化大的原因是中尺度系统与台风相对位置变化不大。虽然研究了中尺度系统对台风的影响，但是中尺度系统与台风相对位置变化不大的具体原因，不同结构的中尺度系统对台风的影响还需要做进一步的研究。Chen 和 Luo(2004)的研究中显示，中尺度系统对台风的影响与中尺度系统大小、距台风中心距离及位置有关，因此还需要做一些试验来继续验证。

4.4　登陆过程中台风"莫拉克"(2009 年)与海洋相互作用

台风经过洋面时，引起海洋上下层海水强烈混合，导致海洋混合层显著变厚，海表温度(SST)下降。利用浮标观测资料和数值模拟，Price(1981)发现在宽阔洋面上台风可以引起 1～6 ℃ 的 SST 降低。除海洋的热力响应和结构变化之外，海流对台风还可产生动力响应。Bender 等(1993)和 Wu 等(2005)数值模拟表明，台风气旋风场可造成混合层的气旋式环流，而在台风后部，路径两侧的海流具有明显的非对称性，右侧波幅大于左侧。台风不仅造成水平流场的改变，还引发海水的垂直运动，一是台风中心附近 Ekman 抽吸而形成的上升运动；二是台风后部近惯性振荡形成的垂直环流。总之，宽阔洋面上，台风路径右侧的海洋热力、动力响应都强于左侧，上升流出现在台风中心附近。

然而，大洋西边界海域受局地环境条件影响，具有不同的响应特征。国内的一些研究也表明，台风在我国近海海域造成的影响具有不同于开阔海域的特征。李立和许金殿(1994)根据大亚湾海洋生态零点调查获得的水温、海流、潮位和气象观测资料，分析了近岸浅水(水深小于 20 m)对台风的响应特征，结果表明，近岸垂直环流改变，海水层化消失。由于陆架和海岸的影响，台风作用下垂直环流的调整使总体水温升高，明显区别于外海台风过后海水表面温度的下降。此外，"台风路径右侧的 SST 响应比左侧明显，最大降温出现在路径右侧"的结论也并不完全适用于近海的台风活动。例如，杨晓霞和唐丹玲(2010)的统计分析表明，当路径左侧的冷涡很强时，经过南海的台风左侧降温比右侧明显。我国近海海域具有复杂的岛屿(如台湾岛等)、河口、海岸、宽广陆架，并且是中尺度海–气相互作用频繁发生的典型区域，本节通过观测分析和海–气耦合模式模拟，了解该海域对台风的响应特征。

4.4.1　台风"莫拉克"登陆过程中海洋响应特征

1. 卫星资料分析

2009 年第 8 号台风"莫拉克"是 2009 年影响我国的最强台风，8 月 3 日(世界时，下同)生成，5 日加强为台风；7 日 15 时 45 分在台湾花莲登陆(图 4.55)，近中心最大风力达 40 m/s。9 日 12 时左右在福建霞浦再次登陆，中心附近最大风力仍达 33 m/s。9 日晚上福建省境内减弱为强热带风暴，10 日凌晨减弱为热带风暴，11 日晚停止编号。从生成到结束 9 天里给我国多省份带来严重创伤，其中台湾受创最为严重。

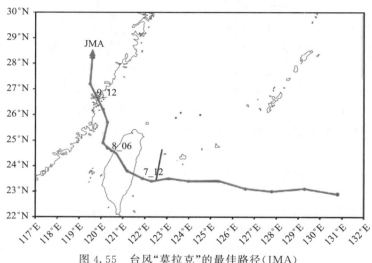

图 4.55　台风"莫拉克"的最佳路径(JMA)

在登陆台湾省前 24 小时内"莫拉克"移动速度仅为每小时 10 km 左右；进入台湾海峡到登陆福建霞浦前，在海上维持时间超过 35 小时，平均每小时移动速度仅为 5 km。Anthes 和 Chang(1978)的数值试验结果表明，当台风在暖区海域逗留的时间小于 12 小时，暖海域 SST 对台风造成的影响很小。"莫拉克"在近海移速慢，维持时间长，给台风和海洋之间相互作用提供了充分的时间，因而以"莫拉克"为例能够较好地研究台风登陆过程中海洋的响应特征。

台风"莫拉克"强度强、移速慢的特点，造成它所经过的海域的 SST 明显低于台风生成时(8 月 3 日)的 SST，最大降温幅度达到 3.5℃。前人的研究中对台风引起的 SST 变化有两类计算方法。早期 Price 等是将台风经过海域的后一天 SST 减去前一天 SST($\Delta SST = SST_{t+1} - SST_{t-1}$，$t$ 为台风到达研究海域的时刻)；近期则是用台风过程中、经过后或者模式最后积分时刻的 SST 减去台风生成前的海温。由于 SST 对台风的响应需要一定时间，因此为了更准确地体现近海 SST 对"莫拉克"的响应，通过比较台风形成时(海温还未受台风影响)的 SST 和台风过程中的 SST，从而得到台风经过研究区域前后的 SST 的变化，$\Delta SST = SST_p - SST_b$，下标 b 表示台风形成的日期，p 代表台风过程中某日。图 4.56 显示了台风引起的 SST 变化。

台风"莫拉克"在宽阔洋面上引起的最大降温位置位于路径的右侧；"莫拉克"于 7 日逐渐靠近近海，18 时登陆台湾。台风途径台湾东部近海，其路径左侧的海洋响应强于右侧[图 4.56(a)，左侧降温 1.5 ℃，右侧只有 0.5~1 ℃ 的降温幅度]。8~9 日，"莫拉克"穿过台湾海峡，在福建霞浦再次登陆，其引起的最大降温位置也一直位于路径附近偏左，而非路径的右侧[图 4.56(b)，9 日图略]。

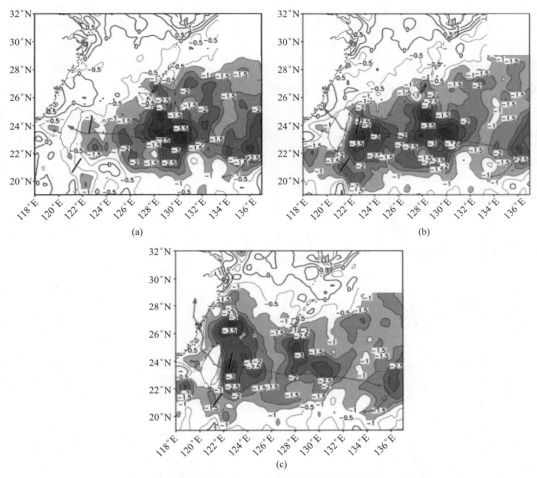

图 4.56　台风"莫拉克"经过前后海表温度的变化（ΔSST）

ΔSST＝SST$_p$－SST$_{8/3}$，SST 的下标表示日期（月/日），下标 p 表示台风过程中某日：8 月 7 日［图 4.56（a）］、8 月 8 日［图 4.56（b）］、8 月 10 日［图 4.56（c）］。阴影区表示降温幅度大于 1 ℃的海域；等值线间隔为－0.5℃。红色实线为台风路径，箭头方向表示台风移动方向和箭头位置表示当天 18 时台风中心位置

　　观测资料分析表明，近海 SST 对台风"莫拉克"的响应同外海海域的情况有所区别，路径左侧的海洋对台风"莫拉克"的响应强于右侧，最大降温出现在路径附近偏左或者离台风中心距离较远的冷涡海域。

2. 耦合模式结果

　　卫星反演资料仅有海表面温度，为了解不同深度的海温以及台风经过海域的海流对台风的响应，我们进一步使用海洋-大气耦合模式 GRAPES-ECOM 进行模拟分析。

1）耦合模式模拟的海温分析

　　水深 5 m 的海温在台风期间的变化同样用上文提到的计算方法，即 ΔSST＝SST$_p$－

SST_b，不同的是下标 b 表示模式的初始时刻 8 月 6 日 00 时，得到的变化如图 4.57 所示。虽然开阔海域的降温幅度略小于卫星资料，这可能和模式模拟的台风强度偏弱，移速偏快有关，但模拟的海表面温度变化的分布特征和卫星反演资料所体现的特征一致，即在外海海域，由于路径右侧大风等的影响，路径右侧的降温幅度大于路径的左侧；当台风移到近海，路径左侧沿岸海域的降温幅度明显强于右侧，可达 4 ℃；台风转折北上，彭佳屿冷涡区的降温增强。

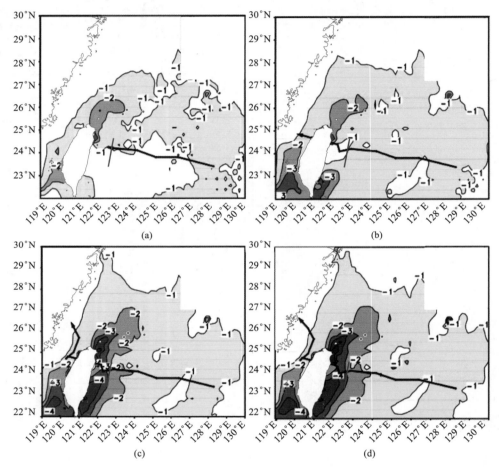

图 4.57　台风过程中模拟的海表温度的变化（ΔSST）

$\Delta SST = SST_p - SST_{8/6}$，SST 的下标表示日期（月/日），下标 p 表示台风过程中某日。阴影区表示降温幅度大于 1℃的海域；等值线间隔为 -1℃。黑色实线为台风路径，各点时间间隔为 6 小时；箭头方向表示台风移动方向，箭头位置表示该时刻台风中心位置

(a)8 月 7 日 00 时；(b)8 月 7 日 18 时；(c)8 月 8 日 18 时；(d)8 月 9 日 00 时

图 4.58 给出了不同水深的海温在台风前后的差异（$\Delta SST = SST_{8/9} - SST_{8/6}$）。水深越深，台风的影响越弱，并且由于上下层海水的强烈混合，50 m、100 m 的部分海域还出现海水的升温。尽管降温幅度不同，但是在台湾沿岸海域，各层海水的最大降温位置

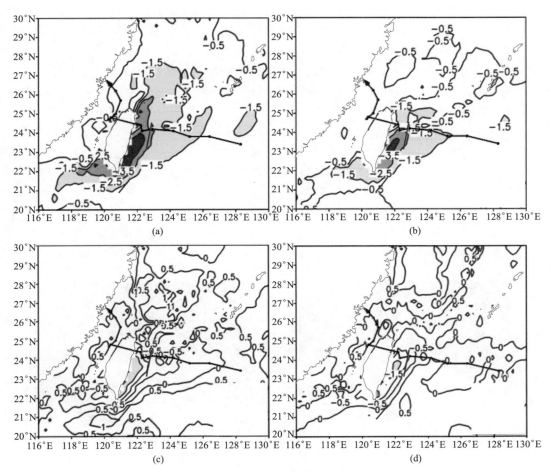

图 4.58　台风过后不同水深的温度变化（ΔSST）

(a)10 m；(b)20 m；(c)50 m；(d)100 m

ΔSST＝ SST$_{8/9}$－SST$_{8/6}$，SST 的下标表示日期（月／日）。阴影区表示降温幅度大于 1.5 ℃的海域；等值线间隔

为 0.5℃。黑色实线为台风路径，箭头方向表示台风移动方向；各图中 10 m/20 m/50 m/100 m 表示水深深度

都位于路径的左侧。

　　观测资料和模拟结果一致表明，沿海复杂的海洋环境中，0908 号台风"莫拉克"造成的海温降温特征，与深水海域的特征不同。台风在西北太平洋向西移动期间，路径右侧海温降温比左侧明显。这是因为路径右侧风速相对于左侧大，并且对于路径右侧的某一固定点而言，台风过程使得该点所受的风压顺时针旋转，旋转方向和 Ekman 漂流方向一致（北半球）；路径左侧风为气旋式偏转，旋转方向和科氏力强迫反向（北半球），因此路径右侧能量输送多于左侧，使得右侧响应强度大。近海海域，路径左侧的响应却强于右侧，各层海水的最大降温位置均位于路径左侧的沿岸海域，可能的机理是台风对沿岸上升流的影响。

　　台风引起的海温变化幅度很大程度上依赖于海流响应。台风期间水平流场的辐合、辐散不仅影响着台风造成的混合和夹卷，而且还进一步引起海水的垂直运动。当台风在开阔洋面移动时，台风中心强大的气旋式风应力引起表层海水的辐散从而诱发上升流，在远离台风中心较远的海域海水下沉，这一重力惯性波还将混合层的海水运动传递到深层海洋。当台风接近陆地，由于海岸线的阻挡，路径左侧的海水在偏西风的作用下形成离岸流，底层海水上涌补充，从而形成沿岸上升流。台风"莫拉克"登陆台湾过程中同样影响了台湾岛东岸黑潮海域海水的垂直运动。

沿 122°E 南北向的海温剖面图[图 4.59（a）]显示了初始时刻，台湾岛东岸 24°N 以北，由于黑潮转向而诱导的上升流，深层冷水和黑潮高温形成很强的温度梯度，不仅加强了该海域温跃层的强度，还使得温跃层深度（以 20℃等温线的位置表征该海域的温跃层深度）相对于周围海域浅。22°N 附近海水辐合，在岸边堆积，混合层明显比上升流海域混合层厚，温跃层深度大于 100 m，并且海表面温度也比上升流区高了 2～3 ℃。随着台风接近台湾岛，水平流场改变，台湾东南角的辐合变为辐散，在 23°N 附近诱导了沿岸上升流[图 4.59（b）]，海温下降；而原上升流海域的海水位于台风北部，在向岸风

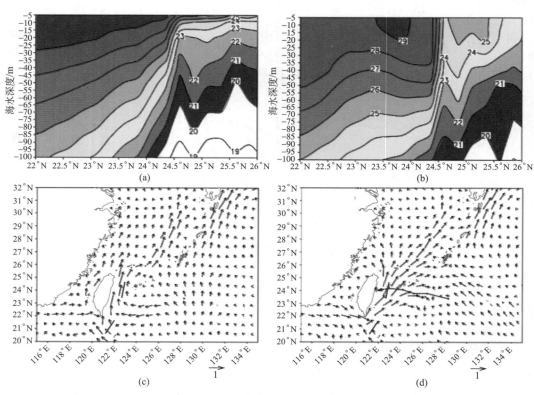

图 4.59　台风期间黑潮海域海温和西北太平洋海域水平流场的变化

（a）、（b）分别为 6 日 00 时、7 日 06 时沿 122°E 南北向的海温断面，等温线间隔为 1℃，（b）中粗箭头示意海水的垂直运动；（c）、（d）为 6 日 00 时、7 日 6 时的水平流场（cm/s），蓝色实线给出了 6 日 00 时～7 日 6 时的台风路径

作用下黑潮海域海水不再转向，减弱了原上升流的强度，温跃层深度由 50 m 降至 70 m。25 m 以浅海洋甚至产生弱的下沉流，导致 45 m 深度以上海水的海温有所上升。直到积分结束，东岸北部的上升流强度和温跃层深度逐渐恢复，而东岸南部仍然存在弱的上升流，该处的降温幅度明显大于周围海域。可见，黑潮南部海水受台风和地形的共同作用形成沿岸上升流，加强了路径左侧海水的降温幅度，甚至超过右侧主导风应力作用，台风造成的最大降温位置位于路径的左侧，不同于开阔洋面海温的响应特征。

2）海洋垂直热力结构的变化

台风强大的风应力直接作用于混合层，使混合层内产生很大流速，台风引起的抽吸和夹卷一方面使混合层温度下降；另一方面也使混合层深度明显加深，甚至改变海水的层化结构。

由于水深的不同，并没有确切地划分海洋混合层厚度的具体标准，但可以从海水的垂直热力结构来表征海水的层化结构，依照温度的不同在垂直方向把海水分为混合层、温跃层和深水层。混合层海水受到风吹作用而产生浪和洋流两种波动，这使得该层的海水得以充分混合，处于湍流混合状态的表层。在这一层中温度变化极小，不存在梯度。混合层往下水温骤降，温度变化曲线斜率大，称为温跃层，稳定的温跃层阻止下部的冷水和上部的热水相互混合。深水层位于温跃层以下，水温低且变化不大。图 4.60 显示了台风期间西北太平洋深水区和台湾海峡海水垂直热力结构的变化。

西北太平洋由于水深达几百甚至上千米，所以 100 m 以浅的海温垂直结构只显示出了混合层和部分温跃层。路径右侧的海洋混合层初始深度为 20 m。随着台风靠近，混合层加深至 40 m，混合层海温降低，但深层海水的海温并没有受到台风的影响；7 日 00 时台风经过该点，虽然整层海温降低，但混合层深度没有进一步加深；台风远离深水区，混合层厚度保持在 40 m，海温略有恢复［图 4.60(a)］。路径左侧的响应特征和右侧相似，但比右侧弱，混合层深度只加深了 10 m［图 4.60(b)］。台湾海峡水深浅，海水初始垂直分层明显，初始混合层 5～10 m，受到上升流的影响，海温低于西北太平洋仅 24.3 ℃［图 4.60(c)、(d)］。台风经过期间，混合层开始加深，温跃层海温梯度减小，台风过程结束，该海域的垂直层化结构消失［图 4.60(c)、(d)的点线］，这一结论和李立和许金殿（1994）的观测结果一致。然而他们研究的大亚湾处于台风路径右侧远处，离台风中心 5～7 个纬距，在 8708 号和 8710 号台风过程中，大亚湾总体水温上升而不下降。造成这一差别的原因，可能是在风暴的右侧存在大陆架和海岸，边界限制了海水向路径右侧辐散，导致暖水在岸边堆积，沿岸水温升高。值得注意的是，25.5°N，121°E 位于彭佳屿冷涡海域［图 4.60(c)］，混合层以下的海温很低，温跃层梯度大，台风造成的海水混合使得温跃层和深水层的海温升高。

台风在开阔海域和近海海域都造成了混合层的加深，深水海域因为其水深较深，虽然混合层的深度加深了 10～20 m，但其整体的层化结构没有改变；在浅水海域中，水深很浅，整层海水都因为台风而有所影响，不仅混合层加深，甚至层化结构消失，整层海温趋于一致，不存在梯度。

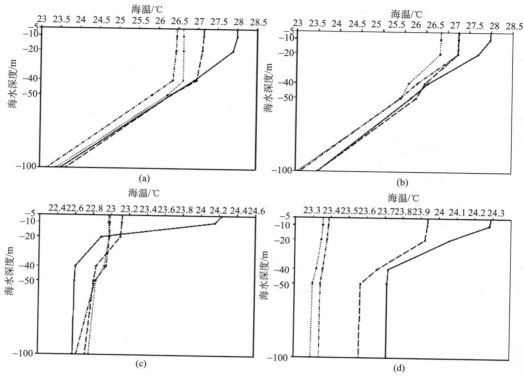

图 4.60 西北太平洋和台湾海峡垂直热力结构随时间的变化

(a)、(b)给出西北太平洋海域模拟路径右侧(A，以 24.5°N，125°E 为例)和模拟路径左侧(B，以 23.5°N，125°E 为例)的海温在初始时刻(6 日 00 时，实线)、台风接近该地(6 日 12 时，虚线)、台风经过该地(7 日 00 时，点虚线)、台风远离该地(7 日 12 时，点线)的垂直分布；(c)、(d)给出台湾海峡的海水层化结构随时间的变化，C 点取模拟路径右侧的 25.5°N，121°E；D 点位于模拟路径左侧的 25.5°N，120°E，时次分别为初始时刻(6 日 00 时，实线)、台风靠近该海域(7 日 06 时，虚线)、台风经过该地(8 日 12 时，点虚线)、台风远离该地(8 日 21 时，点线)；A、B、C、D 四点在图 4.60 中标出

3) 台风对其路径附近的中尺度涡旋的影响

  前人的研究指出，台风经过后加强了路径附近的冷涡，但对暖涡作用则相反。然而，这些研究采用的分析资料为周平均或者更粗的时间分辨率，无法了解冷涡在台风期间的细致变化。由于彭佳屿冷涡常年存在、冷涡结构清晰、位置随时间变化小，并且位于台风路径附近，因此本节利用 3 小时输出一次的模式资料，着重讨论该海域的响应特征。彭佳屿冷涡是黑潮流与台湾东北海域特定地形相互作用的结果，即是向北流的黑潮遇到台湾东北彭佳屿以南海底峡谷时，在此产生一逆时针旋转的环流，从而造成黑潮次表层水涌升，形成冷涡。此外，黑潮主流绕过台湾岛时流场发生局部辐散，底层冷水补充造成其冷涡-上升流结构。基于冷涡海域海温分布特征，结合前人研究，本节将冷涡中心与周围海水的温差作为衡量冷涡强度的主要参数，设定典型层次上最内的一条闭合等温线的温度为涡的中心温度；最外的一条闭合等温线的温度为涡的边界温度[图 4.61 (a)]，冷涡的边界温度与中心温度的差值越大，表明涡的强度越强。

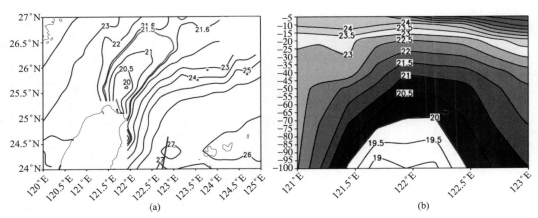

图 4.61 彭佳屿冷涡的水平结构和垂直结构

(a) 50 m 水深处的海温分布,红色实线给出了冷涡的最内/最外的闭合等温线,单位:℃;(b) 沿 26°N(冷涡中心气候平均纬度)的海温断面,单位:℃,以 20 ℃等温线(红色实线)表征温跃层底的深度

8月,在水深 10 m 处开始出现具有闭合等温线的冷涡,冷涡中心的温度为23.0 ℃。冷涡的中心温度随深度的加深而降低,强度随深度的加深而增强。在 10 m 深度,冷涡的边界温度与中心温度差为 1 ℃;到 100 m 深度,边界温度与中心温度差达到了 1.6 ℃,冷涡强度达到最强(表 4.4)。

表 4.4 彭佳屿冷涡初始参数

水深/m	中心温度/℃	边缘温度/℃	差值/℃
10	23.0	24.0	1.0(0.2)
20	22.1	23.1	1.0(0.3)
40	20.7	22.0	1.3(0.4)
50	20.0	21.5	1.5(0.7)
100	17.3	18.9	1.6(1.2)

注:括号里的值为 SODA 资料通过线性插值得到的相应深度的中心温度和边缘温度的差。

SODA 资料也显示了冷涡强度随着深度的加深而增强的特点,但模式模拟的冷涡强度相对较强(表 4.4)。此外,该海域上升流的拱形结构从表层向下都存在。由于冷涡的成因有两方面,使得其两侧的锋面强度不对称:东侧锋面对应的是黑潮表层水,海温高于西侧锋面对应的陆架表层水,而底层水温比较一致,造成两侧的温度梯度不对称[图 4.61(b)]。这些特征和以往的研究一致。

台风经过期间,40 m 水深之上的冷涡结构由于海水混合而消失。虽然冷涡一直位于路径右侧,但台风西行和北上过程对冷涡的作用却不相同:台风西行登陆台湾时(6日 00 时~7 日 12 时左右)造成冷涡强度减弱;当其转折北上(7 日 18 时之后)则会增强冷涡强度(图 4.62)。这是由于冷涡在不同阶段相对于台风的位置不同,该海域的流场受台风影响而有所不同,从而使得冷涡-上升流结构、强度发生变化。

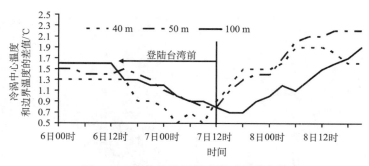

图 4.62　彭佳屿冷涡强度随时间的变化

横坐标表示模拟的台风阶段(6 日 00 时至 9 日 00 时；0600 表示 6 日 00 时，0612
表示 6 日 12 时，依次类推；横坐标间隔 6h)；纵坐标为冷涡中心温度和边界温
度的差值/℃；40 m，50 m，100 m 为水深位置。折线上每点的时间间隔为
3h；竖实线和箭头表示台风 7 日 12 时以前在台湾以东洋面活动

　　积分初始至 7 日 12 时，台风移向近海，台湾岛东北角海域的流场改变，海水受台
风强大风应力的作用由向东北转为西北流向[图 4.59(d)]，减弱了黑潮转向诱导的上升
流[图 4.59(b)]，温跃层海温上升，尽管混合层海温因为台风引起的混合和夹卷而降
温。在此期间，冷涡中心升温幅度大于边界温度(图 4.63)，温差减小，即冷涡强度减
弱。当台风转折北上，冷涡位于台风的右后方，在西南风的控制下，海水恢复东北流
向，流速大于台风生成前，辐散加强，该海域的上升流增强，冷涡中心海温逐渐恢复到
台风前温度[图 4.63(a)]，而边缘温度由于台风引起的平流作用而受周围暖海水影响不
断升温[图 4.63(b)]。因此，边界温度和中心温度差增大，冷涡强度相比于台风之前
更强。

　　台风过后虽然会造成路径右侧的冷涡强度增强，然而，从上述分析发现，彭佳屿冷
涡因其形成原因具有局地特征。台风经过期间，冷涡和台风的相对位置不同，冷涡-上
升流结构经历了先减弱再增强的变化过程：当台风在台湾以东洋面活动时，该海域位于
台风右前方，黑潮表面海水辐合流向大陆架，冷涡强度减弱；台风转折北上，冷涡位于
台风东南侧，海水辐散，增强冷涡的强度。

　　综上分析可知，台湾岛附近海洋对台风的响应，在地形和冷涡等因素的影响下有着
自身的特征，和开阔洋面并不完全一致。观测海表面资料和模拟的海温响应都反映出，
台湾东部近海海域，台风活动改变了黑潮海域海水的垂直运动，不仅减弱了路径右侧黑
潮转向造成的上升流，右侧混合层海温降温幅度减小，还诱导出路径左侧的沿岸上升
流，使得左侧降温幅度超过右侧，各个深度上，"莫拉克"引起的最大降温位置都出现在
路径左侧而非路径的右侧；浅水海域的垂直热力结构也体现不同的响应特征，台风不仅
加深混合层，还使得整层海温趋于一致；此外，利用 3 小时输出一次的模拟资料，较细
致地分析了彭佳屿冷涡在台风期间的强度和结构变化。台风西行靠近台湾岛，冷涡位于
台风右前方，黑潮表层海水辐合流向大陆架，抑制了冷涡-上升流的强度，冷涡中心温
度上升，彭佳屿冷涡强度减弱；当台风转折北上，冷涡位于台风东南侧，表层海水辐

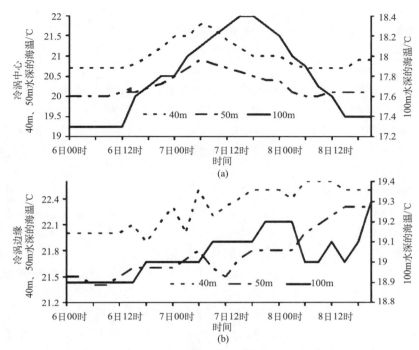

图 4.63　(a)冷涡中心温度和(b)边缘温度随时间的变化

横坐标表示模拟的台风阶段(6 日 00 时至 9 日 00 时，横坐标间隔 6 小时)，折线上每点的
时间间隔为 3h；左侧纵坐标为 40 m、50 m 水深的海温/℃，右侧纵坐标显示 100 m 水
深的海温/℃；(a)图的竖实线和箭头表示台风 7 日 12 时以前在台湾以东洋面活动

散，加强底层冷水上涌，中心温度下降而边缘温度由于周围暖海水平流而不断增温，两
者温差加大，冷涡强度大于台风之前的强度。

4.4.2　台风造成的海温变化对"莫拉克"的影响

众所周知，台风的形成和发展与 SST 有密切联系。Emanuel(1988)提出的台风最
大强度理论表明，SST 越大，台风的最大强度也越大。Chang 和 Anthes(1979)等用分
辨率较低的三维模式模拟台风在有平均气流且 SST 非均匀分布的环境中的行为，模拟
结果证明了早期的观测，即台风进入冷区(暖区)后，海洋通过蒸发提供的能量减弱(增
加)，导致台风强度减弱(增强)。20 世纪 90 年代以后的研究定量分析了 SST 变化对台
风强度的影响，研究发现，当 SST 每降低 1℃，台风中心气压增加 20~33 hPa，远大
于 Emanuel 的 10 hPa/1℃。这些研究都证明了 SST 对台风强度变化的重要性。

台风自身引起的 SST 变化(降温)同样使得 SST 重新分布，从而影响台风的发展。
DeMaria 和 Kaplan(1994)的统计结果指出，大多数的台风并没有达到其潜在最大强度，
平均而言，台风仅仅达到潜在最大强度的 55%。台风留下的冷迹被认为是阻止台风持
续增强的重要原因之一。然而，早期的数值模拟结果表明，台风自身引起的 SST 降温

对台风强度影响很小。但早期的模式水平分辨率相对较低，该结论被后期的研究结果否认了。20 世纪 90 年代开始，利用较高分辨率的大气模式和海洋模式耦合，模拟台风过程。结果表明，台风自身引起的降温明显地减弱了海洋对台风提供的热通量和水汽通量，从而减弱了台风的强度。

目前的研究虽然在台风引起的 SST 降温减弱强度上取得一致观点，但在海面降温对台风路径是否存在影响、影响程度以及如何影响这些方面则存在比较大的争议。20 世纪 80 年代末期 Ginis 和 Khain(1989)研发了一个 3 维耦合模式对这方面进行研究。他们将台风置于无环境气流的 β 平面上。台风造成海温降低 1.5℃，从而引起强度减弱 6 hPa 并加快台风向北移动。为了更接近实况，Khain 和 Ginis(1991)将台风模式设计为移动网格模式，相当于在模式中加入了环境气流。对比耦合试验(考虑台风引起的 SST 变化)和定常 SST 试验发现，台风和海洋之间的相互作用造成热通量和水汽通量相对于台风中心不对称分布，引起降水的非对称分布形式的改变，则西行台风(东行台风)路径向南(北)偏移。然而，Bender 等(1993)同样是对比耦合试验和固定 SST 试验却得到了相反的结果。NOAA/GFDL 台风模式和海洋模式耦合的台风涡旋切向气流减少，西行台风的路径相对于定常 SST 试验的路径偏北，尤其是对移速缓慢的台风而言影响更大。

还有一些研究认为，台风引起的 SST 降温对台风路径几乎没有影响。因为台风的移动对外围切向风廓线的变化很敏感，而台风造成 SST 降温后其外围平均切向气流的变化很小，不足以影响台风的运动。Wu 等(2002)分别考虑台风引起的 SST 降温的对称部分和非对称部分所起的作用，得到了相似的结论。虽然 SST 变化的对称部分所占的比例不大，但这部分却明显减弱了台风强度和外力，从而增加了 β 漂移的向北分量，西行台风偏向极地；相反，SST 非对称变化加强了台风南部的绝热加热导致台风向南偏。由于两部分的作用相互抵消，对台风路径影响很小。

值得注意的是，上述分析主要针对宽阔洋面上海洋和台风的相互作用，对近海，尤其是我国台湾海峡周围海域中台风和海洋的相互影响方面研究得少。从观测资料和耦合模式模拟结果的分析看到，台风途径海域周围的 SST 不断变化着。根据前人的研究，台风结构、路径和强度等都受周围环境的影响，那么上述分布形式复杂、不断变化着的 SST 对台风是否会造成影响？如果有，又怎样影响呢？由于耦合模式的限制和观测资料的缺乏，我们采用 WRF 模式来分析这一问题。

1. 数值试验设计

以 125°E，25°N 为模式中心，对台风"莫拉克"过程进行模拟。模式积分时间从 2009 年 8 月 5 日 12 时至 8 月 10 日 00 时。为分析台风造成的冷迹和沿海非均匀分布 SST 对"莫拉克"强度、路径的影响，文中设计了五个试验(表 4.5)。控制试验(CTL)中的海表温度，采用 NCEP 的 FNL 资料中 2009 年 8 月 5 日 12 时~8 月 10 日 00 时期间 6 小时时间分辨率的海表温度(经纬网格分辨率 1°×1°)格点资料，插值到模式网格系统，模式积分过程中，SST 场 6 小时更新一次，分布相对比较均匀，能一定程度上体现 SST 的南北梯度，但是未能反映出近海 SST 的复杂分布形式以及台风引起的海温变化[图 4.64(a)、(b)]。定常 SST 试验(05AVE)中，SST 初始场设定为 8 月 5 日美国卫星

AVHRR 和 AMSR-E 反演的 SST 融合资料在台风途径海域(20°～30°N，116°～132°E)
内的平均值 (29.2 ℃)，在该海域以外区域的 SST 初始场取 8 月 5 日卫星 AVHRR 和
AMSR-E 反演的 SST 融合资料，模式积分过程中海温全场保持不变，台风经过海域的
SST 完全不存在梯度，即未考虑海表温度的变化对台风的影响。卫星 SST 试验(SATE-
SST)取美国国家气候资料中心(NCDC)的 AVHRR 和 AMSR-E 卫星反演融合的 SST 资
料集(全球经纬网格分辨率为 0.25°×0.25°)中 2009 年 8 月 5 日～8 月 10 日的逐日 SST
资料，模式积分过程中，SST 场 6 小时更新一次(一天 4 个时次的 SST 场一致)，由于
这种 SST 分布与实况最接近，并随着台风的发展而变化[图 4.64(c)、(d)]，可望获得
较好的模拟试验效果。SATE-SST 试验和 CTL 试验的海温存在两方面的区别：一是台
风引起的路径附近的冷水；二是沿海复杂的 SST 梯度。为了解这两部分分别对台风的
影响程度，设计了 COLD-EDDY 和 STRAIT 两个敏感性试验。冷涡试验(COLD-
EDDY)是在 05AVE 试验 SST 场中，将台湾以东台风途径海域(20°～30°N，121°～132°
E)的 SST 用 NCDC 的 AVHRR 和 AMSR-E 卫星反演融合的 SST 资料替换[图 4.64
(e)、(f)]，并将两种 SST 资料构成的模式 SST 场实施 6 小时一次的更新，该试验即引
入台风对 SST 的降温作用。海峡试验(STRAIT)则在 05AVE 试验 SST 场中将在台湾
海峡海域(20°～30°N，116°～121°E)的 SST 采用 NCDC 的 AVHRR/AMSR-E 卫星反演
融合 SST 资料替换[图 4.64(g)、(h)]，并将两种 SST 资料构成的模式 SST 场实施 6
小时一次的更新，该试验结果和 05AVE 试验结果对比，分析沿海非均匀分布的 SST 对
台风的影响。COLD-EDDY 试验和 STRAIT 试验中存在两种 SST 场，在交界格点开
始，从相对冷 SST 向暖 SST 场设定 0.2℃/格点的梯度，以减小交界处 SST 突变造成
的影响。

表 4.5 试验设计方案

CTL	控制试验，使用 NCEP 的 FNL 资料中 2009 年 8 月 5 日 12 时～8 月 10 日 00 时格点资料(6 小时时间分辨率，经纬网格分辨率 1°×1°)，模式积分过程中 SST 场 6 小时更新一次
05AVE	定常 SST 试验，SST 初始场设定为 8 月 5 日 AVHRR/AMSR-E 反演的 SST 融合资料在台风途径海域(20°～30°N，116°～132°E)内的平均值(29.2 ℃)，模式积分过程中海温不随时间变化
SATE-SST	卫星 SST 试验，SST 场采用 AVHRR/AMSR-E 卫星反演融合的逐日变化的海温资料，模式积分过程中，SST 场 6 小时更新一次(同一天的 4 个时次 SST 场相同)
COLD-EDDY	冷涡试验，在 05AVE 试验 SST 场中将台湾以东海域(121°～132°E)，台风经过之后，SST 用 AVHRR/AMSR-E 卫星反演融合的 SST 资料替换，SST 场 6 小时更新一次
STRAIT	海峡试验，在 05AVE 试验 SST 场中将台湾海峡海域(116°～121°E)的 SST 用 AVHRR/AMSR-E 卫星反演融合的海温资料替换，SST 场 6 小时更新一次

2. 对台风"莫拉克"路径的影响

图 4.65 为台风"莫拉克"的最佳路径(JMA)和 3 条模拟路径。模拟路径在外海的差
异不大，但都比最佳路径偏北；在台湾岛上的路径都与最佳路径接近，且模拟出了"莫

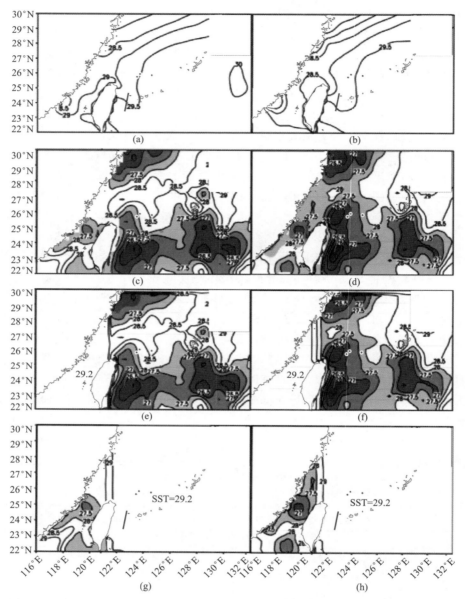

图 4.64　模式海温场(℃)(a，b) CTL，8 月 8 日、9 日的 SST 场；(c，d) SATE-SST，
8 月 8 日、9 日的 SST 场；(e，f) COLD-EDDY，8 月 8 日、9 日的 SST 场；
(g，h) STRAIT，8 月 8 日、9 日的 SST 场

拉克"近 90°北折的过程。然而，在近海海域，SATE-SST 试验模拟路径比控制试验更接近于 JMA 最佳路径。登陆后的北上过程，模式都未能很好地模拟出来。对于台风登陆点的模拟，试验结果都比较准确，但在登陆时间上，CTL 试验比实况提早约 12 小时，SATE-SST 试验只比实况提早约 8 小时。比较 05AVE 试验和 SATE-SST 试验的路径可以看到，采用定常的 SST，即不考虑 SST 变化和 SST 的梯度时，台风的路径同样

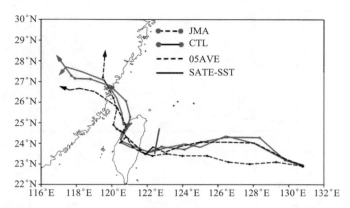

图 4.65　台风"莫拉克"的模拟路径(CTL 试验、SATE-SST 试验、
05AVE 试验)和最佳路径(JMA)

在开阔海域差别不大,直到近海海域才出现较明显的区别,05AVE 试验的台风偏南。这是否表明开阔海域中,台风自身引起的 SST 的变化对台风路径影响不明显;而近海 SST 的梯度对路径的影响大?

　　为了解台风自身引起的冷水区以及沿海非均匀分布的 SST 各自对台风路径的影响,将这三组敏感试验(COLD-EDDY 试验、STRAIT 试验、05AVE 试验)结果加以对比。其中,COLD-EDDY 试验与 05AVE 试验结果比较,讨论台风造成的 SST 变化对台风路径的影响;STRAIT 试验的结果和 05AVE 试验结果比较,用于分析台湾海峡 SST 非均匀分布所起的作用。图 4.66(a)给出了 05AVE 试验和 COLD-EDDY 试验的路径差异及其二次项趋势。由于模式的系统误差随着积分时间而增加,为更准确地分析 SST 造成的影响,将图 4.66 (a)中的路径差异减去其趋势值,得到的结果如图 4.66 (b)所示。这两条路径的较大差异出现在 7 日 12 时至 8 日 00 时,并且在 7 日 18 时达到最大,这个时段台风正穿越台湾岛。而台风在登陆台湾岛之前以及穿过台湾岛之后,路径差别不大。因此,COLD-EDDY 试验中出现的明显差异可能是台湾岛地形造成的,台风自身引起的 SST 变化对路径的影响小。这也进一步证实了 Wu 等(2005)利用耦合试验得到的结论,即台风引起的冷水区虽然对台风强度的影响大,但对路径影响小。

　　STRAIT 试验和 05AVE 试验的海温在台湾以东海域是一样的,模拟的台风路径差别也不大,当台风到达台湾海峡时,由于 SST 的不同,路径差异逐渐明显(图 4.67)。台风再次入海之前(5 日 12 时~8 日 12 时),两条路径的差异平均只有 22 km,然而穿过台湾海峡时(8 日 12 时~9 日 6 时),平均差异为 73 km,最大差异值出现在 9 日 00 时,约 134 km。STRAIT 试验的模拟路径和 JMA 资料的最佳路径相比,其该时段的平均误差也达到 106 km,与 2009 年中央气象台台风路径 24 小时综合预报误差(119 km)相当,可见沿海 SST 对台风的影响是不可忽略的。

　　从模式降水率分布图(图 4.68)上可以看到,在台湾海峡 SST 非均匀分布形式下,台风降水的分布形式变得更加不对称。Wu 和 Wang(2001a,b)认为,相对于台风中心的一波非绝热加热会产生正位涡倾向使得台风向非绝热加热大值区移动。陈子通(2004)的

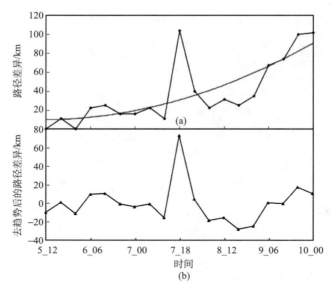

图 4.66　05AVE 试验和 COLD-EDDY 试验的路径差异（KM）

（a）模拟的路径差异及其二次项趋势线；（b）减去趋势后的路径差异

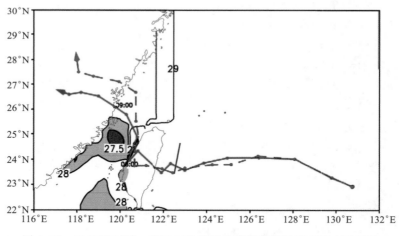

图 4.67　05AVE 试验、STRAIT 试验的模拟路径以及 STRAIT 试验

台湾海峡的海温（℃）

研究也指出，在台风中心的东侧和北侧，特别是东北侧，中低层有一个与水汽对流对应的涡度增强区，在气旋环流作用下，将会有一个向北和向西北的正的大涡度平流，从而可能导致台风向西北方向移动。STRAIT 试验中，台湾海峡 SST 的梯度为北部海温高于中部海域（图 4.67），当台风 8 日 12 时离开台湾岛，即地形影响减弱，台风北部的降水比南部降水强，也始终强于另一敏感试验台风北部的降水，这就导致了该试验模拟的路径偏向非绝热加热大值区（北部），或者说台风朝着暖区移动。而 05AVE 试验由于

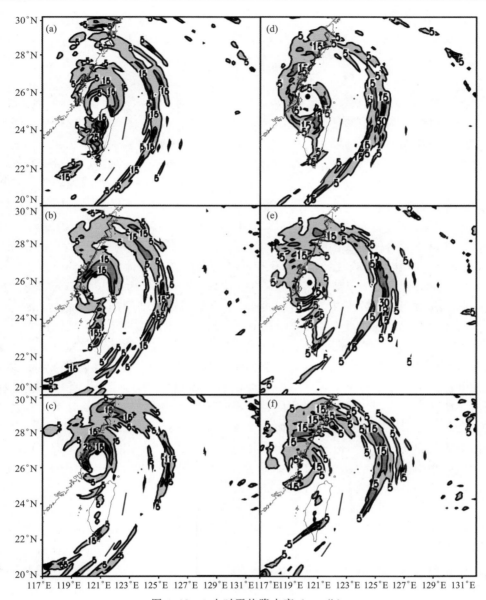

图 4.68　3 小时平均降水率（mm/h）

(a)、(b)、(c)分别为 STRAIT 试验 8 日 18 时、21 时和 9 日 00 时的降水率；(d)、(e)、(f)分别是
05AVE 试验，8 日 18 时、21 时和 9 日 00 时的降水率。阴影表示降水率大于等于 5 mm/h，等值线间隔
为 10 mm/h

SST 的均匀分布，其台风中心附近降水分布比较均匀，路径北上分量不大。

通过上述分析可知，台风自身引起的 SST 变化对路径影响小；沿海海域的 SST 梯度则影响了台风的结构，降水的不对称性增强，使得 STRAIT 试验台风向非绝热加热大值区移动。

4.5　台风-中纬度大气环流相互作用
与登陆台风路径异常

热带气旋(TC)在热带洋面生成后，大多向极移动并进入中纬度，其结构、强度、移动路径及风雨等均受中纬度环流系统及地形的影响。同时，热带气旋携带的大量水汽和热带扰动能量向中纬度的输送，有利于激发和增强中纬度环流系统的发展，引发该地区许多严重的灾害性天气。TC 与中纬度环流系统相互作用意味着 TC 的运动特征及变化受中纬度环流系统的影响，或者相反，对中纬度环流系统产生一定的影响。

已知有两种机制会导致 TC 改变温带环流，一是 TC 的位涡(PV)与中纬度急流 PV 的绝热相互作用；二是非绝热修正的 PV 对中纬度环流的作用。第一种机制的一个简单的概念模式描述了这种相互作用(Bishop and Thorpe，1994)，即通过远距离的作用，在 TC 的 PV 异常与急流相遇之前，与 TC 相联系的环流在与急流相联系的上层 PV 梯度上激发 Rossby 波，Rossby 波将在 PV 梯度上按 Simmons 和 Hoskins(1979)讨论的方式频散。第二种机制涉及源于 TC 溢出流的低 PV 空气对温带上层结构的修正，最近的很多研究描述了对流层顶附近 PV 的非绝热削减如何导致下游增强的脊，增强的脊也可被视为对流层顶的变陡。Chen 和 Pan (2010)的研究也表明，在北移过程中 TC 的上层溢出流明显改变了中纬度急流的结构，并使急流变得更不稳定，进而显著增强，而溢出流的作用又由于上游槽而得到加强。另一方面，TC 向极移动的过程中，环境场由低纬度的正压系统变为具有斜压特征的中纬度系统，将导致 TC 结构、强度、移动路径及降水等发生变化，有时甚至是突然变化，而且多种变化可能是同时发生的。TC 结构受中纬度环流系统的影响而发生变化的过程非常复杂。它不仅表现在 TC 的环境场由正压变为斜压，更因为中纬度环流系统可以通过对 TC 环流内的中小尺度系统的作用而改变 TC 内部的对流结构，且其影响还与 TC 本身的强度、大小等有关。

很多热带气旋登陆减弱以后移向高纬度，在有利的背景环流和周围的天气系统的作用下，会转变为温带气旋，当它们与中纬度的强斜压系统相互作用时还会突然增强。热带气旋的变性(ET)是在一定的天气条件下发生的，ET 过程对衰减中的 TC 和其将要移入的中纬度环流之间的相互作用非常敏感。当 TC 与副热带的西风槽靠近时，受西风槽带来的较强冷空气影响，TC 高层的反气旋性流出特征消失、暖心结构受破坏；同时，TC 的垂直切变增大、轴发生倾斜；有时会出现半冷半暖的眼结构，即变性为温带的锋面气旋。一般地，TC 是否变性为温带气旋取决于高空急流和槽前风切变的强度、位置、环境位涡的梯度以及 TC 本身的强度(包括暖核和高空反气旋)、是否登陆、水汽的供应和对流活动等因素。TC 周围的中纬度环境场的斜压结构有利于 TC 的变性，很多研究表明中纬度急流的结构和动力热力性质对 ET 过程具有无法否认的重要作用，而有些适宜于 ET 发生的急流结构或性质又往往与 TC 对急流的作用有关。Mctaggart 等(2001)的研究显示，飓风 Earal 在温带的再增强对下游急流的结构很敏感，他将此敏感性归因于飓风残余是位于上层急流的右边入口还是左边出口。Klein 等(2000，2002)认为，当 TC 的上层溢出流增强下游急流片的赤道一侧入口区域，以及残余 TC 环流与低层斜压带相互作用的时候，常常会发展出适宜于 ET 的区域。在两个上层急流之间是一个辐散增强的区域，Ucellini 和 Kocin（1987）发现在中纬度系统中这是一个适合气旋快速生成的区域，Röbcke 等（2004）的研究也表明下游急流的入口和上游急流的出口之间的区域适宜于 ET 的发展，而这种急流的断裂很可能与由于 TC 中心的下游区域的强潜热加热造成的上层 PV 的非绝热侵蚀有关。Pomroy 和 Thorpe（2000）、Bosart（1981）和 Hoskins 和 Berrisford（1988）的工作都表明对流层顶的低 PV 溢出流对 ET 过程有强烈影响，在飓风 David 的变性过程中，非绝热诱发的对流层顶异常继而与 David 相互作用，导致飓风发展成为温带系统。另外，Wu 等（2009）从目标观测和 PV 的角度研究了 TC 与中纬度槽的相互作用，发现中纬度槽是影响 TC 路径的关键性系统。

有很多证据表明，ET 过程中这些复杂的相互作用不仅会改变 TC 附近局地的大气状态，还会影响更大的地理区域的大气环流，尤其是对下游的影响更为显著并有可能造成高影响的天气，如爆发性的温带气旋生成（Hoskins and Berrisford，1988）和强降水事件（Martius et al.，2008）。观测事实表明，北大西洋上的飓风的 ET 过程能导致欧洲的温带风暴的发展和严重的洪涝（Agusti et al.，2004）。因为 Rossby 波能在 PV 梯度上激发和传播（Ertel，1942），而急流可成为天气尺度涡旋激发的俘获 Rossby 波的波导（Schwierz et al.，2004），因此中纬度急流的 PV 梯度上的 Rossby 的激发和传播是 ET 过程对下游影响的一个重要方式。Ferreira 和 Schubert（1999）的工作表明，通过"远距离作用"，距离中纬度急流很远的气旋性的 PV 异常可以产生下游槽的发展。Chen 和 Pan（2010）也发现，在 TC 上层溢出流的作用下，Rossby 波能量在中纬度急流中向下游频散。Harr 和 Dea（2009）选取了四个 ET 个例来代表几种典型的 ET 类型，以此探讨下游对不同的 ET 类型的响应，他发现响应的不同与 ET 过程中特定的物理过程有关，也与 TC 和中纬度环流之间的相对位相有关。Anwender 等（2008）和 Harr 等（2008）还用集合预报系统讨论了 ET 对下游影响的可预报性问题。Riemer 等（2008）将中纬度流用一个满足热成风平衡的东西走向的急流代替，在理想初始条件下模拟正在经历变性的 TC 与急流的相互作用。他们发现，当 TC 靠近急流后，高层急流中紧邻 TC 的下游形成了槽脊耦合体和一个明显的强急流带，在 ET 系统的下游一个中纬度气旋迅速发展。他将中纬度环流的进一步的演化统称为下游斜压发展，TC 作为初始扰动，引起了下游的斜压发展。另外，Riemer 等（2008）还用 PV 分段反演的方法，研究了各种物理过程在 TC 和中纬度环流的相互作用中所起到的不同作用，发现在早期阶段出流中的辐散气流建立了下游脊，而在后期阶段，衰减中的 TC 的平衡气旋性环流是脊增强的重要贡献者，与出流有关的平衡非辐散环流促使了上层波型和 ET 系统的位相锁定，而且还导致了下游槽的发展。

上游槽在 TC 的 ET 过程及其下游影响中起到了关键性的作用。Hanley 等（2001）通过 14 个 ET 的合成实验发现，当西风槽与减弱的气旋作用促进了 TC 的加强时，高空的 PV 异常会更加广泛和深厚。Röbcke 等（2004）发现上游槽和 TC 之间的相对位置对于 ET 过程和 TC 路径预报都很关键，TC 和上游槽的位相的小差异都会导致两种完全不同的预报结果，即槽从 TC 的极地一侧移过，或者是引导 TC 向高纬度。大多数 ET 过程都存在一个减弱的 TC 与高层槽之间的相互作用，当 TC 北上向高纬度移动时，与中纬度槽和急流发生相互作用后，TC逐渐减弱向中纬度槽移动时，使气旋再次发展。研究表明，在"槽与TC"以及"只有槽"两种情况下地面气旋的发展情况明显不同，当中纬度槽与变性TC配合时，地面气旋强烈发展。而高层槽所处的位置将会影响ET过程的锋生以及能量的收支平衡。当一个深厚的西风槽在TC西侧的停留时，它具有的强垂直切变是TC能够发生温带变性过程的良好因素。变性加强是ET过程中的常见现象，登陆台风的变性加强与西风带高空槽的强度密切相关。TC与高空槽是否耦合往往会导致TC变性加强或变性减弱的不同结果。在TC与不同强度高空槽相互作用过程中，较深槽携带较强冷平流、正涡度平流以及较强的槽前高空辐散，从而有利于TC的维持和变性发展。数值试验证明，高空槽越强，TC变性加强越明显，温带气旋的发展越快。TC与高空西风槽（或急流）的相对位置对TC的登陆及陆上维持也有一定的影响。TC登陆后继续向极移动，当TC位于中纬度的西风槽或高层急流前时，正的涡度平流会加强TC高层的辐散流出，同时西南风给TC带来丰富的暖湿气流，提供TC垂直环流维持所需要的能量，有利于登陆TC的维持；反之，当TC在中纬度的西风槽区在高层急流下方，强的风速垂直切变不利于TC能量的集聚和TC的维持。而当TC位于西风槽后或高层急流之后时，负的涡度平流减弱TC高层辐散，甚至出现高层辐合，使地面气压增大，TC填塞或不能维持。

已有的工作对TC与中纬度环流之间的相互作用以及下游影响做了初步研究，此科学问题的大致机理已比较清楚，但还有很多问题未能解决。虽然在国际上关于ET中的TC与中纬度环流之间的相互作用及其下游影响的问题已有较多的研究，在我国也有一些研究，但仍然有所欠缺。鉴于东亚大气环流具有本身的特点，ET造成的天气灾害，以及尚有很多科学问题没有解决，在我国开展对此问题的研究是相当必要的。而其中，台风对中纬度急流的作用又是一个关键性的问题，因为ET的下游影响主要是通过台风作用于中纬度急流并在急流上激发Rossby波并沿着急流向下游频散而实现。

4.5.1　数值试验设计

路径预报是TC数值预报的重要方面，影响TC移动路径的因素很多，其中最主要的还是TC所处环境场的引导气流，因此中纬度环流场是决定TC在中纬度的移动路径的主要因素。而TC与中纬度环流的相互作用会对下游产生显著影响（Jones et al.，2003），上游槽在其中起到了重要作用。TC的温带变性过程（ET）的数值预报的一个典型问题就是，用一系列相邻时刻的初始场进行预报，结果（包括TC路径的预报）相差很大，而Chen和Pan（2010）发现初始误差可通过上游槽与TC的相互作用被传输到中纬度急流处并被放大。据此，我们假设这一后期预报的较大差异来自于以不同时刻的初始场所进行的预报对TC和上游槽之间的相互作用的表达的细微误差，Wu等（2009）用ADSSV和PV方法也发现影响TC在中纬度的路径预报的目标观测的敏感性区域位于上游槽。为此采用中尺度大气模式WRF对三个台风个例［2004年"桑达"（Songda-0418）、2009年"彩云"（Choi-Wan-0914）、2010年"马勒卡"（Malakas-1012）］进行数值模拟实验，来验证以上假设，由此也可证实TC在中纬度转向之后的路径对TC和中纬度系统之间相互作用的高度敏感性，另外还将对其影响机制做进一步的揭示。

　　三个台风个例具有共同特点，即在生成之后向北移动，与上游槽发生相互作用，并在槽前气流的引导下向东北方向和下游移动，最后变性为温带气旋。针对每一个台风个例选取台风与上游槽相交之前的几个连续时次（间隔 6 小时；"桑达"和"彩云"有 8 个时次，"马勒卡"有 6 个时次）作为初始时刻（表 4.6），进行多次模拟，并选取 TC 与上游槽的相互作用区（图 4.69 中 A 区），上游急流区（B 区），副高区（C 区）作为三个影响区域，分别计算这三个区域在多次模拟实验中的位势高度的均方根预报误差。计算时间为 TC 接近上游槽的某个时刻，对于 A 区（同 B 区），由于 TC 在接近上游槽之前通过其上层的出流作用于中纬度槽，因此计算层次取为 200 hPa，对于 C 区，由于副高在中低层对 TC 的移动路径影响较大，计算层次取为 500 hPa。均方根误差的定义为

$$\sigma = \sqrt{\dfrac{\sum (F_i - G_i)^2}{n}} \tag{4.4}$$

式中，i 为网格点；n 为所选区域的网格点总数；F_i 和 G_i 分别为预报场和分析场，所计算的变量为位势高度。然后计算 TC 转向之后的某时刻的 8 次模拟实验的路径预报误差，并分别计算其与三个影响区域均方根预报误差之间的相关系数。

表 4.6　各个台风个例的多个模拟实验的连续初始时刻（UTC）

"桑达"	"彩云"	"马勒卡"
8 月 31 日 18 时	8 月 13 日 0 时	9 月 20 日 6 时
9 月 1 日 0 时	9 月 13 日 6 时	9 月 20 日 12 时
9 月 1 日 6 时	9 月 13 日 12 时	9 月 20 日 18 时
9 月 1 日 12 时	9 月 13 日 18 时	9 月 21 日 0 时
9 月 1 日 18 时	9 月 14 日 0 时	9 月 21 日 6 时
9 月 2 日 0 时	9 月 14 日 6 时	9 月 21 日 12 时
9 月 2 日 6 时	9 月 14 日 12 时	
9 月 2 日 12 时	9 月 14 日 18 时	

　　另外针对台风"马勒卡"个例设计了控制实验和四个敏感性实验（表 4.7），初始时刻都为 23 日 0 时（UTC）。在敏感性实验中，原有台风用 Kurihara 等（1993）滤波方法滤除，再用 Wang 等（1996）的 Bogus 方法增强或减弱 TC 的强度，向西北或西南移动 TC 的位置。

表 4.7　实验方案

实验	描述	中心强度/hPa	位置
控制实验	初始场中 TC 的强度和位置不变	985.939	141.1°E，19.8°N
增强实验	初始 TC 增强	968.616	141.1°E，19.8°N
减弱实验	初始 TC 减弱	1001.63	141.1°E，19.8°N
移近实验	初始 TC 向西北方向靠近西风槽	988.839	139.5°E，22.37°N
远离实验	初始 TC 向东南方向远离西风槽	988.648	142.8°E，18.32°N

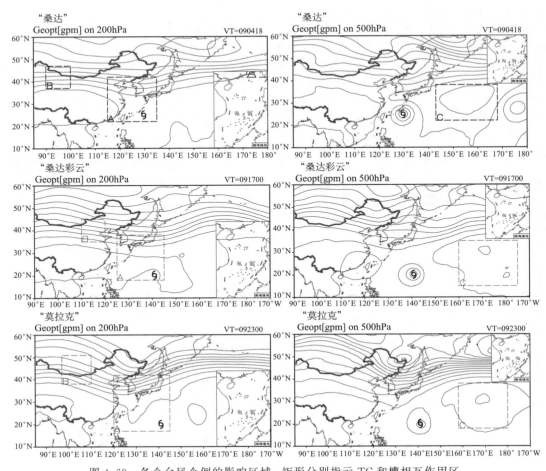

图 4.69　各个台风个例的影响区域，矩形分别指示 TC 和槽相互作用区，上游急流区和副高区；黑色等值线为 200 hPa 位势高度分析场，台风位置用黑色符号标出

4.5.2　台风在中纬度转向之后路径预报的误差来源

1. "桑达"个例

均方根预报误差的计算时刻选为 9 月 4 日 18 时(UTC)，"桑达"在 9 月 6 日 12 时 (UTC)已转向为东北行，转向之后的多个时刻的路径预报误差与三个影响区域的均方根预报误差的相关分析如表 4.8 所示。由表可见，A 区的区域误差与转向后各个时刻的路径误差都表现出显著的相关性。这也直接表明"桑达"与中纬度槽的相互作用对其转向之后的路径有显著的影响，B 区的相关性较低，而 C 区则表现出显著的相关性，相关系数高达 0.8，这说明上游急流区对"桑达"转向之后的路径无显著影响，而副高则影响很大。在"桑达"接近中纬度槽的过程中，副高的发展十分强盛，其外围气流对桑达有重要的引导作用，甚至对转向后期的路径仍有重要影响。

2. "彩云"和"马勒卡"个例

对于"彩云"个例，均方根预报误差的计算时刻选为 9 月 17 日 0 时，A 区表现出显著的相关，而 B 和 C 区的相关性很低（表 4.9）。"马勒卡"个例的均方根预报误差的计算时刻选为 9 月 23 日 0 时(UTC)，台风"马勒卡"的计算结果并不理想（表 4.10），原因可能是本次台风生成不久就发生转向，即台风接近中纬度槽的时间太短，不利于选取多个初始时刻做模拟分析。在这两个个例中，副高较弱且位置偏东，对台风路径的影响较弱。

表 4.8　"桑达"台风在转向之后多个时刻的路径预报误差
与三个影响区域在 9 月 4 日 18 时(UTC)时刻的位势高度的均方根预报误差的相关性分析

路径预报误差的计算时间	相关系数（第 1 列为 A 区；第 2 列为 B 区；第 3 列为 C 区）			T 检验值（第 1 列为 A 区；第 2 列为 B 区；第 3 列为 C 区）			检验结果（阈值 $t_a = 2.45$）（第 1 列为 A 区；第 2 列为 B 区；第 3 列为 C 区）		
12/07/09	0.707	−0.484	0.836	2.448	−1.355	3.730	S	N	S
18/07/09	0.721	−0.506	0.854	2.547	−1.436	4.021	S	N	S
00/08/09	0.742	−0.462	0.860	2.708	−1.275	4.135	S	N	S
06/08/09	0.824	−0.434	0.832	3.556	−1.179	3.679	S	N	S
12/08/09	0.823	−0.424	0.842	3.555	−1.148	3.829	S	N	S
18/08/09	0.841	−0.369	0.814	3.807	−0.971	3.435	S	N	S

注：S 为显著；N 为不显著。

表 4.9　同表 4.8 但为"彩云"个例，区域均方根预报误差的计算时刻为 9 月 17 日 0 时(UTC)

路径预报误差的计算时间	相关系数（第 1 列为 A 区；第 2 列为 B 区；第 3 列为 C 区）			T 检验值（第 1 列为 A 区；第 2 列为 B 区；第 3 列为 C 区）			检验结果（阈值 $t_a = 2.45$）（第 1 列为 A 区；第 2 列为 B 区；第 3 列为 C 区）		
12/19/09	0.765	−0.025	−0.461	2.911	−0.051	−1.274	S	N	N
18/19/09	0.790	−0.094	−0.475	3.154	−0.188	−1.321	S	N	N
00/20/09	0.750	−0.035	−0.434	2.776	−0.070	−1.180	S	N	N
06/20/09	0.706	−0.062	−0.376	2.443	−0.123	−0.993	N	N	N
12/20/09	0.711	−0.064	−0.308	2.475	−0.128	−0.792	S	N	N
18/20/09	0.743	−0.119	−0.333	2.717	−0.239	−0.866	S	N	N

注：S 为显著；N 为不显著。

表 4.10　同表 4.8，但为"马勒卡"个例，区域均方根预报误差的计算时刻为 9 月 23 日 0 时（UCT）

路径预报误差的计算时间	相关系数（第 1 列为 A 区；第 2 列为 B 区；第 3 列为 C 区）			T 检验值（第 1 列为 A 区；第 2 列为 B 区；第 3 列为 C 区）			检验结果（阈值 $t_a = 2.78$）（第 1 列为 A 区；第 2 列为 B 区；第 3 列为 C 区）		
18/24/09	0.374	0.022	−0.366	0.805	0.051	−0.786	N	N	N
00/25/09	0.542	0.339	−0.529	1.289	0.721	−1.246	N	N	N
06/25/09	0.11	0.153	0.094	0.221	0.309	0.189	N	N	N
12/25/09	0.26	0.318	0.449	0.538	0.670	1.005	N	N	N
18/25/09	0.435	0.176	0.415	0.966	0.357	0.911	N	N	N
00/26/09	0.375	0.234	0.361	0.808	0.482	0.775	N	N	N

注：S 为显著；N 为不显著。

4.5.3　台风与中纬度槽的相互作用对其转向之后路径的影响

　　Chen 和 Pan（2010）在讨论 ET 过程和目标观测信号的传播机制之间的关系时证实，TC 和中纬度系统（主要是上游槽）的相互作用可将初始误差从 TC 处传输到中纬度急流中，并将之放大。上述模拟实验和相关分析证明 TC 在转向之后的路径预报误差与 TC 和上游槽相互作用区域的预报误差有非常显著的相关性，证实了用一系列相邻时刻的初始场进行的数值预报对 TC 和上游槽之间的相互作用的表达存在细微误差，而这些细微误差在 TC 和上游槽相互作用的过程中被放大，导致这一系列 ET 预报的结果（包括 TC 路径的预报）在后期相差很大，这也同时证实了 ET 及其路径预报对 TC 和中纬度系统之间相互作用的高度敏感性。TC 的移动路径主要受引导气流也就是环境流场的影响，因此 TC 在转向之后的路径决定于中纬度下游环流。有很多证据表明，在 ET 过程中 TC 与中纬度系统（如上游槽、急流）所发生的复杂的相互作用不仅会改变 TC 附近局地的大气状态，还会影响更大的地理区域的大气环流，尤其是对下游的影响更为显著。根据 PV 思想，Rossby 波的生成和传播即是初始扰动在 PV 梯度上激发和传播的过程（Hoskins et al.，1985）。在 ET 系统作用下，中纬度下游斜压发展的强弱往往取决于两个方面：一是 TC 出流向下游输送低位涡（高 θ）空气的强弱；二是与中纬度急流相对应的 PV 梯度被扰动的强弱。由图 4.70 可见，如 TC 增强，在高层的出流更为强烈，与 TC 相联系的增强的环流对中纬度 PV 梯度的扰动也增强，于是下游斜压发展也会增强，槽脊的发展更显著，急流更强大。一方面，较之 TC 强度，下游斜压发展对 TC 与上游槽的相对位置更为敏感。上游槽能加强出流向中纬度输送低 PV 空气的过程和 TC 融入中纬度流的过程，如 TC 移近上游槽，TC 的出流向中纬度输送低 PV 空气的过程得到提前和进一步加强；另一方面，TC 更早和更易融入中纬度流中，以及 TC 更接近与中纬度急流相对应的 PV 梯度，使得 TC 对中纬度 PV 梯度的扰动也因此提前和加强，这两方面的效应都使得下游斜压发展得到加强。若 TC 减弱或远离上游槽，则与上述结果相反。

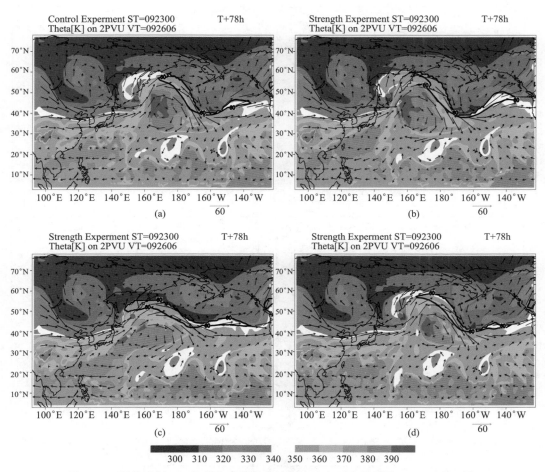

图 4.70　预报时刻 78h 控制实验与敏感性实验动力对流层顶图（2PV 面上 θ 图）

图中箭头为风矢量，黑色粗实线为 60 m/s 等风速线

　　各个敏感性实验的结果表明，TC 的强度或 TC 相对于上游槽的位置的微小变化，就能导致中纬度下游环流的明显改变。由图 4.71 和图 4.72 可见，若 TC 与上游槽的相互作用强（如 TC 本身增强或 TC 更接近上游槽），中纬度下游环流增强，环流偏经向，尤其是紧邻 TC 的下游脊的脊后显著突起，与下游环流的发展相对应，TC 在转向之后的路径偏北偏西；反之，则下游环流发展弱，环流偏纬向，TC 在转向之后的路径偏南偏东。由此可见，以上所进行的用一系列的相邻时刻的初始场进行的模拟实验对 TC 和上游槽的相互作用的模拟存在较小的差别，而这些差别导致了随后的中纬度下游环流发展的较为明显的改变，从而改变了 TC 在转向之后的引导气流，使得其路径发生较大改变。

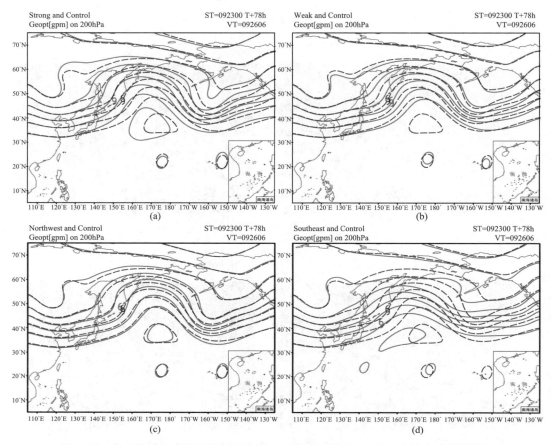

图 4.71　各个敏感性实验和控制实验在 78h 预报时刻的 200 hPa 位势高度的预报场

图中红色实线为敏感性实验的位势高度，虚线为控制实验的位势高度，台风位置用红色符号标识

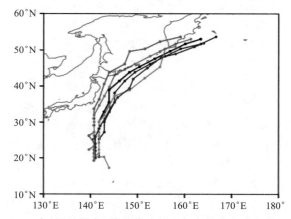

图 4.72　台风"马勒卡"的最佳路径和各次数值实验的模拟路径

黑色线为控制实验，红色线为 TC 增强实验，蓝色线为 TC 减弱实验，青色线为 TC 西北移动实验，棕色线为 TC 东南移动实验，紫色线为最佳路径

4.6 三台风相互作用与台风路径异常

台风间相互作用的问题早就被人们所关注，而且近来有增加的趋势。早在 1921～1923 年，Fujiwhara 利用转盘试验结果提出了双涡旋存在相互作用。1970 年 Brand 通过观测证据得出，在两个台风之间的距离在 750 n mi(海里)会开始互旋，小于 400 n mi 会有些相互吸引。我国在 20 世纪 70～80 年代也开展了对双台风的研究(陈联寿和丁一汇，1979)，顾强民(1980)统计了 1964～1977 年 16 对双台风过程，认为两台风之间的距离小于 11 纬距时，绝大多数台风会相互靠近，双台风一边旋转，一边受大型环境风场的影响。王作述和傅秀琴(1983)、阮均石等(1985)的统计结果与其类似。董克勤(1981)通过对两个实况台风的分析指出，两台风之间大于 6.5 纬距之前为互旋，小于 6.5 纬距相互作用才开始超过大型流场的作用。包澄澜等(1985)通过分析 1961～1978 年 30 对台风指出，两台风的距离在 $15°{\leqslant}d{\leqslant}20°$ 范围内，仅有 5.3% 发生互旋；在 $10°{\leqslant}d{\leqslant}15°$ 的范围内，有 25.5% 发生互旋；$5°{\leqslant}d{\leqslant}10°$ 内，有 73% 的台风发生互旋。Carr 和 Elsberry(1998)对双台风相互作用进行了分类，得出：①TC 的直接相互作用分为单向影响、互旋、合并；②半直接影响的为另一个 TC 和一个副热带高压；③间接影响的相互作用为在 TC 之间有反气旋存在。

很多研究都指出，台风的路径突变与双台风的相互作用有关(陈联寿和丁一汇，1979；林春辉，1984；高珊等，2005)。包澄澜(1987)通过同时出现三个台风的卫星云图分析后得出，多台风的运动方向与大范围云系的变化有关，当大范围云系发生突然变化时，台风路径也会突然变化。林毅等(2005)、魏应植等(2006)分析得出，台风"遛芭"对副热带高压南落的阻挡作用和双台风的互旋作用导致了台风"艾利"路径的两次左折；同时通过雷达分析也指出，台风西北象限的风速突然增大也是该台风路径变化的原因之一。Wu 等(2003)利用分步位涡反演定量地估计了 2002 年发生在西太平洋的"宝霞"如何在与"桑美"的相互作用下向西南方向移动。

王玉清和朱永褆(1989)利用正压无辐散模式模拟了在无基本气流对双涡藤原效应，指出在无 β 效应的情况下非线性涡度平流可导致双涡的藤原效应。β 效应增加了向西北的飘移，并进一步利用该模式对有环境流场时双台风的相互作用进行了研究，不同的环境场可以使双台风相互趋近、分离或抵消双涡的相互作用。朱复成等(1989)也得出了类似的结果。罗哲贤(1998)通过模拟实验得出，较小尺度涡旋与台风的相互作用，可以激发出时间尺度为 1 天、振幅为 100 km 的蛇形路径。不同尺度涡旋的相互作用及台风非对称结构随时间非规则变化是该路径形成的主要原因。陈联寿和罗哲贤(1996)指出，涡度平流和 β 项作用同样重要，它们对热带气旋的强度和移动均有明显影响。罗哲贤(1998)利用 β 平面准地转正压模式分析了东移偶极子与台风涡旋的相互作用，认为这种相互作用可以引起台风环流从 1 波非对称结构向 2 波非对称结构转换，引起台风随时间衰减的速度显著变慢，引起西北方向正常路径向北转向或打转等异常路径。罗哲贤和马镜娴(2001)利用数值试验指出，在一定的参数范围，副热带高压南侧东风气流中的双台风作用可以激发出台风路径的移向突变和移速突变。

　　综上所述，国内外对双台风的相互作用已经进行了大量研究。从统计分析、个例诊断到数值模拟，总体分析可见，在统计分析和个例分析中得到的双台风相互作用的距离大同小异；双台风移动路径预报是台风路径预报的难点；对双台风的影响因子有副热带高压、大陆高压、涡度平流和 β 项、风场的非对称分布等。国内外大量文献利用正压原始方程模式对双台风的相互作用进行了数值模拟，得到双台风相互作用可以使得台风路径发生变化。但总体说来，对两个以上台风的相互作用研究相对较少，在数值模拟方面多以正压原始方程入手考虑台风的相互作用，但实际大气是复杂的，周围系统的影响是多方面的，不仅有副热带高压、大陆高压，另外还有高、低层系统的相互作用等，这些均对台风的路径产生影响，利用 WRF 模式可以综合考虑各方面对双台风的影响。以下主要利用 WRF 模式对 2009 年 8 月发生在西太平洋的三个台风进行了模拟，在模拟路径与实况较一致的基础上，再分别进行挖除"天鹅"以及"艾涛"等试验，分析在没有这两个台风时"莫拉克"的路径，从而分析这两个台风对"莫拉克"移动方向的影响；找出本次三台风过程相互作用的关键因子，以期对多台风的预报提供参考。

4.6.1　三台风数值模拟及试验分析

1. 控制试验设计

　　利用 NCEP/NCAR 1°×1° 的分析资料，采用非静力中尺度数值模式 WRF3.2.1 版本，对 2009 年 8 月 3 日 00～12 日 12 时(UTC，下同)发生在西太平洋的一次三台风过程进行了数值模拟，控制试验(CTRL)的物理过程及方案(其他敏感性试验的模拟范围和参数化同)如下。

　　(1) 使用三重双向嵌套网格：第一重网格格点数为 96×86，格距为 45 km；第二重格点数为 129×78，格距为 15 km；第三重格点数为 198×159，格距 5 km。模式顶 50 hPa，垂直分层 27 层。

　　(2) 参数化方案：积云对流化参数方案：第一、二重网格是 Kain/Fritsch 方案；第三重网格未用参数化。微物理方案：采用 Lin 方案。长波辐射方案：采用 rrtm 方案。短波辐射方案采用 Dudhia 方案。

　　模拟时间：2009 年 8 月 3 日 00～12 日 00 时。

2. 控制试验与实况对比

　　路径对比(图 4.73)：台风"天鹅"西北—西南—东南—东北环形路径基本被模拟出来，只是在海南岛附近时路径偏东。台风"莫拉克"西行，在台湾附近转为西北行，登陆福建后转为北行，也基本与实况吻合，只在登陆大陆后路径稍有偏西。"艾涛"西北行，然后转为北行，再转为东行的路径特征，也基本被模拟出来(北行较实况略早)。移速对比："天鹅"的移速也得到很好的模拟，只在后期偏差稍大；"莫拉克"模拟移速与实况也基本吻合，只在登陆大陆后较实况为慢，尤其实况中"莫拉克"在台湾附近移动缓慢(自 6 日 12 时，也正是"艾涛"生成之际，"莫拉克"移速由 20 km/h 转为 15 km/h)，这个现象也得到很好的模拟，正是"莫拉克"在台湾附近移动缓慢，才导致强降水在同一地区累加造成灾难。可见，控制试验较好地模拟出了三个热带气旋的路径及其移速。

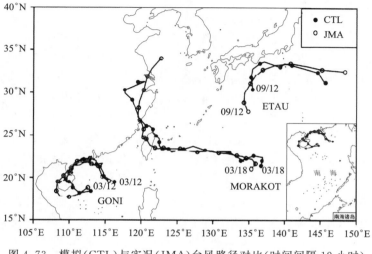

图 4.73　模拟（CTL）与实况（JMA）台风路径对比（时间间隔 12 小时）

　　由图 4.74 可见，"天鹅"强度与实况接近，只在 8 日 00 时以后，趋势和大小有一定偏差，原因是未能很好模拟"天鹅"在热带洋面上的消亡。"莫拉克"强度和变化趋势均与实况接近，但模拟中达到最大强度的时间较实况要晚一些。"艾涛"的强度模拟较实况偏差较大，这与"艾涛"生成时间较晚，模拟时间较长有关，也可能与海上观测资料稀少、"艾涛"强度获取不准确有关。

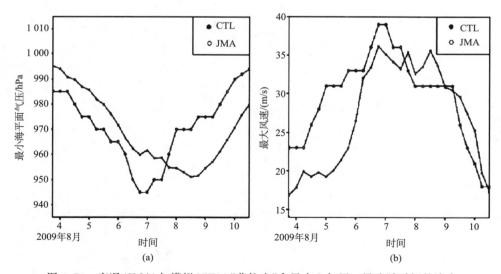

图 4.74　实况（JMA）与模拟（CTL）"莫拉克"台风中心气压、风速随时间的演变
(a)中心气压；(b)风速

总体来看，控制试验较成功地模拟了此次三台风过程，结果可用于比较和分析。为了找出台风之间的相互作用以及与路径的关系，利用 WRF 模式，做了一系列数值试验。

3. 试验方案设计

敏感试验 1：利用 WRF 前处理中的 Bogus 方案，在 3 日 00 时对"天鹅"附近的流场进行处理，制造一个无台风流场的 Bogus，以挖除台风。检验当无"天鹅"流场时，"莫拉克"与"艾涛"会如何运动。

敏感试验 2：针对"艾涛"的试验，其方法同试验 1，由于"艾涛"生成时间较晚，因此无台风的流场 Bogus 试验放在 7 日 12 时。研究这种情况下"艾涛"与"莫拉克"路径变化。

敏感试验 3：模拟发现"艾涛"的生成与东部边界的各物理量的流入影响较大，自 5 日 00 时起，在东部边界 13°～30°N 内滤除 700～2400 km 的波后，"艾涛"未能出现，即考虑在完全无"艾涛"的情况下"莫拉克"与"天鹅"的活动（表 4.11）。

表 4.11 试验方案设计*

项目	开始时间	范围/变量
控制试验	3 日 00 时	—
敏感试验 1	3 日 00 时	在 3 日 00 时，以 115.9°E，18.5°N 为中心半径 300 km 范围内去除"天鹅"基本量的扰动
敏感试验 2	7 日 12 时	在 7 日 12 时，以 137.0°E，23.5°N 为中心半径 300 km 范围内去除"艾涛"基本量的扰动
敏感试验 3	3 日 00 时	自 5 日 00 时起，滤除模式东边界 13°～30°N"艾涛"基本量的 700～2 400 km 波长的扰动

注：表格中积分结束时间均为 12:08 时。

4. 敏感试验与台风路径的变化

在试验 1 中，去除"天鹅"流场后的初始场与控制试验相比，"天鹅"的初始流场已完全去除，除原台风中心附近外，风向速大小变化不大。之后在气压场上一般"天鹅"不再出现，不过，有时在边界附近的流场上还有弱的气旋性环流出现（图略）。

由试验 1 台风的路径图分析（图 4.75），在初始时刻（3 日 18 时～4 日 18 时）与控制试验相比"莫拉克"路径稍有起伏，这可能与台风初始流场改变造成的调整作用有关，之后至 6 日 18 两个试验的路径基本相同，可能在此之前，"天鹅"对"莫拉克"的影响还较小，未出现相互作用，6 日 18～9 日 18 时"莫拉克"由原来的西北偏北方向转为偏西北偏西方向移动，与控制试验的路径有约 30°的夹角。可以说，"天鹅"对"莫拉克"的作用应在 6 日 18 时之后。由模拟与实况对比分析，"天鹅"路径由西北向西南的转向时间约为 6 日 11 时，"莫拉克"路径开始变化在 6 日 18 时，因此"天鹅"台风对"莫拉克"的影响时间与转向时间相差约 7 小时，似乎台风"天鹅"最初的转向与"莫拉克"无关。黄先香等

（2009）对本次台风"天鹅"分析后指出，大尺度环境场的调整（西太平洋副高减弱东退、大陆高压加强等），使环境场对"天鹅"的引导作用减弱，弱环境流场是"天鹅"登陆后长时间内停滞缓行的主要原因；大陆高压的加强东南伸，不仅使"天鹅"西北行受阻，同时导致"天鹅"出现西北强、东南弱的非对称风场结构，这是其转向西南行的重要原因；而双台风的互旋对"天鹅"的转向西南再东折也起了一定的作用。这里从敏感试验也得出这一点。分析也发现大陆高压的南压使"天鹅"西部的北风分量加大。可见前期"天鹅"的转折与环境场的变化有关，而 7 日 2 时后路径的变化主要与"天鹅"与"莫拉克"的相互作用有关。

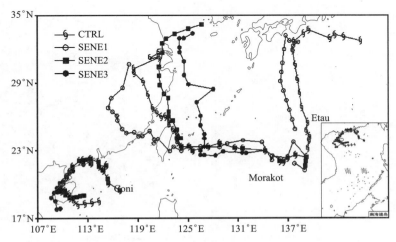

图 4.75　模拟各台风路径图（间隔 6 小时，初始时刻：天鹅 3 日 12 时，"莫拉克"3 日 18 时，"艾涛"7 日 12 时；终止时间"天鹅"9 日 12 时，"莫拉克"11 日 18 时，"艾涛"11 日 18 时）

在试验 2 中，7 日 12～8 日 18 时"莫拉克"台风路径与控制试验相比变化不大，但在 8 日 18 时之后，两个试验的路径有了明显变化，"莫拉克"的路径北偏与实况相差 2 个纬距左右。台风"天鹅"的路径与控制试验基本一致，7 日 12 时后略有差异。可以看出，"艾涛"对"莫拉克"的移向也有一定影响，但相比"天鹅"对"莫拉克"的影响，"艾涛"对"莫拉克"的影响要小得多。

试验 3 中，东部边界滤波起自"艾涛"生成之前的 5 日 00 时，在 6 日 18 时之前，"莫拉克"的路径与控制试验相差较小，但在 7 日 2 时之后，"莫拉克"的路径发生了明显变化，7 日 00 时"莫拉克"在离台湾约 500 km 时开始直接北上，移速也有所加快，虽然移动方向略有西偏，但始终未能登陆。将 8 日 12 时的流场与控制试验和试验 2 对比可见［图 4.76（a）、（b）］，"莫拉克"东部存在的季风槽出现了变化，控制试验中，在"莫拉克"的东部 6 日 00 时先向东伸展出一季风槽，之后季风槽逐渐向东扩，6 日 18 时季风槽发展成了气旋式环流，试验 2 中原来的"艾涛"所在处虽然没有出现明显的低涡环流，但仍有一低槽存在，而在边界滤波后，该低槽已经完全消失［图 4.76（c）］，由风场对比发现"莫拉克"东部的南风分量大大加强，这可能是"莫拉克"较早出现北上的主要原因。而西部的"天鹅"路径在 7 日 8 时后也发生了变化，未出现明显的东折，这可能与"莫拉

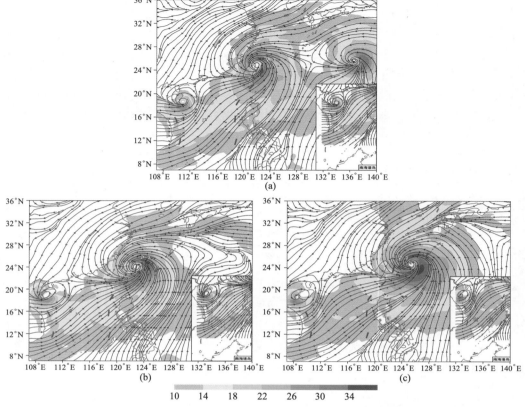

图 4.76　8 日 12 时 10 m 流场与风速场(阴影，全风速单位：m/s)

(a)CTRL；(b)SENE 2；(c)SENE 3

克"此时离"天鹅"的距离超过了 18 纬度、相互作用明显减小有关。

　　由实况与各试验"莫拉克"台风中心气压演变可知，控制试验较好地模拟出了实况"莫拉克"的强度以及强度的变化趋势，SENE 1 与 SENE 2"莫拉克"强度变化基本一致，均为强度加大，去"艾涛"后的"莫拉克"强度略强于"天鹅"，但变化趋势与控制试验一致，对东边界滤波后，"莫拉克"台风大大发展，强度远超于其他两个敏感试验。为什么三台风变为两台风后，强度会加强？其原因将在后节讨论。

4.6.2　台风"莫拉克"北上的原因

　　通过以上分析得知，台风"莫拉克"路径变化不仅与台风"莫拉克"与"艾涛"以及"天鹅"的相互作用有关，而且与"莫拉克"东、西部的季风槽发展有关，季风槽如何影响台风的移动是以下主要讨论的问题。控制试验中三个台风处在一个长的季风槽区内，该季风槽构成了一个大的低压环流。季风低压的范围大小的变化，对台风的风速有影响，不同区域的季风槽的变化，对台风的不同位置的风向与风速有较大影响。由于本次季风槽是一个闭合环流，因此台风不仅存在各自的旋转，还有跟随季风低压的旋转量，这可以用单位质量气块的角动量(M)守恒来描述，在不考虑地球自转以及气块所处高度的情况下：

$$M = V_m R_m + V_t R_t$$

式中，V_m、R_m 分别为季风低压的风速和半径；V_t、R_t 分别为台风的风速和半径。由于季风低压中心应在两台风之间，因此由于除去涡旋造成的季风低压半径的缩短引起的风速变化，会引起靠近季风槽一侧的台风风场加大，并使台风风场出现非对称性变化，这有利于台风的路径发生变化。反过来说，东部季风槽的发展可能使"莫拉克"的东部南风分量减弱，不利于台风北移；西部的季风槽的发展拉长可使北风分量减小，有利于台风向北运动。该理论与模拟得到的结果一致。

为了验证以上分析，下面讨论台风中心附近的风场变化。

由计算 $800 \sim 400$ hPa 平均风场分析，控制试验中，在 7 日 2 时明显出现三个低压环流[图 4.77(a)]，这三个低压环流相距较近，并且处于同一个季风低压，在去除"天鹅"后的 7 日 2 时，"莫拉克"与"艾涛"的环流仍存在，但季风低压与台风环流明显加强，特别是"莫拉克"的西部风速大大增加[图 4.77(b)]，显示出季风低压半径缩短后风速加强的过程。在试验 2 中，8 日 12 时图上，去除"艾涛"后，尽管东部已无"艾涛"闭合环流出现，但在"莫拉克"的东部还有弱的季风槽[图 4.77(c)]。同一时刻在试验 3 中[图 4.77(d)]，"莫拉克"东部已不再有季风槽，分析两者的风速场可见，试验 3 的东部的风场大于试验 2，可见季风槽对台风风速的强弱变化作用明显。季风槽的缩短有利于靠季风槽一边台风的风速加大，这与季风槽与台风环流内角动量守恒关系一致，而风速的变化又可导致台风移动方向和强度的变化。吴俊杰在 2003 年给出了"深层次引导气流"的概念，认为在台风范围的流场积分可近似表示台风移动方向。其表达式为

$$V_s(p) = \frac{\displaystyle\int_0^{30}\int_0^{2\pi} V r \, \mathrm{d}r \mathrm{d}\theta}{\displaystyle\int_0^{30}\int_0^{2\pi} r \, \mathrm{d}r \mathrm{d}\theta} \qquad (4.5)$$

$$V_{SDLM} = \frac{\displaystyle\int_{850\mathrm{hPa}}^{400\mathrm{hPa}} V_s(p) \, \mathrm{d}p}{\displaystyle\int_{850\mathrm{hPa}}^{400\mathrm{hPa}} \mathrm{d}p} \qquad (4.6)$$

式中，V_s 为某一层以台风为中心、在半径为 3 经纬距范围内的平均风；V_{SDLM} 为在式(4.5)范围内的 $850 \sim 400$ hPa 深层次平均引导气流，也可以用这些量来定量描述各试验中台风的路径变化与风场的关系。以下由深层次引导气流的变化讨论是季风槽对莫拉克台风的影响。

由计算台风中心附近平均深层次引导气流[图 4.78(a)]得出，在 7 日 18 ～10 日 18时，SENE 1 中台风中心南风引导气流始终小于控制试验。可见去除"天鹅"后，由于季风槽的半径的减小以及"天鹅"对"莫拉克"的旋转作用减小，使得"莫拉克"向北的分量减小，同时也可以说，由于去除"天鹅"后季风槽在台风东部缩短，有利于台风中心西部的北风环流加强，而使北风的分量大于控制试验时的北风分量，最终导致台风移向偏南。

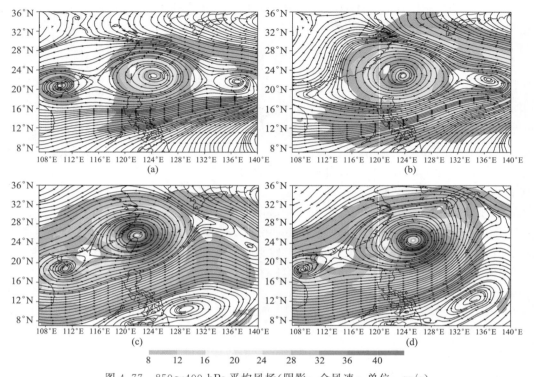

图 4.77　850～400 hPa 平均风场（阴影：全风速；单位：m/s）
(a)6 日 18 时控制试验；(b)6 日 18 时 SENE 1；(c)8 日 12 时 SENE 2；(d)8 日 12 时 SENE 3

10 日 18 时后台风"莫拉克"与"天鹅"强度大大衰减，两者的相互作用减弱，风场变化不规律。

　　SENE 2 的 v 分量与控制试验相比去除"艾涛"后整体来说南风分量加大［图 4.78(b)］，而在边界滤波方案（试验 3）自 7 日 08 时起较控制试验南风分量就开始明显加大［图 4.78(c)］。因此可见无论哪种方案去除"艾涛"后总可使南风分量加大，有利于台风北移。因此"艾涛"的消失是台风向北移动的主要因子。而"莫拉克"东部季风槽的越强越不利于南风分量的加强和台风的北上。

　　以上分析可以解释为什么台风的敏感试验中台风的强度大于控制试验而边界滤波的试验更强，可能的原因之一是，三热带气旋转为两热带气旋后因角动量守恒导致外围的风速加大，从而引起热带气旋强度加大。

4.6.3　多台风的相互作用与水平涡度的关系

　　强大的垂直切变对龙卷、超级单体风暴等的形成和加强有非常重要的作用。Davies 等(1980)通过数值试验指出，在风暴移动过程中，水平气流的旋转与上升气流和下沉气流的形成方式有关；Houze 和 Hobbs(1982)发现，由于存在水平风的垂直切变，便形成一支水平轴的涡管，当上升气流发展后，水平涡管向上凸起，于是形成两支旋转方向

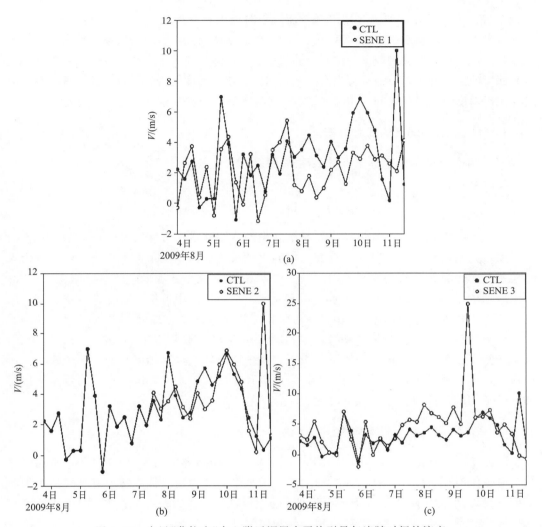

图 4.78　台风"莫拉克"中心附近深层次平均引导气流随时间的演变

（纵坐标为 V 分量，单位：m/s；横坐标为时间）

(a)控制试验与试验 1 的 V 分量；(b)控制试验与试验 2 的 V 分量；(c)控制试验与试验 3 的 V 分量

相反的垂直轴涡管。上述过程也体现了水平涡管由于上升气流的抬升作用，逐渐形成了垂直涡管，即其中存在水平涡度向垂直涡度的转化。徐文俊（1982）利用两维模式进行数值试验得出，在切变环境中对流运动引起水平涡度的机制是辐合作用和倾斜作用。中尺度对流涡旋的形成是辐合效应与水平涡度倾斜共同作用的结果（Skamarock et al.，1994；Davis and Weisman，1994），先由 MCS 产生的与浮力梯度相联系的水平涡度的倾斜作用使得垂直涡度发展，随后对流层中层的行星涡度使得垂直涡度加强（朱爱军和潘益农，2007）。韩瑛和伍荣生（2007）通过研究不同发展阶段台风中水平涡管的分布，给出了螺旋云带与切向风、径向风之间的概念模型，并指出由于台风存在强烈的上升运动，水平涡管在垂直速度的抬升下，逐渐转变为气旋性的垂直涡管，使得能量由底层传递到高层。水平涡度的研究多用于强对流，强对流中具有很强的垂直风速切变，进而形成强水平涡度，以及水平涡度向垂直涡度的转化。众所周知，台风的形成条件之一是垂直切变小，但在台风发展过程中，中心以外往往存在很强的风的垂直切变，多台风出现期间水平涡度的三维分布以及与垂直涡度的关系如何？水平涡度能否影响台风的环流和移动方向？水平涡度与多台风之间的相互作用有何关系？以下主要从这几个方面来讨论。

1. 台风中水平涡度的三维分布

三维涡度矢量在 z 坐标系下的表达式为

$$\zeta = \left(\frac{\partial w}{\partial y} - \frac{\partial v}{\partial z}\right)\vec{i} + \left(\frac{\partial u}{\partial z} - \frac{\partial w}{\partial x}\right)\vec{j} + \left(\frac{\partial v}{\partial x} - \frac{\partial u}{\partial y}\right)\vec{k}$$

以往的研究指出，大气运动主要是准水平的，因此水平方向的旋转造成的垂直方向的涡度对天气的影响十分重要。这在我们的天气尺度或大尺度条件下是成立的，也为人们所接受。由量级分析，水平方向的涡度中含 w 的项较小，水平风随高度的变化较大，因此该项的大小主要由水平风的垂直切变决定。在对流层中低层，若存在低空急流，风的垂直切变的大小可达 $10^{-2} \sim 10^{-3}/s$，在高空急流附近也是如此。天气变化比较剧烈时，一般具有较大的风的垂直切变，垂直涡度的量级一般较水平涡度小 $1 \sim 2$ 个量级，近似于垂直速度与水平速度的关系。由于台风中风速较大，风随高度的变化也较大，所以对于台风，特别是在台风中心之外，也应该存在较大的水平涡度。台风附近水平涡度的三度空间结构如何？将在以下讨论。

1）台风中各层水平涡度的变化

图 4.79(a)为实况 850 hPa NCEP $0.5° \times 0.5°$ 的 2009 年 8 月 8 日 00 时的水平涡度矢量与模拟的对比。图中，在台风"莫拉克"周围水平涡度为逆时针旋转，有较强的水平涡度值，最大达 $20 \times 10^{-3}/s$ 以上，由模拟的水平涡度场与实况场对比[图 4.79(b)]可以看出，"天鹅"与"莫拉克"的数值模拟结果与实况结果非常类似，但"艾涛"的模拟整体仍比实况强。"天鹅"与"艾涛"的中心附近虽有逆时针旋转的水平涡度但未能闭合，在 850 hPa 以下明显存在闭合的逆时针旋转的水平涡度（图略）。水平涡度的这种分布显示出台风环流中的垂直风速的分布以及涡管的分布状态，也可看出当台风较强时绕台风的气旋式水平涡度维持的高度也较高。在台风"莫拉克"的西北方向，有一支来自北方的水平涡度矢量，可能与大陆的系统对台风的影响有关。

在 700 hPa 左右[图 4.79(c)、(d)]，实况与模拟的水平涡度矢量的表现形式也较为一致，台风中心水平涡度矢量开始向外辐散，并在最大风速中心的边缘辐合，500 hPa 由台风中心向外辐散表现更清楚[图 4.79(e)、(f)]，500 hPa 以上也基本如此（图略）。图 4.80 中显示，850 hPa"天鹅"台风的南部有水平涡度矢量向"莫拉克"移动，而"莫拉克"台风的北部也有向"天鹅"移动的水平涡度，但相对于南部"天鹅"向"莫拉克"台风的输送弱；在"莫拉克"台风的东部，也有一支水平涡度向东流入"艾涛"中。

值得注意的是，在台风发展初期[图 4.80(a)、(b)，5 日 12 时]两台风靠近时，在

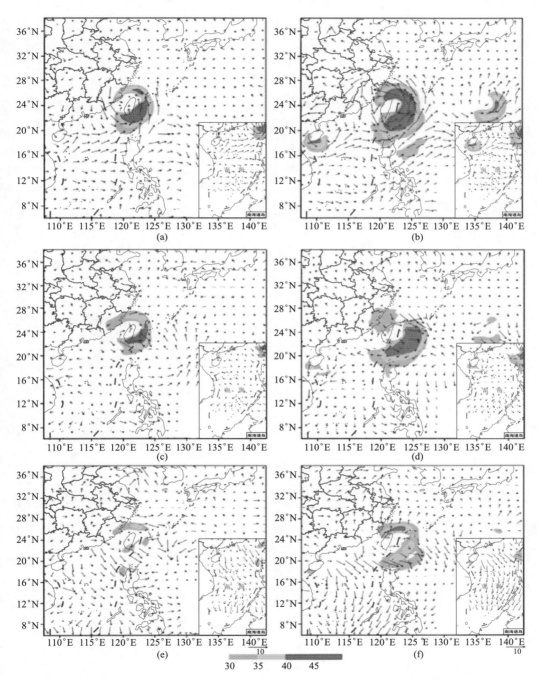

图 4.79　2009 年 8 月 8 日 00 时 850 hPa 水平涡度场实况(a)预报(b)；
700 hPa 水平涡度场实况(c)预报(d)；500 hPa 水平涡度场实况(e)预报(f)

台风之间水平涡度分布较乱，水平涡管各自为政；当台风出现相互作用时，特别是在6日12时之后[图4.80(c)、(d)]，自低层到850 hPa开始在两台风之间出现一条东西向的水平涡度辐合线，其北侧为西北向的水平涡度，南侧为西南向的水平涡度，在辐合线的南侧的水平涡度大于北侧，这可能与季风活动有关，模拟与实况较为一致。西南方向的水平涡度从"天鹅"指向"莫拉克"，在"莫拉克"台风的北部有东北方向的水平涡度指向"天鹅"。这一时期也是台风迅速发展期。这种情况伴随着台风发展主要出现在950~850 hPa。可见在"莫拉克""天鹅"和"艾涛"之间，可能通过水平涡度的活动进而发生相互作用，但"莫拉克"与"艾涛"间的相互作用不明显，没有明显的水平涡度辐合线存在。

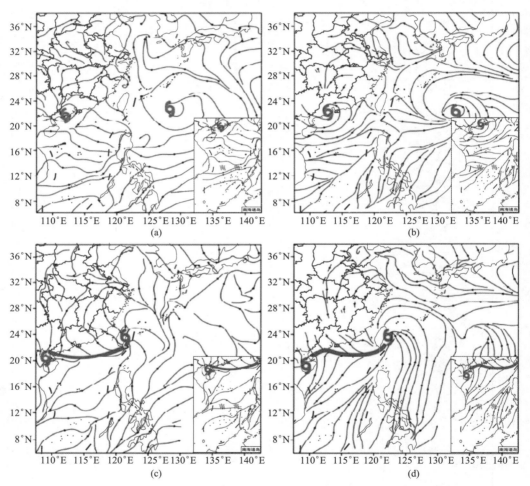

图4.80　实况(a、c)与模拟(b、d)900 hPa水平涡度的分布

2009年8月5日12时(a、b)；2009年8月7日12时(c、d)；红色实线为水平涡度切变线

由于水平涡度与风的垂直切变有关，因此台风的这种水平涡度分布，也表现出台风风场的垂直分布以及环流也有固定的形式。

2) 台风中的三维涡管结构

为了更清楚地分析台风中水平涡度与垂直涡度的关系，这里将台风中水平涡度与垂直涡度做了合成，类似于将 u、v 分量与 w 合成构成垂直环流，垂直方向的涡度较水平涡度扩大了 10 倍。这种剖面的分析有助于了解水平涡度与垂直涡度的分布以及变化，也有利于了解涡度的三维结构，以及由此形成的涡管活动。

8 月 5 日 12 时"天鹅"与"莫拉克"台风基本在 22.5°N 的纬度带上，此时水平涡度与垂直涡度的合矢量在东西方向剖面图上 [图 4.81(a)]，两台风的表现形式非常一致，均为 900 hPa 以下低层有水平涡度的辐合，$900 \sim 800$ hPa 有水平涡管的流出，$800 \sim 700$ hPa 又有水平涡管的流入。这在台风演变过程中基本如此，在过台风中心的南北方向剖面图上 [图 4.81(b)]，低层有明显的水平涡度辐合，850 hPa 以上为辐散，在台风中心的右侧，对应的 u、v 分量场表现为 850 hPa 以下有一个风速的大值中心，700 hPa 以上 u、v 分量随高度减小，三维涡度矢量以辐散为主。在图 4.81 中均可发现，如果在垂直剖面上有多中心存在可表现有多层水平涡管的流入流出，一般情况下在风速中心下方辐合，上方辐散。这种水平涡度的辐合辐散，也表现出水平涡度与垂直涡度的相互转化。

图 4.81(a) 中还可看出，台风的三维涡管有明显的相互流动，在中低层台风外围有三维涡管向东运动进入另一台风，高层有三维涡管向西活动，这种流动可能与台风的相互作用有关。这种涡管能否引起相应的垂直环流，还有待进一步研究。

2. 三台风之间的相互作用与涡管的关系

台风"莫拉克"与"天鹅"的相互作用时间在 6 日之后，由图 4.82 可知，850 hPa，沿 20.5°N 一带的云水与雨水混合比随时间演变的叠加图上可见，台风"天鹅"云带开始向"莫拉克"输送的初始时间在 6 日之后，期间主要有三次过程（a、b、c 箭头所示）：第一次为 6 日至 7 日；第二次为 7 日 00 至 8 日 12 时；第三次为 8 日 12 时至 10 日 12 时。特别是第二阶段"莫拉克"也有向台风"天鹅"的输送，可见这两个台风之间可通过云带的相互输送进而产生相互作用，而云带的产生与输送应与垂直环流的活动有关，而垂直环流的活动应该与水平涡度有关。

由图 4.83(a) 可见，在 6 日 18 时，900 hPa，"莫拉克"与"天鹅"之间有一条由西向东的水平涡度构成的辐合线，其上有云带产生，该辐合线由台风"天鹅"的东北部延伸至"莫拉克"的西南部，但此时两台风之间的云带并未完全连接。850 hPa 上 [图 4.83(b)]，辐合线不明显，由沿 116°E 的环流剖面分析 [图 4.84(a)]，在云带的两侧有两支逆时针的环流圈与辐合线两侧的水平涡度配合，南部的环流圈是云带构成的主要因子，8 日 6 时的情况也基本如此 [图 4.84(c)、(d)]，此时 850 hPa 上出现了明显的辐合线，两台风之间有云带连接（由"天鹅"的东北部延伸至"莫拉克"的西南部），该云带主要由向东的水平涡度形成的环流造成 [图 4.84(b)]。$6 \sim 8$ 日也是"莫拉克"台风发展时期，水平涡度形成的涡管引导"天鹅"台风向"莫拉克"台风南部输送水汽、动量以加强"莫拉克"的发展。9 日 00 时的情况与 8 日 6 时基本一致 [图 4.83(e)、(f)，图 4.84(c)]，这一时期之后，

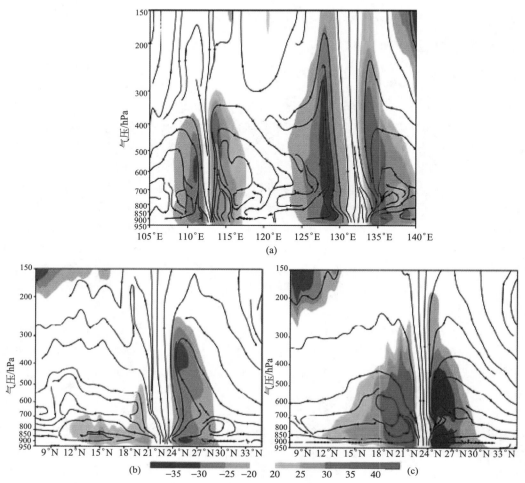

图 4.81　5 日 12 时沿 22.5°N 水平涡度(x 方向)与垂直涡度合矢量，阴影为 u 分量剖面(a)，沿 132°E"莫拉克"台风中心的水平涡度与垂直涡度剖面，阴影为 v 分量(b)，7 日 12 时沿 122.8°E "莫拉克"台风中心的水平涡度与垂直涡度剖面阴影同(b)u、v 分量单位 m/s；水平涡度的单位：10^{-3}/s；垂直涡度的单位 10^{-4}/s(c)

"莫拉克"台风已接近大陆，尽管"天鹅"台风还在向"莫拉克"台风输送能量，但台风还是很快衰减。图中可见，在 850 hPa 以下，从水平涡度的角度分析，"莫拉克"与"天鹅"对"艾涛"的影响较小；但在 850 hPa 以上，在"莫拉克"的东南方向有较强的水平涡度矢量向"艾涛"台风流去，从而也可影响"艾涛"的发展。

　　由以上分析，三台风之间可通过水平涡度形成的涡管进行相互作用，当两台风之间有涡管形成的云带时相互作用最强，此时的涡管不仅有动量的输送，还有大量的水汽、能量等的输送。图中显示，这种涡管形成的云带多处在中低层，中低层的云系在双台风相互作用中的影响明显。涡管流动的方向一般由左台风的东北部流向右台风的西南部。

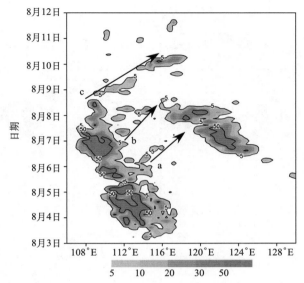

图 4.82　2009 年 8 月 3 日 00 时～12 日 00 时沿 20.5°N 的
云水与雨水混合比(10^{-5}kg/kg)的时间剖面

3. 台风中的水平涡度与垂直涡度的转换

　　前节中讨论了台风之间通过水平涡度相互作用, 水平涡度形成的涡管的上升侧又可引起水平涡度向垂直涡度的转化。众所周知, 反映台风强弱的关键因子之一是风速, 涡度是速度的旋转程度, 水平方向的旋转程度用垂直涡度来表示。因此水平涡度可能通过向垂直涡度的转换使台风的风速加大, 影响台风的环流。

　　由忽略了摩擦项的涡度方程:

$$\frac{\partial \zeta}{\partial t} = M + N + P + R + S$$

$$M = -\left[u\,\frac{\partial \zeta}{\partial x} + v\left(\beta + \frac{\partial \zeta}{\partial y}\right) \right]$$

$$N = -\omega\,\frac{\partial \zeta}{\partial p}$$

$$P = -(\zeta + f)\,\nabla \cdot \vec{V}$$

$$R = -\left(\frac{\partial \omega}{\partial x}\,\frac{\partial v}{\partial p} - \frac{\partial \omega}{\partial y}\,\frac{\partial u}{\partial p} \right)$$

式中, M、N、P 和 R 分别为水平平流输送项、垂直平流输送项、水平辐合辐散项和倾侧项; S 为摩擦项, 在以下讨论中忽略摩擦项的影响。其中, u 为纬向水平风速; v 为经向水平风速; ω 为垂直速度; ζ 为垂直涡度; f 为科氏参数, $\beta = \dfrac{\partial f}{\partial y}$。$W$ 项为前四

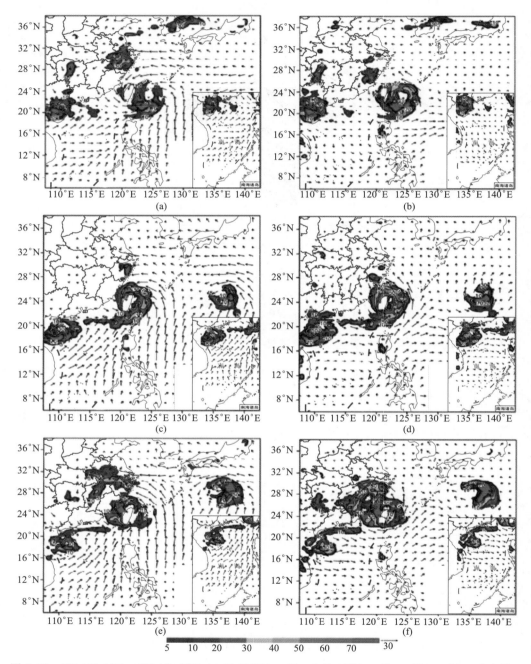

图 4.83 900 hPa(左)，850 hPa(右)，6 日 18 时(a、b)，8 日 6 时(c、d)，9 日 00 时(e、f)水平
涡度矢量场(10^{-3}/s)与云水、雨水混合比(阴影，单位：10^{-5} kg/kg)

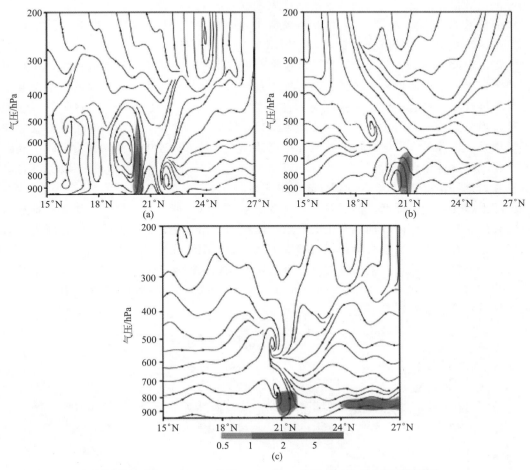

图 4.84　沿 116°E，v 分量（m/s）与 w 分量（10^{-2} m/s）的环流剖面
阴影：云水与雨水混合比（单位：10^{-4} kg/kg）
(a)6 日 18 时；(b)8 日 06 时；(c)9 日 00 时

项的和。其中倾侧项代表了水平涡度向垂直涡度的转换，以下将对此项进行讨论。

　　5 日 12 时，"莫拉克"台风发展早期，此时 900 hPa 水平涡度围绕台风为逆时针旋转，在台风的大风速带上有水平涡度向垂直涡度的转换[图 4.85(a)]，但在 850 hPa 则相反[图 4.85(b)]，"莫拉克"台风水平涡度向垂直涡度的转换出现在风速的小值区，水平涡度从台风中心向外辐散，其中台风的最大风速出现在台风中心的东北方向。在此时之后，倾侧项在"莫拉克"台风中心南部不断发展，南部水平风速不断加强，在 6 日 3 时之后，"莫拉克"南部的水平风速已大于北部，850 hPa 上水平涡度开始转为逆时针旋转[图 4.85(c)、(d)]，风速大值带与倾侧项大值中心对应。在"莫拉克"台风接近登陆台湾的 7 日 15 时，900 hPa 图上[图 4.85(e)]，大于 50 m/s 的风速最大中心位于台风中心的东南部，与倾侧项大于 2×10^{-8} s^{-2} 最大中心带重合，850 hPa 也是如此[图 4.85(f)]，700 hPa[图 4.85(g)]左右类似于图 9b，倾侧项的正值区明显处在最大风速中心的两侧，其值相对低层小，同时水平涡度矢量的方向也发生较大的改变。由低层的围绕台风的气旋式旋转，转变为以中心外辐散为主，在 200 hPa 上表现更明显[图 4.85 (h)]。这种现象一直持续到 9 日。

以上说明，在 850 hPa 以下最大风速带附近有水平涡度向垂直涡度的转换，在这种形势下，有利于气旋性环流增强。这可能导致台风低层风速加大。当台风的水平涡度呈逆时针旋转时，最有利于水平涡度向垂直涡度的转换。随着高度的增长，倾侧项对气旋性环流增长的范围趋向于向最大中心两侧变化，因此有利于中高层台风眼附近的气旋式环流增长，以及最大风速外侧的气旋性环流的加大。最大风速中心倾侧项为负时，气旋式环流减弱。从台风东南部的 700 hPa 的、大于 35 m/s 的风场范围向外扩展也可看出这一点。这种情况在 700～600 hPa 表现最明显。

综上，在台风发展期，低层最大风速带上倾侧项以正值为主，有水平涡度向垂直涡度的转换，对台风环流的加强有正的贡献。而在 700 hPa 左右的最大风速中心两侧有弱的正贡献，在最大风速中心附近倾侧项多为负，对气旋性环流发展不利。

由于大值倾侧项与台风的最大风速有密切的关系，因此选择 5 日 12～9 日 00 时在"莫拉克"台风中心附近 900 hPa、风速大于 45 m/s 处的涡度方程的各项作平均，来分析各项对垂直涡度的贡献。

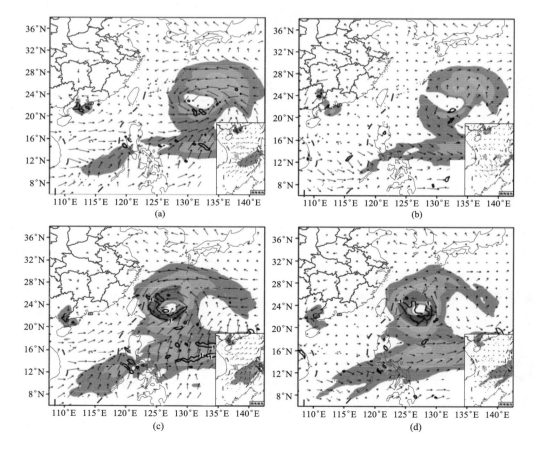

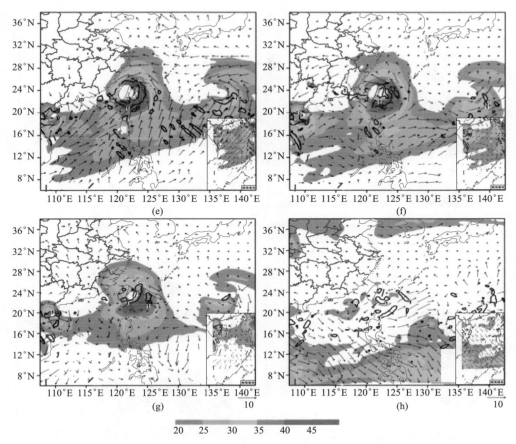

图 4.85　5 日 12 时 900 hPa(a)、850 hPa(b)、6 日 03 时 900 hPa、850 hPa(d)、7 日 15 时 900 hPa
(e)、850 hPa(f)、700 hPa(g)、200 hPa(h)风速场(阴影，m/s)与正值倾侧项
(实线，单位：10^{-8}/s)，矢量为水平涡度(10^{-3}/s)

由图 4.86(a)可见，在强风中心，800 hPa 以下垂直涡度平流（M 项）以小于零为主，800~500 hPa 以大于零为主，500 hPa 以上涡度平流的贡献明显减小。可见在低层垂直涡度平流对垂直涡度的贡献为负，对台风环流的发展不利，图 4.86(b)为垂直平流输送项（N 项），该项的贡献与 M 项基本相同但量值相对较小，P 项（绝对涡度的辐合辐散项）与 M、N 项的作用相反，在低层对垂直涡度的贡献为正，700 hPa 以上为负，R 项（倾侧项）也是如此，但从低层至高层有"＋－＋"的变化，850 hPa 以下以正值为主，850~600 hPa 为负，600 hPa 以上为正值，从 5 日 12 时 8 日 00 时基本如此。可见在台风发展最快的阶段附近（5 日 12~7 日 6 时）在低层有强烈的水平涡度向垂直涡度转换，在中层有垂直涡度向水平涡度转换，8 日 00 时之后各层的转换大大减小。其他项也基本如此。

图中还可看出，在台风西行为主时，水平涡度向垂直涡度的转化主要出现在台风的西南、南方，当北移时主要出现在东部，这与前节分析一致。

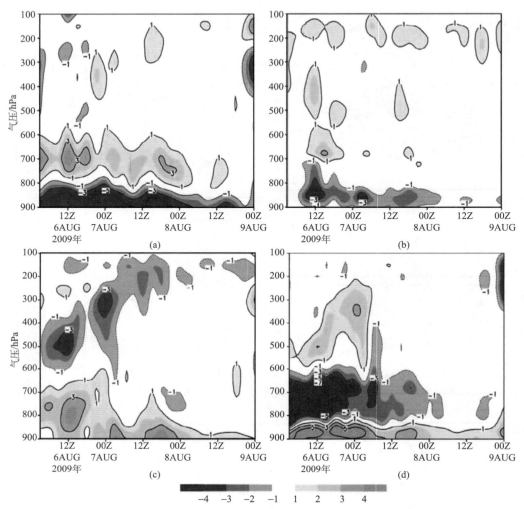

图 4.86　900 hPa 风速大于 45 m/s 区域("莫拉克")涡度方程各项平均值随气压的变化

(a)M 项；(b)N 项；(c)P 项；(d)R 项(单位：10^{-8}/s)

　　由以上分析可知，850 hPa 以下水平涡度向垂直涡度的转换是台风环流加强的主要因子。其次为绝对涡度及辐合辐散项。水平涡度平流以及垂直涡度平流的贡献为负。

　　综上所述，三台风相互作用过程中的水平涡度以及与垂直涡度的关系主要为：在850 hPa 以下，台风发展阶段有围绕台风中心的逆时针旋转的水平涡度，当台风较强时，逆时针旋转的高度升高，最高达 850 hPa。一般情况下，在 850 hPa 以下，有指向台风中心的水平涡度，在 700 hPa 以上有由中心指向外的水平涡度，在两台风之间有涡管的活动，涡管的活动主要表现在水平涡度的辐合线上，沿辐合线可见由涡管形成的垂直环流，在涡管的上升支上往往伴有降水以及云存在。台风中的水平涡度的分布与台风的垂直风场的分布有密切的联系，在最大风速之下有水平涡度的向台风中心的汇合，之上有辐散，当垂直方向有多中心时，在风速之下水平涡度辐合，之上辐散；台风间通过涡管相互作用，且三维涡管也可从一个台风的外围进入另一台风。通过这些涡管的活动输送水汽以及能量转换导致多台风的相互作用。在"天鹅"与"莫拉克"台风间这种情况最明显，但在"艾涛"与"莫拉克"间涡管的相互作用较小；在台风发展期间，台风中心最大风速带上 850 hPa 及以下倾侧项以正值为主，有水平涡度向垂直涡度的转换，对台风环流的加强有正的贡献。之上至 600 hPa 有垂直涡度向水平涡度的转换，对台风环流的增强贡献为负，在台风强烈发展期表现最明显，当转换减弱时，台风环流开始减弱。垂直涡度平流项以及垂直输送项对台风垂直涡度的贡献与倾侧项相反；850 hPa 上水平涡度向垂直转换最大的区域，与台风的移动方向关系密切，当转换最大区处在台风的南、西南侧时，台风以西移为主，处在东侧时，以北移为主。

4.7　登陆台风陆地趋暖运动

台风是生成于西北太平洋上的一种强热带气旋，其最大风速超过 33 m/s。而中国是受台风灾害影响最为频繁和最为严重的国家之一，平均而言，每年有 7~8 个台风登陆我国，受灾总人口达 25 亿，直接经济损失超过 10 trillion 美元（Liu et al.，2009）。而且随着中国东南沿海经济的发展和人口的快速增加，财产损失和人员伤亡在未来将会有增加的趋势。在过去几十年中，尽管观测网和数值模式已被广泛用于台风路径预报（Emanuel，1999；Saunders and Lea，2005），但台风路径预报仍然存在很大的不确定性。其中一个重要的不确定性就是台风的登陆预报，这为当地的决策者采取适当的应急措施带来极大的影响。因此为减轻台风带来的灾害，对台风、尤其生命和财产带来极大影响的超强台风登陆地点预测方法研究是十分重要的科学问题（陈联寿等，2002）。

传统上，台风被认为是嵌在大尺度环流中的一个涡旋系统（Jordan，1952；Miller，1958；George and Gray，1976；Neumann，1979；Chan and Gray，1982；Holland，1984；Dong and Newmann，1986），因此其路径预报主要基于台风引导气流原理，而且在许多情况下，基于引导气流原理得到的台风路径预报也较为合理。然而，应用引导流原理在某些情况下会导致预报台风路径失败，台风实际路径会显著偏离引导气流，其中，超强台风路径预报失误率相对较高（Wu et al.，2004a）。这说明，有必要探讨除引导气流以外影响台风运动的因子。

众所周知，台风生成于广阔的热带洋面上，洋面温暖潮湿，为台风提供了大量的能量和水汽（Palmen，1948）。通常，暖水面有利于台风强度加强，冷水面使台风减弱（Fisher，1958；Shapiro and Goldenberg，1998；Emanuel，1986），且台风在洋面上有显著的趋暖运动趋势（陶诗言等，1963；陈联寿和丁一汇，1979；贺海晏，1995；江吉喜，1996）。洋面对台风路径的影响已得到普遍共识，但陆面对登陆台风路径的影响，也是不可忽视的问题，尤其是暖的陆地表面对台风路径异常影响，还是一个不解之谜。Xu等（2013）通过统计分析，探讨了 1960~2009 年 50 年间大样本数陆面地表温度（LST）与台风登陆之间相关关系，提出了超强台风登陆过程也会产生类似洋面上的"趋暖运动"，尤其在台风运动路径发生转折时，也会描述出此类"趋暖"现象。此新认识可能会对台风路径突变预报提供一个有前兆性"信号"的指标。

4.7.1　超强台风登陆轨迹与奇异趋暖现象

年代际登陆轨迹与趋暖"辐合状"特征：首先值得思考的问题是，历史上登陆台风路径与沿海陆地的地温分布是否存在某种关联？若将超强台风登陆年代际样本个例合成轨迹分析作为讨论问题的切入点，我们可发现各年代超强台风存在"辐合状"趋于暖陆面登陆点的宏观趋势。

图 4.87 分别给出过去几十年间（分别为 20 世纪 60~90 年代和 21 世纪前 10 年）中国东南沿海地区登陆的超强台风登陆前 2 天路径以及陆面地表温度分布。可以看到，20 世纪 60 年代、80 年代以及 21 世纪前 10 年，超强台风登陆点呈"辐合状"趋于地表温度高于 31℃暖陆面区域的特征；70 年代和 90 年代，东南沿海地区地表温度低于 31℃，则台风登陆点也相对分散。

超强台风路径折向的趋暖特征：为了更清楚地说明台风陆地趋暖（warm ward）路径特征，统计分析了 1960~2009 年 4 个超强台风实际登陆路径以及利用陆面地表最高温度做出的登陆路径预报（LST），其中有一个台风在登陆过程发生路径转折[图 4.88 (d)]。另外，为了便于比较，图 4.88 中还给出了利用传统的引导气流方法得到的路径预报。定义 α_1 为利用地表温度最高点得到的预报路径与实际路径的角度偏差，α_2 为利用引导气流原理得到的预报路径与实际路径的角度偏差（图 4.89）。在图 4.88 四个例子中，可发现有趣的趋暖现象，而且即使在台风路径发生"转向"时，利用陆面地表温度最高点得到的超强台风路径与实际台风路径也呈较显著的一致性[图 4.88 (d)]。同样我们也可在其他样本中发现类似现象，这表明除了环境引导气流，暖的陆面地表温度也可以作为超强台风登陆点的预报因子。

4.7.2　趋暖预报与引导流预报方法效果的评估

不同登陆距离"半径"台风趋暖预报定量评价：陆面地表温度对登陆台风影响如何？Xu 等（2013）进一步比较了利用 LST 预报方法对 1960~2009 年超强台风和相对较弱台风的路径预报效果；另外，考虑到台湾和海南岛 LST 观测数据不足，因此登陆海岛地区的台风不列入研究范畴。研究中按强度将台风分为如下三类：台风（最大风速为 32.7~41.4 m/s）、强台风（最大风速为 41.5~51 m/s）和超强台风（最大风速＞51 m/s）。对于不同强度分类台风，根据 LST 方法计算得到的路径与实际路径之间的偏差角，进行了进一步分类（表 4.12），其中，如果偏差角度较小，表明 LST 预测的台风路径与实际台风路径较为接近。表 4.12 还给出了利用引导流理论计算得到的台风路径与实际台风路径间移动偏差角度。另外，考虑登陆 2 天前台风与登陆点相对半径距离可能会影响偏差角度分析的合理性，本研究进一步根据台风中心与登陆点之间的距离（L），将台风分为 2 类距，分别为 $L<800\ \mathrm{km}$ 和 $L\geqslant800\ \mathrm{km}$，统计结果见表 4.12。统计结果表明，当台风

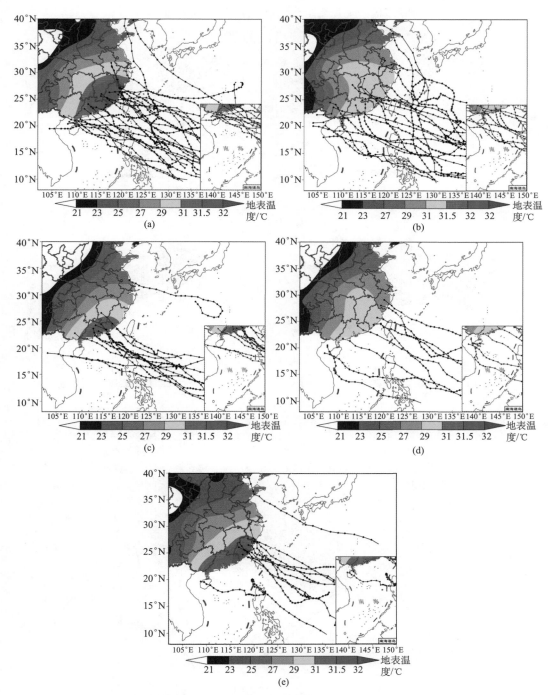

图 4.87　1960 年以来每 10 年间中国东南沿海地区登陆的超强台风登陆前 2 天路径
以及陆面地表温度分布

（a）20 世纪 60 年代；（b）20 世纪 70 年代；（c）20 世纪 80 年代；（d）20 世纪 90 年代；（e）21 世纪

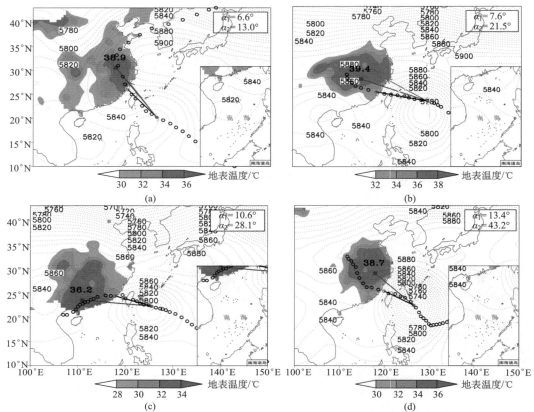

图 4.88 超强台风登陆前 2 天陆地表面温度(彩色阴影,单位:℃)、500 hPa 高度(虚线等值线,单位:GPM)、台风路径、利用地表最高温度以及引导气流方法预报台风路径与实际台风路径偏差角综合图。图中,蓝色实心方块表示台风登陆前 2 天台风中心 30°×30°范围内陆面地表温度最高值位置;红色的空点表示登陆点位置;红色箭头代表引导气流预报台风移动方向;α_1、α_2 分别为利用陆面地表最高温度点与引导气流预报台风路径与实际路径偏折角度

(a) Opal (1962 年);(b) Billie (1976 年);(c) Omar (1992 年);(d) Herb (1996 年)

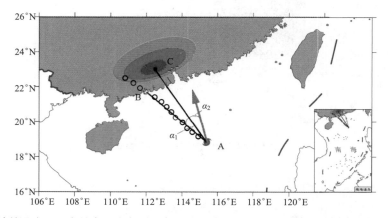

图 4.89 分别利用陆面地表最高温度与引导气流预报台风路径与实际路径偏折角度(分别为 α_1 和 α_2)
A 为台风中心位置;B 为登陆点位置;C 为台风登陆前 1~4 天台风中心 30 km×30 km 范围内陆面地表温度最高值位置;红色箭头为引导气流方向

中心与登陆点之间距离 $L<800$ km，LST 方法预报偏折角度 $\alpha_1\leqslant15°$ 以及 $15°<\alpha_1\leqslant30°$ 的台风个数比例分别 33% 和 22%；对于 $L\geqslant800$ km，LST 方法预报偏离角度 $\alpha_1\leqslant15°$ 以及 $15°<\alpha_1\leqslant30°$ 的台风个数比例分别 38% 和 32%。对于 $L<800$ km 和 $L\geqslant800$ km，其中 $\alpha_1<15°$ 的个例中超强台风所占比例最大，表明超强台风登陆过程趋暖运动特征更为显著。另外，由表 4.12 统计结果可发现，利用引导流方法与 LST 方法预报台风路径效果接近。

表 4.12　1960～2009 年登陆中国大陆不同强度台风的预报准确率统计

项目	台风强度等级 （时间个数）	$\alpha_1(\alpha_2)$ $\leqslant15°$	$15°<\alpha_1(\alpha_2)$ $\leqslant30°$	$30°<\alpha_1(\alpha_2)$ $\leqslant45°$	$45°<\alpha_1(\alpha_2)$ $\leqslant90°$
$L<800$ km	台风(51)	31%(33%)	18%(28%)	24%(18%)	24%(20%)
	强台风(23)	26%(17%)	22%(35%)	26%(26%)	22%(17%)
	超强台风(30)	40%(47%)	27%(30%)	20%(13%)	13%(7%)
	总计(104)	33%(33%)	22%(31%)	23%(19%)	20%(15%)
$L\geqslant800$ km	台风(23)	44%(35%)	26%(39%)	13%(17%)	17%(9%)
	强台风(20)	25%(30%)	40%(55%)	20%(15%)	15%(0%)
	超强台风(29)	45%(59%)	31%(21%)	7%(14%)	17%(7%)
	总计(72)	38%(41%)	32%(38%)	13%(15%)	17%(5%)

注：$\alpha_1(\alpha_2)$ 为利用陆面地表最高温度预报(引导流预报)路径与观测路径之间的角度偏差；L 为台风登陆点与其登陆前两天台风中心位置的距离

趋暖运动陆面临界判别温度：进一步考虑利用 LST 方法预报超强台风路径 $\alpha_1<15°$ 的台风样本，1960～2009 年共有 25 个超强台风样本符合此条件，且其中有 19 个样本，登陆点地表温度高于 31℃，占样本总数 76%。因此，陆面温度超过 31℃ 可能是超强台风登陆点判别的重要指标之一(图 4.90)。

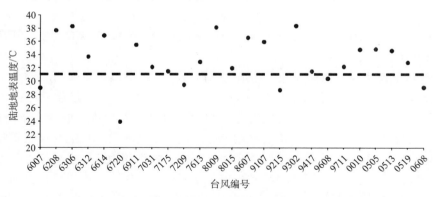

图 4.90　1960～2009 年登陆强台风 $\alpha_1<15°$ 个例与陆地地表温度散点关系图

　　趋暖运动与引导流方法纬度差异与 β 效应：表 4.13 给出了分别利用 LST 方法和引导气流方法预报 1960～2009 年不同强度台风在中低纬度地区（10°～30°N）登陆路径与实际路径间平均偏角，针对不同纬度带，对登陆前 1～4 天以及不同的偏差角进行了统计分析。研究结果表明，不同纬度带的 α_1 和 α_2 的平均值较接近，且低纬度的 α_1 和 α_2 平均值均小于中纬度的 α_1 和 α_2 平均值。另外还看到，除了纬带 25°～30°N 外，利用 LST 方法和引导流方法超强台风预测路径的效果均优于较弱台风。

表 4.13　1960～2009 年登陆中国大陆不同强度台风利用陆面地表最高温度预报（引导气流预报）的路径与观测路径的平均角度偏差 $\bar{\alpha}_1(\bar{\alpha}_2)$（单位：度），$\bar{\alpha}_1(\bar{\alpha}_2)$ 为在一定纬度范围内所有台风（包括登陆前 1～4 天）的角度偏差的平均值

台风级别	10°～15°	15°～20°	20°～25°	25°～30°
台风	14.5 (18.7)	29.8 (26.2)	35.0 (34.6)	23.7 (28.1)
强台风	14.7 (16.9)	25.7 (26.7)	36.5 (25.3)	24.6 (28.1)
超强台风	11.2 (14.9)	18.4 (19.6)	23.0 (18.5)	39.5 (29.6)
总计	13.8 (17.3)	25.3 (24.3)	30.8 (26.1)	30.0 (28.7)

　　为探讨 LST 方法与引导流方法预测台风路径效果，利用这 2 种方法还分别计算了 1960～2009 年所有台风路径与实际路径的偏差角度向左和向右的百分比（向右为正，向左为负），并且针对不同纬度带对登陆前分别 1～4 天进行了统计分析。结果表明（图 4.91），LST 预测的路径偏差角度在低纬地区比中纬度地区更容易向右偏折，而在中纬度地区，相比低纬地区，预测路径却更容易向左偏折。而利用引导流方法做的路径预报趋势与利用 LST 方法进行的路径预报趋势相反，低纬地区容易向左偏离，高纬地区容易向右偏折。推测原因，可能是由于科里奥利力的经向变化，即所谓 β 效应（Rossby，1948，1949；Adem，1956；Anthes and Hoke，1975；Holland，1983；Chan and Williams，1987；Fiorino and Elsberry，1989；Carr and Elsberry，1997）。正压模式研究表明，在北半球，由于作用在台风气旋性环流及向内辐合气流的科里奥利力的非均匀性分布（Adem，1956；Anthes and Hoke，1975；Holland，1983；Chan and Williams，1987；Fiorino and Elsberry，1989；Carr and Elsberry，1997），β 效应会使气旋性环流以 1～3 m/s 的速度向西北方向移动。

　　β 效应可能使实际台风路径在低纬地区朝西（左），在中纬度地区偏北（右），也就是说，β 的影响可能会使利用 LST 方法预报的台风路径与实际台风路径相比在低纬地区偏右、高纬地区偏左。而利用引导流原理预报台风路径，引导流主要取决于所在纬度：低纬地区，引导流主要为副高南部边缘的偏西气流，因此 β 效应可能会导致实际路径偏北（右），即引导流预报的台风与实际路径相比偏左；在中纬地区，引导流主要为副高西侧的偏南气流，因此 β 效应可能会导致台风的实际轨迹向左，使引导流预报的台风相对于实际路径偏右。因此不管是 LST 方法还是引导流方法，β 效应也是不可忽视的影响因素，陆面地表温度预报因子是有价值的、相对于引导流预报方法一个补充。

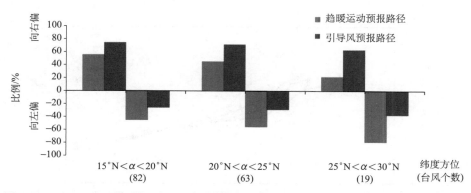

图 4.91　1960～2009 年利用陆面地表最高温度预报、引导流预报与观测路径不同方向偏差所占比例，向右的为正值，向左的为负值；统计范围为一定纬度范围（5 个纬距）内所有台风登陆前 1～4 天

4.7.3　台风运动暖陆面热力"牵引"机制与数值模拟

　　趋暖特征数值模拟：为了证实超强台风陆地趋暖运动趋势，采用 WRF 模式（Skamarock et al.，2008）设计了一组数值敏感性试验，选择的个例为超强台风"龙王"（2005年）。敏感试验中，我们设计了在登陆台风实际路径左侧和右侧分别增加地表温度 5K、10K 和 15 K（在右侧记为 R1、R2 和 R3，在左侧记为 L1、L2 和 L3）的敏感性试验，研究陆面温度变化对"龙王"登陆点的影响，模式物理过程参数设置与控制试验一致。积分时间分别取台风登陆前 3 天和 2 天。试验结果表明，增加台风移动路径右（左）侧 LST，台风路径相对控制试验路径向右（左）偏折，地表温度值增加越高，台风路径与控制试验间偏折角度越大（图 4.92）。这些数值试验表明，超强台风运动有向温暖的陆面移动趋势的物理特性。

　　台风移动的暖陆面"牵引"过程陆面温度演变特征：众所周知，热带气旋在洋面上趋向于暖水面移动以便获取更多水汽和能量（Palmen，1948；Fisher，1958；Shapiro and Goldenberg，1998；Emanuel，1986）。由此也可认为，温暖的土地表面有吸引台风向温暖陆面移动起着类似的作用。选取 1960～2009 年间 LST 方法预报台风、超强台风登陆路径偏角 $\alpha_1 < 15°$，并制作所有个例登陆前后 10 天地表温度时间变化合成曲线图［图4.93(a)］。对于超强台风，如果 $\alpha_1 < 15°$，登陆前 4 天地表温度开始升高（高达 31℃），接近登陆时温度下降，超强台风登陆后地表温度再次升高。登陆时，地表温度下降可能与台风涡旋对流活动加强及其降水导致地面冷却。台风登陆前后地表温度也有类似于超强台风登陆时地表温度的变化趋势，但变化幅度相对较小。这表明，LST 方法更适合作为超强台风登陆预报指标。超强台风携带更多的水分和能量，相比台风其涡旋气旋性环流更强。这些气旋环流向暖的陆面汇聚丰富水汽，有利于温暖陆面上空深对流的发展（图 4.97 中黄色箭头表示）。因此，超强台风和温暖陆地表面间的热力过程相互作用，可能会产生更加活跃的有效对流活动，吸引超强台风趋向温暖陆面移动。另一个原因可

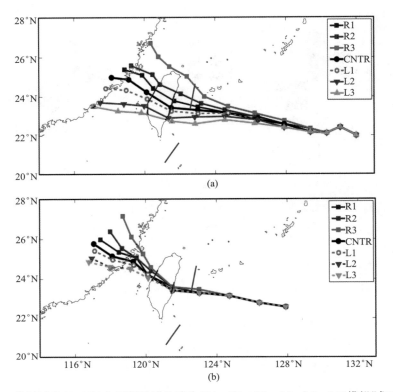

图 4.92　控制试验(CNTR)与不同敏感性试验(R1、R2、R3、L1、L2、L3)模拟"龙王"路径
(a) 模式初始积分时间为 2005 年 10 月 10 日 0 时(登陆前 3 天)，(b) 模式初始积分时间为 2005 年 10 月 10 日 0 时(登陆前 2 天)，图中，R1、R2、R3 表示，在敏感试验中，初始时刻在台风登陆点右侧地表温度分别增加 5K，10K 和 15K；L1、L2、L3 表示在敏感试验中，初始时刻在台风登陆点左侧地表温度分别增加 5K、10K 和 15K

能是，超强台风登陆期间，陆地上空大气垂直结构更加不稳定，导致温暖陆面上空深对流发展。

趋暖过程台风涡旋与陆地暖区动力、热力结构相互影响效应：为了揭示上述台风趋暖运动物理机制，针对 2000～2009 年登陆且转向角 $\alpha_1 < 15°$ 的超强台风和台风，以陆面温度最高点为中心，计算了 $600 \text{ km} \times 600 \text{ km}$ 范围内台风登陆前后 10 天平均气温和水汽异常及其二者之间差异的垂直剖面变化[图 4.93(b)]。相对于台风而言，偏角 $< 15°$ 的超强台风，其登陆前几天陆面相对冷湿，即超强台风登陆平均地表温度一般高于台风登陆时地表温度，因此超强台风登陆暖湿陆面上陆气温差大。超强台风登陆前台风外围还伴随着东亚季风西南气流带来的充沛水汽，其增加了大气行星边界层(PBL)层结不稳定性，有利于强对流的发生，"吸引"其向温暖陆面移动。应用 NCEP 再分析资料分析超强台风"龙王"(2005 年)散度和涡度结构表明(图 4.94)，超强台风"龙王"正涡度辐合中心向暖陆面正涡度辐合区移动并两者趋于合并。模拟试验结果还表明，增加地表温度(敏感性试验中 L3 和 R3)导致低层水汽及凝结潜热释放亦使温暖陆

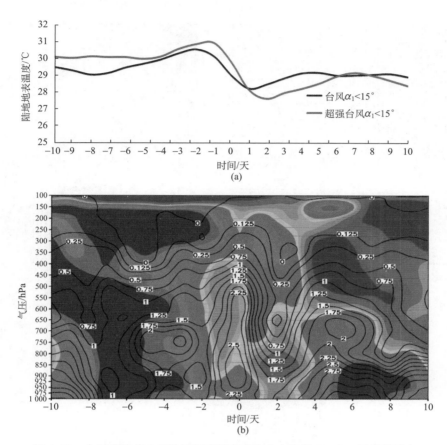

图 4.93　台风登陆前 2 天陆面温度最高点为中心半径 600 km 区域范围内
平均地表温度、大气温度、湿度的时间变化

(a)1960~2009 年台风(黑色曲线)和超强台风(红线曲线)登陆前后 10 天偏折角度 α_1<15°地表温度
时间变化(单位:℃);(b) 2000~2009 年偏折角 α_1<15°台风和超强台风见大气温度和水汽差异台风
登陆前后 10 天垂直剖面时间变化(彩色阴影,单位:K)和水分(等值线,单位:k/kg)

面边界层高度升高,导致有利于深对流发展,从而为超强台风提供足够的水分和能量(图 4.95)。通过检验强台风样本关键物理量变化(包括视热源 Q1、视水汽汇 Q2 和垂直运动),也可清晰地看到超强台风 Q1、Q2 和垂直速度高值区向温暖陆面移动现象及其规律(图 4.96)。

4.7.4　台风趋暖运动物理模型与讨论

台风趋暖运动物理模型:超强台风登陆趋暖过程可以归纳为如下物理模型(图 4.97):在台风季节,东亚季风西南气流将海洋大量水汽向温暖陆面(图中小白色箭头表示)和台风涡旋输送(图中大白色箭头表示),且东亚季风向温暖陆面输送水汽流可能与台风外围气旋性环流向温暖陆面输送的水汽流汇聚(图中大黄色箭头表示)而产生辐合。

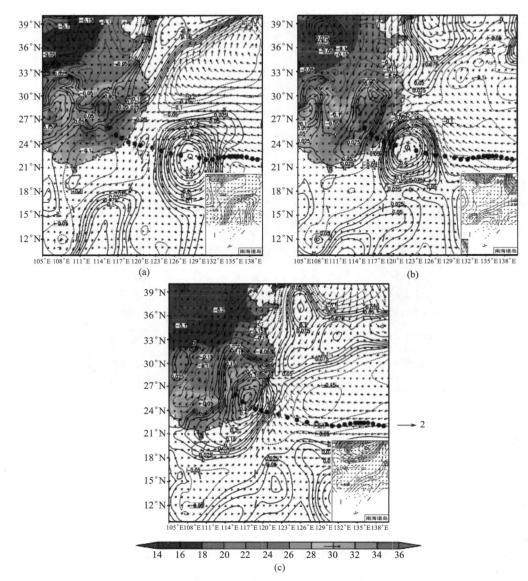

图 4.94　超强台风"龙王"个例地面风场(单位:m/s)、涡度(单位：10^{-5}/s)
以及地表温度(单位:℃)时间变化

(a)2005 年 9 月 30 日 18 日；(b)2005 年 10 月 1 日 18 日；(c)2005 年 10 月 2 日 18 时
(图中黑色圆点代表台风路径，红色圆点为所在时刻台风中心位置)

同时，温暖陆面加热低层大气，诱导强对流运动发生，温暖和潮湿陆面区域进入对流层中、上部释放大量凝结潜热，形成异常视热源与水汽汇。这种温暖陆面特殊水热过程，类似于暖湿洋面上给台风提供充足水热环境，"吸引"台风向温暖陆面移动。

讨论：值得注意的是，温暖陆地表面对超强台风路径的影响，在很大程度上依赖于低层大气的水汽条件，其为深对流提供充分的水汽。在中国东南沿海，东亚夏季风带来

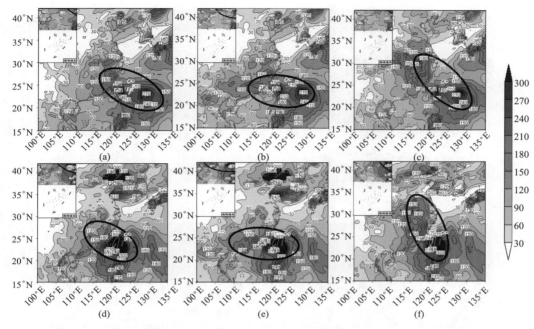

图 4.95　控制试验 CNTR(左图 a、d)、敏感试验 L3(中间图 b、e)、敏感试验 R3(右图 c、f)分
别在 0000 UTC 01 OCT 2005(上图 a、b、c)及 0000 UTC 02 OCT 2005(下图 d、e、f)数值模拟
超强台风"龙王"地表潜热通量

洋面充足水汽,这为温暖陆地表面上空深对流的发展提供必要的水汽条件。水汽条件不足的区域,温暖陆地表面对超强台风路径的影响可能较小或可忽略不计。因此,目前应用 LST 方法进行台风路径预报还具有一定区域性。如何考虑将该方法应用到其他区域台风路径预报,还需要更多研究。

　　陆面和大气间是相互反馈作用的。地面温度较高,通常相对湿度较低,大尺度上升运动或深对流活动较弱,环流异常等因素也会抑制热带气旋发展(Elsner and Jagger,2004)。更多研究表明,超强台风登陆点陆-气过程温度差异相关性亦较好。其可能的原因为,陆气温差较大,若伴随东亚季风提供丰富水汽,有利于热带气旋的发展和维持所需要的大范围的垂直上升和深对流活动。据估计,至 2030 年,世界上将有一半人口居住在距离海岸线 100 km 范围内(Adger et al.,2005),准确预报超强台风和飓风登陆对减少生命和财产损失具有重要意义。人们已经认识到,热带气旋的运动机理十分复杂,还有很多问题没有解决,尤其对于超强台风。尽管需要进一步研究,但超强台风登陆趋暖运动对于预报台风灾害具有一定应用价值。这意味着陆面表面温度可能成为沿海超强台风路径预报的新指标之一,尤其在路径发生转折时,也是对现有引导流方法的补充及其理论的完善。尽管我们目前的研究结果还只是局限在中国区域,但为理解地球上最强大的热带风暴运动规律提供了一个新视角。

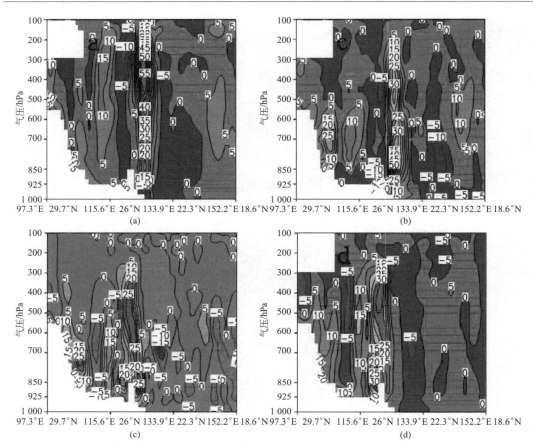

图 4.96　沿超强台风"龙王"台风中心、地表温度中心视热源(左图 a、b)、视水汽汇(右图 c、d)分别于 2005 年 10 月 1 日 6 时(登陆前 33 小时,图 a、c)以及 2005 年 10 月 2 日 6 时(登陆前 9 小时,图 b、d)的垂直剖面(图中为台风中心位置,空心三角为地表温度暖中心位置)

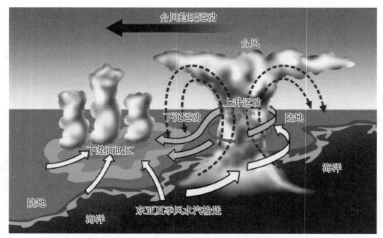

图 4.97　登陆台风陆面趋暖运动概念模型(白色箭头和黄色箭头分别表示东亚夏季风水汽运输方向以及超强台风外围水汽输送方向)

主要参考文献

包澄澜. 1987. 1985 年盛夏台风移动的卫星云图特征. 海洋学报，9(2)：162-173.

包澄澜，阮均石，朱跃建. 1985. 双台风互旋与引导气流关系的研究. 海洋学报，7(6)：696-705.

陈联寿，丁一汇. 1979. 西太平洋台风概论. 北京：科学出版社：262-298.

陈联寿，罗哲贤. 1995. 不同尺度涡旋相互作用对台风的结构和移动的影响. 热带气象学报，11(1)：10-17.

陈联寿，罗哲贤. 1996. 影响热带气旋结构和运动的两类因子的数值研究. 气象学报，54(4)：409-416.

陈联寿，徐祥德，解以扬，等. 1997. 台风异常运动及其外区热力不稳定非对称结构的影响效应. 大气科学，21(1)：83-90.

陈联寿，徐祥德，罗哲贤，等. 2002. 热带气旋动力学引论. 北京：气象出版社.

陈子通. 2004. "黄蜂"登陆过程中路径变化的可能成因分析. 热带气象学报，20：625-633.

董克勤. 1981. 6413～6414 号双台风互旋和"合并"的分析. 气象学报，39(3)：361-370.

高建芸，余锦华，张秀芝，等. 2011. 南海-西北太平洋季风槽强度的变化特征及其与热带气旋活动的关系. 热带气象学报，27(1)：63-73.

高珊，何小宁，凌士兵. 2005. 0407 号台风蒲公英路径突然北折的原因分析. 台湾海峡，24(4)：448-454.

顾强民. 1980. 对互旋的双台风的若干统计与分析. 浙江气象，3：21-23.

韩瑛，伍荣生. 2007. 台风螺旋结构的分析. 南京大学学报(自然科学)，43(6)：572-580.

贺海晏. 1995. 台风移动规律的研究. 热带气象学报，11(1)：2-9.

黄先香，伍淑瑜，炎利军. 2009. 0907 号热带风暴"天鹅"异常路径的成因. 广东气象，31(6)：1-4.

江吉喜. 1996. 海表温度对台风移动的影响. 热带气象学报，12(3)：246-251.

李立，许金殿. 1994. 近海对台风的响应标注 I. 大亚湾海况对 8708 和 8710 号台风的综合响应. 台湾海峡，13(3)：213-218.

林春辉. 1984. 500 hPa 引导气流与南海海区台风移速突变的分析. 热带海洋，3(3)：18-26.

林毅，江晓南，林小红. 2005. 台风"艾利"运动路径两次左折成因分析. 广西气象，26(S1)：174-176.

刘广平，胡建宇. 2009. 南海中尺度涡旋对热带气旋的响应：个例研究. 台湾海峡，28(3)：308-315.

罗哲贤. 1995. 多圈涡旋等值线动力学的研究. 气象学报，53(1)：3-9.

罗哲贤. 1998. 东移偶极子与台风涡旋的相互作用. 气象学报，56(5)：594-601.

罗哲贤，马镜娴. 2001. 副热带高压南侧双台风相互作用的数值研究. 气象学报，59(4)：450-458.

麻素红，翟安祥，张昀. 2004. 台风路径数值预报模式的并行化及路径预报误差分析. 应用气象学报，15(3)：322-328.

马镜娴，罗哲贤. 2000. 涡旋相互作用及其对强度和路径的影响. 大气科学，24(1)：41-46.

倪钟萍，吴立广，张玲. 2013. 2005～2010 年台风突变路径的预报误差及其环流背景. 气象，39(6)：719-727.

漆梁波，黄丹青，余晖. 2006. 1999～2003 年西北太平洋热带气旋综合预报的误差分析. 应用气象学报，17(1)：73-80.

任素玲，刘屹岷，吴国雄. 2007. 西太平洋副热带高压和台风相互作用的数值试验研究. 气象学报，65(3)：329-340.

阮均石，余学超，吴中仁. 1985. 关于双台风相互作用的初步分析. 南京气象学院学报，8(3)：334-339.

孙湘平，修树孟. 2002. 台湾东北海域冷水块的特征. 黄渤海海洋，20(1)：1-10.

陶诗言，章名立，吕玉芳. 1963. 东亚台风路径与海水温度分布以及 1000～500 hPa 高度场的关系. 中国夏季副热带天气系统若干问题的研究. 北京：科学出版社，49.

涂小萍，许映龙. 2010. 基于 ECMWF 海平面气压场的热带气旋路径预报效果检验. 气象，36(3)：107-111.

王斌，Elsberry R L，王玉清，等. 1998. 热带气旋运动的动力学研究进展. 大气科学，22(4)：535-547.

王慧，丁一汇，何金海. 2005. 西北太平洋夏季风的气候学研究. 气象学报，63(4)：418-430.

王秀荣，王维国，马清云. 2010. 台风灾害综合等级评估模型及应用. 气象，36(1)：66-71.

王玉清，朱永褆. 1989. 正压无辐散模式中双涡的相互作用. 热带气象，5(2)：105-115.

王作述，傅秀琴. 1983. 双台风相互作用及对它们移动的影响. 大气科学，7(3)：269-276.

魏应植，张长安，林秀斌，等. 2006. "艾利"台风异常路径与登陆地点分析. 自然灾害学报，15(5)：54-60.

修树孟，王克，孙培光. 2001. 台湾东北海域冷涡及其变异的遥感信息研究-I：冷涡的季节性变化. 黄渤海海洋，19：57-64.

徐文俊. 1982. 风速垂直切变环境中对流运动和水平涡度的数值研究. 高原气象，1(1)：44-52.

许映龙，刘震坤，董林，等. 2005. 2002 年西北太平洋和南海热带气旋路径主客观预报评价. 气象，31(6)：43-46.

许映龙，张玲，高拴柱. 2010. 我国台风预报业务的现状及思考. 气象，36(7)：43-49.

杨晓霞，唐丹玲. 2010. 台风引起南海海表面降温的位置变化特征. 热带海洋学报，29：26-31.

杨元琴. 2003. 热带气旋路径预报的 MCE 客观决策方法研究. 气象，29(5)：3-8.

张文静，沙文钰. 2001. 黑潮对环台湾岛海域温跃层影响的数值研究. 海洋预报，18(3)：17-24.

郑颖青，余锦华，吴启树，等. 2013. K-均值聚类法用于西北太平洋热带气旋路径分类. 热带气象学报，29(4)：607-615.

朱爱军，潘益农. 2007. 中国东部地区一个中尺度对流涡旋的涡度收支分析. 南京大学学报(自然科学)，43(3)：260-269.

朱复成，陆曼云，夏立新. 1989. 双台风涡旋运动及其相互作用的数值研究. 气象科学，9(1)：37-48.

朱振铎，端义宏，陈德辉. 2007. GRAPES2TCM 业务试验结果分析. 气象，33(7)：44-54.

Adem J. 1956. A series solution for the barotropic vorticity equation and its application in the study of atmospheric vortices. Tellus，8：364-372.

Adem J，Lezama P. 1960. On the motion of a cyclone embedded in a uniform flow. Tellus，12：255-258.

Adger W N，Hughes T P，Folke C，et al. 2005. Social-ecological resilience to coastal disasters. Science，309：1036-1039.

Agusti P A，Thorncroft C D，Craig G C，et al. 2004. The extratropical transition of hurricane Irene (1999)：A potential vorticity perspective. Quart J Roy Meteor Soc，130：1047-1074.

Anthes R A，Chang S W. 1978. Response of the hurricane boundary layer to changes of sea surface temperature in a numerical model. J Atmos Sci，35：1240-1255.

Anthes R A，Hoke J E. 1975. the effect of horizontal divergence and the latitudinal variation of the Coriolis Parameter on the drift of a model hurricane. Mon Wea Rev，103：757-763.

Anwender D，P Harr A，Jones S C. 2008. Predictability associated with the downstream impacts of the extratropical transition of tropical cyclones：Case study. Mon Wea Rev，136：3226-3247.

Bender M A，Ginis I. 2000. Real-case simulations of hurricane-ocean interaction using high-resolution coupled model: Effects on hurricane intensity. Mon Wea Rev, 128: 917-946.

Bender M A, Ginis I, Kurihara Y. 1993. Numerical simulations of tropical cyclone-ocean interaction with a high-resolution coupled model. J Geophys Res, 98: 23245- 23263.

Bishop C H, Thorpe A J. 1994. Potential vorticity and the electrostatics analogy: Quasigeostrophic theory. Quart J Roy Meteor Soc, 120: 713-731.

Black P G. 1983. Ocean temperature changes induced by tropical cyclones. The Pennsylvania State University, 278.

Bosart L F. 1981. The Presidents' Day snowstorm of 18-19 February 1979. A subsynoptic-scale event. Mon Wea Rev, 109: 1542-1566.

Brand S. 1970. Interaction of binary tropical cyclones of the western North Pacific Ocean. J Appl Meteor, 9(3): 433-441.

Carr L E, Elsberry R L. 1990. Observational evidence for predictions of tropical cyclone propagation relative to environmental steering. J Atmos Sci, 47: 542-546.

Carr L E, Elsberry R L. 1995. Monsoonal interactions leading to sudden tropical cyclone track changes. Mon Wea Rev, 123(2): 265-290.

Carr L E, Elsberry R L. 1997. Models of tropical cyclone wind distribution and beta-effect propagation for application to tropical cyclone track forecasting. Mon Wea Rev, 125: 3190-3209.

Carr L E, Elsberry R L. 1998. Objective diagnosis of binary tropical cyclone interactions for the western North Pacific basin. Mon Wea Rev, 126(6): 1734-1740.

Chan J C L, Duan Y, Shay L K, 2001. Tropical cyclone intensity change from a simple ocean- atmosphere coupled model. J Atmos Sci, 58: 154-172.

Chan J C L, Gray W M. 1982. Tropical cyclone movement and surrounding flow relationships. Mon Wea Rev, 110: 1354-1374.

Chan J C L, Lam H. 1989. Performance of ECMWF model in predicting the movement of Typhoon Wayne (1986). Weaher Forecasting, 4: 234-245.

Chan J C L, Williams R T. 1987. Analytical and numerical studies of the beta-effect in the tropical cyclonemotion. Part I: Zero mean flow. J Atmos Sci, 44: 1257-1265.

Chang C P, Chen J M, Harr P A, et al. 1996. Northwestward-propagating wave patterns over the tropical western North Pacific during summer. Mon Wea Rev, 124(10): 2245-2266.

Chang S W, Anthes R A. 1979. The mutual response of the tropical cyclone and the ocean. J Phys Oceanogr, 9: 128-135.

Chang S W, Rangarao V M. 1980. Numerical simulation of the influence of sea surface temperature on translating tropical cyclones. J Atmos Sci, 37: 2617-2630.

Chen G, Sui C H. 2010. Characteristics and origin of quasi - biweekly oscillation over the western North Pacific during boreal summer. J Geophys Res, 115: D14113, doi: 10. 1029/2009JD013389.

Chen H, Pan W Y. 2010. Denial experiments of targeted observations for extra-tropical transition of hurricane Fabian: Signal propagation, the interaction between Fabian and mid-latitude flow, and observation strategy. Mon Wea Rev, 138: 3324-3342.

Chen L S, Luo Z X. 2004. Interactin of typhoon and mesoscale vortex. Adv Atmos Sci, 21(4): 515-528.

Chen T C, Wang S Y, Yen M C, et al. 2004. Role of the monsoon gyre in the interannual variation of tropical cyclone formation over the western North Pacific. Wea Forecasting, 19(4): 776-785.

Chen T C, Wang S Y, Yen M C, et al. 2009. Impact of the intraseasonal variability of the western North

Pacific large-scale circulation on tropical cyclone tracks. Wea Forecasting, 24(3): 646-666.

Davies, Jones R P. 1980. Thunderstorm: A Social, Scientific and Technological Documentary. Research Gate.

Davis C A, Emanuel K A . 1991. Potential vorticity diagnostics cyclogenesis. Mon Wea Rev, 119: 1929-1953.

Davis C A, Weisman M L. 1994. Balanced dynamics of mesoscale vortices produced in simulated convective systems. J Atmos Sci, 51: 2005-2030.

DeMaria M, Chan J C. 1984. Comments on "A numerical study of the interactions between two tropical cyclones". Mon Wea Rev, 112: 1643-1645.

DeMaria M, Kaplan J. 1994. Sea surface temperature and the maximum intensity of Atlantic Tropical cyclones . J Climate, 7: 1324-1334.

Dong K, Newmann C J. 1986. The relationship between tropical cyclone motion and environmental geostrophic flows. Mon Wea Rev, 114: 115-122.

Elsner J B, Jagger T H. 2004. Florida hurricane decline linked to surface warming. 26th Conference on Hurricanes and Tropical Meteorology, 10A. 6 (http: //ams. confex. com/ams/26HURR/techprogram/paper_75095. htm).

Emanuel K. 1986. An air-sea interaction theory for tropical cyclones. Part I: Steady state maintenance. J Atmos Sci, 43: 585-604.

Emanuel K. 1999. Thermodynamic control of hurricane intensity. Nature, 401: 665-669.

Emanuel K A. 1988. The maximum intensity of hurricanes. J Atmos Sci, 45: 1143-1155.

Emanuel K A, Desautels C, Holloway C, et al. 2004. Environmental control of tropical cyclone intensity. J Atmos Sci, 61: 843-858.

Ertel H. 1942. Ein neuer hydrodynamischer Wirbelsatz. Meteorologische Zeitschrift, 59: 271-281.

Falkovich A I, Khain A P, Ginis I. 1995. The Influence of air-sea interaction on the development and motion of a tropical cyclone: Numerical experiments with a triply nested model. Mete Atmos Phys, 55: 167-184.

Farrell B F. 1985. Transient growth of damped baroclinic waves. J Atmos Sci, 42: 2718-2727.

Ferreira R N, Schubert W H. 1997. Barotropic aspects of ITCZ breakdown. J Atmos Sci, 54: 261-285.

Ferreira R N, Schubert W H. 1999. The role of tropical cyclone in the formation of tropical upper-tropospheric troughs. J Atmos Sci, 56: 2891-2907.

Fiorino M, Elsberry R L. 1989. Some aspects of vortex structure related to tropical cyclone motion. J Atmos Sci, 46: 975-990.

Fisher E L. 1958. Hurricane and the sea surface temperature field. J Meteor, 1958, 15: 328-333.

Flatau M, Schubert W H, Stevens D E. 1994. The role of baroclinic processes in tropical cyclone motion: the influence of vertical tilt. J Atmos Sci, 51: 2589-2601.

Franklin J L, Feuer S E, Kaplan J, S D Aberson. 1996. Tropical cyclone motion and surrounding flow relationship: Searching for beta gyres in Omega dropwindsonde datasets. Mon Wea Rev, 124: 64-84.

Fujiwhara S. 1921. The mutual tendency towards symmetry of motion and its application as a principle in meteorology. Quart J Roy Meteor Soc, 47: 287-293.

George J E, Gray W M. 1976. Tropical cyclone motion and surrounding parameter relationships. J Appl Meteor, 15: 1252-1264.

Ge X, Li T, Wang Y, et al. 2008. Tropical cyclone energy dispersion in a three-dimensional primitive equation model: Upper-tropospheric influence. J Atmos Sci, 65(7): 2272-2289.

Ge X, Li T, Zhang S, et al. 2010. What causes the extremely heavy rainfall in Taiwan during Typhoon Morakot (2009). Atmosph Sci Lett, 11(1): 46-50.

Ge X, Li T, Zhou X. 2007. Tropical cyclone energy dispersion under vertical shears. Geophys Res Lett, 34: L23807, doi: 10. 1029/2007GL031867.

Ginis I, Khain P. 1989. A three-dimensional model of the atmosphere and the ocean in the zone of typhoon. Dokl Akad Sci, 307: 333-337.

Gray W M. 1968. Global view of the origin of tropical disturbances and storms. Mon Wea Rev, 96: 669-700.

Gray W M. 1998. The formation of tropical cyclone. Meteor Atmos Phys, 67: 37-69.

Hanley D, Molinari J, Keyser D. 2001. A composite study of the interaction between tropical cyclones and upper-tropospheric troughs. Mon Wea Rev, 129: 2570-2584.

Harr P A, Anwender D, Jones S C. 2008. Predictability associated with the downstream impacts of the extratropical transition of tropical cyclones: Methodology and a case study of Typhoon Nabi (2005). Mon Wea Rev, 136: 3205-3225.

Harr P A, Dea J M. 2009. Downstream development associated with the extratropical transition of tropical cyclones over the Western North Pacific. Mon Wea Rev, 137: 1295-1319.

Harr P A, Elsberry R L. 1991. Tropical cyclone track characteristics as a function of large-scale circulation anomalies. Mon Wea Rev, 119(6): 1448-1468.

Harr P A, Elsberry R L. 1995. Large-scale circulation variability over the tropical western North Pacific. Part I: Spatial patterns and tropical cyclone characteristics. Mon Wea Rev, 123(5): 1225-1246.

Ho C H, Baik J J, Kim J H, et al. 2004. Interdecadal changes in summertime typhoon tracks. J Climate, 17(9): 1767-1776.

Holland G J. 1983. Tropical cyclone motion: Environmental interaction plus a beta effect. J Atmos Sci, 40: 338-342.

Holland G J. 1984. Tropical cyclone motion: A comparison of theory and observation. J Atmos Sci, 41: 68-75.

Holland G J, Lander M. 1991. Contributions by mesoscale systems to meandering motion of tropical cyclones. WMO/TD, No. 472: 72-82.

Holland G J, Lander M. 1993. On the meandering nature of tropical cyclones. J Atmos Sci, 50: 1254-1256.

Hoskins B J, Berrisford P. 1988. A potential vorticity view of the storm of 15-16 October 1987. Weather, 43: 122-129.

Hoskins B J, McIntyre M E, Robertson A W. 1985. On the use and significance of isentropic potential vorticity maps. Quart J Roy Meteor Soc, 111: 877-946.

Houze R A Jr, Hobbs P V. 1982. Organization and structure of precipitating cloud systems. Advances in Geophysics, 24: 225-316.

Jones S C, Harr P A, Abraham J, et al. 2003. The extratropical transition of tropical cyclone: forecast challenges, current understanding, and future directions. Wea Forecasting, 18: 1052-1092.

Jordan E S. 1952. An observational study of the upper wind circulation around tropical storms. J Meteor, 9: 340.

Kasahara A, Platzman G W. 1963. Interaction of a hurricane with the steering flow and its effect upon the hurricane trajectory. Tellus, 15: 321-335.

Kemball-Cook S, Wang B. 2001. Equatorial waves and air-sea interaction in the boreal summer intraseasonal oscillation. J climate, 14(13): 2923-2942.

Khain A P, Ginis I. 1991. The mutual response of a moving tropical cyclone and the ocean. Beitr Phys Atmos, 64: 125-142.

Kieu C Q, Zhang D L. 2010. A piecewise potential vorticity inversion algorithm and its application to hurricane inner-core anomalies. J Atmos Sci, 67: 2616-2631.

Kikuchi K, Wang B. 2009. Global perspective of the quasi-biweekly oscillation. J Climate, 22(6): 1340-1359.

Klein P M, Harr P A, Elsberry R L. 2000. Extratropical transition of Weastern North Pacific tropical cyclones: An overview and conceptual model of transformation state. Wea Forecasting, 15: 373-396.

Klein P M, Harr P A, Elsberry R L. 2002. Extratropical transition of Weastern North Pacific tropical cyclones: Midlatitude and tropical cyclone contributions to reintensification. Mon Wea Rev, 130: 2240-2259.

Ko K C, Hsu H H. 2006. Sub-monthly circulation features associated with tropical cyclone tracks over the East Asian monsoon area during July-August season. J Meteor Soc Japan, 84(5): 871-889.

Korty R L. 2002. Processes affect the ocean's feedback on the intensity of a hurricane. Amer Meteor Soc, 25: 573-574.

Kurihara Y, Bender M A, Ross R J. 1993. An initialization scheme of hurricane models by votex specification. Mon Wea Rev, 121: 2030-2045.

Lander M A. 1994. Description of a monsoon gyre and its effects on the tropical cyclones in the western North Pacific during August 1991. Wea Forecasting, 9(4): 640-654.

Lander M A. 1996. Specific tropical cyclone track types and unusual tropical cyclone motions associated with a reverse-oriented monsoon trough in the western North Pacific. Wea Forecasting, 11(2): 170-186.

Lander M A, Holland G J, 1994. On the interaction of tropical-cyclone scale vortices: Part: Observations. Quart J Roy Meteor Soc, 119: 1347-1361.

Lau K H, Lau N C. 1990. Observed structure and propagation characteristics of tropical summertime synoptic scale disturbances. Mon Wea Rev, 118(9): 1888-1913.

Liang J, Wu L, Ge X, et al. 2011. Monsoonal Influence on Typhoon Morakot (2009). Part II: Numerical Study. J Atmos Sci, 68(10): 2222-2235.

Liebmann B, Hendon H H, Glick J D. 1994. The relationship between tropical cyclones of the western Pacific and Indian Oceans and the Madden-Julian oscillation. J Meteor Soc Japan, 72(3): 401-412.

Lin I I, Lin W T, Wu C. 2003. New evidence for enhanced ocean primary production triggered by tropical cyclone. Geophys Res Lett, 30, 1718, doi: 10. 1029/2003GL017141.

Li T, Fu B. 2006. Tropical cyclogenesis associated with Rossby wave energy dispersion of a preexisting typhoon. Part I: Satellite data analyses. J Atmos Sci, 63(5): 1377-1389.

Liu D F, Pang L, Xie B T. 2009. Typhoon disaster in China: Prediction, prevention, and mitigation. Nat Hazards, 49: 421-436.

Luo Z, Davidson N E, Ping F, et al. 2011. Multiple-scale interactions affecting tropical cyclone track changes. Advances in Mechanical Engineering, (2011), doi: 10. 1155/2011/782590.

Madden R A, Julian P R. 1971. Detection of a 40-50 day oscillation in the zonal wind in the tropical Pacific. J Atmos Sci, 28(5): 702-708.

Madden R A, Julian P R. 1972. Description of global-scale circulation cells in the tropics with a 40-50 day period. J Atmos Sci, 29(6): 1109-1123.

Mahapatra D K, Rao A D, Babu S V, et al. 2007. Influence of coast line on Upper Ocean's response to the tropical cyclone. Geophys Res, 34: 1-3.

Mallen K J, Montgomery M T, Wang B. 2005. Reexamining the near-core radial structure of the tropical cyclone primary circulation: Implications for vortex resiliency. J Atmos Sci, 62(2): 2965-2976.

Mark D P, Aberson S D. 2001. Accuracy of United States tropical cyclone Landfall forecasts in the Atlantic Basin(1976-2000). Bull Amer Meteor Soc, 82: 2749-2767.

Martius O, Schwierz C, Davies H C. 2008. Far-upstream precursors of heavy precipitation events on the Alpine south-side. Quart J Roy Meteor Soc, 134: 417-428.

Mctaggart C R, Gyakum J R, Yau M K. 2001. Sensitivity testing of extratropical transitions using potential vorticity inversions to modify initial conditions: Hurricane Earl case study. Mon Wea Rev, 129: 1617-1636.

Miller B I. 1958. The use of mean layer winds as a hurricane steering mechanism. U. S. National Hurricane Research Project. Rep. No. 18.

Miller B I, Hill E C, Chase P P. 1968, A revised technique for forecasting hurricane movement by statistical methods. Mon Wea Rev, 96: 540-548.

Molinari J, Vollaro D. 2012. A subtropical cyclonic gyre associated with interactions of the MJO and the midlatitude jet. Mon Wea Rev, 140: 343-357.

Montgomery M T, Kallenbach R J. 1997. A theory for vortex Rossby -waves and its application to spiral bands and intensity changes in hurricanes. Quart J Roy Meteor Soc, 123: 435-465.

Neumann C J. 1979. On the use of deep-layer-mean geopotential height fields in statistical prediction of tropical cyclone motion. 6th Conference on Hurricanes and Tropical Meteorology. Amer Meteor Soc. Boston, 32-38.

Neumann C J, Hope J R. 1973. A diagnostic study on the statistical predictability of tropical cyclone motion. J Apply Meteor, 12: 62-73.

Palmen E. 1948. On the formation and structure of tropical cyclones. Geophyisca, 3: 26-38.

Peak J E, Elsberry R L. 1984. Prediction of tropical cyclone turning and acceleration using empirical orthogonal function representations. Proc. 15th Tech. Conf. on Hurricanes and Tropical Meteorology. Miami. Amer Meteor Soc, 45-50.

Pomroy H R, Thorpe A J. 2000. The evolution and dynamical role of reduced upper-tropospheric potential vorticity in intensive observing period one of FASTEX. Mon Wea Rev, 128: 1817-1834.

Price J F. 1981. Upper ocean response to a hurricane. J Phys Oceanogr, 11: 153-175.

Röbcke M, Jones S C, Majewski D. 2004. The extratropical transition of Hurricane Erin (2001): A potential vorticity perspective. Meteorologische Zeitschrift, 13: 511-525.

Ren X J, William P. 2006. Air-sea interaction of typhoon Sinlaku(2002) simulated by the Canadian MC2 model. Adv Atmos Sci, 23: 521-530.

Riemer M, Jones S C, Davis C A. 2008. The impact of extratropical transition on the downstream flow: An idealized modelling study with a straight jet. Quart J Roy Meteor Soc, 134(630): 69-91.

Ritchie E, Holland G. 1999. Large-scale patterns associated with tropical cyclogenesis in the western Pacific. Mon Wea Rev, 127(9): 1115-1128.

Rossby C G. 1948. On displacements and intensity changes of atmospheric vortices. J Marine Res, 7: 157-187 .

Rossby C G. 1949. On the mechanism for the release of potential energy in the atmosphere. J Meteor, 6: 163-180.

Sardeshmukh P D, Hoskins B J. 1988. The generation of global rotational flow by steady idealized tropical divergence. J Atmos Sci, 45: 1228-1251.

Saunders M A, Lea A S. 2005. Seasonal prediction of hurricane activity reaching the coast of the United States. Nature, 434: 1005-1008.

Schwierz C, Dirren S, Davies H C. 2004. Forced waves on a zonally aligned jet stream. J Atmos Sci, 61: 73-87.

Shang S, Li L, Sun F. 2008. Changes of temperature and bio-optical properties in the Shapiro L J, 1996. The motion of Hurricane Gloria: A potential vorticity diagnosis. Mon Wea Rev, 124: 2497-2508.

Shang S, Li L, Sun F, et al. 2001. South China Sea in response to Typhoon Lingling. Geophys Res Lett, 35, L10602, doi: 10. 1029/2008GL033502.

Shapiro L J. 1996. The motion of Hurricane Gloria: A potential vorticity diagnosis. Mon Wea Rev, 124: 2497-2508.

Shapiro L J, Franklin J L. 1999. Potential vorticity asymmetries and tropical cyclone motion. Mon Wea Rev, 127(1): 124-131.

Shapiro L J, Goldenberg S B. 1998. Atlantic sea surface temperatures and tropical cyclone formation. J Climate, 11: 578-590.

Shapiro L J, Ooyama K V. 1990. Barotropic vortex evolution on a beta plane. J Atmos Sci, 47(2): 170-187.

Simmons A J, Hoskins B J. 1979. Downstream and upstream development of unstable baroclinic waves. J Atmos Sci, 36: 1239-1254.

Skamarock W C, Klemp J B, Dudhia J, et al. 2008. A description of the Advanced Research WRF version 3, NCAR Technical Note NCAR/TN-4751STR. Boulder, Colorado.

Skamarock W C, Weisman M L, Klemp J B. 1994. Three-dimensional evolution of simulated long-lived squall lines. J Atmos Sci, 51(17): 2563-2584.

Smith R K. 1991. An analytic theory of tropical cyclone motion in a barotropic shear flow. Quart J Roy Meteor Soc, 117: 685-714.

Sriver R L, Huber M. 2006. Low frequency variability in globally integrated tropical cyclone power dissipation. Geophys Res Lett, 33: L11705 doi: 10. 1029/2006GL026167.

Sutyrin G G, Agrenich E A. 1979. Interaction of the boundary layers of the ocean and the atmosphere on the intensity of a moving tropical cyclone. Meteor Girol, 2: 45-56.

Takayabu Y, Nitta T. 1993. 3-5 day-period disturbances coupled with convection over the tropical Pacific Ocean. J Meteor Soc Japan, 71: 221-246.

Tian H, Li C Y, Yang H. 2010. Modulation of typhoon tracks over the western North Pacific by the intraseasonal oscillation. Chinese J Atmos Sci, 34(3): 559-579.

Ucellinil W, Kocin P J. 1987. The interaction of jet streak circulations during heavy snow events along the east coast of the United States. Wea Forecasting, 2: 289-309.

Walker N D, Leben R R, Balasubramanian S. 2005. Hurricane—forced upwelling and chlorophyll a enhancement within cold-core cyclones in the Gulf of Mexico. Geophys Res Lett, 32(18): 1-5.

Wang Y. 2007. A multiply nested, movable mesh, fully compressible, nonhydrostatic tropical cyclone model-TCM4: Model description and development of asymmetries without explicit asymmetric forcing. Meteor. Atmos. Phys., 97: 93-116.

Wang H, Frank W M. 1999. Two modes of tropical cyclogenesis: An idealized simulation. Proceedings of the AMS 23rd Conference on Hurricanes and Tropical Meteorology, Dallas, TX, 10-15 Jan, 923-924.

Wang X, Zhang D L. 2003. Potential vorticity diagnosis of a simulated hurricane. Part I: Formulation and quasi-balanced flow. J Atmos Sci, 60: 1593-1607.

Wang G M, Wang S W, Li J J. 1996. A bogus typhoon scheme and its application to a movable nested mesh model. J Trop Meteo, 12: 9-17.

Wang B, Li X, Wu L. 1997. Direction of hurricane beta drift in horizontally sheared flows. J Atmos Sci, 54: 1462-1471.

Wang C C, Magnusdottir G. 2005. ITCZ breakdown in three-dimensional flows. J Atmos Sci, 62: 1497-1512.

Wang C C, Magnusdottir G. 2006. The ITCZ in the central and eastern Pacific on synoptic time scales. Mon Wea Rev, 134: 1405-1421.

Williams R T, Chan J C L. 1994. Numerical studies of the beta effect in tropical cyclone motion, Part II: Zonal mean flow. J Atmos Sci, 51: 1065-1076.

Willloughby H E, Marks F D, Feinberg R J. 1984. Stationary and moving convective bands in hurricanes. J Atmos Sci, 41: 3189-3211.

Wu C C, Emanuel K A. 1995a. Potential vorticity diagnostics of hurricane movement. Part I: A case study of Hurricane Bob (1991). Mon Wea Rev, 123: 69-92.

Wu C C, Emanuel K A. 1995b. Potential vorticity diagnostics of hurricane movement. PartII: Tropical Storm Ana (1991) and Hurricane Andrew (1992). Mon Wea Rev, 123: 93-109.

Wu C C, Kurihara Y. 1996. A numerical study of the feedback mechanisms of hurricane-environment interaction on hurricane movement from the potential vorticity perspective. J Atmos Sci, 53: 2264-2282.

Wu L, Wang B. 2001a. Effects of convective heating on movement and vertical coupling of tropical cyclones: a numerical study. J Atmos Sci, 58: 3639-3649.

Wu L, Wang B. 2001b. Movement and vertical coupling of adiabatic baroclinic tropical cyclones. J Atmos Sci, 58(13): 1801-1814.

Wu L, Wang B. 2000. A potential vorticity tendency diagnostic approach for tropical cyclone motion. Mon Wea Rev, 128(6): 1899-1912.

Wu L, Wang B. 2004. Assessment of global warming impacts on tropical cyclone track, J Climate, 17: 1686-1698.

Wu C C, Yen T H, Kuo Y H, et al. 2002. Rainfall simulation associated with Typhoon Herb (1996) near Taiwan. Part I: The topographic effect. Wea Forecasting, 17(5): 1001-1015.

Wu C C, Huang T S, Huang W P, et al. 2003. A new look at the binary interaction: Potential vorticity diagnosis of the unusual southward movement of Tropical Storm Bopha (2000) and its interaction with Supertyphoon Saomai (2000). Mon Wea Rev, 131(7): 1289-1300.

Wu C C, Huang T S, Chou K H. 2004a. Potential vorticity diagnosis of the key factors affecting the motion of typhoon sinlaku (2002). Mon Wea Rev, 132: 2084-2093.

Wu M C, Chang W L, Leung W M. 2004b. Impacts of El Nino Southern Oscillation events on TC landfalling activity in the western North Pacific. J Climate, 17: 1419-1428.

Wu L, Wang B, Braun S A. 2005. Impacts of air-sea interaction on tropical cyclone track and intensity. Mon Wea Rev, 133: 3299-3314.

Wu C C, Chen S G, Chen J H, et al. 2009. Interaction of typhoon shanshan (2006) with the midlatitude trough from both adjoint-derived sensitivity steering vector and potential vorticity perspectives. Mon Wea Rev, 137: 852-862.

Wu L, Zong H, Liang J. 2011. Observational analysis of sudden tropical cyclone track changes in the vicinity of the East China Sea. J Atmos Sci, 68(12): 3012-3031.

Wu L, Zong H, Liang J. 2013a. Observational analysis of tropical cyclone formation associated with monsoon gyres. J Atmos Sci, 70(4): 1023-1034.

Wu L, Ni Z, Duan J, et al. 2013b. Sudden tropical cyclone track changes over the western north pacific: a composite study. Mon Wea Rev, 141(8): 2597-2610.

Xu X, Peng S, Yang X, et al. 2013. Does warmer China land attract more super typhoons? Sci Rep, 3, 1522: DOI: 10. 1038/srep01522.

Zamudio L, Hogan P J. 2008. Nesting the gulf of mexico in atlantic hycom: oceanographic processes generated by hurricane ivan. Ocean Modell, 21(3-4): 106-125.

Zhu H Y, Ulrich W, Smith R. 2004. Ocean effects on tropical cyclone intensification and inner-core asymmetries. J Atmos Sci, 61: 1245-1258.

第 5 章　登陆台风结构和强度变化

本章所说登陆台风是指正在向陆地移去的近海台风和已经登上陆面的台风。台风所在环境不同，影响台风结构和强度变化的因子也有所不同。本章分别讨论四种环境中台风结构和强度变化，即近海台风、陆上台风、入海台风和变性台风。

5.1　近海台风结构和强度变化

影响近海台风结构和强度变化的主要因子有三，即环境大气控制、海洋强迫作用和内核变化影响。环境大气控制条件主要为风速垂直切变（vertical wind shear，VWS），季风涌与台风涡旋相互作用，高低空急流，水汽通道和中尺度系统的卷入等。研究结果表明，环境流场风速垂直切变对近海台风强度有重要影响。台风很少在高值 VWS 状态下加强，它对台风强度变化具有一定的控制作用。其结构和强度变化的因子是海温（SST）和海洋热容量（oceanic heat content，OHC）。冷海面不利于台风的加强发展，OHC 对台风强度具有强迫作用（forcing effect）。台风内核的变化也显著影响着台风结构和强度变化，台风内核对流增强会导致台风迅速增强（rapid intensification，RI）。内核对流减弱，眼区扩大会导致台风迅速衰减（rapid decaying，RD），但这种内核对流强弱变化也受制于 VWS、SST 和 OHC。

5.1.1　近海台风突然加强

1. 统计特征

用 1961～2010 年中国热带气旋年鉴资料，根据阎俊岳（1996）提出的近海台风强度突变标准，即近中心最大风速在 12h 内的变化达到或超过 10 m/s，统计热带风暴及以上强度热带气旋在我国近海海域（图 5.1）强度变化情况。在这 50 年间，共有 558 个热带气旋进入我国近海海域，平均每年约 11 个。其中，有 12.9％（72 个）经历了近海突然加强过程，有 29.2％（163 个）经历了近海突然减弱过程。热带气旋登陆我国大陆后再次入海时发生的强度突变未予考虑。

在 72 个近海突然加强热带气旋的地理分布中，有 58 个（80.5％）发生在南海，13 个（18.1％）发生在东海，1 个（1.4％）发生在黄海。在渤海海域的热带气旋没有达到过突然加强的标准。对于近海突然减弱的热带气旋，有 5 个在南海和东海均经历了突然减弱过程；另一个强台风"比利"则在东海、黄海发生了连续的突然减弱。如根据首次突然减弱所在海域统计，在 163 个近海突然减弱热带气旋中，有 84 个（51.5％）位于南海，72 个（44.2％）位于东海，7 个（4.3％）位于黄海。

　　大部分近海突然加强热带气旋出现在 7、8、9 三个月(61 个，84.7%)，其中以 9 月最多，达 27 个(37.5%)。近海突然减弱热带气旋主要出现在 7～10 月(133 个，81.6%)，且各月频次较为接近。

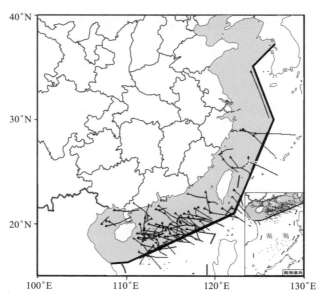

图 5.1　　1961～2010 年我国近海热带气旋突然加强
过程的分布图(浅灰色区域为我国近海海域范围)

2. 双台风相互作用和强度变化

　　2009 年第 8 号热带气旋"莫拉克"(Morakot，0908)于 8 月 7 日登陆我国台湾花莲市沿海，阿里山的累积雨量竟达 3059.5 mm，24 小时雨量达 1623.5 mm，如此极端事件给台湾地区带来了一场历史罕见的灾害。其引发的特大暴雨造成台湾中南部地区洪水暴发，泥石流等地质灾害泛滥，至少造成 673 人死亡、26 人失踪，农业损失超过新台币 195 亿元(EPA)。"莫拉克"登陆台湾后涡旋经久不衰，其巨大能量来源值得关注。值得注意的是，"莫拉克"持续增强过程中，位于其西部的台风"天鹅"(Goni，0907)却在与"莫拉克"台风互旋过程中消亡。因此"天鹅"与"莫拉克"台风的生消过程是否存在相互关联？即双台风生消过程是否存在着能量与水汽的相互输送及其能量影响机制？

　　针对这些问题，以下重点探讨双台风互旋过程两者"吸引"导致路径、结构突变成因，尤其是环境主体水汽影响效应等复杂相关机制。并将双台风导致之间水汽输送通道作为探讨上述路径与结构变化的关键"纽带"(图 5.2)，对双台风相互作用过程及其产生台风异常灾害的涡旋结构、环境主体水汽流等关键影响因子进行研究(Xu et al.，2011，2013；徐洪雄等，2013)。

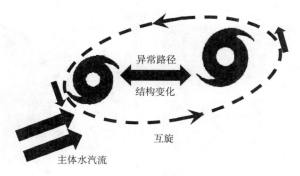

图 5.2　研究问题概念图

1) 影响强度变化的作用特征

台风"莫拉克"与"天鹅"区域中层(500 hPa)涡度及中高层(300 hPa)台风暖心温度变化(图 5.3)表明,2009 年 8 月 7 日、8 日"莫拉克"处于维持加强阶段,其中层(500 hPa)涡度加强,中高层(300 hPa)温度上升,表明暖心的发展,8 日起"莫拉克"涡旋暖心持续加强,而"天鹅"则处于减弱趋势,且 7 日至 9 日其中层(500 hPa)涡度明显减弱,中高层(300 hPa)暖心温度明显下降,两者涡旋强度呈显著反向变化。在该阶段上述两台风涡旋中高层暖心是否反映了双台风的能量与水汽相互影响的效应?

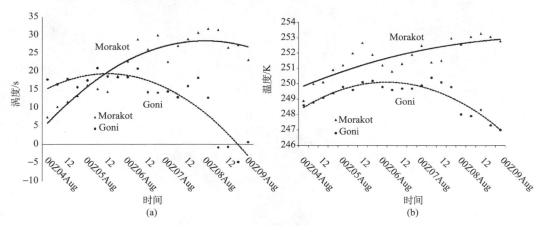

图 5.3　"莫拉克"(Morakot)与"天鹅"(Goni)台风中心的 500 hPa 涡度(a)和 300 hPa 温度变化(b)

图 5.4 给出了"天鹅""莫拉克"双台风 2009 年 8 月 5 日 12 时至 9 日 850 hPa 水平风场结构变化过程,5 日 12 时"天鹅"与"莫拉克"台风涡旋为相对"独立"的单体,而 6 日 12 时~7 日 12 时双台风涡旋结构间气流呈"连体"通道(图 5.4,黑色流线与阴影区所示),值得注意的是,此阶段双台风在"互旋"过程中两者间距缩小,出现"相互吸引"现象(图 5.2 虚线所示)。7 日"天鹅"台风涡旋削弱,涡旋准对称性已破坏,至 8 日"天鹅"台风涡旋处于消亡过程残涡状态,但原"天鹅"向"莫拉克"动能通道还持续维持[图 5.4(d)和图 5.4(e)],而"莫拉克"台风涡旋呈加强趋势。9 日"莫拉克"台风引发特大暴雨后

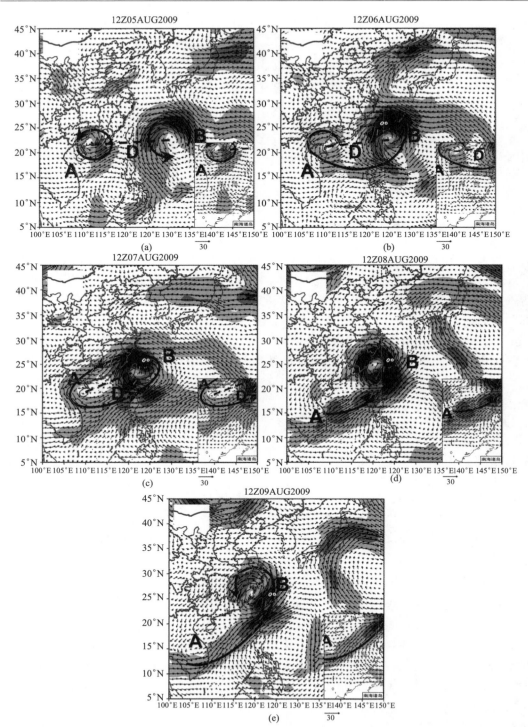

图 5.4　850 hPa 风场，图中 A、B 分别为"天鹅""莫拉克"台风涡旋：(a)～(e)分别为 2009 年 8 月 5 日
12 时至 9 日 12 时间隔 24 小时的 NCEP 1°×1°再分析资料风矢量，阴影为动能大于 100 m²/s²，
间隔为 200(实线为动能通道，虚线为双台风中心连线，粗箭头为环流基本水汽流)

在中国东南沿海地区登陆。上述双台风涡旋的生消过程也反映了"连体"双台风涡旋能量相互影响特征，揭示出台风"莫拉克"涡旋发展、强度增强可能与"天鹅"台风消亡过程中的能量输送、转化有关。

2009 年 8 月 7～9 日"莫拉克"造成台湾特大暴雨过程的对流云水汽输送结构，也可描述出上述双台风间水汽输送、交换及结构相互影响，求取发生异常暴雨的台湾地区卫星亮温 TBB 和周边整层水汽通量的相关矢量场(图略)，可发现在台湾区域异常暴雨前后期(2009 年 8 月 4～11 日)对流云水汽源主要来自"天鹅"至"莫拉克"双台风涡旋相互影响"连体"南侧的强水汽通量相关通道以及偏南水汽通道。

2）水汽输送轨迹和模拟试验

为揭示双台风相互影响过程水汽输送通道及其 3 维"粒子群"轨迹特征，采用 FLEXPART-WRF 轨迹模式，计算分析"天鹅"台风趋于消亡过程(2009 年 8 月 7～9 日)、涡旋质点"粒子群"输入"莫拉克"台风涡旋的动态过程。计算结果表明(图 5.5)，该初始"粒子群"由"天鹅"台风水汽(前向轨迹)低层输入台风"莫拉克"，并描述出台风"天鹅"水汽"粒子群"向台风"莫拉克"输送的"连体"轨迹通道，这表明"天鹅"台风趋于消亡阶段其水汽、能量向"莫拉克"台风输送的可能轨迹。另外，试验研究揭示了"天鹅"水汽"粒子群"向"莫拉克"涡旋低层气旋式的输入通道，在"莫拉克"涡旋高层则反气旋式卷出的 3 维立体动态物理图像。

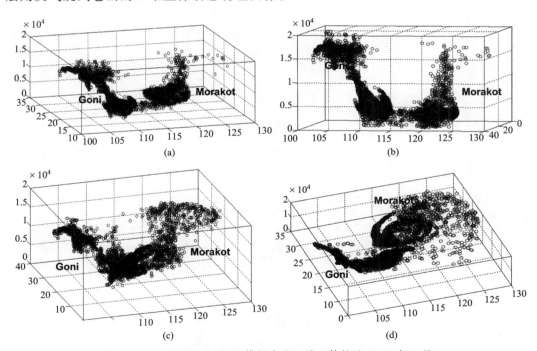

图 5.5　FLEXPART-WRF 模拟水汽 3 维立体轨迹(2009 年 8 月)

(a)7 日 23 时；(b)8 日 10 时；(c)8 日 21 时；(d)9 日 00 时刻

采用 WRF-TC 台风 Bogus 模型中的剔除台风模块对上述阶段进行敏感试验，分析"天鹅"台风能量与水汽输送对于"莫拉克"台风增强、涡旋发展的影响效应。对比剔除"天鹅"台风涡旋的敏感试验与初始双台风涡旋的控制试验的模拟结果可发现（图略），剔除"天鹅"台风后，"莫拉克"台风动能平均减少达 15%，平均水汽辐合量平均减少量甚至超过 23%，上述计算结果表明，"天鹅"台风涡旋的存在对于"莫拉克"台风发展与维持过程中动能、水汽增加量有显著的贡献。

3）物理模型

通过资料合成分析、数值模拟以及拉格朗日轨迹计算的综合分析，归纳出双台风增强、消亡过程中能量、水汽输送的三维物理图像（图 5.6）。"莫拉克"（B）与"天鹅"（A）双台风涡旋两者互旋，相互吸引，并产生能量、水汽相互转换。两台风在互旋过程中距离缩小，在环境场主体水汽流的作用下台风涡旋间出现能量、水汽输送的"连体"通道。"天鹅"台风通过此"连体"通道向"莫拉克"输送水汽、能量。台风粒子群三维动态轨迹也表明，"天鹅"台风中低层水汽流气旋式卷入"莫拉克"台风，且"莫拉克"向"天鹅"反馈水汽流相对较弱。两个台风呈现出反向变化趋势，即"天鹅"涡旋减弱，涡旋风场结构趋于非对称，而"莫拉克"涡旋增强，且维持显著准轴对称结构，双台风结构与强度反向变化特征也印证了上述双台风相互作用特征。

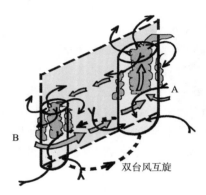

图 5.6　双台风（A 和 B）互旋与
相互作用物理图像

其中黑色实线箭头表示高低层流线、白色箭头为水汽输送，黑色粗箭头代表环境主体水汽流，虚线箭头表示两者互旋方向

3. 台风与中尺度小涡的合并

近海台风因地形或环境流场辐合作用常在其外围形成中尺度涡旋（MSV），当这种小涡与台风相互作用被吸入台风涡旋时，其正涡度（或称涡量）内传至台风内核，使台风突然增强。对此，采用直角坐标准地转正压涡度方程

$$\frac{\partial \xi}{\partial t} + J(\psi, \xi + f) = 0 \tag{5.1}$$

式中，$\xi = \nabla^2 \psi$。

设计两组数值试验进行对比分析，式中 ξ 为相对涡度（即涡量）；ψ 为地转流函数；$\nu \nabla^2 \xi$ 为耗散项。令 $\xi = \bar{\xi} + \xi'$，$\bar{\xi}$ 为台风环流的涡量；ξ' 为 MSV 的涡量。若 $\xi' = 0$，则简化为无 MSV 的作用，即试验一。试验二中台风与 MSV 同时存在，MSV 位于台风中心东南方。台风中心的气压下降值 ΔP 可由 ξ 值通过非线性平衡方程（5.2）式求出：

$$\frac{1}{\rho} \nabla^2 P(x, y) = f \nabla^2 \psi + 2 \left[\frac{\partial^2 \psi}{\partial x^2} \frac{\partial^2 \psi}{\partial y^2} - \left(\frac{\partial^2 \psi}{\partial x \partial y} \right)^2 \right] \tag{5.2}$$

　　图 5.7 显示了两组试验台风中心气压值随时间的变化。可见，存在 MSV 和不存在 MSV，台风中心气压变化模态完全不同。台风与 MSV 相互作用并入台风使得台风中心气压急剧下降。而无 MSV 作用的台风，其中心气压值变化很少，不存在这种急剧下降的变化趋势(陈联寿等，2002)。

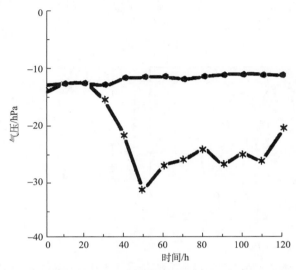

图 5.7　两组试验中台风中心气压值随时间的变化(陈联寿等，2002)

(·试验一；＊试验二)

　　台风在近海突然加强过程中往往伴随着内核收缩现象，但当台风与 MSV 合并时，却可以使其内核尺度增加。Wang Y 和 Wang H(2013)发现"鲇鱼"(Megi，1013)近海加强过程中，其与低层中尺度小涡的相互作用加强了台风螺旋雨带中非绝热加热，使台风内核发生扩大现象。

　　台风和外围 MSV 相互作用及合并使台风增强现象是在一定条件下发生的，与台风强度以及 MSV 与台风中心距离等因子有关。当然，两个台风也可能发生合并，但这种现象并不多见。1970 年，台风 Fran(7010)和 Ellen(7009)在西北太平洋发生互旋后合并，强度迅速增强，并出现并列双眼结构，造成两个眼先后登陆的奇特现象。

4. 高海温和低值风速垂直切变

　　海温(SST)和风速垂直切变(VWS)是影响台风强度变化最为重要的外部因子，对强度变化具有控制和强迫作用。当很强的热带气旋移入冷海面，其他条件虽好，也无发展前途，冷海面具有使热带气旋减弱甚至消亡的强迫作用。反之，当热带气旋移入暖海面，则具备了迅速加强的基本条件。高的 SST 还不够，要有高的海洋热容量(OHC)，才会使台风所在海面海水上翻的降温作用不大，使台风不致衰减。通常海温 26～26.5 ℃是一个临界值，海温 26℃以下，不利于台风加强，26.5℃以上的海面才对台风加强提供基本条件。2005 年，飓风"Katrina"从美国佛罗里达州南部移到墨西哥湾中部迅猛加强，从 1 级飓风加强到 5 级飓风，这与这一带海面出现 30℃的高海温有关。中国近海突然加强的台风往往也与高海温有关。2004 年台风"云娜"在我国近海迅速发展，登陆时近中心附近最大风速为 45 m/s，中心最低气压达 950 hPa，由图 5.8 可见，除了临近登陆的几个小时外，"云娜"一直在超过 29.5℃ 的暖洋面上活动。尤其值得注意的是，从 10 日 8 时至 12 日 8 时，"云娜"横穿了一个近南北走向的暖水带。该暖水带的海面温度超过 30℃，南北长约 10 个纬距，东西宽约 5 个经距。"云娜"的迅速发展过程发生在其抵达该暖水带中心区域之后的 12 小时（图 5.8），即 11 日 14 时至 12 日 2 时，风速增大了 10 m/s，中心气压下降了 20 hPa。

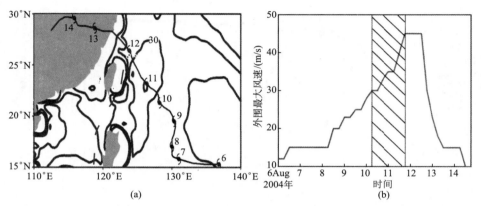

图 5.8　2004 年 8 月台风"云娜"的(a)路径和(b)强度随时间的变化。(a)中等值线为海面温度(单位:℃)，路径的台风符号旁为日期。(b)中斜线区域示意的是"云娜"经过暖洋面水域（海面温度超过 30℃）的时间

2009 年强热带风暴"天鹅"(Goni，0907)于 8 月 5 日登陆广东台山，6 日穿过雷州半岛到北部湾入海。这一带海面温度高达 30~31 ℃，台风"天鹅"在 7 日这一天强度有显著增强，从 18 m/s 加强到 28 m/s。

　　影响台风强度变化的另一个重要环境条件是风速垂直切变(VWS)。它对台风强度变化具有一定的控制作用。一般认为，VWS 不利于热带气旋的发生和加强。对台风

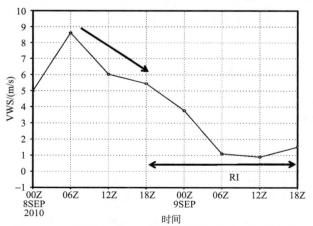

图 5.9　台风"莫兰蒂"环境风速垂直切变随时间的演变

"莫兰蒂"(Meranti，1010)的分析表明(图 5.9)，在其生成和快速加强阶段，200～850 hPa 的 VWS 均不大(<9 m/s)。在其快速加强前，VWS 显著减小，整个快速加强阶段的 VWS(<5 m/s)明显小于生成阶段(>5 m/s)(图 5.9)。对比南海登陆前突然加强和突然减弱 TC，发现两者 VWS 的差异主要不是在大小上，而是在变化趋势上。两类 TC 在登陆前 24 小时的平均 VWS 均为 7～8 m/s，但突然加强 TC 的 VWS 在登陆前 48 小时内持续性地减小，突然减弱 TC 的 VWS 则在前期变化不大，后期有所增大。这也许是 Chen 等(2011)所建南海 TC 强度统计预报模型中 VWS 不是主要预报因子的原因之一。但是，对于东海近海 TC，因常与西风槽发生显著相互作用，VWS 是该区域 TC 强度统计预报模型的重要因子，个例和统计分析也均表明强 VWS 预示着 TC 的减弱。

5. 高空急流和高层流出气流

一般而言，强的高空出流有利于 TC 突然加强，与之相伴随的往往有较强的低空入流。对比分析南海登陆前突然加强和突然减弱两类热带气旋的径向风速(图 5.10)，可以看出突然加强 TC 的低空入流和高空外流均明显强于突然减弱 TC。其中，突然加强 TC 的低空入流中心在离 TC 中心 5～6 个纬距处的 950 hPa 高度，最大风速超过 5 m/s，突然减弱 TC 的低空入流中心也在 950 hPa 高度，但相比突然加强 TC 更加靠近 TC 中心，最大风速小于 4 m/s。在高空外流区，突然加强 TC 的径向风速中心在离 TC 中心 5～6 个纬距处的 200 hPa 高度，最大风速超过 6 m/s，明显强于突然减弱 TC 约 2 m/s。可见，两类 TC 在高空出流强度上的差异较低空入流明显。此外，突然加强 TC 的出流和入流中心均更加远离 TC 中心，说明此类 TC 的次级环流径向范围大。从垂直伸展高度上看，突然加强 TC 的出流集中在 500 hPa 以上，其下均为入流区，而突然减弱 TC 的外流区向下伸展到 850 hPa 的 TC 中心附近，入流区主要局限在 750 hPa 以下。

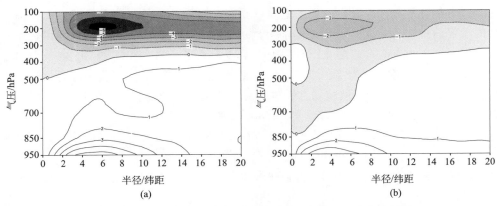

图 5.10　突然加强 TC 和突然减弱 TC 登陆前 24 h 的径向风速

(a)突然加强 TC；(b)突然减弱 TC

(正值表示入流，负值表示外流，单位：m/s)

进一步分析登陆前突然加强 TC 的高空流场分布，并与突然减弱 TC 相比较(图 5.11)，发现突然加强 TC 北侧的西风带环流平直，TC 中心位于大尺度反气旋环流脊线的东端略偏南位置，这样的形势配置使得 TC 上空除西北象限外均有较强出流。突然减弱 TC 的中心位于西风带长波槽的槽底东侧约 5 个纬距处，仅在东北象限有较强出流。相应地，突然加强 TC 的高空辐散在范围与强度上均与突然减弱 TC 差异显著，其中突然加强 TC 的高空辐散可达 $26 \times 10^{-6}/s$，而突然减弱 TC 仅为 $20 \times 10^{-6}/s$。

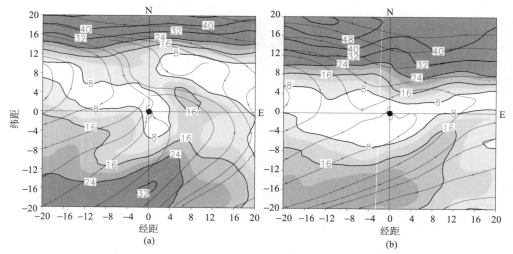

图 5.11　突然加强 TC 和突然减弱 TC 登陆前 24h 的 200 hPa 合成流场
（阴影区为风速≥8 m/s 区域，TC 中心位于坐标原点）
(a)突然加强 TC；(b)突然减弱 TC

6. 水汽输送与季风涌

凝结潜热释放是 TC 发生发展的主要驱动力，因此良好的水汽条件是 TC 得以突然加强的重要前提。对比南海台风登陆前突然加强和突然减弱 850 hPa 流场和风速场，发现突然加强 TC 的南侧有范围宽广且强度强的西南急流，与之相伴随的是一支与 TC 环流区相连接的水汽通道，为 TC 加强提供了充足的水汽源，副高环流中心位于 TC 东北偏东侧[图 5.12(a)]，而突然减弱 TC 与西南急流区相互分离，副高强盛[图 5.12(b)]。在静止卫星红外云图上，突然加强 TC 的南侧，特别是西南侧，往往可以看到活跃的对流活动，呈气旋式卷入状与 TC 中心云区相连(图 5.13)，突然减弱 TC 的中心云区则很孤立，四周没有活跃的对流活动。

应用高分辨率(0.125 经纬度)的 ECMWF 分析资料，分析台风"莫兰蒂"环流域内水汽含量随时间的演变(图 5.14)，发现在其突然加强之前，内外核区的中低层大气均有明显增湿过程。在迅速加强过程中，内核区(100 km 以内)的 400~700 hPa 水汽含量显著增多，内核低层(700 hPa 以下)及外核区(100~300 km)在这一过程中水汽含量变化不大。可见，强烈的西南季风涌(monsoon surge)水汽输送是南海 TC 登陆前突然加强的先兆条件。

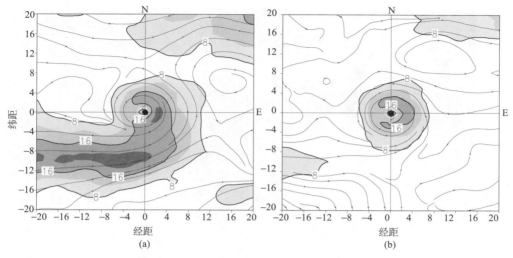

图 5.12　同图 5.11，但为 850 hPa

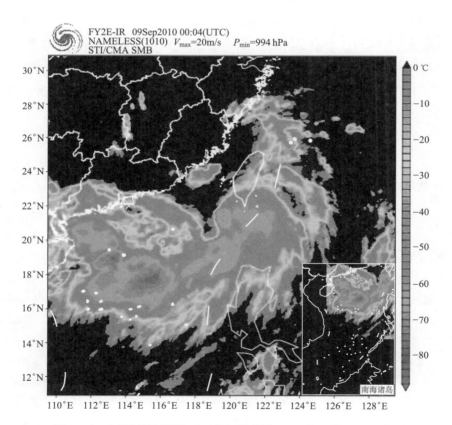

图 5.13　台风"莫兰蒂"风云 2 号红外云图（2010 年 9 月 9 日 8 时）

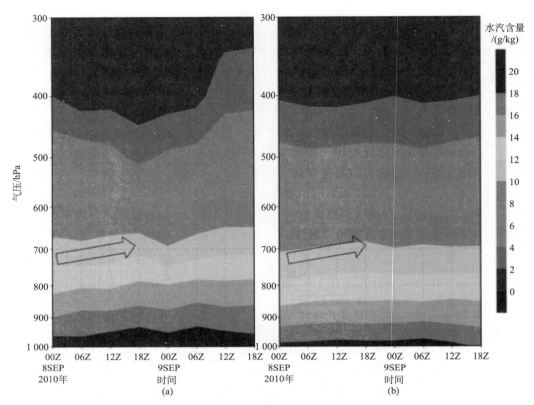

图 5.14　台风"莫兰蒂"内核区(<100 km)和外核区(100~300 km)
区域平均水汽含量随时间的演变
(a)内核区；(b)外核区

7. 内核对流爆发

内核对流爆发往往预示着 TC 会突然加强。Chen 和 Zhang(2013)的高分辨率数值模拟研究表明，内核对流爆发造成平流层空气下沉，使得高空暖心迅速发展，从而引起飓风 Wilma(2005)突然加强。采用静止卫星红外云图资料，统计分析 1996~2010 年西北太平洋地区突然加强 TC 的内核深对流活动特征，发现突然加强 TC 的内核深对流活动明显较缓慢加强 TC 活跃，具体表现在 TBB 低于-60℃的区域占内核面积的百分率高[图 5.15(a)、(b)]、TBB 极值位置更靠近 TC 中心[图 5.15(c)、(d)]，TBB 值低于-75℃的极端对流活动是 TC 突然加强的重要前提。根据是否达到台风强度(近中心最大风速 32.6 m/s)将 TC 分为强、弱两类，发现强 TC 的内核尺度大，发生突然加强的比率高。从图 5.15 可以看出，四类 TC 中，内核对流最为活跃的是突然加强的强 TC，其 TBB 低于-60℃的区域占内核面积的百分率长时间维持在 90%以上。强 TC 突然加强前的 24 小时内，其内核对流活动与缓慢加强 TC 表现出持续性的明显差异，而两类弱 TC 的差异主要体现在加强前的 12 小时内。因此，强 TC 发生突然加强的可预报时效较弱 TC 长。

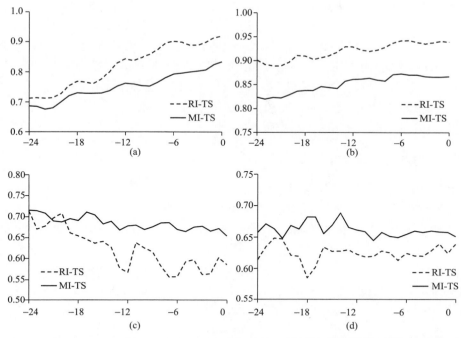

图 5.15　(a)弱 TC，(b)强 TC 加强前 24h 内 TBB 低于−60℃的区域占内核面积的百分率，(c)弱 TC，(d)强 TC 加强前 24h 内 TBB 极值距离 TC 中心的相对位置。RI 表示突然加强，MI 表示突然减弱。横坐标为时间，0 表示加强过程的起始时刻，−24 表示加强前 24h，依此类推

8. 冷涡叠加作用

台风"莫兰蒂"(Meranti，1010)于 2010 年 9 月 8 日 00 时(UTC)生成后(图 5.16)，

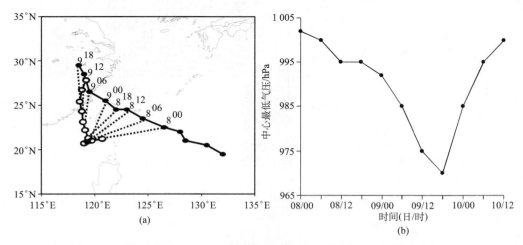

图 5.16　"莫兰蒂"中心(空心圆)与高空冷涡中心(圆点)6 h 间隔的路径(a)
以及近台风中心海平面气压(纵坐标，hPa)时间演变(b)

缓慢发展并西行进入南海北部停滞少动，9 日凌晨突然北折进入台湾海峡，一天后在福建登陆。在北折后的一天中，台风"莫兰蒂"迅速加强。8 日 18 时至 9 日 18 时其中心气压下降了 25 hPa，近中心最大风速竟从 20 m/s 加强到 35 m/s。在此过程中，西北太平洋副热带高压（副高）南侧的一个高空冷涡从台风东侧西北移动靠近台风并移至其北侧。此冷涡水平尺度最大可达 10 个经纬距，上下从 100 hPa 延伸至 400 hPa，中心主要位于 200 hPa。其中心与台风中心最近相距约 5 个纬距，两者环流高低空叠置。冷涡叠加对"莫兰蒂"快速加强（rapid intensification）有重要影响。研究表明，以下三个原因导致其加强。

1）减小台风环境风垂直切变

以台风中心为中心选取 5 个经纬距范围作为台风区域（下同），计算其 200 hPa 与 850 hPa 平均水平风速之差，代表台风环境风垂直切变（VWS）。图 5.17（a）显示，台风西行停滞阶段，VWS 基本在 5 m/s 以上，8 日 18 时达到最强，为 11 m/s，期间"莫兰蒂"缓慢加强。8 日 18 时后 VWS 迅速减小，到达低谷为 3 m/s。VWS 迅速减小过程为 18h，这与 Meranti 近海突然加强的过程完全符合。台风范围 VWS 的减小与高空冷涡影响有一定关系。分析表明，冷涡与台风叠置会导致台风区域 VWS 的减小，从而对台风加强有利。

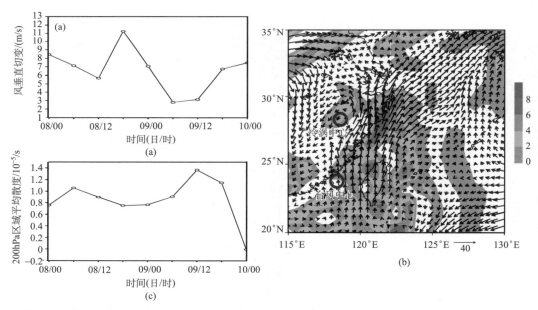

图 5.17　台风环境风垂直切变大小（m/s）的时间演变（a），9 日 12 时 200 hPa 水平风矢场和散度场（阴影，仅给出辐散区，10^{-5}/s）（b）和 200 hPa 台风区域平均散度的时间演变（c）

2）增强台风高空辐散

当高空冷涡转至台风西北侧，台风上空盛行南风流出气流，这一向北流出气流将加强台风上空的辐散。图 5.17（b）给出 9 日 12 时 200 hPa 流场和散度场，可见台风中心东侧有一强偏南气流，并有强辐散区（阴影）配合。计算台风区域平均 200 hPa 散度的时间演变［图 5.17（c）］可见，散度从 8 日 18 时开始增大，到 9 日 12 时达到峰值，这正是台风迅速加强的时段。冷涡叠置引起台风上空的强辐散是台风迅速加强的又一个原因。

3）增加台风外围对流不稳定层结

分析高空冷涡叠加台风过程中 400 hPa、350 hPa、300 hPa、250 hPa、200 hPa 和 150 hPa 温度场发现，除了 150 hPa 层外，其他层次均为冷心结构（图略）。这使高空冷涡（台风）对台风（高空冷涡）有冷（暖）平流输送。图 5.18（a）显示，9 日 00 时冷涡西侧的东北风冷平流仅输送到台风中心北侧，对台风暖心影响不大，但增加了台风外围大气层结的对流不稳定度。图 5.18（b）给出 850 hPa 风矢场以及对流不稳定度 $\partial\theta_e/\partial p$（阴影）分布，可见冷涡与低层台风环流叠置区域（大致包括台湾岛至 30°N）为较强的对流不稳定区，这对北上台风维持其对流活动有利。

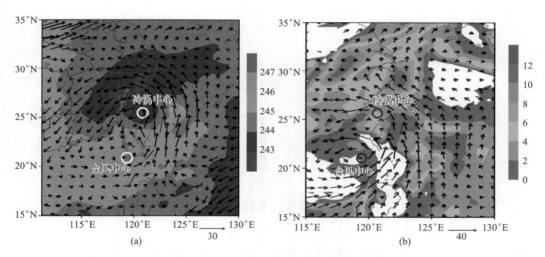

图 5.18　9 日 00 时（a）300 hPa 流场和温度场（阴影，K）以及（b）850 hPa 流场和对流不稳定度 $\partial\theta_e/\partial p$（阴影，仅给出不稳定区，$10^{-2}$ K/hPa）分布

综上所述，高空冷涡对台风"莫兰蒂"的影响主要体现在：高空冷涡与台风环流的上下叠置减弱了台风环境风垂直切变；增强了台风高空的流出气流和辐散强度；造成台风外围强对流不稳定层结，有利于台风对流活动。这些因子均有利于台风的迅速加强。

5.1.2　近海台风突然衰亡

1. 统计特征

有极少数很强盛的台风移近近海海域会出现衰亡，这会使预报失误，造成过度防御。例如强台风"宝丝"于 1998 年 10 月生成于菲律宾东南方海域，穿过吕宋岛进入南海北部，预报它在华南沿海登陆，但它两天后消失在东南沿海海域而未登陆，预报难度很大。

1961～2010 年进入我国近海海域的 558 个风暴以上的热带气旋中有 10%(56 个)在近海消亡。近海消亡是指热带气旋在近海海上活动时，近中心最大风速减弱至 5 级或以后，且此后没有再次发展加强，或者是热带气旋生命史在我国近海海上终止。这 56 个近海衰亡热带气旋中，30 个(53.6%)消亡于南海，22 个(39.3%)消亡于东海，4 个(7.1%)消亡于黄海。登陆后入海衰亡的未予考虑。

近海消亡热带气旋在 11 月最多，达 13 个(23.2%)，占当月近海热带气旋总数(25 个)的一半。7 月和 8 月各出现了 9 个近海消亡热带气旋，分别占当月近海热带气旋总数的 7.1% 和 5.7%(表 5.1)。

事实上，在我国近海，无论是强度还是路径，其突变都很难预报，当台风的强度发生突然减弱时，其预报误差均明显大于台风突然增强时的预报(图 5.19)，在实际预报业务中，近海突然减弱消亡的台风和突然增强的台风同为当今预报难题。

表 5.1　1961～2010 年近海消亡热带气旋逐月频数和占总频数的比率

月份	1	2	3	4	5	6	7	8	9	10	11	12
近海消亡热带气旋频数	0	0	0	2	2	4	9	9	6	7	13	4
近海热带气旋总频数	0	0	0	5	20	48	127	157	116	55	25	5
近海消亡比率/%	0	0	0	40	10	8.3	7.1	5.7	5.2	12.7	52	80

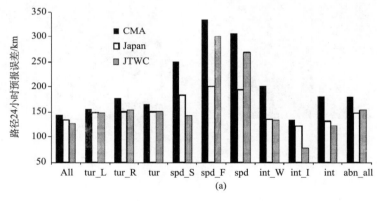

(a)

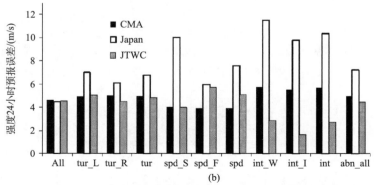

(b)

图 5.19　1997～2009 年间我国近海台风路径和强度 24 小时预报误差

All. 所有样本(包括异常和一般情况)；tur. 路径突变样本(L：左折；R：右折)；spd. 速度突变样本(S：突然减速；F：突然增速)；int. 强度突变样本(W：突然减弱；I：突然增强)；abn_all. 三类突变样本

2. 冷空气入侵

适量的冷空气侵入到台风环流的外围,有利于台风环流内的局地锋生、有利于台风内的暖空气沿锋面爬升,从而产生斜压位能向动能的转化并使台风变性加强。然而,如果冷空气从低层侵入到台风中心,则会抑制台风的对流、抑制水汽的垂直输送、减少高层水汽的凝结和潜热的释放,从而使台风强度减弱甚至填塞。图 5.20 给出了在我国(南海)近海海域的台风增强与减弱时的低层(700 hPa 以下)环境温度场的合成,可见增强型台风的中心通常距冷空气(浅灰色阴影区)较远,而减弱型的台风中心西北侧常有一冷舌(从下往上向西北倾斜),该冷舌在近地层(925 hPa 以下)已经侵入到台风中心。

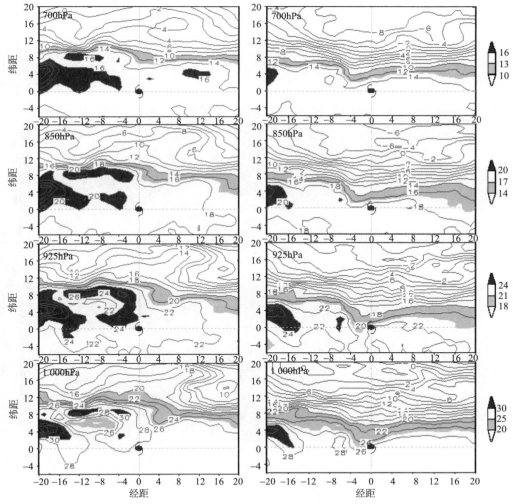

图 5.20　我国近海台风突然增强(左)、突然减弱(右)时低层环境温度场
(从上到下分别是 700 hPa、850 hPa、925 hPa 和 1 000 hPa)的合成

3. 双台风的抽吸作用

从 5.1.1 节分析可知双台风的相互作用可以使其中一个台风发生加强,但同时另一个台风往往会因抽吸作用衰减。模式采用双重嵌套方案,外区域的中心位置为(26.2°E,120.2°N),海温资料为 NCEP 0.5°×0.5°实时全球日平均海温(real-time,global,sea surface temperature)资料,并且每 6 小时一次插值更新到模式中。数值模拟结果表明,模拟台风"天鹅"路径和强度变化以及环境背景场与实际观测基本一致,能够反映"天鹅"在南海的活动特征。

图 5.21 和图 5.22 分别为双台风相互作用期间模拟的 500 hPa 位涡(PV)和"天鹅"(Goni,0907)台风水汽收支随时间的演变图。可见"天鹅"于 2009 年 8 月 6 日 00 时经雷州半岛入海以后其强度在 7 日有明显加强,再以后其 PV 和水汽逐渐被"莫拉克"(Morakot,0908)吸收和蚕食,最终使得"天鹅"强度迅速减弱直至最终消亡于海南岛以东海面莫拉克的卷入云带之中。因此,双台风相互作用是盛夏南海洋面上台风"天鹅"最终消亡的主要原因之一。

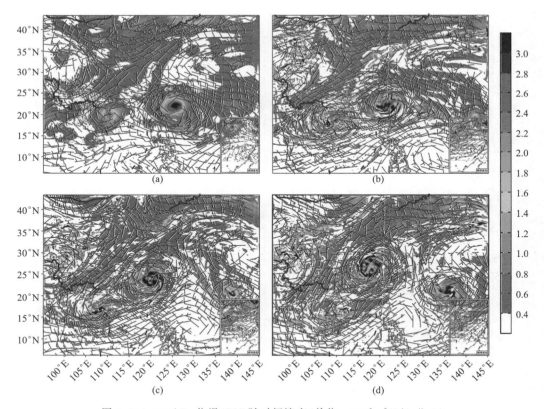

图 5.21　500 hPa 位涡(PV)随时间演变(单位:$10^{-6}\,\mathrm{m^2\,K/(s/kg)}$)

(a)8 月 6 日 12 时;(b)8 月 7 日 12 时;(c)8 月 8 日 12 时;(d)8 月 9 日 12 时

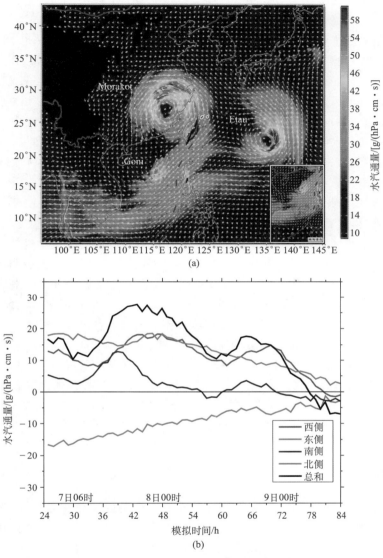

图 5.22　2009 年 8 月 9 日 18 时 850 hPa 水汽通量分布(a)，
台风"天鹅"水汽通量随时间演变(b)[单位：g/(hPa・cm・s)]

图 5.21 显示 2009 年 8 月 6 日 12 时，台风"天鹅"刚从雷州半岛入海，其东面海洋上的台风"莫拉克"与"天鹅"相距甚远，两者相互作用很弱，位涡相互作用不显著[图 5.21(a)]；8 月 7 日 12 时，台风"天鹅"已经进入北部湾 30～31℃的暖海面，其强度再次加强。此时西进的台风"莫拉克"开始影响台湾岛并靠近"天鹅"，两者的位涡相互作用开始加强，尺度和强度较小的强风暴"天鹅"对尺度和强度较大的台风"莫拉克"位涡输送作用大大加强[图 5.21(b)]；8 月 8 日 12 时，台风"天鹅"的位涡量受"莫拉克"抽吸已明显减弱，"天鹅"的强度也已减弱，而台湾岛上的台风"莫拉克"位涡和强度显著增强[图

5.21(c)]；直至 8 月 9 日 12 时，由于台风"莫拉克"的抽吸作用，使得"天鹅"的位涡能量被抽吸殆尽，最终在 8 月的南海洋面上消亡[图 5.21(d)]。

水汽通量的水平分布[图 5.22(a)]显示，2009 年 8 月 9 日 18 时，850 hPa 上的水汽主要集中在台风"莫拉克"和"艾涛"(Etau，0909)中，而"天鹅"的水汽由于台风"莫拉克"抽吸作用而消失殆尽[图 5.22(a)]，由于模式边界作用使得台风"艾涛"位置偏离实况较远，但对双台风相互作用的影响可以忽略。图 5.21(b)反映的是以"天鹅"为中心，东西南北方向 600 km 正方形区域内的平均水汽通量随时间演变图，其中正方形区域随"天鹅"中心移动，水汽通量为 900～500 hPa 平均值。可以看出区域西侧(绿色线)平均水汽通量主要是输入过程，只是在 8 月 9 日 00 时开始输出，反映出区域西侧受大尺度环境场影响西南气流对台风"天鹅"的水汽输入作用；从图 5.21(b)可以看出，区域东侧(红色线)平均水汽通量在整个过程中总体表现为输出过程，较好地反映了"天鹅"水汽被其东北部台风"莫拉克"抽吸。从图 5.21(b)可以看出，区域南侧(蓝色线)平均水汽通量的演变特征基本与区域西侧一致，同样表明大尺度环境场西南气流输送的影响，与区域西侧演变特征稍有不同之处，在于其量级较小和水汽输出时间提前，表明区域南侧受到台风"莫拉克"的抽吸作用影响较大。图 5.22(b)表明区域北侧(紫色线)平均水汽通量的演变总体表现为输入过程，这主要是因为"天鹅"自身气旋环流和东北部台风"莫拉克"的抽吸作用时的水汽回流所造成的。因此，从总体上来看，台风"天鹅"不同方位平均水汽通量的总和(黑色线)呈现先输入后输出的态势。其中 8 月 7 日 12 时至 8 日 12 时平均水汽通量输入达到最大，之后输入减少并转变为输出。这进一步表明，台风"天鹅"入海初期(8 月 7 日)受高海温大尺度西南气流的水汽输入影响，"天鹅"强度显著增强；而后期(8 月 8～9 日)由于台风"莫拉克"的抽吸作用逐渐增强，使得台风"天鹅"的水汽通量总体呈现流入减少和后期流出的态势，导致台风"天鹅"强度迅速减弱。当 8 月 9 日"天鹅"的水汽通量转为总体流出态势时，"天鹅"急剧消亡。

4. 冷海面

海面温度(SST)对台风形成和强弱变化具有重要的强迫作用，26 ℃以下的冷海面对台风的生成和维持均为不利，尤其台风移入冷海面会导致其减弱和衰亡[图 5.23(a)]。"巴布斯"(Babs，9810)台风移入近海时，移到 26℃以下的冷海面后会逐渐减弱消亡。台风"巴布斯"(Babs，9810)经过吕宋岛移入南海前接近超强台风级别，最大强度曾达 50 m/s。23 日进入南海东北部海面后直到 26 日强度一直维持在 33 m/s，进入冷海面一天后即消亡于这一带海面。台风"贝碧嘉"(Bebinca，0021)也是移入我国近海冷海面且在近海快速减弱衰亡的台风[图 5.23(b)]，其强度在移入冷海面之前达 33 m/s，移入冷海面后一天消亡。

除了移入冷海面消亡的热带气旋，也有一些近海消亡的热带气旋是由于原地打转或停滞少动引起冷水上翻，海温急剧下降所致。"西马仑"(Cimaron，0620)是一超强台风，10 月 29 日其中心最大风达到 60 m/s(51 m/s 即为超强台风)。11 月 1 日开始停滞打转，当时中心最大风速 45 m/s，4 日打完转后中心最大风速竟减弱到 15 m/s，打转期间减弱了 30 m/s，并消亡在南海西部海面[图 5.23(c)]。强台风"尤特"(Utor，0623)既

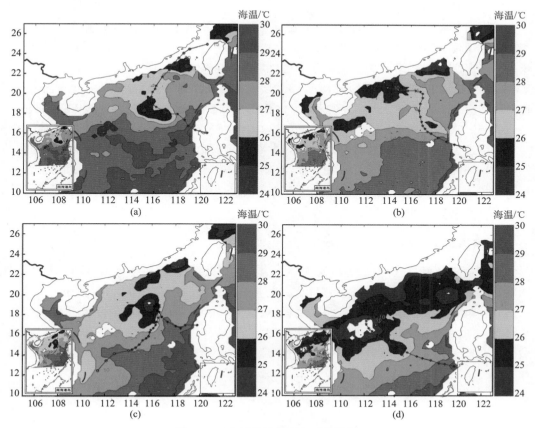

图 5.23　台风路径和消亡时海温图
(a)(b)台风移入冷海面消亡；(c)(d)台风停滞打转后消亡

是移入近海冷海面后打转的台风，"尤特"移入冷海面时(即 12 月 13 日)中心最大风速达到 45 m/s(41.5 m/s 即为强台风)，这一天开始停滞打转，经过两天在海南岛东南方近海海面原地打转，15 日打转结束后竟减弱为 10 m/s 并于原地海面消亡[图 5.23(d)]，可见冷海面和冷水上翻(upwelling)对台风的消亡具有重要的强迫作用。2006 年这两个在南海近海强度快速减弱并消亡的台风都具有停滞打转的特点。

　　此外，其他几个近海快速减弱消亡的热带气旋当中，超强台风"紫罗兰"(Violet，6701)、强台风"艾瑞斯"、强台风"妮娜"也都具有打转后消亡的特点。

5. 强风速垂直切变

　　基于 1981~2003 年的台风最佳路径资料、Reynolds SST 资料和 NCEP-NCAR 再分析资料，分析发现(Zeng et al.，2007)，强风速垂直切变(VWS)有利于台风强度的减弱。事实上，强的风速垂直切变是制约台风发生和增强的主要因子之一，当风速垂风切变超过 12.5 m/s 的阈值时，台风不能形成(Zehr，1992)；当垂直风切变超过 20 m/s时，很少有台风能增强。将垂直切变因子引入台风的最大可能强度(MPI)估计方案，可显著改善其估计精度。

　　不同层次和不同方向的垂直风切变对台风强度具有不同的影响特点(Zeng et al.，2010)：强的、移速慢的和低纬度的台风，通常受整个对流层高层 VWS 作用的影响；而弱的、移速快的和高纬度的台风，除了受整层 VWS 影响外，还受到中低层(或中高层) VWS 的较强作用。东风切变(尤其是在中低层对流层的东风切变)对台风强度变化的作用比西风切变要小，这部分是因为东风切变的作用可能被 β 效应引起的西北 VWS 所抵消。

　　因此，通常使用的以 200～850 hPa 平均风差所表示的 VWS 可能并不是评估 VWS 对台风强度变化作用的最佳选择。例如，在 30 °N 以北的台风例子中，台风强度变化与 200～850 hPa 的 VWS 相关并不高，而与 200～400 hPa 和 600～800 hPa 的相关较高。对于西风 VWS 和移速快的 TC 而言，强度变化与 200～300 hPa 和 600～700 hPa 的风切变存在较高的负相关作用。

6. 高低空温差减小

　　众所周知，低层变冷(如遇冷水上翻、冷空气从低层侵入)常造成台风的减弱。统计表明，高层变暖(如暖心增暖至一定程度)也会导致台风的减弱现象。究其原因，可能是因为：高低层温差的减小，使层结发生稳定化趋势，导致台风环流内的上升运动变弱，最终造成了台风的减弱。统计表明(图 5.24)，1949～2009 年，我国近海台风衰减前，台风中心附近高(200 hPa)、低层(85 hPa)温差仅为－66℃(较增强时低 2 ℃以上)。

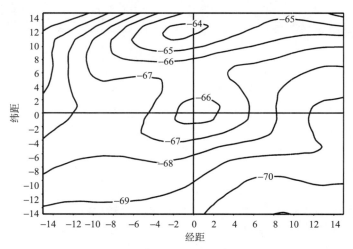

图 5.24　我国近海台风衰减前 TC 中心附近的高(200 hPa)低(850 hPa)层温差分布(单位：℃)

7. 台风中的闪电

　　闪电对台风强度变化也有一定的指示作用，近年来受到广泛关注。统计表明(雷小途等，2009)，1998～2005 年我国东南沿海地区的台风，较易发生闪电。由图 5.25 可见，两个台风闪电的多发中心分别位于台湾岛—台湾海峡—福建沿海地区、珠江三角洲的近海海域。

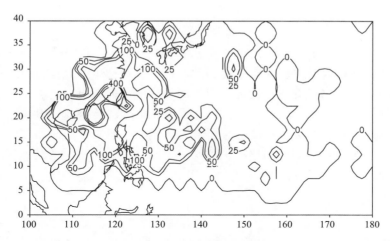

图 5.25 1998～2005 年观测到有闪电发生时的台风中心位置地理分布

　　而图 5.26 显示，强热带风暴级的台风最易发生闪电，即强度太强（台风及强台风）或太弱（热带风暴及热带低压）的台风均不利于闪电的发生。因此，当台风及强台风中的闪电频数增多时，意味着其强度即将减弱。而对于强度较弱的热带风暴和热带低压，眼壁附近的闪电在气旋增强前至增强时存在爆发现象，且眼壁闪电的爆发还意味着台风即将达到最强并转而减弱（Molinarij et al.，1994，1999）。

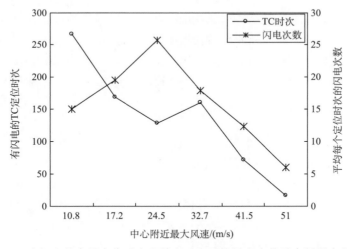

图 5.26 有闪电的台风定位时次和单个时次平均闪电次数随台风强度的变化

　　可见，热带低压和热带风暴内的闪电增多，可能意味着对流趋于活跃，指示着气旋的增强，特别地气旋眼壁区闪电的爆发，指示气旋即将达到最强，随后便会减弱；而强度达到台风及强台风的气旋，闪电的增多，意味着能量的大量释放和消耗，指示着气旋的减弱。

8. 移速过快或过缓

统计表明，我国近海台风的平均移速约为 16.6 km/h，其中超过半数的我国近海（特别是南海）台风减弱消亡前，有加速移动的趋势，24 小时内平均加速 0.78 km/h。由图 5.27 给出的不同移速条件下的近海台风的平均强度分布可见，对于我国的近海台风，平均而言，当移速为 25 km/h 左右时，强度最强；大于 25 km/h 移动的台风，移速越快强度越弱；小于 25 km/h 移动的台风，强度随移速减慢而减弱。无论是非常强的台风，还是迅速增强的台风，都仅出现在一个窄的为 3～8 m/s 的移速区间里，移速大于 15 m/s 时，很少有台风能增强。

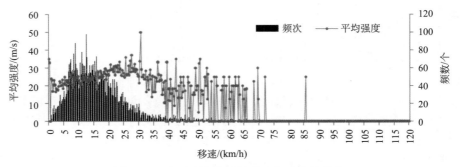

图 5.27　我国近海台风的移速与强度的分布

移速过快，将不利于台风环流内能量的聚集及高层暖心的维持，且多数台风会因在快速移动中结构非对称性的加强而导致台风减弱（Peng et al.，1999）。移速过慢，台风影响下的冷海水上翻，而且台风下的表面风应力涡旋产生的湍流混合使海温冷却，将抑制台风增强（Schade and Emanuel，1999；Schade，2000）。

9. 尺度缩小及眼区放大

尺度（Rs）是台风结构的重要方面，也应是台风强度变化的可能影响因素。通常可用台风最外围海平面气压闭合等值线或低层（如 850 hPa）零涡度线来表征台风的尺度。图 5.28（a）给出的不同强度时的台风平均尺度，可见，平均而言，强度等级越强的台风，其 Rs 也越大。观测中常有台风增强伴随眼收缩的现象，图 5.28（b）给出的台风中心附近最大风速半径（R_{max}）分布显示，越强的台风其 R_{max} 往往越小，表明眼及 R_{max} 的放大和 Rs 的收缩均有利于 TC 强度的减弱。

进一步的统计分析表明（吴联要和雷小途，2012），当 R_{max} 大于 120 km 时，R_{max} 的放大会导致台风强度的减弱；当 R_{max} 不足 120 km 时，台风的强度随 R_{max} 的放大而增强 ［图 5.29（d）］。而 Rs 收缩使台风减弱的结果几乎适用于所有尺度大小的台风，但 Rs 小于 200 km 时更明显［图 5.28（c）］。

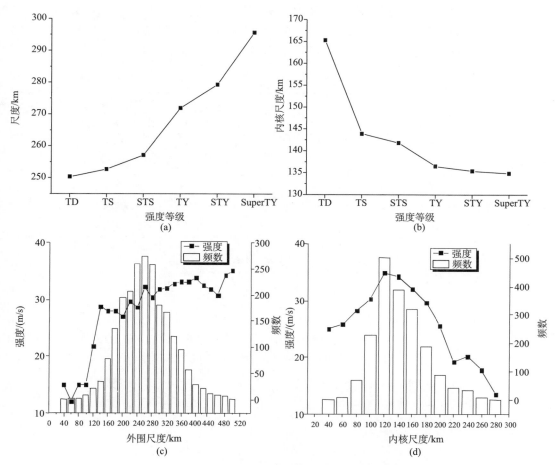

图 5.28　2001～2007 年西北太平洋不同强度 TC 外围尺度(a)，
内核大小(b)和 TC 强度随 TC 外围尺度(c)和内核大小的变化特征(d)

5.1.3　台前飑线的生成、发展和移动

台风的灾害天气不仅局限于台风环流内部，也存在于其周围环境之中。有些登陆台风其前面偶尔会有飑线(一种能产生强降水和烈风的中尺度对流系统)生成并造成严重灾害。以下基于我国东南部地区的雷达反射率拼图研究我国台前飑线(pre-TC squall)的发生发展规律(Meng and Zhang，2012)。

所用资料为 2007 年 6 月至 2009 年 10 月的雷达拼图，时间间隔为 20 分钟，分辨率为 4 km×4 km，资料范围覆盖了这三年内所有在我国大陆登陆的台风；若以台风登陆前 24 小时至台风消亡或移出雷达覆盖范围计算，总时间覆盖率为 86%。

飑线的识别标准使用 Parker 和 Johnson(2000)定义的准线形 MCS：连续或准连续的 40 dBZ 反射率区域超过 100 km 的时间应持续超过 3 小时，包含线形或准线形、有着共同的移动前缘的对流区域。除了满足以上两条标准，台前飑线还要求 20dBZ 回波带范围与台风明显分离、且飑线应经过台风路径前方两象限。由以上标准定义的台前飑线的各雷达回波特征如表 5.2 中所列。

表 5.2　台前飑线各雷达回波特征的定义

生成时间	台前飑线标准首次满足之时
消亡时间	生成之后超过 3h 连续满足台前飑线标准的最后时刻
持续时间	台前飑线标准持续满足的时间
最大长度	准连续 40dBZ 回波带的长轴长度
成熟期	达到最大长度的时间
移动速度	40 dBZ 回波带前缘逐小时等时线中点连线除以持续时间
强度	持续时间内最大雷达组合反射率

1. 台前飑线特征

1）时空分布

2007～2009 年有 23 个台风在我国大陆登陆；根据上述标准，有 10 个台风伴随着 17 条台前飑线的生成，也即这三年内 43% 的登陆台风伴随着台前飑线。图 5.29 中带有

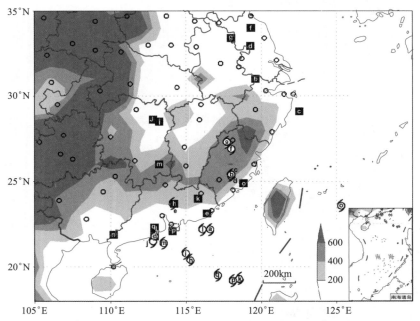

图 5.29　多普勒雷达分布（圆圈），台前飑线生成时刻 40dBZ 前缘中点位置的分
布（方块）和此时相关台风的位置（台风符号）。方块和台风符号中的数字一样的
表示是该台风伴随的飑线
阴影为每 200 m 的地形海拔。右下角为比例尺

编号的方点表示每条飑线生成的位置，相同编号的台风标志表示飑线生成时台风的位置。在伴随着台前飑线的登陆台风中，半数台风有超过一条台前飑线生成。在 17 条台前飑线中，有 7 条生成于广东，广西、福建、湖南、江西、浙江、安徽和江苏也有台前飑线生成。这些飑线均生成于较平坦的地形之上。

台前飑线出现最多的月份为 8 月[图 5.30(a)]，与登陆台风最多的月份相近。这些台前飑线多生成于午后至半夜[图 5.30(b)]，这与雷暴多出现于夜间的特点和美国 MCS 活动的日变化(Geerts，1998；Parker and Johnson，2000)是一致的。

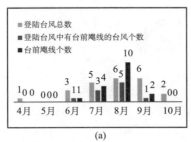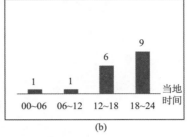

图 5.30　根据月份(a)和每日不同时间(b)分布的台前飑线生成数量
(a)中 LTC 指登陆台风

2) 雷达回波特征

约有 35% 的台前飑线最大长度为 220~250 km，平均最大长度为 224 km(图 5.31)，与我国梅雨锋前亚热带飑线的平均长度(230 km)相近(Chen and Chou，1993)。最大雷达组合反射率出现在 55~65dBZ，平均为 57~62dBZ，比台风外雨带的平均最大雷达回波高 5~10dBZ(H. Jiang，2010)。台前飑线的平均维持时间约为 4 小时，平均移动速度为 12.5 m/s。移动方向与其走向基本垂直。与我国东部飑线相比(Meng et al.，2013)，台前飑线长度接近，维持时间较短，移动速度较慢。

平均而言，台前飑线生成于距离台风中心 600 km、台风路径前方右侧 36° 的位置(图 5.31)。较大的台风生成的飑线与台风中心的距离也较远。台前飑线中大部分(约70%)以断续线形生成(Bluestein and Jain，1985；Houze et al.，1990；Parker and Johnson，2000)，具有尾随层云结构。该特征与美国中纬度飑线类似(Parker and Johnson，2000)，与多有先导层云、对流降水出现于雨带内侧的台风外雨带有明显区别(Powell，1990)。

3) 地面和环境特征

地面观测资料分析表明，台前飑线的平均小时降水率为 18 mm/h。其冷池强度一般弱于中纬度的 MCS：地表位势温度降低的范围为 2~13.4 K，中位数为 6.2 K；气压涌的变化范围为 0.2~6 hPa，中位数 1.2 hPa。

基于台前飑线生成前 6 小时内、且没有被对流污染的探空分析表明，台前飑线的生成环境中有着明显的风向顺转，0~3 km 垂直切变约为 8 m/s，基本垂直于飑线走向、

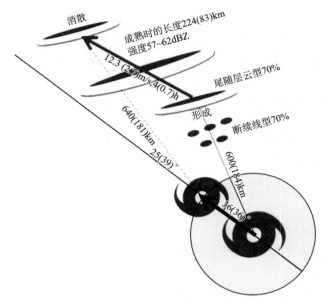

图 5.31　台前飑线基本特征的概念模型

括号内的数值为标准偏差

指向飑线移动方向。台前飑线对流有效位能（CAPE）的平均值为 1 548J/kg（表 5.3），小于俄克拉何马州春季的飑线（Bluestein and Jain，1985）和美国中部尾随层云结构的线状 MCS（Parker and Johnson，2000），大于美国本土的飑线（Wyss and Emanuel，1988）和我国梅雨锋前的亚热带飑线（1 340J/kg；Chen and Chou，1993）。对流抑制能量（CIN）比 Bluestien 和 Jain（1985）的结果大，比 Wyss 和 Emanuel（1988）的结果小。台前飑线的环境其他飑线环境有着更高的可降水量（PW）和更低的对流凝结高度（LCL）。

表 5.3　不同研究中飑线前方环境探空平均环境参量的比较

环境参量	CAPE/((J/kg)	CIN/(J/kg)	LI/K	LCL/hPa	PW/cm
本研究台前飑线	1 548	67	−3.6	899	6.1
Bluestein 和 Jain (1985)	2 260	33			2.8
Parker 和 Johnson (2000)	1 605		−5.4	831	3.4
Wyss 和 Emanuel (1988)	1 208	76			

　　为了进一步研究台前飑线生成环境特征，将 9 个有西行分量的台风生成第一条飑线时的环境场进行了合成分析（图 5.32）。结果表明，台前飑线生成于台风和副热带高压之间，台前飑线生成位置附近由于台风外围环流的水汽输送水汽含量明显上升，而且低空锋生不断增强。而没有生成台前飑线的台风环境更干[图 5.32(e)、(f)]，可降水量超过 60 kg/m² 的区域局限于台风中心附近。由于这些台风多生成于 7 月前或 8 月后，台风和副热带高压的位置均更靠南，副热带高压更强、经向延伸更大。因而，与生成了台

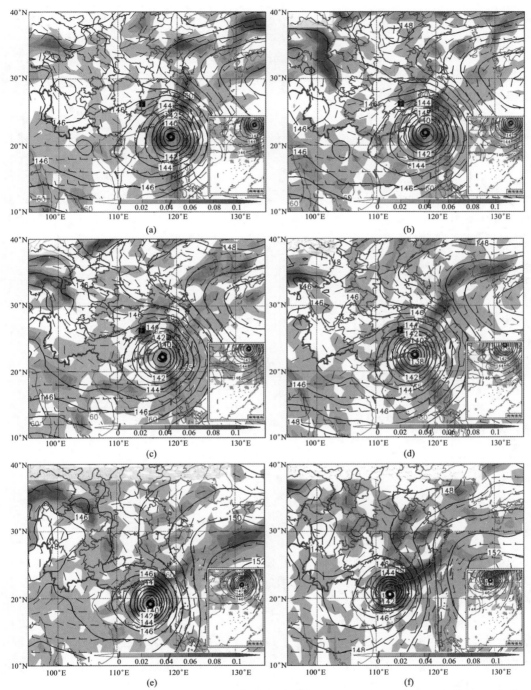

图 5.32　2007～2009 年 9 个西行台风在台前飑线生成前（a）12h、（b）6h、（c）生成时和（d）生成后 6h 的 925 hPa 锋生［阴影，102K/（km · 3h）］、850 hPa 位势高度（黑色等值线，每 10 位势米）、风矢量（一根全线为 10 m/s）和柱积分可降水量（灰色等值线，每 5kg/m²）的合成分析。黑色方块表示 10 条台前飑线生成位置的中点，红色台风符号表示台风位置。（e）和（f）与（a）～（d）类似，内容分别为未生成台前飑线的台风在登陆前 18h 和 6h 的合成分析

前飑线的台风相比，此时台风与副热带高压之间的风向更偏南，使得往我国沿海的水汽输送和海岸线附近的辐合均较弱，在两者交界区域的锋生也较弱。较弱的水汽输送和由此而来的较弱的不稳定度，以及较弱的低层辐合带来的较弱的抬升，可能使得台前飑线无法生成。这一结果表明，台前飑线的生成与低层的辐合和锋生以及台风带来的丰沛的水汽输送密切相关。

低层线状辐合往往与零散对流的快速线形组织增长相关。分析中所有位于陆地的个例中，在初始对流的区域均出现了准线形的地面辐合并不断增强，随后很快发展为线状对流。图5.33为北冕的地面辐合演变。8月4日0400Z，在广东沿海出现了线状地面辐合，约2小时后在图5.32(a)的粗实线南段出现对流。随后辐合线不断延伸直至福建，并与线状辐合带共同出现。约40分钟后，初始对流出现并迅速增长为对流线，其走向与辐合线基本一致。辐合线的加强和延伸与东经115°以北的气流增强有关。这一结果表明，台风不仅为对流触发提供了水汽，也促进了对流增长为飑线。

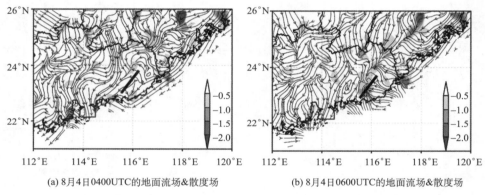

(a) 8月4日0400UTC的地面流场&散度场　　　　(b) 8月4日0600UTC的地面流场&散度场

图5.33　2008年8月4日(a)0000Z和(b)0600Z的地面流场
和辐合场(阴影，10^{-4}/s)，粗短实线表示初始对流线形增长的方向

2. 台前飑线数值试验

为了更详细地展示台前飑线的特征以及台风对其可能的影响，以下对2008年8月与"北冕"(Kammuri, 0809)共同出现的台前飑线做详细分析。北冕于2008年8月3日1200Z生成于菲律宾附近。在北冕的生命期中共出现了三条台前飑线，本研究将分析北冕的第一条飑线。这条飑线的雷达回波最早出现在8月4日0640Z[图5.34(a)中的红色圆圈]。对流带最初以断续线形发展[图5.34(a)~(c)]，随后在老的对流带前方以断续线形生成了一条新的、更长的对流带[图5.34(c)、(d)]。这条新的对流带最终成为飑线的前缘对流区，较老的对流带则演变为层状云区[图5.34(e)~(f)]。8月4日13时，飑线达到其最大长度500 km和最大强度60~65dBZ。它以约11 m/s的速度向西南偏西方向运动，持续了约3.7小时。清远站[图5.34(g)中标示了其位置]记录的飑线过境时小时降水量的极值为20 mm，气压涌5 hPa，温度下降7K，风速增加了5 m/s。这条飑线有着发展良好的地面结构，包括明显的冷池、雷暴高压和尾流低压。

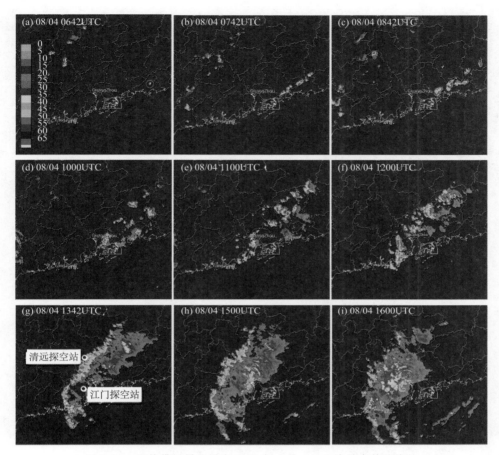

图 5.34　强热带风暴北冕在 2008 年 8 月 4 日生成的台前飑线的
雷达组合反射率拼图的演变。起始对流的位置以圆圈在(a)中标示

该飑线对流触发的位置位于 200 hPa 槽底，高空槽东侧 200 hPa 急流入口区的左侧，这表明天气尺度的高空强迫抬升对对流的发展可能并不重要，高空槽可能通过高层降温使 CAPE 增加，使得环境变得较不稳定。与此同时，低层辐合(图 5.33)与锋生的增强带来了斜压性的增强，其位置与初始对流的长轴方向基本一致，因而可能更直接地影响对流的触发。

在飑线的生成过程中，"北冕"起到了重要的作用。它在发展过程中增强的气旋性环流向对流触发区域输送了大量的水汽[图 5.35(a)、(b)中阴影]，促进了对流触发。这一水汽输送在自 8 月 4 日 0600Z 对流触发区域 3 km 高度的 48 小时前向轨迹分析中更加明显[图 5.35(c)]，这一分析利用 HYSPLIT 模式(Draxler and Rolph，2011)，使用分辨率 2.5°的 NCEP/NCAR 再分析资料。很明显，广东东北部对流触发区域的水汽增长是由于迫近的"北冕"的外围环流带来的水汽输送。由于低层水汽含量增加，广东东北部的 CAPE[图 5.35(a)、(b)]也不断增加，使得深湿对流的三个必要因素(水汽、抬升、不稳定度；Doswell et al.，1996)均得到保证。

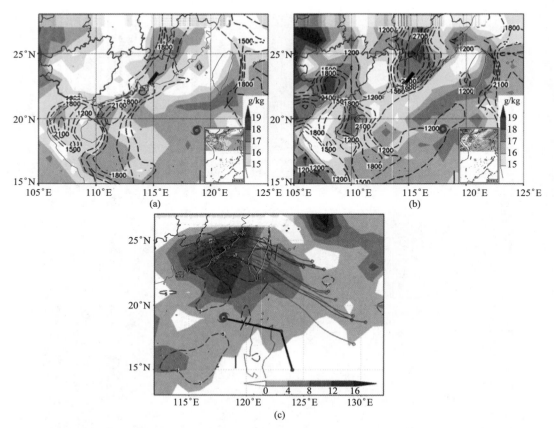

图 5.35　2008 年 8 月 4 日(a)0000Z 和(b)0600Z 的 925 hPa 水气混合比(填色，g/kg)和 CAPE(等值线，J/kg)，粗短线标示对流线形增长的方向，红色台风符号为北冕的中心位置。(c)为自 2008 年 8 月 4 日 0600Z 至 8 月 2 日 0600Z、对流触发区域 3 km 高度气块的 48 小时前向轨迹分析(小圆圈表示气块在 48 小时前的初始位置)，不同的初始纬度以不同颜色表示，虚线表示两天内相对湿度的增加(每 5%)，填色表示可降水量的增加(每 4 kg/m²)

　　通过数值模拟对台风台前飑线的影响进行进一步研究。控制试验(CNTL)成功地模拟了北冕飑线的发展维持过程[图 5.36(a)、(b)]。然而，如果在初始场中把台风去掉(NoTC)，由于缺少了台风外围环流的支持，前期的零散对流无法组织成为飑线[图 5.36(c)、(d)]。台风移除之后无法形成飑线可能是由多种原因造成的(图 5.37)。首先，在 NoTC 中，对流发展区域的 CAPE 比 CNTL 中同一地区小。其次，由于台风往广东沿海及东部地区的水汽输送减弱，NoTC 中的水汽混合比始终低于 CNTL，这也能部分解释广东沿海地区较小的 CAPE。此外，在对流组织为飑线的地区，NoTC 中 925 hPa 的辐合比 CNTL 弱；这也证明了台风通过提供有利于对流线形组织的条件促进飑线的生成。

　　综上所述，台前飑线的基本过程如下：天气环境存在利于对流触发的高不稳定度、水汽条件和由于低层中尺度锋生和/或地面辐合带来的抬升，天气尺度的抬升可能通过

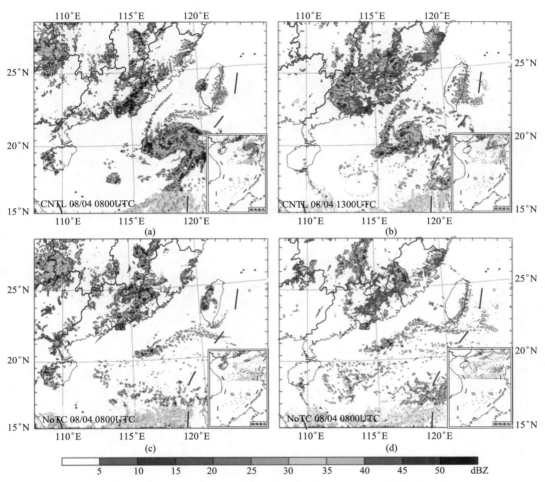

图 5.36　控制性试验 CNTL(上部两图)和敏感性试验 NoTC(下部两图)在 8 月 4 日 0800Z
(左侧两图)和 1300Z(右侧两图)的模式模拟雷达组合反射率

降低 CIN、提高 CAPE 提供利于对流发展的环境，而非直接强迫对流触发；随后这些
对流在台风外围环流和环境天气系统之间的辐合带区域组织为线状对流。台风通过提供
丰沛的水汽和线形抬升有助于飑线的维持。

5.1.4　近海台风远距离云团的形成

1. 近海台风远距离降水(TRP)现象

Chen 等(2010)将热带气旋的降水区分为六块[图 5.38(a)]，其中的 F 即为热带气
旋远距离降水(tropical cyclone remote precipitation，TRP)。该雨区不仅发生在 TC 环
流之外，而且与 TC 相隔上千千米之远，预报员做 TC 暴雨预报时常会忽略这块热带气
旋的远距离降水。不是所有的 TC 都能在中国大陆产生 TRP，只有 14.7% 的 TC 才有，

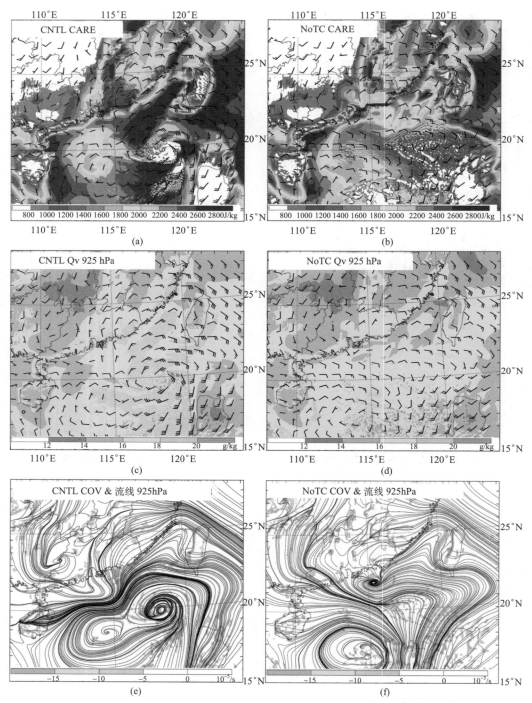

图 5.37　CNTL(左侧三图)和 NoTC(右侧三图)在 8 月 4 日 0500Z 的模式模拟的 CAPE(上部两图,填色,J/kg)、925 hPa 水汽混合比(中部两图,填色,g/kg)、925 hPa 辐合(填色,10^{-5}/s)和流线(下部两图)。a、b、d、e 中也给出了 925 hPa 的风杆(全线为 5 m/s)

TRP 常使预报失误。我国的 TRP 事件常在环渤海地区和川陕交界处产生，2008 年 9 月
23~24 日，台风"黑格比"（Hagupit，0814）在上千千米之外的四川省东北部产生了
TRP[图 5.38（b）]，其中北川县 24 小时降水量达 334.7 mm（顾清源等，2009）。陈联寿
（2007）给出 TRP 的定义：一是该雨区是发生在 TC 的环流之外；二是这块降水与 TC
存在密切的内在联系。

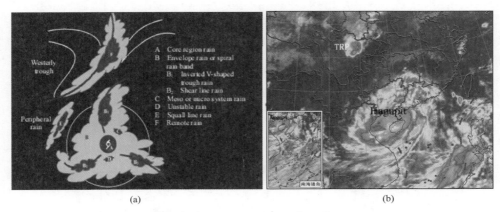

图 5.38　LTC 降水类别和 TRP（a），2008 年 9 月 24 日 02：30（UTC）
红外云图（b）（黑字标注为黑格比云系，白粗字标注为 TRP 云团）

TRP 事件不仅发生在中国，在日本［图 5.39（a）；Wang et al.，2009］和美国
［Thomas et al.，2010；图 5.39（b）]也有。美国科学家将此现象称为 predecessor rain
events ahead of tropical cyclones（PREs）。

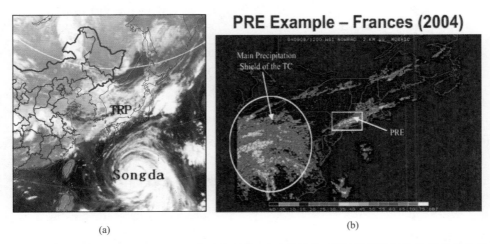

图 5.39　台风"桑达"（Songda，0419）在日本引发 TRP 事件的云图（黑粗字标注分别为桑达和
TRP 区的云系，2004 年 9 月 3 日 18 时 30 分，UTC（a），飓风 Frances 在美国纽约引发的
PREs 雷达回波示意图（2004 年 9 月 8 日，引自 http://cstar.cestm. albany.edu/CAP _
Projects/Project10/index.html，2010）（b）

2. 热带气旋 TRP 的统计特征

1) TRP 统计特征

1971～2006 年，在西太平洋(包括南海)约有 14.7% 的 TC 可在中国大陆产生 TRP，共计 306 个暴雨日数，其中有 51.8% 为 TC 产生的远距离暴雨(在不同地区)可持续 2 日或以上，表明 TC 远距离暴雨具有持续时间长的特点。

我国中东部地区的 27 个省份均有 TRP 事件，为 TC 远距离暴雨区。我国热带气旋远距离暴雨区内有两个频次相对高的区域，分别为环渤海地区(Ⅰ区)和川陕交界处(Ⅱ区)(图 5.40)，为我国 TRP 高发区。

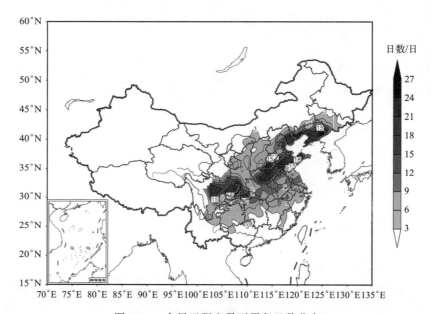

图 5.40　台风远距离暴雨累积日数分布

统计 TRP 事件中出现大暴雨的概率，约有 70.6% 的 TRP 日降水极值出现了超过 100 mm 的大暴雨点。暴雨极值≥100 mm，且暴雨站数超过 10 个的远距离暴雨为 106 日，约占总数的 34.6%，即 TRP 影响范围大，降水强。

TRP 存在显著的准 4～6 年周期变化。TRP 事件主要集中在 6～9 月，其中 7～8 月最多，约占总数的 69%。

2) 产生 TRP 的热带气旋特征

引发远距离暴雨的 TC(共计 169 个)大多数发源于菲律宾以东洋面，有一小部分 TC 发源于南海。造成 TRP 的台风有三条优势路径：其一是发源于南海或菲律宾以东洋面西北偏西行进入南海北部或登陆华南的 TC，为数最多，占总数的 56.8%；其二是登陆闽浙沿海的 TC，占总数的 24.3%；其三是发源于菲律宾以东洋面在我国近海转向的 TC，占总数的 13%；另有 5.9% 为其他路径。

　　远距离暴雨发生时相应 TC 中心位置分布在 130°～105°E、15°～30°N 沿海一带区域内，在有利的大气环流背景下有可能引发远距离暴雨。图 5.41 显示，Ⅰ区发生远距离暴雨时 TC 可位于 130°E 以西、15°N 以北的近海和沿海地区，位置相对比较分散。而Ⅱ区发生 TRP 时 TC 主要集中在海南岛附近地区，其次是台湾岛附近地区。

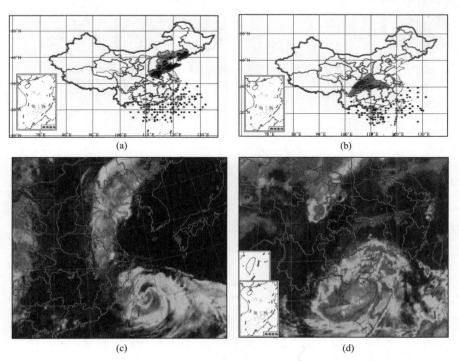

图 5.41　Ⅰ区(a)和Ⅱ区(b)远距离暴雨高频区与 TC 中心位置分布(深色阴影部分为累积发生 TRP 不少于 20 日的区域)，2005 年 8 月 4 日 23 时 25 分台风"麦莎"(Matsa，0509)(c)及 2008 年 9 月 24 日 2 时 30 分台风"黑格比"(Hagupit，0814)远距离暴雨红外云图(d)(黑粗字给出 TC 和 TRP 云系相对位置)

3. TRP 大尺度环流背景

　　Ⅰ区选用 7 个中心位于台湾附近时产生 TRP 的台风(TRP 组)和 7 个中心位于台湾附近未产生 TRP 的台风(NTRP 组)，分别做资料合成分析(composite analysis)，进行对比研究。

　　850 hPa：产生 TRP 的低空形势[图 5.42(a)]为台风北侧中纬度有一个西风槽，TC 与副热带高压之间存在一支东南风低空急流直达Ⅰ区；NTRP 组的台风北侧中纬度地区为偏北气流，槽已移过台风经度[图 5.42(b)]，TC 东侧的东南急流带窄而弱，最北仅达长江口，与高空急流相距千里。低层黄淮地区高压带的存在隔断了南侧 TC 与北侧西风槽的联系。另外，TRP 组与较强的西南气流通道相连接，而 NTRP 组都没有这样

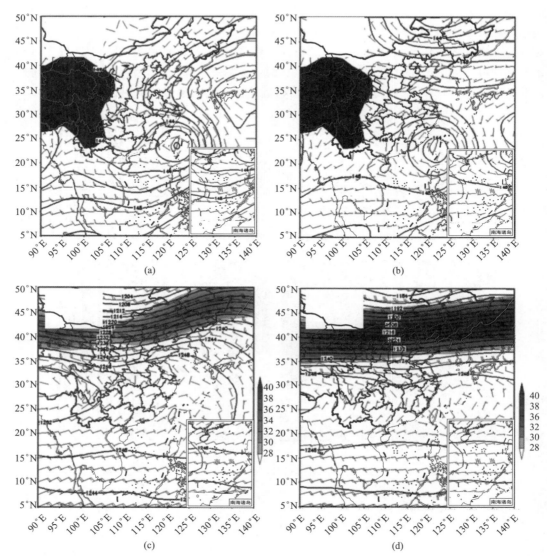

图 5.42　TRP 组和 NTRP 组(a)(b)850 hPa 和(c)(d)200 hPa 等压面位势高度场
(单位：dagpm)和风场(阴影部分风速≥28 m/s)(黑色填图为青藏高原地形，
a、c 为 TRP 组，b、d 为 NTRP 组)

的通道。

200 hPa：TRP 组[图 5.42(c)]，西风急流位于 TRP 区的北侧，高、低空急流的配置有利于辐散和垂直运动的发展。NTRP 组的Ⅰ区上空为急流所覆盖[图 5.42(d)]，出现下沉气流，不利于 TRP 的产生。

整层水汽通量和气柱内水汽收支(moisture budget)对于有无 TRP 的台风显示明显差异。TRP 组，T_0 时[图 5.43(a)T_0 即 TRP 发生时]，TC 周围水汽通量存在明显的非对称结构，大的水汽通量集中在 TC 的东侧，大于等于 $6×10^6 g/(s·cm)$ 的水汽通量向北一直到达Ⅰ区。而 NTRP 组 T_0 时[图 5.43(b) T_0 为 TC 中心到达台湾附近时]，TC 周围水汽通量均匀，其东侧的水汽输送仅在台风范围内。

　　Ⅱ区 TRP 组和 NTRP 组，进行合成对比，得出同Ⅰ区类似的结果，即 TRP 是热带气旋水汽输送、中纬度槽相互作用的结果。有无 TRP 的关键在于热带气旋东侧环流能否将水汽输送到中纬度槽前，如热带气旋北侧有高压和偏北气流阻断，对发生 TRP 不利。

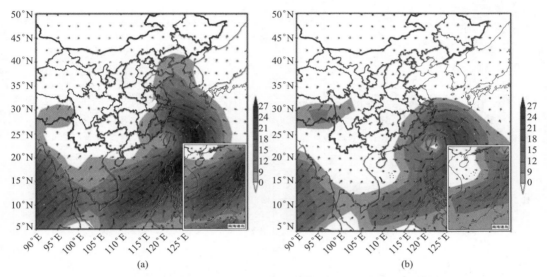

图 5.43　(a)TRP 组、(b)NTRP 组 T_0 时地面至 300 hPa 的水汽通量垂直积分
箭矢为地面至 300 hPa 水汽通量积分，单位：$10^6 \mathrm{g}/(\mathrm{s} \cdot \mathrm{cm})$；阴影部分 $\geqslant 6 \times 10^6 \mathrm{g}/(\mathrm{s} \cdot \mathrm{cm})$

4. 数值研究

1）台风"麦莎"概况及控制试验

台风"麦莎"（Masta，0509）[图 5.44(a)]对山东的远距离暴雨影响主要发生在 8 月 4 日夜间至 5 日白天，强降水的时间主要集中在 8 月 4 日 18 时至 5 日 6 时，强降水的落区为山东半岛和辽东半岛[图 5.44（b）]，其中山东的栖霞站 12 小时降水量超过 100 mm。

使用 WRF 中尺度模式能较好地再现山东和辽东半岛地区远距离降水的落区和强度[图 5.45(a)]。

2）去除台风的敏感性试验

敏感性试验：去除台风后[图 5.45(b)]，中纬度地区降水强度明显减弱，山东半岛东部，以及渤海海峡的强降水中心减少了 50 mm，青岛附近的降水中心则减弱了 30 mm。

去除台风敏感性试验中，低层风场上均有明显的响应。控制试验中 850 hPa 等压面

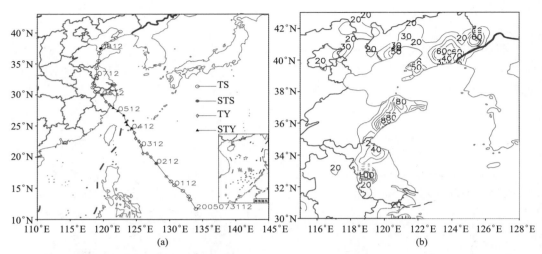

图 5.44　(a)"麦莎"台风路径图(强度参见图例)和(b)8 月 4 日 18 时～5 日 6 时降水量(单位：mm)

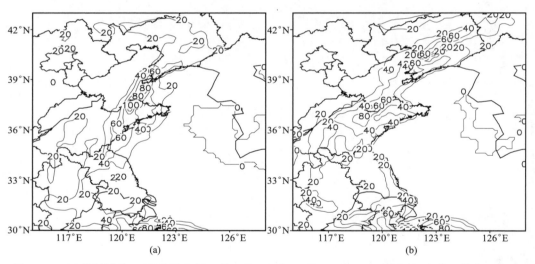

图 5.45　(a)控制试验、(b)去除台风 8 月 4 日 18 时～5 日 18 时(24 h)降水量(实线；单位：mm)

台风中心附近风场存在明显的不对称，5 日 3 时台风东侧有一支大于 12 m/s 的东南风急流伸至山东半岛和辽东半岛南部，向山东半岛输送水汽。此东南急流风区内风速纬向梯度较大，急流前端存在明显的风速辐合。去除台风后，850 hPa 等压面风场原与台风相连的低空急流明显减弱，5 日 3 时大于等于 12 m/s 的风速带位于黄海南部和东海的海面上空，且风速纬向梯度小，黄海以北中纬度地区为弱风区，明显减弱了低纬度地区向中纬度地区的水汽输送，进而影响降水强度。

3）西风槽强弱的敏感性试验

利用卢咸池和何斌（1992）提出的 Legendre 滤波方法来改变西风槽的强度 S，当 S = 1.0 时，西风槽强度保持不变；当 S < 1.0 时，西风槽强度减弱；当 S > 1.0 时，西风槽强度增强，据此研究不同西风槽强度与台风之间的相互作用。

西风槽强度的变化引起远距离降水落区及强度的显著变化（图 5.46）。S = 0.5 时，山东半岛大部地区 24 小时累积降水量（R_{24}）仅为 20 mm，降水中心较控制试验的降水中心值减少了 80 多毫米 [图 5.46(a)]；S = 0.75 时，降水中心位于山东半岛东部，中心雨量为 40 mm 左右，仍然小于控制试验的 R_{24} [图 5.46(b)]；S = 1.5 时，远距离降

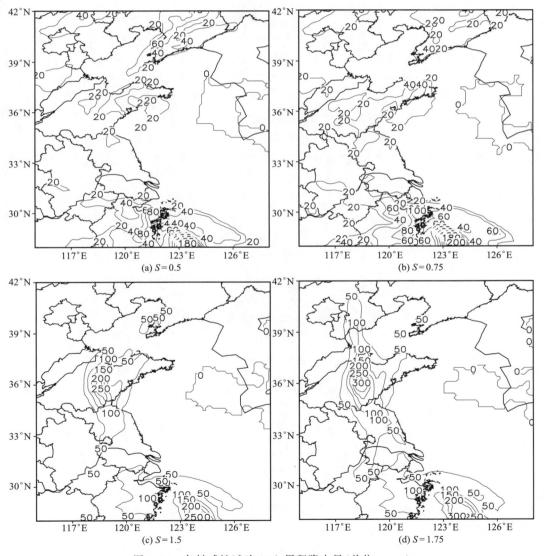

图 5.46　各敏感性试验 24 h 累积降水量（单位：mm）

水中心值在 240 mm 以上，较控制试验的 R_{24} 中心雨量增加了 140 mm，100 mm 以上的强降水范围也大大扩展[图 5.46(c)]；$S=1.75$ 时，R_{24} 中心雨量高达 300 mm，雨量超过 100 mm 的范围进一步向北扩展到河北省[图 5.46(d)]。显示出台风远距离暴雨的落区和强度对西风槽的强弱有显著的敏感性，降水量与西风槽的强度呈现一定的正相关。

原因是对流层高、低空风场及散度场对不同强度西风槽有不同的响应。弱西风槽对应低层弱的东南急流和高空弱的急流，散度场表现为低层弱辐合及高层弱辐散，不利于低层水汽的辐合和上升运动，导致降水减弱，而强西风槽对应强低空急流和高空急流，以及低层强辐合和高空强辐散，有利于低层水汽向暴雨区的输送和辐合上升，并有利于上升运动的加强和维持，导致降水显著增强。

5. 台风"韦森特"对北京"7.21"暴雨的影响

2012 年 7 月 21 日北京市出现"7.21"特大暴雨。21 日 0 时至 22 日 0 时(世界时，下同)北京全市平均降水量 170 mm，其中城区平均降水量 215 mm，最大值出现在房山，超过 460 mm，是北京自 1951 年有气象观测记录 61 年来最大的一次降水。此次暴雨过程雨量大、降水急、范围广，引发的洪水及城市内涝导致全市道路、桥梁等多种基础设施受损，对居民正常生活造成重大影响，造成 79 人死亡。

此间台风"韦森特"(Vicent，1218)在南海 19°N 附近沿西北太平洋副热带高压(副高)南侧西行，研究发现，台风"韦森特"对这次暴雨有远距离影响。它与西北太平洋副高相互作用，在两者间形成一条低空急流水汽输送带：一方面，为降水区提供水汽供应，形成北京上空的深厚湿层；另一方面，低空急流输送的暖湿空气及其左侧气旋式切变的减压作用，促进东移低涡的发展，增强北京特大暴雨的动力条件。数值敏感性试验表明，台风"韦森特"的存在影响副高位置，从而影响暴雨形势。不同强度和路径的台风通过牵制副高活动，影响周围副高形态和两者间水汽通道的走向，从而影响远距离暴雨的落区和强度。

5.1.5　台风的中尺度波与强度变化

1. 热带气旋内中尺度混合涡旋 Rossby-重力波

随着观测手段的不断改进和数值模拟能力的提高，人们对热带气旋系统(包括其不同生命史发展阶段的热带风暴、台风等)结构的认识有了长足进步，从一个简单的具有轴对称特性的涡旋型次天气尺度系统，发展到目前可以细致刻画系统内部螺旋雨带，以及镶嵌其中的许多带状和团状的深厚湿对流单体，由此也产生了对热带气旋螺旋雨带及其内部与热带气旋灾害性天气密切相关的深厚湿对流单体的形成和传播机理的关注和研究。

一方面，在早期研究中，热带气旋内螺旋雨带可近似视为具有准轴对称的深厚湿对流运动的特征，因此，Eliassen 用一个过眼心的垂直剖面上的 2 维对称模式来近似反映其流场的演变情况，基于这样的动力学模型所得到的热带气旋内螺旋雨带的结构和传播特征具有重力惯性波的性质，这也成为热带气旋中尺度动力学的主要理论。另一方面，由于热带气旋的基本状态可视为具有轴对称结构的涡旋系统，具有时空尺度上的缓变特征，且研究表明，重力惯性波的理论传播速度比雷达观测到的螺旋雨带移速快得多，Macdonald 将基流的绝对涡度梯度类比于大尺度天气系统中行星涡度梯度 $\beta = \mathrm{d}f/\mathrm{d}y$（$\beta$ 效应），其中 f 为科氏参数，提出了"涡旋 Rossby 波"的概念。Montgomery 和 Kallenbach（1997 MK97）由正压水平无辐散的涡度方程出发，推导得到涡旋 Rossby 波的局地频散关系，由于涡旋 Rossby 波估算出的传播速度接近于实际观测中螺旋雨带的传播速度，涡旋 Rossby 波理论被广泛应用于研究和揭示热带气旋眼壁和螺旋雨带的结构和传播机制。

涡旋 Rossby 波理论和重力惯性波理论加深了人们对热带气旋系统动力学的理解，尤其是在解释热带气旋内非对称眼壁和螺旋雨带的结构及形成以及传播机制方面，但是两者均存在缺陷。对于重力惯性波理论，通过与观测事实比较，发现重力惯性波理论传播的波速要比由雷达实测的螺旋带移速快得多，且侧重于较小尺度扰动发生发展的分析，涡旋波解被略去了。涡旋 Rossby 波理论也存在一些问题，理论上的涡旋 Rossby 波受特定的背景场条件限制，滤去了重力波动的影响；从观测资料分析可知，涡度梯度作为涡旋 Rossby 波的成波机制，在热带气旋眼壁附近达到最大，在眼壁区外迅速衰减，因而在眼壁稍远处的扰动很难用此机理解释。

早期混合波的概念是基于对混合波造成影响的物理因子具有线性叠加的特征，即存在可分性，如重力惯性波实质是惯性参数和重力因子共同作用下形成的，当其中一种因子不存在时，可退化为单一的重力波或惯性波。

以下通过建立能够综合考虑热带气旋强涡旋和强位势运动的基本场特征的旋转浅水动力模型，利用高分辨率数值模式资料，得到满足梯度风平衡条件的基本涡旋场的分布特征，并对基态物理量和描述基本场的动力学参数进行尺度分析，同时利用基态分析得到的结果对旋转浅水模型进行解析求解，得到混合涡旋 Rossby-重力波的频散关系，并对混合波的动力学特征进行研究。

1）理论模型

为了能够综合考虑热带气旋强涡旋和强位势运动的基本场特征，选择能够同时包含涡旋运动和重力振荡且形式最简单的旋转浅水方程组作为热带气旋波动研究的理论模型，则可得到柱坐标下 f 平面小振幅扰动线性化的正压旋转浅水方程组即为

$$\left(\frac{\partial}{\partial t} + \overline{\Omega}\,\frac{\partial}{\partial \lambda}\right)u' - \left(\overline{\eta} - r\,\frac{\mathrm{d}\,\overline{\Omega}}{\mathrm{d}r}\right)v' + g\,\frac{\partial h'}{\partial r} = 0$$

$$\left(\frac{\partial}{\partial t} + \overline{\Omega}\,\frac{\partial}{\partial \lambda}\right)v' + \overline{\eta}u' + g\,\frac{\partial h'}{r\partial \lambda} = 0 \qquad (5.3)$$

$$\left(\frac{\partial}{\partial t} + \overline{\Omega}\,\frac{\partial}{\partial \lambda}\right)h' + HD' + \kappa u'\,\frac{\mathrm{d}H}{\mathrm{d}r} = 0$$

方程组同时包含涡旋运动和位势运动，线性化后可得浅水模式下旋转正压位涡方程，当连续性方程取水平无辐散假设时，即为线性化的无辐散旋转正压涡度方程，也就是 MK97 中涡旋 Rossby 理论推导的出发方程。因为涡旋基流的径向涡度梯度可类比于

经典 Rossby 波动理论方程中的 Rossby 参数 β，所以涡旋 Rossby 波可能是热带气旋的形成和传播机制。

在位涡守恒的约束下，热带气旋环境位涡梯度会引起涡旋运动和辐合辐散运动的变化，在波动形成的物理机制上出现明显的相互耦合。由于涡度的变化会导致 Rossby 波的形成和传播，而散度运动的变化会引起重力惯性波的激发与演变。因此，旋转浅水模型下的位涡守恒为混合波的存在提供了形成机制上的依据，即热带气旋系统中，与水平扰动涡旋场变化相联系的涡旋 Rossby 波和与扰动位势场引起的重力惯性波在成波机制上具有混合特征。

2）波动的频率分析

通过对热带气旋系统内旋转位涡守恒方程的分析，证明位涡守恒约束下的径向位涡梯度不仅是涡旋 Rossby 波形成和传播的机制，也会造成重力波的激发和传播。同时基于高分辨率模式资料的热带气旋基态分析也表明，在满足梯度风平衡的热带气旋基态涡旋中，同时包含了强旋转和强位势的动力特征。这些分析，都揭示出热带气旋系统内中尺度波动具有混合特征，为了进一步分析这种混合波动的性质，对式（5.3）进行解析求解，讨论在强旋转的切向基本气流中，扰动的传播性质和动力学特征。

为了得到更接近于成熟热带气旋真实状态的基态量，采用网格距为 2 km 的区域云模式的高分辨率模式大气资料，诊断热带气旋系统基态涡旋的性质。将方程进行无量纲化后，在给定边界条件后，求解带参数的 Bessel 方程的本征值问题，得到一些重要结论。

A. 热带气旋系统扰动波动能量的径向变化

分析得到各波数下波动振幅随半径的分布，各波数下扰动振幅均存在一个最大振幅半径，波动振幅在热带气旋的眼心处均为零，然后随特征函数增大而增大，在最大振幅半径处波动振幅达到最大，随后径向扰动波动的振幅在径向分布上表现为振荡衰减的特征，这也说明热带气旋系统扰动波动能量发展最强的区域出现在近中心区域，外围区域随半径增大扰动能量减弱。但是不同波数下扰动振幅在热带气旋系统不同区域也表现出不同的衰减性质：在热带气旋近中心区域，当波数越大时，波动振幅越小，表明该区域低波数波动具有的能量大于高波数波动，因此低波数波动占主要地位；而在外围区域低波数波动振幅剧烈衰减，而高波数波动振幅的衰减的速率较平缓，衰减半径也较大，说明热带气旋系统外围区域高波数波动具有与低波数波动相当，甚至更强的能量，因此外围区域高波数波动与低波数波动均十分重要。由此可见，低波数波动能量主要集中在热带气旋近中心区域，而在外围低波数波动能量产生快速的衰减，与高波数波动能量相当，甚至会弱于高波数波动能量。

B. 热带气旋系统扰动频率特征

由特征方程可以得到关于频率 σ 的典型三次代数方程，判断方程代数根所具有的分布和性质的判据为

$$Q = \frac{(\delta^2 - F_r \eta \Omega)^3}{27} - \frac{1}{4} n^2 R_0^2 T_r^2 \tag{5.4}$$

根据三次代数方程根的判别法则可知：当 $Q>0$，方程存在三个实根，不妨设 $\sigma_1 < \sigma_2 < 0 < \sigma_3$，此时，函数 $F(\sigma)$ 如图 5.47 中标注 $Q>0$ 曲线所示。由于热带气旋基本流场中取逆时针切向风速为正方向，则三个根的位置如图 5.47 所示，其中 σ_2 表征逆基本气流传播的低频波，σ_1 和 σ_3 分别表征逆（顺）基本气流传播的高频波；由于高频波和低频波具有明显的可分性，热带气旋涡旋中具有低频波表征的是涡旋 Rossby 波，同时求得涡旋 Rossby 波的波位相的传播速度；热带气旋涡旋中具有高频波表征的是重力波的频率和波速，以往研究认为，重力波的理论传播速度很快，远大于实际观测得到的热带气旋系统中螺旋雨带的传播速度，因此忽略了热带气旋涡旋系统中重力波的影响。但是，分析可知，热带气旋基本涡旋强气旋性环流产生的涡度大值中心与强风速，对重力波的切向传播速度起到削弱的作用。由此可见，当 $Q>0$ 时，热带气旋系统内存在一支逆基本气流传播的涡旋 Rossby 波和一对顺（逆）基本气流传播的重力波，表现为涡旋 Rossby 波和重力波共存的"混合波型"特征。

当 $Q=0$ 时，逆基本气流传播的特征频率 σ_3 出现"红移"，即特征频率明显热带气向低频移动，σ_1 和 σ_2 同时出现重根；当 $Q=0$ 时，方程存在两个实根，则此时高频波和低频波不存在截然可分的性质，则由方程的卡尔丹解分析可得，热带气旋环境涡度梯度 β_0 和重力因子 c_0 同时是两支波动的成波机制，且缺一不可，这种性质与 Matsuno (1966) 定义的赤道混合 Rossby-重力波相类似，因此，将其命名为混合涡旋 Rossby-重力波。这支混合波表现出的混合特征具有物理性质不可分离的特性。

当 $Q<0$ 时，方程只存在一个顺逆基本气流传播的实数解 σ_3，另外还存在两个复共轭解，有不可分性质的混合波动解。其中 $\hat{\sigma}_{1,2}$ 分别表征具有增长（衰减）模态的混合涡旋-Rossby 波解，说明 $Q<0$ 时，热带气旋内具有物理因子不可分性质的混合涡旋-Rossby 波会出现不稳定。对于实数频率解 σ_3，由图 5.47 可知，低频的混合涡旋-Rossby 波在符号和量级上与 $Q=0$ 条件下的低频波解有差别，但是都包含了涡旋-Rossby 波和重力惯性波的传播特征。

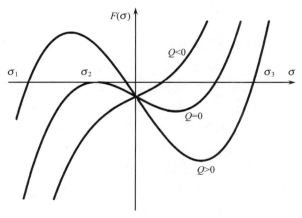

图 5.47　$F(\sigma)$ 的函数分布示意图

3）混合波的动力学特征

通过同时包含涡旋运动和位势运动的浅水方程组，依靠判据 Q 的取值范围总共得到了 8 种波解形式。这些波解形式比简单地将涡旋-Rossby 和重力惯性波线性叠加得到的波解要复杂许多，因此研究讨论这些波解的波动特征，包括与 Q 取值范围有关的参数，在热带气旋中能形成这些波动的区域范围，以及风压场的关系和传播结构等相关内容十分有价值。利用所求得的波动频散关系，可得到径向扰动场表达式，比较扰动物理量可知，扰动径向风场 u' 振幅取决于特征值 δ，且当 $t=0$ 时，三类波动（包括涡旋 Rossby 波、重力惯性波和混合波）具有相同的结构。而扰动切向风场 v' 振幅反比于波动频率，且涡旋 Rossby 波的切向扰动风场强于惯性重力波。相比之下，由于混合波的频率值介于重力惯性波和涡旋 Rossby 波之间，其扰动切向风场较涡旋 Rossby 波要弱。h' 的扰动振幅也受 σ 的影响。因此，涡旋 Rossby 波和混合波中 h' 受 RMV 附近 $\mathrm{d}\,\overline{\eta_0}/\mathrm{d}r \sim 0$ 影响产生的异常扰动振幅较小。

为了进一步分析这三类波动传播的动力学特征，图 5.48 给出了三类波动扰动物理量场的结构分布及其各自随时间演变的特征。

图 5.48 表示利用频率方程得到的热带气旋浅水模型中三类波动结合上面推导得到的扰动高度场和扰动风场，分析了 2 波型三类波动的在 $t=0\,\mathrm{h}$，$t=1\,\mathrm{h}$ 扰动结构随时间的变化和 $t=0\,\mathrm{h}$ 时三类波动的散度和涡度分布。由于采用了近似的频散关系，三种波动的特征与相应的纯波动存在细微的差别。在初期[图 5.48(a)、(d)、(g)]，三类波动的 2 波的扰动高度场和风场强度不同，风压场的配置关系也存在差异。

首先，涡旋 Rossby 波的水平风扰动最强，往后依次为混合涡旋 Rossby-重力波和重力惯性波；其次，涡旋 Rossby 波主要以切向扰动和旋转效应为主，以 $R_\mathrm{a}=36\,\mathrm{km}$ 处为中心，形成了两对气旋式环流和反气旋式环流，与 MK97 和 Wang（2002a，2002b）得到的结论相似。而重力惯性波以径向扰动和穿越等压线运动为主，正变高前辐合，负变高前辐散。由图 5.48(c)、(f)可知，重力惯性波（涡旋 Rossby 波）的散度比涡度大（小）3～4 倍。相比较前两种波动，混合涡旋 Rossby-重力波的涡度与散度为同一数量级，径向上的扰动波数介于纯重力波和纯涡旋波之间。注意到在眼心区域，2 波型的波动在切向上的传播很小，主要以 1 波型为主。

另外，混合波在风压场的配置关系上，具备了介于重力波与涡旋 Rossby 波的混合特性。

在 $t=2\,\mathrm{h}$ 时，三种不同波动的传播特性有一定关联，三种波的扰动高度场和风场都出现了螺旋带螺旋带状结构的特征（参见图 5.48 中间列），热带气旋中螺旋雨带的许多特性在许多文献中被分析。注意到表征扰动高度场和风场的螺旋带状结构的径向宽度，随着时间的增加向内收缩，导致径向方向上波数增加。这种特征归因于径向扰动的切向传播速度和由于在相邻圆周上的基流涡旋速度的不同而改变径向扰动的频率。这个结果为之前用涡旋 Rossby 波径向传播来解释热带气旋中螺旋雨带的生成机理提供了另外一种解释，也就是说螺旋雨带的生成与涡旋 Rossby 波和混合波切向传播在径向方向上不同转移有关。

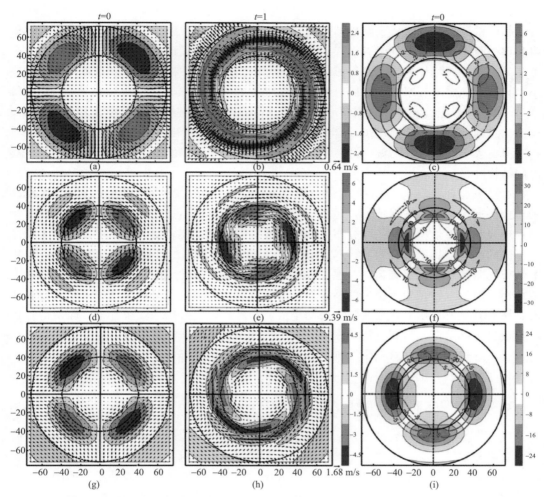

图 5.48　热带气旋浅水模型中三类波动的 2 波扰动的动力学特征。其中阴影表征扰动高度场，风矢为扰动风场；上、中、下行分别对应于重力惯性波、涡旋 Rossby 波和混合波；左、中列分别为三类波动在 $t=0$、$t=1$ h 扰动结构随时间的变化情况。右列为三种波动对应的涡度（实线代表正涡度，虚线代表负涡度，单位为：10^{-5} m/s）和散度（阴影区域）分布情况；每行右下风矢表示扰动风场的最大风速值

　　图 5.48(a)、(b)表明，重力惯性波沿相反方向的切向传播速度比涡旋 Rossby 波的传播速度快，尤其在 RMW 外部。相比之下，由于 β_0 符号发生变化，因此涡旋 Rossby 波的切向传播在 RMV 两侧出现反向，内侧为气旋式环流，外侧为反气旋式环流。混合波的传播速度介于重力惯性波和涡旋 Rossby 波之间，在切向方向上的传播类似于涡旋 Rossby 波，并受 β_0 的影响。

　　以上利用能够描述热带气旋系统中尺度涡散运动共存特征的旋转浅水模型，从物理机制上证明了在位涡守恒约束条件下，热带气旋中存在着三类波动（涡旋 Rossby 波、重力惯性波和混合涡旋 Rossby-重力波），浅水模型下热带气旋系统具有涡旋 Rossby 波

和重力惯性波共存的特征，但涡旋 Rossby 波和重力波的特征频率不仅存在量级上的差异，其结构分布在 $n-\delta$ 平面内具有不同的特征；波动的频散关系同时受到绝对涡度梯度和重力因子的影响，且两者中任何一个因子为零均会造成这支波动不存在，表现为不可分离的混合波特征。当基本气流传播的混合波出现动力不稳定，波数越高，特征值越小时，其不稳定增长率越大。同时发现，在眼心或外围区域，以及眼墙附近，$Q>0$ 和 $Q\leqslant0$ 的条件都能被满足。结果显示眼墙附近的高频重力惯性波常以一半的速度传播，而该区域的混合不稳定促进了混合涡旋 Rossby-重力波的发生发展。波长较短的波的增长速率要大于波长较长的波，这一发现有助于解释热带气旋发展中的多边形眼墙和多重涡旋结构。

通过对混合涡旋 Rossby-重力波及不稳定判据的分析，表明热带气旋系统强旋转运动和位势运动共存的物理特征，是造成混合波存在并出现不稳定的原因。由于基本涡旋场物理量和动力学参数在径向分布上的区域性差异，混合波和混合不稳定在不同区域存在不同的特征。热带气旋内混合涡旋 Rossby-重力波及其不稳定的出现，取决于系统基本涡旋场所具有的强涡旋运动与强位势运动共存的物理特性。由于混合波的出现是系统动力性质由稳定转化为不稳定的临界点，混合波和混合不稳定对热带气旋内中尺度扰动的发展具有重要作用。在存在强旋转基本气流和基本气流二次切变条件下，即使初始状态满足梯度风平衡，只要有扰动发生，很快会产生强大的非平衡分量，出现水平和垂直方向扰动的快速增长，对热带气旋内强对流系统的形成和维持，以及热带气旋系统的结构和强度变化具有重要影响。

2. 准平衡和非平衡流对台风内强对流的影响

观测事实和模拟研究都发现，台风不仅具有清晰的螺旋雨带和多边形眼墙结构，而且雨带内和眼墙中都存在着较小尺度的深厚湿对流和由于对流或强切变引起的小尺度类波动特征等。同时，这些组织化的深厚湿对流在受到涡旋基本场控制和激发的同时，自身的生成、发展、消亡的生命史过程，对台风发展和移动具有重要的影响。另外，由于这类垂直运动及与其相联系的辐散风不同于与重力波能量频散有关的快波频散过程，它不仅在强度上高了一个量级，且具有较长生命史的组织化过程。台风内存在很强的辐合辐散运动和超梯度流，涡散运动具有同等重要的作用。

因此，真实反映台风中尺度运动主要特征的关键在于，如何准确描述台风内组织化深厚湿对流及与其相联系的强辐合辐散运动，Zhang、陆汉城和高守亭等均提出在中尺度运动分析中的平衡流、非平衡流和准平衡流的区别和差异，由于平衡流中旋转风分量是主要的，非平衡流主要反映系统的调整变化。Wang 和 Zhang(2003)提出了基于准平衡流分析的 PV-ω 反演方法，在通过 PV 方程和非线性平衡方程反演得到平衡流场的基础上，利用准平衡 ω 方程得出准平衡条件下的垂直运动和辐散风分量，构成了台风准平衡条件下的三维流场，更加完整地刻画台风基本涡旋场，以及对台风强度和眼墙中云雨带的发展起重要作用的垂直环流。但是，对于台风中准平衡流涡散运动共存和深厚湿对流的组织化的特征，目前为止还未有详细的诊断分析，而这两个特征反映了台风内中尺度运动的基本形态，对台风眼墙和螺旋雨带动力学的分析具有重要影响。

1) 模式大气深厚湿对流的基本特征

利用 2001 年台风"百合"(Nari)大气模式资料分析了台风内中尺度深厚湿对流的分布和传播，以及由此形成的眼墙和螺旋雨带的结构和演变特征，由 9 月 8 日 13 时台风发展成熟后 4 km 高度上的雷达反射率和水平风场的分布图[图 5.49(a)]可知，"百合"已具有明显的多边形眼墙和螺旋雨带结构，眼墙和雨带内都镶嵌有反射率达到 30dBZ以上的强对流单体。台风发展初期显示了明显的非对称结构，西侧眼墙距眼心 40 km左右，其雷达反射率超过 40 dBZ，并对应有达到 30 m/s 以上强风区。东侧眼墙强度较弱，存在小范围 35 dBZ 左右的强对流单体，东侧眼墙沿顺时针方向外延，距眼心 80km 左右。同时水平风场分布不均匀，在西部眼墙区存在强辐合，东侧眼墙区虽然风速较小，但存在较大的径向入流分量。由此可见，处于初始发展时期的台风强度较弱，但是水平风场的分布已经具备形成和维持深厚湿对流的动力条件。

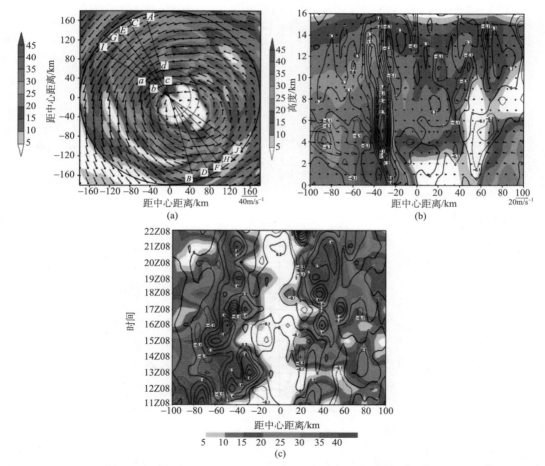

图 5.49　达到台风标准后 9 月 8 日 13 时(a)$z=4$ km 高度和(b)平均垂直剖面雷达反射率和风速分布图，以及平均剖面 $z=4$ km 高度上径向(c)雷达反射率和垂直运动随时间演变图

　　将图 5.49(a)中沿切向间隔为 9°的 *AB*、*CD*、*EF*、*GH* 和 *IJ* 的 5 个垂直剖面做平均，从得到的剖面平均物理量的径向-高度分布[图 5.50(b)]可知，西北部雷达反射率大值区(>30 dBZ)的对流系统的垂直伸展达到 10 km，并对应有整层的强上升运动，垂直运动最大值出现在 5～6 km 高度上，达到 1.3 m/s[图 5.50(a)]，表明该区域对流发展旺盛，结合眼心和眼墙外区出现的下沉气流，构成了台风眼墙和螺旋雨带内具有组织化特征的中尺度深厚湿对流环流。从 9 月 8 日 11～22 时径向时间演变图可以看出[图 5.50(c)]，台风"百合"在强度上达到台风标准后，初期结构具有明显的非对称特征，具有强回波特征的深厚湿对流主要分布在台风西北侧，眼墙和螺旋雨带结构清晰，眼墙距台风眼中心约 80 km，对应垂直速度达到 0.8 m/s。随着台风强度的发展，到 13 时，西侧眼墙内高于 35 dBZ 的深厚湿对流向眼心方向内缩至距眼心 40 km 左右处，强度增大至 45 dBZ；17 时以后，西侧眼墙和垂直运动大值区稳定维持在距眼心 40 km 左右；东侧强回波和上升运动中心开始形成并明显增强内移，17 时东侧距眼心 60 km 处出现高于 35 dBZ 的强回波区和大于 0.6 m/s 的强上升运动中心，18 时后内缩至距眼心

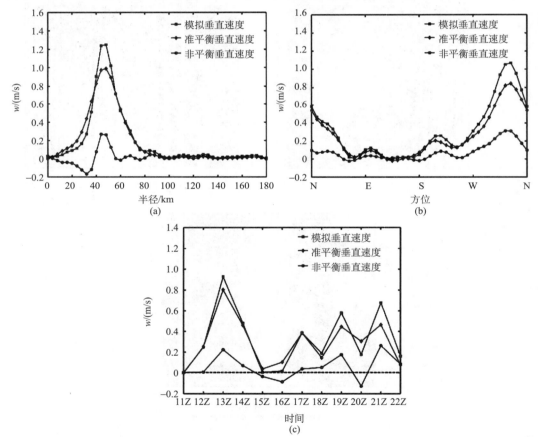

图 5.50　9 月 8 日 13 时质量加权垂直平均垂直速度随(a)半径和(b)方向角的分布图，以及(c)对流区中心[图 5.49(a)中 *abcd* 所围区域]处质量加权垂直平均垂直速度随时间演变图。(a)为图 5.49(b)中的剖面平均垂直速度，(b)为半径 40～60 km 的径向平均垂直速度

40 km 处。随着台风强度的增大，对流运动增强，眼墙及螺旋雨带结构趋于对称。

2）准平衡动力模型的诊断

加入涡度倾向方程和连续方程之后的准平衡 ω 方程，可以计算得到包含动力和热力强迫作用的准平衡流中垂直运动及与其相联系的水平辐散风分量，结合 PV 反演得到的平衡流场，还可以得到台风准平衡流的垂直环流结构，而模式大气和准平衡流的差值，可视为衡量真实大气偏离准平衡态的程度的大小，即为非平衡流场。为了区分准平衡和非平衡垂直运动对台风内组织化深厚湿对流的贡献，图 5.50(a)、(b)分别给出了整层平均的准平衡、非平衡和模式大气垂直速度径向和切向的分布。在径向方向上，模式大气和准平衡垂直运动的峰值都出现在眼墙区。在切向方向上，由于台风发展初期呈非对称特征，上升运动的极值域出现在台风西北侧的眼墙区并延伸至东北部。由此可见，准平衡垂直速度具有几乎与模式大气垂直速度同位相的波动特征，在空间上都基本呈单极分布。但同时模式大气和准平衡垂直运动分别在径向外围区域和单侧眼墙以外区域上存在空间上的短波振荡，这种短波振荡在非平衡整层平均垂直速度的径向和切向空间分布上表现得更为明显。由最强对流区域的整层平均速度时间演变分析[图 5.50(c)]可以看出，模式大气和准平衡垂直速度的变化具有较长周期，对流运动最强出现在 13时，但在具有生成发展期基本特征的 12 小时内，模式大气在该区域具有稳定上升运动，可见模式大气和准平衡垂直运动描述的都是具有长生命史维持特征的对流运动，它在数值上存在振幅的高频振荡；而非平衡垂直速度则存在明显的短周期波动特征，对流运动调整的间隔基本在 3 h 左右。由此可以看出，非平衡流反映的主要是平衡的重建适应过程，调整的时间尺度很短且伴随有短波对能量的频散。

诊断得到的准平衡流中的整层平均垂直运动在量值上占模式输出台风垂直环流结构的 60%～70%，这与 Zhang 等(2001)在对称性台风中反演得到的结果类似，表明准平衡流虽然占据了大部分垂直运动的主体。但是非平衡部分还是有一定比例的，故而准平衡流和非平衡流在台风深厚湿对流系统的维持和发展过程中都起着关键作用。

图 5.51 给出了计算得到的准平衡和非平衡垂直环流的分布。由模式大气垂直运动分布可知[图 5.51(a)]，西侧眼墙区（距眼心 20～40 km 处）出现整层上升运动，在位于6 km 高度上存在达到 3 m/s 的上升运动极值中心，而在 12 km 高度以上，强上升运动继续维持在 1.5 m/s 左右。但在西侧眼墙外围的 40～100 km 较为宽广的区域内，1～6 km高度上为弱下沉运动，6 km 高度以上为明显上升运动区，垂直速度随高度分布呈明显的双模态特征。

由准平衡 ω 方程计算得到的台风准平衡垂直环流[图 5.51(a)]的分布可以看出，准平衡流能准确刻画模式大气的中尺度环流结构，即描述了台风内深厚湿对流的完整环流结构，包括眼墙区强烈上升运动、雨带内弱上升运动、垂直运动上升支两侧的下沉运动、低层的入流辐合和高层的出流辐散。准平衡流还描述了分别在近地层（2 km 高度以下）和 6 km 的高度上出现的径向入流急流，尤其是中层径向急流的出现，导致该高度上方和下方径向风速垂直切变的差异，风切变动力强迫引起的垂直环流造成台风眼墙外区 6 km 高度以上的上升运动和 6 km 高度以下的下沉运动。由图 5.51(a)还可看出，由

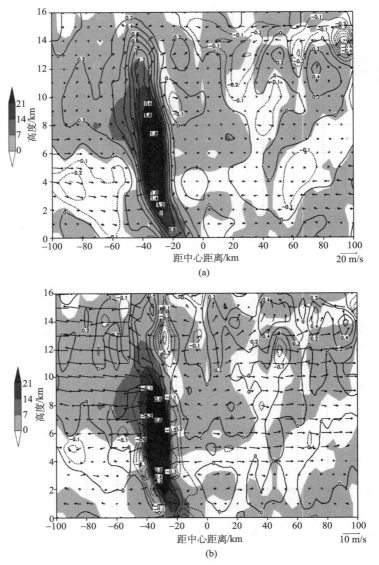

图 5.51　9 月 8 日 13 时反演得到的平均剖面(a)准平衡和(b)非平衡垂
直速度(等值线，单位：m/s)与潜热加热率(阴影，单位：K/h)及该平
面相应状态径向垂直环流风场矢量(单位：m/s)的分布图

准平衡 ω 方程计算的准平衡垂直运动与凝结潜热加热率具有同位相分布特征，即凝结潜热释放的正值加热率对应为上升运动，眼墙区为潜热释放的极值区对应有上升运动的极值区，而眼墙外螺旋雨带内水汽冷却对应下沉运动区。由非平衡垂直环流的分布可知 [图 5.51(b)]，在紧贴西侧眼墙强上升运动两侧，出现了明显的非平衡下沉运动，补偿了西侧眼墙区深厚湿对流发展过程中质量和动量消耗；而高层非平衡垂直运动的上升支和下沉支出现较准平衡流更为规则的间隔分布特征，且间距较小，表明非平衡流与重力

波的振荡相联系。

综上分析，可以得到基于准平衡动力学分析的台风内深厚湿对流发展的物理模型，即由准平衡动力强迫作用形成的弱对流，虽然量值非常小，但是对台风内低层上升运动的形成起到触发的作用，当其上升运动达到一定振幅，会引起大气中层凝结潜热的释放，形成具有深对流特征的准平衡垂直环流；而中层非平衡上升运动大值中心及两侧下沉运动对眼墙区剧烈上升运动区域质量和动量的补偿，对环流的进一步维持和发展起到促进作用。因此，基于准平衡动力模型的准平衡和非平衡垂直环流的结构和演变，以及动力强迫和热力强迫因子的相互作用可以揭示台风中准平衡动力模型中深厚湿对流的组织化过程，加深对台风动力学的认识。

5.1.6　台风双眼墙形成与强度变化

同心眼墙替换(concentric eyewall replacement)过程是强台风常有的一种现象，并且与台风强度变化紧密联系。Willoughby 等(1982，下称 W82)最先记载了同心双眼墙结构和眼墙替换过程。在 W82 提出的同心眼墙概念模型中，当台风原先的眼墙加强时，眼墙外围的对流活动加强，螺旋雨带逐渐组织成一个圆环，包围住原先的眼墙；接着，当新生眼墙向内收缩、增强；原先的眼墙由于被切断水气供应而减弱，最后被新生眼墙所代替。在此过程中，最大平均切向风先减弱再增强，因而眼墙替换过程被认为是造成台风强度大幅震荡的重要原因。过去的许多观测研究记录了台风双眼墙形成以后的演变和相应的强度变化过程(Willoughby，1990；Black and Willoughby，1992；Houze et al.，2006，2007)。虽然这些研究能够较好地解释双眼墙形成以后的演变和相应的强度变化过程，但是对双眼墙的形成机制的理解仍然非常有限。

Kuo 等(2004，2008)利用正压无辐散涡度模式进行了涡旋相互作用数值试验，结果说明外围的气旋性涡度被强大的台风内核轴对称化是双眼墙形成的本质过程。Terwey 和 Montgomery(2008，下称 TM08)提出 beta 边区轴对称化(beta skirt axisymmetrization，BSA)理论。该理论认为伴随双眼墙的次风速极大值是由于各向异性湍流向上尺度窜级和对流产生 PV 扰动的轴对称化而产生的。BSA 理论是目前解释双眼墙形成的理论中较完整的一个，并且考虑了小尺度对流产生的 PV 扰动。此外，K04、K08 和 TM08 的观点都有共同的一面，即认为双眼墙的形成是和内核外围对流产生的涡度扰动的轴对称化密切联系的。观测证据给出在双眼墙形成前一(或多)条对流活跃的外螺旋雨带维持 12 h 以上，然后逐渐包裹住原来的眼墙，形成一个新眼墙。通过在数值敏感性试验中人为地增加台风内核外围的加热率，Wang(2009)发现外螺旋雨带变得更加活跃，模拟的台风更容易形成双眼墙。

另一方面，MK97 认为径向向外传播的涡旋 Rossby 波(vortex-Rossby waves，VR-Ws)在其凝滞半径处可以通过波-流相互作用加速平均切向风速，形成次风速极大值。越来越多的证据说明对流耦合的涡旋 Rossby 波的存在，以及其传播特性与理论预测相符合(Chen and Yau 2001；Wang，2002a，2002b；Corbosiero et al. 2006)，然而几乎没有观测或是 3 维完全物理过程数值模拟研究记载涡旋 Rossby 波的波-流相互作用，或者其对双眼墙形成的作用，这主要是因为观测手段以及数值模式分辨率的限制。

1. 双眼墙形成理论研究

Qiu 等（2010）研究了台风双眼墙形成，特别是讨论了涡旋 Rossby 波作用。重点研究双眼墙形成的 BSA 机制作用，并进一步分析在台风迅速加强时期中涡旋结构的演变特征，并着重强调涡旋 Rossby 波对台风双眼墙形成的贡献。另外，试图去寻找两种解释双眼墙形成的不同理论之间的联系，即 BSA 理论和波-流相互作用理论之间的联系。

1）模式和试验设计

数值试验利用美国宾夕法尼亚州立大学-国家大气研究中心（Pennsylvania State University-National Center for Atmospheric Research，PSU-NCAR）联合开发的第五代中尺度模式（MM5 version 3.7）。为了有效地利用计算资源模拟台风多种尺度结构，试验中使用四重双向嵌套网格，水平分辨率分别为 45 km、15 km、5 km 和 1.67 km。最外层网格包含足够大的水平范围以至于开放边界条件不会影响模式长时间的计算结果。最内层网格也包含了足够大的范围以包含眼墙、内（外）螺旋雨带等台风内强对流结构。模式在垂直方向上有 26 个半 σ 层，其中 7 层在距离地面 1.5 km 高度范围以内。物理方案包括 Blackadar 行星边界层参数化方案，以及 Reisner 带 Graupel 的湿物理方案。在最里面两重网格，用显示的方法模拟对流；而在外两重网格中，加用 Betts-Miller 积分参数化方案。

初始台风涡旋最大切向风速为 15 m/s，位于地面 135 km 处，旋转风的强度随高度递减。初始涡旋的背景场气流静止，温度和湿度垂直廓线参照 Jordan（1958）给出的加勒比海台风季节的平均探空廓线。涡旋的扰动温度场与其风场处于梯度风平衡和静力平衡。模式计算区域固定在 20°N 为中心的 f 平面上，海表面温度固定在 28.5 ℃不变。更为具体的介绍请见 Qiu 等（2010）。

2）模拟台风的发展

模拟台风从 20 h 开始加强。到 84 h，最大平均切向风速已达到 35 m/s，最低海平面气压下降到 973 hPa。在这 64 h 期间内，台风内核是高度非对称的，其非对称结构以涡旋热塔（vortical hot towers，VHTs）为主。这段时间内内核的基本演变过程可以归纳为：对流产生涡偶极子的正负部分分离，正涡度部分的合并及轴对称化，最终在模拟台风内核区域形成一个气旋性涡度的高值区。

模拟台风从 84～124 h 持续加强。在这 44 h 中，最低海平面气压从 973 hPa 下降至 927 hPa，而最大平均切向风速从 35 m/s 增加至 62 m/s，并在 124 h 获得最大强度。若以最大平均切向风速计算的平均加强速率，要比前一个阶段（24～80 h）要大得多。因此，把这段时期称作迅速加强时期。在这段时期，台风眼墙迅速地建立，在位涡（PV）场上形成 PV 圆环结构；相应地，最大平均切向风速所在半径也从 38 km 持续地向内收缩至 20 km。

模拟台风在获得最大平均切向风速后，在 136 h 后的最大平均切向风速随时间变化曲线可以明显看到一个"V"字形。此外，在 154 h 左右，最大平均切向风速所在半径突然从 22 km 跳跃至 44 km。两者共同说明模拟台风发生了一个同心眼墙替换过程。图 5.52 给出从 132～154h 每个 2 h 模式模拟地表雷达回波。在开始的几个小时（132～136 h），台风眼墙周围的内螺旋雨带十分狭窄。136～142 h，一条对流活跃的外螺旋雨带组织起来，并逐渐向台风内核区靠近。外螺旋雨带下风方向的一些对流细胞似乎与内螺旋雨带合并，使得内螺旋雨带变粗。142～154 h，内螺旋雨带最终被轴对称化为一个完整的次眼墙，包裹在原来的眼墙之外。

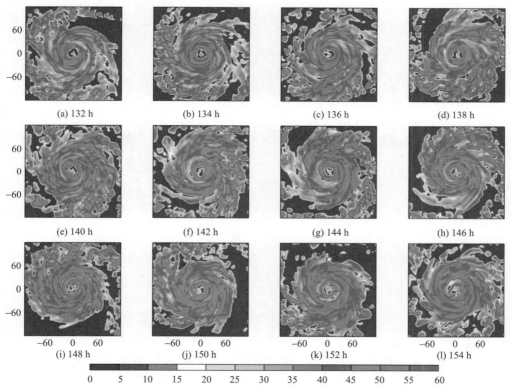

图 5.52　132～154 h（双眼墙形成时期）每个 2 h 模式模拟的表面雷达回波（单位：dBZ）演变
图中给出的区域是以台风眼为中心边长为 120 km 的正方形

3）双眼墙的形成

双眼墙形成的 BSA 理论建立在对成熟台风结构新的观测基础之上。Mallen 等（2005）的观测结果表明，成熟台风眼墙外底层大气存在一个负涡度梯度区域。由于在地球流体力学中，背景场的涡度梯度通常用 beta 来表示，所以该区域被 TM08 命名为 beta 边区。根据 TM08 的论据，beta 边区在非对称流演变的过程中起着重要的作用，因为涡度梯度的存在使得流体受到准线性轴对称化动力学的约束，使得由对流引起的小尺度的扰动可以向台风平均切向气流传输动能和涡度。当 CAPE 值越大、CIN 值越小、涡丝化时间越大，则有利于对流的发展。对流持续不断地产生 PV 扰动，最终将在 beta

边区被轴对称化，形成一个次切向风速极大值。

　　模拟台风迅速加强结束之时和双眼墙形成之前，眼墙外底层出现一个明显的 beta 边区。为了有效地过滤掉小尺度的扰动而只保留台风切向平均结构，在计算涡丝化时间和有效 beta 的平均廓线之前，首先对风场做切向平均和时间平均。如图 5.53(a) 所示，beta 边区从距离台风中心 40 km 半径处向外延伸到 75 km，量值达到 5×10^{-8} m^2/s^2。如果假设扰动速度的均方根值为 10^{-20} m/s 且扰动的水平尺度为 20 km，那么相应的 beta-Rossby 数大约为 0.5^{-1}。因此，beta 边区涡度梯度的强度足够将对流产生的涡度扰动轴对称化。此外从图 5.53(a) 中还可以看到，涡丝化时间随半径向外而增加，并且当半径超过 45 km 时涡丝化时间大于 30 min。根据 TM08，如果有足够的对流扰动产生，双眼墙将会在距离台风中心 45～75 km 半径处生成。

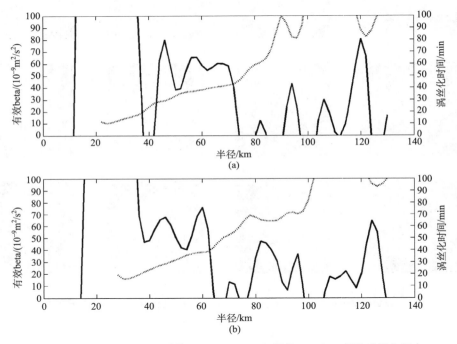

图 5.53　(a)129～131 h 平均；(b)99～101 h 平均 1.5 km 高度时间和切向平均的有效 beta(实线，单位：10^{-9} m^2/s^2)和涡丝化时间(点线，单位：min)的径向廓线

　　为表明模拟台风的双眼墙形成与 PV 扰动进入 beta 区域的关系，图 5.54 给出经切向平均的高波数(波数≥3)涡度扰动的振幅的 Hovmöller 图，并叠加了 5 km 高度切向平均垂直上升速度。高波数涡度扰动对应于外螺旋雨带中的对流细胞，所以其是外螺旋雨带主体位置的很好指示。130 h，外螺旋雨带位于 100～140 km。在接下来的 15 h 内，螺旋雨带向内移动了 30 km，位于 70～110 km。151 h 后，开始逐渐减弱。伴随着 PV 扰动整体性地向内入侵，138 h 时平均垂直速度场中出现了一条 0.5 m/s 的等值线，随后次眼墙开始逐渐增强而原眼墙不断减弱，到 156 h 消失。

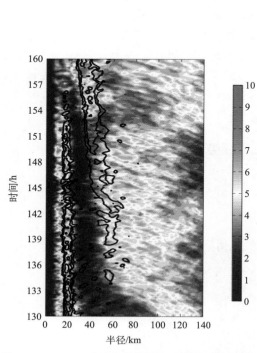

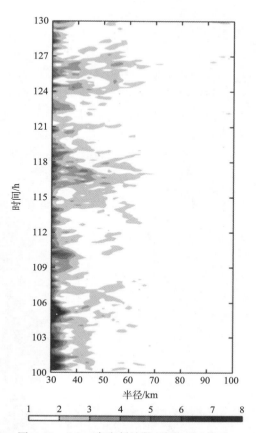

图 5.54　1.5 km 高度切向平均的高波数(波数≥3)
扰动相对涡度振幅(色块,单位:$10^{-4}/\mathrm{s}$)和 5 km
高度切向平均垂直上升速度(等值线为 0.5 m/s、
1 m/s、2 m/s、3 m/s、4 m/s)的时间-半径
Hovmöller 图

图 5.55　1 km 高度低波数(波数≤3)扰动
切向平均涡度振幅(单位:$10^{-4}/\mathrm{s}$)的
时间-半径 Hovmöller 图

4) 涡旋 Rossby 波的作用

在模拟台风迅速加强时,期间伴随着眼墙和眼内发生着涡度和动量混合,台风内核区域的涡度重新分布必须受到角动量守恒原理的约束,导致一部分眼墙处高值涡度以涡旋 Rossby 波的形式向外传播。由于受到水平切变的拉伸作用,径向波数会变得越来越大。由于涡旋 Rossby 波径向传播的群速度反比于径向波数 k。当 k 足够大时,波包的径向传播会停止。图 5.55 给出经切向平均的低波数非对称涡度振幅随时间的Hovmöller 图。从图 5.55 中可以明显看出,在 $100\sim130$ h 有 3 次主要的波动能量外传过程。分别在 106 h、116 h 和 124 h 左右。此外,低波数涡旋 Rossby 波向外传播在距离台风中心大约 60 km 半径处即停止,而 60 km 半径以外的区域低波数涡度扰动的振幅很弱。

根据 MK97 的理论,涡旋 Rossby 波的凝滞半径是发生波-流相互作用最强的地方,波动能量被平均流所吸收而形成次切向风速极大值。另外，除了涡旋 Rossby 波的波-流相互作用，对流耦合的涡旋 Rossby 波（即内螺旋雨带）还可以通过另一种过程加速凝滞半径处的平均切向风速。内螺旋雨带在向外传播的时候，由于受到水平切变的拉伸作用，变得在切向上不断拉伸，而在径向上变狭窄。这种过程使得雨带中的垂直上升气流在轴对称模态上的投影不断增大。图 5.56 给出 1.5 km 高度切向平均风速和 5 km 高度切向平均垂直上升速度的时间-半径 Hovmöller 图。在眼墙处，1.5 km 高度切向平均风速最大值所在位置和 5 km 高度垂直上升速度最大值基本重合，并且随时间慢慢向内收缩。图 5.56 中在距离台风中心 60~70 km 半径附近，时而出现一个量值为 0.5 m/s 的垂直上升运动中心。该上升运动中心也随时间向内收缩，从 103 h 的 65 km 收缩至 124 h 的 60 km。与此相应的是，60 km 半径附近的切向平均风速有增加。

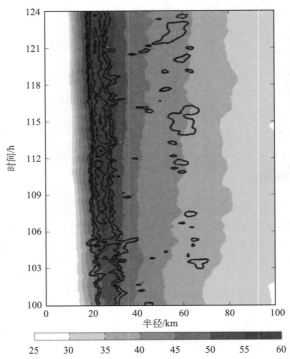

图 5.56　100~124 h 1 km 高度切向平均风速（色块，单位：m/s）和 5 km 高度切向平均垂直上升速度（等值线为 0.5 m/s、1 m/s、2 m/s、3 m/s、4 m/s）的时间-半径 Hovmöller 图

在 100~124 h 内切向平均风速变化的高度-半径分布图看出，在距离台风中心 45~70 km 半径处的低层大气存在一个切向平均风速的增加中心，最大增加值达到 4 m/s。这个切向平均风速的增加中心所在位置与涡旋 Rossby 波的凝滞半径基本吻合，表明涡旋 Rossby 波的凝滞半径对其有重要的贡献。对应于切向平均风速的增加，在凝滞半径处相对涡度平均径向廓线的变化主要是在凝滞半径内增加，而在凝滞半径外减小。这使得凝滞半径处的涡度梯度增大，并使得 beta 边区的范围径向向外拓延。既然 beta 边区的存在是 BSA 理论成立的必要前提，那么便可以得出结论，即使凝滞半径理论对双眼墙

形成不起直接的作用，它也可以通过加强 beta 边区使得台风内核外围的对流扰动通过 BSA 过程更容易形成双眼墙。为进一步证实上述两种增加凝滞半径处切向平均气流的机制，进行了绝对角动量收支计算分析（Qiu et al.，2010）。结果发现涡动和平均次级环流输送两项对角动量的增加均有正的贡献。通过对比两个绝对角动量增加区域的垂直位置和实际切向平均风速增加区域位置，表明次级环流在低层的辐合作用对绝对角动量增加的贡献要大于波-流相互作用的贡献。

在双眼墙形成的前期，台风内核外围的对流组织成一条外螺旋雨带，持续了 20 h 以上。在外螺旋雨带中，对流细胞产生一系列的 PV 偶极子。这些 PV 偶极子沿着外螺旋雨带向台风内核区移动。进入 Beta 边区后，PV 扰动逐步被轴对称化。一段时间后，形成了另一个新的眼墙。相关的诊断分析结果说明，双眼墙的形成可以用 BSA 理论来解释。

双眼墙形成之前，模拟台风有一个迅速加强时期，期间伴随有台风眼墙和台风眼之间的涡度混合的过程，不断地有切变涡旋 Rossby 波从台风眼墙处径向向外传播，并最终停止凝滞半径处。通过绝对角动量收支计算分析了涡旋 Rossby 波在双眼墙形成中的作用。结果表明，对流耦合的涡旋 Rossby 波可以通过两种不同的机制加速其凝滞半径处的平均切向风速：一种是 MK97 提出的波-流相互作用机制；另一种则与向外传播的内螺旋雨带在凝滞半径处激发的平均次级环流有关。相应地，在涡度场上的贡献使得在涡旋 Rossby 波的凝滞半径处的平均涡度径向廓线的梯度增加，并且 beta 边区径向向外拓延。Beta 边区的外延可以使得台风内核外围的 PV 扰动的轴对称化更容易发生，双眼墙更加容易形成。

2. 双眼墙形成的数值研究

1）台风"森拉克"概况及数值模拟

台风"森拉克"（Sinlaku，0813）产生于 2008 年 9 月 7 日在菲律宾东北面的热带洋面上的一个热带扰动，之后迅速增强，9 月 10 日达到它的最大的 4 级台风强度后，经历了一个双眼墙替换过程。9 月 14 日，台风在台湾岛的花莲县登陆，并给台湾岛带来大量降水。

采用两层双向嵌套的 WRFV3.1 模式对其进行数值模拟，模拟时间从 2008 年 9 月 9 号 0 时到 13 日 0 时。图 5.57(a)、(b)显示模式较好地模拟了"森拉克"台风的路径和强度。图 5.57(c)显示了双眼墙现象可以看出，双眼墙大概在 60 h，在离台风中心 130～140 km 处开始形成，到 72 h 双眼墙替换完成。从垂直速度和外围切向风变化来看，双眼墙生成有一个从外向内的过程。

2）双眼墙形成机理的动力学分析

A. 方位角平均的环流

从切向风变化[图 5.57(c)]上可以看出，从 40～60 h，虽然与内眼墙相对应的最大切向风速位置一直没有变化，但强度从 45 m/s 增强到 60 h 的 55 m/s，同时外围风速也

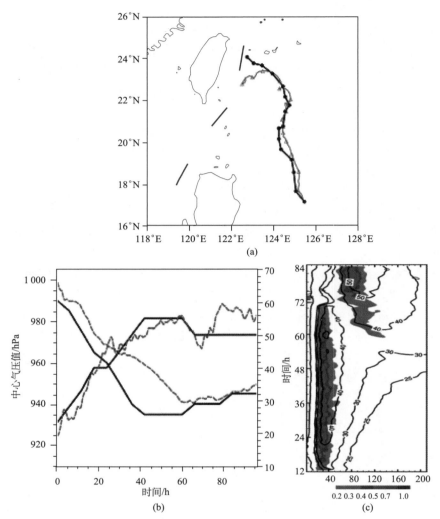

图 5.57　台风"森拉克"模拟路径(a)与强度(b)实况对比
(粗实线表示实况，虚线表示模拟)和(c)垂直速度和切向风随时间的变化

在增大；到 54 h，150～200 km 外围切向风速的极值开始出现。到 60 h，外围风速极值已经向内移动到 150 km 左右；到 66 h，外围风速极值已经达到和内眼墙的风速极值同样的强度。然后外围风速继续增强，内眼墙的切向风迅速减弱；直到 72 h，内眼墙相对应的风速极值完全消失。双眼墙替换完成。径向流和垂直速度的变化也反映了类似的特征。因此，60 h 外围伸展到整个对流层的运动是双眼墙生成的标志，也因此截断了内区的水汽和能量供应并引起之后的眼墙替换。下面将关注外围这一强对流带是如何生成的。

B. 动力学的诊断

通过 Sawyer-Eliassen 方程诊断模拟结果得到轴对称的台风加热场对结果占主导性

的作用，方程中的波动项对整个结果的贡献非常小。摩擦作用和次网格的结果仅在边界层中有一定贡献。这说明第二眼墙形成和眼墙替换都是台风对外围非绝热加热过程的一种动力学响应，这个结果和 Judt 和 Chen(2010)、Rozoff 等(2012)的结果一致。

另外可计算边界层中超梯度力 $AF = -\dfrac{1}{\rho}\dfrac{\partial \bar{p}}{\partial r} + f\,\bar{v} + \dfrac{\bar{v}^2}{r}$，图 5.58 为模拟的各个区域超梯度力演变图，超梯度力在主眼墙区域一直很强，第二眼墙形成后随着主眼墙对流的减弱而减弱；moat 区域超梯度力随着第二眼墙收缩增强；第二眼墙区域超梯度力 55 h 开始增强，高度上达到 5 km；在外围区域 51 h 开始增强，提前于双眼墙形成。该试验也看到了超梯度力增强的过程，但这里认为超梯度风是和对流相伴随的，它加速了风的辐合并反过来激发对流，这可从超梯度力及非绝热加热的演变图中看出来。

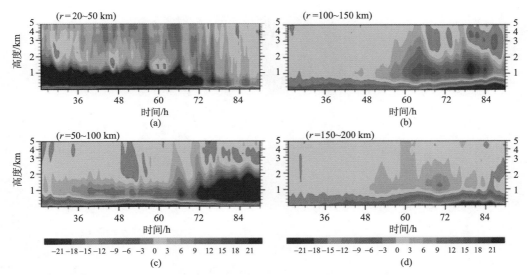

图 5.58　方位角平均的超梯度力(单位：m/(s·h))的高度-时间演变图
(a)主眼墙区域(20~50 km)；(b)moat 区域(50~100 km)；
(c)第二眼墙区域(100~150 km)；(d)外围区域(150~200 km)

C. 风场扩张的作用

之前双眼墙生成的第二阶段中，台风涡旋风场的外扩对双眼墙的生成有着重要的作用，Rozoff 等(2012)用 3DVPAS 模式的结果表明，外围惯性稳定性的增加会使得台风中潜热释放向动能转化效率增加。可用 SE 方程通过下面几个对比试验验证。

C1：采用 42 h 的风场结构和加热场；C2：采用 60 h 的风场结构和加热场；E1：采用 60 h 的风场和 42 h 的加热场；E2：采用 42 h 的风场和 60 h 的加热场。

在双眼墙开始生成的 60 h 台风内区的惯性稳定性相对于 42 h 降低了，但在台风外围，尤其是双眼墙生成的 100~150 km，台风的惯性稳定性显著的增大。由图 5.58(c)可见，在 E2 与 C2 的比较中，当用 42 h 的风场替换掉 60 h 的风场，外围切向风倾向迅速变小(图 5.59)。故外围惯性稳定性的增加确实有利于动能转化效率的提升。这一结论也有助于对双眼墙生成时间和双眼墙生成位置的理解。当外围惯性稳定度达到一定强度以后，外围动能转化效率提高，外围风场增加更加明显，最终导致双眼墙的出现。

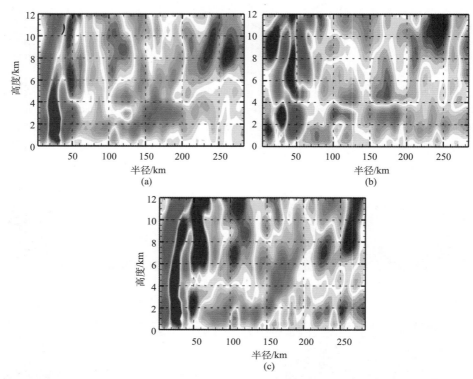

图 5.59　切向风倾向在(a)C2，(b)E2 以及(c)E2-C2 对比试验中的值

D. 主眼墙与外围雨带的绝热加热作用

基于以上分析，扩张的切向风场对双眼墙的形成起到了重要作用。就在与主眼墙相关的切向风场外扩的同时，外围的切向风局地极大值区域在向内传，该区域对应于外围雨带的对流加热，以及边界层上的超梯度风区域。

为研究主眼墙及外围雨带各自的非绝热加热对第二眼墙建立的贡献，分别用 SE 方程计算了由主眼墙区域(0~80 km)和外围雨带区域(80~450 km)的切向平均的加热场强迫出的径向风及垂直速度。用计算得到的切向风倾向场进一步计算了外围切向风局地极大值区域的切向风倾向。结果表明，30 h 之后外围雨带加热对切向风增长的贡献超过了主眼墙的贡献。在主眼墙及外围雨带持续性的非绝热加热的作用下第二眼墙约在第60 h 形成，之后外围雨带的贡献急剧增加，主眼墙的贡献远小于外围雨带。因此，在风场扩张提供的合适的环境条件的基础上，双眼墙形成及眼墙替换与外围雨带的非绝热加热有很强的关联。另外，进一步的分析可知，涡旋 Rossby 波在本模拟中对双眼墙形成的贡献较小。

E. 不同边界层方案的试验

以上分析及 Sun 等(2012)研究表明，台风"森拉克"的增强及外围雨带的内移共同促成了双眼墙的形成。使用 WRFV3.2，选用了 6 种边界层参数化方案进一步分析双眼

墙的成因，分别是 YSU、MYJ、MYNN2、QNSE、ACM2 方案，以及 Song 等（2008）
中提到的方案。模拟结果表明，各方案都成功模拟出了双眼墙，这意味着模拟的森拉克
台风的双眼墙形成及眼墙替换的过程对边界层方案的具体细节并不敏感。

　　为定量描述双眼墙的演变，引进双眼墙指数 CEI，具体的应用及讨论参见 Zhang 等
（2013）。现在将加热场分为主眼墙和外围雨带两部分的方法应用于这六个试验，结果见
图 5.60。粗灰（细黑）线是 80 km 以外（以内）加热所引起的对外围风速极值区的切向风
倾向。由图可见，在约 36 h 之前，各个例子中粗灰线都在细黑线之上，这表示在一时
间段主眼墙加热的贡献大于外围雨带加热的贡献。而在 36 h 之后情况就反过来了：外
围雨带加热的贡献变得与主眼墙加热的贡献相当或超过了主眼墙的贡献，尤其是眼墙替
换时，外围加热的贡献完全超过了主眼墙（QNSE 方案例外，由于在 40～64 h 经历了非

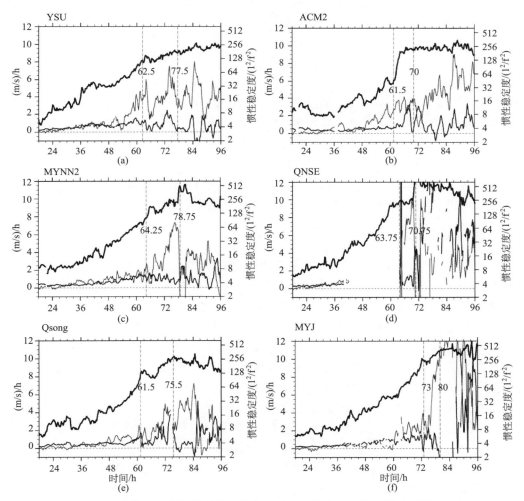

图 5.60　主眼墙及外围雨带的非绝热加热对外围切向风极值区风速增强的贡献

粗灰（细黑）线对应外围雨带（主眼墙）对切向风的贡献，粗黑线是外围切向风极值区的惯性稳定度。

计算时做了 1～3 km 的垂直平均及径向平均（$r-10$ km，$r+10$ km）

常剧烈的快速增强过程，平衡动力学无法捕捉这个过程，因此粗灰线和细黑线出现了间断）。

总之，在双眼墙形成前台风"森拉克"的持续增强使得切向风场持续外扩，以及边界层入流持续增强，这使得从海表获取的潜热和惯性稳定度增加，从而为双眼墙的生成提供了有利的环境条件。其次，在上述快速增强阶段，与内旋的螺旋雨带相伴随的强对流释放大量的热量，这些热量与主眼墙区域释放的热量一起引起了雨带处边界层以内及以上超梯度风及超梯度力，从而进一步支持及引起深对流的发展。这种对流潜热与边界层非平衡过程间持续性的正反馈机制最终导致第二眼墙在前述切向风外扩区域的生成。一方面，远离台风中心区域的环境条件有可能是双眼墙生成的一个关键因素，所以在未来研究双眼墙问题时应更多地关注外围区域的大气中高层。另一方面，尽管边界层过程在双眼墙的形成中起了很重要的作用，但在此个例中，"森拉克"双眼墙形成与否对边界层方案并不敏感。

5.1.7　岛屿对台风强度的影响

台湾岛位于我国东部沿海，首当其冲受到台风的影响；同时，台湾岛对台风的路径、结构强度，以及风雨都有明显的影响。除此之外，海南岛对台风路径结构也会产生影响。例如，热带气旋"菲特"自东向西穿越琼州海峡时其外围中尺度结构发生了明显变化（段丽等，2006），海南岛上的五指山地形就诱生出一个中尺度小涡，不仅改变台风中尺度结构，还对台风产生吸引作用使其路径向西南方向偏折。因此，岛屿对台风活动的影响仍是近年来备受关注的问题，关于台湾岛影响的研究也进一步得到开展。

1. 岛屿影响的统计特征

应用 1949～2008 年共 60 年的《台风年鉴》和《热带气旋年鉴》资料及 CMA-STI 热带气旋最佳路径数据集，2001～2008 年美国联合台风警报中心（JTWC）热带气旋尺度相关资料及日本气象厅（JMA）的 TBB 资料，统计分析西北太平洋（包括南海）热带气旋（TC）在登陆台湾过程中强度和结构变化的基本特征，发现：①TC 登陆台湾时强度为台风及以上级别的样本数占总样本数约 60%，主要出现在 6～9 月，东部登陆 TC 的强度一般比在西部登陆的强；②大部分 TC 在岛上维持 6 h 左右，登陆时最大风速≤5 级和强度为超强台风的 TC 穿越台湾岛时移动比较缓慢；③126 个登陆台湾的 TC 样本过岛后近中心海平面气压平均增加 5.61 hPa，近中心最大风速平均减小 3.58 m/s，在台湾东部登陆 TC 的衰减率比在西部登陆的大 3 倍左右；④TC 在登陆台湾前 6 h 至离岛后 6 h 期间其 8 级和 10 级风圈半径均明显减小，TC 形状略呈长轴为东北—西南向的椭圆状，而其最大风速半径却逐渐增大；⑤TBB 分析结果显示，TC 登陆台湾前，其外围对流主要出现在南侧和西侧，结构不对称，登陆以后，TC 北部及东部的对流显著发展，外围结构趋于对称；但中心附近的强对流则从登陆前 6 h 开始逐渐减弱消失。表明 TC 穿越台湾过程中内核结构松散、强度减弱。

2. 理想化数值试验

采用理想的大气环境场与理想地形，进一步研究台湾岛对 TC 的影响，结果表明，TC 强度在中心登岛前开始衰减。随着 TC 中心向岛屿的靠近，衰减幅度逐渐增大，TC 中心离开岛屿后，强度继续衰减，TC 环流脱离岛屿的影响后 TC 强度开始加强。TC 环流接触岛屿后，TC 结构开始不对称，中心形状变得不规则，TC 南侧环流松散，外围环流面积变大，在 TC 与岛屿之间生成低空急流；当 TC 到达岛屿后，暖心开始分裂和衰减。随着 TC 中心进一步移近岛屿，暖心开始变形，形状由椭圆形变得不规则。随着 TC 靠近岛屿，TC 眼墙范围变大，西侧眼墙逐渐被破坏，东侧眼墙衰减，对流分散，台风眼逐渐消失。西侧眼墙在 TC 与岛屿北部强对流带汇合后重新形成。东侧眼墙随着 TC 中心的离岛也被破坏。当 TC 环流经过岛屿后，TC 台风眼重新形成，台风眼周边呈现分散的眼墙结构。

TC 登陆岛屿时的自身强度、登陆位置和移动速度三组敏感性试验发现：遇到岛屿后，TC 强度越强，TC 衰减幅度越大；弱 TC 低层主要是通过次生低压的方式过岛，强 TC 通过岛屿的主要方式为气流的绕流和翻越。次生低压的生成与涡度有关，次生低压可能是 TC 涡度中心受地形阻挡作用分裂为小涡度带并以这种方式通过岛屿的产物；对于向西移动的 TC，TC 登陆位置越南，受岛屿影响的衰减幅度也越大，台湾岛对 TC 的影响越趋近 TC 的中心结构，TC 受到的破坏也越大。岛屿对移动缓慢的 TC 强度影响更大。

3. 台风"圣帕"登陆台湾岛过程中结构强度变化

研究台风"圣帕"（Sepat，0709）登陆台湾岛过程中的内核变化，发现"圣帕"在穿过台湾岛时内核结构变化明显，出现了一种台风眼放大现象。基于 FY-II 卫星 0.5 h 一次的遥感资料、台湾雷达逐时合成回波图像，以及 NCEP 一日四次 1°×1°格距的再分析资料，研究了"圣帕"登陆过程中的眼放大现象。发现"圣帕"登陆台湾后眼墙塌陷，眼和眼墙混合消失。但随后在从台湾海峡移向大陆过程中重新出现了台风眼并伴有眼墙扩大现象，眼直径扩展至 600 km 左右。这种眼放大现象，实际上是台风内核区对流云团分裂扩散过程中与外围螺旋云带一起重新发展出的环状结构。台风眼的扩大与眼区下垫面温度降低、低层大气不稳定度减弱、径向外流加强、下沉运动区范围扩大等因素有关。而在台风外围，环境干空气侵入台风环流并在其西部形成了弧状湿度锋。锋区既促进对流运动发展，也阻碍了台风眼区云团进一步向外扩散。这使对流云团在锋区附近排列成半圆弧状云带，并在台风气旋性环流组织下与台风东部的螺旋云带一起形成了环状眼墙。研究还发现，台风的减弱消亡与其眼区放大现象密切相关。台风眼放大过程中，由于眼内干空气下沉范围加大、对流凝结潜热加热减弱，不利于暖心结构维持，台风强度也随之衰减。同时，其增强的径向外流一定程度上阻止水汽能量向台风内核区输入，促使台风内核对流运动减弱和消亡。

5.1.8 环境水汽对台风结构变化的影响

Emanuel 等(1994)指出，来自热带洋面上的水汽凝结潜热被认为是维持热带气旋强风场的主要能量。Elsner 等(2008)提出相对较高的海表面温度和相对湿度是热带气旋增强的有利热力学条件，原因是暖洋面能使更多能量转换为热带气旋风场的动能。在大西洋，来自撒哈拉的干空气卷入热带气旋中心，对其强度发展会有不利影响(Braun，2010)。

然而，Kimball(2006)、Hill 和 Lackmann(2009)在潮湿环境对热带气旋强度的影响中得到了与上述不同的结论，因为热带气旋涡旋结构的调整延迟了环境的影响。这就给预报员准确的预报热带气旋的强度变化提出了一个难题。Kimball(2006)指出，潮湿环境下热带气旋产生更多的雨带对流，其阻止了中层湿空气的流入，从而减弱热带气旋的强度。但是，雨带也可以阻碍干空气进入内核，从长远来看更多的雨带对流也许对热带气旋有加强的作用。为了解释这些现象，Wang(2009)进行了模拟试验，他发现热带气旋的尺度对于外围螺旋雨带中水汽的潜热释放非常敏感，湿润环境有利于外围对流活动和雨带的产生，而在雨带中的潜热加热作用下，热带气旋径向的气压梯度发生了变化。

热带气旋经常生成非对称性雨带对流和涡旋结构使得真实大气中热带气旋结构的预测更加困难(Lonfat et al.，2004)。非对称性产生的主要原因是垂直方向上不断改变的环境气流，即导致每层涡度重新分布的垂直风切变(Wang and Holland，1996)。Riemer 和 Montgomery(2011)指出，垂直风切变改变了环境气流进入气旋内部的路径，热带气旋与非对称性干湿空气的相互作用因切变方向的不同会对热带气旋的强度产生不同的影响。

以下将探索在垂直风切变导致的非对称性热带气旋的涡旋结构对环境水汽的响应。

1. 模式与资料

台风"泰利"(Talim，0513)的生命史中强度和尺度的变化在过去的 8 年中具有一定的代表性，从图 5.61 可以看到，其强度变化的黑色实线穿过的大多为发生频数较高的

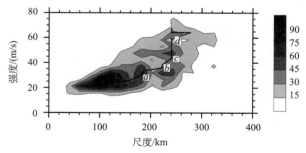

图 5.61　阴影表示 2003～2010 年西北太平洋热带气旋的强度和尺度发生频数(利用 JTWC 的 Best Track 资料)。强度定义为风场的极大值，尺度定义为七级风圈半径(17 m/s)。台风泰利的强度-变化曲线，分为尺度增长期(由 a 到 b，8 月 29 日 00～12 时 UTC)，快速增强期(由 c 到 d，8 月 30 日 00～12 时 UTC)

区间。其发展加强阶段可以分成两个时间段：尺度增长期(8 月 29 日 12 时之前)(UTC)和快速增强期(8 月 30 日 0 时之后)(UTC)。

以台风"泰利"为个例，选用 WRF(weather research and forecast)模式进行模拟研究。为了测试不同阶段台风"泰利"涡旋结构对于环境水汽的敏感性，对模式的水汽场(QVAPOR，水汽混合比)进行人为修改(表 5.4)。修改的时间是模拟开始后 24 h，修改的范围垂直方向从地面到 3.5 km 高度，水平方向是距离热带气旋中心 300 km 以外的区域。下面分析修改水汽后 36 h($t=0\sim36$ h)热带气旋涡旋的演变，尺度增长期对应 $t=0\sim24$ h，快速增强期对应 $t=24\sim36$ h。

表 5.4 各个试验中水汽混合比的修改

试验名称	描述
对照试验	对照试验
Q−	整个环境减少 2 g/kg 的水汽混合比
Q+	整个环境增加 2 g/kg 的水汽混合比
QN−	只在相对台风"泰利"北部的区域减少 2 g/kg 的水汽混合比
QS−	只在相对台风"泰利"南部的区域减少 2 g/kg 的水汽混合比
QN+	只在相对台风"泰利"北部的区域增加 2 g/kg 的水汽混合比
QS+	只在相对台风"泰利"南部的区域增加 2 g/kg 的水汽混合比

2. 模式结果

1) 模拟热带气旋的不对称性

模拟的台风"泰利"对流雨带和风场结构呈现明显的不对称性。环境气流用 200 km $<r<600$ km 区域的平均风来计算(r 为热带气旋半径)。在尺度增长期，每个高度上的环境气流基本是西向的。而在快速增强期开始时，每层环境气流发生改变，并有东向的垂直风切变(图 5.62；CTRL，36 h)。图 5.63 显示地面风在西北象限有比较大的辐合，一支来自西北较干区域的气流与另一支来自东北的暖湿气流汇合并一起卷入气旋内核，这两支气流形成的辐合带有利于对流的产生和发展。

2) 风场特征指数

热带气旋眼墙和内螺旋雨带在 100 km 半径以内，而外围产生的对流活动在 100 km 外形成外围螺旋雨带。将台风"泰利"的风场划分为内核(0～100 km)和外核(100～300 km)。之前人们是将整个热带气旋的最大切向风速定义为热带气旋的强度，而在本节中内核(外核)的强度定义为风场在内核(外核)区域的极大值，内核(外核)环流强度定义为在内核(外核)区域风场角动量的平均，而尺度定义为风速达到 17 m/s 的风圈半径。

在对照试验中，图 5.64(a)热带气旋内核强度在 18 时达到 44 m/s，但是在快速增强期之前降到 35 m/s。图 5.64(b)中外核强度在尺度增长期由 20 m/s 逐渐增大到

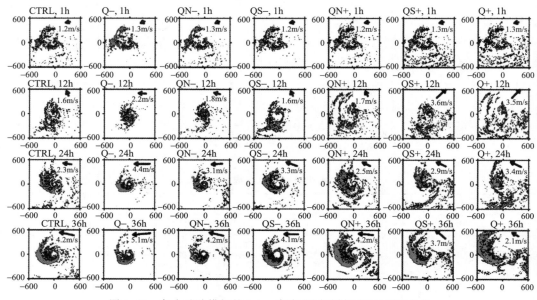

图 5.62　各个试验模拟的 3 km 高度不同时刻的雷达回波分布

阴影表示雷达反射率，淡灰色表示 20～40 dBZ，深灰色表示 40～60 dBZ，右上角矢量表示风的垂直切变，箭头表示方向，下面的数值表示切变大小，垂直切变定义为 3～9 km 环境气流的改变；x 轴和 y 轴是距热带气旋中心的距离

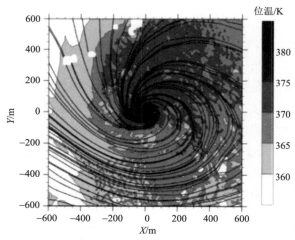

图 5.63　对照试验 $t=30$ h 时的地表风场（流线）
和相当位温（K），X 和 Y 轴是距热带气旋中心的距离

30 m/s，在快速增强期（$t=24$～30 h）超过了内核强度，并在 36 时达到了 45 m/s。图 5.64(c)表明尺度在尺度增长期不断增长，并在强度增强期保持不变；而内核环流强度在整个模拟过程中不断增大[图 5.64(d)]。

　　Q-和 QN-所模拟的热带气旋在快速增强之前没有经历尺度增长。内核强度在整个

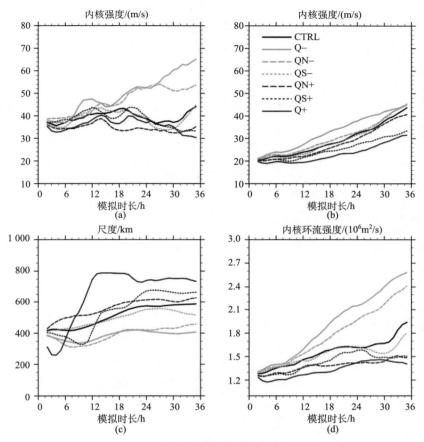

图 5.64　各个试验结构特征指数的发展

（a）内核强度；（b）外核强度；（c）尺度；（d）内核环流强度

模拟过程中不断增大，并在 36 时达到 65 m/s，远远大于对照试验。外核强度始终没有超过内核强度，尺度与对照试验相比明显偏小。而内核环流强度比对照试验要强。这些说明在一个相对干燥的环境中热带气旋更容易发展成相对较小但涡度更强的气旋。

在一个相对潮湿的环境（如 Q＋、QN＋和 QS＋），内核和外核的增长率明显要比对照试验慢。尺度不断增大，而内核环流强度的增强要比对照试验慢。潮湿环境容易在热带气旋的外核形成较大范围的风速极大值区。与对照试验相比，Q＋、QN＋和 QS＋所模拟的热带气旋尺度更大，内核环流强度更弱。

3）垂直结构

热带气旋风场结构的变化与次级环流关系密切，图 5.65 与图 5.66 分别显示了各模拟试验主环流与次级环流在快速增强期的特征。主环流即热带气旋的切向风，次级环流由径向风与垂直运动组成。在对照试验的快速增强期，外核区域的雨带径向向内传播并与主眼墙对流融合，这是切向风径向扩展的结果（图 5.65 对照试验）。中层（3～9 km）

外围雨带非绝热加热场扩展到外核区域（图 5.66 对照试验）。由非绝热加热引导的上升气流随高度径向向外倾斜，中层入流速度随高度不断减小。边界层内最大上升发生在半径约 200 km 处，同时也是中低层入流能够到达的热带气旋中心处。

　　与对照试验相比，Q－和 QN－中模拟的切向风速较大，水平范围较小。对照试验中 30 m/s 的切向风水平范围可达 300 km 左右，但在 Q－和 QN－中只有 200 km。在眼墙和内雨带有较大的非绝热加热率，而在外核由于外围雨带对流的缺乏导致没有非绝热加热场。

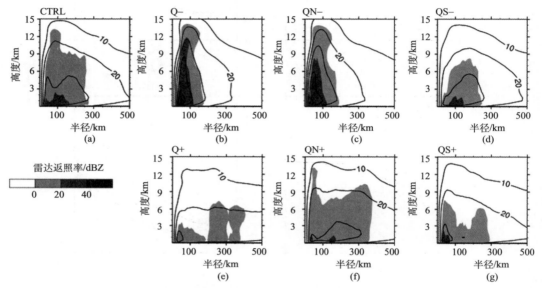

图 5.65　各个试验模拟的快速增强期切向平均的雷达回波（阴影，单位：dBZ）
和切向风速（等值线，单位：m/s）的垂直剖面（$t=24\sim36$ h 的平均值）

　　在一个相对潮湿的环境中（Q＋、QS＋和 QN＋），热带气旋有相对较小但范围较大的切向风。外核较宽的对流产生的凝结潜热遍布整个外核。在 Q＋中，中层非绝热加热场的水平分布范围甚至比对照试验大。产生的次级环流体现了中层外核区域入流的缺乏。100 km 附近雨带对流下方低层入流减慢，上升中径向向外倾斜，并反馈到中层雨带（图 5.65 中 Q＋）。这种翻转次级环流与 Moon 和 Nolan（2010）提出的热带气旋结构与雨带潜热释放的动力响应相一致。

3. 结果分析

1）环境水汽对水汽扰动的敏感性

　　图 5.62 中垂直切变（水平方向 200～600 km 内 3～9 km 高度处环境气流的改变）的演变过程，在尺度增长期，对照试验、Q－、QN－、QS－和 QN＋在 $t=12$ h 时有较弱的东向垂直切变（约为 1.8 m/s），而 QS＋和 Q＋在同时刻有较强的西南向垂直切变（约为 3.6 m/s）。对于所有试验，外围雨带最开始产生于西北方向，这与顺切变条件下有利于对流

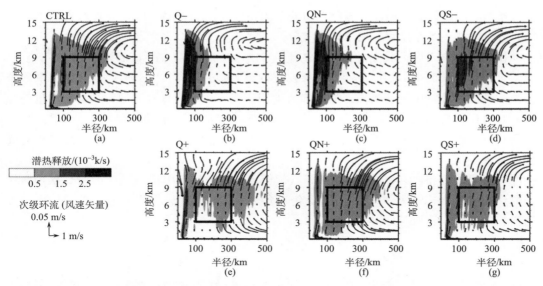

图 5.66　各个试验模拟的快速增强期切向平均的非绝热加热场(阴影，单位：10^{-3}K/s)和次级环流
(箭头，水平方向 Vr 和垂直方向 w)的垂直剖面($t=24\sim36$ h 的平均值)。粗线划出的区域为中层外核

产生一致(Wang and Holland，1996)。在 QS＋和 Q＋中，这个 3.6 m/s 的西南向切变对最
初西北向外围雨带有抑制作用。这个雨带不断减弱并在 $t=12\sim24$ h 时在外核东侧形成另
一个雨带。这种现象与其他试验不同，在对照试验，Q－、QN－、QS－和 QN＋中垂直
切变方向没有太大改变，在 $0\sim36$ h 内最初的雨带在西北部保持准静止状态。

　　在试验中，水汽的改变导致了环境气流和垂直风切变的改变(Q＋和 QS＋)，这意
味着水汽可以通过改变环境气流间接改变其结构。以下将评估外围雨带潜热释放对热带
气旋结构变化的贡献。因为在对照试验、Q－、QN－和 QS－中环境气流非常相似，因
此以下只分析这几组试验，这就需要排除环境气流对热带气旋结构的影响和贡献。

2) 热带气旋对水汽量的敏感性

　　通过平衡涡旋模型，可以诊断出加热场引起的次级环流变化，然而这些变化是如何
影响热带气旋切向风速(主环流)的呢？可以通过热带气旋的切向风速收支方程[式
(5.5)]来判断切向风速随时间的变化(Xu and Wang，2010)：

$$\frac{\partial \bar{v}_t}{\partial \tau} = -\bar{v}_r\bar{\eta} - \overline{v'_r\eta'} - \overline{w}\frac{\partial \bar{v}_t}{\partial z} - \overline{w'\frac{\partial v'_t}{\partial z}} + \overline{F_{sy}} \tag{5.5}$$

式中，t 为时间；z 为高度；v_t 为切向风速(主环流)；v_r 和 w 分别为径向风速和垂直
速度(次级环流)；η 为绝对涡度的垂直分量；$\overline{(\ )}$ 为切向平均项；$(\ )'$ 为切向扰动项。方
程右边的五项分别表示：①平均径向风对平均角动量的平流(mean radial advection)；
②扰动径向风对扰动角动量的平流(eddy radial advection)；③平均垂直速度对平均角动
量的平流(mean vertical advection)；④扰动垂直速度对扰动角动量的平流(eddy vertical
advection)；⑤次网格尺度的湍流混合及地表摩擦力。对模拟的热带气旋进行切向风收

支分析时，用模拟的风场计算方程左边的平均切向风速变化率，以及方程右边的①～④项，然后通过平衡方程两边来求出第⑤项。

快速增强期切向风收支方程各项的垂直剖面如图 5.67（对照试验）和图 5.67（Q—）所示。在对照试验中，切向风倾向外核要比内核大[图 5.67(a)]。平均径向风对平均角动量的平流对外核中层切向风速的增加有抑制作用，而平均垂直运动对平均角动量的平流对其有促进作用[图 5.67(c)]。如图 5.67(e)、(f)所示，扰动项要比切向平均项小，但仍不可忽略。在外核中层次网格强迫可以忽略是因为在中层自由大气中摩擦和垂直混合相对较小。

与对照试验相比，Q—模拟的热带气旋切向风速在外核中层有较低的增长率，而切向风速在内核增长较快[图 5.68(a)]。绝对角动量的径向向外输送所起的抑制作用由可达内核的中层入流所补偿[图 5.68(c)]。

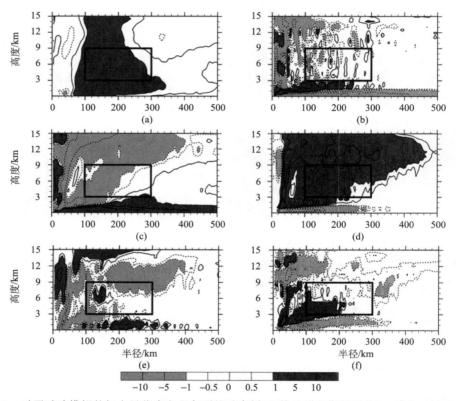

图 5.67 对照试验模拟的切向风收支方程各项的垂直剖面（快速增强期的平均），单位：$10^{-4}\,\mathrm{m/s^2}$，深灰色表示大于 $10^{-4}\,\mathrm{m/s^2}$，而浅灰色表示小于 $10^{-4}\,\mathrm{m/s^2}$。粗线划出的区域为中层外核
(a)切向风速随时间变化；(b)次网格尺度的端流混合以及地表摩擦力；(c)平均径向风对平均角动量的平流；(d)平均垂直速度对平均角动量的平流；(e)扰动径向风对扰动角动量的平流；(f)扰动垂直速度对扰动角动量的平流

之前理想试验已表明，环境水汽的改变会造成平均切向风的改变（Wang，2009；Hill and Lackmann，2009）。此试验结果表明，减少环境水汽会使切向风在外（内）核有较低

(高)增长率。Bister(2001)认为，外围雨带对流凝结潜热释放使外围气压降低，同时减小径向气压梯度，从而减弱主环流。此试验证实了这一结论，Q—中外核区域径向气压梯度力要比对照试验大。增大的气压梯度力可以来解释促使绝对角动量向内输送至内核的中层入流。

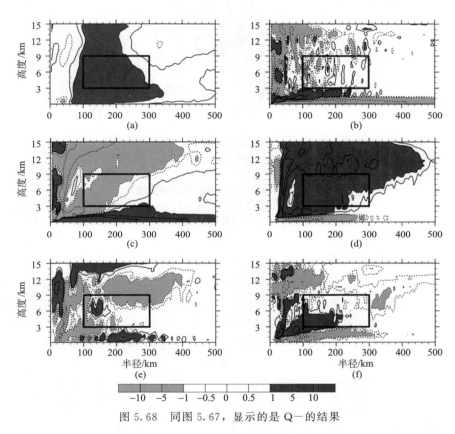

图 5.68　同图 5.67，显示的是 Q—的结果

3) 热带气旋对水汽分布的敏感性

正如前面所提到的，水汽的分布对热带气旋的结构具有明显影响。在台风"泰利"南部和北部减少等量的水汽并没有产生相同的结果，而对来自北部的水汽更敏感。计算对照试验模拟的热带气旋内核气块的后向轨迹(图 5.69)，可以看到，进入内核的气流大多数来自西北象限，只有很少的几条轨迹是从南部卷入气旋内核的。而且以 600 km 半径来看，从西北和北部进入内核的气流大约只经历了 15 h，而从南部来的气流要经过至少 30 h 才进入内核。在其他试验中也得到了同样的结果。所以即使南部的水汽较少，在气块卷入热带气旋之前，有充足的时间从洋面获取水汽。这解释了为什么模拟的热带气旋呈现出对来自北部水汽的敏感性。

结合之前理想试验(Wang，2009；Hill and Lackmann，2009)的结果，图 5.70 给出了热带气旋涡旋结构对不同环境水汽的响应(图 5.70)。理想试验中没有考虑垂直风切

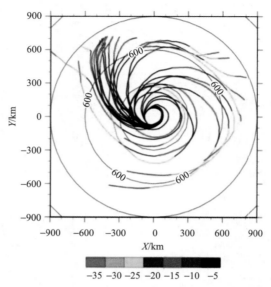

图 5.69　对照试验模拟的热带气旋后向轨迹图，颜色代表
积分的时长(h)，X 和 Y 坐标为距热带气旋中心的距离

变，形成了较为对称的热带气旋。当环境水汽较多时(图 5.70)，热带气旋尺度增大。
其尺度增大的过程往往伴随双眼墙替换的过程。当环境水汽较少时[图 5.70(b)]，次级
环流的加强会使热带气旋收缩，尺度减小并且外围对流活动减少。与较多的环境水汽
相比，环境水汽较少时热带气旋增长更快并有一个较短的生命周期。对于在环境气
流作用下呈现非对称性的热带气旋，水汽的不同分布也会造成不同的结构变化。总
体上，热带气旋雨带对来自它上游的水汽比较敏感，下游区域的水汽多少对其结构
没有很大的影响。当雨带上游水汽供应较多时[图 5.70(c)]，外围雨带不断变大，释
放的凝结潜热使上升运动有所加强并减弱了绝对角动量向内径向输送，从而减弱了
内核强度。当雨带上游水汽较少时[图 5.70(d)]，雨带中的对流受到抑制，尺度减
小，内核强度增强较快。

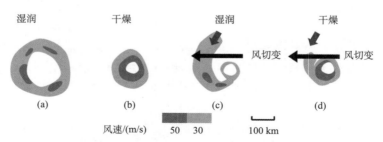

图 5.70　热带气旋风场结构在不同环境水汽场下的变化的概念模型

5.2　陆上台风的结构和强度变化

5.2.1　台风在陆面上的维持条件

热带气旋登陆后，因陆面摩擦、能量耗散，其总的趋势是要衰亡的。但有的 TC 登陆即消亡，有的却能在陆面维持数天，甚至再度加强。一个深入内陆不消亡的台风往往是一个危险信号，一场新的灾害可能由这个不消残涡引发出来。TC 登陆维持往往是环境输送涡度、下垫面输送潜热通量、从中纬度获取斜压能量、低纬洋面仍有水汽输入或处于高空强辐散之下所造成。Chen(1998)指出，登陆台风在以下几种环流条件下将持续较长时间：①台风环流保持一定的水汽供给，或环流停滞在一块大的水面(湖泊、水库)上或一块被台风暴雨浇出的饱和湿土上；②台风环流中存在活跃的中尺度对流活动；③弱冷空气侵入台风环流引起变性；④登陆台风环流移入一个高空辐散区之下。另外，登陆 TC 边界层的结构十分重要，它会影响到台风能量的获得或耗散机制，关系到 TC 在陆上的维持和衰减。

1. 大尺度环流

对比登陆 TC 长久维持(LTC)和迅速消亡(STC)的大尺度特征发现，LTC 登陆后，在一个长波槽前有向偏北移动靠近中纬度斜压锋区的趋势，获取斜压能量而维持，而 STC 远离中纬度斜压锋区；LTC 登陆后，其高层与中纬度急流靠近，增强了其向东北方向的高空流出气流，辐散增强，而 STC 不存在这样一支流出气流。LTC 登陆后仍与一支低空急流水汽输送通道连接，而 STC 很快与这支水汽通道分离。因此，一个 TC 登陆后，可从其进入的环境场特征，如移动方向趋势、与水汽通道的联结情况、与斜压锋区的关系及其高空流出气流等，初步判断其是长久维持还是迅速衰减。

2. 水汽条件

热带气旋登陆后，直接来自于海洋的水汽供应被切断。若能从其他渠道获得水汽输送，则容易长久维持。研究表明(李英等，2004a)，LTC 的主要水汽输送带是西南风低空急流，其水汽来源可追踪到中国南海至孟加拉湾以及中国东部海域。数值试验结果表明(李英等，2005b)，外界水汽输送有助于热带气旋环流内中尺度系统和积云对流活动。外界水汽输送通道被截断后，登陆热带气旋迅速衰减。LTC 常能从外界获得热量和水汽补充来支持积云对流的发展，同时积云对流导致的热量、水汽垂直输送和凝结释放又有助于 TC 维持。

3. 中尺度对流活动

一个 TC 登陆后能否继续维持或再度加强，除考虑大尺度动力因素的影响外，其环流中次天气尺度系统的作用也不可忽视。中尺度对流活跃是登陆 TC 维持的一种表现方式，同时也是台风能量耗散的一种机制。研究发现(李英等，2004b)，深入内陆 TC 仍具有螺旋云系和波状的次天气尺度环流结构，有助于其维持。当螺旋云系分散、次天气系统波状结构特征消失时，TC 减弱消亡。TC 与其中尺度系统之间动能和涡度交换的诊断分析发现，当登陆 TC 从其环流中的中尺度系统获得较强正涡度和动能补充时，有利于其维持和再度加强；当 TC 从中尺度环流中获得的正涡度较弱且无动能补充，登陆 TC 趋于消亡。

4. 陆面过程

TC 登陆后下垫面由海洋转为陆面，陆面过程对台风登陆后的活动有重要影响。台风"云娜"（Rananim，0414）深入内陆维持于鄱阳湖一带，模拟结果表明（Wei and Li，2013），陆面过程对其移动趋势、大尺度环流和强度影响不大，但对其中尺度结构及其维持有影响。陆面过程可造成地表感热和潜热通量的不均匀分布，在对流层低层大气产生能量（湿焓）锋区，从而改变台风内部局地中尺度环流，影响其中尺度结构和降水。陆表状况也是影响台风维持的一个重要因子。研究发现（Zhang et al.，2012），内陆大尺度水面对 TC 衰减有明显的减缓作用。TC 在陆面上的平均衰减率为 3.2 hPa/6h，在湖面上仅为 0.9 hPa/6h，出湖面后为 1.4 hPa/6h。对缓慢通过鄱阳湖台风"云娜"与快速通过湖面的台风"桑美"（Saomai，0608）分别进行有无湖面的数值试验，发现湖区的动、热力学条件有利于台风"云娜"的强度维持。

而 TC 降水常常会造成陆面状况的改变。当 TC 登陆后在某一内陆地区停滞少动而暴雨不止时，会使下垫面土壤呈过饱或大面积积水，这有利于 TC 低压在陆面维持。7503 号台风"Nina"深入内陆后暴雨不断。研究其暴雨造成的饱和湿地边界层通量对台风的影响，结果表明（Li and Chen，2007），湿地边界层通量对停滞少动 TC 的强度变化有重要影响；潜热和感热量通量均有利于热带气旋的维持，其中潜热通量作用显著，感热通量的作用较小。动量通量（摩擦作用）则是热带气旋低压填塞的主要原因，但可造成局地降水增幅。

5. 变性过程

登陆 TC 进入中高纬度地区的维持往往与其变性过程相联系，变性是其获得斜压能量的一种方式。但一些 TC 往往变性后消失，有的则能长久维持甚至再度发展。对比分析变性后发展和变性后消失两个 TC 的变性过程，结果表明（李英和陈联寿，2005，2006），变性 TC 均与中纬度高空槽发生作用。但变性后发展 TC 穿过槽前西南风高空急流与高空槽发生了耦合，变性后消亡 TC 仅靠近高空槽底，没有穿过高空急流过程。变性加强 TC 低层环流内有环状的中尺度锋生现象，而变性消失台风低层环流中无明显的锋生现象。TC 变性加强的原因与高层位涡扰动、TC 低压及低层锋区三者之间的相互作用有关。湿斜压性变化所激发的垂直涡度增长是 TC 变性加强的主要原因。数值试验表明，热带气旋变性加强过程与中纬度西风槽的强度密切相关。

5.2.2　水汽输送对陆上台风维持的合成分析

1. 合成分析

台风登陆后，陆面切断了来自洋面的水汽和能量对登陆台风的供应，台风强度往往迅速减弱、涡旋环流消散。但也不尽然，不少严重的登陆台风灾害都与台风登陆后长时间维持不消并深入内陆引起（特大）暴雨有关。登陆台风在陆上维持，需要来自外界的能量输入。对登陆后偏北行的台风，其残涡维持甚至变性复苏的能量来源于中高纬斜压有效位能向动能的转化，而低纬度登陆台风的维持则与季风涌与台风环流的相互作用有关。挑选两组台风个例，它们登陆强度、登陆点、路径趋势和登陆季节相似，但造成的降水及陆上维持差异显著，分别称之为强降水和弱降水台风。前者平均最大过程降水为 537.2 mm，24 h 雨量$\geqslant$50 mm 和 100 mm 的平均站次为 170.4 和 54.8，登陆 24 h 后仍能维持至少热带低压强度，48 h 后涡旋环流依然存在；后者平均最大过程降水仅为 164 mm，24 h 雨量$\geqslant$50 mm 和 100 mm 的平均站次为 21.8 和 3.2，登陆 24 h 后 60% 的个例已减弱为低气压，登陆 48 h 几乎所有的样本已经消亡。

通过动态合成分析研究其低层的水汽输送条件。850 hPa 水汽通量矢量场（图 5.71）表明，强降水台风登陆后仍保持与高值水汽通量区相联结，登陆 48 h 后与高值区的连结仍未继续维持，且涡旋环流依然十分清晰。而与弱降水台风联结的水汽通量要弱得多，登陆时并未与高值水汽通量区相连，登陆后水汽通量更是明显减弱。登陆 24 h 后涡旋结构已不太清晰。由此可见，台风登陆后若能与低纬度季风相互作用，持续获得水汽和不稳定能量供应，对其环流的维持和强度衰减的延缓有利。

高层暖心是台风结构最为突出的特征。分析强、弱降水台风区域平均气温差值随时间高度的变化，发现在对流层高层（200～300 hPa）之间存在着一个明显的正温差中心，即与弱降水台风相比，强降水台风高层暖中心特征更为显著。由于强降水台风持续与高值水汽通量区相连，持续获得水汽和不稳定能量供应，其积云对流活动比弱降水台风更加旺盛，释放的大量潜热被上升气流输送到高空，有利于形成更为明显的暖心结构，其强度和环流结构更容易得到维持。

2. 台风与季风涌的相互作用

强热带风暴"碧利斯"（Bilis，0604）是一个典型的陆上维持时间长并带来连续大范围特大暴雨的登陆台风。"碧利斯"于 2006 年 7 月 9 日在菲律宾以东洋面加强为热带风暴，之后向西北方向移动，7 月 13 日 14 时 20 分（北京时，下同）和 14 日 4 点 50 分先后登陆台湾宜兰和福建霞浦，登陆时中心最大风速为 30 m/s。登陆后偏西行，强度减弱，24 h 后减弱为热带低压并向偏西南方向移动，其气旋性低涡环流维持至 18 日后才趋于减弱[图 5.72(a)]。

台风"碧利斯"登陆后造成福建、广东、浙江南部、江西南部、湖南南部和广西大范围的强降水并酿成巨灾[图 5.72(b)]，过程雨量超过 200 mm 的遥测站有 81 站次，超过 300 mm 的有 31 站次。另外，"碧利斯"造成的降水强度特别强，24 h 最大降水和过程最大降水分别为 358 mm 和 629.9 mm，其中 11 个测站过程降水超过 400 mm，3 个站超过 500 mm。

在整个登陆及强降水影响期间，"碧利斯"与一条西南低空急流带长时间相连。尽管登陆 24 h 后"碧利斯"即减弱为热带低压，但其涡旋环流维持数日不消。分析发现，"碧利斯"登陆后低层始终有一条高值水汽通量带与其环流保持联结。登陆约 37 h 后，850

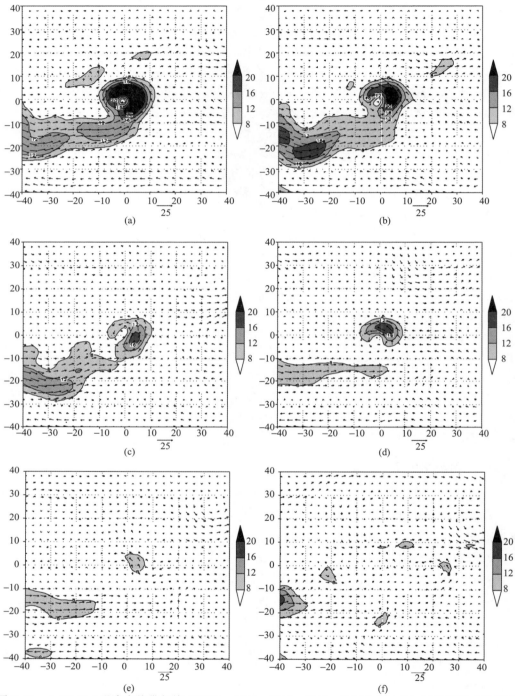

图 5.71　(a)(b)(c)强降水热带气旋＜7503、8107、8607、9009、9711＞和(d)(e)(f)弱降水热带气旋＜7515、9418、9615、0008、0313＞登陆时、登陆后 24 h 和登陆后 48 h 合成 850 hPa 风场(矢量，单位：m/s)和水汽通量[阴影，仅给出≥8 的区域，单位：g/(s·hPa·cm)]

横纵坐标代表距离台风中心的格点数，负数代表向西、向南，热带气旋位于坐标原点，格距为 1.0 经纬度

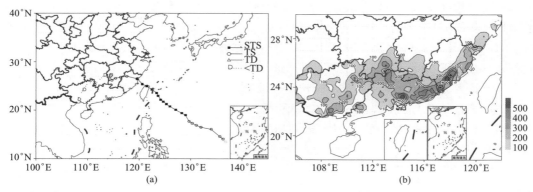

图 5.72　2006 年 7 月 14 日 0 时至 7 月 19 日 0 时 Bilis(0604)(a)路径
及(b)过程降水量(单位：mm)

hPa 流场及水汽通量场，其环流东侧最大水汽通量值超过 40g/(s·hPa·cm)。如此强
的水汽输送强度非常少见。

　　实际上，伴随着"碧利斯"的登陆过程是季风的暴发性增强。根据谢安和戴念军
(2001)的"季风指数"定义，计算南海中北部范围(105°～120°E，10°～20°N)季风指数，
发现在"碧利斯"登陆前，南海季风指数已明显增强，登陆后约 13 h 达到当年 7 月最强
值。从"碧利斯"登陆前及登陆后的 850 hPa 水汽通量动态合成图(图 5.73)可知，登陆
后西南急流依然十分强盛。尽管"碧利斯"登陆约 24 h 后即减弱为热带低压，但强盛季
风涌输送至其环流的水汽通量仍可达 30～40 g/(s·hPa·cm)以上，"碧利斯"残涡依然
维持清晰的涡旋环流。

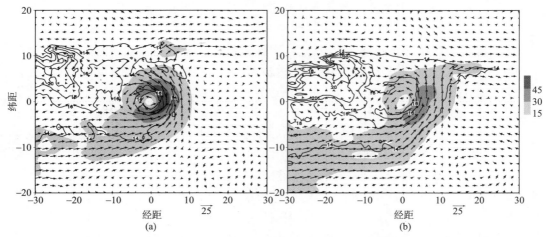

图 5.73　"碧利斯"850 hPa 风场的动态合成图[图中等值线为比湿，
单位：g/kg；阴影为水汽通量，单位：g/(s·hPa·cm)]
(a)登陆前 48 h 至登陆时的合成；(b)登陆时至登陆后 48 h 的合成

利用中尺度模式 WRF(V2.1.2)对"碧利斯"登陆过程进行模拟。初始时刻为其登陆前 6 h，即 2006 年 7 月 14 日 0 时，积分 48 h。设计多组方案，包括一个控制试验(CTRL)和 5 个敏感性试验。敏感性试验中不考虑所有边界水汽输送(NALL)，以及分别不考虑东(NE)、南(NS)、西(NW)、北(NN)各边界的水汽输送。后四种试验的目的在于讨论各方向水汽输送对"碧利斯"陆上维持及造成强降水的重要性。

各敏感性试验与控制试验预报的"碧利斯"中心最低海平面气压的偏差(图 5.74)表明，切断各边界的水汽输送均能使"碧利斯"强度衰减。其中 NALL(实心三角线)对低压的填塞作用最为明显。对比四个边界，试验 NS(实心方块线)对 TC 强度的衰减作用比 NE、NN 和 NW 试验强得多，说明来自南边界的水汽输送对"碧利斯"维持的影响最为重要。

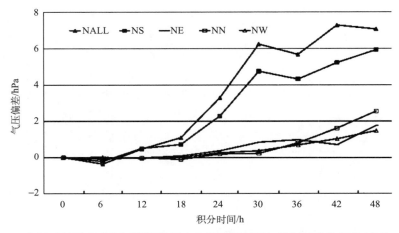

图 5.74　各敏感性试验中"碧利斯"最低中心海平面气压与控制试验的偏差(单位：hPa)

水汽是成云致雨的必要条件。当外界(主要是南边界)水汽持续输入时，"碧利斯"环流内维持高水汽含量，积分至 48 h，环流内最高比湿能维持在 18 g/kg 以上，尤其是西北侧的东北大风区内[图 5.75(a)]。而切断边界水汽供应后，"碧利斯"强度和结构均会受到影响。当不考虑气旋与外界的水汽交换时，"碧利斯"环流内水汽不断减少，积分至 48 h，其西北侧比湿下降至 14 g/kg 左右，而西南季风涌(monsoon)中比湿下降至 4 g/kg 左右[图 5.75(b)]。追踪干舌发展，发现均从边界入流开始，沿着流线向气旋环流内逐渐伸展，其中南边界干舌伸展速度最快，这与西南季风的强劲风速相关。其次是北边界西部，截断此处的入流水汽大大减少"碧利斯"西北侧的水汽含量。

同时，截断边界水汽后，"碧利斯"环流结构逐渐发生变化。随着积分时间的增加，"碧利斯"逐渐丧失了涡旋环流特征[图 5.75(c)]，最终演变为切变线[图 5.75(d)]。此外，切断水汽供应后，"碧利斯"东南侧的西南(偏南)风上游风速减小，下游风速加大，出现风速辐散。而"碧利斯"西北侧的偏东北风也有所减小。而且，截断边界水汽输送，低层相对涡度场由原来与气旋环流分布一致的东北-西南向的准对称椭圆分布演变为南北向的涡度带，且相对涡度值明显减小，其中南边界水汽对涡

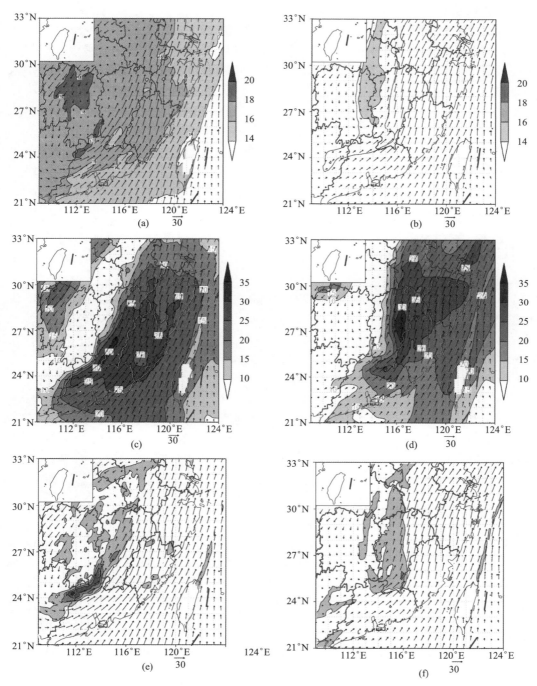

图 5.75　控制试验和 NALL 试验积分至 48 h 的 850 hPa 比湿(单位：g/kg)、

风场和相对涡度场(单位：10^{-4}/s)

(a)控制试验比湿；(b)NALL 试验比湿；(c)控制试验风场；

(d)NALL 试验风场；(e)控制试验相对涡度；(f)NALL 试验相对涡度

度带强度和分布影响最为显著。

　　另外，对比控制试验，发现不考虑边界水汽输送时，"碧利斯"中心区域的上空位温将有所降低，而且随着积分时间增加位温下降越明显。这表明中低层边界暖湿气流被截断后，水汽、降水等变化引起潜热释放及向上输送减弱有关，导致了高层暖心的减弱。

5.2.3　台风残涡的复苏

1. 复苏的概念

　　观测事实表明，登陆热带气旋会带来暴雨，热带气旋登陆后由于陆面摩擦等作用，强度会逐渐减弱，其降水一般也随之减弱；但有少数热带气旋减弱后的残涡（remnant）降水反而会突然加强，产生第二轮暴雨，雨强甚至超过登陆时暴雨，这种现象称为登陆热带气旋降水增幅（rainfall reinforcement associated with landfalling tropical cyclones，RRLTC）[①]，也称台风残涡复苏（revival）。

　　由于登陆热带气旋降水增幅的突发性和高强度，往往造成预报失败，酿成巨灾，灾情之严重甚至超过登陆过程造成的灾害。如早年的台风"妮娜"，在其深入内陆且强度减弱为热带低压（TD）后突发降水增幅，创下我国大陆的降水极值，引发了著名"河南75·8"特大暴雨洪水，造成人员伤亡和经济损失惨重。近年的"泰利"台风和强热带风暴碧利斯登陆后均发生了降水增幅，诱发多省（区）严重洪涝、滑坡和泥石流，致灾十分严重。尽管热带气旋路径预报水平近年来得到稳步提高，但由于热带气旋降水影响因子复杂，涉及大、中、小多尺度相互作用和降水微物理过程，对于其机理认识还十分有限，TC降水预报水平提高缓慢（陈联寿，2006；Chen et al.，2010）。登陆热带气旋降水预报是业务预报中亟待提高的难题。可见，台风残涡复苏灾害深重、机理复杂、预报困难，是台风研究领域的前沿和难点之一。

2. 台风残涡复苏的气候特征

　　Dong 等（2010）用 Lagrange 移动坐标，通过追踪某时段 TC 降水中心附近前三个最大雨强平均值的时间变化来描述热带气旋的降水变化，当平均雨强的增加达到一定标准，则定义为 RRLTC，其中 24 h、12 h、6 h 各时段降水增幅的具体标准分别为 15 mm、12 mm 和 10 mm。据此标准统计得到，年均各有 0.58 个、1 个和 1.9 个 LTC 造成不同时段的降水增幅，分别占 LTC 总数的 9.7%、17% 和 31%。对 24 h 的 RRLTC 气候特征分析，得出以下结论。

　　1）RRLTC 的时空分布特征

　　RRLTC 发生频率和强度的年际变化较明显，从长期的线性趋势看，发生频率近 10

　　① 董美莹. 登陆热带气旋降水增幅机制研究. 中国气象科学研究院与南京信息工程大学联招博士研究生学位论文. 2010.

年略有增加，但不显著；而近 10 年增幅强度增加趋势显著。RRLTC 集中发生在 7～9 月，8 月最多(48.7%)，9 月最少；各月降水增幅强度变化不大。降水增幅可以发生在登陆第 3～5 天，有 64.9% 的 LTC 增幅发生在登陆第三天，增幅频率随时间呈线性递减。

2) RRLTC 的空间分布

RRLTC 中心主要位于靠近海岸线和山脉附近[图 5.76(a)]。其中位于海岸线附近、山脉东坡和南坡分别为 49%、22% 和 16%。RRLTC 发生频率最高的是广西，其次山东，第三是广东，各占 23%、15% 和 13%。而强度居于前三位的是安徽、辽宁和上海，强度分别达到 184.7 mm、116.3 mm 和 92.9 mm。降水增幅的强度和频率相对 TC 中心的非对称性十分显著；TC 的东北、西南象限和距 TC 中心 5 纬距以内范围是发生雨量增幅中心的重要落区。

3) 引发增幅的 LTC 路径

引发增幅的 LTC 登陆后主要有两个高频通道[图 5.76(b)中带箭头粗实线所示]：一是北上通道，如图中 T1 所示，LTC 登陆后主要向偏北或西北方向移动，诱发了山东东部大暴雨的 9417 号台风"Fred"就属于这种路径，华东华北的降水增幅多与这一路径相关；二是西行通道(图中 T2 所示)，登陆后向偏西或西南方向移动，易造成华南华中的降水增幅，造成严重洪涝的强热带风暴"碧利斯"就是这种路径；这两种路径在增幅 LTC 中所占比例分别为 51.5%、27.3%。

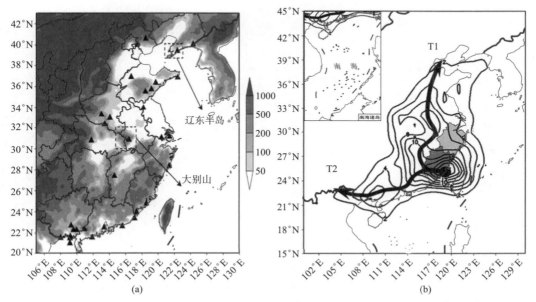

图 5.76　(a)地形和降水增幅中心的分布(黑三角表示降水增幅中心，阴影区表示地形高度)；(b)所有增幅 LTC 的陆上活动频率分布(单位：‰，带箭头粗实线示意高频通道，T1、T2 各表示北上和西行通道)

4）RRLTC 的强度和移速

84.4％的降水增幅都发生在热带气旋是 TD 强度时，发生在热带风暴（TS）和强热带风暴（STS）强度的各占 9.4％和 6.2％。增幅的强度也是 TD 最强（67.6 mm），STS 最弱（26.5 mm）。约 70％LTC 发生 RRLTC 时移速变慢，增幅时移速平均减慢了 11％。其中 2005 年"泰利"台风，增幅时移速仅为其平均移速的 1/3。

3. 台风残涡复苏的成因分析

影响登陆热带气旋降水增幅因素主要来自三方面：①环境大气，包括中纬度西风槽、季风涌、高低空急流等；②下垫面，包括陆面地形、江面湖面、热岛效应等；③内部条件，包括 LTC 残涡内部的中尺度系统生消发展。

1）西风槽与残涡的相互作用

对北上 TC 发生降水增幅类和非增幅类环境大气合成分析显示，增幅类残涡往往和中纬度西风槽相互作用[图 5.77（a）～（c）]，北上 TC 逐渐向西风槽及纬向锋区靠近，至增幅当天 TC 进入斜压锋区，西风槽和 TC 发生南北叠加，发展为一个深槽。涡度场变

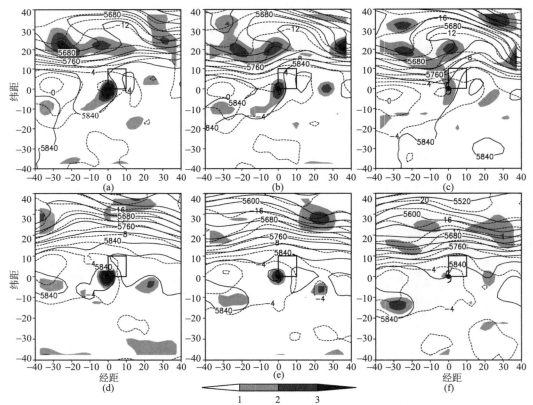

图 5.77　500 hPa(a)～(c)增幅类和(d)～(f)非增幅类增幅前 2 天(左)，增幅前 1 天(中)和增幅当天(右)位势高度(实线，单位：gpm)、温度(虚线，单位：℃)和涡度场(阴影，单位：10^{-5}/s)演变 TC 位于坐标原点，坐标为经纬度，向北向东为正，向南向西为负，粗黑线表示西风槽，方框表示 TC 东北象限

化显示出西风槽和 TC 正涡度区的合并。而非增幅类[图 5.77(d)～(f)]并无涡槽南北叠加现象。同时，增幅类 TC 的上升运动区和西风槽前上升运动逐渐靠近并在增幅当天合并为位于 TC 东北象限的上升运动，强度加强。而非增幅类的上升运动随着 TC 强度的减弱而减弱，也无与西风槽及上升运动的合并过程。因此，涡槽叠加是北上 TC 发生RRLTC 的重要条件。

　　Dong 等(2013)数值试验表明，不同强度冷空气可以导致增幅降水范围及中心的明显改变，增幅强度可差一倍以上，适度冷空气入侵使降水增幅达到最大。适度冷空气的入侵使残涡气柱变得不稳定，低层强辐合和高层强辐散，以及强上升运动在某地维持少动，促成该地降水急剧增幅。TC 以东准纬向锋区与降水增幅区有较好对应关系，这与飓风 Agnes(1972)和碧利斯强降水(Gao et al.，2009)成因中得到的锋区对强暴雨落区有重要影响相一致。

　　2）季风涌和残涡的相互作用

　　当西南季风与热带气旋相互作用时，西南季风的充沛水汽供应也是热带气旋出现降水增幅的一个基本因子，其中一个实例就是强热带风暴"碧利斯"。对西行 TC 降水增幅类和非增幅类合成分析显示，增幅类在 850 hPa 高度表现为低纬槽的加深，槽前西南气

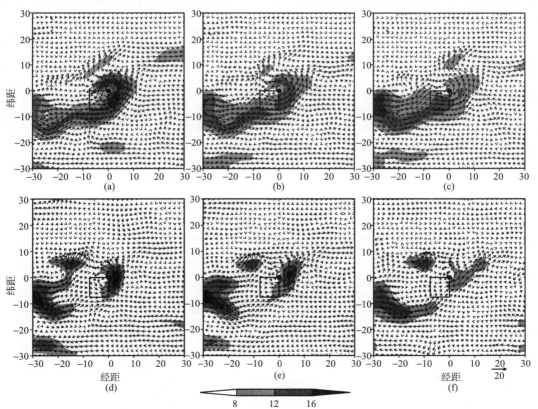

图 5.78　850 hPa 增幅类(a)～(c)和非增幅类(d)～(f)水汽通量变化

阴影为大小，单位：g/(s·hPa·cm)，其他说明同图 5.77

流加大[图 5.78(a)～(c)]。这种西南季风携带大量潮湿季风云团(loud cluster)形成季风涌与残涡联结，使其获得水汽能量，得以在陆上长久维持，并造成暴雨增幅。相反，非增幅类中没与西南急流持续相连[图 5.78(d)～(f)]。

一个 LTC 的残涡，在陆面摩擦耗散的作用下，必将趋于消亡。若残涡降水出现增幅，必然获取了新的能量。对北上和西行两类 TC 的不同能量形态诊断得到：北上 TC 在增幅期间有冷空气入侵使有效位能释放。西行路径在增幅当天低层有较强水汽通量并产生大量潜热释放。因此，LTC 降水增幅能量来源有两种可能：一是弱冷空气的入侵促成斜压位能释放，这种过程多发生在北上路径 LTC 中；二是季风涌水汽输送加强提供的潜热能，这种过程多发生在西行路径 LTC 中。

3) 急流和高空辐散

对北上和西行类降水增幅 TC 的 200 hPa 形势分析表明，增幅类上空均有强辐散。北上 TC 增幅当天西风急流入口区南侧的强辐散区移入 TC 东北象限，对应低层有上升运动加强，有助于 RRLTC 发生，也是北上 TC 增幅降水中心易落在 TC 东北象限的原因。

4) 下垫面地形影响

数值研究还得到，大别山地形与台风"泰利"(Talim，0513)降水增幅的强度密切相

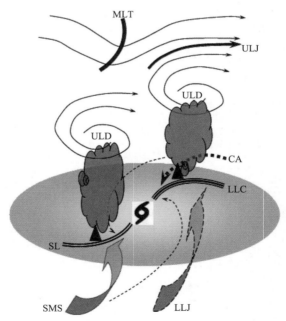

图 5.79 登陆热带气旋降水增幅影响机制的概念模型
图中：MLT. 西风槽；ULJ. 高空急流；ULD. 高空辐散；CA. 冷空气；LLC. 低层辐合线或锋区；▲山脉；LLJ. 低空急流；SMS. 西南季风涌；SL. 切变线

关，大别山可使降水增幅强度增加约 15%。大别山地形的存在导致了地形辐合线和中 β 尺度低涡的形成和发展，使得迎风坡气流辐合加大，以及中低层涡度辐合和上升运动总体加强。增幅期间，地形强迫垂直运动占模式最低层总垂直运动的 50% 左右，地形强迫对上升运动及降水增幅有明显贡献。

以上是台风残涡复苏——登陆热带气旋降水增幅的主要影响因子，一个台风残涡复苏往往和以上的一个或多个因子有关，可初步总结为以下概念模型(图 5.79)，LTC 移速减慢甚至停滞少动是降水增幅的有利条件，它与西风槽相互作用获得的斜压位能及其与西南季风涌相互作用获得的潜热能是导致降水增幅的重要能源。偏北移动的 RRLTC 主要从中纬槽和冷空气获得位能，但也有低空急流的水汽输入影响；偏西移动的 RRLTC 主要从季风涌获得潜热能，有的也会有冷空气的作用。低层水汽输送、高空辐散、高低空急流耦合及次级环流、冷空气的入侵和地形强迫抬升作用是有助 LTC 降水发生增幅的条件。一个 LTC 降水是否会发生增幅，可以从环境影响(中纬度西风槽、季风涌、高低空急流)、LTC 自身特点(移向、移速、中尺度锋生、切变)和下垫面(山脉地形)等三方面特征来判别。

5.2.4 陆上台风的中尺度结构

台风登陆后尽管强度明显减弱，但受到陆面和中纬度天气系统等因子影响，其环流中的中尺度系统(MCS)仍十分活跃，常使台风残涡长久维持甚至加强，导致台风降水的突然增幅，造成除沿海外的二度大灾。例如，台风"妮娜"深入内陆后与河南地形相互作用生成中尺度辐合线，这一辐合线上不断有对流性小涡生成，使暴雨积累成灾，造成了"75·8"河南特大洪水。研究表明，台风下垫面山脉地形辐合作用会在台风环流内生成强对流运动和中小尺度涡旋系统(陈联寿等，2002)，这种结构将在相应地区产生强暴雨或大风。登陆台风与中纬度槽相互作用可使其 MCS 加强发展，改变台风强降水落区(孟智勇等，2002)。陆面状况也会影响台风对流系统活动，影响其中中小尺度结构和降水分布(Wei and Li，2013)。登陆台风内 MCS 的活动非常复杂，目前对台风内部 MCS 活动机理及其中尺度结构和仍不十分清楚。这里以台风"云娜"为例，对其深入内陆过程中环流内 MCS 的发生发展及其结构进行分析(Li et al.，2010)。

1. 台风陆地环流内 MCS 的活动

1) 中尺度对流云团的活动

从 2004 年 8 月 13 日的卫星红外遥感图像看(图 5.80)，13 日 1 时，台风"云娜"中心刚穿过浙江西部的丘陵地带，过去 24 h 的降水主要集中在沿海浙江和福建北部，内陆江西地区还未见明显降雨。13 日中午(04 时，图略)，在台风"云娜"中心西北约 2 个纬距处，安徽至江西省北部，开始有对流云团群生成，2 h 以后[06 时，图 5.80(a)]，对流云团迅速壮大，形成准南北向的对流云带，其中包含 6~7 个对流单体，每个对流单体的尺度为 100 km 左右，属于 β 中尺度[图 5.80(b)]。此后，对流云带继续发展合并，13 日 12 时合并为两个较大的对流云团，并向南靠近台风中心[图 5.80(c)]。在随后的 12 h，对流云团继续并入台风中心，同时台风中心向对流云团发展的西北方向移动，这使整个台风残涡云系加强。14 日 0 时，江西境内为密实的台风低压云团控制。13 日 0 时至 14 日 0 时，江西北部出现了 200 mm 以上的特大暴雨中心。

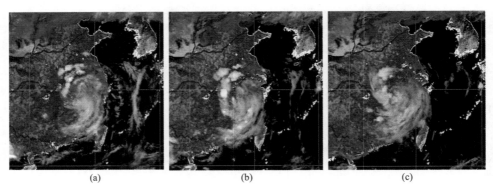

图 5.80　2004 年 8 月 13 日的卫星红外遥感图像

(a)6 时；(b)9 时；(c)12 时

2) 中尺度系统的活动

从 2004 年 8 月 12 日 18 时至 14 日 0 时 6 h 一次的地面观测风场、散度场(阴影，仅给出小于 $-2 \times 10^{-5} \, \mathrm{s}^{-1}$ 的辐合区)及其未来 6 h 雨量(mm，等值线)分布看(图 5.81)，2004 年 8 月 13 日 0 时[图 5.81(a)]，中高纬度冷空气偏北气流沿 115°E 南下至 29°N 附近江西地区，该处为向北开口的盆地地形，有利于冷空气堆积，形成了弱辐合区(符号 C 所示)。此时台风低压北部的偏东暖湿气流随台风西移，前锋已进入江西盆地，暖、冷空气之间形成一条弱的中尺度辐合线(MCL，双虚线)。2004 年 8 月 13 日 06 时[图 5.81(b)]，台风北部偏东暖湿气流进一步西移，而偏北风冷空气也加强南下，两支气

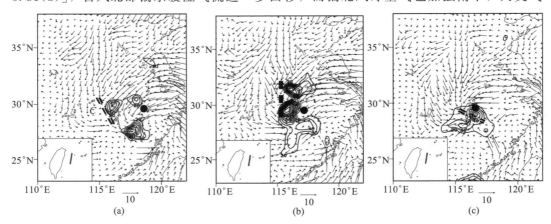

图 5.81　2004 年 8 月 12 日 18 时至 14 日 0 时每 6 h 地面风场、散度场(阴影，$\leqslant -2 \times 10^{-5} / \mathrm{s}$，间隔 2 个单位)及未来 6 h 累计降水(等值线，$\geqslant 20$ mm)分布(双虚线代表辐合线，圆点提示台风中心位置)

流在台风环流西北部形成的南北向 MCL 更为明显。与卫星云图中强对流云团带发生、发展的位置基本一致。未来 6 h 降水位于辐合线附近暖空气一侧，具有南北两个强降水中心。强雨团尺度 200 km 左右，6 h 降水最强可达 100 mm。2004 年 8 月 13 日 12 时，辐合线强度有所减弱，其负散度值减弱，范围变小，未来 6 h 辐合线附近的降水强度亦大为减弱。2004 年 8 月 13 日 18 时[图 5.81(c)]，原台风西部辐合线两侧风矢量强度继续减弱且方向趋于均匀化，辐合线消失，较强辐合区以及未来 6 h 的降水出现在台风中心附近由偏西冷气流与东北暖湿气流之间形成的 MCL 附近。此后，随着冷空气进一步侵入台风中心，台风强度迅速衰减，14 日 18 时消亡。

2. 台风陆地环流内 MCS 的结构

1）中尺度辐合线的环流结构

下面基于拉格朗日坐标（台风移速取 2004 年 8 月 13 日台风中心的平均移速，即 $u_0 = -3.5$ m/s，$v_0 = 1.2$ m/s）分析“云娜”环流内这一 MCL 的结构，进一步了解其生消及其对降水的作用。这里采用 Shuman-Shapiro 九点平滑公式，取平滑系数 0.5，对日本气象厅 20 km 格距的谱模式分析资料物理量场进行 5 次平滑，提取以 200 km 以下波长为主的中尺度扰动场进行 MCL 结构分析。

2004 年 8 月 13 日 6 时台风西北部的 MCL 比较明显并引起了强烈降水，图 5.82 为这一时刻 925 hPa、850 hPa、700 hPa 以及 500 hPa 上的扰动风场。图中显示，925 hPa 高度上 MCL 位于西北方向距台风中心约 160 km 处[图 5.82(a)]，850 hPa 上位于 200 km 处[图 5.82(b)]，700 hPa 上表现为气旋式风场切变，位于 280 km 附近，位置比 850 hPa 偏西 80 km，比 925 hPa 偏西约 120 km[图 5.82(c)]，500 hPa 上辐合线很弱，位置与 700 hPa 相似[图 5.82(d)]。这说明 MCL 仅在对流层低层比较明显，且随高度向西倾斜。300 hPa 高度上，相应 MCL 区域基本为辐散区。图中还显示，在辐合线附近约 100 km 范围内存在风场辐散区（图中符号 D 所示）。

图 5.83 给出 2004 年 8 月 13 日 6 时沿 280° 方向角横跨辐合线的垂直速度（等值线，10^{-3} hPa/s）和垂直环流场（用径向风与垂直速度制作），以及相当位温（K）垂直剖面。垂直运动剖面[图 5.83(a)]显示，700 hPa 以下低层，MCL 上有向西倾斜的上升运动（负值区）中心，从近地层距台风中心约 160 km 向西倾斜至较高层距台风中心 200 km，最强上升运动在 700 hPa 附近，上升气流可达 300 hPa 对流层高层。距台风中心 250～300 km 地区有一条狭窄下沉气流区，这样在辐合线上形成了径向垂直环流圈。从相应的相当位温垂直剖面看[图 5.83(b)]，台风环流内冷气团已控制距台风中心 300 km 以西区域，冷中心位于 700 hPa 高度附近。辐合线上空近地层和高层为相当位温高值区，700～925 hPa 层为低值区。这使 925 hPa 高度以下低层大气呈对流不稳定层结，以上较高层次呈对流稳定层结。2004 年 8 月 13 日 12 时，冷空气进一步侵入，辐合线上空中低层转为冷气团控制，低层大气层结主要表现为对流稳定，辐合线强度减弱。

由此可见，台风“云娜”环流西北部的 MCL 主要存在 700 hPa 以下低层并具有向西倾斜的上升气流及其垂直环流圈。

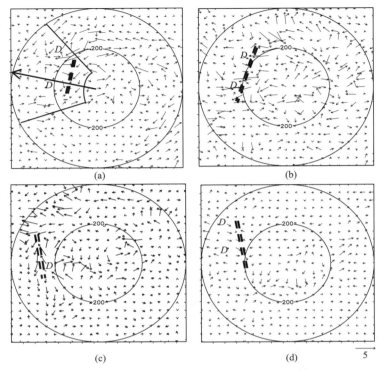

图 5.82　2004 年 8 月 13 日 6 时(a)925 hPa、(b)850 hPa、(c)700 hPa 和
(d)500 hPa 扰动风场(图中圆圈标示距图形中央台风中心的千米数,符
号 *D* 表示辐散中心,长箭头为沿风向 280°的垂直剖线,扇形提示下
文中的平均区域)

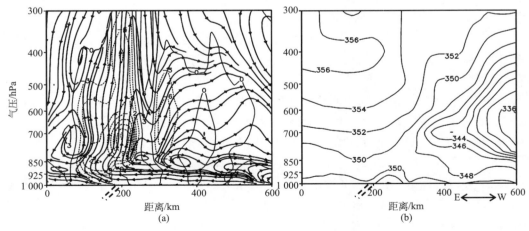

图 5.83　2004 年 8 月 13 日 6 时沿 280°方向角的(a)垂直速度(等值线,单位:10^{-3} hPa/s)和垂直流场
以及(b)相当位温(单位:K)场(横坐标为距台风中心的千米数,图下双虚线提示地面辐合线位置)

2）条件性对称不稳定（CSI）

一定条件下，涡旋大气中 CSI 的判据是湿位涡 q_w 小于零：

$$q_w = q_{w1} + q_{w2} = -g(\zeta + f)\frac{\partial \theta_e}{\partial p} - g\left(\frac{\partial u}{\partial p}\frac{\partial \theta_e}{\partial y} - \frac{\partial v}{\partial p}\frac{\partial \theta_e}{\partial X}\right) < 0 \qquad (5.6)$$

式中，$\zeta = \frac{\partial v}{\partial X} - \frac{\partial u}{\partial y}$；$q_{w1}$、$q_{w2}$ 分别为湿位涡的正压项和斜压项，其他为气象常用符号。MCL 结构分析表明，MCL 上空低层为对流不稳定，中高层为对流稳定层结，且伴有斜升气流湿气流。这一处于台风内部的斜升气流非常潮湿，相对湿度在 90% 以上。因此，可用湿位涡判别其条件性对称不稳定性。

图 5.84 给出 2004 年 8 月 13 日 00～18 时平均的沿 280°方向角 q_w[单位：10^{-6} m² · K/(s · kg)]的垂直剖面。图 5.84 中阴影显示 q_w 负值区，等值线为 $\partial \theta_e/\partial p$（单位：K/hPa）的分布。可见辐合线上空 900 hPa 以下低层，$\partial \theta_e/\partial p > 0$ 为对流不稳定，而以上层次 $\partial \theta_e/\partial p < 0$，为对流稳定。700～900 hPa，在 $\partial \theta_e/\partial p$ 的 0 线附近负值一侧的阴影区域满足条件 $q_w < 0$，故为条件性对称不稳定区（星号）。从正压项 q_{w1} 和斜压项 q_{w2} 对 q_w 的贡献看，CSI 区域 q_w 的负值主要来自于斜压项 q_{w2} 的贡献。因为该压域 $q_{w1} > 0$，CSI 的产生必然与较强的 q_{w2} 负值区域有关，即强湿斜压性是 CSI 产生的主要原因。同时，由于 CSI 区域是弱稳定的，即 $\partial \theta_e/\partial p$ 在 0 值附近，较强的 q_{w1} 正值说明垂直涡度得到了增长。

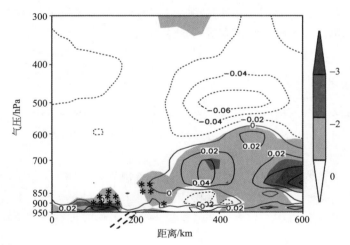

图 5.84　2004 年 8 月 13 日 00～18 时平均的沿 280°方向角的 q_w
（单位：10^{-6} m² · K/(s · kg)，阴影，仅给出负值区）和 $\partial \theta_e/\partial p$
（等值线，单位：K/hPa）（星号提示 CSI 区域）

由此可见，MCL 区域较低层大气为对流不稳定层结，较高层则为条件性对称不稳定。两类不稳定的共同存在有利于 MCL 附近对流运动的维持和发展。

值得注意的是，台风环流里的 MCL 实际上可看做台风外围一条弧状螺旋云带。目前人们倾向于用涡旋 Rossby 波理论来解释台风螺旋云带（Montgomery et al.，1997）的生成机制，涡旋 Rossby 波的成波机制是涡旋基本流涡度存在径向梯度。MCL 的发展作为较强扰动，可引起台风基流上涡度的分布变化，使其产生径向梯度。因此，MCL 的螺旋云带也可用涡旋 Rossby 波理论加以解释。

5.2.5　湖面对台风强度的影响

台风登陆问题主要是台风在陆地上维持和衰减的问题。台风登陆后，通常由于下垫面发生变化，海面水汽输送通道被切断，其能量最终被陆面摩擦耗散而消亡。尽管如此，但在陆面复杂下垫面情况下，台风有可能获取新的能量而在陆上长久维持，某些情况下甚至会再度加强。因此，不同下垫面对台风的影响，以及两者之间相互作用如何是人们应关注的问题，也是预报中的难点。这其中，陆面水体作为一个独特的陆面类型对台风的影响是一个值得研究的方面。陈联寿等（2004）指出，潜热释放及斜压位能释放是登陆热带气旋在陆面摩擦耗损下长久维持的两种主要原因，饱和湿土和内陆江面、湖面、水库等大型水体都是登陆 TC 的潜热能源，是登陆 TC 能量消耗和补充，以及在陆上衰减和维持的重要机制。如前文所讲，引起"75·8"大暴雨的台风"妮娜"登陆中国福建后移到河南滞留不消，并再度加强，与饱和湿土效应有关。Shen 等的数值模式结果表明，陆表水体可以减缓 TC 陆上衰减，TC 强度衰减率与下垫面积水的深度有密切关系。因此，TC 登陆以后要充分考虑陆面水体、陆面过程和降水反馈对 TC 维持的影响。

我国内陆水系发达，湖泊等大型水体数量众多，受登陆 TC 影响的主要包括鄱阳湖、洞庭湖、太湖、洪泽湖、高邮湖等，这些内陆湖泊均可为 TC 在陆上维持和降水提供条件。以下重点研究这五大水体对经过它们的登陆台风强度和结构变化的影响。

1. 统计分析结果

根据中国气象局整编的《热带气旋/台风年鉴》，重点选取 1980～2009 年 30 年中登陆我国的 TC 个例，对正面穿过或擦边经过上述五大主要内陆湖 TC 个数及强度变化进行统计分析。

表 5.5 给出了影响五大湖的 TC 个数统计，可以看到，近 30 年来登陆我国影响太湖的 TC 个数最多为 13 个，其次是影响鄱阳湖的 TC 个数为 11 个；相比之下，影响洞庭湖、高邮湖、洪泽湖的 TC 个数最少，加起来只占影响五大湖 TC 总数的 20%。

表 5.5　经过五大湖台风个数统计

湖泊名称	洞庭湖	鄱阳湖	太湖	洪泽湖	高邮湖
台风个数	1	11	13	3	2

由 TC 登陆后的路径可见（图 5.85），影响五大湖的 TC 移动路径分为 2 类，其中影响鄱阳湖、洞庭湖（以下简称鄱阳湖区域）的 TC 在陆地上的移动路径主要以西北行为主，而影响太湖、洪泽湖、高邮湖（以下简称太湖区域）的 TC 移动路径主要以偏北行为

主。进一步统计经过这 2 个区域 TC 在经过湖面前、过程中、经过后 TC 中心气压 6 h 变化情况。由表 5.6 看到，登陆 TC 经过鄱阳湖区域之前 TC 衰减速度为 2.9 hPa/6 h，经过湖面过程中衰减速度明显减弱，为 1.3 hPa/6 h。但可能由于在陆地维持较长时间，TC 经过鄱阳湖区域前强度一般已经减弱为热带风暴或热带低压，强度本身较弱，因此经过鄱阳湖湖面后，强度衰减速度更慢，仅为 0.5 hPa/6 h。而对于经过太湖区域的 TC，经过湖面时强度衰减比经过太湖区域前衰减速度明显减慢；而 TC 经过太湖区域湖面后强度衰减率明显高于经过太湖区域时的强度衰减率。综合考虑经过五大湖的 TC 强度衰减率可以看到，经过五大湖区时 TC 的平均衰减速度为 0.9 hPa/6 h，明显低于 TC 经过湖面前和经过后的强度衰减率。

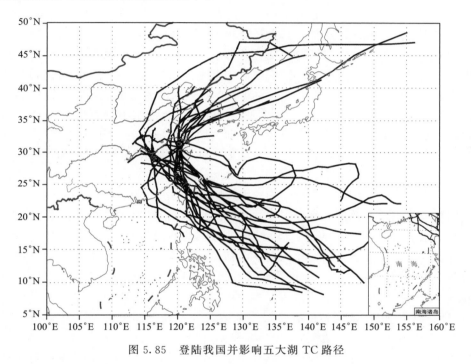

图 5.85　登陆我国并影响五大湖 TC 路径

表 5.6　经过五大湖区域 TC 强度衰减速度变化

湖面	经过前	经过	经过后
鄱阳湖区域	2.9 hPa/6 h	1.3 hPa/6 h	0.5 hPa/6 h
太湖区域	3.4 hPa/6 h	0.6 hPa/6 h	1.9 hPa/6 h
全部平均	3.2 hPa/6 h	0.9 hPa/6 h	1.4 hPa/6 h

2. 个例诊断分析

选取经过鄱阳湖强度基本维持不变的 2004 年强台风"云娜"（Rananim，0414）作为研究个例，研究湖面对 TC 内陆活动的影响。

"云娜"在 8 月 6 日上午于关岛的西北约 900 km 的西北太平洋上发展成热带低压，并于 8 月 12 日 12 时在浙江温岭登陆，登陆时中心气压为 950 hPa，中心最大风力达 12 级（45 m/s）。"云娜"登陆后先后穿过浙江、江西、湖南、湖北等省，带来灾害损失较为严重。

由日本气象厅云顶亮温（TBB）资料可以看到（图略），"云娜"穿过鄱阳湖前台风中心附近有一些强的中尺度对流系统活动，台风中心海平面最低气压为 994 hPa。在其穿过鄱阳湖过程中台风中心附近中尺度对流系统有所发展。当"云娜"穿过鄱阳湖后，台风中心距鄱阳湖很近，台风中心附近中尺度对流系统活动依然较为活跃，台风中心海平面最低气压为 995 hPa，12 h 台风强度仅减弱 1 hPa。

利用 NCEP 的 FNL 资料分析 850 hPa 比湿时间演变（图略），当"云娜"接近鄱阳湖，台风中心附近低层水汽逐渐增加，且台风穿过湖面过程中，台风中心附近，以及鄱阳湖上空比湿一直维持较高值。当"云娜"穿过湖面后，TC 中心附近比湿开始逐渐变小，TC 强度也逐渐减弱。进一步分析"云娜"穿过鄱阳湖水汽通量时间演变可以看到，"云娜"在穿越鄱阳湖前、后，850 hPa 等压面上台风中心附近水汽通量散度为正，即低层台风中心附近水汽辐散。但"云娜"穿过鄱阳湖过程，台风中心低层附近整体上以水汽辐合为主；台风中心附近低层垂直速度一直为负，即为明显的垂直上升运动（图略）。因此，当"云娜"穿过鄱阳湖过程中水汽条件，以及动力条件均有利于"云娜"强度的维持。

3. 数值模拟研究

使用新一代中尺度数值天气预报模式 WRF，对"云娜"穿过鄱阳湖过程强度变化进行数值模拟研究。以 NCEP 的 FNL 资料提供模式的初值场和随时间变化的边界条件，模式积分过程中，设计了 3 组对比试验，包括控制试验和 2 组敏感性试验，其中控制试验利用 NCEP-FNL 资料作为大尺度背景场并提供边条件，对初始场直接积分（以下简称 CNTR）；敏感性试验 1 中，大尺度背景场及边界条件不变，将模式初始场中鄱阳湖水体改为陆面（以下简称 LAND）；敏感试验 2 中，考虑地形高度因素，将鄱阳湖附近地区海拔小于 50 m 的地区变为水面（以下简称 WATER）。另外，根据相关文献[①]，鄱阳湖湖面初始温度与模式自带的统计数据有一定差距，因此，根据鄱阳湖的附近常规地面观测对模式数据进行了一定调整，将鄱阳湖湖面温度统一调高 3℃。

图 5.86 给出控制试验，以及敏感性试验对"云娜"强度的数值模拟结果。可以看到，控制试验中"云娜"在陆地上强度变化模拟结果与实况较为接近，穿过鄱阳湖期间模拟台风强度与实况的差距只有 2 hPa。另外，模拟得到的"云娜"在陆地上的移动路径也与实况较为接近。

而在 LAND 敏感性试验中，模拟的"云娜"强度变化与控制试验基本一致；但穿过鄱阳湖以后，较控制试验，强度衰减振幅相对要大一些。WATER 敏感试验结果可以看到，扩大湖面面积，路径的模拟与实况较为接近，且控制试验与敏感性试验路径无明显差别（图 5.87）。对于强度的模拟可以看到，"云娜"在穿过鄱阳湖过程中，强度较控

---

① 魏娜. 陆面过程对台风残涡维持和降水的影响. 中国气象科学研究院硕士研究生学位论文. 2012.

制试验明显偏强，而且强度衰减振幅显著减慢(图 5.86)。

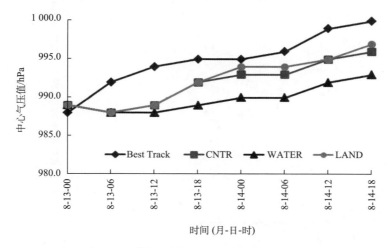

图 5.86　模拟"云娜"强度变化(单位：hPa)

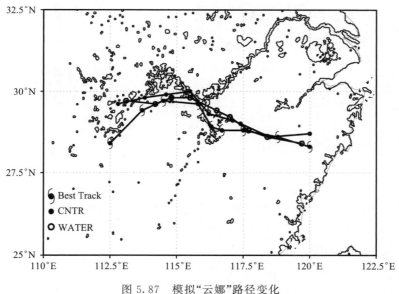

图 5.87　模拟"云娜"路径变化

　　由"云娜"穿过鄱阳湖湖面后 8 月 14 日 6 时 24 h 累计降水可以看到，在 WATER 敏感试验中，扩大湖面面积，"云娜"穿过鄱阳湖过程中引起的鄱阳湖上空及周边地区24 h 累计降水量比控制试验结果明显偏多(图略)。从动力学角度，8 月 13 日 18 时，敏感性试验中 500 hPa 位势高度上，"云娜"中心东南侧、鄱阳湖上空垂直运动[图 5.88(b)]较控制试验结果[图 5.88(a)]明显增强，而且 500 hPa 位势高度上，雷达回波的模拟，可以看到同样的结果(图 5.89)，即扩大湖面面积，模拟的雷达回波强度明显加强。

　　总之，扩大鄱阳湖湖面面积并适当调整湖面温度，"云娜"穿过湖面时，TC 中心附

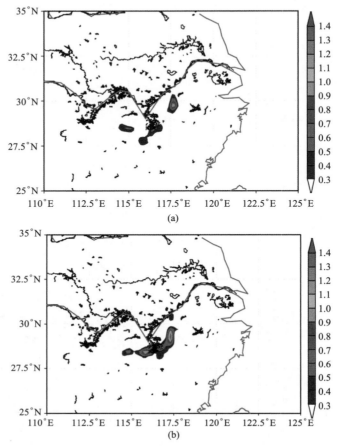

图 5.88　2004 年 8 月 13 日 18 时 500 hPa 垂直运动(单位：m/s)
(a)CNTR；(b)WATER

近对流加强，同时降水强度也得到增强。这进一步证实前人的研究成果，即登陆台风经过饱和下垫面，此下垫面条件有利于强降水的发生及 TC 强度的维持(陈联寿等，2004)。

5.2.6　山脉对台风结构的影响

随着观测和数值模拟水平的提高，近年来登陆台风中对流和波动的结构越来越受到关注。登陆台风所处的环境层结通常是湿静力不稳定或者中性，而且在低层水平风有负的垂直切变(Blackwell，2000；Chan and Liang，2003)。当台风的远距离雨带到达山脉上空时，山脉的迎风坡容易触发对流胞并且向下游传播。台风远距离雨带中对流的垂直结构相对不受台风内核动力学的控制。台风的内核多处于临界的弱不稳定态，接近条件对称中性，静力不稳定度很小，对流有效位能比台风的外环境低(Houze，2010)，所以地形对台风内核的影响不同于在台风外雨带中的情况。曾经也有观测发现登陆台风中存在山地重力波(Misumi，1996；Fudeyasu et al.，2008)。

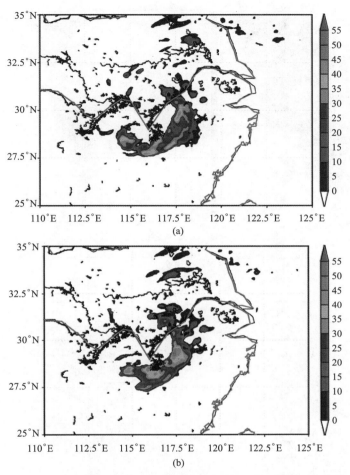

图 5.89　2004 年 8 月 13 日 18 时 500 hPa 模拟雷达回波强度(单位：dBZ)

(a)CNTR；(b)WATER

Tang 等(2012)采用数值模拟的结果分析了台风"百合"(Nari，0116)登陆台湾岛时台湾山脉对台风外雨带和内核的不同影响作用。控制试验的最内层网格距为 2 km。为了孤立地形对流的热力影响和地形动力作用，作者在控制试验的基础上设计了两个敏感性试验：①无潜热释放(NLH)试验，即在远距离雨带在台湾岛上空时关闭潜热释放；②无台湾山脉(NTR)试验，即在台风内核将与台湾岛地形作用时削除台湾山脉。

控制试验较好地再现了台风"百合"登陆台湾岛的整个过程。在 2001 年 9 月 18 日 3～5 时(UTC)期间，台风中心已经登陆台湾岛，远距离雨带中的切向气流与台湾中央山脉作用，迎风坡不断地有对流胞生成并向下游移动。如图 5.90(a)中 Q 点附近产生一个对流胞，它的雷达回波反射率超过 45dBZ。图 5.90(b)表明了中央山脉对台风"百合"低层环流的影响，在台风登陆后由于强降水造成的大量潜热释放使得台风强度仍然保持不变，气流速度从海岸到中央山脉上游平原几乎没有减小，所以迎风坡风速可以达到 10 m/s，甚至在 A 点附近下游有所增加达到 15 m/s。此时的台风中心位于中央山脉西侧，

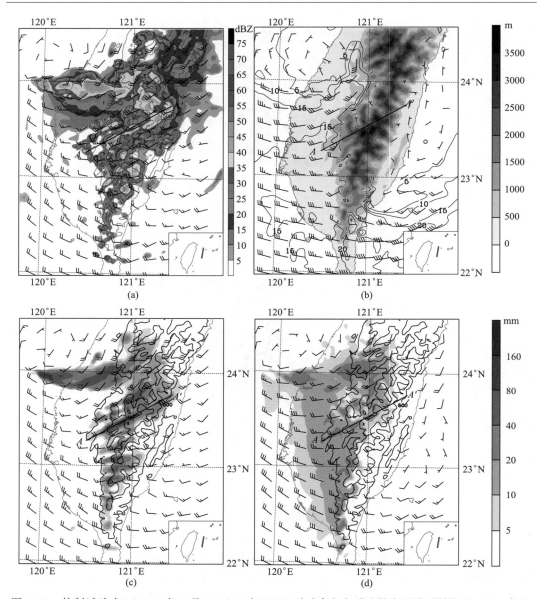

图 5.90　控制试验中(a)2001 年 9 月 18 日 4 时(UTC)时垂直方向雷达最大回波(阴影)和 4 km 高度的水平风；(b)18 日 0300UTC 时的 1 km 高度水平风速等值线和风羽，以及地形高度(阴影)；(c)18 日 0300～0500UTC 累积降水量(阴影)和 18 日 0500UTC 时 4 km 高度风羽；(d)是 NLH 试验结果，标注内容同(c)。(a)、(c)、(d)中地形高度等值线间隔 1 000 m，起始值 500 m

这 2 h 累计降水呈现出条带状特征，主要位于超过海拔 500 m 的山脉上，并与台风在山顶的气旋性水平气流方向相平行，这些降水的条带状分布是与中央山脉迎风坡上较小尺度的山脊和山谷相对应的[图 5.90(c)]。无潜热释放(NLH)试验的结果与控制试验不同之处是降水主要分布于中央山脉的上坡并且向其上游平原延伸[图 5.90(d)]。在山脉迎风坡低层最小的位势稳定度小于 −10 K/km，而且对流不稳定层可以伸展到 7 km 高度，这样的条件下对流胞很容易在地形急剧变陡处被触发[图 5.90(a)]。而位于山脉主峰和背风坡的中高层相当位温垂直梯度为正值，处于浮力稳定的状态，所以山地波可以出现在那里[图 5.91(a)]，图 5.91(b)中位温扰动和垂直速度的相位相差 π/2 也证明了山地波的特征。

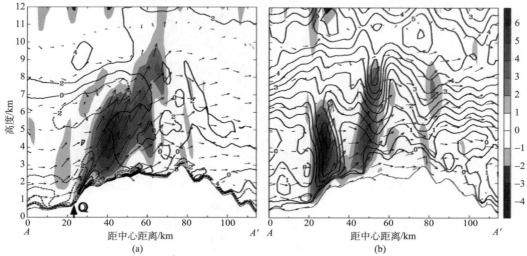

图 5.91　沿图 5.90(a)中 AA′ 的垂直剖面。(a)18 日 3 时(UTC)的对流不稳定度(等值线间隔 2 K/km)、垂直速度(阴影；单位：m/s)、沿剖面的风矢量；(b)18 日 3 时 48 分(UTC)时的位温扰动(等值线间隔 0.5 K)和垂直速度(阴影)、沿剖面风矢量

通过对比控制试验(CTL)和无台湾山脉(NTR)敏感性试验结果可以看出地形对台风内核结构的影响。在 2001 年 9 月 16 日 6～18 时(UTC)台风登陆的初期时段，两个试验中台风路径基本吻合，这样比较此 12 h 的累积降水是有意义的。图 5.92(a)、(c)表明两个试验中都在台风路径左侧产生了长条形的强降水，然而这两个试验降水量差值[图 5.92(e)]表明控制试验中的降水增强(最大值超过 800 mm)主要发生在台湾北部雪山山脉西侧迎风坡，也有一些增强的降水(大于 200 mm)位于东侧的背风坡。为了明晰山地波对眼墙和雨带结构的影响，作者还比较了刚登陆后 2 h 的累积降水[图 5.92(b)、(d)]。值得注意的是沿着 NN′ 最大降水增量超过 120 mm 位于主峰的迎风坡，同时在背风坡有个雨影区和宽度为 10～20 km 的降水次极大值区[图 5.92(b)、(f)]。这样的降水分布型态是与迎风坡上曳气流增强和背风面山地波的作用紧密相关的。台风"百合"(Nari，0116)的中心在 9 月 16 日 11～13 时(UTC)从东北方向逐渐接近 NN′ 线上的主峰[图 5.92(a)、(b)]，主雨带和眼墙在此时段依次经过主峰。主峰的迎风坡上的陡峭地形抬升气旋性气流产生强上升运动，并导致了强降水(图 5.92)，而且潜热释放可以进一步增强垂直运动。同时山地波几乎准静止在主峰和背风坡，表现为典型的下曳-上曳气流特征，而且垂直速度与位温扰动的位相差为 π/2(图 5.93)。山地波的下沉支非常强，使得云水和降水粒子蒸发增强，导致主峰的背风坡下沉支下游 20 km 处出现 8 km 高度以下的降水回波急剧减小的情况[图 5.92(a)～(f)]。雨影区下游仍有降水回波的增强是由山地波垂直运动上升支导致的[图 5.93(a)～(f)]。

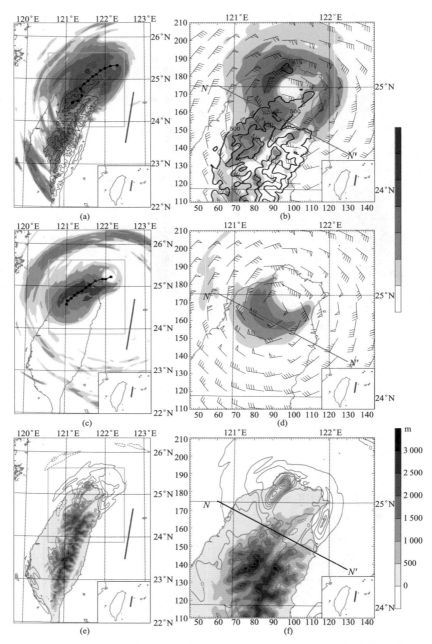

图 5.92　9 月 16 日 6～18 时（UTC）的（a）控制试验和（c）NTR 试验中 12 h 累积降水量，图中此时段台风路径间隔为 1 h；（e）为（a）减去（c）的差值（等值线间隔为 100 mm，实线和虚线分别表示正值和负值，零线略去）；（b）控制试验 9 月 16 日 11～13 时（UTC）的 2 h 累积降水和 9 月 16 日 13 时（UTC）时 4 km 高度的水平风羽；（d）NTR 试验 9 月 16 日 10～12 时（UTC）的 2 h 累积降水和 9 月 16 日 12 时（UTC）时 4 km 高度的水平风羽；（f）为（b）减去（d）的差值（等值线间隔为 40 mm，实线和虚线分别表示正值和负值，零线作了标记）。地形高度在（a）、（b）中用等值线标记间隔 1000 m，起始值 500 m，在（e）、（f）中用阴影标注，间隔为 500 m。（a）、（c）、（e）中的方框表示（b）、（d）、（f）中的区域

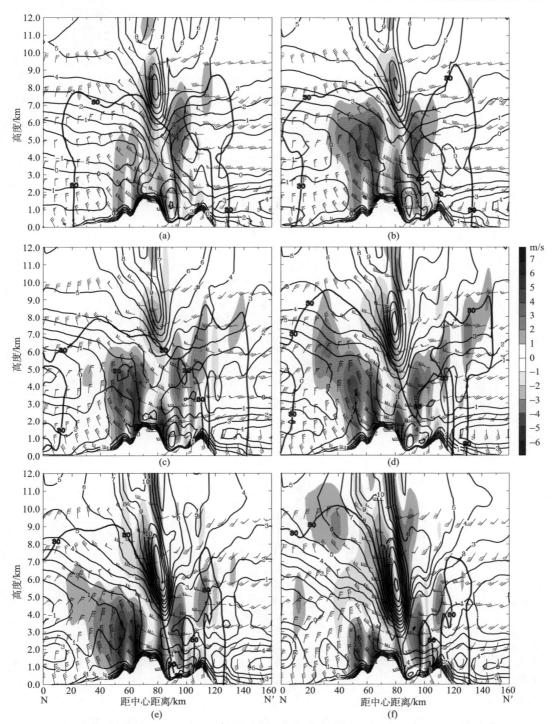

图 5.93　控制试验中沿图 5.92(b)中 NN'的垂直剖面。分别以 9 月 16 日(a)11 时、(b)11 时 30 分、(c)11
时 50 分、(d)12 时 10 分、(e)12 时 30 分、(f)12 时 50 分为中心时刻的 20 min 平均的位温扰动(黑色等值
线，间隔 1 K)、垂直速度(阴影，单位 m/s)、水平风羽和 30 dBZ 雷达放射率等值线(蓝色)(UTC)

一方面，以上研究从地形对流和山地波影响台风结构的角度着眼，发现在台风远距离雨带中，山脉迎风坡的陡峭地形容易频繁触发对流胞并向下游平流，而背风坡上空出现稳定层结的时候可能激发山地波，对流与山地波的作用可以改变台风中垂直运动的结构，进而改变降水的强度和分布；另一方面，当台风内核位于地形上空时，山脉可以在迎风坡产生长时间维持的强上升运动，导致降水极大值幅度比无地形时加倍，背风坡山地波下沉支产生了雨影区。

5.3　入海台风的结构和强度变化

5.3.1　入海台风强度变化的统计分析

利用上海台风研究所台风年鉴资料，对 1949～2009 年登陆我国并再次进入我国近海地区的热带气旋进行统计分析。从登陆台风入海频数统计结果表明，从 1949～2009 年总共有 85 个热带气旋登陆我国大陆后再入海，占登陆我国热带气旋的 16.0%，平均每年约有 1.4 个热带气旋登陆我国大陆后再入海。从历年频数看，1960 年和 1985 年入海热带气旋个数最多，均为 4 个；而入海增强的热带气旋主要集中于 1980 年前，有 26 个，其中有 7 年(1956 年、1958 年、1960 年、1961 年、1962 年、1965 年、1973 年)个数大于 2 个(图 5.94)。从逐月频数看，入海热带气旋从 5 月开始到 11 月结束，个数大致是先增加后减小，于 8～9 月最多；其次是 6 月和 7 月，而入海增强气旋，则从 5 月开始到 10 月结束，也主要集中于 7～9 月(图 5.95)。

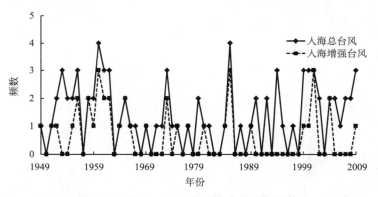

图 5.94　1949～2009 年入海台风逐年频数

从登陆台风入海海区分布统计结果表明，1949～2009 年，登陆我国并再次入海的热带气旋主要入海海区包括我国东部海区(东海、黄海、渤海)和南部海区(南海)，其中进入我国黄海再次增强的热带气旋有 19 个，进入我国东海再次增强的热带气旋有 10 个，进入我国南海再次增强的热带气旋有 7 个，进入我国渤海再次增强的热带气旋有3个。因此，入海加强的热带气旋有 39 个，占入海热带气旋总数的 45.8%，平均每年有 0.63 个热带气旋登陆后再加强(图 5.96)。

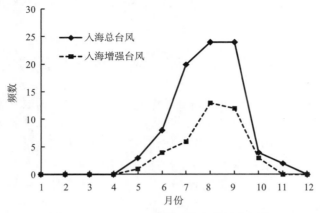

图 5.95　1949～2009 年入海台风逐月频数

从图 5.95 和图 5.96 的入海增强台风的时间和空间分布来看，总的来说，我国进入东部海面增强台风个数比进入南部海面的增强台风个数多，使得进入东部海面的台风强度变化特征相对复杂，这主要与影响东部海面台风强度变化的物理原因较多有关，除了台风内核动力作用以外，还受到包括中纬度急流影响、冷空气变性作用、水汽输送等大尺度环境场和边界层过程作用；而南部海面主要受到海洋下垫面影响（如海温 SST 作用）或西南季风涌影响。

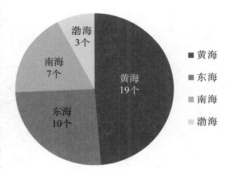

图 5.96　1949～2009 年入海
增强台风海区个数分布

　　大尺度大气环境场对近海热带气旋结构和强度变化影响显著。当热带气旋来到近海时，由于逐渐受到陆地影响和海陆差异作用，大尺度环境场的动力过程（如引导气流作用的移速变化、垂直风切变等）极其复杂，对 TC 结构和强度作用变化很大，主要表现在：近海低空存在急流，可以显著增强低空西风气流，使得垂直风切变方向发生变化，加速了 TC 强度的减小；当近海 TC 移速加快时，TC 非对称结构增强，TC 强度则迅速衰减；另外，在我国近海附近，由于季风涌爆发带来大量水汽输送，使得台风加强；在沿海存在大量中尺度系统，这些系统合并可使 TC 对流云团加强，如 2006 年超强台风"桑美"（Saomai，0608）与相邻的热带气旋"宝霞"（Bopha，0609）的相互作用等。

　　同样，边界层过程对近海热带气旋结构和强度变化影响也非常重要。当热带气旋来到近海时，由于逐渐受到陆地影响和海陆差异作用，边界层过程对近海 TC 结构和强度变化作用也很复杂，主要表现在：近海大陆架混合层厚度变浅而且 TC 移速加快等共同作用，使得 TC 强度迅速减小；由于近海风速变小、海陆摩擦增大等原因，造成海表面拖曳系数增大，使得 TC 对流非对称性显著增大，TC 强度减小；而近海受到风暴潮和海浪作用，增大了海洋飞沫作用，使得 TC 在近海增强。当 TC 在近海经过，存在海洋暖洋流时，由于海表面温度 SST 增温作用，也可以使得 TC 在近海迅速增强等。以下具体阐述相关物理原因。

5.3.2　东部海面入海台风的结构和强度变化

以登陆台风再次进入东部海面后增强的个例为研究对象，选取其中 6 个较为典型的个例（即登陆前基本以西北向移动为主，登陆后转向东北行并从东部海面入海）作为对比，同时选取 4 个路径类似但是进入东部海面没有增强的个例。由于上述 10 个个例中，部分台风在入海北上的过程中发生变性，因此，使用中国气象局上海台风研究所台风最佳路径资料并根据上述个例入东部海面后 12 h 之内是否变性，将它们划分为四大类：①入海增强不变性；②入海增强后变性；③入海未增强且不变性；④入海未增强但变性，进行合成分析。

图 5.97 和图 5.98 所示分别为对应个例入海前 12 h 到入海后 6 h 入海增强但不变性、入海增强且变性、入海未增强且不变性、入海未增强但变性 200 hPa 和 850 hPa 合成流场、高空急流和散度场。分析发现：入海增强个例在气旋中心附近高空 200 hPa 处

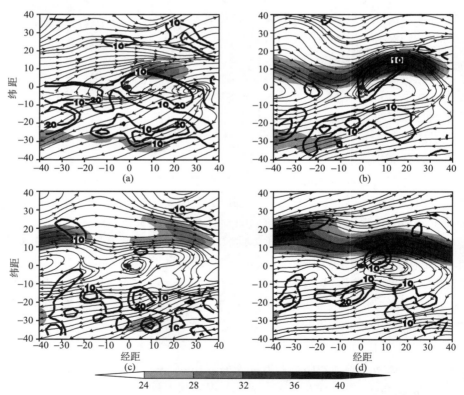

图 5.97　对应个例入海前 12 h 到入海后 6 h 时间平均 200 hPa 合成流场（流线），
高空急流（阴影，单位：m/s）和散度场（虚线，单位：10^{-6}/s）
（a）入海增强但不变性；（b）入海增强且变性；（c）入海未增强且不变性；（d）入海未增强但变性

均有较大的辐散区，入海未增强个例则没有对应的辐散区；入海后变性个例北侧上游有深槽活动，且存在明显的高空急流区。对应的中低空 850 hPa，入海增强个例在中心附近右侧有较强的辐合，而入海变性个例则在其中心东侧有低空急流出现。

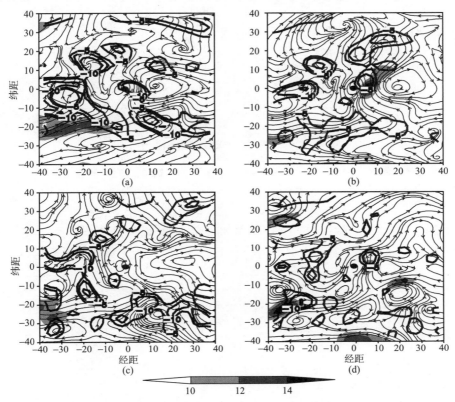

图 5.98　同图 5.97 但是为 850 hPa 高度
(a)入海增强但不变性；(b)入海增强且变性；(c)入海未增强且不变性；(d)入海未增强但变性

分析中层 500 hPa 高度场和涡度场(图 5.99)发现，入海增强台风在 500 hPa 北部西风带上游区(10～20 个经度)存在一个槽，并相应的配合有正涡度存在。反观入海未增强个例，其北部的西风带比较平直，另外变性个例更加接近西风带斜压区。

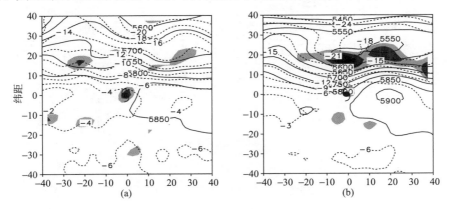

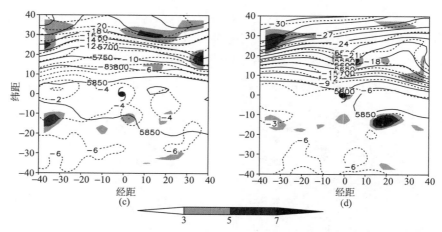

图 5.99　同图 5.97 但是为 500 hPa 高度场(实线)、温度场(虚线)和涡度场(阴影)
(a)入海增强但不变性；(b)入海增强且变性；(c)入海未增强且不变性；(d)入海未增强但变性

图 5.100 分析了合成后的 850 hPa 风场和水汽通量场。可以看到，台风中心以东区域为西太平副热带高压西侧，以偏南气流为主，入海增强的个例在其东侧临近气旋中心

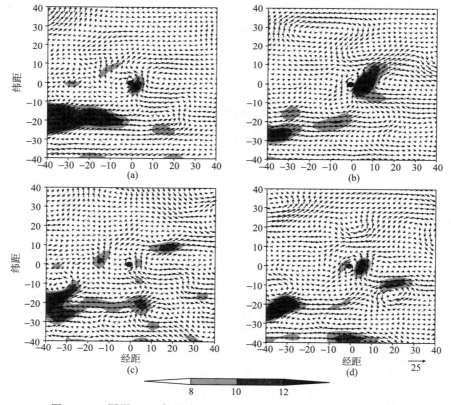

图 5.100　同图 5.97 但是为 850 hPa 风场(箭头)和水汽通量(阴影)
(a)入海增强但不变性；(b)入海增强且变性；(c)入海未增强且不变性；(d)入海未增强但变性

附近配合南风有充足的水汽输送，有利于入海增强，虽然入海未增强但变性的个例在其东侧也有水汽自南向北输送，但是由于距离稍远，不能有效的造成其强度增强。

总体而言，当满足以下条件：从东北冷涡西部有冷空气输入、高空冷涡北侧有急流、有较强的流出气流、存在水汽输入通道、存在正涡度并入时，登陆台风进入我国东部海面后将进一步增强。

5.3.3　南部海面入海台风的结构和强度变化

热带气旋"天鹅"(Goni，0907)于 2009 年 7 月 31 日 0 时(世界时，下同)在西北太平洋生成，8 月 3 日 12 时在南海北部洋面加强为热带风暴，随后受西太平洋副热带高压西南侧的东南气流引导缓慢向西北方向移动并于 8 月 4 日 22 时 20 分在广东省台山市登陆，登陆时强度为热带风暴等级(中心最低气压 990 hPa，近中心最大风速 23 m/s)。登陆后"天鹅"继续向西北偏西行进，移动速度十分缓慢，登陆 22 h 后(5 日 20 时)，强度逐渐减弱成为热带低压。6 日 0 时，"天鹅"开始向西到西南偏折，并经雷州半岛进入北部湾入海。入海后，"天鹅"再次加强为热带风暴，并沿着海南岛海岸线移动，后经海南岛南部折向东移动，于 9 日 0 时再次减弱为热带低压，当日下午在海南岛东南部海面减弱、消失。

"天鹅"从其发生发展直至消亡过程中具有五个明显的特点：第一个特点是生命史长，即从 2009 年 7 月 31 日 12 时开始编号到 8 月 9 日 12 时停止编号历经 9 天；第二个特点是移动速度缓慢；第三个特点是路径曲折；第四个特点是入海后强度再度加强；第五个特点是在夏季海洋上消亡。许多学者从近地面土壤湿度特征、表面潜热通量、天气尺度环境变化等方面研究热带气旋登陆后强度再增强的现象(Evans et al.，2011；Bosart and Lackmann，1995；Bassill and Morgan，2006)，但是对于台风入海后再增强过程的机理研究还比较少。为此，针对强热带风暴"天鹅"登陆广东后再次入海时 SST 较高的特点，利用高分辨率 WRF 模式侧重于研究 SST 影响"天鹅"强度再增强过程；同时，也诊断分析"天鹅"最终在南海洋面上消亡的物理原因。

1. 试验设计

采用中尺度非静力模式 WRF 对"天鹅"进行为期 84 h(即 8 月 6 日 0 时到 9 日 12 时)的模拟研究，该模拟时段涵盖了"天鹅"入海后强度增强，沿海南岛海岸线缓慢绕行，最后在南海北部减弱消失等过程。模式初始和边界条件均由 NCEP 水平分辨率 1°×1°的全球最终分析(NCEP final analyses)资料提供，海温资料为 NCEP 0.5°×0.5°实时全球日平均海温(real-time，global，sea surface temperature)资料，并且每 6 h 一次插值更新到模式中。

"天鹅"经雷州半岛再次入海前，北部湾海域海温高达 30~31℃，比东侧的南海北部海域高 2~3℃，而琼州海峡附近，则存在一个海温异常偏低区，最低海温达到 26.8℃左右[图 5.101(a)]，随后几天该区域也基本维持了这种海温异常分布的特征。根据 Emanuel(2005)提出的 TC 最大潜在强度(EMPI)理论，计算得到 6 日 0 时南海北部海域潜在最大风速[图 5.101(b)]和潜在最低气压[图 5.101(c)]分布,可以看到海南岛西侧海域的潜在最低气压在 910~880 hPa,比其东侧偏强 50~60 hPa,潜在最大风速在70~80 m/s,比其东侧偏大 20~30 m/s。由于 EMPI 主要取决于底层海温状况,高(低)海温对应强(弱)最大可能强度,因此,引出一个问题,即北部湾的高海温是否是天鹅入海后再增强的原因?为了探讨这个问题,设计一个控制试验(CTL)和三个敏感性试验,CTL 试验使用上文提到的模式设置且不修改任何海温资料,三个敏感性试验除了对初始场海温资料进行修改以外,其他设置均与 CTL 试验相同。前两个敏感性试验针对高海温区域[图 5.101(a),区域 A],分别将海温再增加 1℃ 和降低 3℃,第三个敏感性试验中将琼州海峡海温较低的区域(图 5.101(a),区域 B)升高到 29.5℃,修改后的海温资料每隔 6 h 插值更新到模式中去。控制试验和三个敏感性试验具体方案详见表 5.7。

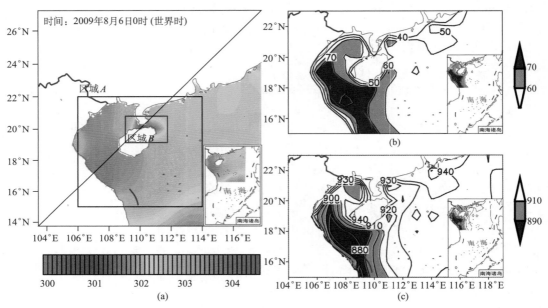

图 5.101　初始时刻(6 日 0 时)(a)海温分布情况(单位:K,区域 A 和 B 表示敏感性试验中需要修改海温的两个区域),(b)潜在最大风速分布(单位:m/s),(c)潜在最低海平面气压分布(单位:hPa)

表 5.7　控制试验及三个敏感性试验方案设计细节

试验名称	试验描述
CTL	控制试验
ADD	区域 A[图 5.101(a)]内海温大于 302.5 K 的海域海温再增加 1 K,其他设置同 CTL
REDUCE	区域 A 内海温大于 302.5 K 的海域海温再减小 3 K,其他设置同 CTL
NASY	区域 B 内海温小于 302.5 K 的海域海温恒定为 302.5 K,其他设置同 CTL

2. 模拟结果

1）模拟结果及验证

台风"天鹅"再次入海后强度再度增强的过程及沿海南岛海岸线缓慢绕行的特殊路径无疑是本次模拟的重点和难点。下面先验证控制试验（CTL）模拟的台风路径和强度变化特征，然后通过对比敏感性试验与 CTL 试验在路径、强度演变方面的差异，分析海温对"天鹅"入海再增强的影响。

图 5.102 是观测和模拟的"天鹅"路径、强度变化图。在为期 84 h 的模拟时段内，

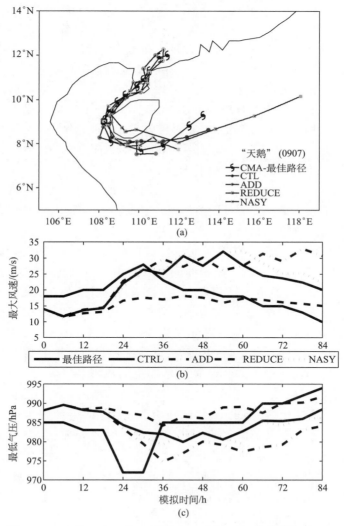

图 5.102　8 月 6 日 0 时～8 月 9 日 12 时 CMA 最佳路径及 CTL
和三个敏感性试验模拟的台风"天鹅"

(a)路径图；(b)最大风速演变图；(c)最低海平面气压演变图

CTL 试验成功的模拟出了"天鹅"入海前的西南移向，入海后沿海南西部海岸线移动，在海南岛西南侧逐渐由西南移向转为偏东移向，以及后期缓慢加速向东北偏东方向移动的诡异路径，84 h 模拟的平均路径误差小于 20 km，最大路径偏差出现在模拟的最后 12 h[图 5.102(a)]。ADD、NASY 两个敏感性试验模拟的"天鹅"路径与 CTL 十分接近，只是移速比 CTL 试验略慢，而 REDUCE 试验模拟的"天鹅"在入海不久后便再次在海南岛西部登陆，登陆后移动方向逐渐由西南向转为东北偏东向，移速也逐渐增大。总体来看，模拟的几个路径与观测路径总体走势基本一致，可见"天鹅"入海后移动路径对海温的变化不是特别的敏感。

热带气旋最佳路径资料显示，"天鹅"再次入海后，最低气压在 6 h 内从 983 hPa 迅速下降到 972 hPa，风速由 20 m/s 增强到 28 m/s，由原来的热带风暴等级加强到强热带风暴等级并维持了 6 h，随后便又开始减弱。在 CTL 试验中，最大风速入海后便开始迅速加强，入海 12 h 后加强到 29 m/s，随后在风速继续增强到 31.4 m/s 后便开始减弱[图 5.102(b)]。入海前 CTL 试验的海平面气压(SLP)基本维持在 988 hPa，比观测值高 5 hPa 左右，入海后，气压便开始缓慢降低，入海大约 30 h 后，最低气压达到最低(979.9 hPa)，之后气压便缓慢升高。从上述的分析中可以看到，CTL 试验入海后受北部湾海域较高海温的影响，其潜在的最大可能强度(MPI)相对较高，可能是引起"天鹅"强度得到再增强的原因。到了模拟后期，由于"天鹅"逐渐进入低海温区域(对应的 MPI 也减弱)便开始减弱消亡。对于前人研究中所提到的海洋对于 TC 强度的负反馈效应(Price，1981；曾智华和陈联寿，2011；Schade and Emanuel，1999)，由于所使用的是单一大气模式，并没有耦合海洋模式，因而这里暂不考虑海洋的负反馈作用，未来可考虑使用海-气耦合模式研究负反馈效应对"天鹅"入海后强度的影响。

通过将三个敏感性试验与 CTL 强度演变对比后发现，"天鹅"入海后强度变化对 SST 十分敏感。SST 增加 1 ℃后，模拟的最大风速比 CTL 试验大 1.1 m/s，最低气压比 CTL 试验低 5.1 hPa。而将 SST 降低 3 ℃后，模拟的"天鹅"入海后强度并没有显著地增强，最大风速只达到 18.1 m/s，海平面最低气压也只 984.1 hPa。即使是对琼州海峡 SST 做细微改动的 NASY 试验，强度变化与 CTL 试验也存在着一些细微的差别。同时，也可以看到试验 ADD 模拟后期虽然最低海平面气压逐渐升高，但最大风速基本维持不变，表明试验 ADD 中天鹅的强度并没有明显的减弱。

综上所述，本次模拟较好地重现了"天鹅"再次进入南海后复杂曲折的路径及其强度再度增强的过程。通过比较 ADD、CTL 和 REDUCE 试验的强度变化后可以发现，ADD 试验中"天鹅"受海温增加的影响，其强度增加的速度远比 CTL 试验要快，相反 REDUCE 试验中"天鹅"入海后强度没有明显加强；此外，到了模拟后期，CTL 和 RE-DUCE 试验中气旋强度均开始减弱，而 ADD 试验中"天鹅"的风速减弱的并不十分明显。因而，"天鹅"入海后强度变化对北部湾海温变化非常敏感而路径对海温不敏感，北部湾较高的海温是"天鹅"入海再增强的原因之一。

2) 海气相互作用分析

上述分析结果表明，"天鹅"入海后其强度对北部湾海温十分敏感，下面通过分析海气相互作用，来研究海温对"天鹅"强度的影响。Emanuel（2005）研究的海气相互作用原理指出，表面感热通量（SHF）和潜热通量（LHF）是决定 TC 强度的重要指标，而 SST 又决定了热带气旋从海洋摄取的感热和潜热的总量。

改变海温后，各个试验间的潜热和感热通量大小差异性巨大，但 10 m 风场只存在微小的风速差异，整体形势没有太大差别。海温增加后，表面热量通量明显增加，特别是在天鹅中心南侧，表面热量通量增幅最大，由于 ADD 试验 10 m 风速与 CTL 试验相比变化并不大，可见 ADD 试验表面热量通量增加的主因是海气温差的加大。反之，REDUCE 试验中减小 3 ℃的海温使得表面热量通量大幅度减小，其主要原因是海气温差的减小。

SST 的改变所引起海气温差的改变，直接导致各敏感性试验与 CTL 试验在垂直方向上的热力结构的差异[图 5.103（e）~（h）]。尤其是在内核附近的边界层入流处，由于表面热通量的增加，通过表面摩擦力的作用使 ADD 试验中该处的最大等位温比 CTL 试验高 3 ℃左右，梯度也有所增大[图 5.103（e）、（f）]。这种内核区高等位温环能促进眼壁附近积云的发展，从而导致潜在不稳定的增强（Yau and Liu，2004）。根据 Emanuel（1994）提出的 WISHE 原理，ADD 试验中表面热通量的增加引起的天鹅边界层等位温的上升，迫使中层变暖，从而使表面气压降低，内核区的气压梯度力加大，风速随之增强，而风速的增加[图 5.103（b）]又会促进表面热通量的增加，两者形成一种正反馈机制。反观 REDUCE 试验，海温的降低使表面热通量减小，内核区边界层等位温也明显比 CTL 试验弱，使低层边界层入流和高层平流层出流减小，垂直速度也明显减弱[图 5.103（c）、（g）]。NASY 试验只增加了琼州海峡海域海温，这种小范围的修改海温，对"天鹅"强度影响较小，因此，其切向风和径向风[图 5.103（d）]，以及 θ_e 和垂直速度[图 5.103（h）]基本与 CTL 试验差不多。

图 5.104 给出的是 CTL 试验和 3 个敏感性对比试验中"天鹅"入海后边界层轴对称（取 1.5 km 以下高度平均）切向风和径向风随时间演变图。可以看到，"天鹅"入海后其边界层风速并非立即因海温的不同而有特别大的变化，三个敏感性试验的边界层径向风和切向风风速在入海后前 2 h 变化趋势基本上相似。ADD 试验气旋入海 4 h 后风速开始明显增强，而 REDUCE 试验中"天鹅"入海后，其边界层的径向和切向风一直没有显著增强。到了 8 日 6 时前后，CTL 试验边界层径向风和切向风有向气旋内核区收缩并加强的趋势，而此时 ADD 试验中的这种收缩和增强趋势更明显，NASY 试验也呈现出略微收缩的趋势，此时这三个试验中"天鹅"的风速即将或者已经达到其最大强度。

以下通过分析 8 日 6 时高低空风场结构来解释上述这种径向风和切向风向内收缩的现象。前面已经提到，"天鹅"入海后期表面热通量分布极不对称，热通量较大的区域主要集中在其中心的南侧，从表面风速的分布上看，中心南侧的风速明显比北侧要强。造成这种风速的非对称性的主要原因是"天鹅"西侧的偏北风较强，而中心东侧的偏南风由于受到海南岛地形影响相对较弱，另外中心南侧较强的西南季风使得季风气流与西侧的偏北风在天鹅中心西南和南侧汇合，这一侧的风速随之加大，因此，表面热通量也呈现出南大北小的非对称分布。风速的非对称分布同时也造成了低层辐合区的非对称分布，四个试验低层最大辐合区均位于气旋中心西南侧，但是由于海温的不同造成该区域辐合

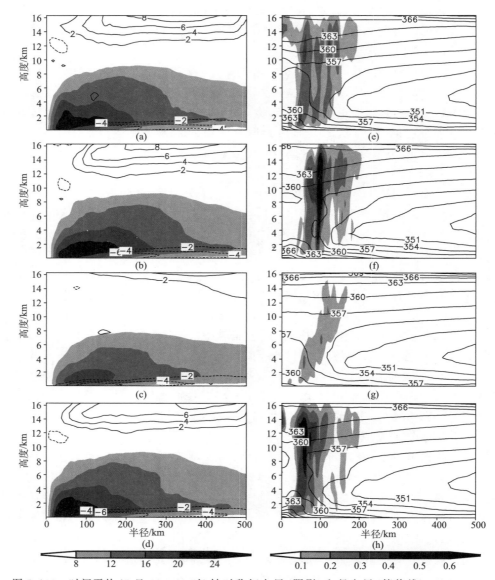

图 5.103　时间平均（7 日 18～21 时）轴对称切向风（阴影）和径向风（等值线）：（a）CTL；
（b）ADD；（c）REDUCE；（d）NASY；轴对称垂直速度（阴影）和等位温（等值线）：（e）CTL；
（f）ADD；（g）REDUCE；（h）NASY

强度也存在巨大的差异，总体而言，ADD 试验低层辐合最强，CTL 和 NASY 次之，
REDUCE 试验最弱。ADD 试验高层出流最强的区域也位于中心西南侧，并伴随有较强
辐散，比 CTL 试验大 50% 左右，而 REDUCE 试验几乎没有明显的辐散区。敏感性试
验间高低空散度场差异也体现了它们之间强度的差异，较强的 TC 一般都对应有较高的
低层辐合和高层辐散。

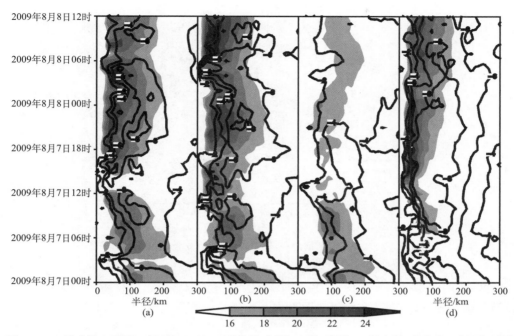

图 5.104　模式第 1 到第 9 层(约 1.5 km)平均轴对称切向风(阴影)、径向风(等值线)时间序列图
(a) CTL；(b) ADD；(c) REDUCE；(d) NASY 试验

3) 边界层垂直质量通量

通过计算边界层垂直质量通量(boundary vertical mass flux，BVMF)来估算四个试验中边界层上升气流活跃程度，目的是定量地估算各个试验之间边界层上升气流活跃程度的差异，同时也能间接地体现台风强度变化。BVMF 是通过计算体积积分得到的，即通过求边界层以下各格点垂直质量通量之和得到。如图 5.105 所示，入海前各试验 BVMF 均一致减弱，但减弱程度各有不同，ADD 试验在模拟到 22 h 减弱到 37.65 kg/s，REDUCE 试验减弱到 25.12 kg/s，而 CTL 和 NASY 两个试验的 BVMF 十分接近，减弱程度介于 ADD 和 REDUCE 试验之间。入海后，CTL、ADD、RE-DUCE 三个试验的 BVMF 迅速增长，特别是 ADD 试验，最高增长到 70.48 kg/s，并且在模拟中期没有出现类似 CTL 试验中的下降趋势，平均 BVMF 比 CTL 试验高 16.3%。REDUCE 试验入海后 BVMF 并没有像其他三个试验那样有明显的增强，平均比 CTL 试验小 37.9%，这也表明海温减小后，REDUCE 试验边界层垂直方向上气流的活跃程度也随之减弱，次级环流不能有效增强，使天鹅入海后强度没有明显加强，而 NASY 试验的 BVMF 变化趋势基本上与 CTL 试验一致。

4) 盛夏南海台风消亡过程

从图 5.105 可以发现，当控制试验(CTL 试验)模拟至 72 h(即 8 月 9 日 12 时)时，边界层垂直质量通量 BVMF 降到生命史最低，使得"天鹅"入海后强度迅速减弱直至最

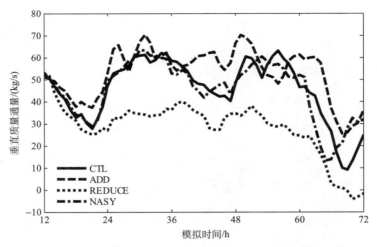

图 5.105　改动海温区域内各试验边界层垂直质量通量随时间演变

终消亡，表明海南岛东部的低值(26.8 ℃)SST 也是天鹅强度迅速减弱的重要原因之一。从控制试验垂直风切变随时间演变图上来看，无论是深厚的 200～850 hPa 层，还是浅薄的 500～850 hPa 层，都可以发现海南岛台风"天鹅"路径地区的垂直风切变逐渐增大的趋势，尤其是 8 月 7 日 12 时垂直风切变最大，最终导致滞后 24 h，8 月 9 日 12 时的台风"天鹅"强度在夏季的海洋面上减弱后消亡。而垂直风切变增大主要是由西南季风涌的增强所致。除此之外，5.1.2 节中分析到双台风相互作用也是其在盛夏洋面上最终消亡的重要原因之一。

综上所述，通过对"天鹅"台风的模拟分析，发现当满足以下条件：经过高温海区、边界层水汽存在较强向上输入、大尺度环境大气存在弱的垂直风切变区时，登陆台风入海后将进一步增强。相反，登陆台风入海后将会减弱，甚至消亡。

5.3.4　东北冷涡与北上台风的相互作用

1. 东北冷涡

我国东北地区(包括东北三省和内蒙古东部地区)位于中高纬度，受西风带影响，同时处于大兴安岭东侧，西风带系统在东北地区独特的地形和地理位置下容易产生冷性涡旋，即东北冷涡。东北冷涡又常被称为东北低压、切断低压和冷低压等，传统定义为 500 hPa 天气图上，115°～145°E、35°～60°N 范围内出现闭合等高线，并有冷中心或冷槽相配合，持续 3 天以上的低压天气尺度系统。

东北冷涡在一定程度上具有准双周振荡的特征，它一年四季都可出现，存在明显的季节变化，主要集中在春夏季。东北冷涡形成的天气过程一般包括西风槽切断形成冷涡和华北气旋北上与东北低压合并后高空槽不断加深形成冷涡。如果台风北上移到东北地区，与东北区原有低压合并也可形成冷涡。

2. 东北冷涡与台风

我国东北地区盛夏季节的暴雨，特别是特大范围暴雨，大多有台风参与，如 1975 年04 号台风、2005 年 09 号台风"麦莎"（Matsa，0509）。而大量事实表明，当东北冷涡与其他天气系统如台风、气旋等相互作用时能够产生暴雨甚至特大暴雨，如 2005 年东北地区受台风"麦莎"和冷涡系统的共同作用，使东北地区夏季降水偏多，居历史第四位（50 年统计）。东北冷涡（低涡）与台风的相互作用一般表现为台风北上与冷涡相结合，以及台风与冷涡远距离相互作用。

2004 年 7 月 3～5 日在东亚地区海洋上空延伸至朝鲜半岛的副热带高压的稳定维持阻挡了台风"蒲公英"（Mindule，0407）东移，并引导其向东北冷涡靠拢（图 5.106 左）。冷涡在东北地区的稳定存在使得西风带出现分支，其中南支西风小槽气流携带的干冷空气从高低空不断地侵入台风，台风暖心结构被破坏，变为低层偏冷，高层暖心减弱，台风逐渐减弱转变为温带气旋，高空涡度明显减弱，而低空涡度有所维持；温带气旋继续北移并入东北冷涡外围，低空涡度得到加强并往高空延伸，受东北冷涡干冷空气的进一步侵入，气旋高层暖心结构消失（图 5.106 右）。此外，合并前，台风中心附近高空由于暖中心的形成表现为湿中性层结，低空由于存在丰富水汽表现为湿不稳定层结，合并后，由于干冷空气的侵入和水汽输送的减弱，气旋中心附近高低空表现为较弱的湿稳定层结（图 5.107 右）。在东北冷涡和台风相对独立的时段，如 3 日 0～18 时（UTC），东北冷涡低层没有出现大范围相对明显的水汽输送，而台风东侧则出现明显的水汽向北输送，该水汽主要来源于西太平洋，当它们发生合并时，变性台风偏东侧的水汽输送为东北冷涡的东侧带来丰富的水汽（图 5.107 左）。在它们合并初期[5 日 0～18 时（UTC）]，大庆、齐齐哈尔东部、绥化地区，以及哈尔滨东部普降大雨。可见，台风与东北冷涡合并过程中从水汽和动力条件上均为东北地区大范围降水的发生提供了有利的条件。

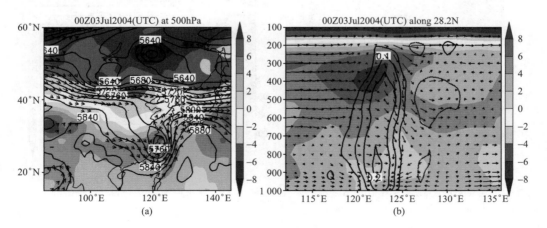

(a)　　　　　　　　　　　　　　(b)

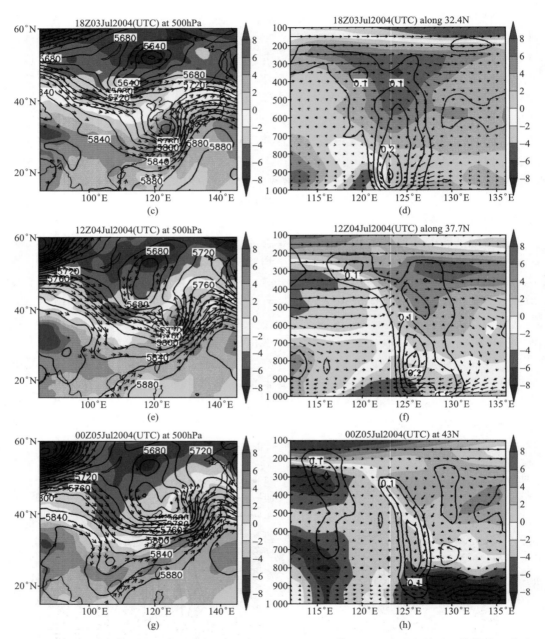

图 5.106　2004 年 7 月 3 日 0 时至 5 日 18 时(UTC)500 hPa 等压面上的位势高度(等值线，单位：gpm)、温度距平(填色，单位：K)和风矢量(大于 10 m/s)的分布(左)以及沿气旋(台风或温带气旋)中心纬向垂直剖面的温度距平(填色，单位：K)、涡度(等值线，单位：10^{-3}/s)和风矢量的分布(右)

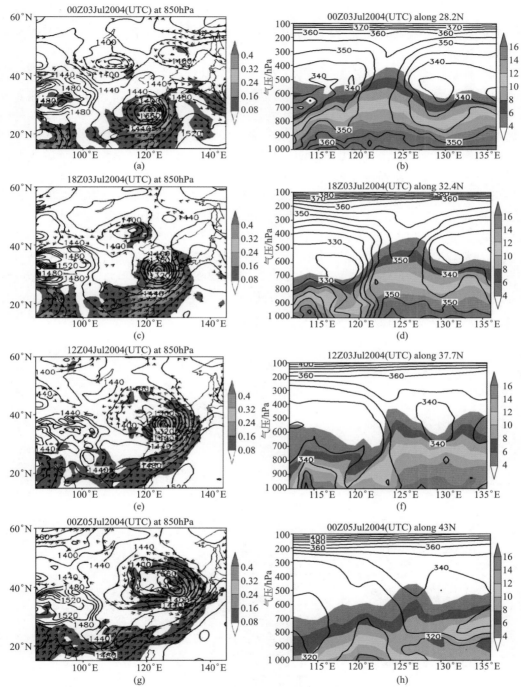

图 5.107　2004 年 7 月 3 日 0 时至 5 日 18 时（UTC）850 hPa 等压面上的位势高度（等值线，单位：gpm）、水汽通量［填色，单位：g/（cm·hPa·s）］和风矢量（大于 6 m/s）的分布（左）以及沿气旋（台风或温带气旋）中心纬向垂直剖面的比湿（填色，单位：g/kg）和假相当位温（等值线，单位：K）的分布（右）

台风"桃芝"（Toraji，0108）热带残涡是 TC 温带变性（ET）和入海过程很好的研究个例，它在入海后经历了再加强过程。这个例子不仅是一个 ET 事件，也提供了研究热带残涡入海再加强过程的素材。

为了评估环境西南风水汽输送、TC 自身携带的水汽，东北低涡高空槽作用，以及海洋过程潜热变化对台风"桃芝"的影响，开展了四个敏感性试验：第一个试验是移去残涡和残涡周围（25～35°N，115～125°E）环境相对湿度的 70%（RH70）；第二个试验是移去（23°N，125°E）附近的东北低涡（NOLV）；第三个试验是除去热带残涡本身（NOTC）；第四个试验是减小海上拖曳系数（LOCD）。注意，第三个试验中仅改变清晰反映热带残涡结构特性的异常区，而环境场完整保留而不被破坏。

图 5.108 表示了四个敏感性试验、控制试验和最佳路径的海平面中心最低气压演变。结果表明，RH70 试验中 TC 强度存在一个迅速减弱的趋势，当大尺度环境水汽供应减少时，TC 维持时间将大大缩短；NOLV 试验中没有东北低涡的影响时，TC 强度会减弱，尤其是在 36 h 前，这意味着个例中存在于热带残涡和低涡之间的有利（好）槽相互作用可以增强 TC 强度；注意到在 NOTC 试验中，当 TC 被除去后 TC 没有发展；有趣的是，当风暴在 LOCD 试验中以较低拖曳系数在海洋上移动时，TC 强度将会加强。

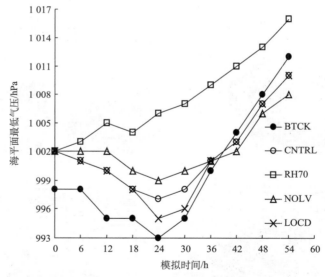

图 5.108　四个试验（除了 Exp NOTC）、控制试验、最佳路径（实圆点）的每 6 h 的海表面中心最低气压（hPa）。控制试验（CNTRL）为空心圆，Exp RH70 为方框，Exp NOLV 为三角，Exp LOCD 为叉线。注意，因 Exp NOTC 时移去 TC，故没有TC 发展

总而言之，当东北冷涡与北上的热带系统（如北移台风倒槽、台风外围东风带）相结合时，就会激发出极强的暴雨过程。台风北上发生减弱后转变为温带气旋并入东北冷涡

可以产生区域性大雨，这一方面是由于冷涡改变了台风外围环境流场方向，台风减弱后的温带气旋北部的暖锋云系顺着高空冷涡的引导气流移入东北地区，同时原本干冷的东北冷涡变得水汽充沛，从而加大了降水量级；另一方面台风变性后与冷涡合并涡度得到加强，有利于降水的发生和维持，至于台风能否与冷涡合并，则取决于副热带高压的位置。

5.3.5 海洋混合层对入海台风强度的影响

Emanuel(1986，1988，1995)认为热带气旋(TC)是一个理想的卡诺(Carnot)热机，该热机因大气边界层和海洋表面上的不平衡而获得能量，又在高层出流层失去能量。海温(SST)升高时，大气-海洋能量交换增强，从而使 TC 增强；TC 增强时，会使大气表面风速增大，使大气-海洋能量交换进一步增强，这是 TC 增强的正反馈机制(Yano and Emanuel，1991)；然而，表面风速(应力)的增大也加强了海流的变化，同时也加强了海洋垂直湍流的混合过程，引起海洋冷水上翻，从而使 SST 降低，观测到的 TC 中心 SST 冷距平可以达到 $1 \sim 6$ ℃(Sanford et al.，1987；Shay et al.，1992；Lin et al.，2003)。SST 的降低使得海洋给大气的热通量减少，导致 TC 强度的减弱，这种重要的负反馈作用限制了 TC 强度发展。大气数值模式耦合海洋混合层模式后的模拟结果表明，模拟的 TC 强度更敏感于海洋混合层垂直结构(Bender et al.，1993；Bao et al.，2000；Cubukcu et al.，2000；Chan et al.，2001)。

显然，在耦合模式中使用轴对称的 TC 模式或简单的 3 维 TC 模式一定会大大限制海洋作用对 TC 结构和强度影响的深入研究，因为 TC 的海洋响应关于移动 TC 中心总是呈现非常大的非对称性，尤其是在 TC 的内核区更是如此。同样以前的模式分辨率粗糙也制约了相关研究的进一步开展。以下使用高分辨率的原始方程的理想 WRF 大气模式耦合一个简单的海洋混合层模式，设计不同海洋初始混合层厚度条件下的数值试验，研究不同海洋混合层厚度对 TC 结构和强度变化的影响。

1. 模式与试验设计

1）大气模式

使用四重嵌套、单向反馈的理想 WRF 模式进行研究。如同 Wang(2001，2007)的试验设计一样，这里在 f-平面上初始化一个理想的轴对称涡旋，而且，该轴对称涡旋的环境场是静止的，纬度为 $12.5°N$，初始时刻为均匀的海表面温度(SST)(取 29 ℃)，模式大气的初始热力结构规定为 Gray 等(1975)给定的西北太平洋晴空环境下的结构。

2）混合层模式

采用 Price(1981)简单海洋混合层描述模式 TC 的海洋响应过程。

3）初始条件和试验设计

考虑到海洋物理过程在大风条件下作用明显，模式 TC 初始时刻海平面最低气压

（表面最大风速 V_{max}）为 954.2 hPa（60.6 m/s）。设计了三个试验，分别是 Expts.1、Expts.2 和 Expts.3 试验，其物理含义见表 5.8，分别表示未耦合海洋过程、耦合初始海洋混合层厚度为 5 m 的浅海洋混合过程，以及耦合初始海洋混合层厚度为 50 m 的深海洋混合过程。

表 5.8   评估海洋混合层厚度对模式风暴结构和强度作用的三个试验设计

试验	Expts. 1	Expts. 2	Expts. 3
含义	未耦合海洋过程	混合层厚度为 5 m	混合层厚度为 50 m

2. 海洋过程响应

图 5.109 表示 Expts. 2 和 Expts. 3 在模式积分 24 h[图 5.109(a)、(b)]和 36 h[图 5.109(c)、(d)]后 TC 引起的 SST 冷却和 10 m 高度风速分布，图中表示的 10 m 高度风速均大于 30 m/s。无论是积分 24 h 还是 36 h 后，两个试验中的海温 SST 冷区中心

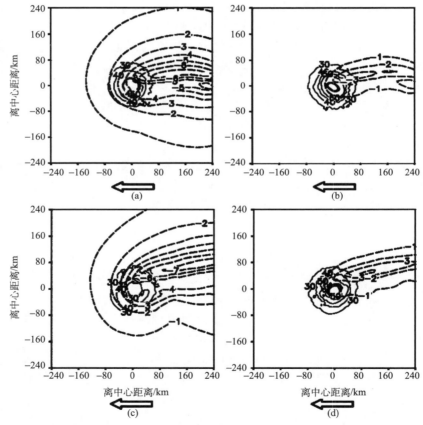

图 5.109   表示(a)(b)24 h 和(c)(d)36 h 的(a)(c)Expts. 2 和(b)(d)Expts. 3 的海温降温(虚线，℃)和 10 m 高度风速分布(大于 30 m/s、40 m/s、50 m/s、60 m/s 的实线，m/s)。箭头表示 TC 移动方向

都位于顺着 TC 移动方向(即 TC 自东往西移动方向,以下同)的右后侧,这与以前的研究结果(Shay et al.,1992;Bender et al.,1993;Chan et al.,2001;Chang and Anthes,1978)相一致,即海洋混合层里的夹卷上翻导致海洋冷却。Expts. 2 和 Expts. 3 的 TC 右后方都存在 SST 的冷尾迹(cold wake)。

模式积分时间不同,使得 TC 引起的海洋冷却量略有不同,无论是 Expts. 2 还是 Expts. 3,积分 36 h 后的 SST 冷区范围(SST 最大降温值)均比积分 24 h 后的 SST 冷区范围向右后侧移动(SST 最大降温值略低)[图 5.109(a)~(d)],表明随着模式 TC 积分时间的延伸,TC 引起的海洋冷却作用在逐渐加强。然而,由于初始的混合层厚度不同引起的海洋冷却量却差别很大,Expts. 2 的海洋 SST 冷区范围宽广,顺着 TC 移动方向,最冷中心区在 TC 大风中心(以大于 30 m/s 的 10 m 高度风区表示)右后方的 160~240 km 处,SST 最大降温值可达到−7℃[图 5.109(c)];而 Expts. 3 的海洋 SST 冷区范围狭窄,最冷中心区在 TC 右后方的 80~100 km 处,SST 最大降温值仅为−4℃,约为 Expts. 2 的一半[图 5.109(d)]。这主要是因为 Price(1978)的混合层模式是湍流侵蚀模式(turbulence erosion model),其海洋混合夹卷率取决于海表面摩擦速度大小,而这些摩擦速度大小又是由海表面风速大小来决定的,因此,海洋混合夹卷区的分布与 TC 表面风速分布是一致的;而 Sharpio(1983)研究认为,TC 表面风速最强区是在 TC 移动方向的右边,从图 5.109 可以发现,模式 TC 的 10 m 高度风速大值区基本上也出现在 TC 移动方向的右侧或后侧,说明模式结果与 Sharpio(1983)研究结论基本一致;因此,进一步表明,无论是海洋混合层厚度是深还是浅,试验 Expts. 2 和 Expts. 3 两个试验中 SST 冷中心都将出现在 TC 移动方向右后侧(图 5.109),只是当 Expts. 2 的初始混合层厚度递减时,海洋混合层底静止的冷水更容易被夹卷上翻到海洋表面,使海洋 SST 降温更大。

3. TC 过程响应

由于早期对 TC 的海洋响应研究工作较多,因此,这里反过来重点关注 TC 对海洋冷却的响应过程,下面将主要通过 Expts. 2 和 Expts. 3 研究海洋混合层冷却作用对 TC 结构和强度变化的影响。

1)强度变化

图 5.110 比较了 Expts. 1~3 三个试验的海表面最低气压和最大风速的演变过程。发现没有耦合海洋混合层模式的 Expts. 1 的 TC 强度最强,而耦合了海洋混合层模式的 Expts. 2 和 Expts. 3 中的 TC 强度相对于未耦合的 Expts. 1 的都有所减弱,表明海洋冷却作用使 TC 强度变弱;其中初始混合层厚度较浅的 Expts. 2 的 TC 强度显著减弱(海表面最低气压最高为 976 hPa;最大风速最小为 46 m/s),同样是因为 Expts. 2 的海洋降温作用比 Expts. 3 的强(图 5.109)。Expts. 3 的强度(无论是海表面最低气压还是最大风速)变化趋势都与 Expts. 1 的相似,而且强度差别不大,特别是 TC 强度快速增强的前 30 h 里。注意到,模式 TC 积分从 30~54 h 达到准平衡态,在准平衡态的 24 h 里(积分 30~54 h),无论是模式的海表面最低气压还是表面最大风速均达到较稳定值,

其中未考虑海洋混合层影响的 Expts.1 的 24 h 平均海表面最低气压为 935.1 hPa，24 h
平均表面最大风速为 63.6 m/s，表明未考虑海洋混合层（相当于海洋混合层厚度趋于无
穷大）影响的 TC 强度最强；海洋混合层厚度较深的 Expts.3 的 24 h 平均海表面最低气
压为 945.8 hPa、24 h 平均表面最大风速为 62.0 m/s，表明受较深海洋混合层厚度影响
的 TC 强度较弱；海洋混合层厚度较浅的 Expts.2 的 24 h 平均海表面最低气压为 976.3
hPa，24 h 平均表面最大风速为 45.2 m/s，表明受较浅海洋混合层厚度影响的 TC 强度
最弱。

　　Expts.2 中海洋冷却作用显著减弱 TC 强度的主要原因是它能够有效地减少从海洋
到大气的总表面热量通量（即表面感热通量与表面潜热通量之和）。比较三个不同试验的
准稳态平均的总表面热量通量分布可以看到，Expts.1 的总表面热量通量正中心最大
（大约 0.4 kW/m²），最大区域也是在 TC 移动方向的右前方，与 TC 的边界层风速最大
分布带相一致，其中总表面热量通量中最主要的是潜热通量。Expts.2 的总表面热量通
量明显呈非对称性，且出现较大的能量负区域（大约 −0.1 kW/m²），与之对应的正的
能量区域约为 0.1 kW/m²，约为 Expts.1 的正中心的 25%。Expts.3 的总表面热量通
量除了顺着 TC 移动方向的右后方出现了小负区域外，基本与 Expts.1 的分布较一致，
中心最大约为 0.3 kW/m²，约为 Expts.1 的正中心的 75%。

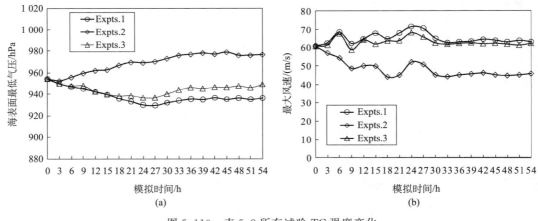

图 5.110　表 5.8 所有试验 TC 强度变化

　　图 5.111 表示三个不同试验的准平衡态时期（30～54 h）平均轴对称分布的总表面热
量通量。正如预期的一样，因为没有海洋作用，所以 Expts.1 的平均总表面热量通量都
为正值，最大值 0.45 kW/m² 出现在距离 TC 中心的 50 km 附近；Expts.3 的平均总表
面热量通量除了 TC 中心附近有负值外，其他都为正值，最大值 0.28 kW/m² 也出现在
距离 TC 中心的 50 km 附近；但是 Expts.2 的平均总表面热量通量大部分为负值，表明
能量交换是从大气输送到海洋的。

2) 结构变化

图 5.112 表示 Expts.2 和 Expts.3 分别在边界层顶(2 km)和模式底层(0.5 km)的 TC 散度分布, 图 5.112(a)、(b)的高度为边界层顶(2 km); 图 5.112(c)、(d)的高度为模式底层(0.5 km)。从图 5.112(c)、(d)可以看到 Expts.2 和 Expts.3 在模式底层都是强烈辐合, 差别出现在边界层顶上, Expts.2 的最大辐散出现在 TC 移动方向的右后方[图 5.112(a)], 表明在移动层与底层自由大气层里最大的入流出

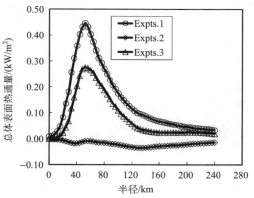

图 5.111　表 5.8 所有试验的准稳态平均的
总体表面热通量

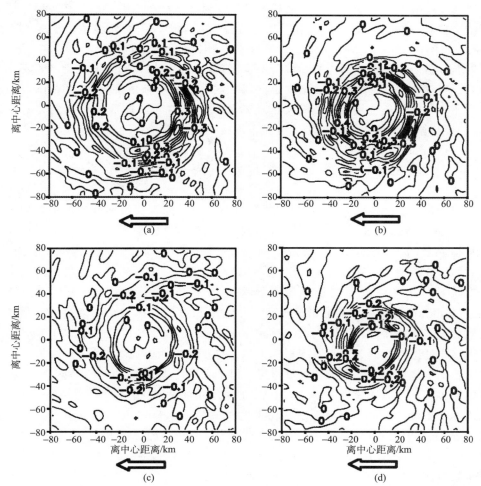

图 5.112　表示(a, c)Expts.2 和(b, d)Expts.3 分别在(a, b)边界层顶(2 km)和(c, d)模式
底层(0.5 km)的 TC 准稳态平均散度(单位: 10^{-4}/s)分布。箭头表示 TC 移动方向

现在 TC 的东南方,这与 Bender(1997)的研究结果是一致的。由于海洋冷却作用较小,Expts. 3 的 TC 非对称结构较弱[图 5.112(b)]。模式 TC 的底层涡度和散度平流也造成了 Expts. 2 和 Expts. 3 在边界层顶(2 km)的平均垂直速度分布的非对称,而正如预期一样,由于没有海洋冷却作用,Expts. 1 的平均垂直速度分布相对对称,而且平均垂直速度中心值在三个试验中最大,约 4 m/s;Expts. 2 的平均垂直速度非对称结构分布最显著,而且平均垂直速度中心值在三个试验中最小,约为 2 m/s。值得注意的是,三个试验的平均垂直速度的最大值均在 TC 移动方向的左前方,这与 Frank 和 Ritchie(2001)均一流试验中边界层顶 TC 的反映垂直速度性质的云水最大值分布特征完全一致。最后,需要指出的是,海洋冷却作用的非对称结构最终造成模式 TC 的边界层对流分布的非对称结构。可以发现海洋冷却作用显著的 Expts. 2 中边界层顶平均位温非对称性结构明显,而且分布最大中心区域在 TC 移动方向的右后方,与平均散度分布基本一致,说明 TC 边界层顶高度上的对流增强,潜热凝结释放,增强了 TC 移动方向右后方的暖湿空气位温;而由于 Expts. 3 的模式 TC 受到海洋冷却作用较小,其边界层顶平均位温结构非对称性不明显,但是由于其对流分布更集中,中心位温值也更大,也使得 Expts. 3 的模式 TC 强度相对较强。

以上分析表明,不同海洋初始混合层厚度条件对 TC 结构和强度变化有着不同程度的影响。当 TC 经过海洋混合层厚度不同海域时,海洋响应的 SST 冷区范围与降温值不同海洋冷却作用还会增强 TC 结构的非对称性,而这与海洋冷却作用的非对称造成 TC 在边界层附近的涡度和散度平流分布不均密切相关。

5.3.6　海洋拖曳系数对入海台风强度的影响

表面通量计算的不确定性应该是热带气旋(TC)强度可预报性受局限的重要因子之一(Wang and Wu,2004),因为表面通量和热量对 TC 发展和维持是至关重要的(Malkus and Riehl,1960;Ooyama,1969)。Emanuel(1995)与 Bister 和 Emanuel(1998)的研究表明 TC 的最大潜在强度(MPI)正比于在眼墙下的海表面的 $(C_h/C_d)^{1/2}$。

大风下的拖曳系数和交换系数深受海洋波浪和海洋飞沫的影响,因为经典的 Monin-Obukhov 理论并不能清晰地解释海洋波浪和海洋飞沫的全物理过程。尽管近几年人们对这些作用做了很大努力(Andreas and Emanuel,2001;Wang,2001),但是难以取得实质性进展,因为直接获得极端大风条件下的观测资料十分困难。

尽管拖曳系数对 TC 强度具有负作用,但是它所产生的耗散加热可能是正作用。较早的研究表明,当风速超过 40 m/s 时 TC 的耗散加热可能很大,并能增加 TC 最大表面风速 10%~20%(Bister and Emanuel,1998;Zhang and Altshuler,1999)。Bister 和 Emanuel(1998)发现,早期数值 TC 模式和有关 TC MPI 的理论分析中一直被忽视的耗散加热,很可能对 TC 强度具有正贡献。他们认为当加入耗散加热后,无论是理论模式还是数值模式里,TC 的最大风速大约要增加 20%。Zhang 和 Altshuler(1999)使用 PSU-NCAR 的 MM5 模式,进行 72 h 数值模拟,考察了耗散加热对飓风 Andrew(1992)强度的影响。它们的结果证实了 Bister 和 Emanuel(1998)的结论,认为引入耗散加热后可以使得飓风在最强的表面风超过 70 m/s 时，其最大表面风可以增强 10%。因此，当试图评估拖曳系数对 TC 结构和强度变化影响时，也有必要单独考察由于耗散加热所引起的正效应。

为此，首先提出一个新的海表面粗糙度长度参数化方案，通过这个参数化可以使拖曳系数随风速增长，直到风速超过 40 m/s 才随着风速的增加而减小，其特性如同 Emanuel（2003）和 Mankin 等（2005）的理论研究，发现与 Alamaro 等（2002）的试验室试验结果，以及 Powell 等（2003）、Drennan 等（2007）和 French 等（2007）的 GPS 下投式探空仪观测的资料分析相似。然后，使用一个最新发展的完全可压缩的、非静力的原始方程模式（TCM4）来评估此参数化对 TC 结构和强度的影响。最后，进行系统的对比分析，比较在有（无）耗散加热的情况下传统参数化和新参数化方案模拟结果的异同。

1. 海表面粗糙度参数化

在大多数应用中，海洋表面动量粗糙度长度（z_u，单位：m）表示为 Charnock（1955）表达式加上均匀流限制（Smith，1988）：

$$z_u = \frac{\alpha u_*^2}{g} + \frac{0.11\nu}{u_*} \tag{5.7}$$

式中，ν 为分子黏性；g 为重力加速度；u_* 为摩擦速度；α 为 Charnock 参数，在实际应用中，其变化范围为 $0.011 \sim 0.035$（Large and Pond，1981；Smith，1988）。在研究中，Fairall 等（2003）允许 Charnock 参数 α 可以随风速变化，即

$$\alpha = \begin{cases} 0.011 & U_{10} \leqslant 10 \text{ m/s} \\ 0.011 + 0.000875(U_{10} - 10) & 10 < U_{10} < 18 \text{ m/s} \\ 0.018 & U_{10} \geqslant 18 \text{ m/s} \end{cases} \tag{5.8}$$

事实上，式（5.7）给出的 Charnock 参数在应用到风速大于 25 m/s 时，也就是对应的恶劣天气系统（如 TC）的大风条件时，依然还是不太清楚的。式（5.7）的 Charnock 关系和式（5.8）给出的 Charnock 参数决定了在中性条件下，随着风速的增加，动量粗糙度长度、摩擦速度、10 m 高度的拖曳系数是单调递增的（图 5.113）。该关系已在很多大气模式中应用，但是它却与最近 Powell 等（2003）用 GPS 下投式探空仪资料来分析的结果不一致，Powell 等（2003）发现，粗糙度长度和拖曳系数一直增加到风速大约为 40 m/s 后随风速增加反而减少（图 5.113）。这表明在非常强的大风时，恒等为常数 0.018 的 Charnock 参数是太大了，而且 Charnock 参数在风速大于 25 m/s 时，应该依赖于风速的变化而变化。

为了使粗糙度、摩擦速度和拖曳系数变化能更好地与观测相符，这里提出了一个新的关于 Charnock 参数的计算方案，使之能够应用到大风条件里。与在式（5.8）中风速大于 18 m/s 时恒定的 Charnock 参数不同，新计算方案允许 Charnock 参数在风速大于 25 m/s 时成为摩擦速度的函数。这样式（5.8）可以修改为

$$
\alpha = \begin{cases}
0.011 & U_{10} \leqslant 10 \ \mathrm{m/s} \\
0.011 + 0.000875(U_{10} - 10) & 10 < U_{10} < 18 \ \mathrm{m/s} \\
0.018 & 18 \leqslant U_{10} \leqslant 25 \ \mathrm{m/s} \\
\max\left\{2.0 \times 10^{-3}; \ \dfrac{0.018}{1 + \delta(u_* - u_{*25})^2 - \gamma(u_* - u_{*25})^{1.6}}\right\} & U_{10} > 25 \ \mathrm{m/s}
\end{cases}
$$

$$(5.9)$$

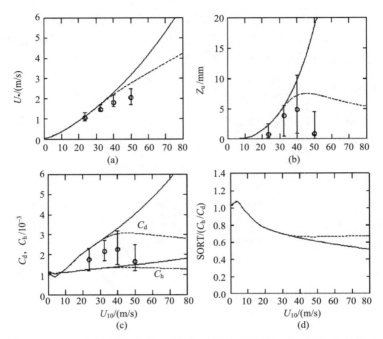

图 5.113　(a)表面摩擦速度，(b)表面粗糙度长度，(c)拖曳和交换系数和(d)中性表面条件下作为风函数的参数$(C_h/C_d)1/2$。实线代表强风条件传统外推方法，虚线代表本研究的新参数方法，空圆表征Powell 等(2003)的实测值的中值(95％置信度)

2. 模式说明与试验设计

1) 模式说明

TCM4 模式区域为多重嵌套网格且最内网格追随模式 TC 移动。所用网格均使用一致的模式物理过程(Wang，2001，2007)。因为不包括大尺度的环境流作用，且对流主要在内核区域和螺旋雨带里触发，其范围约为 TC 中心外 200 km 内，覆盖了模式内部的高分辨率区域。因此，模式最外面的两个粗网格区域里未考虑积云参数化过程。

2）试验设计

为了研究不同的海表面粗糙度参数化方案对模式 TC 结构和强度变化的影响，设计了四组数值试验（表 5.9）。前两组试验包括耗散加热作用，即一组（CTL _ DH）是传统动量粗糙度参数化（Fairall et al.，2003）试验；另一组（NEW _ DH）是使用了式（5.9）Charnock 参数的新参数化试验。后两组试验类似前两组，但不考虑耗散加热项，希望通过与前两组试验结果比较，考察耗散加热作用对不同表面粗糙度参数化方案的正效应。模式四个试验均积分至 216 h。

表 5.9　评估表面粗糙度参数化和耗散加热对模式结构和强度影响的四个试验

试验	表面粗糙度参数化	耗散加热	热带气旋最大强度	
			V_{max}/(m/s)	P_{min}/hPa
CTL _ DH	传统方案	Yes	73.3	914.0
NEW _ DH	新方案	Yes	81.0	905.9
CTL _ noDH	传统方案	No	70.6	920.3
NEW _ noDH	新方案	No	76.9	914.4

注：最后两列显示每一个试验最后三天（144～216 h）的最大平均强度，其中 V_{max} 指 TC 最大表面风速；P_{min} 指 TC 最低海平面气压。

3. 结果分析

1）风暴强度影响

图 5.114 表示所有四个试验的模式最底层（海洋表面上 35.6 m 处）的最大风速和海表面最低中心气压的演变图。可以发现，无论是加入了耗散加热（CTL _ DH 和 NEW _ DH）还是未加入耗散加热（CTL _ noDH 和 NEW _ noDH）的试验，在最大表面风速超过 40 m/s 之前（或者在最低模式层超过 50 m/s 之前），一直到约 48 h 前，它们的增强率均没有很大差异。而这正是原先所预料的，因为在表面风小于 40 m/s 时新的和传统的表面粗糙度参数化差别很小（图 5.114）。当最大表面风大于 40 m/s 时，也就是模式模拟 48～60 h 时，不同试验的 TC 增强率差别才得以显现。直到 96～120 h 的模拟，使用新表面粗糙度参数化试验（NEW _ DH 和 NEW _ noDH）的 TC 的增强率比传统的（CTL _ DH 和 CTL _ noDH）要大，因此，使用新表面粗糙度的参数化方案试验在其成熟阶段均一直更强（图 5.114）。而且，当表面粗糙度参数化一样时，加入耗散加热试验的 TC 都更强一些（CTL _ DH 对比 CTL _ noDH；NEW _ DH 对比 NEW _ noDH）。表 5.9 表示 144～216 h 所有试验的 TC 达到其准平稳变化过程的模式 TC 的平均强度。可以看到，在 NEW _ DH（NEW _ noDH）试验中最低模式层的最大风速，比 CTL _ DH（CTL _ noDH）试验的强约 10.5%（8.9%），即 81 m/s 对比 73.3 m/s（76.9 m/s 对比 70.6 m/s）。在 NEW _ DH（NEW _ noDH）试验中海表面最低中心气压，比 CTL _ DH（CTL _ noDH）试验的低约 8.1 hPa（5.9 hPa），即 905.9 hPa 对比 914.0 hPa（914.4 hPa

对比 920.3 hPa)。

　　考虑了耗散加热后，表面粗糙度新参数化的 TC 强度比传统的增强，其中最大表面风增强 18%(8.9% 对比 10.5%)；海表面最低气压增强 37%(5.9 hPa 对比 8.1 hPa)。这是因为耗散加热以风速的 3 次方来增长，因此，其给 TC 强度的正效应在强台风条件下会更明显。加入耗散加热试验和未加入耗散加热试验之间的强度差正是反映了耗散加热的正反馈作用。

　　从表 5.9 中可以看到，平均而言，针对表面粗糙度新参数化方案试验而言，耗散加热作用可以增加 TC 表面最大风速强度的 5.3%(NEW_DH 的 81.0 m/s 对比 NEW_noDH 的 76.9 m/s)；但针对传统试验而言，仅增加强度的 3.8%(CTL_DH 的 73.3 m/s对比 CTL_noDH 的 70.6 m/s)。与表面最大风速强度增大相一致的是，如果使用新的(传统的)表面粗糙度参数化后，海表面最低气压会加深 8.5 hPa(6.3 hPa)。由于耗散加热作用增加的表面最大风速幅度比 Bister 和 Emanuel(1998)和 Zhang 和 Altshuler (1999)发现的要小些。Bister 和 Emanuel(1998)报道的由于耗散加热作用增加的 MPI 是 20%，而 Zhang 和 Altshuler(1999)发现，模式在风速超过 70 m/s 时，耗散加热作用增加表面最大风速 10%。增强比例略小主要是因为此模式 TC 均弱于 Bister 和 Emanuel(1998)和 Zhang 和 Altshuler(1999)的模式 TC 强度，而耗散加热对 TC 强度的作用是随着 TC 强度的增强而增强的。

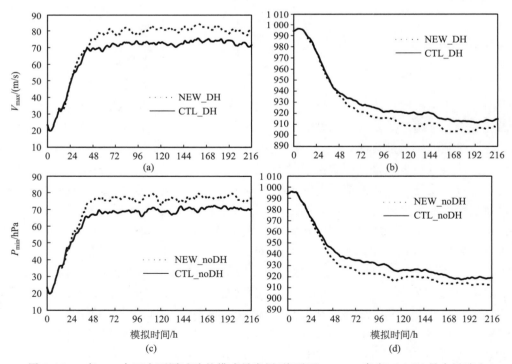

图 5.114　表 5.9 中四个不同试验的模式最底层(海平面 35.6 m 高度)(a)(b)最大风速和(c)(d)最低海平面气压演变。DH 表示耗散加热

2）表面通量参数影响

图 5.115 表示了列于表 5.9 的四个试验从 144～216 h 模拟时段平均的 10 m 高度风速和降水率的径向廓线。与图 5.114 的模式最底层最大风速的增长相一致，表面粗糙度新参数化的（NEW_DH/NEW_noDH）轴平均 10 m 高度风速强于传统的（CTL_DH/CTL_noDH），且仅出现在距离 TC 中心半径为 20～50 km 的眼墙区域。这是因为风速仅在眼墙下的小区域里会超过 40 m/s[图 5.115(a)、(c)]，这暗示了表面粗糙度新参数化仅仅增强模式 TC 的内核强度而对 TC 外核的风速影响不大。注意，在眼墙外试验中表面粗糙度新参数化方案的（NEW_DH/NEW_noDH）模拟时段平均降水率比传统的（CTL_DH/CTL_noDH）要强一些，表明新方案使 TC 眼墙外与对流相关的非绝热加热得到加强，进而增强了 TC 强度[图 5.115(b)、(d)]。

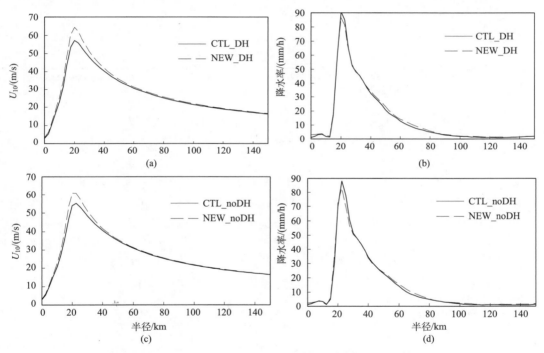

图 5.115　表 5.9 的四个试验从 144 h 模拟到 216 h 轴平均的 10 m(a)(c)高度风速和(b)(d)降水率的径向廓线

图 5.116 表示列于表 5.9 的四个试验从 144～216 h 模拟时段平均的表面动量粗糙度长度和表面摩擦速度。在眼墙下，NEW_DH(NEW_noDH)试验的表面动量粗糙度长度大大低于 CTL_DH (CTL_noDH)试验[图 5.115(a)、(c)]。这与前文参数化讨论中所预想的相一致。它仅出现在半径为 15～50 km 的眼墙下[图 5.116(a)、(c)]。因为，当风速超过 40 m/s 时，表面粗糙度新参数化方案的摩擦速度随风速增长率比传统的要小些[图 5.116(a)]，因此，NEW_DH (NEW_noDH)试验的摩擦速度在局地风速大的眼墙下比 CTL_DH (CTL_noDH)的要小些[图 5.116(b)、(d)]。

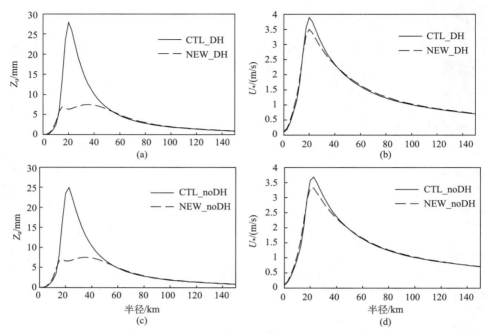

图 5.116　表 5.9 的四个试验从 144 h 模拟到 216 h 轴平均的(a)(c)
表面动量粗糙度长度和(b)(d)表面摩擦速度

　　总之，表面粗糙度新参数化方案对 TC 结构影响不太显著，主要体现在 TC 内核区域的眼墙的切向风速和眼区温度异常的增加，这是因为拖曳系数的变化仅仅发生在眼墙下的较小区域内。与以前的发现相一致，耗散加热作用会增强 TC 强度；另外，耗散加热作用也对 TC 内核结构有影响，它可以使眼墙略微向内移动同时减少眼墙的向外倾斜。尽管，耗散加热对新的和传统的粗糙度参数化方案都有增强 TC 强度的作用，但它在一定程度上有减少由新的和传统的粗糙度参数方案造成结构差异的作用。

5.3.7　海洋飞沫对入海台风强度的影响

　　以往海洋飞沫作用对 TC 强度变化的影响主要集中于海洋飞沫的热力反馈过程的研究。Riehl(1954)首先认为在大风条件下海洋飞沫蒸发作用能提供 TC 增强必要的热量。Fairall 等(1994)首次将一个合理的飞沫参数化过程耦合到一个简单的 TC 边界层中，海洋飞沫引入他们简单模式里可以产生较真实的边界层结构，但是他们并未给出关于海洋飞沫对 TC 强度的净效果的结论，而只是认为海洋飞沫对 TC 边界层的维持十分重要。Kepert 等(1999)使用了较复杂的 TC 模式继续开展这项工作，他们认为尽管海洋飞沫对海–气能量净通量影响不大，但是飞沫增强蒸发作用的机制可以调整边界层的层结从而增强 TC 强度。Wang 等(2001)使用其高分辨率的 TC 模式(TCM3)(Wang，1999)评估了海洋飞沫热力作用对 TC 边界层结构和 TC 强度的影响。Andreas 和 Emanuel (2001)

认为在高风条件下海洋飞沫对海气能量和动量传送是重要的,加进来的海洋飞沫增强了海-气交换能量,这些加入的完全蒸发的海洋飞沫可以作为动量的汇,因为它们消耗近表面的动量,该作用反过来又缓和了飞沫净能量通量的作用,他们发现由于飞沫能量和动量的共同作用使得他们的结果与没有海洋飞沫作用的相似。Bao 等(2000)使用耦合的海洋-大气模式系统来模拟大风条件下的海-气相互作用。通过对比有无海洋飞沫试验表明,当蒸发飞沫仅占飞沫总质量很小比例时,海洋飞沫作用对 TC 强度有显著增强作用;而当该比例增大时,海洋飞沫作用对 TC 强度的作用可以忽略。Anthes 等(1982)认为海洋飞沫蒸发可冷却海洋表面大气层,势必增强感热输送,从而使 TC 增强;Lighthill 等(1994)和 Henderson-Sellers 等(1998)指出,海洋飞沫蒸发为 TC 强度变化提供一种自限过程,一旦大气在眼墙底发生海洋飞沫蒸发作用,底层气温将低于 SST,能量输入也将减少。Emanuel(1995)则认为,海洋飞沫蒸发作用既不显著影响海表面热通量,也几乎不改变能量热动力效率,因此,该作用不会减少或影响 TC 的 MPI。早期各种数值模式研究(Bao et al.,2000;Andreas and Emanuel,2001;Wang et al.,2001)表明,模拟的 TC 强度对海洋飞沫过程的物理参数化细节相当敏感,因此这些模式结果彼此差异很大,这主要是因为他们各自模式对海洋飞沫过程的物理描述不确定性造成的,而且由于其海洋飞沫参数化方案的动力过程相对粗糙、甚至是错误的,因此有必要重新审视、研究和分析海洋飞沫的热力和动力作用。

1. 试验设计

使用四重嵌套、单向反馈的理想 WRF 模式进行研究。模式是以一个在 12.5°N 处、静止环境场上、f 平面、固定海温为 29 ℃,对轴对称气旋涡进行初始化。通过求解该初始气旋涡在给定切向风速场条件下的非线性平衡方程来获得模式的初始质量和风速场。使用 YSU 边界层(PBL)物理过程。考虑到海洋飞沫(sea spray)的物理过程在大风条件下作用明显,模式 TC 初始时刻 V_{max} 就有 71.5 m/s。事实上,模式 TC 已经运行了36 h。设计了四个试验,分别是 Cntrl、Heatonly、Ustonly 和 Ustheat 试验,其物理含义见表 5.10。模式 TC 再运行 24 h。

表 5.10 四个试验设计 Cntrl、Heatonly、Ustonly 和 Ustheat 的物理含义

试验	Cntrl	Heatonly	Ustonly	Ustheat
含义	控制试验	仅考虑热力作用	仅考虑动力作用	热力、动力作用均考虑

2. 结果分析

1) 强度变化

通过海洋飞沫物理过程的引入可以使得模式 TC 的强度发生变化。图 5.117 分别表示的是所有试验的模式 TC 的最大风速(V_{max})和海平面最低气压(MinPsfc)演变图。

从图 5.117(a)的模式 TC 的 V_{max} 演变过程可以看出,所有试验(包括控制试验、

Heatonly 试验、Ustonly 试验和 Ustheat 试验)在整个模拟时段里 V_{max} 均呈现总体增加趋势。控制试验从模式初始时刻至模拟结束整个 24 h 里，V_{max} 总体趋势是增强的，从 71.5～81.2 m/s。模式在前 9 h 是一致稳定地增强，随后时段的模拟 TC 的 V_{max} 总体是不断增强的，但也存在短时(2～3 h)的调整，这主要与模拟 TC 的(内核)结构调整有关。与控制试验相比，Heatonly 试验的 V_{max} 总体来看比控制试验大，但 V_{max} 的增量较小，最大增幅出现在前 9 h(最大出现在模拟 6 h 时增加 6.1 m/s)。注意，在模拟的 14～18 h 里 Heatonly 试验的 V_{max} 略低于与控制试验的 V_{max}，这很可能与模式 TC 在这段时间里存在一定的结构变化密切相关。与控制试验相比，Ustonly 试验的 V_{max} 总体来看比控制试验大且 V_{max} 的增量显著增加，最大 V_{max} 出现在模拟 24 h 的 117.2 m/s。同样，与控制试验相比，Ustheat 试验的 V_{max} 总体来看比控制试验大且 V_{max} 的增量显著增加，最大 V_{max} 出现在模拟 23 h 的 122.0 m/s。对比 Heatonly 试验，可以看到，海洋飞沫动力作用产生的 TC 强度增量比仅仅由其热力作用引起的增量明显要大，表明其动力作用更敏感。对比分析 Ustheat 试验和 Ustonly 试验，可以发现，Ustheat 试验的 V_{max} 总体比 Ustonly 试验的要大，但在模式 TC 存在较大结构调整的时段(12～18 h)里 V_{max} 会比 Ustonly 试验的小，表明热量作用在海洋飞沫作用中对模式 TC 的 V_{max} 变化作用小，正如 Emanuel(1995)和 Bao 等(2000)研究指出那样可以忽略这一作用。一种可能的物理解释是，表面热量增加使得模式 TC 的直接湍流增强，从而又进一步增强了其与直接湍流相关的摩擦速度的阻尼作用，有时会使得模式 TC 底层的辐合作用减少，降低 TC 强度；而在模式 TC 结构调整时期，上述物理过程表现得更加明显。

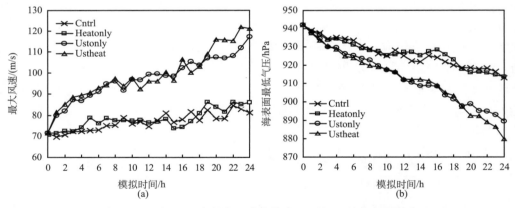

图 5.117　表 5.10 中所有试验的模式 TC 的(a)最大表面风速和(b)海平面最低气压 24 h 演变图

图 5.117(b)反映的是模式 TC 的 24 h MinPsfc 的时间演变。与图 5.117(a)的演变特征相似，所有试验在整个模拟时段里 MinPsfc 均呈现总体强度增强(MinPsfc 减小)趋势。控制试验整个 24 h 模拟时段里，MinPsfc 总体趋势是增强的，模式在前 9 h 也是一致稳定地增强，随后时段的模拟 TC 的 V_{max} 总体是不断增强的，但也存在短时的调整。与控制试验相比，Heatonly 试验的 MinPsfc 总体来看比控制试验强，但相差不大，Ustonly 试验和 Ustheat 试验均比控制试验的强很多，在 24 h 最大的 MinPsfc 分别为

889.6 hPa（Ustonly 试验）和 879.7 hPa（Ustheat 试验）。

2）结构演变

　　通过海洋飞沫物理过程的引入也可以使得模式 TC 的结构发生变化。图 5.118 表示的是所有试验的模式 TC 的 10 m 高度平均总风速的径向半径与时间关系的 Hovmöller 演变图。总的来看，所有试验的模式 TC 的最大风速半径大约为 20 km，且都不随时间演变而发生太大变化，表明所有试验的模式 TC 均处于相对稳定的"Annular"结构状态。在模式初始阶段还可以看到许多类似于"热塔"（vortical hot tower）的结构。

　　从图 5.118(a)还可以发现以下特征，控制试验的 10 m 高度平均总风速最强出现在距离模式 TC 中心的径向半径为大约 20 km 处（即 TC 的内核区）；随着模拟时间的推移，模式 TC 的 10 m 高度平均总风速逐渐增强，在 24 h 平均风速最大超过 70 m/s；在

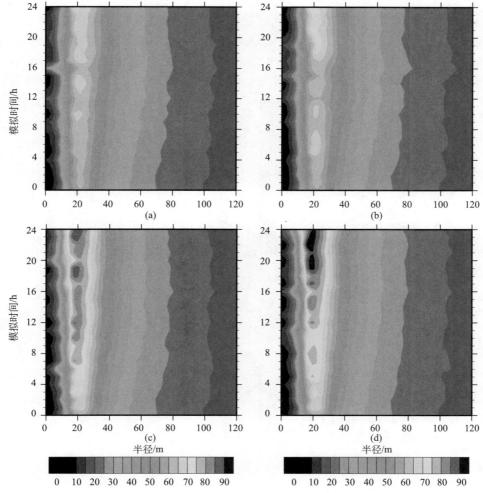

图 5.118　表 5.10 所有试验的模式 TC 的 10 m 高度平均总风速的径向半径与时间关系的 Hovmöller 演变图。阴影间隔为 10 m/s

模式前 9 h 的平均总风速变化较平稳，而在 11～12 h 和 15～17 h 时间里，模式 TC 的平均总风速结构存在调整，尤其是 15～17 h 里的风速结构调整更加明显。

图 5.118(c)反映的是 Ustonly 试验中模式 TC 的 10 m 高度平均总风速的径向半径与时间关系。与控制试验相比，平均总风速最强依然出现在模式 TC 的内核区；总体上随时间演变而增强，平均风速最大可超过 90 m/s；风速结构调整依然存在，时间略有变化，但结构最大变化仍出现在 17 h 附近。

图 5.118(b)、(d)分别表示的是 Heatonly 试验、Ustheat 试验中模式 TC 的 10 m 高度平均总风速的径向半径与时间关系。与控制试验相比，平均总风速最强依然出现在模式 TC 的内核区；总体随时间推移而增强，平均风速最大可超过 70 m/s(Heatonly 试验)和 90 m/s(Ustheat 试验)。

总体来看，由于海洋飞沫作用的引入，使得模式 TC 的表面平均风速结构在模式 TC 内核区发生显著变化，但对 TC 内核区以外的风速结构变化影响不大，而且，对 TC 自身结构的自我调节的时间(周期)影响也不大。

图 5.119 表示所有试验的边界层(1.6 km 边界层厚度里)径向、切向风结构。从图 5.119(a)可以发现，在模式 TC 的 1.6 km 边界层厚度里，TC 边界层眼墙外盛行径向风，表明此处入流发展旺盛，径向风最大水平梯度区位于 TC 内核区(半径 20 km 处)，

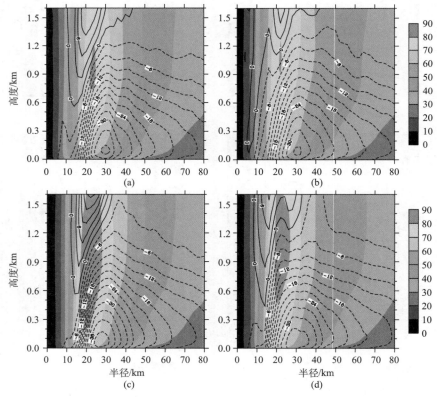

图 5.119　表 5.10 所有试验的边界层(1.6 km 边界层厚度里)径向、
切向风结构。等值线间隔为 4 m/s。阴影间隔 10 m/s

因此，此处也出现了超梯度风。在控制试验的切向风的最大值区在 0.8～1.2 km 高度。值得注意的是，边界层内盛行的径向风已经穿过模式 TC 眼墙，向 TC 中心延伸，这与 Smith 等(2009)的研究结论相一致。

注意，图 5.119(c)表明，当引入海洋飞沫时，边界层动力作用增强，也就是说，当摩擦速度减小时，使得摩擦作用减弱、辐合作用增强，边界层径向和切向风显著增大，径向风最大水平梯度也增强。而图 5.119(b)、(d)表示的边界层结构变化特征也表明，当引入海洋飞沫时会增加表面层的热量，使得垂直混合(vertical mixing)增加，反过来又使与直接湍流相关的摩擦有所增加，边界层径向、切向风最大值略有减小；径向风最大水平梯度也略有减小，表明其辐合作用由于垂直混合增加、直接湍流增加而减小。

综上所述，海洋飞沫使得模式 TC 的边界层结构的径向(入流)和切向风都发生了显著结构变化。值得注意的是，图 5.119 表示的边界层结构变化最终造成模式 TC 的结构和强度的变化。

3. 涡度变化分析

为了进一步理解和评估海洋飞沫过程对模式 TC 的强度变化的作用，下面通过涡度收支诊断定量分析影响涡度演变的物理机制。

图 5.120(a)表示所有试验的模式 TC 在模式底层的涡度辐合项时间演变，可以发现，总体上模式 TC 的涡度辐合随着时间的推移而逐渐增大，这表明随着模式 TC 涡度辐合增大，其强度也逐渐增强。对比控制试验，当考虑了海洋飞沫作用时，其他敏感试验(heatonly/ustonly/ustheat)模式 TC 的涡度辐合也相应增大，特别是对 Ustonly 试验和 Ustheat 试验其涡度辐合增加更多，表明涡度辐合对 TC 强度增加具有正效应。应该注意，由于模式 TC 的自身较大结构调整出现在模拟的 16 h，其海洋飞沫辐合作用有所减少。

图 5.120(b)表示所有试验的模式 TC 在模式底层的涡度倾斜项时间演变。可以发现，总体上模式 TC 的涡度倾斜随着时间的推移均为正值，这也表明 TC 涡度的倾斜项对 TC 的涡度变化也是正贡献。另外还可以发现，对比控制试验，当考虑了海洋飞沫作用时，模式 TC 的涡度倾斜总体较小，其原因是当引入海洋飞沫物理过程时，模式 TC 的强度增强，底层的垂直混合增加，使得模式 TC 底部的风速切变减少，其涡度倾斜作用也相应减小，值得注意的是，随着模式 TC 的逐渐增强，所有试验的涡度倾斜作用都在逐渐增强。虽然，总的来说，使 TC 的涡度变化的大项主要是模式 TC 的辐合项，但是模式 TC 的倾斜作用对 TC 的涡度变化依然起着主要的、关键的激发作用[图 5.120 (c)]。因此，从图 5.120(d)可以看到，对比控制试验而言，所有引入海洋飞沫作用后，模式 TC 的平均正涡度均比控制试验的大，其中，以 Ustheat 试验的为最大、Ustonly 试验的为次之、Heatonly 试验的最小。从图 5.120(d)还可以发现，在模拟时间前 9 h 前，模式平均正涡度均一致增强，其后均有调整，这与前面所述的模式 TC 结构调整时间完全一致，尤其是模拟时间 16～17 h 附近模式平均正涡度的减小与此时的模式 TC 结构调整过程出现的时段较一致。

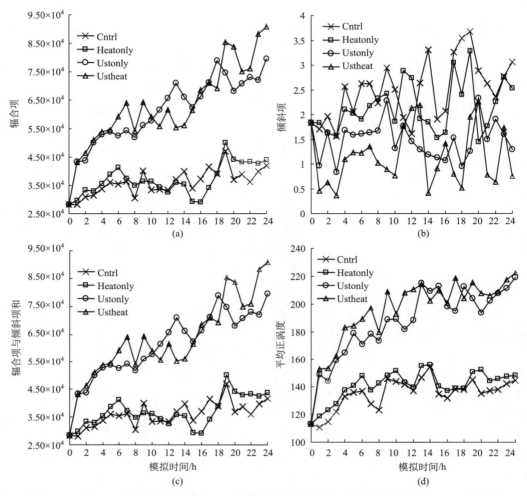

图 5.120　表 5.10 所有试验的模式 TC 在模式底层的涡度(a)辐合项($10^{-6}/s^2$)、(b)倾斜项
($10^{-6}/s^2$)、(c)辐合项与倾斜项和($10^{-6}/s^2$),以及(d)平均正涡度($10^{-6}/s$)时间演变

　　综上所述,当模式 TC 加入海洋飞沫作用后,随着表面风速的增大,其表面摩擦速度减小,TC 内核的表面摩擦减少,其大范围内辐合增强,总体平均的正涡度增强,使得边界层径向和切向风显著增大,径向风最大水平梯度也增强,最终使得模式 TC 强度显著增强,该动力作用是主要的。而当引入海洋飞沫时也会增加表面层的热量,使得垂直混合增加,与直接湍流相关的摩擦阻尼也会增强,从而使得 TC 边界层径向、切向风最大值略有减小,该热力作用相对次要。

5.4　变性台风的结构和强度变化

　　有相当一部分台风在向高纬度地区移动时,由于和冷空气相互作用而发生变性,在有利的条件下其强度还会再度发展。台风变性和再度发展过程是台风生命史中结构变化最为剧烈的阶段，常使中高纬度地区或海区遭受意外的暴雨、狂风、狂浪和风暴潮的袭击。在澳大利亚北部，台风的变性还常常导致严重的森林火灾。由于台风变性过程中伴随着台风结构的剧烈变化和移速增大，台风变性业务预报相当困难，尤其是风雨的精确预报，因此，常常导致防御工作措手不及。以下主要讨论台风变性的定义、变性台风的典型结构特征、变性台风强度变化的可能机理及其对下游天气的影响等内容。

5.4.1　台风变性的定义和识别

1. 变性的定义

台风变性是指台风在向高纬度地区移动时，由于冷空气侵入，台风逐渐失去其热带特征同时开始出现温带特征的渐变过程（extratropical transition），处于该过程中的台风称之为变性台风。在台风变性过程中，台风获得新的能量，重新变得活跃起来，出现再生现象，并同时向温带气旋转变。

台风变性过程在台风的温度场结构上表现为由水平方向半冷半暖、垂直方向上冷下暖的结构逐渐转变为冷心结构的过程；在卫星云图上则表现为台风眼区的晴空区逐渐消失、台风内核区的密实云区出现显著的非对称分布；而天气图上则表现为气压场（高度场）斜压性的分对称分布，以及冷空气的逐渐侵入并最终占据气旋中心，有时还常伴有锋生过程。

2. 变性的识别

在实际台风业务分析中，台风变性的识别主要考虑斜压性和半冷半暖的结构特征等因素，但各国台风预报业务中心分析的侧重点不同，如中国气象局主要侧重从云图上判断冷空气是否经过（或到达）台风中心，日本气象厅则强调非对称温/湿场结构的建立，美国国家飓风中心则关注台风内核区有组织的对流及高层流出气流是否消失、锋面结构或者逗点状云系是否出现等指标。而上述指标均依赖于预报员的主观判断，不同预报员在判定变性发生的起止时间上差异很大。

台风变性的客观识别方法有多种，早期应用的分类指标包括热成风涡度、热成风涡度梯度和热成风绝对涡度平流等，而现在应用于业务且相对较为成熟的方法是 2003 年 Hart 依据台风和温带气旋结构特征的显著差别而发展的相空间（cyclone phase space，CPS）指标法，该方法包括两个识别指数，分别是揭示台风由非锋面系统（nofrontal）向锋面系统（frontal）转化的热力非对称性（thermal asymmry）指数和揭示台风由暖核（warm core）向冷核（cold core）转化的热成风（thermal wind）指数。

在相空间指标法中，按台风当前移动方向，将以台风中心位置为圆心、半径为 500 km 的圆形区域分为左右半圆，左右半圆 900～600 hPa 的平均等压面厚度差的非对称性差异被定义为热力非对称性数（B）。一般地，当 $B>10$ 时，可认为台风呈现明显的热力非对称性（半冷半暖）结构，表示台风被冷空气侵入并发生变性。热力非对称性数可以用如下公式表示：

$$B = h(\Delta \overline{Z}_R - \Delta \overline{Z}_L) \tag{5.10}$$

式中，北半球，$h=1$；南半球，$h=-1$；$\Delta \overline{Z}_R$ 为台风当前移动方向的右半圆 $900 \sim 600$ hPa 平均等压面厚度；$\Delta \overline{Z}_L$ 为台风当前移动方向的左半圆 $900 \sim 600$ hPa 平均等压面厚度。

热成风指数 (V_T) 则是基于热成风平衡假定，用以台风中心为圆心 500 km 范围内的垂直方向的最大位势高度梯度来表征台风中心是冷心还是暖心结构的参数。用公式表示如下：

$$\frac{\partial(\Delta Z)}{\partial \ln p}\bigg|_{900\ \mathrm{hPa}}^{600\ \mathrm{hPa}} = -|V_T^L|, \quad \frac{\partial(\Delta Z)}{\partial \ln p}\bigg|_{600\ \mathrm{hPa}}^{300\ \mathrm{hPa}} = -|V_T^U| \tag{5.11}$$

式中，$-V_T^L$ 和 $-V_T^U$ 分别为台风在对流层低层（$600 \sim 900$ hPa）和对流层高层（$600 \sim 300$ hPa）的热成风参数；$\Delta Z = Z_{\max} - Z_{\min}$，为台风中心 500 km 半径范围内相应等压面上的高度扰动。

若定义 d 为位势高度极大值和极小值之间的距离，f 为科氏参数，V_g 为地转风，g 为重力加速度，那么 ΔZ 与热成风的数量级成正比，即 $\Delta Z = dg\,|V_g|/f$。

当 $-V_T^L > 0$，且 $-V_T^U > 0$ 时，表示台风上下层均为暖心结构，台风变性尚未开始，台风仍具有热带特征；当 $-V_T^L < 0$，且 $-V_T^U < 0$ 时，表示台风上下层均为冷心结构，台风变性过程结束，台风已转变为温带气旋。

虽然相空间指标法实现了台风变性的客观定量识别，并已在大西洋沿岸国家广泛应用于业务分析。但相空间指标法在计算热力非对称性指数和热成风指数时，由于选取计算的范围和高度是固定的，而针对不同台风或同一台风的不同时刻，以及不同海域的台风，台风结构特征是不尽相同的。此外相空间指标法仅侧重考虑了台风的热力结构因子，而台风和温带气旋无论是热力结构还是动力结构特征都存在较大的差异，因此利用相空间指标法识别台风变性时仍然会存在较大的"误差"。表 5.11 是利用中国气象局台风年鉴和 NCEP 再分析资料计算的 $1979 \sim 2007$ 年的所有西北太平洋台风的相空间指数，可以看出相空间指标法对台风变性识别的吻合率约为 80%，空判（年鉴中未变性的台风识别为变性台风）和漏判（未能识别年鉴中的变性台风）的现象同时存在。此外，对同一台风，相空间指标法识别的台风变性时间也存在明显差异，一般相差在 12 h 以上，年平均最大相差 33 h，而单个台风相差最大达 102 h。

如上所述，由于相空间指标法仅侧重考虑了台风的热力结构因子，而台风和温带气旋无论是热力结构还是动力结构特征均存在较大的差异。因此，为了更好地对台风变性过程加以识别，必须在台风变性识别中把台风的动力结构特征考虑进去。统计表明，西北太平洋台风不同高度的风速在变性前后存在着明显差异。台风变性前，$900 \sim 1000$ hPa 风速是迅速递增的，$600 \sim 900$ hPa 风速则逐渐减小，而从 500 hPa 到对流层中层，风速又开始逐渐增大，整体表现为低层风速大于中高层风速。台风变性后，$200 \sim 1000$ hPa，风速均是递增的过程，风速最小值出现在 $900 \sim 1000$ hPa，最大值出现在 $200 \sim 400$ hPa，整体表现为低层风速小于中高层风速。图 5.121 为西北太平洋台风变性前后 $600 \sim 900$ hPa 的环境风风速垂直切变值出现的频数分布和风速切变值的分布区间，台风变性前风速切变值大多大于 -1，即 $\Delta V > -1$，未变性台风频数的峰值出现在 $(0, 2)$ 之间，且风速切变值 75% 集中在 $(0, 10)$ 之间，50% 的风速切变值大于 1.5，25% 的风速切变值大于 3，台风变性前风速切变的均值为 1.4；而台风变性后，风速切变值大于 0 小于 1，即 $\Delta V < 1$，变性台风频数的峰值出现在 $(-2, 0)$ 之间，且风速切变值 75% 集中在 $(-20, 0)$ 之间，50% 的风速切变值小于 -2，25% 的风速切变值小于 -5.5，台风变性后风速切变的均值为 -2.5。可见，西北太平洋台风变性前后 $600 \sim 900$ hPa 风速切变 (ΔV) 的分布情况存在着显著的差异，变性前后围绕 0 上下浮动。

表 5.11　1979~2007 年西北太平洋不同种类气旋的相空间参数频率分布

（单位：%）

项目	非变性 TC			变性 TC
	TD	TS	TY	
$\|B\| \leqslant 10$ 热力对称	91.1	89.9	90.7	19.7
$\|B\| > 10$ 热力非对称	8.9	10.1	9.3	80.3
$-VTL \geqslant 0$ 低层暖心	75.6	88.7	91.2	20.3
$-VTL < 0$ 低层冷心	24.4	11.3	8.3	79.7
$-VTU \geqslant 0$ 高层暖心	55.8	78.3	90.5	5.9
$-VTU < 0$ 高层冷心	44.2	21.7	9.5	94.1

正是由于西北太平洋台风变性前后 $600 \sim 900$ hPa 风速切变的分布情况存在显著差异，因此，可用 600 hPa 和 900 hPa 的环境风风速垂直切变作为台风变性的指标之一，环境风风速垂直切变 (ΔV) 用公式表示如下：

$$\Delta V = \sqrt{(u_{900} - u_{600})^2 + (v_{900} - v_{600})^2} \tag{5.12}$$

式中，ΔV 为 $600 \sim 900$ hPa 的环境风风速垂直切变；u_{900}、u_{600}、v_{900}、v_{600} 分别为 900 hPa 和 600 hPa 距离台风中心附近 $50 \sim 170$ km 的纬向和经向的平均风速。

表 5.12 给出了利用相空间指标法并结合风速垂直切变对台风变性的识别情况，可见加上风速切变的判断，台风变性识别的准确率有明显的提高，尤其是对变性台风的识别效果明显，识别正确率提高约 30%。同时，还可以注意到，当 ΔV 取 1 时，对于变性

表 5.12　相空间指标法和风速切变 (结合相空间指标法) 判断台风变性对比情况

（单位：%）

项目		$\Delta V = -1$	$\Delta V = 0$	$\Delta V = 1$
变性台风	相空间指标法	47	47	47
	相空间指标法＋风速切变	61	70	76
未变性台风	相空间指标法	98	98	98
	相空间指标法＋风速切变	99	99	99

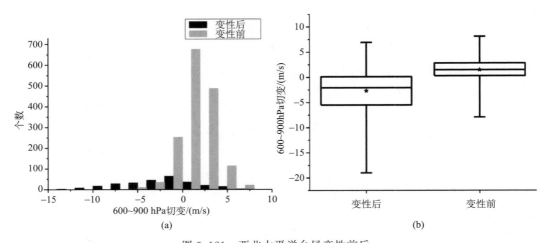

图 5.121　西北太平洋台风变性前后

(a)600～900 hPa 环境风风速垂直切变值出现的频数分布；(b)环境风风速垂直切变值的分布区间

台风的识别准确率增加最多，而对于未变性台风的识别准确率也有所增加，此时风速切变指标效果最佳。因此，风速切变阈值可选定为 1，即当 $\Delta V < 1$ 时，表示台风变性过程的开始。

此外，台风轴线的垂直倾斜也是变性前后的显著特征之一，因此可以用台风高低层中心投影到平面上的两点之间的距离来表征台风垂直结构的倾斜度(D)，用公式表示如下：

$$D = \sqrt{(\text{lat}_{500\ \text{hPa}} - \text{lat}_{900\ \text{hPa}})^2 + (\text{lon}_{500\ \text{hPa}} - \text{lon}_{900\ \text{hPa}})^2} \qquad (5.13)$$

式中，$\text{lat}_{500\ \text{hPa}}$ 和 $\text{lon}_{500\ \text{hPa}}$ 分别为台风高层(500 hPa)中心位置投影到平面的坐标位置；$\text{lat}_{900\ \text{hPa}}$ 和 $\text{lon}_{900\ \text{hPa}}$ 分别为台风低层(900 hPa)中心位置投影到平面的坐标位置。

经统计计算表明，西北太平洋地区的台风变性时台风垂直结构的倾斜度阈值可取为 1°，即当 $D > 1$ 时，可以认为台风垂直结构的倾斜度加大，台风具有温带气旋的特征。

下面给出利用相空间指标法及新增加的台风环境风风速垂直切变和台风垂直结构倾斜度两个动力因子指标，对 2000～2007 年的西北太平洋 222 个台风的共 6542 个时次的台风变性的识别情况(表 5.13)。结果表明，在相空间指标法的基础上，增加台风环境风风速垂直切变和台风垂直结构倾斜度两个动力因子指标能有效改善台风变性的空漏判率，台风变性的总体识别正确率提高了近 27%。

最后需要指出的是，目前严格地从科学上对台风和温带气旋在典型结构特征上的差异的界定仍然存在许多不确定的认识和理解，因此客观量化地识别台风变性的发生，尤其是判断台风变性起止时间，仍然存在相当大的困难。而在实际业务中，由于受卫星云图分辨率、预报员经验及认识等限制，仍然会出现识别模棱两可的状态，以致预报员在业务分析中往往不能及时确定台风变性的发生。因此，借助于资料再分析技术、物理量诊断分析技术和数值模拟方法，努力从科学上提高人们对台风变性过程的热力和动力结构特征及变化的认识仍是解决客观量化识别台风变性过程问题的重要途径。

表 5.13　相空间指标法结合动力因子指标对西北太平洋台风变性的识别情况统计

相空间指标法		相空间指标法＋风速切变＋垂直结构倾斜度	
非变性台风样本数/个	6154	非变性台风样本数/个	6154
识别为变性的比例/%	6	识别为变性的比例/%	3.6
变性台风样本数/个	388	变性台风样本数/个	388
未能识别出变性的比例/%	58	未能识别出变性的比例/%	31.2

5.4.2　台风变性的气候特征

全球几乎所有台风生成的海域均会有台风变性发生，其中西北太平洋台风变性的频数最多，但北大西洋台风变性的比例最高，东北太平洋则很少有台风变性发生，这可能与该海域副热带高压通常较为强盛有关。全球各海域台风变性的季节特征总体上与该海域台风生成的特征相似，一般是夏秋季节最为活跃，其中秋季变性的比例最高。台风变性位置的季节变动则由两个因子决定：一是海洋加热，其作用是将台风变性的位置往北推；二是大气斜压性，冷空气向南扩展，有利于将台风变性的位置向南推进。下面分别就西北太平洋台风和登陆我国台风的变性气候特征进行分析。

1. 变性的气候特征

1) 年际变化

西北太平洋是全球台风最活跃的海域，也是台风变性频发的海域之一。根据中国气象局台风年鉴资料统计，1949～2012 年西北太平洋和南海共有 561 个台风发生变性，占全部台风总数的 32.52%，年均有 8.77 个。西北太平洋和南海台风变性的发生频数存在着非常明显的年际变化[图 5.122(a)]，一般存在 2～4 年的年际振动周期。台风变性频数高于多年平均值的年份有 36 年，20 世纪 50～60 年代最为活跃，1965 年最多，有 18 个台风发生变性；变性频数低于多年平均值的年份有 28 年，主要发生在 20 世纪 70 年代以后，特别是 1999 年没有台风发生变性。

2) 月际变化

从台风发生变性的月份看，西北太平洋和南海各月均有台风发生变性[图 5.122(b)]，但台风发生变性相对集中在 7～10 月，这与台风生成的月际变化一致，这期间平均每年有 6.31 个台风发生变性，占变性发生总数的 71.95%；具体而言，7～10 月平均每月各有 0.83 个、1.70 个、2.16 个和 1.62 个台风发生变性，分别占台风变性总数的 9.46%、19.38%、24.63% 和 18.47%。

3) 纬度分布

从台风变性的发生纬度看，西北太平洋和南海台风主要在移动到 25°～50°N 的中高纬度时发生变性[图 5.122(c)]，占台风变性发生总数的 96.26%，但也有在 15°～20°N

附近的较低纬度发生变性的台风，主要发生在冬季和春季，如 1951 年的台风"Babs"、1963 年的台风"Rita"、1971 年的热带风暴"Sarah"和 1980 年的强台风"Dom"，这与冷空气的南下密切相关。

　　4）台风强度分布

　　从台风变性发生时的强度来看，西北太平洋和南海台风发生变性时的强度主要为强热带风暴及以下强度[图 5.122(d)]，占台风变性发生总数的 94.12%，台风发生变性时的强度达到台风强度的约占台风变性总数的 5.17%，但也有少数台风发生变性时的强度可达强台风和超强台风，如 1960 年的超强台风"妮娜"和 1974 年的超强台风"艾格尼丝"发生变性时的强度就分别为强台风（50 m/s）和超强台风（55 m/s），这可能与中纬度系统的相互作用有关。

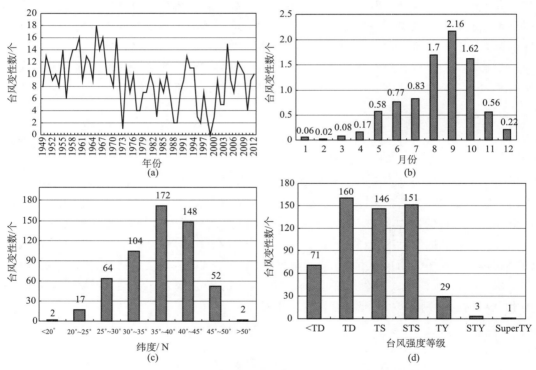

图 5.122　1949～2012 年西北太平洋台风变性频数
（a）年际变化；（b）月际变化；（c）纬度分布；（d）强度分布

2. 登陆台风变性的气候特征

　　过去台风登陆问题只是台风路径和海岸线的一个交点，但随着探测技术的发展，登陆台风研究在国内外日益受到重视，登陆台风不仅包括移动到陆地上的台风，而且包括在近海活动趋向海岸的台风。根据我国的实际情况，陈联寿提出了一个中国近海海域的定义，该海域由下列各点连接：37°N、126°E，35°N、124°E，30°N、126°E，21°N、

122°E，16°N、110°E，和 16°N、108°E［图 5.123(a)中的红线所包围的中国近海海域］，在这个海域内活动或移动到陆地上的台风统称为登陆台风。

1）年际变化

根据上述中国近海海域和登陆台风的定义，按中国气象局台风年鉴资料统计，1949～2012 年共有 67 个登陆台风发生变性［图 5.123(a)］，占西北太平洋全部台风生成总数的 3.88%，占西北太平洋全部变性台风总数的 11.94%，年均 1.05 个，可见登陆台风变性是一个小概率事件。从年际变化看，登陆台风变性也存在 2～4 年的年际振动周期［图

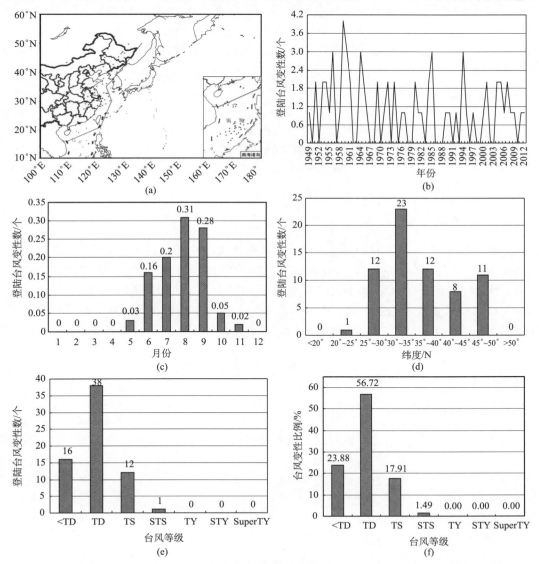

图 5.123　1949～2012 年登陆台风(a)变性分布图，(b)频数变化，(c)月际变化，(d)变性时的纬度分布，(e)强度的频数分布，和(f)变性时强度的比例分布

5.123(b)]，登陆台风变性频数高于多年平均值的年份有 20 年，20 世纪 50～60 年代和 21 世纪前 10 年最为活跃，1959 年最多，有 4 个登陆台风发生变性，1956 年、1960 年、1985 年和 1994 年每年均有 3 个登陆台风发生变性；变性频数低于多年平均值的年份有 44 年，其中有 24 年均没有登陆台风发生变性。

2）月际变化

从登陆台风发生变性的月份看，只有 5～11 月才有登陆台风发生变性[图 5.123 (c)]，其余月份均没有登陆台风发生变性，登陆台风发生变性相对集中在 6～9 月，这 与台风登陆的月际变化基本一致，这期间平均每年有 0.95 个登陆台风发生变性，占登 陆台风变性发生总数的 90.48%；具体而言，6～9 月平均每月各有 0.16 个、0.20 个、 0.31 个和 0.28 个登陆台风发生变性，分别占登陆台风变性总数的 15.24%、19.05%、 29.52%和 26.67%。

3）纬度分布

从登陆台风变性的发生纬度看，登陆台风主要在 25°～50°N 的中高纬度时发生变性 [图 5.123(d)]，占登陆台风变性发生总数的 98.51%，64 年中仅有一个登陆台风发生 变性时的纬度在 25°N 以南，它就是 1965 年春末的台风 Babe，其发生变性时的纬度为 23.5°N，其变性与冷空气的南下密切相关。

4）台风强度分布

从登陆台风变性发生时的强度来看，登陆台风发生变性时的强度主要为热带风暴及 以下强度[图 5.123(e)、(f)]，占登陆台风变性发生总数的 98.51%，64 年中仅有 1 个 登陆台风发生变性时的强度在强热带风暴及以上强度，它是 1949 年夏季的强台风 Gloria，其发生变性时的强度为强热带风暴(25 m/s)，登陆台风发生变性时强度较弱与 地形摩擦、较冷的海洋下垫面，以及与中纬度系统的相互作用等因素有关。

5.4.3　变性台风的结构

1. 典型结构特征

众所周知，台风具有典型的正压和暖心结构，温带气旋则具有斜压和冷心结构。台 风变性，实质上是台风的结构从热带的正压暖心向温带的斜压冷心转变的过程。因此， 处于变性中的台风，往往是台风与温带气旋的混合体，结构特征介于台风的正压暖心与 温带气旋的斜压冷心之间，其典型的结构具有斜压和"半冷半暖"及"半干半湿"的特征 (图 5.124)。

下面以台风"桃芝"(Toraji, 0108)为例来说明台风变性前后的结构特征演变。变性 前，"桃芝"具有正压和暖心结构，低层至高层均呈现暖心特征，轴对称和湿心特征也很 明显[图 5.125(a)、(c)]。

随着"桃芝"逐渐北移并接近北方中纬度地区的低压槽时(低压槽中心处于台风移动

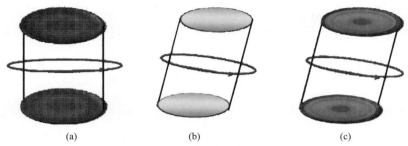

图 5.124　台风变性过程的结构特征演变

(a)台风；(b)变性台风；(c)温带气旋

路径的前方)，冷空气进入桃芝环流内部，台风进入变性阶段。此时，"桃芝"中心的垂直轴线明显倾斜，且从低层到高层呈现以气旋中心为分界线，半(西北)冷半(东南)暖、半(西北)干半(东南)湿，表现出典型变性台风的结构特征[图 5.125(b)、(d)]。

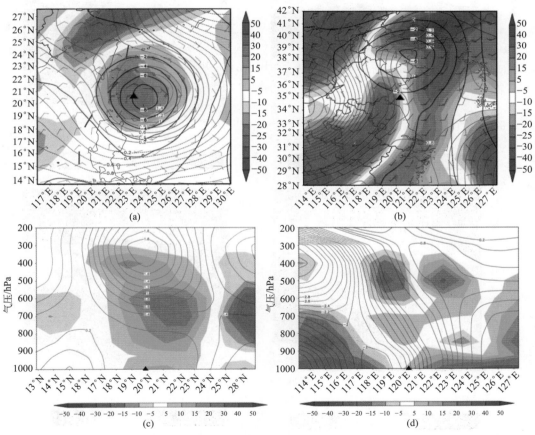

图 5.125　"桃芝"变性前后的结构特征，(a)(b)为 500 hPa 位势高度、温度和比湿的扰动分布和风场，黑实线为扰动位势高度，红实线为扰动正温度，蓝实线为扰动负温度，暖色阴影为正比湿扰动(湿区)，蓝色阴影为负比湿扰动(干区)；(c)(d)为图(b)过中心的南北垂直剖面；(a)和(c)为变性前的结构特征(2001 年 7 月 29 日 2 时)，(b)和(d)为变性后的结构特征(2001 年 8 月 2 日 2 时)

当桃芝进一步北移，并与中纬度低压槽合并之后，则转变为一个典型的温带气旋。此时桃芝斜压结构明显，中间干周围湿、下湿上干，但温度场仍呈半(西北)冷半(东南)暖的结构特征。

2. 合成结构特征

图 5.126 为 1979～2010 年西北太平洋所有变性台风结构的水平合成。由图可见，变性台风在不同高度均表现出显著的半冷半暖结构特征，其中，高层(300hPa)半冷半暖但仍保持偏暖的中心结构，中层(500hPa)位势高度与湿度线呈准正交，中低层(700hPa)位势高度与温度线闭合但不重合，低层(925hPa)位势高度与湿度线重合。

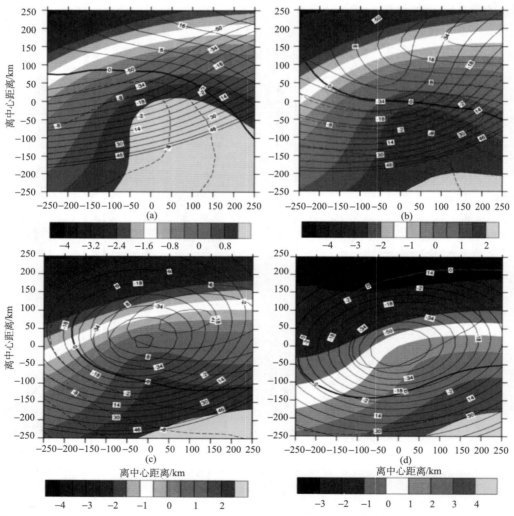

图 5.126　1979～2010 年西北太平洋变性台风的合成结构(a)～(d)分别为 300hPa、500hPa、700hPa 和 925hPa；阴影为扰动温度；蓝色为扰动相对湿度；黑色为扰动位势高度；坐标原点为台风中心

图 5.127 为 1979~2010 年西北太平洋所有变性台风结构的垂直剖面结构。由图可见，变性台风的温度场结构特征表现为：南北向呈北冷南暖（12 km 以上北暖南冷）、东西向呈东暖西冷（12 km 以上西暖东冷）；湿度场结构特征则表现为：南北向呈北干南湿（12 km 以上北湿南干）、东西向呈东湿西干（12 km 以上东干西湿）。

由上所述，台风变性前后在温湿结构上的最大差别表现为：变性前，台风轴对称、暖心和湿心特征明显；变性后，台风温湿结构则演变为半冷半暖、半干半湿的非对称斜压结构。变性台风与温带气旋最大的区别在于变性台风通常较湿，台风中心周围为高湿度区、对流层中层呈明显的半干半湿结构，而温带气旋的温湿结构则演变为垂直方向上干冷下湿暖、中间干冷周围湿暖的结构特征。

需要指出的是，登陆我国台风的变性过程湿度场的结构变化特征更为明显，具有明显的湿变性特征。

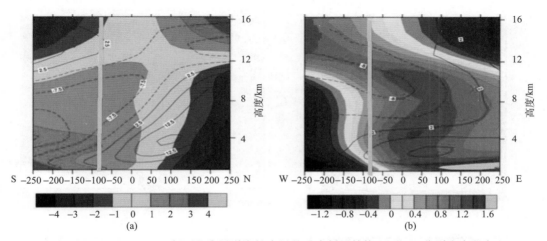

图 5.127　1979~2010 年西北太平洋变性台风的垂直剖面结构（a）和（b）分别为南北向
和东西向的垂直剖面，阴影为扰动温度，等值线为扰动湿度，黄线为台风中心

3. 典型的变性过程

完整的台风变性过程，一般经历变性开始、变性维持和结束变性等三个阶段：①变性开始阶段：冷空气靠近并侵入向高纬度运动的台风，台风整体仍为暖心，但水平方向呈现显著的非对称的偏心结构[图 5.128（a）、（b）]。②变性维持阶段：干冷空气从一侧侵入台风内核，使台风出现半冷半暖结构，通常高低层并不同步由暖心转变为半冷半暖。湿度场上也常出现湿心向半干半湿结构的转变。台风的轴线在垂直方向上也表现出显著的倾斜特征[图 5.128（c）、（d）]。③变性结束阶段：冷空气完全侵占了台风的内核，暖心、湿心被冷心、干心所取代[图 5.128（e）、（f）]，此时的台风已完全演变为温带气旋，变性过程结束。此外，由于地形摩擦等原因，有些台风在发生变性的过程中，会因强度的减弱而最终消亡，并不一定经历变性的全过程，即还没完全转变成温带气旋时就减弱消亡了。

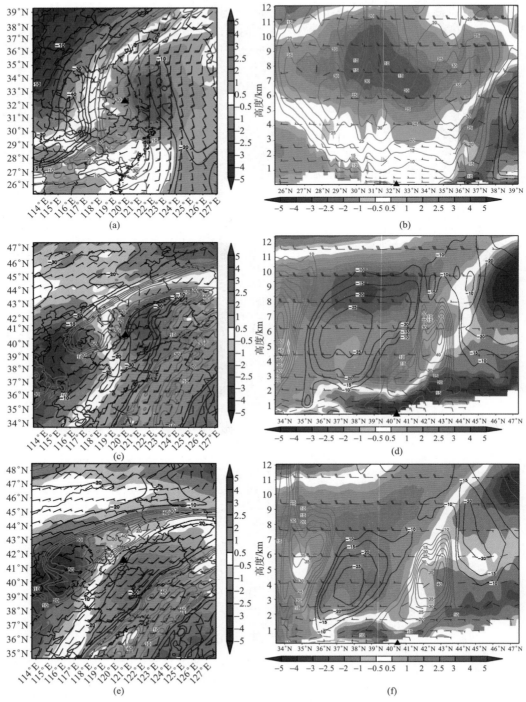

图 5.128　"桃芝"变性过程的结构特征演变

(a)和(b)为变性开始阶段(2001 年 8 月 1 日 08 时)，(c)和(d)为变性维持阶段(2001 年 8 月 2 日 17 时)，(e)和(f)为
变性结束(即温带气旋)阶段(2001 年 8 月 3 日 06 时)；(a)(c)和(e)为 5 km 高度的扰动位温、相对湿度和风场分布；
(b)(d)和(f)为扰动位温、相对湿度和风场的南北向垂直剖面，其中风场为风速的铅直分量和垂直速度的合成风场；
图中阴影为扰动位温(暖色表示暖区，冷色表示冷区)，实线为相对湿度(红色表示湿区，蓝色表示干区)

4. 变性的锋生和湿变性过程

向高纬度地区移动的台风在与中纬度系统发生相互作用、或受斜压环境场及垂直切变的影响、或受非均匀下垫面的作用，均可导致台风变性的发生。不同的台风个例，其变性过程的具体形态和变性机理可能不尽相同，但伴随冷暖空气交汇，意味着台风变性过程中可能存在锋生现象。以下以台风"桃芝"（Toraji，0108）的变性过程来探讨台风变性的锋生和湿变性过程。

台风"桃芝"于 2001 年 7 月 27 日在菲律宾以东洋面上生成，以西北或北偏西路径移动，强度不断加强，先后于 30 日凌晨和 31 日凌晨分别登陆我国台湾花莲和福建连江。登陆后，"桃芝"在副热带高压西侧偏南气流的引导下向偏北方向移动，与北方的低压槽相遇，最后导致"桃芝"的变性。采用 WRF 模式（模式分辨率 18 km，垂直 31 层）对"桃芝"的变性过程（2001 年 7 月 31 日 20 时～ 8 月 2 日 20 时）进行数值模拟，利用模式逐小时输出结果和矢量锋生方程对"桃芝"变性过程中的各项作用进行诊断。这里矢量锋生函数（$\vec{F}$）定义为标量锋生函数与旋转锋生函数的矢量和形式，以公式表示如下：

$$\vec{F} = F_n \vec{n} + F_s \vec{S} = -\frac{\mathrm{d}}{\mathrm{d}t} \mid \nabla \theta_e \mid \vec{n} + \vec{n} \cdot \left(\vec{k} \times \frac{\mathrm{d}}{\mathrm{d}t} \nabla \theta_e \right) \vec{S} \qquad (5.14)$$

式中，标量锋 F_n 为位温梯度的倾向；而旋转锋生 F_s 为位温梯度方向的变化。将位温梯度表达形式进行分解，则可以分别获得标量锋生函数 F_n 和旋转锋生函数 F_s 及其各项分量：

$$F_n = \frac{1}{\mid \nabla_p \theta_e \mid} \left[\frac{\partial \theta_e}{\partial x} \left(\frac{\partial u}{\partial x} \frac{\partial \theta_e}{\partial x} + \frac{\partial v}{\partial x} \frac{\partial \theta_e}{\partial y} \right) + \frac{\partial \theta_e}{\partial y} \left(\frac{\partial u}{\partial y} \frac{\partial \theta_e}{\partial x} + \frac{\partial v}{\partial y} \frac{\partial \theta_e}{\partial y} \right) + \frac{\partial \theta_e}{\partial p} \left(\frac{\partial w}{\partial x} \frac{\partial \theta_e}{\partial x} + \frac{\partial w}{\partial y} \frac{\partial \theta_e}{\partial y} \right) \right]$$

式中，$\dfrac{1}{\mid \nabla_p \theta_e \mid} \left[\dfrac{\partial \theta_e}{\partial x} \left(\dfrac{\partial u}{\partial x} \dfrac{\partial \theta_e}{\partial x} + \dfrac{\partial v}{\partial x} \dfrac{\partial \theta_e}{\partial y} \right) \right]$ 为标量锋生辐散项；$\dfrac{1}{\mid \nabla_p \theta_e \mid} \left[\dfrac{\partial \theta_e}{\partial y} \right.$ $\left(\dfrac{\partial u}{\partial y} \dfrac{\partial \theta_e}{\partial x} + \dfrac{\partial v}{\partial y} \dfrac{\partial \theta_e}{\partial y} \right) \right]$ 为标量锋生形变项；$\dfrac{1}{\mid \nabla_p \theta_e \mid} \left[\dfrac{\partial \theta_e}{\partial p} \left(\dfrac{\partial w}{\partial x} \dfrac{\partial \theta_e}{\partial x} + \dfrac{\partial w}{\partial y} \dfrac{\partial \theta_e}{\partial y} \right) \right]$ 为标量锋生扭曲项。

$$F_s = \frac{1}{\mid \nabla_p \theta_e \mid} \left[\frac{\partial \theta_e}{\partial y} \left(\frac{\partial u}{\partial x} \frac{\partial \theta_e}{\partial x} + \frac{\partial v}{\partial x} \frac{\partial \theta_e}{\partial y} \right) - \frac{\partial \theta_e}{\partial x} \left(\frac{\partial u}{\partial y} \frac{\partial \theta_e}{\partial x} + \frac{\partial v}{\partial y} \frac{\partial \theta_e}{\partial y} \right) + \frac{\partial \theta_e}{\partial p} \left(\frac{\partial w}{\partial y} \frac{\partial \theta_e}{\partial x} + \frac{\partial w}{\partial x} \frac{\partial \theta_e}{\partial y} \right) \right]$$

式中，$\dfrac{1}{\mid \nabla_p \theta_e \mid} \left[\dfrac{\partial \theta_e}{\partial y} \left(\dfrac{\partial u}{\partial x} \dfrac{\partial \theta_e}{\partial x} + \dfrac{\partial v}{\partial x} \dfrac{\partial \theta_e}{\partial y} \right) \right]$ 为旋转锋生辐散项；$-\dfrac{1}{\mid \nabla_p \theta_e \mid} \left[\dfrac{\partial \theta_e}{\partial x} \right.$ $\left(\dfrac{\partial u}{\partial y} \dfrac{\partial \theta_e}{\partial x} + \dfrac{\partial v}{\partial y} \dfrac{\partial \theta_e}{\partial y} \right) \right]$ 为旋转锋生形变项；$\dfrac{1}{\mid \nabla_p \theta_e \mid} \left[\dfrac{\partial \theta_e}{\partial p} \left(-\dfrac{\partial w}{\partial y} \dfrac{\partial \theta_e}{\partial x} + \dfrac{\partial w}{\partial x} \dfrac{\partial \theta_e}{\partial y} \right) \right]$ 为旋转锋生扭曲项。

根据上述矢量锋生函数（$\vec{F}$）的定义，计算了"桃芝"在变性初期的锋生函数（图5.129），可以看到，随着北方干冷空气的侵入，"桃芝"环流西北侧产生了较强的锋生作用，锋生作用主要由中低层的形变锋生和旋转锋生的辐散项所提供。这可能意味着"桃芝"最初的变性是由冷空气侵入所致，"桃芝"结构趋于松散，前期较为密实且呈准轴对称状的高位温梯度区，即"桃芝"中心云区开始发生形变作用，位温轴对称分布开始减弱，这是变性初期温带气旋锋生的一个主要作用。上述分析表明"桃芝"变性过程确实存在明显的锋生现象，锋生首先出现在低层，并随时间往高层延伸。进一步的诊断分析还发现，潜热释放对锋生的贡献不容忽视，这与西南低空急流源源不断的水汽输送密切相关，低层暖湿气流的输送及其释放的潜热对于台风变性发展过程中能量的获取具有十分重要的作用，这种伴随较强暖湿气流输送的台风变性过程称之为湿变性过程。

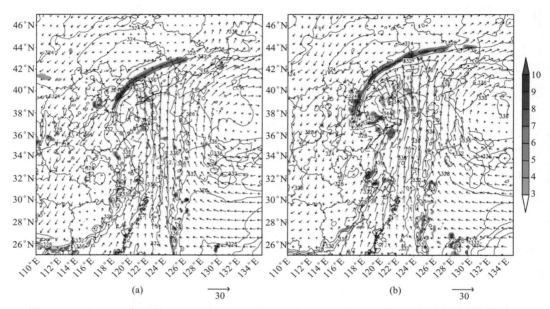

图 5.129　(a)2001 年 8 月 2 日 3 时，(b)8 月 2 日 8 时 3 km 高度处"桃芝"的锋生(阴影)与流场

此外，台风变性大都发生在中纬度地区，环境风垂直风速切变相对于低纬度而言较大，那么随着台风向高纬度地区移动，环境风垂直风速切变的增大对台风的变性又会产生何种影响呢？为此，将涡度方程和锋生函数方程联立，可以得到：

$$\frac{\mathrm{d}(f+\zeta)}{\mathrm{d}t} = -(f+\zeta)\,\nabla\cdot V_{\mathrm{h}} - \frac{1}{\partial\theta_{\mathrm{e}}/\partial z}\left[\widehat{K}\cdot\left(\nabla\dot{Q}\times\frac{\partial V_{\mathrm{h}}}{\partial z}\right)\right.$$
$$-\widehat{K}\cdot\left(F\times\frac{\partial V_{\mathrm{h}}}{\partial z}\right) - \widehat{K}\cdot\left\{(\nabla\theta_{\mathrm{e}}\cdot\nabla)V_{\mathrm{h}}\times\frac{\partial V_{\mathrm{h}}}{\partial z}\right\}$$
$$\left.-\widehat{K}\cdot\left\{(\nabla\theta_{\mathrm{e}}\times\zeta\widehat{K})\times\frac{\partial V_{\mathrm{h}}}{\partial z}\right\}\right] + \widehat{K}\cdot(\nabla p\times\nabla\theta) + \widehat{K}\cdot\nabla\times F_{\mathrm{frictio}} \quad (5.15)$$

式中，右边第 1 项为散度项；第 2～5 项分别为风速切变影响下的非绝热加热项、锋生贡献项、温度平流贡献项、涡度位温作用项；第 6 项为斜压项；第 7 项为摩擦项。

基于上述方程对"桃芝"变性过程(8 月 2 日 0 时和 3 时)中风速切变的影响进行了诊断(图 5.130)，分析表明在 0 时"桃芝"环流北侧产生锋生之后，首先加强了"桃芝"北侧和西侧的环流(涡度增强)，3 h 后由平流等作用导致在"桃芝"环流南侧出现较强的涡度增强区。因而可以看出切变锋生贡献项(即第 3 项)对于变性台风的环流增强(即涡度增强)有着较大的贡献，且最大增强区是从北侧开始逆时针旋转至南侧的。

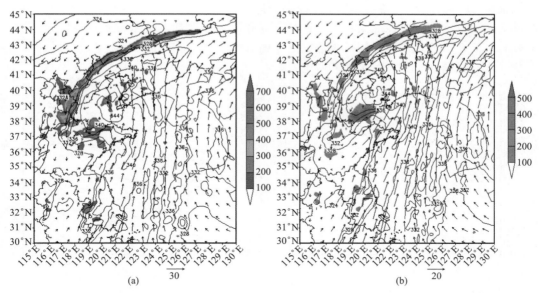

图 5.130 (a)2001 年 8 月 2 日 8 时，(b)8 月 2 日 11 时风速切变对"桃芝"锋生的贡献(高度 3 km)

5.4.4 变性台风的加强

台风在向高纬度地区移动的过程中，由于海温趋于降低，或由于登陆摩擦增大等原因，其强度逐渐减弱并最终消亡。然而，如果台风在向高纬度地区移动的过程中，若发生变性，则会延缓台风的减弱速度，或在相当长的时间内使台风强度保持不变，甚至增强。统计表明，有超过 20% 的变性台风会出现增强。

过去的研究表明，台风的变性过程及其强度变化，与中纬度斜压环境场、海表温度、下垫面摩擦和双台风的相互作用等因素有关。一般认为影响变性台风强度变化的主要环境因素包括：西风带高空槽和高空急流的强度、变性台风与高空槽和高空急流的相对位置、变性台风与西风带高空槽和高空急流等中纬度环流之间的耦合程度、中高纬锋面的强度，以及低层暖平流的强度等。

1. 变性加强的环境场特征

为了考察变性台风加强的环境场特征，基于 NCEP 每 6 h 一次的再分析资料(1°×1°)，选取以变性台风中心为中心的 71°×51°经纬度网格区域作为合成区域，对 2000～2010 年西北太平洋变性台风在发生变性前后 48 h 的环境场特征进行合成分析。这里定义自变性时刻(Te)到变性后 24h(Te+24)中心最低海平面气压下降至少 4 hPa 的变性台风个例为加强样本，中心最低海平面气压增加 4 hPa 以上的变性台风个例为减弱样本。为了减少因台风年鉴资料对样本选择及统计结果的影响，这里以中国气象局和日本气象厅均认定变性且变性时间相同的原则选取进行合成分析的变性台风为例，共选取增强样本 11 例、减弱样本 41 例。由于变性加强台风样本大都在 145°E 以东转向，而变性减弱台风样本则遍布西北太平洋，最西可到我国大陆东部，最东可到日界线附近（图 5.131）。为便于比较研究，同时为分离陆地的影响，又将变性减弱的 41 例台风样本再分成 145°E 以西和 145°E 以东变性两类，各有 18 例和 23 例。

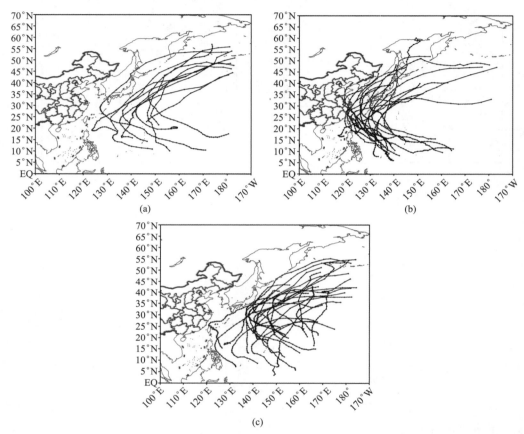

图 5.131　（a）变性增强，（b）在 145°E 以西变性减弱，（c）在 145°E 以东变性减弱台风样本的路径图

1）200 hPa 高度场和急流特征

由台风变性前后 48 h 的 200 hPa 高度场和急流的合成分析图（图 5.132）可以看到，变性加强台风北侧等高线密集，高空急流强，有时还伴有双急流的出现，随着台风向其北侧的急流区靠近，变性时刻（Te）台风中心移至下游急流入口区的强辐散区中，之后移至上游急流出口左侧和下游急流入口右侧的强辐散叠加区上空，高空的强辐散流出气流使得台风中层上升运动增强，强烈的上升运动又通过加强低层辐合而加强台风强度。根据质量守恒原理，高空辐散的加强，必然使得低层辐合和垂直上升运动加强，进而使得地面气压降低，最终使得台风变性后强度增强。而变性减弱台风，其北侧等高线稀疏，高空急流较弱，台风高层未形成强辐散区，不利于台风变性后增强。

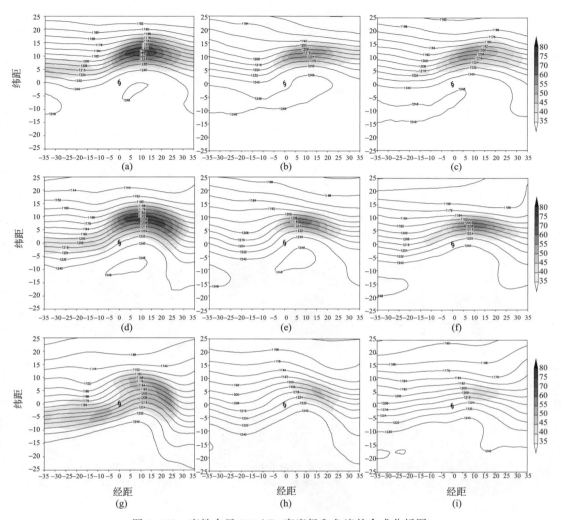

图 5.132 变性台风 200 hPa 高度场和急流的合成分析图

左为变性增强样本，中间为 145°E 以西减弱样本，右为 145°E 以东减弱样本；上中下分别对应 Te－24、

Te 和 Te＋24 时刻；阴影区为风速大于 35 m/s 的急流区；台风符号为变性台风中心位置

2）500 hPa 高空槽特征

图 5.133 给出了由台风变性前后 48 h 的 500 hPa 高度场合成分析图。由图 5.133 可以看到，对变性增强台风，变性前后，其西北侧和东北侧分别为振幅较大和水平尺度较小的槽和脊，台风中心周围等高线密集，位势高度梯度较大，西风槽呈西北—东南向，其水平尺度与台风环流尺度相当，两者之间距离相对较近，槽后不断有位涡通量输入台风环流内，有利于台风加强。对于变性减弱台风，虽然 500 hPa 位势高度场特征与变性加强台风十分相似，但其西侧和东侧的槽脊振幅相对较小，台风中心周围等高线稀疏，位势高度梯度较小，西风槽呈东北—西南向，其水平尺度大于台风环流尺度，两者之间

距离相对较远,不利于台风与西风槽发生相互作用。上述分析表明,高空槽强弱与台风变性后的强度变化密切相关,而数值试验也证实较强的西风槽有利于变性台风强度的加强和向温带气旋的转化。

3) 850 hPa 相当位温场特征

由台风变性前后 48 h 的 850 hPa 相当位温场合成分析图(图 5.134)可以看到,对变性加强台风,在变性前的 24 h(Te-24),其西侧和东侧为干冷空气,北侧等相当位温线密集,大气斜压性强,存在较强的东北—西南向锋区,南侧则为暖湿空气,并有一支大于 345 K 的暖湿气流输送带连接到台风中心,向台风环流内输送暖湿气流。此后随着台风北移,其西侧和东侧的干冷空气不断南侵,北侧锋区加强,南侧暖湿气流区不断缩小,至变性时(Te)台风南侧的暖湿气流区开始消失,台风中心向北侧的强斜压区嵌入,台风中心周围相当位温呈西冷东暖的不对称形态分布。

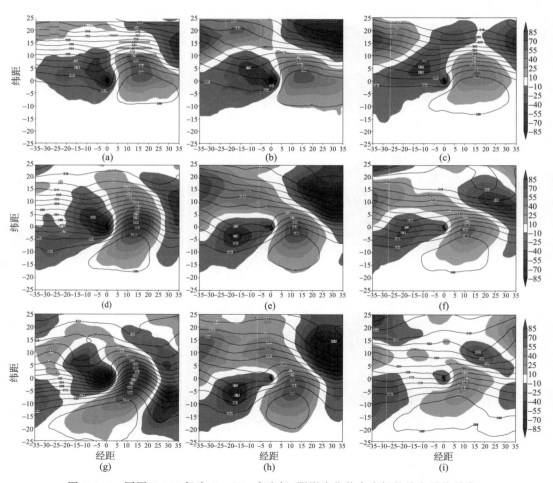

图 5.133　同图 5.132 但为 500 hPa 高度场(阴影为位势高度场的纬向平均异常)

对于 145°E 以西的变性减弱台风，其相当位温场特征与变性加强台风有着显著的差异。在变性前的 24 小时（Te－24），台风西侧和东侧斜压性较弱，北侧等相当位温线稀疏，锋区较弱。但其南侧大于 345 K 的暖湿气流区域较大，台风中心周围大于 350 K 的区域也较大，且伸展至台风以南 5 个纬度处。与台风变性加强相似的是，随着台风北移，北侧干冷气流区也不断南侵，南侧大于 345 K 的暖湿气流区也逐渐缩小。与台风变性加强不同的是这支暖湿气流输送带一直连接到台风中心直到台风变性后的 12 h（Te＋12）。之后，暖湿气流输送带突然中断消失，台风被北侧的干冷空气包围，以致未出现如变性加强台风与干冷空气那样缓慢的相互作用过程，台风变性后期干冷空气突然侵入并包围台风是变性加强台风与 145°E 以西变性减弱台风在相当位温场上的主要不同点。

而对于 145°E 以东的变性减弱台风，其相当位温场特征在变性前的演变类似于变性加强台风。但不同的是台风南侧暖湿气流区区域较小，干冷空气较早地侵入台风环流，阻断了南侧暖湿气流的输送。变性（Te）之后，其相当位温演变与 145°E 以西变性减弱台风在变性 12 h（Te＋12）之后的演变相似，这是两类变性减弱台风温湿场的相似特征。暖湿气流的中断不利于变性台风继续保持半冷半暖的结构特征及锋面气旋的发展，台风将会很快被填塞。

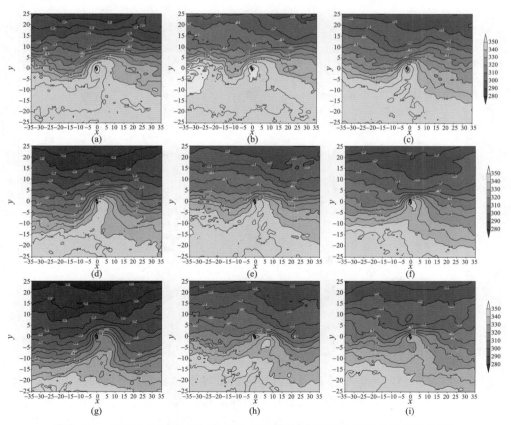

图 5.134　同图 5.132，但为 850 hPa 相当位温场（阴影为相当位温的填色图）

4）海平面气压场及 850 hPa 垂直运动特征

图 5.135 给出了台风变性前后 48 h 的海平面气压场及 850 hPa 垂直运动场合成场。可以看到，对变性增强台风，海平面气压闭合环流尺度较大，垂直上升运动区主要位于闭合环流的东侧且上升运动区面积较大，距台风中心 10 个经度以外的台风东西两侧为高压区，北侧为低压鞍形场。在台风变性过程中，台风向其北侧的鞍形场移动，环流尺度不断增大，垂直上升运动增强，变性后期台风环流移入北侧的鞍形场中，环流尺度达到最大，上升运动达最强，上升运动区占据台风环流的 2/3 区域，成为这一区域控制性环流系统。可以说台风北侧低压鞍形场的存在对台风变性加强非常有利。

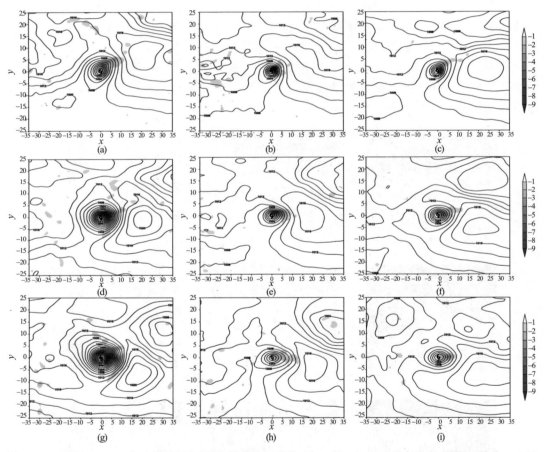

图 5.135　同图 5.132，但为海平面气压场(等值线，单位：hPa)和 850 hPa 垂直速度(阴影，单位：m/s)

对于 145°E 以西的减弱变性台风，其环流尺度较小，垂直上升运动区也较小，但上升运动较强，台风环流东侧的高压较强且向台风北侧扩展。在台风变性过程中，东侧高压不断向台风环流北侧发展形成高压坝而阻挡台风向北移动，并在高压西侧少动，垂直上升运动随之减弱，最后在高压下沉气流作用下减弱填塞。同样，对于 145°E 以东的减弱变性台风，虽然在变性前 24 h 其北侧也存在低压区，但其东侧的高压较强且向台风北侧扩展，使得北侧的低压不断向东北方向移动而远离台风环流，最终两者未能发生相互作用，台风环流北侧的低压区被东侧伸展过来的高压所取代，出现了类似 145°E 以西的减弱变性台风的气压场特征，台风最终在高压下沉气流作用下减弱填塞。

2. 变性后增强和减弱的能量收支

基于上述合成分析样本，选取变性后 24 h 内增强和减弱程度最大的变性台风作为典型个例，进行动能和有效位能收支的对比分析。所选个例为变性后增强的超强台风"摩羯"（Yagi，0614）、145°E 以西变性后减弱的强台风"百合"（Nari，0712）和 145°E 以东变性后减弱的台风"灿鸿"（Chanhom，0303），其变性后 24 h 中心最低海平面气压分别下降了 16 hPa、升高了 10 hPa 和 16 hPa。

1）整层大气动能收支

有限区域单位面积整层大气欧拉形式水平动能收支方程如下：

$$\frac{\partial K}{\partial t}=\frac{1}{\sigma g}\iint_\sigma\int_{P_u}^{P_0}-\boldsymbol{V}\cdot\nabla\phi\,\mathrm{d}P\mathrm{d}\sigma+\frac{1}{\sigma g}\iint_\sigma\int_{P_u}^{P_0}-\nabla\cdot k\boldsymbol{V}\mathrm{d}P\mathrm{d}\sigma$$

$$+\frac{1}{\sigma g}\iint_\sigma\int_{P_u}^{P_0}-\frac{\partial\omega k}{\partial p}\mathrm{d}P\mathrm{d}\sigma+\frac{1}{\sigma g}\iint_\sigma\int_{P_u}^{P_0}k_0\,\frac{\partial P_0}{\partial t}\mathrm{d}P\mathrm{d}\sigma+\frac{1}{\sigma g}\iint_\sigma\int_{P_u}^{P_0}\boldsymbol{V}\cdot F\mathrm{d}P\mathrm{d}\sigma \quad(5.16)$$

式中，$\boldsymbol{V}$ 为水平风矢量；σ 为水平区域面积；ω 为等压面垂直速度；K 为单位面积整层积分的动能，$\phi=gz$；z 为位势高度；F 为摩擦力；K_0 和 P_0 分别为地面动能和气压，p_0 通常取 1000 hPa 的值；P_u 为大气上界气压，通常取 100 hPa。

为方便起见，动能收支方程简写成如下形式：

$$\frac{\partial K}{\partial t}=\mathrm{GKE}+\mathrm{HFC}+\mathrm{VFC}+\mathrm{PSK}+D \quad(5.17)$$

式中，左端为有限区域内单位面积整层大气动能的局地变化项；GKE 为气流穿越等高线而导致的动能产生或损耗项；HFC 为动能水平通量散度项；VFC 为动能垂直通量散度项；PSK 为地面气压变化引起的动能变化项，通常比方程其他项小 2～3 个量级，可忽略；D 为动能摩擦耗散项，可作为方程的余项计算。

在计算动能收支各项时，根据三个典型台风海平面气压场中台风中心最外一根闭合等压线来确定台风的尺度大小，计算区域以台风中心为中心并跟随台风移动的 10°×10°的经纬度网格区域，资料采用 NCEP 每 6 h 一次的再分析资料（1°×1°）。

2）整层大气有效位能收支

有限区域单位面积整层气柱有效位能收支方程如下：

$$\frac{\partial A}{\partial t}=\frac{1}{\sigma g}\iint_\sigma\int_{P_u}^{P_0}\left(\frac{P^k-P_r^k}{P^k}\right)\dot Q\mathrm{d}P\mathrm{d}\sigma+\frac{1}{\sigma g}\iint_\sigma\int_{P_u}^{P_0}\omega\alpha\,\mathrm{d}P\mathrm{d}\sigma-\frac{c_P}{\sigma g}\iint_\sigma\int_{P_u}^{P_0}\nabla_P\cdot\left(\frac{P^k-P_r^k}{P^k}\right)T\boldsymbol{V}\mathrm{d}P\mathrm{d}\sigma$$

$$-\frac{c_P}{\sigma g}\iint_\sigma\int_{P_u}^{P_0}\frac{\partial}{\partial P}\left(\frac{P^k-P_r^k}{P^k}\right)T\omega\mathrm{d}P\mathrm{d}\sigma-\frac{c_P}{\sigma g}\iint_\sigma\int_{P_u}^{P_0}\frac{T}{P^k}\frac{\mathrm{d}P_r^k}{\mathrm{d}t}\mathrm{d}P\mathrm{d}\sigma+\frac{c_P}{\sigma g}\iint_\sigma\left(\frac{P_0^k-P_{r0}^k}{P^k}\right)T_0\,\frac{\partial P_0}{\partial t}\mathrm{d}\sigma$$

$$(5.18)$$

式中，$A = \dfrac{c_P}{\sigma g} \displaystyle\int\int_\sigma \int_{P_u}^{P_0} \left(\dfrac{P^k - P_r^k}{P^k}\right) T \, \mathrm{d}P \, \mathrm{d}\sigma$ 为单位面积气柱的有效位能，记为 APE；P_r 为局地参考气压，对于研究区域内任意一点它被定义为通过该点的等熵面的平均气压；$(P^k - P_r^k)/P^k$ 为效率因子，表示各种非绝热过程产生有效位能的效率；σ 为水平区域面积；C_F 为定压比热；$\dot{Q}$ 为单位质量空气的非绝热加热率；ω 为等压面垂直速度；α 为比容；$\boldsymbol{V}$ 为水平风矢量；T_0 和 P_0 分别为地面温度和气压；P_0 通常取 1 000 hPa 的值。

为方便起见，有效位能收支方程可简写成如下形式：

$$\frac{\partial A}{\partial t} = \mathrm{GA} + \mathrm{WA} + \mathrm{FHA} + \mathrm{VFA} + \mathrm{DPDT} + \mathrm{PSA} \tag{5.19}$$

式中，左端为有效位能的局地变化项；GA 为有效位能非绝热产生项，包括潜热释放、太阳短波辐射、地面长波辐射、下垫面感热交换等非绝热过程对有效位能的贡献，而潜热释放又可分为对流性潜热释放和稳定的潜热释放；WA 为垂直方向质量场重新分布造成有效位能的释放项；HFA 为有效位能水平通量散度项，表示通过水平边界有效位能净的输入或输出；VFA 为有效位能垂直通量散度项，表示通过上下边界有效位能净的输入或输出；DPDT 为局地参考气压变化对有效位能的贡献，可作为方程的余项计算；PSA 为地面气压变化引起的有效位能变化项，通常比方程其他项小 2～3 个量级，可忽略不计。

在有效位能收支方程中，非绝热产生项 GA 包括潜热释放、太阳短波辐射、地面长波辐射、下垫面感热交换等非绝热过程对有效位能的贡献，而潜热释放又可分为对流性潜热释放和稳定的潜热释放。为便于计算，这里采用视热源和视水汽汇来代表非绝热过程的作用。由大尺度观测资料计算视热源（Q_1）和视水汽汇（Q_2）的计算式如下：

$$Q_1 = c_p \left[\frac{\partial \bar{T}}{\partial t} + \bar{V} \cdot \nabla \bar{T} + \left(\frac{P}{P_0}\right)^{\frac{R}{c_P}} \bar{\omega} \frac{\partial \bar{\theta}}{\partial P} \right] = Q_R + L(c - e) - \frac{\partial \overline{s'\omega'}}{\partial P}$$

$$Q_2 = -L \left(\frac{\partial \bar{q}}{\partial t} + \nabla \cdot \overline{q\bar{V}} + \frac{\partial \overline{q\bar{\omega}}}{\partial P} \right) = L(c - e) + L \frac{\partial \overline{q'\omega'}}{\partial P} \tag{5.20}$$

式中，L 为凝结潜热；c 为凝结率；e 为液态水的蒸发率；$s = cpt + gz$ 为干静力能；"—" 为区域平均；"$'$" 为对水平平均的偏差。视热源由辐射冷却、净的水汽凝结释放和感热垂直涡动输送的垂直辐合三项组成。视水汽汇包括净水汽凝结和由积云与乱流产生的小尺度涡旋对水汽的垂直输送，水汽的凝结又包括稳定性降水和对流性降水产生的凝结加热。

若将视热源（Q_1）的表达式与视水汽汇（Q_2）的表达式两式相减，可得

$$Q_1 - Q_2 = Q_R - \frac{\partial \overline{(s' + Lq')\omega'}}{\partial P} \tag{5.21}$$

上式表示视热源和视水汽汇之差为辐射冷却和积云与乱流产生的小尺度涡旋对热量和水汽的垂直输送。这里将视热源 Q_1 造成的非绝热产生项记为 GA，将视水汽汇 Q_2 造成的非绝热产生项记为 GA1，辐射冷却和积云与乱流产生的小尺度涡旋对热量和水汽的垂直输送记为 GA2。

在实际计算有效位能收支各项时,计算区域仍以台风中心为中心并跟随台风的 $10°$ $\times10°$ 的经纬度网格区域移动,资料仍采用 NCEP 每 6 h 一次的再分析资料($1°\times1°$)。

3)总能量收支

将基于典型变性增强和减弱台风个例计算的单位面积气柱动能和有效位能收支情况结合起来就可以分析变性台风系统总能量的收支情况。

利用 P 坐标连续方程及关系式($V \cdot \nabla_P\phi = \nabla_P \cdot \phi V - \phi \nabla_P \cdot V$),则有效位能收支方程中右端第二项有效位能释放项 WA 可表示成如下形式:

$$\frac{1}{\sigma g}\iint_\sigma \int_{P_u}^{P_0} \omega\alpha\,\mathrm{d}P\,\mathrm{d}\sigma = \frac{1}{\sigma g}\iint_\sigma \int_{P_u}^{P_0} V\cdot\nabla_P\phi\,\mathrm{d}P\,\mathrm{d}\sigma$$

$$-\frac{1}{\sigma g}\iint_\sigma \int_{P_u}^{P_0}\nabla_P\cdot\phi V\,\mathrm{d}P\,\mathrm{d}\sigma - \frac{1}{\sigma g}\iint_\sigma \int_{P_u}^{P_0}\frac{\partial}{\partial P}\phi\omega\,\mathrm{d}P\,\mathrm{d}\sigma \qquad (5.22)$$

式中,左端为有效位能的释放(WA);右端第一项为有效位能和动能之间的相互转化项,记为-GKE;其余两项为气流流入流出边界克服边界气压做功项,记为 BW。上式表示通过铅直环流的作用质量场重新分布释放的有效位能一部分转化为系统的动能,一部分用于克服边界气压做功。通常有效位能释放项 WA 和克服边界做功项 BW 有相同的量级,而有效位能和动能之间的转化项通常相对较小,GKE 要比 WA 小 1~2 个量级。

典型变性增强和减弱台风变性前后时间平均的动能和有效位能、总能量收支各项及动能和有效位能的转化可以概括为图 5.136。

图 5.136　台风总能量收支示意图

图 5.136 中,DK 和 DA 分别为动能和有效位能局地变化项;K 为动能;HFC 为动能水平通量散度项;GKE 为动能产生项;D 为动能摩擦耗散项;APE 为有效位能;GA 为有效位能非绝热产生项;BW 为气流流入流出克服边界气压做功项;DPDT 为局地参考气压变化有效位能产生项;HFA 为有效位能水平通量散度项,VFA 为有效位能垂直通量散度项。K 和 APE 的单位为 10^5 J/m^2;其余量的单位为 W/m^2。

图 5.137 给出了计算得到的典型变性增强和减弱台风个例变性前后时间平均的动能和有效位能、总能量收支各项及动能和有效位能的转化情况。由图 5.137(a)、(b)可以看到,变性后增强台风"摩羯"变性前后 48 h 动能和有效位能均增加,即总能量增加。变性前 24 h 动能主要来自于有效位能的转化,有效位能主要来自于周围环境水平输入(HFA)及局地参考气压变化产生的有效位能(DPDT),而有效位能的汇则是来自于气流流入流出克服边界气压做功损耗(BW)。变性后 24 h 在"YAGI"增强过程中[图 5.137(b)],动能向有效位能转化,动能主要来源于周围环境的输入(HFC),周围环境向台

风环流内输入的有效位能(HFA)和 DPDT(BW)仍是有效位能的主要源(汇)。对"摩羯"而言，在整个变性过程中辐射冷却、净水汽凝结潜热释放和感热垂直涡动输送等非绝热作用的总效应(GA)是损耗有效位能，但变性后动能和有效位能从周围环境中输入台风环流内及局地参考气压变化产生有效位能使得"摩羯"变性后总能量的收入大于支出，系统总能量增加。

145°E 以西减弱台风"百合"和 145°E 以东减弱台风"灿都"，动能和有效位能收支转化特征基本相似[图 5.137(c)~(f)]。变性前后 48 h 有效位能向动能转化，HFC 是动能的汇，DPDT 仍是有效位能的主要源。但与"摩羯"不同的是，在"百合"和"灿都"变性减弱过程中[图 5.137(d)、(f)]其系统内总能量是减少的，总能量也较台风"摩羯"少，系统动能和有效位能均从自身输出到周围环境中，这种总能量的输出超过了总能量的来源，使得变性减弱台风的总能量减少。

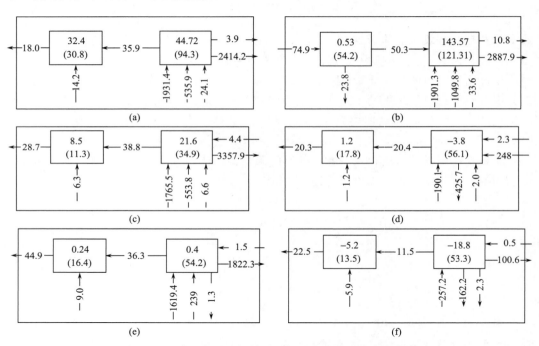

图 5.137　典型台风变性前后时间平均总能量收支示意图

(a)变性增强台风摩羯(变性前 24 h)；(b)变性增强台风摩羯(变性后 24 h)；(c)145°E 以西减弱台风百合(变性前 24 h)；(d)145°E 以西减弱台风百合(变性后 24 h)；(e)145°E 以东减弱台风灿都(变性前 24 h)；(f)145°E 以东减弱台风灿都(变性后 24 h)

由以上分析可见，变性增强台风从周围环境中获得了动能和有效位能，而变性减弱台风因动能和有效位能从自身输出到周围环境中，使自身总能量减少，因此，变性台风是否从周围环境中获得动能和有效位能可能是决定台风变性加强与否的重要因素。

5.4.5　变性台风的天气和下游效应

在台风变性过程中，其最大风速通常会比成熟的台风低，但风场的不对称性会显著增强，强风覆盖的面积也会增加（Merrill，1993）。统计表明，变性台风的强风覆盖的面积一般是同等强度热带气旋的 2～3 倍（Hart and Evans，2001）。在台风向北移动的过程中，由于其移速增加及中纬度系统的作用，降水会向北扩展很远，导致降水先于台风到达受影响的地区。一般台风的强降水主要发生在其路径的两侧，但对于变性台风，北半球强降水主要分布在路径的左侧、南半球则在路径的右侧（Carr and Bosart，1978；Bosart and Dean，1991；Foley and Hanstrum，1994）。

变性台风通常能与中纬度环流的发生相互作用，并直接影响下游环流，或间接地通过激发或者改变高层的 Rossby 波列而影响下游的环流及天气。Anwender 等（2010）指出，受西北太平洋变性台风的影响，西风带的 Rossby 波列会发生不确定性变化，并最终增加下游北美地区模式预报误差和不确定性。

基于 2.5°×2.5°NCEP-NCAR 再分析资料，采用"转向相关"的合成方法，对发生在 1979～2008 年共 102 个西北太平洋转向且发生变性的台风，从天气动力方面的观点讨论其所产生的下游效应的特征。所谓"转向相关"合成，是先计算出选取的 102 个个例的平均转向点精确位置，然后将每个个例再分析场格点资料中的转向点移动到平均转向点的经纬度处，最后再进行合成。图 5.138 给出了这 102 个台风的路径，它们都是：① 在 120°～150°E 转向；②转向时（即 $T+0$ h）的强度都达到台风（TY）量级；③最终都变性成温带气旋；④在转向前 48 h（$T-48$ h）内其强度均为热带风暴或者台风量级，而再转向后 72 h（$T+72$ h）之内变性成温带气旋。

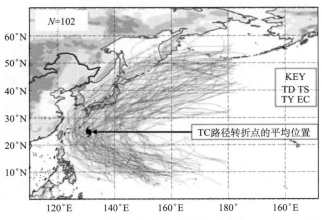

图 5.138　102 个 TC 样本的路径，黑色 TC 符号表示这 102 个 TC 的平均转向点

受西北太平洋转向（且变性，以下简称转向）台风引起的 Rossby 波列（表现为沿着中纬度急流的槽-脊-槽形态）的激发和增强的合成分析诊断结果详见图 5.139。可见，

TC 转向时，TC 向外的辐散流（用 TC 上升区域的向外无旋风表示）能将较低的 PV 空气向北平流输送。同时，通过分析 $T-24$ h 和 $T+24$ h 时段内每隔 6 h 的物理量场后发现，存在一个明显的 TC 外出流将低值 PV 向北输送进入西北太平洋上空急流的过程。这种 48 h 的输送过程与西北太平洋上空脊的增强，以及急流发展（伴随着对流层高层锋生）相吻合，同时也与下游槽的形成和增强相吻合。从图 5.139 中也能看到在 $T+0$ h，合成 TC 上游高空存在着一个槽，同时在下游有一个脊正在逐渐增强。事实上，这个在转向前 48 h（$T-48$ h）到转向时（$T+0$ h）位于转向点西北侧的槽，可能导致 TC 的转向并促进低 PV 空气随着无旋风向发展中的下游脊输送（Archambault and Barnett，2010）。

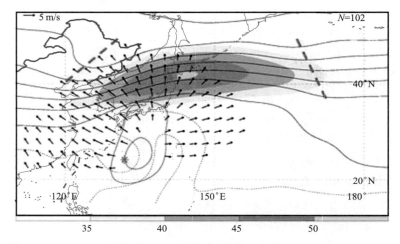

图 5.139　$T+0$ h 时的 500 hPa 上升流（红线，每隔 1×10^{-3} hPa/s），200 hPa 风速（阴影，m/s），PV（实线，每隔 1PVU，点线为 0.25 和 0.5PVU）以及无旋风（箭头，大于或等于 2.5 m/s）的合成分析场。虚线表示 200 hPa 槽所在位置，星号表示所合成的 TC 位置

台风下游效应主要与东太平洋及北美大陆天气形势有关。Riemer 等（2008）通过数值模拟对台风变性过程中与中纬度天气流的相互作用进行探讨，并针对急流强度、中纬度湿过程、热带气旋的结构等因素开展了数值试验，这里不再详细阐述相关内容。

主要参考文献

陈联寿. 2006. 热带气旋研究和业务预报技术发展. 应用气象学报，17(6)：672-681.

陈联寿. 2007. 登陆热带气旋暴雨的研究和预报. 见：第十四届全国热带气旋科学讨论会论文摘要集. 3~7.

陈联寿，丁一汇. 1979. 西北太平洋台风概论. 北京：科学出版社.

陈联寿，徐祥德，罗哲贤，等. 2002. 热带气旋动力学引论. 北京：气象出版社.

陈联寿，罗哲贤，李英. 2004. 登陆热带气旋研究的进展. 气象学报，62(50)：541-549.

段丽，陈联寿，徐祥德. 2006. 山脉地形对热带风暴 Fitow 结构和运动影响的数值研究. 气象学报，64(2)：186-193.

顾清源，肖递祥，黄楚惠，等. 2009. 低空急流在副高西北侧连续性暴雨中的触发作用. 气象，35(4)：59-67.

雷小途，张义军，马明. 2009. 西北太平洋热带气旋的闪电特征及其与强度关系的初步分析. 海洋学报，31(4)：29-38.

李英，陈联寿. 2005. 湿地边界层通量影响热带气旋登陆维持和降水的数值试验. 气象学报，63(5)：683-693.

李英，陈联寿. 2006. 高空槽对 9711 号台风变性加强影响的数值研究. 气象学报，64(5)：552-563.

李英，陈联寿，王继志. 2004a. 登陆热带气旋长久维持和迅速消亡的大尺度环流特征. 气象学报，62(2)：167-179.

李英，陈联寿，徐祥德. 2004b. 热带气旋登陆维持的次尺度环流天气特征. 气象学报，62(3)：257-268.

李英，陈联寿，徐祥德. 2005a. 水汽输送影响登陆热带气旋维持和降水的数值试验. 大气科学，29(1)：91-98.

李英，陈联寿，雷小途. 2005b. Winnie(9711)和 Bilis(0010)变性过程的湿位涡分析. 热带气象学报，21(2)：142-152.

卢咸池，何斌. 1992. 初值格谱变换的分析比较. 计算物理，9(4)：768-770.

卢咸池，罗勇. 1994. 青藏高原冬春季雪盖对东亚夏季大气环流影响的数值试验. 应用气象学报，5(24)：385-393.

孟智勇，徐祥德，陈联寿. 2002. 9406 号台风与中纬度系统相互作用的中尺度特征. 气象学报，60(1)：31-39.

吴联要，雷小途. 2012. 内核及外围尺度与热带气旋强度关系的初步研究. 热带气象学报，28(5)：719-725.

谢安，戴念军. 2001. 关于南海夏季风爆发日期和季风强度定义的初步意见，南海夏季风建立日期的确定与季风指数. 北京：气象出版社，67-70.

徐洪雄，徐祥德，陈斌，等. 2013. 双台风生消过程涡旋能量、水汽输送相互影响三维物理图像. 气象学报，71(5)：825-838.

阎俊岳. 1996. 近海热带气旋迅速加强的气候特征. 应用气象学报，7(1)：28-35.

曾智华，陈联寿. 2011. 海洋混合层厚度对热带气旋结构和强度变化影响的数值研究. 高原气象，30(6)：1584-1593.

Alamaro M，Emanuel K A，Colton J，et al. 2002. Experimental investigation of air-sea transfer of momentum and enthalpy at high wind speed. 25th Conference on Hurricanes and Tropical Meteorology，San Diego：Amer Meteor Soc，2002：67-668.

Andreas E L，Emanuel K A. 2001. Effects of sea spray on tropical cyclone intensity. J. Atmos Sci，58(24)：3741-3751.

Anthes R A，Keyser D，Deardorff J M. 1982. Further Considerations on Modeling the Sea Breeze with a Mixed-Layer Model. Mon Wea Rev，110(7)：757-765.

Anwender D，Jones S C，Leutbecher M，et al. 2010. Sensitivity experiments for ensemble forecasts of the extratropical transition of typhoon Tokage (2004). Quart J Roy Meteor Soc，136，183-200.

Archambault L M，Barnett J H. 2010. Revisiting technological pedagogical content knowledge：Exploring the TPACK framework. Computers & Education，55(4)：1656-1662.

Bao J W，Wilczak J M，Choi J K，et al. 2000. Numerical simulations of air-sea interaction under high wind conditions using a coupled model：A study of hurricane development. Mon Wea Rev，128(7)：2190-2210.

Bassill N P, Morgan M C. 2006. The overland reintensification of Tropical Storm Danny (1997). Preprints, 27th Conf. on Hurricanes and Tropical Meteorology, Monterey, CA, Amer. Meteor. Soc., 6A. 6.

Bender M A. 1997. The effect of relative flow on the asymmetric structure in the interior of hurricanes. J Atmos Sci, 54(6): 703-724.

Bender M A, Ginis I, Kurihara Y. 1993. Numerical simulations of tropical cyclone-ocean interaction with a high resolution coupled model. J Geophys Res, 98: 23245-23263.

Bister M. 2001. Effect of peripheral convection on tropical cyclone formation. J Atmos Sci, 58: 3463-3476.

Bister M, Emanuel K A. 1998. Dissipative heating and hurricane intensity. Meteor Atmos Phys, 65 (3-4): 233-240.

Black M L, Willoughby H E. 1992. The concentric eyewall cycle of Hurricane Gilbert. Mon Wea Rev, 120, 947-957.

Blackwell K G. 2000. The evolution of Hurricane Danny (1997) at landfall: Doppler-observed eyewall replacement, vortex contraction/intensification, and low-level wind maxima. Mon Weather Rev, 128 (6): 4002-4016.

Bluestein H B, Jain M H. 1985. Formation of Mesoscale Lines of Precipitation: Severe Squall Lines in Oklahoma during the Spring. J Atmos Sci, 42: 11-1732 .

Bosart L F, Dean D B. 1991. The Agnes rainstorm of June 1972: Surface feature evolution culminating in inland storm redevelopment. Wea Forecasting, 6(4): 515-537.

Bosart L F, Lackmann G M. 1995. Postlandfall tropical cyclone reintensification in aweakly baroclinic environment: A case study of Hurricane David (1979). Mon Wea Rev, 123: 3268-3291.

Braun S A. 2010. Reevaluating the role of the saharan airlayer in atlantic tropical cyclogenesis and evolution. Mon Wea Rev, 138: 2007-2037.

Carr F H, Bosart L F. 1978. A diagnostic evaluation of rainfallpredictability for Tropical Storm Agnes, June 1972. Mon Wea Rev, 106, 363-374.

Chan J C L, Liang X. 2003. Convective asymmetries associated with tropical cyclone landfall. Part I: f-plane simulations. J Atmos Sci, 60: 1560-1576.

Chan J C L, Duan Y H, Shay L K. 2001. Tropical cyclone intensity change from a simple ocean-atmosphere coupled model. J Atmos Sci, 58: 154-172.

Chang S W, Anthes R A. 1978. Numerical simulations of the ocean's nonlinear baroclinic response to translating hurricanes. J Phys Oceanogr, 8: 468-480.

Charnock H. 1955. Wind stress on a water surface. Q J Roy Meteor Soc, 81, 639-640.

Chen L S. 1998. Decay after landfall. WMO/TD, 875: 1. 6. 1-1. 1. 7.

Chen G T J, Chou H C. 1993. General Characteristics of Squall Lines Observed in TAMEX. Mon Wea Rev, 121: 26-733.

Chen Y, Yau M K. 2001. Spiral bands in a simulated hurricane. Part I: Vortex Rossby wave verification. J Atmos Sci, 58: 2128-2145.

Chen H, Zhang D L. 2013. On the rapid intensification of hurricane Wilma (2005). Part II: Convective bursts and the upper-level warm core. J Atmos Sci, 70: 146-162.

Chen L S, Li Y, Cheng Z. 2010. An overview of research and forecasting on rainfall associated with landfalling tropical cyclones. Adv. Atmos. Sci., 27(5): 967-976.

Chen P Y, Yu H, Chan J. 2011. A western north Pacific tropical cyclone intensity prediction scheme. Acta Meteologica Sinica, 25(5): 611-624.

Corbosiero K L, Molinari J, Aiyyer A R, et al. 2006. The structure and evolution of hurricane Elena (1985). Part II: Convective asymmetries and evidence for vortex Rossby waves. Mon Wea Rev, 134: 3073-3091.

Cubukcu N, Pfeffer R L, Dietrich D E. 2000. Simulation of the effects of bathymetry and land-sea contrasts on hurricane development using a coupled ocean-atmosphere model. J Atmos Sci, 57: 481-492.

D'Asaro E A, Black P G, Centurioni L R, et al. 2013. Impact of Typhoons on the Ocean in the Pacific: ITOP. Bull Amer Meteor Soc.

Davis C A, Low-Nam S. 2001. The NCAR-AFWA tropical cyclone bogussing scheme. Report for Air Force Weather Agency.

Dong M Y, Chen L S, Li Y, Lu C G. 2010. Rainfall reinforcement associated with landfalling tropical cyclones. J Atmos Sci, 67(11): 3541-3558.

Dong M Y, Chen L S, Li Y, et al. 2013. Numerical study of cold air impact on rainfall reinforcement associated with landfalling tropical cyclone talim (2005): Impact of different cold air intensity. Journal of Tropical Meteorology, 19(1): 87-96.

Doswell C A, Brooks H E, Maddox R A. 1996. Flash flood forecasting: An ingredients-based methodology. Wea Forecasting, 11: 60-581.

Draxler R R, Rolph G D. 2011. HYSPLIT (HYbrid SingleParticle Lagrangian Integrated Trajectory) Model access via NOAA ARL READY Website (http://ready.arl.noaa.gov/HYSPLIT.php). NOAA Air Resources Laboratory, Silver Spring, MD.

Drennan W M, Zhang J A, French J R, et al. 2007. Turbulent fluxes in the hurricane boundary layer. Part II: Latent heat flux. J Atmos Sci, 64(4): 1103-1115.

Elsner J B, Kossin J P, Jagger T H. 2008. The increasing intensity of the strongest tropical cyclones. Nature, 455: 92-95.

Emanuel K A. 1986. An air-sea interaction theory for tropical cyclones. Part I Steady-state maintenance. J. Atmos. Sci., 43: 585-604.

Emanuel K A. 1988. Toward a general theory of hurricanes. American Scientist, 76: 371-379.

EmanuelK A. 1994. Atospheric Convection. Oxford, UK: Oxford University Press.

Emanuel K A. 1995. Sensitivity of tropical cyclones to surface exchange coefficients and a revised steady-state model incorporating eye dynamics. J Atmos Sci, 52: 3969-3976.

Emanuel K A. 1998. The power of a hurricane: An example of reckless driving on the information superhighway. Weather, 54: 107-108 .

Emanuel K A. 2003. A Similarity Hypothesis for Air-Sea Exchange at Extreme Wind Speeds. J Atmos Sci, 60(11): 1420-1428.

Emanuel K A. 2005. Increasing destructiveness of tropical cyclones over the past 30 years. Nature, 436: 686-688.

Emanuel K A, David N J, Bretherton C S. 1994. On large-scale circulations in convecting atmospheres. Quart J Roy Meteor Soc, 120: 1111-1143.

Evans C, Schumacher R S, Thomas J G. 2011. Sensitivity in the overland reintensification of tropical cyclone erin (2007) to near-surface soil moisture characteristics. Mon Wea Rev, 139: 3848-3870.

Fairall C W, Kepert J D, Holland G J. 1994. The effect of sea spray on surface energy transports over the ocean. Global Atmos Ocean Syst, 2(2-3): 121-142.

Fairall C W, Bradley E E, Hare J E, et al. 2003. Bulk parameterization of sir-sea fluxes: Updates and verification for the COARE algorithm. J Climate, 16: 571-591.

Foley G R, Hanstrum B N. 1994. The capture of tropicalcyclones by cold fronts off the west coast of Australia. Wea Forecasting, 9: 577-592.

Frank W M, Ritchie E A. 2001. Effects of vertical wind shear on the intensity and structure of numerically simulated hurricanes. Mon Wea Rev, 129: 2249-2269.

French J R, Drennan W M, Zhang J A, et al. 2007. Turbulent fluxes in the hurricane boundary layer: Part I: Momentum flux. J Atmos Sci, 64(4): 1089-1102.

Fudeyasu H, Kuwagata T, OhashiY, et al. 2008. Numerical study of the local downslope wind "Hirodo-kaze" in Japan. Mon Wea Rev, 136: 27-40.

Gray W M, Ruprecht E, Phelps R. 1975. Relative humidity in tropical weather systems . Mon Wea Rev, 103(8): 685-690.

Gao S, Meng Z, Zhang F, et al. 2009. Observational analysis of heavy rainfall mechanisms associated with severe tropical storm Bilis (2006) after its landfall. Mon Wea Rev, 137: 1881-1897.

Geerts B. 1998. Mesoscale Convective Systems in the Southeast United States during 1994-95: A Survey. Wea Forecasting, 13: 860-869.

Grell G A, Dudhia J, Stauffer D R. 1995. A description of the fifth-generation Penn State-NCAR mesoscale model (MM5). NCAR Tech. Note NCAR/TN-398+STR, 122.

Hart R E, Evans J L. 2001. A climatology of extratropical transitionof Atlantic tropical cyclones. J Climate, 14: 546-564.

Henderson-Sellers A, Zhang H, Berz G, et al. 1998. Tropical Cyclones and Global Climate Change: A Post-IPCC Assessment, 79(1) : 19-38.

Hill K A, Lackmann G M. 2009. Influence of environmental humidity on tropical cyclone size. Mon Wea Rev, 137: 3294-3315.

Houze R A. 2010. Clouds in tropical cyclones. Mon Wea Rev, 138: 293-344.

Houze R A, Smull B F, Dodge P. 1990. Mesoscale organization of springtime rainstorms in oklahoma. Mon Wea Rev, 118: 613-654.

Houze R A, Chen S S, Lee W C, et al. 2006. The hurricane rainband and intensity change experiment. Bull Amer Meteor Soc, 87: 1503-1521.

Houze R A, Chen S S, Smull B F, et al. 2007. Hurricane intensity and eyewall replacement. Science, 315: 1235-1239.

Jordan C L. 1958. Mean soundings for the West Indies area. J Meteor, 15: 91-97.

Judt F, Chen S S. 2010. Convectively generated vorticity in rainbands and formation of the secondary eyewall in Hurricane Rita of 2005. J Atmos Sci, 67: 3581-3599.

Kalnay E, Coauthors. 1996. The NCEP/NCAR 40-Year reanalysis project. Bull Amer Meteor Soc, 77: 437-471 .

Kepert J D, Fairall C W, Bao J W. 1999. Modelling the interaction between the atmospheric boundary layer and evaporating sea spray droplets. Air-Sea Exchange: Physics, Chemistry and Dynamics. In: Geernaert G L. Kluwer Academic, 363-410.

Kimball S K. 2006. A modeling study of hurricane landfall in a dry environment. Mon Wea Rev, 134:

1901-1918.

Kuo H C，Lin L Y，Chang C P，et al. 2004. The formation of concentric vorticity structures in typhoons. J Atmos Sci，61：2722-2734.

Kuo H C，Schubert W H，Tsai C L，et al. 2008. Vortex interactions and the barotropic aspects of concentric eyewall formation. Mon Wea Rev，136：5183-5198.

Large W C，Pond S. 1981. Open ocean momentum flux measurements in moderate to strong winds. J Phys Oceanogr，11：324-336.

Li Y，Chen L S. 2007. Numerical study on impact of the boundary layer fluxes over wetland on sustention and rainfall of landfalling tropical cyclones. Acta Meteorologica Sinica，21(1)：34-46.

Li Y，Chen L S，Qian C H，et al. 2010. Study on formation and development of mesoscale convergence linewithin typhoon circulation. Acta Meteorologica Sinica，24(4)：413-425.

Li Y，Guo L X，Xu Y L，et al. 2012. Impacts of upper-level cold vortex on the rapid change of intensity and motion of Typhoon Meranti (2010). Journal of Tropical Meteorology，18(2)：207-219.

Lighthill J，Holland G J，Gray W M，et al. 1994. Global climate change and tropical cyclones. Bull Amer Met Soc，75：2147-2157.

Lin I I，Liu W T，Wu C-C，et al. 2003. Satellite observations of modulation of surface winds by typhoon-induced ocean cooling. Geophys Res Lett，30 (3)：10. 1029/2002GL015674.

Lonfat M，Marks F D，Chen S S. 2004. Precipitation distribution in tropical cyclones using the tropical rainfall measuring mission (TRMM) microwave imager：A global perspective. Mon Wea Rev，132：1645-1660.

Malkus J S，Riehl H. 1960. On the dynamics and energy transformations in steady-state hurricanes. Tellus，12(1)：1-20.

Mallen K J，Montgomery M T，Wang B. 2005. Reexamining the near-core radial structure of the tropical cyclone circulation：Implications for vortex resiliency. J Atmos Sci，62：408-425.

Mankin K R，Tuppad P，Devlin D L，et al. 2005. Strategic targeting of watershed management using water quality modeling. In：Brebbia C A，Antunes doCarmo J S. River Basin Management III，Bologna，Italy. WIT Press，Southampton，UK，327-337.

Matsuno T. 1966. Quasi-geostrophic motions in the equatorial area. J Meteor Soc，44(1)：25-43.

Meng Z，Zhang Y. 2012. On the squall lines preceding landfalling tropical cyclones in China. Mon Wea Rev，140：445-470.

Meng Z，Yan D，Zhang Y. 2013. General features of squall lines in East China. Mon Wea Rev，141，1629-1647.

Merrill R T. 1993. Tropical cyclone structure. Global Guide toTropical Cyclone Forecasting，WMO/TD-No. 560，Rep. TCP-31，World Meteorological Organization，Geneva，Switzerland，2. 1-2. 60.

Misumi R. 1996. A study of the heavy rainfall over the Ohsumi Peninsula (Japan) caused by Typhoon 9307. J Meteor Soc Japan，74：101-113.

Molinarij，Moorep K，Idone V，et al. 1994. Cloud to ground lightening in hurricane Andrew. Geophys Res，99(8)：16665-16676.

Molinarij，Moorep K，Idone V. 1999. Convective structure of hurricanes as revealed by lightnig locations. Mon Wea Rev，127(4)：520-534.

Montgomery M T，Kallenbach R J. 1997. A theory for vortex Rossbywaves and its application to spiral bands and intensity change in hurricanes. Quart J Roy Meteor Soc，123 ：435-465.

Moon Y, Nolan D S. 2010. The dynamic response of the hurricane wind field to spiral rainband heating. J Atmos Sci, 67: 1779-1805.

Ooyama K. 1969. Numerical simulation of the life cycle of tropical cyclones. J Atmos Sci, 26(1): 3-40.

Park M S, Elsberry R L, Harr P A. 2012. Vertical wind shear and ocean content as environmental modulators of western North Pacific tropical cyclone intensification and decay. International Top-level Forum on Rapid Change Phenomena in Tropical Cyclones, 305.

Parker M D, Johnson R H. 2000. Organizational modes of midlatitude mesoscale convective systems. Mon Wea Rev, 128: 3413-3436.

Peng M S, Jeng B F, Williams R T. 1999. A numerical study on tropical cyclone intensification. Part I: Beta effect and mean flow effect. J Atmos Sci, 56: 1404-1423.

Price J F. 1981. Upper ocean response to a hurricane. J Phys Oceanogr, 11: 153-175.

Price M L, Van Scoyoc S, Butler L G. 1978. A critical evaluation of the vanillin reaction as an assay for tannin in sorghum grain. Journal of Agricultural and Food Chemistry, 26(5): 1214-1218.

Powell M D. 1990. Boundary layer structure and dynamics in outer hurricane rainbands. Part I: Mesoscale rainfall and kinematic structure. Mon Wea Rev, 118: 891-917.

Powell M D, Vickery P J, Reinhold T A. 2003. Reduced drag coefficient for high wind speeds in tropical cyclones. Nature, 422: 279-283.

Qiu X, Tan Z M, Xiao Q. 2010. The roles of vortex Rossby waves in hurricane secondary eyewall formation. Mon Wea Rev, 138: 2092-2109.

Riehl H. 1954. Tropical Meteorology. McGraw-Hill, 392.

Riemer M, Montgomery M T. 2011. Simple kinematic models for the environmental interaction of tropicalcyclones in vertical wind shear. Atmos Chem Phys, 11: 9395-9414.

Riemer M, Jones S C, Davis C A. 2008. The impact of extratropical transition on the downstream flow: An idealized modelling study with a straight jet. Quart J Roy Meteor Soc, 134: 69-91.

Rozoff C M, Nolan D S, Kossin J P, et al. 2012. The roles of an expanding wind field and inertial stability in tropical cyclone secondary eyewall formation. J Atmos Sci, 69: 2621-2643.

Sanford T B, Black P G, Haustein J R, et al. 1987. Ocean response to a hurricane. Part I: Observations. J Phys Oceanogr, 17: 2065-2083.

Schade L R. 2000. Tropical cyclone intensity and sea surface temperature. J Atmos Sci, 57, 3122.

Schade L R, Emanuel K A. 1999. The ocean's effect on the intensity of tropical cyclones: Results from a simple coupled atmosphere - ocean model. J Atmos Sci, 56: 642-651.

Shay L K, Black P G, Mariano A J, et al. 1992. Upper ocean response to hurricane Gilbert. J Geophys Res, C12: 20277-20248.

Sharpio L J. 1983. The asymmetric boundary layer flow under a translating hurricane. J Atmos Sci, 40: 1984-1998.

Shen W, Ginis I. 2002. A numerical investigation of land surface water on landfalling hurricane. J Atmos Sci, 789-802.

Smith S D. 1988. Coefficients for sea surface wind stress, heat, and wind profiles as a function of wind speed and temperature. J Geophys Res, 93(15): 467-472.

Smith R K, Montgomery M T, Nguyen S V. 2009. Tropical cyclone spin-up revisited. Quart J Roy Meteor Soc, 135(642): 1321-1335.

Song Q T, Dudley B, Chelton, et al. 2008. Coupling between sea surface temperature and Low-Level wind in mesoscale numerical models. J Climate, 22: 146-164.

Sun Y, Jiang Y, Tan B, Zhang F. 2012. Governing dynamics in secondary eyewall formation of typhoon Sinlaku (2008). J Atmos Sci, 70(12): 3818-3837.

Sutyrin G G, Khain A P, Agrenich E A. 1979. Interaction of the boundary layers of the ocean and the atmosphere on the intensity of a moving tropical cyclone. Meteor Girol, 2: 45-56.

Tang X D, Yang M J, Tan Z M. 2012. A modeling study of orographic convection and mountain waves in the landfalling typhoon Nari(2001). Q J R Meteorol Soc, 138: 419-438.

Terwey W D, Montgomery M T. 2008. Secondary eyewall formation in two idealized, full-physics modeled hurricanes. J Geophys Res, 113: D12112.

Thomas J G, Lance F B, Russ S S. 2010. Predecessor rain events ahead of tropical cyclones. Mon Wea Rev, 138: 3272-3296.

Wang Y. 1999. A triply-nested movable mesh tropical cyclone model with explicit cloud microphysics(TCM3). Bureau of Meteorology Research Centre.

Wang Y. 2001. An explicit simulation of tropical cyclones with a triply nested movable mesh primitive equaton model: TCM3. Part I : Model description and control experiment. Mon Wea Rev, 129: 1370-1394.

Wang Y. 2002a. Vortex Rossby waves in a numerically simulated tropical cyclone. Part I: Overall structure, potential vorticity and kinetic energy budgets. J Atmos Sci, 59: 1213-1238.

Wang Y. 2002b. Vortex Rossby waves in a numerically simulated tropical cyclone. Part II: The role in tropical cyclone structure and intensity changes. J Atmos Sci, 59: 1239-1262.

Wang Y. 2007. A multiply nested, movable mesh, fully compressible, nonhydrostatic tropical cyclone model - TCM4: Model description and development of asymmetries without explicit asymmetric forcing. Meteor Atmos Phys, 97: 93-116.

Wang Y. 2009. How do outer spiral rainbands affect tropical cyclone structure and intensity. J Atmos Sci, 66: 1250-1273.

Wang Y Q. 2013. Inner-Core size increase of typhoon Megi(2001) during its rapid intensification phase. The 6th China-Korea Joint Workshop on Tropical Cyclones, 23.

Wang Y, Holland G J. 1996. Tropical cyclone motionand evolution in vertical shear. J Atmos Sci, 53: 3313-3332.

Wang Y, Wu C C. 2004. Current understanding of tropical cyclone structure and intensity changes-A review. Meteor Atmos Phys, 87: 257-278.

Wang Y, Wang H. 2013. The inner-core size increase of Typhoon Megi (2010) during its rapid intensification phase. Trop Cyclone Res Rev, 2: 65-80.

Wang Y, Kepert J D, Holland G J. 2001. The effect of sea spray evaporation on tropical cyclone boundary layer structure and intensity. Mon Wea Rev, 129(10): 2481-2500.

Wang Y, Wang Y, Fudeyasu H. 2009. The role of Typhoon Songda (2004) in producing distantly located heavy rainfall in Japan. Mon Wea Rev, v137: 3699-3716.

Wang X B, Zhang D L. 2003. Potential vorticity diagnosis of a simulated hurricane. Part I: Formulation and Quasi-Balanced Flow. J Atmos Sci, 60(13): 1593-1607.

Wei N, Li Y. 2013. A modeling study of land surface process impacts on inland behavior of Typhoon Rananim (2004). Adv Atmos Sci, 30(2): 367-381.

Willoughby H E. 1990. Temporal changes of the primary circulation in tropical cyclones. J Atoms Sci,

47：242-264.

Willoughby H E, Clos J A, Shoreibah M G. 1982. Concentric eye walls, secondary wind maxima, and the evolution of the hurricane vortex. J Atmos Sci, 39：395-411.

Wyss J, Emanuel K A. 1988. The pre-storm environment of midlatitude prefrontal squall lines. Mon Wea Rev, 116：790-794.

Xu J, Wang Y. 2010. Sensitivity of tropical cyclone inner-core size and intensity to the radial distribution of surface entropy flux. J Atmos Sci, 67：1831-1852.

Xu X D, Lu C, Xu H X, et al. 2011. A possible mechanism responsible for exceptional rainfall over Taiwan from Typhoon Morakot. Atmospheric Science Letters, 12(3)：294-299.

Xu H X, Zhang X J, Xu X D. 2013. Impact of typhoon bopha on the intensity change of super typhoon Saomai in the 2006 typhoon season. Adv Atmos Sci. 2013：13.

Yano J, Emanuel K A. 1991. An improved model of the equatorial troposphere and its coupling with the atmosphere. J Atmos Sci, 48：377-389.

Yau M K, Liu Y. 2004. A multiscale numerical study of hurricane Andrew (1992). Part VI：Small-Scale inner-core structures and wind streaks. Mon Wea Rev, 132：1410-1433.

Yu B L, Zhang D L, Yau M K. 1997. A multiscale numerical study of hurricane Andrew (1992). Part I：Explicit Simulation and Verification. Mon Wea Rev, 12(125)：3073-3093.

Yu H, Lu Y, Chan P Y. 2012. Infared features of mesoscale deep convection in tropical cyclones experiencing rapid intensification. International Top-level Forum on Rapid Change Phenomena in Tropical cyclones, 305.

Zehr R M. 1992. Tropical cyclogenesis in the western north pacific. NOAA Tech. Rep. NESDIS 61, Dept. of Commerce, Washington D. C., 181.

Zeng Z, Wang Y, Wu C C. 2007. Environmental dynamical control of tropical cyclone intensity：An observational study. Mon Wea Rev, 135：38-59.

Zeng Z, Wang Y, Chen L. 2010. A statistical analysis of vertical shear effect on tropical cyclone intensity change in the North Atlantic. Geophys Res Lett, 37 (1), L02802.

Zhang D L, Altshuler E. 1999. The effect of dissipative heating on hurricane intensity. Mon Wea Rev, 127：3032-3038.

Zhang D L, Liu Y B, Yau M K. 1999. A multiscale numerical study of hurricane Andrew (1992). Part Ⅲ：Dynamically induced vertical motion. Mon Wea Rev, 128：3772-3788.

Zhang D L, Liu Y B, Yau M K. 2001. A multiscale numerical study of hurricane Andrew (1992). Part IV：Unbalanced Flows. Mon Wea Rev, 129 (1)：92-107.

Zhang Q, Wu L, Liu Q. 2009. Tropical cyclone damages in China：1983～2006. Bull Am Meteorol Soc, 90：489-495 .

Zhang S J, Chen L S, Li Y. 2012. Statistical analysis and numerical simulation of Poyang Lake's enfluence on tropical cyclones. Journal of Tropical Meteorology, 18(2)：249-262 .

Zhang Y T, Jiang Y X, Tan B K. 2013. Influences of different PBL schemes on secondary eyewall formation and eyewall replacement cycle in simulated typhoon Sinlaku (2008). Acta Meteor. Sinica, 27(3)：322-334.

Zhong W, Lu H C, Zhang D L. 2010. Mesoscale barotropic instability of vortex Rossby waves in tropical cyclones. Adv Atmos Sci, 27(2)：243-252.

第 6 章　登陆台风风雨分布特征及机理

6.1　登陆台风降水时空分布及主要影响因子

6.1.1　登陆台风降水时空分布

影响台风降水分布的因素十分复杂，地形、下垫面、大尺度环境场以及台风移向等因素的综合作用会导致台风降水时空分布发生明显变化，降水强度突然增幅或减弱，降水空间分布呈现明显非对称化；陈镭等(2010)研究表明，"桑美"(Saomei，0608)台风登陆前后降水结构出现明显不同的非对称性，可见登陆前后台风降水确实存在明显差异。Yu 等(2009)对比多种卫星反演降水资料，发现卫星反演降水资料能较好地反映出登陆台风降水分布；随着我国沿海地区各种雷达及其他观测的不断完善，台风观测能力显著提高，赵坤等(2007)利用双多普勒雷达资料，分析台风"派比安"(Prapiroo，0606)登陆期间雨带的中尺度结构。利用卫星、雷达等多种观测资料分析登陆前后台风降水时空分布特征，研究我国登陆台风降水分布变化及机制问题，对于深入理解登陆台风降水变化、提高台风灾害性天气(如台风暴雨)预报准确率具有十分重要的科学价值。

1. 台风登陆前后降水非对称特征的卫星观测

利用 10 年(2000～2009 年)卫星估测降水资料，统计分析我国不同地区(华南、台湾海峡和浙江)台风登陆前后降水一波非对称分布变化特征发现(图 6.1)，登陆不同地区的台风降水具有不同的非对称分布特征：登陆华南(包括海南和广东)的台风，登陆前后强降水落区始终位于台风中心的西南部；在台湾海峡地区登陆的台风，登陆前强降水主要位于台风中心的西南部，登陆后强降水移至中心南部及东南部；在浙江登陆的台风，登陆前强降水位于台风中心的东南部，登陆后移至台风中心的西南部及东北部。

利用 NCEP 再分析资料研究表明，台风一波非对称强降水主要位于环境垂直风切变顺风切或顺风切下风方向(图 6.2)，利用卫星资料进一步深入分析环境垂直风切变与台风降水非对称分布的联系。根据台风出现的时间和位置，从 2001～2005 年 TRMM (TMI)地面降水图像资料中挑选能基本覆盖整个台风、降水比较明显且热带气旋强度在热带风暴以上(近中心最大风速大于 17.2 m/s)的降水样本共 400 多个，将图像资料转换为空间分辨率为 0.1°×0.1°的网格降水资料进行分析。环境垂直风切变定义为以台风中心为中心的 10°×10°经纬度范围内，200 hPa 与 850 hPa 水平风平均的差，利用 NCEP/NCAR 再分析资料计算得到。将垂直风切变值分为小于 5 m/s、5～10 m/s 和大于10 m/s共 3 组，分析各组切变数值条件下，热带气旋强度分别在小于台风量级(最大风速在 32.6 m/s 以下，简称热带风暴类)和大于台风量级(最大风速在 32.7 m/s 以上，简

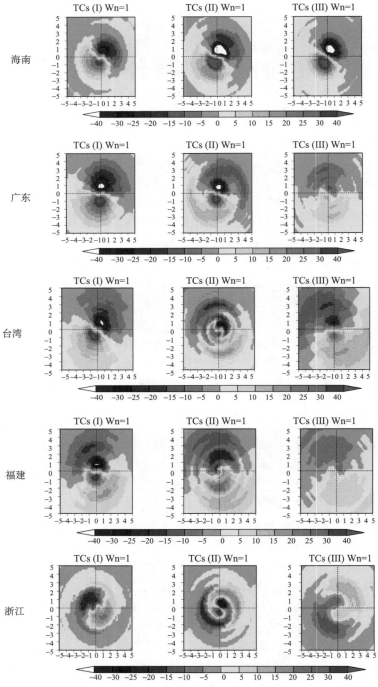

图 6.1　2000～2009 年 TC 在我国不同省份登陆前后的平均降水—波非对称分布

I. 登陆前 24 h；II. 过陆时；III. 过陆后 24 h；降水强度单位：mm/3h

称台风类)下，降水非对称性与垂直风切变的相对关系，各组样本数如表 6.1 所示。

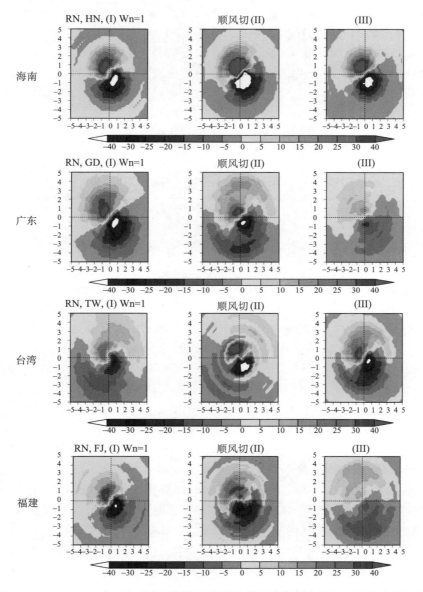

图 6.2　2000～2009 年 TC 在我国不同省份登陆前后平均降水量的一波非对称分布
（正北方向代表环境垂直风切变方向，降水量单位：mm；其余同图 6.1）

表 6.1　各组样本数

TC 分类 \ 垂直风切变/(m/s)	＜5	5～10	＞10
热带风暴类	32	48	29
台风类	74	123	48

　　从表 6.1 可见，TC 强度为台风类时，切变值在 5～10 m/s 的样本最多(123 个)，同样 TC 强度为热带风暴类时，5～10 m/s 的样本也最多(48 个)。TC 强度为热带风暴类，垂直风切变值大于 10 m/s 的样本最少(29 个)。所有样本环境垂直风切变平均为 7.39 m/s。图 6.3 显示，垂直风切变值在 5～6 m/s 出现的概率最高，小于 Gallina 和 Velden(2002)给出的西北太平洋 9～10 m/s 的中等切变数值，这可能与挑选的样本有关。

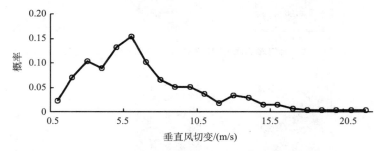

图 6.3　环境垂直风切变概率分布

　　图 6.4 给出了相对于上述三组垂直风切变和两类 TC 强度下降水率的水平分布。强降水主要位于顺切变方向左侧(图 6.4)，并且这一分布特征在热带风暴类[图 6.4(a)～(c)]中要强于台风类[图 6.4(d)～(f)]。垂直风切变大于 5 m/s 且 TC 强度为热带风暴类时，最强降水主要位于距离 TC 中心 100～300 km 区域[图 6.4(b)、(c)]，而 TC 强度为台风类时，最强降水则主要位于距离 TC 中心 100 km 以内的内核区域[图 6.4(d)～(f)]。对于同一类 TC 强度，垂直风切变值越大，降水位于顺切变方向左侧的趋势越明显(图 6.4)。在距 TC 中心不同距离上，位于顺切变方向的趋势也不同，100～300 km 一波特征最明显，这些与以往研究结果基本一致。进一步分析表明，离 TC 中心 300～500 km，甚至 500 km 以外的降水都偏向于落在顺切变方向的左侧和正前方，特别是 TC 强度在强热带风暴以下且垂直风切变在 5 m/s 以上时，这一特征表现得更加明显[图 6.4(b)、(c)]。Chen 等(2006)研究指出，垂直风切变值大于 7.5 m/s 时，一波非对称降水主要位于顺切变方向左侧，但从图 6.4(a)、(d)可以看到，垂直风切变值小于 5 m/s、径向距离在 100 km 以内时，一波非对称性强降水也位于切变方向左侧，并且在距离 TC 中心 100～300 km，主要的降水也同样出现在顺切变方向的左侧[图 6.4(a)]或倾向于顺切变方向左侧。

　　进一步选取离 TC 中心径向距离分别为 55 km、99 km、209 km 和 407 km，比较轴对称、一波和二波能量大小(表 6.2、表 6.3)。在 TC 强度为强热带风暴和热带风暴时，对于所有垂直风切变类别，一波能量都是最强的，当垂直风切变 <5 m/s、5～10 m/s 和 >10 m/s 时，径向方向上，一波能量最强分别位于 100 km 附近(眼墙区域)、100～200 km 和 200 km 附近，即垂直风切变越大，最强一波能量离 TC 中心越远；在同一径向距离处，一波能量随垂直风切变的增大而增大。在 TC 强度大于台风量级的情况下，一波能量最强均出现在 99 km 或者 55 km 附近，即眼壁或 TC 内核区域。此外，除了 100 km

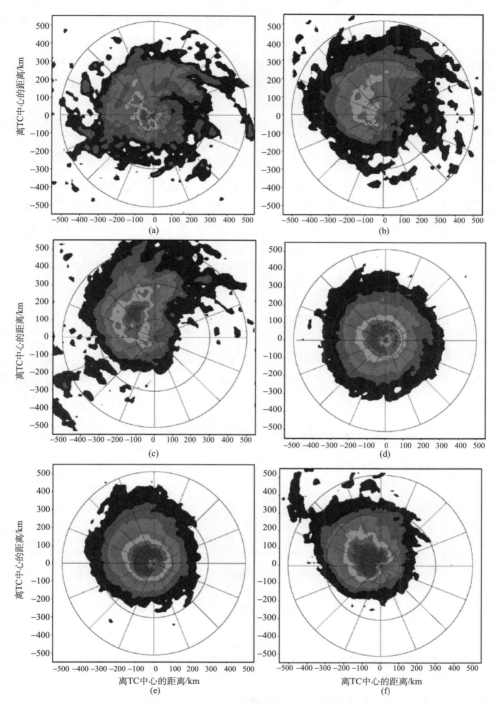

图 6.4　不同垂直风切变和热带气旋强度下热带气旋降水率水平分布(mm/h)，第一、二和三圆圈分别为半径 100 km、300 km 和 500 km，垂直风切变方向指向北。(a)～(c)为热带风暴类，垂直风切变值分别为<5 m/s、5～10 m/s 和>10 m/s；(d)～(f)为台风类，垂直切变值分别为<5 m/s、5～10 m/s 和>10 m/s

以内且垂直风切变＞10 m/s 情况之外，在同一径向距离处，热带风暴类一波能量均大于台风类，表明一波非对称性降水强度随 TC 强度的减弱而增强。

　　与一波相比，二波能量均很小（表 6.2）。TC 强度大于台风量级时，在同一径向距离处，其随垂直风切变值的变化与一波相同，即切变值越大，二波能量越大；而 TC 强度为强热带风暴和热带风暴时，二波能量与垂直风切变的关系似乎与径向距离有关。降水的轴对称分量与垂直风切变关系不大（表 6.3），而与 TC 强度关系密切，强度越强，能量越大；在径向方向上，最大均在 TC 内核区域，沿径向向外减小。除了垂直风切变＜5 m/s 且 TC 强度大于台风量级时，内核区域轴对称分量的能量大于一波能量外，其他所有情况下，同一径向距离处，同一分类相比，均是一波能量更大，表明一波非对称降水是 TC 降水空间分布的一个最显著特征。在海盆中，这一特征主要受环境垂直风切变影响，因此垂直风切变在影响 TC 降水非对称性分布中非常重要，当 TC 接近岛屿或大陆，甚至登陆时，TC 降水分布影响因素更加复杂，但垂直风切变对降水非对称性分布仍具有重要影响，特别是当 TC 强度不是很强的热带风暴或强热带风暴时（Yu et al.，2010）。

表 6.2　各类降水在不同径向距离的一波能量（括号内为二波能量）

分类	1a	1b	1c	2a	2b	2c
55 km	2.3(0.15)	2.65(0.2)	2.76(0.07)	0.36(0.009)	2.54(0.02)	12.39(0.09)
99 km	2.65(0.3)	3.99(0.11)	5.87(0.49)	0.5(0.01)	1.76(0.05)	6.82(0.28)
209 km	1.88(0.02)	3.98(0.25)	6.9(0.93)	0.35(0.006)	2.15(0.14)	4.3(0.34)
407 km	0.06(0.06)	0.25(0.03)	0.77(0.12)	0.04(0.005)	0.13(0.02)	0.18(0.06)

注：1a 代表垂直风切变＜5 m/s，TC 强度为热带风暴或强热带风暴；1b 代表垂直风切变 5～10 m/s，TC 强度为热带风暴或强热带风暴；1c 代表垂直风切变＞10 m/s，TC 强度为热带风暴或强热带风暴；2a 代表垂直风切变＜5 m/s，TC 强度在台风级别以上；2b 代表垂直风切变在 5～10 m/s，TC 强度在台风级别以上；2c 代表垂直风切变＞10 m/s，TC 强度在台风级别以上，下同。

表 6.3　各类降水在不同径向距离的轴对称能量

分类	1a	1b	1c	2a	2b	2c
55 km	0.62	0.48	0.53	1.53	1.78	1.36
99 km	0.14	0.14	0.14	0.32	0.32	0.26
209 km	0.02	0.02	0.01	0.02	0.01	0.01
407 km	0.0003	0.0007	0.0006	0.0002	0.0002	0.0001

2. 台风登陆前后降水结构特征的雷达观测

　　下面利用分辨率更高的雷达观测资料对登陆台风降水时空分布特征做进一步分析。地基雷达能探测到登陆台风内部降水的三维结构，是研究其降水结构的重要工具，近年来随着多普勒雷达在海岸附近的大量架设，登陆台风降水分布特征逐渐被揭示。

开放洋面上卫星资料研究表明(Lonfat et al.，2004)，台风轴对称降水廓线通常呈单峰结构，TC 强度越强，最大环状平均降水值越大，出现位置距台风中心也越近。下面利用 2004～2007 年雷达捕获到的在我国华东地区登陆的 6 个台风，即"云娜"(0414)、"麦莎"(0509)、"卡努"(0517)、"桑美"(0608)、"韦帕"(0713)和"罗莎"(0716)资料，首先分析登陆台风轴对称降水结构特征及其与开放洋面上台风降水结构的差异(图 6.5)。

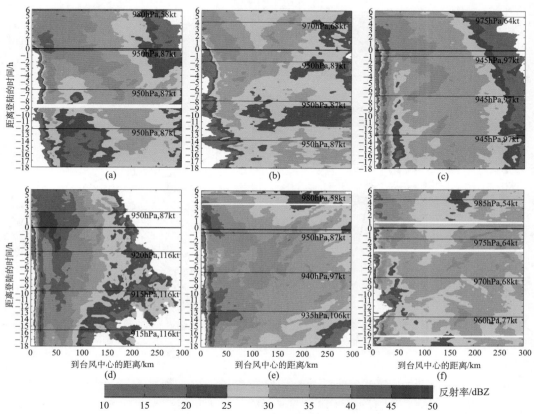

图 6.5　(a)"云娜"(0414)、(b)"麦莎"(0509)、(c)"卡努"(0517)、(d)"桑美"(0608)、(e)"韦帕"(0713)、(f)"罗莎"(0716)台风从登陆前 18h 至登陆后 6h 2 km 等高面的回波环状平均值的距离-时间序列图

登陆前、后环状平均回波距离-时间序列图显示(图 6.5)，六个台风共同特点为：登陆前、后眼墙回波均明显增强并逐渐内缩，至登陆后台风眼填塞，此特征同周仲岛等(2004)分析的侵台台风相似。其中"麦莎"和"罗莎"收缩开始时间为登陆前 2 h 左右，"云娜""卡努"和"韦帕"则从登陆时开始收缩，而"桑美"收缩最晚，约在登陆后 3 h，这一差异可能取决于台风强度。外围雨带演变情况主要有两种：一种是随时间向台风中心收缩，如"云娜"和"卡努"；另一种是随时间向外传播，此种雨带主要是从台风眼墙中分离出的螺旋雨带，如"麦莎"和"韦帕"。

将登陆过程按时间分为三个阶段(登陆前 18 h 至登陆前 9 h，登陆前 9 h 至登陆时，

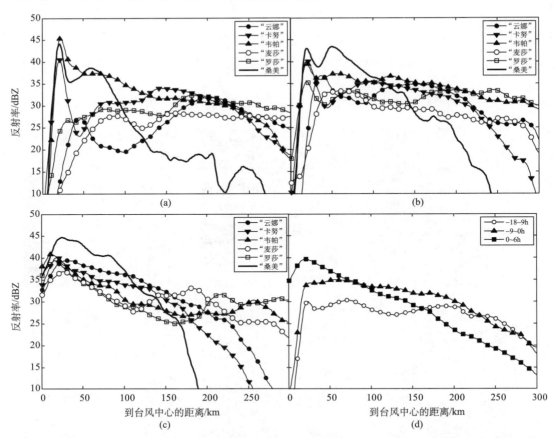

图 6.6　六个台风(a)登陆前 18h 至登陆前 9h、(b)登陆前 9h 至登陆时、(c)登陆时至登陆后 6h 环状
平均回波值时间平均及(d)所有 6 个台风环状平均回波值的时间平均

登陆时至登陆后 6 h),时段平均后分析各阶段台风轴对称回波演变(图 6.6)。登陆前
9~18 h[图 6.6(a)],轴对称回波均呈双峰形式,最大值对应台风眼墙,次大值对应外
围雨带,从表 6.4 中可以看出,登陆前 9~18 h 超强台风"桑美"和在该时段发展到最强
的"韦帕"台风的最大环状平均回波值是所有台风中最强的,分别为 45dBZ 和 46dBZ,
"桑美"和"卡努"眼墙半径最小,均为 21 km,"麦莎"眼墙半径最大(88 km)。对比台风
强度信息可知,登陆前最大环状平均回波强度及出现位置同台风强度有明显关系,台风
强度越强,最大环状平均回波越强,离中心的距离也越近,这与 Lonfat 等(2004)在开
放洋面上的研究结果相同,不同之处在于,开放洋面上台风降水径向廓线通常呈现单峰
结构。台风登陆前 9 h 到登陆时[图 6.6(b)],台风眼墙至 250 km 半径处回波均有明显增强,
而 250 km 半径外回波减弱,表明降水向中心收缩;从表 6.4 可见,此阶段六个台风眼
墙回波平均值由大到小依次为"桑美""韦帕""卡努""云娜""罗莎""麦莎",而所处位置由
近及远依次为"韦帕""桑美""卡努""罗莎""云娜""麦莎";值得注意的是,台风接近登陆
时降水内缩增强,并且一直持续至登陆后[图 6.6(c)]。为定量分析台风眼墙内缩程度,
对登陆前(−18~0 h)眼墙位置做线性拟合,以拟合曲线的斜率表示眼墙内缩速率(表

6.4 最右列），结果表明，内缩程度同台风强度相关，强度越强，内缩越慢。图 6.6(d)为所有台风在登陆前后回波平均廓线，台风登陆后，100 km 半径内的回波显著增强，而外围减弱，表明台风登陆后虽然强度减弱，但因台风和陆地相互作用产生降水造成局部增雨效应等原因，会出现回波反而增加的情形。图 6.6(d) 中除眼墙区出现峰值，眼墙外围并未出现上述单台风回波径向廓线所具有的双峰结构，考虑到本节研究的各个台风大小有很大差异，外围雨带的位置也会有显著差异，因此平均后，外围雨带对应强回波位置不如单台风廓线明显。

表 6.4　各台风在三个阶段最大环状平均值、出现位置及登陆前眼墙收缩速率

台风	−18～−9h		−9～0h		0～6h		眼墙内缩速率 /(km/h)
	最大环状平均值/dBZ	眼墙半径/km	最大环状平均值/dBZ	眼墙半径/km	最大环状平均值/dBZ	眼墙半径/km	
"桑美"	45	21	43	19	45	25	0.03
"韦帕"	46	22	40	18	41	12	0.25
"卡努"	41	21	40	20	40	19	0.2
"云娜"	27	45	37	37	39.5	30	0.95
"麦莎"	27	88	33	67	37	27	1.1
"罗莎"	—		35	20	39.5	16	

上面直接利用雷达反射率强度，定性分析了台风回波轴对称结构特征。下面利用最优窗概率配对法得到的 Z-R 关系，将雷达反射率因子转换成降水率，定量分析台风内的降水分布特征。登陆前 9～18h[图 6.7(a)]，眼墙外（>20 km）所有半径上，均有两个雨强发生概率中心，分别位于 3 mm/h 和 0.2 mm/h 附近，最大降水均小于 50 mm/h。眼墙区，最大降水超过 60 mm/h，降水概率极值除了 3 mm/h 和 0.2 mm/h 这两个中心外，在 20～30 mm/h 处还存在另一大值中心，其发生概率约占总雨强的 3%，表明眼墙处最大降水强度和强降水发生概率比外围雨带大。台风眼区，降水强度几乎都小于 1 mm/h，最大概率降水在 0.2～0.3 mm/h，台风眼内盛行下沉气流，不易形成降水。Lonfat 等（2004）在开放洋面上的分析显示，不同半径处仅在 2～3 mm/h 附近存在一个概率大值中心，未发现在 0.2 mm/h 附近存在概率极值，可能原因是其所用 TRMM 卫星微波成像仪资料反演的降水低估了小雨区极值特征，雷达资料分析出的小雨区极值特征应更能反映实际台风的降水径向分布。登陆前 9h 至登陆时[图 6.7(b)]，眼墙外降水分布出现明显变化，250 km 以外，2 mm/h 的降水所占概率由原来的 4% 下降到 3%，0.2～0.3 mm/h 降水所占概率由 5% 增加到 7%，外围雨带（100～250 km）小雨强（<0.5 mm/h）所占概率下降，此处降水主要集中在 3 mm/h 左右。台风登陆时至登陆后 6 h[图 6.7(c)]，眼区被强降水填塞，眼墙处降水也集中在 20～30 mm/h，而在台风外围，小雨强所占概率进一步增大。

下面进一步利用雷达观测分析非对称降水结构特征。由于台风非对称结构受雷达观测到的台风完整性影响较大，因此选取以台风为中心 300 km 半径内，所有半径上雷达

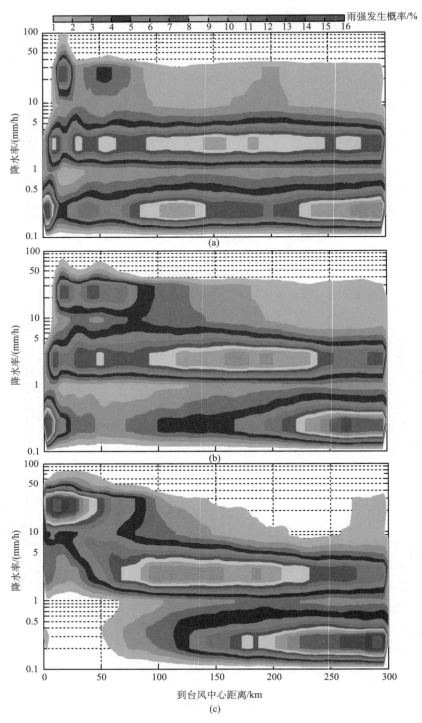

图 6.7　台风雨强概率径向分布

(a)登陆前 18h 至登陆前 9h；(b)登陆前 9h 至登陆时；(c)登陆时至登陆后 6h

资料覆盖率均超过 85% 的时刻进行分析，分析时间定为登陆前 8 h 至登陆后 6 h。众多观测和模拟研究（Corbosiero and Molinari，2002；Chen et al.，2006）发现，最大降水通常出现在台风移动方向前侧，随移速增大向右前侧旋转；在环境垂直风切变影响下，强降水倾向于出现在顺风切前侧及左前侧。下面首先考察台风内、外核区降水分布是否存在非对称性，再探讨台风移动和环境垂直风切变对非对称降水分布的影响。

将外螺旋雨带以内的区域定为台风内核区，如表 6.5 所示。

表 6.5　各台风内核区半径（相对台风中心的距离）

台风名称	"云娜"	"麦莎"	"卡努"	"桑美"	"韦帕"	"罗莎"
内核区半径/km	100	20	100	60	70	120

利用傅里叶变换方法计算出台风内、外核区波数 1 分量，以及波数 1、2 分量之和相对于总能量（轴对称分量为波数 1 和波数 2 分量之和；更高阶的波动振幅较小，忽略不计）的比值（图 6.8）。六个台风个例中，内核区非对称分量的比值均不超过 0.4，表明非对称降水占台风总降水的比重均小于 0.4，台风降水以轴对称分量为主，且降水非对称性以波数 1 分量为主。登陆过程中，各台风非对称分量均逐渐减小，降水趋于轴对称，而登陆后约 3 h，非对称性再次增加。外核区（图 6.9）降水非对称分量占总降水的比值均不超过 0.5，其中，"云娜"和"桑美"的非对称性以波数 1 为主，而其他台风在不同阶段出现较大的波数 2 分量；外核区降水的非对称分量所占比例基本上随时间不断增加，这与台风内核区非对称分量随时间减少不同。

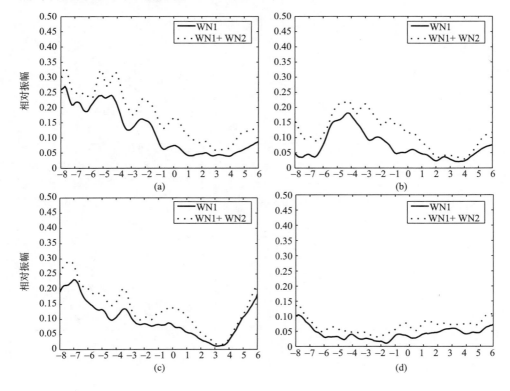

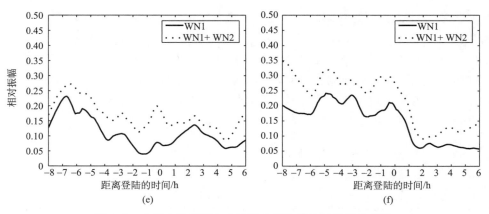

图 6.8　台风内核区降水非对称分量比重的时间变化曲线

(a)"云娜";(b)"麦莎";(c)"卡努";(d)"桑美";(e)"韦帕";(f)"罗莎"

从前人研究,以及本小节卫星观测分析中知道,台风降水的非对称性往往与台风本身的强度成反比,即台风越强,降水非对称性越弱(Lonfat et al.,2004)。将台风按照登陆前的强度进行排序,分别计算它们在内、外核区非对称性的时段平均值,结果显示(表 6.6),随台风强度减弱,不论是在台风的内核区还是外核区,波数 1 分量和波数 1、2 分量之和,基本上均呈现较明显的增大趋势,即登陆台风降水非对称性随台风强度增强而减小,这与过去的研究结果一致。

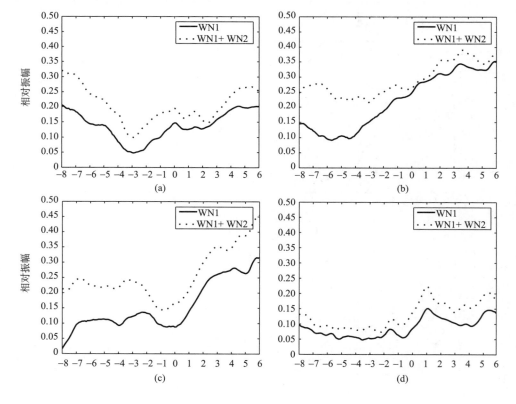

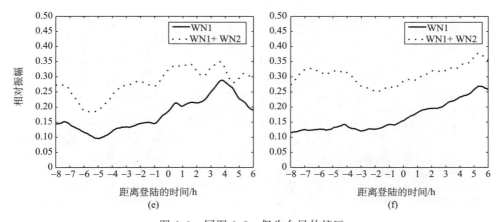

图 6.9　同图 6.8，但为台风外核区

(a)"云娜"；(b)"麦莎"；(c)"卡努"；(d)"桑美"；(e)"韦帕"；(f)"罗莎"

表 6.6　台风降水非对称分量的振幅

项目	登陆前中心最低气压/hPa	波数 1 分量		波数 1、2 分量之和	
		内核区	外核区	内核区	外核区
"桑美"	920	0.05	0.12	0.07	0.17
"卡努"	945	0.12	0.20	0.17	0.32
"韦帕"	945	0.15	0.16	0.20	0.25
"麦莎"	950	0.15	0.20	0.22	0.30
"云娜"	950	0.18	0.24	0.25	0.33
"罗莎"	970	0.17	0.19	0.35	0.34

　　登陆过程中，台风内、外核区降水均呈现不同程度的非对称分布，这种非对称分布与风暴移动和环境垂直风切变存在怎样的关系呢？图 6.10 显示，在登陆前 8 h 至登陆前 3 h，"云娜"和"桑美"的强回波基本位于移动方向右后侧，"麦莎"的强回波则从移动方向右后侧逆时针旋转到左后侧，"卡努"的强回波始终出现在移动方向前侧，而"韦帕"和"罗莎"的强回波则一直维持在移动方向后侧。除"卡努"外，其他台风与早期研究（Shapiro，1983）得到的移动慢（快）台风引起的降水最大值主要出现在移动方向前（右前）侧的结论不完全符合，表明在台风环流未与陆地接触前，除移动外，还有其他因素影响台风内核区降水非对称分布。在登陆前 3 h 至登陆时，除"罗莎"外，其他台风在移动方向前侧均有相对较强回波生成，这说明此阶段台风移动的作用可能较显著，这与台风接近陆地时，由于移动方向前缘地面粗糙度增加，摩擦效应增强，导致低层空气辐合增强，使得强降水区移至移动方向正前方有关（Chen and Yau，2003）。登陆后 1～6 h，台风中的强回波位置存在随台风登陆过程做顺时针旋转到右后侧的趋势，此现象在以往研究中并未注意到，无法仅用移动的作用来解释。

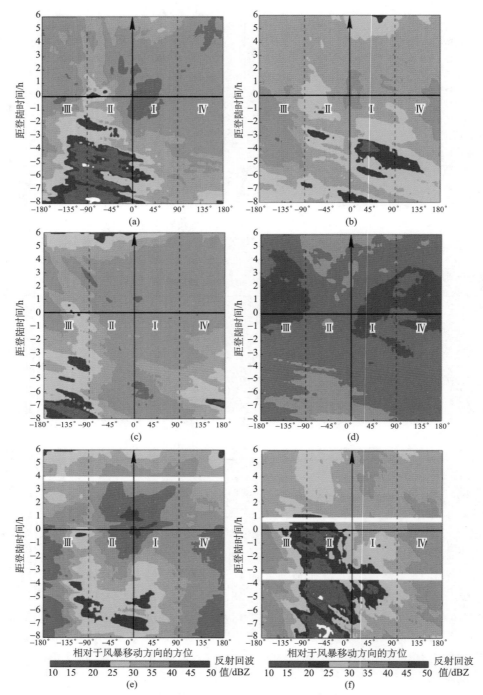

图 6.10　台风内核区相对于风暴移动方向的非轴对称回波的方位分布图

黑色箭头表示风暴移动方向，色标表示回波强弱

（a）"云娜"；（b）"麦莎"；（c）"卡努"；（d）"桑美"；（e）"韦帕"；（f）"罗莎"

台风外核区(图 6.11),除了"麦莎"和"桑美",登陆前强回波主要集中在移动方向前侧偏右位置,登陆后与内核区类似,强回波位置存在顺时针向移动方向右后侧旋转的

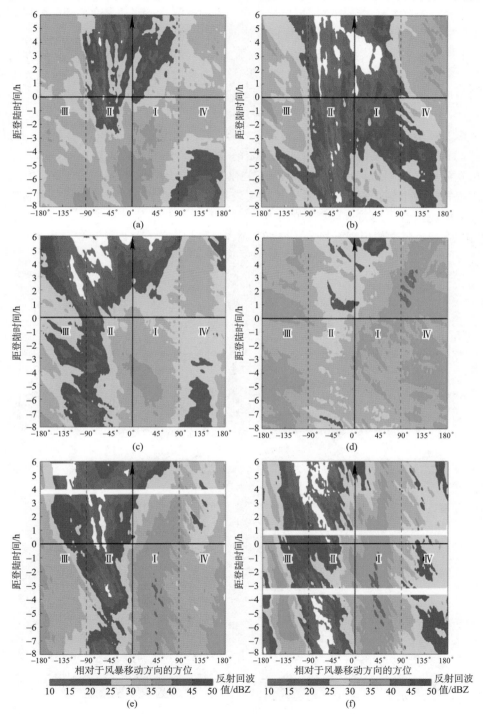

图 6.11　与图 6.10 相同,但为外核区

趋势，而"桑美"在登陆前 8 h 至登陆前 6 h，较强回波出现在移动后侧，此后与其他台风相同，"麦莎"降水特征则较为特殊，在登陆前 8 h 至登陆前 4 h，除了在移动方向右前侧有较强回波外，另有大范围强回波出现在移动方向后侧，且移动方向前侧的强回波从登陆前 4 h 左右开始减弱，移动后侧的强回波范围增大，但位置无明显变化。造成这一现象的原因可能是由于干空气的入侵，环境场分析显示，登陆前在"麦莎"外围移动方向右后侧，有一条干空气侵入带，受此影响，"麦莎"移动右侧的回波发展受到抑制。

　　除了风暴移动，另一个影响台风降水非对称的重要因子是环境垂直风切变（图 6.12）。六个台风中，除"麦莎"和"卡努"的环境垂直风切变较强外，其余台风均处于较弱的风切变环境下。登陆前 3~8 h，处于较强风切变（大于 5 m/s）环境下的"卡努"和"桑美"，和处于较弱风切变环境下的"云娜"的强回波均出现在顺风切左侧，而同样在较弱风切变环境下的"韦帕"和"罗莎"的强回波则出现在顺风切前侧偏右的位置，"麦莎"是一个比较特殊的个例，它的环境垂直风切变较强，但它的强回波出现在顺风切右侧，造成此现象的原因有可能与上面提到的干空气侵入有关。登陆前 3 h 左右，"云娜""麦莎"和"韦帕"在逆风切右侧出现强回波，"桑美"则在逆风切左侧有强回波生成，和图 6.10

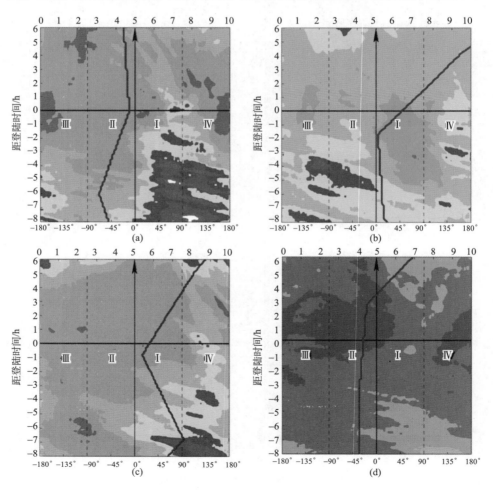

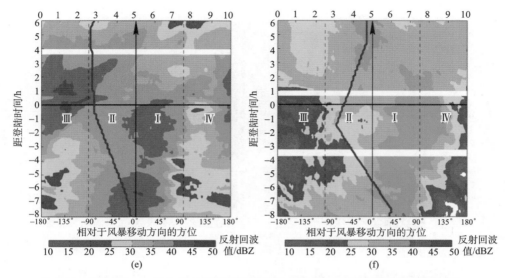

图 6.12　同图 6.10，但为相对于环境垂直风切变方向，黑色箭头表示顺风切方向，
蓝色实线表示风切变强度

对比可知，这些强回波的位置均在风暴移动方向前侧。登陆后，各台风强回波位置和发展趋势相对于垂直风切变无明显一致性，表明应有其他因素影响到此时台风降水的非对称结构。对比风暴移动方向和垂直风切变对登陆台风内核区非对称降水的方位分布影响可知，登陆前 3～8 h，内核区强回波倾向于出现在台风顺风切前侧和左侧，影响非对称降水分布的主导因素是环境垂直风切变；登陆前 3 h 至登陆后 1 h，内核区环流接触陆地后，风暴移动的影响逐渐显著。

台风外核区（图 6.13）登陆前，"云娜"强回波主要出现在逆风切侧，"麦莎"主要出现在顺风切右侧，"卡努"和"桑美"主要位于顺风切左侧，"韦帕"和"罗莎"的垂直风切变均较弱，外核区强回波发展趋势一致，登陆前有一个大范围的强回波从逆风切右侧顺时针旋转到顺风切左侧，另有一个小范围的强回波分别出现在顺风切前侧偏右（"韦帕"）和右侧（"罗莎"），同样在顺风切右侧出现类似的小范围次强回波带的台风还有"卡努"。登陆后"云娜"的强回波移动到顺风切左侧，"麦莎"仍维持在顺风切前侧，"卡努""韦帕""罗莎"的强回波均移动到顺风切前侧，而"桑美"则逆时针旋转到左后侧。Corbosiero 和 Molinari（2002）在统计大西洋飓风中闪电发生位置和频率后指出，外围雨带的闪电主要出现在顺风切右侧。Chen 等（2006）的研究则显示，当风切变小于 5 m/s 时，在外围雨带区，相对于风暴移动的降水不对称与相对于风切变的不对称相当，即弱风切下总的 TC 降水不对称取决于风暴移动和环境风切变的相对大小。然而，研究结果发现，与外核区相对于移动方向的回波方位分布相比，在台风外核区强降水的发生位置并无较强的一致性，其与移动的关系更为明显。当移动方向和风切变方向对应强回波位置不一致时（"卡努""韦帕"和"罗莎"），除了对应于风暴移动方向右前侧的大范围强回波外，在顺风切前侧和右侧出现一条次强回波带。以上现象表明，外围雨带区，对降水的非对称分布起到主要作用的因子是风暴移动，垂直风切变起次要作用。

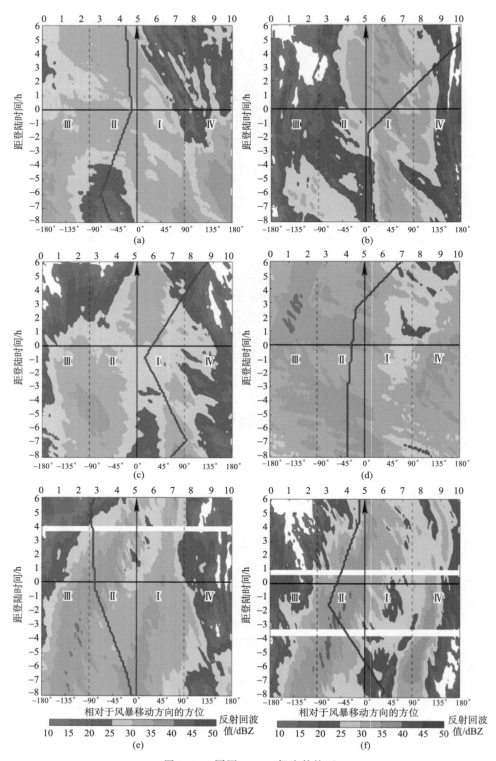

图 6.13　同图 6.12，但为外核区

6.1.2　中纬度系统对登陆台风降水分布的影响

1. 台风远距离暴雨统计特征

台风与中纬度系统(西风槽、高低空急流等)相互作用可造成远距离暴雨(陈联寿，2006；丛春华等，2011)，远距离暴雨距离台风环流较远，但又与台风环流存在明显联系，预报难度较大。远距离暴雨定义为：①降水发生在台风环流之外；②24 h 降水量≥50 mm；③850 hPa 水汽通量分布图上在降水区和 TC 之间有一条明显的水汽通道[水汽通量在 850 hPa 以下大于等于 5 g/(s·hPa·cm)]；④沿水汽通道有产生降水的中纬度天气系统配合。

2000~2009 年夏季编号的 100 个 TC 中，45 个引发了远距离暴雨，共形成 48 次降水过程，可分成以下 5 种类型。

第 1 类：西北槽—东南 TC 型，TC 西北侧中纬度地区存在低槽(500~850 hPa)，降水和台风位置呈西北—东南向分布，水汽通道指向西北[图 6.14(c1)]。

第 2 类：双水汽通道型，台风与西南季风连接，西南季风气流与 TC 气旋式环流共同组成产生远距离暴雨的低层水汽通道[图 6.14(c2)]。

第 3 类：北槽(涡)—南 TC 型，中纬度槽(涡)位于 TC 北部，降水区也多处于 TC 北部[图 6.14(a3)]，水汽通道多指向西北方向。

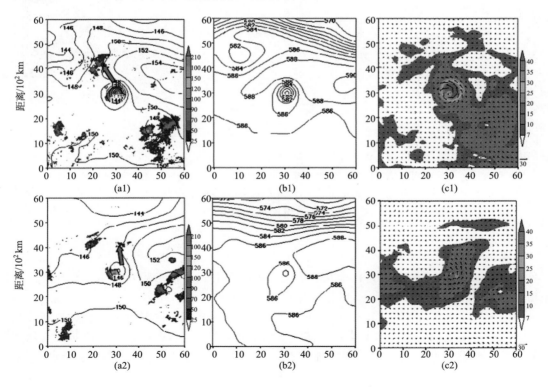

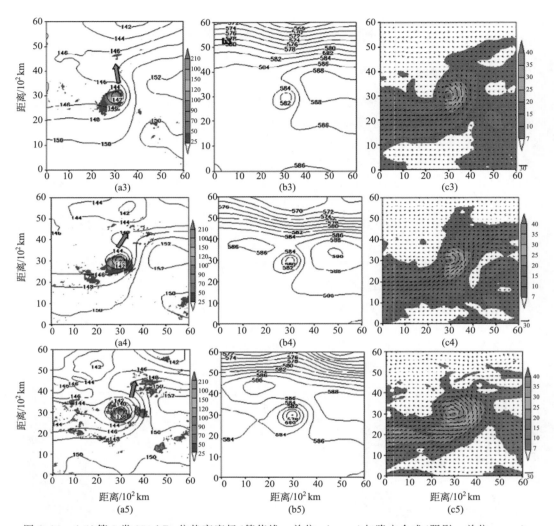

图 6.14　（a1）第 1 类 850 hPa 位势高度场（等值线，单位：dagpm）与降水合成（阴影，单位：mm），
红色箭头指向区为远距离暴雨区；（b1）第 1 类 500 hPa 位势高度场合成（等值线，单位：dagpm）；
（c1）第 1 类 850hPa 水汽通量（阴影单位：g/(s·hPa·cm)）及水平风合成（矢量单位：m/s）；其余
4 类同其第 1 类

　　第 4 类：东北涡—西南 TC 型，850 hPa TC 东北部为一低涡［图 6.14（a4）］，
850 hPa TC 与副高西侧西南季风相连形成指向东北的强水汽通道，降水区位于 TC 东
北，低涡（槽）、副热带高压、TC 相互作用明显。

　　第 5 类：高压脊中型［图 6.14(a5)］，TC 东部副热带高压向西延伸，在低层或高压
脊中形成气旋式切变，降水发生在切变线形成的辐合区内。TC 位于副高西南侧与西南
季风连接形成的水汽通道中，其外部环流及副高东南气流共同向降水区输送水汽［图
6.14(c5)］。

　　由表 6.7 可见，各类型远距离暴雨发生时间大部分集中于 7~8 月，占总数 79.2%。

其中第 3 类发生次数最多(28 次)，占总数 68.8%。

表 6.7　2000～2009 年 6～8 月各类型远距离暴雨出现次数

项目	第 1 类次数	第 2 类次数	第 3 类次数	第 4 类次数	第 5 类次数	总计
6 月	0	4	6	0	0	10
7 月	2	4	11	3	1	21
8 月	2	1	11	2	1	17
总计	4	9	28	5	2	48

将远距离降水参照 TC 的相对位置分成 3 类：TC 路径右侧、TC 路径左侧和沿 TC 路径方向。统计发现(表 6.8)，发生在 TC 路径右侧的暴雨次数最多，占总数 71%；其次是 TC 路径左侧，占总数 21%；沿 TC 路径方向的次数最少，仅占 8.3%。

表 6.8　2000～2009 年 6～8 月远距离暴雨区与对应暴雨时段内 TC 路径相对位置

项目	总数	在 TC 路径左侧次数	在 TC 路径右侧次数	沿 TC 路径方向次数
第 1 类	4	2	2	0
第 2 类	9	4	4	1
第 3 类	28	3	23	2
第 4 类	5	0	4	1
第 5 类	2	1	1	0
总计	48	10	34	4

统计发现(表 6.9)，远距离暴雨在海上及我国内陆均有发生，我国发生远距离暴雨最多的是华东地区(32 次)；其次是华中地区(13 次)，东北(10 次)、华北(7 次)、西南(2 次)和西北(1 次)地区也有远距离暴雨发生。

表 6.9　2000～2009 年 6～8 月各地区远距离暴雨次数

项目	东北	华北	西北	华东	华中	华南	西南	中国以外地区
第 1 类	1	2	0	4	2	0	0	1
第 2 类	0	0	0	6	2	0	0	6
第 3 类	5	5	1	19	9	0	2	10
第 4 类	3	0	0	2	0	0	0	3
第 5 类	1	0	0	1	0	0	0	2
总计	10	7	1	32	13	0	2	22

2. 登陆变性热带气旋降雨分布差异

如果热带气旋向北移动进入中纬度地区，与西风带系统(如西风带高空槽)发生进一

步直接相互作用，常会造成热带气旋变性，其大范围降水场的非对称分布对人民生命财
产安全构成严重威胁（Klein et al.，2000）。中纬度西风带系统对于 TC 变性过程中降水
分布有重要影响（Bosart and Dean，1991），受系统不同强度及空间位置的影响，不同
TC 个例在变性阶段的降水强度和空间分布会呈现明显差异（Atallah and Bosart，2003；
Chen，2011）。热带气旋"海马"（Haima-0420）登陆后深入中国内陆，并发生变性，当
"海马"移至 30°N 以北后，其降水落区主要位于移动路径左侧[图 6.15(a)]；与之相比，
同样在浙江登陆北上的热带气旋"麦莎"（Matsa-0509）[图 6.15(b)]的降水大值区则主要
集中于移动路径右侧。

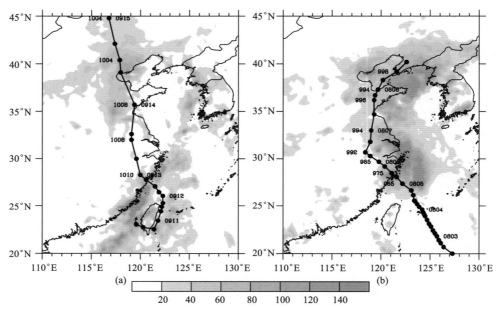

图 6.15　"海马"（a）和"麦莎"（b）的路径（黑线）及其登陆后 4 天累积降水分布
（阴影，单位：mm）
黑点左右侧的数分别代表最低气压和每日 12 时的位置

　　从卫星云图上看（图 6.16），"海马"西北侧存在一条长达数千千米的锋面云系，而
"海马"本身所对应的云团在登陆后变得较为浅薄，表明其强度减弱[图 6.16(a)]，两个
云系相互靠近并最终发生合并，TC 成为锋面云系一部分，在"海马"西北侧形成宽广的
斜压毡状云系，而西南侧则出现无云区[图 6.16(b)]，与以往观测结果一致（Atallah et
al.，2007）。"麦莎"[图 6.16(c)]所对应的强对流云系与 TC 中心不重合，意味着变性
发生，位于"麦莎"西北侧约 1000 km 处存在一相对无组织的云系，这与一个较弱的高
空槽有关，24 h 以后[图 6.16(d)]，"麦莎"所对应的云系与其西北侧云系相结合，对流
强度增加，范围扩大，有组织的强对流云团出现在"麦莎"东北侧。

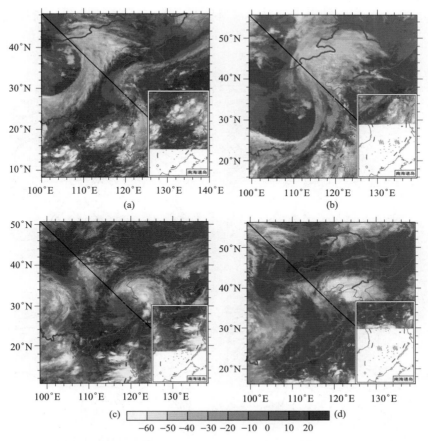

图 6.16　"海马"2004 年 9 月 13 日 12 时(a)和 14 日 12 时(b)以及"麦莎"2005 年 8 月 7 日 0 时(c)
和 8 日 0 时(d)的卫星云顶亮温

3. 变性 TC 与中纬度系统相互作用的水平结构差异

图 6.17 给出了"海马"(2004)和"麦莎"(2005)200 hPa 湿位涡(MPV)、925 hPa 位势高度及风场分布,"海马"西北侧约 1000 km 处有一大于 6PVU(1PVU=10^{-6} K·m^2/(kg·s))的 MPV 大值区[图 6.17(a)],东侧有显著的东南气流向北输送水汽,到达"海马"中心北部后分为两支:一支受气旋性环流影响转至 TC 中心西侧而变成北风;另一支继续往西北输送水汽;2004 年 9 月 14 日 12 时[图 6.17(b)],上述西北向气流明显强于"海马"西侧向南的气流,有利于水汽从 TC 东部向其西北输送;同时,MPV 槽纬向尺度缩小而径向拉伸南扩,呈现出西北-东南向倾斜特征;之后,高空槽继续靠近"海马"并叠加在其上[图 6.17(c)],同时 TC 北部的东南气流减弱,MPV 大值区也开始变弱,逐渐抑制 TC 西北侧的降水。对于"麦莎"而言,其对应的中纬度系统及其自身的结构和演变与"海马"均有较大区别,其西北侧的 MPV 槽较弱,未向南发展,且呈东北-西南向倾斜[图 6.17(d)];"麦莎"具有较低的中心气压和比"海马"更强的气旋性环流;8 月 8 日 0 时[图 6.17(e)],高空槽偏南部分位置基本保持不变,而北部主体东移,形成明显的西

南—东北向 MPV 槽，南风气流持续不断地将水汽输送到 TC 东北侧；12 h 后[图 6.17
(f)]，MPV 槽南部脱离其北部主体并迅速减弱消亡，TC 东北侧降水也因水汽输送减
少而减弱。

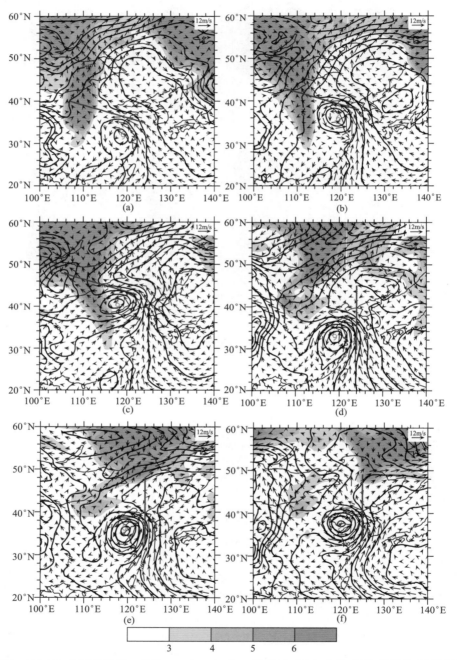

图 6.17　200 hPa MPV(阴影，单位：pw)、925 hPa 风场(矢量)和位势高度(等值线)及风场分布
(a) 2004 年 9 月 14 日 0 时、(b) 12 时和(c) 15 日 0 时为"海马"的分布图，
(d) 2005 年 8 月 7 日 12 时、(e)8 日 0 时和(f)12 时为"麦莎"的分布图。图中台风符号代表 TC 的位置

　　冷空气入侵 TC 外围环流及温度平流的不同可能引起对流活动和降水分布的差异，"海马"西侧的冷槽与图 6.17(a)、(b)中所示的高空槽对应，冷槽与"海马"之间等温线密集，温度梯度较大，同时冷槽底部的冷平流，以及 TC 东北侧东南气流所引起的暖平流均较为显著[图 6.18(a)]。2004 年 9 月 14 日 12 时，一方面，冷槽变为东南-西北向倾斜，使得干冷空气聚集在 TC 西南侧，导致"海马"西南侧对流受到抑制；另一方面，TC 北部的槽前被暖空气控制，暖平流增强有利于槽前暖脊的发展并促使冷槽向西北倾斜；暖平流与上升运动匹配较好，有助于对流增强，"麦莎"西北侧的冷槽相对较弱，由于冷槽南、北部东移速度不同，呈现出西南—东北向倾斜的结构特征[图 6.17(d)]；较强的温度梯度出现在"麦莎"北侧[图 6.18(c)]；同时，由于"麦莎"东部南风将暖湿空气

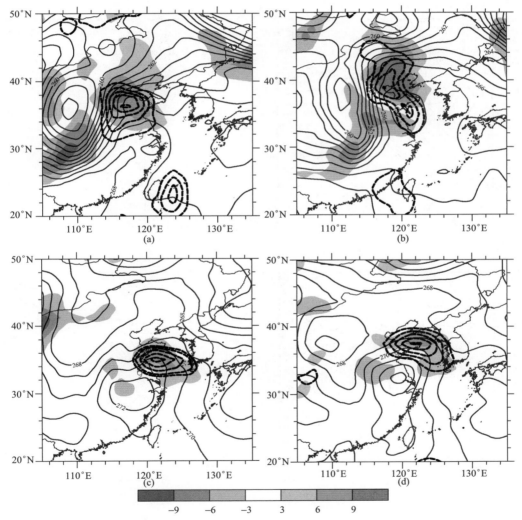

图 6.18　"海马"2004 年 9 月 14 日 0 时(a)和 12 时(b)以及"麦莎"2005 年 8 月 7 日 12 时(c)和 8 日 0 时(d)的 500 hPa 温度(实线，单位：K)，垂直速度(虚线，单位：Pa/s)和 925～300 hPa 平均的温度平流(阴影，单位：K/d)，台风符号代表 TC 位置

向北输送，在 TC 东北侧形成区域性暖平流，虽然从量值上看该暖平流仅为"海马"西北侧暖平流的一半，然而，由于强烈的垂直运动造成丰富水汽上升，在 TC 环流东北侧诱发强降水；2005 年 8 月 8 日 0 时[图 6.18(d)]，冷槽西南—东北向倾斜程度更为明显，随着"麦莎"北移，槽前暖脊也有所发展，由南风引起的 TC 东部的暖平流和由北风引起的 TC 西部的冷平流形成东北—西南向偶极型温度平流；与"海马"类似，上升运动与暖平流位置较为一致。

对流层上层，位势高度场和高空急流反映了两个 TC 环境场中高空槽强度和方位的显著差异。"海马"降水增强的两个时刻[图 6.19(a)、(b)]，高空槽逐渐加深并向东靠近"海马"，急流经、纬向度均较大，"海马"处于高空急流入口区右侧，非地转运动使高层辐散

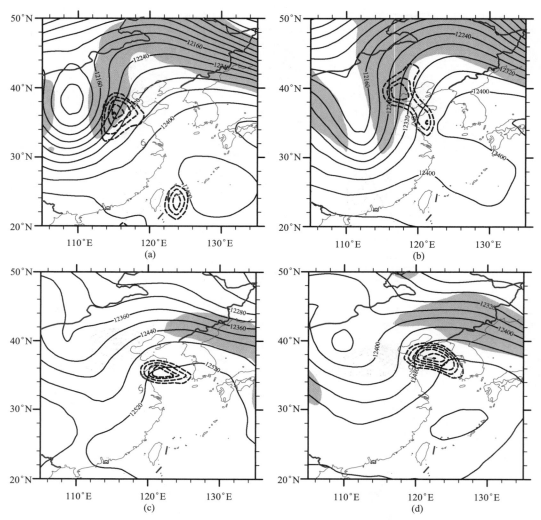

图 6.19 "海马"2004 年 9 月 14 日 0 时(a)和 12 时(b)以及"麦莎"2005 年 8 月 7 日 12 时(c)和 8 日 0 时(d)的 200 hPa 位势高度(实线，单位：位势米)，散度(虚线，单位：1/s)及大于 35 m/s 的风速(阴影，单位：m/s)；台风符号代表 TC 位置

增强，降水增加。"麦莎"西北侧的高空槽相对较浅，高空急流由于受到西风急流和 TC 高层反气旋式出流影响而呈纬向带状[图 6.19(c)]；之后"麦莎"继续向东北移动并靠近急流入口区右侧[图 6.19(d)]，高层急流有利于 TC 东北侧辐散增强，导致降水增加。

4. 变性 TC 与中纬度系统相互作用的垂直结构差异

图 6.20 为 TC 和高空槽主要相互作用区垂直剖面的 MPV 和相当位温分布，剖面沿着水汽输送方向并穿过 TC 主要降水区(图 6.17)。2004 年 9 月 14 日 0 时[图 6.20(a)]，与高空槽相联系的 MPV 大值区位于"海马"西北侧约 1100 km 处并向下延伸至 600 hPa，低层与"海马"本身相关的正 MPV 和高空 MPV 相互独立，TC 西北侧的相当位温等值线在对流层中层向上突起，表明该高空槽为冷心结构，TC 带来的暖湿空气与高空槽带来的冷空气相遇，使得等相当位温面倾斜，东南暖湿气流沿等熵面上升至"海马"西北侧，而冷空气沿着等熵面下沉至"海马"西南侧，使得西北侧降水增强而西南侧降水受到抑制，此外，与冷锋相联系的相当位温面几乎延伸至地面，表明槽前与锋面直接热力环流相关的动力强迫机制对于 TC 西北侧降水的作用也相当重要；随着高空槽东移并向下伸展，"海马"北移，原低层的正 MPV 有所增长，沿相当位温倾斜面上升[图 6.20(b)]，并最终与高空槽所对应的 MPV 相连接，沿相当位温倾斜面形成对流层深厚的 MPV 异常[图 6.20(c)]，意味着此时"海马"开始转变为锋面气旋，这与以往的研究结果一致(Hart，2003)。"麦莎"与"海马"有明显差别，尤其是对流层低层[图 6.20(d)~(f)]，高空槽所对应的 MPV 大值区主要集中在对流层中高层而无明显下传，倾斜相当位温面仅出现在中高层，TC 东北部低层存在明显不稳定($\partial\theta_e/\partial z < 0$)，表明不同于"海马"暖湿空气从低层沿着相当位温面做倾斜上升运动，"麦莎"在低层不稳定及与高空暖锋锋生相关的直接热力环流共同作用下触发对流；此外，相对更湿的环境场也导致了"麦莎"降水量大于"海马"降水量。

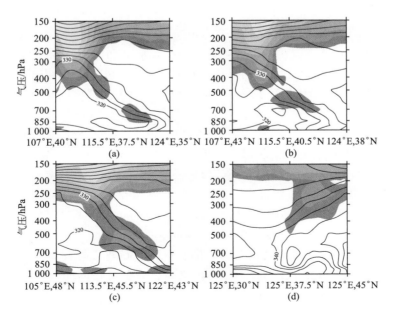

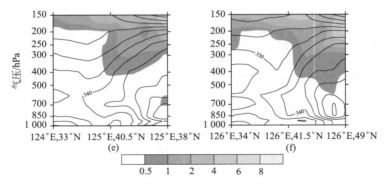

图 6.20　沿图 6.17 中垂直剖面的 MPV(阴影，单位：PVU)和相当位温(实线，单位：K)
"海马"：2004 年 9 月 14 日 0 时(a)、12 时(b)和 15 日 0 时(c)的分布，右侧为
"麦莎"：2005 年 8 月 7 日 12 时(d)、8 日 0 时(e)和 12 时(f)的分布

5. 准地转观点分析

准地转 ω 方程(Trenberth，1978)写为

$$\left(\nabla^2 + \frac{f_0^2}{\sigma}\frac{\partial^2}{\partial p^2}\right)\omega \approx \frac{f_0}{\sigma}\left[\frac{\partial V_g}{\partial p}\cdot\nabla\left(\frac{1}{f_0}\nabla^2\Phi + f\right)\right] \tag{6.1}$$

式中，σ 为静力稳定度参数；f 为科氏参数；V_g 为地转风；Φ 为位势高度；ω 为 P 坐标系下的垂直速度，方程右边表示由热成风引起的绝对地转涡度平流(AGVTW)，对于中纬度波动而言，垂直运动与 AGVTW 近乎成正比。

图 6.21 给出了两个 TC 500～925 hPa 的等位势厚度线及地转风切变、500～925 hPa 平均的绝对地转涡度和 AGVTW。在静力平衡假定下，两层之间的位势厚度与平均温度成正比，两者任取其一可用来表征热力结构。分析中低层地转风切变可以看出，热成风沿着等温线，冷空气位于其左侧。2004 年 9 月 14 日 0 时[图 6.21(a)]，"海马"和高空槽分别对应两个绝对地转涡度正值区，"海马"西北侧的 AGVTW 相对较弱；9 月 14 日 12 时[图 6.21(b)]，两个绝对地转涡度正值区趋向合并，形成一个有组织的宽广涡度区，随着 TC 与高空槽之间厚度梯度增加，"海马"西北侧由 AGVTW 所强迫的上升运动也得到增强，且与降水分布及高层散度风的大值区位置一致，而在 TC 西南和南部象限，AGVTW 为负值，同时有冷空气侵入，使得这些区域的降水受到抑制。"麦莎"在变性过程中主要表现为一个较弱的中纬度槽与一个较强的 TC 相互作用[图 6.21(c)]，"麦莎"对应的绝对地转涡度大值区环绕在其自身周围，东北-西南向倾斜的冷槽将冷空气聚集于 TC 北部，同时槽前的热成风将正绝对地转涡度平流向 TC 东北侧输送，随着"麦莎"北移[图 6.21(d)]，其北侧的暖脊向北延伸而冷槽结构少变，从而增强了 TC 北偏东北侧的厚度梯度(即温度梯度)，强降水与正 AGVTW 位置保持一致，而在 AGVTW 值较小的西南侧对流活动也较弱。

总结来看(图 6.22)，"海马"的变性过程以较深的高空槽与较弱的 TC 环流之间的相互作用为主要特征[图 6.22(a)]，TC 西侧高空槽较强且径向度较大，并逐渐向东靠近 TC，使得 TC 北侧暖脊和高空冷槽之间的相当位温梯度增加，锋面发展；TC 北部东

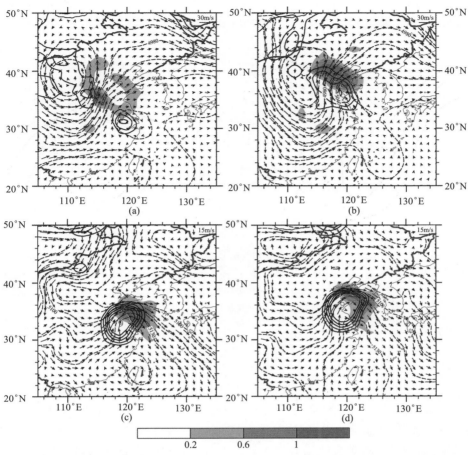

图 6.21　500～925 hPa 的位势高度差(虚线，单位：位势米)、500～925 hPa 的地转风差(矢量)、
500～925 hPa 平均的绝对地转涡度(实线)及热成风绝对地转涡度平流(AGVTW，阴影)

上部为"海马"2004 年 9 月 14 日 0 时(a)、12 时(b)的分布；下部为"麦莎"2005 年 8 月 7 日 12 时(c)、

8 日 0 时(d)的分布

南气流将低纬度暖湿空气向 TC 西北侧输送，同时造成沿相当位温面的倾斜上升区出现强烈暖平流，在与锋生强迫相联系的直接热力环流协助下，"海马"西北象限变得有利于垂直上升运动发展，随着冷槽与 TC 之间距离逐渐靠近，槽线呈东南-西北向倾斜，高空槽底部冷空气从西南侧侵入 TC 环流，导致该区域对流活动受到抑制而出现无云区。"麦莎"变性阶段所处的环境场湿度更大，而其西北侧高空槽则相对较弱，随着高空槽东移并靠近 TC，其南部受"麦莎"较强的环流影响而被阻挡，因此，高空槽南部和北边主体部分东移速度有所差异，造成槽线呈西南-东北倾斜；一方面，随着 TC 东北向移动，槽底冷空气稳定在"麦莎"西北侧，而槽前暖脊则受到 TC 暖心结构影响而发展，"麦莎"所对应的暖锋锋生由于高空槽较为浅薄而主要存在于对流层的中高层；另一方面，伴随着较强的水汽平流输送至 TC 东北侧，低层条件性不稳定可能触发该区域

的对流上升运动，同时在中高层由锋面强迫出的垂直运动协助下，使得"麦莎"东北侧出现强降水[图 6.22(b)]。

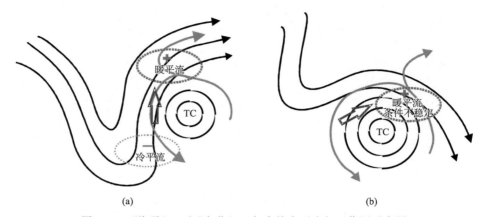

图 6.22　"海马"(a)和"麦莎"(b)与中纬度环流相互作用示意图

黑色箭头代表高空流场，红(蓝)色闭合虚线代表中层暖(冷)平流和上升(下沉)区，"麦莎"低层与暖平流对应的是条件不稳定，空心箭头代表平均热成风矢量，绿色箭头代表气块轨迹，黑色闭合曲线代表热带气旋环流区，曲线密集程度代表热带气旋强度

6.1.3　季风涌与登陆台风暴雨增幅

中纬度西风带系统和低纬度季风系统与登陆台风相互作用，有利于台风强度增强或维持，对暴雨的发生十分重要(陈联寿等，2004)。我国是世界上台风登陆最多，受影响最严重的国家之一，同时我国也处在著名的东亚季风区，在诸多影响台风活动的因子中，季风的作用不可忽视，研究表明(孙秀荣和端义宏，2003)，天气及季节尺度上，夏季风活动对台风生成频数及强度变化有显著影响。Ramage(1971)指出，当来自南半球经向环流跨越赤道时，中国邻海台风活跃，低空偏南季风涌(monsoon surge)作用显著。当风速明显加强、天气现象随之发生明显变化时，即称作一次"季风潮(涌)"(《大气科学辞典》编委会，1994)，东亚夏季风期间有明显季风涌向北传播，它可以由东亚夏季风中的低频振荡表示，研究发现(琚建华等，2007)，东亚季风区主要表现出两种时段的低频振荡：10~20 天和 30~60 天低频振荡。台风与强盛夏季风均能造成暴雨，而当二者相结合时，降水往往出现明显增幅，这对内陆地区的影响尤为明显(李丽和郑勇，2008)。2006 年登陆后发生暴雨强度突然增强(增幅)的强热带风暴"碧利斯"(Bilis-0604)在其登陆后恰逢季风活跃期，季风涌显著，对暴雨增幅有重要贡献。

1. "碧利斯"简况和降水特点

0604 号强热带风暴"碧利斯"生成后先后经历两次登陆(台湾宜兰和福建霞浦)，之后向西北偏西方向深入中国内陆，"碧利斯"强度不强，最强仅达到强热带风暴级，但却在陆地上维持了 5 天之久，途径福建、浙江、江西、湖南、广东和广西，引发严重洪涝和地质灾害，因灾死亡 612 人，失踪 208 人，直接经济损失达 266 亿元（康志明等，2008）。

　　受"碧利斯"影响，2006 年 7 月 14～18 日，浙江南部、福建、江西南部、湖南南部、广东、广西、贵州东南和云南东部先后出现暴雨和特大暴雨，部分地区累计降水量为 300～500 mm。一般台风登陆后，易在台风中心附近、北侧及东北侧倒槽中产生暴雨，而"碧利斯"登陆后暴雨中心主要位于其南侧。逐 6 h 降水分布显示，"碧利斯"登陆前及登陆时，强降水主要分布在风暴中心西北及北侧（浙江中南部和福建北部沿海），而登陆后，在江西南部、湖南南部和广东东部出现了强降水，在短时间内完成了强降水区域由风暴中心及北部向风暴南侧的转变，此后，风暴北部一直没有强降水发生，而南部持续了几天之久的特强降水（尹洁等，2008），尤其是从 7 月 14 日 20 时至 15 日 14 时（北京时），降水急剧增加（图 6.23）。

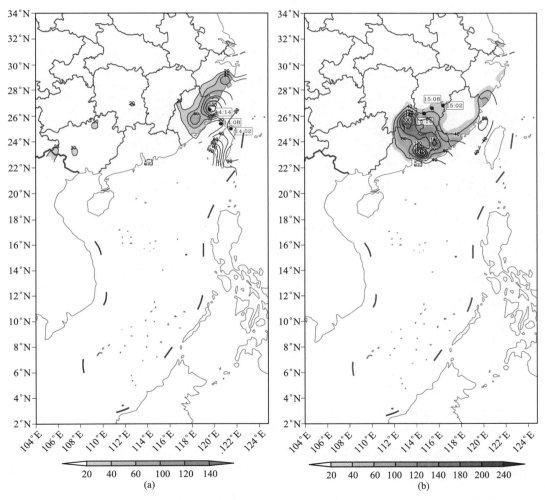

图 6.23　2006 年 7 月 14 日 2～14 时(a)、15 日 2～14 时(b)累计降水量（单位：mm）的分布

2. "碧利斯"在陆地上长时间维持的原因

"碧利斯"登陆后，被其东侧西太平洋副高、北侧大陆高压坝和南侧低纬高压环流所包围，大陆高压东南侧的东北气流、副高西侧的偏南气流和低纬高压北侧的西南气流互相衔接，对于处在东、北、南三面高压包围中的"碧利斯"气旋性环流维持非常有利，造成了"碧丽斯"长时间维持和向西南缓慢移动的局面。"碧利斯"登陆期间环境场的另一个显著特点是西南季风异常活跃。2006 年南海夏季风于 5 月中旬爆发，7 月中旬开始加强（蒋小平等，2008），7 月 13 日 08 时[图 6.24(a)]，随着"碧利斯"接近台湾，南海南部的西南季风开始侵入风暴南侧，这支季风来源于南半球冬季风跨越赤道后在北半球转向为西南夏季风，并与索马里急流汇合，穿过孟加拉湾到达南海；15 日 02 时[图 6.24(b)]，除了强盛的索马里急流外，80°～90°E 附近的越赤道气流也有所增强，导致西南季风进一步加强，从阿拉伯海、孟加拉湾到整个南海均为宽广的西南风，南海北部风暴中心东南侧风速高达 27 m/s 以上。

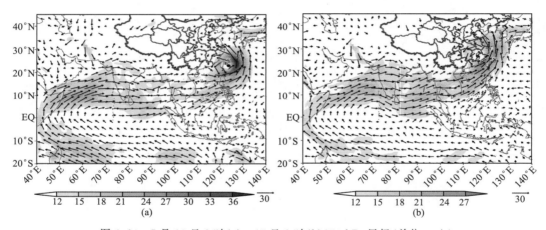

图 6.24　7 月 13 日 8 时(a)、15 日 2 时(b)850 hPa 风场(单位：m/s)
阴影区为全风速大于 12 m/s 的区域

从 850 hPa 沿 115°E 纬向风和风矢量时间-纬度剖面图看出(图 6.25)，7 月 12 日以前，西风大值主要位于 15°N 以南的南海南部，13 日西风大值开始向南海北部扩展，15 日强盛的西风已经北扩至华南沿海，此时华南沿海南风分量也加大，一并汇入"碧利斯"低压环流。而 700 hPa 沿赤道经向风距平时间-经度剖面图上(图 6.26)，自 7 月 11 日开始，索马里和 70°E 附近出现经向风正距平，并随时间东传，13 日有所减弱后再次加强东传，至 15 日，与"碧利斯"造成的降水量最大时期相对应，赤道经向风正距平达 6～8 m/s，已东传至 80°E 的越赤道气流表现尤为突出，使其下游南海地区西南季风加强，把来自热带海洋的大量水汽、热量和动量注入减弱后的"碧利斯"环流，帮助其在陆地上长久维持。

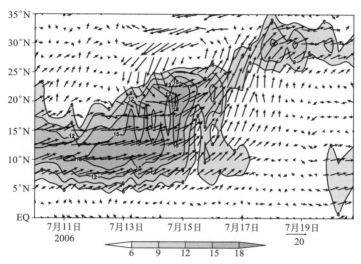

图 6.25　850 hPa 沿 115°E 纬向风和风矢量时间-纬度剖面图（单位：m/s）
阴影区代表纬向风≥6 m/s

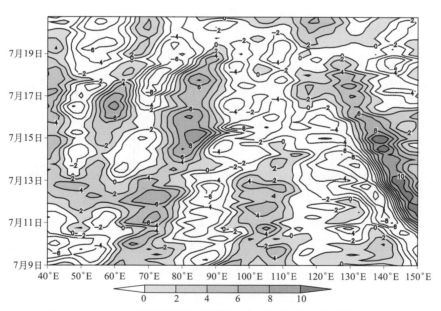

图 6.26　700 hPa 沿赤道经向风距平时间-经度剖面图（单位：m/s）
阴影代表正距平区

3. 季风涌的表征及其对"碧利斯"暴雨增幅的影响

2006 年华南地区（110°～120°E，18°～25°N）850 hPa 纬向风小波功率谱分析发现（图 6.27），该地区该年夏季对流层低层纬向风以 30～60 天低频振荡为主。华南地区 30～60 天滤波 850 hPa 纬向风演变[图 6.28（a）]与该地区逐日平均降水[图 6.28（b）]相

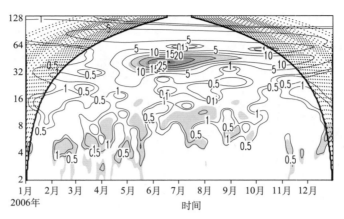

图 6.27　2006 年华南地区(110°~120°E, 18°~25°N)850 hPa 纬向风小波功率谱
阴影区为通过显著性检验的区域

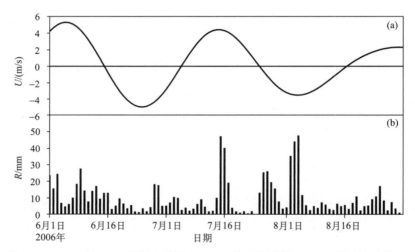

图 6.28　2006 年 6~8 月华南地区 850 hPa 纬向风分量 30~60 天滤波曲线(a)
和区域平均降水量逐日演变(b)(单位：mm)

比发现，6~7 月低频振荡波动趋势与降水多寡有较好的对应关系，7 月 4 日至 7 月中旬，是低频振荡正位相，即季风活跃期，尤其是 7 月中旬的波峰与 7 月 15~16 日的降水峰值对应很好，这说明低频振荡活动处于极端活跃期，强季风涌对"碧利斯"降水增幅可能有重要作用。

琚建华等(2007)认为，大气低频振荡经向传播特征表现为热带地区的季风涌向北传播。分析 30~60 天带通滤波后的低层纬向风所表征的大气低频振荡传播路径(图 6.29)发现，2006 年 7 月存在明显季风涌北传特征，当低频西风高值中心于 15 日左右到达 22°N 附近时，季风涌达最强，且恰好位于"碧利斯"南侧，与该时段"碧利斯"南侧降水急剧增幅相对应。

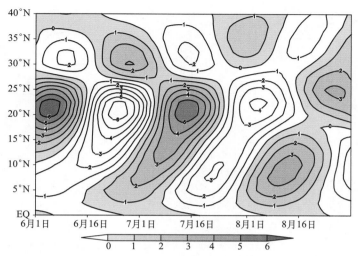

图 6.29　30～60 天滤波 850 hPa 纬向风沿 115°E 的纬度–时间剖面
阴影区表示低频西风

4. 主要水汽输送通道及其贡献

下面利用美国 NOAA 气流轨迹模式 HYSPLIT v4.9(Draxler and Hess，1998)分析此次暴雨增幅过程的水汽输送轨迹、主要通道及不同通道的贡献，分析区域选取暴雨增幅(22.5°～27.5°N，110°～120°E)区域，垂直方向选取 1500 m 高度作为初始高度，轨迹初始点 15 个，轨迹计算起始时间选取 7 月 18 日 8 时，终止时间为 9 日 8 时，即后向追踪 9 天的运动轨迹，每隔 6h 输出一次轨迹点位置，并且每 6 h 全部初始点重新后向追踪 9 天。1 500 m 高度上共得到 600 条轨迹，空间方差增长率分析发现[图 6.30(a)]，轨迹聚类过程中的空间方差增长率在 3 条以后迅速增长。因此，确定汇入暴雨区的水汽主要来自 3 支气流[图 6.30(b)]，即 40°～60°E 索马里越赤道气流(红色)、80°～100°E 孟加拉湾气流(绿色)及 120°E 越赤道气流(蓝色，随"碧利斯"环流逆时针旋转，沿环流中心东侧的强风速带夹卷到环流北侧)。

水汽贡献率计算公式写为

$$Q_s = \frac{\sum_1^m q^{\text{last}}}{\sum_1^n q^{\text{last}}} \times 100\% \tag{6.2}$$

式中，q^{last} 为通道上最终位置处的比湿；m 为通道中包含的轨迹条数；n 为模拟轨迹总数。根据上述公式计算出 3 条水汽通道的贡献(表 6.10)，可以看出，最强的水汽输送带是索马里急流水汽输送(54.2%)，80°～100°E 孟加拉湾水汽输送和 120°E 越赤道气流–西太平洋北支通道水汽则相对较弱，分别占 20.2% 和 25.6%。

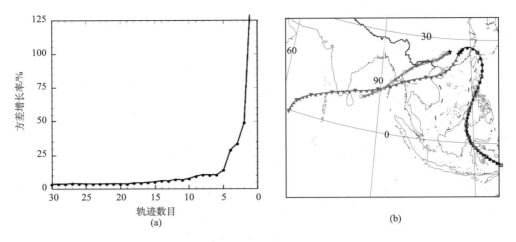

图 6.30　暴雨增幅期间(a)轨迹聚类空间方差增长率和(b)水汽通道空间分布

表 6.10　台风暴雨时期各水汽通道的贡献

项目	索马里急流通道	80°~100°E孟加拉湾通道	120°E越赤道气流—西太平洋北支通道
轨迹条数/条	302	108	130
水汽贡献率/%	54.2	20.2	25.6

6.1.4　水体下垫面对登陆台风暴雨的影响

　　热带气旋引起的大范围灾害往往与其在陆地上维持不消有关，TC 登陆后，在地面摩擦、能量耗散等作用下，总趋势是衰亡，但有的登陆 TC 能在陆地上维持数天，甚至再度发展，导致严重灾害。例如，7503 号台风深入内陆经久不衰造成严重洪涝，夺走数万人的生命；6.1.3 节提及的 0604 号强热带风暴"碧利斯"在陆地上长时间维持，并出现暴雨增幅，导致几百人死亡和失踪等。TC 登陆后的维持和衰减与其周围环境条件有关，登陆后，若能保持一定的水汽供给，登陆台风将维持较长时间(Chen，1998)，台风中尺度系统与周围环境中大尺度系统的相互作用对台风的增强也起到十分重要的作用(王继志和杨元琴，1995)；登陆 TC 的维持和衰减还与地理位置有关，如果局地条件合适，登陆 TC 低压中对流会发展增强，引发强对流天气。6.1.3 节探讨了高压环流和充足水汽供应等对"碧利斯"陆上长时间维持和暴雨增幅的重要作用，下面以"0185"上海大暴雨为例，进一步探讨杭州湾水体下垫面对 TC 维持和降水的作用(Yu Z and Yu H，2012)。

1. "0185"上海大暴雨概况

　　2001 年"0185"上海大暴雨是由登陆后减弱的热带低压(TD)系统移到上海附近地区再次发展造成的。TD 在发展之前，仅在其东南部存在部分残留云团，这些残留中尺度云团不断向南发展，2001 年 8 月 5 日 17 时进一步向东发展，18 时有 2 个新生中尺度云团分别位于上海和杭州湾上空,且它们不断发展靠近,于 20~21 时合并,当 TD 低压系统靠近上海时,开始强烈再发展(图 6.31)。由于云团移动十分缓慢,长时间滞留在上海市上空,造成上海地区持续性强降水,5 日晚至 6 日晨,上海市区和嘉定、松江、青浦、奉贤及南汇地区出现暴雨、大暴雨或特大暴雨,降水集中时段主要出现在 5 日 20 时~6 日 02 时(图 6.32)。陈永林(2002)指出,上海三面环水的特殊地理条件对此次降水有利,那么局地水域(如杭州湾)对强对流发生、发展,以及降水突然增幅提供怎样的有利条件呢?

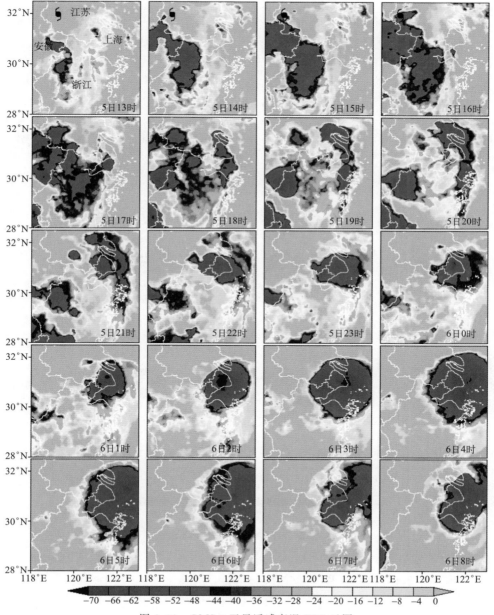

图 6.31　GMS-5 卫星遥感亮温 TBB 云图

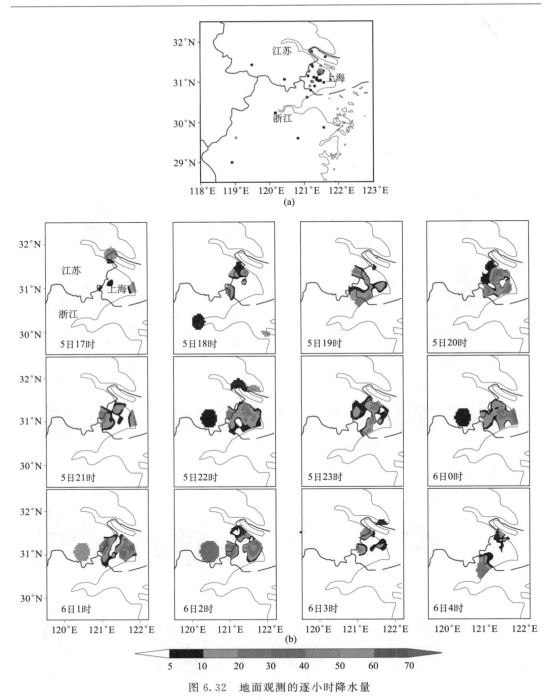

图 6.32　地面观测的逐小时降水量

　　从控制试验模拟的 850 hPa 相对涡度场(图 6.33)看，5 日 13 时开始，TD 东南部中尺度云团不断新生、发展，并逐渐东移向上海和杭州湾靠近，其中有 2 个云团(V2、V3)于 5 日 20~21 时在杭州湾附近不断靠近，至上海完成合并，导致上海大暴雨。

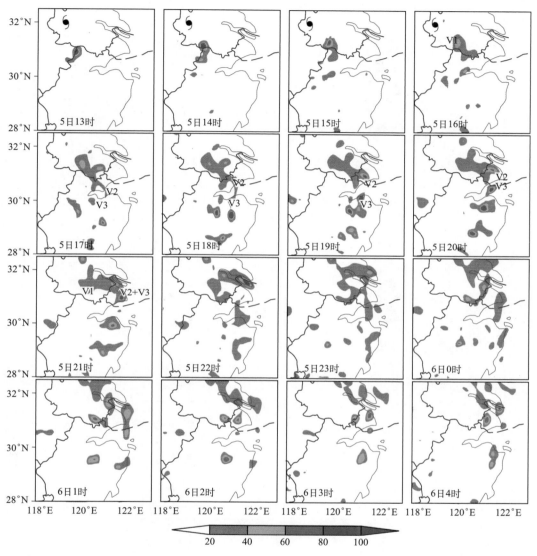

图 6.33　控制实验模拟的 850 hPa 相对涡度场

2. 热带低压的热、动力结构

登陆 TD 中心附近区域水汽通量较小，但其东南侧有强水汽输送带，上海、杭州湾和浙江地区为高水汽通量区［图 6.34（a）］，杭州湾及其附近海域为潜热通量高值区［图 6.34（b）］，TD 东南侧存在明显的南北向分布感热通量带［图 6.34（c）］。

广义位温写为

$$\theta^* = \theta \exp\left[\frac{Lq_s}{c_p T}\left(\frac{q}{q_s}\right)^k\right] \tag{6.3}$$

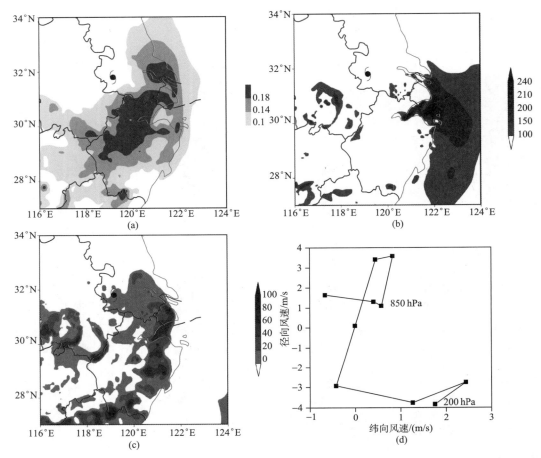

图 6.34　控制实验模拟的 5 日 10 时 850 hPa 水汽通量(a)、潜热通量(b)、感热通量(c)和风廓线(d)

它能更好地反映实际大气的非均匀饱和特征(Gao et al.，2004)。对比位温(θ)、相当位温(θ_e)和广义位温(θ^*)在强暴雨系统中的分布情况发现，在暴雨发生前的 5 日 17 时，过低压系统中心的垂直剖面上，位温 θ 等值线几乎完全平直，即使在低压中心，等 θ 线仍平直少变；与等 θ 线分布不同，相当位温 θ_e 等值线在低压中心突然出现垂直走向，与水平交角较大[图 6.35(a)]；而广义位温 θ^* 等值线在低压中心附近比等 θ_e 线分布更密集，且与等压面几乎完全垂直[图 6.35(b)]，水平梯度更大。可见，在强降水天气系统中 θ^* 呈明显垂直走向，近乎中性层结。

图 6.36 为 5 日 20 时控制试验的高、低空风场，控制试验 850 hPa 杭州湾附近形成一支最大风速达 18 m/s 的低空急流，200 hPa 有两支分别位于杭州湾和上海北部的高空急流。5 日 10 时，环境垂直风切变方向为东南方向，杭州湾和上海地区正好位于风切变矢量的左前侧[图 6.34(d)]，直到 5 日 20 时，风切变方向仍指向东南方向，和模式初始时刻风切变保持一致，而已有研究表明，垂直风切变顺风切方向或其左侧容易促发对流发展(Black et al.，2002)。

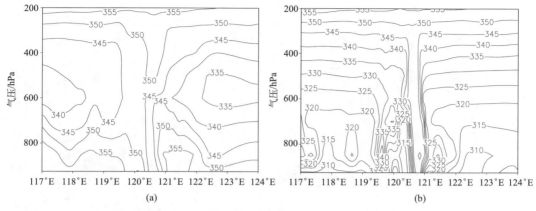

图 6.35　5 日 17 时过 31.7°N的 θ_e(a)和 θ^* (b)的垂直剖面图

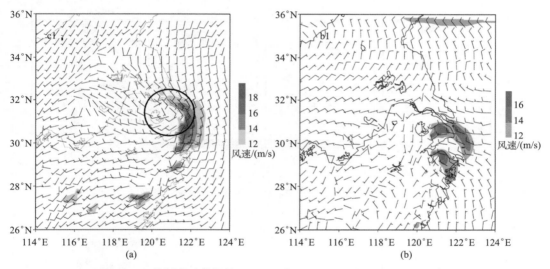

图 6.36　控制实验模拟的 5 日 20 时 850 hPa(a)和 200 hPa(b)风场

　　上述分析表明，由于 TD 深入内陆后较长时间停滞，TD 中心区域已不具备良好的水汽通量、感热潜热等热力条件，但 TD 东南侧及杭州湾附近有高水汽通量输入，潜热、感热通量输送明显，局地表现出明显的湿水面、对流中性及不稳定特征。

3. 杭州湾水体下垫面的影响

　　将杭州湾的水体用陆地替换，敏感性实验结果显示(图 6.37)，5 日 16 时之前，敏感试验能基本模拟出 TD 东南侧中尺度云团发展并缓慢东移的过程，而之后，随着系统东移和逐渐靠近杭州湾，在控制试验中继续得到发展的中尺度云团，在敏感性试验中却中止发展，TD 系统逐渐减弱。敏感性试验模拟的强降水中心更偏北，上海附近降水量减弱。

　　敏感性试验模拟的热力场(图 6.38)与控制试验(图 6.34)相比，5 日 20 时杭州湾附近边界层水汽通量、潜热通量明显小于控制试验，而感热通量不仅明显减小，甚至变为

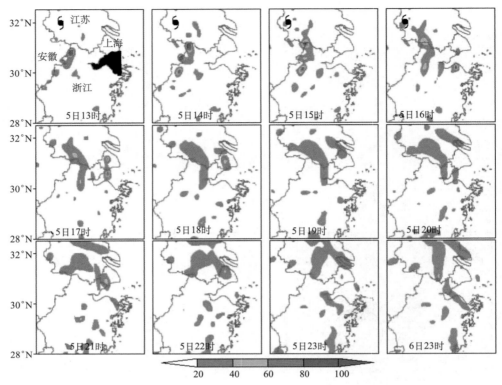

图 6.37　敏感实验模拟的 5 日 13 时～6 日 0 时 850 hPa 相对涡度(单位：1×10^{-5}/s)

左上方图中的黑色填充区为敏感实验中将水体改为陆地的杭州湾区域

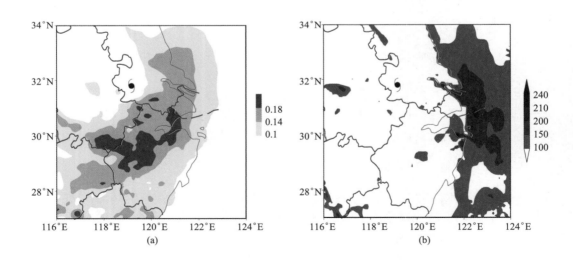

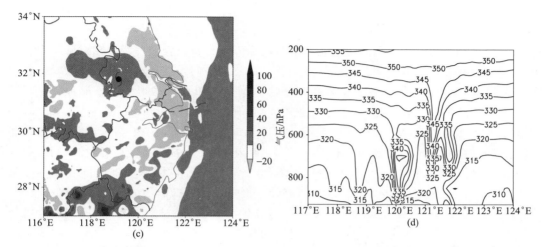

图 6.38　敏感实验模拟的 5 日 10 时 850 hPa 水汽通量(a)、潜热通量(b)、感热通量(c)
和 5 日 17 时过 31.7°N的 θ^* 垂直剖面(d)

负值。可见，杭州湾水体下垫面能增强边界层水汽、感热和潜热通量，如果去掉水体下垫面，这种水汽通道和热力作用（感热和潜热）均被阻断，θ^* 场上，120°E 以东地区低空没有高 θ^* 分布，高 θ^* 中心仅出现在600～750 hPa 的较高层[图 6.38(d)]，呈现低层冷、高层暖的对流稳定结构，不利于对流发生、发展。动力场上，敏感性试验中高、低空风速明显偏弱，杭州湾附近的 850 hPa 风速从 18 m/s 减小至 12 m/s，且 200 hPa 原位于杭州湾的高空急流减弱消失，只剩下另一支高空急流位于上海东北部。杭州湾通过其边界层感热、潜热作用有效地增强高、低空风速，去掉杭州湾，边界层

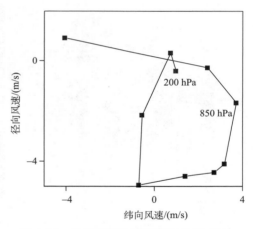

图 6.39　敏感性实验模拟的 5 日 20 时
风切变矢量

水汽通道阻断，感热和潜热通量减小，导致高、低空风速均减弱。另外，垂直风切变也发生了很大改变，切变方向改为指向西北，杭州湾和上海附近地区处于风切变矢量后部，不利于对流发展(图 6.39)。可见，杭州湾水体下垫面有利于 TD 的中尺度对流系统发生、发展，并进而对强降水的发生很重要。

6.1.5　地形对登陆台风降水的影响

台风登陆过程中，会与地形发生复杂的相互作用，影响其内部中小尺度系统结构和演变，引起降水异常变化(Bender et al. 1985；Wu and Kuo，1999；Wu et al.，2002)。我国地域辽阔，且地形复杂，地形对登陆台风降水的影响不容忽视。

1. 地形影响的雷达观测

在前面利用雷达观测资料分析台风登陆前后降水分布过程中，我们注意到一个有趣的现象，即在登陆后，台风内强回波相对于台风移动方向均从移动方向前侧顺时针移动到右后侧(图6.10、图6.11)，此现象无法用风暴移动和垂直风切变进行解释。对台风登陆区域登陆前8 h至登陆后6 h发生强降水(>40dBZ)的频率分布统计显示(图6.40)，所有6个台风个例强降水发生频率大值区均位于台风路径右侧存在地形的位置，表明登陆后的强降水和地形的抬升作用有关。以"云娜"和"桑美"为例，选取其路径右侧最大概率发生区域[图6.40(a)、(d)中黑色框区域]，计算区域平均降水率的时间变化，结果显示(图6.41)，登陆前3~4 h，两台风路径右侧降水开始持续增强，登陆后有所衰减，但仍维持大于15 mm/h的降水率，这一现象说明台风路径右侧是强降水发生的主要区域，在登陆期间持续有强降水发生，考虑到台风是个移动系统，该降水区域在台风中的位置也随之变化，这也就解释了图6.10和图6.11中台风移动前侧强回波的位置随登陆过程向移动方向右后侧移动的现象。

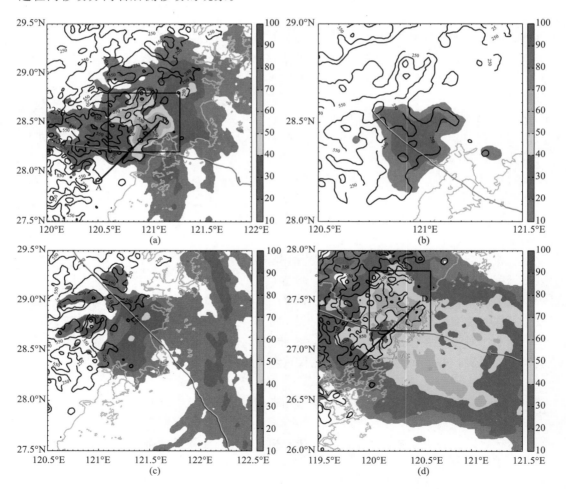

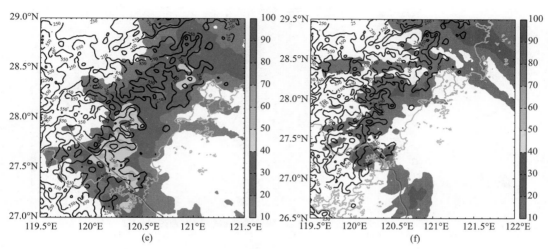

图 6.40　登陆台风强降水概率分布。等值线表示地形等高线，
阴影表示强降水等概率线，红色实线为台风路径

(a)"云娜"；(b)"麦莎"；(c)"卡努"；(d)"桑美"；(e)"韦帕"；(f)"罗莎"

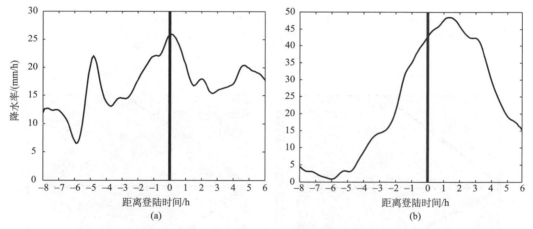

图 6.41　登陆台风路径右侧选定区域的平均降水率时间变化曲线

(a)"云娜"；(b)"桑美"，粗实线是登陆时刻

　　"云娜"和"桑美"路径右侧选定区域，即图 6.40(a)、(d)中黑色框区域的地形高度、925 hPa 风场和雷达回波反演的 1 h 累积雨量叠加显示，"云娜"台风在 8 月 12 日 12 时(UTC)(此时台风刚刚在浙江温岭登陆)，路径右侧区域内盛行东北风，区域中心为一西北-东南走向的山脉，降水大值区出现在山脉东北侧[图 6.42(a)]；18 时(UTC)(登陆后 6 h)，台风移动到该区域西侧，区域内风向转为东南风，此时出现两个降水大值中心：一个位于山脉东南侧，另一个位于区域北部西南-东北走向山脉的东侧[图 6.42(b)]，降水中心均出现在山脉迎风坡一侧。"桑美"台风中也能看到类似结果。以上特征表明，台风路径右侧持续的强降水可能是地形强迫所致。

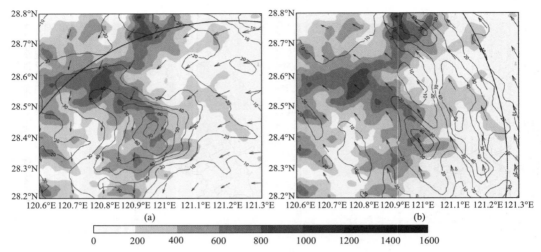

图 6.42　"云娜"台风路径右侧选定区域的地形高度(单位：m)、风场和雷达回波反演的 1h 累积降水量分布。(a)8 月 12 日 12 时 UTC；(b)8 月 12 日 18 时 UTC。阴影表示地形高度，等值线表示雨量，箭头表示 925 hPa 风场。黑色圆弧为距台风中心 70 km(a)和 120 km(b)半径的距离圈

　　在"云娜"[图 6.40(a)]和"桑美"[图 6.40(d)]中分别截取跨越台风路径的线段 AB 和 CD，线段长度约为 90 km，与地形高度配合分析此线段上回波的时间变化显示，"云

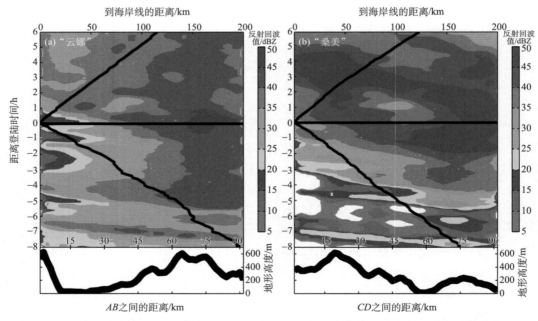

图 6.43　登陆过程中沿图 6.40 中线段 AB(a)和 CD(b)的地形高度及对应的回波的时间演变。上横轴坐标表示台风中心到海岸线的距离，下横轴坐标表示线段长度，纵轴表示相对于登陆的时间(左上)和地形高度(右下)，色标表示回波强度，黑色直线表示登陆时间

娜"路径两侧地形高度相差较大，右侧最高峰海拔约 650 m，而左侧海拔较低，几乎为平原[图 6.43(a)]；"桑美"台风路径两侧地形分布与"云娜"不同，其路径左侧最高峰高度约620 m，右侧地势相对较低[图 6.43(b)]。登陆前 6～8 h，"云娜"和"桑美"均出现一条狭长的回波带。此后，"云娜"回波发展表现出明显的非对称性，右侧最高峰附近从登陆前 6 h 起有稳定的强回波发展，而左侧回波则一直相对较弱，相类似的是，"桑美"从登陆前 4 h 开始，也在右侧最高峰附近出现持续发展的强回波。而从登陆前 1 h 起，在路径左侧最高峰位置也出现较强回波，这可能是由于"桑美"环流较强，越过路径右侧较低的山坡后在左侧形成大的降水。

2. 地形影响的数值模拟

由于卫星、雷达等新型资料目前的定量应用水平仍十分有限，利用数值模拟及敏感性实验研究地形对登陆台风降水的影响可作为重要补充（Yu et al.，2010a，b，c）。2005 年"泰利"（Talim-0513）先后于台湾花莲和福建莆田登陆（图 6.44），其降水呈现三个阶段：第 1 阶段是"泰利"刚刚登陆福建前后的 24 h（9 月 1 日 8 时～2 日 8 时），降水主要集中在福建和浙江南部（图 6.45），最强降水区位于路径右侧、浙江东南部与福建交界处，距离台风登陆点约 240 km，福鼎站日降水量 236.8 mm，为最大日降水量站，路径左侧降水相对较弱，距离台风登陆点左侧约 50 km 的崇武站，最大日降水量为 181.4 mm；第 2 阶段为"泰利"登陆 18 h 后的 24 h（9 月 2 日 8 时～3 日 8 时），强降水区北移至江西、湖北和安徽三省交界处，位于移动路径右侧 200～300 km（图 6.45），可能受庐山和大别山地形影响，两个最大日降水中心分别位于江西庐山站和安徽大别山附近的霍山站，日降水量分别为 494.6 mm 和 254.8 mm，此阶段路径左侧降水比第一阶段更弱；第 3 阶段是登陆约 42 h 后的 24 h（9 月 3 日 8 时～4 日 8时），强降水区继续维持在庐山和大别山，庐山站和霍山站仍为最大日降水量中心，

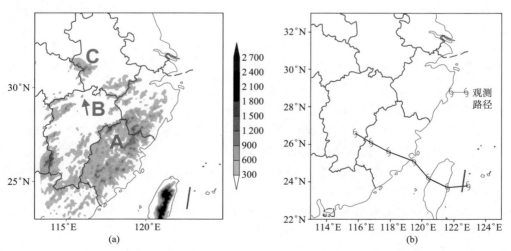

图 6.44　(a)地形高度分布(单位：m)，其中 A、B、C 分别代表武夷山、
庐山和大别山；(b)"泰利"观测路径

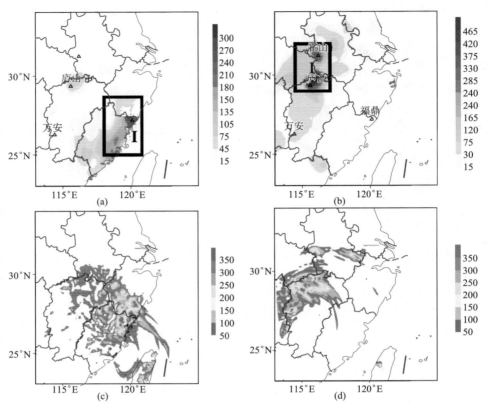

图 6.45　（a）和（b）分别为 9 月 2 日 8 时和 3 日 8 时的 24 h 观测降水；
（c）和（d）分别为控制实验模拟的 2 日 8 时和 3 日 8 时的 24 h 降水（单位：mm）

24 h 降水量分别为 340.7 mm 和 179.0 mm。"泰利"登陆前后 72 h（9 月 1 日 08 时～4 日 08 时）内，降水主要集中在移动路径右侧，存在福鼎、庐山和霍山 3 个最大过程降水中心，庐山站最大过程降水量达 940 mm 以上，尤其是"泰利"移至江西后，移动路径右侧的强降水中心北移至庐山和大别山附近，持续达 48 h，庐山站 48 h 总降水量 835.3 mm，霍山站 48 h 总降水量 433.8 mm。

控制实验结果能很好地模拟出"泰利"登陆前后的降水过程［图 6.45（c）、（d）］，而分别去除武夷山、庐山、大别山，以及同时去掉庐山和大别山地形高度的 4 组敏感性实验结果显示，模拟的台风移动路径与控制实验无明显差异；对沿海 I 区降水而言，去掉武夷山地形，会导致 I 区降水减弱，降水落区向内陆推进，而去掉庐山和大别山地形，对 I 区降水分布和强度影响不大（图 6.46）；但对内陆 II 区的降水而言，去掉武夷山地形，内陆强降水分布区域增大且北扩，除庐山和大别山地区发生强降水外，在江西西北部和湖北东南部也有大面积强降水出现，而去掉庐山地形后，降水强度稍有减弱，落区较原强降水区偏西和偏南，去掉大别山地形后，强降水区较原降水区偏西，而同时去掉庐山和大别山地形后，强降水区位置更加偏西和偏南（图 6.47）。

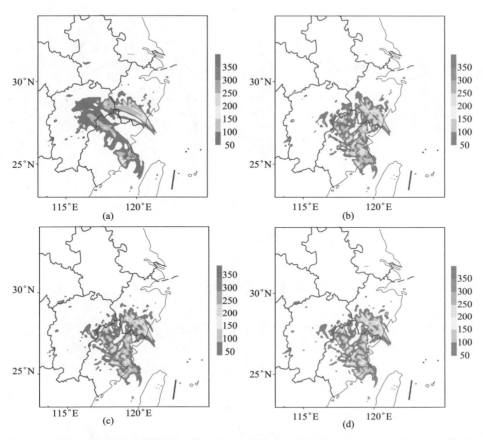

图 6.46 四组敏感性实验模拟的 9 月 2 日 24h 降水量(单位：mm)。(a)、(b)、(c)和(d)分别是去除武夷山、庐山、大别山以及同时去掉庐山和大别山地形高度的敏感性实验结果

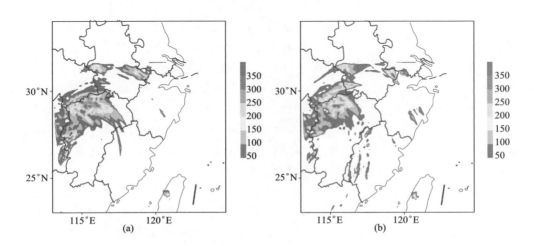

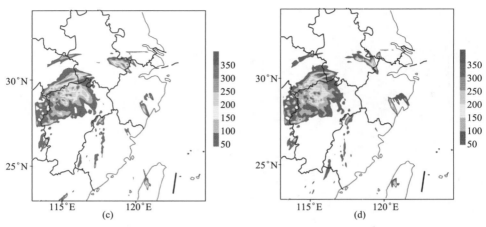

图 6.47　　同图 6.46，但为模拟的 9 月 3 日 24h 降水量(单位：mm)

6.2　登陆台风风场、温度场和湿度场时空分布

台风灾害主要发生在登陆期间，海陆下垫面及地形强迫等会使登陆期间台风结构出现明显非对称，带来风雨分布的异常(Powell and Houston，1998)，导致灾害防御措手不及。因此，了解台风登陆过程中动力和热力结构的变化对提高台风预报能力和建立有效的预警系统起着重要的作用。

6.2.1　登陆台风风场时空分布及非对称特征

1. 风场轴对称结构及其随登陆过程的变化

一般而言，热带气旋垂直方向上的最大风速主要位于摩擦边界层顶附近，向下由于摩擦作用风速减小，而向上风速减小的原因是：TC 为暖心结构，根据热成风原理，逆时针的切向风风速逐渐减小直到高层转为顺时针。边界层顶附近的这个最大风速区在个例分析和平均风廓线研究中都曾被发现(Franklin et al.，2003；Bell and Montgomery，2008；Powell et al.，2003)，这是 TC 边界层结构与无 TC 时大气边界层结构的显著区别。以往研究主要关注海上台风相关特征(Franklin et al.，2003)，对于登陆期间的特征了解不多。利用 1998～2009 年的探空资料，对 64 个 TC 登陆期间的所有样本做平均，得到 TC 登陆期间平均风速的轴对称分布(图 6.48)，最大平均风速为 17.1 m/s，位于 850 hPa、半径 100～200 km；平均风速由 850 hPa 向上、下减小。

进一步计算登陆前 0～12 h、登陆后 0～12 h、12～24 h 和 24～36 h 平均的风场轴对称分布(图 6.49)发现，登陆后 TC 环流内的风速，以及风速的垂直和水平梯度均减小。登陆后 0～12 h，最大风速由登陆前的 27.7 m/s 迅速减弱至 17.6 m/s，但所在位置不变，仍位于 850 hPa、半径 100 km 内；登陆后 12～24 h，最大风速减小至 2.1 m/s，所在位置外移至半径 100～200 km，高度仍维持在 850 hPa；登陆后 24～36 h，最大风

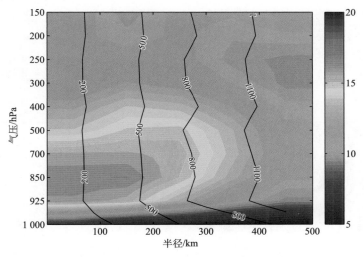

图 6.48　TC 登陆期间（登陆前 12 h 至登陆后 36 h）平均的风速和样本数的轴对称分布。
填色区表示风速（m/s），等值线表示样本数

速所在位置进一步外移至半径 300～400 km，高度升至 700 hPa。这种最大风速在 TC
登陆后外移的现象在个例研究中也曾被发现（李英等，2009）。

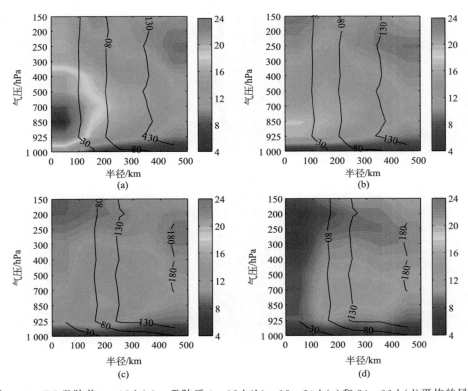

图 6.49　TC 登陆前 0～12 h(a)、登陆后 0～12 h(b)、12～24 h(c)和 24～36 h(d)平均的风速
和样本数的轴对称分布。填色区表示风速（m/s），等值线表示样本数

对比每 100 km 半径内平均风速在登陆过程中的变化(图 6.50)发现,500 hPa 以下,半径 100 km 内的风速在登陆过程中减小最为显著,而 300 km 外的风速在登陆过程中变化不大。另外,各半径内风速开始减弱的时间也有所不同。200 km 半径内的风速从登陆后 12 h 内开始减小,而半径 200~300 km 和 400~500 km 的风速分别从登陆后 12 h 和 24 h 开始减小。

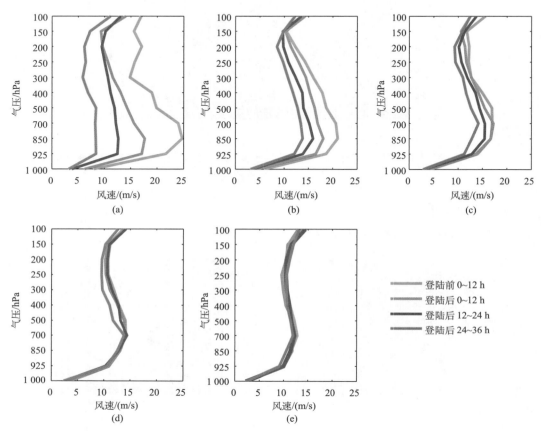

图 6.50　登陆过程中 TC 半径 100 km 内(a)、100~200 km(b)、200~300 km (c)、300~400 km(d)和 400~500 km(e)的平均风速垂直廓线

2. TC 轴对称风速径向廓线模型及改进

风速由 TC 眼区沿半径向外迅速增强,到达最大风速半径后向外呈指数律下降,针对 TC 风场的这个径向变化特征,建立了许多参数化的径向廓线模型,广泛用于工程上安全系数的评估、历史 TC 风场数据的重建、地面风场的实时分析、风暴潮模式中风场的输入,以及海浪模式(Powell et al.,2005;Murname and Liu,2004;Xie et al.,2006;Peng et al.,2006)等。

Depperman(1947)将 Rankine 涡旋应用到 TC 轴对称风速径向廓线中,建立了 Rankine 涡旋模型:

$$V_r = V_m(r/r_{v_m}) \quad r < r_{v_m}$$
$$= V_m(r_{v_m}/r)^n \quad r \geqslant r_{v_m} \tag{6.4}$$

式中，V_m 为最大风速；r_{v_m} 为最大风速所在半径；V_r 为半径 r 处的风速；n 为用来控制廓线形状的参数。

Schloemer(1954)利用直角双曲线来表征气压的径向变化，根据梯度风平衡推导出风速径向廓线，建立相应模型，其中 TC 风场的径向分布只与两个参数有关，即最大风速 V_m 和最大风速半径 r_{v_m}；Holland(1980)增加了第三个参数 B，用于控制径向廓线的形状：

$$V_c(r) = V_m\{(r_{v_m}/r)^B / e^{[1-((r_{v_m}/r))^B]^{0.5}}\} \tag{6.5}$$

DeMaria(1987)提出另外一种廓线模型：

$$V(r) = V_m(r/r_{v_m})e^{[1-((r/r_{v_m}))^c]/d} \tag{6.6}$$

式中，$c = d$(Hill and Lackmann，2009)。

图 6.51 为 TC 登陆前和登陆后风速分布及分别应用上述三种廓线方案拟合得到的径向廓线。Rankine 涡旋、Holland 廓线和 DeMaria 廓线对登陆前 TC 风速的径向分布特征均有较好的描述，三条拟合廓线的平均绝对误差分别为 1.6 m/s、2.1 m/s 和 1.4 m/s [图 6.51(a)]，而对登陆后风速径向廓线的拟合误差均较大[图 6.51(b)]，Rankine 涡旋对登陆后 TC 最大风速半径外的拟合是三条拟合廓线中误差最小的，但严重低估最大风速半径内的风速。

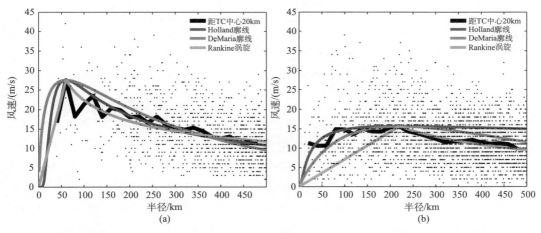

图 6.51　TC 登陆前(a)和登陆后(b)风速径向分布和拟合廓线。黑色点表示观测样本；黑色实线表示距离 TC 中心每 20 km 的圆环内所有样本的平均风速；蓝色、绿色和红色分别表示 Holland 廓线、DeMaria 廓线和 Rankine 涡旋模型

对 Rankine 涡旋模型做如下改进：

$$V_r = (V_m - V_0)(r/r_{v_m}) + V_0 \quad r < r_{v_m}$$
$$= V_m(r_{v_m}/r)^n \quad r \geqslant r_{v_m} \tag{6.7}$$

式中，参数 V_0 和 n 由最小二乘拟合得到。

将改进后的 Rankine 涡旋应用到登陆后每 12 h 间隔的风速径向分布上，得到不同的 V_0 和 n 值（表 6.11）。参数 V_0 和 n 的值分别决定了最大风速半径以内和以外风速减小的速率，因此两者的取值与最大风速和最大风速半径有关。用这三个时间段的最大风速和最大风速半径对 V_0 和 n 值进行拟合，得到：

$$V_0 = 0.01 \times r_{v_{\mathrm{m}}} + 0.93 \times V_{\mathrm{m}} - 10 \qquad (6.8)$$

$$n = (2.8 \times r_{v_{\mathrm{m}}} + 1.8 \times V_{\mathrm{m}})/1000 \qquad (6.9)$$

表 6.11　改进的 Rankine 涡旋中参数 V_0 和 n 的取值

项目	登陆后 0~12 h	登陆后 12~24 h	登陆后 24~36 h
$V_{\mathrm{m}}/(\mathrm{m/s})$	20.8	18.1	15.6
$r_{v_{\mathrm{m}}}/\mathrm{km}$	80	220	140
V_0	10.85	9.24	5.00
n	0.29	0.71	0.31

三个时刻 V_0 和 n 的拟合值和真值如图 6.52 所示。

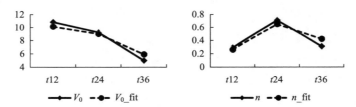

图 6.52　改进的 Rankine 涡旋中参数 V_0 和 n 的拟合值（虚线）与真值（实线）

式(6.7)~式(6.9)组成了改进的 TC 登陆后 Rankine 涡旋模型，用来描述登陆后 TC 的风速径向廓线，这个径向廓线只由两个变量决定：最大风速和最大风速半径。登陆后每 12 h 风速径向分布及改进前后的 Rankine 涡旋廓线如图 6.53 所示，改进的廓线模型较原始的模型更好地描述了 TC 登陆后风速的径向分布特征，在登陆后 0~12 h、12~24 h 和 24~36 h 的平均绝对误差分别为 1.04 m/s、1.20 m/s 和 1.32 m/s。

3. 登陆台风风场的非对称结构

观测研究表明，最大风速更易发生在强对流区域（Parrish et al.，1982），这可能与降水使高速空气下传、地面附近下击暴流引起空气扩散，以及中尺度涡旋形成等有关（Willoughby and Black，1996）；Powell(1987)则认为，风场非对称分布主要是由海陆下垫面摩擦差异、环境流场及 TC 运动等造成的。TC 风场非对称分布随半径和位相变化。

将 TC 环流分为不同象限分别进行讨论以了解风场结构的非对称性，这里四个象限

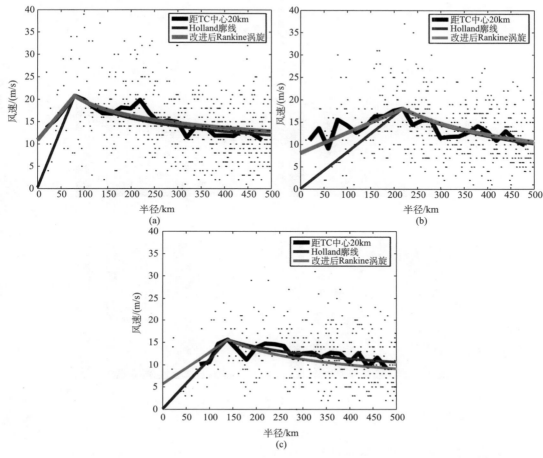

图 6.53　TC 登陆后 0～12 h(a)、12～24 h(b)和 24～36 h(c)风速径向分布和拟合廓线
黑色点表示观测样本；黑色实线表示距离 TC 中心每 20 km 的圆环内所有样本的平均风速；
蓝色和红色分别表示原始 Rankine 涡旋和改进后的 Rankine 涡旋廓线

由 TC 中心和移动方向决定，当 TC 移动方向指向前方，四个象限按逆时针方向分别为
TC 移动方向的左前象限、左后象限、右后象限和右前象限。分析仍采用 1998～2009
年的探空资料，考虑到海洋上没有足够的样本，这使得样本数目在各象限间存在非对
称，会影响研究结果，因此只考察 TC 登陆后的风场非对称结构。结果发现(图 6.54)，
每一层(除 925 hPa 外)的最大风速均位于右侧象限，主要原因可能是 TC 移动速度的叠
加，增大了 TC 移动方向右侧的风速而减小了 TC 移动方向左侧的风速。左前象限的最
大风速离 TC 中心最近，右后象限离得最远，这种分布特征主要是由于海陆之间地表摩
擦不同引起地面辐合不对称造成的。左前象限，八级风区范围较小，位于半径 100 km
内的 850～925 hPa；右前象限，存在较宽广和深厚的七级风区，从 925 hPa 向上延伸至
400 hPa，半径 100 km 处向外延伸至 400 km 处，但八级风区较小，仅在 850 hPa、半
径 100～200 km 处；左后象限，整个环流的风速都小于七级风；右后象限，八级风区
位于 700～850 hPa，所在位置高于其他象限，而七级风区是四个象限里最宽广和深厚

的：700 hPa，整个 500 km 半径范围内的环流风速均大于七级风力，半径 100～200 km 处，七级风区从 925 hPa 向上延伸至 300 hPa。

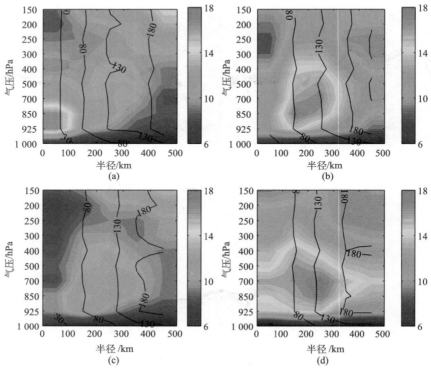

图 6.54　TC 登陆后 24 h 内左前象限(a)、右前象限(b)、左后象限(c)和右后象限 (d)平均的风速和样本数随半径和高度的分布。彩色填色区域表示风速(m/s)， 等值线表示样本数

6.2.2　登陆台风温度场时空分布及非对称特征

观测(Miller，1964)和模拟(Tuleya，1994)研究均指出，登陆后 TC 减弱最重要的机制之一是地面蒸发量的减少，另一个重要的过程是大陆干空气卷入 TC 环流中(Wu and Kuo，1999)，两者共同作用，使得 TC 中层空气变冷，TC 强度减弱(Powell，1987)。Rebecca 和 Gray(2005)研究发现，TC 登陆时结构显著不对称，眼墙南侧位温减小，左后侧空气温度较低，东南侧入流较强。

TC 暖心结构常用 TC 中心的温度相对于环境温度的差值来表征，这里环境温度取距离 TC 中心半径 500～600 km 环形区域的平均温度来表示。TC 登陆期间各高度层相对环境温度的差值如图 6.55 所示。TC 暖心结构显著，半径 100 km 内 150～700 hPa 温度差值均为正，250～400 hPa 相对更暖(温差大于 2℃)，最大温度差值为 2.4℃；位于半径 100 km 内 250 hPa 高度层，850 hPa 及以下为负温差，主要是由辐合气流穿过云区强水平梯度地区绝热膨胀冷却所造成。

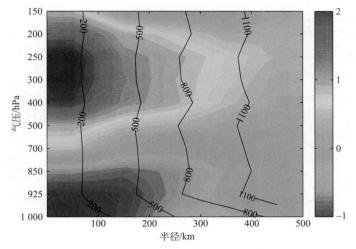

图 6.55　TC 登陆期间(登陆前 12 h 至登陆后 36 h)平均的温度差和
样本数的轴对称分布。填色区表示温度差(℃)，等值线表示样本数

　　从登陆前、后温度差轴对称分布(图 6.56)看。登陆前 12 h，TC 暖心结构显著，半
径 100 km 内 100～700 hPa 温度差值均为正，200～400 hPa 相对更暖(温差大于 2 ℃)，

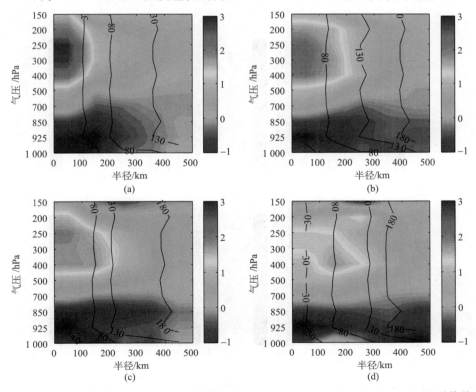

图 6.56　TC 登陆前 0～12 h(a)、登陆后 0～12 h(b)、12～24 h(c)和 24～36 h(d)平均的
温度差和样本数的轴对称分布。彩色填色区表示温度差(℃)，等值线表示样本数

最大温度差值为 2.9 ℃,位于半径 100 km 内 250 hPa 高度层。登陆后,正温差的延伸高度有所降低,由登陆前的 100～700 hPa 变为登陆后 24 h 内的 150～700 hPa 和 24 h 后的 200～700 hPa。暖心显著的区域(正温差大于 2 ℃)减小明显,由登陆前 200～400 hPa 到登陆后 12 h 内的 250～400 hPa,登陆后 12～24 h 内只有 250 hPa 的正温差超过 2 ℃,而登陆 24 h 后的正温差均小于 2 ℃。登陆后 24 h 内,正温差最大值仍位于半径 100 km 内的 250 hPa 高度层,但数值显著减小,尤其是登陆后 12 h 内由登陆前的 2.91 ℃ 减小到 2.31 ℃;登陆 24 h 后,正温差最大值外移至半径 100～200 km 处的 400 hPa 高度层,半径 100 km 内的正温差中心仍位于 250 hPa,但值减小为 1.43 ℃。半径 100 km 外的正温差值随登陆时间增大,与半径 100 km 内相反:半径 100～200 km (200～300 km)的正温差最大值由登陆前的 1.17 ℃(0.88 ℃)到 24～36 h 增大到 1.79 ℃(1.42 ℃)。

登陆后 TC 环流内温度与环境温度差值分布(图 6.57)显示,半径 100 km 内四个象限均存在深厚的正温差层,从 700 hPa 延伸至 100 hPa。其中,TC 前侧暖心显著的区域(正温差大于 2 ℃)较后侧更为深厚,左前侧和右前侧的延伸高度分别为 200～400 hPa 和 250～300 hPa。正温差最大值在各个象限的分布有所不同:左前侧暖心最为显著,正温差最大值位于半径 100 km 内 250 hPa 处,为 3.11 ℃,右后侧象限的正温差最大值外移至半径 100～200 km 的 400 hPa 高度处,半径 100 km 内的正温差最大值仍位于 250 hPa,但数值较小,仅为 1.60 ℃,左后侧和右前侧的正温差最大值均位于半径 100 km内的 300 hPa 高度处。

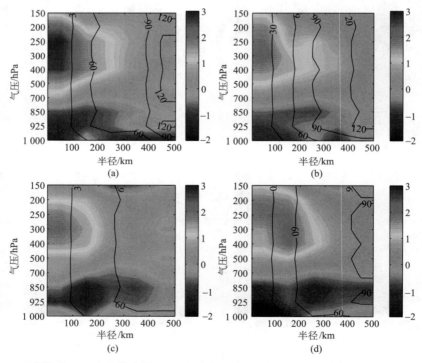

图 6.57　TC 登陆后 24 h 内左前象限(a)、右前象限(b)、左后象限(c)和右后象限(d)平均的温度差和样本数随半径和高度的分布。彩色填色区表示温度差(℃),等值线表示样本数

6.2.3　登陆台风湿度场时空分布及非对称特征

TC 登陆前、后各高度层温度露点差($T-T_d$)的轴对称分布如图 6.58 所示。登陆前，湿层延伸高度随半径增大而缩短，半径 100 km 内的湿层从 1000 hPa 向上延伸至 400 hPa 以上，半径 400～500 km 湿层延伸高度缩短到 850 hPa 附近；登陆后，湿层延伸高度随半径的衰减而变缓，这主要归因于半径 100 km 内的湿层延伸高度较登陆前显著降低，而半径 100 km 外的湿层延伸高度变化不大。值得注意的是，TC 登陆后暖心所在的位置(半径 100 km 内的 250 hPa 处)是干区，且是半径 100 km 内最干的高度层 [图 6.58(b)]，这个干区在 TC 登陆前没有观测到[图 6.58(a)]，这可能主要是由于探空资料的精度较低造成的：登陆前，250 hPa 高度处的暖心在水平方向上延伸较宽，探空资料能够捕捉分辨到，但干区是由于眼区空气下沉造成的，范围较小，探空资料的精度不足以分辨，TC 登陆后，暖心和干区都向外扩，且登陆后半径 100 km 内的样本较登陆前多，因此一个显著暖而干的高层中心被探空资料很好地展现出来。

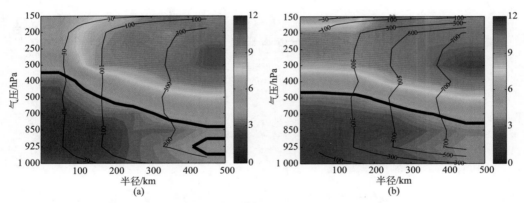

图 6.58　TC 登陆前(a)、登陆后(b)平均的温度露点差和样本数的轴对称分布。彩色填色区表示温度露点差(℃)，黑色细等值线表示样本数，黑色粗线为温度露点差等于 4℃ 的等值线，当 $T-T_d<4℃$ 即认为该空气层为湿层

TC 登陆后 0～12 h、12～24 h 和 24～36 h 的温度露点差随高度层和距离台风中心半径的分布如图 6.59 所示。由温度露点差各高度的平均值来看(图 6.59 中红色圆圈)，500 hPa 以下高度层显著小于 500 hPa 以上高度层，说明 TC 登陆后水汽主要集中在 500 hPa 以下的中低层。同时，由上下四分位数和极限值可见(图 6.59 中蓝色矩形和上下黑色短横线)，中低层样本之间的差异也较小，高层差异较大。登陆后 0～12 h，整个 TC 环流内 700 hPa 高度层以下均为湿层，半径 200 km 内的湿层向上延伸至 500 hPa；登陆后 12～24 h 与登陆后 0～12 h 的分布相似；登陆后 24～36 h，整个 TC 环流内的温度露点差都较前两个时段增大，尤其是半径 100 km 内 500 hPa 以上高度层湿度减小最显著，而半径 100 km 内的湿层向上只延伸至 850 hPa，远低于前两个时段的 500 hPa。

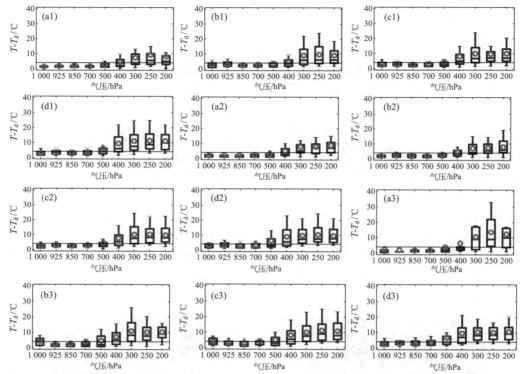

图 6.59　TC 登陆后温度露点差随高度和半径的分布。登陆后 0～12 h(1)、12～24 h(2)和 24～36 h
(3)；距台风中心半径 100 km 内(a)、100～200 km(b)、200～300 km(c)和 300～400 km(d)。其中，
蓝色矩形和矩形内蓝色横线分别表示上下四分位数和中位数；红色圆圈表示平均值；上下两条黑色
短横线分别表示上下四分位数加一个四分位距的值；黑色粗横线为温度露点差等于 4℃ 的等值线

　　从 TC 登陆后温度露点差在四个象限的分布情况(图 6.60)来看，左前象限在半径
100 km 内的湿层最浅，从 1000 hPa 向上延伸至 700 hPa；右后象限的湿层范围最宽、
延伸高度最高：半径 100 km 内的湿层延伸至 400 hPa，且整个 TC 环流内 700 hPa 以下
均为湿层；左后象限和右前象限在半径 100 km 内的湿层从 1 000 hPa 延伸至 500 hPa
附近。同时可以看到，四个象限在半径 100 km 内 250 hPa 处均存在明显干区，且这一
干区强度也存在明显非对称特征。

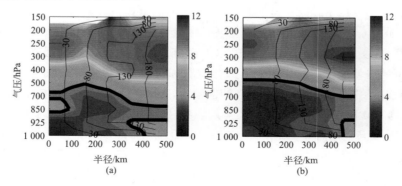

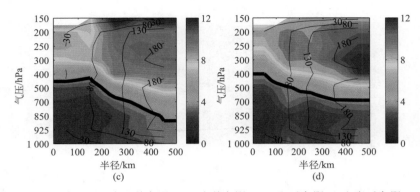

图 6.60　TC 登陆后 24h 内左前象限（a）、右前象限（b）、左后象限（c）和右后象限（d）平均
的温度露点差随半径和高度的分布。彩色填色区表示温度露点差（℃），黑色细等值线
表示样本数，黑色粗线为温度露点差等于 4℃的等值线

6.2.4　台风边界层高度统计特征

台风动力边界层顶常用最大风速所在高度（$h_{v\max}$；Bryan and Rotunno，2009）和入流层顶高度（h_{infl}；Smith et al.，2009）表示。Zhang 等（2011）利用 GPS 下投式探空资料研究表明，$h_{v\max}$ 和 h_{infl} 均随半径增大而升高，这与 TC 涡旋不稳定度随半径的变化有关（Foster，2009），并且 $h_{v\max}$ 要低于 h_{infl}。

TC 热力边界层高度，即混合边界层高度，可以由温度廓线（Coulter，1979）、位温廓线（Heffter，1980）或虚位温廓线（Kumar et al.，2010）得到。Heffter（1980）根据位温垂直廓线找出逆温层，要求满足下面两个条件：

$$\Delta\theta/\Delta z > 0.005 \text{ K/m} \tag{6.10}$$

$$\theta_t - \theta_b > 2 \text{ K} \tag{6.11}$$

式中，$\Delta\theta/\Delta z$ 为逆温层里的位温递减率；θ_t 和 θ_b 分别为逆温层顶和逆温层底的位温，该逆温层底的高度即定义为混合边界层高度。

Kumar 等（2010）指出，用虚位温计算得到的热力边界层高度比用温度和位温更为合理。Zeng 等（2004）指出，当边界层不稳定时，混合边界层高度定义为从近地面层开始第一次满足 $\partial\theta_v/\partial z \geqslant 3 \text{ K/km}$ 的高度。Zhang 等（2011）对 TC 热力边界层和动力边界层高度进行了比较（图 6.61），结果显示，热力边界层顶低于动力边界层顶，差异较大的区域位于 TC 外核区，热力边界层高度随着半径的增大而增大，与动力边界层高度变化一致。

利用本节中探空资料计算分析得到的最大风速所在高度（TC 动力边界层高度）的分布如图 6.62 所示。登陆前 0～12 h，最大风速所在的平均高度在半径 400 km 内随半径增大而升高，400 km 外略降，这种结构特征与以往的观测和理论研究一致（Schwendike and Kepert，2008；Zhang et al.，2011）。TC 登陆后，平均高度随半径增大的趋势与

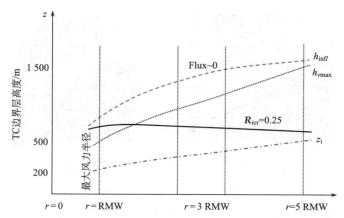

图 6.61　不同定义 TC 边界层高度示意图。R_{icr} 为 Richardson 数等于 0.25 的高
度，Z_i 为热力边界层高度(引自 Zhang et al.，2011)

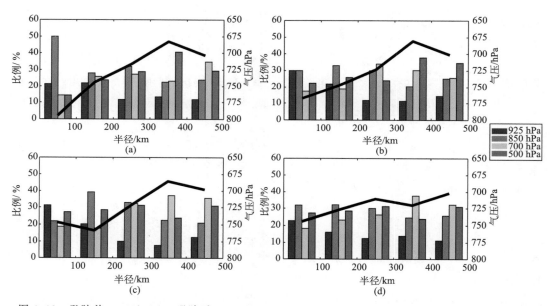

图 6.62　登陆前 0~12h(a)、登陆后 0~12h(b)、12~24h(c)和 24~36h(d)最大风速所在高度的分
布特征。彩色矩形表示最大风速高度在高度层出现的次数占所有样本的比例(左纵坐标)，粗实
线表示最大风速所在的平均高度(右纵坐标)

登陆前类似，但登陆 24 h 后趋势变缓。半径 100 km内的平均高度在登陆过程中升高，
登陆前 0~12 h 为 795 hPa，登陆后 24~36 h 为 704 hPa。半径 100 km 外的平均高度在
登陆后 24 h 内变化较小。最大风速所在高度的样本分布较宽，500~925 hPa。半径
100 km内一半以上的样本分布在 925 hPa 和 850 hPa，随着半径增大，最大风速位于低
层的比例逐渐减小。

　　根据 Zeng 等(2004)的定义计算混合边界层高度(TC 热力边界层高度)(图 6.63)，

在计算 θ_v 的垂直衰减率时，最低层用地面资料中距地表 10 m 处的值来替代 1000 hPa 进行计算。TC 登陆前，混合边界层平均高度在半径 400 km 内随半径向外升高，这与上面讨论的最大风速高度随半径的变化是一致的；TC 登陆后，混合边界层平均高度总体上随半径向外也是升高的，但在登陆后 0～12 h 半径 200 km 内有微弱的下降趋势。同时可以看到，混合边界层高度和最大风速高度有显著区别，首先，各半径内混合边界层平均高度在 860～922 hPa，远小于最大风速高度[这与 Zhang 等（2011）利用 GPS 资料的统计结果一致]，并且两者的差异在半径较大的区域更加明显；其次，混合边界层高度的分布更加集中，登陆后的所有样本中，有 3/4 的样本混合边界层高度位于 925 hPa；第三，半径 100 km 以内的混合边界层高度和最大风速高度在登陆过程中的变化相反：最大风速平均高度在登陆过程中逐渐升高，由登陆前的 795 hPa 升高到登陆后 24～36 h 的 704 hPa；混合边界层平均高度由登陆前的 893 hPa 降低到登陆后 24～36 h 的 919 hPa。

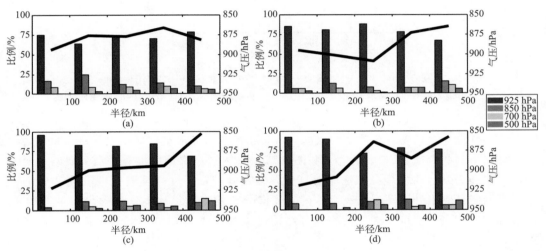

图 6.63　登陆前 0～12 h（a）、登陆后 0～12 h（b）、12～24 h（c）和 24～36 h（d）混合边界层高度的分布特征。彩色矩形表示混合边界层顶在高度层出现的次数占所有样本的比例（左纵坐标），粗实线表示混合边界层顶所在的平均高度（右纵坐标）

6.3　影响登陆台风风雨的中尺度系统

6.3.1　登陆台风眼壁区域中小尺度系统结构特征

眼壁对流对热带气旋强度和结构变化有重要影响，成熟热带气旋眼壁区域为上升运动和潜热释放极值区，即强对流最活跃的区域，当热带气旋处于较强环境垂直风切变中时，眼壁区域对流活动常呈现明显的非对称特征。环境垂直风切变在垂直方向上可能存在非单一向的情况，如图 6.64 所示，台风"云娜"（Rananim-0414）的环境垂直风切变在对流层低层到中层（650～900 hPa）指向西，而在对流层中层到高层（400～650 hPa）则指向偏东方向（Li et al.，2008）。

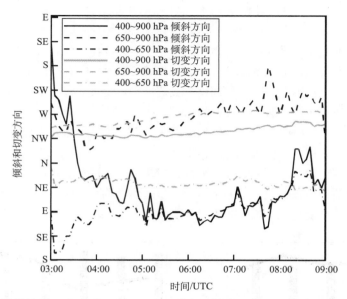

图 6.64　模拟的 2004 年 8 月 12 日 03～09 时台风"云娜"650～900 hPa、400～650 hPa
和 400～900 hPa 垂直风切变方向(灰色)和涡旋倾斜方向(黑色)的时间变化

　　复杂环境垂直风切变影响下，眼壁区域中小尺度对流活动在对流层低层和中高层可能表现出不同的特征。以"云娜"为例[图 6.65(a)]，对流层低层上升运动呈现两个明显特征：①强上升运动零星分布在眼壁区域，气旋式移动，并伴随着强弱变化和生消；②眼壁西侧有时上升运动形成有组织的、径向分布的带状结构，这些雨带水平宽约 10 km，长十几千米至 100 km 左右，这种结构可能与 Gall 等(1998)利用地面雷达观测到的飓风中的小尺度雨带有关。对流层中高层的垂直运动特征则完全不同于低层，上升运动普遍比低层强，最大速度超过 9 m/s[图 6.65(b)]，并且最大垂直运动集中在眼壁东南象限，表现为众多小尺度对流系统，这表明中小尺度深对流系统主要位于眼壁东南部，最大降水也发生在此处。Braun 等(2006)研究显示，在单一向垂直风切变影响下，小尺度上升运动通常形成于高低空切变矢量下风向右侧，垂直方向上可达对流层顶，沿眼壁气旋式移动，在垂直风切变矢量下风向发展成熟，最后减弱或消散于下风向的左侧。在非单一向环境垂直风切变条件下，眼壁中的小尺度对流活动特征不同于单一向风切变环境下的情形，台风"云娜"中，高低层(400～900 hPa)垂直风切变矢量指向西北(图 6.64)，小尺度深对流系统活跃在眼壁东南象限，并不位于高低层垂直风切变矢量的下风向。

　　对流层低层零星的强上升运动活动与中尺度涡旋有着紧密的联系(图 6.66)，"云娜"眼壁内活跃着几个中尺度涡旋(图 6.66 中字母所示)，在不稳定基本态条件下，小扰动通常可以迅速增长从而形成多边形眼壁和中尺度涡旋(Kossin and Schubert，2001)。当初始眼壁涡度环宽度较窄而眼较大时，这些涡旋通常会转变成稳定的、长生命期的中尺度涡旋，涡旋数目也会随时间发生改变，由图 6.66 可见，"云娜"(2004)台风对流层

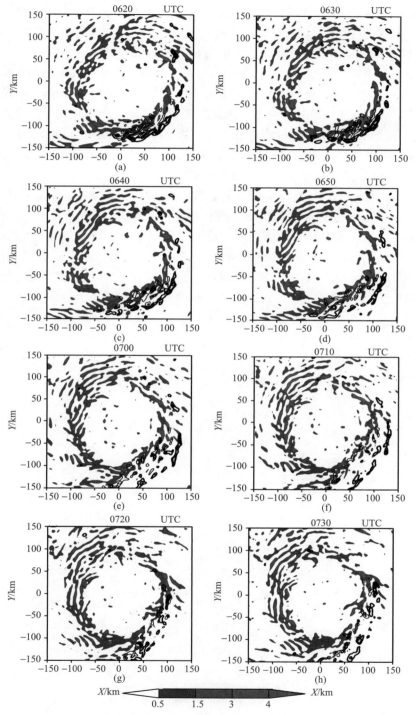

图 6.65　"云娜"台风 850 hPa（阴影）、650 hPa（细线）和 400 hPa（粗线）的垂直
速度（m/s）。阴影由浅至深分别代表 0.5 m/s、1.5 m/s、3 m/s 和 4 m/s；等
值线只标识 3 m/s、5 m/s、7 m/s 和 9 m/s

低层眼较大(半径约 80 km),眼壁较窄(约 30 km),有利于长生命期的中尺度涡旋在眼壁范围内产生和发展。图 6.66(a)中,眼壁内存在 A、B、C 和 D 四个中尺度涡旋,其中 A 和 D 伴随相对强的对流活动,但它们对应的气旋式环流并没有闭合,这些强中尺度涡旋的存在似乎阻挡了外部入流,最强阻碍作用(辐合)发生在局地位涡梯度最大的地方(Braun et al.,2006),使得上升运动在此发生;B 和 C 则具有闭合气旋式环流,但由于环流相对较弱且未与眼壁外非对称入流发生明显的相互作用,因而没有强对流活动伴随发生。在"云娜"台风眼区内也存在一小尺度涡旋 H,其相应的气旋式环流较弱,这种小尺度涡旋可能与在热带气旋眼区经常观测到的"hub clouds"(Aberson et al.,2006)活动有关。这些眼壁中的中尺度涡旋沿逆时针方向移动,并且强度(以平均绝对涡度值大小来衡量)也发生变化[图 6.66(b)],如 A 的强度明显减弱,而 C 和 D 增强,此时[图 6.66(b)]650~900 hPa 垂直风切变指向西(图 6.64),而 C 和 D 分别位于眼壁西侧和西南侧,表明这些中尺度涡旋确实有在垂直风切变下风方发展成熟的趋势,与 A 相关的对流活动减弱,反映了随涡旋强度的减弱,涡旋系统本身对入流的阻碍作用也相应减弱,辐合减小导致对流上升减弱;相反 B 却在其北侧激发出强对流活动[图 6.66(b)],这是由于涡旋偏南气流与强偏北入流辐合所致。随后,上述涡旋继续沿眼壁气旋式移动,随着 D 逐渐靠近垂直风切变上风方,强度逐渐减弱[图 6.66(c)、(d)],而新的中尺度涡旋 E 在眼壁东北侧生成[图 6.66(d)]。

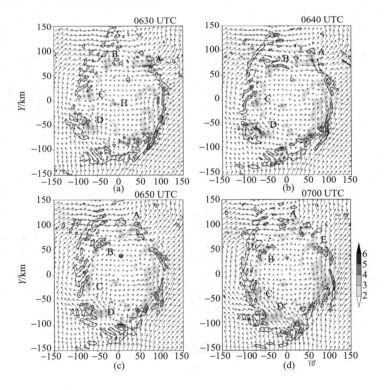

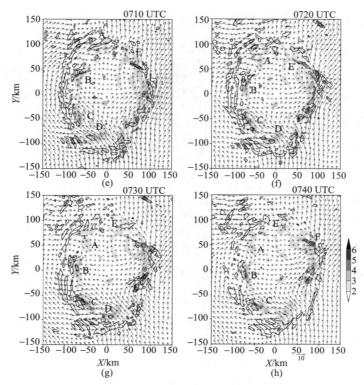

图 6.66　700～1000 hPa 权重平均的绝对涡度(阴影，单位：10^{-3}/s)，上升运动速度
(等值线，间隔 0.5 m/s)和非对称风矢量(箭头)。字母代表中尺度涡旋

　　从 700～1000 hPa 垂直平均，70～100 km 径向平均的绝对涡度和垂直速度随时间
的变化图(图 6.67)可见，模式积分第 51 h(2004 年 8 月 12 日 3 时)，"云娜"眼壁中同时
存在 5 个中尺度涡旋，它们分别位于眼壁北侧、西北侧、西南偏西、东南偏南和东南偏
东侧，其中位于北侧和西北侧的中尺度涡旋伴随着强对流活动；第 54 h(8 月 12 日 6
时)，眼壁中活跃着 7 个中尺度涡旋，分别位于东北、东北偏北、西北偏北、西侧、南侧、
东南和东南偏东侧，其中活跃于东北偏北、西北偏北和西侧的涡旋伴随着强对流运动，这
些中尺度涡旋切向移速约为 28.7 m/s，大概为局地平均切向风速的一半，表现出涡旋
Rossby 波特征(Li and Wang，2012)。另外，强对流活动大多形成于眼壁北侧，移动至西
侧发展成熟，随后逐渐在靠近眼壁南侧过程中减弱，表明对流层中低层强对流活动主要集
中在垂直风切变矢量下风向；第 53h 后，眼壁南侧(650～900 hPa 垂直风切变上风方)也有
对流活动，这可能是由于随着"云娜"逐渐靠近陆地，其前方来自陆地的相对干冷空气平流
至气旋后部对流层中上层，静力不稳定增加而诱发对流(Chan and Liang，2003)。

　　对流层中高层，垂直速度分布呈现"热塔"特征，2004 年 8 月 12 日 5 时 550 hPa 高
度上，强上升运动"核"主要集中在眼壁东南侧[图 6.68(a)]，这些上升运动"核"通常具
有径向上 10～30 km 的尺度，而在切向上延伸较长，形成带状；7 时，这种强上升运动
"核"数量更多，带状结构更为清晰[图 6.68(b)]。

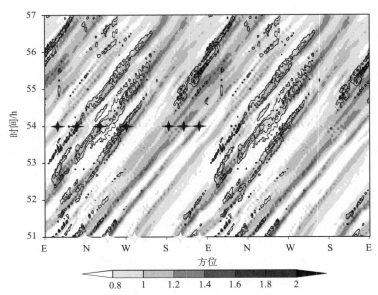

图 6.67　700~1000 hPa 垂直平均、70~100 km 径向平均的绝对涡度(阴影,单
位：10^{-3}/s)和垂直速度(等值线,从 0.3 m/s 开始间隔为 0.1 m/s)随时间变化图。
横坐标表示以台风中心为参照的圆周方向,纵坐标表示模式积分时间。空心(实
心)星型图案表示 51(54)h 的眼壁中尺度涡旋

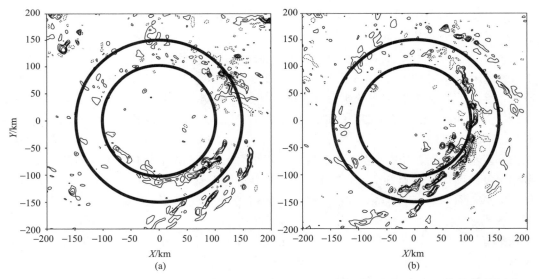

图 6.68　(a)2004 年 8 月 12 日 5 时和(b)7 时 550 hPa 垂直速度水平分布。等值线间隔为
0.5 m/s,实线表示上升运动,虚线表示下沉运动。同心圆环的半径分别为 100 km 和 150 km,
标识眼壁区域

　　对流层中高层的这些小尺度"热塔"对流系统在眼壁区域只占较少比例（图 6.69），整个眼壁区域上升运动（$w>0$）只占约 55%，而速度大于 1 m/s 的上升运动仅占 14%，大于 2 m/s 的则小于 7%，上升运动中速度超过 1 m/s 的向上质量通量约占整个上升运动的 30%。

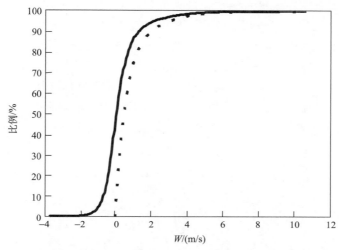

图 6.69　图 6.68 中环形眼壁区域中 6 h 平均的小于横坐标标值的垂直运动占整个垂直运动的比例（实线），虚线为小于横坐标标值的向上质量通量占整个上升运动的比例

　　浮力 B（Houze，1993）可定义为

$$B = g\left[\frac{\theta_v'}{\theta_{v0}+\theta_v^{0,1}} + (\kappa-1)\frac{p'}{p_0+p^{0,1}} - q_p'\right] \tag{6.12}$$

式中，$\kappa=0.268$；p 为气压；$\theta_v'(r,\lambda,z)=\theta_v(r,\lambda,z)-\theta_{v0}(z)-\theta_v^{0,1}(r,\lambda,z)$ 为任意时刻大于等于两波的虚位温扰动，其中 θ_{v0} 为区域平均虚位温（平均态），$\theta_v^{0,1}$ 为 0 波和 1 波分量；q_p' 为大于等于两波的水汽混合比扰动，低波数的 q_p 分量由于其作用与 $\theta_v^{0,1}$ 和 $p^{0,1}$ 之间的水汽凝结平衡，因此不予考虑（以上浮力定义仅基于平均态的扰动，并没有考虑空气是纯粹的垂直上升还是倾斜上升运动）。

　　图 6.70 为 3.2 km 高度上虚位温扰动 θ_v' 和垂直速度分布。主要的正 θ_v'（0.5～2.5 K）出现在台风眼壁，尤其是小尺度强对流上升运动最活跃的东南象限。沿图 6.70 中直线位置做剖面（经过某一"热塔"）显示，0 波和 1 波扰动气压场[图 6.71(a)]在台风眼低层表现出强盛的低压扰动，而在眼壁以外则为相对高的气压分布，眼区和眼壁区，气压梯度力方向在近地面指向上，在对流层则指向下，而距离中心 160 km 以外，近地面指向下，而对流层指向上，这样的气压梯度力与台风眼中温度正距平[图 6.71(b)]及低波数的水汽凝结场构成静力平衡。图 6.71(c)中，高波数扰动气压负值在眼壁对流区域有着和对流相近的尺度分布，最大值约为 0.3 hPa，呈细胞状，主要分布在 2 km、7～8 km 和 10 km 高度附近；眼壁中 0 波和 1 波气压及高波数扰动气压的垂直梯度在对

流层中、高层均指向下,似乎没有对低层空气起到抬升作用,而在低层,气压垂直梯度则指向上,抬升低层气块。最大θ_v'值[图 6.71(d)]并不位于眼壁对流中,而位于眼壁外围对流层中层和近平流层,但在眼壁对流区域仍分布着两个θ_v'的相对大值区:一个位于对流层低层;另一个位于对流层顶附近。台风眼区和眼壁位置以外基本无q_p'分布[图 6.71(e)],q_p'主要集中在眼壁对流中,最大值位于对流层中上层,可见q_p'的拖曳作用主要在眼壁区域,尤其在对流层中上层,这与中上层主要为霰和雹等分布有关。由于θ_v'最大值并不位于眼壁中,基本未受q_p'产生的拖曳作用影响,因此正浮力[图 6.71(f)]最大值位于眼壁外围对流层中层和高层,而在眼壁中,正浮力主要分布在对流层低层 2~4 km 和高层 11 km 附近。可见,在对流层中上层大值浮力分布与上升运动"核"位置一致,眼壁中大量垂直质量通量输送与只占很小范围的小尺度上升运动有关,眼壁中小尺度对流活动在眼壁结构(如轴对称化过程)及气旋强度变化中起着重要作用。

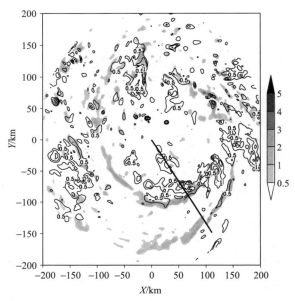

图 6.70　2004 年 8 月 12 日 05 时 3.2 km 高度上垂直速度(阴影,单位:m/s)和虚位温扰动(等值线,单位:K)的水平分布。直线表示图 6.71 中垂直剖面位置

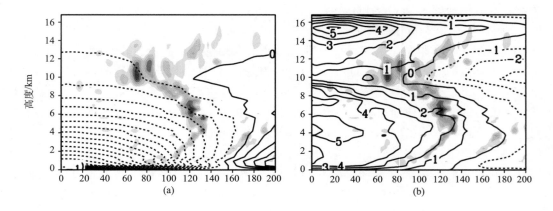

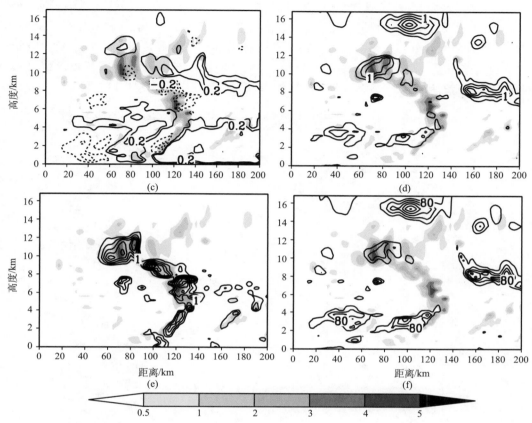

图 6.71　沿图 6.70 中直线 (a)$p^{0.1}$ (单位：hPa)，(b)$\theta_v^{0.1}$ (单位：K)，(c)p' (单位：hPa)，(d)θ_v' (单位：K)，(e)q_p' (单位：k/k)和(f)浮力 B [单位：m/(s·h)]的垂直剖面分布。阴影表示垂直速度（单位：m/s）

6.3.2　登陆台风小尺度雨带结构特征与形成机制

螺旋雨带作为热带气旋的典型组成部分，按照活动位置和尺度来划分，可分为内雨带和外雨带(Guinn and Schubert, 1993)，内雨带位于眼壁外的内核区域，由于高层卷云的遮蔽作用通常不能在卫星云图上观察到，但可以在雷达反射率图上清晰反映；外雨带则活跃在外核区域，水平尺度比内雨带宽，能从卫星云图上清晰观测到。螺旋雨带活动不仅能影响气旋强度(Wang, 2009)，也可造成大风、暴雨等局地灾害性天气。

观测表明，热带气旋内核区存在更小尺度（平均径向宽度约 10 km）的螺旋雨带(Gall et al., 1998)，这种小雨带常以约 10 m/s 的速度向外移动，系统在垂直方向上可以伸展至 5~7 km，雨带导致的水平风扰动可达 8 m/s，可诱发龙卷和地面大风，并影响整个气旋的动力结构(Romine and Wilhelmson, 2006)。2004 年台风"云娜"高分辨率（2 km）数值模拟显示，"云娜"内核区（包括眼壁区域）存在这种小尺度螺旋雨带。图

6.72 为台风"云娜"内核区域 850 hPa 垂直运动分布，8 月 12 日 5 时（UTC）有两类小尺度雨带分布在眼壁偏北一侧[图 6.72(a)]：第一类位于东北部眼壁内侧，呈带状上升运动和下沉运动交替分布；第二类位于西北部眼壁区域，这些雨带长 10～100 km，宽 5～15 km，最强上升运动超过 3 m/s。20 min 后，先前位于东北部眼壁内侧的雨带消失，而位于西北侧的雨带则气旋式的移动[图 6.72(b)]，到了 8 月 12 日 5 时 40 分（UTC），

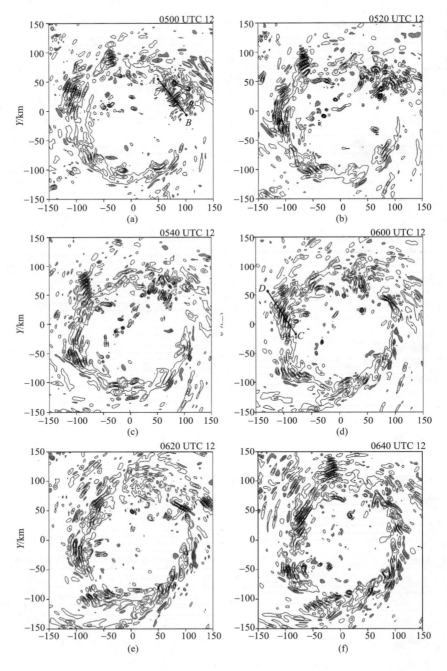

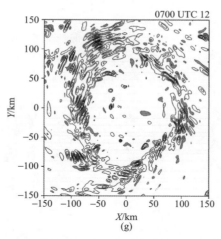

图 6.72　850 hPa 垂直速度（m/s）分布，阴影表示下沉运动，等值线间隔为

0.5 m/s，其中零值线省略

位于东北侧的雨带似乎又重新形成[图 6.72(c)]，随后位于西北侧的结构清晰的小尺度雨带分裂为两个带状结构[图 6.72(d)]，并于 8 月 12 日 6 时 20 分(UTC)逐渐消亡[图 6.72(e)]，20 min 后，一个新的小尺度雨带结构又在眼壁北侧生成[图 6.72(f)]，新生雨带同样气旋式移动，长度也逐渐变长[图 6.72(g)]，可见这些小尺度雨带形成所需时间较短。

　　小尺度雨带不仅在垂直运动场上波状结构明显，在降水场上也表现出明显的波状结构(图 6.73)，云水物质含量(云水和云冰)大值区总是很好地对应着雨带中的带状上升运动区，表明小尺度雨带是对流耦合系统。这类小尺度雨带能产生局地大风(图 6.74)，

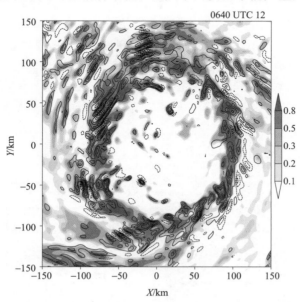

图 6.73　2004 年 8 月 12 日 6 时 40 分(UTC) 850 hPa 云水物质含量

(云水和云冰混合比之和，阴影)以及垂直速度(等值线)

"云娜"台风地面风速分布呈一波非对称结构,强风区位于内核区西侧,在小尺度雨带活跃区域地面风速也出现带状结构,尤其是局地地面风速的加强与雨带分布紧密相连(图6.74),这种局地地面风速的加强似乎只存在于眼壁小尺度雨带中,而发生在眼壁内侧的那一类小尺度雨带[图6.72(a)]造成的局地地面风加强则不明显。

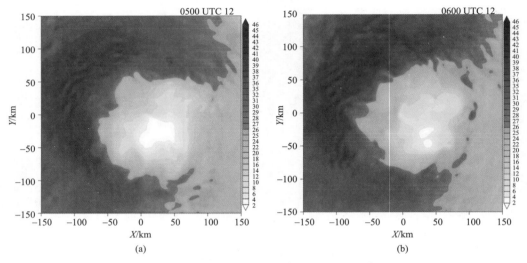

图 6.74　2004 年 8 月 12 日(a)0500 和(b)0600 UTC"云娜"台风地面风速(m/s)

从眼壁内侧雨带[图 6.72(a)]垂直结构看,最大切向风位于 925 hPa 附近,且大致集中在上游方向[图 6.75(a)]。径向风以入流为主,但风速相对较小,最大入流出现在近地面层,最小入流则位于对流层低层[图 6.75(b)],径向风速较小的可能原因是雨带位于眼壁内侧,而眼壁在台风眼和环境之间起到阻挡作用(Li et al., 2008)。上升和下沉运动呈波状结构交替出现,最大垂直速度出现在 850 hPa 和 650 hPa 之间[图 6.75(c)]。与波状垂直运动结构相对应的是边界层波状垂直涡度分布[图 6.75(d)],这与垂直运动对水平涡管的倾斜(扭转)效应有关。假相当位温场也显示出波状结构[图 6.75(e)],暖空气所在位置与雨带上升运动一致,表明海表面高熵能量向上输送。

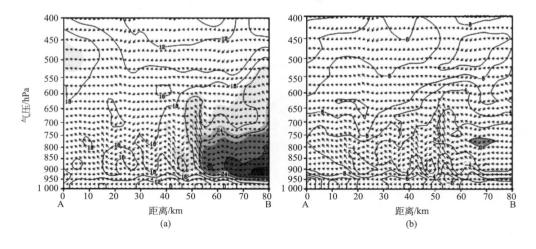

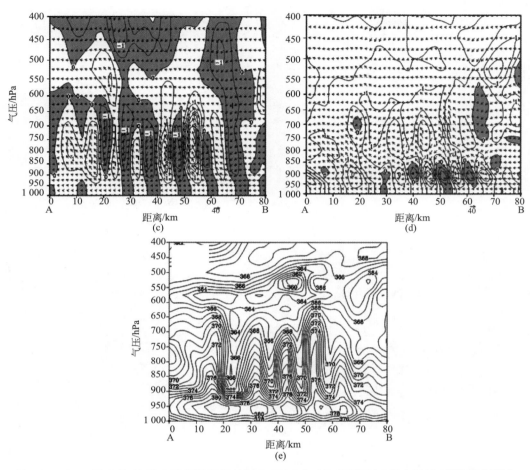

图 6.75　2004 年 8 月 12 日 5 时(UTC)经过图 6.72(a)中 AB 的剖面(a)切向风速(等值线间隔为 3 m/s，深色阴影表示高风速区)，(b)径向风速(等值线间隔为 2 m/s)，(c)垂直速度(等值线间隔为 0.5 m/s，阴影表示下沉运动)，(d)垂直涡度(等值线间隔为 0.5×10^{-3}/s，阴影表示负涡度)以及(e)假相当位温(等值线间隔为 1K)。箭头为剖面风场

活跃在眼壁中的小尺度雨带[图 6.72(d)]垂直结构显示，其切向风极值存在波状结构特征[图 6.76(a)]，近地面入流也表现出波状结构[图 6.76(b)]，最大入流出现在地面附近，出流主要集中在 600~800 hPa，800 hPa 高度上 24 km 附近存在出流极值，可能有助于将眼区近地层高值假相当位温空气输送至眼壁，进而有利于眼壁对流发展(Liu et al.，1997)。波状结构同样在垂直运动中存在，波长大概为 13 km，其中最大上升和下沉速度分别大于 3 m/s 和 2 m/s[图 6.76(c)]；波状垂直运动通过垂直平流作用使得假相当位温场呈现波状分布[图 6.76(e)]。

图 6.76 所示涡度场垂直结构与图 6.75 有所不同，在 900 hPa 和 750 hPa 高度上分别存在两行正负涡度相间分布的涡列，且此两行涡列相互间存在位相偏离，上(下)行涡列的正(负)涡度成员基本对应着下(上)行涡列的负(正)涡度成员[图 6.76(d)]，其形成

同样与垂直运动对水平涡管的倾斜(扭转)效应有关。

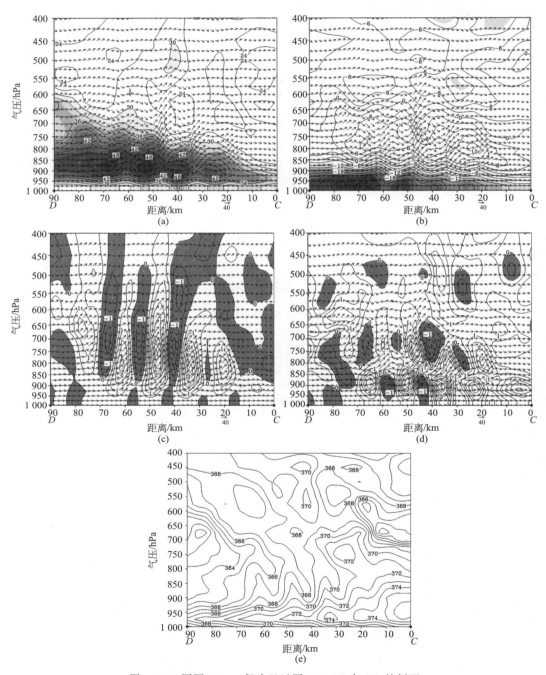

图 6.76　同图 6.75，但为经过图 6.72(d)中 CD 的剖面

气压坐标系下的垂直涡度方程写为

$$\frac{\mathrm{d}}{\mathrm{d}t}(\zeta_p + f) = -(\zeta_p + f)\left(\frac{\partial u}{\partial x} + \frac{\partial v}{\partial y}\right) + \left(\frac{\partial \omega}{\partial y}\frac{\partial u}{\partial p} - \frac{\partial \omega}{\partial x}\frac{\partial v}{\partial p}\right) + \left(\frac{\partial F_y}{\partial x} - \frac{\partial F_x}{\partial y}\right)$$

$$(6.13)$$

式中，ζ_p、f、u、v、ω、F_x 和 F_y 分别为相对涡度垂直分量、科氏力参数、纬向风、经向风、垂直速度、纬向和经向摩擦力；方程左侧为绝对涡度局地变化及水平和垂直平流项；右侧第一项为拉伸项，表示水平散度作用；第二项为倾斜(扭转)项，表示垂直速度的水平梯度对水平涡度转化为垂直涡度的作用；第三项为摩擦作用项。水平辐合在 925 hPa 高度附近使气旋性涡度增加[图 6.77(a)]，倾斜(扭转)项对两行涡列的产生起主要作用[图 6.77(b)]，其中上升运动起主导作用[图 6.77(c)]，而下沉运动则主要对上层涡列的形成有贡献[图 6.77(d)]，摩擦项似乎也会导致近地面正负涡度对的产生[图 6.77(e)]，但其作用较散度项和倾斜项小得多。

小尺度雨带能够造成地面局地大风(图 6.74)，这主要是波状切向风分布造成波状风速和地面局地大风[图 6.78(a)]，径向风作用相对较小[图 6.78(b)]。

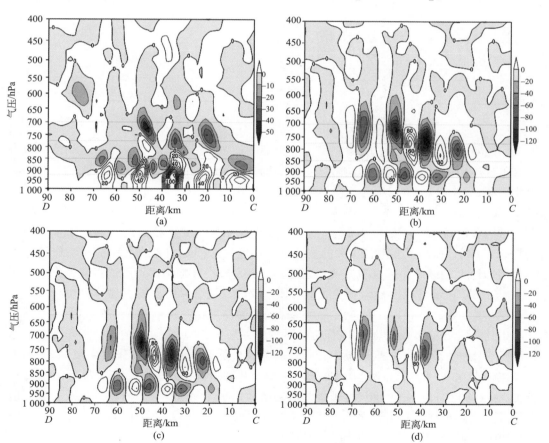

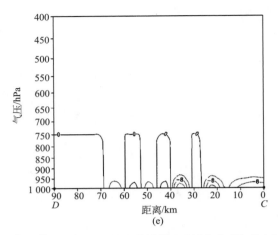

图 6.77　2004 年 8 月 12 日 0600UTC 经过图 6.72(d) 中 CD 的 (a) 散度项，(b)
倾斜 (扭转) 项和 (e) 摩擦项垂直剖面 ($10^{-7}/\mathrm{s}^2$)。(c) 和 (d) 分别为上升和下沉
运动的倾斜 (扭转) 作用

柱坐标系 (r, λ, z) 切向动量方程写为

$$\underbrace{\left(\frac{\partial}{\partial t} + \frac{V_t}{r}\frac{\partial}{\partial \lambda}\right)V_t}_{\text{VTOT}} = \underbrace{-w\frac{\partial V_t}{\partial z}}_{\text{VVA}} \underbrace{-\eta V_r}_{\text{VVOR}} + \underbrace{2\Omega\cos\varphi\sin\lambda w}_{\text{VCOR}} \underbrace{-\frac{\alpha}{r}\frac{\partial p}{\partial \lambda}}_{\text{VPGF}} + \underbrace{F_\lambda}_{\text{VFRIC}} \qquad (6.14)$$

式中，$\eta = \xi + \frac{1}{r}\frac{\partial V_r}{\partial \lambda} = f + \frac{1}{r}\frac{\partial(rV_t)}{\partial r}$；$w$、$\alpha$、$p$、$\varphi$ 和 ξ 分别为垂直风速、比容、气压、
纬度和绝对涡度垂直分量；方程左侧为准拉格朗日切向风倾向 (VTOT)；右侧第一项为
垂直平流作用项 (VVA)；第二项为径向绝对涡度通量作用项 (VVOR)；第三项为科氏
力作用项 (VCOR)；第四项为切向气压梯度力作用项 (VPGF)；最后一项为摩擦耗散项
(VFRIC)。在小尺度雨带活动区域，切向风倾向项 (VTOT) 表现出加速和减速间隔分
布的带状和波状结构 [图 6.79(a)]，这种波状大风结构主要由径向绝对涡度通量项产生
[图 6.79(c)]，即小尺度雨带相关的波状绝对涡度分布同径向入流之间的相互作用使得
小尺度局地大风形成。垂直平流项在近地面层也表现出波状结构，不过以减速作用为主
[图 6.79(b)]，部分抵消径向涡度通量的加速效应。气压梯度力项表现为对切向风有弱
的加速作用 [图 6.79(e)]，而科氏力和摩擦耗散的作用相对较小 [图 6.79(d)、(f)]。

　　上述热带气旋小尺度雨带的形成可能与边界层中拐点不稳定有关 (Nolan，2005)。
在活跃于眼壁区域的小尺度雨带中存在径向流反转层 ($V_r = 0$，可看作边界层顶)，而在
边界层内存在 V_r 和 V_t 的拐点，即 $\partial^2 V_r/\partial p^2 = 0$ 和 $\partial^2 V_t/\partial p^2 = 0$，在边界层上则有一
V_t 的拐点 [图 6.80(a)]，小尺度雨带的波动结构似乎与拐点位置重合，其生成可能与边
界层及其拐点不稳定有紧密关系。发生在眼壁内侧的小尺度雨带也存在 V_r 的拐点 [图
6.80(b)]，其雨带形成可能也与边界层拐点密不可分。

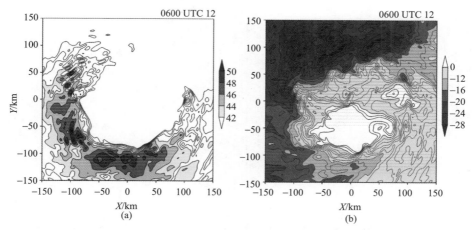

图 6.78　2004 年 8 月 12 日 6 时（UTC）（a）950 hPa 的切向风速（等值线间隔为 2 m/s，阴影表示风速大于 42 m/s）和（b）925 hPa 径向风速（等值线间隔为 2 m/s，阴影表示入流）

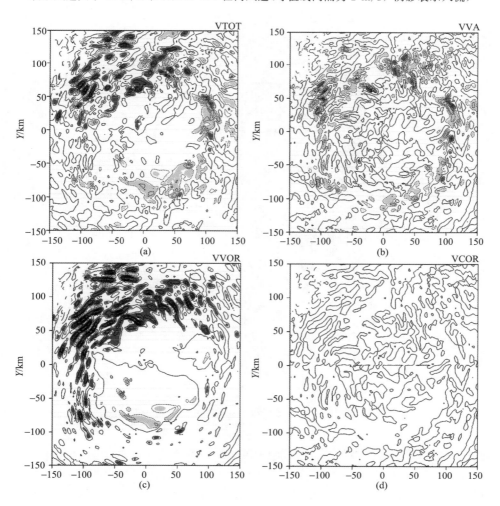

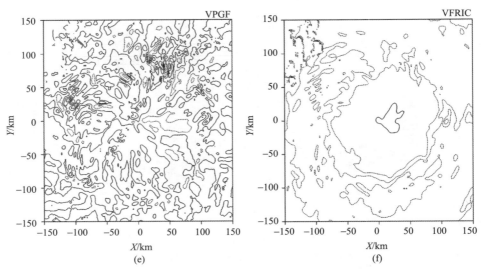

图 6.79　2004 年 8 月 12 日 6 时(UTC) 400 m 高度切向动量收支诊断。(a)～(c)中等值线间隔为 0.008 m/s²，(d)～(f)中等值线间隔为 0.001 m/s²。深色(浅色)阴影表示值大(小)于 0.01(−0.01) m/s²

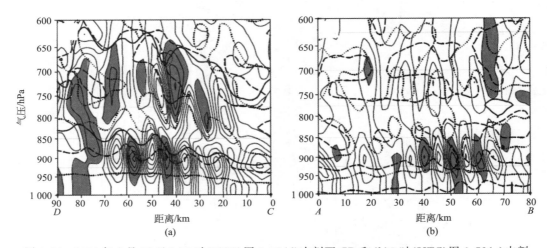

图 6.80　2004 年 8 月 12 日(a)6 时(UTC)图 6.72(d)中剖面 *CD* 和(b)5 时(UTC)图 6.72(a)中剖面 *AB* 的垂直涡度(细线，等值线间隔为 0.5×10⁻³/s，阴影表示负涡度)的垂直分布。粗实线、虚线和点线分别表示 $V_r=0$，$\partial^2 V_r/\partial p^2=0$ 和 $\partial^2 V_t/\partial p^2=0$

6.3.3　登陆减弱台风环流内中尺度涡的新生与合并

台风暴雨与中尺度涡新生及其相互作用关系密切，尤其是涡旋合并现象(Ritchie，2003；林永辉和布和朝鲁，2003；Yu et al.，2010a，b，c)。2001 年 8 月 5 日上海大暴雨过程("0185"大暴雨)即与登陆减弱台风环流内中尺度涡的新生与合并过程紧密相关。

卫星云图分析发现(图 6.81)，2001 年 8 月 3～6 日热带低压(TD)登陆后，云团不断生
消更替达数次，后部新生云团造成了上海"0185"特大暴雨，徐汇区 6 h 降水量竟达 174
mm，新生云团 TBB 最低值为－73℃。8 月 5 日 14 时后，上海附近的中尺度云团有多
次强烈发展过程：15 时，位于上海西部和钱塘江口的亮云核发展，16 时合并，上海西
部出现大雨，18 时云团减弱，但这时在上海西部青浦附近又出现一个亮云核，19 时进
一步发展，20 时与前一云团后部合并发展，上海市区出现短时强降水。上海虹桥机场
的多普勒雷达观测到此云团的合并过程(图 6.81)，18 时 16 分大于 35dBZ 的强回波出
现在上海西部，1 h 内继续东移，同时 18 时 16 分浙江北部也开始出现弱回波，逐渐北
移至杭州湾，在紧接着的 1～1.5 h 内回波强度快速增强，至 21 时，这两个强回波开始
连接并在上海区域合并，21 时这一云团云顶温度有所上升，但 22 时在上海中部又有强
中心发展，23 时中心云核云顶温度达－75℃，大部分云区在－72℃以下，5 日 20 时到
6 日 02 时上海出现本次暴雨过程中最集中的强降水(图 6.32)。

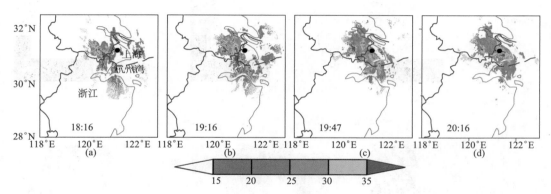

图 6.81　2001 年 8 月 5 日 18～21 时雷达观测。彩色阴影为大于 15dBZ 的雷达回波区。黑色圆点
表示该雷达的位置(上海虹桥机场)

1. 中尺度涡新生

位涡倾向方程写为

$$\frac{\partial P}{\partial t} = -\nabla_3 \cdot (\vec{V}_h P - gQ\vec{\zeta}_a + g\,\nabla_3\theta \times \vec{F} + w\vec{k}P) \qquad (6.15)$$

式中，P 为位涡，定义为

$$P = -g\vec{\zeta}_a \cdot \nabla_3\theta = -g(f\vec{k} + \nabla_3 \times \vec{V}) \cdot \nabla_3\theta$$

式中，$\vec{k}$ 为垂直方向单位矢量；f 为科氏力参数；g 为重力加速度；Q 为非绝热加热率
(K/s)；$\vec{F}$ 为摩擦力；w 为垂直速度；θ 为位温；t 为时间；$\vec{\zeta}_a$ 为 3 维绝对涡度；$\vec{V}_h = u\vec{i} + v\vec{j}$；$\nabla_3(\quad) = \vec{i}\frac{\partial(\ )}{\partial x} + \vec{j}\frac{\partial(\ )}{\partial y} + \vec{k}\frac{\partial(\ )}{\partial z}$。

式(6.15)左边为 PV 倾向(PVT)，右边各项分别为位涡水平平流散度项(VPV)、

非绝热加热引起的位涡通量散度项(QPV)、摩擦引起的位涡通量散度项(FPV)。位涡
垂直平流散度项(WPV)、利用位涡方程开展诊断,结果发现(图 6.82),2001 年 8 月 5
日 10~12 时,TD 低层 PVT 为负值,但从 5 日 15 时开始 TD 中低层的 PVT 逐渐变为
正值,至 18 时,中高层出现负 PVT 中心,负 VPV 起到主要贡献,QPV 项也对 TD 的
后期减弱有一定贡献,5 日 19 时后,TD 中心被 V_1 代替,WPV 和 FPV 项对 TD 的位
涡变化没有明显贡献。对 V_1 而言,5 日 12 时中低层有正 PVT 出现,中层有正的 VPV
作用,低层有正的 QPV 作用,5 日 15~17 时,对应于 V_1 的减弱,PVT 项出现负值,
中高层出现负 VPV 作用,18 时开始,V_1 的 PVT 又呈正值,最大值位于对流层中高
层,19 时正的 VPV 和 QPV 对 V_1 的发展起到重要作用,最终 V_1 取代 TD。V_2 和 V_3
的发展与 V_1 情况类似。

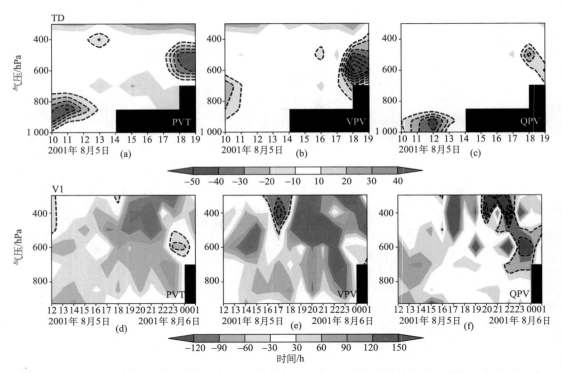

图 6.82　位涡方程各项(PVT、VPV 和 QPV)随时间的演变。(a)~(c)为 TD 的情况,(d)~(f)为
V_1 的情况。每项计算分别以 TD 和 V_1 中心为圆心,分别取 180 km 和 50 km 半径区域做各项平均,
单位为 $1×10^{-6}$PVU/s。虚线代表负值区。黑色区域代表缺测

　　TD 的减弱和中尺度涡 V_1、V_2、V_3 的新生发展过程可通过概念示意图得到简要描
述(图 6.83)。TD 减弱从低层开始,逐渐发展到中高层,主要原因在于负位涡平流和非
绝热加热作用。在有利的正位涡水平平流和非绝热加热作用下,中尺度涡 V_1、V_2、V_3
的发展也同样从低层开始,逐渐发展至高层。

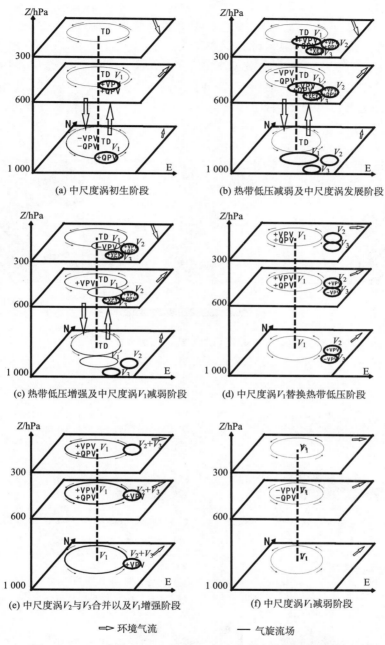

(a) 中尺度涡初生阶段　　　　　　　　(b) 热带低压减弱及中尺度涡发展阶段

(c) 热带低压增强及中尺度涡 V_1 减弱阶段　　　(d) 中尺度涡 V_1 替换热带低压阶段

(e) 中尺度涡 V_2 与 V_3 合并以及 V_1 增强阶段　　　(f) 中尺度涡 V_1 减弱阶段

⇒ 环境气流　　　　　—— 气旋流场

图 6.83　TD 减弱、V_1、V_2 和 V_3 新生发展与合并过程示意图

2. 中尺度涡合并

进一步诊断显示（图 6.84），5 日 19 时 20 分，V_2 和 V_3 距离很近，850 hPa 上 V_2 和 V_3 的 VPV 项均为正，相对涡度值分别大于 $40 \times 10^{-5}/\mathrm{s}$ 和 $100 \times 10^{-5}/\mathrm{s}$；约 1 h 后，$V_2$

和 V_3 开始相互连接，但 V_3 的 VPV 值开始变为负值，且相对涡度减小为 $90\times10^{-5}/s$，V_2 继续发展。20 时 40 分，逐渐与 V_3 合并，相对涡度增加至 $100\times10^{-5}/s$。19～21 时每 10 min 间隔的位涡方程诊断显示（图 6.85），在整个合并过程中，V_2 的 PVT 始终为低层正、高层负的分布，VPV 是主要贡献项，QPV 也有一定贡献作用。19 时 10～40 分，V_3 低层的 PVT 为正值，但在 V_3 与 V_2 连接时（约 20 时 10 分），开始变成负值，VPV 项仍然是主要贡献项。因此，V_2 与 V_3 合并过程主要与位涡水平平流作用有关（图 6.85）。

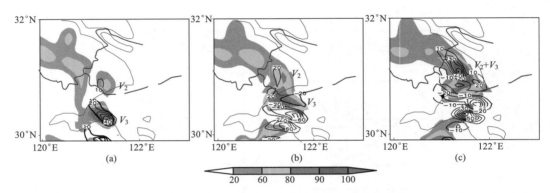

图 6.84　850 hPa 水平位涡平流项 VPV（正值为实线，负值为虚线，单位：1×10^{-6} PVU/s）和相对涡度（单位：$1\times10^{-5}/s$）分布。（a）、（b）和（c）分别为 5 日 19 时 20 分、5 日 20 时 10 分和 5 日 20 时 40 分的情形

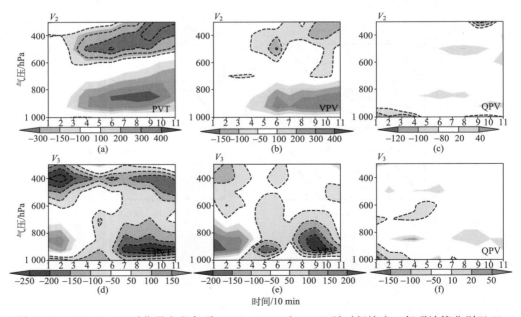

图 6.85　5 日 19～21 时位涡方程各项（PVT、VPV 和 QPV）随时间演变。每项计算分别以 V_2 和 V_3 中心为圆点取 30 km 的半径内取平均，单位为 1×10^{-6} PVU/s。虚线代表负值区

2001 年 8 月 5 日 10 时，TD 的相对湿度分布不对称，甚至到了 19 时其分布仍然非常不对称，21 时 V_2 和 V_3 合并后，V_1 迅速发展，其 PVT 项出现最大值，正的 VPV 和 QPV 导致 V_1 再次发展，22 时左右，V_1 附近的水汽分布逐渐变得对称化，6 日 0 时 V_1 的水汽对称分布又出现短暂破坏，中层出现明显的负 QPV 和 VPV 作用，导致后期对流系统和强降水减弱。

6.3.4　中尺度扰动与台风背景环流的相互作用

本节前面几部分对影响登陆台风风雨的中小尺度系统的分布、结构特征和形成机制、台风环流内中尺度涡的生成、中尺度涡与台风环流的相互作用，以及中尺度涡之间的相互作用（合并）过程等开展了较深入的分析。下面从另外一个角度（波流相互作用角度）探讨影响登陆台风风雨的中小尺度系统。台风发展过程中，其环流里总是存在着许多不同类型的波动（扰动），其中中尺度扰动与台风环流中的风雨分布和变化密切相关，而中尺度扰动的发展和演变必然伴随着其与台风背景环流的相互作用（图 6.83）。

对局地直角坐标系中的原始方程取雷诺（Reynolds）平均（Randall，2013），得到平均方程组（Ran et al.，2013）

$$\frac{\partial \bar{u}}{\partial t} = -\vec{V} \cdot \nabla \bar{u} + f \bar{v}_a - \overline{\vec{V}' \cdot \nabla u'} \tag{6.16}$$

$$\frac{\partial \bar{v}}{\partial t} = -\vec{V} \cdot \nabla \bar{v} - f \bar{u}_a - \overline{\vec{V}' \cdot \nabla v'} \tag{6.17}$$

$$\frac{\partial \bar{\varphi}}{\partial t} = -\vec{V} \cdot \nabla \bar{\varphi} - \overline{\vec{V}' \cdot \nabla \varphi'} + \bar{S}_\varphi \tag{6.18}$$

式中，"—"为雷诺平均；"'"为偏离平均态的偏差。

由原始方程组减去平均方程组式（6.16）～式（6.18），得到扰动方程组

$$\frac{\partial u'}{\partial t} = -\vec{V}' \cdot \nabla \bar{u} - \vec{V} \cdot \nabla u' + f v'_a - \vec{V}' \cdot \nabla u' + \overline{\vec{V}' \cdot \nabla u'} \tag{6.19}$$

$$\frac{\partial v'}{\partial t} = -\vec{V}' \cdot \nabla \bar{v} - \vec{V} \cdot \nabla v' - f u'_a - \vec{V}' \cdot \nabla v' + \overline{\vec{V}' \cdot \nabla v'} \tag{6.20}$$

$$\frac{\partial \varphi'}{\partial t} = -\vec{V}' \cdot \nabla \bar{\varphi} - \vec{V} \cdot \nabla \varphi' - \vec{V}' \cdot \nabla \varphi' + \overline{\vec{V}' \cdot \nabla \varphi'} + S'_\varphi \tag{6.21}$$

引入广义位涡

$$q = (\nabla \times \vec{V}_h) \cdot \nabla \varphi \tag{6.22}$$

对其取雷诺平均，则有

$$\bar{q} = q_0 + \bar{A} \tag{6.23}$$

式中，$q_0 = (\nabla \times \vec{V}_h) \cdot \nabla \bar{\varphi}$ 为基本态位涡，代表台风背景环流场；$A = (\nabla \times \vec{V}'_h) \cdot \nabla \varphi'$ 为位涡波作用密度，代表台风环流中的中尺度扰动强度，下面分别推导基本态位涡和位

涡波作用密度的变化方程，进一步探讨它们之间的相互作用。

对 q_0 和 A 取时间偏导数：

$$\frac{\partial q_0}{\partial t} = \nabla \cdot \left[(\nabla \times \overline{\vec{V}}_h) \frac{\partial \overline{\varphi}}{\partial t} - \nabla \overline{\varphi} \times \frac{\partial \overline{\vec{V}}_h}{\partial t} \right] \tag{6.24}$$

$$\frac{\partial A}{\partial t} = \nabla \cdot \left[(\nabla \times \vec{V}'_h) \frac{\partial \varphi'}{\partial t} - \nabla \varphi' \times \frac{\partial \vec{V}'_h}{\partial t} \right] \tag{6.25}$$

把式(6.16)~式(6.18)代入式(6.24)，可得

$$\frac{\partial q_0}{\partial t} = \nabla \cdot F_{q01} + \nabla \cdot F_{q02} + \nabla \cdot F_{q03} - \nabla \cdot F_{\mathrm{Aex}} + \nabla \cdot (\overline{\vec{V}}_h \times \nabla \overline{S}_\varphi) \tag{6.26}$$

其中

$$F_{q01} = -\overline{\vec{V}} q_0 \tag{6.27}$$

$$F_{q02} = (f \overline{\vec{V}}_{a0} \times \vec{k}) \times \nabla \overline{\varphi} \tag{6.28}$$

$$F_{q03} = \begin{pmatrix} \overline{-u'\left(-\dfrac{\partial \overline{v}}{\partial z} \dfrac{\partial \varphi'}{\partial x} + \dfrac{\partial v'}{\partial x} \dfrac{\partial \overline{\varphi}}{\partial z} \right)} \\[2mm] \overline{-v'\left(\dfrac{\partial \overline{u}}{\partial z} \dfrac{\partial \varphi'}{\partial y} - \dfrac{\partial u'}{\partial y} \dfrac{\partial \overline{\varphi}}{\partial z} \right)} \\[2mm] \overline{-w'\left[\left(\dfrac{\partial \overline{v}}{\partial x} - \dfrac{\partial \overline{u}}{\partial y} \right) \dfrac{\partial \varphi'}{\partial z} - \dfrac{\partial v'}{\partial z} \dfrac{\partial \overline{\varphi}}{\partial x} + \dfrac{\partial u'}{\partial z} \dfrac{\partial \overline{\varphi}}{\partial y} \right]} \end{pmatrix} \tag{6.29}$$

$$F_{\mathrm{Aex}} = \begin{pmatrix} \left(\overline{v' \dfrac{\partial v'}{\partial y}} + \overline{w' \dfrac{\partial v'}{\partial z}} \right) \dfrac{\partial \overline{\varphi}}{\partial z} - \dfrac{\partial \overline{v}}{\partial z} \left(\overline{v' \dfrac{\partial \varphi'}{\partial y}} + \overline{w' \dfrac{\partial \varphi'}{\partial z}} \right) \\[3mm] -\left(\overline{u' \dfrac{\partial u'}{\partial x}} + \overline{w' \dfrac{\partial u'}{\partial z}} \right) \dfrac{\partial \overline{\varphi}}{\partial z} + \dfrac{\partial \overline{u}}{\partial z} \left(\overline{u' \dfrac{\partial \varphi'}{\partial x}} + \overline{w' \dfrac{\partial \varphi'}{\partial z}} \right) \\[3mm] \left[-\left(\overline{u' \dfrac{\partial v'}{\partial x}} + \overline{v' \dfrac{\partial v'}{\partial y}} \right) \dfrac{\partial \overline{\varphi}}{\partial x} + \left(\overline{u' \dfrac{\partial u'}{\partial x}} + \overline{v' \dfrac{\partial u'}{\partial y}} \right) \dfrac{\partial \overline{\varphi}}{\partial y} \right. \\[3mm] \left. + \left(\dfrac{\partial \overline{v}}{\partial x} - \dfrac{\partial \overline{u}}{\partial y} \right) \left(\overline{u' \dfrac{\partial \varphi'}{\partial x}} + \overline{v' \dfrac{\partial \varphi'}{\partial y}} \right) \right] \end{pmatrix} \tag{6.30}$$

把式(6.19)~式(6.21)代入式(6.25)

$$\frac{\partial A}{\partial t} = \nabla \cdot F_{A1} + \nabla \cdot F_{A2} + \nabla \cdot F_{A3} + \nabla \cdot F_{A4} + \nabla \cdot F_{\mathrm{Aex}} + \nabla \cdot (\vec{V}_{he} \times \nabla S_{\varphi e}) \tag{6.31}$$

其中

$$F_{A1} = -\vec{V}_0 A \tag{6.32}$$

$$
F_{A2} = \begin{bmatrix} -u_e\left[-\dfrac{\partial v_e}{\partial z}\dfrac{\partial \varphi_0}{\partial x} + \dfrac{\partial u_e}{\partial z}\dfrac{\partial \varphi_0}{\partial y} - \dfrac{\partial u_e}{\partial y}\dfrac{\partial \varphi_0}{\partial z} + \dfrac{\partial u_0}{\partial z}\dfrac{\partial \varphi_e}{\partial y} + \left(\dfrac{\partial v_0}{\partial x} - \dfrac{\partial u_0}{\partial y} \right)\dfrac{\partial \varphi_e}{\partial z} \right] \\[4mm] -v_e\left[-\dfrac{\partial v_e}{\partial z}\dfrac{\partial \varphi_0}{\partial x} + \dfrac{\partial u_e}{\partial z}\dfrac{\partial \varphi_0}{\partial y} + \dfrac{\partial v_e}{\partial x}\dfrac{\partial \varphi_0}{\partial z} - \dfrac{\partial v_0}{\partial z}\dfrac{\partial \varphi_e}{\partial x} + \left(\dfrac{\partial v_0}{\partial x} - \dfrac{\partial u_0}{\partial y} \right)\dfrac{\partial \varphi_e}{\partial z} \right] \\[4mm] -w_e\left[\left(\dfrac{\partial v_e}{\partial x} - \dfrac{\partial u_e}{\partial y} \right)\dfrac{\partial \varphi_0}{\partial z} - \dfrac{\partial v_0}{\partial z}\dfrac{\partial \varphi_e}{\partial x} + \dfrac{\partial u_0}{\partial z}\dfrac{\partial \varphi_e}{\partial y} \right] \end{bmatrix}
$$

$$\tag{6.33}$$

$$
F_{A3} = \overline{(f\vec{V}_a' \times \vec{k}) \times \nabla\varphi'} \tag{6.34}
$$

$$
F_{A4} = \begin{pmatrix} \dfrac{\partial v'}{\partial z}\left(u'\dfrac{\partial \varphi'}{\partial x} + v'\dfrac{\partial \varphi'}{\partial y} \right) - \dfrac{\partial \varphi'}{\partial z}\left(u'\dfrac{\partial v'}{\partial x} + v'\dfrac{\partial v'}{\partial y} \right) \\[4mm] -\left(\overline{u'\dfrac{\partial u'}{\partial x}} + \overline{w'\dfrac{\partial u'}{\partial z}} \right)\dfrac{\partial \bar{\varphi}}{\partial z} + \dfrac{\partial \bar{u}}{\partial z}\left(\overline{u'\dfrac{\partial \varphi'}{\partial x}} + \overline{w'\dfrac{\partial \varphi'}{\partial z}} \right) \\[4mm] \left[-\left(\overline{u'\dfrac{\partial v'}{\partial x}} + \overline{v'\dfrac{\partial v'}{\partial y}} \right)\dfrac{\partial \bar{\varphi}}{\partial x} + \left(\overline{u'\dfrac{\partial u'}{\partial x}} + \overline{v'\dfrac{\partial u'}{\partial y}} \right)\dfrac{\partial \bar{\varphi}}{\partial y} \right. \\[4mm] \left. +\left(\dfrac{\partial \bar{v}}{\partial x} - \dfrac{\partial \bar{u}}{\partial y} \right)\left(\overline{u'\dfrac{\partial \varphi'}{\partial x}} + \overline{v'\dfrac{\partial \varphi'}{\partial y}} \right) \right] \end{pmatrix}
$$

$$\tag{6.35}$$

由于 $\nabla \cdot F_{\text{Aex}}$ 项既出现在式(6.26)也出现在式(6.31)中，但符号相反，因此该项代表基本态位涡与波作用密度之间的动量和热量的交换，体现了基本态与扰动态之间的相互作用。

根据 A 的正负号，式(6.31)中的 $\nabla \cdot F_{\text{Aex}}$ 项可以分为四类：

$$
\Gamma^w_{+\text{In}} = \nabla \cdot F_{\text{Aex}}, \quad \text{其中} \quad \nabla \cdot F_{\text{Aex}} > 0, \ A > 0 \tag{6.36}
$$

$$
\Gamma^w_{+\text{De}} = \nabla \cdot F_{\text{Aex}}, \quad \text{其中} \quad \nabla \cdot F_{\text{Aex}} > 0, \ A < 0 \tag{6.37}
$$

$$
\Gamma^w_{-\text{In}} = \nabla \cdot F_{\text{Aex}}, \quad \text{其中} \quad \nabla \cdot F_{\text{Aex}} < 0, \ A < 0 \tag{6.38}
$$

$$
\Gamma^w_{-\text{De}} = \nabla \cdot F_{\text{Aex}}, \quad \text{其中} \quad \nabla \cdot F_{\text{Aex}} < 0, \ A > 0 \tag{6.39}
$$

式中，$\Gamma^w_{+\text{In}}$ 为交换项增强正值波作用密度($\partial|A|/\partial t > 0$)；$\Gamma^w_{+\text{De}}$ 为交换项削弱负值波作用密度($\partial|A|/\partial t < 0$)；$\Gamma^w_{-\text{In}}$ 为交换项增强负值波作用密度($\partial|A|/\partial t > 0$)；$\Gamma^w_{-\text{De}}$ 为交换项削弱正值波作用密度($\partial|A|/\partial t < 0$)。

同理，式(6.26)中的 $\nabla \cdot F_{\text{Aex}}$ 项也可以分为四类：

$$
\Gamma^b_{+\text{In}} = -\nabla \cdot F_{\text{Aex}}, \quad \text{其中} \quad \nabla \cdot F_{\text{Aex}} < 0, \ q_0 > 0 \tag{6.40}
$$

$$
\Gamma^b_{+\text{De}} = -\nabla \cdot F_{\text{Aex}}, \quad \text{其中} \quad \nabla \cdot F_{\text{Aex}} < 0, \ q_0 < 0 \tag{6.41}
$$

$$
\Gamma^b_{-\text{In}} = -\nabla \cdot F_{\text{Aex}}, \quad \text{其中} \quad \nabla \cdot F_{\text{Aex}} > 0, \ q_0 < 0 \tag{6.42}
$$

$$
\Gamma^b_{-\text{De}} = -\nabla \cdot F_{\text{Aex}}, \quad \text{其中} \quad \nabla \cdot F_{\text{Aex}} > 0, \ q_0 > 0 \tag{6.43}
$$

式中，$\Gamma^b_{+\text{In}}$ 为交换项增强正值基本态位涡($\langle \partial|q_0|/\partial t \rangle > 0$)；$\Gamma^b_{+\text{De}}$ 为交换项削弱负值基本态位涡($\langle \partial|q_0|/\partial t \rangle < 0$)；$\Gamma^b_{-\text{In}}$ 为交换项增强负值基本态位涡($\langle \partial|q_0|/\partial t \rangle > 0$)；$\Gamma^b_{-\text{De}}$

为交换项削弱正值基本态位涡（$\langle \partial |q_0|/\partial t \rangle < 0$）。

2009 年第 8 号台风"莫拉克"（Morakot-0908）先后在我国台湾和大陆登陆，带来超强降水，造成严重灾害。利用上述理论和方程，对台风"莫拉克"（0908）暴雨过程诊断显示（图 6.86），在台风降水增强期，波作用密度与基本态位涡之间的交换项（代表中尺度扰动与基本态之间的相互作用）基本上是促进波作用密度（扰动）增长的，但在台风降水达到顶峰及随后减弱时，交换项倾向于削弱波作用密度（扰动）[图 6.86(a)]；对于基本态位涡来说，交换项则主要表现为削弱基本态位涡，特别是在台风暴雨增强阶段[图 6.86(b)]。

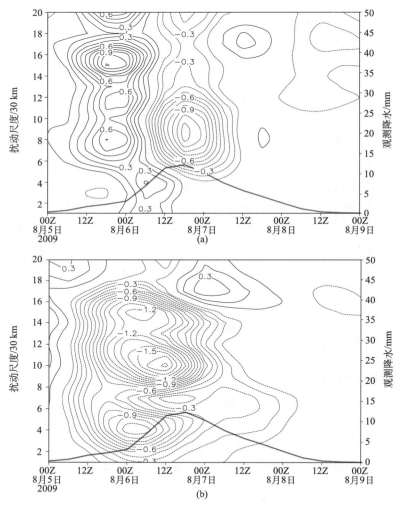

图 6.86　区域（25°~30°N，117°~122°E）平均的交换项时间演变，(a)$\langle \Gamma^w_{+In} + |\Gamma^w_{-In}| \rangle$ 与 $\langle \Gamma^w_{+De} + |\Gamma^w_{-De}| \rangle$ 之差，(b)$\langle \Gamma^b_{+In} + |\Gamma^b_{-In}| \rangle$ 与 $\langle \Gamma^b_{+De} + |\Gamma^b_{-De}| \rangle$ 之差。粗实线为观测降水

6.4　登陆台风暴雨重力波特征

6.4.1　重力波极化理论和波作用量方程

极化是重力波的一个重要性质，也是从观测资料中识别重力波的一个重要依据。电磁波理论中通常把光的振动方向与传播方向相垂直的特征称为光的极化，在垂直于传播方向的平面内，如果光沿着固定方向振动，称为线性极化；如果振动在沿传播方向传播的同时还围绕着传播方向均匀地转动，并且振幅不断变化，振动端点轨迹在垂直于传播方向的平面上的投影为椭圆，那么称为椭圆极化；如果振幅保持不变，振动端点轨迹的投影为圆，那么称为圆极化。

假设纬向基本气流为常数$(\bar{u}=0)$，其他基本态变量仅是高度 z 的函数，大气层结构稳定$(N^2>0)$，并且不考虑地球旋转效应$(f=0)$，那么 Boussinesq 近似下描写纯重力波的线性化扰动方程组可写为

$$\frac{\partial u'}{\partial t}=-\frac{1}{\bar{\rho}}\frac{\partial p'}{\partial x} \tag{6.44}$$

$$\frac{\partial v'}{\partial t}=-\frac{1}{\bar{\rho}}\frac{\partial p'}{\partial y} \tag{6.45}$$

$$\frac{\partial w'}{\partial t}=-\frac{1}{\bar{\rho}}\frac{\partial p'}{\partial z}+g\frac{\theta'}{\bar{\theta}} \tag{6.46}$$

$$\frac{\partial u'}{\partial x}+\frac{\partial v'}{\partial y}+\frac{\partial w'}{\partial z}=0 \tag{6.47}$$

$$\frac{\partial \theta'}{\partial t}+w'N^2\frac{\bar{\theta}}{g}=0 \tag{6.48}$$

假设存在如下形式的平面波动解

$$\begin{pmatrix} u'(x,\ y,\ z,\ t) \\ v'(x,\ y,\ z,\ t) \\ w'(x,\ y,\ z,\ t) \\ \theta'(x,\ y,\ z,\ t) \\ p'(x,\ y,\ z,\ t) \end{pmatrix}=\begin{pmatrix} \tilde{u} \\ \tilde{v} \\ \tilde{w} \\ \tilde{\theta} \\ \tilde{p} \end{pmatrix}\mathrm{e}^{i(kx+ly+nz-\omega t)} \tag{6.49}$$

式中，ω，k，l，n 分别为频率和 x，y，z 方向的波数，扰动振幅$(\tilde{u},\tilde{v},\tilde{w},\tilde{\theta},\tilde{p})$为复常数。把式(6.49)代入上述扰动方程组可得到振幅方程：

$$-i\omega\tilde{u}+ik\frac{\tilde{p}}{\bar{\rho}}=0 \tag{6.50}$$

$$-i\omega\tilde{v}+il\frac{\tilde{p}}{\bar{\rho}}=0 \tag{6.51}$$

$$-i\omega\tilde{w}+in\frac{\tilde{p}}{\bar{\rho}}-g\frac{\tilde{\theta}}{\bar{\theta}}=0 \tag{6.52}$$

$$k\widetilde{u} + l\widetilde{v} + n\widetilde{w} = 0 \tag{6.53}$$

$$-i\omega\widetilde{\theta} + N^2\,\frac{\bar{\theta}}{g}\widetilde{w} = 0 \tag{6.54}$$

上述方程组可以改写为

$$\widetilde{u} = -\frac{kn}{k^2+l^2}\widetilde{w} \tag{6.55}$$

$$\widetilde{v} = -\frac{ln}{k^2+l^2}\widetilde{w} \tag{6.56}$$

$$\widetilde{p} = -\omega\,\frac{n}{k^2+l^2}\bar{\rho}\widetilde{w} \tag{6.57}$$

$$\widetilde{\theta} = -i\,\frac{\bar{\theta}}{g}\frac{N^2}{\omega}\widetilde{w} \tag{6.58}$$

利用式(6.49)，式(6.55)～式(6.58)可进一步写为

$$\frac{u'}{w'} = -\frac{kn}{k^2+l^2} \tag{6.59}$$

$$\frac{v'}{w'} = -\frac{ln}{k^2+l^2} \tag{6.60}$$

$$\frac{u'}{v'} = \frac{k}{l} \tag{6.61}$$

$$\frac{p'}{w'} = -\frac{\omega n}{k^2+l^2}\bar{\rho} \tag{6.62}$$

$$\frac{\theta'}{w'} = -i\,\frac{\bar{\theta}}{g}\frac{N^2}{\omega} \tag{6.63}$$

对于式(6.59)，若$-\frac{kn}{k^2+l^2}>0$，则$u' = -\frac{kn}{k^2+l^2}w'e^{i2m\pi}$，这表明$u'$与$w'$的位相差为$\varphi_u-\varphi_w=2m\pi$，$m=0$，$\pm1$，$\pm2$，$\cdots$；若$-\frac{kn}{k^2+l^2}<0$，则$u'=\frac{kn}{k^2+l^2}w'e^{i(2m+1)\pi}$，这表明$u'$与$w'$的位相差为$\varphi_u-\varphi_w=(2m+1)\pi$，$m=0$，$\pm1$，$\pm2$，$\cdots$；针对上述两种情况，$u'$与$w'$的位相差可以概括地写为$\varphi_u-\varphi_w=m\pi$，$m=0$，$\pm1$，$\pm2$，$\cdots$。依此类推，$v'$和$p'$与$w'$的位相差，以及$u'$与$v'$的位相差可以概括地写为

$$\varphi_u - \varphi_w = m\pi,\ m=0,\ \pm1,\ \pm2,\ \cdots \tag{6.64}$$

$$\varphi_v - \varphi_w = m\pi,\ m=0,\ \pm1,\ \pm2,\ \cdots \tag{6.65}$$

$$\varphi_u - \varphi_v = m\pi,\ m=0,\ \pm1,\ \pm2,\ \cdots \tag{6.66}$$

$$\varphi_p - \varphi_w = m\pi,\ m=0,\ \pm1,\ \pm2,\ \cdots \tag{6.67}$$

对于式(6.63)，若$-\frac{\bar{\theta}}{g}\frac{N^2}{\omega}<0$，则$\theta'=\frac{\bar{\theta}}{g}\frac{N^2}{(\omega-\bar{u}k)}w'e^{i\left(2m\pi+\frac{3\pi}{2}\right)}$，这表明$\theta'$与$w'$的位相差为$\varphi_\theta-\varphi_w=2m\pi+\frac{3\pi}{2}$，$m=0$，$\pm1$，$\pm2$，$\cdots$。

　　由式(6.64)~式(6.67)可见，纯重力波的扰动速度分量是线性极化，扰动气压与扰动垂直速度的位相差为 $m\pi$，而扰动位温与扰动垂直速度的位相差为 $2m\pi+\dfrac{3\pi}{2}$。

　　把波动解 $w'=\tilde{w}\mathrm{e}^{i(kx+ly+nz-\omega t)}$ 代入扰动水平散度表达式可得到

$$\frac{\partial u'}{\partial x}+\frac{\partial v'}{\partial y}=-inw' \tag{6.68}$$

可见，扰动水平散度与扰动垂直速度的位相差为 $m\pi+\dfrac{\pi}{2}$，$m=0$，± 1，± 2，…。

　　下面采用波动多尺度方法进一步讨论重力波的波作用量方程，假设存在快、慢两种时空尺度，慢时空尺度为(刘式适和刘式达，1985)

$$X=\varepsilon x,\quad Y=\varepsilon y,\quad Z=\varepsilon z,\quad T=\varepsilon t \tag{6.69}$$

式中，x，y，z 和 t 为快时空尺度，小参数 $|\varepsilon|\ll 1$。进一步假设扰动形式解为

$$\begin{pmatrix} u' \\ v' \\ w' \\ \theta' \\ p' \end{pmatrix}=\begin{pmatrix} \hat{u}(X,Y,Z,T) \\ \hat{v}(X,Y,Z,T) \\ \hat{w}(X,Y,Z,T) \\ \hat{\theta}(X,Y,Z,T) \\ \hat{p}(X,Y,Z,T) \end{pmatrix}\mathrm{e}^{i\phi} \tag{6.70}$$

　　其中，位相函数 ϕ 满足

$$\frac{\partial \phi}{\partial t}=-\omega,\quad \frac{\partial \phi}{\partial x}=k,\quad \frac{\partial \phi}{\partial y}=l,\quad \frac{\partial \phi}{\partial z}=n \tag{6.71}$$

式中，ω，k，l 和 n 分别为局地频率和 x，y，z 方向的局地波数，它们都是慢时空尺度 (X,Y,Z,T) 的函数，满足局地波参数关系

$$\frac{\partial \omega}{\partial X}=-\frac{\partial k}{\partial T},\quad \frac{\partial \omega}{\partial Y}=-\frac{\partial l}{\partial T},\quad \frac{\partial \omega}{\partial Z}=-\frac{\partial n}{\partial T},\quad \frac{\partial k}{\partial Y}=\frac{\partial l}{\partial X},\quad \frac{\partial k}{\partial Z}=\frac{\partial n}{\partial X},\quad \frac{\partial l}{\partial Z}=\frac{\partial n}{\partial Y} \tag{6.72}$$

　　将式(6.70)代入式(6.44)~式(6.48)，取 ε^0 和 ε^1 近似，可以得到

$$-\omega\hat{u}_0+k\frac{\hat{p}_0}{\bar{\rho}}=0 \tag{6.73}$$

$$-\omega\hat{v}_0+l\frac{\hat{p}_0}{\bar{\rho}}=0 \tag{6.74}$$

$$-i\omega\hat{w}_0+in\frac{\hat{p}_0}{\bar{\rho}}-\frac{g}{\bar{\theta}}\hat{\theta}_0=0 \tag{6.75}$$

$$k\hat{u}_0+l\hat{v}_0+n\hat{w}_0=0 \tag{6.76}$$

$$-i\omega\hat{\theta}_0+\frac{\bar{\theta}}{g}N^2\hat{w}_0=0 \tag{6.77}$$

$$-i\omega\hat{u}_1+ik\frac{\hat{p}_1}{\bar{\rho}}=-\left(\frac{\partial \hat{u}_0}{\partial T}+\frac{1}{\bar{\rho}}\frac{\partial \hat{p}_0}{\partial X}\right)=-A \tag{6.78}$$

$$-i\omega\hat{v}_1 + il\frac{\hat{p}_1}{\bar{\rho}} = -\left(\frac{\partial \hat{v}_0}{\partial T} + \frac{1}{\bar{\rho}}\frac{\partial \hat{p}_0}{\partial Y}\right) = -B \qquad (6.79)$$

$$-i\omega\hat{w}_1 + in\frac{\hat{p}_1}{\bar{\rho}} - \frac{g}{\bar{\theta}}\hat{\theta}_1 = -\left(\frac{\partial \hat{w}_0}{\partial T} + \frac{1}{\bar{\rho}}\frac{\partial \hat{p}_0}{\partial Z}\right) = -C \qquad (6.80)$$

$$k\hat{u}_1 + l\hat{v}_1 + n\hat{w}_1 = i\left(\frac{\partial \hat{u}_0}{\partial X} + \frac{\partial \hat{v}_0}{\partial Y} + \frac{\partial \hat{w}_0}{\partial Z}\right) = -D \qquad (6.81)$$

$$-i\omega\hat{\theta}_1 + \frac{\bar{\theta}}{g}N^2\hat{w}_1 = -\frac{\partial \hat{\theta}_0}{\partial T} = -E \qquad (6.82)$$

由式(6.73)～式(6.77)可以得到纯重力波频散关系

$$\omega^2(k^2 + l^2 + n^2) = N^2(k^2 + l^2) \qquad (6.83)$$

由式(6.78)～式(6.82)消去一阶扰动量可得到

$$inkA + inlB - i(k^2 + l^2)C - \omega nD + \frac{k^2 + l^2}{\omega}\frac{g}{\bar{\theta}}E = 0 \qquad (6.84)$$

把 A，B，C，D 和 E 的表达式代入式(6.84)中，并利用频散关系式(6.83)和波参数关系式(6.72)可以推导出波作用量方程

$$\frac{\partial H}{\partial T} + \frac{\partial}{\partial X}(C_{gx}H) + \frac{\partial}{\partial Y}(C_{gy}H) + \frac{\partial}{\partial Z}(C_{gz}H) = 0 \qquad (6.85)$$

式中，$H = (k^2 + l^2 + n^2)\hat{w}_0^2$ 为波作用量密度。由上式可见，非均匀介质中纯重力波的波作用量在波包传播过程中是守恒的(赵平和孙淑清，1990；吴洪和林锦瑞，1997)。

由波作用量方程式(6.85)可以推导出波能方程：

$$\frac{\partial J}{\partial T} + \frac{\partial}{\partial X}(C_{gx}J) + \frac{\partial}{\partial Y}(C_{gy}J) + \frac{\partial}{\partial Z}(C_{gz}J) = \frac{\frac{dN^2}{dz}n(k^2 + l^2)}{\varepsilon\omega(k^2 + l^2 + n^2)^2}J \qquad (6.86)$$

式中，$J = \hat{w}_0^2$ 为波能密度。由上式可见，在波包传播过程中由于层结稳定度在垂直方向上的非均匀性导致波能量不守恒(易帆，1999；熊建刚和易帆，2000)。

6.4.2　登陆台风暴雨重力波提取

已有研究指出，中尺度惯性重力波与地形和台风暴雨存在紧密联系，复杂地形激发的重力波可以用来解释暴雨增幅(巢纪平，1980；孙淑清，1990；卞建春等，2004)。以往研究中人们通过涡度和散度的水平分布来识别惯性重力波，主要是基于涡度与散度高值中心位相差异的定性和主观的判断，这种重力波识别方式很难做到定量和客观。本小节以登陆台风"莫拉克"(Morakot-0908)暴雨过程为例，采用小波分析和小波交叉谱分析方法，从"莫拉克"模拟资料中定量识别(提取)与登陆台风暴雨相关的惯性重力波。

在局地直角坐标系 Boussinesq 近似方程组中，3 维惯性重力波的扰动水平散度和垂直涡度可以写为

$$\frac{\partial u'}{\partial x} + \frac{\partial v'}{\partial y} = -inw' \qquad (6.87)$$

$$\frac{\partial v'}{\partial x} - \frac{\partial u'}{\partial y} = -\frac{fn}{\omega}w' \qquad (6.88)$$

式中，u'，v' 和 w' 为扰动速度；ω 为圆频率；n 为垂直波数；f 为科氏参数。上述方程表明，扰动水平散度与扰动垂直速度的位相差为 $m\pi + \frac{\pi}{2}$，而扰动垂直涡度与扰动垂直速度的位相差为 $m\pi$，因而扰动垂直涡度与扰动水平散度的时间和空间位相差为 $\frac{\pi}{2}$，这是惯性重力波的一个重要极化性质，也是从观测资料和模拟资料中识别惯性重力波的一个重要依据（Lu et al.，2005a，2005b）。

对于一个给定的时间序列资料 $f(t)$，小波变换可以定义为

$$T(\omega,t) = \langle \psi_{\omega,t}^{*}, f \rangle = \int \psi_{\omega,t}^{*}(\tau) f(\tau)\,\mathrm{d}\tau \qquad (6.89)$$

式中，T 为小波变换系数；$\psi_{a,b}^{*}(t) = a^{-\frac{1}{2}}\psi[a^{-1}(t-b)]$ 为局地变换母函数；星号"$*$"为复共轭，尖括号"$\langle\rangle$"为内积；a 为尺度参数，与频率 ω 呈反比；b 为位置参数。式（6.89）的意义在于它可以把某一变量的时间序列 $f(t)$ 变换到频率和时间的子空间（Cho，1995；Torrence and Compo，1998；Grivet-Talocia et al.，1999）。利用 Matlab 函数可以把小波变换应用到 2 维空间进行多层分解：

$$W(s,a,b) = \frac{1}{\sqrt{s}}\iint f(x,y)\psi\left(\frac{x-a}{s}, \frac{y-b}{s}\right)\mathrm{d}x\,\mathrm{d}y \qquad (6.90)$$

式中，s，a，b 分别为尺度参数、x 和 y 方向的位置参数。

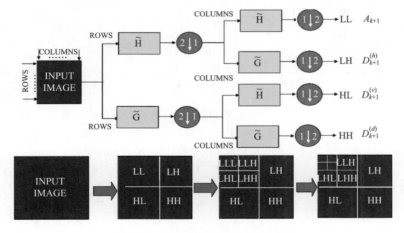

图 6.87　2 维小波多层分解示意图

具体流程如图 6.87 所示，首先对 2 维数据的每行进行低通和高通滤波，然后对每列进行低通和高通滤波，得到 4 个系数：近似系数、水平细节系数、垂直细节系数及对角线细节系数。这样获得的 2 维小波变换可以通过以下公式进行 2 维物理量场的重建：

$$f_{-1}(x,y) = \sum_{n=-\infty}^{\infty}\sum_{p=-\infty}^{\infty}[a_o(n,p)\cdot\varphi(x-n)\cdot\varphi(x-n)]$$

$$+ b_o(n, p) \cdot \varphi(x-n) \cdot \psi(x-n)$$
$$+ c_o(n, p) \cdot \psi(x-n) \cdot \varphi(x-n)$$
$$+ d_o(n, p) \cdot \psi(x-n) \cdot \psi(x-n)) \tag{6.91}$$

以"莫拉克"(0908)暴雨为例,提取重力波。首先采用 Matlab 多层 2 维小波变换函数对 2.73 km 等高面上水平散度和垂直涡度进行 9 层 2 维小波变换,再采用 Matlab 小波变换交叉谱函数对 2.73 km 等高面上水平散度和垂直涡度进行 9 层交叉谱分析,着重分析各种尺度速度和涡度的凝聚谱和位相差谱,找出二者位相差为 $\frac{\pi}{2}$ 的点,该点便指示出重力波发生的时间、空间位置。小波变换重建的涡度和散度水平分布显示,第 1~4 水平尺度(对应的物理空间波长分别为 2.5 km、5 km、10 km 和 20 km)涡度和散度扰动的正负值区交替分布,主要覆盖台风眼壁和螺旋雨带降水区,而第 5 和 6 水平尺度(对应的物理空间波长分别为 40 km 和 80 km)涡度和散度正负值区覆盖整个台风环流区域,类似某种扰动的空间传播,具有一定周期性,波动特征明显(图 6.88、图 6.89),台湾岛南端第 6 水平尺度涡度和散度的正负中心交错分布,空间位置存在一定位相差,初步认定这种涡度和散度扰动可能是惯性重力波。

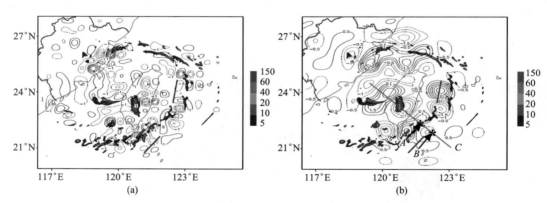

图 6.88　2009 年 8 月 8 日 12 时 UTC 模拟的 2.73 km 等高面上垂直涡度(单位:10^{-4}/s)的小波变换重建,其中,(a)和(b)分别代表第 5、6 尺度(对应的物理空间波长分别为 40 km 和 80 km),彩色阴影代表模拟的降水率(单位:10^{-3} mm/s)

交叉谱分析是识别重力波频率的主要方法之一,交叉位相谱定义为(Jenkins and Watts,1968)

$$P(\omega) = \arctan\left(\frac{X^{I}Y^{R} - X^{R}Y^{I}}{X^{R}Y^{R} + X^{I}Y^{I}}\right) \tag{6.92}$$

交叉振幅谱定义为

$$A(\omega) = [(X^{R}Y^{R} + X^{I}Y^{I})^{2} + (X^{I}Y^{R} - X^{R}Y^{I})^{2}]^{1/2} \tag{6.93}$$

式中,上标 R 和 I 分别为实部和虚部;X 和 Y 为两个任意变量的时间或空间序列。相干谱(或凝聚谱)定义为

$$R(\omega)^{2} = \|XY^{*}\|^{2}/(\|X\|^{2}\|Y\|^{2}) \tag{6.94}$$

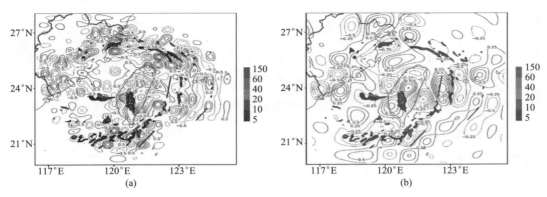

图 6.89　同图 6.88，但为水平散度（单位：$10^{-4}/s$）的小波变换重建

式中，Y^* 为 Y 的共轭复算子。对式（6.94）取谱窗口平均后，相干谱的取值范围为 $0\sim1$。如果相干谱值较大，并且对应的位相差又与重力波极化判据一致，那么就可以确定在两个变量时间序列中存在某个频率的能量较大的重力波。交叉谱分析通过分析相干谱和位相差谱，根据纯重力波极化理论不但可以成功地证实重力波的存在，而且还可以确定重力波的波长或频率。

　　沿图 6.88（b）中直线 C，计算涡度与散度的小波变换交叉谱（图 6.90），显示直线 C 格点 $30\sim80$ 涡度和散度扰动强烈，动力辐合、辐散和旋转特征明显；第 $4\sim8$ 尺度的涡

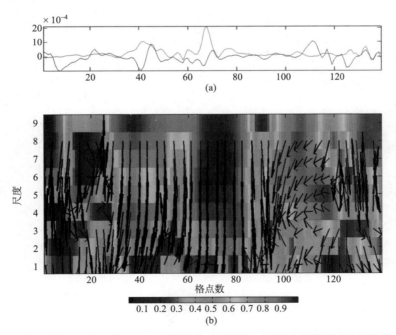

图 6.90　2009 年 8 月 8 日 12 时 UTC（a）涡度（红色实线，$10^{-4}/s$）和散度（蓝色实线，$10^{-4}/s$）沿图 6.88（b）中直线 C 的分布，以及（b）涡度与散度的凝聚谱和位相差矢量分布。（b）中纵坐标代表小波交叉谱分析的尺度，横坐标代表直线 C 的格点数

度与散度位相差矢量方向垂直向下，代表两者位相差接近 $-\frac{\pi}{2}$，符合惯性重力波极化特征；格点 $60\sim80$ 涡度与散度的凝聚谱接近 1，表明该格点区间内涡度与散度扰动振幅较大，两者显著相关。

$60\sim80$ 格点区间第 6 水平尺度涡度与散度扰动凝聚谱接近 1，位相差达 $-\frac{\pi}{2}$，惯性重力波极化特征非常显著，说明第 6 水平尺度涡度和散度扰动属于惯性重力波扰动，格点 65 附近的降水率达极大值，而在其他不满足惯性重力波极化关系的格点区间降水率较小，表明惯性重力波与降水率密切相关(图 6.91)。

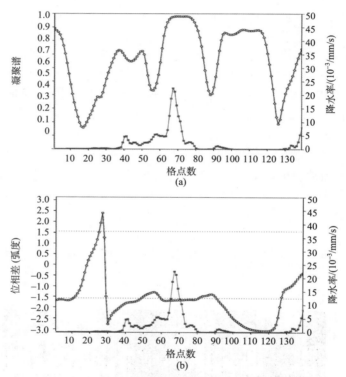

图 6.91　2009 年 8 月 8 日 12 时 UTC 沿图 6.88(b)中直线 C 第 6 水平尺度(对应物理波长为 80 km)涡度与散度的凝聚谱(a)和位相差(b)分布，其中实心矩形线代表模拟的降水率(单位：10^{-3} mm/s)，空心圆曲线代表凝聚谱和位相差，虚线代表 $\pm\frac{\pi}{2}$ 的位置

6.4.3　影响重力波发展演变的主要因素

上一小节探讨了登陆台风暴雨中重力波的识别，说明惯性重力波与台风暴雨密切相关。下面进一步利用位势散度波作用方程诊断分析登陆台风暴雨中，关键尺度惯性重力波的波作用密度特征及影响其发展演变的主要物理因素。

在局地直角坐标系中位势散度波作用方程写为

$$\frac{\partial A_M}{\partial t} = \nabla \cdot F_{A_M 1} + \nabla \cdot F_{A_M 2} + \nabla \cdot F_{A_M 3} + \nabla \cdot F_{A_M 4} + \nabla \cdot F_{Mex} + \nabla \cdot (\vec{V}_{Me} \times \nabla S_{\theta*})$$

(6.95)

式中，$A_M = (\nabla \times \vec{V}_{Me}) \cdot \nabla \theta_e^*$ 为位势散度波作用密度：

$$F_{A_M 1} = -\vec{V}_0 A_M$$

(6.96)

$$F_{A_M 2} = f \vec{V}_{Mae} \times \nabla \theta_e^*$$

(6.97)

$$F_{A_M 3} = 2(\theta_e^* \ \nabla u_e \times \nabla v_0 + \theta_0^* \ \nabla u_e \times \nabla v_e + \theta_e^* \ \nabla u_0 \times \nabla v_e)$$

(6.98)

$$F_{A_M 4} = \begin{pmatrix} -u_e \left[-\frac{\partial u_e}{\partial z}\frac{\partial \theta_0^*}{\partial x} - \frac{\partial v_e}{\partial z}\frac{\partial \theta_0^*}{\partial y} + \frac{\partial v_e}{\partial y}\frac{\partial \theta_0^*}{\partial z} - \frac{\partial v_0}{\partial z}\frac{\partial \theta_e^*}{\partial y} + \left(\frac{\partial u_0}{\partial x} + \frac{\partial v_0}{\partial y}\right)\frac{\partial \theta_e^*}{\partial z} \right] \\ -v_e \left[-\frac{\partial u_e}{\partial z}\frac{\partial \theta_0^*}{\partial x} - \frac{\partial v_e}{\partial z}\frac{\partial \theta_0^*}{\partial y} + \frac{\partial u_e}{\partial x}\frac{\partial \theta_0^*}{\partial z} - \frac{\partial u_0}{\partial z}\frac{\partial \theta_e^*}{\partial x} + \left(\frac{\partial u_0}{\partial x} + \frac{\partial v_0}{\partial y}\right)\frac{\partial \theta_e^*}{\partial z} \right] \\ -w_e \left[\left(\frac{\partial u_e}{\partial x} + \frac{\partial v_e}{\partial y}\right)\frac{\partial \theta_0^*}{\partial z} - \frac{\partial u_0}{\partial z}\frac{\partial \theta_e^*}{\partial x} - \frac{\partial v_0}{\partial z}\frac{\partial \theta_e^*}{\partial y} \right] \end{pmatrix}$$

(6.99)

$$F_{Mex} = \begin{vmatrix} -\frac{\partial u_0}{\partial z}\left(v_e \frac{\partial \theta_e^*}{\partial y} + w_e \frac{\partial \theta_e^*}{\partial z}\right) + \left(v_e \frac{\partial u_e}{\partial y} + w_e \frac{\partial u_e}{\partial z}\right)\frac{\partial \theta_0^*}{\partial z} \\ -\frac{\partial v_0}{\partial z}\left(u_e \frac{\partial \theta_e^*}{\partial x} + w_e \frac{\partial \theta_e^*}{\partial z}\right) + \left(u_e \frac{\partial v_e}{\partial x} + w_e \frac{\partial v_e}{\partial z}\right)\frac{\partial \theta_0^*}{\partial z} \\ -\left(u_e \frac{\partial u_e}{\partial x} + v_e \frac{\partial u_e}{\partial y}\right)\frac{\partial \theta_0^*}{\partial x} - \left(u_e \frac{\partial v_e}{\partial x} + v_e \frac{\partial v_e}{\partial y}\right)\frac{\partial \theta_0^*}{\partial y} \\ +\left(u_e \frac{\partial \theta_e^*}{\partial x} + v_e \frac{\partial \theta_e^*}{\partial y}\right)\left(\frac{\partial u_0}{\partial x} + \frac{\partial v_0}{\partial y}\right) \end{vmatrix}$$

(6.100)

式中，下标"0"和"e"分别为基本态和扰动态；$\vec{V}_{Ma0} = (u_{a0}, v_{a0}, 0)$；$\vec{V}_{Mae} = (u_{ae}, v_{ae}, 0)$；$\vec{V}_{M0} = (-v_0, u_0, 0)$；$\vec{V}_{Me} = (-v_e, u_e, 0)$。上述方程右端第一项代表基本气流对波作用密度通量的散度，第二项代表扰动非地转位涡，第三项代表扰动纬向速度梯度与扰动经向速度梯度的耦合项，第四项代表一阶部分扰动位势散度的扰动通量散度，第五项代表波作用密度与基本态位势散度之间的扰动动量和热量转换。

对台风"莫拉克"第 6 水平尺度惯性重力波的位势散度波作用密度进行分析（图 6.92），台湾中央山脉东侧对流层低层出现位势散度波作用密度高值中心，表明那里惯性重力波振幅最大、最活跃，这些惯性重力波活动与台湾复杂地形的强迫激发有关。波作用通量散度分析表明（图 6.93），一阶位势散度扰动的纬向扰动通量散度是波作用密度局地变化的主要强迫项，该项包含凝结潜热函数（$\eta = \exp\left[\frac{L_v q_{vs}}{c_p T_c}\left(\frac{q_v}{q_{vs}}\right)^k\right]$），与凝结潜热释放有关；在台湾中央山脉东侧，扰动动量和扰动热量交换项也对位势散度波作用密度产生强迫作用；总的来看，惯性重力波的发展演变与热力强迫有密切关系。

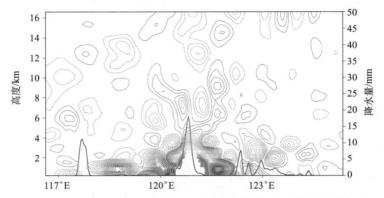

图 6.92　2009 年 8 月 8 日 12 时 UTC 沿 23°N 位势散度波作用密度（单位：10^{-8}K/ms）的经度-高度剖面分布，其中黑色实线为模拟的降水率（单位：10^{-3} mm/s）

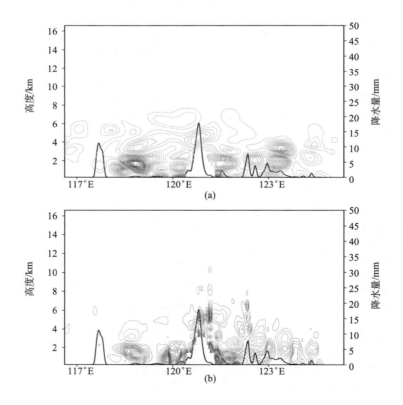

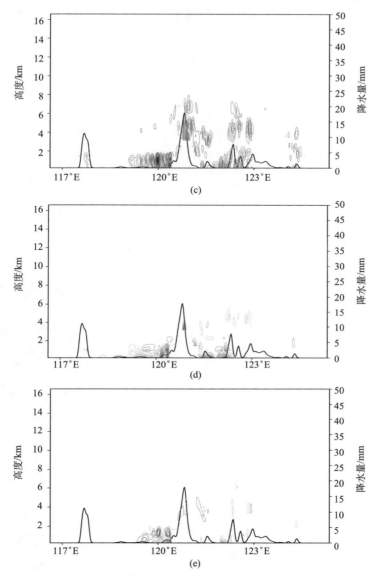

图 6.93 2009 年 8 月 8 日 12 UTC 沿 23° N 的 $\nabla \cdot F_{A_{M1}}$(a)、$\nabla \cdot F_{A_{M2}}$(b)、$\nabla \cdot F_{A_{M3}}$(c)、$\nabla \cdot F_{A_{M4}}$(d)和 $\nabla \cdot F_{Mex}$(e)(单位：10^{-11} K/ms)的经度-高度剖面分布，其中黑色实线为模拟的降水率(单位：10^{-3} mm/s)

6.4.4 重力波对登陆台风暴雨系统发展的影响

局地直角坐标系中，上述位势散度波作用密度定义可进一步写为

$$A_M = -\frac{\partial u_e}{\partial z}\frac{\partial \theta_e^*}{\partial x} - \frac{\partial v_e}{\partial z}\frac{\partial \theta_e^*}{\partial y} + \left(\frac{\partial u_e}{\partial x} + \frac{\partial v_e}{\partial y}\right)\frac{\partial \theta_e^*}{\partial z} \qquad (6.101)$$

在完全不可压缩条件下：

$$\frac{\partial u_e}{\partial x} + \frac{\partial v_e}{\partial y} + \frac{\partial w_e}{\partial z} = 0 \tag{6.102}$$

式(6.101)可进一步写为

$$A_M = -\frac{\partial u_e}{\partial z}\frac{\partial \theta_e^*}{\partial x} - \frac{\partial v_e}{\partial z}\frac{\partial \theta_e^*}{\partial y} - \frac{\partial w_e}{\partial z}\frac{\partial \theta_e^*}{\partial z} \tag{6.103}$$

广义位温可写为

$$\theta^* = \theta\eta \tag{6.104}$$

式中，θ 为位温。把 $\theta = \theta_0 + \theta_e$ 和 $\eta = \eta_0 + \eta_e$ 代入式(6.104)，则有

$$\theta_0^* = \theta_0\eta_0, \quad \theta_e^* = \theta_e\eta_0 + \theta_e\eta_e + \theta_0\eta_e \tag{6.105}$$

代入式(6.103)可得

$$A_M = -\eta\frac{\partial \vec{V}_e}{\partial z}\cdot\nabla\theta_e - \theta_e\frac{\partial \vec{V}_e}{\partial z}\cdot\nabla\eta - \eta_e\frac{\partial \vec{V}_e}{\partial z}\cdot\nabla\theta_0 - \theta_0\frac{\partial \vec{V}_e}{\partial z}\cdot\nabla\eta_e \tag{6.106}$$

假设重力波具有如下平面波解

$$\begin{pmatrix} u_e \\ v_e \\ w_e \\ \theta_e \\ p_e \end{pmatrix} = \begin{pmatrix} \tilde{u} \\ \tilde{v} \\ \tilde{w} \\ \tilde{\theta} \\ \tilde{p} \end{pmatrix} e^{i(kx+ly+nz-\omega t)} \tag{6.107}$$

式(6.106)可写为

$$A_M = in(-\theta_e\vec{V}_e\cdot\nabla\eta - \eta_e\vec{V}_e\cdot\nabla\theta_0 - \theta_0\vec{V}_e\cdot\nabla\eta_e) \tag{6.108}$$

式(6.106)可进一步简化为

$$A_M = -\theta_e\frac{\partial \vec{V}_e}{\partial z}\cdot\nabla\eta - \eta_e\frac{\partial \vec{V}_e}{\partial z}\cdot\nabla\theta_0 - \theta_0\frac{\partial \vec{V}_e}{\partial z}\cdot\nabla\eta_e \tag{6.109}$$

可见，位势散度波作用密度包括凝结潜热函数的重力波平流输送，基本态位温的重力波平流输送和扰动凝结潜热的重力波平流输送。

波作用密度式(6.109)三个组成项的高值区均出现在降水区对流层中下层(图略)，其中 $\left(-\theta_0\dfrac{\partial \vec{V}_e}{\partial z}\cdot\nabla\eta_e\right)$ 的强度和范围与 A_M 非常相似，是位势散度波作用密度的主要项，而该项主要由 $\theta_0\dfrac{\partial w_e}{\partial z}\dfrac{\partial \eta_e}{\partial z}$ 组成，因此位势散度波作用密度主要代表基本态位温权重的凝结潜热波作用密度，体现降水区对流层中低层水平散度扰动和凝结潜热函数扰动垂直梯度的耦合效应，这是台风暴雨的一个重要特点。波作用密度与降水联系紧密主要是因为波作用密度包含水平散度扰动和凝结潜热函数扰动梯度两个因素，其中凝结潜热函数既

包括凝结潜热，还包括水汽幂指数。降水区对流层中低层存在垂直伸展的水汽湿舌，水汽相变释放凝结潜热，这导致对流层中低层出现凝结潜热函数扰动高值区，等值线倾斜密集，水平和垂直梯度都较明显，在水平扰动风场垂直切变和水平散度配合下，降水区凝结潜热波作用密度表现异常。

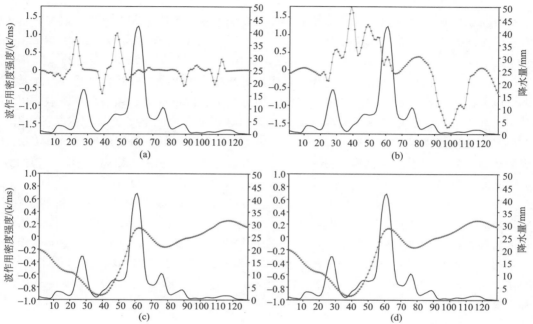

图 6.94　2009 年 8 月 8 日 12 时 UTC 位势散度波作用密度及其各组成项（红线，单位：10^{-8} K/ms）

与模拟的降水率（单位：10^{-3} mm/s），(a)、(b)、(c)和(d)分别为 $-\theta_e \dfrac{\partial \vec{V_e}}{\partial z} \cdot \nabla \eta$、$-\eta_e \dfrac{\partial \vec{V_e}}{\partial z} \cdot \nabla \theta_e$、

$-\theta_0 \dfrac{\partial \vec{V_e}}{\partial z} \cdot \nabla \eta_e$ 和 A_M，横坐标代表图 6.88(b)中直线 C 的格点数

沿直线 C［图 6.88(b)］，最强降水出现在第 $50 \sim 70$ 格点区间（图 6.94），位势散度波作用密度的负高值处在最强降水中心左侧，代表那里重力波扰动最强。强降水中心右侧，位势散度波作用密度异常值在"0"值线附近徘徊，强度较弱，代表重力波扰动平缓。强降水中心左侧，受偏西和西南暖湿气流共同影响，气流辐合，空气质量堆积，水汽集中，垂直上升运动强烈，释放出大量凝结潜热，与这种非地转气流辐合和垂直运动相伴随的是活跃的重力波，该重力波通过扰动凝结潜热的扰动平流输送，改变凝结潜热的垂直分布，促进广义位温垂直梯度发生变化，进而影响大气层结稳定度，实现对暴雨发生发展的促进作用。在第 70 格点的右侧，仅受大范围的西南气流影响，气流辐合不明显，重力波不活跃，重力波扰动凝结潜热输送较弱，对大气稳定度影响有限。

6.5　登陆台风降水云微物理过程

6.5.1　登陆台风降水云微物理特征

台风暴雨致灾性极强，对国民经济和人民群众生命财产造成极大威胁。人类对台风降水的关注一直有增无减（陈联寿等，2004；赵宇等，2008；董美莹等，2009；Cui and Xu，2009；Wang et al.，2010；Yu et al.，2010a，b，c；周冠博等，2012）。降水是大气宏观动力过程与微观云物理过程相互作用的产物，气象学者针对台风暴雨、尤其是影响巨大的登陆台风暴雨的水汽输送特征、地形和边界层过程对台风暴雨的影响，以及台风与环境天气系统相互作用对台风暴雨的影响等诸多方面开展了大量有意义的工作，取得了许多重要进展（Chen et al.，2010），但关于台风暴雨的云微物理过程，由于缺乏观测和适合的研究手段等原因，相关工作还不多，已有工作多采用物理方案较完善的数值模式来开展。

以 GRAPES 模式对台风"罗莎"（Krosa-0716）的模拟研究为例（花丛和刘奇俊，2011，2013），台风"罗莎"于 2007 年 10 月 2 日生成，7 日在浙江苍南登陆，随后沿浙江沿海缓慢向东北方向移动，受其影响，福建北部、浙江大部出现暴雨、大暴雨甚至特大暴雨。模拟采用双参数混合相云微物理方案（陈小敏等，2007），该方案考虑了云水、雨水、云冰、雪和霰等 5 种水凝物（云水 Qc、雨水 Qr、云冰 Qi、雪 Qs 和霰 Qg）及 29 种微物理过程（图 6.95）。

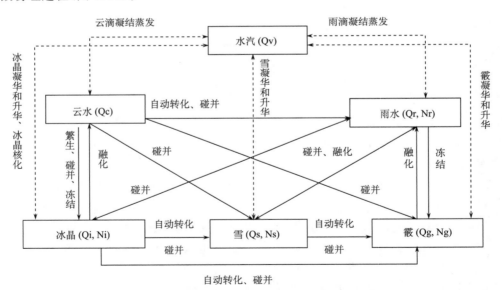

图 6.95　双参数混合相云微物理方案示意图

模式对台风"罗莎"的路径、强度和降水等均给出了较好的模拟结果。从 6 h 累积降水的模拟（图 6.96）来看，2007 年 10 月 7 日 06~12 时，实况降水主要受台风北侧雨带影响，浙江东部出现超过 100 mm 的强降水，12～18 时，主要降水分为两部分，分别位于苏、浙、皖三省交界处，以及浙江东南部，模式较准确模拟再现了两个主要降水区的位置和强度，7 日 18 时～8 日 0 时，上述两个主要降水区开始合并，浙江东北部出现超过 100 mm 的强降水，而模拟降水中心出现在江苏南部，位置比实况略偏西北，8 日 0～6 时，主要降水区北抬且合并为一个，降水范围和中心雨量都有所减小，由于模拟台风位置在这一时段稳定在浙江南部且强度变化不明显，故雨区范围与前 6 h 相比无明显变化，但强度减弱。

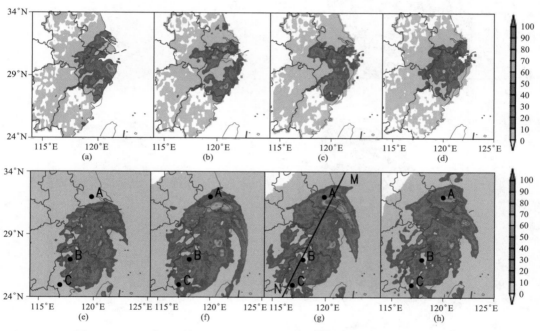

图 6.96　2007 年 10 月 7 日 6 时～8 日 6 时 6 h 累积地面降水（单位：mm）
上排为实况，下排为模拟；台风符号表示各时段最后 1 h 的台风中心位置
(a)、(e)7 日 6～12 时；(b)、(f)7 日 12～18 时；
(c)、(g)7 日 18 时～8 日 0 时；(d)、(h)8 日 0～6 时

1. 水凝物垂直积分分布

液态（云水）和固态（云冰、雪和霰）水凝物垂直积分分布［图 6.97(a)、(b)］显示，水凝物围绕台风中心呈螺旋状分布，7 日 12 时，积分云水主要分布在 0.4～1.6 kg/m²，安徽南部、赣闽交界处等地上空有零星大值区出现，随着云系不断发展，8 日 0 时，积分云水面积有所扩大，大小基本不变。对照地面降水分布（图 6.96）可以看出，云水含量的大值区与地面降水大值区基本重合。

积分固态水凝物量值与云水相当，范围略小［图 6.97(c)、(d)］。7 日 12 时，积分固态水主要分布在台风云系南侧，最大值超过 1.9 kg/m²，说明在台风南侧，上升运动强烈，对流发展旺盛，冰相粒子生长充分，台风北侧，固态水含量一般为 0.4～0.8 kg/m²，

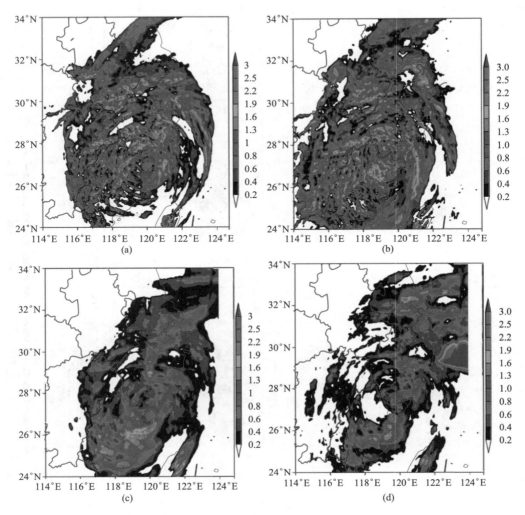

图 6.97　2007 年 10 月 7 日 12 时[(a)、(c)]和 8 日 0 时[(b)、(d)]垂直积分液态[(a)、(b)]和
固态[(c)、(d)]水凝物含量(单位：kg/m²)，台风符号代表台风中心位置

分布范围集中在江、浙交界地区；8 日 0 时，随着云系不断发展，台风北部积分固态水
含量逐渐增高，与此同时，这一地区地面降水(图 6.96)也显著增加，说明这一时期，
冰相过程对台风在江、浙一带的降水起到重要作用。

2. 台风不同位置降水特征

从小时降水量来看[图 6.98(a)]，围绕台风中心降水呈不对称分布，强降水位于台
风中心东北部，主要覆盖江苏南部及杭州湾近海，强度在 18 mm/h 以上，台风中心西
南部，降水强度较小，小时降水量为 2~12 mm。位于东北部强降水区的 A 点[图 6.98
(b)]，500 hPa 以下大气层处于弱过饱和状态，霰含量非常丰富，主要分布在 300~650

hPa，最大值位于 500 hPa(达 0.62 g/kg)，考虑到冰晶和雪含量较低，该点霰粒子应可能主要来源于水汽凝华和云滴对小霰粒的碰并，云水含量峰值(达 0.65 g/kg)和雨水含量峰值(达 0.62 g/kg)分别出现在 600 hPa 和 650 hPa 附近，该点降水可能主要由霰融化、云水向雨水的自动转化及雨水对云水的碰并收集等微物理过程造成；位于台风眼区附近的 B 点[图 6.98(c)]，其 500～850 hPa 大气中低层处于饱和或弱过饱和状态，云水分布与 A 点接近，最大值略低(0.58 g/kg)，从 650 hPa 至地面，雨水含量基本保持不变，由于台风中心盛行下沉气流，不易形成大冰相粒子，霰含量低于 0.10 g/kg，此处较弱降水可能主要来源于云水向雨水的转化过程；位于西南部的 C 点[图 6.98(d)]，雪含量明显高于 A、B 两点，霰含水量峰值达 0.3 g/kg，雪和小霰粒之间的碰并过程可能是该点霰的主要来源之一，雨滴对云滴的碰并收集，以及雪和霰的融化等过程可能是形成该点降水的主要来源。总的来看，无论降水量多少，台风在什么位置，500 hPa以下大气层均基本处于饱和或弱过饱和状态，但形成降水的云微物理过程有所不同。

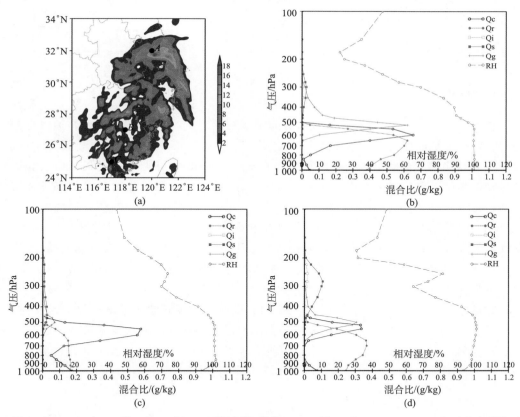

图 6.98 2007 年 10 月 8 日 0 时(a)1 h 降水量(单位：mm)及 A(b)、B(c)、C(d)点云中水凝物混合比和相对湿度垂直分布

6.5.2　云微物理过程对登陆台风降水及云系结构的影响

台风云系和降水对微物理过程十分敏感（Wang et al.，2009；花丛和刘奇俊，2011，2013），霰粒子是影响降水结构的重要因子（Franklin et al.，2005），雪和霰的融化是台风螺旋雨带中雨滴增长的主要机制之一（程锐等，2009），冷云过程对台风暴雨的形成起重要作用（杨文霞等，2010）。以上一小节中模拟结果作为控制试验，进一步设计 4 个敏感性试验（表 6.12），分析不同云水凝物和过程及潜热对登陆台风降水和云系的影响。

表 6.12　敏感性试验

试验名	设置
WMR	同控制试验，不考虑冰相粒子和冰相过程，只保留暖雨过程
NGP	同控制试验，不考虑霰粒子及相关微物理过程
HAIL	同控制试验，增加冰雹过程
NLH	同控制试验，不考虑所有云微物理相变过程造成的潜热释放

1. 对地面降水的影响

暖雨试验 WMR［图 6.99(a)］降水分布范围与控制试验（图 6.96）类似，但强度相对均匀，整个模拟时段内 6 h 累计降水最大值不超过 80 mm，没有出现明显强降水中心，台风东部和北部大范围雨区的降水量维持在 30～60 mm，可见冰相过程可以明显影响台风降水强度；试验 NGP［图 6.99(b)］的降水强度和分布介于控制实验和 WMR 实验之间，7 日 18 时到 8 日 6 时，NGP 的降水中心与 CTL（图 6.96）相似，但强度仍偏弱（80 mm），说明在暖雨实验基础上加入冰晶和雪等小相冰粒子可在一定程度上增加降水强度，但大冰相粒子霰的缺乏仍不能阻碍局地强降水的有效形成；在控制实验基础上，增加了冰雹过程之后的地面降水情况与控制实验相比并无明显变化［图 6.99(c)］，可见，冰雹在本次台风降水过程中影响不大。

在试验 NLH 中［图 6.99(d)］，从地面降水的分布已很难分辨出台风的水平结构，地面降水量增加十分明显，100 mm 以上的降水区集中在浙江东南部及沿海，7 日 18 时之后，强降水区范围开始缩小，但降水强度没有大的改变，可见，无潜热反馈的环境对持续性大范围强降水的形成可能有一定的促进作用。

2. 对水凝物垂直分布的影响

2007 年 10 月 8 日 0 时 6 h 累计降水量达最大值，过这一时刻降水中心的水凝物剖面分布显示（图 6.100），台风中心整层风向量以下沉气流为主，云水［图 6.100(a)］主要分布在 400～700 hPa 的大气中层，最大值出现在 0 ℃等温线附近，可达 0.9 g/kg。0 ℃等温线之上，少量云水以过冷水形式存在；雨水［图 6.100(b)］分布在 0 ℃等温线以下的对流层中低层，位于 120°E，32°N 附近的地面降水中心（图 6.96）对应着雨水含

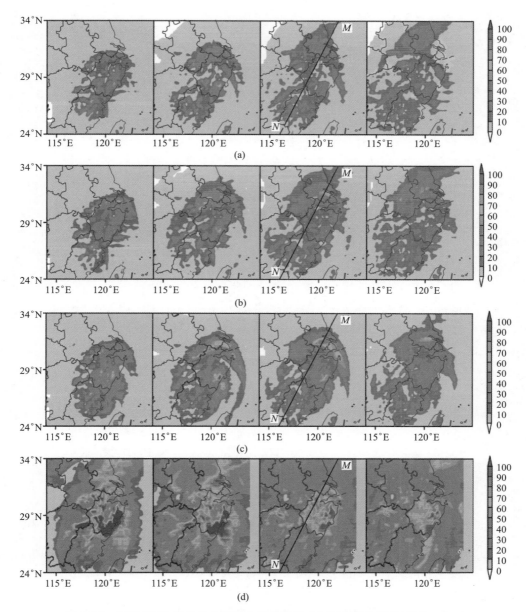

图 6.99 2007 年 10 月 7 日 6 时至 8 日 6 时逐 6 h 地面降水演变(单位：mm)
(a)WMR；(b)NGP；(c)HAIL；(d) NLH

量高值区，中心值达 1.0 g/kg，由于降水拖曳作用，近地面层出现明显下沉气流；冰晶[图 6.100(c)]和雪[图 6.100(d)]分布在高空 100～450 hPa 的上升气流中，最大值分别为 0.08 g/kg 和 0.27 g/kg；冰晶和雪在下落过程中不断与过冷云水和雨水碰并长大形成霰[图 6.100(e)]，在 500 hPa 附近形成霰粒子大值层，最大值为 1.3 g/kg，霰粒子下落通过 0 ℃层过程中迅速融化，含量减少。

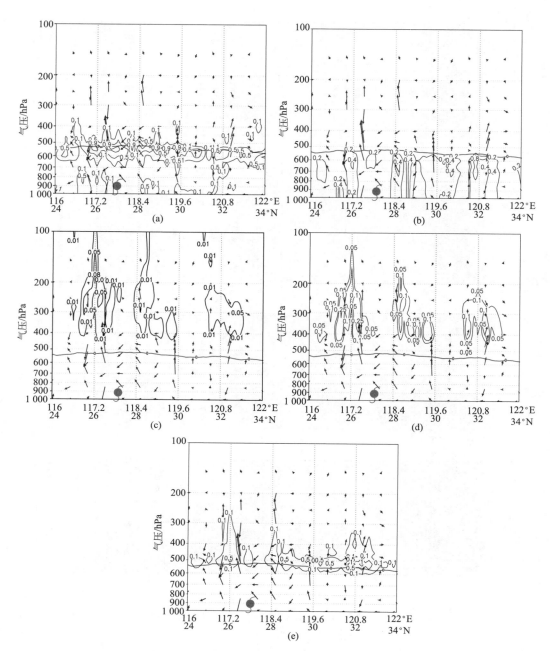

图 6.100　控制试验 2007 年 10 月 8 日 0 时云水凝物沿图 6.99 中 *MN* 的垂直剖面分布(等值线,单位：g/kg)。红线为 0 ℃等温线,台风符号代表台风中心,箭头为剖面风场,垂直运动放大了 100 倍
(a)Qc；(b)Qr；(c)Qi；(d)Qs；(e)Qg

　　暖雨试验中,由水凝物相变造成的冷却作用相对较弱,因此在大气中层,眼壁中上升运动有所增强,在没有冰相粒子的情况下,云水分布范围明显增大,并随上升气流一

直延伸到模式层顶[图 6.101(a)]。由于缺少冰相粒子向雨水的转化过程，雨水的比含水量较控制试验有所减少，这一点在眼壁附近表现得尤其明显[图 6.101(b)]。

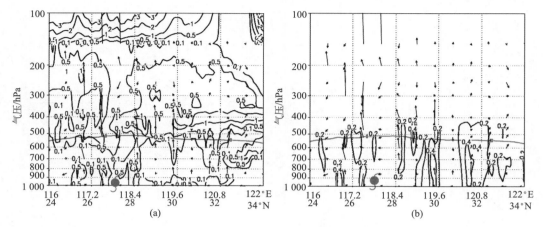

图 6.101　同图 6.100，但为 WMR 试验结果
(a)Qc；(b)Qr

　　去掉霰粒子的 NGP 试验中，云冰[图 6.102(c)]和雪[图 6.102(d)]的含量都明显增加，最大值出现高度有所下降，冰晶和雪的落速均小于霰粒子，故其存在不需要依托强大的上升气流，也更容易随空气的水平运动扩散到更大范围。冰晶和雪在大气中层的大量聚集使 500 hPa 附近上升气流强度减弱，这在台风北部云层中体现的较为明显，上升运动的减弱进一步影响到水汽辐合，一定程度上解释了地面降水的减少，与控制试验相比，霰的缺失使云水含量有所增加[图 6.102(a)]，而由于缺少大冰相粒子的有效碰并，雨水形成受到影响，含量降低[图 6.102(b)]。

　　HAIL 试验显示，冰雹[Qh，图 6.103(f)]主要出现在 400~500 hPa，分布范围和大值区与霰[图 6.103(e)]相似，可见霰在冰雹形成中起重要作用（李淑日等，2003），由于登陆后台风云系中对流强度相对较弱，不足以生成较多和较大的雹粒子，雹含量比霰约小一个量级，因此与控制试验相比霰含量并无明显变化，本个例中，受环境条件的限制，冰雹的转化形成过程较弱，因此雹粒子的加入对其他物理量影响不大。

　　不考虑云微物理过程中的潜热释放后（NLH 试验），降水强度加大[图 6.99(d)]；由于云顶蒸发减少，高层暖心增强，高层上升运动加大，冷云得到充分发展，冰晶[图 6.104(c)]和雪[图 6.104(d)]含量增加，范围明显扩大，霰粒子[图 6.104(e)]分布向上延展至 200 hPa，峰值达 2.0 g/kg，充沛的冰相粒子有利于雨水的形成[图 6.104(b)]，云水的垂直分布呈现双峰形[图 6.104(a)]，部分云水被抬升至 0 ℃线之上，以过冷水形式存在；受降水粒子的拖曳作用影响，大气中低层下沉运动明显增强。

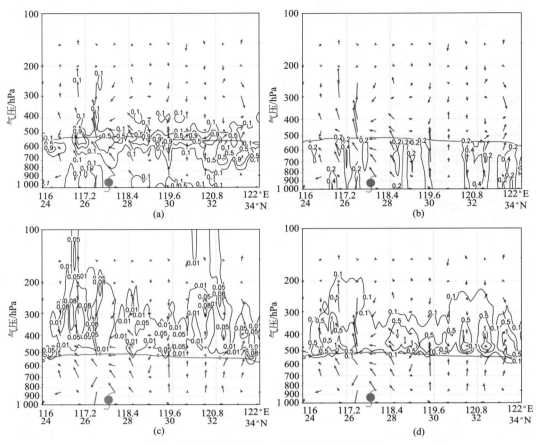

图 6.102　同图 6.100，但为 NGP 试验结果
(a)Qc；(b)Qr；(c)Qi；(d)Qs

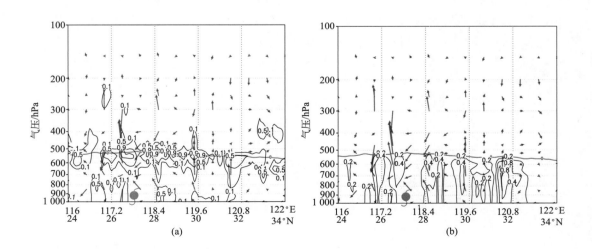

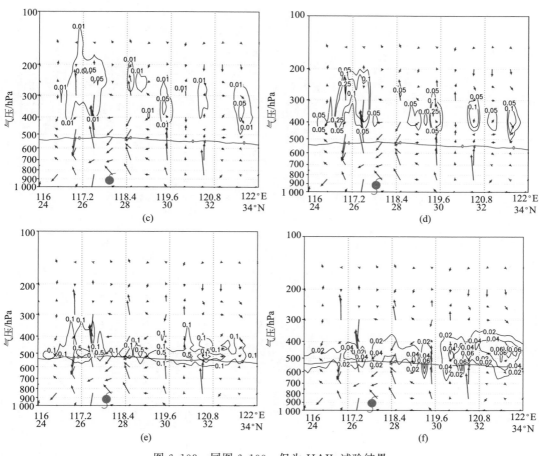

图 6.103　同图 6.100，但为 HAIL 试验结果

(a)Qc；(b)Qr；(c)Qi；(d)Qs；(e)Qg；(f)Qh

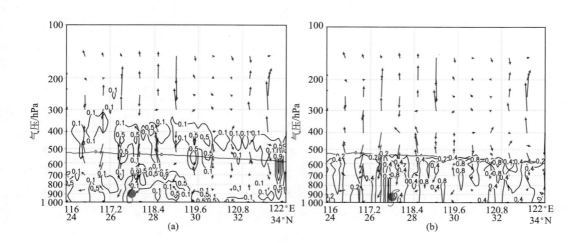

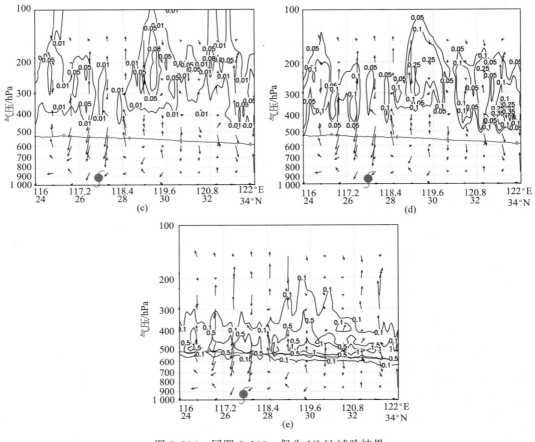

图 6.104　同图 6.100,但为 NLH 试验结果
(a)Qc;(b)Qr;(c)Qi;(d)Qs;(e)Qg

6.5.3　登陆台风暴雨增幅的云微物理成因

　　台风登陆后,受地面摩擦和水汽供应减弱等因素影响,强度往往明显减弱,降水也明显衰减,台风趋于消亡;但有些台风登陆后强度不但没有明显减弱,环流结构反而会维持较长时间,并且在有利环境条件下(如水汽输送重新加强等),降水也出现明显异常变化,出现暴雨增幅,如强热带风暴"碧利斯"(Bilis-0604)登陆后的暴雨增幅。针对这类台风降水,气象学者从暖湿平流、地形强迫、局地锋生、中尺度对流系统、季风与台风环流相互作用等宏观动力学角度开展了大量研究工作(周海光,2008;Gao et al.,2009;叶成志和李昀英,2011),针对"碧利斯"暴雨增幅的研究指出,季风涌暴发输送大量水汽进入台风环流,是造成暴雨突然增幅的主要原因之一。这么强的降水其微观云物理方面的可能成因同样值得关注(任晨平和崔晓鹏,2014),本小节下面以"碧利斯"(0604)为例,对此展开初步分析。鉴于云微物理过程,尤其是云中水凝物(云水、雨水、云冰、雪和霰等)之间的微物理转化过程缺乏观测,该方面研究主要依赖数值模式。

1. "碧利斯"（0604）暴雨增幅数值模拟及云微物理方案

2006 年 7 月"碧利斯"登陆期间，恰逢季风涌暴发，大量水汽随西南季风进入"碧利斯"环流，14 日 18 时到 15 日 6 时（世界时），广东、湖南、江西三省交界附近地区出现急剧暴雨增幅（王黎娟等，2013），模式模拟采用两层嵌套，利用观测资料验证表明，模式较好地模拟再现了"碧利斯"登陆及暴雨增幅过程（王黎娟等，2013），其中内层模拟区域（分辨率 3 km）的模拟结果中除了标准输出项之外，还输出了云微物理转化过程项。模拟中采用了 Lin-Tao 冰相云微物理参数化方案（Lin et al.，1983）（图 6.105），该方案考虑了 6 种水物质即水汽（qv）、云水（qc）、雨水（qr）、云冰（qi）、雪（qs）和霰（qg），其主要云微物理转化过程如表 6.13 所示，方案中 6 种水物质的源汇项分别为

$$S_{qv} = P_{ssub} + P_{gsub} + Ern + Evo + Sub - (Cnd + P_{sdep}) \tag{6.110}$$

$$
\begin{aligned}
S_{qc} = P_{imlt} + Cnd \\
- (P_{sacw} + P_{raut} + P_{racw} + P_{sfw} + D_{gacw} + Q_{gacw} + Q_{sacw} + P_{ihom} + P_{idw} + Evo)
\end{aligned}
\tag{6.111}
$$

$$
\begin{aligned}
S_{qr} = P_{racw} + P_{gmlt} + Q_{gacw} + P_{smlt} + Q_{sacw} + P_{raut} \\
- (P_{iacr} + Ern + D_{gacr} + W_{gacr} + P_{sacr} + P_{gfr})
\end{aligned}
\tag{6.112}
$$

$$S_{qi} = P_{ihom} + P_{idw} - (P_{saut} + P_{saci} + P_{raci} + P_{sfi} + P_{imlt} + Sub + D_{gaci} + W_{gaci}) \tag{6.113}$$

$$
\begin{aligned}
S_{qs} = P_{saut} + P_{saci} + P_{sacw} + P_{sfw} + P_{sfi} + \delta_3 P_{raci} + \delta_3 P_{iacr} + \delta_2 P_{sacr} + P_{sdep} \\
- (P_{gacs} + D_{gacs} + W_{gacs} + P_{gaut} + (1 - \delta_2) P_{racs} + P_{smlt} + P_{ssub})
\end{aligned}
\tag{6.114}
$$

$$
\begin{aligned}
S_{qg} = (1 - \delta_3) P_{raci} + D_{gaci} + W_{gaci} + D_{gacw} + (1 - \delta_3) P_{iacr} + P_{gacs} + D_{gacs} + W_{gacs} \\
+ P_{gaut} + (1 - \delta_2) P_{racs} + D_{gacr} + W_{gacr} + (1 - \delta_2) P_{sacr} + P_{gfr} - (P_{gmlt} + P_{gsub})
\end{aligned}
\tag{6.115}
$$

式中，S_{qv}、S_{qc}、S_{qr}、S_{qi}、S_{qs} 和 S_{qg} 分别为水汽、云水、雨水、云冰、雪和霰的源汇项，当 qr 和 qs$<1\times10^{-4}$ 时，$\delta_2 = 1$，否则 $\delta_2 = 0$，当 qr$<1\times10^{-4}$ 时，$\delta_3 = 1$，否则 $\delta_3 = 0$。

表 6.13　云微物理过程符号及含义

云微物理过程符号	含义
Cnd	过饱和水汽凝结成云水
P_{imlt}	云冰融化成云水
P_{ihom}	云水均质冻结成云冰
P_{idw}	云水冻结为云冰造成云冰增长
P_{smlt}	雪融化成雨水
P_{gmlt}	霰融化成雨水
Q_{sacw}	雪碰并云水转化为雨水
P_{raut}	云水自动转化为雨水
P_{racw}	雨水碰并云水造成雨水增长
Q_{gacw}	霰碰并云水转化为雨水
P_{saut}	云冰自动转化为雪
P_{saci}	雪碰并云冰造成雪增长

云微物理过程符号	含义
P_{sacw}	雪碰并云水造成雪增长
P_{sfw}	云水通过贝吉龙过程转化为雪
P_{sfi}	云冰通过贝吉龙过程转化为雪
P_{raci}	雨水碰并云冰造成雪或霰增长
P_{iacr}	云冰粘附雨水造成雪或霰增长
P_{sacr}	雪碰并雨水生成霰或者雪
P_{sdep}	雪凝华增长
D_{gaci}	霰碰并云冰(干)增长
W_{gaci}	霰碰并云冰(湿)增长
D_{gacw}	霰碰并云水(干)增长
P_{gacs}	霰碰并雪造成霰增长
D_{gacs}	霰碰并雪干增长
W_{gacs}	霰碰并雪湿增长
P_{gaut}	雪自动转化为霰
P_{racs}	雨水碰并雪成霰
D_{gacr}	霰碰并雨水(干)增长
W_{gacr}	霰碰并(湿)增长
P_{gfr}	雨水冻结成霰
Ern	雨水蒸发
Evo	云水蒸发
Sub	云冰升华
P_{ssub}	雪升华
P_{gsub}	霰升华

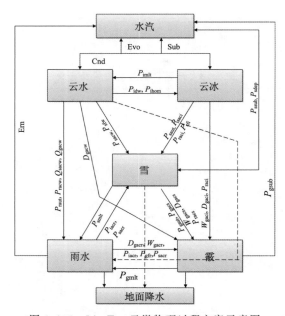

图 6.105　Lin-Tao 云微物理过程方案示意图

下面重点对比分析 2006 年 7 月 14 日 12～18 时(暴雨增幅发生前 6 h)和 14 日 18 时～15 日 0 时(增幅强降水发生时段)的结果,探索暴雨增幅的云微物理可能成因。

2. 暴雨增幅前及增幅发生时的降水和云中水凝物分布对比

1) 降水和云中水凝物含量水平分布特征对比

暴雨增幅发生前[2006 年 7 月 14 日 12～18 时,图 6.106 和图 6.107 中(a)、(c)和(e)]和增幅强降水发生时段[2006 年 7 月 14 日 18～15 日 0 时,图 6.106 和图 6.107 中(b)、(d)和(f)]累积降水及 6 h 平均的垂直整层累加的云中水凝物分布对比显示,暴雨增幅发生时段,地面降水强度及云中水凝物含量与暴雨增幅发生前相比均明显增强,6 h 最强降水由大于 50 mm 猛增至 220 mm 以上[图 6.106(a)、(b)],云水含量最大值由大于 3.5×10^{-3} g/g 增长为 6.5×10^{-3} g/g 以上[图 6.106(c)、(d)],雨水含量最大值由大于 4×10^{-3} g/g 增长为 18×10^{-3} g/g 以上[图 6.106(e)、(f)],雪粒子含量最大值由大于 4×10^{-3} g/g 增长为 12×10^{-3} g/g 以上[图 6.107(c)、(d)],而霰粒子含量最大值由大于 1×10^{-3} g/g 增长为 4×10^{-3} g/g 以上[图 6.107(e)、(f)];暴雨增幅发生前,固态水凝物(云冰、雪和霰)含量较少,范围也小,说明此时段以暖云发展和降水为主,冷云过程不明显,而增幅强降水发生时段,不仅液态水凝物(云水和雨水)出现明显发展,固态水凝物也出现显著增长,其中雪和霰粒子的极值增加了 2 倍以上,并且固态水凝物大值中心与此时段的强降水中心[图 6.106(b)]也有很好的对应,说明

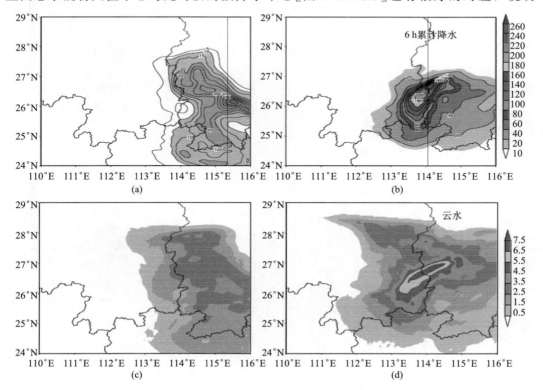

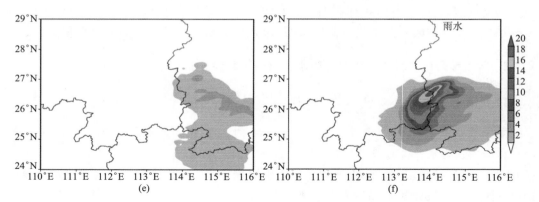

图 6.106　2006 年 7 月 14 日 12～18 时[(a)、(c)、(e)]和 7 月 14 日 18 时～15 日 0 时
[(b)、(d)、(f)]累积降水
（单位：mm）及 6 h 平均的垂直整层累加云中液态水凝物（单位：10^{-3} g/g）分布
(a)、(b)：6 h 累积降水；(c)、(d)：云水；(e)、(f)：雨水

此时段冷云过程得到显著发展，冰相过程对地面降水贡献明显加大（杨文霞等，
2010；花丛和刘奇俊，2011），降水云系发展旺盛、高大。

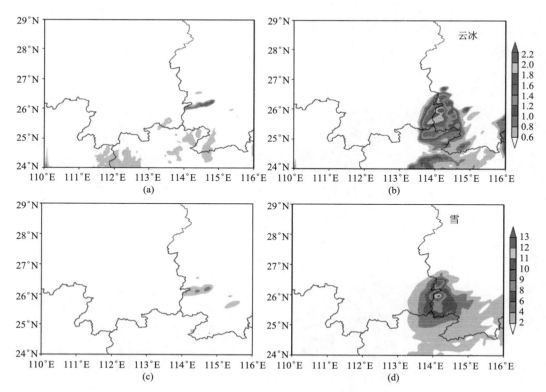

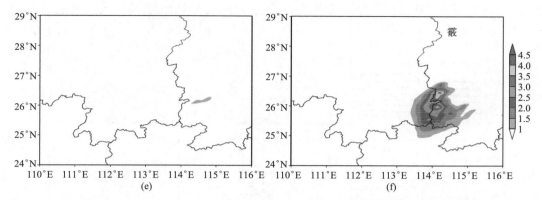

图 6.107　2006 年 7 月 14 日 12～18 时[(a)、(c)、(e)]和 7 月 14 日 18 时～15 日 0 时[(b)、(d)、(f)]
垂直整层累加的云中固态水凝物(单位：10^{-3} g/g)分布
(a)、(b)：云冰；(c)、(d)：雪；(e)、(f)：霰

2) 水凝物含量垂直分布特征对比

暴雨增幅发生前[2006 年 7 月 14 日 12～18 时，图 6.108 和图 6.109 中(a)～(c)]和
增幅强降水发生时段[2006 年 7 月 14 日 18～15 日 0 时，图 6.108 和图 6.109 中(d)～
(f)]经过图 6.106(a)、(b)中强降水中心的水凝物垂直剖面分布对比显示，14 日 12～18
时，降水强度较弱，上升运动不强，云水含量大值中心位于 0 ℃层以下，0 ℃层之上也
存在一定量值的过冷水[图 6.108(b)]，雨水主要分布于 0 ℃层之下[图 6.108(c)]，云
冰[图 6.109(a)]和雪[图 6.109(b)]主要分布于 0 ℃层之上，而霰大值区在 0 ℃层上下
均有分布，主体在 0 ℃层之上[图 6.109(c)]。14 日 18 时～15 日 0 时，发生暴雨增幅，
上升运动显著增大，达 1.4 m/s 以上，同时在 12 km 附近高空出现一定强度的下沉气
流，和上一时段相比，水凝物含量显著增加，尤其是固态水凝物[图 6.109(d)～(f)]含
量的增加更为明显，并且极值中心与地面强降水中心也有很好的对应关系，尤其是霰粒
子[图 6.109(f)]，显示出冰相粒子及冰相过程对地面降水的显著作用；此时段云水分
布也有明显变化，最大值高度升高到 0 ℃层附近，过冷水含量增加，并且云水大值中心
与地面降水中心也有非常好的对应[图 6.108(e)]，可见此时段暖云和冷云过程均对地
面降水有重要贡献。

3. 暴雨增幅前及增幅发生时云微物理过程对比

两时段强降水区域平均的云中水凝物垂直分布廓线(图 6.110)显示，暴雨增幅发生
时段[图 6.110(b)]，雨水含量较前一时段[图 6.110(a)]显著增加，与之相伴，云水、
雪粒子和霰粒子等水凝物的含量也出现较明显增长，且云水极值所处高度略有升高，越
过 0 ℃层[图 6.108(e)、图 6.110(b)]。雨水含量的显著增加与暴雨的明显增幅一一对
应，而其他云中水凝物，尤其是云水、雪粒子和霰粒子含量的增加则显示出这些云中水
凝物及其对应的微物理转化过程对增幅可能均起到一定作用，这些粒子之间的互相转化

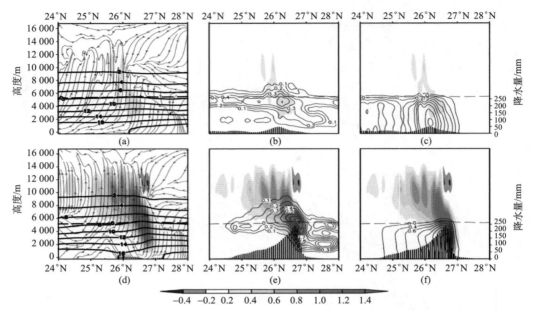

图 6.108　2006 年 7 月 14 日 12～18 时[(a)、(b)、(c)]和 14 日 18 时～15 日 0 时[(d)、(e)、(f)]经过强降水中心的水汽(单位：10^{-3} g/g)及云中液态水凝物(单位：10^{-3} g/g)垂直剖面分布。虚线：0 ℃温度线，柱状图：6 h 累积降水(单位：mm)，流线：垂直剖面风场，阴影：垂直速度(单位：m/s)，左侧纵坐标为高度，右侧纵坐标为 6 h 累积降水量，剖面位置见图 6.106

(a)、(d)：水汽；(b)、(e)：云水；(c)、(f)：雨水

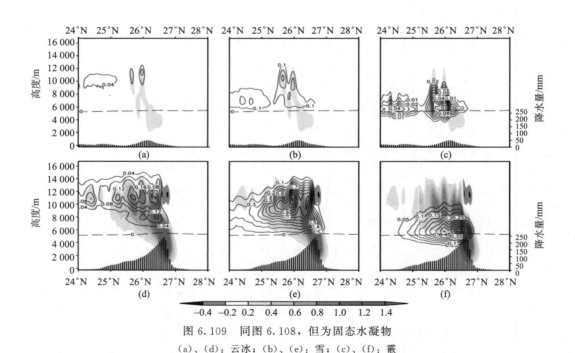

图 6.109　同图 6.108，但为固态水凝物

(a)、(d)：云冰；(b)、(e)：雪；(c)、(f)：霰

和消耗应该对雨水的增加,进而对地面降水的增强有重要贡献;暴雨增幅发生时段[图 6.110(b)],雨水含量比其他水凝物明显偏大,可能正是除雨水之外的各种水凝物相互转化和消耗,共同供应雨水含量增加的结果。

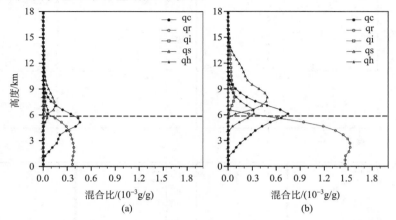

图 6.110　2006 年 7 月 14 日 12～18 时(a)和 14 日 18 时～15 日 0 时(b)强降水区域平均的云中水凝物(单位:10^{-3} g/g)垂直廓线分布

两时段强降水区域平均的云中水凝物云微物理转化率对比(图 6.111)显示,两个时段中,与强降水相关的云中雨水含量的主要来源均为两项,即 P_{racw}(雨水碰并云水造成雨水增长)和 P_{gmlt}(霰融化成雨水),其中 P_{racw} 项略大于 P_{gmlt} 项,暴雨增幅发生时段,这两个转化率均要明显强于增幅发生前,其他项变化不明显[图 6.111(a)、(b)],增加的雨水主要用于地面降水。P_{racw} 过程对云水的消耗主要由 Cnd 项(过饱和水汽凝结为云水)来补充[图 6.111(g)、(h)],而 P_{gmlt} 过程对霰粒子含量的消耗作为霰粒子的主要汇项,主要由 D_{gacs} 项(霰碰并雪增长)来补偿,D_{gacw}(霰碰并云水增长)等过程也起到一定作用[图 6.111(c)、(d)],D_{gacs} 过程作为云中雪粒子的主要消耗项,主要由 P_{sacw} 项(雪碰并云水造成雪增长)来提供[图 6.111(e)、(f)],同样,在云水收支中,P_{sacw} 过程也主要由 Cnd 过程来补偿[图 6.111(g)、(h)]。由此可见,此次暴雨增幅的发生与冷云和

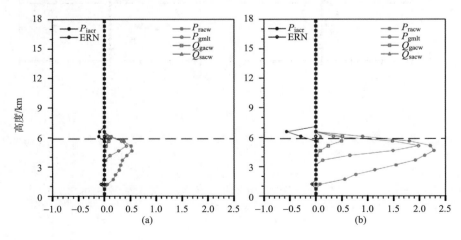

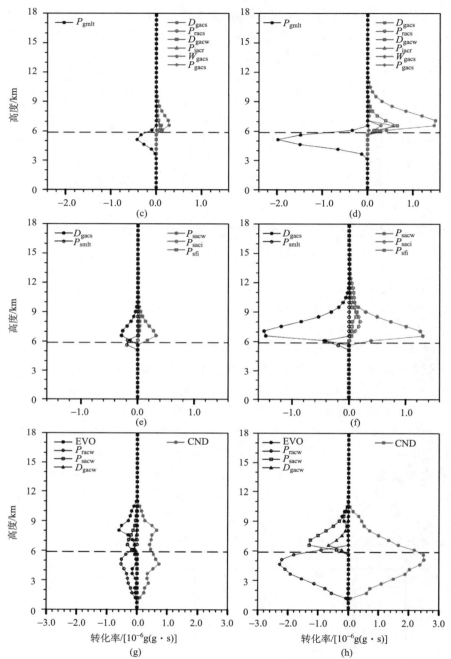

图 6.111　2006 年 7 月 14 日 12～18 时[(a)、(c)、(e)、(g)]及 14 日 18～15 时[(b)、(d)、(f)、(h)] 各种云中水凝物的云微物理转化率[单位：10^{-6}g/(g·s)]垂直廓线，虚线代表 0 ℃温度线

(a)、(b)：雨水；(c)、(d)：霰；(e)、(f)：雪；(g)、(h)：云水

暖云过程均有密切关系，云水、雪粒子和霰粒子的发展及相互转化均对云中雨水，以及地面降水的发展起到重要作用。

"碧利斯"(0604)暴雨增幅云微物理方面的可能成因可以总结为：伴随着季风涌的暴发，水汽输送和抬升均加强(Wang et al.，2010)，水汽凝结成云水过程(Cnd)随之明显加强，生成的大量云水一方面通过 P_racw 过程被雨水碰并收集直接转化为雨水，进而供应地面降水；另一方面通过 P_sacw 过程首先被雪粒子碰并收集，进而转化为霰(D_gacs)，并最终通过霰的融化过程(P_gmlt)生成雨水，贡献地面降水增幅(图 6.112)。

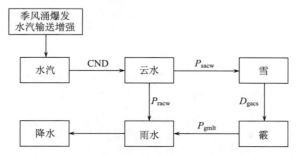

图 6.112　"碧利斯"(0604)暴雨增幅云微物理成因示意图

6.6　登陆台风风场结构与台风暴雨

6.6.1　有限域风场分解技术

分析登陆台风环流(中尺度)风场结构有利于深入理解登陆台风结构特征和降水过程，有限域水平风场旋转风和辐散风分解是中尺度风场结构分析的一种有效方法。水平风场可以分解为旋转风和辐散风两个部分：

$$\vec{V} = \vec{V}_\text{R} + \vec{V}_\text{D} \tag{6.116}$$

式中，$\vec{V}_\text{R}$ 和 $\vec{V}_\text{D}$ 分别为旋转风和辐散风。对水平风场分别作涡度和散度运算，并引入流函数和速度势的概念，得到

$$\vec{V} = \vec{k} \times \nabla\psi + \nabla\chi \tag{6.117}$$

$$\nabla^2\psi = \Omega \tag{6.118}$$

$$\nabla^2\chi = D \tag{6.119}$$

式中，Ω 和 D 分别为垂直涡度和水平散度；ψ 和 χ 分别为流函数和速度势。

Chen 和 Kuo(1992)提出了调和余弦函数展开办法，进行有限域风场的分解和重建。其物理思想为：首先把整个求解区域分为内、外两部分，各物理量分别由内部和外部变量单独决定，通过分别求解外部部分满足的耦合边值条件下的 Laplace 方程，以及内部部分满足的齐次边值条件下的 Poisson 方程，得到有限域的流函数和速度势，再根据式(6.117)得到无旋和无辐散风场。

定义在矩形区域 R：$[0 \leqslant x \leqslant L_x;\ 0 \leqslant y \leqslant L_y]$ 上的函数 $f(x, y)$ 可以分成调和(外

部)部分 $f_{\rm h}$ 和内部部分 $f_{\rm i}$。这里，函数的内部和调和部分由有限域内、外的物理量分别单独决定，内部部分用双余弦函数展开，则调和余弦风场分解方法可表达为

$$\nabla^2 f_{\rm hc} = 0 \tag{6.120}$$

$$\frac{\partial f_{\rm hc}}{\partial n} \Big|_{\Sigma} = \frac{\partial f}{\partial n} \Big|_{\Sigma} \tag{6.121}$$

$$\nabla^2 f_{\rm ic} = \nabla^2 f \tag{6.122}$$

$$\frac{\partial f_{\rm ic}}{\partial n} \Big|_{\Sigma} = 0 \tag{6.123}$$

$$f(x,y) = f_{\rm hc}(x,y) + f_{\rm ic}(x,y) \tag{6.124}$$

　　调和余弦方法在有限域风场分解与重建上的优势为：求解流函数和速度势的边界条件无需对边界上的风分量作线积分运算，避免了积分的连续性问题，分解得到的风场更准确；迭代次数少，收敛快。下面利用该方法，对登陆台风风场开展分解分析。

6.6.2　登陆台风风场有限域分解

　　将上述有限域风场分解技术应用于 2006 年台风"桑美"（Saomai-0608）和 2008 年台风"凤凰"（Fungwong-0808）的风场分解（周玉淑等，2008；周玉淑和曹洁，2010；Zhou et al.，2010；邓涤菲和周玉淑，2011）。

　　2006 年台风"桑美"于 8 月 5 日在关岛附近洋面生成，9 日加强为超强台风，10 日在浙江省苍南县登陆，登陆时中心气压 920 hPa，近中心最大风力 17 级（风速 60 m/s），是近50 年来登陆浙江的最强台风，霞关观测到的极大风速达 68 m/s，破浙江极大风速历史纪录，"桑美"为超强台风，但生命期却不长，登陆后很快减弱消亡。

　　2006 年 8 月 10 日 0 时 UTC"桑美"即将登陆前，1000 hPa 原始水平风场上的台风"桑美"环流位于浙江、福建交界处的东部海面[图 6.113（a）]，无辐散风分量上的台风"桑美"环流已经明显减弱，最强涡旋中心出现在南海和菲律宾以东洋面上[图 6.113（b）]，台风"桑美"还存在弱辐合气流，而明显的辐合中心，以及呈西北—东南走向的辐合线则出现在洋面上[图 6.113（c）]。台风涡旋对应的正涡度中心比较清楚[图 6.113（d）]，但散度场分布很凌乱[图 6.113（e）]，在台风"桑美"中心附近更是出现辐合和辐散相间的分布，与正涡度中心对应的是明显的辐散区，结合台风"桑美"路径图及天气图不难发现，台风"桑美"即将登陆时，辐散风场对应的台风中心比原始风场和旋转风场要更接近实际台风中心。

　　8 月 11 日 0 时 UTC"桑美"登陆后，台风环流明显减弱[图 6.114（a）、（b）]，虽然仍维持有弱的辐合，但整个场上明显的气流辐合中心已经南移到西太平洋上的对流活跃区域[图 6.114（c）]，明显不利于陆地上涡旋的维持和发展。可见，分解后的无辐散风场和无旋风场能更好地显示"桑美"登陆后外围环境场对其维持的影响：一方面，在"桑美"即将登陆我国浙江的几个时次，无辐散风场显示了我国南海到西太平洋一带海域涡旋活动频繁，减弱（阻挡）了洋面上水汽向北边陆地的输送，大量水汽只能沿着洋面上的

图 6.113　2006 年 8 月 10 日 0 时 UTC 1000 hPa（a）原始风场、（b）无辐散风场、（c）无旋风场以及 850 hPa（d）涡度场（阴影区为正涡度，单位：$10^{-4}/s$）和（e）散度场（深色阴影区为辐散，浅色为辐合，单位：$10^{-4}/s$）

气旋性环流向东输送到西太平洋上，与来自副高外围的偏东气流辐合于菲律宾以东洋面，不利于登陆后"桑美"的维持和发展。另一方面，从 200 hPa 原始风场和无旋风分量的分布来看，原始风场上最显著的是南亚高压，在南海和菲律宾以东洋面高层能看到弱辐散，而分解得到的无旋风分量在南亚高压区域及洋面上空的辐散特征均比原始风场要明显得多。"桑美"登陆时，200 hPa 辐散气流出现在南亚高压中心、南海，以及菲律宾以西及以东洋面上，洋面上低层辐合、高层辐散的环流使得该地区对流活动发展，而"桑美"上空没有明显的辐散气流与之相对应，"桑美"登陆后迅速衰减的原因，除了水汽得不到及时补充以外，也与这种高、低层动力条件的配置有关。

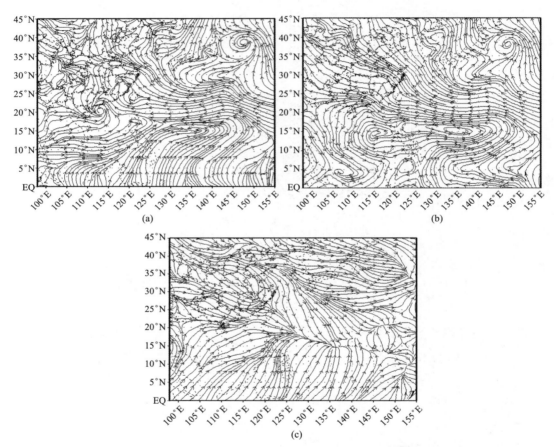

图 6.114　2006 年 8 月 11 日 00UTC 1 000 hPa 原始风场(a)、无辐散风场(b)和无旋风场(c)

　　"桑美"无辐散风分量的分布与原始风场具有很好的一致性，其量值远大于无旋风分量，说明即使是在高度非地转的台风环流中，无辐散风仍是主要分量[图 6.115(a)、(b)]。但是，值得关注的是，"桑美"在 850 hPa 层上的无旋风分量呈现出辐散特征[图 6.115(c)]，说明"桑美"的辐散气流可能十分深厚。而只有低层很强的辐合才能补偿如此深厚的中高层辐散，因而"桑美"呈现出超强台风态势。

　　2008 年"凤凰"于 7 月 25 日在菲律宾东部洋面生成，28 日以强台风(中心气压

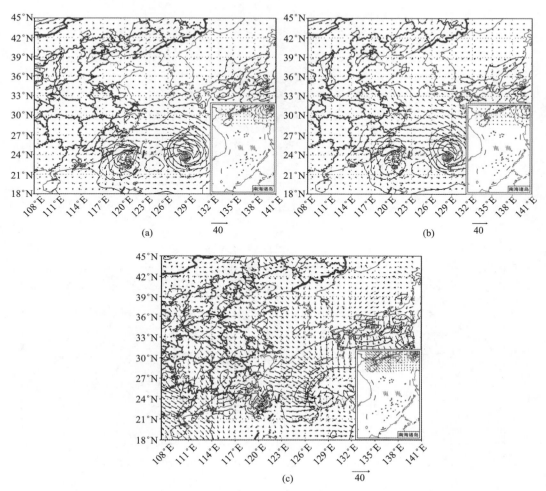

图 6.115　2006 年 8 月 9 日 00UTC 850 hPa 原始风场和风速等值线(a)、无辐散风场
和风速等值线(b)和无旋风场和风速等值线(c)

955 hPa，近中心最大风速 45 m/s)强度在台湾花莲登陆，28 日夜间在福建省福清再次登陆，登陆后，继续深入陆地，强度逐渐减弱。"凤凰"影响时间长，从登陆福建到停止编号，在内陆共滞留 52 h。"凤凰"环流中仍然是准地转部分的风分量占主导(图 6.116)，无辐散风[图 6.116(b)]无论是分布形势还是量值均与全风场相近[图 6.116 (a)]，无旋风数值明显小于无辐散风[图 6.116(c)]；而风场非对称结构除了与无辐散风有关，也与无旋风有关。无辐散风的非对称特征主要出现在台风东西两侧，而无旋风的非对称特征则主要出现在台风南北两侧，这个特点与"桑美"明显不同，"桑美"的非对称结构主要由无辐散分量决定。而且，在"凤凰"发展不同阶段，其无辐散风虽然有变化，但其变化小于无旋风，"凤凰"的强度变化主要由无旋风决定。

　　"凤凰"处于热带低压阶段时，7 月 25 日 8 时，对流层中低层 1000～700 hPa 出现明显的无旋风辐合，层次越低，辐合越明显，低层明显的辐合中心出现在"凤凰"环

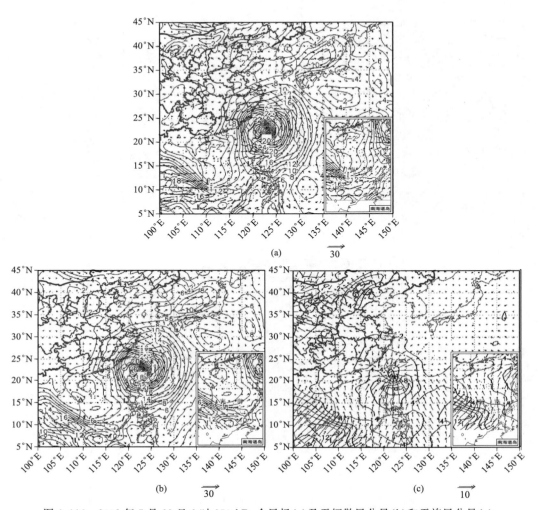

图 6.116　2008 年 7 月 28 日 2 时 850 hPa 全风场(a)及无辐散风分量(b)和无旋风分量(c)

流中心附近。600 hPa 上有弱的辐合区位于台风移动后方，400 hPa 以上为弱辐散；26 日 08 时(图 6.117)，"凤凰"已发展成为强热带风暴，此时，600～700 hPa，台风中心附近仍然是明显的辐合[图 6.117(a)、(b)]，500 hPa 上，台风中心右侧也开始出现明显辐合[图 6.117(c)]。200 hPa 上，南亚高压外围大范围的辐散占主导地位[图 6.117(d)]，"凤凰"对应弱辐散气流，低层辐合、高层辐散的动力配置已形成，有利于台风进一步发展。27 日 8 时，"凤凰"发展到台风级别，与 26 日 8 时(图 6.117)相比，700 hPa、600 hPa 上台风的辐合继续加强，中心附近无旋风等值线从 2 m/s 增加到 4 m/s，辐合最明显的变化发生在对流层中层(500 hPa)；200 hPa 上辐散也明显增强，无旋风速从 6 m/s 迅速增强到 16 m/s；"凤凰"辐合层次较高，最高时甚至在 300～400 hPa 附近都出现辐合，有深厚的辐合层，这也是其与"桑美"(图 6.115)明显不同的地方。

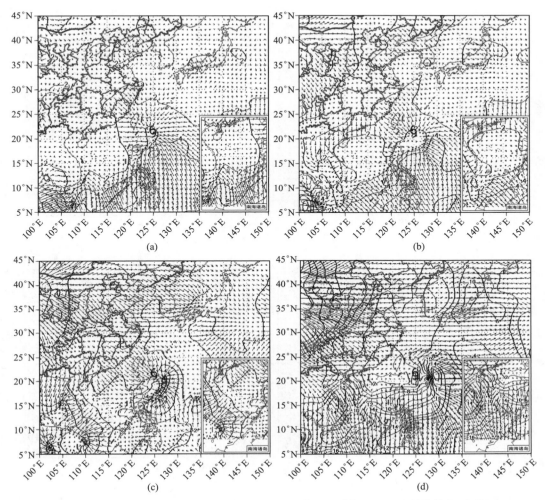

图 6.117　2008 年 7 月 26 日 8 时无旋风分量(矢量箭头，单位：m/s)及其等值线(实线)在
700 hPa(a)、600 hPa(b)、500 hPa(c)和 200 hPa(d)上的分布，台风符号表示该时刻"凤凰"中心位置

　　28 日 08 时(图 6.118)，"凤凰"已经以强台风量级登陆台湾，其中低层辐合形势与
27 日 08 时类似，500 hPa 及其以下各层均为辐合，但 500 hPa 上的辐合(无旋)风速已
从 4～6 m/s 减弱到 2～4 m/s，而在 200 hPa 上，"凤凰"中心附近上空仍维持着强辐
散；首次登陆后，"凤凰"受到台湾地形影响，结构发生了一定变化。28 日 22 时，"凤
凰"以台风量级再次登陆福建，其中低层辐合形势仍与之前类似，500 hPa 及其以下层
次均为辐合，但 500 hPa 的辐合(无旋)风速明显减弱；200 hPa 上仍维持着强辐散。29
日 0 时，700 hPa 以下"凤凰"环流中心附近仍然维持辐合，但 500～600 hPa 上不再有统
一的辐合中心，而是表现为台风东侧东南沿海海岸线附近的辐合线；200 hPa 的辐散中
心也不再位于台风中心附近上空，而向其西南方向移动。二次登陆后，700 hPa 以下辐
合继续维持，但中层辐合逐渐减弱，低层到高层的辐合中心和辐散中心不再对应，出现
倾斜；相应的，"凤凰"强度减弱为热带风暴。

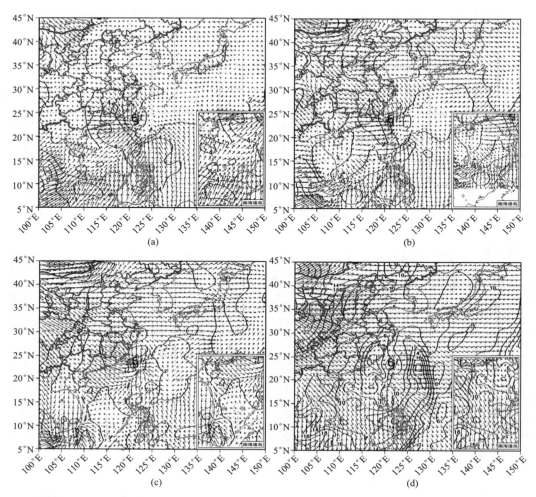

图 6.118　2008 年 7 月 28 日 8 时无旋风分量（矢量箭头，单位：m/s）及其等值线（实线）在
700 hPa(a)、600 hPa(b)、500 hPa(c)和 200 hPa(d)上的分布，台风符号表示该时刻"凤凰"中心位置

　　30 日 08 时（图 6.119），700 hPa 和 600 hPa 上，原台风中心附近的辐合逐渐移动到风暴中心东北部，500 hPa 上的辐合中心移到浙江海岸线附近，200 hPa 上的强辐散中心移动到华南上空，低层辐合和高层辐散进一步分离；由于低层辐合高度仍维持在600 hPa，辐合层次仍较深厚，所以"凤凰"减弱速度偏慢，低压维持时间较长。31 日 8时，850 hPa 以下各层仍维持辐合，700 hPa 和 600 hPa 上的辐合区均减弱，500 hPa以上各层则基本无辐合气流。随着辐合层逐渐减低，"凤凰"环流也逐渐减弱，但因其早期辐合层较深厚，登陆后因辐合被填塞的速度较慢，导致"凤凰"登陆后维持时间较长。

　　从"凤凰"登陆前、后无旋风分布与 6 h 降水落区对应关系来看，无论是登陆前还是登陆后，降水区与低层无旋风分量辐合区位置均大体吻合，降水主要出现在辐合中心附近。从分解后的无旋风分量在不同层次的分布及对应时刻"凤凰"的强度对比来看，当辐

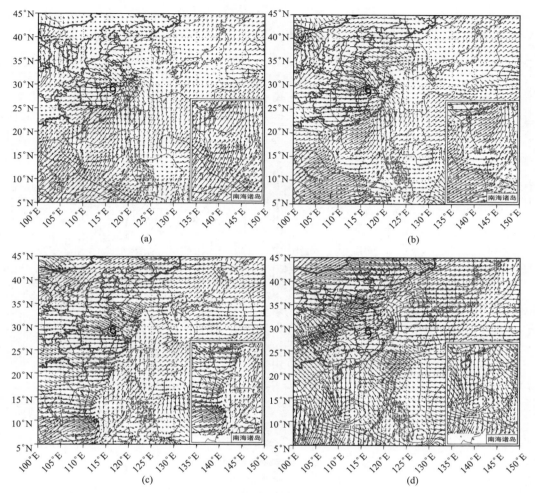

图 6.119　2008 年 7 月 30 日 8 时无旋风分量(矢量箭头，单位：m/s)及其等值线(实线)在
700 hPa(a)、600 hPa(b)、500 hPa(c)和 200 hPa(d)上的分布，台风符号表示该时刻"凤凰"中心位置

合中心抬高到 500 hPa 附近时，台风强度加强，逐渐达到并维持在强台风级别，当辐合中心高度下降后，台风强度则逐渐减弱。可见，在"凤凰"发展的不同阶段，其无旋风结构变化明显，这是从风场分解角度看到的"凤凰"风场的主要特点。

6.6.3　登陆台风风场结构变化与暴雨增幅

2006 年还有一个登陆台风值得关注，即 6.5 节提到的"碧利斯"(0604)，其生命史之长，降水强度之大，影响范围之广，历史罕见。"碧利斯"登陆后，7 月 14 日 18 时～15 日 6 时，湖南、江西和广东三省交界附近地区发生明显暴雨增幅，本章前面部分内容从不同角度研究了与这次登陆相关的暴雨增幅，下面利用上述有限域风场分解方法，进一步探讨暴雨增幅与台风风场结构变化之间的可能联系。

在"碧利斯"降水增幅的整个过程中，"碧利斯"的原始风场（图 6.120）上，大风区主
要出现在台风的东部及北部区域，而风速变化较大的区域则是西北部地区，降水开始增
幅时刻，除了"碧利斯"西南部区域外，其他区域的风速都大于 15 m/s，随着"碧利斯"
西移及降水增幅发展，其中心以北地区的大风区逐渐减小并被切断，随后其西北部的小
范围风速大于 15 m/s 的区域向南发展并减小，但这个区域与降水增幅区域并不重叠，
也就是说，原始风场的变化与降水增幅的关系并不明显。"碧利斯"降水增幅前后，原始
风场上的大风区主要出现在台风东部及北部区域，而降水增幅区（台风环流西南部区域）
附近的风场变化并不明显。

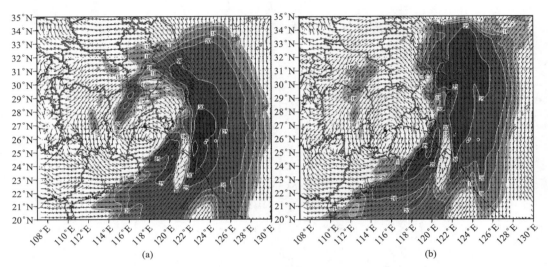

图 6.120　900 hPa 原始风场（实线及阴影区为风速大于 15 m/s 的区域），长虚线为台风路径，
台风符号代表该时刻台风中心所处位置
(a)7 月 14 日 12 时；(b)7 月 15 日 0 时

　　从相同时刻的无辐散风分布来看（图 6.121），其与原始风场的分布及变化类似，大
风区都位于"碧利斯"环流的东部。在降水增幅时期，如 15 日 0 时，原始风场上西北部
地区大于 15 m/s 的大风区域在无辐散风分布上不明显，在"碧利斯"西北部，只有较小
范围的区域刚刚达到 15 m/s，且这个区域到 15 日 18 时已完全消失。在暴雨增幅期间，
增幅区附近上空无辐散风场也没有出现明显变化，说明与原始风场类似，无辐散风变化
与降水增幅的关系也不明显。
　　与原始风场及无辐散风分布和变化相比，在"碧利斯"暴雨增幅前后，无旋风分布及
强度在降水增幅区域附近均出现明显变化，"碧利斯"登陆后的暴雨增幅可能与无旋风的
强弱变化有一定关系（图 6.122）。7 月 14 日 12 时，暴雨增幅发生前，900 hPa 无旋风大
值区仍然主要出现在台风中心东南至东北侧[图 6.122(a)]；7 月 15 日 0 时[图 6.122
(b)]，降水明显加大（增幅），900 hPa 无旋风分布较之前有很大变化，东北侧无旋风大
风区明显减弱，而西南侧暴雨增幅区域附近无旋风速突然增大至 11 m/s，各种来向气
流涌入台风西南侧，辐合明显加强，有利于降水增幅。

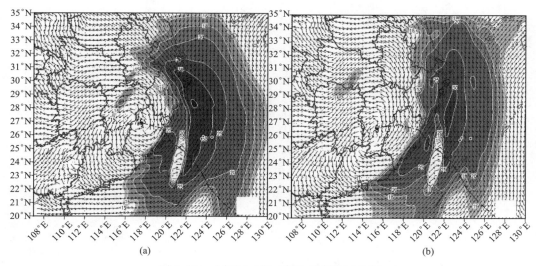

图 6.121　同图 6.120，但为无辐散风分布

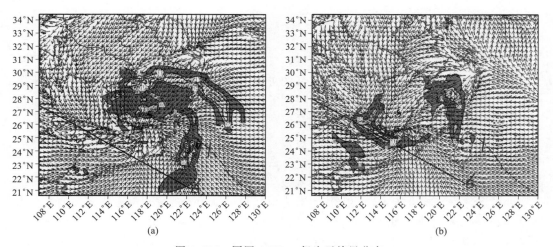

图 6.122　同图 6.120，但为无旋风分布

　　从暴雨增幅前后无旋风的垂直结构来看，7 月 14 日 12 时，过"碧利斯"西南部暴雨增幅区域的垂直剖面图[图 6.123(a)]显示，暴雨增幅区域上空尚未形成一致的垂直上升运动；7 月 15 日 0 时，沿图 6.122(b)中 AB 线的垂直剖面图[图 6.123(b)]上，高、中、低层的无旋风速均明显增大，低层以 900 hPa 为中心，最大无旋风速增大到 10 m/s，中层在 112°E 左右 600~700 hPa 风速增大到 6 m/s，而更高一点在 116°E 附近增加到 10 m/s，200 hPa 台风西侧的无旋风增大到 15 m/s，低层辐合、高层辐散的动力场结构加强并维持，使得整层的垂直上升速度在 600 hPa 达到 −2Pa/s。可见，暴雨增幅时段暴雨区上空无旋风明显增强，伴随垂直运动调整，垂直上升运动将水汽向高层输送，带来强降水。

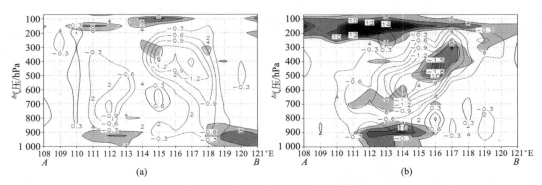

图 6.123　沿图 6.122 中 AB 线的无旋风(阴影区：无旋风速大于 6 m/s)及垂直速度分布

(a)7 月 14 日 12 时；(b)7 月 15 日 0 时

6.7　登陆台风风雨动力预报技术

6.7.1　登陆台风暴雨动力预报技术及其应用

国内、外有很多优秀的数值预报模式，气象学者在改善模式性能，提高初始场质量等方面做了大量工作，取得了很多有意义的进展，有效提高了数值预报水平。但由于资料和模式误差尚难以完全消除，造成预报误差不可避免，因此，如何对现有数值预报产品进行更好的释用，进而减小预报误差，变得十分重要。

台风降水区有如下主要热、动力学特点：垂直上升运动强烈，热量垂直输送较强，凝结潜热释放明显，湿等熵面向下伸展，低层气旋性环流辐合和水平风垂直切变显著；其中，垂直速度、位温平流、凝结潜热函数和广义位温的异常值区主要呈垂直分布，水平梯度及底部垂直梯度较大。这些热、动力学特点可以用宏观物理量来描述，如湿热力平流参数(D_1)、对流涡度矢量垂直分量(D_2)、热力波作用密度(D_3)、热力位涡波作用密度(D_4)、热力位势散度波作用密度(D_5)、斜压涡度(D_6)和位势切变形变波作用密度(D_7)(冉令坤等，2011；楚艳丽等，2013；Gao and Ran，2009；Ran et al.，2009；Ran et al.，2010，2013)等(表 6.14)，其中 D_1 考虑了 3 维位温平流输送，D_2 包含了水平风垂直切变，D_3、D_4 和 D_5 从波流相互作用角度分别引入了扰动垂直速度、扰动涡度和扰动散度，D_6 体现了垂直于位温梯度平面内的涡度分量，D_7 考虑了水平风场的形变效应；同时，这些因子还包含广义位温(或其扰动)或凝结潜热函数的水平梯度，兼顾大气湿斜压性，由于广义位温包含凝结潜热函数，因此这些因子在一定程度上体现了凝结潜热的作用。

诊断分析表明，动力因子 D_1、D_2、D_3、D_4、D_5、D_6 和 D_7 能够反映降水区对流层中低层垂直速度，水平风垂直切变、散度、涡度、形变、凝结潜热和广义位温的垂直分布特点，综合体现了大气热、动力和水汽垂直结构特征，在热、动力特征明显的地区因子表现为高值；上述热、动力特征在暴雨过程中是比较普遍的，因此这些动力因子对暴雨落区有一定预测和指示作用。例如，2009 年 6 月 1 日～10 月 1 日我国福州地区热力位涡波作用密度与观测降水的时间演变趋势非常接近(图 6.124)，热力位涡波作用密度在强降水时段表现为强信号，意味着波活动剧烈，而在非降水期或弱降水期，数值较小，表现为弱信号，表明波活动不明显，热力位涡波作用密度与观测降水的相关系数达 0.78226，均方根误差(RMSD)为 0.11117，小于观测降水的标准差(Sd＝0.12046)，表明二者相关性良好，并且通过显著性检验。2009 年夏季除了台风暴雨过程还包括其他降水过程，因此热力位涡波作用密度因子具有一定的适用性，不但可以用于台风暴雨过程的诊断分析，也可用于其他降水过程的研究，这主要是因为热力位涡波作用密度异常依赖于凝结潜热函数的垂直分布，而凝结潜热函数几乎在各种降水过程中都呈现高值，因此热力位涡波作用密度与降水具有良好的相关性。

表 6.14　动力因子定义和物理意义

名称	定义	表达式	物理意义
湿热力平流参数	三维位温平流的水平梯度与广义位温水平梯度的标量积	$D_1 = -\nabla_h (\boldsymbol{V} \cdot \nabla\theta) \cdot \nabla_h \theta^*$ 式中，$\boldsymbol{V} = (u, v, \omega)$ 为速度矢量；u、v 和 ω 分别为纬向、经向和垂直速度；$\theta = T \left(\dfrac{p_s}{p}\right)^{\frac{R}{c_p}}$ 为位温； $\theta^* = \theta \exp\left[\dfrac{L_v q_s}{c_p T_c}\left(\dfrac{q_v}{q_s}\right)^k\right]$ 为广义位温；$\nabla_h = \dfrac{\partial}{\partial x}\boldsymbol{i} + \dfrac{\partial}{\partial y}\boldsymbol{j}$， $\nabla = \dfrac{\partial}{\partial x}\boldsymbol{i} + \dfrac{\partial}{\partial y}\boldsymbol{j} + \dfrac{\partial}{\partial z}\boldsymbol{k}$	综合描述水平锋生与大气湿斜压性的耦合作用
对流涡度矢量垂直分量	涡度与广义位温梯度矢量积的垂直分量	$D_2 = -\dfrac{\partial u}{\partial z}\dfrac{\partial \theta^*}{\partial x} - \dfrac{\partial v}{\partial z}\dfrac{\partial \theta^*}{\partial y}$	综合描述水平风速垂直切变与广义位温水平梯度的耦合特征
热力波作用密度	垂直速度扰动与广义位温扰动的雅可比	$D_3 = \dfrac{\partial \omega_e}{\partial y}\dfrac{\partial \theta_e^*}{\partial x} - \dfrac{\partial \omega_e}{\partial x}\dfrac{\partial \theta_e^*}{\partial y}$ 式中，下标 "$_e$" 为扰动态	与垂直速度有关的二阶扰动位涡，作为二阶扰动量，代表波能量
热力位涡波作用密度	扰动水平风矢量$(u_e, v_e, 0)$的旋度与广义位温扰动梯度的标量积	$D_4 = -\dfrac{\partial v_e}{\partial p}\dfrac{\partial \theta_e^*}{\partial x} + \dfrac{\partial u_e}{\partial p}\dfrac{\partial \theta_e^*}{\partial y} + \left(\dfrac{\partial v_e}{\partial x} - \dfrac{\partial u_e}{\partial y}\right)\dfrac{\partial \theta_e^*}{\partial p}$	与水平速度有关的二阶扰动位涡，包含扰动水平风垂直切变和扰动涡度等信息
热力位势散度波作用密度	扰动矢量$(v_e, u_e, 0)$的旋度与广义比容扰动梯度的标量积	$D_5 = -\dfrac{\partial u_e}{\partial z}\dfrac{\partial \theta_e^*}{\partial x} - \dfrac{\partial v_e}{\partial z}\dfrac{\partial \theta_e^*}{\partial y} + \left(\dfrac{\partial u_e}{\partial x} + \dfrac{\partial v_e}{\partial y}\right)\dfrac{\partial \theta_e^*}{\partial z}$	对流涡度矢量垂直分量的扰动与散度扰动以及广义位温扰动的耦合作用

名称	定义	表达式	物理意义
斜压涡度	涡度在斜压力管方向的投影	$$D_6 = \nabla \times \vec{V}_h \cdot (\nabla p \times \nabla \alpha^*)$$ 式中，$(\nabla p \times \nabla \alpha^*)$ 为湿大气斜压力管；α^* 为湿大气比容；$\nabla = \dfrac{\partial}{\partial x}\boldsymbol{i} + \dfrac{\partial}{\partial y}\boldsymbol{j} + \dfrac{\partial}{\partial z}\boldsymbol{k}$	涡度拟能局地变化的强迫项
热力位势切变形变波作用密度	扰动矢量（$-u_e$，v_e，0）的旋度与广义比容扰动梯度的标量积	$D_7 = -\dfrac{\partial v_e}{\partial z}\dfrac{\partial \theta_e^*}{\partial x} - \dfrac{\partial u_e}{\partial z}\dfrac{\partial \theta_e^*}{\partial y} + \left(\dfrac{\partial v_e}{\partial x} + \dfrac{\partial u_e}{\partial y}\right)\dfrac{\partial \theta_e^*}{\partial z}$	关于 y 轴对称的扰动水平风矢量的旋度在广义位温扰动梯度方向上的投影

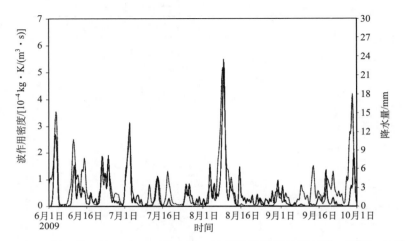

图 6.124　2009 年 6 月 1 日 0 时～10 月 1 日 0 时（UTC）福州地区（25°～28°N，118°～121°E）区域平均的热力位涡波作用密度［虚线，单位：$10^{-4}\,\mathrm{kg \cdot K/(m^3 \cdot s)}$］和 6 h 累积观测降水（实线，单位：mm）的时间演变

为把上述动力因子与观测降水的良好相关性应用到实际台风暴雨预报中，发展登陆台风暴雨动力预报技术，建立动力因子登陆台风暴雨预报方程。首先假设研究区域每一个格点上存在如下形式的动力因子与观测降水的动力统计模型：

$$y = c_i D_i, \quad i = 1, \cdots, 7 \tag{6.125}$$

式中，y 为 6 h 观测降水量；D_i 为利用分析资料计算的第 i 个动力因子；c_i 为第 i 个动力因子的有量纲系数。针对每个动力因子，在每个格点上对式（6.125）进行回归分析，根据最小二乘法原理，求解系数 c_i，在此基础上，建立动力因子登陆台风暴雨预报方程：

$$\tilde{y} = c_i \tilde{D}_i \tag{6.126}$$

式中，$\tilde{D}_i$ 为利用数值模式预报场资料计算的第 i 个动力因子；$\tilde{y}$ 为第 i 个动力因子预报的 6 h 降水量，称之为动力因子预报降水量。

　　下面利用美国国家环境预报中心（National Centers for Environmental Prediction，NCEP）的全球预报系统（global forecast system，GFS）的初始场和预报场资料，以热力位势切变形变波作用密度（D_7）和热力位势散度波作用密度（D_5）为例，说明上述登陆台风暴雨动力预报技术的应用。GFS 是 NCEP 的业务预报模式之一，每日 0 时、6 时、12 时、18 时 UTC 四次间隔 6 h 循环预报；GFS 的后处理模块把预报结果插值到等压面，形成水平分辨率为 $0.5° \times 0.5°$，垂直方向上 26 个等压面的可供全球用户免费使用的预报场资料。

　　热力位势切变形变波作用密度 D_7（表 6.14）代表一种扰动能量，表征水平扰动风场的垂直切变$\left(\dfrac{\partial u_e}{\partial z} 和 \dfrac{\partial v_e}{\partial z}\right)$和切变形变$\left(\dfrac{\partial v_e}{\partial x} + \dfrac{\partial u_e}{\partial y}\right)$与广义位温扰动梯度（$\nabla\theta_e^*$）的综合效应。其定义式可改写为

$$D_7 = (\nabla \times \vec{V}_{rhe}) \cdot \nabla\theta_e^* \tag{6.127}$$

式中，$\vec{V}_{rhe} = (-u_e,\ v_e,\ 0)$ 为 $\vec{V}_{he} = (u_e,\ v_e,\ 0)$ 关于 y 轴对称的扰动水平风矢量；D_7 为关于 y 轴对称的扰动水平风矢量的旋度在广义位温扰动梯度方向上的投影（楚艳丽等，2013）。

　　2009 年夏季 4 个登陆台风个例的观测降水和热力位势切变形变波作用密度预报的降水对比（图 6.125）显示，台风"苏迪罗""天鹅""莫拉菲""巨爵"引发的暴雨主要发生在我国东南沿海地区，波作用密度预报降水区[利用 GFS 12 h 预报场资料计算波作用密度，然后由式（6.126）计算得到预报降水]位于观测台风暴雨区内，二者中心位置比较接近，位势切变形变波作用密度预报降水能够反映实际台风暴雨的落区，表现出一定的预报能力，预报降水比观测实况略偏强。区域（20°～35°N，105°～125°E）内位势切变形变波作用密度预报降水与 GFS 模式本身预报降水（简称模式预报降水）的格点公平技巧评分（equitable threat score，ETS），分析表明（图 6.126），2009 年 6 月 2 日～10 月 1 日位势切变形变波作用密度预报降水和模式预报降水的 ETS 评分为 0～0.5，大部分极大值大于 0.2，表明波作用密度预报降水和模式预报降水均有一定预报技巧；在大部分研究时段内，如图 6.126(a)中 7 月 22 日～8 月 1 日，波作用密度预报降水的评分略高于模

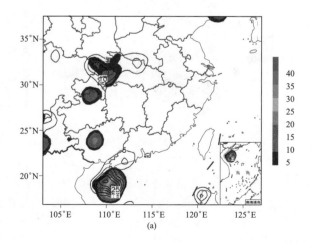

(a)

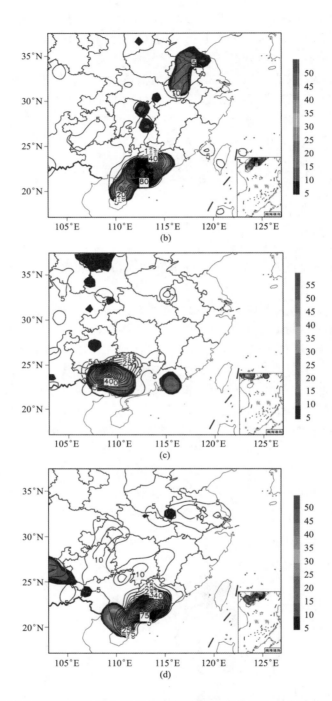

图 6.125　2009 年利用 NCEP GFS 12 h 预报场资料计算的位势切变形变波作用密度预报的 6 h
累积降水量(黑色等值线，单位：mm)与观测 6 h 累积降水量(彩色填色区，mm)

(a)7 月 12 日 0 时 (UTC)登陆台风"苏迪罗"(Soudelor-0905)；(b)8 月 6 日 0 时(UTC)登陆台风"天鹅"(Goni-0907)；
(c)7 月 19 日 12 时(UTC)登陆台风"莫拉菲"(Molave-0906)；(d)9 月 15 日 0 时(UTC)登陆台风"巨爵"(Koppu-0915)

式预报降水，在部分研究时段内，如图 6.126(a)中 7 月 1～10 日两者评分相当，也有个别研究时段前者评分略低于后者，如图 6.126(a)中 7 月 15～20 日；12 h 和 24 h 预报的大于 10 mm 的降水，2009 年夏季平均的位势切变形变波作用密度预报降水 ETS 评分分别为 0.101 和 0.085，略高于模式预报降水的评分(0.091 和 0.071)，表明位势切变形变波作用密度降水平均预报能力略高于 GFS 模式的降水预报。

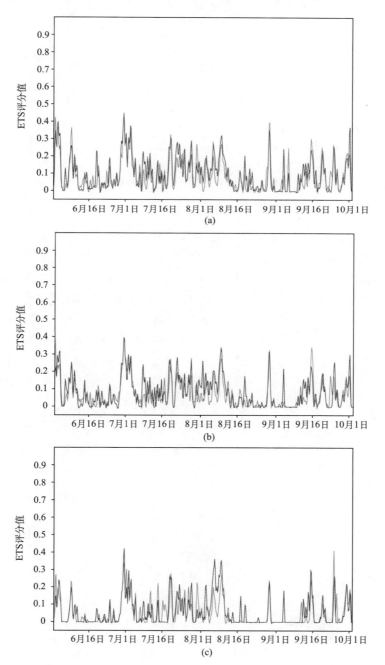

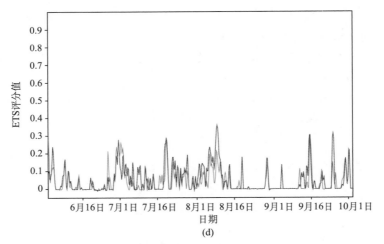

图 6.126　2009 年 6 月 2 日～10 月 1 日华南地区(20°～35°N，105°～125°E)6 h 观测降水量大于 10 mm[(a)、(b)]和大于 20 mm[(c)、(d)]的 GFS 12 h 预报[(a)、(c)]和 24h 预报[(b)、(d)]计算的位势切变形变波作用密度降水量(蓝色实线)以及 GFS 预报降水量(红色实线)的 ETS 评分

利用 GFS 24 h 预报场计算的热力位势散度波作用密度(D_5)预报的降水与 GFS 模式预报降水，以及观测降水对比(图 6.127)显示，2009 年 8 月 8 日 12 时(UTC)热力位势散度波作用密度预报的降水区覆盖观测降水区，但范围略大，由于所用降水资料未包含台湾，因此那里的波作用密度预报降水没有与观测降水相对应。GFS 本身预报降水的主体位于台湾岛，大陆地区预报降水偏弱。9 日 12 时(UTC)，台风登陆后，波作用密度预报降水的落区与观测降水大体吻合，预报降水中心略偏离观测降水；虽然 GFS 预报降水与观测降水落区也比较匹配，但预报降水中心位于观测降水区边缘。ETS 评分分析(图 6.128)显示，8 月 6～8 日热力位势散度波作用密度对 20 mm 以上降水预报的 ETS 评分较高，而 8～10 日对小于 30 mm 降水预报的 ETS 评分较高；与 GFS 预报降水评分相比，6～10 日波作用密度预报降水的评分略高。

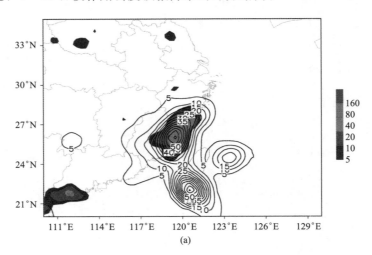

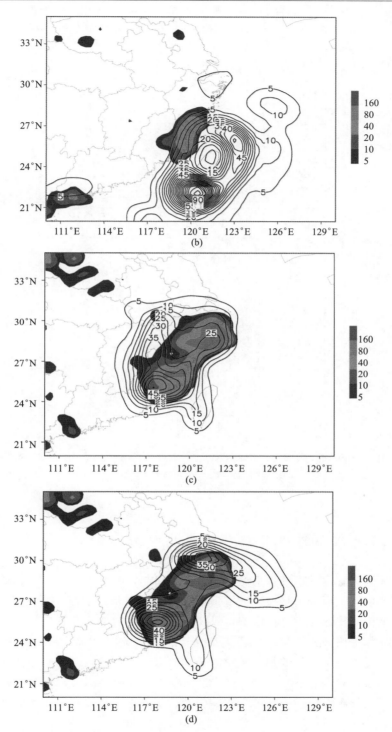

图 6.127 2009 年 8 月 8 日 12 时(UTC)〔(a)、(b)〕和 9 日 12 时(UTC)〔(c)、(d)〕24 h 预报的降水（等值线，mm）和 6 h 观测降水（填色，mm），其中(a)和(c)为热力位势散度波作用密度预报降水（等值线，mm），(b)和(d)为 GFS 模式预报降水（等值线，mm），（彩色填色区代表 6 h 观测降水(mm)）

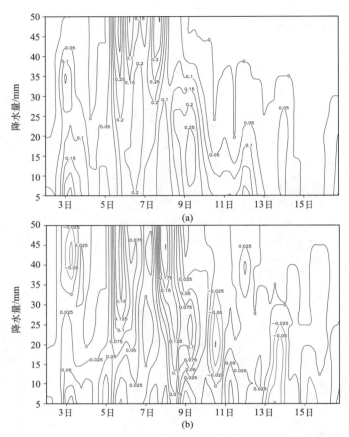

图 6.128　2009 年 8 月 2 日至 16 日热力位势散度波作用密度降水预报 ETS 评分(a)
及其与 GFS 降水预报评分的差(b)

6.7.2　数值预报登陆台风风场动力释用方法及其应用

　　台风造成的灾害常常由其带来的暴雨和大风引起，6.7.1 小节探讨了登陆台风暴雨的动力预报技术，下面进一步探讨数值预报登陆台风风场动力释用方法及其应用问题。考虑到台风结构的特殊性，抓住影响台风风场和气压场的主要因子，气象学者建立了一些台风模型，如藤田公式、Myers 公式及 Williams 提出的切向风廓线方案等。这些台风模型抓住了反映台风特征的主要影响因子，但多为对称风场，而实际台风却具有明显的非对称特征(雷小途和陈联寿，2001)，章家琳和隋世峰(1989)建立了考虑摩擦力的台风风场模型，胡邦辉等(1999)和黄小刚等(2004)研究指出，该模型能够描述台风风场的非对称分布，Hao 等(2009，2010)结合章家琳和隋世峰(1989)的模型，以及业务实践的具体情况，建立了数值预报登陆台风风场动力释用方法。

1. 数值预报登陆台风风场动力释用方法

以台风中心为原点建立极坐标，正压原始方程组写为

$$\begin{cases} \dfrac{\mathrm{d}v_r}{\mathrm{d}t} - fv_\theta - \dfrac{v_\theta^2}{r} = -\dfrac{\partial \phi}{\partial r} + F_r \\[2mm] \dfrac{\mathrm{d}v_\theta}{\mathrm{d}t} + \dfrac{v_r v_\theta}{r} + fv_r = -\dfrac{1}{r}\dfrac{\partial \phi}{\partial \theta} + F_\theta \\[2mm] \dfrac{\partial \phi}{\partial t} + \nabla \cdot (\phi - gh)\vec{V} = 0 \end{cases} \qquad (6.128)$$

式中，F_r 和 F_θ 为摩擦力分量；h 为地形高度。假定式(6.128)的第 3 个方程是定常的，即 $\dfrac{\partial \phi}{\partial t} = 0$，并假定台风中位势高度近似呈圆形分布，$\dfrac{\partial \phi}{r \partial \theta} = 0$，位势方程可进一步写为

$$v_r \frac{\partial \phi}{\partial r} = \vec{V} \cdot \nabla gh - (\phi - gh)\nabla \vec{V} \qquad (6.129)$$

引入连续性方程，进一步写为

$$v_r \frac{\partial \phi}{\partial r} = \vec{V} \cdot \nabla gh + g\omega_s \qquad (6.130)$$

式中，ω_s 为地面垂直速度，是地形抬升和边界层摩擦辐合造成的垂直速度之和（朱乾根等，1992）；$\omega_s = \dfrac{C_d}{f}\xi + \vec{V} \cdot \nabla h$，其中 ξ 为地表涡度；C_d 为拖曳系数；代入式(6.130)得，

$$\frac{\partial \phi}{\partial r} = \frac{g}{v_r}\frac{C_d}{f}\xi + 2\frac{g}{v_r}\left(v_\theta \frac{\partial h}{r\partial \theta} + v_r \frac{\partial h}{\partial r}\right), \qquad v_r \neq 0 \qquad (6.131)$$

式中，右端第二项，$2\dfrac{g}{v_r}\left(v_\theta \dfrac{\partial h}{r\partial \theta} + v_r \dfrac{\partial h}{\partial r}\right)$ 是正压情况下，地形对热带气旋内单位质量气块作用力的径向分量，它与地形的坡度、风速及风向与山坡的角度有关，设 $f_r = 2\dfrac{g}{v_r}\left(v_\theta \dfrac{\partial h}{r\partial \theta} + v_r \dfrac{\partial h}{\partial r}\right)$，相应切向分量写为 $f_\theta = 2\dfrac{g}{v_r}\left[v_\theta \left(\dfrac{\partial h}{r\partial \theta}\right)^2 \left(\dfrac{\partial h}{\partial r}\right)^{-1} + v_r \dfrac{\partial h}{r\partial \theta}\right]$。

由于上述地形作用项是在正压大气条件下获得的，直接用它描述热带气旋陆地上的风场存在一定问题，因此将地形作用项作为修正项引入海平面下的 2 维原始方程：

$$\begin{cases} \dfrac{\mathrm{d}v_r}{\mathrm{d}t} - fv_\theta - \dfrac{v_\theta^2}{r} = -\dfrac{1}{\rho}\dfrac{\partial p}{\partial r} - \delta \dfrac{2g}{v_r}\left(v_\theta \dfrac{\partial h}{r\partial \theta} + v_r \dfrac{\partial h}{\partial r}\right) + F_r \\[3mm] \dfrac{\mathrm{d}v_\theta}{\mathrm{d}t} + \dfrac{v_r v_\theta}{r} + fv_r = -\dfrac{1}{r}\dfrac{\partial p}{\partial \theta} - \delta \dfrac{2g}{v_r}\left[v_\theta \left(\dfrac{\partial h}{r\partial \theta}\right)^2 \left(\dfrac{\partial h}{\partial r}\right)^{-1} + v_r \dfrac{\partial h}{r\partial \theta}\right] + F_\theta \end{cases}$$

$$(6.132)$$

式中，δ 为修正系数。

假定热带气旋海平面气压场呈圆形分布，即 $-\dfrac{1}{r}\dfrac{\partial p}{\partial \theta} = 0$，进一步假定气旋中空气质块的切向风和径向风随时间呈线性变化，即 $\dfrac{\mathrm{d}v_r}{\mathrm{d}t} = C_r$，$\dfrac{\mathrm{d}v_\theta}{\mathrm{d}t} = -C_\theta$，并考虑气旋移速 v_s，

对气旋半径的影响(吕美仲和彭永清,1990),设定逆时针方向为正,下垫面的摩擦力与速度的平方成正比,摩擦系数为 k,则式(6.132)写为

$$
\begin{cases}
\dfrac{v_\theta^{\,2}}{r} + \dfrac{v_\theta v_s \cos\alpha}{r} + f v_\theta = \dfrac{1}{\rho}\dfrac{\partial p}{\partial r} + \delta \dfrac{2g}{v_r}\left(v_\theta \dfrac{\partial h}{r\partial \theta} + v_r \dfrac{\partial h}{\partial r}\right) + k v_r \sqrt{v_\theta^2 + v_r^2} + C_r \\[4mm]
\dfrac{v_r v_\theta}{r} + \dfrac{v_r v_s \cos\alpha}{r} + f v_r = -\delta \dfrac{2g}{v_r}\left[v_\theta \left(\dfrac{\partial h}{r\partial \theta}\right)^2 \left(\dfrac{\partial h}{\partial r}\right)^{-1} + v_r \dfrac{\partial h}{r\partial \theta}\right] - k v_\theta \sqrt{v_\theta^2 + v_r^2} + C_\theta
\end{cases}
$$

$$(6.133)$$

式中,α 为气旋移向与空气质点切线方向的夹角。令 $\pi = \dfrac{1}{\rho}\dfrac{\partial p}{\partial r}$,$M = 2\delta g \dfrac{\partial h}{r\partial \theta}$,$N = 2\delta g$

$\dfrac{\partial h}{\partial r}$ 和 $Q = \sqrt{v_\theta^2 + v_r^2}$,上式可进一步写为

$$
\begin{cases}
\dfrac{v_\theta^{\,2}}{r} + \dfrac{v_\theta v_s \cos\alpha}{r} + f v_\theta = \pi + \dfrac{1}{v_r}(v_\theta M + v_r N) + k v_r Q + C_r \\[4mm]
\dfrac{v_\theta v_r}{r} + \dfrac{v_r v_s \cos\alpha}{r} + f v_r = -\dfrac{1}{v_r}(v_\theta M^2 N^{-1} + v_r M) - k v_\theta Q + C_\theta
\end{cases}
$$

$$(6.134)$$

由于地形坡度为常数,即 $M^2 + N^2 = \text{Const}$,可得 $\dfrac{\partial N}{\partial M} = -\dfrac{M}{N}$,式(6.134)对 M 微分,得地形坡度对风场的影响

$$
\frac{\partial v_\theta}{\partial M} = \frac{-B\,[2MN^2 v_\theta - v_\theta M^3 - v_r N^3] + C(v_\theta N^3 - v_r M N^2)}{v_r N^3 (AC + BD)}
\tag{6.135}
$$

$$
\frac{\partial v_r}{\partial M} = \frac{BD\,[2MN^2 v_\theta - v_\theta M^3 - v_r N^3] - DC(v_\theta N^3 - v_r M N^2)}{C v_r N^3 (AC + BD)}
$$

$$
- \frac{v_\theta(2MN^2 + M^3) + v_r N^3}{C v_r N^3}
\tag{6.136}
$$

式(6.134)对 π 微分,得气压梯度变化对风场的影响

$$
\frac{\partial v_\theta}{\partial \pi} = \frac{C}{v_r (AC + BD)}
\tag{6.137}
$$

$$
\frac{\partial v_r}{\partial \pi} = -\frac{D}{v_r (AC + BD)}
\tag{6.138}
$$

式(6.134)对 r 微分,得观测点相对台风中心距离的变化对风场的影响

$$
\frac{\partial v_\theta}{\partial r} = \frac{v_\theta v_r B + v_\theta^{\,2} C}{(AC + BD) r^2}
\tag{6.139}
$$

$$
\frac{\partial v_r}{\partial r} = \frac{v_\theta v_r (AC + BD) - D(v_\theta v_r B + v_\theta^{\,2} C)}{C(AC + BD) r^2}
\tag{6.140}
$$

其中:

$$
A = \frac{2v_\theta + v_s \cos\alpha}{r} + f - \frac{M}{v_r} - \frac{k v_\theta v_r}{Q}
$$

$$
B = kQ + \frac{k v_r^2}{Q} - \frac{v_\theta M}{v_r^2}
$$

$$C = \frac{v_\theta + v_s \cos\alpha}{r} + f + \frac{kv_\theta v_r}{Q} - \frac{v_\theta M^2}{v_r^2 N}$$

$$D = kQ + \frac{kv_\theta^2}{Q} + \frac{v_r}{r} + \frac{M^2}{v_r N}$$

由式(6.135)~式(6.140)可知,各方程等式右边项均可通过数值模式的预报场得到,因此,热带气旋数值预报风场的修正方程可表示为如下形式:

$$\mathrm{d}v_\theta = \mathrm{d}M \frac{\partial v_\theta}{\partial M} + \mathrm{d}r \frac{\partial v_\theta}{\partial r} + \mathrm{d}\pi \frac{\partial v_\theta}{\partial \pi} \tag{6.141}$$

$$\mathrm{d}v_r = \mathrm{d}M \frac{\partial v_r}{\partial M} + \mathrm{d}r \frac{\partial v_r}{\partial r} + \mathrm{d}\pi \frac{\partial v_r}{\partial \pi} \tag{6.142}$$

式中,$\mathrm{d}M$、$\mathrm{d}\pi$、$\mathrm{d}r$ 分别为地形坡度误差、气压梯度误差和台风中心位置距观测点距离误差(由台风位置决定)对风场的订正量,在实际应用中只需把握住数值预报模式预报的台风路径和强度与预报员对其的修正信息,即可得到上述 3 项误差,对数值预报台风风场进行动力修正。上述公式中,$\mathrm{d}r$、$\mathrm{d}M$ 可通过模式在前几个时次的预报与实况的比较并外推得到,或通过集合预报成员间的比较得到,而 $\mathrm{d}\pi$ 无法直接获得,需要估算。

2. 气压梯度订正项的估算方法

代表台风强度订正量的 $\mathrm{d}\pi$ 无法直接获得,必须对其进行估算。假设台风海平面气压场由藤田公式决定,$p = p_\infty - (p_\infty - p_0)/[1 + 2\,(r/r_m)^2]^{\frac{1}{2}}$,$p_\infty$ 为台风外围气压,p_0 为台风中心气压,利用状态方程可得

$$\pi = \frac{2(p_\infty - p_0)RTr}{r_m^2 p}\,[1 + 2\,(r/r_m)^2]^{-3/2} \tag{6.143}$$

式中,R 为气体常数;T 为海面温度;r_m 为 p_0 的函数,需要估算。根据式(6.134),并利用 $v_\theta = v\cos\beta$,$v_r = v\sin\beta$,最大风速半径 r_m 可写为

$$r_m = \frac{\pi_m - v_m^2 \cos^2\beta - v_m v_s \cos\beta\cos\alpha}{fv_m\cos\beta - kv_m^2\sin\beta - M\mathrm{ctg}\beta - N - C_r} \tag{6.144}$$

式中,$\pi_m = \dfrac{2 \cdot 3^{-3/2} RT_0(p_\infty - p_0)}{p_\infty - 3^{-1/2}(p_\infty - p_0)}$;$v_m$ 为最大风速;T_0 为台风中心海面温度,由式(6.134)消去 r 项,得到关于 v_m 的方程,由于 C_r 和 C_θ 常数项无法确定,因此方程不能直接求解,如果 v_m 用稳定态时的热带气旋最大风速代替(章家琳和隋世峰,1989;胡邦辉等,1999;黄小刚等,2004),此时 C_r 和 C_θ 为 0,则关于 v_m 的方程写为

$$v_m^4 + v_m^3 v_s \frac{\cos\alpha}{\cos\beta} + C_2 v_m^2 + C_1 v_m - (\mathrm{ctg}M^2/N + M)\pi_m = 0 \tag{6.145}$$

其中,$C_1 = \mathrm{tg}\beta \dfrac{v_s\cos\alpha(M\mathrm{ctg}\beta + N) - \pi_m f + (\mathrm{ctg}\beta M^2/N + M)v_s\cos\alpha}{k}$;

$C_2 = \dfrac{M\cos\beta + \sin\beta N - \pi_m k + (\mathrm{ctg}\beta M^2/N + M)\cos\beta}{k}$;$\beta$ 为 P_0,v_m,v_s,α 的复杂函数,根据章家琳和隋世峰(1989)的研究,在台风最大风速区处,$\beta < 5°$,即 $0.996 < \cos\beta < 1$,

因此可将 $\cos\beta$ 和 $\mathrm{tg}\beta$ 视为常数，$\mathrm{d}\pi$ 可表示为

$$\mathrm{d}\pi = \pi(p_0 + \mathrm{d}p_0, T_0 + \mathrm{d}T_0, r + \mathrm{d}r) - \pi(p_0, T_0, r) \qquad (6.146)$$

3. 风场动力释用方法应用举例

1) 数值预报模式及试验设计

数值预报模式选用 WRF，水平分辨率取 45 km，垂直 41 层，模式顶 50 hPa，积云参数化方案为 Betts-Miller-Janjic 方案，边界层方案为 YSU 方案，初始场所用资料为 NCEP $1° \times 1°$ 再分析资料。以台风"韦帕"(Wipha-0713)为例，预报初始时间选取北京时间 2007 年 9 月 17 日 08 点，预报时效 72 h，控制试验(方案 1)直接利用模式预报；方案 2 为上述动力释用方法试验，其中，$\delta = 0.1$，海面摩擦系数 $k_1 = 4.2 \times 10^{-5}$，陆面摩擦系数 $k_2 = 6.9 \times 10^{-2}$；方案 3 为不考虑地形坡度效应的风场动力释用试验，即令 $\delta = 0$；方案 4 为不考虑海陆摩擦作用的风场动力释用试验，即令 $k_1 = k_2 = 0$；方案 5 为既不考虑地形坡度效应也不考虑海陆摩擦作用的风场动力释用试验。$\mathrm{d}P_0$、$\mathrm{d}r$、$\mathrm{d}M$ 由实况和控制试验(方案 1)的预报场得到，不考虑海温变化对风场的影响，最大风速半径处风向内偏角 β 取 $1°$。

2) 应用结果

"韦帕"(0713)于北京时间 2007 年 9 月 16 日 8 时在菲律宾东北部洋面上生成，17 日 2 时加强为台风，西北行路径，19 日凌晨 2 时 30 分在浙江省苍南县登陆，登陆时中心气压 950 hPa，近中心最大风速 45 m/s，受其影响，苍南渔寮出现 55.3 m/s(16 级)大风，霞关出现 39.1 m/s(13 级)大风，整个沿海海面风力普遍有 10～12 级。

控制试验对台风路径的模拟，在 $122°E$ 以东基本与实况吻合，之后偏差有所增大，登陆位置略偏北，但由于预报的台风移速较快，因此路径误差较大(图 6.129)。在台风实况登陆时刻，控制试验的台风位置偏北，近地面风场分布是浙江北部沿海为大风区，南部沿海风速相对偏小，与实况相反，误差较大[图 6.130(a)、(b)]；经过动力释用后的风场[图 6.130(c)]改善非常显著，在台风登陆点附近区域内，出现了 27 m/s 以上的大风区，与实况接近；在浙江北部、宁波、上海沿海出现 4 个大风中心，强度略偏大，分布与实况相似，与控制试验相比，动力释用对风场预报结果的改善是明显的，尤其是沿海地区，对于内陆地区，动力释用试验订正的风场偏强，但分布要好于控制试验，出现了一些小范围的强风区[图 6.130(c)]。不考虑地形坡度效应时[图 6.130(d)]，登陆点附近海域改善较好，但内陆偏差，在福建境内出现两个很强的空报中心，浙江北部沿海释用效果也明显偏差。不考虑海陆摩擦时[图 6.130(e)]，浙江沿海风力明显增强，舟山和宁波沿海出现大范围的 27 m/s 以上的大风区，内陆地区也出现了多处 21 m/s 以上的大风区，与实况不符。既不考虑地形坡度效应也不考虑海陆摩擦影响时[图 6.130(f)]，台风风场表现为非常对称的圆形分布，可见海陆摩擦效应和地形坡度均是决定登陆台风风场及其非对称结构分布的重要因素。

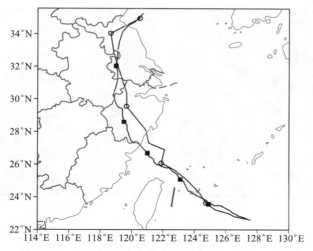

图 6.129　观测（实心方框）与控制实验（空心圆）预报的"韦帕"（0713）台风路径

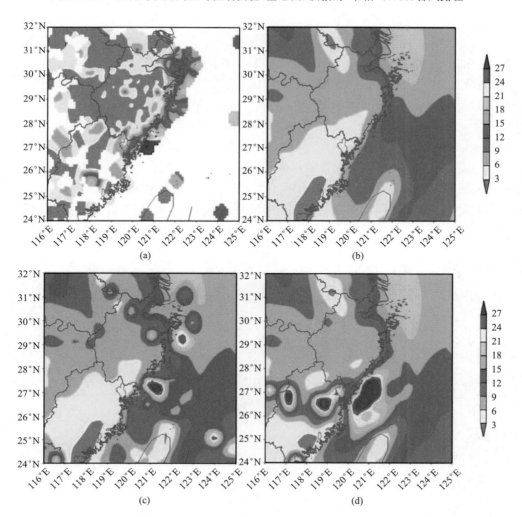

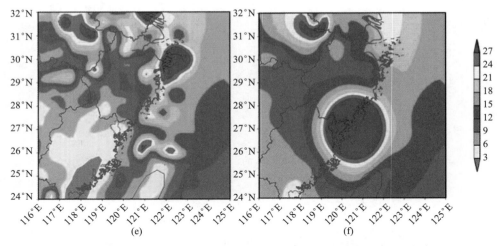

图 6.130　北京时间 2007 年 9 月 19 日 2 时的实况(a)、控制试验(b)、方案 2(c)、
方案 3(d)、方案 4(e)、方案 5(f)近地面风场分布(单位：m/s)

　　预报模式中，浙、闽沿海地区的地形坡度大，等值线密集[图 6.131(a)]，值得注意的是，由于模式分辨率为 45 km，模式地形坡度、尤其是大陆上的地形坡度较小，与真实地形坡度有较大差异，一定程度上影响到修正效果，这里通过引入修正系数 δ 来减少其影响。地形坡度误差对风场的订正[图 6.131(b)]主要分布在浙江沿海和浙江、江苏交界处，最大值达到 12 m/s 以上，在舟山群岛附近，尽管岛屿的坡度很小，但还是出现了 -9 m/s 以上较大范围的负值订正区，气旋登陆点附近的风场也有明显改善，达到 6 m/s 以上，说明地形坡度是影响风场释用的一个非常重要的因子。气压梯度和气旋位置误差的订正项对陆地上的风场影响不大[图 6.131(c)、(d)]，而主要影响沿海风场，尤其是对气旋中心附近的风场，订正量分别达到 15 m/s 和 12 m/s 以上。

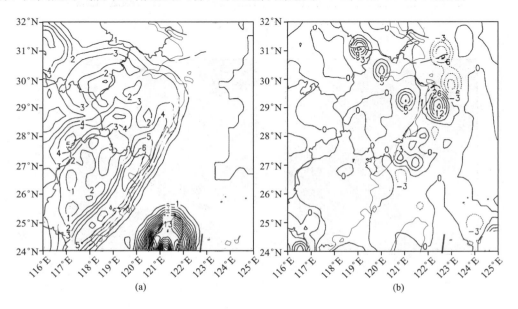

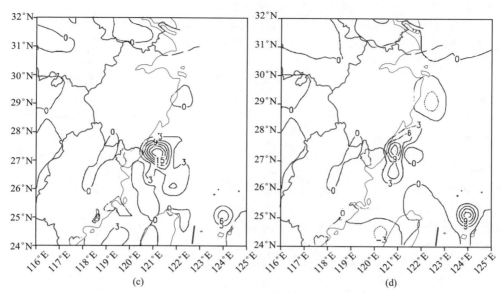

图 6.131　地形坡度分布(a)以及 19 日 2 时的地形坡度订正项(b)、
气压梯度订正项(c)和气旋位置订正项(d)(单位：m/s)

主要参考文献

《大气科学辞典》编委会. 1994. 大气科学辞典. 北京：气象出版社.

卞建春，陈洪滨，吕达仁. 2004. 用垂直高分辨率探空资料分析北京上空下平流层重力波的统计特性. 中国科学(D 辑：地球科学)，34：748-756.

巢纪平. 1980. 非均匀层结大气中的重力惯性波及其在暴雨预报中的初步应用. 大气科学，4：230-235.

陈镭，徐海明，余晖，等. 2010. 台风"桑美"(0608)登陆前后降水结构的时空演变特征. 大气科学，34(1)：105-119.

陈联寿. 2006. 热带气旋研究和业务预报技术的发展. 应用气象学报，17(6)：673-681.

陈联寿，罗哲贤，李英. 2004. 登陆热带气旋研究的进展. 气象学报，62(5)：541-549.

陈小敏，刘奇俊，章建成. 2007. 祁连山云系云微物理结构和人工增雨催化个例模拟研究. 气象，33(7)：33-43.

陈永林. 2002. 上海"0185"特大暴雨的 MCS 形成条件分析. 气象，28(1)：30-33.

程锐，宇如聪，傅云飞，等. 2009. 台风"云娜"在近海强度变化及结构特征的数值研究 I：云微物理参数化对云结构及降水特征的影响. 气象学报，67(5)：764-776.

楚艳丽，王振会，冉令坤，等. 2013. 台风莫拉克(2009)暴雨过程中位势切变形变波作用密度诊断分析和预报应用. 物理学报，62(9)：507-518.

丛春华，陈联寿，雷小途，等. 2011. 台风远距离暴雨的研究进展. 热带气象学报，27(2)：264-265.

邓涤菲，周玉淑. 2011. 无旋转风分量在台风"桑美"急剧增强和急剧减弱过程中的分析和应用. 高原气象，30(2)：406-415.

董美莹，陈联寿，郑沛群，等. 2009. 登陆热带气旋暴雨突然增幅和特大暴雨之研究进展. 热带气象学报，25(4)：495-502.

胡邦辉，谭言科，张学敏. 1999. 海面热带气旋域内风速分布. 大气科学，23(3)：316-322.

花丛，刘奇俊. 2011. 登陆台风"罗莎"中云物理特征的数值模拟研究. 热带气象学报，27(5)：626-638.

花丛，刘奇俊. 2013. 云微物理过程影响登陆台风结构及降水的数值试验，热带气象学报，29(6)：924-934.

黄小刚，费建芳，张根生，等. 2004. 一种台风海面非对称风场的构造方法. 热带气象学报，20(2)：130-136.

蒋小平，刘春霞，费志宾，等. 2008. 南海夏季风对强热带风暴碧利斯(0604)引发暴雨的影响. 热带气象学报，24(4)：379-384.

琚建华，孙丹，吕俊梅. 2007. 东亚季风涌对我国东部大尺度降水过程的影响分析. 大气科学，31(6)：1129-1139.

康志明，陈涛，钱传海，等. 2008. 0604 号强热带风暴"碧利斯"特大暴雨的诊断研究. 高原气象，27(3)：596-607.

雷小途，陈联寿. 2001. 热带气旋与中纬度环流系统相互作用的研究进展. 热带气象学报，17(4)：452-461.

李丽，郑勇. 2008. 1996～2006 年韶关热带气旋暴雨统计分析. 广东气象，30(4)：37-38.

李淑日，胡志晋，王广河. 2003. CAMS 三维对流云催化模式的改进及个例模拟. 应用气象学报，14(增刊)：78-91.

李英，钱传海，陈联寿. 2009. Sepat 台风(0709)登陆过程中眼放大现象研究. 气象学报，67(5)：799-810.

林永辉，布和朝鲁. 2003. 2001 年 8 月初上海强暴雨中尺度对流系统的数值模拟研究. 气象学报，61(2)：196-202.

刘式适，刘式达. 1985. 大气中的波作用量及其守恒性. 北京大学学报(自然科学版)，2：87-96.

吕美仲，彭永清. 1990. 动力气象学教程. 北京：气象出版社.

冉令坤，周玉淑，杨文霞. 2011. 强对流降水过程动力因子分析和预报研究. 物理学报，60：099201.

任晨平，崔晓鹏. 2014. 碧利斯(0604)暴雨增幅的云微物理成因. 中国科学：地球科学，44(9)：2077-2088.

孙淑清. 1990. 梅雨锋中大振幅重力波的活动及其与环境场的关系. 大气科学，14：163-172.

孙秀荣，端义宏. 2003. 对东亚夏季风与西北太平洋热带气旋频数关系的初步分析. 大气科学，27(1)：67-74.

王继志，杨元琴. 1995. 8807 号台风突然增强与其中尺度关系的研究. 见：85-906-07 课题组编. 台风科学、业务试验和天气动力学理论的研究(第三分册). 北京：气象出版社：87-94.

王黎娟，任晨平，崔晓鹏，等. 2013. "碧利斯"暴雨增幅高分辨率数值模拟及诊断分析. 大气科学学报，36(2)：147-157.

吴洪，林锦瑞. 1997. 切变基流中惯性重力波的发展. 热带气象学报，13：75-81.

熊建刚，易帆. 2000. 中高层大气行星波与惯性重力内波的非线性相互作用. 空间科学学报，20：121-128.

杨文霞，冉令坤，洪延超. 2010. 台风 Wipha 云微物理特征数值模拟. 科技导报，28(23)：34-39.

叶成志，李昀英. 2011. 湘东南地形对"碧利斯"台风暴雨增幅作用的分析. 暴雨灾害，32(2)：122-129.

易帆. 1999. 粘性耗散对重力波波包共振相互作用的影响. 空间科学学报，19：47-53.

尹洁，王欢，陈建萍. 2008. 强热带风暴碧利斯造成华南持续大暴雨成因分析. 气象科技，36(1)：63-68.

章家琳，隋世峰. 1989. 台风波浪数值预报的 CHGS 法. 热带海洋，8(1)：58-66.

赵坤，周仲岛，胡东明，等. 2007. 派比安台风(0606)登陆期间雨带中尺度结构的双多普勒雷达分析. 南京大学学报(自然科学)，43(6)：606-626.

赵平，孙淑清. 1990. 非均匀大气层结中大气惯性重力波的发展. 气象学报，48：397-403.

赵宇，崔晓鹏，王建国. 2008. 由台风低压倒槽引发的山东暴雨过程研究. 气象学报，66(3)：423-436.

周冠博，崔晓鹏，高守亭. 2012. 台风"凤凰"登陆过程的高分辨率数值模拟及其降水的诊断分析. 大气科学，36(1)：23-34.

周海光. 2008. 强热带风暴"碧利斯"(0604)引发的特大暴雨中尺度结构多普勒雷达资料分析. 大气科学，32(6)：1289-1308.

周玉淑，曹洁. 2010. 有限区域风场的分解和重建. 物理学报，59(4)：2898-2906.

周玉淑，曹洁，高守亭. 2008. 有限区域风场分解方法及其在台风 SAOMAI 研究中的应用. 物理学报，57(10)：6654-6665.

周仲岛，颜建文，赵坤. 2004. 台湾地区登陆台风降雨结构之雷达观测. 大气科学（台湾），32(3)：183-203.

朱乾根，林锦瑞，寿绍文，等. 1992. 天气学原理和方法. 北京：气象出版社.

Aberson S D, Dunion J P, Marks F D. 2006. A photograph of a wavenumber-2 asymmetry in the eye of Hurricane Erin. Journal of Atmospheric Sciences, 63: 387-391.

Atallah E H, Bosart L F. 2003. The extratropical transition and precipitation distribution of Hurricane Floyd (1999). Mon Wea Rev, 131: 1063-1081.

Atallah E H, Bosart L F, Aiyyer A R. 2007. Precipitation distribution associated with landfalling tropical cyclones over the eastern United States. Mon Wea Rev, 135: 2185-2206.

Bell M M, Montgomery M T. 2008. Observed structure, evolution, andintensity of category five Hurricane Isabel (2003) from 12 to 14 September. Monthly Weather Review, 136: 2023-2036.

Bender M A, Tuleya R E, Kurihara Y. 1985. A numerical study of the effect of a mountain-range on a landfalling tropical cyclone. Monthly Weather Review, 113: 567-582.

Black M L, Gamache J F, Marks F D, et al. 2002. Eastern Pacific Hurricanes Jimena of 1991 and Olivia of 1994: The effect of vertical shear on structure and intensity. Monthly Weather Review, 130: 2291-2312.

Bosart L F, Dean D B. 1991. The Agnes rainstorm of June 1972: Surface feature evolution culminating in inland storm redevelopment. Weather and Forecasting, 6: 515-537.

Braun S A, Montgomery M T, Pu Z. 2006. High-resolution simulation of Hurricane Bonnie (1998). Part I: The organization of eyewall vertical motion. Journal of Atmospheric Sciences, 63: 19-42.

Bryan G H, Rotunno R. 2009. The maximum intensity of tropical cyclones in axisymmetry numerical model simulations. Monthly Weather Review, 137: 1770-1789.

Chan J C L, Liang X. 2003. Convective asymmetries associated with tropical cyclone landfall. Part I: f-Plane simulations. Journal of Atmospheric Sciences, 60: 1560-1576.

Chen L. 1998. Decay after landfall. WMO/TD, 875: 1.6.1-1.6.7.

Chen G H. 2011. A comparison of precipitation distribution of two landfalling tropical cyclones during the extratropical transition. Adv Atmos Sci, 28(6): 1390-1404.

Chen Q S, Kuo Y H. 1992. A consistency condition for the wind field reconstruction in a limited area and a harmonic-cosine series expansion. Mon Wea Rev, 120: 2653-2670.

Chen Y, Yau M K. 2003. Asymmetric structures in a simulated landfalling hurricane. Journal of the Atmospheric Sciences, 60: 2294-2312.

Chen S S, Knaff J A, Marks Jr F D. 2006. Effects of vertical wind shear and storm motion on tropical cyclone rainfall asymmetries deduced from TRMM. Mon Wea Rev, 134: 3190-3208.

Chen L S, Li Y, Cheng Z Q, et al. 2010. An overview of research and forecasting on rainfall associated with landfalling tropical cyclones. Adv Atmos Sci, 27(5): 967-976.

Cho J Y. 1995. Inertio-gravity wave parameter estimation from cross-spectral analysis. J Geophys Res, 100: 18727-18737.

Corbosiero K L, Molinari J. 2002. The effects of vertical wind shear on the distribution of convection in tropical cyclones. Monthly Weather Review, 130: 2110-2123.

Couler R L. 1979. A comparison of three methods for measuring mixing-layer height. Journal of Applied Meteorology, 18: 1495-1499.

Cui X P, Xu F W. 2009. A cloud-resolving modeling study of surface rainfall processes associated with landfalling typhoon Kaemi (2006). J Trop Meteor, 15(2): 181-191.

DeMaria M. 1987. Tropical cyclone track prediction with a baro-tropical spectral model. Monthly Weather Review, 115: 2346-2357.

Depperman R C E. 1947. Notes on the origin and structures of Philippine typhoons. Bulletin of the American Meteorological Society, 28: 399-404.

Draxler R R, Hess G D. 1998. An overview of the HYSPLIT _ 4 modeling system f or trajectories, dispersion and deposition. Australian Meteorological Magazine, 47: 295-308.

Foster R C. 2009. Boundary-layer similarity under an axisymmetric, gradient wind vortex. Boundary-Layer Meteorology, 131: 321-344.

Franklin J L, Black M L, Valde K. 2003. GPS dropwindsonde wind profiles in Hurricanes and their operational implications. Weather Forecasting, 18: 32-44.

Franklin C N, Holland G J, May P T. 2005. Sensitivity of tropical cyclone rainbands to ice-phase microphysics. Monthly Weather Review, 133(8): 2473-2493.

Gall R, Tuttle J, Hildebrand P. 1998. Small-scale spiral bands observed in Hurricanes Andrew, Hugo, Erin. Monthly Weather Review, 126: 1749-1766.

Gallina G M, Velden C S. 2002. Environmental vertical wind shear and tropical cyclone intensity change utilizing enhanced satellite derived wind information. Proceedings of the 25th Conference on Hurricanes and Tropical Meteorology, 29 April - 3 May 2002, San Diego, CA: 172-173.

Gao S, Ran L. 2009. Diagnosis of wave activity in a heavy-rainfall event. J Geophys Res, 114: D08119.

Gao S, Wang X, Zhou Y. 2004. Generation of generalized moist potential vorticity in a frictionless and moist adiabatic flow. Geophys Res Lett, 31: L12113, doi: 10. 1029/2003GL019152.

Gao S Z, Meng Z Y, Zhang F Q, et al. 2009. Observational analysis of heavy rainfall mechanisms associated with severe tropical storm bilis (2006) after its landfall. Mon Wea Rev, 137: 1881-1897.

Grivet-Talocia S, Einaudi F, Clark W L, et al. 1999. A 4~yr climatology of pressure disturbances using a barometer network in central Illinois. Mon Weather Rev, 127: 1613-1629.

Guinn T A, Schubert W H. 1993. Hurricane spiral bands. Journal of Atmospheric Sciences, 50: 3380-3403.

Hao S F, Cui X P, Pan J S, et al. 2009. A dynamical interpretation of the wind field in tropical cyclones. J Trop Meteor, 15(2): 210-216.

Hao S F, Pan J S, Yue C J, et al. 2010. A dynamical interpretation of the wind field in tropical cyclones with the consideration of orographic factors. J Trop Meteor, 16(2): 125-133.

Hart R E. 2003. A cyclone phase space derived from thermal wind and thermal asymmetry. Mon Wea

Rev, 131: 585-616.

Heffter J L. 1980. Transport layer depth calculations. In Second Joint Conference on Applications of Air Pollution Modeling, New Orleans, 787-791.

Hill K A, Lackman G M. 2009. Influence of environmental humidity on tropical cyclone size. Monthly Weather Review, 137: 3294-3315.

Holland G. 1980. An analytic model of the wind and pressure profiles in hurricanes. Monthly Weather Review, 108: 1212-1218.

Houze Jr R A. 1993. Cloud Dynamics. Academic Press: 573.

Jenkins G M, Watts D G. 1968. Spectral Analysis and Its Applications. Holden-Day, Boca Raton, Fla.

Klein P M, Harr P A, Elsberry R L. 2000. Extratropical transition of western North Pacific tropical cyclones: An overview and conceptual model of the transformation stage. Wea Forecasting, 15: 373-396.

Kossin J P, Schubert W H. 2001. Mesovortices, polygonal flow patterns, and rapid pressure falls in hurricane-like vortices. Journal of Atmospheric Sciences, 58: 2196-2209.

Kumar M, Mallik C, Kumar A, et al. 2010. Evaluation of the boundary layer depth in semi-arid region of India. Dynamic of Atmospheres and Oceans, 49: 96-107.

Li Q, Wang Y, 2012. A comparison of inner and outer spiral rainbands in a numerically simulated tropical cyclone. Monthly Weather Review, 140: 2782-2805.

Li Q, Duan Y, Yu H, et al. 2008. A high-resolution simulation of Typhoon Rananim (2004) with MM5. Part I: Model verification, inner-core shear, and asymmetric convection. Monthly Weather Review, 136: 2488-2506.

Lin Y L, Richard D F, Harold D O. 1983. Bulk parameterization of the snow field in a cloud model. J Climate Appl Meteor, 22: 1065-1092.

Liu Y, Zhang D L, Yau M K. 1997. A multiscale numerical study of Hurricane Andrew (1992). Part I: Explicit simulation and verification. Monthly Weather Review, 125: 3073-3093.

Lonfat M, Marks F D, Chen S S. 2004. Precipitation distribution in tropical cyclones using the tropical rainfall measuring mission (TRMM) microwave imager: A global perspective. Monthly Weather Review, 132: 1645-1660.

Lu C, Koch S, Wang N. 2005a. Determination of temporal and spatial characteristics of gravity waves using cross-spectral analysis and wavelet transformation. J Geophys Res, 110: D01109.

Lu C, Koch S, Wang N. 2005b. Stokes parameter analysis of a packet of turbulence-generating gravity waves. J Geophys Res, 110: D20105.

Miller B L. 1964. A study of the filling of hurricane Donna (1960) over land. Monthly Weather Review, 92: 389-406.

Murname R J, Liu K B. 2004. Hurricanes and Typhoons: Past, Present, and Future. Columbia University Press.

Nolan D S. 2005. Instabilities in hurricane-like boundary layers. Dynamics of Atmosphere and Oceans, 40: 209-236.

Parrish J R, Burpee R W, Marks F D, et al. 1982. Rainfall patters observed by digitized radar during the landfall of Hurricane Frederic (1979). Monthly Weather Review, 110: 1933-1944.

Peng M, Xie L, Pietrafesa L J. 2006. Tropical cyclone induced asymmetry of sea level surge and fall and its presentation in a storm surge model with parametric wind fields. Ocean Modelling, 14: 81-101.

Powell M D. 1987. Changes in the low-level kinematic and thermodynamic structure of Hurricane Alicia (1983) at landfall. Monthly Weather Review, 115: 75-99.

Powell M D, Houston S H. 1998. Surface wind fields of 1995 Hurricanes Erin, Opal, Luis, Marilyn, and Roxanne at landfall. Monthly Weather Review, 126: 1259-1273.

Powell M D, Vickery P J, Reinhold T A. 2003. Reduced drag coefficient for high wind speeds in tropical cyclones. Nature, 422: 279-283.

Powell M D, Soukup G, Cocke S, et al. 2005. State of Florida hurricane loss prediction model: Atmospheric science component. Journal of Wind Engineering and Industrial Aerodynamics, 93: 651-674.

Ramage C S. 1971. Monsoon Meteorology. New York: Academic Press: 296.

Ran L, Abdul R, Ramanathan A. 2009. Diagnosis of wave activity over rainband of landfall typhoon. Journal of Tropical Meteorology, 15: 121-129.

Ran L, Yang W, Chu Y. 2010. Diagnosis of dynamic process over rainband of landfall typhoon. Chinese Phys B, 19: 079201.

Ran L, Li N, Gao S. 2013. PV-based diagnostic quantities of heavy precipitation: Solenoidal vorticity and potential solenoidal vorticity. J Geophys Res, 118: 5710-5723, doi: 10. 1002/jgrd. 50294.

Randall D A. 2013. Reynolds Averaging. Quick Studies in Atmospheric Science. available at http: //kiwi. atmos. colostate. edu/group/dave/QuickStudies. html.

Rebecca S, Gray M B. 2005. Low-level kinematic, thermodynamic, and reflectivity fields associated with Hurricane Bonnie (1998) at landfall. Monthly Weather Review, 133: 3243-3259.

Ritchie E A. 2003. Some aspects of midlevel vortex interaction in tropical cyclogenesis. Meteorological Monographs, 29: 165-167.

Romine G S, Wilhelmson R B. 2006. Finescale spiral band features within a numerical simulation of Hurricane Opal (1995). Monthly Weather Review, 134: 1121-1139.

Schloemer R W. 1954. Analysis and synthesis of hurricane wind patterns over Lake Okeechobee, Florida. Hydrometeorological Rep. 31, U. S. Department of Commerce, Weather Bureau, Washington, DC: 49.

Schwendike J, Kepert J D. 2008. The boundary layer winds in Hurricanes Danielle (1998) and Isabel (2003). Monthly Weather Review, 136: 3168-3192.

Shapiro L J. 1983. The asymmetric boundary layer flow under a translating hurricane. Journal of the Atmospheric Sciences, 40: 1984-1998.

Smith R K, Montgomery M T, Nguyen S V. 2009. Tropical cyclone spinup revisited. Quarterly Journal of the Royal Meteorological Society, 135: 1321-1335.

Torrence C, Compo G P. 1998. A practical guide to wavelet analysis. Bull Am Meteorol Soc, 79(1): 61-78.

Trenberth K E. 1978. On the interpretation of the diagnostic quasigeostrophic omega equation. Mon Wea Rev, 106: 131-137.

Tuleya R E. 1994. Tropical strorm development and decay: Sensitivity to surfaceboundary conditions. Monthly Weather Review, 122: 291-304.

Wang Y. 2009. How do outer spiral rainbands affect tropical cyclone structure and intensity. Journal of Atmospheric Sciences, 66: 1250-1273.

Wang D H, Li X F, Tao W G, et al. 2009. Torrential rainfall processes associated with a landfall of severe tropical storm Bilis (2006): A two-dimensional cloud-resolving modeling study. Atmos Res,

91：94-104.

Wang L J，Lu S，Guan Z Y，et al. 2010. Effect of low-latitude monsoon surge on the increase in downpour from tropical cyclone Bilis. J Trop Meteor，16(2)：101-108.

Willoughby H E，Black P G. 1996. Hurricane andrew in florida：Dynamics of a disaster. Bulletin of the American Meteorological Society，77：543-549.

Wu C C，Kuo Y H. 1999. Typhoons affecting Taiwan：Current understanding and future challenges. Bulletin of the American Meteorological Society，80：67-80.

Wu C C，Yen T H，Kuo Y H，et al. 2002. Rainfall simulation associated with Typhoon Herb (1996) near Taiwan. Part I：The topographic effect. Weather and Forecasting，17：1001-1015.

Xie L，Bao S，Pietrafesa L J，et al. 2006. A real-time hurricane surface wind forecasting model：Formulation and verification. Monthly Weather Review，134：1355-1370.

Yu Z，Yu H. 2012. Application of generalized convective vorticity vector in a rainfall process caused by a landfalling tropical depression. Journal of Tropical Meteorology，18(4)：422-435.

Yu Z，Yu H，Chen P，et al. 2009. Verification of tropical cyclone-related satellite precipitation estimates in mainland China. Journal of Applied Meteorology and Climatology，48：2227-2241.

Yu J H，Tan Z M，Wang Y Q. 2010a. Effects of vertical wind shear on intensity and rainfall asymmetries of strong tropical storm Bilis(2006). Adv Atmos Sci，27(3)：552-561.

Yu Z F，Yu H，Gao S T. 2010b. Terrain impact on the precipitation of landfalling typhoon talim. Journal of Tropical Meteorology，16(2)：115-124.

Yu Z，Liang X，Yu H，et al. 2010c. Mesoscale vortex generation and merging process：a case study associated with a post-landfall tropical depression. Advances in Atmospheric Sciences，27：356-370.

Zeng X，Bruke M A，Zhou M，et al. 2004. Marine atmospheric boundary layer height over the eastern Pacific：Data analysis and model evaluation. Journal of Climate，17：4159-4170.

Zhang J A，Rogers R F，Nolan D S，et al. 2011. On the characteristic height scales of the hurricane boundary layer. Monthly Weather Review，139：2523-2535.

Zhou Y S，Zhu K F，Liu L P. 2010：Application of advection of advective vorticity equation to typhoon Fung-Wong. Journal of Tropical Meteorology，16(2)：134-142.

第7章 登陆台风的成灾机理及风险

7.1 台风灾害及其特点

7.1.1 台风灾害的概念

随着社会财富的积累和聚集，以及人类生存环境变化日趋复杂多样，自然灾害已经成为当今世界的一个重要问题。人类的生存离不开地球表面的大气层提供的合适环境条件，台风作为大气环境中一个巨大的组织系统，对人类社会和生态环境造成不可忽视的影响。台风登陆可摧毁所经地区的大片建筑物或工程设施，吹断通信与输电线路，毁坏农作物或经济作物，造成严重的灾难。台风在海面上引起的巨浪可使来不及躲避的船只颠覆沉没，还会使海上石油钻井平台遭到破坏。台风暴雨常常造成严重的洪水灾害，深入内陆地区的台风带来的暴雨甚至可以引发山体滑坡和溃坝等严重灾难。

本章我们关注台风灾害学的一些问题。根据学术研究的习惯做法，研究的起点是对研究对象的概念辨析和考察。美国灾害研究者 Enrico L. Quarantelli 曾说："只有在我们澄清和获得关于灾害概念最基本的共识后，方可继续灾害的特征及其结果等方面的研究。"因此，我们首先要对台风灾害(自然灾害)进行一般性的概念考察和探讨。

台风灾害是自然灾害的一种，对台风灾害的概念辨析自然离不开对于"自然灾害"概念的理解。对于自然灾害的概念，国外学术界有各种不同的观点。其最简单定义是：与自然现象有关的灾害。网络资料中大量引用的是维基百科中的表述："自然灾害，指自然界中所发生的异常现象，这种异常现象给周围的生物造成悲剧性的后果，相对于人类社会而言即构成灾难。"这些定义或过于宽泛，或不尽准确(黄崇福，2009)。就自然灾害的定义，社会科学界形成了若干不同的观点。有从事件-功能角度展开的，这一派认为，"灾害是一个具有时间、空间特征的事件，对社会或其他社会系统造成威胁和实质损失，从而造成社会失序、社会成员基本生存支持系统的功能中断"；有从危险源视角来考察的，这一派认为，灾害被认为是危险源与社会背景相互作用的结果，即由于社会系统的失败而造成社会成员的脆弱性表现。灾害是"易于遭受伤害的人群与极端自然事件相互作用的结果"，"不再被认为是一个突发事件，灾害的发生其实是人类面对环境威胁和极端事件的脆弱性表现"；持社会建构主义观点的学者认为，灾害概念的定义与使用、灾害发生的原因、灾害的结果、减灾手段等都是组织"观点制造"(claims-making)的过程。灾害不是自然界将发生或正在发生的灾害结果(死亡、损失、失序)，而是组织关于灾害及其结果的建构产物；还有一派学者认为，灾害是社会政治经济"精英"向弱势群体转移风险的结果(陶鹏，2011)。

灾害定义如此复杂，它可以看成一个涵盖了自然到人类社会的宽阔的光谱带。从研究的可行度和可操作度考虑，我们必须在这个光谱带上选定一个有限宽度的区域作为研究的出发点。限于我们的考察对象和资料原因，本章所研究的台风灾害的着眼点还是更多的从自然方面考察。基于这层考虑，我们参考国内外学者的观点，认为"自然灾害"的定义：自然灾害是由自然环境中的自然事件或力量为主因，造成人类社会中人畜生命伤亡和财产资源损失及生存环境遭到破坏的事件。而"台风灾害"则可以定义为：由"台风"这一自然现象造成的人类社会人畜生命伤亡和财产资源损失及生存环境遭到破坏的事件。

必须指出，自然灾害是自然生态因子和社会经济因子变异的一种价值判断与评价，是相对于人类社会这一主体而言的。灾害是这种变异对主体的有害影响，离开这一主体就无所谓"害"与"利"，也就不存在灾害的概念。灾害产生于自然-社会环境，它兼具自然与社会属性，与人类活动隔绝的自然现象谈不上是灾害。

本章研究对象"台风灾害"与本书的其他章的研究对象最大的区别在于：其他章的研究对象是台风系统本身或系统中某一分支或组分，关注台风本身的特点及性质，本章的研究则是从台风造成的后果来关注台风的特点和性质。如前所述，台风所造成的后果是台风自然性质和人类社会交互作用的综合效果，因此从研究视角和方法上必须做一些必要的转换。

台风造成的后果多种多样，如房屋倒塌、树木倒损、电力通信设施受损、农田受淹、城市内涝、道路桥梁受损、人畜伤亡等，其中任一现象都可以从科学到工程以至社会角度展开相当数量的研究，但那些工作已经超出本书的范围，也非作者能力所及，可以仅凭自己有限的知识和经验，在差不多一章的篇幅里可以叙述清楚。而一般气象问题的尺度，相对于大多数工程类灾害学研究对象的尺度而言，是非常宏观的。因此，结合大气现象特点，从资料和问题尺度匹配角度出发，本章对台风后果进行大幅度抽象：一方面使本章的研究可以和气象观测资料匹配；另一方面也使得研究工作能得以有效进行。为便于定量研究，我们先把台风过程的后果抽象成有灾和无灾两类，从现象和模型方面探讨灾害发生的条件，并从气象因子的角度来得到有灾、无灾的划分阈值，在此基础上，应用统计手段进一步建立各种强度灾害的气象条件，并形成灾害风险的模型。

7.1.2　中国台风灾害的特点

中国是台风灾害高发的国家，中国的台风灾害呈现出以下几个特点：发生频率高，影响范围广，成灾强度强，重大台风灾害还具有灾害链连锁效应（Xu et al.，2005）。从台风和灾情资料的统计看，我国每年都有台风登陆造成灾害损失，且除新疆、西藏、青海这几个远离海洋的内陆地区外，全国绝大部分省份都遭受过台风灾害的影响，其中尤以沿海地区为甚（表 7.1；Zhang et al.，2009），从经济损失和死亡人数上来看，浙江、福建、广东、广西是台风灾害影响最严重的几个省份，这和台风影响的路径、强度有一定的关系，中国有 1.8 万多千米的海岸线，华南、华东、华北沿海分别对应着西北太平洋台风三条主要路径（西行、西北行、北行）的末端；也与这些沿海省份是我国的经济和人口聚集区有较大关系。每当台风来临，它所经之处的农业、渔业、交通航运、盐业、工程、能源、通信等行业都会受到不同程度的影响。

表 7.1　1983～2006 年年均台风损失情况（根据 Zhang et al.，2009）

省份	海南	广西	广东	福建	浙江	江苏	山东	河北	辽宁
死亡人数	10	30.7	85.2	86.8	140	7.4	6.1	20.6	7.4
经济损失（亿元，2006 年单位）	14.5	23.0	60.0	40.9	69.6	7.4	13.3	21.9	4.5

　　尽管现在有了较好的防御措施和机制，还是有单个台风就能造成成百上千的人员死亡，以及几百亿甚至近千亿的经济损失的情况发生（表 7.2、表 7.3；Zhang et al.，2009），根据 1983～2006 年的数据统计，中国大陆地区平均每年因台风死亡人类 472 人，平均每年因台风造成的经济损失 287 亿元。虽然近年来因灾死亡有下降趋势，但因台风造成的经济损失还是呈明显上升趋势，平均而言，中国大陆地区的台风灾害损失大约能占到每年 GDP 的 0.38%（Zhang et al.，2009），对应于中国庞大的经济总量，台风灾害损失无疑是个不容小觑的数字。

表 7.2　1983～2006 年造成人员死亡最多的 10 个台风（根据 Zhang et al.，2009）

排名	1	2	3	4	5	6	7	8	9	10
台风名	Fred	Bilis	Herb	Saomai	Nelson	Sally	Lisa	Abe	Peggy	Winnie
年份	1994	2006	1996	2006	1985	1996	1996	1990	1986	1997
死亡人数	1126	843	779	483	380	294	284	267	261	248

表 7.3　1983～2006 年造成经济损失最严重的 10 个台风（根据 Zhang et al.，2009）

排名	1	2	3	4	5	6	7	8	9	10
台风名	Herb	Winnie	Bilis	Sally	Fred	Rananim	Saomai	Utor	Matsa	Tim
年份	1996	1997	2006	1996	1994	2004	2006	2001	2005	1994
经济损失（亿元 2006 年单位）	732.6	485.7	348.2	245.4	240.0	214.3	196.5	193.7	185.0	179.2

　　本章的研究思路如下：在明确台风灾害概念和研究手段以后，首先从台风风雨角度，考察致灾台风风雨在中国分布的特点，并探讨台风影响的表示方法，然后从系统论角度考察台风灾害形成的定性机制，接着从极值分布角度给出一种从台风的气象因子分析判断台风灾害的方法，最后给出一个分析台风灾害的示例。

7.2　登陆台风风雨与灾害

7.2.1　台风风雨的空间概率分布

　　登陆或近海台风会给我国带来持续的强降水、大风、风暴潮等天气现象。我国台风影响范围包括中东部广大地区，沿内蒙古中部、陕西西部、四川西部一线的以东地区。从降水量分布及台风降水对总降水贡献率来看，总体上降水自东南沿海向西向北逐渐减小，台湾岛和海南岛的个别地区的降水贡献率达 40% 以上，海南大部、台湾局部和广西局部地区，贡献率为 30%～40%（王咏梅等，2008）。台风引起的我国境内大风主要出现在东南沿海，等频数线几乎与海岸线平行，向内陆急剧减小，在杭州湾以北地区较少出现 8 级以上的台风大风（杨玉华和雷小途，2004）。

　　台风是一个暖性的低值系统，具有温高湿大的特点，它又是一个气旋性系统，具有较强气旋涡度，因此通常伴随台风来临的是伴着狂风的暴雨，台风降水受地形、冷空气、台风外围云系、西南季风等影响，台风大风则受气压梯度、冷空气等影响（陈瑞闪，2002；钮学新等，2005），台风个体之间风雨强度有较大的区别，如广西"干"台风 0508 号台风和"湿"台风 0103 号台风（周能，2006）。对于各个测站，由于测站所处的地理位置、常影响的天气系统等不同，台风给该地带来的大风降水情况有明显的差别。在我国，仅个别测站（受台风影响次数仅为 1～2 次）100% 出现风雨同时影响外，85% 的测站同时出现大风与降水的概率在 30% 以下，仅 6.6% 的测站同时出现大风与降水的概率为 40%～60%，大风与降水同时出现概率较大的测站主要分布在我国华南沿海、江苏和安徽一带及东北地区[图 7.1（b）]。49.5%（82.5%）的测站出现仅降水（仅大风）影响的概率在 90% 以上（10% 以下）。我国大部分测站台风影响期间仅出现降水，尤其是内陆区域（图 7.1），这种分布情况主要与台风登陆后强度明显减弱有关，也受资料中要达到一定等级（11 m/s 以上的平均风速或 16 m/s 以上的阵风风速）才有风记录有关。

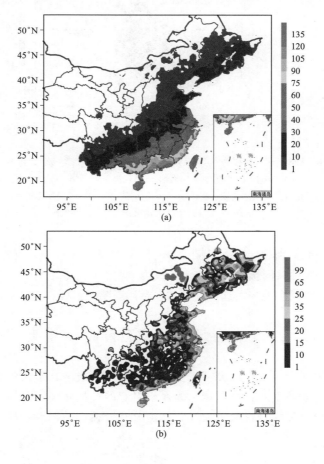

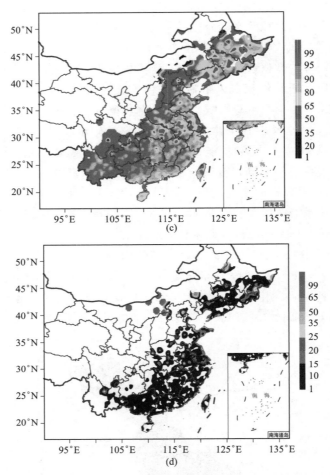

图 7.1　1984～2006 年台风影响频数及风雨影响占总影响频数的比例（％）

(a)影响频次；(b)风雨共同影响；(c)仅雨影响；(d)仅大风影响

雨影响是指台风影响期间该站出现 10 mm 以上的过程雨量；大风影响是指台风影

响期间该测站出现 11 m/s 以上的平均风速或 16 m/s 以上的阵风风速

　　各测站占比最大类别的标示图见图 7.2，我国大部分测站都是仅降水影响比例最大，沿海岸线测站则以风雨共同影响频次最多，仅内蒙古、山东、长江口、台湾西侧海岸线部分测站以仅大风影响频次最多，这部分测站在台风影响时需要特别注意防风灾。

7.2.2　台风大风指数和降水指数

　　从气象致灾因子来看，台风灾害主要是由台风本体或与其他天气系统相互作用产生的台风大风、短时强降水或长时间持续的暴雨引起的。虽然关于台风暴雨、大风相关的研究较多，但这些研究均是将台风大风、暴雨分开分析，并未对台风大风与降水间的关系做详细的分析。

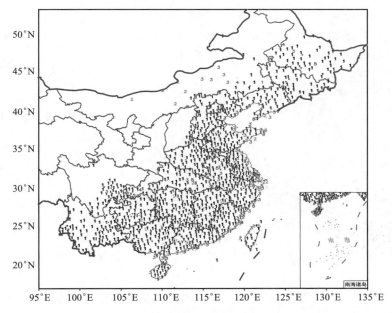

图 7.2　各测站影响频次最多类别(1984～2006 年)

图中数字含义为：1. 该测站仅降水影响频次多；2. 仅大风影响频次最多；3. 风雨共同影
响频次最多；4. 仅降水与仅大风频次并列最多；5. 仅降水与风雨同时出现并列频次最
多；6. 仅大风与风雨同时出现并列频次最多；7. 三者频次一样

要进行台风大风、降水关系分析前，需要先确定合适的表征台风大风或暴雨的物理
量。表征台风降水的特征量很多，如表征降水范围的过程降水量≥50 mm 测站数，表
征降水总量的台风过程总降水量，表征降水强度的最大测站过程降水量、最大 1 h 雨
量、暴雨日等。同样，表征台风大风的特征量也很多，如最大风速极值、极大风速极
值、最大风速大于 7 级测站数、极大风速大于 9 级测站数、大风日数等。在考虑了台风
降水和大风的强度、范围、总量等方面后，选取 25 个降水相关的参数组成降水参数库，
8 个大风相关参数组成大风参数库。采取分析与台风灾情指数或等级的相关关系方法来确
定能较好代表台风强降水影响和大风影响的指数作为台风降水影响指数和大风影响指数。

相关方法考虑了 Pearson 相关、Spearman 等级相关和 Kendall 相关［标准化后或百
分比相关(分 5 个等级及 10 个等级)］，相比不同相关分析方法，大部分大风相关特征量
和降水特征量与台风灾害指数的相关关系都采用百分比 10 平均等分的 Kendall 等级相
关最好。考虑相关系数和已有相关工作(雷小途等，2009；陈佩燕等，2009)的结果后，
选择单站日降水≥50 mm 的测站日总雨量的最大值和各测站最大阵风之和作为台风降
水影响指数(IPT)和大风影响指数(IWT)。其计算公式如下：

$$PT = \max\left(\sum_{i=1}^{npj} P_{i,\,j}\right) \qquad j = 1, \cdots, nd \tag{7.1}$$

$$IPT = PT/PT_{MX} \tag{7.2}$$

$$WT = \sum_{i=1}^{nv}(Wm_i) \qquad i = 1, \cdots, nv \tag{7.3}$$

$$IWT = WT/WT_{MX} \tag{7.4}$$

式中，$P_{i,j}$ 为 i 站在第 j 日的降水量，单位为 mm；Wm_i 为 i 站单个台风影响期间的最大瞬时风速，单位为 m/s；np_j 为第 j 日日降水量 $\geqslant 50$ mm 的测站数；nd 为以单个台风

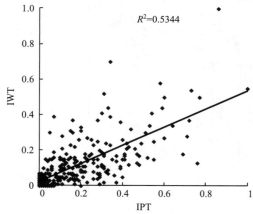

图 7.3 台风大风影响指数与降水
影响指数散点图(1984~2006 年)

影响期间的降水日数；nv 为最大瞬时风速 $\geqslant 13.9$ m/s(7 级)的测站数；PT 为单个台风影响区域内逐日测站(当日日降水 $\geqslant 50$ mm)日总雨量的最大值；WT 为单个台风影响期间最大瞬时风总和；PT_{MX}(WT_{MX}) 为一定年限内影响我国大陆所有台风 PT(WT)最大值，设定年限范围为 1984~2006 年。这里选用的测站为除台湾以外共 1293 个测站。

与台风影响时人们通常所感受到的类似，大部分台风风大雨也大，大风影响指数与降水影响指数相关较好，相关系数为 0.73(图 7.3)，但也有部分台风仅风大或仅雨大。

1984~2006 年，登陆台风年总 IPT 和 IWT 的变化见图 7.4(a)，登陆台风的大风和强降水总体有下降的线性趋势，强降水的趋势更明显些。由于大风影响指数和降水影响指数年总和与当年登陆台风数有关系，为了探讨单个台风致灾能力的变化，将年总降水影响指

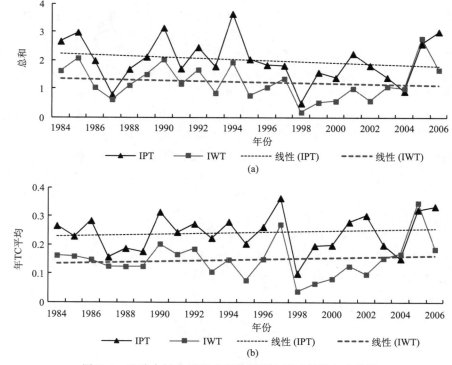

图 7.4 登陆台风大风影响指数和降水影响指数年变化图

数(大风影响指数)除以当年的台风数得到年均单个台风的降水影响指数(大风影响指数)。1984～2006 年,虽然降水影响指数(大风影响指数)是下降趋势,但年均单个台风的致灾能力是有所加强的[图 7.4(b)]。分时段来看,1998～2004 年这段时间,台风的破坏力相对较弱,1998 年为极低值年。

　　图 7.5 给出了强降水影响(IPT 排前 20%且 IWT 排 20%以后 TC)[图 7.5(a)]和强风影响(IWT 排前 20%且 IPT 排 20%以后)[图 7.5(b)]台风的路径,可见强风影响台风与强降水影响台风在路径上有较大的区别,前者主要在福建以南登陆,而后者则主要在福建以北或广东中部以南地区登陆。

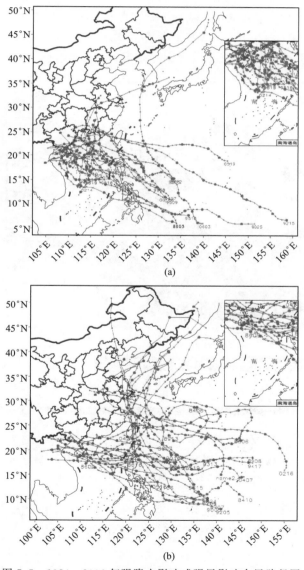

图 7.5　1984～2006 年强降水影响或强风影响台风路径图

7.2.3　台风风雨与灾害联系

从降水影响指数、大风影响指数与台风灾害指数（雷小途等，2013；陈佩燕等，2009）间的相关关系来看，大风影响指数与台风灾害指数相关关系略为密切，降水影响指数、大风影响指数与台风灾害指数间的相关系数分别为 0.77、0.78。图 7.6 给出了IPT、IWT 累积概率与台风灾害指数间的散点关系。IPT、IWT 都排在前 50% 的台风基本上都造成了灾害，IPT 和 IWT 都排在前 50% 的样本共有 141 个，其中仅 9 个样本没有灾害记录。这几个没有灾害记录的台风基本上是在广东、海南登陆且登陆强度很弱（16 m/s以下）或只是海上影响台风。IPT、IWT 都排在后 50% 位的样本共 140 个，其中仅 7 个样本有灾害的记录。从粗略看，IPT、IWT 排位情况可以大概判断台风的破坏能力。

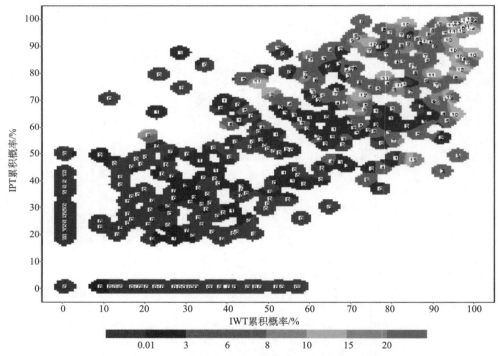

图 7.6　IPT 累积概率、IWT 累积概率与台风灾害指数的散点关系图

累积概率（CP）的计算公式为 $\mathrm{CP}=n/N\times100\%$，$N$ 为总样本数；
n 为 IPT 或 IWT 的排位值（从小到大排列）

取台风降水影响指数和大风影响指数的平均，作为评估台风风雨影响指数（IPWT），来综合描述某次台风过程对我国大陆风雨影响程度。

$$\mathrm{IPWT}=(\mathrm{IPT}+\mathrm{IWT})/2 \tag{7.5}$$

IPWT 与台风灾害指数间的相关系数为 0.83，两者间的对应关系见图 7.7。可见同时考虑风雨影响指数与灾害的相关关系远高于单考虑风或雨的影响。

通过与台风灾害等级的对应关系，将风雨影响指数划分为 5 个等级，分别为 0～4 等级（表 7.4），0 级表示对我国大陆风雨影响较轻，造成灾害的概率较小。4 级则表示有严重的风雨影响，造成严重灾害的可能性较大。

由于灾害的影响程度并不单由风雨影响造成，风雨影响等级并不能完全与台风灾害等级相一致。表 7.5 给出了 1984～2006 年台风风雨影响等级与灾害等级对应关系的统计。两者等级一致率的 TC 数为 224 个，占 66.3%，风雨影响等级高 1 级的 TC 数位 64 个，占 18.9%，灾害等级高 1 级的 TC 数 28 个，占 8.3%，即等级差别一个等级内的 TC 数占总数的 94.5%。可见由式（7.5）计算的风雨影响指数虽不能完全建立风雨与灾损的一一对应关系，但还是能较好地反映台风的灾害影响情况。

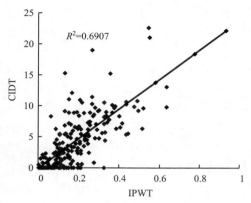

图 7.7　台风风雨影响指数（IPWT）与灾害指数（CIDT）的散点图

表 7.4　台风风雨影响等级的划分

风雨影响等级	0 级	1 级	2 级	3 级	4 级
IPWT	<0.05	0.05≤IPWT<0.11	0.11≤IPWT<0.25	0.25≤IPWT<0.42	≥0.42

表 7.5　1984～2006 年台风风雨影响等级与灾害等级对应关系

CIDT 等级	IPWT 等级					
	0 级	1 级	2 级	3 级	4 级	总计
0 级	141	18	10	1	0	170
1 级	9	18	33	2	0	62
2 级	0	4	34	9	3	50
3 级	0	1	10	22	4	37
4 级	0	0	5	5	9	19
总计	150	41	92	39	16	338

7.3　台风影响力指数

7.3.1　台风破坏力指数

热带气旋的灾害由暴雨、大风和风暴潮三部分组成。传统上用中心地面最低气压和中心附近最大风速这两个参数来表征热带气旋的强度，现行热带气旋强度的级别都是根据其中心附近最大风速来划分。我国 2006 年出台的台风强度标准按中心附近最大风速划分为 6 类；美国对飓风强度划分为 Suffir-Simpson 标准，把飓风按照其中心附近最大风速分成 5 级（National Hurricane Center，2009）。这些对台风的分级都是只考虑了风灾和一定程度上的风暴潮灾害，没有考虑暴雨引发的洪水、泥石流等灾害，而暴雨灾害往往是热带气旋所伴随的主要灾害（陈联寿和丁一汇，1979）。例如，2006 年热带风暴"碧利斯"登陆我国后在陆地上维持 5 天，造成了特大暴雨，引发洪水及山体滑坡等灾害，造成直接经济损失 459.1 亿元，是新中国成立以来经济损失最大的一个台风。同年登陆台风"桑美"是新中国成立以来强度最强的登陆台风，其登陆时中心最大风速达到 64 m/s，但其登陆后迅速消失，造成的经济损失只有"碧利斯"的 1/2 左右，为 258.7 亿元。因此，台风强度（中心的最大风速）不能够完全表征其对社会经济的影响。

在国外，Emanuel（1998）曾经对热带气旋的破坏能力做过定义，台风瞬时耗散动能（P）可以用以下公式表示

$$P = 2\pi \int_0^{r_0} \rho C_{\mathrm{D}} V^3 r \, \mathrm{d}r \qquad (7.6)$$

式中，r 为台风半径；r_0 为台风外围边界半径；ρ 为空气密度；C_{D} 为表面拖曳系数；V 为风速；如果考虑不同的热带气旋，不同半径内 ρC_{D} 为常数，而对于 P 的主要贡献来自台风最大风速圈，热带气旋潜在破坏能力可以用简单的能量耗散指数 PDI（power dissipation index）表示：

$$\mathrm{PDI} = \int_0^{\tau} V_{\max}^3 \, \mathrm{d}t \qquad (7.7)$$

式中，$V_{\max}$ 为中心附近最大风速；τ 为热带气旋的维持时间（Emanuel，2005），这些关于热带气旋潜在破坏能力的量仅考虑了风的破坏力，并没有考虑暴雨引发的灾害。本节试图从统计学角度，建立台风登陆前所携带的水汽和登陆后所产生的降水的相关性，并考虑台风的尺度建立可以描述台风影响力的物理量因子。

本节所用资料有：①2001～2007 年台风造成的直接经济损失，资料来源为民政部，标准化处理台风直接经济损失所用的 2001～2007 年通货膨胀率及 GDP 增长率来源于 http://www. econstats. com；②台风所携带水汽资料来源于 SSM/I 2001～2007 年逐日卫星资料，空间分辨率为 0.25°×0.25°（http：//www. ssmi. com/ssmi/ssmi＿description. html）；③台风风场资料源于 QuickScat 卫星遥感，空间分辨率为 0.25°×0.25°（http：//www. ssmi. com/qscat/qscat＿browse. html）；④ CMORPH（Climate Prediction Center's Morphing Method）逐 3h 卫星反演降水资料，空间分辨率为 0.25°×0.25°，资料来源 http：//www. cpc. ncep. noaa. gov/products/janowiak/cmorph＿description. html；⑤台风的路径和外围闭合等压线半径资料来源于 JTWC（Joint Typhoon Warning Center）。

JTWC 的台风外围半径定义为海平面气压最外围闭合等压线半径，因 2004 年 JTWC 半径资料缺乏，所以只考虑了 2001～2003 年和 2005～2007 年的登陆中国大陆的台风个例，其中 0601 号"珍珠"、0603 号"杰拉华"、0707 号"帕布"和 0716 号"罗莎"是擦过大陆，造成的经济损失不足以表现其影响能力，没有被统计。台风降水的分离采用任福民等（2001）提出的台风降水的客观识别方法，并根据格点降水资料的网格分布特点

对原方法中邻站距离(200 km)这一参数进行调试，经过试验将邻站定义的距离(d)修正为：20°N 以北 $d=110$ km，20°N 以南 $d=120$ km(韦青，2009)。

在数学统计中用了聚类统计方法和统计多元回归方法(马开玉，1993)，鉴于 Emanuel(1998)定义的 PDI 指数没有考虑台风的尺度和非对称结构，定义台风总破坏力为卫星遥感观测的洋面风速的三次方在台风外围半径内的面积积分。实际上因为本节所用卫星资料观测的分辨率相同，简单地把台风外围半径内所有观测点的风速的三次方累加起来以表征台风的总破坏能力指数(TDI)。台风的影响半径内的总水汽量 TVI(total column water vapor index)也采用同样的简化方法，即将台风半径内卫星遥感所有观测点的整层水汽量相加：

$$TDI = \sum_{i=1}^{n} V^3$$

$$TVI = \sum_{i=1}^{n} CWV \tag{7.8}$$

式中，V 为卫星遥感的海洋表面风速；CWV 为卫星遥感的整层水汽；n 为台风外围半径内观测的格点数。如果因为地形或极轨卫星观测范围不全等原因造成的个别格点缺测，其 CWV 或 V 由外围半径内其他所有观测点的平均值替代。台风外围云带第一次抵达海岸的时间定义为影响开始时间，由于极轨卫星观测时间有限，水汽和风速的统计时间取距离影响开始时间最近的一次观测。

7.3.2　台风破坏力指数与台风灾害经济损失

首先图 7.8 给出了台风影响陆地开始时间的中心最低气压、中心附近最大风速和标准化直接经济损失的序列与相关。从统计结果可以看到，台风引起的标准化直接经济损失与其影响陆地前最低气压的相关性较差，相关系数仅为 0.341；与最大风速的相关性也较差，仅为 0.345，PDI 与经济损失的相关为 0.327(图略)。因此，台风开始影响陆地时间的中心最大风速和中心最低气压都不足以全面衡量台风登陆后的影响力。

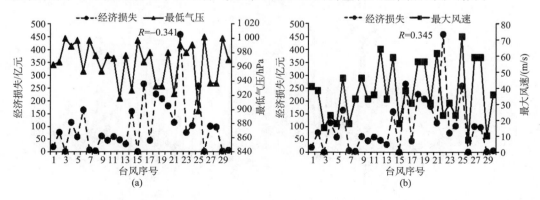

图 7.8　台风影响陆地开始时间中心最低气压(a)、最大风速(b)与标准化直接经济损失的相关性

　　造成台风经济损失的原因除了大风以外，还有持续暴雨所带来的洪涝灾害，因此下面从水汽角度分析。以 2006 年"碧利斯"和"桑美"为例（图 7.9），选取其影响陆地开始时间 7 月 13 日和 8 月 9 日，分别给出台风开始影响时间的整层水汽分布。可以发现，"碧利斯"的整层水汽含量超过 62 mm 的面积远远超出了"桑美"。进一步计算最外围半径内的台风 TVI 来表征台风的潜在总潜热势能。两个台风所含 TVI 分别为 69 013 mm 和 28 303 mm，强度弱的碧利斯是一个相对"湿"的台风，而强度强的桑美则是一个相对"干"的台风。

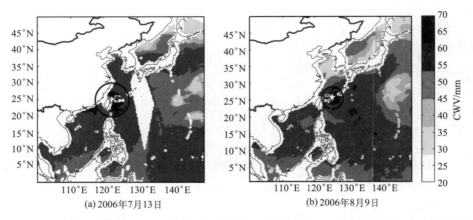

图 7.9　台风"碧利斯"（a）和"桑美"（b）影响陆地开始时间 SSM/I 卫星遥感 CWV 分布
五角星表示台风中心位置，黑色圆圈表示台风外围半径

　　图 7.10 给出的是台风影响陆地开始时间 TVI 和 TDI 指数与标准化直接经济损失的序列相关性。台风 TVI 与标准化的经济损失的相关系数在 99% 置信水平上达到了 0.751，TDI 指数与标准化直接经济损失的相关系数在 99% 置信水平上也达到 0.59，可见预估台风灾害用台风外围半径内的总水汽量比用 PDI 更为可靠，而考虑台风尺度的 TDI 也比单单考虑中心最大风速的 PDI 更能客观地表征台风造成的经济损失。这就解释了超强台风"桑美"影响力反而不如热带风暴"碧利斯"：一方面"碧利斯"的尺度是"桑美"的 3 倍；另一方面"碧利斯"所携带水汽量是"桑美"的 2 倍。

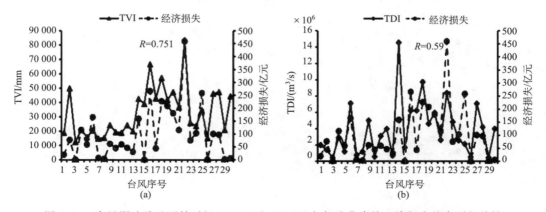

图 7.10　台风影响陆地开始时间 TVI（a）和 TDI（b）与标准化直接经济损失的序列相关性

　　下面尝试从物理机制角度解释热带气旋登陆前所携带水汽与登陆后直接经济损失的较高相关性。考虑到真正造成洪涝灾害的是降水强度，定义一个雨强参数 L：

$$L = \sum_{i=1}^{m} \sum_{t=1}^{n} l(x_{i,t})$$

其中，当 $5\ \mathrm{mm} \leqslant x_{i,t} < 10\ \mathrm{mm}$ 时，$l=1$；

　　　　当 $10\ \mathrm{mm} \leqslant x_{i,t} < 20\ \mathrm{mm}$ 时，$l=2$；

　　　　当 $20\ \mathrm{mm} < x_{i,t}$ 时，$l=3$。

式中，x 为一个陆地上格点单位时间热带气旋降水量；n 为台风降水资料总时次（每天 8 次）；m 为单位时间陆上台风降水格点数。

　　用台风降水客观分离法分离 CMORPH 卫星降水资料得到每 3h 的台风陆地降水计算雨强参数，与其登陆前台风 TVI 作相关，发现相关系数 $R=0.526$，超过了 99% 的置信水平，而雨强参数同标准化直接经济损失的相关则达到 $R=0.586$，置信水平为 99%（图 7.11）。

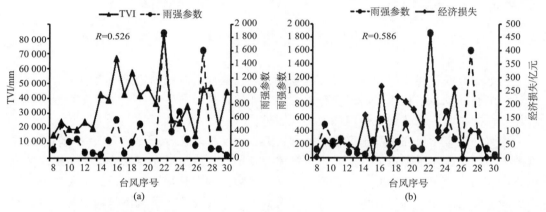

图 7.11　台风影响陆地开始时间台风 TVI 与雨强参数（a）和雨强参数与经济损失（b）的相关序列

7.3.3　台风影响力指数

　　根据前面的分析发现，台风所携带水汽与直接经济损失相关程度最高，这里综合考虑台风 TDI 和 TVI，采用多元回归方法，定义表征台风影响力指数 I：

$$I = 1.499 \times 10^{-6}\,\mathrm{TVI} \times L + 6.657 \times 10^{-6}\,\mathrm{TDI} - 49 \tag{7.9}$$

式中，$L=2501.6\mathrm{J/g}$ 为 0℃时水的汽化潜热，该指数与标准化的经济损失的相关系数 $R=0.769$，超过了 99% 的置信水平，比单纯考虑水汽的相关性有所增加。在 30 个台风当中，如果按照台风登陆前的强度排名，2006 年的"桑美"排名第一，影响力指数却处于第 14 位；而 0606 号"碧利斯"按照台风强度在 30 个台风中排名 22 位，而影响力指数却跃为第一位。根据 30 个台风的影响力指数序列，采用了系统聚类分析方法，将其分成 5 个等级（表 7.6）。在 30 个台风中，影响力等级为 5 级的有 1 个，占 4%；4 级的有

3 个，占 10％；3 级的有 7 个，占 23％；2 级的有 7 个，占 23％；1 级的有 12 个，占 40％。

表 7.6　　2001～2007 年 30 个登陆中国大陆热带气旋影响力分级

级别	影响因子取值区间	热带气旋个数（比例）
5	$I > 300$	1(4％)
4	(200, 300]	3(10％)
3	(120, 200]	7(23％)
2	(60, 120]	7(23％)
1	(0, 60]	12(40％)

　　台风影响力指数能较客观地反映单个台风的影响能力，而且在台风登陆前对台风在陆地引发的灾害具有一定预测指示意义，此处定义的影响力指数只代表从致灾因子角度表述的台风客观影响力，没有对经济损失、社会环境因素的影响。

7.4　台风灾害发生机制的探讨——突变模型

　　从上一节的叙述我们知道，每一次登陆台风过程都会对我国造成一定的影响，当影响过程中有强风暴雨相伴时，还会造成灾害，那灾害是如何发生的，灾害发生背后隐藏着什么样的机制？本节就这一问题做一些探讨。

　　现有的灾害学研究是基于这样的概念：灾害的发生是在合适的孕灾环境中，一定强度的致灾因子作用于承灾体之上，当承灾体的抵抗能力不足以支撑保持原来结构而造成承灾体有损失的现象。因此，灾害评估和灾害风险区划都是从致灾因子、承灾体等几方面展开，有的工作认为灾害风险指数是致灾因子、孕灾环境、承灾体脆弱性的函数，有的工作直接把灾害风险表述为致灾因子危险性和承灾体易损性的积或加权和。由于灾害概念的几个方面存在数字表达复杂困难，且人文因素和自然因素交织的情况，系统自由度大，不确定因素多，因此相关工作存在人为随意性大、概念表述抽象的问题，不能很好地进行成灾机理的分析描述。

　　从广义上说，本书的其他章节研究的就是台风灾害的机制，即台风登陆前后本身发展变化的机制。本节探讨的是台风对社会系统和生态系统造成灾害的一般机理。

7.4.1　模型的构造

　　成灾机理的研究还是需要从灾害概念内涵展开。从台风灾害的定义，我们可以看到：台风灾害作为一个大系统可以大致分为两个分系统，即台风自然致灾因子系统和受威胁的社会承灾系统，与灾害学领域的致灾因子和承灾体分别对应。台风灾害就是两个分系统相互作用造成的与人类生活生产有关的自然和社会（承灾体）损失。因此，本节研究的关注点就是社会（自然）承灾系统，寻找在自然因子作用下，使得社会承灾系统发生灾变的条件，一旦找到这种条件，我们认为这种条件及相关变化就是灾害发生的机制。

问题的关键在于找到一个合适的解释模型框架，能表述灾害发生的特征和机制。绝大部分气象灾害（除旱灾外）最明显的特点是状态变化的时间突发性和地域局限性。这些特征若用数学语言表述，即状态描述变量在时间和空间上有明显的不连续，一般的基于解析函数的数学工具显然对这一类现象缺乏描述能力，更不用说可以进行科学解释了。

从现有的数学理论里寻找发现，突（灾）变理论（catastrophe theory）模型是符合这种条件的数学模型框架。突变论源自函数论中的奇点理论，是法国著名拓扑学家勒内・托姆（Rene Thom）于 20 世纪 60 年代提出的一种拓扑学理论，它适合处理数学不连续的问题。根据托姆分类定理，所有非莫尔斯函数在临界点附近可以光滑等价于七种标准型（也被称为七种初等突）之一。其中，尖点突变（cusp catastrophe）是应用最为广泛的一种原模型（凌复华，1987）。

从突变理论的研究我们知道：如果一种现象有五种全部或部分的特点，则这种现象适用于尖点突变原模型。这些特点包括：①有状态的突跳现象；②状态的突变时间上有滞后；③发散，即在某些状态下，只要因子稍微改变就发生状态的突变；④双模态，即存在两种可能状态；⑤在某些状态变量点，不可能实现稳定平衡。我们研究的台风灾害的发生，至少符合其中的几点，如双模态、状态突跳、发散等，因此可以尝试用两参数的尖点突变模型来进行灾害发生机理的建模和解释。

对特定现象进行突变理论分析基本步骤是，首先根据研究现象的特点构造相应的模型，然后经过一定的数学处理找到相应的势函数，然后对势函数进行奇点（临界点）集分析，得到临界条件，最后进行相应的物理解释。

为建立台风灾害发生的相应模型，先要进行概念抽象。我们将自然灾害综合系统中的社会或自然系统先分离出来，将之抽象为一个系统，它有一个描述其状态的变量，设为 x，外界对系统有冲击，系统对外界的冲击也有抵抗能力，在一定条件下，冲击和抵抗能够平衡，因而可以构造平衡方程来描述这一现象。这一系统在物理上等效于"压力-抵抗系统"，对于这类系统，我们可以进行力学分析。

这样一个系统有外界作用压力功与系统抵抗势能组成的能量平衡方程，其形式为

$$ax^2 + bx + c = 0 \tag{7.10}$$

式中，a 为系统抵抗参数；b 为外力打击参数；c 为积分常数。

根据式（7.10），经过简单变换，生成势函数：

$$U(x) = x^2 + k_1 x + k_2 \tag{7.11}$$

假定 $U(x)$ 与势函数的二阶偏导数 $\partial^2 V / \partial x^2$ 是拓扑等价的，设有一个微分同胚：
$\phi: \sqrt{3}\,x \to x + k_1/2$，$k_2 \to k_2 + k_1^2/4$，则有 $U(x) \sim 3x^2 + k_2$，故有

$$\partial^2 V / \partial x^2 \sim 3x^2 + k_2 \tag{7.12}$$

对式（7.12）积分得

$$\partial V / \partial x \sim x^3 + k_2 x + d \tag{7.13}$$

对式（7.13）再次积分得到灾变模型的势函数：

$$V(x,u,v) \sim \frac{1}{4}x^4 + \frac{1}{2}k_2x^2 + \mathrm{d}x = \frac{1}{4}x^4 + \frac{1}{2}ux^2 + vx \qquad (7.14)$$

式中，为了表述方便引入 $u(a,b)$ 和 $v(a,b)$，它们是积分过程中产生的关于 a，b 的函数。式(7.14)就是尖点突变模型的势函数，这样我们就完成了灾害发生突变模型的构造。在这个模型中，除了状态变量 x，涉及的外参数只有系统抵抗参数 a 和外力打击参数 b，因此这一模型又称二参数模型，在合适的观察空间中，它描述了系统抵抗参数 a 和外力打击参数 b 连续变化情况下，系统状态的变化特征。

7.4.2　灾变机理的解释

在前文中，我们通过一定的抽象，建立了台风灾害发生的尖点突变模型。尖点突变势函数的表达式为

$$V(x) = \frac{1}{4}x^4 + \frac{1}{2}ux^2 + vx \qquad (7.15)$$

式中，x 为系统状态；u 和 v 为系统外参数的简单算术组合。

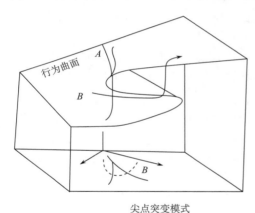

尖点突变模式

图 7.12　成灾突变模型示意图

通过标准的奇点分析步骤和几何展示，可以定性而形象地解释灾害发生的机理。在相关势函数图形上，系统状态有三个区域，其中的两个区域特征较为明显，而介于两者之间的区域存在折叠。当控制参数连续变化时，系统状态在控制参数空间某些区域会发生突变，即存在状态一(无灾态)，不稳定过渡态(临界点或阈值)，状态二(有灾态)。在奇点图上，突变点显现得更清楚(图 7.12)。

从图上看，系统状态演化有三条路径：一是经过临界区域的演化路径，系统从一种状态到另一种状态会经历一段临界状态；二是演化的间断性道路，状态以突然的变化形式完成从一个态到另一个态的变化；三是渐进的演化道路，即由绕过奇点的路径从一个态到另一个态，这种情况在灾害发生中又称为"蠕变"。

这类模型的优势是解释直观，然而由于理论过于抽象，要在实际过程中使用还存在定量化方面的困难。这类模型的分析至少给我们指出了一条研究途径，即致灾临界点(又称阈值)的确定是自然灾害理论研究和实践的一个关键点。

对于这类二参数的模型，进一步分析可以把突变临界点分为两种情况：情形一，外界致灾力相对稳定，系统的灾变抵抗性能变化到临界点时，系统状态会发生突变；情形二，系统性能(包括系统的灾变抵抗性能)相对稳定，外界致灾打击力达到临界点时，系统状态会发生突变。

对于本章研究的台风灾害，其致灾因子的变化幅度和发生频率，远远大于或高于承

灾体系统的变化。因此，这类问题的关键就转化成确定致灾因子的成灾阈值问题，下一节我们就这一问题做较为详细的讨论。

　　经过以上模型分析，可以把台风灾害发生机理做一种解释性描述。台风灾害的发生，是一个涉及致灾因子和受灾对象（承灾体）共同作用的复杂过程，主要取决于致灾因子强度和承灾体抵抗能力参数的组合是否达到一定临界条件。可能机制如下：从台风致灾因子（H）角度展开，热带气旋所带来的破坏损失主要源于与之相伴生的大风、暴雨、风暴潮等现象。台风的强风会产生巨大的压力、剪力、弯矩、负压等破坏力，风灾的强度基本上取决于风速的大小，当风速超过承灾体忍耐极值，会造成机械毁损。热带气旋强降水一旦超过当地下渗、蒸散、蓄洪排涝能力时，产生径流导致受淹及江河洪水泛滥。而风暴潮会引起漫滩，引发许多衍生灾害，故当狂风、暴雨与风暴潮并袭，往往带来更为严重的灾难性后果；从承灾体性能看，可以进一步把承灾体相关特性分为暴露度（E）和脆弱性（V），暴露度取决于承灾体暴露于危险中的规模，脆弱性表征了承灾体抵御致险因子打击的能力，是承灾体本身一种属性，与脆弱性相对的是抗逆性，或称为应灾力（Re），在自然系统中它反映了为保障承灾体免受或少受灾害威胁而采取的基础的及专项的防备措施力度。致灾因子危险性、承灾体脆弱性与暴露度对灾害发生和灾害程度的风险起正向作用，就是说致灾因子强度及异常程度越大、承灾体暴露于危险中的规模越大、脆弱性越大，则成灾风险越大。而应灾能力则起反向作用，应灾力越强，就越能削弱致灾因子危险性、降低承灾体脆弱性与暴露，减低成灾风险。如果将以上叙述用公式表示，以 R 代表成灾风险，就可以得到概念方程如下：

$$R = E * V * (H - \text{Re}) \tag{7.16}$$

　　这样，我们就能对灾害的发生机理做出定性解释。

7.5　台风成灾风险的定量研究

　　在 7.4 节中，通过突变模型框架，从理论上解释了台风灾害发生的一般机制。然而由于理论模型过于抽象，虽然可以进行机理分析，并不具备业务实用的条件。若要在业务实践中探讨台风成灾的条件，必须建立一套具有可操作性的实用方法，本节将介绍已开发的用于台风成灾风险判别和评估的方法。

7.5.1　基本概念、方法和思路

　　上一节得到的台风灾害发生风险的概念方程[式(7.16)]，要将该式应用于实际，必须解决将变量定量化的问题，同时要解决变量无量纲化的问题。在方程中，风险 R、暴露度 E 和脆弱性 V 都是为 0～1 的值，$H - \text{Re}$ 则根据 H 与 Re 的相对大小来定，若 H 小于 Re，则这一项视为 0，代表抵抗力大于威胁力时，没有灾害风险。这反映在具体操作上，就是上一节提到的致灾因子的阈值。

　　风险是指在一定条件下、一定时期内发生负面事件的可能性。对于一定区域承灾体（人、财产、生态环境）而言，在应灾能力（灾害控制管理能力）无显著突变的前提下，承

灾体相关灾情的轻重与风雨致灾因子的轻重是一致的，当风雨强度越大、异常程度越大，越趋于低频偶发的小概率事件时，往往超出设防能力可能性越大，应对难度也越高，造成的破坏也越严重，出现严重灾害的可能性越大。相反，当风雨强度较小，趋于可遇率大的常发事件时，灾情往往较轻或倾向无害甚至有益。所以可根据台风风雨强度频率分布特征与其致灾风险间的这种关系，研制基于概率分布损失评估方法，即用大风、暴雨的超越概率来衡量台风影响强度及影响后果严重程度。同时，台风致灾因子（风险源）强弱与灾情轻重的发生概率相关联这一表达形式还能在一定程度上消除各地抗灾水平等的差异，使不同地区具有可比性。用概率分布的表示方法不但解决了定量化问题，也解决了变量无量纲化问题（杨秋珍等，2009，2010）。

多个因素共同作用时可用其联合概率值作为描述指标，应用基于耦合理论的极值联合分布模型是较为恰当的。近年来国际上已有不少学者将耦合理论应用于金融领域，将多维极值联合分布应用于表述多个变量同时达到极值的随机现象的概率问题。但在水文气象学界与大气科学领域，绝大多数研究极值事件时，只局限于应用1维极值分布模型为主，仅有少量应用2维极值模式分析变量间的共同作用，而用耦合理论为依托的联合分布研究灾害损失风险尚未见涉及，因此是一个崭新的探索。考虑到两种或以上影响变量同时达到极端情况时（即当各类因子都为小概率时），便有可能触发更极端联合事件，它是更小的小概率事件，成灾风险往往比单因子为小概率事件时更严重，出现巨灾的可能性更大。

在实际工作中发现，各地台风致灾因子或灾情损失分布绝大多数为非正态，远偏离均值，且具长尾特征，而蕴含巨大风险损失甚至灾难性后果的成灾事件通常与低频风雨事件相联系。如何能准确反映出复合小概率事件这些特征信息并对发生风险作出客观的估量？可以应用极值统计理论来进行相关工作。极值统计学是数学统计学的一个分支，主要是处理一定样本容量的最大值和最小值，可能的最大与最小值将组成它们各自的母体，因此这些值可用具有各自概率分布的随机变量来模拟。极值统计学可以准确地描述分布尾部的分位数。由于极值理论有严谨的概率统计理论作依托，当前在风险领域应用极值理论研究这类非正态"厚尾"的损失现象成为热点，尤其在银行、股市、保险等领域涉及较多，水文气象领域、大气科学领域在研究水文气象极值现象时也有应用。

为了从全局角度揭示这种多个影响因素各自分布性质及关联进而度量影响强度及致灾风险，本节采用基于耦合理论的极值联合分布进行尝试探讨。

1. 应用基于 Copula 函数的多维随机变量联合分布表征 TC 影响强度及致灾风险程度

由 Sklar's 定理，假设多维随机变量为 $(X_1, X_2, \cdots, X_n)$，其边缘分布函数分别为 $F_i(x_i) = P(X_i \leqslant x_i)$，它们的联合分布表示为

$$H(x_1, x_2, \cdots, x_n) = P(X_1 \leqslant x_1, X_2 \leqslant x_2, \cdots, X_n \leqslant x_n) \tag{7.17}$$

那么，存在唯一的 Copula 函数 $C_\theta(\cdot)$ 使得

$$H(x_1, x_2, \cdots, x_n) = C_\theta(u_1, u_2, \cdots, u_n) \tag{7.18}$$

式中，$u_i = F_i(x_i)$；$C_\theta[F_1(x_1), F_2(x_2), \cdots, F_n(x_n)]$ 为耦合函数 Copula。

可见，Copula 函数 $C_\theta(\cdot)$ 本质上是边缘分布为 $u_i = F_i(x_i)$ 的多维随机变量 $(X_1,$ $X_2, \cdots, X_n)$ 的联合分布函数；θ 为待定参数。

Copula 函数 $C_\theta(\cdot)$ 可以连接不同边缘分布变量来构造联合分布，在实际应用中有许多优点，它可以将一个联合分布分解成 n 个边际分布和一个连接函数 $C_\theta(\cdot)$，其中 $C_\theta(\cdot)$ 描述变量间的相关结构，这样可以将一个联合分布的边际分布和它们的相关结构分开研究，以此度量变量之间的协调程度和相依模式。由于变量的所有信息都包含在边缘分布里，因此在转换过程中不会产生信息失真，使模型更实用、更有效。

2. 台风风雨影响强度因子边缘分布函数

对于台风灾害而言，通常台风降水与大风强度共同影响了灾害的形成与发生发展及最终的灾情大小。

若将风雨致灾因子强度或灾害损失程度等随机变量统一用 X 表示，则概率 $P(X \leqslant x)$ 用来表示 X 不超过 x 的边缘累积分布函数（CDF），即令：

$$F(x) = P\{X \leqslant x\} = \begin{cases} \sum_{x_i \leqslant x} P_i & \text{离散型 } X \\ \int_{-\infty}^{x} f(t)\,\mathrm{d}t & \text{连续型 } X \\ & -\infty < x < \infty \end{cases} \tag{7.19}$$

相应的超越累积分布函数（PDF）：$P(x) = P(X > x) = 1 - F(x)$

然后，根据风雨影响因子的观测样本的实际频率密度分布态势构造其可能的理论分布模型 $G_0(x)$。

3. 台风风雨影响因子概率分布模型构建及适度检验

概率分布模型参数估计可由极大似然法、概率加权矩法、最小二乘法等得到。采用相对平均偏差（Ras）、离差平方和 OLS 准则作为衡量模型模拟结果好坏的检验指标，计算公式如下：

相对平均偏差：$\mathrm{Ras} = \dfrac{1}{n} \sum_{i=1}^{n} \dfrac{|\hat{P_{ei}} - P_i|}{P_i} * 100\%$ $\tag{7.20}$

离差平方和最小准则：$\mathrm{OLS} = \sqrt{\dfrac{1}{n} \sum_{i=1}^{n} (P_{ei} - P_i)^2}$ $\tag{7.21}$

式中，P_{ei}、P_i 分别为经验频率和理论频率；n 为模型参数的个数。Ras、OLS 值越小时，模型拟合的越好。

适度检验用 Kolmogorov-Smirnov (K-S)法，以便逐点考察实际分布与理论分布的差异，即

$$D(n) = \sup_{-\infty < x < \infty} |F_n^*(x) - G_0(x)| \tag{7.22}$$

式中，$D(n)$ 为在所有各点上，经验分布与假设的理论分布之差的最大值。由实测的 $D(n)$ 的大小来决定 $G_0(x)$ 是否是总体的分布。

显然，$D(n)$ 是一个随机变量，对任意的 $\lambda > 0$，有

$$\lim_{n \to \infty} P(D_n \sqrt{n} < \lambda) = \theta(\lambda) = \sum_{-\infty}^{\infty} (-1)^k e^{-2k^2 \lambda^2} \tag{7.23}$$

利用这一分布可以检验关于分布的假设。若假设总体分布函数 $F(x) = G_0(x)$，根据经验分布函数 $F_n^*(x)$ 及理论分布函数 $G_0(x)$ 可以算出每一样本点上的偏差 $d = |F_n^*(x_m^*) - G_0(x_m^*)|$，找出这些偏差中的最大值 d_n，若 n 很大，则可认为 $D_n \sqrt{n}$ 近似地服从分布 $\theta_n(\lambda)$，这样可以根据信度 α，找到满足 $\theta(\lambda_\alpha) = 1 - \alpha$ 的临界值 λ_α，然后比较 $d_n \sqrt{n}$ 与 λ_α，若 $d_n \sqrt{n} < \lambda_\alpha$，则接受原假设，若 $d_n \sqrt{n} \geqslant \lambda_\alpha$，则拒绝原假设。

4. 风雨影响联合概率与承灾体损失评估函数表达

令

$$Z = L\{P_g(x, y)\}$$

式中，Z 为承灾体损失参量；$P_g(x, y)$ 为风雨联合超越概率。建立这个关系，找到合适的阈值，就是建立成灾风险模型的过程。

7.5.2　建立风险评估模型

对一个具体地区的具体行业（或综合指标）的评估来说，建立台风灾害风险评估模型包含以下步骤：

第一步　寻找合适的致灾因子观测量。在评判因子选择时要考虑资料的易得性与准确性，且物理或生理生态学意义明确（胁迫因子）。在本项工作中，我们从气象观测资料中去选择确定。通过与灾害发生情况的对比和统计分析，选定合适的致灾因子观测量。

第二步　确定各致灾因子强度的边际分布概型。以第一步选定的致灾因子数据，构建各个致灾因子单因子的极值分布概型。备选模型有广义 GEV 模型（包括极值 I 型即 Gumbel 分布、极值 II 型即 Frechet 分布、极值 III 型即 Weibull 分布），广义 GPD 模型，生物种群增长函数等，这些函数都能对偏厚尾分布进行拟合。从备选模型中选择合适模型，结合实际数据，确定分布的参数，建立致灾因子的边际极值分布概型。

第三步　建立致灾因子联合分布概型。建立致灾因子强度联合分布函数，有助于客观度量变量之间的相关程度和相依模式，以便作为开展影响评估的重要参量。根据极值统计理论，可以用 Copula 函数来建立多变量极值联合分布概型。Copula 函数有多类，其中属于 Archimedean Copulas 的有 Gumbel-Hougaard Copula、Clayton-Copula、Frank Copula、(AMH)Copula，用(GH)Copula 描述随机变量联合分布，函数形式记为 $C_\theta(u_1, u_2)$，u_1、u_2 分别为相应的边际分布函数。对上述 Copula 函数进行数值微分可得到联合概率密度函数。

上述联合分布函数的参数 θ 为风雨变量之间的关系值，其估计可由多种方法得到，但据有关统计试验表明，非参数方法的参数估计值的置信区间较窄、结果较稳定，其优点在于不用假设边际分布，直接利用变量间协调系数 τ 估计 Copula 函数中的参数 θ，降低了因边际分布的假设不当而带来的误差。所以这里参数 θ 的估计采用非参数方法得到，即用协调系数 τ 衡量变量 X、Y 相应的协同性，再根据 θ 与协调系数 τ 的关系得到函数的参数估计。

引进协同概念：如果乘积 $(X_j - X_i)(Y_j - Y_i) > 0$，称对子 $(X_j - X_i)$ 与 $(Y_j - Y_i)$ 是协同的，或者说它们有同样的倾向，反之如果乘积 $(X_j - X_i)(Y_j - Y_i) < 0$，则称该对子是不协同的，令

$$\Psi(X_i, X_j, Y_i, Y_j) = \begin{cases} 1 & \text{if} \quad (X_j - X_i)(Y_j - Y_i) > 0 \\ 0 & \text{if} \quad (X_j - X_i)(Y_j - Y_i) = 0 \\ -1 & \text{if} \quad (X_j - X_i)(Y_j - Y_i) < 0 \end{cases} \tag{7.24}$$

定义

$$\hat{\tau} = \frac{2}{n(n-1)} \sum_{1 \leqslant i \leqslant j \leqslant n} \Psi(X_i, X_j, Y_i, Y_j) = \frac{K}{\begin{bmatrix} n \\ 2 \end{bmatrix}} = \frac{n_c - n_d}{\begin{bmatrix} n \\ 2 \end{bmatrix}} \tag{7.25}$$

式中，n_c 为协同对子的数目；n_d 为不协同对子的数目。则

$$K \equiv \sum \Psi = n_c - n_d = 2n_c - \begin{bmatrix} n \\ 2 \end{bmatrix} \tag{7.26}$$

上面定义的协调系数 $\hat{\tau}$ 为概率差

$$\tau = P\{(X_j - X_i)(Y_j - Y_i) > 0\} - P\{(X_j - X_i)(Y_j - Y_i) < 0\} \tag{7.27}$$

的一个估计。可看出，协调系数 τ 刻画了两个变量变化趋势是否一致，取值为 $-1 \leqslant \hat{\tau} \leqslant 1$。如果协调系数 τ 为正值，说明两个变量变化趋势是协同的，一个变量变大，另一个变量变大的趋势大；若所有的对子都是协同的，则 $K = \begin{bmatrix} n \\ 2 \end{bmatrix}$，而且 $\hat{\tau} = 1$。如果协调系数 τ 为负值，说明两个变量变化趋势是不协同的，一个变量变大，另一个变量变小的可能性大；如果所有的对子都是不协同的，则 $K = -\begin{bmatrix} n \\ 2 \end{bmatrix}$，这时 $\hat{\tau} = -1$。

第四步　建立联合分布概型与灾况概型的关系，以及成灾风险模型。分析受灾数据，通过灾情统计项目数据分析，建立灾况分布概型。对比分析致灾因子分布概型和灾况分布概型，建立成灾风险模型。

第五步　应用风险模型进行灾害风险评估。

7.6　台风成灾风险判别的实例

本节以上海为例来具体演示台风灾害风险的判别过程（徐明等，2014；杨秋珍等，2013；Yang and Xu，2010）。1949~2006 年影响上海台风有 130 次，其中登陆台风对上海造成风雨影响的事件为 98 次，但造成灾害影响的事件共有 48 次，即近 50% 登陆我国台风在上海会产生灾害。

7.6.1　台风风雨影响关键因子筛选确定

上海致灾台风主要表现为涝害与风损，有时单独出现，有时同时出现，有时还伴有

风暴潮。为此，将台风影响过程中各种风雨强度、不同量级风雨覆盖面积、台风强度、离沪位置及风暴潮与天文日期与受灾可能性进行相关分析。根据计算得各类指标受灾相关系数，在置信水平 $\alpha=0.01[F=\gamma^2(m-2)/(1-\gamma^2)$，$m$ 为样本数，γ 为相关系数，$F>F_{0.01}(f_1, f_2)=F_{0.01}(1,129)=6.834]$，通过极显著检验的、与致灾风险大小相关最为密切、有代表性且相互间又相对独立的致灾风雨因子为极大风区域极值、日降水量区域极值。当台风影响上海时，极大风速区域极值在 21 m/s 或以上、日最大降水量区域极值超越概率在 80 mm 或以上，致灾率达 80% 以上。风雨强度加大，致灾率增大。当极大风速区域极值在 26 m/s 或以上、日最大降水量区域极值在 120 mm 或以上，离上海测站最小距离多数在 200 km 以内，受灾程度严重。而极大风速区域极值 <19 m/s、日最大降水量区域极值 <45 mm，无灾率分别大于 80% 和 70%。

另外，台风的位置（离沪最近点距离）、强风暴潮与致灾的相关系数也达极显著水平；但 TC 强度及天文因素与致灾相关系数未通过置信水平 $\alpha=0.01$ 显著性检验。

考虑到资料的易得性及便于业务应用，选取极大风速区域极值、日最大降水量区域极值描述风雨影响因子强度，作为评判台风灾害风险的首选因子。

7.6.2　风雨影响关键因子强度分布概型

由于 1949～2006 年影响上海地区 TC 最大站过程降水量、最大站日降水量偏度系数分别为 1.95、2.72，峰度系数分别为 5.42、10.9，变异系数分别为 1.06、1.16，呈明显正偏厚尾分布特征，极大风、承灾体损失分布也有类似情况。通过模型对实例模拟优度比较检验，GED、GPD 等概型多数情况适用，但 R 模型分布模拟具有普适性，其估算的风险事件阈值更接近实际值。

1. 区域最大日降水量分布概型

将区域最大日降水量分布备选模型的 Ras、OLS 及 K-S 测验等模拟优度评价指标做比较，可知广义 GED 模型中的极值 Ⅱ 型（Frechet 分布）的模拟结果优于极值 Ⅰ 型（Gumbel 分布）、极值 Ⅲ 型（Weibull 分布）、GPD 概型及生物种群模型，区域最大日降水量的 CDF 如下：

$$F_X(x)=\exp\left\{-\left[1+\xi\left(\frac{x-\mu}{\alpha}\right)\right]^{-\frac{1}{\xi}}\right\} \tag{7.28}$$

式中，μ，α，ξ 分别为位置参数、尺度参数和形状参数；$-\infty<\mu<\infty$，$\alpha>0$，$-\infty<\xi<\infty$，$\left\{x: 1+\xi\left(\frac{x-\mu}{\alpha}\right)>0\right\}$，$\xi\to0$，$G(x)$ 为极值 Ⅰ 型（Gumbel 分布）；$\xi>0$ 时，$G(x)$ 为极值 Ⅱ 型（Frechet 分布）；$\xi<0$ 时为极值 Ⅲ 型（Weibull 分布）。求得 $\alpha=28.7683$；$\mu=26.166$；$\xi=0.3833$；拟合相关系数为 0.9887；$\max(Dn)*n_1/2=0.7371$，通过 K-S 检验。本例中，$\xi>0$，所以区域最大日降水量分布为 Frechet 分布。

2. 区域极大风速分布概型

根据模拟优度评价指标比较，生物种群 R 模型的模拟结果优于 GPD 及 GED 等模型，具体模型函数如下：

$$F_Y(y) = \frac{\alpha}{[1 + \exp^{(\beta - \gamma y)}]^{\frac{1}{\xi}}}$$ (7.29)

式中，$\alpha = 0.9941$；$\beta = 5.0216$；$\gamma = 0.3085$；$\xi = 0.5655$；拟合相关系数为 0.9949；max (Dn) * $n_1/2 = 0.2019$，通过 K-S 检验。

3. 影响上海台风风雨致灾因子联合分布概型

采用（GH）Copula 描述影响上海 TC 风雨随机变量联合分布，函数形式如下（图 7.13）：

$$C_\theta(u_1, u_2) = \exp\{-[(-\ln u_1)^\theta + (-\ln u_2)^\theta]^{(\frac{1}{\theta})}\} = H_g(x, y), \quad \theta \in [1, \infty)$$ (7.30)

式中，x、y 分别为区域最大日降水量与区域极大风速；u_1、u_2 分别为相应的边际分布函数。对上述 Copula 函数进行数值微分可得到联合概率密度函数。

这里（GH）Copula 函数 $C_\theta(\cdot)$ 的参数 θ 与协调系数 τ 存在如下关系：

$$\tau = 1 - \frac{1}{\theta}, \quad \theta \in [1, \infty)$$ (7.31)

由此估计得 $\theta = 1.0522$，根据所建立的影响上海台风风雨随机变量联合分布模型对实际风雨经验联合累积频率拟合相关系数 0.9781（样本数为 130），$n = 130$，拟合图见图 7.13。

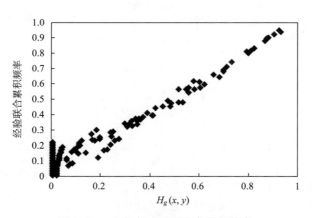

图 7.13　上海台风风雨联合累积频率

7.6.3　热带气旋风雨影响联合超越概率与热带气旋灾况

1. 热带气旋风雨致灾因子边际及联合超越概率与成灾关系

以 $P_g(x, y) = 1 - H_g(x, y)$ 表示 TC 致灾因子联合超越概率，其值越小，则致灾可能性越大。如当 TC 致灾因子联合超越概率 $P_g(x, y)$ 小于 0.42 事件发生时，TC 致灾可能性为 100%。当 TC 致灾因子联合超越概率 $P_g(x, y)$ 为 0.42～0.76 时，致灾可能性高于不致灾可能性(致灾可能性 86.7%,不致灾可能性 13.3%)。当 TC 致灾因子联合超越概率 $P_g(x,y)$ 为 0.76~0.97 时,不致灾可能性高于致灾可能性,分别为 63.6%、36.3%,但致灾的 TC 均为轻灾(受灾面积<1500 hm^2)。当 TC 致灾因子联合超越概率 $P_g(x,y)$ 大于 0.97 事件发生时,不致灾可能性超过 90%,而致灾可能性不足 10%。

2. 应用 TC 致灾因子联合概率评判承灾体受灾程度风险

从风雨影响因子强度的联合超越概率与致灾的关系看,当 TC 风雨致灾因子共同作用下为联合超越概率 $P_g(x,y)$ 越低的小概率事件时,承灾体灾损风险出现小概率严重受灾事件的可能性越大。

承灾体损失虽包括人财物资源环境等,但因资料取得所限,这里仅以农田受灾面积为例。根据对备选模型的 Ras、OLS 比较及 K-S 测验,广义 GED 模型中的极值Ⅱ型(Frechet 分布)模拟结果优于极值Ⅰ型(Gumbel 分布)与极值Ⅲ型(Weibull 分布)GPD 及生物种群 R 模型。承灾体损失分布概型的 CDF 如下:

$$K(z) = \exp\left\{-\left[1+\xi\left(\frac{z-\mu}{\alpha}\right)\right]^{-\frac{1}{\xi}}\right\} \tag{7.32}$$

式中,$\alpha = 12.4209$;$\mu = -18.9936$;$\xi = 0.5813$;拟合相关系数为 0.9955;$\max(Dn) * n^{1/2} = 1.01$,通过 K-S 检验。由于 $\xi > 0$,承灾体损失(受灾面积)分布为 Frechet 分布。

图 7.14(a)、(b)分别给出了广义 GED 中的极值Ⅱ型(Frechet 分布)对台风致灾面积模拟效果及受灾面积与超越概率的对应关系。

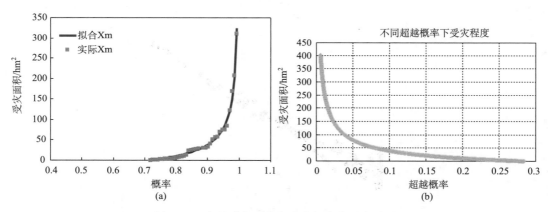

图 7.14　台风致灾面积与出现概率的对应关系

(a)广义 GED 中的极值Ⅱ型(Frechet 分布)对 TC 影响下受灾面积模拟效果;(b)受灾面积与超越概率的关系

从图 7.14(b)中可以看出,一定的受灾程度(受灾面积)是与一定的出现概率具很好的对应关系,就是说承灾体损失程度可用其出现的概率来描述。

由表 7.7 给出的 TC 致灾因子联合超越概率 $P_g(x,y)$ 与 TC 承灾体受灾程度的关系,结果不难看出,TC 风雨影响强度的小概率事件(强风、强雨)与承灾体损失的小概率事件(重灾)相对应,因此可以用风雨影响联合超越概率大小来评估承灾体损失大小。

表 7.7　基于联合超越概率 $P_g(x,y)$ 的承灾体受灾程度判据

联合超越概率 $P_g(x,y)$	承灾体受灾程度 Z	受灾程度备注
<0.2	重	>1.5 个标准差
0.2~0.45	偏重	1~1.5 个标准差
0.45~0.75	中	0.5~1 个标准差
>0.75	轻	0~0.5 个标准差

根据历次影响上海 TC 的风雨联合超越概率为 $P_g(x,y)$，评定出影响排序，其中致灾影响位列前五位最严重的 TC 为 6312、0509、9711、8506、7708。

7.6.4　业务应用——评估"海葵"对上海的影响

由（GH）Copula 式（7.30）评估模型对 1949 年以来影响上海 TC 的风雨致灾程度进行计算显示，大于"海葵"影响上海的极大风速的强风事件超越概率为 0.0377、大于"海葵"影响上海的日最大降水量（1985 年之前为 08~08 时、1985 年及之后为 20~20 时）的强降水事件超越概率为 0.0405，表明"海葵"对上海的风雨影响均为<5％的稀遇事件，约为每 25 次影响出现 1 次。计算表明，海葵风雨影响联合超越概率 $P_g(x,y)$ 位列 1949 年以来的前第二位，其值为 0.0754，风雨综合致灾影响严重程度仅居于 6312 之后，而位于 0509、9711、8506、7708 之前。从各地 TC 风雨影响联合超越概率与致灾风险程度看，以奉贤、金山、嘉定、青浦、松江等地区致灾影响最为严重。

根据影响联合超越概率与受灾程度关系，当风雨影响联合超越概率 $P_g(x,y)$<0.2 时，受灾面积占耕地面积>5％的概率为 87.5％，受灾面积占耕地面积>10％的概率为 75％；当风雨影响联合超越概率 $P_g(x,y)$<0.15 时，受灾面积占耕地面积>10％的概率为 83.3％，受灾面积占耕地面积>20％的概率为 50％；当风雨影响联合超越概率 $P_g(x,y)$<0.1 时，受灾面积占耕地面积>10％的概率为 100％。本次影响 TC 的 $P_g(x,y)$=0.0754，所以，致灾面积占耕地面积不低于 10％的可能性至少 80％。

本次 TC 对市郊农林果蔬业等承灾体不利影响最为严重：一是风灾造成棚架瓜果豆类及高秆作物倒伏、落花落果、设施毁损、受淹；二是积水受淹对本市本地绿叶蔬菜及旱地作物不利影响较为严重，估计绿叶蔬菜受损后续影响要经 2~3 周才能逐步恢复。

主要参考文献

陈联寿，丁一汇. 1979. 西北太平洋台风概论. 北京：科学出版社.

陈佩燕，杨玉华，雷小途，等. 2009. 我国台风灾害成因分析及灾情预估. 自然灾害学报，18(1)：64-73.

陈瑞闪. 2002. 台风. 福州：福建科学技术出版社.

黄崇福. 2009. 自然灾害基本定义的探讨. 自然灾害学报，18(5)：41-50.

雷小途，陈佩燕，杨玉华，等. 2009. 中国台风灾情特征及其客观评估方法. 气象学报，67(5)：875-883.

凌复华. 1987. 突变理论及其应用. 上海：上海交通大学出版社.

马开玉. 1993. 气候统计原理与方法. 北京：气象出版社.

钮学新，董加斌，杜慧良. 2005. 华东地区台风降水及影响降水因素的气候分析. 应用气象学报，16(3)：402-407.

任福民，Gleason B，Easterling D R. 2001. 一种识别热带气旋降水的数值方法. 热带气象学报，17(3)：308-313.

史道济，郭慧，罗俊鹏. 2010. 半参数阿基米德 Copula 的实证研究. 应用概率统计，26(5)：459-468.

陶鹏. 2011. 什么是灾害——国外灾害社会科学研究思想流派评析. 中国社会科学报，2011-6-30.

王咏梅，任福民，李维京，等. 2008. 中国台风降水气候特征. 热带气象学报，24(3)：233-238.

韦青. 2009. 西北太平洋台风降水特征及影响力研究. 北京：北京大学物理学院硕士学位论文.

徐明，雷小途，杨秋珍. 2014. 应用联合极值分布评估热带气旋影响风险——以"海葵"对上海地区影响为例. 灾害学，29(3)：124-130.

杨秋珍，徐明，李军. 2009. 热带气旋对承灾体影响利弊及巨灾风险诊断方法研究. 大气科学研究与应用，(2)：1-20.

杨秋珍，徐明，李军. 2010. 对气象致灾因子危险度诊断方法的探讨. 气象学报，68(2)：277-284.

杨秋珍，徐明，鲁小琴. 2013. 基于同现超越概率的热带气旋影响与致灾风险评估方法及其应用. 大气科学研究与应用，(1)：1-12.

杨玉华，雷小途. 2004. 我国登陆台风引起的大风分布特征的初步分析. 热带气象学报，20(6)：633-642.

张娜，郭生练，肖义，等. 2008. 基于联合分布的设计暴雨方法. 水利发电，34(1)：18-21.

张尧庭. 2002. 连接函数(Copula)技术与金融风险分析. 统计研究，(4)：48-51.

周能. 2006. 广西"干台风"与"湿台风"的可比性分析，中国气象学会 2006 年年会论文集.

Emanuel K A. 1998. The power of a hurricane：An example of reckless driving on the information super-highway. Weather，54：107-108.

Emanuel K. 2005. Increasing destructiveness of tropical cyclones over the past 30 years. Nature，436(4)：686-688.

National Hurricane Center. 2009. The Saffir-Simpson hurricane wind scale (Experimental).

Xu M，Yang Q，et al. 2005. Impacts of Tropical Cyclones on Lowland Agriculture and Coastal Fisheries of China. Natural Disasters and Extreme Events in Agriculture (Impacts and Mitigation). Berlin：Springer Heidelberg：137-144.

Yang Q Z，Xu M. 2010. Preliminary study of the assessment of methods for disaster-inducing risks by TCs using sample events of TCs that affected shanghai. Journal of Tropical Meteorology，16(3)：299-304.

Zhang Q，Wu L G，Liu Q F，et al. 2009. Tropical cyclone damages in China 1983 - 2006. Bull Amer Meteor Soc，90：489-495.

第8章　台风数值预报方法研究

8.1　我国台风数值预报业务模式发展现状和进展

我国台风数值预报业务模式发展起源于20世纪60年代中期,早期主要是基于准无辐散模式、正压原始方程模式、斜压原始方程模式以及研发台风路径数值预报模式(倪允琪等,1981;朱永提等,1982)。之后经历了自主创新、引进、消化吸收、再创新的历程,实现从短期预报到中期预报、从最优插值到3维变分、从简单的人造涡旋技术升级到较复杂的涡旋初始化技术、从单一确定性预报到概率预报的升级,经过几代数值预报人不断努力,逐步提高了我国的台风数值预报业务模式水平。目前已经形成了短期预报、中期预报各有侧重、引进模式和自主模式协调发展、确定性模式与集合预报模式互为补充的发展局面。

以下按照业务需求和目标的不同,按台风短期预报模式、中期预报模式进行分类介绍。其中,短期预报模式主要面向区域层面的预报业务需求,预报2~3天内影响沿海地区的台风路径、强度和风雨;中期预报模式主要面向国家级业务需求,在描述大尺度环流形势背景的基础上,预报5天内可能影响我国的台风路径。

8.1.1　台风短期预报模式

1. 短期路径预报

台风短期预报模式的发展起源于上海市气象局于20世纪60年代自主建立的正压的上海有限区域台风模式,之后经历了70年代建立的准地转平衡模式,80年代建立的5层原始方程模式,90年代从美国引进MM4模式(顾建峰和徐一鸣,1995;殷鹤宝和顾建峰,1997),2003年升级到MM5模式,并使用Bogus(人造涡旋)技术进行台风初始化(顾建峰和蒋贤安,2000)。2005年,在引进并发展了BDA(Zou and Xiao 2000;Wang et al.,2008)业务化技术的基础上,上海台风模式实现了业务升级,并稳定运行至今。在引进国外技术的同时,国内也在前期台风数值预报理论和技术积累的基础上,基于中国气象局研发的GRAPES模式(Chen et al.,2008),不断加强自主研发。具有代表性的是上海台风研究所研发的GRAPES-TCM模式和广州热带海洋气象研究所研发的GRAPES-TMM模式。两套模式的基本动力框架都与GRAPES模式一致,但在台风初始化和物理过程等方面各有特点。其中,上海台风研究所主要开发多种涡旋初始化技术、变分同化和对流参数化等方法;而广州热带海洋气象研究所主要在多源资料同化(尤其是卫星、雷达)、边界层参数化等方面进行了改进。由于两套模式在发展历程中有较大的相似性,本节主要对GRAPES-TCM模式和GRAPES-TMM模式的发展和技术特点进行介绍。

2004 年开始，上海台风研究所基于 GRAPES 模式和美国 GFDL 的涡旋重定位技术（Kurihara et al.，1993），发展了水平分辨率为 0.25° 的 GRAPES-TCM 台风数值预报系统（黄伟等，2007），并在台风（尤其是登陆台风）预报中发挥了重要作用（Bai et al.，2014；白莉娜等，2013）。该模式所用的背景场采用 NCEP/GFS 全球模式水平分辨率为 1°×1° 的分析和预报场，垂直层数为 26 层，最高可达到 10 hPa。在对 2004 年整个汛期台风的后报试验基础上，该模式在 2005 年投入准业务运行，2004 年和 2005 年，GRAPES-TCM 的路径预报 24 h 距离误差在 150 km 左右，48 h 距离误差在 250 km 左右；2006 年正式投入业务使用，每日 2 次预报（0 时和 12 时，世界时，下同）。GRAPES-TCM 系统在 2007 年汛期之前进行了升级，如针对多台风处理，扩大预报区域到 90°～170°E，0°～50°N，水平格点为 321×201；将预报时效延长到 72 h，每日预报 4 次，起报时间为每日 0 时、6 时、12 时和 18 时，0 时、6 时的初始场来自 NCEP/GFS 模式 0 时起报的分析场和 6 h 预报场，12 时、18 时的初始场来自 GFS 资料 12 时起报的分析场和 6 h 预报场。在涡旋重定位的基础上循环使用区域模式预报的涡旋，24 h 路径预报误差减小到 133 km，48 h 路径预报误差在 248 km 左右。2009 年，在 GRAPES-TCM 模式中结合 BDA 技术和 Liang 等（2007a，b）提出的 MC-3DVar（Model constrained 3DVar）同化方法，开发了循环同化方案（黄伟和梁旭东，2010）。与 4 维变分同化（4DVar）相比，MC-3DVar 技术不需要长时间积分数值模式及其伴随模式，因此不需要大量的计算资源；同时，4DVar 所使用的数值模式动力和物理过程能作为约束条件应用到 MC-3DVar 中，因此使用 MC-3DVar 能得到比常规 3 维变分同化（3DVar）更优的满足动力和物理平衡的同化结果。该模式的水平分辨率提高到 0.15°×0.15°，预报区域仍为 90°～170°E，0°～50°N（图 8.1）。线性水汽平流方案采用 GRAPES 正定保形水汽平流方案，这一方案可以有效改善水汽平流过程中因负水汽而导致水汽增多的倾向。其他的设置，则与原 GRAPES-TCM 系统一致。更新后的 GRAPES-TCM 系统的台风涡旋循环同化方案可根据观测将 GRAPES-TCM 前一次预报（这里取为 6 h 预报）的涡旋移到正确的位置；如果 GRAPES-TCM 前一次预报的涡旋的强度与观测相差超过 20 hPa（可以根据实际需要进行调整），则同化 Bogus 海平面气压。通过以上处理形成分析场，并作为 GRAPES-TCM 预报的初始场进行预报。而预报得到的下一个时次台风涡旋，又作为下次预报的"观测"，进行下一步的同化，如此循环下去。

基于这个准业务平台，上海台风研究所在初始涡旋方案和资料方面又做了大量的试验，并在 2009 年台风季节进行了准业务运行，共计 82 次预报。检验表明，与原业务系统相比，以涡旋循环同化方案为基础的准业务系统对路径的预报有了很大的改善。24 h 路径预报误差由 151 km 下降到 130 km，而 48 h 路径预报误差则由 231 km 下降到 201 km。在物理参数化方面，自 2010 年至今，针对模式的对流参数化方案触发机制（Ma and Tan，2009）和边界层拖曳系数等进行了改进，较大程度上改进了台风对流和边界层过程。这些技术使 24 h 和 48 h 的路径预报误差逐年下降（图 8.2）。此外，最近将台风初始化与边界层模式约束、卫星资料同化的结合也取得进展（Ma and Tan，2010；

马雷鸣，2011，2013，2014；Ma et al.，2012），期待在今后的 GRAPES-TCM 发展中得以应用。

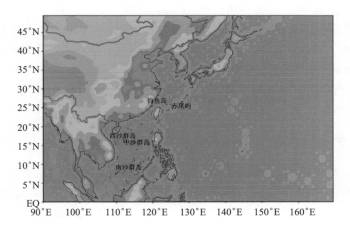

图 8.1　GRAPES-TCM 的模式区域

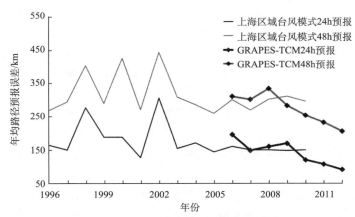

图 8.2　1996～2012 年上海区域台风模式年均路径预报误差
和 2006年开始的 GRAPES-TCM(图中起于 2006 年的线段)年均
路径预报误差

　　由广州热带海洋气象研究所建立的 GRAPES-TMM 模式的水平分辨率为 0.36°，模式范围为 81.6°～160.8°E；0.8°～50.5°N，垂直层数为 55 层，模式层顶为 28 km，时间步长为 200s。该模式在 GRAPES-MESO 区域中尺度模式的核心模块基础上，结合华南区域的天气气候、地理特点进行一系列模式技术的优化和改进，主要包括以下几个方面：①模式配置的优化，对模式垂直坐标、侧边界嵌套方案和静态参考大气配置等方面进行优化；②动力框架的改进，针对半隐式半拉格朗日方案在热带系统高层水物质梯度较大时计算误差偏大的问题，改进平流和物理过程的水物质反馈插值技术；③物理过程的改进，根据南海海洋观测平台的实测资料改进边界层拖曳系数；对流参数化方案中动量传输方案的改进对流云和层状云的耦合机制的引入、重力波拖曳过程的引入等；④同化技术及台风初始场形成技术的研究,模式的同化技术采用 3 维变分(GRAPES-3DVar),同化的资料包括自动站、多普勒雷达、卫星、飞机报等观测资料。同时,GRAPES-TMM 还利用 3 维变分将台风 Bogus 模型的切向风场、高度场、水汽场结构同化到背景场中形成台风的初始涡旋。该 Bogus 模型利用中央气象台最佳路径资料中的实测台风强度、中心位置、八级风圈半径和台风初始移动 4 个条件构造满足静力平衡、准热力平衡的非对称台风结构。

近年来,GRAPES-TMM 模式对台风路径预报误差逐年降低,其中对 2012 年 205 次台风预报的误差为 96.6 km/24h。

2. 短期强度和结构预报

为满足台风强度等精细化业务预报需求,国家气象中心还建立了分辨率为 0.03°(～3 km)的高分辨率模式 GRAPES-TYM,该模式的背景场由 GRAPES-TCM 模式单向嵌套提供。高分辨率模式区域大小为 601×401 个格点,区域中心视预报个例动态可调。模式物理过程参数化方案中除了不使用对流参数化方案外,其他均与 GRAPES-TCM 模式一致。模式尚在测试运行中,视研究和业务需要进行 24 h 预报,模式输出间隔 1 h。模式在 GRAPES-TCM 模式提供的背景场基础上,循环同化了高分辨率的我国沿海部分台站雷达资料(预报前 6 h,每积分 1 h 进行一次预报区域内的雷达径向风和反射率同化)。其中基于雷达反射率资料的复合云分析技术,包括了依据雷达降水分类建立相应的云水、云冰调整方案、发展适应台风结构的水汽调整方案和云内温度调整方案等。

以台风"韦森特"为例,检验了雷达资料循环同化在 GRAPES-TYM 中的应用效果,(Vicente,1208)。选取 2012 年 7 月 23 日 12 时作为模式起报时刻,此时"韦森特"处于快速发展阶段且逐渐向我国雷达观测范围内移动,进行了两组试验,分别为:控制试验(无雷达资料同化,CTRL)和循环同化试验(VAR)。两组试验对台风强度的 24 h 预报结果表明,CTRL 试验无法模拟出台风登陆前快速发展的过程,其中心气压维持在 970 hPa 左右,VAR 试验对台风登陆前后强度变化的模拟较为理想,在台风登陆前,中心气压自 970 hPa 加深至 955 hPa,台风登陆后强度迅速减弱,其变化趋势与观测十分接近。图 8.3 给出"韦森特"登陆时(2012 年 7 月 23 日 21 时,模式预报 9 h)观测及两组试验的预报的雷达复合反射率。与观测相比,两组试验预报结果中台风对流发展较观测强盛,分布范围广,相对而言,VAR 试验结果与观测更为相近。

为进一步评估雷达资料对 GRAPES-TYM 模式预报性能的影响,选取了 2012 年 5 个登陆台风进行批量试验,模式起报时刻设定为台风进入我国雷达观测范围之内(即台风临近登陆及登陆后),共进行 9 次预报。结果表明,雷达资料同化对不同时效的路径预报均有不同程度的改善,其 12 h、24 h 的路径预报平均误差分别为 42 km、78 km,而 CTRL 试验的 12 h、24 h 路径预报平均误差可达 57 km、91 km。台风强度预报方面,雷达资料可减小 6～12 h 预报时段内的中心气压预报误差。此外,通过雷达资料循环同化在 GRAPES-TYM 台风模式的应用,可有效地改善低层水汽分布及台风环流结构,从而提升模式对近海加强台风强度的预报效果。

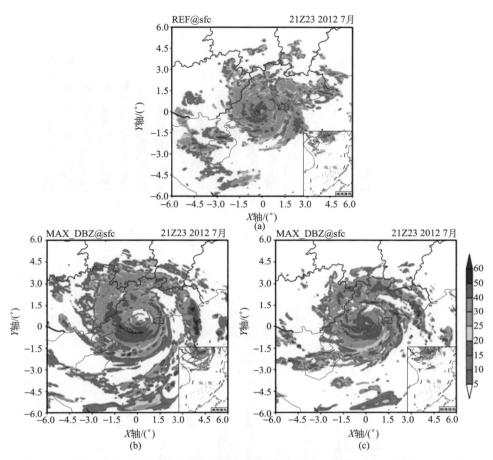

图 8.3　GRAPES-TYM 模式预报的台风"韦森特"登陆时刻（2012 年 7 月 23 日 21 时）
雷达复合反射率（dBZ）与观测比较
（a）观测；（b）CTRL 试验；（c）VAR 试验

8.1.2　台风中期预报模式

我国国家气象中心于 2002 年开始利用 T213L31 谱模式开展台风路径中期数值预报研究，并于 2004 年业务化运行，该模式采用最优插值同化常规资料，并使用传统的人造台风涡旋方法。2006 年，国家气象中心开发了 3 维变分同化系统 SSI(spectral statistical interpolation)以替换最优插值方法，可同化 NOAA-15、NOAA-16 两颗卫星的反射率，并在变分同化的基础上开发 Bogus 涡旋构造、涡旋重定位和涡旋强度调整等方法，明显提高了台风路径预报能力（图 8.4；瞿安祥等，2009a，b；吴俞等，2011；麻素红等，2012）。

改进后的模式 2008 年在国家气象中心业务化运行，模式每天运行 4 次（0 时/6 时/12 时/18 时），预报时效为 120 h。2009 年起，该系统提供的台风路径预报参加了国际台风路径数据交换。近 10 年来，台风路径预报性能稳步提高（图 8.5）。由于模式初始

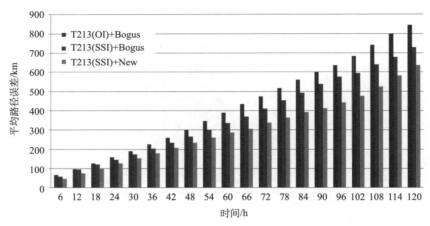

图 8.4　2006 年台风路径预报误差

T213(OI)＋Bogus：采用最优插值同化和 Bogus 涡旋；T213(SSI)＋Bogus：采用

3 维变分同化系统和 Bogus 涡旋；T213(SSI)＋New：为 SSI3 维变分

场的强度仍与观测有一定差距，为此设计了台风涡旋强度调整技术，利用动力学关系，调整涡旋气压场和风场，使其强度和范围更接近观测。

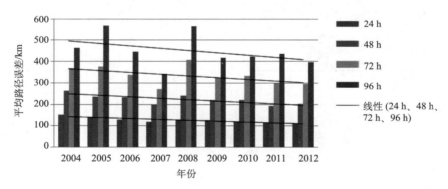

图 8.5　2004～2012 年 T213L31 全球模式台风路径 24 h/48 h/72 h/96 h 预报误差逐年演变

　　由于台风初始化是台风模式的核心部分，本节以 2006 年台风"格美"（Kaemi，0605）为例，重点分析了 T213 模式中的台风初始化方案对实际台风的路径预报能力。"格美"生命史经历了 7 天左右，在此期间，T213 模式共进行了 27 次预报时效为 120h 的滚动预报试验（每日四次，0 时、6 时、12 时、18 时）。以起报时刻 2006 年 7 月 19 日 6 时为例，此时的模式背景场中存在一个比观测（998 hPa）弱的台风涡旋（中心海平面气压为 1008 hPa）。该涡旋的环流中心位于（9.7°N，140.4°E），与实际观测的台风中心（11.7°N，140.7°E）位置偏离约 200 km。T213 模式的台风初始化方案中，首先使用涡旋重定位技术将背景场的浅涡旋环流平移到观测位置，以减小台风中心位置误差，之后经模式积分得到一个达到动力平衡的涡旋系统，再通过重定位将平衡涡旋替代原来背景场中的弱涡旋。分析得到的涡旋系统与原涡旋相比，台风特征更加清晰，强度明显加强

（中心海平面中心气压为 999 hPa，最大风速为 18 m/s）。经过 24 h 预报，模式分析台风最大风速为 21 m/s。

近两年，T213 模式的升级版本 T639 模式已投入运行，将可望逐渐替代 T213 模式。

8.2　台风涡旋的初始化新方法

模式初始化是基于观测和背景场资料，以及动力和热力约束形成数值模式初始场的过程。在台风模式初始化中，最关键的是分析出较合理的初始台风涡旋结构。早期由于海洋上观测资料的缺乏，最普遍的台风模式初始化方法是根据经验构造 Bogus 涡旋，这种方法基于热带气旋的位置、强度和尺度等有限的资料，利用了梯度风平衡或者经验的热带气旋风廓线关系。构造出的 Bogus 涡旋通过插值或同化方法融合到模式初始分析场中。Bogus 涡旋可通过多种初始化方式分析进入台风初始场（如 8.2.1 节介绍的台风涡旋循环重定位和循环同化技术），进而改进台风路径预报。然而，该涡旋由于考虑了诸多假设条件和统计关系，其结构与实况（尤其是具有非对称特殊结构的台风）常有较大差距，在台风强度和风雨预报中应用效果不佳。通过将卫星观测资料（如 8.2.2～8.2.3 节介绍的卫星散射计资料和高温资料等）应用于台风初始化中，"项目"开发了一些初始化新方法，以替代 Bogus 涡旋的应用，为提供台风模式初始条件和预报的改进奠定了基础。

8.2.1　台风涡旋重定位和循环同化技术

Bogus 在台风模式初始场中的应用一般包含以下过程：从模式大尺度场中去除不合理的涡旋，生成一个包含观测信息且动力上协调的 Bogus 涡旋；将该涡旋合并到大尺度场中（Kurihara et al.，1993）。尽管这种方案能改善对热带气旋的路径和强度的预报性能，但 Bogus 的构建仅仅基于有限的观测和经验的结构，且其采用的简单动力约束与热带气旋模式往往并不协调，因而预报初期阶段的 spin up 过程非常明显。如何构建动力和热力上协调的，且与热带气旋模式的分辨率、动力框架和物理过程兼容的初始涡旋依然是需要解决的问题。美国国家环境预报中心（NCEP）为全球预报系统（GFS）开发了一个飓风重定位方案。这一方案的主要步骤包括：①在 GFS 的初始场中确定飓风涡旋中心；②将飓风涡旋从大尺度环境场中分离出来；③将飓风涡旋移动到初猜场中的观测位置。该重定位方案在 GRAPES-TCM 中的准业务试验检验表明了其相对于 Bogus 方案的优越性（朱振铎等，2007）。然而，新的问题也随之产生：区域模式的初始场来自于全球模式，一般认为，区域模式的分辨率高于全球模式，而且动力框架和物理过程参数化的方案也大有不同，因而仅基于全球模式得到的背景场做初始涡旋的重定位有所不足。例如，全球模式提供的初始涡旋往往太弱，而且环流场不够紧凑。GRAPES-TCM 在台风季节的业务预报中的一些失败个例也说明了这一点：在热带气旋的生命史早期，由于来自全球模式的初始热带气旋强度偏弱，在预报中有时热带气旋未能发展，或者减弱为若干个低气压中心；在热带气旋的成熟阶段，初始涡旋的强度与观测相比仍然偏弱，使得 GRAPES-TCM 对热带气旋强度预报失败。为此，需要进一步研究可改进台风强度的台风初始化技术。

上海台风研究所基于 Bogus 资料同化（BDA；Zou and Xiao，2000）思想，并优化同化流程和涡旋构造方法（Wang et al.，2008），发展建立了用于西北太平洋热带气旋预报的上海 BDA 台风模式。BDA 方法将热带气旋涡旋的初始化和资料同化结合在一起，首先根据经验构造海平面气压场，之后通过 4 维同化技术将海平面气压同化进初始场，在同化过程中，其他物理量场都在模式约束下进行调整以适应气压场。这种做法与一般 Bogus 方案的最大不同在于，通过 4 维同化技术，Bogus 结构和背景场通过动力调整过程变得协调。对这两种方案的评估结果也表明，BDA 技术无论对热带气旋的路径预报还是强度预报均比一般的 Bogus 方案有更好的表现。

需要说明的是，BDA 技术和涡旋重定位技术有各自的优点和不足。BDA 技术能使用新的观测信息（如台风强度、尺度），但每次都需要重新构造理想涡旋结构，使得模式需要有一个重新调整的过程。涡旋重定位技术通过模式预报能够充分利用全模式约束，使初始化后的台风涡旋与模式本身有更好的协调性，但是它不能利用现有的观测信息。因此，有必要将 BDA 技术和涡旋重定位技术在资料同化技术的框架下进行整合，一方面使用模式的预报结果部分替代 BDA 使用的构造涡旋；另一方面利用 BDA 中的同化技术取代涡旋重定位技术中的直接替换过程，同时可以引入观测资料的同化。此外，BDA 使用的 4 维变分同化技术需要较大的计算量，在一定程度上限制了其业务应用效率。考虑到上述问题，Liang 等（2007a，2007b）基于 4 维变分和 3 维变分技术，通过在目标函数中引入模式的动力和物理过程作为弱约束，提出了模式约束 3 维变分技术（MC-3DVar），该方法一方面在 3 维变分的基础上使分析变量间具有更好的协调性，节省了计算机时；另一方面结合重定位技术，在 GRAPES-TCM 中引入"循环同化"（cycling data assimilation，CDA）。如图 8.6 中所示，以全球模式预报场作为初猜场，以 MC-3DVar 作为同化工具，进行观测资料同化。具体做法

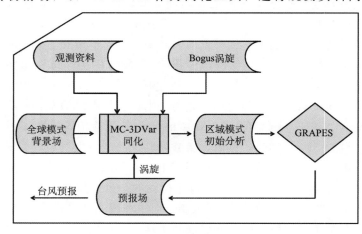

图 8.6　涡旋循环同化方案示意图

是，根据观测的热带气旋位置，将 GRAPES-TCM 前一次预报（这里取为 6 h 预报）的涡旋位置移动到正确的位置；如果 GRAPES-TCM 前一次预报的涡旋的强度与观测相差超过 20 hPa（可以根据实际需要进行调整），则启动 Bogus 模块，将 Bogus 构造的海平面气压进行同化。在 GRAPES-TCM 前一次的预报结果中台风中心周围 8 级风圈半径内，每隔 3 个格距取一个风、温、湿度的垂直廓线来构成台风涡旋的虚拟"探空观测"。通过以上处理形成 GRAPES-TCM 的初始场，进行预报。而预报得到的下一个时次台风涡旋，作为下次预报的"观测"，进行下一步的同化，如此循环，即为台风涡旋循环同化方案。

8.2.2　边界层模式约束与卫星资料同化融合的台风初始化技术

随着卫星等观测的迅速发展，近年来研究人员越来越多地使用卫星资料同化来改进台风涡旋分析。王斌和赵颖（2005）基于 3 维变分映射资料同化思路，用 AMSU-A 反演的温度场改进了台风个例的初值。Ma 等（2006，2007）基于卫星降水资料 4 维变分同化和非绝热物理初始化技术改进台风模式的初始场和降水预报。Liang 等（2007a，2007b）综合使用卫星反演温度、云迹风等多种卫星资料改进台风初始结构和路径预报。Chen 等（2008）研究了 MODIS 可降水资料、SSM/I 卫星反演资料同化在改进热带气旋模拟中的作用。这些研究表明卫星资料在台风模式初始分析中具有重要作用的同时，也说明适当的同化技术是合理实现台风模式初始化的关键。

已有研究也表明了 QuikSCAT 海面风资料同化在台风分析和预报改进中的显著作用（Zeng et al.，2005）。由于将海-气边界层这一台风能量源与台风发展相联系，海面风资料在台风初始化中的作用值得深入研究。显而易见的是，利用 QuikSCAT 海面风改善中尺度台风模式涡旋的初始和下边界条件是提高台风初始化和预报（尤其是台风强度）能力的关键。问题的核心是，如何得到中尺度台风涡旋中与风场相适应的、与实况尽可能接近的气压场，并在此基础上改进的台风涡旋分析和预报。Patoux 和 Brown（2002）、Patoux 等（2008）在 Brown 和 Levy（1986）的研究基础上提出了一套基于 QuikSCAT 海面风资料反演海平面气压的方法，并应用于全球模式分析。本书尝试在该反演方法基础上，结合变分同化技术和能够描述台风精细结构的中尺度模式，研究可提高台风初始化分析的台风初始化方案（图 8.7）：①在 QuikSCAT 资料所覆盖的中纬度区域每个格点，利用边界层模式估计边界层顶的气压梯度，并进行梯度风订正；②在热带地区的每个格点，边界层顶的气压梯度根据一个混合层边界层模式估计；③基于最小二乘法由气压梯度拟合出均值为零的相对气压形势场；④根据由③得到的相对气压和参考气压值（由浮标站观测或数值模式背景场分析给出）得到海平面气压；⑤将海平面气压场通过循环变分同化改进中尺度数值模式初始场。

1）海平面气压反演

中纬度海平面气压反演采用 Patoux 和 Brown（2002）的方法。在每个有 QuikSCAT

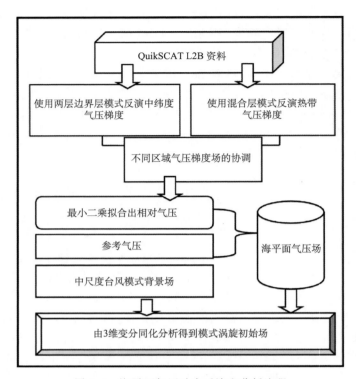

图 8.7　海平面气压动力反演和分析流程

海面风矢量观测的格点处，边界层垂直风廓线由经验 Ekman 层廓线和近地面层廓线两部分构成。在边界层顶假设地转风平衡，由于在假设地转风平衡的情况下将低估(高估)气旋(反气旋)条件下的气压梯度，必须再作梯度风订正。求出气压梯度后，再根据最小二乘法得到气压场(p)：

$$\left|\boldsymbol{H}^{\mathrm{T}}\boldsymbol{H}x-\boldsymbol{H}^{\mathrm{T}}y\right|^{2}\equiv0 \tag{8.1}$$

式中，$\boldsymbol{H}=\left|\begin{array}{c}\dfrac{1}{a\cos\varphi}\dfrac{\partial}{\partial\lambda}\\[2mm]\dfrac{1}{a}\dfrac{\partial}{\partial\varphi}\end{array}\right|$；$a$ 为地球半径；λ 为经度；φ 为纬度；$x\equiv p$；$y\equiv\left|\begin{array}{c}p_{\lambda}\\p_{\varphi}\end{array}\right|$。

　　在热带地区，由于风压场不满足梯度风平衡关系。可使用一种混合层模式(Stevens et al.，2002)对气压场进行估计。在厚度为 h 的边界层对稳定态运动方程进行整层积分，得到如下方程：

$$f\vec{\boldsymbol{k}}\times U+\frac{1}{\rho_{0}}\nabla P=\frac{\boldsymbol{\tau}(h)-\boldsymbol{\tau}(0)}{h} \tag{8.2}$$

式中，U 和 P 分别为边界层平均风速和海平面气压；$\boldsymbol{\tau}(0)$ 和 $\boldsymbol{\tau}(h)$ 分别为地表和边界层顶的湍流应力。

　　由式(8.1)和式(8.2)可分别得到中纬度地区($70°\sim10°\mathrm{S}$；$10°\sim70°\mathrm{N}$)和热带地区

(20°S～20°N)的纬向(P_x)和经向(P_y)气压梯度。再由最小二乘法可得到均值为零的相对气压值。由于将误差分布分散在全球，最小二乘法使 P 的反演对地表风速矢量的局地误差并不敏感。在 Patoux 的方法中，当在海上可获得浮标或船舶站的气压观测时，将相对气压值加上观测值得到气压场分布。

2) 海平面气压资料同化

反演出海平面气压场后还需要将该资料同化分析到台风模式的初始场中。目前可用的资料分析方法很多，如变分同化(3DVAR/4DVAR/)、集合卡尔曼滤波、最优插值和张弛逼近(nudging)等。本节采用了较成熟的 3 维变分同化方法(Barker et al.，2004)。其核心思想是通过迭代最小化的一个由观测误差和背景场误差构成的代价函数 $J(x)$ 得到最接近观测的最优分析场(x)(Ide et al.，1997)，代价函数定义为

$$J(x)=J^b+J^o=\frac{1}{2}(x-x^b)^T\boldsymbol{B}^{-1}(x-x^b)+\frac{1}{2}(y-y^o)^T(\boldsymbol{E}+\boldsymbol{F})^{-1}(y-y^o)$$

$$(8.3)$$

式中，b 为背景场；o 为观测场。

对每个格点的误差分析，使用三种误差的加权，包括背景误差、观测误差和代表性误差，它们的误差协方差矩阵分别为 $\boldsymbol{B}$、$\boldsymbol{E}$ 和 $\boldsymbol{F}$。其中代表性误差表示观测算子($\boldsymbol{H}$)在对格点分析场和观测量间的转换过程中引入的误差，该误差不仅与分辨率有关，而且还包括观测算子线形近似所引入的误差。观测和背景误差协方差在统计上满足平均误差为零的高斯概率密度函数分布，忽略观测误差与背景误差的相关性。采用半牛顿法最小化方法综合处理代价函数、梯度和分析信息以得到最优的分析场。在代价函数最小化的预调阶段考虑弱地转平衡、静力近似的动力平衡约束。在同化过程中，为加速海平面气压信息对风场的强迫，在分析时刻前 6 h 同化反演的海平面气压一次，然后模拟 6 h 到达该分析时刻，再同化海平面气压一次，之后进行预报。

反演的海平面气压可与 QuikSCAT 风场结合，共同应用于同化改进台风模式初始场。限于篇幅，技术细节详见参考文献(Ma and Tan，2010)。

8.2.3　基于湿度 Nudging 的台风初始化技术

近期的研究表明热带气旋外围雨带的湿度分布和潜热释放影响着热带气旋的尺度和强度模拟(Wang，2009)。热带气旋涡旋附近的湿度分布可以通过潜热释放调整冷却(或加热)率，改变涡旋附近的下沉气流强度，增加内外气压差，最终控制热带气旋的强度和大小(Wang，2009)。与水汽交换紧密相关，风驱动海表面热通量交换(WISHE；Emanuel，1986)机制对热带气旋的快速增强起决定性作用。湿度(水汽)与热带气旋深对流(包括涡旋热塔，VHTs)密切联系，对热带气旋的快速增强有重要作用(Hendricks et al.，2004)。因此，对热带气旋湿度和深对流的有效刻画是热带气旋预报成功的关键。

如前文所述，中尺度有限区域数值模式的背景场通常由全球模式提供，由于其分辨率通常较低，初始分析场所包含的热带气旋涡旋对于模拟强台风或者台风快速增强过程来说强度往往太弱，并且全球模式中现有的人造涡旋构造方法主要针对成熟的对称台风，对于强垂直风切变环境下的非对称台风不太适合。本节应用风云 2 号卫星的云顶亮温（CTBT）和雷达发射率判定深对流区，通过湿度松弛逼近技术（简称湿度 Nudging；Liu et al.，2013）改善热带气旋深对流区域湿度分布以构造初始涡旋。

本技术首先假设深对流区域的对流层中低层大气接近饱和，然后通过卫星观测的云顶亮温将对流性降水从层云降水中分离出来，采用 Nudging 方案调整深对流区域的模式湿度廓线。该方法避免了降水估计所带来的不确定性（Ebert et al.，2007）。

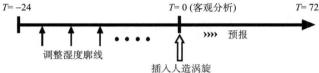

图 8.8　基于湿度 Nudging 的台风初始化技术流程图

通过比较模式模拟与卫星观测的云顶亮温，调整模式的湿度廓线；当人造涡旋的海平面气压与目标时间（$T=0$）观测的海平面气压值相差小于 5 hPa 时，停止松弛同化；在 $T=0$ 时刻将人造涡旋嵌入模式的初始条件中，并进行 $72-h$ 的热带气旋预报

湿度 Nudging 方案将辐射传输模式 CRTM 计算的 CTBT 和具有时间（1 h）和空间（$0.1°×0.1°$）高分辨率的风云 2 号卫星观测的 CTBT 进行对比，从而判断模式模拟的对流活跃程度，然后调整热带气旋深对流活跃区绝对湿度廓线的松弛同化振幅，而非深对流区域的湿度廓线则，可以通过模式的水平平流得到间接调整。通过湿度 Nudging 过程，可改善初始条件中的湿度廓线，进而提高热带气旋深对流的模拟能力。与 Davolio 和 Buzzi（2004）、Hendon 和 Woodberry（1993）一致，以云顶亮温低于 -43 ℃ 作为深对流区判据。Nudging 过程中，不断对比卫星观测和 CRTM 辐射传输模式导出的红外亮温，然后根据对流发展情况适当调整湿度廓线（图 8.8）。计算方案如下：

$$q(k)=q^m(k)+\varepsilon\cdot\Delta q(k) \tag{8.4}$$

$$\Delta q(k)=-\frac{v(k)}{\tau}\big[q^m(k)-q^s(k)\big]\times\Delta t \tag{8.5}$$

式中，q^m 为模式调整前的混合比；q^s 为饱和混合比，0 ℃ 以上是液态水的饱和混合比，0 ℃ 以下使用混合相饱和混合比；$v(k)$ 为湿度松弛同化的垂直廓线权重系数，地面至 400 hPa 设置为 1，400 hPa 至模式层顶为 0；参数 τ 为松弛缓冲时间，与同化周期 Δt 共同确定了松弛强度。

根据一系列测试试验的结果，松弛缓冲时间 τ 设置为 1 h，同化周期 Δt 设置为 30 min。湿度调整强度还依赖于参数 ε，如果辐射传输模式 CRTM 计算的云顶亮温高于卫星反演温度，表示模式的对流活动发展较弱，需要将湿度廓线向饱和调整，ε 取 1；反之，表明模式对流已经活跃，湿度廓线的调整强度可以有所降低，ε 取 0.25。Nudging 过程中，每 30 min 比较一次卫星观测和 CRTM 辐射传输模式导出的红外亮温,而卫星观测数据为每小时更新一次。Nudging 同化反复进行,直到人造涡旋的海平面气压与观测值之间的气压差小于 5 hPa,则停止调整深对流区的湿度。通过湿度 Nudging,热带气旋涡旋可发展增强,与观测热带气旋涡旋的强度逐渐接近。此时将湿度 Nudging 生成的涡旋分离提取出来并融入中尺度台风区域模式的初始场中。具体方法是,首先,根据台风的 7 级风圈最大半径确定热带气旋涡旋范围,提取涡旋的水平风场、海平面气压、位势高度、温度;然后,依据热带气旋观测位置,在初始场中移植并重定位热带气旋涡旋。最后,应用变分同化系统,同化该提取涡旋的不同物理量。这里需要指出的是,使用 3 维变分系统时需要采用流依赖的背景误差。

8.2.4　不同初始化方法的性能评估

1. 台风涡旋循环同化技术性能评估

1)试验设计

为了检验涡旋循环初始化方案对初始热带气旋结构的改进,以及这一方案对热带气旋预报效果的影响,以 2008 年热带气旋"蔷薇"(Jangmi-0815)为例,基于 GRAPES 模式设计了控制试验(CTL)和敏感性试验。控制试验中,模式的水平分辨率为 0.15°×0.15°,预报区域为 90°~170°E,0°~50°N。

全球模式背景场采用 NCEP/GFS 资料,水平分辨率为 1°×1°,垂直层数为 26 层,最高可到 10 hPa。每日 4 次预报中,0 时、6 时的初猜场来自 GFS 资料 00 时起报的分析场和 6 h 预报场,12 时、18 时的初猜场来自 GFS 资料 12 时起报的分析场和 6 h 预报场。热带气旋的实时信息(包括位置和强度)来自中央气象台。

设计的循环同化敏感性试验(CDA)从 2008 年 9 月 23 日 12 时起报,第一次预报同化 Bogus 海平面气压,第二次及之后的预报所同化的台风涡旋来自上一次的预报。作为对比,设计了一组以 MC-3DVar 系统同化 Bogus 作为初始场的敏感性试验(简称 BDA)。

2)结果分析

A. 初始的热带气旋结构

2008 年 9 月 27 日 00 时,"蔷薇"的中心位于 19.6°N,126.5°E,中心最低气压 920 hPa,最大风速 60 m/s。图 8.9 是 CTL 试验、BDA 试验和 CDA 试验给出的热带气旋附近的海平面气压和 850 hPa 风速分布。CTL 试验的初始海平面气压最低为 990 hPa,误差较大。经过 Bogus 同化的初始海平面气压最低为 982 hPa,与控制试验相比,下降 8 hPa。循环同化方案得到的初始海平面最低气压为 945 hPa,与实况最为接近。从 850 hPa 等压面上的风速分布来看,CTL 试验的最大风速超过 30 m/s,而 BDA 试验和 CDA 试验的最大风速均超过 50 m/s。从风速的分布特征来看,3 个试验的初始风场都有类似的非对称结构,最大风速都位于热带气旋的右侧。更重要的是,一方面，CTL 试验和 BDA 的热带气旋尺度较大，10 级风速半径离热带气旋中心为 300 km 以上，实时的台风定位资料显示此时"蔷薇"的 10 级风半径在 200 km 左右，与 CDA 试验的结果接近。另一方面，CTL 试验的热带气旋结构十分松散，台风眼较大，10 级风等值线未闭合，而 BDA 试验和 CDA 试验的台风结构则较为紧凑。分析 3 个试验模拟的风速分布垂直剖面(图 8.10)可见，与图 8.9 基本一致，"蔷薇"结构具有较强的不对称性。BDA 使台风的风速得到明显增强，但台风尺度与 CTL 试验基本一致，最大风速离台风中心 150 km 左右，而 CDA 试验的最大风速离台风中心 70 km 左右。图 8.10 中还能清楚看到 3 个试验描述的台风眼尺度有较大差别，CTL 试验、BDA 试验、CDA 试验台风眼依次逐渐缩小。

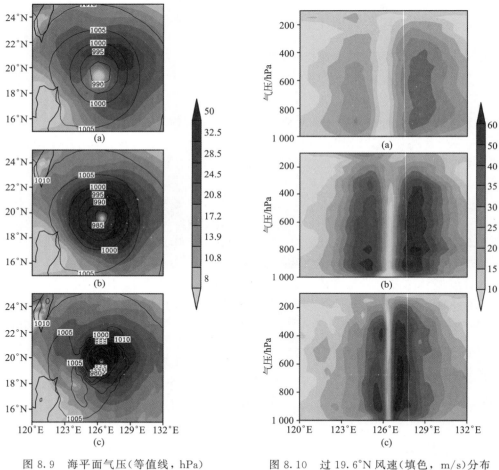

图 8.9　海平面气压(等值线，hPa)
和 850 hPa 风速(填色，m/s)的分布
(a) CTL 试验；(b)BDA 试验；(c)CDA 试验

图 8.10　过 19.6°N 风速(填色，m/s)分布
垂直剖面(垂直坐标：hPa)
(a)CTL 试验；(b)BDA 试验；(c)CDA 试验

　　将 DOTSTAR 试验的飞机下投探空观测(2008 年 9 月 27 日 00 时，22.9°N，127.5°E)与 3 个试验生成的初始场进行比较可知(图 8.11)，400~700 hPa，CDA 试验的风速与探

空一致，均在 24 m/s 左右；300 hPa 以上，各个试验的风速随高度迅速下降，而探空资料显示此时的 300 hPa 的风速仍在 23 m/s 左右。CTL 试验的风速比 CDA 试验的略强，而 BDA 试验的风速则普遍比前者强 8 m/s。控制试验与 BDA 试验由于形成的热带气旋尺度较大，该探空点在这两个试验中仍处在大风区，因而 BDA 试验的风速比观测明显偏强。

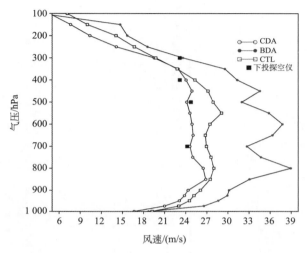

图 8.11　2008 年 9 月 27 日 00 时过 22.9°N，
127.5°E 的飞机下投探空和 3 个试验的风廓线比较

　　图 8.12 是 3 个试验过 19.6°N 的垂直剖面的温度和比湿分布比较。在台风中心附近，从海平面一直到 100 hPa，BDA 试验与 CDA 试验均有明显的温度升高，而 CTL 试验则变化不明显。与 CTL 试验比较，BDA 试验有最大超过 4 K 的升温，最大暖中心在 300～400 hPa，另外在底层（900 hPa 附近）也有一个暖中心，与之前风场的结构一致，CDA 试验的升温区比 BDA 的狭窄，但升温幅度最高超过 7 K，暖中心位于 300～500 hPa。同样的，BDA 试验和 CDA 试验过台风中心的比湿也比控制试验有所增加，它们的高湿度中心均位于 500 hPa 以下的中低层区域，CDA 试验位于台风中心的增湿幅度超过 8g/kg，BDA 也有最大超过 4 g/kg 的增湿。CDA 试验对初始热带气旋结构的正面影响的另一个方面是对降水的预报。图 8.13 是上述 3 个试验的24 h降水预报与 TRMM 资料反演的降水的比较。对于台风中心经过区域的强降水，可以注意到 CDA 试验预报的 150 mm 以上的强降水中心的形态和位置与 TRMM 资料十分接近，BDA 预报的强降水偏北偏东，强度偏弱，而 CTL 试验预报的强降水较为零散。

　　2007 年 9 月 27 日 00 时～2007 年 9 月 30 日 00 时，"蔷薇"向西北行，在台湾岛东部登陆，之后折向东北行。在这个例子中，3 个试验的路径误差较大，CDA 试验的24 h误差 62.5 km，而 BDA 试验和 CTL 试验的结果分别为 138.1 km 和 92.3 km。BDA 试验 24 h 误差偏大的原因主要是移速过快，而 CDA 试验较 CTL 试验偏东（图 8.14）。对于"蔷薇"登陆台湾之后的转向，3 个试验都预报失败，右转的角度偏小，其中仍以

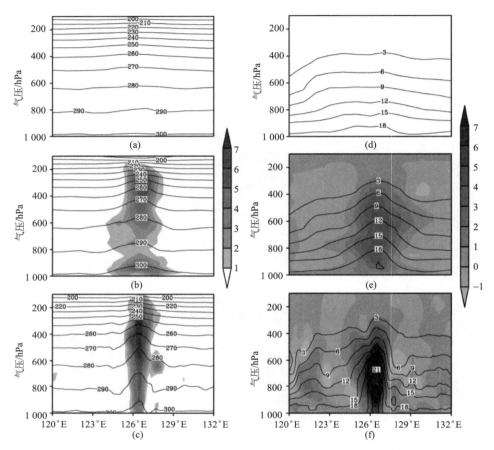

图 8.12　过 19.6°N 垂直剖面的温度(K)与比湿(g/kg)，左列为温度，右列为比湿。
(a)、(d)为 CTL 试验；(b)、(e)为 BDA 试验；阴影值为 BDA 试验与 CTL 试验之差；
(c)、(f)为 CDA 试验，填色为 CDA 试验与 CTL 试验之差

CDA 试验与观测最为接近，48 h 距离误差 73.7 km，BDA 试验和 CTL 试验的结果分别为 157.9 km 和 125.0 km，主要差别在于 CDA 试验预报的转向略偏东，与实际更接近。到 72 h，各预报的热带气旋移动东向分量更为明显，其中 BDA 试验的移动速度最快，因而 72 h 预报的路径预报误差最小。

此试验的前 24 h，"蔷薇"处于成熟阶段，中心气压稳定在 920 hPa 以下，之后登陆台湾，并持续东北行，到 54 h，中心气压已迅速回升到 985 hPa。在 CTL 试验中，前 24 h，热带气旋强度缓慢增强，中心气压从 987 hPa 降低到 968 hPa，这与模式 spin up 过程有关。之后"蔷薇"登陆中国台湾和中国大陆，由于连续经历登陆过程，强度迅速减弱。BDA 试验的初始强度与实况更为接近。CDA 试验的初始中心气压 945 hPa，最大风速 58 m/s，之后中心气压保持在 940 hPa，24 h 之后强度缓慢减弱，42～54 h，该试验的强度又重新增强，之后减弱(图 8.15)。

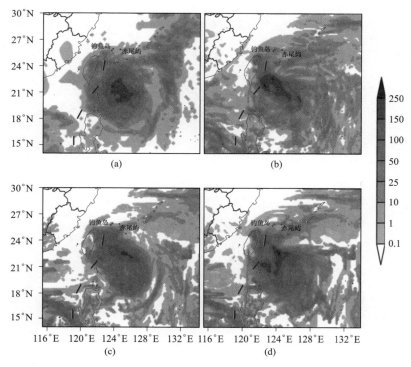

图 8.13　3 个试验的 24 h 累计降水预报与 TRMM 观测（mm/d）比较

(a)TRMM；(b)CDA；(c)BDA；(d)CTL

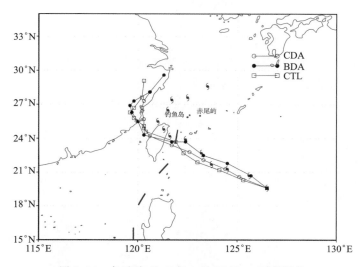

图 8.14　各试验 2007 年 9 月 27 日 00 时起报的

"蔷薇"的路径预报与观测的对比

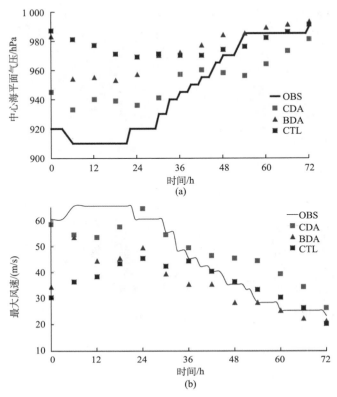

图 8.15　各试验的台风强度预报

(a)中心气压；(b)最大风速

B. "蔷薇"的路径和强度预报

图 8.16 是两组试验对"蔷薇"所有 22 次预报的平均距离误差，与 CTL 试验相比，CDA 试验的 24 h 距离误差有 27% 左右的降低，距离误差从 121.5 km 下降到 89.1 km，而 48 h 平均距离误差则从 187.5 km 下降到 179.8 km。

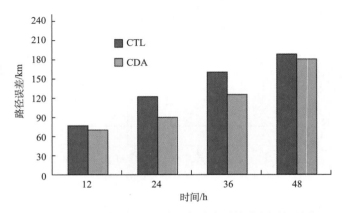

图 8.16　CTL 与 CDA 试验的各时次平均路径预报误差

从 CTL 控制试验对"蔷薇"各次预报的强度可见[图 8.17(a)]，GRAPES 对热带气旋的强度预报与实况十分接近，尤其在"蔷薇"发展加强阶段。而 CDA 试验对"蔷薇"的强度预报表明[图 8.17(b)]，前期"蔷薇"加强阶段，其初始强度随着实况持续加强，最低气压 910 hPa，CDA 试验对"蔷薇"的初始强度估计偏强，但是强度的绝对值与观测较 CTL 试验小，表明 CDA 可得到较强的台风。CDA 对"蔷薇"后期迅速减弱过程模拟与实况较为接近。

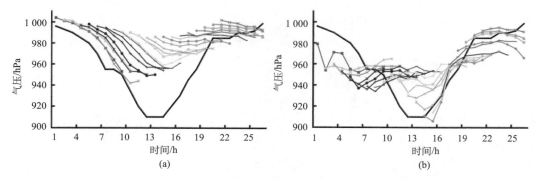

图 8.17　两组试验的热带气旋中心最低气压(hPa)预报(彩色)与实况(黑色实线)对比
(a)控制试验；(b)CDA 试验

图 8.18 给出了两组试验预报的各时次的平均强度均方根误差对比，由于"蔷薇"在其成熟阶段强度较强，两组试验的平均强度误差总体偏大(各时次均超过 15 hPa)，尤其 CTL 试验，其强度预报误差随时间降低，显示由于初始强度与观测相差太大，在整个预报期间，热带气旋强度一直处于调整过程，而 CDA 试验在 30 h 之前对台风强度预报的均方根误差小于 20 hPa，而 48 h 预报误差略大于 CTL 试验。这表明对于区域模式而言，由于受到边界条件等影响，初始场对于预报结果的改进有一定的时效限制。对于台风强度的预报，在 48 h 内的均方根误差都小于 30 hPa，对于强度为 910～990 hPa 的台风而言，对强度预报的改善是明显的。

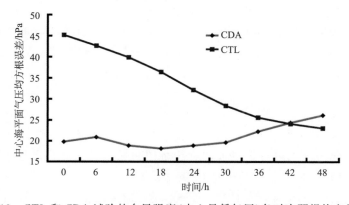

图 8.18　CTL 和 CDA 试验的台风强度(中心最低气压)各时次预报均方根误差

2. 边界层模式约束与卫星资料同化融合的台风初始化技术性能评估

1) 台风初始场反演和分析

选择台风"凤凰"(Fung-Wong, 0808)和"碧利斯"(Bilis-0604)两个台风案例,基于QuikSCAT风场资料,运用8.2.3节给出的动力反演方法,得到所要分析的海平面气压场。为初步检验动力反演方法的效果,将反演的海平面气压与最近时次(时间差不超过1 h)的NCEP/GFS分析资料进行对比。反演的"凤凰"中心海平面气压为984 hPa,比NCEP/GFS的分析(988 hPa)低4 hPa;反演的"碧利斯"中心海平面最低气压为982 hPa,比NCEP/GFS分析的结果低6 hPa。两次反演结果都更加接近中央气象台定强结果("凤凰"和"碧利斯"中心海平面分别为955 hPa和980 hPa)。

另外,除了台风中心强度的分析有差异外,台风外围的环境场也有明显不同。尤其是"碧利斯"环流北侧与副热带高压西侧的气压场配置。NCEP/GFS分析的副热带高压明显南压,有利于引导"碧利斯"路径偏南。另外,台风环流中心的位置有一定差异,这也将影响台风路径的预报结果:一方面,初始涡旋位置的较小差异将随着模式积分时间的增长而增加;另一方面,涡旋位置的不同也会导致涡旋与其所处环境场之间相互作用的差异。

对动力反演的海平面气压进行3维变分同化增强"凤凰"的强度分析(图8.19),台风中心最低气压降低约0.9 hPa。尽管分析值没有加强到反演的海平面强度,但与后者更加接近。在台风环流中心及其南北侧气旋强度增强的同时,台风环流西侧和东侧反气旋强度增大,这与大陆高压和副热带高压等系统有关。同时,与海平面气压场的变化对应,台风涡旋中心的风场产生了更强的辐合。在台风中心四周1~3个经纬度附近对流层的中低层,强迫出若干尺度相近的气旋性中尺度涡旋(图略),这些中尺度涡旋的最大风速在对流层中层(500 hPa)、低层(850 hPa)分别约为4 m/s和2 m/s,它们在台风尺度环境场的组织下,形成规则的环状排列,体现台风环流下所特有的有组织的中尺度涡旋特点,这一特点在NCEP/GFS的分析场中并未能体现。而在对流层高层(200 hPa),这种中尺度辐合/辐散系统并不明显,反映该中尺度涡旋组合是较浅薄的系统,它与台风中心(内核)附近的深厚对流系统形成明显的差异;尽管如此,在台风之后的发展中,这种由于同化所导致的浅薄的中尺度涡旋可能与内核环流发生相互作用,进而作用于台风路径和强度的变化。值得注意的是,同化使台风环流北侧产生明显的东风,加强对气旋向西侧移动的引导,这有利于台风路径偏西(与NCEP/GFS分析场相比),使之更接近实况。

2) 台风路径和强度异常变化模拟典型个例分析

选取了2009年台风"莫拉克"(Morakot, 0908)作为典型个例,使用边界层模式约束与卫星资料融合的台风初始化技术,对其路径和强度异常变化进行了模拟分析。"莫拉克"形成于菲律宾以东约1000 km的热带气压并向西移动,于8月5日6时加强为台风,7日凌晨到达台湾东部近海且移速锐减,经12 h左右的缓慢移动后,于7日15~16时前后登陆台湾花莲,在岛内逗留长达近24 h后继续西移进入台湾海峡,随后移向转为北行,并于9日8时前后再次登陆福建霞浦县(图8.20)。"莫拉克"环流与西南

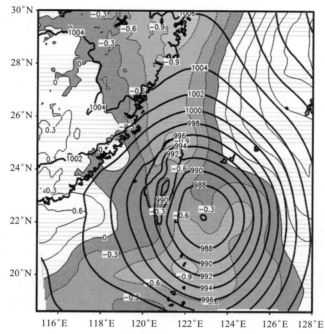

图 8.19　同化反演的海平面气压试验分析的海平面气压(粗实线；单位：hPa)及同
化与不同化海平面气压试验(同化-不同化)分析的 2008 年 7 月 27 日 12 时海平面气
压差场(细实线，填色表示小于零的区域；单位：hPa)

气流的相互作用给台湾带来超过历史记录的降水(100h 降水量为 2885 mm)，引发严重
的洪涝和泥石流等严重地质灾害和人员伤亡。

A. 数值试验设计

在控制试验(CTRL)基础上，设计了使用 QuikSCAT 资料同化的敏感性试验(SCAT)。
其中 CTRL 试验仅利用 NCEP/GFS 提供的初始和边界条件，积分时间为 6 日 20 时～9 日
12 时。SCAT 试验将 QuikSCAT 资料通过 8.2.2 节的方法应用于改进 6 日 20 时模式初始
场，之后积分至 9 日 12 时。在此，CTRL 和 SCAT 试验都不引入 Bogus 涡旋。

B. 试验结果分析

a. 路径和强度

数值试验的最大误差发生在花莲登陆前 12 h：模式模拟的台风中心位于最佳路径
的北侧，造成两者位置偏差的原因之一可能是由于越邻近台湾岛，台风涡旋受低空西南
气流的引导越明显，导致低层的台风中心向北移动 (Hall et al.，2010)；另一个原因可
能与台风环流本身的非对称性结构有关 (Yeh and Elsberry，1993)。与 CTRL 试验比
较，SCAT 试验模拟的台风路径更加接近实况。

另外，如图 8.21 所示，数值模式模拟的台风登陆前的最低海平面气压(SLP)弱于
实况，登岛后受地形阻挡和填塞作用，台风强度迅速减弱，模式模拟结果逐渐接近实
况，其中，SCAT 试验比 CTRL 试验结果更接近实况。与 SLP 模拟结果相比，模拟的
台风近中心最大风速与实况更为一致，特别是其登陆前的增强和登陆后的减弱趋势。

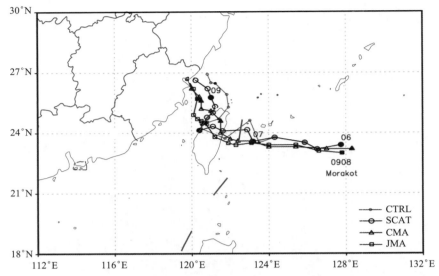

图 8.20　CTRL 和 SCAT 试验数值模拟和观测的台风"莫拉克"移动路径（2009 年 9
月 6 日 0 时～9 日 12 时，时间间隔 6h；CMA 和 JMA 分别为中国气象局和日本气象
厅的最佳路径）

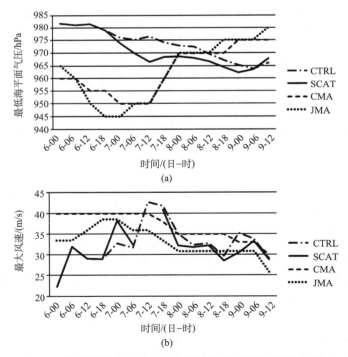

图 8.21　台风"莫拉克"(a)中心最低海平面气压（单位：hPa）
和(b)近中心最大风速（单位：m/s）(2009 年 9 月 6 日 0 时～9
日 12 时，时间间隔 6h)

b. 降水

图 8.22 给出模式预报的 20 h 累积降水和实况比较, 时间段为 7 日 16 时～8 日 12 时, 恰好是"莫拉克"在台湾岛内的逗留时间。由图可知, 数值模式能较好地模拟出"莫拉克"台风引起岛内南北非对称的降水分布, 即降水主要集中在台湾中南部, 北部降水几乎为零。与 CTRL 试验相比, SCAT 模拟结果与实况更为相似, 特别是在台北、宜兰和彰化等地的弱降水区, 以及位于尾寮山区的最大降水值分布。与实况相比, SCAT 模拟的台湾南部山区强降水分布比实况更广, 这可能与南部山区缺少雨量观测有关(Nguyen and Chen, 2011)。

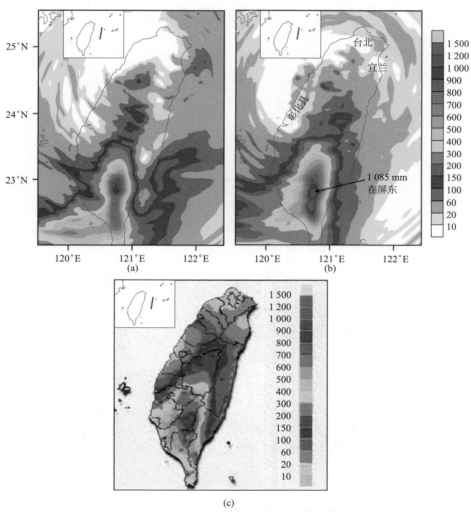

图 8.22　模式模拟 7 日 16 时～8 日 12 时累积降水量与观测的对比(单位: mm)
(a)CTRL; (b)SCAT; (c)观测; 来自台湾气象部门

c. 台风涡旋结构

研究了 6 日 20 时、7 日 00 时和 12 时的 CTRL 和 SCAT 试验 10 m 风速和流线分布, 结果表明，同化 QuikSCAT 资料减弱了 TC 北侧的风速，导致台风环流的南北非对称性增大，进而引导台风中心北移(Hall et al.，2010)。另外，同化 QuikSCAT 资料又增强了 TC 东侧的风速，特别是在 1.5 km 高度以下的风速(图 8.23)，这导致台风初始涡旋的东西向结构更为紧凑，进而影响之后模拟台风的强度(即 SCAT 中的台风强度大于 CTRL 试验)。模式积分4 h 后，由于 SCAT 中的模拟台风强度较强，台风外围环流到达台湾海峡的风速也比 CTRL中的高出 5~10 m/s。在 SCAT 中，由台风环流西北部的向南气流经过台湾海峡与西南季风在台湾海峡南端交汇的台湾西南侧出现大于 25 m/s 的风速。

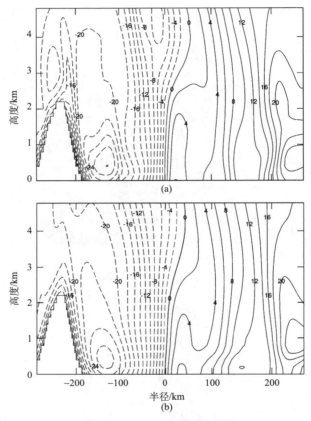

图 8.23　沿"莫拉克"台风中心的径向和纬向切向风剖面图
(实/虚线表示由南向北/由北向南的风速)
(a)CTRL；(b)SCAT

　　根据 Ertel 垂直位涡(PV)在气压坐标系中的计算方程，研究 850 hPa 高度的垂直PV 和风矢量分布表明，由于 SCAT 模拟的台风涡旋更强，导致台风外围环流的向南气流与西南气流在台湾岛西南侧上空交汇产生一个准东西向的 PV 带，且 SCAT 的 PV 带强于 CTRL。由于 SCAT 中更强的 PV 被夹卷入台风环流中，最终导致台风涡旋的后期发展更加迅速，这样印证了 Chen 和 Yau (2003)通过理论试验认为外围环境场的强 PV被夹卷入台风环流内后，可促进台风环流的发展和强度的提升。另外，增强的台风环流又可进一步增强台湾海峡上空的向南气流，进而增强与西南气流的交汇，促使强 PV 带的产生。因此，正是环境场 PV 带的强度与台风环流之间的正相关性，最终导致 SCAT 中的台风环流要强于 CTRL。

综上可知，同化 QuikSCAT 资料对"莫拉克"初始涡旋主要有两方面改进：①调整台风初始涡旋的内核结构；②改进台风涡旋与周围环境场之间的相互关系，进而影响台风涡旋的后期发展。

3. 基于湿度 Nudging 的台风初始化技术性能评估

1）Nudging 过程中的热带气旋演变

为了检验湿度 Nudging 方案的效果，选取 2005 年热带气旋"卡努"（Kahnun-0515）进行数值试验。"卡努"于 2005 年 9 月 8 日 18 时加强为台风，随后向西北方向移动，于 9 月 11 日 7 时在浙江省登陆，登陆时中心气压 945 hPa，近中心最大风力 50 m/s，10 级风圈半径 150 km。NCEP 全球模式 GFS 分析的热带气旋强度明显偏弱，其中 9 月 8 日 0 时热带气旋中心气压观测值为 985 hPa；GFS 分析的热带气旋中心最低气压仅为 1004 hPa。9 月 8 日 0 时至 9 日 0 时的热带气旋快速增强过程中，观测中心气压下降了 20 hPa，而 GFS 分析数据仅下降了 2 hPa。

经过湿度 Nudging，热带气旋的结构和强度都得到了较大改善。Nudging 同化 12 h 后（$T=-12$），模拟的最大风速半径（RMW）接近 200 km 左右，切向平均最大风速仅有 15 m/s[图 8.24(a)、(b)]。随着积分的进行，深对流活动迅速发展，切向风的最大风速半径迅速减小至 80 km 左右。并且，随着热带气旋强度的增加，其切向风速、大风区范围和垂直伸展幅度都快速增大，热带气旋结构更加接近卫星观测[图 8.24 (c)～(h)]。模拟初始阶段，热带气旋附近主要为径向辐合，中心区辐合最强，高层有弱的辐散。随着对流的发展，低层径向辐合逐渐增强，最大辐合中心移动到距热带气旋中心半径 50～80 km，低层入流层厚度和入流速度持续加强。在 Nudging 过程中，台风眼和眼壁特征变得更加明显。松弛同化 18 h 后，最大切向风速已经接近 30 m/s[图 8.24(f)]，热带气旋中心的辐散气流增强，最大流出风速达到 4 m/s，流入速度 6 m/s，在眼壁附近形成较强的辐合。强非绝热加热（$>1\times10^{-3}$ K/s）最初位于台风眼内部，后期随着辐合中心的外移，逐渐移动到眼壁附近。同时，在垂直方向上，随着热带气旋涡旋的增强，最大非绝热加热核由对流层中层缓慢向高层移动。例如，热带气旋涡旋发展初期，非绝热加热强加热区位于 400～800 hPa；而涡旋发展强度接近观测强度时，非绝热加热强加热区上移至 300～700 hPa[图 8.24(e)、(g)]。热带气旋的暖心结构在热带气旋增强过程中也变化明显，最开始仅在台风眼有弱的暖中心，随着热带气旋的增强（积分 12～15 h），涡旋中心的温度扰动从 2℃上升至 6℃[图 8.24(b)、(d)]。受非绝热加热分布的影响，湿度 Nudging 过程中的热带气旋涡旋暖心位置偏低。在人造涡旋发展成熟后，热带气旋暖心最大值位于 600 hPa 左右[图 8.24(f)、(h)]。上述分析结果显示，在湿度 Nudging 过程中，热带气旋涡旋快速增强过程明显，结构相对合理，为随后预报热带气旋的发展提供了有利条件。

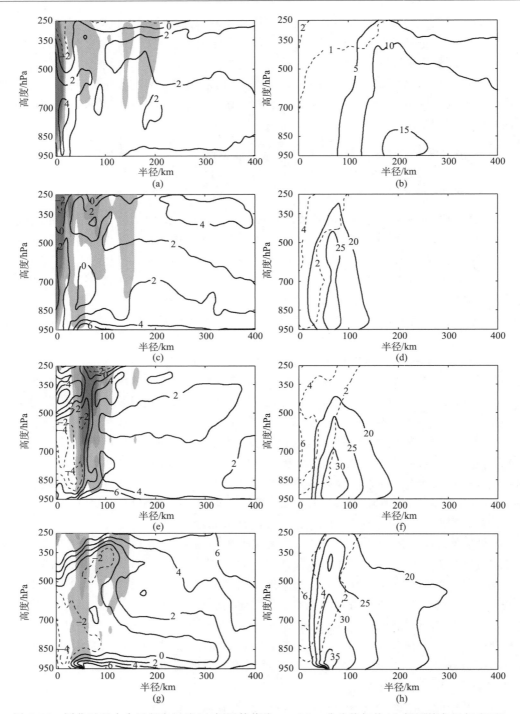

图 8.24　同化过程中台风径向风速(左侧图等值线，m/s)、非绝热加热(左侧图填色区标出了＞
$1 \times 10^{-3} \mathrm{K/s}$ 的区域)、切向风速(右侧实线，m/s)、温度扰动(右侧虚线，℃)轴平均结构变化
(a)、(b)$t = -12\mathrm{h}$；(c)、(d)$t = -9\mathrm{h}$；(e)、(f)$t = -6\mathrm{h}$；(g)、(h)$t = 0\mathrm{h}$

2）基于湿度 Nudging 的台风初始化方案与 WRF 模式的 Bogus 方案比较

设计了两组数值试验就湿度 Nudging 方案（CTRL 试验）与 WRF 模式使用的基于
Rankine（兰金）涡旋的 Bogus 方案（WRF-Bogus 试验）对台风分析和预报效果进行了比
较。从热带气旋强度模拟情况来看，基于湿度 Nudging 方案和 WRF-Bogus 试验均能够
较好地再现热带气旋最大风速和中心最低海平面气压的发展演变特征，特别是能很好地
预报热带气旋的快速增强过程和登陆前后热带气旋强度的减弱过程。湿度 Nudging 方
案分析的初始涡旋强度与观测更为接近，最低海平面气压仅相差 2 hPa。然而由于模式
冷启动的原因，热带气旋经过 12 h 积分后才开始快速增强。在 WRF-Bogus 试验中，虽
然初始化过程已经同化了实际观测的最低海平面气压和最大风速半径，但生成的初始热
带气旋涡旋海平面气压仍然高于观测值。并且，经过 32 h 的积分发展后，热带气旋强
度不再增强，最终导致模拟的热带气旋强度比观测明显偏弱。

图 8.25 对比了积分调整 6 h（$T=6$）后，CTRL 和 WRF-Bogus 试验模拟的热带气旋
涡旋环流结构。此时 CTRL 和 WRF-Bogus 模拟的中心海平面气压仅相差 6 hPa，
850 hPa最大风速非常接近，均为 40 m/s 左右。在 WRF-Bogus 试验中，850 hPa 最大
风速区主要集中在热带气旋的西北象限，即热带气旋移动方向的右侧，表明风速的非对

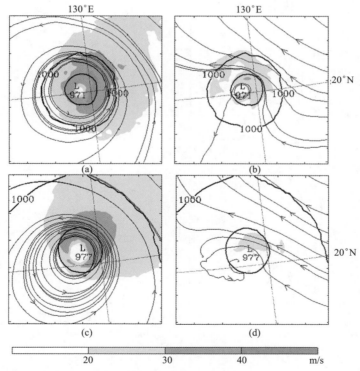

图 8.25　积分 6h（$T=6$）后的模拟海平面气压（实线，间隔 10 hPa）、10 m
风速（填色，间隔 10 m/s）[（a）、（b）：CTRL 试验；（c）、（d）：WRF-
Bogus 试验]和流线[（a）、（c）：850 hPa；（b）、（d）：200 hPa]

称性主要是由热带气旋移动造成的。比较而言，CTRL 试验的 850 hPa 最大风速区主要位于热带气旋的东侧。其风速的非对称结构受热带气旋东南侧的螺旋雨带和热带气旋移动两者共同影响，并且在 CTRL 试验中，这个非对称结构已经在湿度 Nudging 产生的初始涡旋中得到体现。然而，流线分析显示，在 0～180 km 半径范围内，WRF-Bogus 试验生成的热带气旋涡旋风矢量的变化相对比较均匀。另外，CTRL 试验的风矢量变化主要位于距热带气旋中心 180 km 左右，与 WRF-Bogus 存在明显差异。相对于 WRF-Bogus，CTRL 试验的气旋性涡旋垂直伸展高，至 250 hPa 高度处，其风速仍能达到 30 m/s。需要指出的是，在 $T=0\sim15$ 内，WRF-Bogus 试验中有一个热带气旋涡旋的适应性调整阶段，期间 10m 最大风速和最低海平面气压演变均十分缓慢。而 CTRL 试验的热带气旋初始涡旋与 WRF 模式更加适应，其强度和结构在积分 6 h($T=6$)后仍能够维持和发展，在整个 72 h 的积分过程中，模拟的热带气旋发展均十分稳定。

　　沿热带气旋的移动方向，图 8.26 给出了 $T=6$ 时，CTRL 试验和 WRF-Bogus 试验

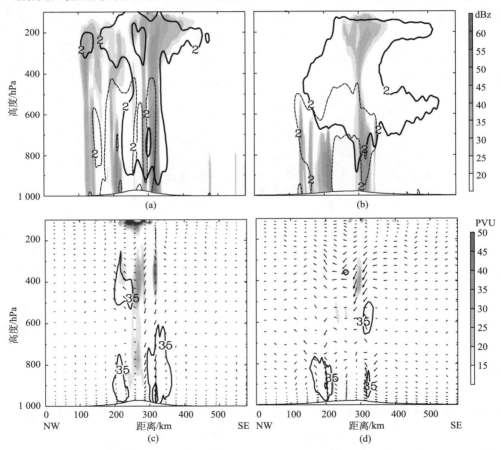

图 8.26　$T=6$ 时沿热带气旋移动方向的垂直剖面。(a)、(b) 相对温度扰动(实线，间隔 2 K)，绝对湿度增量(虚线，间隔 2 g/kg)以及雷达反射率(填色，dBz)；(c)、(d) 水平风速(实线，间隔 10 m/s)，垂直环流(箭头)和 PV 分布(阴影，PVU)。左侧：CTRL 试验；右侧：WRF-Bogus 试验

模拟的温度增量、比湿增量[图 8.26(a)、(b)]和水平风速、PV、垂直环流[图 8.26
(c)、(d)]的垂直分布。从图中可以看出，CTRL 试验在 200~300 hPa 高度上具有明显
的热带气旋暖心结构特征；而 WRF-Bogus 试验的暖性异常范围非常大，不符合一般热
带气旋的暖心特征。CTRL 试验的湿度增量主要位于热带气旋对流发展较活跃的眼壁周
围和螺旋雨带中，与 WRF-Bogus 的结果基本相似。然而，从雷达回波的发展高度和
PV 强度来看，CTRL 试验的对流发展较 WRF-Bogus 更为活跃，特别是外围螺旋雨带
的对流活动。因此，CTRL 试验模拟的最大风速值和大风垂直伸展高度都强于 WRF-
Bogus。CTRL 试验的垂直环流结构显示，热带气旋眼墙内主要为上升气流，并带有弱
垂直风切变，与观测基本吻合(图略)。

8.3　台风数值模式中的物理过程参数化新方案

8.3.1　登陆台风的对流过程及其参数化方法

1. 台风对流及其参数化概述

对流在热带低压和台风的发展中扮演着核心的角色。由于对流云尺度一般较小，当
模式分辨率不足以描述这一过程时，就用大尺度环境变量来参数化次网格尺度对流的作
用。自 1960 年以来，人们提出了一系列较常用的对流参数化方案，根据闭合假设的不
同可分为四大类，包括：①基于湿度辐合的闭合假设；②基于简单的云模式的闭合；
③湿对流调整方案；④准平衡方案。一方面，尽管闭合假设有所不同，其共同目的都是
为了合理描述对流发生和发展过程。台风对流具有一般的对流特点，包括对流触发、上
曳、下曳气流和与环境流场的卷入、卷出相互作用等物理过程；另一方面，台风对流又
具有特殊性，既呈现出低层辐合流入后在内核区上升、高层辐散流出的特点，同时又包
含了嵌入在台风环流中的中小尺度系统。在对流参数化问题中，主要关注对流在不同条
件下的统计特征、时空平均，平均值附近的强迫和自由扰动，不同时空尺度过程的相互
作用等。而用于台风预报的对流参数化既满足参数化的基本概念，又要能够充分体现台
风的对流结构特点和统计特征。

由于在对流过程认识上的不足，现有的对流参数化方案都或多或少存在一定的局
限性，如早期 Ooyama(1964)强调了地面摩擦在产生低层辐合和对流中的作用，然而
摩擦对于对流的产生既不是充分条件，也不是必要条件。关于 CISK(第二类条件不稳
定)机制与 WISHE 机制在解释台风对流发展的矛盾(Emanuel，1986)方面，已成为阻
碍对流参数化进一步发展(尤其对于台风而言)的基本理论问题。此外，一些方案假
设对流仅发生在有低层辐合的条件不稳定区域，这可能阻止台风外围雨带、双眼墙
等的产生，而这些结构对于台风的发展非常重要。近年来，研究人员也越来越多地
发展高分辨率模式条件下的显式云参数化(或云模式)以避免出现部分问题，但新的
矛盾又随之产生，如对计算机资源的巨大需求、云尺度运动的可预报性、云模式的
初始化问题等。这些促使人们不得不重新思考如何就现有的对流参数化方案进行改

进，以满足实际预报需求。事实上，目前的国内外大多数热带气旋预报业务模式中都采用了对流参数化方案，对其进行适用性研究和改进仍是非常必要的。

2. 针对登陆台风预报的对流参数化方案数值试验和检验

1）数值试验设计和个例选择

基于前面的分析，本节针对登陆我国台风个例，在对现有的三种主要对流参数化方案进行系统的检验基础上，选择适用于登陆台风预报的参数化方案进行改进。

选择了国际上 3 种常用的对流参数化方案的经典版本作为检验对象，分别是 Betts-Miller 方案（BM93；Betts and Miller，1993）、Grell 方案（GR93；Grell，1993）和 Kain-Fritsch 方案（KF93；Kain and Fritsch，1993）。BM93 是一个时间滞后的对流调整方案，通过将模式热力垂直廓线向观测参考廓线调整，达到热力平衡，它考虑了对流下曳气流。GR93 是在 Arakawa-Schubert 方案（Arakawa and Schubert，1974）的简单单体云方案的基础上发展的，它基于准平衡假设考虑了上曳/下曳通量和补偿运动的参数化。KF93 方案由 Fritsch-Chappell（Fritsch and Chappell，1980）方案发展而来，它使用了拉格朗日（Lagrangian）气块法假设和垂直动量通量来估计不稳定区的存在、不稳定能量是否能够提供对流增长，以及对流云的性质。其中，KF93 方案最为复杂，可以分为 3 个部分：对流触发、质量通量算法和闭合假设。其闭合假设认为，对流一旦触发，则在一定平流时间尺度内消耗网格内的对流有效位能（CAPE）。KF93 还使用了一个质量守恒的云模式，包括湿对流下曳和云边界上的环境卷入和对流卷出，以描述云和环境的相互作用。

考虑到以上参数化方案已经在 PSU-NCAR 开发的较成熟的 MM5 模式（Grell et al.，1994）中广泛应用。对 3 种方案的数值试验也基于 MM5 模式进行。模式初始场和侧边界条件由 NCEP/GFS 全球模式分析场提供，水平分辨率为 1°× 1°。初始场插值到网格点数为 118 ×118、水平分辨率为 15 km 的单一区域内。之所以确定 15 km 分辨率也考虑了以上参数化的理论假设。垂直分层为 28 个 σ 层（1.00，0.99，0.98，0.96，0.94，0.91，0.88，0.84，0.80，0.75，0.70，0.65，0.61，0.57，0.54，0.51，0.48，0.45，0.42，0.38，0.34，0.30，0.25，0.20，0.15，0.10，0.06，0.00）。模式预设为 50 hPa，垂直分层在 850 hPa 以下较细，以刻画边界层的细致结构。边界层参数化使用 MRF 方案（Hong and Pan，1996），以考虑边界层在海上和陆地上的日变化。为解决台风初始强度偏弱问题，使用涡旋变分同化方案（BDA；Zou and Xiao，2000）进行台风模式初始化，该方法已在台风数值模拟中成功应用（Ma et al.，2006）。BDA 方法首先需要根据中国气象局最佳路径资料中的台风位置、中心海平面气压、最外圈闭合等压线等参数基于 Fujita 经验关系构造轴对称 Bogus 涡旋，然后使用 4 维变分同化技术（4DVAR）将涡旋同化进入模式初始场。同化过程中使用 PSU-NCAR 的伴随模式系统（Zou et al.，1997）。

为检验 3 种参数化方案的效果，选择能够代表登陆我国台风特点的 2006 年 3 个台风个例（图 8.27）。台风"碧利斯"（Bilis-0604）是近 50 年来登陆我国并造成最大灾害的台风之一；关于台风"格美"（Kaemi-0605），国内外大多业务模式都没有报出其登陆后反常的持续向西移动路径；而台风"桑美"（Saomai-0608）在登陆过程中经历了出人意料的增强。

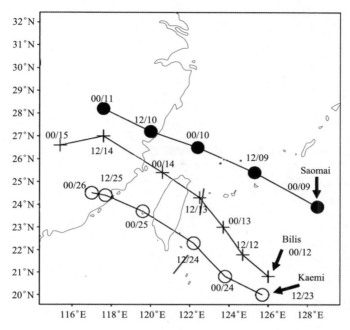

图 8.27　2006 年台风"格美"（Kaemi）、"碧利斯"（Bilis）
和"桑美"（Saomai）的移动路径（时间标注为时/日）

　　"碧利斯"于 7 月 8 日在西北太平洋生成为热带低压，并于第 2 天达到热带风暴强度。它首先在台湾岛登陆，进而穿越台湾海峡在福建省再次登陆。"碧利斯"在海上的移动路径并不特别，然而在登陆福建并减弱为热带低压之后，它在副热带高压的引导下继续向北缓慢移动，并在陆地上维持长达 5 天之久（7 月 14~18 日）。"碧利斯"为华东沿海地区带来了大范围的洪水和山体滑坡，导致至少 228 人死亡，经济损失超过 120 亿元人民币。"桑美"于 8 月 4 日生成于西北太平洋洋面，8 月 5 日经过关岛加强为热带风暴，第二天加强为台风，8 月 10 日登陆浙江温州南部。在登陆时，它仍迅速增强，近中心持续最大风速为 68 m/s，成为迄今为止登陆我国的最强台风之一。"格美"于 7 月 18 日生成于西北太平洋，并于两日后加强为台风，于 7 月 24 日登陆台湾南部，持续最大风速为 40 m/s。穿越台湾以后，"格美"继续向西北方向移动，并在 7 月 25 日登陆于福建晋江。遗憾的是，国内外大多数数值预报业务模式都未能报出它登陆之后持续向西移动的路径。

　　针对 12 个时段（表 8.1），本节共设计了 36 组数值试验（每个时段 3 组试验）以检验BM93、GR93 和 KF93 方案的性能。每个时段的 3 组试验除使用不同的参数化方案外，初始化方法和物理过程都相同（表 8.2）。

表 8.1　数值试验选取的 2006 年登陆我国台风个例

台风名称	"碧利斯"(Bilis)	"桑美"(Saomai)	"格美"(Kaemi)
数值模拟 时段（时/日）	00/12～00/13	00/09～00/10	12/23～12/24
	12/12～12/13	12/09～12/10	00/24～00/25
	00/13～00/14	00/10～00/11	12/24～12/25
	12/13～12/14	2006 年 8 月	00/25～00/26
	00/14～00/15		2006 年 7 月
	2006 年 7 月		

表 8.2　多个例数值试验平均的 24h 累计降水预报 TS 评分(threat score)和偏差(Bias)

降水量级 /(mm/24h)	KF93		BM93		GR93	
	TS	Bias	TS	Bias	TS	Bias
0.1	0.231	1.715	0.245	1.455	0.212	0.851
10.0	0.065	1.547	0.072	1.326	0.033	0.784
25.0	0.006	1.231	0.004	1.768	0.002	0.730

2) 降水预报结果

图 8.28 表示了"碧利斯"台风个例 BM93、GR93 和 KF93 三个试验模拟的区域平均降水量，次网格尺度(对流参数化)降水和次网格尺度降水占总降水的百分比随模拟时间(2006 年 7 月 13 日 12 时～ 7 月 14 日 12 时)的演变情况。从各试验模拟的总降水量来看(包括次网格尺度降水和网格尺度降水)，BM93 最大，GR93 最小，而 KF93 试验的结果接近 BM93 和 GR93 两个试验的平均值。BM93 和 KF93 产生了几乎同量的次网格尺度降水，而且两个试验在预报初期次网格尺度降水比例相当(超过 90%)，该比例随积分时刻增长逐渐减小，在积分 24h 时为 70%。同时，GR93 方案产生了最少的次网格尺度降水，并从 74% 减少到 30%。

尽管对 GR93 方案的检验结果存在很大争议。如 Mapes (2004)发现，GR93 很难触发降水，进而导致降水少或没有降水。而 Wang 和 Seaman (1997)发现，该方案易导致降水范围偏大和局地过多的中小尺度对流。本模拟结果表明，GR93 易于低估对流性降水，这与 Mapes(2004)的结果一致。初步分析表明，GR93 低估对流性降水的原因在于其在对流不稳定条件下消除 CAPE 不稳定能量的效率较低。例如，在对台风"碧利斯"模拟中，KF93 试验产生强对流的时刻(次网格尺度降水率高于 10 mm/h)前后，GR93、KF93、BM93 分别使 CAPE 能量由 1103 J/kg 减少到 950J/kg、916J/kg、920J/kg，对格美的模拟也进一步证实了这一结果。

对模式预报降水量进行了检验。用于检验的降水资料包括 TRMM 3B42 数据集的时间间隔为 3 h 的海上降水率资料(Kummerow et al.，1998)，以及陆上自动站观测资料。结果表明，各参数化方案在 24 h 累计降水预报中的效果随不同个例而有显著差异。例如，对于尺度较小结构紧密的"桑美"而言，不同的参数化方案间效果的差

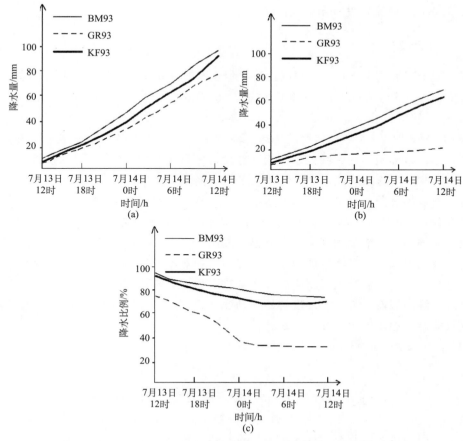

图 8.28　试验 BM93、GR93 和 KF93 模拟的台风"碧利斯"
7 月 13 日 12 时~14 日 12 时(UTC)区域网格平均累计降水演变
(a)包括网格尺度和次网格尺度降水的总降水；(b)次网格尺度累计降水；(c)次网格尺度降水在总降水中的比例

异较小。而对于尺度较大的台风"碧利斯"而言，与 KF93 和 GR93 方案相比，BM93
方案在较好地模拟陆地上的强降水强度的同时，却容易空报强降水区。表 8.2 给出了
多个例数值试验平均的 24 h 累计降水预报 TS 评分(threat score)和预报偏差(Bias)。
可以看到，应用 KF93 方案的试验对强降水(25 mm/24h)的 TS 评分和预报偏差分别
为 0.006 和 1.231，优于其他两种方案。而 BM93 方案在模拟中等量级(10.0 mm/
24h)和小量级(0.1 mm/24h)降水时效果最佳。与其他两种方案相比，尽管 KF93 方
案易高估小量级降水(0.1 mm/24h)的覆盖区域(预报偏差为 1.715)，但它在中等到
强量级降水的预报中并没有较大的系统性偏差，综合检验评分最高。这一结论与
Cohen(2002)的研究结果基本吻合。Cohen 通过对一次洋面风过程理想试验的研究表
明 KF 方案相对于 BM 和 Grell 方案的优越性，但他同时指出，该研究结果并不一定适
用于其他类型的对流天气过程。

3. 对 KF93 对流触发机制的改进

1）改进方案设计

尽管以上研究表明 KF93 方案的优势，但也有研究指出该方案存在不足，如在边缘不稳定（marginally unstable）环境下常虚报大范围的小量级降水（Warner and Hsu，2000），这一缺陷也在 Ma 和 Tan（2009，以下简称 MT09）研究中进一步证实。MT09 基于 MM5 模式对 2006 年登陆我国华东沿海的多个台风个例数值试验表明，在台湾海峡地区，由于地形阻挡和中纬度系统相互作用，可形成引导气流不明显的弱环境场，此时 KF93 方案模拟的该区域降水易出现明显的空报。

鉴于对流触发条件是决定降水发生的首要因子，需要从对流触发机制的参数化（对流触发方程）中考虑其原因。KF93 方案的对流触发方程基于拉格朗日气块法估计对流云发展所需的不稳定能量和区域。需要抬升凝结高度（LCL），将气块的温度与环境大气温度相比较，以确定上曳气流的源地层。然而，在对流发生前，气块温度一般比环境温度低，这导致气块不满足上升所需的浮力条件。因此，KF93 方案基于环境垂直运动有利于对流发展的假设，将一个温度初始扰动（δT_{vv}，定义为网格尺度垂直运动的函数）附加到气块现有的温度上，以强迫气块抬升。

δT_{vv} 的定义如下：

$$\delta T_{vv} = c_1 w_G^{1/3} \tag{8.6}$$

式中，c_1 单位为：$^\circ C \cdot s^{1/3} \cdot cm^{-1/3}$；$w_G$ 为抬升凝结高度处的垂直速度（单位：cm/s）。

当 $T_{LCL} + \delta T_{vv} < T_{ENV}$ 时，则不满足对流触发的条件，上曳气流的源地层必须在更高一层模式层中再一次判断，依次类推，直至找到源地层为止；反之，如经温度扰动的气块温度高于环境大气值，则满足对流触发的条件。在 LCL 之上的每个模式层，气块垂直速度基于拉格朗日方法估计，同时需考虑环境气流的卷入、对流卷出和水汽输送等。

显然，温度扰动（δT_{vv}）的定义在决定气块上升和触发对流中非常重要。最初 Fritsch 和 Chappell（1980）使用垂直速度来定义温度扰动是基于大气辐合对大气不稳定和加湿作用的认识。然而，最近的研究表明辐合在对流发展中的作用是值得商榷的。例如，Arakawa（2004）强调是水汽平流而不是辐合在决定比湿变化中的作用，而后者决定了对流的发展。因此，KF93 方案中对流温度扰动与（环境辐合所决定的）网格尺度垂直运动间的统计关系值得商榷。MT09 的数值试验研究也表明，只有在水汽充沛的条件下，温度扰动才与垂直运动的分布和强度有密切关系；而在水汽缺乏的区域，它们并没有明显的相关。

如果，将热力学方程按照 1 维垂直方向进行简化（针对 Kain-Fritsch 方案的 1 维云模式），则可以得到式（8.7）。针对式（8.7）中右侧各项分别定义温度扰动设计的数值试验也表明，水汽平流项（右端第三项）在决定温度扰动中的贡献最大。

$$\frac{\partial T}{\partial t} \approx -\frac{\rho_0 g}{p}\frac{\omega \partial T}{\partial \sigma} - \frac{\omega g \rho_0}{\rho c_p} - \frac{L}{c_p}\frac{\omega \rho_0 g}{p}\frac{\partial q}{\partial \sigma} \tag{8.7}$$

　　MT09 因而提出一种新的对流触发参数化算法来重新定义对流温度扰动，在算法中特别考虑水汽平流的作用进而建立环境强迫(网格尺度)与局地扰动间(对流尺度)的显式关系。该温度扰动由水平方向(δT_{vvh})和垂直方向(δT_{vvv})两个分量所构成，同时在两个方向上引入不同的权重因子以考虑水汽平流的贡献，即

$$\delta T_{vv} = R_h \cdot \delta T_{vvh} + R_v \cdot \delta T_{vvv} \tag{8.8}$$

式中，δT_{vvh}为每个格点处的温度相对于水平方向上的环境温度(以格点附近 9 个最近格点的平均温度值表示)的空间距平；δT_{vvv}为每个格点在抬升凝结高度处的温度相对于垂直方向上的环境温度(以该格点位置处 LCL−1，LCL，LCL+1 三层的平均温度表示)的空间距平；R_h 和 R_v 分别为均一化的水平和垂直方向水汽平流权重，计算方法如下：

$$R_{h,v} = \frac{\vec{v}_M \cdot \nabla q_M - \min(\vec{v}_M \cdot \nabla q_M)_{h,v}}{\max(\vec{v}_M \cdot \nabla q_M)_{h,v} - \min(\vec{v}_M \cdot \nabla q_M)_{h,v}} \tag{8.9}$$

式中，$\min(\vec{v}_M \cdot \nabla q_M)_{h,v}$和 $\max(\vec{v}_M \cdot \nabla q_M)_{h,v}$都在与 δT_{vvh} 和 δT_{vvv}同样的空间区域内计算得出。

　　这里，R_h 和 R_v 都是大小为 0~1 的无量纲。在每个格点区域，R_h 或 R_v 的大小与水汽平流及温度扰动相对应。因此，这种看似简单的新算法有效建立了网格尺度温度扰动(代表环境场强迫)与局地的对流扰动间的关系。

　　基于 MM5 模式对所选多个台风个例的数值试验结果表明，新方案通过调整不同环境垂直运动条件下的温度扰动，可抑制弱垂直运动下的对流扰动，增加强垂直运动下的对流扰动，合理地体现了温度扰动与垂直运动间的非线性关系(图 8.29)。

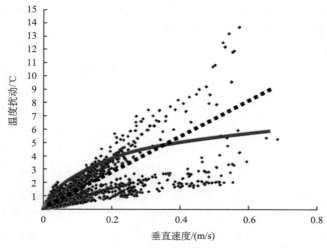

图 8.29　Kain-Fritsch 方案触发机制算法对网格尺度(环境)垂直速度(横坐标)与温度扰动(纵坐标)间关系的描述(原方案：曲线；新方案：散点图及虚线所示的线性拟合)

2）KF93 对流触发机制新算法的效果

在本节中用上述新的对流触发算法（KFML）替换原算法（KF93），并针对台风预报设计敏感性试验进行检验。

A. 降水和路径

使用 KFML 方案对台风"碧利斯"的降水模拟结果与 TRMM/TMI 资料对比显示出了较高的一致性，该新方案使 KF93 中所空报的 10 mm/h 以上量级的次网格尺度降水区明显减小。尤其在弱环境场引导区，次网格尺度降水的分布和强度都比原方案的模拟效果要好。对台风"格美"和"桑美"的检验也进一步证实了这一点。另外值得注意的是，新方案也减小了水汽输送区的次网格尺度降水强度，而在该区域 KF93 方案明显高估了降水。比较了 KF93 和 KFML 方案模拟次网格尺度降水在总降水中的比例随时间的变化，对于不同的个例，与原方案相比，KFML 方案使次网格尺度降水都减少了 10%。而对于网格尺度降水模拟而言，KFML 方案与原方案的作用差异不明显。

图 8.30 统计检验了 KFML 和 KF93 方案对总降水量（包括网格尺度和次网格尺度降水）的模拟效果。可以看到，对于小量（<10 mm/24h）和中量的降水（≥10 mm/24h）模拟，KFML 比 KF93 分别提高了 TS 评分 30% 和 25%［图 8.30(a)］，而降水偏差也给出了一致的结论［图 8.30(b)］，反映出 KFML 方案能够改善 KF93 方案高估降水的问题。基于对对流活动描述的改善并作用于大尺度环境气流，KFML 也使路径预报误差减小了 10%。而且，随着模式积分时间的增长，改进的效果越加明显。

B. 对流不稳定和对流对环境湿度响应分析

分析了弱环境场不稳定条件下 KFML 和 KF93 模拟降水差异较大位置处的相当位温和水平风场垂直结构。在观测降水发生前，最不稳定的区域表现为从地表向上延伸的相当位温暖舌，该暖舌伴随较强的湿度和能量向上输送。在观测降水发生前后的时段内，KF93 所模拟的 365K 暖舌所到达的垂直层次并没有明显的变化，大致位于 700 hPa 附近。而在 KFML 试验中，365K 等相当位温线位置从 700 hPa 降到 900 hPa。与 KF93 试验相比，KFML 试验能更有效地消除观测降水最大位置处的 CAPE 能量。在 KFML 试验中，对流性降水发生前后 CAPE 能量从 1103 J/kg 减小到 678 J/kg（约减少 38%）；而在 KF93 试验中，CAPE 能量仅减少了 17%。与此同时，在暖舌附近的边缘不稳定区，KFML 所消耗的不稳定能量远远小于 KF93。这从一定程度上也解释了次网格尺度降水空报改善的原因。

已有很多研究通过观测和数值模式分析了积云对流对对流层环境湿度的敏感性（如 Derbyshire et al.，2004），而新的对流触发算法通过引入湿度平流的作用建立了对流与湿度间的联系，也可能影响这种敏感性。为此，本节分析 KFML 和 KF93 试验模拟的台风"碧利斯"低层（700~950 hPa）区域平均的相对湿度和潜热通量间的拟线性关系。其中潜热通量反映了边界层扰动的总体活动特征，后者有利于对流的发生。对应于相同的环境相对湿度，KFML 方案比 KF93 方案有更小的潜热输送通量，这削弱了对流的活动，进而减少了对流层低层的水汽向上输送，这在一定程度上能够解释 KFML 方案改善 KF93 对次网格尺度降水空报的原因。进一步分析发现，新方案对低层潜热通量输送

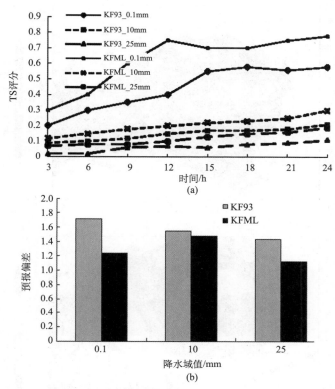

图 8.30　KF93 和 KFML 试验模拟的(a)0～24h 逐 3 h 累计降水 TS 评分
随模式积分的演变和(b) 24 h 累计各量级降水预报偏差

的削弱作用在更高湿度环境下尤为明显。例如，对于相对湿度分别为 88% 和 92% 的环境场，与原方案相比，KFML 方案使潜热通量分别减少了大约 10 W/m² 和 20 W/m²。

C. 在 GRAPES-TCM 中的应用检验

基于 GRAPES-TCM 模式和新触发机制方案针对 2009 年 8 月 6 日 12 时～9 日 12 时“莫拉克”登陆过程设计了两组数值试验(控制试验和敏感性试验)，控制试验(CTRL)使用原来的 Kain-Fritsch 方案，敏感性试验使用改进的对流触发机制新方案(KFML)。两组试验初始场均采用了上海台风研究所发展的涡旋循环同化技术。

图 8.31 给出了两个试验模拟的不同时刻“莫拉克”降水率分布和累积降水的模拟情况。由图可见，KFML 方案不仅对台风环流东侧外螺旋雨带的模拟有明显影响，而且对台湾海峡地区(由于地形作用所导致的弱环境场)的弱降水有显著改进。对台风路径预报也有一定程度改善(图略)，尤其是在台风登陆台湾和我国东部沿海阶段。其中 72 h 路径预报误差由原来的 300 km 以上减小到 150 km 以下。而对台风海平面气压的分析表明台风的尺度(与台风外围的对流发展有关)也受到了积云参数化方案改进的影响。

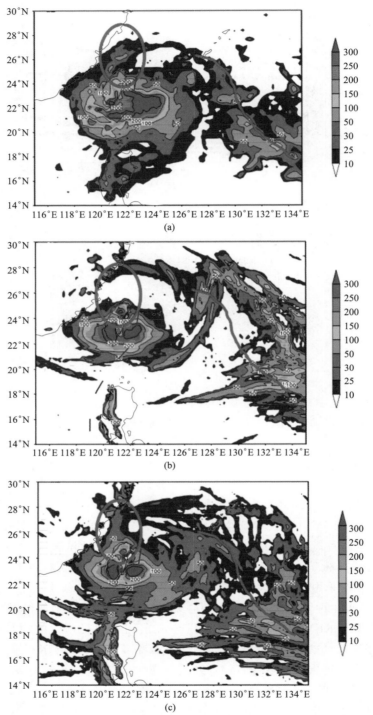

图 8.31 2009 年 8 月 6 日 12 时～7 日 12 时 CTRL 试验(b)和 KFML 试验(c)模拟的 24 h
累计降水量(mm)与 TRMM 观测的24 h累计降水量(a)对比(粗线标出了 KFML 试验相对于
CTRL 改进降水模拟较明显的位置)

Yu 和 Lee（2010）对新的触发机制参数化方案进行了较系统性的评估，他们的研究表明，基于 Ma 和 Tan（2009）的方法可以通过影响对流雨带入流的稳定性改变对流性降水的发生发展，证明 Ma 和 Tan（2009）方法的有效性。该方程已被引入 IVCAR/WRF 模式 V3.3 版本。

需要说明的是，对流参数化密切依赖于模式分辨率。目前水平网格距大于 10 km 时一般用对流参数化，而在 1～10 km 时（grey zone），一般视业务和科研需要取舍。事实上，对于台风而言，小于 10 km（甚至 1 km）尺度的对流过程（如对流热塔）广泛存在，由于水平网格距足够小（如小于 1 km）的云分辨模式在台风业务预报中应用尚不现实（计算量巨大，且也需要对浅对流云参数化和微物理过程等的参数化，并带来更多的小尺度"噪声"和预报不确定性），业务数值预报对 grey zone 的高分辨率条件下如何应用对流参数化提出了迫切需求，需要有针对性的深入研究。

8.3.2　有云条件下的高精度辐射参数化方法

1. 方法简介

大气辐射传输过程是大气的重要物理过程。辐射传输过程通常由辐射传输方程来描述。由于精确求解包含散射和吸收过程的辐射传输方程非常困难，人们逐渐转向发展有效的近似参数化方案，如二流近似和四流近似。二流近似算法计算速度快，且能得到辐射传输方程的解析解（GRAPES 模式也采用这种算法）。常用的二流近似算法有两种：二流离散纵标近似和爱丁顿近似。实际上，这两种二流近似算法有明显的缺陷。在不同的光学厚度、太阳天顶角和单次散射反照率的情况下，二流近似计算得到大气的透射率和反射率的相对误差高达 15%～20%。Lu 等（2009）对有云条件下二流近似的精度进行比较发现：在有云情况下，二流近似方案对辐射通量和加热率的计算有较大误差，尤其是云加热率的误差高达 12%，这不仅直接影响数值模式对温度场的模拟，而且云的加热率影响云的发展。因此，错误的云吸收会通过云辐射相互作用影响天气系统模拟结果；而台风有非常深厚的对流云系统，二流近似方案引起的误差会更大。

随着近年来计算机运行速度的提高，以及对辐射计算精度的更高要求，四流近似方法越来越受到重视，全球模式（GCMs）中也逐渐开始引入四流近似方法。但是基于矩阵求逆法发展的四流近似方法，不能处理云的重叠假定所引起的次网格辐射效应。因此，已有许多研究，试图将累加法和四流近似方法结合起来应用到垂直分层的实际大气中。但以上研究仅利用单层四流近似解代替原有的二流近似解来计算均匀的单层介质的透射率和反射率，其采用的累加过程还是原有的二流累加法。这种单层四流近似解和二流近似累加法结合的方法称之为二流-四流累加法。其分类有两种，包括：二流-四流离散纵标累加法（2/4DDA）和二流-四流球函数展开累加法（2/4SDA）。这两种二流-四流累加法在计算过程中，漫射入射辐射的边界条件都必须假设为各向同性入射。因此，它无法准确地表示辐射场的角度空间分布。最近，卢鹏（2012）研究发现，二流-四流累加法不仅不能提高辐射通量的计算精度，甚至其精度低于二流累加法。本节研究发现该方法对光学特性均匀的介质，计算其透射率、反射率和吸收率结果会随着所分层数而发生变化,即在物理上并不完备。由于辐射传输理论的复杂性,迄今为止,国内外并未建立起与四流近似解匹配的四流累加法。有鉴于此,"项目"从有限大气不变性原理出发,根据四流近似的物理特点,建立两种高精度辐射参数化算法(四流离散坐标累加法和四流球函数展开累加法),并将其应用到实际大气中(包括正在开展的台风模拟试验)。Zhang等(2013)与 Zhang 和 Li(2013)给出了两种算法的详细推导过程。在本节中简要介绍其计算结果。

2. 计算结果比较

对新建立的四流球函数展开累加法(4SDA)和四流离散纵标累加法(4DDA)的计算精度和效率进行全面评估,并和爱丁顿累加法(2SDA)和二流离散纵标累加法(2SDA)进行了类似的比较。为了提高精度,对以上四种方法进行了 δ 函数调整,调整后的四种方法分别记为 δ-2DDA、δ-2SDA、δ-4DDA 和 δ-4SDA。

本节首先研究这四种方法在两层介质条件下的计算精度,其结果可以帮助更好地理解下面多层介质下的计算结果。选用光学厚度相同的两层介质($\tau_{1,2}=2\tau_1=2\tau_2$)来研究它在不同的太阳高度角和光学厚度下的反射率 $r(\tau_{1,2}, \mu_0)=F_1\uparrow/\mu_0 F_0$、总透过率 $t(\tau_{1,2}, \mu_0)=F_3\downarrow/\mu_0 F_0$ 和吸收率 $a(\tau_{1,2}, \mu_0)=1-r(\tau_{1,2}, \mu_0)-t(\tau_{1,2}, \mu_0)$。两层介质的非对称因子分别为 $g_1=0.837$ 和 $g_2=0.861$,相函数为 Henyey-Greenstein 近似,单次散射反照率为 $\omega_1=\omega_2=0.9$。采用 DISORT 的 128 流为标准值,评估以上四种方法的精度,结果如图 8.32 所示。

对于反射率,在光学厚度较大的情况下,用 δ-2SDA 方法计算的结果比 δ-2DDA好,但在光学厚度较小的情况下,前者比后者略差。这两种方法的计算误差均高达20%,且在光学厚度较小、太阳天顶角较大时,其误差更大。相比之下,用 δ-4DDA 和 δ-4SDA 方法能显著减小相对误差。例如,当 $\tau_{1,2}\geqslant 1$ 时,其相对误差在 5% 以内。虽然这两种方法在计算精度上有很大的提高,但它们不能完全消除误差大于 15% 的区域。

对于吸收率,除在大太阳天顶角条件外,δ-2DDA 和 δ-2SDA 的相对误差均小于15%。相比之下,δ-2SDA 比 δ-2DDA 略精确。和反射率的结果类似,δ-4DDA 和 δ-4SDA 方法的计算精度很高,它们的误差在大部分区域都小于 5%。其中 δ-4DDA 的精度比 δ-4SDA 的略高。

气体参数化方案采用 Fu-Liou 模式(Fu and Liou, 1992)。该模式使用相关 k 分布法对 H_2O、CO_2、O_3、N_2O 和 CH_4 等五种主要的吸收气体进行处理。以 Stamnes 等(1988)的 128 流为标准评估 δ-2DDA、δ-2SDA、δ-4DDA 和 δ-4SDA 等四种方案的计算精度。选用中纬度冬季大气廓线,垂直分 280 层,每层的厚度为 0.25 km。CO_2、CH_4 和 NO_2 的含量分别设为 330 ppmv、1.6 ppmv 和 0.28 ppmv,且垂直均匀分布。考虑地表反照率为 0.2。

对于冰云,所需参数为冰水路径(IWC)和平均有效直径(D_e)。对于水云,所需参数则为液态水路径(LWC)和有效半径(r_e)。设以下五种条件:①晴空;②低云(LWC=0.22 g/m³,$r_e=5.89$ μm),云高为 1.0~2.0 km;③中云(LWC=0.28 g/m³,$r_e=6.2$ μm),

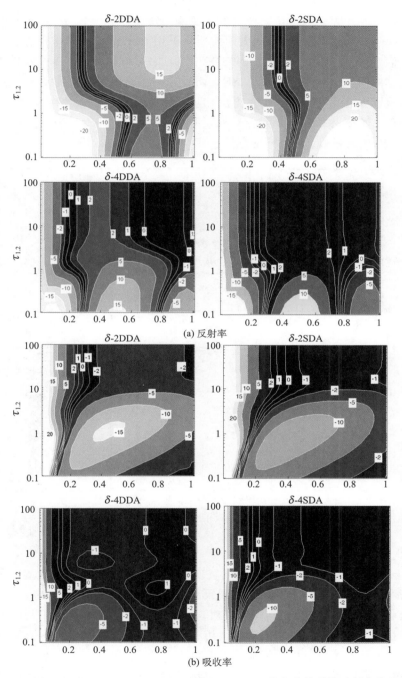

图 8.32　用 δ-2DDA、δ-2SDA、δ-4DDA 和 δ-4SDA 四种方法得到的反射率和吸收率

云高为 3.0～4.0 km；④高云（IWC＝0.0048 g/m³，D_e＝41.1 μm），云高为 10.0～12.0 km；⑤三种云同时存在。低云、中云、高云的可见光波段的光学厚度分别为 60、72 和 0.8。在以下计算中，选择三种太阳高度角，分别为 μ_0＝1、μ_0＝0.5 和 μ_0＝0.25。

如图 8.33 所示，第一行为不同太阳天顶角下用 128 流方案计算的晴空加热率，并以此为标准值。第二行为 δ-2DDA、δ-2SDA、δ-4DDA 和 δ-4SDA 四种方法和标准值的绝对误差。总体而言，δ-2DDA 和 δ-2SDA 两种方案在晴空条件下相对较为准确，但在近地面的误差较大。尤其是 δ-2DDA 方法，它在近地面的相对误差约为 2%。晴空条件下 δ-2SDA 方案优于 δ-2DDA 方案。另外，δ-4DDA 和 δ-4SDA 这两种方案比 δ-2DDA 和 δ-2SDA 方案更为精确。

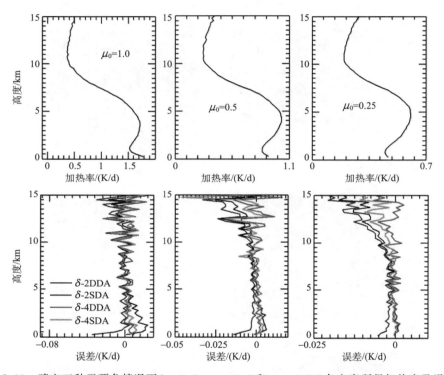

图 8.33　晴空三种天顶角情况下（μ_0＝1、μ_0＝0.5 和 μ_0＝0.25）各方案所得加热率及误差

表 8.3～表 8.5 为各方案计算的大气层顶（TOA）向上辐射通量、地表向下辐射通量及其误差情况，依次对应三种不同的太阳天顶角 μ_0＝1.0，μ_0＝0.5 和 μ_0＝0.25。当太阳天顶角较小时，δ-2SDA 方案产生的相对误差要比 δ-2DDA 方案大。而当太阳天顶角较大时，则相反。与加热率的情况类似，用 δ-4DDA 和 δ-4SDA 这两种方案计算的通量比 δ-2DDA 和 δ-2SDA 方案更为精确。当天顶角分别为 μ_0＝1.0、μ_0＝0.5 和 μ_0＝0.25 时，δ-2DDA 方案估算的 TOA 向上辐射通量分别为 11 W/m²、6 W/m² 和 3 W/m²。除 μ_0＝0.25 外，δ-2SDA 方案的通量误差总体上小于 δ-2DDA 方案，而 δ-4DDA 和 δ-4SDA 方案的相对误差均小于 0.8%。

表 8.3　考虑太阳天顶角 $\mu_0=1.0$ 条件下，δ-2DDA、δ-2SDA、δ-4DDA 和 δ-4SDA 方法计算的大气顶和地表的辐射通量　　　　（单位：W/m^2）

$\mu_0=1.0$	晴空	低云	中云	高云	高中低云并存
$F^{\downarrow}$（地表）					
δ-128S	1166.16	174.14	148.24	1122.63	73.77
δ-2DDA	1164.33 (−1.83)	167.41 (−6.73)	141.80 (−0.64)	1124.14 (−1.51)	70.10 (−3.67)
δ-2SDA	1159.95 (−6.21)	172.61 (−1.53)	146.46 (−1.78)	1113.82 (−8.81)	72.10 (−1.67)
δ-4DDA	1166.23 (0.07)	173.48 (−0.66)	147.69 (−0.55)	1123.42 (0.79)	73.48 (−0.29)
δ-4SDA	1164.73 (−1.43)	173.53 (−0.61)	147.62 (−0.62)	1121.52 (−1.11)	73.46 (−0.31)
$F^{\uparrow}$（大气顶）					
δ-128S	257.60	944.26	998.38	282.38	1031.63
δ-2DDA	259.04 (1.44)	955.44 (11.18)	1010.41 (12.03)	282.29 (−0.09)	1043.20 (11.57)
δ-2SDA	261.50 (3.9)	945.02 (0.76)	1000.03 (1.65)	288.61 (6.23)	1033.53 (1.9)
δ-4DDA	256.77 (−0.83)	945.66 (1.4)	999.82 (1.44)	280.78 (−1.6)	1032.95 (1.32)
δ-4SDA	257.76 (0.16)	943.65 (−0.61)	998.15 (−0.23)	281.99 (−0.39)	1031.40 (−0.23)

表 8.4　考虑太阳天顶角 $\mu_0=0.5$ 条件下，δ-2DDA、δ-2SDA、δ-4DDA 和 δ-4SDA 方法计算的大气顶和地表的辐射通量　　　　（单位：W/m^2）

$\mu_0=0.5$	晴空	低云	中云	高云	高中低云并存
$F^{\downarrow}$（地表）					
δ-128S	540.04	58.54	49.95	481.39	24.88
δ-2DDA	541.69 (1.65)	56.22 (−2.32)	47.75 (−2.2)	488.06 (6.67)	23.58 (−1.3)
δ-2SDA	539.54 (−0.5)	59.35 (0.81)	50.50 (0.55)	483.59 (2.2)	25.13 (0.25)
δ-4DDA	539.95 (−0.09)	58.81 (0.27)	50.17 (0.22)	480.84 (−0.55)	25.03 (0.15)
δ-4SDA	539.73 (−0.31)	58.07 (−0.47)	49.52 (−0.43)	481.61 (0.22)	24.68 (−0.2)

$\mu_0=0.5$	晴空	低云	中云	高云	高中低云并存
$F\uparrow$（大气顶）					
δ-128S	143.77	495.85	524.99	188.30	533.90
δ-2DDA	143.13 (−0.64)	501.81 (5.96)	531.02 (6.03)	185.22 (−3.08)	540.53 (6.63)
δ-2SDA	144.30 (0.53)	495.92 (0.07)	525.20 (0.21)	187.42 (−0.88)	535.17 (1.27)
δ-4DDA	143.32 (−0.45)	494.99 (−0.86)	524.38 (−0.61)	188.35 (0.05)	533.30 (−0.6)
δ-4SDA	143.97 (0.2)	496.19 (0.34)	525.59 (0.6)	188.15 (0.15)	534.60 (0.7)

表 8.5　考虑太阳天顶角 $\mu_0=0.25$ 条件下，δ-2DDA、δ-2SDA、δ-4DDA 和 δ-4SDA 方法
计算的大气顶和地表的辐射通量　　　　（单位：W/m²）

$\mu_0=0.25$	晴空	低云	中云	高云	高中低云并存
$F\downarrow$（地表）					
δ-128S	243.20	21.31	18.20	192.21	9.18
δ-2DDA	245.38 (2.18)	21.03 (−0.28)	17.93 (−0.27)	199.64 (7.43)	8.84 (−0.34)
δ-2SDA	244.49 (1.29)	22.70 (1.39)	19.40 (1.2)	197.96 (5.75)	9.63 (0.45)
δ-4DDA	243.10 (−0.1)	21.33 (0.02)	18.22 (0.02)	191.98 (−0.23)	9.18 (0)
δ-4SDA	243.21 (−0.01)	21.21 (−0.1)	18.12 (−0.08)	193.39 (1.18)	9.11 (−0.07)
$F\uparrow$（大气顶）					
δ-128S	80.81	249.48	265.88	126.07	269.13
δ-2DDA	79.80 (−1.01)	252.07 (2.59)	268.18 (2.3)	121.10 (−4.97)	272.06 (2.93)
δ-2SDA	80.22 (−0.59)	249.07 (−0.41)	265.18 (−0.7)	121.48 (−4.59)	269.29 (0.16)
δ-4DDA	80.55 (−0.26)	249.20 (−0.28)	265.64 (−0.24)	125.76 (−0.31)	268.91 (−0.22)
δ-4SDA	80.97 (0.16)	249.96 (0.48)	266.34 (0.46)	125.10 (−0.94)	269.78 (0.66)

图 8.34 为在低云和中云情况下，用四种方案计算的加热率及其误差比较。可以看到，δ-2DDA 和 δ-2SDA 方案所得到加热率的绝对误差远远高于晴空条件下的绝对误差。当 $\mu_0=1$ 时，δ-2DDA 方案的绝对误差分别达到了 1.5 K/d(低云)和 2.3 K/d(中云)(相对误差大约为

6%），δ-2SDA 方案的绝对误差则比 δ-2DDA 方案小。而当 $\mu_0 = 0.25$ 时，δ-2SDA 方案的绝对误差则大于 δ-2DDA 方案。用 δ-4DDA 和 δ-4SDA 这两种方案后，误差大大减小。三种天顶角条件下，其相对误差都在 1% 以下。

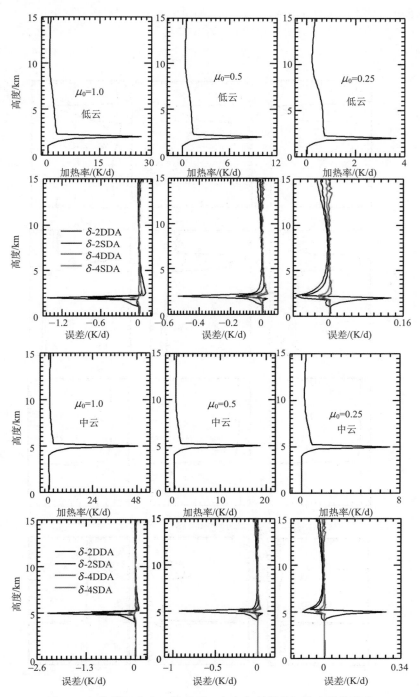

图 8.34　在低云和中云情况下，各方案所得的加热率及其误差

　　图 8.35 为高云和 3 种云并存的情况下，用 4 种方案计算的加热率及其误差比较。当 $\mu_0=0.25$ 时，δ-4DDA 方案比 δ-4SDA 好。高云的光学厚度很小，太阳加热率也小。因此辐射传输算法的选择对于加热率的计算结果不会引起较大的差异。另外，类似的辐射通量计算表明，δ-4DDA 和 δ-4SDA 两种方案计算的通量都很精确，其相对误差均小于 0.8%。与加热率唯一不同的是，用 δ-4SDA 方案计算的通量精确度并不比 δ-4DDA 差。当低云、中云和高云同时存在时，δ-4SDA 和 δ-4DDA 方法在精度上都要优于 δ-2SDA 和 δ-2DDA 方法。

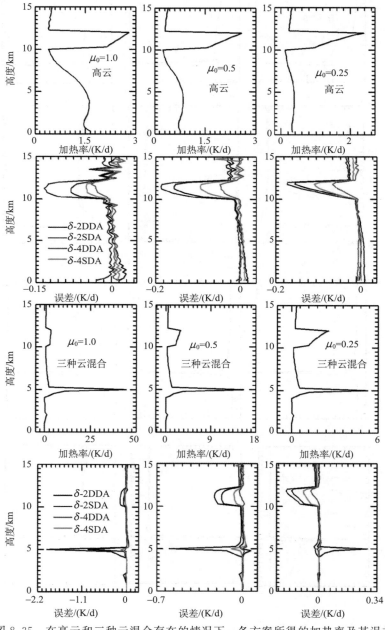

图 8.35　在高云和三种云混合存在的情况下，各方案所得的加热率及其误差

计算效率是数值模式需要考虑一个关键问题。表 8.6 给出了 δ-2SDA 和 δ-4SDA 方案的运算时间。由于 δ-2DDA 方案的计算时间和 δ-2SDA 方案非常接近，故未列出。Fu-Liou 模式中的辐射方案四流离散纵标采用逆矩阵求逆方法（记为 δ-4SMODEL）来解决多层大气的计算问题。

表 8.6　δ-2DDA、δ-2SDA、δ-4DDA 和 δ-4SDA 方法的计算时间（归一化到 δ-4SMODEL）

项目	δ-2SDA	δ-4SMODEL	δ-4DDA	δ-4SDA
单纯辐射传输	0.13	1	0.97	0.68
辐射模式	0.19	1	1.0	0.79

δ-4SMODEL 的计算效率和 δ-4DDA 方案相近。在不考虑气体（即单纯的辐射传输计算）的条件下，δ-4SDA 的计算时间大约是 δ-4SMODEL 的 50%，原因在于单层四流函数展开解比四流离散纵标的解简单得多。如果考虑气体和云的影响，δ-4SDA 的运算时间约为 δ-4SMODEL 的 80%。从大气的加热率精度来看，δ-4DDA 方案略优于 δ-4SDA。从计算效率来看，δ-4SDA 方案优于 δ-4DDA。综合考虑计算精度和计算效率，δ-4SDA 和 δ-4DDA 方案都非常适用于天气和气候模式。

3. 小结

本节从辐射传输的四个不变性原理出发，建立四流累加辐射传输理论，并形成了四流离散纵标累加算法（δ-4DDA）和四流球函数展开累加算法（δ-4SDA）。

在两层大气情况下，δ-4DDA 和 δ-4SDA 方案的精度在各种太阳天顶角和光学厚度范围内进行了系统的比较。与单层的结果相类似，δ-4DDA 和 δ-4SDA 方案的计算精度要远远高于 δ-2DDA 和 δ-2SDA 方案。理想介质试验表明，δ-4DDA 和 δ-4SDA 方案都可以很好地解决辐射传输过程中多层大气的连接问题。

综合比较 δ-2DDA、δ-2SDA、δ-4DDA 和 δ-4SDA 这四种方案。可以发现，δ-4SDA 方案的精确性要略好于 δ-4DDA 方案，并远远胜过 δ-2DDA、δ-2SDA 这两种二流近似方案。这两种方案在计算云顶加热率时有高达 6% 的误差，在计算辐射通量时的绝对误差非常大，分别可达 12 W/m² 和 8 W/m²。在 δ-4DDA 或 δ-4SDA 方案之后，这些误差则大大降低。

对于 δ-4DDA 和 δ-4SDA 这两种四流方案而言，计算效率也是至关重要的。已证明 δ-4SDA 方案在计算效率方面远优于 δ-4DDA 方案。由于 δ-4DDA 和 δ-4SDA 在准确性和计算效率方面的优势，两种方法均可应用于台风模式。

8.3.3　台风登陆前后海–气相互作用过程

1. 试验设计

台风与海洋的相互作用可导致海气模式耦合系统的台风强度比未耦合系统预报偏弱，其偏弱程度由该台风的强度、移速和海洋状况等因素决定。下面将以 2011 年"梅花"(Muifa-1109)台风为例,分析海气耦合模式对其强度、SST变化、热通量、边界层湿静力能、大气中温度和降水等要素的影响。针对台风"梅花"的数值预报对比试验分为三组:第一组为控制试验,即未考虑海气相互作用的单独台风模式试验(Uncoupled_1试验),其所有的试验参数配置和物理过程选择都尽量与现有业务台风模式一致;第二组在第一组试验的基础上,模式初始SST数据使用基于AVHRR(advanced very high resolution radiometer)和AMSR-E(advanced microwave scanning radiometer for EOS)卫星资料分析的分辨率为0.25°×0.25°的数据,以替代原背景场提供的NCEP的1°×1°的SST数据,在预报过程中SST保持不变(Uncoupled_2试验);第三组是在第一组试验基础上考虑海-气相互作用的海气模式耦合预报试验(Coupled试验)。模式背景场中NCEP的1°×1°的SST分析数据分辨率过低,不能精确分辨台风经过后产生的海表面温度的降低,在"梅花"后期的预报试验背景场中的SST初始数据会与实际偏差较大,因此开展第二组试验的目的在于考察SST中尺度信息对台风强度预报的影响。台风模式的初始场和侧边界条件采用NCEP的GFS预报场资料,模式中Bogus涡旋构造时使用了中央气象台实时台风定位资料,用于与模式预报结果进行对比检验的台风观测资料取自中国台风网(www.typhoon.gov.cn)提供的"CMA-STI热带气旋最佳路径数据集"。

2. 试验结果和机理分析

1) 对台风"梅花"强度预报的影响

分别以2011年7月30日00时和2011年8月5日00时起报的个例试验结果考察3组试验对"梅花"发展不同阶段强度的模拟差异。图8.36(a)为7月30日00时起报的"梅花"最大风速72 h变化情况。实况台风先迅速加强再减弱维持(最强时为超强台风),图中三组试验均较好地报出了这种变化趋势,但对于前期的迅速加强的幅度均报的偏弱。在整个预报过程中,Uncoupled_2和Coupled试验对最大风速的预报与Uncoupled_1试验并没有非常大的差异,最大减弱约5 m/s,这显示7月30日~8月2日的"梅花"行进阶段初始SST及海气耦合对其强度预报的影响并不十分明显。图8.36(b)为8月5日00时起报的"梅花"强度72 h变化情况。实况"梅花"台风在72 h中逐渐减弱,控制试验(Uncoupled_1)对台风的强度预报却有一个先加强再减弱的趋势,整个过程强度预报明显偏强;而考虑海气相互作用的Coupled试验的强度基本上是呈先维持再减弱的趋势,其强度与观测更为接近,符合考虑海温后的台风强度变化的负反馈机制。相对于7月30日起报的过程,其海气耦合的作用则较明显,最大风速最多变化11 m/s,中心气压最多变化14 hPa。两个阶段海气耦合的作用不同,主要与台风的强度、移速及所经过洋面的混合层深度等有关。从图中还可以看到,Uncoupled_2试验相对于控制试验对强度预报有一定程度的改善,而模式使用精细化的SST数据后,能在初始时刻反映出台风与海洋相互作用导致的海表温度降低,这相当于部分地考虑了海洋与大气的相互作用,但改善程度仍不如海气耦合方法。

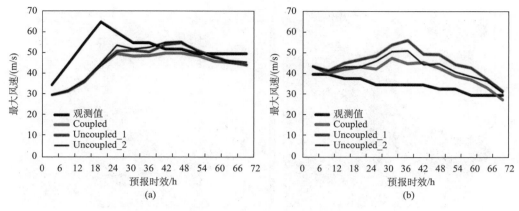

图 8.36　三组试验对"梅花"台风最大风速模拟与观测对比

(a)2011 年 7 月 30 日 00 时起报；(b)2011 年 8 月 5 日 00 时起报

2）台风引起的 SST 降低

作为单独大气模式的下边界条件，SST 是检验海洋模式和大气模式耦合能力的第一指标。已有的观测表明，热带气旋可导致海表温度降低 1～6℃，海表面温度的下降又将成为直接影响台风强度的一个重要因素，而单独的大气模式并未考虑到这个重要影响。下面分别以 8 月 5 日 00 时起报的过程和 7 月 30 日 00 时起报的过程分析 SST 的变化。

图 8.37(a)为 2011 年 8 月 5 日 00 时起报 Uncouped_1 模式使用的不变的 SST 场，分辨率为 1°×1°。图 8.37(b)为同时刻分辨率为 0.25°×0.25°的 SST 卫星资料分析场，亦为 Uncoupled_2 模式该次起报使用的较精细的海表面温度场，至 8 月 5 日 00 时，台风"梅花"已在洋面上移动了约 8 天，其所经过的洋面附近(尤其是其路径右侧)由于台风大风的夹卷效应，导致海水较深层的冷水上翻到海表，形成了明显的 SST 降温通道，这一结果与赖巧珍等(2013)关于"莫拉克"台风的研究结果一致。图 8.37(a)由于分辨率较低，无法识别出前期台风"梅花"与海洋相互作用形成的 SST"冷池"，致使 Uncoupled_1 试验对台风的强度预报明显偏强。Uncoupled_2 试验相对 Uncoupled_1 试验对台风的强度预报有一定程度的改善，两者的主要区别是 Uncoupled_2 试验使用了更高分辨率的 SST 分析场，它可分辨出在起报时刻已经形成的 SST"冷池"。Bender 和 Ginis(2000)的研究表明，考虑台风所致的海洋冷尾流时，模式对台风强度的预报有一定改善。试验结果进一步表明，当模式考虑 SST 降温作用时，对其后的台风强度的预报也有一定的影响，且对在洋面上移行过一段时间的台风尤为明显。分析图 8.37 和图 8.38 表明，在观测中，沿"梅花"台风路径，黄海和东海大部海表温度出现了明显的降温现象，海面最大降温发生在台风最大风速半径处，东海东部最大值达到了 5～6 ℃，路径右侧降温大于左侧降温，不对称性明显。从 Coupled 模式预报结果来看，考虑海气相互作用后，模式预报在台风移动路径周围的宽阔海面，海表面温度有不同程度的降低，48 h 下降 3～4℃，72 h 下降最大达 5～6℃。由于模式预报的路径比观测路径偏西，导致预报的海温主要降温范围也在模式预报路径的偏右侧。模式预报的 SST 分布与观测比较接近，为台风强度预报奠定了基础。

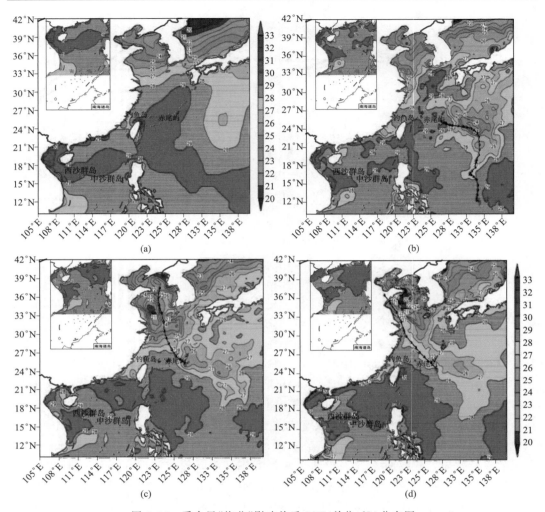

图 8.37　受台风"梅花"影响前后 SST(单位:℃)分布图

(a)Uncoupled_1模式2011年8月5日00时起报使用的SST;(b)Uncoupled_2模式2011年8月5日00时起报使用的SST(AVHRR ＋ AMSR－E卫星资料分析)及"梅花"之前经过的路径;(c)2011年8月8日00时 AVHRR ＋ AMSR－E卫星资料 SST 分析及 72 h 最佳路径;(d)Coupled模式2011年8月5日00时起报的72 h预报SST及路径

　　作为对比,也分析了7月30日00时起报的SST变化过程。此次试验过程处于"梅花"生成初期,虽然其移行速度较缓慢,但由于所经过的海洋混合层较深,无法使更冷的海水上翻到表层,故洋面降温并不明显(只有1～2 ℃),耦合模式对洋面降温幅度预报情况与卫星观测较为吻合。

　　3) 对海-气界面热通量交换的影响

　　海-气相互作用对热带气旋的一个最重要的影响方式就是改变耦合界面的海-气之间交换的热通量。分析耦合模式与控制试验预报的感热通量和潜热通量表明,Coupled 试验比 Uncoupled_1试验48 h(图 8.39)感热通量最大减少了约75 W/m²,潜热通量最大

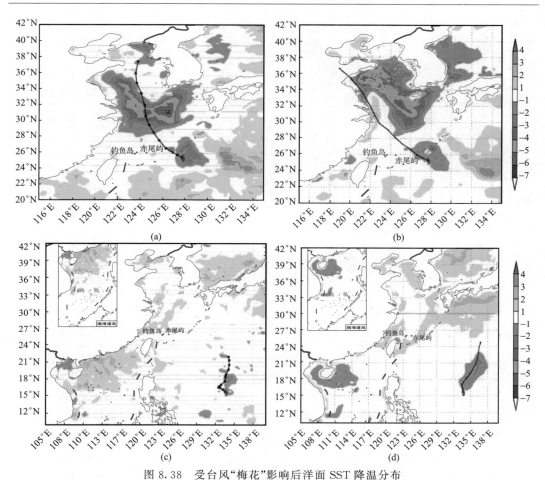

图 8.38　受台风"梅花"影响后洋面 SST 降温分布

(a)2011 年 8 月 5 日 00 时 SST 降温及最佳路径；(b)耦合模式 2011 年 8 月 5 日 00 时起报的 SST 降温与路径 72 h 预报；(c)2011 年 7 月 30 日 00 时起报的 SST 降温 72 h 预报及最佳路径；(d)耦合模式 2011 年 7 月 30 日 00 时起报的 SST 降温及路径 72 h 预报

减少了约 300 W/m^2，72 h 感热通量最大减少了约 75 W/m^2，潜热通量最大减少了约 200 W/m^2。与 SST 降温位置对比，在 SST 发生较大变化的区域热通量变化较大，潜热通量比感热通量对 SST 更为敏感。潜热通量、感热通量的减少与 SST 的降低相互联系，SST 的降低使海面向上热通量减少，从而使模式预报的台风强度减弱。

　　近年来，人们逐渐发现热带气旋潜热（TCHP）与热带气旋强度的发展有重要关系。TCHP 可以表征从海表面到 26 ℃海温深度之间的海水热容量，其定义如下（Leipper and Volgenau，1972）：

$$Q_{\text{TCHP}} = \sum_{h=0}^{H} \rho_h c_p (T_h - 26) \Delta Z_h \qquad (8.10)$$

式中，ρ_h 为海水在各层的密度；c_p 为海水的定压比热；T_h 为海水在各层的温度；Z_h 为各层厚度。

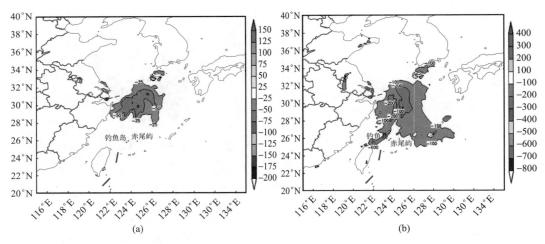

图 8.39　2011 年 8 月 5 日 00 时起报的 48 h 热通量预报差异(Coupled-Uncoupled＿1，W/m²)
(a)感热通量；(b)潜热通量

　　一些研究表明，TCHP 在 TC 强度变化方面起到重要作用(Shay et al.，2000)，在大气条件较为有利的情况下，热带气旋常常在经过高 TCHP 的海域后得到加强。本节使用耦合模式计算了梅花经过前后黄、东海海域 26 ℃海温深度和 TCHP 的分布情况。图 8.40 为 2011 年 8 月 5 日 00 时起报后 72 h 的台风中心附近 26 ℃海温深度变化的情况。该区域总的水深和 26 ℃海温深度较浅，72 h 后，在台风中心经过的海域 26 ℃海温深度变浅，显示海洋表层和次表层的温度有所降低。这主要是由于热带气旋的强风作用，海洋的上层发生夹卷，导致海洋上下层混合并将下层相对较冷的海水带到上层，使上层海水温度降低。图 8.41 为同时刻起报的该海域 TCHP 的 72 h 预报情况。可以看出，与 26 ℃海温深度变化相对应，TCHP 也有相似的变化。台风经过前，黄、东海海域的 TCHP 值并不太高，不具备使台风进一步加强的海洋热力条件；台风经过后，该海域 TCHP 值有明显的降低，进而抑制了热带气旋的进一步发展。

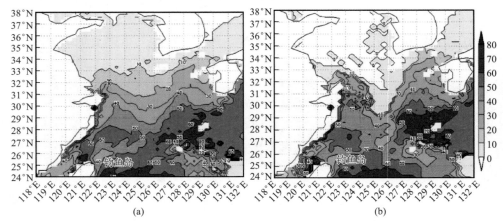

图 8.40　耦合模式台风中心附近 26℃海温深度(m)
(a)2011 年 8 月 5 日 00 时分析；(b)72 h 预报

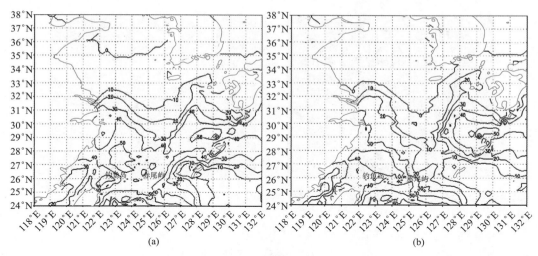

图 8.41　耦合模式台风中心附近 TCHP(kJ/cm^2)分布

(a)2011 年 8 月 5 日 00 时起报；(b)72 h 预报

4）对大气中主要要素的影响

　　台风引起的 SST 降温减少了海洋向大气输送的感热通量和潜热通量，而后者对边界层湿静力能的变化和台风的发展具有关键作用（Bender and Ginis，2000）。考察耦合与非耦合模式 48 h 模拟的 2 m 相当位温（图 8.42）结果表明，Coupled 试验比 Uncoupled_1 试验模拟的相当位温有所降低，在台风内核区尤为明显（7K）。分析大气温度垂直剖面表明，Coupled 试验与 Uncoupled_1 试验相比，在台风"梅花"中心附近低层到高层大气气温也有 1~2 ℃ 的降温。从图 8.43 可看出，Coupled 试验模拟的台风中心垂直温度距平比 Uncoupled_1 试验在台风内核区降低了 4 ℃，与台风强度的减弱相对应。

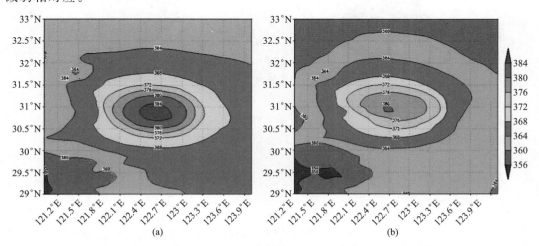

图 8.42　2011 年 8 月 5 日 00 时起报的 2 m 相当位温(K)48 h 预报

(a)Uncoupled_1 试验；(b)Coupled 试验

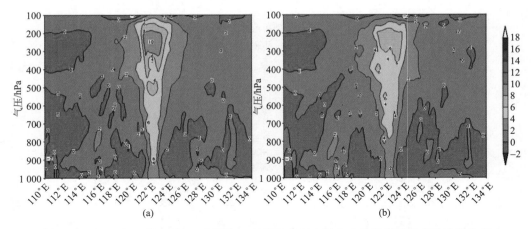

图 8.43　2011 年 8 月 5 日 00 时起报 48 h 模拟的经台风中心的温度距平(℃)垂直分布
(a)Uncoupled_1 试验；(b)Coupled 试验

　　由于海洋向上输送的热通量减少，导致上升运动和水汽减少，从而减弱对流性降水。试验结果与此分析一致，在模拟 72 h，Coupled 试验相对 Uncoupled_1 试验降水量有明显的减少(图 8.44，在我国东海处减少了约 150 mm)；其中 Coupled 试验对流性降水 72 h 预报比 Uncoupled_1 试验最多减少了约 80 mm(图略)。

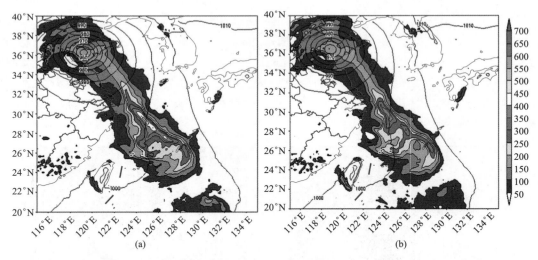

图 8.44　2011 年 8 月 5 日 00 时起报的 72 h 模拟累积降水量(mm)及海平面气压(hPa)
(a)Uncoupled_1 试验；(b)Coupled 试验

3. 小结与讨论

　　使用海-气模式耦合系统对"梅花"的数值试验结果表明，提高台风模式初始 SST 的分辨率使模式能够分析出 SST"冷池"，有利于改善台风强度预报。海-气模式耦合考虑 SST 的实时变化，改善非耦合模式在对强度预报偏强的趋势。在"梅花"发展的不同阶段，由于其所处的洋面状况差异，海气耦合的作用有所不同。在"梅花"移入东海后，海气耦合对 SST 降温和强度预报的作用较为明显：2011 年 8 月 5 日 00 时起报的模式模拟出台风经过洋面 SST 的 72 h 最大降温为 5～6℃，其位置和幅度与卫星观测接近；使最大风速最多减弱了 11 m/s，中心气压减弱了 14 hPa；改进 SST 初始场和考虑海气耦合对"梅花"的路径预报均无明显作用。

对海–气模式耦合系统 2011 年 8 月 5 日 00 时起报的 SST、海气界面热通量交换、大气边界层湿静力能、台风中心温度距平和降水等要素场与控制试验结果的对比分析显示，该模式的模拟结果与前人研究结论较为一致。其影响机制可能是增强的风切变引起上层海洋的混合，加剧台风中心的抽吸作用，冷水涌升至上混合层引起 SST 下降；同时，热带气旋潜热（TCHP）的减少削弱了洋面向上的热通量，台风边界层湿静力能的降低，使大气低层温度降低，减弱对流发展和台风强度，形成负反馈。数值试验表明，GRAPES 海–气耦合模式能够较好地模拟出台风与海洋相互作用过程，对台风强度预报有改善作用，具有业务应用潜力。

8.4　适用于我国登陆台风预报的 区域海–气模式耦合系统

海洋通过海气相互作用提供了热带气旋发展的主要能源，合理反映海气相互作用是数值模式能够成功预报热带气旋的前提，并主要通过海–气模式耦合来实现。

图 8.45 是未考虑海–气耦合的 GRAPES-TCM 模式对 2009 年热带气旋季节的强度预报与观测的比较，从图中可见它对最大风速在 30 m/s 以下的热带气旋强度预报偏强，而对最大风速在 50 m/s 以上的热带气旋强度预报明显偏弱；而未考虑海洋（如海温、海浪等）对大气的反馈作用可能是主要原因之一。因此，项目以 GRAPES-TCM 模式为基础，发展了一个区域海–气–浪耦合模式，并可实现海洋、海浪模块的可选配置，以及对海洋、海浪与台风相互作用的机理分析。

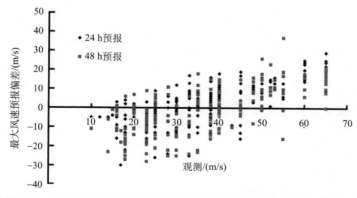

图 8.45　GRAPES-TCM 模式对 2009 年热带气旋的中心最大风速预报
（GRAPES）偏差（OBS-GRAPES）和观测（OBS）散点图

8.4.1　区域台风海–气–浪耦合模式系统

区域台风海–气–浪耦合模式系统使用 OASIS3 耦合器(Valcke,2006)实现 GRAPES 台风模式和 ECOM＿si 大洋环流模式、WAVEWATCH Ⅲ 海浪模式之间的相互耦合,并实现子模式间的通信及大气和海洋之间的通量交换(图 8.46)。

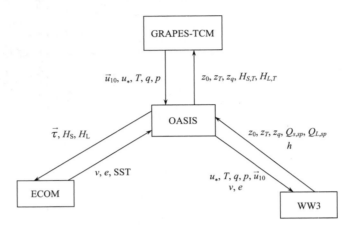

图 8.46　区域台风海–气–浪耦合模式系统框架及通量交换示意图

耦合模式中的 GRAPES 台风模式(大气模式)基于 GRAPES-TCM 模式框架建立,其背景场和侧边界条件由国家气象中心 T639 模式和美国 NCEP 的 GFS 全球模式提供,并对台风初始化方案进行了简化(使用涡旋重定位方案)。海洋模式 ECOM＿si (estuarine, coastal and ocean model＿semi-implicit)基于 HYCOM 全球模式(hybrid co-ordinate ocean model)的逐日海洋温度、盐度、流速,以及海面高度分析场,通过网格插值提供台风预报时刻前一个月的模式初始场和边界条件;再通过一天 4 次的 NCEP 再分析资料中的风场、热通量等驱动海洋模式,积分一个月得到动热力平衡的海洋初始场。海浪模式 WAVEWATCH Ⅲ 利用 GRAPES 台风模式风场的分析实现初始化和驱动。海–气–浪耦合物理过程主要包括:海洋模式得到大气模式预报的海面风应力、海表净热通量(包括感热通量、潜热通量、净长波辐射通量和吸收的太阳短波辐射通量)和水汽通量;大气模式获得海洋模式 ECOM＿si 提供的海表温度。大气模式底边界如为陆面,则使用基于地面能量平衡得到的地面温度;如为海洋且位于耦合区域内时,则使用海洋模式预报的 SST;而位于耦合区域外的其他区域使用不变的 SST。在大气模式中,将对应洋面的底边界由不变的 SST 修改为瞬变的 SST,这样,大气模式底边界上的感热、潜热及向上的长波辐射通量都将依赖于 SST 的变化。

大气模式和海浪模式通过同时考虑浪的状态和海洋飞沫将海–气动量和热量通量的影响耦合起来,并引入一个考虑波龄和海洋飞沫影响的海表粗糙度参数化方案计算海表风应力。海气动量通量通常基于 Charnock 关系(Charnock,1955)来计算:

$$gz_0/u_*^2 = \alpha$$

式中，g 为重力加速度；z_0 为海表面粗糙度；u_* 为粗糙速度；α 为 Charnock 常数（一般取 0.0185）。经典的 Charnock 关系没有显式考虑浪的状态对海表粗糙度的影响，而之后有很多的研究指出，浪的状态对海-气通量有重要的影响。最近的研究则指出，经典 Charnock 关系并不适用于强风速状况。Liu 等（2011）结合海洋研究科学委员会（SCOR）定义和阻滞法（Makin，2005）建立了海表粗糙度参数化方案：

$$\alpha = \frac{gz_0}{u_*^2} = \begin{cases} (0.085\beta_*^{3/2})^{1-(1/\omega)} \left[0.03\beta_* \cdot \exp(-0.14\beta_*)\right]^{1/\omega} & \sim 0.35 < \beta_* < 35 \\ 17.60^{1-(1/\omega)} (0.008)^{1/\omega} & \beta_* \geqslant 35 \end{cases}$$

$$(8.11)$$

8.4.2　耦合系统中的海洋和海浪模式

1. 海洋模式

在耦合系统中，应用三维 ECOM-si 数值模式，通过引入垂直方向 S 坐标并加入感热、潜热等热通量计算模块，建立一个适用于西北太平洋环流和温度研究的 3 维海洋模式。ECOM-si 是在 POM（Blumberga and Mellor，1987）的基础上发展起来的 3 维河口海洋模式，它考虑了流体不可压、Boussinesq 和静力近似，包括了动量、连续、温度、盐度和密度方程。模式嵌套了一个 2.5 阶湍流封闭模型，以计算垂直方向湍流黏滞和扩散系数（Mellor and Yamada，1982）。水平湍流黏滞和扩散系数基于 Smagorinsky 参数化方法（Smagorinsky，1963）得到。模式垂直坐标采用 Song 和 Haidvogel（1994）开发的非线性地形自适应 S 坐标，可较好地描述自由面和温跃层（图 8.47）。水平网格采用 Arakawa-C 差分格式。动量方程中的气压梯度力采用隐式方法；连续方程求解采用 Casulli（1990）半隐式方法。此外，模式耦合了较完整的热力学方程。

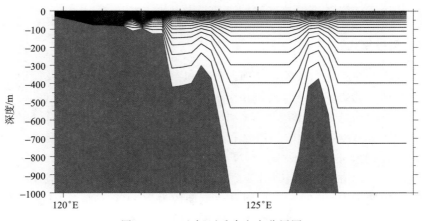

图 8.47　S 坐标下垂直方向分层图

模式区域设计地理位置为 $104°\sim145°E$，$7°\sim48°N$，基本覆盖西北太平洋。水平分辨率为 $25'\times25'$。温度和盐度的开边界条件由美国 UCAR（University Corporation for

Atmospheric Research)逐月资料给出。水深资料采用我国国家海洋科学数据共享中心资料，分辨率为 $1' \times 1'$（图 8.48）。资料分析表明，黄海、东海大部分区域水深小于 100 m，而菲律宾东侧、巴士海峡、中国台湾东侧、琉球东侧和日本南侧水深变化剧烈。在琉球和东海陆架之间，存在水深超过 1 000 m 的琉球深沟，其西侧为陡峭的陆架坡。南海北部、北部湾水深小于 200 m，南海中部水深大于 1 000 m。鉴于研究对象主要关注海洋上层，模式的最大水深在本节设为 1 000 m。

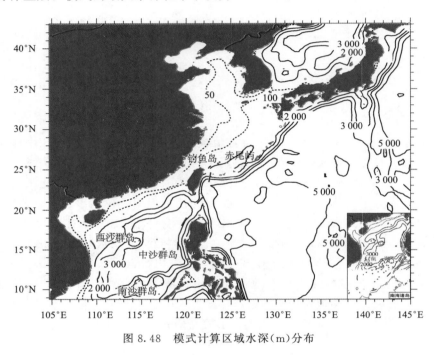

图 8.48　模式计算区域水深(m)分布

2. 海浪预报模式

海浪是海上普遍存在的现象，准确地理解和参数化海浪状态，以及海面飞沫对海气间动量和热量通量的影响，是海气相互作用的重要方面(尤其在台风条件下)。为了更好地表示台风与海浪间的相互作用过程，本书使用美国海洋大气管理局(NOAA)的第 3 代海浪模式 WAVEWATCH Ⅲ(Tolman et al.，2002)建立了海-气-浪耦合模式。该海浪模式的区域设计地理位置为 5°～45°N，105°～145°E，水平分辨率 0.5°×0.5°，空间每点离散化波浪谱的方向分辨率为 15°，即 24 个方向；频率根据模式风速来确定，其范围为 0.0418（周期约为 23.92 s）～0.41 Hz（周期约为 2.44 s），取 1.1 Hz 间隔，即取 25 个频段，取传播计算步长 1800 s，空间传播步长和内部谱的传播步长也取 1800 s，源函数的积分时间步长为 900 s。假定陆地边界吸收入射波而不产生波浪反射，不考虑开边界波浪能量的输入。

8.4.3　海–气耦合对台风预报作用模拟及合理性分析

1. 海–气耦合

基于耦合模式，选取 2004 年热带气旋"云娜"(Rananim-0414)个例进行模拟试验，以分析海气耦合对台风预报的作用(在本小节不考虑海浪作用)。模拟时段为 2004 年 8 月 10 日 00 时～2008 年 8 月 13 日 00 时。试验分为 2 组，控制试验为单独大气试验(CTL，海表面温度采用固定的 NCEP 分析资料)；另一组为海–气耦合试验(ASC)。

分析热带气旋"云娜"的强度模拟结果表明，两个试验都基本模拟出了"云娜"增强、成熟到登陆后衰减的 3 个阶段。但海洋作用的引入对热带气旋"云娜"的强度模拟有较大影响。CTL 试验在 18 h 之后迅速增强，直至 54 h 达到最强，近中心最大风速为 65 m/s，海平面中心气压 905 hPa，明显强于实况；而 ASC 试验模拟的"云娜"强度在 42 h 达到峰值，近中心最大风速 49 m/s，海平面中心气压 942 hPa，之后保持这一强度直到登陆后衰减，这与实况十分接近。由于本节试验中海洋的作用主要考虑了 SST，因而对 SST 的模拟是了解耦合模式中海–气相互作用是否合理的主要内容。图 8.49 给出了 ASC 试验模拟的 48 h 的 SST 分布与 TRMM/TMI 观测 SST 的比较。可以看到，模拟 SST 分布与观测十分接近，特别是热带气旋附近区域海温降温的模拟(尤其是热带气旋路径右侧的两个明显的降温区)。同时，模拟还发现，在靠近浙江省沿海地区，耦合模式模拟的降温偏大，这可能与海洋模式对近岸浅水区热力结构刻画不足有关(蒋小平等，2009)。

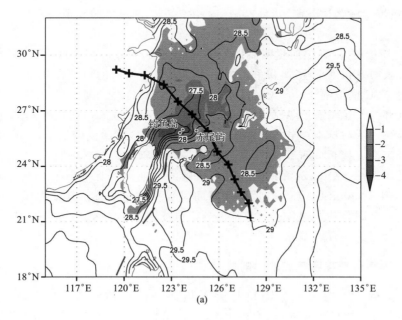

(a)

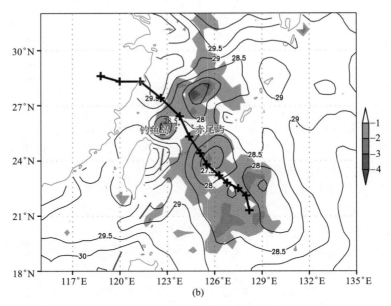

图 8.49　ASC 试验 48 h 模拟的 SST 分布和 TRMM/TMI 实况对比(℃)；等值线为 SST，
填色为相比初始时刻的降温，粗黑实线为热带气旋路径
(a)耦合试验；(b)TRMM/TMI

　　SST 的改变主要通过影响海表热量通量对大气产生影响。分析试验模拟的海表潜热、感热通量与观测的对比，结果表明模式模拟的热带气旋中心附近为热量交换的大值区(主要位于热带气旋路径右侧)，且以潜热通量为主。两组试验模拟的感热通量比观测偏弱。

　　CTL 试验模拟的海-气热通量明显强于 ASC 试验，一方面与 ASC 试验中海气相互作用导致的海表面 SST 下降密切联系，另一方面也与近地面的风速差异有关。图 8.50 给出了 CTL、ASC 模拟的 10 m 风、日本再分析风场、QuikSCAT 海面风观测间的对比。CTL 模拟的 10 m 风强于 ASC 试验，8 级风区域明显偏大，内核极端风速比 ASC 试验高一个等级。从与日本再分析资料的对比来看，ASC 试验模拟的 10 m 风的 8 级风区域和内核风速都更接近实况。需要说明的是，QuikSCAT 资料和日本再分析资料本身也有误差需要考虑。QuikSCAT 在台风内核区的海面风场比实际有所低估(Ma and Tan, 2010)，但从 QuikSCAT 风场反映的海面风水平结构来看，其最大风速位于热带气旋北侧，与两个试验基本吻合；而日本再分析风场因为模式分辨率等的原因，其风场非对称结构也会与实际有所差异。

2. 海-气-浪耦合对热带气旋的影响

　　热带气旋条件下，海浪一方面可加强上层海洋的湍流混合，降低海表面温度(SST)，导致热带气旋后方出现冷尾流(Price, 1981)，从而对热带气旋强度有负反馈(Chan et al.，2001)；另一方面海浪及其所致海洋飞沫也可改变大气和海洋边界层，影响海-气动量和热量通量输送。最近的观测研究(Powell et al.，2003)发现，海表动力拖

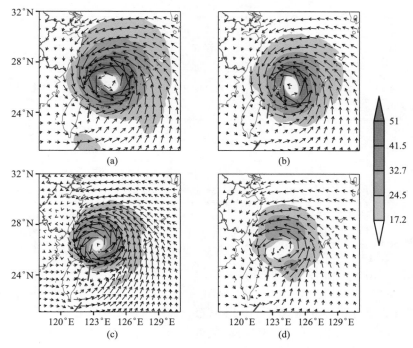

图 8.50　2004 年 8 月 12 日 00 时的 10 m 风水平分布(填色为风速)

(a) CTL 试验；(b) ASC 试验；(c) 日本再分析风场；(d) QuikSCAT 海面风

曳系数有极限值，且在高风速条件下随风速有所减小，这与经典的 Charnock 关系
(Charnock，1955)有明显差异。较合理的解释是，由于海浪及其海洋飞沫的存在，导
致波破碎而无法识别波谷，即从一个破碎的波峰到下一个破碎的波峰(Donelan et al.，
2004)；波破碎产生的海洋飞沫进而对海–气动量(Makin，2005)和热量、水汽通量(An-
dreas，1995)产生重要影响。由于海洋飞沫主要从波破碎产生，飞沫生成函数和热通量
均取决于波状态(Zhao et al.，2006)。尽管已有许多研究分析海-气通量对热带气旋的
影响(Bao et al.，2000；Fan et al.，2010；Liu et al.，2011)，但同时考虑波状态和海
洋飞沫作用的工作仍较少，本节基于海–气-浪耦合模式对此进行了研究。

1) 模式描述和试验设计

基于 8.4.1 节设计了理想数值试验(表 8.7，包括控制试验 CTR 和 7 个敏感性试
验)以分析海浪的作用。控制试验的大气背景场来自 NCEP 再分析资料(Kalnay et al.，
1996)，然后使用(Wang，1998)的方案植入一个最大风速 32 m/s，最大风速半径为
0.7°的涡旋。海洋的初始流场速度为零，温度场和盐度场来自 2004 年 7 月 25 日位于
134.5°N，24.2°E 的一个浮标的资料。控制试验中，耦合模式先进行 36 h 的单向模拟，
即由大气模式驱动海洋和海浪模式，但不考虑海洋和海浪对大气的反馈，大气模式使用
的 SST 由海洋模式中的表面温度提供，模拟的结果作为 7 个敏感性试验的初始场进行
敏感性试验，分别进行 84 h 的积分。

表 8.7　海–气–浪耦合控制试验和敏感性试验设计

试验名称	试验设计
CTR	大气单向驱动海洋和海浪
AS	大气驱动海洋和海浪，海洋反馈大气
AW	大气驱动海洋和海浪，海浪反馈大气
ASW	完整海–气–浪耦合
AW1	大气驱动海洋和海浪，海浪反馈大气，仅考虑粗糙度变化
AW2	大气驱动海洋和海浪，海浪反馈大气，仅考虑海洋飞沫作用
AS50(100)	大气驱动海洋和海浪，海洋反馈大气，海洋混合层加深至 50(100) m
ASW50(100)	完整海–气–浪耦合，海洋混合层加深至 50(100) m

2）结果分析

A. 海浪作用的引入对热带气旋的影响

图 8.51 给出了 CTR、AS、AW 和 ASW 4 组试验模拟的 84 h 热带气旋强度变化。初始的热带气旋最低中心气压约为 950 hPa(最大风速 44 m/s)；CTR 试验前 24 h 强度略有下降，之后强度基本维持在 954 hPa(最大风速 40 m/s)；AS 试验由于动态 SST 的引入，初始的强度减弱比 CTR 试验更为明显，前 36 h 强度一直下降到 960 hPa 左右(最大风速 36 m/s)；AW 试验模拟的热带气旋强度明显强于控制试验，最强时中心最低气压达到 946 hPa(最大风速 46 m/s)；而 ASW 试验模拟的热带气旋强度与 AS 试验的结果接近。

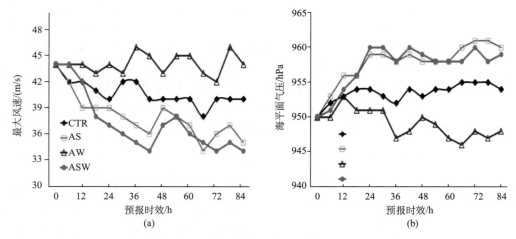

图 8.51　4 组试验模拟的热带气旋强度变化
(a) 近中心最大风速；(b) 最低海平面气压的变化

从海平面气压和 10 m 风的分布(图 8.52)也可看到类似结果。相比 CTR 试验，AW 试验模拟的热带气旋海平面最低，而 AS 试验和 ASW 试验模拟的热带气旋明显较弱；

从 10 m 风的模拟结果来看，AW 试验模拟的 10 m 风总体强于 CTR 试验，热带气旋强度低于 8 级风，比其他 3 个试验的结果均弱，AS 模拟的 10 m 风弱于 CTR 试验，且强风区位于热带气旋东北象限，风场分布呈现明显的非对称结构，ASW 试验模拟的 10 m 风场比 AS 试验更弱。

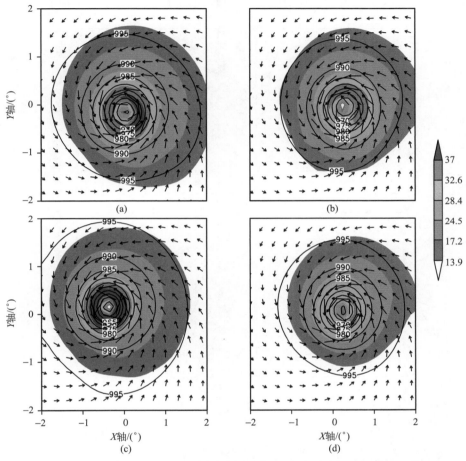

图 8.52　4 组试验模拟热带气旋中心附近的 72 h 海平面气压和 10 m 风场
(a)CTL；(b)AS；(c)AW；(d)ASW；等值线为海平面气压，hPa；填色为 10 m 风速，m/s

从 4 组试验模拟的 72 h 海-气热通量(图 8.53)来看，热带气旋周围海-气热通量交换剧烈，保证了热带气旋强度的维持。CTR 和 AW 试验模拟的强感热通量和潜热通量位置与大风区域一致，但 AW 试验模拟的海-气热通量比 CTR 试验更强，最强处总热通量达到 2000 W/m² ，CTR 试验最强热通量约为 1600 W/m² 。AS 试验和 ASW 试验由于受热带气旋后方 SST 下降的影响，其东南象限海-气通量明显减弱，潜热通量低于 200 W/m² ，而感热通量约为−50 W/m² ；而在热带气旋前进方向，ASW 试验模拟的海-气通量明显强于 AS 试验。从 AW 试验和 ASW 试验直接热通量和海洋飞沫引起热通量的分布来看(图 8.54)，AW 试验模拟的总热通量比 CTR 试验更强是由于海洋飞沫引起的潜热和感热通量的贡献。而从直接热通量的结果来看，AW 模拟的热通量比 CTR 试验稍弱。从 AW 试验模拟的直接热通量和飞沫引起热通量的对比来看，在强风区，两者大小相当，而在热带气旋外围区域飞沫对热通量的作用迅速减弱，明显小于直接热通量的贡献；ASW 试验模拟的直接热通量与 AS 试验模拟的热通量相当；从 ASW 试验中海洋飞沫引起热通量与直接热通量的对比来看，海洋飞沫引起的潜热通量弱于直接潜热通量。

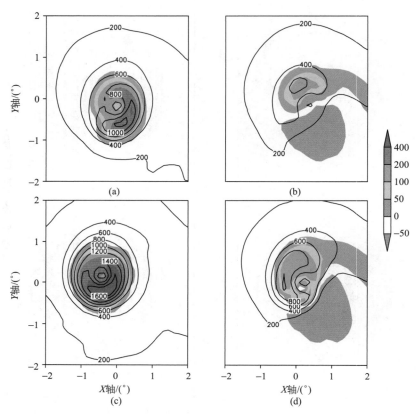

图 8.53　4 组试验模拟的 72 h 海–气热通量分布（单位：W/m²）
(a)CTL；(b)AS；(c)AW；(d)ASW；等值线为潜热通量，填色为感热通量

　　在台风业务预报中，通常用 8 级风圈半径代表热带气旋的尺度，图 8.55 给出了 8 级风以上的区域范围，由图可见，与 CTR 试验相比，AS 试验和 AW 试验区域范围略小，而 ASW 试验的模拟结果最小。24 h 以后，各试验结果出现明显差异，CTR 试验的区域最大，AW 试验模拟的区域略小于 AS 试验，而 ASW 试验最小。与前面的热带气旋强度模拟结果相比，AW 试验比 CTR 试验更趋向于使热带气旋增强，但不利于 8 级风以上区域的扩大。总而言之，动态 SST 的引入不利于热带气旋的增强，而海浪的作用则相反；同时，SST 和海浪的引入均有使热带气旋的尺度减小的趋势。

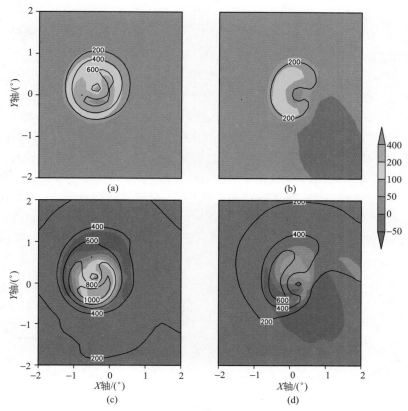

图 8.54　AW 试验和 ASW 试验模拟的热通量分布（单位：W/m²）
（a）、（c）为 AW 试验；（b）、（d）为 ASW 试验；（a）、（b）为直接热通量；
（c）、（d）为海洋飞沫引起的热通量；等值线为潜热通量，填色为感热通量

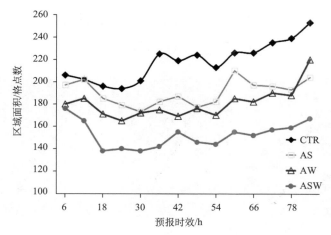

图 8.55　敏感性试验模拟热带气旋附近风力大于 8 级的格点数
（8 级风区域面积，纵坐标）随模拟时间（横坐标，h）的变化

B. 粗糙度与海洋飞沫的作用

图 8.56 给出了 AW1(仅考虑粗糙度变化)和 AW2(仅考虑海洋飞沫作用)试验模拟的
热带气旋强度变化与 CTR 和 AW 试验的比较,从图中可见,海表面粗糙度的改变对热带
气旋强度影响不大,甚至相对 CTR 试验还略有减弱;而海洋飞沫作用的引入可明显增强
热带气旋强度,显然,AW 试验中热带气旋的增强主要是由于海洋飞沫造成的。图 8.57
给出了 3 组试验模拟的热带气旋周围 10 m 风速的分布和同时的 C_d 值。与此时的热带气旋
的强度对应,AW1 的 10 m 风速明显弱于 AW2 和 AW 试验结果;虽然 AW2 和 AW 最大
风速值接近,但 AW2 的最大风速位于热带气旋西北象限,而 AW 的最大风速位于东南象
限。从 C_d 的分布来看,AW2 试验由于采用了经典的 C_d 计算方案,C_d 最大值发生位置与
最大风速位置一致,而 AW1 和 AW 试验模拟的 C_d 明显偏高。与 Liu 等(2011)的结果类
似,C_d 算法的改变并未明显改变热带气旋强度,只影响了其结构变化。由图 8.58 可见:
C_d 的改变使得 AW1 试验模拟的 72 h 近地面入流比 CTR 试验略强,同时 AW 试验模拟的
近地面入流强于 AW2 试验;海洋飞沫的引入使得 AW2 试验的切向风速明显强于 CTR 试
验,而 AW 的切向风则明显强于 AW1 试验的结果。

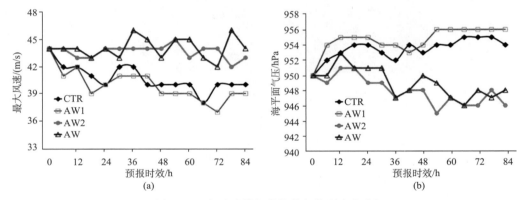

图 8.56　各试验模拟的热带气旋强度变化

(a)近中心最大风速;(b)最低海平面气压

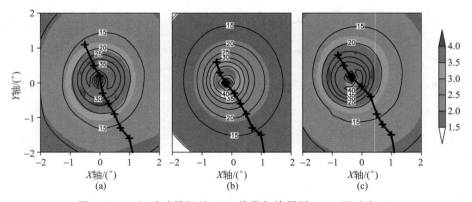

图 8.57　3 组试验模拟的 72 h 热带气旋周围 10 m 风速和 C_d

(a)AW1;(b)AW2;(c)AW;等值线为 10 m 风速,单位:m/s;填色为 C_d,单位:10^3

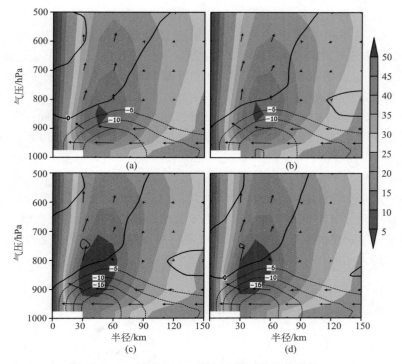

图 8.58　各试验 72 h 模拟的轴对称结构风场

(a)CTL；(b)AS；(c)AW；(d)ASW；等值线为径向风，填色为切向风；单位：m/s

C. 海洋垂直结构对海浪作用的影响

AW 试验模拟的热带气旋强度明显强于 CTR 试验，而 ASW 试验模拟的热带气旋强度与 AS 试验的结果相当。这可能表明 SST 改变不仅会通过改变海-气直接通量影响热带气旋强度，还可作用于海浪对热带气旋的影响。图 8.59 给出了不同深度混合层条件下的各试验比较结果。从仅考虑海温变化的试验结果来看，随着混合层深度的增加，不同试验模拟的热带气旋逐渐加强；AS100 的试验结果与 CTR 试验接近，

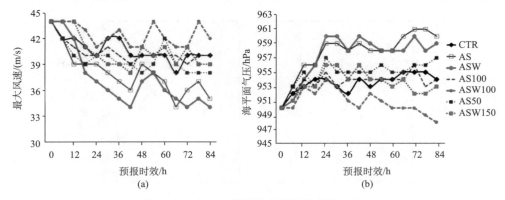

图 8.59　各试验模拟的热带气旋强度变化

(a)台风中心最大风速；(b)最低海平面气压

表明混合层深度为 100 m 左右时，冷水上翻对热带气旋强度的影响已不明显。从完整考虑海洋和海浪作用的试验结果来看，混合层深度的增加可明显增强热带气旋。ASW50 模拟的热带气旋强度与 CTR 试验接近，而 ASW100 试验结果显著强于 CTR 和 AS100 试验，这表明海洋增暖后，综合考虑海浪和动态海洋比仅考虑海洋的作用更有利于热带气旋的增强。

图 8.60 给出了 ASW50 和 ASW100 两组试验 72 h 模拟的热带气旋周围的总热通量分布。虽然由于冷尾的作用，在热带气旋后方仍有热通量的小值，但其海-气热通量交换比 ASW 试验明显增强，ASW100 试验的结果甚至强于 CTR 试验，与 AW 试验接近。从直接热通量和海洋飞沫引起热通量的各自贡献（图 8.61）来看，两组试验模拟的直接热通量比 ASW 试验略有增强，海洋飞沫引起的热通量对总热通量增加的贡献更为明显，两组试验中飞沫引起热通量与 AW 的结果持平，其直接热通量则略弱于 AW 试验。可见，海洋混合层深度的改变所导致的海-气热通量交换的增强主要是由于飞沫导致热通量增加引起的。

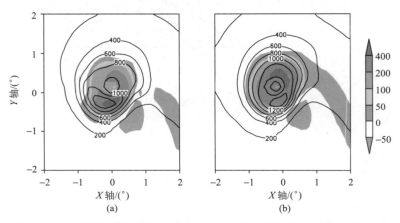

图 8.60　2 组试验模拟的热带气旋中心附近的热量通量（单位：W/m²）

(a)ASW50；(b)ASW100；等值线为潜热通量，填色为感热通量

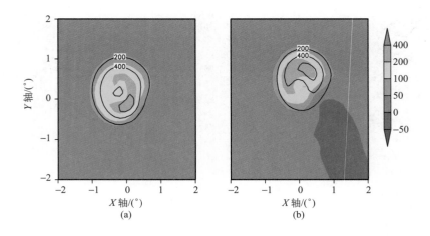

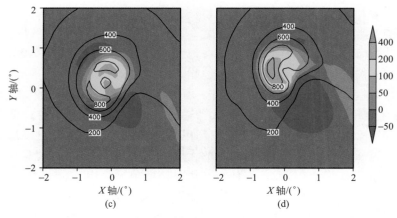

图 8.61　ASW100 试验和 ASW50 试验模拟的热通量分布(单位：W/m²)

(a)、(c)为 ASW100 试验；(b)、(d)为 ASW50 试验；(a)、(b)为直接热通量；

(c)、(d)为海洋飞沫引起热通量；等值线为潜热通量，填色为感热通量

分析了图 8.62 中各试验模拟的大于 8 级风的面积(代表热带气旋尺度)变化情况，结果表明，随着混合层深度的增加，热带气旋尺度并无明显变化，而海浪作用的引入有使热带气旋尺度减小的趋势。

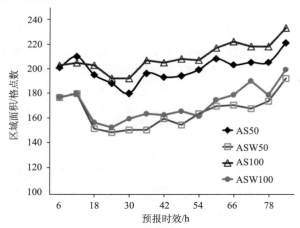

图 8.62　4 组试验模拟的 8 级风以上区域所含格点数

随模拟时间的变化

8.5　我国沿海台风暴潮模式建立与应用

风暴潮指由于强烈的大气扰动(如强风和气压骤变)引起的海面异常升高或下降的现象，亦称"风暴海啸""风潮"或"气象海啸"(冯士筰，1982)。根据诱发风暴潮的大气扰动特征，国际上通常把风暴潮分为由台风引起的台风暴潮和温带天气系统(温带气旋、寒

潮或强冷空气等）所引起的温带风暴潮（包澄澜，1991）。我国有漫长的海岸线，是世界上受台风暴潮灾害最频繁、最严重的国家之一。台风暴潮主要发生在我国的东南沿海，有时也能到达黄海和渤海，每年都会给沿海地区带来巨大的生命和财产损失，因此迫切需要提高台风暴潮的预报（尤其是数值预报）能力。

风暴潮数值模式的研究开始于 1950 年，早期主要采用的是 2 维数值模式，20 世纪70 年代后期逐步开展 3 维数值模拟。模式考虑的物理过程也逐步完善，早期多为风暴增水模型，80 年代开始逐渐发展为天文潮与风暴潮耦合数值模型，使风暴潮的预报精度逐渐提高。风暴潮的动力成因一是向岸的大风驱动海水向岸流动，受岸线阻挡，水位暴增，二是气压下降引起的增水。因此，在风暴潮数值预报中，台风的预报十分重要，风暴潮预报精度受台风气压、风场预报精度的影响（梁必骐等，1990）。

8.5.1　台风风暴潮模式框架

本书基于非结构网格 FVCOM（finite-volume coastal ocean model；Chen et al.，2003；2006)建立台风暴潮模式，计算区域包括东海、南海。模式中主要考虑径流、潮汐、风、气压等动力因子。

1. 模式简介

FVCOM 模式基于非结构三角形网格，使用有限元法拟合岸线和局部加密，可离散计算海洋原始方程组（朱建荣和朱首贤，2003)。该方程组由球坐标系下的动量方程、连续方程构成。在河口海岸，由于多变的岸线和众多的岛屿，在整个计算区域内要使所有岸线和岛屿与网格拟合，一般的四边形网格无法实现。FVCOM 使用了任意大小的三角形网格，从而能很精确地拟合复杂的不规则岸线。该模式已应用于美国的佐治亚、南卡等一些河口，以及我国的渤海等地区。

海洋模式在数值计算中广泛运用有限差分法和有限元法。FVCOM 兼具两者的优点，使动量、能量和质量具有更好的守恒性。模式用干湿判断法处理潮滩移动边界，应用 Mellor 和 Yamada(1982)的 2.5 阶湍流闭合子模型使模式在物理和数学上闭合，垂直方向采用 σ 变换以体现不规则的底边界。

2. 模式设计

为模拟长江口、杭州湾、福建、海南和珠江口风暴潮，将渤海、黄海、东海和南海北部作为整个计算区域，在各重点区域做网格加密，形成三套网格（图 8.63）。模式范围大致为 $106°\sim136°$E，$14°\sim40°$N。在重点加密区域，沿岸网格分辨率 2 km，外海开边界分辨率放大到 80 km。三套网格的网格单元数和节点数分别是 37199 和 19805（长江口区域）、53849 和 28535（福建沿海区域）、68624 和 36008（珠江口区域）。长江口、杭州湾地区岛屿众多，岸线复杂，运用三角形网格能很好地拟合岸线，在岛屿附近分辨率可达 $600\sim700$ m。同样在岸线不规则的福建沿海地区和河口众多的珠江口地区，三角形网格都能较精确的模拟其复杂的岸线，这对风暴潮的正确模拟是非常必要的。

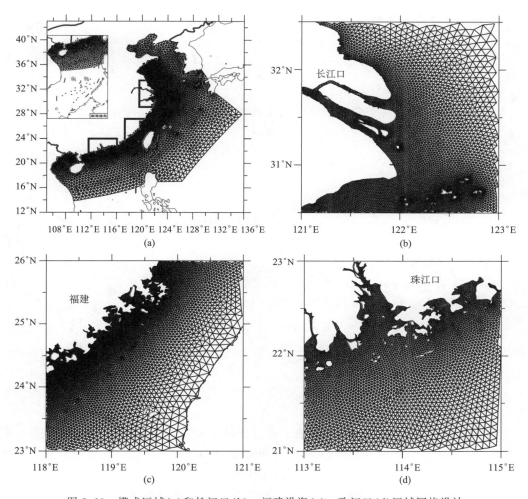

图 8.63　模式区域(a)和长江口(b)、福建沿海(c)、珠江口(d)区域网格设计

　　模式的地形资料来源于英国海洋数据中心,水平分辨率为 $1' \times 1'$。模式在外海开边界考虑 16 个分潮(M2,S2,N2,K2,K1,O1,P1,Q1,MU2,NU2,T2,L2,2N2,J1,M1,OO1),以潮汐调和常数的形式合成给出,潮汐资料由全球潮汐数值模式NAOTIDE 计算结果(http://www.miz.nao.ac.jp/staffs/nao99/index_En.html)得到。陆地开边界主要考虑长江径流。为减小计算量,模式垂向均匀分 2 层,时间步长外模 5 s,内模 30 s。

1) 计算域水深分布

　　本研究的大范围水深数据取自水平分辨率为 $1' \times 1'$ 的 British Oceanographic Data-centre 资料,在长江口和珠江口区域采用更新的分辨率为数百米到数千米的观测资料,通过四象限距离加权的方法将水深数据插值到模式网格节点中。

2）初始条件和边界条件

初始条件：$u=v=\omega=0$，$\zeta=\dfrac{P_\infty-P}{\rho g}$。$P_\infty$ 为远离风暴中心的气压；P 为当地气压；ζ 为初始水位；ρ 为水位密度。

边界条件：在陆地岸界处，取法向流速为零，即 $v_n=0$；在外海开边界处将 16 个主要天文分潮潮位与气压下降引起的水位增高之和作为边界条件同时输入，即

$$\zeta(x,y,t)=\sum_{k=1}^{16}f_k H_k(x,y)\cos[\omega_k t+(V_0+u)_k-g_k(x,y)]+\frac{[P_\infty-P(x,y,t)]}{\rho g}$$

(8.12)

式中，f_k 为分潮的交点因子；H_k 为天文分潮的平均振幅；ω_k 为分潮的角速度；V_0+u 为分潮的天文相角；g_k 为位相迟角；P_∞ 为不受台风影响处的气压；$P(x,y,t)$ 为边界点 (x,y) 在 t 时刻的气压。

在河流上游开边界处，边界条件以径流量形式给出，主要考虑长江径流，取上游大通水文站每日平均实测流量分配给边界的各个网格点。

引起风暴潮的海表面风应力由风场资料计算，$(\tau_{sx},\tau_{sy})=\rho_a C_d|\vec{V}_{10}|\vec{V}_{10}$，其中，$\rho_a$ 为空气密度；$\vec{V}_{10}=(u_{10},v_{10})$ 为海表面 10 m 处风速；C_d 为海水对风的拖曳系数。

8.5.2　登陆台风暴潮实例模拟分析和检验

本节对长江口和杭州湾、福建沿海、珠江口和海南三个研究区域分别进行风暴潮模拟。在长江口与杭州湾区域选取 2005 年台风"麦莎"（Matsa-0509），在福建沿海区域选取 2005 年台风"龙王"（Longwang-0519），在珠江口和海南区域选取 2008 年台风"黑格比"（Hagupit-0814）开展风暴潮个例研究。模式在计算风暴潮之前先运行 7 天，潮流场基本稳定之后再输入由 WRF 气象模式提供的气压场和风场。在本研究中，该场分别由不采用 Bogus 的 NCEP/GFS 气象场（试验 I，以考虑非对称台风结构）和采用 Bogus 涡旋（试验 II，考虑对称台风涡旋，并增强台风初始分析强度）进行初始化得到。使用不同的初始化方法主要是为业务方案设计提供参考。风暴增水由天文潮和台风天气下风应力、气压共同作用下的总水位减去无风情况下仅由潮汐作用下的水位得到。

1. 长江口和杭州湾区域

在长江口和杭州湾区域，WRF 模式的三重网格区域范围设置如下（图 8.64）：由于长江口区域属于中纬度地区，因此使用兰伯特投影，第一重范围为 100°～140°E，10°～45°N，水平分辨率为 30 km，格点数为 140×130；第二重范围为 112°～126°E，22°～36°N，分辨率为 10 km，格点数为 133×154；第三重范围为 115°～124°E，26°～34°N，分辨率为 3 km，格点数为 232×202。

模式以"麦莎"台风为例，比较杭州湾几个潮位站点的增水的风暴潮模式计算值与实

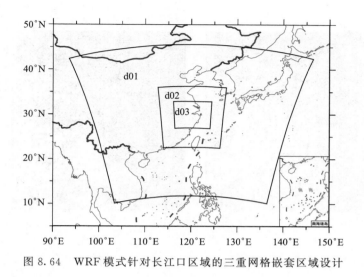

图 8.64　WRF 模式针对长江口区域的三重网格嵌套区域设计

测资料。杭州湾几个潮位站都位于台风右侧(图 8.65),在台风登陆时,杭州湾内凹形海岸线有利于向岸风吹动造成的水体堆积,造成水位的抬升。两个试验模拟的总水位和增水过程与实测值基本吻合,只是个别时段、个别站点有些差异。

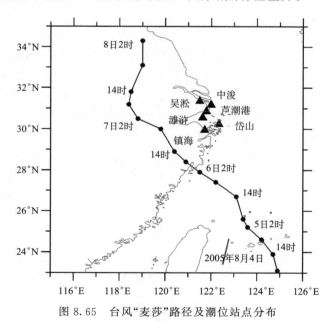

图 8.65　台风"麦莎"路径及潮位站点分布

从流场和总水位场(图 8.66)水平分布看,在杭州湾区域,试验 I 中 WRF 模拟的偏东风造成杭州湾区域大面积的增水,相应的总水位也比试验 II 大。试验 II 圆形台风模型模拟的风向以东南风为主,北岸由于向岸风容易产生水体堆积,而南岸较大的离岸风会造成减水。

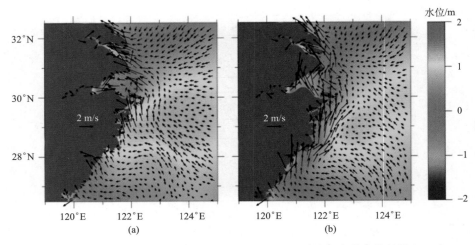

图 8.66　台风"麦莎"个例 2005 年 8 月 6 日 20 时流场和总水位场填色
(a)试验Ⅰ；(b)试验Ⅱ

　　从总体的验证结果来看，不采用 Bogus 涡旋模拟的风暴潮比基于 Bogus 涡旋初始化计算的风暴潮在范围上偏大。

2. 福建沿海和台湾海峡区域

　　福建省位于我国东南沿海，台湾海峡的西岸，其海岸线基本呈 NE-SW 向。台湾岛和福建省内的山脉主要走向与台湾海峡大致平行，台湾海峡位于福建与台湾岛之间，是连接东海和南海的主要通道，也呈 NE-SW 走向，长约 380 km，平均宽约 190 km，北部较窄，南部较宽，狭管地形较为明显。由于台湾海峡特殊的地理位置、复杂的地形，给福建沿海的风暴潮预报带来很大困难。

　　针对福建沿海区域，模式的三重网格区域及设置如下（图 8.67）：第一重范围为 $100^\circ \sim 145^\circ$E，$10^\circ \sim 45^\circ$N，分辨率为 30 km，格点数为 140×130；第二重范围为 $110^\circ \sim 135^\circ$E，$15^\circ \sim 35^\circ$N，分辨率为 10 km，格点数为 262×223；第三重范围为 $115^\circ \sim 125^\circ$E，$20^\circ \sim 28^\circ$N，分辨率为 3 km，格点数为 316×301。

　　对台风"龙王"（图 8.68）进行模拟研究。比较分析崇武站和平潭站试验Ⅰ和试验Ⅱ计算的风速、风矢和风暴潮随时间的变化。崇武站位于台风登陆点以北，距离台风登陆点较近。10 月 1 日 0 时到 2 日 8 时期间台风中心还未到达台湾海峡，福建沿岸为东北风。并且随着台风的靠近，风速逐渐加大，崇武站也逐渐发生小幅增水。在这期间试验Ⅰ模拟的风速和风矢与试验Ⅱ相似，两个试验模拟的增水值相当，都比较接近实测值；在 2 日 8 时到 3 日 0 时期间，台风穿过台湾岛登陆福建，风向逐渐由东北风转为东南风；从增水过程来看，试验Ⅱ模拟的增水比试验Ⅰ大，特别是在 2 日 20 时，台风距离崇武站最近，此时崇武站发生最大增水（0.6 m），试验Ⅰ和试验Ⅱ模拟的最大增水时刻都与实况一致。但在增水量值上，两个试验模拟结果都比实测偏大，试验Ⅰ/试验Ⅱ比实测值大约 50 cm/140 cm。

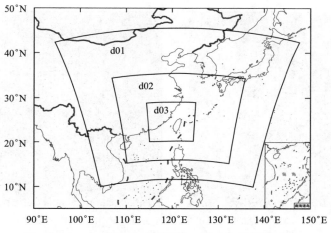

图 8.67　WRF 模式针对福建的三重网格嵌套区域设置

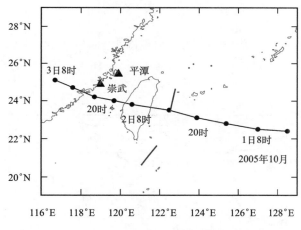

图 8.68　台风"龙王"路径图及潮位站点分布

　　从总水位场和流场分布来看(图 8.69),在 10 月 2 日 14 时处于落潮时刻,由于此次台风增水幅度较小,两个试验模拟的总水位差别不大。

　　综合以上分析可知,0519 号台风"龙王"从台湾岛中部穿过并登陆福建,地形对台风非对称结构影响很大。基于 Bogus 对称台风模型模拟的台风半径偏大,台风强度偏强,在台风路径以北区域引起的增水范围和幅度比考虑非对称台风结构时大。从站点的增水验证情况来看,采用非对称的台风分析场计算的风暴潮比考虑对称的台风分析场的结果更佳。

3. 珠江口和海南区域

　　针对珠江口和海南区域,由于该区域纬度较低,因此采用莫卡托投影方式,WRF模式的三重模拟区域及设置如下(图 8.70):第一重范围为 100°～138°E,9°～43°N,分

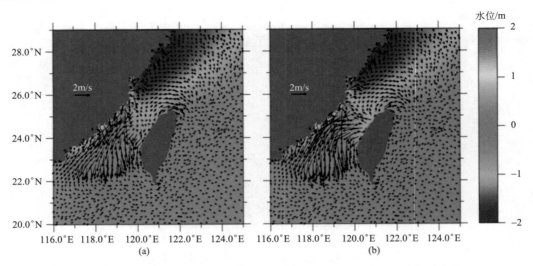

图 8.69　台风"龙王"个例 2005 年 10 月 2 日 14 时总水位场和流场分布

(a)试验Ⅰ；(b)试验Ⅱ

辨率为 30 km，格点数为 124×120；第二层范围为 104°～120°E，13°～28°N，分辨率为 10 km，格点数为 154×154；第三层范围为 108°～116°E，18°～24°N，分辨率为 3 km，格点数为 232×187。

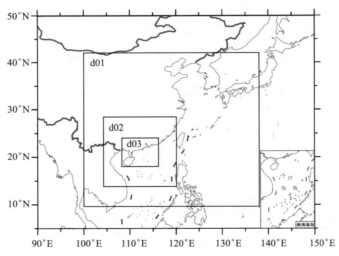

图 8.70　WRF 模式针对珠江口和海南设计的三重嵌套网格区域

　　对"0814"号强台风"黑格比"进行了模拟研究。图 8.71 是珠江口几个潮位站的增水过程。台风靠近珠江口期间，风速增大，风向转为向岸的东南风，各个潮位站的增水逐渐变大；之后随着台风远离，台风强度逐渐减弱，增水逐渐变小，呈明显的单峰特征。两个试验模拟的增水过程与实测验证都较好，个别时刻由于风速风向的差异，模拟结果不同。在三灶站，实测最大增水时刻在 24 日 2 时，两个试验模拟的最大增水时刻与实测一致，此时模拟的风向向岸，且向岸风速最大。WRF 模拟的风速比圆对称台风模型略大，因此增水极值试验Ⅰ与实测值更吻合，比试验Ⅱ略大。在灯笼山站，在 24 日 2时，试验Ⅰ计算的增水极值比实测偏大约 80 cm，试验Ⅱ更接近实测值。在此刻，两者模拟的风向基本一致，但在风速上试验Ⅰ略大，因此增水量值试验Ⅰ偏大；在 23 日 14时，试验Ⅰ出现约 50 cm 的减水。在该时刻，两个试验模拟的风速相当，但 WRF 模拟的风向是西北偏北风，离岸明显，模型台风模拟的风向为东北风，因此试验Ⅰ产生小幅减水。从珠江口几个潮位站点的总水位变化过程(图 8.72)来看，在 24 日 2 时，正值天文潮涨潮高水位，此时风暴增水也最大，使得珠江口潮位站的潮位达到了历史最高潮位。两个试验模拟的水位过程很接近，试验Ⅰ略大于试验Ⅱ。

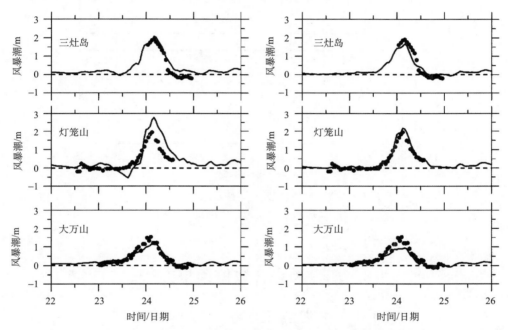

图 8.71　台风"黑格比"影响期间潮位站风暴潮随时间变化
左：试验Ⅰ，右：试验Ⅱ；实线：模拟值；黑点：实测值

　　从以上整体模拟结果来看，对于台风"黑格比"，地形对其结构影响较小。在珠江口区域，非对称初始化模拟的台风强度比 Bogus 模拟试验略强，因此在该区域风暴潮范围和幅度也略大。总体上两个试验都能较好地模拟该区域的台风暴潮过程。

　　需要说明的是，FVCOM 海洋模式由于具有拟合岸线和局部充分加密、高计算精度的特点，在以上三个区域应用中，预报风暴潮的能力强。尤其是基于非对称台风驱动的风暴潮预报能力较强。风暴潮预报误差主要来源于台风风场和气压场的预报误差，这需要大气模式提供较准确的台风结构分析和预报。

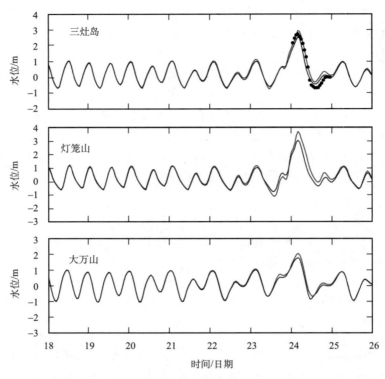

图 8.72　台风"黑格比"期间潮位站总水位随时间变化
红线：试验Ⅰ；蓝线：试验Ⅱ；黑点：实测值

8.6　台风集合数值预报方法

8.6.1　中期台风集合预报模式系统

　　2006 年，国家气象中心在 T213 台风路径数值预报业务模式作为控制预报的基础上，采用增长模繁殖（breeding of growing modes，BGM）技术对模式背景场进行扰动，开发了具有 15 个集合成员的台风集合预报试验系统。在 2006～2007 年的试验中，考虑到台风业务模式中的台风涡旋强度在台风生成初期一般比实况偏弱，将台风涡旋初始化方法引入扰动背景场中，经过对浅涡旋的强度调整，改进对初始涡旋强度的分析。采用涡旋强度调整技术的全球台风集合预报系统于 2007 年 7 月投入实时运行，有台风时每日运行两次，提供 120 h 台风路径预报。2008～2009 年，将新研发的台风涡旋二次嵌入技术（麻素红等，2012）引入背景场扰动中，即在集合预报系统生成扰动背景场后，在扰动背景场中消除浅台风，然后加入接近观测的人造涡旋，对台风涡旋进行强度调整。改进的台风路径集合预报系统于 2009 年运行，并于同年 8 月参加了 TIGGE 集合预报路径交换。目前全球模式台风集合预报系统主要提供集合预报路径和路径袭击概率两种产品。

　　本节利用 2009～2011 年台风路径集合预报结果，对台风集合预报系统进行预报性能检验，包括控制预报路径误差、集合预报路径误差，以及集合预报路径离散度等（图 8.73）。2009～2011 年台风集合预报系统共对 57 个热带气旋进行 549 次预报，统计结果表明，72 h 前集合预报路径的平均误差同控制预报误差相当，72～120 h 集合平均误差小于控制预报误差，其中 96 h 集合平均误差比控制预报减少 28 km，120 h 集合平均误差比控制预报减少 83 km。

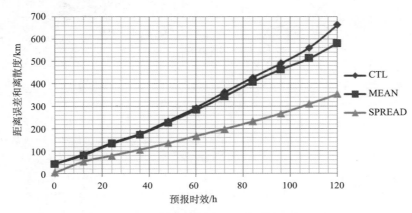

图 8.73　2009～2011 年 T213 台风集合预报系统性能分析
CTL. 控制预报；MEAN. 集合平均；SPREAD. 离散度

　　为了分析集合预报系统及其关键技术的性能，本节以台风"凡亚比"（Fanapi-1011）为例对集合预报系统中的台风涡旋二次嵌入技术应用进行研究。"凡亚比"于 2010 年 9 月 15 日 00 时在台湾岛以东洋面上生成，18 日 16 时加强为超强台风，19 日 09 时前后在台湾花莲附近沿海登陆，20 日 07 时在福建漳浦县沿海再次登陆。分析表明，控制预报中的最低海平面气压在各个时刻均比观测的最低海平面气压偏高（强度偏弱）。未采用二次嵌入技术的集合预报系统中仅使用 BGM 方法，在分析场中加上或减去前 6 h 扰动场生成的扰动量，得到新的集合成员。以 16 日 00 时为例，6 个成员的最低海平面气压高于控制预报（其中 5 个高约 3 hPa）。16 日 00 时最低海平面气压观测为 990 hPa，控制预报的最低海平面气压为 996 hPa，相应的 5 个集合扰动成员的最低海平面气压达到 999 hPa（与观测值的偏差更大）。通过采用台风涡旋二次嵌入技术，控制预报与扰动预报的最低海平面气压均有所下降；16 日 00 时控制预报与扰动预报的分析场最低海平面气压均为 994～995 hPa，分别对"凡亚比"进行 120 h 路径集合预报试验（图 8.74），结果表明，涡旋二次嵌入技术有效地改善了"凡亚比"的路径集合预报结果。

　　为进一步检验台风涡旋二次嵌入技术对台风集合预报的影响，对 10 个历史台风个例（2010 年 4 个台风和 2011 年 6 个台风）进行了 133 次集合预报试验。统计分析了涡旋二次嵌入对控制预报路径、集合平均路径与路径发散度的影响，结果进一步证明涡旋二次嵌入总体上可以减小路径预报的平均误差。

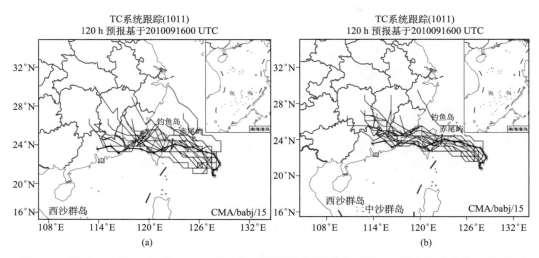

图 8.74　涡旋二次嵌入对"凡亚比"路径集合预报的影响(粗线为观测,细线为集合成员预报路径)
(a)控制预报;(b)涡旋二次嵌入

8.6.2　短期台风集合预报模式系统

1. 业务系统介绍

上海台风研究所基于 GRAPES 模式框架构建了区域台风集合预报业务系统,集合预报系统由 1 个控制预报成员和 8 个扰动预报成员组成,进行 72 h 预报。

业务系统模式在垂直方向取 31 层,模式层顶为 35 km,水平取经纬度网格,格距为 $0.5° \times 0.5°$。模式对流参数化采用 Kain-Fritsch(KF)方案,边界层参数化采用大涡闭合方案(MRF),微物理过程采用 NCEP 3-class 简单冰相方案,陆气通量的计算采用整体方案,同时采用 Duhia 短波辐射和 RRTM 长波辐射方案。模式初始条件和侧边界条件使用 NCEP/GFS 全球预报模式 12 h 的预报场,侧边界条件每 6 h 更新一次。

集合预报系统采用涡旋重定位技术构造台风初始场,即根据实时获取的台风报文,对背景场上存在位置偏差的涡旋进行重新定位修正,以减少涡旋初始的定位误差。集合预报系统的 8 个扰动成员采用 BGM 技术生成,在初始时刻前 36 h 进行增长模的培植,培植时间间隔为 12 h。图 8.75 是 GRAPES 区域台风集合预报流程图。

在 2008~2009 年业务试验不断完善的基础上,2010 年区域台风集合预报系统实现业务运行,系统提供集合平均路径、集合成员路径、路径袭击概率、路径散点图,以及一些天气要素场的集合预报产品。图 8.76 为集合预报系统提供的等压面位势高度面条图。

2. 业务系统升级试验

2010 年投入运行的区域台风集合预报业务系统存在模式分辨率低、未考虑预报模式

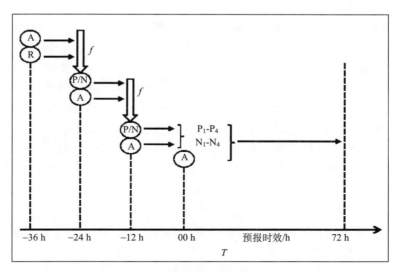

图 8.75　基于 BGM 方法的热带气旋集合预报试验流程图

A 为 NCEP/GFS 12 h 预报场；R 为引入的随机扰动；f 为降尺度因子；P 和 N 分别为通过
尺度化递减后得到的正、负小扰动；P_1-P_4 和 N_1-N_4 分别为初始时刻的集合扰动成员

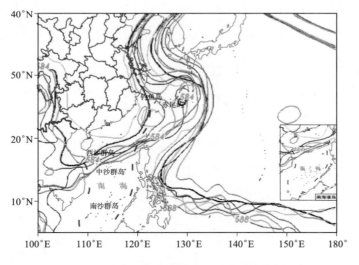

图 8.76　区域台风集合系统的 500 hPa 高度场面条图

的物理过程不确定性等问题，为此"项目"自 2011 年起对原业务系统进行了升级改进试验。

升级试验模式的水平格距为 $0.15° \times 0.15°$，格点数为 321×301，覆盖范围为 $5° \sim 50°N$，$100° \sim 148°E$，垂直方向取 41 层，顶层高度为 25 km。模式微物理过程采用 NCEP3-class 简单冰相方案，陆气通量计算采用整体方案，并采用 Duhia 短波辐射和 RRTM 长波辐射方案。通过对台风"梅花"开展 36 次 72 h 的集合预报试验，在对 3 种集合方案进行检验和分析的基础上确定了最优集合方案，目前在新系统中新增了 6 个集合成员（可视需要扩充）。

在 3 种集合方案中，集合方案 1 通过改变对流参数化方案与边界层参数化方案来反映模式物理过程的不确定性，包括组合 3 种对流参数化方案（KF、BMJ 与 SAS 方案）和 2 种边界层参数化方案（MRF 与 YSU 方案）形成 6 个集合成员，对路径预报采用加权平均。集合方案 2 与集合方案 3 均采用模式倾向随机扰动法构造系统的扰动成员，对路径采用简单的集合平均。其中，模式倾向随机扰动法即在模式积分过程中每间隔一定时间在一些物理量的倾向项上加上随机小扰动，这里每间隔 1 h 在水平风与位温的倾向项上加上随机小扰动。两种方案不同之处在于，集合方案 2 的 6 个成员由 2 个控制预报成员和 4 个扰动成员组成，2 个控制成员的对流–边界层参数化方案分别为 KF-MRF 与 KF-YSU，在 2 个控制成员的基础上各生成 2 个扰动成员；集合方案 3 选择 KF 对流与 MRF 边界层参数化方案，在此基础上生成 5 个扰动成员，与 1 个控制成员共同组成 6 个集合成员。

研究集合方案 1、2 和 3 的路径预报效果，结果表明，集合方案 3 的预报效果最佳。表 8.8 为不同时刻集合方案 3 的预报相对于各业务模式的技巧评分：

$$R = \frac{E_{业务} - E_{集合}}{E_{业务}} \times 100\%$$

其中，$E_{业务}$ 与 $E_{集合}$ 分别为业务模式与集合预报的平均路径误差。

表 8.8 结果表明，集合方案 3 的预报结果优于国内 5 个台风数值模式、英国数值模式、日本台风数值模式确定性预报结果，与欧洲中心数值预报结果相当。

表 8.8　不同时刻"梅花"路径的集合方案 3 的预报相对于各业务模式的技巧评分

（单位：%）

预报时刻/h	T213	上海 GRAPES-TCM	广州 GRAPES-TMM	辽宁数值	欧洲全球模式	英国数值	日本全球模式	日本集合数值
12	36.85	4.85	3.64	66.75	19.95	25.44	10.38	21.84
24	49.95	7.70	4.39	63.69	16.40	50.97	22.85	31.09
36	43.88	14.54	−14.63	42.67	−10.76	51.60	19.40	25.32
48	41.10	29.44	10.79	17.22	−9.44	52.99	13.11	21.09
60	41.87	42.66	29.58		−3.23	51.48	13.75	18.85
72	43.38	53.80	41.54		0.75	51.06	14.86	19.46

根据台风"梅花"的 36 次试验结果，选择集合方案 3 形成新的区域台风集合预报系统的 6 个成员，对 2011 年 6 个台风个例进行了数值试验。表 8.9 给出了 24 h、48 h 和 72 h 集合预报的台风路径平均误差，以及集合预报改进控制预报的比例：$R = \frac{E_{控制} - E_{集合}}{E_{控制}} \times 100\%$，其中，$E_{控制}$ 与 $E_{集合}$ 分别为控制预报与集合预报的平均路径误差。结果显示，新的集合预报系统对台风路径的总体预报效果较好，相对于控制试验有一定程度的改进。

表 8.9　集合预报的平均路径误差以及集合预报路径相对于控制试验改进的比例

台风编号	预报次数	24 h		48 h		72 h	
		平均距离误差/km	改进比例/%	平均距离误差/km	改进比例/%	平均距离误差/km	改进比例/%
1101	6	110.57	3.67	137.95	19.16	307.00	16.09
1102	19	102.23	2.19	192.77	1.60	275.98	6.34
1104	5	163.46	2.11	112.01	4.69	136.93	16.41
1105	8	127.15	3.58	137.33	15.37	195.01	3.14
1108	6	171.82	2.57	130.95	6.72	195.59	6.86
1111	20	88.08	1.52	214.49	1.20	297.81	4.34

8.6.3　台风预报对对流参数化方案的敏感性

上节中的研究表明了台风路径预报对于物理过程参数化的敏感性。本节进一步研究了不同强度台风的路径和强度预报对于对流参数化方案的敏感性。基于 GRAPES 模式框架,对 2008 年登陆我国的 9 个台风进行了 44 次试验,研究 KF 方案与 BMJ 方案对台风预报的影响。试验模式的水平格距为 $0.25° × 0.25°$,格点数为 $321 × 201$,覆盖范围为 $0 \sim 50°N$、$90° \sim 170°E$,垂直取 25 层,顶层高度为 2.5 km。试验所用资料为 AVN 全球谱模式的初始场,根据台风实时资料,在背景场上加入 Bogus,形成模式初始场,侧边界每 12 h 更新一次。44 次试验中初始强度为台风的最多,达到 16 次,初始强度为热带风暴和强热带风暴的分别为 7 次和 6 次,达到强台风和超强台风的分别为 8 次和 7 次。表 8.10 为 44 次预报中 KF 方案的 24 h、48 h 预报误差小于 BMJ 方案的台风个数与所占比例,从表中结果可以看到,对于路径预报,除了强台风外,KF 方案总体优于 BMJ 方案,尤其是 24 h 预报;对于强度预报,BMJ 方案结果总体上略好于 KF 方案,KF 方案仅对初始强度达到台风以上量级的热带气旋预报效果优于 BMJ 方案。

表 8.10　使用 KF 方案的台风模式预报误差小于使用 BMJ 方案模式的台风个数与比例

初始台风强度	总数	路径预报				强度预报			
		24 h		48 h		24 h		48 h	
		个数	比例/%	个数	比例/%	个数	比例/%	个数	比例/%
热带风暴	7	4	57.1	4	57.1	3	42.9	1	14.3
强热带风暴	6	6	100	5	83.3	3	50	3	50
台风	16	15	93.8	16	100	12	75	8	50
强台风	8	7	87.5	2	25	0	0	2	25
超强台风	7	3	42.9	1	14.3	3	42.9	4	57.1
总和	44	35	79.5	28	63.6	21	47.7	18	40.9

　　试验结果还表明，对流参数化方案的差异对台风路径预报的影响没有明显趋势。而在强度预报方面，对初始强度为热带风暴、强热带风暴和台风的热带气旋，基于 KF 方案预报的热带气旋强度明显强于 BMJ 方案预报的结果；对初始强度达到强台风和超强台风的个例，2 种方案强度预报的差异较小，KF 方案和 BMJ 方案强度预报结果与台风初始强度有关。对流参数化方案对台风降水的影响与台风初始强度有关：对初始强度为热带风暴和强热带风暴的台风，KF 方案预报的平均降水总体上略大于 BMJ 方案的结果，KF 方案预报的降水强度则明显大于 BMJ 方案的结果；初始强度为台风时，KF 方案预报的降水强度虽大于 BMJ 方案的结果，但主要表现在预报的中后期；对初始强度达到强台风和超强台风的台风，随着强度的增强，BMJ 方案预报的降水总量和降水强度都逐渐增大并超过 KF 方案的预报量级。上述试验结果为集合预报系统业务升级奠定了研究基础，可根据积云对流参数化方案影响台风预报的特点构造合适的集合成员。

8.6.4　基于 CNOP 的台风目标敏感区判别方法

　　在集合预报中，模式初始场的不确定性在很大程度上影响着预报的效果。而在初始场目标敏感区（或预报关键区）的气象要素不确定性在决定预报误差增长和预报效果中起到了举足轻重的作用。如能确定初始场中的快速线性发展或最大非线性发展的目标敏感区，并合理刻画其结构特征，则能够在很大程度上减少台风预报的不确定性，增强预报的可信性。为解决目标敏感区确定问题，目前常用的方法有伴随敏感法、奇异向量（SV）法和集合变换卡尔曼滤波（ETKF）法等，它们都基于误差线性增长假设初始扰动必须足够小并且积分时间足够短。由于发生在热带地区的台风非线性更强，需要采用能够刻画非线性过程的方法来确定这种预报敏感区。在这种情况下，条件非线性最优扰动（CNOP）方法具有其优越性，该方法在满足一定约束条件下，要求非线性发展在所有初始扰动中最大。CNOP 目前已在 ENSO 可预报性研究、海洋热盐环流的敏感性，以及台风和暴雨的目标观测等方面有广泛的应用，本节主要介绍"项目"基于 CNOP 的敏感区判别对于台风强度及路径预报的影响研究，以及预报对于不同变量的敏感性分析结果。

1. CNOP 方法和敏感区三要素

　　Lorenz（1965）将可预报性问题简化为利用非线性模式的切线性模式（TLM）寻找线性近似的最快增长扰动，即线性奇异向量（LSV）。该方法虽然避免了非线性系统的复杂性，但也有其局限性：它是非线性系统的线性近似，其应用前提是扰动振幅必须适当，并且近似程度还依赖于具体天气和时段。然而，湿物理过程和模式高分辨率都会降低线性近似的准确性（Park and Droegmeier，1997；Ancell and Mass，2006），因此，很多研究工作（Lacarra and Talagrand，1988；Tanguay et al.，1995）都指出，事先确定切线性模式的有效性是非常困难的。因此，Mu 等在提出非线性奇异向量（NSV）和非线性奇异值（NSVA）概念的基础上，考虑有最大非线性发展的初始扰动，提出条件非线性最优扰动（CNOP）的概念（Mu and Duan，2003；Mu et al.，2003）。

CNOP 的定义为：对于选取适当的范数 $\parallel \cdot \parallel$，初始扰动 $\vec{u}_{0\delta}$ 称为条件非线性最优扰动（CNOP），当且仅当 $J(\vec{u}_{0\delta}) = \max\limits_{\parallel \vec{u}_0 \parallel \leqslant \delta} \parallel M_T(\vec{U}_0 + \vec{u}_0) - M_T(\vec{U}_0) \parallel$，这里，$\parallel \vec{u}_0 \parallel \leqslant \delta$ 是初始扰动的约束条件。显然，在此约束条件下，条件非线性最优扰动 $\vec{u}_{0\delta}$ 在 T 时刻增长最大。CNOP 因而是一种初始扰动结构，它满足初始约束条件并在指定时间间隔中达到最大非线性增长。

目标敏感区是针对指定预报时刻在某一特定区域内的预报问题，寻找初始时刻对该预报影响最大的敏感区，通过改进该区域初值的质量和精度，以达到有效提高预报技巧和准确率的目的（Bergot，1999）。在目标观测中，一般称预报时刻的特定区域为目标区（或验证区），称初始时刻的敏感区为瞄准区（Bishop et al.，2001）。瞄准区的确定通常要定义一个整体物理变量作为标准，取该变量值较大的那些位置作为瞄准区，称这个物理变量为引导性变量（Majumdar et al.，2006）。因此，在寻找敏感区时，通常有三个要素需要提前确定，即关心的天气特征、验证区及引导性变量。

台风是一个具有强烈正涡度的低压系统，其涡度越大，旋转程度越强，因此本节取 850 hPa 涡度作为度量，代价函数取为 $\sum\limits_{D}(\mathrm{vor}_{850}^s - \mathrm{vor}_{850}^b)^2$。考虑到台风具有一定尺度，在实际应用中，不能提前知道台风的准确位置，因此不可将验证区取的过小或过大，以免削弱台风系统在验证区内的作用。本节取验证区中心为验证时刻基态（在计算敏感区时能得到的较为接近真实大气的结果）的台风中心，大小为 $5° \times 5°$。参考 Tan 等（2010）的研究，定义引导性变量为

$$G(x'_a)_{i,j} = \sum_{k=1}^{L}\left[\left(\frac{u'_a}{\sigma_u}\right)^2_{i,j,k} + \left(\frac{v'_a}{\sigma_v}\right)^2_{i,j,k} + \left(\frac{h'_a}{\sigma_h}\right)^2_{i,j,k} + \left(\frac{q'_a}{\sigma_q}\right)^2_{i,j,k}\right]$$

式中，u'_a、v'_a、h'_a 和 q'_a 分别为 CNOP 的纬向风、经向风、位势高度和比湿；L 为垂直方向的总层次；下标 i、j、k 分别为纬向、经向和垂直方向的格点序号；σ 为由扰动样本统计得到的对应的标准差。

2. 台风 CNOP 敏感区及观测系统模拟试验

表 8.11 中设计了控制试验（CTRL）和若干敏感性试验，将 NATURE 试验作为"真实大气"演变状态，代表"真值"，通常情况下，"观测"是在"真值"上加一个随机小扰动，如果不考虑"观测误差"，"观测"可直接采用"真值"；CTRL 试验代表有误差的初始场，可以用"观测"来改进；OPT 试验，敏感区内用 NATURE 的初始变量，敏感区之外用 CTRL 的初始变量，代表用敏感区内的观测改进初始场。

表 8.11　台风"圣帕"各试验的初始海平面气压以及 24 h 海平面气压预报　（单位：hPa）

试验	海平面气压		
	中心（初始）	中心（24 h 预报）	台风中心半径 1°内平均
NATURE	982	959	970.5
CTRL	993	971	979.5
OPT	982	956	969.5

续表

OPT- W	991	962	971.5
NONSENS	982	968	975

　　图 8.77 显示了 2007 年台风"圣帕"(Sepat-0709)、2009 年"莫拉克",以及 2011 年 "梅花"的 CNOP 敏感区,敏感区都位于初始海平面气压中心及其临近区域,最大范围 都在半径 5°左右。

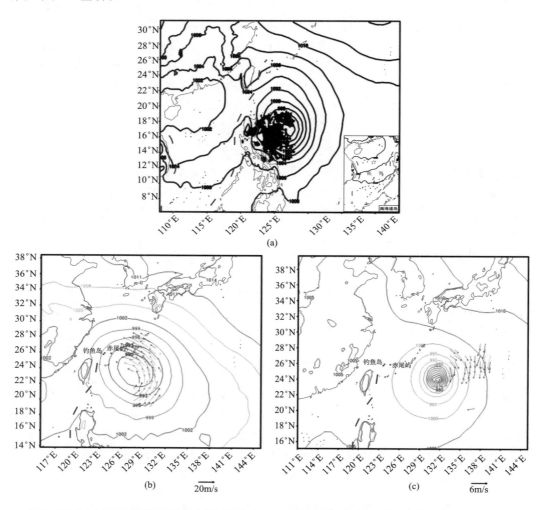

图 8.77　(a)台风"圣帕"的敏感区位置(阴影)和 CTRL 试验的初始海平面气压(等值线,单位:hPa)
与(b)台风"莫拉克"、(c)台风"梅花"基态的初始海平面气压分布(等值线,单位:hPa)
和 850 hPa 初始风场矢量差(单位:m/s)

　　对于"圣帕",NATURE 试验的初始中心海平面气压为 982 hPa,经过 24 h 积分 后,中心气压增强至 959 hPa;在 CTRL 试验中,初始中心海平面气压为 993 hPa,经过 24 h 积分后，中心气压为 971 hPa；CTRL 试验的 24 h 路径误差为 90 km。调整仅占全场范围 2.5% 的敏感区内的初始场，对 24 h 台风中心海平面气压预报有明显改善，从 CTRL 试验的 971 hPa 加强到 956 hPa，如果将台风强度和尺度综合起来，台风中心半径 1° 以内区域的海平面气压预报误差也明显减小。值得注意的是，OPT 试验只改变了台风强度预报，其 24 h 路径预报仍然和 CTRL 试验接近。目前验证区中心的选取是基于基态的台风中心，对于"圣帕"，CTRL 就是基态，即 CTRL 的台风中心位于验证区中心，因此验证区内总体误差主要来源于台风本身的强度误差，而非台风中心的位置误差，因此对"圣帕"的强度预报改善比较明显。

从初始台风强度来看，由于 NATURE 试验中的台风中心包括在敏感区内，因此在 OPT 试验中，初始时刻的台风中心气压就从 CTRL 的 993 hPa 增强到和 NATURE 试验一样的 982 hPa。如果在敏感区中，只有 NATURE 试验中初始强度超过 990 hPa 的点用 NATURE 的初始场，其余点以及敏感区之外仍用 CTRL 试验的初始场，这样得到 OPT-W 试验的初始中心海平面气压只有 991 hPa，和 CTRL 的 993 hPa 接近，但预报 24 h 后中心气压仍可以从 CTRL 的 971 hPa 加强到 962 hPa，台风中心半径 1° 以内平均海平面气压也从 CTRL 的 979.5 hPa 加强到 971.5 hPa（表 8.11）。该试验说明改进敏感区内的初始场对台风 24 h 强度预报的改善并非完全是由台风初始强度的改善得到的。试验 NONSENS 是设定一个敏感区以外的观测区，占全场范围的 5.1%，其中心和敏感区的中心关于 CTRL 试验的初始台风中心对称，并包含 NATURE 试验的初始台风中心。试验 NONSENS 和 NATURE 的初始强度一致，但 24 h 中心海平面气压仅为 968 hPa，台风中心半径 1° 以内平均海平面气压也只有 975 hPa（表 8.11）。和试验 OPT-W 相比，试验 NONSENS 的初始台风要强得多，可对 24 h 强度预报的改善不及 OPT-W。这是由于实际台风的强弱并非仅由中心气压或最大风速值决定，而是与其一定尺度内的总体强度有关，因此只改善初始时刻的台风中心气压值并不足以改善对台风初始强弱的描述。试验 NONSENS 说明在敏感区外的观测对于台风预报的改善确实不如在敏感区之内的效果好。

对于台风"莫拉克"，改进仅占全场范围 5% 的敏感区内的初始场，对 48 h 台风强度预报的改善不明显，OPT 试验的中心海平面气压误差仅减少 2 hPa，但对台风路径预报有明显改善，误差从 398 km 减小到 126 km。这是由于"莫拉克"的 CTRL 和基态差别较大，CTRL 的中心甚至位于验证区之外，因此，和"圣帕"不同，"莫拉克"台风中心的位置误差是验证区内总体误差的主要来源，所以 CNOP 敏感区对"莫拉克"路径预报的改善更明显。如果从验证区整个范围来看，验证区内 48 h 风场预报的整体差值明显减小。

对于台风"梅花"，CTRL 试验的强度误差只有 2 hPa，其 48 h 路径误差为 200 km。改进仅占全场范围 5% 的敏感区内的初始场后，OPT 试验的 48 h 台风强度预报误差减小为 0，同时 48 h 路径预报误差减小到 147 km，路径误差减小了 26.5%。同样，由于 CTRL 试验的强度误差很小，因此验证区内误差的主要来源是台风"梅花"中心的位置误差，所以 CNOP 敏感区对"梅花"路径预报的改善比较明显。从台风结构来看，OPT 试验中台风的非对称结构和 NATURE 更为接近，和 CTRL 相比，有一个顺时针方向的调整，最大风速中心从台风中心的东北方向调整到基本和台风中心平行的东侧。

3. 敏感区内不同变量的敏感性

本小节进一步研究敏感区内不同变量的敏感性。将敏感区内所有变量(风速 u、v 分量,位势高度 h 和比湿 q)都用 NATURE 初始变量代替的 OPT 试验记为试验 UVHQ,将只代替风速 u 和 v 的试验记为 UV,以此类推,分别记为试验 UVHQ、UVQ、UVH、HQ、UV、Q 和 H。

对于台风"圣帕",从 24 h 台风路径预报来看,7 个试验可以分成 4 类,其中 UVHQ 和 UVQ 类似,UVH 和 UV 类似,HQ 和 Q 类似,H 单独为一类,和 CTRL 类似。因此,对于该个例,24 h 台风预报对于敏感区内的初始高度场最不敏感,是否改变敏感区内的初始高度场对 24 h 台风中心位置和强度预报都影响不大,将敏感区内的风场和湿度场结合起来,两者对于台风预报的改善效果加强,不仅强度从 966/967 hPa 加深至 956 hPa,路径误差也有所减小,已能达到全变量(UVHQ)的效果。

表 8.12　"圣帕"24 h 中心气压预报误差

项目	UVHQ	UVQ	UVH	HQ	UV	Q	H	CTRL
中心气压误差/hPa	−3	−3	8	7	8	7	12	12

对于台风"莫拉克",和 CTRL 试验相比,敏感区内初始变量的调整对 48 h 台风强度预报的影响很小,对路径预报的影响比较明显。从路径预报来看,和"圣帕"类似,7 个试验基本分成 4 类,当改变敏感区内的风场或(和)湿度场时,是否同时改变高度场对预报的影响不大,如 UVHQ 和 UVQ 结果基本一致。试验 UVHQ 的改进最大,试验 UVQ 基本能达到 UVHQ 的水平,路径误差从 398 km 减小至 126 km(表 8.13)。

表 8.13　"莫拉克"48 h 路径预报和中心气压预报误差

项目	UVHQ	UVQ	UVH	HQ	UV	Q	H	CTRL
路径误差/km	126	126	144	547	144	547	338	398
中心气压误差/hPa	980	981	981	980	981	981	982	982

从单独改变敏感区内的风场、高度场或湿度场的 3 个试验(UV、Q 和 H)来看,与 Q 或 H 相比,试验 UV 对路径预报的改善最明显,仅改善敏感区内的初始风场,48 h 路径预报误差就从 398 km 减小至 144 km;仅改善敏感区内的初始高度场(试验 H),路径预报也有一定改进,48 h 路径误差减小了 16%;而试验 Q 和 CTRL 相比,路径误差反而增大,即如果不和风场相结合,仅改变敏感区内的湿度场会起反作用,增加高度场后(试验 HQ),并不能改变这种负作用,而增加风场后(试验 UVQ),台风中心位置发生很大改变,路径误差明显减小,即和风场结合后,湿度场的改变又起了正效应。

台风"梅花",和台风"圣帕"与"莫拉克"的试验类似,试验 UV 对路径预报的改善最明显,即风场最敏感,仅改善敏感区内的初始风场,48 h 路径预报误差减小为和全变量一样,从 CTRL 的 200 km 减小到 147 km,仅调整敏感区内的初始比湿 q 或高度

H 对路径预报基本没有影响(表 8.14)。

表 8.14　"梅花"48h 路径预报误差

项目	UVHQ	UV	Q	H	CTRL
路径误差/km	147	147	200	200	200

在台风"莫拉克"的试验中,仅调整敏感区内的湿度场会使路径预报误差增大,从 CTRL 试验的 398 km 增加到 547 km,而和风场相配合又能将湿度场的负作用变成正效应,这主要是因为除了动力不对称结构以外,台风的热力不对称结构也会显著影响台风的运动。Robert 和 Samson(1975)利用实际雷达观测和卫星云图研究发现,热带气旋有向其前沿对流活动最强地区移动的趋势。陈联寿等(1997)也指出,台风外围(距离台风中心≥350 km)不同热力非对称分布特征将导致台风移动轨迹的显著差异,台风有向其外围对流不稳定区运动的趋势。分析表明,试验 UVQ 中台风基本保持西北偏西的移动方向,同时 1~18 h 累计降水中心也相应地位于台风中心的西北偏西处。而试验 Q 中台风则出现打转,18 h 之前台风移向为西南偏西,之后转为东南行,25 h 之后又转为北行;从降水来看,1~18 h 累计降水中心相应地位于台风中心西南偏西处,19~25 h 累计降水中心则转到台风中心的东南方向,和台风的移动方向非常一致。

而降水中心和垂直水汽通量中心对应很好,试验 UVQ 中两者都位于台风中心西北方向,试验 Q 中两者都位于台风中心东南方向。垂直水汽通量的分布和湿度场及风场的分布有关。试验 UVQ 由于同时调整了湿度场和风场,积分 1 h 时在台风中心西北侧开始出现垂直水汽通量大值,仅调整湿度场的试验 Q,积分 1 h 时则在台风中心南侧出现垂直水汽通量大值。因此,如果单独调整湿度场,而没有正确的风场相配合,可能会形成虚假的垂直水汽通量中心,水汽向上输送多,有利于增厚湿层,产生凝结,进而形成虚假的强降水中心,并"吸引"台风向其移动。

4. 小结

本节通过对 3 个各具特点的台风数值模拟,研究了针对台风强度和路径预报的 CNOP 敏感区的判别方法,得出以下主要结论。

(1) CNOP 是可用于确定台风预报目标敏感区的有效方法之一,由于 CNOP 方法的最终目标是改善验证区内的预报,因此验证区内总体误差是来源于台风本身的强度误差,还是来源于台风中心的位置误差,决定了 CNOP 敏感区是对台风强度预报还是对台风路径预报的改善更明显。

(2) 从单独的风场、高度场和湿度场来看,敏感区内的风场对台风路径预报的改善最明显,对台风强度预报的改进效果和湿度场相当;高度场的作用不大,当改变敏感区内的风场或(和)湿度场时,是否同时改变高度场对预报的影响不明显。其原因可能是对于低纬台风尺度系统,主要是质量场向风场适应;湿度场会对台风强度和结构产生影响,如果仅调整湿度场可能会导致台风中心位置的偏移,其原因之一是台风热力非对称结构发生变化可能导致路径的变化,因此在初始场中使用湿度观测时要防止由于没有正确的风场配合而对台风路径产生负作用；如果将风场和湿度场结合，从台风路径和强度来看，基本可以获得改变敏感区内全变量的效果，风场的加入能够制约湿度场的负效应，湿度场的加入则进一步促进了风场的正效应。

以上研究结果不仅为集合预报成员的构造，而且为台风资料同化和目标观测奠定了研究基础。本节直接利用均匀分布于模式格点上的"人造观测"资料取代敏感区内不准确的初始场，也没有考虑观测误差。在实际应用中，观测具有误差，并且无论观测的位置还是疏密程度都和模式格点有较大差距，同时先进的资料同化系统能够减小引进"人造观测"时在初始变量之间产生的不协调，因此需要在这些方面做进一步研究。

8.7　台风数值预报的检验及应用

8.7.1　台风数值预报检验

1. 短期路径预报检验

1）对 2012 年度西北太平洋台风的总体检验

本节，基于 8.4 节介绍的海-气模式耦合系统，通过设计两个业务系统试验分析了考虑（即 8.4.1 节中去除海浪作用的 GRAPES 海-气模式耦合系统）和不考虑海-气耦合（即 8.4.1 节中的 GRAPES 台风模式）对 2012 年西北太平洋台风路径 24 h/48 h/72 h 预报的作用差异。如表 8.15 所示，GRAPES 海-气耦合模式 2012 年台风路径 24 h/48 h/72 h 预报平均误差为 97 km/185 km/296 km；相应的 GRAPES 台风模式的同样本平均误差为 94 km/188 km/301 km，两个模式系统的路径平均预报效果基本相当。由于台风路径预报能力主要受大尺度环境场影响，而中尺度海-气耦合模式主要考虑大气与海洋的中尺度变化特征，因此通过海-气耦合对台风路径的预报改善作用不显著，这与前人的试验结论（Bender and Ginis，2000）一致。

表 8.15　不考虑海-气耦合与考虑耦合的 GRAPES 台风模式
对 2012 年 TC 路径预报平均误差　　　　　　　　（单位：km）

预报时效	个例数	误差(不耦合)	误差(耦合)
24 h	234	94.08	96.55
48 h	181	187.89	185.48

2）对登陆台风路径的预报检验

针对登陆我国的 2011 年和 2012 年 12 个登陆我国的台风，就海-气耦合与不耦合的结果进行同样本比较试验。其中，2011 年的登陆我国的热带气旋 5 个个例共 43 次预报，2012 年的 7 个热带气旋共 75 次预报。如表 8.16 所示，总体而言，耦合与不耦合模式的同时次误差差异都在 15 km 以内。

表 8.16　不考虑与考虑海-气耦合的 GRAPES 台风模式 2011 年、2012 年登陆 TC 路径预报平均误差

年份	检验		平均路径误差/km	
	预报时效	个例数	不耦合	耦合
2011	24 h	43	113.25	112.40
	48 h	34	238.88	235.87
2012	24 h	75	105.48	106.29
	48 h	60	191.92	190.75

2. 短期强度预报检验

1) 对 2012 年西北太平洋台风总体预报检验

由表 8.17 可见，考虑海-气耦合对台风强度预报有较明显的改善：24 h 中心气压平均绝对误差减少了约 13.4%，最大风速平均绝对误差减少了约 12.5%；48 h 中心气压平均绝对误差减少了约 12.6%，最大风速平均绝对误差减少了约 13.0%。与路径预报相比，海气耦合模式对于热带气旋强度预报的改善更加明显。

表 8.17　考虑和不考虑海-气耦合的 GRAPES 台风模式对 2012 年台风强度预报平均误差

预报时效和检验个例		中心气压平均误差/hPa		改进/%	最大风速平均误差/(m/s)		改进/%
预报时效	个例数	不耦合	耦合		不耦合	耦合	
24 h	234	12.24	10.60	13.4	7.77	6.80	12.5
48 h	181	15.07	13.17	12.6	8.18	7.12	13.0

进一步分析强度预报误差分布特征，结果表明，不考虑海-气耦合的 GRAPES 台风模式对大部分的台风个例预报偏强；但在台风足够强（如最大风速超过 50 m/s）时，模式强度预报偏弱。考虑海-气耦合之后，强度预报与观测的相关性较不耦合有明显提升，而中心气压与最大风速预报相比改进更为明显。如表 8.18 所示，不耦合模式预报强度偏强的情况共有 369 个，占 67%，平均预报偏强 15.6 hPa。与不耦合相比，耦合模式强度预报平均绝对误差减少了 4.1 hPa（26%）。对于不耦合模式预报强度偏弱的个例，海-气耦合模式无明显改善；549 个预报中不耦合模式预报偏弱的结果有 180 个，占总比例的 33%，平均预报偏弱 13.9 hPa，耦合模式对预报偏弱的个例平均绝对误差增加了 2 hPa（15%）。耦合模式对 GRAPES 台风模式预报偏弱的情况主要来源于对强台风的预报（如中心气压低于 930 hPa），原因可能在于现有模式的分辨率（>10 km）难以很好地刻画尺度较小的台风内核结构。

表 8.18　考虑与不考虑海-气耦合的 GRAPES 台风模式强度预报误差

预报时效（次数）	不耦合模式预报偏强的个例				不耦合模式预报偏弱的个例			
	次数（比例）	不耦合模式平均绝对误差/hPa	耦合模式平均绝对误差/hPa	改进/%	次数（比例）	不耦合模式平均绝对误差/hPa	耦合模式平均绝对误差/hPa	改进/%
24 h（234 次）	178（76%）	12.9	10.2	21	56（24%）	10.0	11.8	−17
48 h（181 次）	113（62%）	16.3	11.8	28	102（31%）	12.9	15.4	−19

　　具体分析表明，考虑海-气耦合对台风强度预报的改善能力随台风强度不同而变化。对于强度弱于 930 hPa 的台风，相比不耦合模式，耦合模式的平均误差减少约 17%。其中，对于强度为 930～940 hPa 的台风，海气耦合的改善能力最强，平均误差减少了 27.6%；990～1000 hPa，平均误差减少了 22.3%；对于强于 930 hPa 的台风，耦合模式的平均误差有所增加；对于强度为 920～930 hPa 的台风，误差增加最为明显（13.1%）。

　　2）对登陆台风的强度预报性能

　　对 2011 年 5 个登陆台风和 2012 年 7 个登陆台风强度同样本预报结果分析表明（表 8.19），与不耦合试验相比，海-气耦合对台风强度预报也有较为明显的改善，其 3 个预报时次平均的中心气压（最大风速）绝对误差为 13.96 hPa（7.47 m/s），与不耦合相比平均减少了 11.9%（17.13%）。与 2012 年相比，海-气耦合模式对 2011 年的登陆台风强度的改善能力较强。这可能与所选台风样本不同有关，不同的台风由于其强度、移速及其所经过洋面的状况不同，会导致热带气旋与海洋相互作用的差异。

表 8.19　考虑和不考虑海-气耦合的 GRAPES 台风模式对登陆台风强度预报平均误差

年份	检验		中心气压平均误差/ hPa		改进/%	最大风速平均误差/(m/s)		改进/%
	预报时效	个例数	不耦合	耦合		不耦合	耦合	
2011	24 h	43	10.91	10.12	7.2	7.02	6.20	14.5
	48 h	34	17.34	14.77	14.8	9.59	7.87	17.9
	72 h	26	19.68	16.98	13.7	10.29	8.34	19.0
	平均	103	15.98	13.96	11.9	8.97	7.47	17.13
2012	24 h	75	9.01	8.28	8.1	5.23	4.72	9.8
	48 h	60	11.21	10.51	6.2	7.13	6.49	9.0
	72 h	44	12.78	11.54	9.7	6.84	6.58	3.8
	平均	179	11.00	10.11	8.0	6.40	5.93	7.3

　　分析表明，不考虑海-气耦合的台风模式对登陆台风个例存在强度预报明显偏强的趋势，海-气耦合使这种趋势有所改善。

　　进一步按观测分为登陆前和登陆后两组进行对比，分析海-气耦合对台风登陆前后的强度预报改善的作用差异。如表 8.20 所示，在 283 个预报结果中，有 159 个（56%）为台风登陆前的预报结果，其中不耦合模式就中心气压 24 h、48 h 和 72 h 预报平均绝对误差为 12.17 hPa，而耦合模式为 11.32 hPa，误差减少了 7％；台风登陆后的预报结果共有 124 个（44％），其中不耦合模式 3 个时次预报的中心气压平均绝对误差为 14.01 hPa，耦合模式为 12.08 hPa，误差减少了 13.8％。可见，海-气耦合模式对台风登陆后预报的改进能力要高于登陆前。

表 8.20　考虑与不考虑海-气耦合的 GRAPES 台风模式对 12 个热带气旋登陆前后强度预报

预报时效（次数）	不耦合模式预报偏强的个例				不耦合模式预报偏弱的个例			
	次数（比例）	不耦合模式平均绝对误差/hPa	耦合模式平均绝对误差/hPa	改进比例/%	次数（比例）	不耦合模式平均绝对误差/hPa	耦合模式平均绝对误差/hPa	改进比例/%
24 h（118 次）	75（64％）	8.37	8.10	3.2	43（36％）	12.03	10.44	13.2
48 h（95 次）	54（57％）	12.02	11.31	5.9	41（43％）	15.24	12.99	14.8

在分析海-气耦合对台风强度预报影响的基础上，进一步结合 GRAPES 海-气-浪耦合模式试验和控制试验（不考虑海洋的作用），分析了海-气-浪耦合对 2004～2012 年 10 个登陆我国台风个例预报的影响。

从表 8.21 可见，控制试验就中心气压的 24 h/48 h 预报平均绝对误差为 16.9 hPa/13.7 hPa，大气模式与海洋模式耦合的结果为 8.8 hPa/14.2 hPa；大气模式与海浪模式耦合的结果为 33.3 hPa/29.5 hPa；大气模式与海洋海浪模式耦合的结果为 13.8 hPa/10.8 hPa。对于 24 h 预报而言，大气模式与海洋模式耦合对台风强度的改进最为明显；而对于 48 h 预报而言，大气、海洋和海浪模式耦合对台风强度的改进最为明显。

表 8.21　海气耦合试验对 2004～2012 年 10 个台风个例强度预报的平均误差

检验	中心气压预报平均误差/hPa			
预报时效	CTRL	AS	AW	ASW
24 h	16.9	8.8	33.3	13.8
48 h	13.7	14.2	29.5	10.8

3. 中期路径预报检验

针对 T213 台风模式对 2006～2009 年西北太平洋共计 92 个热带气旋样本的中期路径预报结果进行了详细地检验。

1）平均距离误差分析

模式对 92 个热带气旋的 96 h、120 h 路径预报平均误差分别为 515.9 km、695.1 km。分类路径误差如图 8.78 所示，其中预报误差最小的是西行路径型，其次是异常路径和北上路径；预报误差最大的是东北行路径，其次是东转向路径。登陆台风路径预报误差最大的是西北行登陆转向类，这与环境场的突然调整密切相关。

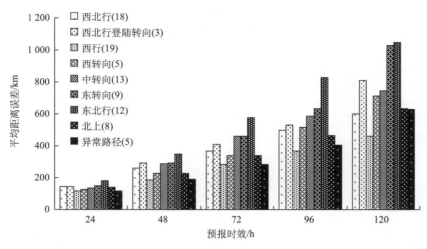

图 8.78　热带气旋各类型路径不同预报时效的平均距离误差(括号中的数字代表热带气旋个数)

根据实况对台风每个时次的强度进行划分(即热带风暴、强热带风暴、台风、强台风、超强台风)后检验分析表明(图 8.79),强度强的热带气旋比强度弱的热带气旋路径预报平均距离误差小,当强度达到强台风时的预报效果最好;预报时效越长,强热带风暴的预报误差最大,其次是热带风暴。但对超强台风,由于模式对其强度描述误差的增大,可能影响其与环境场的相互作用,进而降低台风路径预报性能。

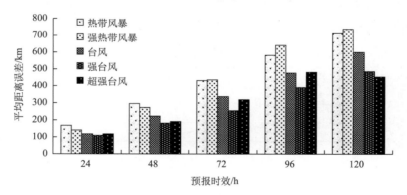

图 8.79　不同强度台风在各预报时效的平均距离误差

2) 不同类型热带气旋路径预报的系统性误差

系统误差的特点是预报结果向一个方向偏离,其数值按一定规律变化,具有重复性、单向性。判断系统性误差的一般做法是求出误差概率圆分布图,即对每个样本计算其预报位置相对于最佳路径位置的经向和纬向误差,然后用这些误差绘制成散点图(即为预报位置相对最佳路径位置或原点的分布图),最后在二元正态概率分布的假设下,计算理论上包含 50% 散点的概率圆,相关公式如下:

$$a^2 = \frac{2(1-\rho^2)\ln S}{\dfrac{1}{\sigma_{\text{long}}^2} - \dfrac{\rho}{\sigma_{\text{long}}\sigma_{\text{lat}}}\tan\phi} \qquad (8.13)$$

$$b^2 = \frac{2(1-\rho^2)\ln S}{\dfrac{1}{\sigma_{\text{lat}}^2} + \dfrac{\rho}{\sigma_{\text{long}}\sigma_{\text{lat}}}\tan\phi} \qquad (8.14)$$

式中，a 为长轴；b 为短轴；σ_{long} 和 σ_{lat} 分别为总体样本经度偏差的均方根误差和纬度偏差的均方根误差；ρ 为经度偏差和纬度偏差的线性相关系数；S 为概率：

$$S = 1/(1-P) \qquad (8.15)$$

式中，P 为特定概率；ϕ 为坐标横轴与椭圆长轴组成的最小夹角：

$$\phi = \frac{1}{2}\arctan\frac{2\rho\sigma_{\text{long}}\sigma_{\text{lat}}}{\sigma_{\text{long}}^2 - \sigma_{\text{lat}}^2} \qquad (8.16)$$

计算不同类型路径的系统性偏差图 8.80 表明，西北行和西行路径台风预报分别存在东北偏东和东北偏北向的系统性偏差；对西北行登陆转向、中转向、西转向、东北向路径台风预报则分别存在西北、西北偏西、偏西向的系统性偏差，这与总体平均系统性偏差较相似，说明总的平均系统性偏差主要来源于对这四类路径的预报；而对于东转向和北上路径分别存在西南偏西和西南向的系统性偏差。

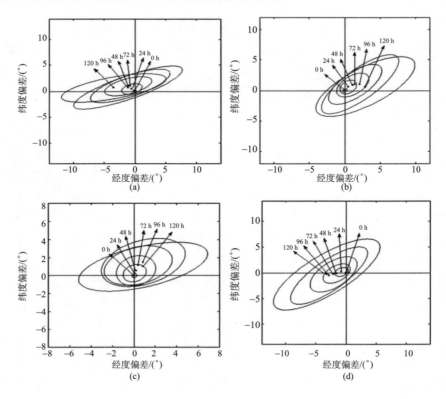

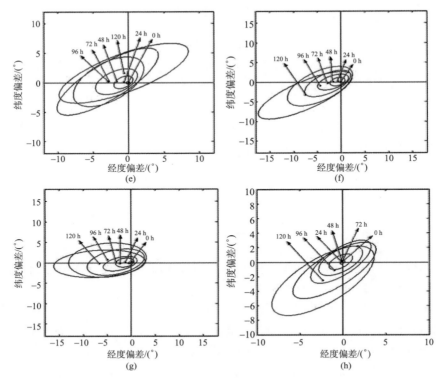

图 8.80　根据不同路径分类的热带气旋路径预报系统性偏差

(a)西北行；(b)西北行登陆转向；(c)西行；(d)西转向；(e)中转向；(f)东转向；(g)东北向；(h)北上

8.7.2　数值预报应用

在对台风模式进行数值预报检验的基础上，部分预报产品已在项目建立的台风分析和预报示范平台上试验应用。数值模式产品与其他类型的台风主客观预报产品进行综合显示(图 8.81)。平台不仅可显示如台风强度、路径、风雨分布等常规产品，也可提供基于数值预报的台风预报剖面产品、台风区域诊断物理量分布与时间演变分析产品。为方便预报员比较应用，模式产品还可与国外主流模式(包括 ECMWF 全球模式、日本全球模式、英国全球模式等)，以及主观综合预报产品(包括中国中央气象台、美国联合台风警报中心、日本气象厅、韩国气象厅、中国香港天文台，以及上海中心气象台、广州中心气象台等主观综合预报路径及强度等)比较分析。

为便于预报员了解模式预报的不确定性，平台提供了超级集合预报产品显示功能，除了"项目"提供的数值预报产品外，也集成了欧洲中期天气预报中心(ECMWF)、美国国家环境预报中心(NCEP)、英国气象局(UKMO)、日本气象厅(JMA)、韩国气象厅(KMA)、加拿大气象局(CMC)等 7 个业务中心(共 159 个集合预报成员)的 0～120 h 台风袭击概率等集合预报产品(图 8.82)。此外，预报员还可根据自己的经验和实时检验结果，在平台上选择显示集合预报产品。

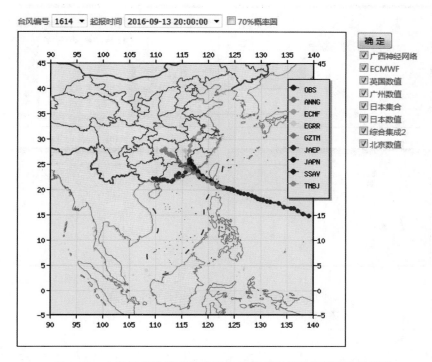

图 8.81　台风路径数值预报产品与各种主客观预报的综合显示图

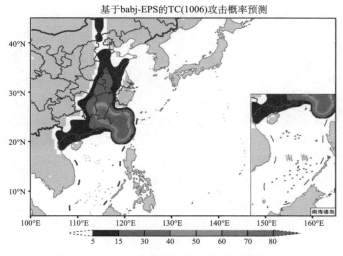

图 8.82　台风超级集合预报路径袭击概率产品显示

　　为了了解数值模式的预报性能，基于示范平台开发了台风预报实时检验功能，包括：台风路径绝对误差分析、移向和移速检验。另外，还可进行强度和台风降水预报误差检验(包括大雨、暴雨和大暴雨 TS 评分)(图 8.83)。

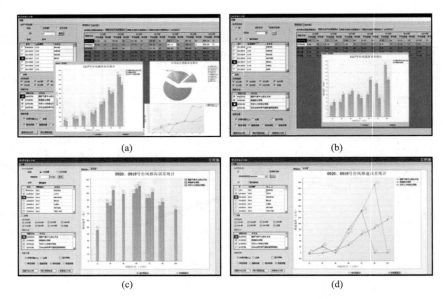

图 8.83　台风预报实时预报误差检验系统界面
(a)路径预报；(b)强度预报；(c)移向预报；(d)移速预报

8.7.3　数值模式在登陆台风预报中尚待解决的问题

我国台风业务数值模式在近 20 年来取得了长足发展，尤其是近 5 年在台风"973"项目的支持下取得了明显的进步。国家气象中心、上海台风研究所、广州热带海洋气象研究所等多家科研单位、相关机构共同参与的台风模式研发逐渐形成合力，在涡旋初始化方案、对流等物理过程参数化方案改进方面，研发了多种关键技术，推动了全球和区域台风模式路径预报能力稳步提高，风雨预报、概率预报等产品不断丰富。

但整体而言，我国的登陆台风数值预报水平与国际领先水平相比尚有一定差距。其水平的提高依赖于数值模式对于台风登陆过程的合理考虑，如通过适当的初始化方法合理描述台风登陆过程中大尺度环流(如副热带高压、西风槽、垂直风切变等)和涡旋场结构的变化；结合资料同化和预报因子关键区等的判定，加强对不同尺度观测资料的合理应用；通过对海-陆-气耦合、边界层、对流等物理过程的优化，改进对台风登陆过程中的海-陆-气相互作用、边界层能量、水汽输送和台风对流发展过程等的描述。这些问题都需要在今后的研究中努力解决。充分合理地集中国内技术力量和资源，持续发展我国自主知识产权的全球和区域台风模式，仍然任重而道远。

通过加强以上工作，我国可望在未来 5～10 年建立和发展物理过程更完善、动力框架更合理的全球、区域台风数值预报系统，提供长、中、短、临一体化台风预报。形成具有自主开发能力、可持续发展的我国台风数值预报业务体系，为我国台风业务预报准确率的提高和国家防台减灾提供强有力的技术支持。

主要参考文献

包澄澜. 1991. 海洋灾害及预报. 北京：海洋出版社.

白莉娜，马雷鸣，曾智华，等. 2013. 热带气旋"南川"在 2010 年三个热带气旋异常路径中作用的数值
　　模拟研究. 热带气象学报，29(3)：421-431.

陈德辉，薛纪善，杨学胜，等. 2008. GRAPES 新一代全球/区域多尺度统一数值预报模式总体设计研
　　究. 科学通报，53(20)：2396-2407.

陈联寿，徐祥德，解以扬，等. 1997. 台风异常运动及其外区热力不稳定非对称结构的影响效应. 大气
　　科学，21：83-90.

冯士筰. 1982. 风暴潮导论. 北京：科学出版社.

顾建峰，蒋贤安. 2000. 东海热带气旋路径预报模式业务运行结果及改进模式. 热带气象学报，16(1)：
　　54-61.

顾建峰，徐一鸣. 1995. 东海热带气旋路径预报模式试用结果. 大气科学研究与应用，8(1)：1-9.

黄伟，端义宏，薛纪善，等. 2007. 热带气旋路径数值模式业务试验性能分析. 气象学报，65(4)：
　　578-587.

黄伟，梁旭东. 2010. 台风涡旋循环初始化方法及其在 GRAPES-TCM 中的应用. 气象学报，68(3)：
　　365-375.

蒋小平，刘春霞，齐义泉. 2009. 利用一个海气耦合模式对台风 Krovanh 的模拟. 大气科学，33(1)：
　　99-108.

赖巧珍，马雷鸣，黄伟，等. 2013. 台湾岛附近海洋对 0908 号台风"莫拉克"的响应特征. 海洋学报，35
　　(3)：65-77.

梁必骐，王安宇，梁经萍，等. 1990. 热带气象学报. 广州：中山大学出版社.

卢鹏. 2012. 大气辐射模式的改进及其在气候模拟中的应用研究. 南京信息工程大学博士学位论
　　文：108.

麻素红，吴俞，瞿安祥，等. 2012. T213 与 T639 模式热带气旋预报误差对比. 应用气象学报，23(2)：
　　167-173.

马雷鸣. 2011. 基于海平面气压动力反演的台风涡旋初始化方法. 气象学报，69(6)：978-989.

马雷鸣. 2013. 热带气旋边界层关键结构研究进展. 地球物理学进展，28(3)：1259-1268.

马雷鸣. 2014. 国内台风数值预报模式及其关键技术研究进展. 地球物理学进展，29(3)：1013-1022.

倪允琪，金汉良，薛家元，1981. 西太平洋台风路径业务数值预告模式及其初步使用结果. 大气科学，
　　(3).

瞿安祥，麻素红，李娟，等. 2009a. 全球数值模式中的台风初始化 Ⅰ：方案设计. 气象学报，67(5)：
　　716-726.

瞿安祥，麻素红，李娟，等. 2009b. 全球数值模式中的台风初始化 Ⅱ：业务应用. 气象学报，67(5)：
　　727-735.

王斌，赵颖. 2005. 一种新的资料同化方法. 气象学报，63(5)：694-701.

吴俞，麻素红，肖天贵，等. 2011. T213L31 模式热带气旋路径数值预报误差分析. 应用气象学报，
　　22(2)：182-193.

殷鹤宝，顾建峰，1997. 上海区域气象中心业务数值预报新系统及其运行结果初步分析. 应用气象学
　　报，8(3)：358-367.

朱建荣. 2003. 海洋数值计算方法. 北京：海洋出版社.

朱建荣，朱首贤. 2003. ECOM 模式的改进及在长江河口的应用. 海洋与湖沼，34(4)：364-388.

朱永褆，徐一鸣，胡富泉，等，1982. 台风路径预报套网格模式的试验. 气象学报，(3).

朱振铎，端义宏，陈德辉. 2007. GRAPES _ TCM 业务试验结果分析. 气象，33(7)：44-54.

Ancell B C，Mass C F. 2006. Structure，growth rates，and tangent linear accuracy of adjoint sensitivities with respect to horizontal vertical resolution. Journal of the Atmospheric Sciences，63：2971-2988.

Andreas E L. 1995. The temperature of evaporating sea spray droplets. Journal of the Atmospheric Sciences，52(7)：852-862.

Arakawa A. 2004. The cumulus parameterization problem：Past，Present，and Future. J Climate，17：2493-2521.

Arakawa A，Schubert W H. 1974. Interaction of a cumulus cloud ensemble with the large-scale environment，Part I. J Atmos Sci，31：674-701.

Bai L，Ma L，Zeng Z，et al. 2014. Numerical analysis on the role of tropical storm Namtheum in the anusual tracks of three tropical cyclones in 2010. Journal of Trapical Meteorology，20：297-307.

Bao J W，Wilczak J M，Choi J K，et al. 2000. Numerical simulations of Air-Sea interaction under high wind conditions using a coupled model：A study of hurricane development. Monthly Weather Review，128(7)：2190-2210.

Barker D M，Guo Y R，Huang W，et al. 2004. A three-dimensional variational data assimilation system for MM5：Implementation and initial results. Mon Wea Rev，132：897-914.

Bender M A，Ginis I. 2000. Real-case simulations of hurricane-ocean interaction using a high-resolution coupled model：Effects on hurricane intensity. Monthly Weather Review，128(4)：917-946.

Bergot T. 1999. Adaptive observations during FASTEX：A systematic survey of upstream flights. Quart J Roy Meteor Soc，125：3271-3298.

Betts A K，Miller M J. 1993. The Betts-Miller scheme. The representation of cumulus convection in numerical models In：Emanuel K A，Raymond D J. Amer Meteor Soc，246.

Bishop C H，Etherton B J，Majumdar S J. 2001. Adaptive sampling with the ensemble transform Kalman filter. Part 1：Theoretical aspects. Mon Wea Rev，129：420-436.

Blumberga F，Mellor G L. 1987. A description of a three-dimensional coastal ocean circulation model. Heaps N Three-Dimensional Coastal Ocean Models. American Geophysical Union，1-16.

Brown R A，Levy G. 1986. Ocean surface pressure fields from satellite-sensed winds. Mon Wea Rev，114：2197-2206.

Casulli V. 1990. Semi-implicit finite difference methods for the two-dimensional shallow water equations. J Comput Phys，(86)：56-74.

Chan J C L，Duan Y H，Shay L K. 2001. Tropical cyclone intensity change from a simple ocean-atmosphere coupled model. Journal of the Atmospheric Sciences，58(2)：154-172.

Charnock H. 1955. Wind stress on a water surface. Quarterly Journal of the Royal Meteorological Society，81(350)：639-640.

Chen Y，Yau M K. 2003. Asymmetric structures in a simulated landfalling hurricane. J Atmos Sci，60：2294-2312.

Chen C S，Liu H D，Beardsley R C. 2003. An unstructured，finite-volume，three-dimensional，primitive equation ocean model：Application to coastal ocean and estuaries . J Atmos Ocean Tech，20：159-186.

Chen C S，Beardsley R C，Cowles G. 2006. An unstructured grid，finite-volume coastal ocean model

(FVCOM) system. Oceanography, 19(1): 78-89.

Chen S H, Zhao Z, Haase J S, et al. 2008. A study of the characteristics and assimilation of retrieved MODIS total precipitable water data in severe weather simulations. Mon Wea Rev, 136: 3608-3628.

Cohen C. 2002. A comparison of cumulus parameterizations in idealized sea breeze simulations. Mon Wea Rev , 130: 2554-2571.

Davolio S, Buzzi A. 2004. A nudging scheme for the assimilation of precipitation data into a mesoscale model. Wea Forecasting, 19: 855-871.

Derbyshire S H, Beau I, Bechtold P, et al. 2004. Sensitivity of moist convection to environmental humidity. Q J R Meteorol Soc, 130: 3055-3079.

Donelan M, Haus B, Reul N, et al. 2004. On the limiting aerodynamic roughness of the ocean in very strong winds. Geophysical Research Letters, 31: L18306, doi: 10. 1029/2004GL019460.

Ebert E E, Janowiak J E, Kidd C. 2007. Comparison of near-real-time precipitation estimates from satellite observations and numerical models. Bull Amer Meteo Soc, 88: 47-64.

Emanuel K A. 1986. An air-sea interaction theory for tropical cyclones. Part I: Steady state maintenance. J Atmos Sci , 43: 585-604.

Fan Y, Ginis I, Hara T, et al. 2010. Momentum flux budget across the air-sea interface under uniform and tropical cyclone winds. Journal of Physical Oceanography, 40(10): 2221-2242.

Fritsch J M, Chappel C F. 1980. Numerical prediction of convectively driven mesoscale pressure systems. Part I: Convective parameterization. J Atmos Sci, 37: 1722-1733.

Fu Q, Liou K N. 1992. On the correlated k-distribution method for radiative transfer in nonhomogeneous atmospheres. J Atmos Sci, 49: 2139-2156.

Grell G. 1993. Prognostic evaluation of assumptions used by cumulus parameterization. Mon Wea Rev, 121: 764-787.

Grell G, Dudhia J, Stauffer D. 1994. A Description of the Fifth-Generation Penn State/NCAR Mesoscale Model (MM5). NCAR/TN-398 + STR.

Hall J, Xue M, Leslie L, et al. 2010. Intensity, structure and rainfall in high-resolution numerical simulations of Typhoon Morakot (2009). 29th Conf. Hurricanes Tropical Meteor, Tucson, AZ, Amer. Meteor. Soc. , Paper 15C. 7.

Hendon H H, Woodberry K. 1993. The diurnal cycle of tropical convection. J Geophys Res, 98: 623-637.

Hendricks E A, Montgomery M T, Davis C A. 2004. On the role of "vortical" hot towers in formation of tropical cyclone Diana (1984). J Atmos Sci, 61: 1209-1232.

Hong S Y, Pan H L. 1996. Nonlocal boundary layer vertical diffusion in a medium-range forecast model. Mon Wea Rev, 124: 2322-2339.

Ide K, Courtier P, Ghil M, et al. 1997. Unified notation for data assimilation: Operational sequential and variational. J Meteor Soc Japan, 75: 181-189.

Kain J S, Fritsch J M. 1993. Convective parameterization for mesoscale models: The Kain-Fritsch scheme. The Representation of Cumulus Convection in Numerical Models, Meteor. Monogr. Amer Meteor Soc, 46: 165-170.

Kalnay E, Kanamitsu M, Kistler R, et al. 1996. The NCEP/NCAR 40-year reanalysis project. Bulletin of the American Meteorological Society, 77(3): 437-471.

Kummerow C D, Barnes W, Kozu T, et al. 1998. The tropical rainfall measuring mission (TRMM) sensor package. J Atmos Ocean Technol，15：809-817.

Kurihara Y，Bender M A，Ross R J. 1993. An initialization scheme of hurricane models by vortex specification. Mon Wea Rev，121：2030-2045.

Lacarra J F，Talagrand O. 1988. Short-range evolution of small perturbation in a baratropic model. Tellus，40A：81-95.

Leipper D，Volgenau D，1972. Hurricane heat potential of the Gulf of Mexico. J Phys Oceanogr，2：218-224.

Liang X，Wang B，Chan J C L，et al. 2007a. Tropical cyclone forecasting with model-constrained 3D-Var. Ⅰ：Description. Quart J Roy Meteor Soc，133：147-153.

Liang X，Wang B，Chan J C L，et al. 2007b. Tropical cyclone forecasting with model-constrained 3D-Var. Ⅱ：Improved cyclone track forecasting using AMSU-A，QuikSCAT and cloud-drift wind data. Quart J Roy Meteor Soc，133：155-165.

Liu B，Liu H，Xie L，et al. 2011. A coupled atmosphere-wave-ocean modeling system：Simulation of the intensity of an idealized tropical cyclone. Monthly Weather Review，139(1)：132-152.

Liu J，Yang S，Ma L，et al. 2013. An initialization Scheme for tropical cychone numerical prediction by enhancing humidity in deep-convection region. Journal of Applied Meteorology and Climatology，52：2260-2277.

Lorenz E N. 1965. A study of the predictability of a 28-Variable atmospheric model. Tellus，17：321-333.

Lu P，Zhang H，Li J. 2009. A new complete comparison of two-Stream DISORT and Eddington radiativetransfer schemes. J Quant Spectrosc Radiat Transfer，110：129-138.

Ma L M，Tan Z M. 2009. Improving the behavior of the cumulus parameterization for tropical cyclone prediction：Convection trigger. Atmospheric Research，92：190-211.

Ma L M，Tan Z M. 2010. Tropical cyclone initialization with dynamical retrieval from a modified UWPBL model. Journal of the Meteorological Society of Japan，88(5)：827-846.

Ma L M，Qin Z，Duan Y，et al. 2006. Impacts of TRMM SRR assimilation on the numerical prediction of tropical cyclone. Acta Oceanol Sinica，25：14-26.

Ma L M，Chan J C L，Davidson N，et al. 2007. Initialization with diabatic heating from satellite-derived rainfall. Atmos Res，85：148-158.

Ma L M，Bao X W，Liu J Y，et al. 2012. Tropical Cyclone Initialization with Dynamical and Physical constraints derived from Satellite data. Proceedings of International Workshop on Rapid Change Phenomena in Tropical Cyclones. CAE/CMA/WMO International Top-level Forum on Engineering Sciences and Technology Development Strategy. Haikou China，5-9 November 2012.

Majumdar S J，Aberson S D，Bishop C H，et al. 2006. A comparison of adaptive observing guidance for Atlantic tropical cyclones. Mon Wea Rev，134：2354-2372.

Makin V. 2005. A note on the drag of the sea surface at hurricane winds. Boundary-Layer Meteorology，115(1)：169-176.

Mapes B E. 2004. Sensitivities of cumulus-ensemble rainfall in a cloud resolving model with parameterized large-scale dynamics. J Atmos Sci，61：2308-2317.

Mellor G L，Yamada T. 1982. Development of a turbulence closure model for geophysical fluid problem. Rev Geophys Space Phys，20：851-875.

Mu M，Duan W，Wang B. 2003. Conditional nonlinear optimal perturbation and its applications. Nonlinear.

Mu M，Duan W. 2003. A new approach to studying ENSO predictability：Conditional nonlinear optimal .

Nguyen H V，Chen Y L. 2011. High resolution initialization and simulations of Typhoon Morakot (2009). Mon Wea Rev，139：1463-1491.

Ooyama K. 1964. A dynamical model for the study of tropical cyclone development. Geofis Int，4：187-198.

Park S K，Droegmeier K K. 1997. Validity of tangent linear approximation in a moist convective cloud model. Mon Wea Rev，125：3320-3340.

Patoux J，Brown R A. 2002. A gradient wind correction for surface pressure fields retrieved from scatterometer winds. J Appl Meteor，41：133-143.

Powell M D，VickeryP J，et al. 2003. Reduced drag coefficient for high wind speeds in tropical cyclones. Nature，422：279-283.

Price J F. 1981. Upper ocean response to a hurricane. J Phys Oceanogr，11(2)：153-175.

Robert W F，Samson B. 1975. Tropical cyclone movement forecasts based on observations from satellites. J App Meteor，44：452-458.

Shay L K，Goni G J，Black P G. 2000. Effect of a warm ocean ring on hurricane Opal. Mon Wea Rev，128：1366-1383.

Smagorinsky J. 1963. General circulation experiments with the primitive equations. I. The basic experiments. Mon Weather Rev，91：99-164.

Song Y，Haidvogel D B. 1994. A semi-implicit ocean circulation model using a generalized topography-following coordinate system. J Comp Phys，115 (1)：228-244.

Stamnes K，Tsay S C，Wiscombe W J，et al. 1988. Numerically stable algorithm for discrete ordinate method radiative transfer in multiple scattering and emitting layered media. Appl Opt，27：2502-2509.

Stevens B，Duan J，McWilliams J C，et al. 2002. Entrainment，Rayleigh friction and boundary layer winds over the tropical pacific. J Climat，15：30-44.

Tan X W，Wang B，Wang D L. 2010. Impact of different guidances on sensitive areas of targeting observations based on the CNOP method. Acta Meteorologica Sinica，24：17-30.

Tanguay M，Bartello P，Gauthier P. 1995. Four-dimensional data assimilation with a wide range of scales. Tellus，47A：974-997.

Tolman H L，et al. 2002. Development and implementation of wind generated ocean surface wave models at NCEP. Weather and Forecasting，17：311-333.

Valcke S. 2006. OASIS3 User Guide. CERFACS. Technical Report TR/CMGC/06/73，PRISM Report No 3，Toulouse，France. 60.

Wang D，Liang X，Zhao Y，et al. 2008. A comparison of two tropical cyclone Bogussing schemes. Wea Foreca，23：194-204.

Wang Y. 1998. On the bogusing of tropical cyclones in numerical models：The influence of vertical structure. Meteorology and Atmospheric Physics，65(3)：153-170.

Wang Y. 2009. How do outer spiral rainbands affect tropical cyclone structure and intensity. J Atmos Sci，66：1250-1273.

Wang W，Seaman N L. 1997. A comparison study of convective parameterization schemes in a mesoscale model. Mon Weather Rev，125：252-278.

Warner T T，Hsu H M. 2000. Nested-model simulation of moist convection：The impact of coarse-grid parameterized convection on fine-grid resolved convection through lateral-boundary-condition effects. Mon Wea Rev, 128: 2211-2231.

Yeh T C, Elsberry R L. 1993. Interaction of typhoons with the Taiwan orography. Part I: Upstream track deflections. Mon Wea Rev, 121: 3193-3212.

Yu X, Lee T Y. 2010. Role of convective parameterization in simulations of a convection band at grey-zone resolutions. Tellus A, 62(5): 617-632.

Zeng Z, Duan Y, Liang X, et al. 2005. The effect of three-dimensional variational data assimilation of QuikSCAT data on the numerical simulation of typhoon track and intensity. Adv Atmos Sci, 22: 534-544.

Zhang F, Li J. 2013. Doubling-adding method for delta-four-stream spherical harmonic expansion approximation in radiative transfer parameterization. J Atmos Sci, 70: 3084-3101.

Zhang F, Shen Z, Li J, et al. 2013. Analytical delta-four-stream doubling-adding method for radiative transfer parameterizations. J Atmos Sci, 70(3): 794-808.

Zhao D, Toba Y, et al. 2006. New sea spray generation function for spume droplets. Journal of Geophysical Research, 111(C2): C02007.

Zou X, Xiao Q. 2000. Studies on the initialization and simulation of a mature hurricane using a variational bogus data assimilation scheme. Journal of the Atmospheric Sciences, 57(6): 836-860.

Zou X, Vandenberghe F, Pondeca M, et al. 1997. Introduction to adjoint techniques and the MM5 adjoint modeling system. NCAR Technical Note, NCAR/TN-435+STR.